教育部、财政部“十二五”高等学校本科教学质量与教学改革工程
列入国家级大学生创新创业训练计划

中央美术学院建筑学院　清华大学美术学院　天津美术学院设计艺术学院
苏州大学金螳螂建筑与城市环境学院　中华室内设计网　中国建筑工业出版社

自由翱翔

2012“四校四导师”中国环境艺术设计环艺专业毕业设计实验教学

主　编　王　铁
副主编　张　月
彭　军
王　琼

中国建筑工业出版社

图书在版编目（CIP）数据

自由翱翔 2012"四校四导师"中国环境艺术设计环艺专业毕业设计实验教学/王铁主编. —北京：中国建筑工业出版社，2012.8
ISBN 978-7-112-14508-9

Ⅰ.①自… Ⅱ.①王… Ⅲ.①环境设计-毕业实践-教学研究-高等学校 Ⅳ.①TU-856

中国版本图书馆CIP数据核字（2012）第195033号

责任编辑：唐 旭 吴 绫
责任校对：党 蕾 王雪竹

自由翱翔
2012"四校四导师"中国环境艺术设计环艺专业毕业设计实验教学
主 编 王 铁
副主编 张 月 彭 军 王 琼
*
中国建筑工业出版社出版、发行（北京西郊百万庄）
各地新华书店、建筑书店经销
北京嘉泰利德公司制版
北京云浩印刷有限责任公司印刷
*
开本：880×1230毫米 1/16 印张：33½ 字数：1503千字
2012年8月第一版 2012年8月第一次印刷
定价：158.00元
ISBN 978-7-112-14508-9
（22049）

自由翱翔

2012“四校四导师”环艺专业毕业设计实验教学

主　　编：王　铁　　中央美术学院学术委员会委员、教授

副 主 编：张　月　　清华大学美术学院环境艺术设计系主任、副教授

彭　军　　天津美术学院设计艺术学院副院长、教授

王　琼　　苏州大学金螳螂建筑与城市环境学院副院长、教授

顾问委员会：

郑曙旸　　清华大学美术学院教授

谭　平　　中央美术学院副院长、教授

于世宏　　天津美术学院副院长、教授

尤东晶　　苏州大学金螳螂建筑与城市环境学院副院长

赵庆祥　　中华室内设计网总裁，深圳室内设计师协会秘书长

张惠珍　　中国建筑工业出版社副总编辑

田德昌　　中国建筑装饰协会设计委员会秘书长

课题管理：王晓琳　　中央美术学院教务处处长

潘承辉　　中央美术学院学生部部长

董素学　　清华大学美术学院教务处主任

喻建十　　天津美术学院教务处处长

杨　磊　　天津美术学院学生处处长

唐忠明　　苏州大学教务处处长

编　　委：汪建松　　清华大学美术学院环艺系讲师

高　颖　　天津美术学院设计艺术学院副教授

刘　伟　　苏州大学金螳螂建筑与城市环境学院教授

课题实践指导教师：（以姓氏笔画排名）

于　强　　深圳市于强环境艺术设计有限公司设计总监

石　赟　　苏州金螳螂建筑装饰股份有限公司设计研究总院副总设计师

刘　波　　刘波设计顾问有限公司董事长、设计总监

吴健伟　　森创国际设计有限公司设计总监

何潇宁　　顶贺环境设计（深圳）有限公司设计总监

洪忠轩　　深圳市假日东方室内设计有限公司设计总监

骆　丹　　骆丹国际酒店设计院总裁

秦岳明　　深圳朗联设计顾问有限公司设计总监

舒剑平　　苏州金螳螂建筑装饰股份有限公司北京设计院院长

颜　政　　深圳市梓人环境设计有限公司设计总监

版式编辑：杨　晓　　中央美术学院建筑学院研究生

文字整理：郭晓娟　　中央美术学院建筑学院研究生

活动助理：韩　军　　中央美术学院建筑学院研究生

孙鸣飞　　中央美术学院建筑学院研究生

目　录

2012“四校四导师”环艺专业毕业设计实验教学　暨第四届中华室内设计网优才计划奖活动安排……5
2012“四校四导师”环艺专业毕业设计实验教学　暨第四届中华室内设计网优才计划奖责任导师组……9
2012“四校四导师”环艺专业毕业设计实验教学　暨第四届中华室内设计网优才计划奖课题实践导师……10
2012“四校四导师”环艺专业毕业设计实验教学　暨第四届中华室内设计网优才计划奖参加课题全体学生……11
自由翱翔／王铁……13
“仰望蓝天与脚踏实地”、“理想与现实”、“向左走向右走”……／张月……15
“四校四导师”活动感言／汪建松……16
创新型教学的探索　创新型人才的培养／彭军……17
“四年之养”——“2012‘四校四导师’毕业设计实验教学暨中华室内设计网优才计划奖”感言／高颖……18
观而进退——结合教学改革谈此次毕业设计教学实验活动／王琼……19
开放交流，教学相长／刘伟……20
心不苦／石赟……21
有感“四校四导师”毕业设计实验教学／舒剑平……22
这一切，越来越多的人会受益／赵庆祥……23
心愿与联想——2012年“四校四导师”实践教学的联想／何潇宁……24
学生了解社会的快捷方式——“四校四导师”教学感言／洪忠轩……25
见解广若虚空　取舍细如粉末／刘波……26
唠叨两句／秦岳明……27
四校活动感言／于强……28
目标——唯美／吴健伟……29
“四校四导师”活动感言／颜政……30
业精于勤——参加“四校四导师”活动有感／骆丹……31
几分耕耘，几分收获／杨晓……32
启动仪式……33
开题汇报……37
中期汇报（天津美术学院）……62
中期汇报（苏州大学）……105
终期答辩……137
颁奖仪式……179
对话设计师……189
获奖名单……207
本科生获奖作品……208
研究生获奖论文……490
后记——再创品牌新形象……535

2012“四校四导师”环艺专业毕业设计实验教学

暨第四届中华室内设计网优才计划奖活动安排

课题学校：中央美术学院建筑学院
清华大学美术学院
天津美术学院设计艺术学院
苏州大学金螳螂建筑与城市环境学院

支持单位：中国建筑工业出版社
中国建筑装饰协会设计委员会
中华设计网 A963

媒体支持：深圳都市频道《第一现场》、中国建筑装饰装修、《深圳商报》、《深圳特区报》、《晶报》、《南方都市报》、《南方日报》、搜房网、搜狐焦点网、新浪网、中华室内设计网

课题顾问：彭一刚　天津大学、中国科学院院士

责任顾问：谭　平　中央美术学院副教授
郑曙旸　清华大学美术学院院长
于世宏　天津美术学院副院长
尤东晶　苏州大学金螳螂建筑与城市环境学院副院长
张惠珍　中国建筑工业出版社副总编辑
田德昌　中国建筑装饰协会设计委员会秘书长
赵庆祥　中华室内设计网总裁，深圳室内设计师协会秘书长

课题依据：响应教育部教高（2011）号（本科教学工程）大学生创新创业训练计划

课题主题：《设计环境》

课题管理：
中央美术学院教务处　王晓琳处长
中央美术学院学生部　潘承辉部长
清华大学美术学院教务处　董素学主任
天津美术学院教务处　喻建十处长
天津美术学院学生处　杨磊处长
苏州大学教务处　唐忠明处长

课题　组长：中央美术学院学术委员会委员建筑学院　王　铁　教授
课题　副组长：清华大学美术学院环境艺术设计系副主任　张　月　副教授
天津美术学院设计艺术学院副院长　彭　军　教授
苏州大学金螳螂建筑与城市环境学院副院长　王　琼　教授

课题实践导师：（以姓氏笔画排名）
于　强　深圳市于强环境艺术设计有限公司设计总监
石　赟　苏州金螳螂建筑装饰股份有限公司设计研究总院副总设计师
刘　波　刘波设计顾问有限公司董事长、设计总监
吴健伟　森创国际设计有限公司设计总监
何潇宁　顶贺环境设计（深圳）有限公司设计总监
洪忠轩　深圳市假日东方室内设计有限公司设计总监
骆　丹　骆丹国际酒店设计院总裁
秦岳明　深圳朗联设计顾问有限公司设计总监
舒剑平　苏州金螳螂建筑装饰股份有限公司北京设计院院长
颜　政　深圳市梓人环境设计有限公司设计总监

一、目标

主旨：设计教育具有新的角度才能做到深入探索与发展，高等院校走过评估后，国内设计教育已形成了多种条件下的教学探索模式。各校根据实际情况先后组建了各种方式的实验教学，为环境艺术设计学科，室内设计学科，景观设计学科，培养出大批高质量学生，得到了学界和业界的广泛认可。今天的设计教育成就足以说明中国高等教育在这一领域中的探索成就。伴随着新形势下的社会需求，高等教育由原来单一知识型培养转变为知识型与实践型并存。"四校四导师" 2008年年底在以中央美术学院建筑学院王铁教授、清华大学美术学院张月副教授、天津美术学院彭军教授作为核心的共同热议下，决定先迈出一步，共同探索指导环境艺术方向本科毕业设计课题教学的新思路。目的是打破院校间的隔墙，探索中国高等教育中的设计教育毕业设计与实验教学模式。决定每年分别选择与国内综合性大学中工科院校环境艺术设计专业学科带头人组成实验教学课题团队。从过去指导毕业生只是信息上交流课题，转变为直接交叉指导四校学生完成毕业设计，做到不同院校学生相互交流，导师间相互交流。每年课题前为丰富毕业设计教学，课题组多方面听取四校教师与学生的意见，使参加课题的高等院校相互之间都能够有一个更广泛而深入的面对面交流，使参加课题学生的毕业设计更有实效。激活大学期间所学习到的专业基础知识与专业设计潜在能力，达到本科生和研究生毕业设计能够做到充分反映每一位学生自身价值，建立走出校门向社会实践迈进的工作信心，树立高等院校艺术设计学科更广泛而全面培养人才的新高度。

回顾：首届"四校四导师"环艺专业毕业设计实验教学课题已于2009年6月顺利完成，第二届2010年6月成功举办，第三届2011年6月成功完成。到目前为止"四校四导师"实验教学共计指导应届毕业生总人次达110名。得到了参加院校领导、教务处认可，获得了课题指导教师及参加学生高度的评价。成果为：先后由中国建筑工业出版社2009年出版发行《四校四导师》，2010年出版发行《打破壁垒》，2011年出版发行《无限疆域》，A963网目前为止已有近四万点击，已有搜狐、百度、中国教育网等各大主流网站分别转载，在全国设计类院校产生一定的影响。我们将使这一实验性教学能够继续走下去，为中国高等教育艺术设计学科与工学学科提供有益的可鉴参考。

使命："四校四导师"环境艺术专业毕业设计实验教学课题经过三届的努力取得了基础成果，值得继续为之而努力。经导师组共同商讨2011～2012年毕业设计实验教学课题，媒体、网络部分由中华室内设计网赵庆祥总裁负责，牵头深圳业界名人组成课题实践导师团队。实验课题组长由中央美术学院建筑学院副院长王铁教授担任，清华大学美术学院环境艺术设计系副主任张月副教授为副组长，天津美术学院设计艺术学院副院长彭军教授为副组长兼秘书长，邀请苏州大学金螳螂建筑与城市环境学院副院长王琼教授组成第四届"四校四导师"环艺专业毕业设计实验教学课题责任团队，联合邀请深圳市福田区文化产业发展办公室，共同举办"四校四导师" 2012年课题。为使本届的"四校四导师"共同指导毕业实验教学取得高质量成果，特继续设立中华室内设计优才奖。为深入探讨中国高等教育中设计教学本科毕业课程与研究生毕业教学，本课题拟申请国家教委教改立项、响应教育部教高（2011）号（本科教学工程）大学生创新创业训练计划，并为十二五国家教材做好各项准备工作，迎接2013年第五届"四校四导师"环境艺术专业毕业设计实验教学课题，准备在中国美术馆举办五周年汇报大展。

二、选题

1. 选题原则

四校导师组共同商议决定在2011年11月30日前完成规定选题《学生五题中任选一题》作为本次联合指导毕业设计的最终选题，提倡多校学生共选一题。

2. 学生

1）四校本科生

可自己根据实际掌握的信息、志向，并在各自导师的指导下每人选择一个毕业课题。

2）四校研究生

在各自导师的指导下每人选择一个课题，完成两万字的硕士论文供专业杂志发表，为毕业硕士论文打下坚实基础。

3. 开题报告四校通汇

指导教师可由学生自行填写，本学校指导教师为第一责任导师。第二位、第三位、第四位指导教师，由学生自我指定填写顺序。

注：

（1）课题选择由导师组提供准确的总图CAD及任务书，学生必须对所选课题进行现场实地调研。

（2）在遵守任务书及相关法规条件的前提下实施课题设计与论文写作。

（3）四校2011年11月30日前，应互通选题信息上报课题管理组。

（4）课题由中央美术学院建筑学院王铁工作室负责整理、汇总后发送到各位责任导师信箱，再经责任导师确认后，由课题组秘书直接转发给相关学生。

三、课题进度及说明

2011年9月3日在清华大学美术学院召开了碰头会，由中央美术学院建筑学院王铁教授、清华大学美术学院环境艺术设计系张月副教授、天津美术学院彭军教授共同商榷决定2011～2012年度第四届"四校四导师"环境艺术方向毕业设计的指导方针和原则。共同决定吸纳第四届"四校四导师"环境艺术方向毕业设计实验教学院校为江苏大学金螳螂建筑与城市环境学院，委任王琼教授为课题责任导师，与中华室内设计网赵庆祥总裁共同搭建2012年“四校四导师”环境艺术方向毕业设计课题团队。特约深圳10位有影响的一线设计师作为课题校外实践导师团队，响应教育部教高（2011）号（本科教学工程）大学生创新创业训练计划，共同探讨环境艺术设计教育与建筑设计、研究生毕业教学与实验。

四、启动仪式

2011年12月15日下午15：30在深圳福田香格里拉大酒店广东厅举行启动仪式及新闻发布会。

主持人：中华室内设计网总裁、深圳室内设计师协会秘书长赵庆祥宣布“2012‘四校四导师’环艺专业毕业设计实验教学暨中华室内设计网优才计划奖”正式启动。

（1）中央美术学院建筑学院副院长王铁教授代表介绍四导师联合指导四校本科毕业生教学研究与探讨课题。

（2）清华大学美术学院环艺系副主任彭军副教授介绍2011年“四校四导师”环艺专业毕业设计实验教学暨中华室内设计优才计划奖各阶段教学及相关日程。

（3）设计实践导师代表致辞。

（4）中央美术学院学生部部长潘承辉致辞。

（5）天津美术学院学生处处长杨磊致辞。

（6）媒体支持。深圳都市频道《第一现场》、《深圳商报》、《深圳特区报》、《晶报》、《南方都市报》、《南方日报》、搜房网、搜狐焦点网、新浪网等数十家媒体对此活动进行了报道。

（7）中华室内设计网进行全程跟踪报道。

五、开题概念汇报

2012年3月9日（周五）晚全体课题组成员到清华美术学院报到。

2012年3月10日上午9：00在清华大学美术学院阶梯教室举行开题概念汇报。

主持人：张月副教授，宣布“2012‘四校四导师’环艺专业毕业设计实验教学暨中华室内设计网优才计划奖”开题概念汇报开始。

（1）清华大学美术学院郑曙旸教授致辞。

（2）中华室内设计网A963总裁、深圳室内设计师协会秘书长赵庆祥致辞。

（3）中国装饰协会秘书长田德昌致辞。

（4）设计实践指导教师代表刘波致辞。

（5）王铁教授介绍整个活动情况。

（6）彭军教授介绍课题内容。

（7）王琼教授代表责任导师发言。

（8）四校学生代表发言。

（9）2012年3月11日在清华美术学院B区五楼C525阶梯教室举办深圳十位知名设计师专题讲座。

注：上午10：00开题报告开始，每位学生限8分钟PPT汇报，介绍毕业设计框架。

导师组及嘉宾发表针对开题报告的建议。

参加人员：“四校四导师”、助教、参加课题学生（学生人数：40人）。

六、中期答辩安排

四次答辩完成四校毕业生的第一阶段初期阶段、第二阶段中期阶段、第三阶段和最终阶段的课程进度，在规定时间内学生独立完成每一阶段答辩，导师对每一位同学进行指导。

第二阶段：2012年3月30日（周五）晚全体课题组成员到天津美术学院报到。

2012年3月31日早上中期汇报，主持人：天津美术学院设计艺术学院副院长彭军教授。

各学校在早8：50到天津美术学院阶梯教室集合，每位学生中期汇报限10分钟，PPT演示，导师组及嘉宾针对中期进度汇报发表针对性的建议，计划一天完成。

第三阶段：2012年4 月20日（周五）晚全体课题组成员到苏州大学报到。

2012年4月21日早上中期汇报，主持人：苏州大学金螳螂建筑与城市环境学院刘伟教授。

各学校在早8：50到苏州大学金螳螂建筑与城市环境学院阶梯教室集合（每位学生10分钟，PPT演示，问答10分钟），计划一天完成。

最终阶段：2012年 5 月 11 日（周五）晚全体课题组成员到中央美术学院报到。

2012年5月12日早上最终答辩，主持人：王铁教授。

各学校在早8：50到中央美术学院建筑学院阶梯教室集合（每位学生10分钟，PPT演示，问答10分钟）。

评奖（答辩委员及嘉宾待定）、结题、颁奖，计划两天完成。

注：（1）巡回指导由各校视实际情况与课题组商谈，选择恰当的时间合理安排。

（2）从开题到巡回指导以及终期答辩日期均定为周五报到，周六至周日进行。

（3）课题院校如有合理建议请随时与课题组联系，以便更科学地完成“四校四导师”实验课题教学内容。

评分标准：组成参加最终答辩的指导老师及嘉宾10人。分别打出成绩，相加，最高分为获奖者。

成果展览：2012年12月12日至12月18日在深圳（具体地点待定）展览学生作品。

七、课题组成员

中央美术学院建筑学院课题组	责任导师：王铁教授 导　　师：吴晓敏副教授 教学秘书：杨晓
清华大学美术学院环境艺术系课题组	责任导师：张月副教授 导　　师：汪建松讲师 教学秘书：熊慧娟
天津美术学院设计艺术学院课题组	责任导师：彭军教授 导　　师：高颖副教授 教学秘书：王钧
苏州大学金螳螂建筑与城市环境学院	责任导师：王琼教授 导　　师：刘伟教授 教学秘书：闵淇
中华室内设计网课题组	责任主任：赵庆祥总裁 教学秘书：向莉
中国建筑工业出版社课题组	导　　师：张惠珍副总编辑 教学秘书：唐旭
课题实践导师组	于　强　何潇宁　刘　波　洪忠轩　吴健伟 秦岳明　颜　政　骆　丹　舒剑平　石　赟

各学校可指定青年教师、研究生助教1名。

以上人员责任与工作量由负责课题的各校导师安排，整理记录各校授课文件，为出版作准备。随时与毕业生沟通，及时与各校沟通后把情况汇报给责任指导教师，提醒按时、遵守四校原则，负责日常学生在过程中的各种问题。

八、四校联合课题学生名单

中央美术学院建筑学院，共12人（男生8人，女生4人）

本科生：陆海青（女）、刘畅（女）、郭国文、苏乐天、汤磊、王默涵、解力哲、仝剑飞

研究生：孙鸣飞、韩军、杨晓（女）、郭晓娟（女）

清华大学美术学院，共7人（男生2人，女生5人）

本科生：刘崭、廖青、郑铃丹、孙永军（男）、史泽尧（男）、纪薇、任秋明

天津美术学院，共10人（男生8人，女生2人）

本科生：曲云龙、彭奕雄、李启凡、王伟、王霄君（女）、王家宁、纪川

研究生：王钧、邬旭、刘昂（女）

苏州大学金螳螂建筑与城市环境学院，共10人（男生4人，女生6人）

本科生：绪杏玲、周玉香、朱燕、王瑞、陆志翔（男）、冯雅林（男）、孙晔军（男）、张骏（男）

研究生：闵淇、朱文清

注：课题限40位学生。每次汇报需要两天时间方可完成（课题期间吃住、交通费用全部负担），参加课题院校原则上每校限定10位学生。

2012“四校四导师”环艺专业毕业设计实验教学

暨第四届中华室内设计网优才计划奖
责任导师组

导师组组长：

王铁教授
中央美术学院建筑学院

导师组副组长：

张月副教授
清华大学美术学院环境艺术系
副主任

彭军教授
天津美术学院设计艺术学院
副院长

刘伟教授
苏州大学
金螳螂建筑与城市环境学院

王琼教授
苏州大学
金螳螂建筑与城市环境学院

吴晓敏副教授
中央美术学院建筑学院

高颖副教授
天津美术学院设计艺术学院

汪建松讲师
清华大学美术学院

2012“四校四导师”环艺专业毕业设计实验教学

暨第四届中华室内设计网优才计划奖
课题实践导师

石 赟

现任金螳螂建筑装饰股份有限公司第十五设计院院长。工程师，高级室内设计师，中国室内设计学会理事，中国建筑装饰协会高级室内建筑师，江苏省首届十佳设计师，有成就的资深室内设计师。

吴健伟

深圳森创国际室内设计有限公司设计总监。公司设计总监团队具有20年的从业经验，主要专注于顶级豪宅、别墅、商业空间、办公空间、酒店、会所、样板房设计及陈设服务。

颜 政

深圳市梓人环境设计有限公司成立于2005年，主要从事高档酒店、会所等室内外装饰设计，园林规划设计，建筑方案设计，公司由连续数年荣膺“深圳市最佳室内设计师”及多次在全国性设计大赛中获得较高荣誉的知名设计师颜政创立。

于 强

于强室内设计师事务所成立于1999年，是从事室内设计、服务、咨询的专业性事务所。设计类型包括：商业空间、办公空间、住宅空间。

何潇宁

顶贺环境设计（深圳）有限公司成立于2000年，专业从事室内设计、环境设计、产品外观设计及企业形象设计。主要致力于各类酒店、写字楼、会所、别墅、机场、商务及文化娱乐空间的室内设计。

刘 波

刘波设计顾问有限公司是目前最具创造力的国际化专业室内设计公司之一，在创始人刘波(Paul Liu)先生的带领下，刘波设计顾问有限公司以16年的良好信誉和稳健的经营作风使公司稳步成长。

秦岳明

深圳朗联设计顾问有限公司为专业室内建筑设计公司，成立以来一直致力于建筑及室内空间的设计和研究。

洪忠轩

深圳市假日东方室内设计有限公司是具有建筑装饰工程设计资质的专业设计企业。从建筑到室内，作品涵盖锦江、希尔顿、凯宾斯基、马可波罗、假日等国际品牌酒店。

舒剑平

全国有成就的资深室内建筑师、苏州金螳螂建筑装饰股份有限公司副总设计师、北京设计院院长、天津设计院亚太酒店设计师协会副会长。

骆 丹

毕业于长沙理工大学，深圳市室内设计师协会常务理事，世界酒店联盟常务理事，深圳市室内设计师协会常务理事，世界酒店联盟常务理事，全国杰出中青年室内建筑师，中青书协会员。

2012“四校四导师”环艺专业毕业设计实验教学

暨第四届中华室内设计网优才计划奖

参加课题全体学生

熊慧娟　刘　崭　王　钧　彭奕雄　李启凡

任秋明　郭国文　汤　磊　陆海青　刘　畅

王家宁　陆志翔　杨　晓　纪　薇　郭晓娟

绪杏玲　曲云龙　闵　淇　周玉香　邬　旭

2012“四校四导师”环艺专业毕业设计实验教学

暨第四届中华室内设计网优才计划奖

参加课题全体学生

仝剑飞　孙鸣飞　王霄君　郑铃丹　史泽尧

苏乐天　朱文清　韩　军　廖　青　解力哲

张　骏　王　瑞　刘　昂　朱　燕　孙晔军

王默涵　纪　川　王　伟　冯雅林　孙永军

自由翱翔

回想起四年前的今天,看到眼前"四校四导师"课题取得了2012年国家课题成果,心中有无限感慨,是因为热爱教育事业、是因为课题相互信赖、是因为社会实践导师的全心付出、是因为课题院校主管部门的监管、是因为全体课题组师生坚持实践的硬道理,感恩的我有一种自由翱翔的感受。

四年的"四校四导师"实验教学课题让我有了许多感受,坚持、再坚持就是胜利,以下是"四校四导师"实验教学课题带给我的思考,同时也是中国设计教育不可缺少的组成部分。

一、教师使命

中国高等教育正在迈向全方位开放准备阶段,中外留学教育常态化促使每一位教师在心理上完成自我更新,探索高等教育中的设计教育摆在面前,寻找新的教学方式是教师的时代使命。"教与学"正在走向新的历史阶段,当今高考开始了自主招生,境外的大学直接录取中国高考优秀分数段学生已是现实,在全世界已拉开了高等教育国际化竞争的时代大幕。现实告诉爱国的教师们,是时候了,国际化的浪潮已冲进国内的间隔墙,如何建立顺应时代潮流的科学教育系统,摆在了华夏教育的前沿。从"打破壁垒"到"无限疆域","四校四导师"实验教学课题组的导师们用阳光心理感动了学生,感动了自己,点燃了无界限探索设计教育的火炬,这是千百万"伯乐"的时代使命感、是奠定了设计教育走向全面开放体系的华夏基石,"自由翱翔"记录的是中华大地高等教育中设计教育的无限胸怀,为此努力探索已成为"四校四导师"课题,更是高校设计教育的教师的使命。

二、课题由来

"四校四导师"环境艺术实验教学,始于2008年年底,在中央美术学院王铁教授、清华大学美术学院张月副教授、天津美术学院彭军教授的共同热议下,创立了三校加一校模式,打破院校间封闭的隔墙,就此诞生了"四校四导师"实验教学课题组概念。课题聘请中央美术学院副院长谭平教授、清华大学美术学院郑曙旸教授担任顾问,中央美术学院教务处王晓琳处长为课题监管,以科学的方式探索高等院校设计学科"创业实践"项目实验教学。课题特色:每年选择一所国内综合大学中的建筑、室内、景观设计方向的学科带头人,建立院校基础板块,将四位责任导师名下的本科毕业生(限定学生10名),分6个项目组,计划分四阶段完成教学实践项目。为不影响各校正常教学,参加课题院校每次汇总都安排在周五下午5点,课题院校集中到计划活动院校,周六、周日开始进行课题答辩互动,每个阶段需要两天半时间。

社会需求促使高等院校改变了单一知识型培养模式,转向知识与实践并存型的发展道路,"自由翱翔"的核心价值和目的是培养大批高质量的卓越人才。课题特邀国内知名设计师组成实践导师板块,提倡实践导师为学生出题、直接交流,鼓励各校学生交叉选题,打造三位一体的教学模式,即"责任导师、实践导师、课题学生"团队,教师之间无界限交叉指导交流本科毕业生完成创业实践项目,探讨从知识入手转向实践,建立知识与实践并存型的设计实践教学探讨模式。

三、课题成果

四年来,从《四校四导师》、《打破壁垒》到《无限疆域》,已由中国建筑工业出版社出版发行。计划2012年8月中国建筑工业出版社出版发行《自由翱翔》。目前,"四校四导师"创业实践教学项目课题,已指导本科毕业生达到120多名,另有研究生15名。课题结束后有部分学生选择了在实践导师单位就职工作,解决了大学生就业问题,四年来得到参加院校领导、教务处、学生处、用人单位的高度评价。A963网有近4万的点击率,搜狐、百度、中国教育网、中国建筑装饰网等各大主流网站分别转载课题成果,为教与学、"创业实践项目"、人才培养提供了有益的可鉴参考。

本届"四校四导师"环境艺术实验教学在全体师生经过近四个月的共同努力下、实践课题也经过四年探索奠定了发展基础,课题成果《自由翱翔》全面说明了实验教学的过程,是一本近20万字的一手教学资料。

今后的"四校四导师"实践项目核心目标,是实验教学进一步向更高、更实的阶段发展,计划邀请中国建筑装饰网、A963网、中国建筑装饰协会设计委员会、中国建筑工业出版社,联合共同协办2013年实验教学课题,继续设立"中华优才计划奖"、响应《教育部、财政部关于"十二五"期间实施"高等学校本科教学质量与教学改革工程"的意见》,深入研究教育部"本科教学工程国家级大学生创新创业训练计划",为中国设计教育不断努力探索、坚持"'四校四导师'教学实践模式",并为编写"十二五"国家级教材做好各项准备工作。

四、教学思考

1. 院校差异

全国高等美术院校，由于地域的不同有差异是不争的事实。改革开放以来各个院校相续成立设计学院，以实用型为主导，其教学重点基本上放在平面设计、环境艺术设计方向上，可以说是中国30年的对外开放，成就了平面设计和环境艺术设计。随着高等院校的有序评估、规范后的学科名称，环境艺术设计融入一级“学科风景园林”，成为当中的一个方向，目前已通过一级“学科风景园林”的院校较少，现实造成新的差别。新的学科需要新的师资框架、新的教学理念，在培养目标上也要进行调整，室内设计方向基本是评估前的状态，一些院校是在建筑学框架下，部分院校还是以文学学位为主，各自都在强调办学特色，也许这就是多种办学条件下的百花齐放。

2. 学生差异

院校的办学理念决定培养目标，由于师资来源不同、教育方法也有所不同，高等院校的评估期间各个院校都在强调自己的办学特色，深究其实质可以得出院校相互之间没有多大区别，都有优缺点，教师和学生之间有一杆度量衡。如，本次各校学生都有长处，中央美术学院重视创意，学生大多数反映比较灵活，清华大学学生反映在理性思维方面，天津美术学院学生动手能力较强，苏州大学学生表现在实践方面狠下工夫，可以说本次“四校四导师”教学实践课题院校各有千秋。

3. 教师团队

伯乐的兴衰、学生的兴旺与否是关系到教育事业发展的大事，国内高等院校设计类学科近几年在发展速度上已明显呈现放慢现象，究其原因是国内设计教育大环境之间相互影响所造成的。面对出现的现实问题，各地院校采取的还是十年前的教育模式，再加上近年国内各地招生名额逐年减少，师资队伍存在年龄平均、业绩相当等问题，在教育部评估期间全国院校普遍都认为各自的教学有特色、可持续，然而深究其内核却显现出相互之间的雷同，因为所有院校与教育部评估标准同质，所以只能表现出常态的统一标准。

4. 社会需求

探索新的教学模式，落在敢于实践的有识之士肩上。为使“四校四导师”共同指导本科毕业实验教学取得高质量成果，继续设立“卓越人才计划奖”，以进一步把深入探讨中国高等教育中的设计教学本科毕业课程、研究生毕业论文实验教学科学化、学理化、常态化。本课题已申请到国家教委教改立项，响应教育部教高（2011）号（本科教学工程）大学生创新创业训练计划，并为“十二五”国家教材做好各项准备工作，迎接2013年第五届“四校四导师”环境艺术专业毕业设计实验教学课题，让全体课题学生都能成为国家和社会需要的合格人才，这就是“四校四导师”的目标。

5. 继续探索

探索在常人说来非常简单，一次、两次的探索也并不难做到，坚持四次就不是一个简单的口头语了。是“四校四导师”的教学精神感动了每一届的全体学生，他们的努力鼓舞了全体教师的工作热情。中国的国情与国际地位，让教师们认识到培养优秀的大学生，是今后国家持续发展的重中之重，我们教师只有努力工作、不断创新、主动探索，用自我实践带动学术实践，倡导多种条件下的科学实践。“四校四导师”让全体教师尝到了甜头，辛苦的工作换来了欣慰的成果，看到走向社会工作的学生们，我们内心只有一个信念，“学生信赖我们”。

6. 未来计划

回首四年里“四校四导师”实践教学课题，以及在业内的影响，全体导师对2013年第五届“四校四导师”实践教学课题充满了坚定信心，准备在中国知名美术馆举办五周年综合汇报大展。内容有：四届回顾展，五届新作品展，对相关课题展开学术论坛，为使本课题成为中国设计教育实践教学案例，为这一天的到来，全体导师在接下来的工作中，将全心全意投入充足时间，努力拿出更科学的成果向人民汇报，让设计教育自由翱翔。

王铁　教授
四校联合毕业设计实验教学课题组组长
2012年7月29日于北京方恒国际中心

“仰望蓝天与脚踏实地”、“理想与现实”、“向左走向右走”……

又是一年的活动结束了。看着学生们的丰硕成果，回想当初只是出于偶然的一个想法，随着众多教师、设计师和学生的参与和推动，最终轰轰烈烈地走过了四年。也许当初的激情现在变得淡然了；也许当初的期许现在不是执著的目的了；活动的参与者也由于个人的取向不同而有些许的变换。但是，就像世间所有的事物一样，事情只要发生了，它就会把自己的影响像涟漪一样传递出去。

“仰望蓝天与脚踏实地”、“理想与现实”、“向左走向右走”……这些话都表明了两种极端状态和人们在这两种状态中的纠结，当事物的发展发生转折时，当人们对自己的方向面临选择时，就如今天的中国社会，历史好像到了一个纠结的时代：国家是继续追求高速的经济增长还是注重社会公平正义与民生？设计师是继续简单地山寨古今中外获取商业快钱还是关注社会与自然并脚踏实地地改变世界？学校是追逐现实的市场需求还是为未来的理想提供一些幻想家……这些纠结无论大小，每时每刻都在产生着。我想参加四校交流活动的很多人也同样伴随着纠结的心情。

纠结：对教学的评价标准

在活动结束时，有位老师提到了对学校教学水平的评价，提到了追踪的几项指标：学生对学校的评价、学生的毕业工资水平、学生的跳槽频率、学生的美誉度。不可否认这些都是非常客观的指标，也是对教学和学生选择学校专业非常具有指导性的指标。可问题是客观现实与追求的理想并不总是一致。人们会因为不同的理想而选择不同的客观指标。

在活动中的每一位教师或设计师们，由于他们对设计的意义与价值的观点不同，对同样的学生或作品经常给出不同的评价。我们一直是一个追求大一统的民族，在价值观念上也常会以追求“唯一真理”为标准，经常会在评价体系上提出“保持一致”、“紧紧跟随”、“与 xx 接轨”。并不崇尚个性的与众不同。哪怕是所谓的“个性”另类其实也多少有些虚伪，因为骨子里还是要追求“认同”。因此，学习别人的经验、山寨别人的成果成了国人的惯性思维。教育部的高校评估潜意识里就是“唯一真理”的模式。在这样一个文化背景下勇于提出与别人的不同确实很难。虽然理智上清楚，但是在现实中能坚持下来确实是需要勇气。四校交流的一个最大的收获是发现了学校之间的特点和不同，而更重要的是发现不同的目的并不是为了“趋同”，而是各自更清晰地明确自己的特色。现代社会的特点就是专业分工合作、差异化竞争和多元并存。因此，每个人只要把自己做到最好，不必纠结与艳羡别人。

纠结：专业的表达——“过程”还是“表现”

“过程”还是“表现”，一直是设计专业教学纠结和左右摇摆的问题，基于造型艺术的传统背景，“表现”一直被艺术设计专业教育所重视，而且成为了相对传统的教学体系的特点，甚至成了教学质量优劣的指标。近些年由于西方创意为主的设计教育体系的流行，强调概念、强调过程，形成了一种“去”表达的设计教学观念，虽然其重视内在真实问题的解决、放弃过度追求表面化样式的思路在整个国内过度装饰化的设计市场背景下有积极意义，但过度追求“过程”、忽略“表现”的必要性也同样带来了问题。

这一问题的直接结果，是学生有时会有一个很好的创意概念，但却不能用恰当的方式表现出来。在创造样式与形式为主的艺术设计行业，“表现”是设计的重要手段，某种意义上，“表现”即“设计”。光有概念不行，能够用恰当的形式表现和表现出形式的优美也是起码的底线。因为说到底设计不是靠文字和观念打动人的，最终的成果还是要“现”出来。在现代有如此优秀的“表现”手段，你不能用注重过程来推卸“表现”不利的结果。

与“表现”不利相对的另一种情况是“表现”的过度和不专业。有大量的令人眼花缭乱的素材，可很多基本的设计必要要素没有，设计表演化、娱乐化。其实这个问题要追踪起来应该说是行业市场的问题，是因为行业内评价体系的“不专业”决定的，是专业管理体系的问题。从本质上说优秀设计的出现是管理者的眼界决定的。好的管理应该有能发现好设计的眼光，应能减少设计过程与品质的“过滤”和“内耗”，将优秀的设计品质执行彻底。当然这已经不在我们教育能控制的范围内了。也许我们能小小地干扰影响一下——开一门设计管理学。

张月　副教授
清华大学美术学院
2012 年 5 月

“四校四导师”活动感言

自2009年首次参与活动至今，迎来送往到了第四届，体验越多，感悟越多，导师们在不辞辛劳的坚守之后那种欣悦与寄托是无法用简单的言语去表达的，同学们在经受了严格甚至残酷的层层评判之后终于圆满完成了课题并即将踏上新的人生旅程，总之活动是充实愉快的，对经历的每个人应当都是一种值得回味并收获颇丰的过程。在老师和同学们握手话别之后，看着绿意盎然的北京，享受着因怀感恩之心而奉献之后的轻松，面对明年即将来到的活动第五周年，不妨畅想一下未来的活动情形，供所有关注“四校四导师”公益活动的人们讨论，希望在不断的交流实践中逐渐摸索出更加具有科学性又更加具有特色的活动方式，使得活动可以持续下去，让未来更多的学子能够享受活动带来的快乐及收获。

一、关于活动周期

交流活动最大的困难在于时间的协调。由于参与学校各自不同的课程安排，也由于各位导师及实践导师的时间很难达到步调一致，所以首要问题是解决时间及周期的问题。

如果可以按照课题组进行分组研究，时间可以相对灵活，在可能的情况下可以利用实践导师的工作室进行真正意义的实践训练，这样也有助于学生深度了解项目设计的情况，并能得到实践导师的细致辅导。这一点，也有助于增加学生的校外实践能力，在毕业时填写毕业相关文件时可以把实践课程写入档案，增加本活动的社会性质。

二、关于课题设置

每次课题发布是前一年的10月份之后，如果在课题发布时组织严格的筛选择优颁布课题，会对将来学生的设计大有帮助。也就可以规避一些难度较大或者过于个性化的选题，为最终成果作好铺垫。

具体措施可以是先由导师组提出选题范围并给出深度要求，然后由实践导师参与提供3套可行性选题，最终一起讨论定案，再行发布。发布之时必须提供详细的项目资料及设计要求，包括设计周期要求和成果要求。

三、关于汇报形式

以往每次汇报都是活动的重要组成部分，数十位同学的各个阶段汇报要在每次活动的一两天之内完成，时间非常紧张，如果可以采取各阶段方案展示交流的形式，或许可以缩减形式化的汇报时间，还可以形成分组讨论以达到深入交流的程度。

而且每个阶段的展览交流可以在各个学校形成良好的传播效果，还可以组织其他同学和老师参与共同讨论，这样可以保持活动的多元化及互动性，同时也解放了有限的活动时间，可以多组织一些实践导师的讲座和学生的讨论时间。

以上是一些关于交流活动的设想，抛砖引玉，还欢迎各位有识之士各抒己见，为使“四校四导师”活动持续发展下去贡献一份力量。

最后衷心祝愿“四校四导师”活动越办越好，为中国设计教育培养更多优秀人才。

汪建松　讲师
清华大学美术学院
2012年5月

创新型教学的探索　创新型人才的培养

2012 年 5 月间结束的“四校四导师”环境艺术专业毕业设计教学活动已经是迄今的第四届了。这种打破院校壁垒，以教授治学为特征的、回归高等教育原本规律的科学模式，在当下中国院校普遍地以行政化管理自由的学术交流的常态中，无疑具有了观念认知上、组织形式上、教学模式上的前瞻性、创新性、公益性。

一个新兴的事物是否具有革命性的生命力，首先要看是否被与之相关的社会关系所认可。“四校四导师”这种教学模式从起初的酝酿、到教学活动的启动伊始，就得到了引领中国设计领域发展的一流企业和有识之士们的高度评价、鼎力资助和专业实践教学方面的全程指导，为这个独创的教学创举赋予了实实在在的教与学的创新性与公益性。

发起“四校四导师”这种教学模式的三位教授所在中央美术学院、清华大学、天津美术学院的专业负责人对这个创新的教学探索所给予的充分肯定和支持，进而积极申报各级教研项目的举措，无疑是具有前瞻性的，这对各自院校的教学改革无疑具有示范效应。

如果说学校是为社会输送合格人才为目的的话，“四校四导师”教学模式则是以培养卓越人才为己任。

四年来，参加了这项教学活动的学生享受到不同院校的导师、一流设计家的教学指导以及不同院校教学文化的熏陶，大大提升了这些学生的专业素质和设计水平，初步具备了专业卓越人才的素质，他们被一流设计单位争相聘用，即是“四校四导师”教学模式成功的具体体现。而导师们不断地改进教学模式，提升教学层次，使“四校四导师”教学模式得到了业内的广泛赞誉。

2012 年“四校四导师”环境艺术专业毕业设计教学活动继续坚持尊重自然、注重环境保护、强调设计创新的教学理念，通过对城市规划、建筑设计、景观艺术、室内环境科学的、艺术的设计，为人们营造宜人、宜居的空间环境，创造高品质的人文境界。

今年通过采取实践导师提供真实的设计项目作为课题的方式，特别是金螳螂公司的鼎力支持，使设计教学的开展更具有理论与实践紧密结合、设计创意与项目可实施性融会贯通的特点，同学们经过长达半年的从精心选择具有典型意义的课题项目，到深入实地的调研、潜心研究所付出的辛劳，走入生产一线观摩学习，使毕业设计的展开落实到实处，收到令人可喜的教学效果。

通过同学们的设计作品，我们可以感受到他们以大环境理念对城市环境景观、建筑艺术景观和室内环境设计等领域进行的比较深入的思考。

浏览这些洋溢着灵动睿智的精心之作，我们看到了学生们对课题论证、思考的严谨以及在设计过程中关注社会、历史文脉与地域人文沿革所表现出的将设计创意与科学理念之间有机相融的努力。体现出学生们的知识向多元化延伸，以及感性印迹与理性思维、艺术设计学科与跨学科知识的互动、互补和贯通。尽管由于学生们的理论修养和专业经验尚待积蓄和磨炼而在作品中不可避免地尚显稚嫩，但是，我们更赞许的是这些未来的设计师们所表现出来的创意素质与自信。我们也将从中发现问题，不断地推进专业教学改革的力度，培养出更多适应社会需求的具有先进设计理念与应用能力的创新型的卓越设计人才。

彭军　教授

天津美术学院设计艺术学院

2012 年 6 月 10 日

“四年之养”

——“2012‘四校四导师’毕业设计实验教学暨中华室内设计网优才计划奖”感言

又是一个难忘的学期，又是一场难忘的经历，在2012年也迎来了“‘四校四导师’毕业设计实验教学”活动的第四个春秋。和往届一样，件件设计作品一如本活动的先锋性一样极具创造力，体现国内一流高等艺术设计院校学生们的专业素养和创作激情；篇篇专业论文立意独特，研究方法严谨，调研详尽，有理有据，充分体现硕士研究生在本专业理论研究方面的全心投入与悉心钻研。和往届不同的是我由于出国访问的原因没能亲身见证2012年5月12日在中央美术学院建筑学院报告厅的结题过程，深感遗憾。

“‘四校四导师’毕业设计实验教学”活动自2009年以“高校教学改革先锋探索”为宗旨创办以来，经历了2010年的“打破壁垒”，2011年的“无限疆域”，进入了第四个年头，已经形成由中央美术学院、天津美术学院、清华大学美术学院为核心，每年分别与国内其他地区著名工科或美术院校合作的模式。

如今的设计教育已由原来的高等教育单一知识型培养转变为知识与实践并存型培养，因此“‘四校四导师’毕业设计实验教学”活动特别联合邀请深圳市福田区文化产业发展办公室和中华室内设计网赵庆祥总裁及国内十位设计名家担任“设计实践导师”，促成从院校到社会，从学生到设计师的“无缝连接”，真正实现学界和设计界行业的创新式联合教学。

艺术设计专业本身的最大特点之一就是具备极强的实践性、实战性，普遍性的、纯粹式的书本教学模式不能完全满足当今的艺术设计教学要求。各艺术设计院校的有识之士均大胆探寻符合自身发展模式的艺术设计教育新方法。本次“‘四校四导师’毕业设计实验教学”活动院校之一：苏州大学金螳螂建筑与城市环境学院在这方面迈出了坚实的一步。2012年4月21日在苏州大学金螳螂建筑与城市环境学院举办中期会审的同时，参观了苏州金螳螂公司总部以及苏州金螳螂木材与家具制造厂。在这里学生们可以真实参与到实际设计案例，从接受任务、调研、客户访问、前期策划、方案概念的提出、创意草案、方案深化、效果表现、施工图到节点图的完整的设计流程。可以获得实践经验丰富的一线设计师的指导，真正了解市场的发展动向与实际需求。可以在制造车间学习到木材加工的所有工艺技术，学习到家具从纸面的设计方案到成品批量制作的完整过程，切实解决了学生不懂工艺，缺乏施工现场经验，这个以往很难在课堂解决的难题。可以看出这种寻求院校与一线设计公司各展所长，共同培养艺术设计人才模式的先天优势。

在德国汉堡国际与交流大学品牌设计专业交流了一周多的时间，不仅了解到这里有欧洲目前最大的建设工地——海港城，这里拥有1万多家设计公司，体会这个城市生态的景观设计，体会对历史文化建筑的尊重，以人为本设计理念在微小细节中的体现等，更深刻感受到他们对当代艺术设计教学的理解。这里所有的授课教师都无一例外地必须具备设计实践的经历，以他们的解释，设计是实实在在的，不具备设计实战能力怎么能教学生，这里的教授本身必须首先是杰出的设计师，这是最为基本的。

“‘四校四导师’毕业设计实验教学”活动的初衷毫无疑问就是尊重本学科的自身科学发展特点，探寻今后发展的本源动力，给同仁带来些许改革尝试经验。该活动得到天津大学、中国科学院院士彭一刚教授，长江学者、中央美术学院设计学院院长王敏教授，中央美术学院副院长谭平教授，清华大学美术学院院长郑曙旸教授，中国建筑工业出版社张惠珍副总编辑，中国建筑装饰协会设计委员会田德昌秘书长等著名专家、学者肯定。得到中国建筑工业出版社、中国建筑装饰协会设计委员会、中华设计网A963、深圳都市频道《第一现场》、中国建筑装饰装修、《深圳商报》、《深圳特区报》、《晶报》、《南方都市报》、《南方日报》、搜房网、搜狐焦点网、新浪网等各界的广泛关注与支持。在全体导师以及参加这项活动的四所院校的历届毕业生的共同努力下，在社会各界、各院校相关部门的大力支持下，“‘四校四导师’毕业设计实验教学”活动经过4年的精心运营，将方方面面致力于“高校教学改革先锋探索”的力量形成合力，共同打造“‘四校四导师’毕业设计实验教学”这个品牌。经过4年的滋养，经过4年的精心哺育，“‘四校四导师’毕业设计实验教学”活动在本领域造成极大的影响，并且逐渐进入常态运营模式，跨入了一个新的教学改革探索阶段。实践证明它的出现为中国高等教育艺术设计学科与工学学科的相互借鉴，为打破各院校间存在的无形隔墙，实现名校、名企、名家联合教学，实现教育资源的共享和最大化，探索毕业设计实验教学新模式提供了有益的参考。

“‘四校四导师’环艺专业毕业设计实验教学”活动绝不从一种固定的模式走向另一种固定的模式，永远保持“先锋探索”的精神，预祝在今后交流中，以中央美术学院建筑学院、清华大学美术学院、天津美术学院作为核心，迎接时代的召唤与考验，深化课题研究，培养更多、更好、更高的环境艺术设计人才，以更广的视野、更深入的交流，让世界听见中国环境艺术设计教育的声音。

高颖　副教授
天津美术学院设计艺术学院
2012年5月24日于德国汉堡

观而进退

——结合教学改革谈此次毕业设计教学实验活动

《周易》，八八六十四卦，其中“观”卦为吉祥之卦，其“六三”爻辞曰：“观我生，进退。”不论于人，或是于事，必先“观”之，而后再言进退。学生学习设计须如此，设计师进行设计须如此，学校推行设计教育更须如此。

一、基于校企合作的室内设计教学改革

苏州大学金螳螂建筑与城市环境学院为苏州大学和金螳螂公司合作创办，2008 年首次开设室内设计专业，到今年刚好是第一届学生毕业。当时，我们对国内外室内设计教育状况进行了详细调研，提出一套全面而彻底的教学改革方案。改革主要从师资队伍、课程设置、授课形式、基础课教学、设计课教学、学分形式、实践平台七个方面入手，希望能打破课堂教育高高在上的象牙塔模式，充分发挥具有高等学校教师资格的资深设计师的设计经验和教学能力，带动年轻教师努力提高自身能力、发现问题并立即改进；能培养学生的创造性思维和实际应用能力；能通过打包课程提高教学效率，加强设计教育的整体性；强化真题真做，或将已有的题目虚拟化，往研究性方向发展，并让学生在设计第一线进行实习，与设计企业一线设计师直接沟通交流；最后在设计实践中检验教学成果。

二、以毕业设计教学实验活动来检验教学改革

在此次“四校四导师”活动的过程中，结合我自己的感受和学生的反响来看，我们学院的教学改革达到了一定的水准，取得了一定的成效，但是也暴露出一些缺点。与美术学院不同的是，我们学院的室内设计专业实行理科招生，学生的逻辑思维、分析能力较强，大一、大二阶段与建筑学专业共享基础课大平台，对建筑和结构方面的知识了解得也比较多，这在整个毕业设计过程中体现得较为明显。但是，理科招生同样也带来一个明显的不足，那就是在徒手表现、造型构思、审美水准方面，跟美院的学生还是有一定的差距。

学生们在共同设计、学习、交流的过程中，在四校导师的指导下，呈现出思维互动化、设计多元化、手法多样化的趋势，再加上诸多企业实践导师给学生带来的室内设计职业性方面的指引，给这些即将毕业的学生带来了很大的转变，大大提升了学生对形式与功能、艺术与技术的整合能力。

三、不断优化教学改革，共同推进中国室内设计教育事业科学发展

虽然苏州大学历史悠久，但是我们学院的室内设计专业还是处于起步阶段。参加活动之初，我曾担心我们学院的学生和其他三所优秀院校的学生差距会很大，但是，等到活动圆满结束，让我感到欣慰的是，差距虽然还有，但没有我想象中的那么大。这说明，我们四年前选择的教学改革这条路是对的，同时，我们也要认真分析总结，针对在这次活动中体现出来的优缺点，作出相应的调整和优化，将改革的路坚定地走下去。

我们学院在课程设置、基础课教学、设计课教学、毕业设计方面都有着明显的改革特征，基础课由学校专职老师授课，设计课和毕业设计由金螳螂一线设计师直接指导。这种深度的校企合作取得了良好的效果，希望其他院校在我们的基础之上进行一些新的思考和实践。

中国室内设计教育本身起步较晚，随着行业的迅速发展，我们的教育又面临着各种各样的困难与挑战，“四校四导师”活动创立的初衷，就是对室内设计教育的全新探索。设计属于应用学科，离不开实践的指导，只有与实践紧密结合，设计教育才能达到其最初的愿想。“四校四导师”活动最大的特点，就是设计院校不再是孤立的，而是联合了国内最顶尖的设计企业和设计师，共同推进中国室内设计教育事业科学发展。

最后，由衷感谢中央美术学院建筑学院、清华大学美术学院、天津美术学院设计艺术学院这三所院校提供的这个活动平台，让大家能有这样一个沟通交流、共同提高的机会。

王琼　教授

苏州大学金螳螂建筑与城市环境学院

2012 年 5 月

开放交流，教学相长

虽然辛苦，但仍然为能够参加“四校四导师”毕业设计教学活动而深感荣幸，收获可谓良多。从各校的教师与学生的相互比较之中看到了各自的教学特色与方方面面的差距，直观地了解到了各个学校的教学状态与风格，明确了我们自身的特点和未来努力的目标。当然，收获不仅仅是教学，通过学术交流而使得导师和导师，导师与学生，学生与学生之间结下的真挚友谊更为这个活动增添了无限魅力。

这是一个突破了目前国内设计教育诸多瓶颈的教学活动，这样的教学活动有着良好的交流平台。在这个平台上，四校的师生和社会实践导师们能有半年多的频繁交流时间，且在浓郁的学术气氛中，在友好平等的、轻松活泼的状态下各抒己见。共同营造了一个自由交流的思想和学术的沙龙。在这个氛围中受益的不仅仅是我们的学生，还有我们导师自己。尽管在教学过程中各个导师之间会因为对学生作品的不同评判而产生分歧，甚至各不相让，一时间会有些不适之感，却都能够很快地自我调整好状态，统一在大家一切都是为了孩子们的成长这个共识下。作为导师的我们有时候真的会羡慕这些幸运的学生，他们能在如此优质的教学资源中被反复锤炼，这是我们做学生之时所不可想象的。按照这次教学活动的核心人物中央美院的王铁教授常常的说法——这是一群幸运的孩子。

四校的导师们带着高昂的激情和高度的责任心投入到这个教学过程中，导师们破除了门户之见将其他学校的学生视为自己的学生。各个导师所出的题目所有学生都可以选择，学生可以选择任何一个导师出的课题而成为这个导师所指导的学生。同样，导师对每个学生都可以进行指导。学生由此也把所有的导师看成是自己的导师。如此设计的程序导致的那种和谐亲切的气氛是其他的教学活动中所没有的。这样的机制打破了同一个学校的师生之间因为人事而产生的教育壁垒，也去除了老师在教学过程中因为习惯而可能产生的对学生的偏见或成见。因为能够得到不同导师的指导，不同角度和视点所提出的评价让学生的思想不受桎梏，设计处于一种开放的状态之中。这无疑对于设计专业的学生的创意思维是极为良好的土壤。更为难得的是这个教学活动吸引了一批来自于国内知名设计团队的社会实践导师们。这些优秀的设计师们心甘情愿地自己贴钱贴力来给学生以悉心指导。这些活跃在设计一线的设计师能给予学生最直接的、合乎市场需求的指导意见，使得这些学生们在即将跨入社会前夕能够获得实在的建议和指导，使他们能有效地适应社会未来的挑战。这个教学活动同时也给这些知名的设计公司和设计师们提供了一个发现人才和挑选生力军的机会。

相比较常规的毕业设计教学活动，这样的教学活动对于导师和学生而言压力要大很多。首先从客观上来看，学生汇报的次数在量上便超出常规的一倍多，学生不得不花更多的时间和精力来完成大量的设计工作，其次因为有其他学校的导师和学生的比较使得大家主观上都不敢懈怠。再加上社会和媒体的关注使这个教学活动显得不同寻常。如此而激发出来的学习热情是常规的毕业设计教学过程所不能比拟的。

这种教学相长、双向多赢的格局让这个教学活动为一群执著于设计教学的学者们提供了一个丰富的研究系统，也为我国的设计教育树立了一个良好的榜样。这样的教学探索必将给我国的设计教育带来不可预想的促进作用。这次教学活动可以说是我从事设计教育20多年参加的最实在的一次教学活动，是真正意义上的教学研究。值得我们在今后的教学过程中很好地深入探讨和研究。我衷心地希望这样的教学研究活动能够可持续地进行下去。

刘伟　教授
苏州大学金螳螂建筑与城市环境学院
2012年5月

心不苦

“辛苦了，辛苦了……”在一片辛苦声中，“四校四导师”第四期落下了帷幕，一次次的火车、飞机，把我从现实拉回到了久违的校园。一幕幕或清晰、或模糊的学生时代在眼前回旋。离开，又回来，回不去却也很难离开，23年了，真的有点长，长得已记不住一路上到底是花香鸟语还是荆棘满布，虽然还在没心没肺地大笑，虽然临出门妈妈还在一如既往地千叮万嘱，怕她的儿子会饿着冷着，尽管抬头挺胸地、坚定地走着，其实时时处在十字路口，四面八方的诱惑或威胁使我不断地被迷惑着。抽着烟，思绪又回到了小学时代，二年级我写的一篇作文“我长大了想做画家”，是啊，一个能按自己意志尽量表达对爱好的理解的浪费的自由的职业，总是在书本的空白处画满了涂鸦，上课画老师，窗外的景色也被一遍一遍涂满了作业本，最终被500元诱惑画了一张效果图，成为了“设计师”，“只不过换了用石材、木材等建筑材料来代替了颜料”，一直这样自我安慰着，最终还是清醒地明白，设计师是为业主的梦想而存在的，有时我们的梦想会重合，有时梦想比现实更现实。

在别人的眼里我们是令人羡慕的，衣着光鲜，里外名牌，游山玩水，满世界地住着五星酒店。只有在阳台对着月光，抽着烟的时候，才觉得压力和烦躁已布满了身心。

就这样，一路走来，脚步已停不下来，尽管脚已麻木，腿有酸胀，终究只是一路的风景。偶尔也可小憩，俯身拾起落叶，细看着叶脉的分布，残留的色彩，虫吻留下的小洞，感叹着自然的造化，在悲哀地明白了人类终究不能达其高度的万分之一的同时，感悟出顺应自然，并不是生硬的模仿自然表象，而是需要深层次地理解因果关系。

看得多了，也会明白一些最基本的道理，刻苦、认真、努力、坚持，不断地自我完善，仍是唯一的可行的路径，尽管还要天赋、机遇等，但坚忍、毅力仍是成功的有效助手。

当然，自信是必不可少的，可自信的来源不是盲目的，需不断地充实并受得了一次次的捶打。在学校，捶打可理解为锻造，是有目的、有方向、充满善意的，所以到现在我才会说，在学校，多学点，再多学点，更多学点。尽管我说了并不会有多大效果，正如我在校时一样。

终究会离开学校的，“要尊重前辈，这将受益无限”，这是我一到工作单位时一位年长者的忠告，我现在把它转赠给即将毕业的同学们，尽管我知道你们会像我当初一样“意气风发，自空一切”。

“辛苦了，辛苦了……”当你经常听到这个声音的时候，其实离成功已不远了，至少你努力地迈出了一步又一步，正如同“四校四导师”的活动一样，在一步一步地迈进，这样辛苦，其实心不苦！

石赟
苏州金螳螂建筑装饰股份有限公司设计研究总院副总设计师
2012年5月

有感“四校四导师”毕业设计实验教学

在“四校四导师”教学活动过程中，亲身感受到中国高等设计教育学府的专家、教授们为中国设计教育所作出的不懈努力，敢为人先的探索精神及忘我的工作热情，社会实践导师们放下手上的设计工作，利用周六、周日的休息时间奔赴到各教学点满腔热情地指导学生，十分令人感动。尤其是这种打破各校设计教学体系之间的壁垒，直接交叉指导各校学生进行毕业设计的教学方法，不仅让四校学生得到来自更多老师的指导，也让四校学生之间进行了很好的交流，四校老师与实践导师之间在设计教学思想、设计实践方法上也得到深层次的交流，社会实践导师的加入使得高等设计教育由原来单一知识型培养转变为知识与实践并存型的一次实践和总结。社会实践导师们都是活跃在业界一线的设计师，对当下社会设计人才需求都非常明了，在对学生的指导过程中直接带入目前设计行业最新的信息和趋势走向。可贵的是，实践导师们来自不同的公司，设计风格也各不相同，这使得参加课题的高校学生都更加多元、广泛、深入地面对面地交流，完全激发了学生的设计潜能，使学生把在校期间所学专业基础知识与设计实践相结合的能力有了很大的提高，从而使学生的毕业设计变得更加具有实效性，为学生进入社会从业提前作好了准备。

在活动刚开始的时候，我总觉得有些选题作为毕业设计是不是有点太大，担心学生们来不及完成，但是在几次评审之后我的顾虑逐渐打消了，学生们不仅按时完成毕业设计任务，有些学生还表现出设计思想非常成熟，表现技法也很不错，还有些设计方案在这么短的时间内做得那么深入，实属不易。我想，这与四校平时的教学水平和严谨治学态度不无关系。让我印象深刻的是四校学生思想活跃、很有自信，面对导师们的提问都能从容对答，而导师们对待每一个学生都尽心尽责、从严要求且又关爱鼓励，教与学的互动氛围实在令人难忘。

最后，我对在这次活动中取得优异成绩的同学表示祝贺！向参加这次“四校四导师”教学活动的所有导师们表示诚挚的敬意！祝愿“四校四导师”毕业设计教学活动越办越好！这种教学模式所取得的成果和经验能惠及更多的学生，能被更多的学校借鉴学习，为繁荣中国设计高等教育作出更大的贡献，谱写新的篇章。

舒剑平
苏州金螳螂建筑装饰股份有限公司北京设计院院长
2012年5月26日

这一切，越来越多的人会受益

与圈内的朋友们每一次聚会谈论最多的当属“四校四导师”，“四校四导师”活动暨中华室内设计网优才计划奖到今年已经四届了，过去四届在中央美院王铁、清华美院张月、天津美院彭军等设计教育界领军人物的带领下，我们走过了一个从无到有的品牌缔造过程，特别是没有任何可以借鉴的模式，一切都得从零开始，持续的推动力源于参与者们对设计教育的极大关注、热爱与责任。

过去四期，项目参与者们舍去了无数个周六、周日，自费机票，往返于不同城市、设计院校之间来研究探讨中国设计教育，特别是大学四年级毕业设计指导教学的新模式，并创新而大胆地运用到实践中来。也正基于此，“四校四导师”活动今天已经有了自己较为鲜明的体系，从启动仪式、设计选题、开题报告、中期辅导、中期汇审、终期评审到颁奖典礼、图书出版、作品展览，甚至到品牌标志视觉传达，“四校四导师”活动传递了一种系统，一种标准，一种设计教育的新思路。这种系统和标准虽然至今还在不断完善中，但所有参与者已经较为清楚地看见了它的未来和对当今中国设计教育积极而深远的影响。也正基于此，“四校四导师”活动影响越来越大，也感染着更多的一线著名设计师加入到这个公益事业中来，并将自己的设计案例、成功经验、创业历程与学弟学妹们一起分享；也正基于此，“四校四导师”活动为设计院校之间的交流、设计教育和设计实践的对接开创了一种新的模式，也取得了一定成果；也正基于此，“四校四导师”活动通过中央美术学院的申报，即将被教育部纳入国家级课题。

这是一项有意义的探索，翻开设计的历史，对诞生于 1919 年的德国“包豪斯”，大家都不会陌生，其教学方式在当时传统的学院派看来是十分另类的，但它后来却几乎成为全世界现代艺术和设计教学的通用模式，为对那个时代寄予希望的年轻人指引了一条通往幸福的路……其理论与学说对整个世界产生影响，激起的涟漪至今随处荡漾。可以说今天的我们生活在一个充满着设计和变革的时代，当今世界，设计无时无刻不在改变着我们的生活，但是当下大多数人心目中的“设计”还停留在具象的层面，一件产品、一个空间，但当我们回到设计的原点来思考，人类最终要的不是手机，不是电脑，而是衣食住行用的方便，而这个方便一定建基于让我们的生活更加合理、更加健康、更加安全，而不是奢侈，不是浪费，一定是利用有限的资源最大限度地满足人们的需求，带来人们生活方式的积极改变。从这点上看，设计师更应该具有商业策略的大思维，更应该站在一个战略的高度看问题。

当下，中国的设计与欧美发达国家相比依然存在较大差距，设计教育水平更是直接关系着设计人才的培养、设计产业的发展，透过“‘四校四导师’活动暨中华室内设计网优才计划奖”，我们可以传递更为积极的思想、观察研究解决问题的方法，而不仅仅是谋生的技能。而伴随着“四校四导师”活动的持续开展，这一切，我相信越来越多的人会受益。

赵庆祥
中华室内设计网总裁
2012 年 5 月 25 日于深圳

心愿与联想

——2012年“四校四导师”实践教学的联想

已经开展四届的“四校四导师”教学活动今年又是个丰收年，融入社会实践导师是第三个年头，我也是第三次参与其中，今年的参与给我最大的感受是新鲜感中带有特色，三个多月的过程中却使我思考了些实际内涵。这个实践教学模式是非常值得肯定的，四所国内重点大学，不同院校的指导教师，在四所大学选拔出的毕业生，用三个多月的时间完成本科毕业设计，从选题到答辩的全过程，这种尝试首先是以前中国高等院校所没有的经验。

师生之间除采取面对面的交流之外，更多了一条网络交流的渠道，而社会实践导师的融入，让师生交流更加充实，学生理解社会多了一条向实践展望的途径。从“四校四导师”教学组长，中央美院建筑学院王铁教授为主的教师团队角度看，努力尝试在现有设计教育的体制下，寻求让学生受益更多的方法研究教学，这个活动让人钦佩，为此我本人也会义无反顾地支持下去，并愿为实验教学作出贡献。我思考的内容归纳起来有两点，一点针对当前高校在校大学生，一点针对设计实验教学活动本身。

离开学校20年了，再面对20年前的自己，感慨虽年龄相仿，但在这个时代下的他们，思维方式及行事作风都有了很大的不同，在观看他们课题PPT演示的过程中，我脑海中不时会蹦出几个问号，回味无穷。整体来讲课题学生们的创意固然是不错，人们常说毕业设计是学生在校的最后一次浪漫，所以不仅是指导教师们，包括我们实践导师们对于学生的作品都给予了足够的包容。确实有一部分学生对于“什么是设计，为谁（什么）设计，怎样才算是好设计”或多或少认识模糊，我相信这些最根本的东西作为指导教师在入学伊始就会灌输给学生，那么问题到底出在哪个环节了呢，是因为扩招造成的学生素质下降，还是另有其他原因，这确实是值得人们认真思考的，带着这些问题的学生一旦走向社会，不仅无法成为设计领域的中流砥柱，更加会造成社会资源的浪费。

再谈谈“四校四导师”实践活动，答辩中常常出现这样的现象，实践导师提出的问题、同学生的回答常常不是在同一个层面上，我们设计实践导师和拼杀在一线的设计师介入教学固然是好事，但是四年本科教育已完成，靠短短三个月4次的时间还是不够的，这样的设计实践是远远无法得到理想效果的。在这一点上，我的感受是，设计实践不仅重要，还应该尽早走出校园，这对学生至关重要，让他们对未来的大环境有所了解，也可以通过了解明确自己的专攻方向，认清在现有设计教育体制下人才过剩的客观现状，我们除了需要顶尖级设计人才，甚至还缺乏专业设计及其他综合型设计及管理人才。并且，这样做的好处还在于可以缩短从学校到人才的一些中间成长过程，从短期看，对人才有利；从长远看，对国家有利。

以上观点，既可作为从设计教育中走出，是在远离了20年后又初来乍到的一些个人看法，也可算是抛砖引玉，思考问题，如果对在校师生有一些启发和参考价值的话，我的心愿就此实现了。

何潇宁
顶贺环境设计（深圳）有限公司设计总监
2012年5月

学生了解社会的快捷方式

——“四校四导师”教学感言

每次参加活动之前，我都会想这次我要和学生交流什么，要告诉学生什么，什么才是学生最想知道的，但每次时间总觉得太急促，学生从大四才与我们接触，太晚了，但已经不要紧了，因为我一直坚信导师不经意的一句话，可能会创造一个奇迹；导师不经意的一个眼神，也许会扼杀一个人才。导师习以为常的行为，对学生终身的发展会产生不可估量的影响，温和友善，胜于强力风暴。在活动中一个灿烂的微笑，一个赏识的眼神，一句热情的话语都能缩短我和学生的差距。在这次“四校四导师”的活动上，对孩子的教育过程中，我多么希望将我所有的知识倾囊相授。希望在每次的活动中能点燃孩子们智慧的火花，让他们燃起对设计的渴望，使他们获得满足，体验到收获的喜悦。

大家合用这样一个优秀的平台，让我们奉献出一份自己的绵薄之力去履行我们的社会责任，同时给学生们创造了一个快捷方式去了解他们以后将要面对的困难和追求的方向。

洪忠轩
深圳市假日东方室内设计有限公司董事长兼设计总监
2012年5月

见解广若虚空　取舍细如粉末

转眼又是一年，"四校四导师"的活动又到了感言之时，去年的感言还言犹在耳。每到这个时候，真的没有什么太多好说的，如今的时代，只要有心，没有什么见解是听不到的，可是，很多时候，见解越多，越不知道该怎么去做，关键不在于见解，在于去实行。

也许，很多时候，人们都急于得到一个高明的观点，以为有了这个观点，就可以安枕无忧、少走弯路，而我个人觉得，恰恰最难的也就是最易的，无论做设计也好，做人也好，真正难的唯有"平实"二字。

设计一事，和许多世事一样，和过日子、谈恋爱一样，都是一个长时间积累和沉淀的过程，个中滋味，冷暖自知。这里对你们怀着一些良好的祝愿，借此表达一下，因为自己也曾有过和大家一样的青春和梦想。

许多被忽略的东西，恰恰是最宝贵的，比如说真诚、感恩、宽容等。把这些用到设计上，也是一样的。满怀真诚地设计，得到认可时一定要感恩，而得不到认可时，一定要包容，假以时日，必成大器。设计如此，做事如此，做人更是如此。从细微之处，小心取舍珍惜周围的一切，才能得到和谐顺利的前途。

正如前辈们说的那样："见解广若虚空，取舍细如粉末"。以此作为又一年的祝愿！

刘波
刘波设计顾问有限公司董事长、设计总监
2012年5月

唠叨两句

承蒙抬举，连续三年参加“四校四导师”活动，每次结束都有不少感触，加上作为校外的实践导师在活动结束后写篇体会或者感言也是王铁老师及活动组织者的命题作文，于是有了 2010 年的“有三说三”，2011 年的“自说自话”两篇文字。这不，今年又要交作业了。但苦思良久，却一直无从下笔，故而也就一拖再拖，直到被下了最后通牒，逃不掉了，才老老实实地坐在桌前。

感想自然不少，活动给毕业生之间相互学习、学院之间彼此交流带来的益处有目共睹，我也不必复赘。不足之处当然也在所难免，不然也出不了以前写的文字，想必老师们会更清楚，即每年的课题的调整和改进都让人体会到组织者对学生和教学的一片苦心及深厚的情感，而这种情感和投入的精力是我们这些“社会上的”难以体会的。可过去两年连番说去，都是就事论事、就活动说活动而已，真正认真起来，却不只是学院里的学与教的问题了。

说实话，至今不明白，环艺系学生的培养目标为何？仿佛是一个介乎于艺术与理工之间的跨界——这仿佛是个很时尚的词汇——专业，但实际却有两边不靠之嫌：既缺乏文科艺术教学的活跃与锐气，亦不见理科的严谨及有序。毕业出来后好像什么都能做：建筑、规划、景观、室内，但实际上阵却都流于皮毛。故虽说毕业设计是大学几年学习的总结，但以我的私见，在看到的毕业作品中，能深入就某个问题进行探讨与分析并完整地表达清晰的却不多，有些甚至只求大而全，唯见虚而空，设计深度远没有达到毕业设计的要求。

插个段子，某名牌大学毕业生毕业时踌躇满志，给自己的入职公司定了个标准：要大公司（最好是外企），工作要有配车（最好是专用），企业氛围要好（最好都是同龄人），服务的客户要好沟通（最好没有代沟），最后……他进了某国际品牌的连锁快餐厅当外送员。我并无对做外送员有任何歧视之意，仅感叹于毕业生的期望与现实的区别，而期望的偏差又源自何处？

还是“自说自话”里的一段：“这是一个没有大师的时代，且就目前国内的教育体制下，传统学院里也难以培养出大师，故而更多关注的应该是大部分学生基本的职业水准、职业道德的教育与培养。而从业心态与职业道德更决定学生今后的工作态度和服务于社会的责任感，这些正是现今浮躁社会所缺乏的。”

现时大学中不缺德才兼备的教授，亦多聪颖好学的学生，可叹的却是毕业后这厢在抱怨难招好学生，那处在哀叹企业无慧眼。个中缘由，在与教授们把酒聊天时也有提及，但已不是老师和我等力所能及的范围了，故而也仅能作为酒桌茶局的谈资，要变成文字，还是罢了。就此打住，不再啰唆。

话说回来，能有个机会，我这个“社会上的”能和学院里的老师们在一起清清楚楚地糊涂一下，也好。

秦岳明

深圳朗联设计顾问有限公司设计总监

2012 年 7 月

四校活动感言

转眼间，"'四校四导师' 教学实践" 活动已经走过四个年头了。能够全程参与，亲历每一次的碰撞与感动，见证一点一滴的进步而至成熟，想来真是人生经历中的一大幸事！

当初，怀着对学生时代校园生活的眷恋与对当下学校教学方式的好奇心参与到活动当中来，一发不可收拾，每年都没有落下，收获远大过当初的预想。

我个人非常相信年轻的毕业生在实际项目中是可以产生实用价值的。他们在校期间所受到的审美训练、创意热情的培养和设计方法，以及相应的技术技能掌握，这些都能够让他们在以后的工作实践中很快地参与进来，以其所学获得更多设计实践的机会，为将来成长为综合能力很强的成熟设计师建立起一个良好的开端。毕竟对于年轻的设计师来讲，能够得到更多的实践机会是非常宝贵的。这种认识在与本活动相关的学生实习与毕业生工作状况跟踪调查中是得到了肯定的。事实证明，这样的教学形式对于毕业生能够尽快融入企业与设计项目实践中是有很大的促进作用的。优秀的学生更成为了各企业争相聘用的热点人物。人才的竞争从社会提早到了校园。

"四校四导师" 的教学活动无疑是成功的，无论是对学生还是用人的企业。这样的成功促使我思考是否我们可以把这样的成果进一步扩大化，让学校的教学与行业的实践有更紧密的结合。最近，我有幸被深圳大学艺术设计学院聘请为客座教授，也更加促使了我认真地思考这个问题。我想，我们是否可以将学校教师与社会实践导师联合教学的这一方式引入到日常教学当中，而不仅局限于毕业创作。日常教学的课题由学校教师与社会实践导师共同讨论决定，甚至可以真题真做，拿企业的实际设计项目作为教学课题，但是在设计条件的设定方面可以更加放开，不完全地从具体的实用角度出发，而是以更高层面的理论研究为目的，从更广阔的角度探讨现实项目的理论方向与更加广泛的设计可能性。课题来源于现实，成果高于现实，从而在理论上总结与指导现实。这样做会使学校教学有 "现实" 的根，而企业的实际项目的设计也有理论高度的指导。从而推动学校教学与企业项目实践的共同进步，联动发展。这种模式因其具有学校、学生、企业多方受惠的优越性，而形成了 "刚需"，势必有其强大的生命力而支持其可长期进行下去……

历经四载，"四校四导师" 活动完成了探索与方向的思考，今后必将有长足发展。也许，我们所有的参与者都是动态的，但 "四校四导师" 的模式必将成为一种常态。也相信每一位参与者必将会在各自不同的地域与领域把这样的模式与精神继续发扬光大。

祝福 "四校四导师"，感谢所有应该感谢的人。

于强
深圳市于强环境艺术设计有限公司设计总监
2012 年 7 月 1 日

目标——唯美

今年的“四校四导师”活动已经结束,回想几个月来参加的毕业设计指导,心中有点纠结,学生用功了,付出了很多艰辛,他们的聪明,他们的浪漫,我感受到了,但终究感觉学生还缺少点什么。

作为活动的实践导师,我经历了两届“四校四导师”活动,迫切想传递给学生一些具有实践价值的信息,经过思考,针对学生的情况,给点我的个人建议。

一、学生学习的目的

学生在学校学习及生活应该是基础素养的培育,爱因斯坦有句话:“不要把学习看成是任务,而是一个令人羡慕的机会,为了你们自己的欢乐和今后你们工作所属的社会需求去学习。”

刚毕业的学生,应当掌握基础知识、基本技能、提高设计制造的表现水平,方能为社会所用,社会更多需求的是具备全面操作能力的实干高手,而不是所谓的大师。

泰戈尔有句名言“学习必须与实干相结合”,我们期望毕业生进入社会后,在实际的项目中,从最基础开始入手,边学边做,只要用心,相信很快就能上手,切记好高骛远,浪费青春。

美院的学生,有天赋,值得高兴。但正如培根所说:“人的天赋有如野生的花草,他们需要基础知识的修剪。”

二、学生艺术素养的培育

设计的意义其实很单纯,就是创造美好,我从业20多年,一直在追求美的事物,一件作品,通过视觉感观,传递一种美的境界,就是设计的根本目的。在这次的毕业设计中,学生的作品前期作了太多的文字分析,可最终展示出的作品缺少点美好的感受。

在这里,我们要强调“唯美主义”。设计作品的过程就是讲究搭配,无论什么形式或风格都是为了表达美好的愿望,造型手法、色彩运用、材质配搭、灯光选择都是围绕一个主题——唯美。

美院的毕业生长期接受造型、色彩的基本训练,在创造美好作品方面该有优势,但目前通过作品,我的感觉不是非常突出,期望学生在今后的工作及生活中不断去发现身边美好的情节,不断提升自身的审美能力,加强艺术气质方面的培养,这是一个修炼的过程。

“美是艺术的最高原理,同时也是最高目的。”——歌德

吴健伟
森创国际设计有限公司设计总监
2012年5月

“四校四导师”活动感言

建筑空间是一种艺术作品，与真理并肩而行，才能呈现其中的美，这真理是“栖”的真理，是心灵寓于躯体的认同。它需要营造心灵活动氛围，也要形成躯体活动的物理空间。正因为此，建筑空间设计是一门理想与感性密不可分的学科。

在四校实践活动中，我常常被学生们倾注在自己作品中的（哪怕还有些许不合实施逻辑的错误）激情与执著深深地触动，仿佛看到多年前的自己，但从业之后才真正地了解了设计。从根本的意义来讲，设计是服务行业、实用学科，需要市场的共鸣（市场认知的并不都是缺乏空间美学的庸作）。

在进行创意之前，你必须了解一个项目自身的制约，找出其症结及其轻重缓急，否则你的解决方案很可能是白费力气，也就是说在处理空间中的造型、光线和动线之前，必须抽丝剥茧，从复杂的要求中觅到项目的精髓。这种分析问题的能力是一种综合的素养，不仅包括了艺术美学、建造技术，还有对社会、人和生命的理解。它不是一蹴而就，在积累的过程中，时而突飞猛进，时而循序渐进，在那些缓缓行进的“寂寞期”或“纠结期”，有时会一段时间百思不得其解，这时，支持你曾经的梦想，除却禀赋还需要热忱和执著，似乎成功的路很漫长。

在这次活动中，我有一个感受，学生们的作品中普遍缺乏落地的逻辑论证（这也是四校活动对教学的意义）。其实，不需要很成熟，但它是一种思维习惯，这种习惯对于优秀的作品至关重要，好的思维模式就会有一个合格的途径，让浪漫和梦想水到渠成地展现。当作品缺乏了这个成立的基石，在实施的过程中就很可能会遇到理想、激情与现实之间的冲突。其实这个冲突甚至是必然的，因为你在工作之前没有拿到解决问题的足够工具，不在于你的智商和激情。如果出现这样的状况，也不用惧怕，只要你热爱设计，真正想投身于这个职业，那么就安心地度过这一段寂寞期。这个寂寞期就相当于进修，将你们在学校中未接受到的实践训练在工作的最初时期补上。时间的长短，我个人的经验是因人而异。禀赋优异、专注的人会经历得越快越短，反之，接受能力慢，加之对成功的目标过于急切导致的患得患失及内心的纠结，继而又影响到学习、工作的状态，寂寞期也就显得比别人更长。

这个职业在当下相似的状态大多是：痛并快乐着。但我以及我身边的许多设计师，从心底里仍然会坚定地选择这个职业，因为，它真的是不断地给你奇妙的体验并能塑造和提升自己的一个职业。所以，坚持你的梦想吧。

颜政
深圳市梓人环境设计有限公司设计总监
2012年5月29日

业精于勤

——参加“四校四导师”活动有感

2012 年 3 月至 6 月，我有幸成为清华大学美术学院、中央美术学院、天津美术学院、苏州大学的“四校四导师”活动，在亲自参与以上四所名校的教学教研及课外辅导的活动中，我深刻体会到艺术设计的教学与应用同样印证了韩愈在《进学解》中的一句话“业精于勤，荒于嬉，行成于思，毁于随”。

首先，“勤”体现在参与本次活动的各位教授及工作人员的敬业精神上。在这次的“四校四导师”活动中，各位教授和导师们的爱岗敬业、勤勉于教育事业的精神给我留下了深刻的印象。在每次的活动中，他们都克服种种困难，推辞了各种应酬活动，准时出席。他们在活动中循循善诱、诲人不倦地给学生以辅导，显示出来的严谨的教学作风和“师者，传道授业解惑也”的敬业精神，是我们学习的楷模。

其次，“勤”体现在每位社会实践导师的社会责任感中。参与本次活动的实践导师，除了企业家，就是企业的高层领导或设计总监，他们的本职工作非常繁忙。他们的双重身份，承担了更多的责任。为了给学生们传授更直接、更有用的实践经验，他们放下手中所有紧要的工作，顾不上长途路程的劳累，只为给每一位即将毕业的学生耐心细致的辅导与讲解，让学生的设计能很好地适应未来市场的需要。

第三，“勤”要应用到未来的设计与创作之中去。现实的商业社会中，艺术设计容易随波逐流，只顾商业性而失去创作的激情，从而导致商业性束缚了设计师的灵感和创意。设计师如果能静下心来勤于思考，还设计最初的灵性与感性，才能创作出更多优秀的作品来，从而带动整个设计产业的长期健康发展。相反，如果设计沉浮于商业社会中，麻木地为了快节奏地赚取利润，当设计变成一种模式化的机械运动时，设计的源泉将会枯竭，设计师的创造性也将会被抹杀得荡然无存。

以上是我参与本次“四校四导师”活动的一点体会与感悟，期待未来有更多类似的活动，搭建一个社会教学与学院教学相结合的完美平台。让艺术设计更好地应用于我们的教育、服务于我们的生活、改变我们的世界。

骆丹

骆丹国际酒店设计院总裁

2012 年 6 月 5 日于深圳

几分耕耘，几分收获

在历届参加"四校四导师"环艺专业毕业设计实验教学的学生中，我想我是最幸运的了。

2010年作为即将毕业的本科生，参加了第二届"四校四导师"活动，当时的自己正处于从校园象牙塔走向社会的迷茫期，懵懂而青涩，经历了"四校四导师"活动的几次汇报答辩，通过和各位责任导师以及社会实践导师的交流沟通，受益良多。

2012年作为研究生有幸再次参加第四届"四校四导师"的研究生课题部分，并且还担当大任作为活动的课题秘书协助课题组活动的策划和实施。虽然过程漫长而艰辛，但收获颇丰——不仅仅是专业领域方面从方案设计进展到理论论述的深度，更重要的是全面综合能力的锻炼和培养。作为教学秘书，既要和老师、学生双方进行良好的交流和沟通，又要协助课题组有条不紊地运作整个实验教学活动的顺利进行。这样的学习和工作的双重过程，自然而然是培养综合能力水准的最佳竞技平台。

2011年12月15日，由中央美术学院建筑学院、清华大学美术学院、天津美术学院设计艺术学院、苏州大学金螳螂建筑与城市环境学院等国内四所著名高校，与中华室内设计网联合举办的2012"四校四导师"环艺专业毕业设计实验教学启动仪式在深圳福田香格里拉大酒店广东厅举行。作为中国设计教育界最具影响力的品牌活动之一的"四校四导师"活动，已经连续三年落户深圳，并受到业界越来越多的关注，启动仪式的圆满落幕预示着第四届"四校四导师"环艺专业毕业设计实验教学活动完美地扬帆起航，也是我学习和耕耘之路的开端。

2012年3月10日，2012"四校四导师"环艺专业毕业设计实验教学暨第四届中华室内设计网优才计划奖开题汇报活动在清华大学美术学院环艺系B座阶梯教室如期举行。来自四所高校参加此次实验教学活动的本科生共有31名，研究生共有8名，他们都在汇报过程中表现出极大的积极性，学校导师和课题实践导师们认真负责地为每一位学生的设计提出宝贵意见。同学们纷纷表示这对他们来说，毋庸置疑具有非凡的意义：在与四校导师以及社会实践导师的对谈中，他们的思想和心境得到前所未有的提点和升华，这是单纯的校内指导所不能达到的效果，打破了高等院校设计教育间的隔墙，从多角度了解不同院校的人文和专业理念与特色。

2012年3月31日，2012"四校四导师"环艺专业毕业设计实验教学第一次中期汇报活动在天津美术学院阶梯教室举行。同学们自上一次开题仪式之后，设计方案有了很大的进展，虽然设计方面都有不足，但汇报十分精彩，来自其他兄弟院校的学生都听得聚精会神，受益匪浅。次日，在天津美术学院阶梯教室举办了"2012'四校四导师'环艺专业毕业设计实验教学"活动的第二部分——艺术设计教育与实践论坛。来自深圳和苏州的各位设计师，均从不同角度向学生讲述设计，受到学生的热烈欢迎。

2012年4月20日晚，冒着蒙蒙的细雨，来自中央美术学院的王铁教授，天津美术学院设计艺术学院的副院长彭军教授、高颖副教授，清华大学美术学院环境艺术设计系的汪建松老师和三所高校的39名学生，以及中国装饰协会的秘书长田德昌先生，深圳室内设计师协会的秘书长、中华室内设计网的总裁赵庆祥先生齐聚美丽的城市——苏州，来到苏州大学金螳螂建筑与城市环境学院，按计划进行第四届"四校四导师"毕业设计实验教学第二次中期汇报活动。4月21日早，细雨依旧，"烟花三月"的苏州为"四校四导师"环艺专业毕业设计实验教学——第二次"中期汇报"的展开烘托出一丝文人气息。活动在苏州大学金螳螂建筑与城市环境学院评图大厅隆重举行。4月22日，在苏州大学金螳螂建筑与城市环境学院副院长王琼教授的带领下，来自四所高校的全体师生怀着兴奋的心情参观了苏州金螳螂木工厂。这次活动突破以往的界限，走出了校园，参观了工厂生产的实际操作流程，让同学们平日所学的理论知识得到了质的升华，大饱知识盛宴。

2012年5月12日上午9时，2012第四届"四校四导师"毕业设计实验教学终期答辩在中央美术学院学术报告厅如期举行。经过了前几个月的磨炼与总结，这一次同学们的汇报比以往几次更加成熟完整，直至晚21点，全程共12.5个小时的答辩活动才接近尾声，这不仅仅是对师生们体能的一种考验，更是对大家的意志和精神的一种考验。在众人激动而期盼的气氛中，颁奖典礼于次日上午隆重举行，课题组揭晓了获奖名单。在各校及社会各界的大力支持下，该活动取得了圆满的成功。无论获得的奖项如何，每位同学都是满载精神的果实而归。

每一次的阶段性活动都是耕耘与收获的见证，能够拥有这样求之不易的学习和锻炼的机遇，现在回想起来，除了庆幸之外就是满满的感激，感谢我的导师王铁教授提供给我这样难得的机会，感谢"四校四导师"课题组展现这样一个高水准的学习平台，感谢各位导师孜孜不倦的言传身教。

几分耕耘，几分收获，我庆幸我的耕耘，欢喜于我的收获。

杨晓

中央美术学院建筑学院硕士研究生

2012年7月1日

启动仪式

主　题：2012“四校四导师”环艺专业毕业设计实验教学启动仪式
时　间：2011年12月15日15：30
地　点：深圳市福田香格里拉大酒店广东厅

主持人：

2012年度“‘四校四导师’环艺专业毕业设计实验教学暨中华室内设计网优才计划奖”，由中央美术学院建筑学院、清华大学美术学院、天津美术学院设计艺术学院、苏州大学金螳螂建筑与城市环境学院，与中华室内设计网联合举办。“四校四导师”活动是学界和室内设计行业的一次先锋探索，每届还会聘任国内十位顶级设计师为实践导师。历经三年发展，“四校四导师”已成为设计教育界最具影响力的品牌活动，每年出版的专集被誉为“中国设计教育的白皮书”。

首先，让我们有请“四校四导师”课题组组长、中央美术学院建筑学院王铁教授，为我们介绍2012年度“四校四导师”课题。

启动仪式会场

王铁教授：

大家下午好，下面我简单讲一下2012年“四校四导师”的基本框架，今年“四校四导师”是第四届，也就是说在成功地举办了前三届的基础上，我们更好地融合国内一线的设计师，为我们的活动打下更加坚实的基础。这样一来，使“四校四导师”走在思路更宽广、更有未来的道路上，使我们紧密地结合社会一线设计师，使他们更好地对学生在实践上有一个更直接的指导，同时这个过程也是他们迈向实践工作的一个热身。同时，亮点也在于实践导师每一个人可以自由地选择参加课题的同学，如果认为这个同学是优秀的，最后可以在他的公司就职，从教学、社会实践指导和就业三条线，实践证明这是可行的。我想在2012年我们会更好地，更加深入地、认真地去做这项工作。特别是在深圳设计师协会的大力支持下，我们的活动在媒体上，在网络上，点击率也是非常高的，这一点可以从今年一年的后续反映和大家在设计教育畅谈过程中给予的鼓励和支持得到反馈。这是我们最大的精神支柱。“四校四导师”的学校导师及社会实践导师利用他们周末的时间，放下手中的工作，为我们的教育事业做了很多很多值得我们钦佩的贡献。等到第五届“四校四导师”活动举办的时候，我们就会作一个五年的总结，同时开展相关的教学和研讨活动。到那时，我们会向社会、向教育界交上更令人满意的答卷。感谢深圳市政府、福田区政府对我们这个活动的大力支持。业界在网上说，我们的书是白色的皮，红色的字，内容是我们“四校四导师”活动完整的交流过程，从开题、新闻发布会到结尾，我们的压力确实很大。我们经常在一起探讨，如何把它做得更好，为中国的设计教育而努力，在打破壁垒后，迎接的是无限疆域，展开更好的交流。希望在座的同仁给予更好的支持。

王铁教授致辞

主持人：

非常感谢王教授的介绍。一直以来，高校如何培养社会实用型人才，如何令课程设计更好地“学以致用”都是一个值得长期研究和探讨的问题。下面请出清华大学美术学院环境艺术系副主任、硕士生导师张月副教授，介绍2012“四校四导师”各阶段的教学及相关日程安排。大家欢迎。

张月副教授：

我受主办方委托，把“四校四导师”的工作给大家介绍一下。其实我们活动的节奏是跟院校的毕业设计紧密结合的。在国内来讲，像目前这样的产业跟教学紧密结合，是前所未有的。当然我们也经过了前三届实际的交流过程，取得了丰富的经验。我们有四个院校参与活动，今年的课题选择跟以往的相比有进一步的改进。我们今年的课题选择希望跟业界顶尖的设计师有一个互动。我们过去院校的毕业设计课题，多数都是由院校的老师出题。现在我们想毕业设计的交流活动跟业界的设计师进行交融。因为毕业设计本身从学校来讲，这些学子从学习的过程进入到实战的中转环节，我们希望在这个环节能够引入更多的实践。所以，我们也希望设计师在实践中的思考能够进入到我们的课题里面。今年这个环节，课题是由这些参与活动

张月副教授致辞

的社会实践导师和设计师结合实际的社会实践提出的。当然，我们学校的老师也会结合实际，对课题作一些调整。这是从课题选择上来讲的。在后面的具体操纵过程中，我们分三个环节。开题环节，我们会把所有参与活动的学生集合到一起，然后我们“四校四导师”活动的导师，还有参与活动的设计师，共同为学生的最终命题进行探讨和选择。然后，我们在中间有一个中期的答辩过程，也就是说当学生的课题进行到中间阶段的时候，我们有个中间的讨论。到最后整个毕业设计的环节，进入尾声的时候，我们会有一个全程答辩的活动，这个答辩活动也是我们的学生和导师一起参加的。除了这些学生课题的三个阶段，我们在每一个阶段的交流活动中，还会加入设计师与学生的互动环节，包括设计师专题的一些演讲，还有一些讨论和论坛。包括学生在学校学习、他将来进入实战的工作领域以后，所面临的一些问题和困惑，可能都会跟设计师进行交流。实际上这个活动会持续半年的时间，非常紧密。同时，这个活动有两个层面。一个是本科生的毕业设计活动。另外一个是研究生的论文答辩活动。研究生更多的是带有一些研究性的课题，不是作为毕业设计的环节。这就是我们大概的活动的情况，谢谢大家。

主持人：

感谢张月副教授。我们也已经了解到，“四校四导师”活动最大的特色之一，就是引进了“设计实践导师”这一机制，来自这些著名一线设计师的经验，将为参加活动的学子们带去非常难得的指导意见，在他们走入社会之前，让他们提前感知来自一线的设计经验。下面，就让我们有请设计实践导师代表——深圳市设计顾问师协会会长、深圳市刘波设计顾问有限公司创立人刘波致辞。

刘波老师：

“四校四导师”这个活动，去年我是第一次参加，在我参加之前还有两届，今年是第四届，参加这个活动我感到，像前面大家所说的一样，在这个活动当中，是实践与学习的互补。在20多年前，我们在大学的时候很希望有这样的活动去了解我们毕业后走向社会的工作方向和学习的方向是怎么样的。就那个时候来说，我们的机会是很少，比较盲目的。现在来说，有了“四校四导师”这个活动，在我亲自参与了以后，我很清楚地体会到，学生们对学习的追求，对以后工作、发展的方向，他们是非常渴望的。通过这种活动，他们也体会到了很多。在深圳的十几位导师，在自己十几年的付出之后，都有自己的公司，他们都把这个成功的经验告诉了学生们，你们在学校的时候应该做什么事情，你应该把你们的精力放在哪里，你们应该更关注哪些方面，毕业后应该用什么样的工作态度和思想进入到社会，进入到你的工作岗位，告诉他们应该有什么样的计划去发展自己的事业。这个是非常难得的。同时，对于设计公司来说，在给学生们传达经验之余，有很多的设计公司也录取了一些比较优秀的毕业生到他们的公司工作。像刚才提到的，这是一个双方的互补，是一个非常好的活动。所以，今年我们继续参加“四校四导师”的活动，我们希望这个活动越办越好，越办越有影响，谢谢！

刘波老师致辞

主持人：

非常感谢刘波先生的发言。下面请出苏州大学金螳螂建筑与城市环境学院室内设计系系主任刘伟教授，苏州大学今年是第一次加入到“四校四导师”活动中，请他谈谈他对本次活动的感想。

刘伟教授：

非常荣幸能够加入到这个“四校四导师”的队伍里面来，大家知道，前面三届实际上是3+1，这3家是不动的，我们是后来加入的，这是一个更大的展示的舞台。因为我们这个学校的专业本来就是产、学、研一体，因为我们依靠的背景是金螳螂公司，当然参加这个活动以后，就把我们提升到一个全国的平台，更有挑战性，对老师来讲是一种鞭策，对学生来讲是一个更好的表现舞台。我想这样的毕业设计会给设计教学带来非常好的探索和表率作用。我祝贺“四校四导师”这个活动能够取得圆满的成功，也给我们的设计界交一份非常好的答卷，谢谢！

刘伟教授致辞

主持人：

谢谢！非常感谢各位来自高校的教授、老师们发自内心的发言，今天的活动也非常难得，邀请到这么多来自北京、天津以及全国其他地方的高校教授们共同见证今天“四校四导师”的启动。下面，有请天津美术学院学生处处长杨磊先生为我们讲几句。有请！

杨磊处长：

尊敬的各位领导、各位嘉宾，以及媒体朋友们，大家下午好，很荣幸今天来参加艾特奖的颁奖盛典，并出席2012“四校四导师”的启动仪式。“四校四导师”今年已经走到了第四个年头，为培养更优秀的设计人才，提升中国设计水平的一次有效的尝试。四年来为我们培养了大批的优秀设计人才。如今很多的优秀毕业生已经被优秀的设计公司所录用。通过“四校四导师”的活动，使应用美术设计的教学摆脱了理论教学跟实践的局限的束缚，使课堂教学跟市场相结合。由四位导师指导，产生了切实可行的设计方案，培养了众多的优秀设计师，为我们的建设，贡献了我们美术院校的力量。最后，我也借此机会，预祝我们的“四校四导师”活动，今后能够受到社会更多人士的关注，有更多从事设计教育的名师加入到我们“四校四导师”这个活动中来，为我国的设计事业和设计教育事业作出更大的贡献。在此感谢“四校四导师”活动的导师对我们的帮助，祝愿我们的四位导师今后工作顺利，桃李芬芳。

杨磊处长致辞

主持人：

谢谢杨处长。接下来，有请彭军教授宣布一下 2012 年“四校四导师”课题组实践导师的名单。

彭军教授：

2012 年“四校四导师”课题组实践导师为：深圳市于强环境艺术设计有限公司设计总监于强，刘波设计顾问有限公司董事长、设计总监刘波，顶贺环境设计（深圳）有限公司设计总监何潇宁，森创国际设计有限公司设计总监吴健伟，深圳市假日东方室内设计有限公司设计总监洪忠轩，深圳朗联设计顾问有限公司设计总监秦岳明，深圳市梓人环境设计有限公司设计总监颜政，骆丹国际酒店设计院总裁骆丹，苏州金螳螂建筑装饰股份有限公司设计研究总院副总设计师舒剑平，苏州金螳螂建筑装饰股份有限公司设计研究总院副总设计师石赟。“四校四导师”这个教学活动，得到了这些实践导师的大力支持，他们不仅从专业的高度给学生指导，同时还资助我们的活动，把自己繁忙的工作都放于一边，去指导学生的课程，使学生能够得到更好的指导。我代表学生向这些导师表示敬意和感谢。

彭军教授致辞

我相信对他们来说这不仅是一种荣誉，更是一种奉献。朋友们，接下来我们有请中华室内设计网总裁赵庆祥先生，为我们致辞，并请他来正式宣布，“2012‘四校四导师’环艺专业毕业设计实验教学暨中华室内设计网优才计划奖”在深圳的正式启动！

赵庆祥秘书长：

尊敬的各位领导、各位来宾，朋友们，大家下午好。我们“四校四导师”活动第四届即将启动，这是一个重大的事情，它标志着我们的设计行业正在关注我们的设计人才，关注我们的设计教育，人才问题日渐突出，所以此次在艾特奖新闻发布会期间，启动“四校四导师”活动，这个意义非常深远。我们希望通过这个启动仪式，令社会各界关注中国的设计人才，关注中国的设计教育。“四校四导师”活动的前几届，我每届都参加。它主要产生了三个成果：一个是它建立了高校和设计行业对接的论坛，这个已经成为一个品牌；另外一个是诞生了中华室内设计优才奖，这被很多的高校所认知；第三个就是“四校四导师”活动本身，打破了设计院校和行业的壁垒，令设计院校的毕业生，在踏出校门时就破除了这个壁垒，使他们走上了很好的设计岗位。因为有我们四位设计一线的导师的指导，这点非常难得，而且每位学生都可以得到四位导师的指导，这在以前是没有的。我现在受“四校四导师”组的委托，宣布 2012 年度“四校四导师”活动启动，在此我想邀请我们的四位导师上台来，然后活动正式启动。接着有请十位设计导师上台亮相。同时，我希望在座的诸位在我宣布启动的时候，报以最热烈的掌声！

赵庆祥秘书长致辞

主持人：

祝贺“2012‘四校四导师’”的成功启动！让我们有请参与、出席并见证了今天活动的领导和嘉宾，一起上台合影！

谢谢各位领导和嘉宾，谢谢现场的所有来宾，今天的活动就告一段落了，明天同样在香格里拉酒店，将有三场精彩的论坛和最令人期待的艾特奖颁奖盛典，请大家准时参加。同时，请各位随时关注艾特奖组委会官方信息发布平台——中华室内设计网，谢谢大家！

2012“四校四导师”第四届中华室内设计优才计划奖启动仪式，各导师和嘉宾合影

2012 年度十位“四校四导师”社会实践导师

从上到下，从左至右依次为：
于　强：深圳市于强环境艺术设计有限公司设计总监
刘　波：刘波设计顾问有限公司董事长、设计总监
何潇宁：顶贺环境设计（深圳）有限公司设计总监
洪忠轩：深圳市假日东方室内设计有限公司设计总监
吴健伟：森创国际设计有限公司设计总监
舒剑平：苏州金螳螂建筑装饰股份有限公司北京设计院院长
石　赟：苏州金螳螂建筑装饰股份有限公司设计研究总院副总设计师
颜　政：深圳市梓人环境设计有限公司设计总监
秦岳明：深圳朗联设计顾问有限公司设计总监
骆　丹：骆丹国际酒店设计院总裁

开题汇报

主　题：2012“四校四导师”环艺专业毕业设计实验教学开题汇报
时　间：2012 年 3 月 10 日 9：00
地　点：清华大学美术学院 B 区五楼 C525 阶梯教室
主持人：清华大学美术学院环境艺术系副主任张月副教授

张月副教授：

各位嘉宾、各位同学，活动正式开始。

今天在清华大学美术学院，2012“四校四导师”环艺专业毕业设计实验教学活动正式开始。

开题汇报会场

首先向大家介绍一下今天到场的嘉宾，今天我们非常荣幸，参加活动的嘉宾有美术学院领导，还有参与活动的资深设计师和四个学校的老师，我代表清华大学美术学院对各位来参加我们活动的嘉宾表示热烈的欢迎。

下面介绍各位嘉宾：

清华大学美术学院老院长　郑曙旸教授
中国建筑装饰协会　田德昌秘书长
苏州大学　王琼老师
深圳室内设计师协会　赵庆祥秘书长
刘波老师
吴健伟老师
骆丹老师
颜政老师
舒建平老师
石赟老师
吴祥艳老师
吴晓敏老师
高颖老师
彭军老师
王铁老师
汪键松老师

我是清华大学的张月，对大家的到来表示热烈的欢迎。

今天的活动非常紧凑，整个活动为期两天，主要内容在今天进行。整个活动我们有一个日程表。

今天有一个简短的仪式，接下来是 40 位同学毕业设计的报告，根据以往经验听取这么多报告需要消耗在座各位很大的精力，无论是精神还是体力方面，各位要做好准备。

下面开始活动，首先请清华大学美术学院老院长郑曙旸教授给我们作一个简短的致辞。

郑曙旸教授：

首先对来自 4 个学校的老师和同学表示热烈的欢迎。事先预祝这个活动取得圆满成功。这个活动是中国高等教育最具创意的活动之一，到现在为止举办了 4 届。中国的高等教育设计学 2010 年成立一级学科，具有超前性。未来发展有两个趋势，一个是开放趋势，从全世界讲设计专业的情况，包括各个方面呈现出这样开放的状态；从发展来讲，设计学是开放态势这个事情必定会引领发展。

另外是实验性，我们现在讲提高高等学校的教育质量，是从宏观来讲，如何提高教学质量在于我们以前高等教育以传授知识为主，不是以提高能力和工作方法为主，因为传统知识基本是老师讲、学生听这样的模式，包括以前毕业设计也是这样，这种情况近 5 年开始被打破，这个活动在这点上是非常理想的，因为大家来自不同的学校，不同的学校具有不同的文化，尤其在中国这点反映得更明显。

郑曙旸教授致辞

这个活动的开放体系，吸引了社会上的设计师团队介入，这点具有超前性，在国际上讲也具有不可替代的优势，这也和我们的扩展环境有关。因此，这件事情以后会影响到其他的专业，这也是很重要的方向。

我们是作为一个伟大事业的开拓者，我也知道为什么王铁老师包括其他很多的老师都愿意参加，就是因为看到了这一点。谢谢大家！

张月副教授：

郑老师发言高屋建瓴，经过郑老师一讲，我发现事情有一个更高的关注角度，一个更高的思考角度；我们逐渐发现我们和国家高等教育本身的未来发展思路。我们是一个先行者，我们现在做的可能是未来国家想要做的，我们这些参与者对设计教育作了重要的探索。

下面请田秘书长致辞。

田德昌秘书长：

能登上清华大学的讲台不容易，谢谢。首先祝贺一下，言归正传，“四校四导师”从开始到现在确实不容易，包括我们的老师，包括组织者，特别是学生们更不容易。我在行业里做这个事情，怎么样让我们培养出来的学生，更好更快地找到自己的位置？学校平台建立起来了，通过我们协会能不能在学校与企业选人才之间建立桥梁，让我们好的学生找到对应的好的企业，好的企业找到需要的人才？桥梁的搭建创建，这个前提已经做了，后面怎么做，大家还要再努力，把事情做得长久可持续性地发展。现在提倡科学发展观，从这个角度能不能做得更好，把这个打造好了，我们“四校四导师”不仅仅是现在这个规模，而且应该更好，前途更光明，虽然困难也很多，但是经过我们的努力我们的目标一定能达到。

田德昌秘书长致辞

张月副教授：

下面请活动重要的参与方、支持方，深圳的赵庆祥先生致辞。这个活动发展到今天赵先生起了非常重要的作用。

赵庆祥秘书长：

大家早上好，很高兴相聚在清华，迎来了2012年新一批的“四校四导师”的学生，而且特别高兴这次苏州大学的王琼老师加盟了。

“四校四导师”到今年已经是第四届了，培养了三届近百名毕业生，在深圳工作的大概30名，通过我们的了解，这30名学生都在设计公司实现了自己的价值，而且相当一部分干得不错，而且特别是对我们的“四校四导师”活动大家非常感激，我每年都能收到已经毕业学生的短信，特别是中秋节、新年过年的时候。我很欣慰，“四校四导师”活动应该被载入中国现代设计教育史，所有的参与者，特别是我们的老师，他们都是利用周六、日的时间投入到教学工作中，牺牲了自己的业余时间，非常难能可贵，我要对我们的老师表示感谢，这些参与活动的一是高校老师，另外是社会实践导师，在这里表示衷心的感谢，正因为有你们不懈的努力，极大的热情，才为我们的学生赢得了从事设计工作的很好的舞台。预祝2012年“四校四导师”活动取得圆满成功。

田秘书长讲得特别好，如何进一步让企业和行业对接，需要做更多工作。我们中华室内设计网今年给大家开通了一个通道，大家可以在上面发布作品和心得，大家在一起可以更好地交流。谢谢大家！

赵庆祥秘书长致辞

张月副教授：

中华室内设计网确实在我们业内是非常重要的一个信息平台，大家有兴趣可以到网上看一下，除了这个活动还有很多信息。

下面欢迎深圳室内设计师协会现任会长刘波先生致辞。

刘波老师：

各位领导，同行，各位同学大家好。在此代表深圳室内设计师协会及我们导师借这个机会感谢一直以来对于活动给予最大支持的王铁教授、彭军教授，还有今年特别来参加的王琼教授，还有郑曙旸院长，谢谢他们对活动的大力支持，同时感谢行业的领导田德昌先生在今年来出席我们这个活动。

2011年我是第一次参加这个活动，今年是第二次，从我的感觉上来说，因为今天也来了深圳的多位设计专家，我们从毕业到现在也有十几到二十几年时间了，我们一直以来奋斗在一线设计岗位，见证了中国设计行业的崛起，当中的辛酸也是比较多的，体会也比较多。四校活动是一个很好的交流平台，在我们念大学的时候很缺乏这个平台，因为没有这个平台，我们当时很茫然，毕业后去摸索，去探索，也走过一些弯路，赵庆祥提到这个活动的时候我就觉得一定要参加，那参加的目的又是什么呢？让我们在前线的设计公司以及和这里的同学们作一个深入的交流，通过这个活动让广大同学能够在毕业或者在学习的时候能够去感受一些你们在毕业后走上社会的时候对设计方向的取舍，或者感受到现在的院校，全中国最高级的四所院校里是用什么样的态度对待学习的。最后，借这个机会再次感谢大家，感谢各位教授、领导。

谢谢大家！

刘波老师致辞

张月副教授：

感谢刘波先生，他在中国设计师里面应该是精英的设计师代表，他自己的经历还有他的一些经验对我们参与活动的同学应该是非常有借鉴意义的，整个设计工作、实践过程以及自己成长的过程，只有经历的人才能更深切地体会，知道什么东西对未来的成长更重要。刘波先生为地区的校外导师，每位同学在未来半年中应尽可能地和导师交流，这样就有可能得到很多对未来成长非常有价值、有意义的信息。谢谢这些设计师的参与。

下面是参与这个活动的导师来对这个活动给大家发表一下感言，首先请中央美院的王铁教授，就活动情况给大家作一个简单的介绍。

王铁教授：

各位师长，各位同学、同行，大家早上好。

刚才郑老师发言的时候特别鼓励了我们，我们在作实验教学的时候，想做成一个什么样的框架，赶上这个时代是个非常好的机会，榜样的力量是无穷的，从这个角度来讲，从最开始和郑老师谈这个问题，他是非常支持的，认为是非常有价值，非常有未来的，从各个角度对我们活动的认可和鼓励，我们坚持做到第四年，2011 年的“无限疆域”我写了 10 个坚持，恰逢中国改革以后看到了高校评估希望，从知识型到实验型相结合的主线上带来更好地探索实验教学的希望，我们经过仔细认真的分析邀请了在一线的这些著名的设计师，他们用自己的努力和自己的能力证明了自己对今天中国设计行业的贡献，在这里田秘书长也非常支持，赵总也非常支持。我们这个框架由这么多卓越的导师搭成，最重要的是我们这正在成长的学生你们遇到良机，其他更多的关于“四校四导师”的话就不再多讲了。

作为发起这个活动的责任导师之一，我希望我们更努力，更加全心全意为学生服务，教学改革学生最受益，彭老师说过，我们用所有的周末、用自己所有的精神和能力把事情做好，到今天“四校四导师”没有出教学事故，对社会作出了交代，在郑老师的鼓励下，这个活动确实有前瞻性，从中国室内设计到景观设计教育郑老师是元老，我们在郑老师的巨人肩膀上会把事情做得更好，谢谢！

王铁教授致辞

张月副教授：

我介绍两位，深圳的秦岳明先生，还有一位是于强先生。

下面请天津美术学院的彭军先生给大家致辞。

彭军教授：

来自深圳的导师和同学们上午好，“四校四导师”活动到今天已经是第四届了，从发起到今天走过的历程中，老师们和学生们共同为中国的环境艺术教育事业贡献了自己的光和热，一共联合了有七八所院校。非常感谢这些在社会上负有盛名设计公司设计带头人能够关注这样的教育事业，专业里的同仁田秘书长也对工作进行到今天倾注了大量关注，这是这个活动取得越来越好成果的关键一点。

我介绍一下这届课题选择的情况，四届毕业设计的前三届选题基本由参与的学校提供，在 2011 年年底启动仪式的时候，实验导师和学校导师在筹备会上商定本次选题由大家共同提供，经过汇总，当时 8 个选题，学生在这里开展自己的毕业设计，这些选题有特别突出的一点，都是实际项目，体现了教学活动的特点，我希望在今后的毕业设计中，学生们能给导师们耳目一新对课题的解读，能取得最丰硕的成果，谢谢大家！

彭军教授致辞

张月副教授：

谢谢彭军老师，王铁老师和彭军老师是这个活动最原始的发起人，确实为这个活动从一开始到今天付出了大量的心血，从活动整个内容到如何操作运行，包括每次活动的很多细节都付出了很多努力，这个活动能够发展到今天的第四届，以后还会陆续发展，跟他们的努力确实分不开，我们对他们的努力表示感谢。下一位是王琼老师，苏州大学是今年的重要参与方，王老师在业内也是著名人物。

王琼教授：

谢谢大家，感谢三个院校邀请我参加"四校四导师"活动，苏州大学是一个综合性大学，历史悠久，有 100 多个专业，建筑学院是新开设的，我们在改革大潮流里想实现点自己的想法，首先感谢清华美院、中央美院、天津美院能够给我们这样的平台。

按我的理解，我们这个学科是具有开放性和实验性的。我 1982 年毕业在学校当老师，后来搞企业、下海，我的整个集团里面社会上的设计师比较多，这些孩子比较幸福，因为企业承担很多过渡性教育，从院校出来不能马上进入工作岗位，好一点的三五年可以上，差一点的要十几年，有一个经验的过程，在座的设计大师能深刻体验其中的酸甜苦辣。能够在在校期间的毕业设计中落实最后一次天马行空，这是很值得纪念的，请这么多一线设计师在天马行空中注入实效性和社会需求性，通过这两天活动，导师会提出一些问题。有一些课题我看针对性非常强，多数是基于真情。我们所有的基地，所有的前期条件都是实实在在的业主需求，这是和主要的目的相吻合的。这次四校学科还不一样，是一个跨领域合作，另外，有这么多企业参与，这次活动我相信能办得非常好。

谢谢！

王琼教授致辞

张月副教授：

我们本身的毕业设计是一个从学习到实践的中间阶段，是努力想让这两个阶段尽快衔接起来，让转换过程更顺畅，和教育衔接起来，这是最终的想法、一个努力的目标。王老师和我们其他的在校老师背景有点不一样。这次能看到苏州大学的各位同学，能看到王老师的教学理念的独特之处，非常高兴。

下面请学生们发表一下想法，你们是这个活动最终的参与主体，也是最终受益者，你们的积极和努力是这个活动最终成功的决定性因素。请清华大学美术学院的史泽尧同学讲两句。

史泽尧同学：

各位导师，各位同学，大家好，去年我的学长做毕业设计时我一直关注这个活动，今年我非常荣幸，都说毕业设计是最后的浪漫，让我们再好好地浪漫一把吧。

谢谢大家！

张月副教授：

启动仪式最后一项，颁发证书，首先请郑曙旸教授、田德昌秘书长、赵庆祥先生上台来为参加我们活动的老师颁发证书。

（颁发证书）

请王铁老师、彭军老师为参加我们活动的实践老师颁发证书。

（颁发证书）

我们的活动得到了学院和行业学会及媒体等各方的大力协助，我们的活动还聘请了几位责任顾问，对我们的活动作大

郑曙旸教授、田德昌秘书长、赵庆祥秘书长为导师颁发聘书

王铁教授、彭军教授为实践导师颁发聘书

王铁教授、彭军教授为责任顾问赵庆祥秘书长、郑曙旸教授、田德昌秘书长颁发聘书

的方向指引，下面请王老师和彭老师为我们的顾问颁发证书。

（颁发证书）

早上的活动启动仪式的主要环节到此结束。每次活动之前的环节是必不可少的，最重要的部分，这也是这个活动与别的活动不一样的地方。我们后面进行实际的同学辅导过程，今天的活动非常艰巨，早上各位领导，各位设计师的到来为我们的活动开了非常好的头。下面一个环节是到楼下集体合影。

（合影）

全体教师在清华大学美术学院教学楼门前合影

全体师生在清华大学美术学院教学楼门前合影

张月副教授：

每位同学 8 分钟时间，连老师的提问和自己的讲演一共 8 分钟。

下面开始。

刘崭同学（清华大学美术学院）：

大家好，我来自清华大学美术学院。我做的项目是位于北京 751 时尚设计广场的气罐改造，内容分四个方面，第一个是设计任务书，大家看到的是一个废旧的气罐，位于北京 751 时尚设计广场，我要对气罐和周边场地进行规划，以下是周边环境照片。这个时尚设计广场位于朝阳区东北角，和 798 紧密相连，交通便捷。草地部分和树木主要集中在道路的两侧，乔木主要以落叶树为主，冬天的植物景观效果一般。基地周围有很多废旧的厂房和气罐，现在对它进行简单的归纳，废旧炉场现在主要进行各种演出活动，动力广场每年有音乐会，气罐改造建筑主要是设计师的工作室和展示空间。闲置状态的两个气罐是设计师会所，751 聚集了很多艺术家、设计师，这类人群工作创作之余需要短暂休息的空间，我想为这类人群设计特殊的休闲空间。

刘崭同学发表演讲

案例分析，如图所示是一个气罐改造工作，里面做了一个攀岩项目，三里屯喷泉广场，吸引了很多人群在其中活动，葡萄牙设计师在韩国海边做的一个瞭望空间，塞纳河畔的空间，日本设计师在森林里做的一个散布的空间，使人们对森林树的视角有相对低的视点，周围有很多互动元素。

如图所示是一个小的酒店，人们进去之后，可以选择任意方式躺卧。我希望用这样的空间为艺术家营造一个舒适的环境。这里是一个阳光浴间，希望享受生活的人可以得到心灵安慰。我希望采用会员制，是对设计师和艺术家开放的创意休闲空间，在充分考虑建筑和周边关系的基础上使我的建筑生长在场地上，是可能存在的空间。

希望各位老师批评指正。

王铁教授：

我对这块地方很熟悉，最早的开发我担任顾问，早期方案我做过总平面图，这个广场几乎没有太空的地方，老的建筑遗存后来加建的都没有实现，但实际已经有了，作为初步试运行现在都存在。其他的基本是个人工作室。更重要的是调研基地各个方面，以这个为主题更好地梳理，在接下来的几个点继续思考，是一个很好的创意。

王铁教授现场指导

这个题目很多人做过，至少我目前看过七八个作品。明确解决什么问题，需要思路清晰并和以往方案不一样。过去把整个房子保留作再建，工业保存不是按照工业以前的流水线，是过去的要求，但是过去的遗存使我们改造环境再利用并加以新内容，新内容使机体更活跃。很多人做成流水线，只能是一个过去的回忆。接下来把这里再梳理清楚点。

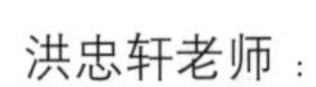

洪忠轩老师：

不管是哪种类型，作为一个创意产业区要有一种传播性，还要有凝聚力，这块地块的商业价值很强，需要和 798 竞争，和全国其他的创意产业园区竞争，要树立自己的特点，不然就是再造个 798 而已，所以作为设计要有一定的商业意义和文化意义，我们的创造要形成一种有文化性的东西，和以前有差异的要凸显出来，其他是附着它而生长的。

纪川同学（天津美术学院设计艺术学院）：

尊敬的老师，我来自天津美术学院，报告分三个部分，第一是选题，这是南京临时参议院成立的合影，对辛亥革命有很大意义，基地在黄兴故居。自然条件分析，气候雨水和土地，这是当地的区位优势，当地有着悠久的历史，交通非常便利。地区的大体现状，如图所示红色区域是故居，蓝色和黄色是现代用地，植被完整，东侧是居民区，比较杂乱，故居南侧为大面积灌溉水塘，交通不方便，步行要 40 分钟。以下是现场拍摄的实景照片。

目的和意义：黄兴镇本来旅游资源丰富、交通便利，20 世纪 90 年代破坏比较严重，我看到这种现象，决定赋予场地新的生命力。

革命不仅是过去时，其精神一直在发展激励后人，我带着问题贯穿于我的设计。革命意义的重要性转化为视觉冲击，保留当地的植物，重新进行景观规划，这是我主要研究的内容。

纪川同学发表演讲

方案展示：我的设计定位是，纪念馆要有艺术性，博物馆要有展示性，景观要有地域性、故事性，这些贯穿我的设计主题，右边是重新规划图。自下而上是平面设计布局，1 号是主要入口、停车区，2 号是纪念碑、主题广场区，3 号是故居小镇，5 号是山丘小景，6 号是纪念馆区，7 号是重新改造的周边道路。

环境布局：反射灯光和浮雕上使文字清晰，人走在上面如穿梭在历史中一样。这是广场小的时间草图。

概念生成：这是建筑主要的概念生成，箭头状有独特的视觉冲击，可以成为人生道理的一个方向标，我提炼出来，这是意向草图，还需要继续推敲。建设前交通不方便，建设后我们解决问题，增加人流量，扩大教育范围，使经济得到更快发展，纪念馆建设、交通状况改善，公共设施得到完善。这是我的时间安排，谢谢大家！

刘伟教授：

作为景观和建筑你到现场去看了，我们这个题目已经有一个建筑方案，前面有一些对当地的现状分析，你的这个题目用旗帜一角的概念演绎的地方，再讲清楚一下。

纪川同学：

是一个建筑的意向，因为我们这代人不会和历史接触，意义在于传承一种精神，让游客了解历史，用箭头从形态上构造添加，拉伸变成现在这种形态。

刘伟教授：

因为你是作为一个景观，我感觉你设定的口号或者主题应该可以的，希望有革命性，看成生命的一种状态。现在一个是旗帜的元素，再一个是箭头的元素，这两个的关联性具体是什么样的？因为辛亥革命的点比较多，建议多找点资料，黄兴故居旁边的场所特色在哪里？不是一个简单的造型，怎么样把形象和你所理解的东西非常有机地结合在一起？这些都可以考虑。

吴祥艳老师：

这实际上是一个关于历史事件的题目，包括历史人物纪念空间，我想问一下面积多大，侧重点偏向于建设还是建筑以外？

纪川同学：

我的专业是景观，建筑和景观分不开，一体化设计。

吴祥艳老师：

我自己觉得毕业设计两方面都做可能最后哪一个都做不到特别深厚。如果从景观角度切入的话，和辛亥革命能形成关系的故事，可能最后要定位到黄兴身上，和黄兴之间相连的地方，前期定位要定好，从景观角度做，对纪念性空间，包括流线安排、展示空间，这不仅仅是一个你刚才做的详细小品能代表的，这样的历史事件承载的内容很多，手法多样。我觉得题目很好，我很感兴趣，能不能更加倾向于比如说景观或者更倾向于建筑一个方面做得深入一些。

冯雅林同学（苏州大学金螳螂建筑与城市环境学院）：

各位老师，各位同学，大家好，我来自苏州大学，我这次的课题汇报是陶瓷文化和前门 23 号院设计，前门位于北京东大街，区域是北京城区中心。23 号院落的背景是唯一保存完整的外国使馆，是代表性建筑。这张是 23 号院的平面图，我的项目基地是 5 号建筑，这是 5 号建筑的立面图，室内现状，现在非常残破，屋顶有天窗。改造理念凸现文化价值，这里集餐饮文化、艺术、奢华娱乐于一体，都是顶级的生活方式，通过文化改造生活的理念对它进行主题定位，人群定位是高端陶瓷爱好者或者收藏家，属性定位如图片展示。

我设计的重点是情感，我设计的目的是让人在频繁的事物中发现，发现对象和情感关联。设计概念是一个哲学问题。形就是形象的物质，一种意识，两种形态两种理念，弱化自己的存在，达到物我两忘的境界。通过凸现意识概念，让人们感觉到自身的存在感，确认自己的存在感。通过“瓷”的意识形态设计展览流线，主要分 6 个区域，景德镇陶瓷因为量比较多，分批展示，把陶瓷和空间联系起来，比较适合和视觉流线结合起来，陶瓷的展示是一个时间轴线，空间的氛围是空间轴线，表现时空交错是我设计的主题。这是空间展示，人流主要分两部分，从顾客和业主人流两方面进行分析。

这是总结归纳。谢谢大家！

张月副教授：

出题的老师对这个题目理解更深。交流一下。

王琼教授：

总的来讲，还是要有一个准确的定位，作为一个展馆会所也好，因为是一个旧房改造，对旧房所有的无论是空还是非空，历史价值已经存在，旧房改造希望在课题里重点去研究如何去保护它的现有状态，再增加新的展品方式，这样定位会相对准确。

刘伟教授：

你选的题目定位是会所，玉窑是官窑，气质高贵。这里会聚集什么样的人，应该有这个概念，这个概念出不来就没有导向。现在没有锁定人群做。

田德昌秘书长：

你的设计定位有些问题。会所改造，现状保护很重要。可以在设计中表现历史文脉，但是别忘了是改造为会所，需要考虑和周围环境的关系。

洪忠轩老师：

你的设计功能定位是怎样的，会所具备什么功能？

冯雅林同学：

我的设计是一个文化会所，定位是文化展示。

洪忠轩老师：

官窑文化作为一个噱头存在，里面有多种功能，范围可以再扩大。共存这个理念是对的。

解力哲同学（中央美术学院建筑学院）：

各位老师，各位同学，大家好，我的题目是天津南港工业区投资服务中心一体化设计，最主要的资料是规划图，接下来的内容从规划图展开。

基地位置位于北京、天津、唐山的交汇地带，基地的东南距离北京是 165km，距离天津是 28km，主要公路对一个工业区的对外联系是很重要的。

这是园区的主要道路，道路主体主要是六横五纵，横向高速公路和纵向高速公路系统，还有四横四纵的园区和主要的城市级别道路系统。对一个工业园区来说，对外联系最重要，从这两点可以看到主要的滨海大道在红色基地东北角有一个出口。接下来是一个空间布局，主要是一区一带五园，一带是隔离带，五园是三个工业用地的五园。从详细规划图中可以看到绝大部分是工业用地，最重要的一个位置就是园区投资服务中心，从现场图片可以看到，主要有一些规划中的道路，建筑比较少，受周围环境影响小。选题意义：作为一个投资服务中心，是园区的精神所在，园区投资中心对于整个园区还有服务环境来说影响力比较大。地块分析：从地形图上和规划图上看主要有四个部分，其中包括企业办公中心，餐饮服务。

解力哲同学发表演讲

这是一个主要的地块分析，投资服务中心、会展中心是主要建筑，包括园区道路系统，铁路系统以货运为主，红色三角是景观节点位置，投资服务中心，参展或者观展，与生活服务中心是一个相互联系关系，中间黄色的地方是主要的景观。设计的主要方向是景观包括建筑的一体化设计。

这是景观意向图片，中间有一些构筑物，体现工业制造感，一些让人感受到工业园区氛围的东西。

这是滨水的意向，地形塑造对景观环境应该比较理想。

这是一个建筑意向，这个设计里主要侧重景观设计，主要体现建筑和景观融合，通过塑造地形，使景观与建筑融为一体，建筑通过一种工业构造体现工业园区的特点。

彭军教授：

这个地方实际上是一个不毛之地，是一个盐碱滩。天津滨海新区开发，对这样的地方进行新区建设，必须考虑现场地域的物理性能和现状。第二开题阶段进行一些建筑概念的预想，要说明如何体现这个命题应有的特征。

廖青同学（清华大学美术学院）：

大家好，我来自清华大学美术学院，我的项目是751D · park 改造。设计营造的氛围是提供给艺术家的小型生活社区。

如图所示，基地附近有三个比较大的广场，是人流聚集特别多的地方。对751的空间分析，功能是办公、展览娱乐和文化交流。798附近的招待所环境比较差。"一意"是仅有一家精品酒店，类似艺术家公寓，价格较贵。目标人群是事业刚起步的独立艺术家，艺术圈与文化圈人群。公寓共有的空间，比如说客厅，可以设置多出来的空间以满足更多公共空间的需要。像旅馆一样，多个小单体共享一个大空间。服务空间可以对内对外租用。

案例调研分三个方向，因为是老气罐，需要作空间改造。必要空间可以尽量节约，多开放一些交流的平台和一些公共空间，所以有小空间设计。空间的利用是我比较感兴趣的话题。关于新旧对话的几个例子，可以从上海1933老场坊改造项目空间的调研里得到一些启示。上海8号桥前期是汽车制造厂，改造中有可以借鉴的地方，小空间设计一个是关于移动类的空间，这是对于延伸出来的功能做的相应的设计，最后一个是废物利用。

这是概念图片，以工业建筑改造的形式进行的方案设计。

于强老师：

我觉得你最大的优点是目标明确，会分析周边业态有哪些东西，包括下一步怎么走。但是在环保方面分析要深入一些。现在国内可能很多设计师把环保当宣传，如果做的话是值得深入考虑的问题。其他的非常好。

王琼教授：

这个题目和上面的题目比较接近，我们对市场的分析和前期的作为对一个设计师是非常重要的，现有的并行的这些商业模式要分析，因为设计师是为人服务的，我们不像国外有营销商业这类课程，怎么样在差异化中发展很重要。有时候我们认为不是设计师的事，但实际上和我们相关。

居住问题怎么解决，现有资源怎么利用，空缺资源怎么利用。在前期需要更量化一点，所有的分析数据，如果没有量化标准，最后做出的东西太虚且不可行。想法没有问题，关键是所有被输入的依据和调研这块有点薄弱，这可能都是一个共性。一定要深入扎根到下面，到底如何解决住的问题，要从平行和线性定位中找出亮点。

王琼教授现场指导

张月副教授：

这个题目看起来简单，要深入的话很难。涉及的问题很大。

洪忠轩老师：

如果做室内设计，在751这个位置要给一个很具体的形体，这个建筑形态的路线在哪里，心里要有数，因为具体设计一定有一个具体的东西给你。比如，以酒店为主体，借助这个区域，就突出酒店服务风格，是提供住宿的地方，抓住一个点。毕业设计不同于平时创作，要通过一个点放大。

刘波老师：

做一个酒店给不同人群使用，再接下来深入的话，可能重点要对室内空间，对酒店功能做规划，难度比较大。如果有可能我们也许会给你一些建议再去深入。如果做建筑，尽量把建筑外观做好，其实做建筑需要对里面的功能做出规划，看重点接下来怎么样发展。一定要知道作为一个客人去酒店应该会有什么功能需求 。

李启凡同学（天津美术学院设计艺术学院）：

各位老师，各位同学，大家好，我的题目是湖南省长沙市辛亥革命纪念馆室内设计，我的主题是历史铭记。选题在湖南黄兴镇故居旁边，这是区位图，黄兴作为辛亥革命的主要领导人，在场馆旁边有纪念意义。如图所示是对周边情况进行的实景拍摄。因为我做的主要是室内设计，所以对国内外展览馆进行过考察，在考察故居的同时去了湖南博物馆进行分析，地域文化得到了很好的应用，布局合理，细节做得比较考究，但是展示形式比较单一，大部分是实物展示，缺乏与人的互动性，现在大部分国内展馆都是这个问题，国外用多元化的方式将主题阐述出来。我希望做毕业设计时不仅要对建筑室内进行探索，而且要打破原有的形式，能够提供互动性探索。

希望纪念馆成为地标性建筑，将辛亥革命的精神不断传播下去，并带动经济发展。我研

李启凡同学发表演讲

究内容最主要的是对室内空间和人的流线进行规划，这是我的创新点。光的应用，尤其是自然光，对纪念馆的互动性研究大为有益，可以增加一些互动性展示方式，结合新技术，如3D技术，模拟当时的历史情景。

这是方案阐述，室内布局沿着辛亥革命的发展线索进行分布，希望人们在游览纪念馆的同时，能够对辛亥革命历史有一个很好的了解，并能够传承这种精神。从音乐、空间动线这几方面去获取有机动感词语，包含一种节奏的感觉，所以我将节奏感作为这次空间人流动线的主要研究内容。希望纪念馆用复合形态，引起参观者的情感共鸣，使辛亥革命得到铭记。

我提取简单的形态元素进行重组，得到大致的空间形态，把室内大致分为历史回顾、互动区域、影像展示几个区域，建造一个形象丰富的多元化空间。这是建筑草图。这是室内草图。这是我设计的日程安排。

谢谢！

石赟老师：

你用音乐来表达展馆氛围，一个人进来10分钟后，又有另外的人进来，音乐衔接怎么样处理？

李启凡同学：

音乐演奏是提取一个韵律，不是纪念馆中这个音乐什么时候响起。

石赟老师：

不一定要从枪箭头里提取元素，因为这个东西做出来后让人想象不出来原来是什么样子，只是你想从历史里提出元素做，如果人们感觉不到的话设计便没有用。

颜政老师：

考虑室内的时候一定要考虑周边允许做什么样的建筑形态，作为毕业生来讲，其实更注重的是考虑问题的系统，对这个系统已经考虑了很多问题，还是很不错的。有一个感受，也是前面的同学在他们的作品中体现了的，当大家关注了制造一个空间或者一个室内设计应该注重哪些点，但是这些点结合你的项目和建筑形态，将来这个建筑是否存在展开形态，可以展开一下。例如，刚才分析到在一个博物馆里面应该注重自然光等，包括音乐，在你的项目里是怎么样展开的？你刚才有几张效果图，这些效果图和建筑又有什么样的关系，在建筑中这个位置和效果、和建筑有什么样的联系，这部分应该具体点，你的课题会做得更好。

王琼教授：

作为开题报告，前面过早地进入形态。所有参数在调研中要充分夯实，包括如何解决将来展馆周边的情况、交通情况、阅览环境，一开题便将形态显示出来，会使得自己后面的路特别窄。不够量化，一定要有大量数据说明问题，包括气候环境，一下子先出来几个形态可能太快了点。

吴健伟老师：

我听了前面同学们的汇报，和几位导师的意见一致，现在主要解决设计范围问题，大家范围比较模糊，景观和规划概念模糊，室内和建筑概念模糊，包括之前很多项目没有建筑先谈室内。还有很多学生做了一些市场商业策划概念，这方面需要有个交点，做设计应该有一个精彩的交点作引发，而不是出现太多烦琐的构想。

苏乐天同学（中央美术学院建筑学院）：

大家好，我选的题目是天津南港工业区一体化设计，这次汇报分四个板块进行。

项目背景：基地处滨海新区，将规划成世界级的，含行政办公、展览会议等综合性功能，基地由四条交通干道围成。天津南港区为温带大陆性季风气候，有降雪，场地有多条河流。

场地现状：在基地四周建多功能开发区，基地水系有待于开发和利用。

选题意义：景观设计要通过对周围环境的改造使人、建筑和自然产生关系，我想改变人和自然的关系，使城市更生态和宜居。天津市总体规划指出，天津成为一个国际港口，北方经济中心和宜居城市，生态景观设计是由地理景观、经济景观、人文景观组成的。

设计构思：这是一个参考案例，天津生态池，整个场地分三个不同区域，建设成包含既可进化生态又可供人游玩的场所，体现人和自然的关系。主题景观和休闲文化广场，更多地有体验功能景观和人文景观。区域三是办公设施广场，更多地体现和经济的关系。

从细节上主要分为四个方面考虑，能源、材料、场地、人文，包含有雨水收集功能、太阳能设施、功能性的屋顶花园。人造环保材料和生态植物材料的应用，环保材料主要是可再生物质，可以废物再利用。生态材料净化水资源功能。场地建设主要根据场地原有元素进行改造和利用，根据场地原有的构筑物制作景观小品，以城市历史为主题的景观雕塑。

苏乐天同学发表演讲

人文生态上以下几种场景代表了天津的部分文化，这些文化中的元素将利用于这次设计之中。这是我的进度安排。谢谢大家！

王琼教授：

总体构架挺不错的，关于生态问题，实际植被和人一样，有家族性，有本身的邻里关系，要尊重自身的邻里关系。我们有时候做设计忽略了这一点。生态这个概念，你构架里有，在这方面提醒一下。

陆志翔同学（苏州大学金螳螂建筑与城市环境学院）：

各位老师，各位同学，大家好，我的题目是前门 23 号院室内设计。项目简介：这里曾经是旧中国美术公使馆，也是保存比较完整的一个建筑群。项目地点：在北京市前门 23 号院，交通便利，这是场地现状。

2005 年的时候对这里进行重新改造，目标是将这里打造成京城最高端的消费场所。我们去现场进行了一些调研，这里汇集了世界上很多知名的餐饮品牌，还有一些顶级钟表店和艺术展厅。

我的设计有几个关键词：文化，艺术，历史痕迹。

因为这边靠京城，我想到文化是传统文化，我想到陶瓷和书画。对陶瓷文化的简述：是中国的传统文化之一，陶瓷文化以前当做一些器皿之类的东西使用，现在更多人用来收藏。陶瓷文化现状：以纯精神感情需要为出发点。

会所设计理念，首先是生态为根，因为是文物保护建设，改造过程中加强文化建设保护，营造相互自然和谐的气氛，是当初改造时提的理念。

对整个属性的分析：是京城的中心地段，这个地方是御窑陶瓷文化会所，同时 23 号院打造精品生活场所，定位是陶瓷发烧友、艺术家，不是普通的陶瓷爱好者，功能必须强调情绪和享受，还要交流和合作。功能属性：接待和小区域内展示、品鉴、交流。管理模式是私人经营、个人管理。会所功能分接待、工作室、陶瓷历史展示等。

陶瓷最基本的是水和火、土形态，陶瓷最初状态是自然的，家具自然元素打造低调奢华。因为整个外面是欧式风格，御窑是中式风格，家具用混搭风格是自然状态。

会所有一定的文化内涵，是交流场所，展示主要是通过多媒体形式。谢谢大家！

吴健伟老师：

可以这样说，今天看到的汇报中你是最好的，你的设计范围非常明确，可能你这个项目后面有很多工作。这个项目关键是灯光氛围营造。

舒剑平老师：

关于陶瓷文化会所，御窑表达比较多，建筑文化价值、建筑历史价值这块和御窑文化、产品的这种文化价值，这两者有没有有机联系，建议你从这方面考虑。空间形态上怎么样形成塑造一种追求的、表达的这种文化发展的方向，这块要多下工夫。

刘伟教授：

思路比较清楚，你想在里面强调的东西可能有点杂，比如你提到的概念已经有了，御窑、皇家文化或者高端这样的对应起来。一个是建筑，洲式建筑怎么样和御窑对应，这个草图体现想走自然路线，但太自然的东西进入空间后，和御窑、官窑瓷器以及未来的经营模式可能有冲突。

王铁教授：

几个同学做了共同的选题，刚才老师们也在下面沟通了一下，发现我们更多的学生做得更像行活，就是没有作为一个研究来进行。这个地方将来定位成什么是自己经过调研以后决定的，而不是想象出来的。定位西式建筑外壳，内部残留西式构造体，如何加上中式的设计内容，可以发挥想象创造的非常美好的状态。

张月副教授：

我和很多老师的意见一样，我发现一个细节，我也是忽然发现他没拿话筒，但是你们大家都听清楚了，这个状态很重要。他自己在表述的时候，有这种欲望和冲动，用自己的东西表述，这个很好，所以刚才第一句话想表扬他没拿话筒。其实有很多东西说明人的状态。

还有一方面，他是最接近设计师的，这是中性词，没有褒贬的意思，只是一个形容。每个人的追求和未来的方向可能都不太一样，所以我不想拿他当标准，但这是一种状态，做设计师应该有的状态。

（上午结束）

主　题：2012“四校四导师”环艺专业毕业设计实验教学开题汇报
时　间：2012年3月10日13：30
地　点：清华大学美术学院B区五楼C525阶梯教室
主持人：清华大学美术学院环境艺术系副主任张月副教授

张月副教授：

下午活动正式开始。下面是清华美院的郑铃丹同学。

郑铃丹同学（清华大学美术学院）：

我的项目是文化交流中心，地点在北京751，之前我看了几个案例，一个是香港文化中心，设计内容有音乐厅、大剧院、剧场、展览馆、会议室、露天广场、餐饮设施。还有澳大利亚的一个案例，有博物馆、图书馆、展厅。文化交流中心是文化传达的地方，里面举办展览演出等活动。

对我来说北京的特点就是既古老又现代，北京是老城市，有很多古代建筑，很有文化的味道，同时也是一个很现代的城市，发展速度很快。751是北京创意产业聚集地之一，通过照片可以看到751保留了老厂的景色。

基地周边是画室和工作室，还有艺术中心、画廊和餐饮等功能空间。

文化交流中心建筑直径24m，高31m。我的设计是文化交流中心，我希望做成一个很时尚的地方，可以带朋友和家人去那边休息，也可以一边学习一边休息，如果目的是去休息，至少也能学到东西；如果目的是学习，也可以一边学习一边玩，还可以在这个地方交朋友，设计师可以去这个地方休息并找灵感。

虽然是一个文化交流中心，为了一个时尚的感觉，我觉得应该取名叫时尚灵感中心，以希望吸引更多人。关键词是时尚，放松学习和交流。

在里面我打算做五个主要空间，一个5D电影院、展厅、餐厅、图书馆，独立电影院可以体验更多新科技。有屋顶餐厅、展厅和咖啡厅，让图书馆成为不是特别严肃的地方，在那边不看书时可以喝咖啡。最后是教室，人们可以来这个地方学中国文化。

装饰方面我选择了老北京和中国古典元素，加上751老厂的特点，做成一个时尚文化交流中心。

刘波老师：这位同学来自香港。

郑铃丹同学：我来自印尼。

刘波老师：

我觉得她的分析比较清晰，因为她把建筑里面的空间进行了规划，顶层、中部分别做什么功能有一个很好的构想，希望在后面更深入一些。

彭奕雄同学（天津美术学院设计艺术学院）：

各位老师，同学们，下午好，我的题目是天津市南港工业区动漫产业基地景观建筑设计，分四个方面介绍。首先是区域，产业园位于天津滨海新区，将成为影响天津和中国的经济特区，拥有非常丰富的自然资源，同时是环渤海经济区，中央给予滨海新区政策和资金支持，使之成为了服务于全中国经济开发的新的经济特区。南港工业区也是天津市发展战略中非常重要的区域，温家宝总理2009年的时候来到天津南港视察，表明要大力发展中国的动漫产业。我搜索了一些关于未来南港政府规划的信息。这是一个交通网和水域网规划，动漫产业园区是交通网和水域网的核心地带。未来绿化系统为厂区湿地形成条件，交通上中国动漫产业基地处于整个交通网的中心位置。这是我进行现场调研时拍摄的基地现状，基地的基础建设已经开始，这是周边的建设和环境，完整的规划已经开始。所以，项目拥有非常优越的自然条件，非常良好的政府政策和资金支持，发展天津动漫基地有非常好的条件。

中国动漫产业地域分为两个中心位置，长三角、京津地区，北京有中央政府财政支持，已经建了设很多新兴的和动漫有关的建筑和博物馆，天津在此影响下许多高校开设动漫产业科目。上海和南方市场更广阔，天津、北京地区出现人才向南流失的现象。我们拥有非常深厚的文化底蕴，政府有很大的资金支持，人才资源非常丰富。国际上也早已发现了中国非常广阔的市场。

首先场地为来访的人提供了解动漫产业发展的机会；其次是艺术家工作室，提供一个良好的工作环境；第三是提供来访游客和设计师交流的平台。我选择的设计元素其中之一是橡皮泥，因为对我们来说有童年回忆，黏土动画角色设定由设计师通过橡皮泥作为工具设置。第二是飘逸的纱，中国的文化非常丰厚，但是缺乏人来开发和挖掘，我希望来到我的基地访问的游客，能够觉得自己可以揭开中国动漫创作创意的新的面纱形象。我对形态进行了一些归纳，同时在空间上也找到建筑和景观的主次关系，对初始建筑形态进行了复制、缩放、切割，最终划直为曲的过程。滨海新区是大陆季风气候，我要考虑大风对建筑的影响，尽量避免拐角效应等。对整个建筑形态有新认识和塑造，对整个平面进行重新规划，这是初步规划平面图。A、B两个厂区，A馆是主建筑，这是功能内部分区，主展厅、辅助展厅、办公厅。B馆安排展览使用厅、商店。

这是我的日程安排，谢谢各位！

秦岳明老师：

建筑形态更多地从外表形式考虑，内部关系后期要处理，你是想把建筑在这个区域里作为什么形态，功能上是什么？现在大家所做的基本都是表现形式，需要最终回到建筑本质，有一些关系要继续考察。

孙晔军同学（苏州大学金螳螂建筑与城市环境学院）：

大家好，我的题目是北京前门 23 号院老建筑室内改造。

整个基地概况：北京前门 23 号院有悠久的历史，最早追溯到 1903 年，2008 年正式向公众开放。北京前门 23 号院现在的状况是餐饮、艺术、娱乐、文化结合为整体，历史文物保护，功能多样化，活动多方面，有私人会客，时装表演等。建筑楼梯位置保留，建筑结构会作改变。

设计任务书：项目是景德镇御窑陶瓷文化会所，消费群体是陶瓷爱好者。

设计序言：从某种意义上讲，任何艺术品都是时间和空间的产品。人类的第七大艺术是影响，是时空综合艺术，在电影中时间是相对的，空间是虚拟的。微电影在很短的时间里演绎一件事，这种电影对人的触动很大，建筑是一个行为，一个事件，是一系列行为和事件发生的场所，现在大部分设计围绕空间进行，会不会关注时间和空间？设计会不会是一个生长过程？

下面是我的设计理念，"时而有空"。景德镇会所是体验性和流动性的空间，我希望空间像电影一样，摄像机是游客的眼睛。我的设计有三个要素：空间、运动和时间。原始平面图中，楼梯和入口位置有两层 8 个格子的空间，空间的感觉和时间的感觉在人类的不停行走中体现出来，大体布局分大环线和小环线。

设计手法：第一条轴线展现工艺流程，第二条轴线将不同时代穿插进去，这是二层平面的时间轴线，陶瓷工艺流程以装饰为主题，陶瓷展示是目的。因为陶瓷本身曲线元素较多，所以用方格子作为统一元素。御窑陶瓷的完成过程是人的塑造过程，游客有这种感觉就是成功的。

谢谢！

彭军教授：

我尤其注意到对陶瓷制作工艺的展示相当完备，开始到结束全部使用生产线，这种展示需要空间，包括服务人员、工作人员数量，空间和观众的比例要控制一下。

孙晔军同学：

我刚才强调了工艺流程是以装饰为主题的，展示是目的，是让人了解这个空间。

彭军教授：

生产线是静态的，从头到尾看一下陈设。这样的话在后面设计的时候把静态设计得更生动这一点上又矛盾了，生产线展示空间偏小，因为你的想法不是生产，而是设计一个会所，注意怎么处理这个矛盾。

王铁教授：

从陶瓷角度入手没错，换一个角度再构思一下会更好。我做过钱币博物馆，因为它要展现的是文物，建筑是绝对不允许动的，原有的建筑不适合做展陈的东西。因为建筑本身有它的外表和内部，应该有很多与古典建筑统一的元素，既然是文物就得有历史背景作为表现的条件。

孙晔军同学：

我强调控制保护，建筑结构部分的改变仅限于局部。

王铁教授：

《文物保护法》中不许拆改。但毕业设计给学生更宽松的条件会更好，利于大家推陈出新。动线设计很重要，里面的表现可以再探讨。

孙晔军同学：

我的工艺流程只是一个装饰。

王铁教授：

人观察物体需要距离展示，不是无限制的，多远的距离看多远的东西，得有比例关系，这个很重要，展品摆放到最后会发现问题，因为距离有限。

汤磊同学（中央美术学院建筑学院）：

汤磊同学发表演讲

大家好，我来自于中央美术学院，今天我为大家带来毕业设计初期的一个开题报告，题目是参数化的珍珠艺术。

从以下五个方面为大家阐述初期方案：设计背景，基地现状，基地分析，设计构想和时间安排。

首先是设计背景：基地所在城市是天津，全国第三大城市，中国的中心城市，并且是北京经济贸易中心的重要组成部分。区位因素，这次选择的区位位于天津市南港工业区，南部和西部是规划地区，这块地区在滨海南部，道路和基础设施现在已经开始建设了，首先看一下这儿的气候条件和因素，春季多风，干旱少雨，这样的天气是典型的大陆性气候，有利于后期设计把气候因素应用于设计方案中，作为重要的参考依据。

基地现状：天津南港工业区是天津双城双港发展战略地区，滨海新区东南部，这个地方天津市在大力发展新区中投入了大量人力、物力、财力。这个地方处于一个快速变化的时期，我之所以选择这个地区是因为比较好控制。交通环境方面，基地周边有四条道路，滨海大道、海港路、红旗路和创新路，四条路很好地把基地围在一起，交通便利，这是规划非常大的优势。

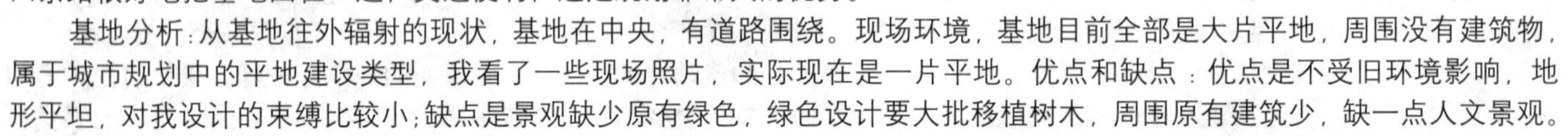

基地分析：从基地往外辐射的现状，基地在中央，有道路围绕。现场环境，基地目前全部是大片平地，周围没有建筑物，属于城市规划中的平地建设类型，我看了一些现场照片，实际现在是一片平地。优点和缺点：优点是不受旧环境影响，地形平坦，对我设计的束缚比较小；缺点是景观缺少原有绿色，绿色设计要大批移植树木，周围原有建筑少，缺一点人文景观。

现场水体，我选择这块地的主要原因是有片水，在基地东南部，可以作为交通系统的一部分设计，可以开展成游览景观，后期以滨水设计展开。滨海大道是基地主要的交通干道，联系南北交通，设计中要把它作为重点交通因素考虑。然后是设计构想、基地的选择、题目对我要求的范围，下面是自己选择的设计，分为：以水源为中心向南扩展，由南到北；以红色区域为设计中心，往南逐渐过渡，精彩部分放在离水比较近的地方。

设计构想：四个关键词，商业综合体，仿生学，参数化设计，滨水景观带。我的设计概念，从动物和植物本身的结构出发，从它们本身的细胞和结构提炼和总结出一些东西，比如说水果、蔬菜还有一些棉花这些东西，把它们的结构提取出来，从它们的结构里细细划分，总结出结构图样，再具象化、规整化，用电脑处理出来以后可以用文字的东西形容，不同的结构有不同的感情，可以表达不同的想法。最后，我选择了珍珠和贝壳，因为天津位于渤海之滨，像它的位置一样，是北海之滨的明珠，从贝壳结构上面提取，总结出一些结构和纹路去做后面的设计。以这四块主要的功能区来做，把仿生学原理放到住体建筑物，融合绿色和地形，按照仿生学联系到一起，做成整体景观设计。这是单体设计意向，这是群体景观设计印象，我的题目偏向景观，并不只是建筑，而是把一片区域很好地归纳起来。

这是我设计初期用电脑做的效果图，把整个贝壳结构放在上面总结出来的概念。

以下是我的时间安排，谢谢！

秦岳明老师：

需要强调时间和空间，建筑和景观的关系。对于所有的景观设计你忽略了人的感受，没有人，没有时间，没有空间。在你这么大尺度的主题中，贝壳这些东西互相之间应该有5个单体，之间的功能关系、空间关系、流线这些东西目前没有看到，下一步在这方面作深入分析，这样形成一个完整的设计，所有的设计不要把最关键的忘记，再酷、再形式的东西都是表面的现象。

张月副教授：

一开始你提出的概念我很有兴趣，最后怎么推出一个珍珠的概念？针对中间的一点说法产生疑问，提出基本设计思路有四点，可能在一个设计里面这么多的概念有点多了，想在一个设计里什么都表现，会做得杂乱无章，不能清晰地把思路表现出来，可能要更单纯化地处理设计概念，有一个就够了。

我个人认为你的设计思路不够清晰，不是搞景观建筑设计的，做设计多了有感觉，我的感觉尤其是户外的环境，和自然环境接触密切的，建筑、景观、设计受外界限制多，不像室内，里面和外面没有关系。但是户外环境，景观和建筑不是这样，周围环境限定特别大，在对场地各种各样的问题有了非常深刻的了解以后，这些条件会形成一个宏观的因素，对你未来的设计限定非常强。现在你没弄清楚，做艺术设计还是做一个公共设计，因为从你的手法来讲像做艺术设计，不管所有的条件，只想把自己的东西做出来。但是手法上，做的对象是建筑还是景观？建筑和景观受外界制约是非常强的，不能随便做。先把这个事情想清楚，做景观还是有功能性的东西在里面的。

汤磊同学：您提的意见是我应该做场地设计？

张月副教授：

应该分清楚概念，观念主导艺术成分多一些，其他的因素影响不大。但是公共主导的，如技术因素，自然场地条件，地理、气候包括刚才各位老师说的交通问题，将来市场定位时，很多很复杂，要做很多前期工作，要去调研。前面很多同学都有类似的问题，有一些想法，前面一个同学说动漫产业区，他自己定位一个动漫园区，有展览、工作室，这种想法提得比较突然，为什么变成你给定位的几个功能？国外大的园区，其实产业链条产生有一个发展的脉络。比如影城，环球影城原来是影视基地，是这么产生的产业链条。迪斯尼是另外的情况，是以动漫的主题去做游乐园，和影视基地没有关系，实际上链条生成起点和关注重点不一样，你要做这种设计，市场定位要理清楚。

王琼教授：

仿生和参数化概念要弄清楚，仿生是模拟自然形态，但参数化先有数字后有形态，推算、路径都不一样。要搞清楚，一个不可控，所有的叠加，延续，最后的东西完全先有数字后有形态，这是完全不同的设计路径和方法。

孙永军同学（清华大学美术学院）：

各位老师，各位同学，大家好，我来自清华大学美术学院，我做的是极简居留空间设计。选题背景、意义：题目来源于现在社会有一种没有被满足的需求，随着中国城市化的发展，日本曾经出现过的大城市圈人口居住问题现在也在中国出现，出现各种城市化问题，选题的想针对这种问题进行一些尝试性的解决方案。设计的具体要求为集约化设计。

我把需求定义为一种极简居住空间，以停留、休息、睡眠为要素。适用情形：在机场车站进行短暂休息，没有必要设一个酒店，开个房间，或者是晚上加班到12点，第二天再去上班。私密性需求在这种情况下没有这么高。接下来对几个胶囊旅馆国内外的现状进行调研。现有比较成功的有几个，比如日本的，纽约时代广场。国内有几个例子，也调研了，胶囊公寓的定义，这是几个不同类型的胶囊公寓，这个是美国纽约的，设计概念来源是飞机的头等舱，空间特别小，是酒店，实际更多是体验概念的，还有日本大阪的，是一个小格间的，外面有一个帘子，私密性很强。下面这个北海道胶囊酒店是一个一个舱连在一起，类似于火车。这是国内现状，中国西安有一个专门制造多功能舱的厂商，特点是把很多设备功能加到里面，我觉得这种思路需要再考虑。日本有一个胶囊酒店，一个理念就是人要彻底休息的时间。这是对三个胶囊酒店类型的总结。

提出的理念中，设计原则是实用、经济、高品质，注重设计性。休息舱的概念，里面舱体设计纯是为了休息。人在里面的行为、姿势牵扯到后期的空间设计。

王琼教授：

这个同学的前期工作做得很充分，当时我出这个题目就是想实和虚结合，符合胶囊这个概念。虚的这个概念怎么阐述都可以，实的希望最好结合基地，因为场地有特殊性。基地方面我提个建议，前面的分析都不错，将来可以模式化，可以放开做。这样有针对性地分析什么样的人群适用什么样的胶囊酒店。

王铁教授：

我认为想法是可以的，但是中国的国情对于解决人居问题有一定的限制条件，如何解决小空间内人的心理这很重要。

王霄君同学（天津美术学院设计艺术学院）：

我的选题是艺域领地，这是介绍的内容、项目区位，项目所在地在广东深圳市，从图中可以看出橙黄色是居所位置，交通发达，南北两条高速公路，设计产业园周边有各类产业园，分布密集，处的位置是中心地带。

现状分析，项目有3万多平方米，总建筑面积10万多平方米，园区背景包装设计塑料加工工厂，所在地是水源保护区，从现场图片可以看出现有景观没有太多规划，绿色非常单一。对现场进行一些场地分析，发现现有景观规划缺乏功能性、层次性以及一些观赏性。

选题的项目意义我认为有三点，第一是旧厂房再设计，成为城市发展途径，这块地是重要的水源保护区，保护生态环境。我们着力打造这个产业园，文化创意产业园可以促进地区经济发展，带动城市产业结构调整。

为此我进行一些案例资料收集，德国鲁尔区是成功案例，关于后工业景观公园，主要是从环境经济社会多层面入手进行一些综合的用地改造。我们转回国内，798是比较成功的案例，798艺术建筑是典型的包豪斯建筑，在城市文化和生存观念方面产生前瞻性影响。

创意点分两个方面，一个是生态循环，调节变通，注重生态和艺术结合，体现人的理念，丰富景观层次；再一个是创意、演绎、标志、诠释。

设计内容，因为场地是水源保护区，从生态景观入手提出这样的自然河流的形态，经过拆解分析得出概念景观形态，原有景观层次非常单一，在空间上横向竖向作探索。对这些自然形态的提炼，并且加上一些创意手法得出这样的结论，我要做生态人文并重的景观形态，园区三个出入口，南出入口、东出入口车行与人流分析，南北方向分析，东西方向以及主入口通向主体建筑人流。

这是现有的景观功能规划，分主题雕塑、互动游戏区、停车区、下沉舞台等几部分。这是一个景观节点概念表达，以下是日程安排。

秦岳明老师：

后期有几个地方需要再分析一下，第一是对基地进行分析，环境和建筑的关系要更加深入推敲一下；第二是人流和车流的关系。第三是现在的大概念背景空间有考虑，下次要更具体地分析。

王瑞同学（苏州大学金螳螂建筑与城市环境学院）：

大家下午好，我是苏州大学的王瑞，我的课题是胶囊旅馆设计，选题目的，是想有一个空间让人参悟禅，使人思想集中。五个方面的汇报，胶囊历史回顾，最早的胶囊旅馆是日本人设计的，在各个国家都有一定的发展，日本的、美国的以及俄罗斯的，还有奥地利的管道旅馆等。

在国内，比如上海、北京、昆明也都出现过，大都因为消防问题而昙花一现。左边图是日本做得比较精致的胶囊旅馆，通过查询一些资料发现，胶囊旅馆的优势首先它是节约型文化的产物，浓缩空间满足人的住宿需求，在充分利用有限空间和资源的基础上做的，符合社会发展趋势。第二个区别于快捷酒店的最大优势是，单体可叠加。基地主要选废弃旧厂房，使闲置资源得到利用。之前我在济南胶囊旅馆进行过实地调研，通过调研我总结出国内胶囊旅馆的一些问题，如空气流通不好等，之后的设计主要针对这几方面解决问题。下面是对现状的考虑，基地上是苏州旧厂房，针对苏州大家会想到小桥流水人家这样的特色，还有苏州园林文化。下面是我对苏州废弃厂房的分析、客源分析、交通分析。基地在白塔东路 26 号，原来是电力电容有限公司，改造成创意产业园，面积从 30 多平方米到 1000 多平方米不等。这是现场图片，以下是我对交通干道的分析，结论是人流来源于苏州博物馆这边，其次是对基地周边的餐饮分布和竞争的酒店分布的分析。得出定位，客源是苏州博物馆来的旅游人群，另外是忙碌工作之余去塔里的商务人士。

我对市场作问卷调研，得出数据以作验证，30 岁以内的年轻游客对胶囊旅馆比较偏好，价格按小时收费模式，0 ～ 40、40 ～ 80、80 ～ 100 元 /h 的价格空间比较合理，设计经费能体现到，这段是 43% 的支持率。我的价格定位按小时计，人均消费最高不超过 80/h 的。产品是以后发展的一个展望，因为具有可变可动性，所以提供一个前提，下面的设计通过一些魔方对比形式研究通道，卫生间对比形成一个固定参数，便于形成一个品牌、一个产生链。可持续发展，胶囊适应性很强，可以推广，如果融入苏州特色对苏州文化也是一个传承，关键词是苏州园林，产业空间，营造。

谢谢！

王铁教授：

重要的是能把胶囊公寓做出苏州园林风格，刚才看到你做的是便捷胶囊空间？

王瑞同学：

对。

王铁教授：

就是房车？

王瑞同学：

有不同特点，可以叠加，举行室外 Party。细节问题以后考虑。

王铁教授：

实际大家说胶囊公寓，我们看到的照片是原始胶囊公寓，进了前台这人看着这人进这屋，前面都是透明的。包含的内容应该是多样化的。

王瑞同学：

之前分析过胶囊，基本尺寸是 1m × 2m，相互结伴地交流有问题，我考虑过，两个胶囊单体间有隔板设计。

王铁教授：

实际我们不能真是按已有的胶囊尺寸做，要能解决在精神上更好地拓展，这个胶囊公寓不是传统的仅仅把人放在里面。

王瑞同学：

这个问题也考虑过，之前研究时感觉到胶囊空间比较狭隘，给人一种压抑感，从济南胶囊公寓体验后，发现不是这么回事，空间虽然小，但活动比较自如，针对 30 岁以内的年轻客户群，也就是对于这样的小空间能够接受。另外一个问题是主要的设计点，小空间是比较有利于让人思想集中的空间，想把这个空间简约化、集约化。

郭国文同学（中央美术学院建筑学院）：

各位老师，各位同学，大家好，我的题目是深圳李朗 182 设计产业园景观设计，第一点选题意义，从项目背景考虑，建设用地内部，总建筑面积 10 万 m^2，建筑主体配套多功能厅、会议中心等。雕塑景观园，将成为深圳文化产业亮点。园区设计面积首先可以看到 182 码头。我到现场进行调研，首先我们知道珠江三角洲是重要的基地，深圳在 20 世纪 80 年代高度发展成为设计之都，珠江三角区的重要一角，为海洋性气候，降水丰富，深圳自身提倡环境优先、以人为本的理念。我们的场地在龙岗。半径 1km 以内周边都是产业园、文化村等，3km 内为主要的交通干道。基地总面积 10 万 km^2，这是目前基地的情况。

园区绿地缺乏空间，土地没有得到有效利用。在做设计的时候考虑过一些案例，比如深圳518时尚创意园，广州的国际会馆，佛山的创意城，经过参考这些案例提出设计概念。不能不说的是深圳速度，深圳高速发展成为人们印象深刻的关键词，深圳速度的原因是什么？因为吸引了大批外来工，包括农民工、设计者、创意者，深圳的包容让人们留下来建设深圳。经过提取我认为是一种留下的感觉。这种留下从时间来说是进行变化的选择，空间中设计元素与各种物体之间形成不同的联系。最后，以基本的设计意向体现我刚才说的留下的概念。首先是主要的交通和区域，以不同材质，让人留下脚印；让物体经过光线留下了阴影；让水留在沙地，绿地让人们直接参与其中，形成互动，留下了感觉。

郭国文同学发表演讲

建筑之间形成了联系，而且也增加了人们的互动，并且整个绿地都存在着留下的要素，雕塑可以留在空间，留在场地内，和植物发生关系，也可以直接与灯光发生关系，最后二期形成二期建筑的一部分。182码头以集装箱为主，和建筑关系形成不是独立的单体。建筑立面上有计划地改造，增加质感，增加与场地间的联系。这是工作时间表。

谢谢！

石赟老师：

这个改造的分析很正确，原来建筑互相没有联系，缺乏个性。第一个目的通过改变吸引什么？第二个目的不是增加很多固定的符号在里面，是让设计师进入而慢慢使园区丰满起来，并可以增加充分展示的地方，或者增加互相交流的地方，让设计师也参与到这个里面，这会比全部做满更好。

石赟老师现场指导

史泽尧同学（清华大学美术学院）：

各位老师，各位同学，下午好。我做的题目是私人专属会所室内设计，会所位于深圳市创业大厦19层，周围有大面积居住区，还有一些公园绿地，有三个中学。业主是45岁的企业家，会所用于接待朋友和商务洽谈。主要功能有接待、健身、豪华客房、棋牌等。平面图上，会所有一个专用的电梯，有4根斜柱，对空间划分有一定界限。空间平面四周开窗，在19层，视野非常好。

这是现场的一些照片，结构上采用钢结构。私人会所是第三类社交区域，对现在的人际关系梳理发现，会所构成第三类社交圈，可以进行休闲、娱乐、餐饮多种项目，但是如果想更私密点和自己的爱好相结合，要往私人会所过渡。

会所周围西北方向、正西方向有多座山，为观景提供了很大的便利，看到图上，虽然是在一个大楼里的会所，可能看到基本没有顶，与自然接触面很大。

在高端私人会所中，最有代表性的是北京四大俱乐部，代表高品质生活方式，有一定的文化背景。长安俱乐部是现代皇宫，强调享受生活。还有美洲俱乐部，很受年轻企业家的青睐。可以看出一点，这些最有名的会所有一个目的，吸引一些目标人群，通过目标人群塑造一个文化氛围，让这些人进行商务活动，形成有文化的语境。无论是哪种私人会所都有一个共同的话题、文化的依托。

深圳是飞速发展的城市，文化底蕴相对薄弱。深圳有一段时间在当地发展传统文化，加上两会上强调文化，我决定加入一个传统的中国的居住形式，对深圳文化进行补充。

可行性分析：屋顶开场非常大，作为景色非常不错。四合院中的一些要素可以和会所对应起来。

谢谢！

彭军教授：

开始的课题选择有基地的分析，包括所在地方的一些场所，一定要和自己的选题吻合，会所周围有三个小学，甚至居民区，我个人认为和会所内容没有太大的关系，应该再调研周围有没有类似的会所，做的新的有什么特色，而且形成了一个固定模式的一个背景分析和现状的调研，但目的是为了支撑这个设计，这是其一。其二是强调深圳文化的内涵，现在发展深圳形成自己的一个文化的现象，最简单的设计似乎是把一个传统的文化的元素或者设计元素加在你认为应该加的设计上，这个过于简单化，如何创造新的形式，加中国元素，把四合院构造拆了，直接移植这样的方式过于简单，实际难度在于在深圳目前这么一个文化背景下来创造一个新的，你想追求的带有一些文化特色的空间环境，这是需要下工夫做的。

秦岳明老师：

这是私人专属会所，如果面积只有1000多平方米，会所是不可能满足使用需求的，仅仅作为个人接待，或者作为商务的洽谈空间，这是一个前提。另外，这样比较我们可以构想他喜欢什么，我们的任务书有一点，一定要注意建筑外观，用什么方式处理，要把东西放进去，它们之间的关系需要更多的分析。现在只是停在很粗的概念上。

王铁教授：

最重要的问题是没有交代尺度和比例关系，做中国四合院风格没有问题，比例和尺度能不能符合使用需求是关键，做伪装四合院是精神层面上的还是真正地复制完整的、很地道的四合院，这个很重要。尺度是前提。前面的调研很仔细，真正的会所和周围没有关系。重点放在比例和尺度上，进入下一步后，要梳理好信息。

曲云龙同学（天津美术学院设计艺术学院）：

大家下午好，我是天津美术学院的学生，今天汇报的题目是在空间中感受深圳龙岗区李朗182设计产业园。这是今天汇报的8个内容。深圳龙岗区交通便利。园区从事包装设计的塑料制品工厂，生产中产生了大量污染。所在的地方是重要的水源保护区，中间有大型水库，原本工厂污染被迫迁出，创意产业园是高产出、低污染新行业。园区现在的区位，园区周围有几个大型艺术中心和文化创意产业园，共同形成一个强大的创意文化产业体系。我的选题目的和意义包括两个方面，合理更新和改建旧建筑代替重建方式，减少成本投入；此外，资源可持续利用，旧建筑改造使建筑设计从静止变成发展状态。

曲云龙同学发表演讲

研究内容，探索旧建筑的改造方式和表现手法，以合理手法将建筑和环境统一，其中空间尺度及人的感受和无障碍设计方面是我重点研究的内容。在设计中我通过挖掘空间中的创意性创造多样空间形式，为人营造不同的空间感受。最后，形成一个可持续发展的综合性产业园区。我作了一下案例分析，这是美国的案例分析，这是上海8号桥艺术区的案例分析，通过分析，我总结出以下几个特点。

他们的园区充满了工业文明时代的特点，传承工业时代元素和当代文化创意，以综合产业园为主，最终文化带动经济转型。我又对龙岗区的三个创意产业进行了分析，通过这三个园区发现龙岗区创意产业园大多数利用政府引导和市场运作共同作用产生结构，领头羊模式带动新产业园出现，最重要的是龙岗区创意产业园主题性、综合性缺乏。这是园区照片，从照片上我们可以看出，水泵房、水塔建筑配套设施已经陈旧，失去了原有功能。这是园区主要道路和绿色分布的一个分析，园区道路路线比较死板，绿色层次单一；这是对功能布局和人流布线的分析，功能布局集中，人流布线简单。

前面图示中出现了一些失去原有功能的建筑，将这些建筑拆除，主体三座建筑将保留。

我将对现有建筑进行整合，通过功能组织、视觉形象两方面整合，改造布局，统一空间多样化综合产业园区。这是功能分区，通过三座楼的不同空间特点将这些功能分区放到建筑中。一号是图书馆，二号是人才培训基地办公楼，三号是休闲会议多功能厅。

设计产业核心是创意，创意是起始点、是落脚点，增加开放公共空间，这种空间相互渗透，为人们提供相互交流平台，通过相互交流机会产生灵感，可以激发新创意产生。黄色部分将增加公共空间的位置，我将在这些位置增加一些比如休闲空间、开放空间、半室内展览空间、生态共享空间，这是建筑设计图。

这是时间安排。谢谢大家！

吴健伟老师：

还是刚才讲的设计范围问题，我们最开始以园区景观设计为主。因为面对消费群体的是一些建筑设计公司、家具设计公司、奢侈品设计公司，所以这个地方可能不能以旧还旧，新的东西可以用新的方式来做，重点放在景观、环境这块，其实可以做得很有味道。

王铁教授：

回到现场照片，这是现场的照片和地形图，从这个设计中的整个区域看，前面道路大面积空着，从地形上已经形成严重失调，做景观和配套设施需要与整个场地保持平衡关系。建筑非常具有20世纪80年代末期的感觉，所以我们作为学生要做得有意思，造型要和实际景观有关系，做一个理想化的环境。这里要改变功能，设计师和高档设计品在里面展示，空间很重要，周围环境合适不合适也要考虑。设计需要一体化思考，只不过以哪个为主线。因为我们出题没有特别限制，如何塑造氛围是关键。

彭军教授：

首先，毕业设计不是实际的商业招标，在一个课题提供基本要求的情况下怎么利用，怎么去自己分析这个基地，在规范的前提下自己再进行创意，旧建筑可以做产业园区，新建筑更能做产业园区，有不同的形式和表现，是未来形成自己设计的非常重要的点。

周玉香同学（苏州大学金螳螂建筑与城市环境学院）：

各位老师，各位同学，大家好，我的题目是“时之刃”，我从以下几点阐述，背景介绍，百年辛亥革命改变中国历史进程，湖南是辛亥革命的重要发源地，产生了一批革命先烈，敢为天下先的革命精神推动了中国历史的发展进程。湖南的地理位置不同于黄河流域的特征，更加跳跃和激荡。

基地在黄兴镇周边，目前整体的风格保留原来的风格，可以看到水流清澈，整体建筑布局尽量远离黄兴故居，成为一个环抱之势，策划以人物为主，这批人物是空间主角，他们是辛亥革命的一批革命先烈，目前安葬在岳麓山上，我是以这批人物为主角空间的，通过他们让现代人了解历史人物。以辛亥革命为线路，通过辛亥革命的起伏安排空间，丰富人物形象。

我的设计理念，在我的理解中，辛亥革命不是温文尔雅的，湖南人不是含蓄的，辛亥革命是刀光剑影的，为天地立心，为生民立命，这样的精神像一个利剑划下时代的终结。

整个参观流程从一个外部环境到建筑外观完成，是一个动态的视觉欣赏过程，这个过程决定我的展示空间、建筑形式以及外部环境。观众从主入口进入广场，入口广场需要做一个浮雕墙的设计，左边就是纪念馆位置，前面是黄兴故居，通过下面的图可以看出黄兴故居造型以及外墙比较张扬，是上翘的形式，浮雕墙延续这样的理念。

内部空间，重点进行宜人性、合理性、互动性三点的把握。首先是空间流线，观众从入口进入大厅，开始整个的对人物的了解过程，通过两层辛亥革命的一个历史叙述完成，通过这样的过程丰富人物形象，最终观众通过一个楼梯到达三层纪念馆。对于空间处理，要使参观者达到共鸣，用到空间把握、人体工程学、心理学，通过视觉、听觉全方位感知。

光色环境，红色代表热烈，来表现英雄人物形象，用这样的一些造型彰显人物性格奔放。下面是主要概念的空间初步设想。拉进历史和现实人物的距离，两层通高空间，首先是一个基调，后面主要局部展示空间手法，虚实体现时空置换，引发观众思考，达到拉近历史和现实的目的。

王铁教授：

比较全面，但是最重要的一点，作为一个革命人物的纪念馆，需要一个脚本，没有脚本线观展流线就无法确定。首先介绍方案，依据脚本系列分几个空间，再陈述这些空间怎么串在一起表达。

周玉香同学：

以辛亥革命为线索。

王铁教授：

需要先有脚本。现在几个展块分不清楚，只是一个效果。作为真实的历史，用非常抽象的表现是不可能的，因为历史是真实的，所以必须用大量图片或者媒体去表现，不是按你的理解做一个作品，不是再现历史任务，是真实的，不能有夸张，不能有过分的渲染，让人们参观的时候感受到情景关系，看到这个设计师做的这个场景，加上真实图片和文字，回想起是当时的那个样子，给观者一个想象空间。怎么表现是次要的，展览馆必须真实，可行性强，而且结构关系清晰。

于强老师：

博物馆尤其是革命性的博物馆、展览馆，不管什么性质的，首先对这个事件应该了解，比如辛亥革命到底是怎么回事，另外一个出发点是对做展览馆是否感兴趣，我可以对建筑形态或者形式感兴趣，但是这两者不可或缺，首先理解辛亥革命是怎么回事，这个事件本身是不是让你有感觉。不管历史有什么样的需要，真正的感兴趣或者理解，这是基础，理解这个之后才能在空间中表现出这样的情绪，否则别人看了会感觉很矛盾、很冲突。我觉得前者非常重要，基于对前者的深入理解可以改变后面的方式，颠覆所有的东西，必须知道前面的东西是什么，有足够认识，才能产生兴趣。既然选择这样的主题，还是要深入挖掘一下辛亥革命到底是怎么回事。

秦岳明老师：

举个例子，犹太人博物馆有几百根水泥柱，站在里面有种很难受的压抑感，包括博物馆本身建筑是扭曲的。做辛亥革命博物馆必须理解这个事件，理解辛亥革命。

颜政老师：

除了脚本还有其他要关注的问题，都很重要，我对这个同学是非常肯定的，因为你在建筑方面花很长时间研究，我不说研究是不是到位，但是你关注了这个问题，在你讲空间的时候，包括从外部，从采光，还有建筑实际的条件你作了研究，这个我觉得作为室内设计是非常重要的，有的室内能天马行空，在建筑上面研究和花的时间是少的，我刚看到一个，提醒你，你做室内设计的时候，关于路径，其实路径分布，包括路径模块分布要把室内展示模式所占用的空间尺度考虑好，第一个是脚本是怎么样的，脚本代表空间展示模式，空间展示模式是多媒体还是摆放的，包括灯光，包括空间占用的，因为很多展品需要单独的系统，这些都会占用一些隐蔽空间，这个预留空间展示是现在的状态。

陆海青同学发表演讲

陆海青同学（中央美术学院建筑学院）：

天津距北京 120km，南港工业区位于天津双港，离天津市有 45km，天津机场 20km，面积 120 万 m^2，对于基地现状分析，有比较好的区位和环境优势，存在市场发展空间，空间结构是一区一带五园结构，一区是南港工业区，五园是南港工业园等。交通线路图，一条连接南北的主干道。通过开放空间提升价值，第二点是通过水体创造开放空间，创建视觉连接，在开放空间提供优美连接。

秦岳明老师：

最后用网格代表一种方式，几个灰色楼应该是你们几个一样，这是已经设计完成的，现在做中间这一块。作为开题汇报应该在现有设计地块中体现一些，包括各个方向的设计，标高，建筑剖面，建筑和建筑关系，和网络关系，这些需要更详细地了解数据和分析才能理性地得出结论。

王琼教授：

有一些基本数据缺失，有一些大的工业建筑标高，一些剖面包含两个维度，平面和立面综合参数的数据，还一个景观现有可用地，包括硬的还是铺装的所有的数据参数，刚才有一位老师讲，如果做景观基地，把周边所有情况非常充实详尽地做，室内也这样，没有详细数据很难做。景观后面这么高的工业的一些东西用什么办法凸现美，还是通过设备弱化，没有参数，不能完全天马行空，不能放开，我同意毕业设计有一定的浪漫，但这个浪漫要有依据，如果没有依据、不着边际，浪漫不值得提倡。我们设计师和老师，描述毕业设计需要严肃性、准确性。

张月副教授：

不能自己认为想做什么就做什么，现在有点跑偏了。

纪薇同学（清华大学美术学院）：

各位老师、同学，大家下午好。我的课题是“黑白灰”，第一部分设计任务分析，首先介绍设计任务书，苏州湖畔餐饮会所，$2000m^2$，建筑整体概况，是上海的咽喉，是中国著名的历史文化名城。区位分析，从苏州市区经过太湖大桥到这个岛上，区位西山东南角红色部分，自然环境特别好，交通比较便利，离苏州太湖度假区 25km，我这个选址有三个独特的地方，西山是一个岛，东南是岛中岛，有一定的独立性，岛通向湖中，第二点独特性是天然环境，就是没有人工修饰，没有一般的酒店，在冰冷的建筑中加入人造景观，苏州市区快节奏，丰富多彩，到会所这个过程是体验和风景。第二部分是苏州调研情况的三个部分，文化背景，苏州有丰富的文化遗产，苏州园林是世界文化遗产，苏州的建筑也比较具有特色。第一点是平面布局，对称安排，秩序井然，体现中国的风水思想、视觉平衡感受。第二点，特有一些元素，比如亚热带季风气候是特有元素。第三点，独特的风景，南方民景是天井四合院布局，露天空间有两种功能，一个有排水功能，划分黑白灰空间，建筑空间的室内空间，露天空间等。将黑白灰三种空间进行一定的空间属性体验和整合。黑空间有一些私密属性，比较强的人造空间，白空间是露天开放属性的自然空间，与灰空间二者间有一些半私密、半开放空间。黑白灰空间三者这样的相互搭配顺序体现了古人思想中的虚实相通理念。

对几种空间方式进行整合，苏州有非常围合的空间形式传统。选题意义，城市化背景下人们物质生活改善，精神压力大，第二居所和会所形成一个趋势，人们有这样的释放压力的需求，很多白领他们愿意在休闲时间去体验不一样的生活环境，从工作中释放出来，苏州园林甲天下，对于苏州本地人他们该从何处体验不同风景，我是想利用西山这样的特别有优越性的地理位置创造一个空间，最大化地融入环境，让人们找到安静，享受原始自然的不一样的体验。

方案设想，地理位置，消费人群有一定的消费能力，有一定的生活阅历，懂得享受生活，愿意花费时间。白领和领导阶层，他们的关注点不一样，白领阶层想从巨大的压力中释放出来，去放松自己，对他们来说，他们的关键词是释放和休闲，领导阶层追求生活品质，享受不同生活之后追求一种与众不同的体验，对于领导阶层关键词是体验和交流，在餐厅、棋牌等功能上增加健身房，观景台有享受体验的空间，满足他们的需求。黑白灰有三种意义，第一点是建筑颜色黑白灰，第二点是建筑空间黑白灰，天井特殊的建筑构件创造黑白灰空间，第三点是抽象意义的人和人的黑白灰，具有引导行为的特点。

室内室外化，通过模糊界限，利用地理位置优越性最大限度地融入景观，利用黑白灰空间光线构成的空间创造一个序列。

谢谢大家！

王铁教授：

从早上到现在你是演示文件最清楚的，概念非常清楚，目的也非常清楚，包括几方面切入得很好，里面的图形单纯明了，图片选择也和主题紧扣。意向图非常好，更多的不表扬了，往下走自己梳理。总的来说很好。

王琼教授：

黑白灰这个概念进入一个误区，随意做天井，白墙是不可取的，文化人怕白墙，灰在苏州实际不存在，对苏州文化需要进一步了解。

石赟老师：

我反对把苏州说成黑白灰，苏州为什么建筑形式是黑的瓦白的墙，是对自然的尊重。这个题目是我出的，我出这个题目是想知道在比较原始的地方你怎么样尊重自然，怎么样不破坏它，现在大量建筑开发的方式是全部拆光重新造，代价太大。

这么好的地方利用原来的地貌，自然和室内怎么样融合来表现出苏州的生活方式是重点。

纪薇同学：

我的黑白灰不是单独指颜色，而是指建筑空间上的黑白灰，白空间可能是天井院落自然空间，黑空间可能三面围合两面的灰色空间。

颜政老师：

这么多老师这么热议，说明这个同学的方案里有很多值得肯定的地方，特别值得肯定的就是虽然说我们有一个理想，所有的设计都是要有诗意的，最后追求一个境界，但是这个境界的实践过程蛮理性的，在毕业设计前，作为一个学生，已经想到了，比如在表现灰时，说到中庭怎么样利用光线制造灰，还有在表现所需要的状态、一个心理呈现的时候，用什么样的技术手段，概括了几点，这是值得嘉奖的。

骆丹老师：

今天听了 2/3 的同学的开题报告，第一个问题，毕业设计的开题有灵活性，毕业设计的目的很大部分是发挥创造性，哪怕最后浪漫，浪漫也是体现自己的设计灵性。第二点，毕业设计的目的就是对市场的洞察性。第三个，设计的广泛性和设计的功能这块应该是了解的。第四，建议各位同学和导师把课题思路打开一些，和大家作一个探讨，开题很有必要把思路启发开，我希望在学生这部分，在毕业设计后期自己可以重新选择。

王家宁同学（天津美术学院设计艺术学院）：

我的选题是海南省三亚市亚龙湾产权式酒店设计。我通过网络查询知道，产权式酒店经营模式不同，投资者可以买客房，产权式酒店统一管理，出租给其他人，使投资者得到经济利益。选题介绍，该项目建筑面积 10 万 m^2，西侧有社区公园，南侧有松林。我对周边场地进行分析，包括绿色区域，已建设区域，主次干道，我的指导原则包括以下方面，以人为本、资源节约、低碳环保、符合城市防灾减灾要求。

亚龙湾位于海南岛最南端，气候方面全年平均气温 25.5℃，土壤显酸性。选题目的和意义，我的选题目的主要是发展可持续性生态旅游产业，实现人、建筑融合。

主要研究内容和创新点，研究内容包括空间环境景观设计，材料设计，实物安排，无障碍设施安排，低碳环保相关设计。我认为人、经济、环境三者作用有人的参与力度，主要人群和地位，整体构架是通透廊架空设计。

我对于海洋有一些感情，在创意点上大量利用海洋元素，用到景观的一些路径设计，作为建筑形象，我准备采用帆船的形象进行拼接，最后产生一个高低错落的美感。

概念阐述，这是一个案例，三亚度假酒店，该酒店室内外设计结合了当地少数民族元素，我的设计理念是绿色建筑的技术观，技术和形式，绿色建筑形式必须利用能源收集，我认为一个好的规划应该充分利用平衡的设计理念。

于强老师：

首先从讲话的形式上很自信，记住省时间，如果我们是客户的话，会觉得你胸有成竹。整体很好，思路清晰，地理位置、植被整体的分析都已经花了很多精力，而且人、环境、经济三个点联系起来了，有考虑到这些问题，不仅仅是人与自然问题，还是一个经济问题。在这个过程中，应该和海有关，不仅仅表现海的形式和主题。我希望景观是可以互动的，人去到这个地方消磨时光，不仅仅是看，你这里的景观要和别的地方有差异才会把人吸引住。也有文化内涵，有说法，最重要的是互动性，超出传统景观的束缚，注重心理感受、精神感受。

刘伟教授：

前面分析了海南气候，考虑到了遮阳，或者避雨，互动就是来到这个地方的理由，甚至这个酒店不一定有特色，但别人特别喜欢这个海滩、这样的环境，吸引使用者的参与。

洪忠轩老师：

在这个地理位置，哪怕有 3、4 个景观是很有代表性的就已经足够了。你主要在景观上做文章，建筑你自己设定模式没有关系，只要做出两三个亮点景观足够。

朱燕同学（苏州大学金螳螂建筑与城市环境学院）：

各位老师、同学，大家好，我的课题是胶囊旅馆设计。首先是回顾，胶囊旅馆体现日本资源节约的理念，是一个玻璃纤维 2m×1.2m 的群体，旅馆是配在公共资源区。它的特点是低碳环保，坚持经济实用，安全卫生，节约资源。我对中国胶囊酒店现状进行了分析，首先是资料收集，北京出现了胶囊公寓，但只是空间缩小，没有考虑人性化设计。上海也出现了，但是因为消防原因被迫关闭。在国内有营业的胶囊旅馆，只是上下铺改成围合式的，使空间利用率更高。

国内胶囊旅馆的问题是特色不明显，一个是形状，很多人认为和棺材相似，不吉利，第二点是人性化设计不合理，第三是产品灵活度，第四是本土化设计。现在市场上呈现的胶囊旅馆是日本模式的照搬。

思考方向，我对胶囊旅馆重新定义了一下，是人们对时间和空间的最大化利用。分析国内情况，许多空间闲置，我选择的城市是苏州，苏州是一个有 2500 年历史的古城，有小桥流水的古城特色。我提出的旅馆设想是枫桥夜泊，这是对苏州连锁的设置，接下来是定点分析，一个山塘街旅馆，周边配套设施齐全，出入方便。接下来是平江路，周边配套设施比较齐全，是一个以文化为主的商业街。太湖周边船上人家餐饮业发达，周边是高档酒店，过去比如学生会发现没有住的地方。运河码头周边有护城河景观带，运河附近的寒山寺、整个运河码头、平江路可以通过整个水系连接。

胶囊旅馆基于苏州旅游文化定义，因为我推广的是一个船上系统，所以我需要验证到底有没有顾客源，我做了差不多 100 份调研问卷，有超过 60% 的人想住在苏州，希望临水而居，有 90% 的人想体验胶囊旅馆，我的经营模式为连锁模式，以废弃老船为载体，结合苏州的水系交通特色。

最后是一个对空间的大体概念，单体比如收纳，大小空间转化。最后是时间进度，谢谢大家！

骆丹老师：

我听到在座很多同学做胶囊公寓，我用四个化字提醒，第一个是产品专利化，第二个是产品工厂化，第三个是产品市场化，第四个是产品人性化，既然作这方面研究，就要把这个研究透，研究透了可以做专利。

舒剑平老师：

很多同学选择这个题目，从哪个出发点看待，怎么样实现专业化，比如前面很多老师提到了一些视觉方面的问题，包括专业上的问题，我觉得胶囊旅馆要换一个视角考虑，从人性角度来讲是非常不人性化的。比如说卫生问题，怎么样通过一些限制性的条件达到最后符合卫生的要求，从自己住胶囊旅馆的感受出发，怎么样消除上一个客人留下来的气味对后面客人的影响，这都是人性化方面的考虑。在设计环节中怎么去达到设计要求。

王铁教授：

实际上胶囊公寓这个题没错，但我们所处的发展时期和日本当年情况不太一样，国内环境、国际环境和日本当年不同，胶囊公寓能不能稍微有点人情味。再一个刚才说“80 后”人群最喜欢胶囊公寓，男间和女间肯定不一样，大家没强调里面的特殊性。但是我们要有一定的思想性，你可能以那个为基础，包括调查问题，具体设计能不能再宽松一点。

王默涵同学（中央美术学院建筑学院）：

开题包括四个部分。这里分析一下交通，地块位于工业区的中心位置，有四条道路围着这个区域，区域在工业区中心。区域服务于这个工业区，主要功能是生活服务、企业办公、会议会展及配套设施，下面是功能分区。

三张图片是现场照片，现场建筑布局、道路方格网布局，地势比较平坦，没有自然的起伏，这个区域有条主路，主路可以进入，分两个区域，这是一个入口，可以进到亲水区域。

这儿想利用原有的建筑纹理改变一下它的形势，用几何形方式融合它本身的建筑纹理，显得不这么呆板。

谢谢！

仝剑飞同学（中央美术学院建筑学院）：

我选择的地块是天津南港工业区。项目背景，天津南港工业区在天津规划里有重要意义。这是南港滨海新区的区位，包括一区五园三部分，有隔离带、综合产业园、港口物流园。现状条件，南港工业区现在基本是平地，规划用地大部分在施工。

用地分析：东边部分大部分是工业用地，整个南港工业区交通区位有两横一纵的主要道路，是京石高速，海滨大道，四横纵的道路。这是我选择的区块，是由红旗路、海滨大道、创新路围合的地块。节点分析，这是我设计的地块的主要交通流线，主要有三条道路，有两条主要道路，节点的位置选在了一个主要的路口。这是功能分区，选择地块在会议展览中心、行政中心和企业办公中心的中间位置，人流量比较大一些，要着重设计。

设计要区别老式工业区，但是老式工业区的色彩和那种肌理，希望在新工业区景观中体现出来。我提取了一些老工业区元素，钢架、木地板、生锈的管道。我想以比较简单的线条做景观，添加一些有碎裂地面的水池，有金属质感的喷泉、小品，还有钢架结构，让南港工业区服务部门和周围的这些工业区产生一定的融合，下面是进度表。

谢谢大家！

张骏同学（苏州大学金螳螂建筑与城市环境学院）：

大家好，我来自苏州大学，这次题目是辛亥革命纪念馆，下面从四个方面开始介绍。首先是背景，我的选题地址在长沙城东 15km 处的黄兴故居小山丘上，环境优美，基地总建筑面积 2954m^2。基地现状，右边是基地现在的情况，因为建筑没有建出来，所以只是一个现场情况。这个是基地上的小山坡，背靠黄兴故居，我的室内设计在建筑现有的条件下做，现在建筑分为第一层半地下建筑，类似墓地，两侧是雕塑，整个形成一个纪念性序列，在纪念广场可以进行一些活动，每个房子代表湖南辛亥革命人物，这是室内流线，红色是参观流线，从一层进入，再通过楼梯到二层，中间主要交通到三层，最后回来。蓝色是员工流线，因为是一个坡地建筑，所以员工从二层进入。

这是基地周围情况，基地旁边是黄兴故居，是重点文物保护单位，是明清建筑，共12间。主要是砖木结构。

首先从共和这个概念出发，设计了一个展览空间，设计了不同的楼梯，表达最终走向共和的理念。对于自由的解释，首先从狭窄通道进入，然后是一个比较开阔的空间，最后一个是博爱主题的地方，博爱就是人人为我、我为人人的合作，设置一些比如通过很多人合作才能通过的空间。下面是设计手法，想在具体细节方面用一些三角形元素，用沉船概念形成一个三角形，辛亥革命期间是18星旗，第三个是革命英雄。

这些是对细节的考虑，比如三角形的一些空间里面做一些破碎玻璃的形式，还有三角形的造型。

谢谢大家！

骆丹老师：

大家有一个误区，局限于建筑形态，忽略了意识形态部分。毕业设计不是局限于做一个建筑，所有同学都是围绕建筑而建筑，意识形态无法脱离开，大家要探讨这个状况。我还是有必要提醒选择这个课题的同学，首先在这块下工夫。

张月副教授：

设计到底设计什么？做陈列设计，脚本非常重要，一个展览像一部电影一样，展览有信息，给观众看什么，信息一定事先做一个界定，这个博物馆包含什么部分，不是空间问题，首先信息要确定，空间围绕信息做，这些信息围绕什么展示，采用什么样的方式和手法，这些没界定。想空间如何配合你所要传递的信息，如何更好地表达和传播确定的空间形式，你现在给我的感觉是对空间形式作了很多分析，但是空间形式很突兀地出来了，内容之间的逻辑关系不清晰，你自己认定了一个空间，是不是所有人都认为是理想的主题？其次，展示空间有时候大多数是同一个背景氛围，相当于这个展示内容是背景氛围。要达到什么目的要界定清楚。

刘伟教授：

这是我出的题目，也是未来的一个项目，建筑这块已经完成了，但因为涉及辛亥革命，现在我们没有定稿，跟各位老师探讨一下。他们作为"80后"、"90后"的年轻学生，对这段历史不太清楚，通过这个题目有一个自己思考的过程。我原来有这个想法，没有传递给你们。好多同学在设计方案时结合辛亥革命这段历史，你们可以按照自己的理解作一个概念，但一定要限定在建筑里面，前面有同学做成一个建筑设计，和这次题目要求有点偏了，而且时间不能够达到。

刘畅同学（中央美术学院建筑学院）：

尊敬的老师，同学们，大家好，选题是亚龙湾产权式酒店设计。项目背景，产权式酒店是个人买断酒店，每套客房有独立产权，产权式酒店这种新兴的经营和投资方式在世界范围内的旅游城市迅速发展起来，全世界产权式酒店平均每年以50%的速度递增。之前是海南三亚，现在北京、上海、深圳、青岛、桂林、珠海等地也出现了各种形式的产权式酒店。三亚的优势是，中国唯一的热带滨海旅游城市，最适合人类居住的城市，天然大氧吧，天然大都市，空气、阳光、沙滩是这个城市的资源。这些成为越来越吸引人的资源。

区位因素，本项目位于亚龙湾项目的中心位置，用地面积约46hm^2。

现状，东侧的滨海大桥飞跨亚龙湾两岸，乘游艇观内湖，赏亚龙湾，是不可复制的旅游度假区，发展潜力非常大。

地块处在亚龙湾，隔河相望，周边是居住区、科教区、行政文化中心、动漫区，地理位置非常优越。

道路分析，红色是主干道，蓝色是次干道，红色虚线代表泊船航道，附近有游艇码头，还有大型停车场。

下面介绍与我想设计的酒店定位相同的几个五星级酒店，首先是亚龙湾卡尔顿，然后是万豪酒店、伯尔曼酒店、喜来登酒店，我都去看了，我希望利用在我的设计中。考虑尊重项目重要地理位置，设计一个五星级酒店，具有地标性。

主要研究内容是景观渗透和引入。设计定位，产权公寓式酒店，度假文化区。意向图，考虑到基地面积非常大，时间上我把设计重点放在景观设计，还有建筑外观上，我希望酒店景观设计有非常明确的指向性，如图片所示，把人们从酒店里引向海滩享受三亚最美好的阳光沙滩和风景。

这种景观小岛，可以划分区域，可以形成天然景观小品。下面是意向图片及时间安排表。

洪忠轩老师：

前面讲到的局部景观做得很深入，因为这个地理位置有一个码头，也可以做靠海的，另外重点要说的是景观方式，是立体式的，里面有几张意向图比较好。需要灯光氛围，尤其是海和水，人可以游泳等，这些可以和景观结合起来。希望每个同学都有侧重点，有侧重点这样东西就有亮点，不用做太多，可以分析一下区位，抓重点，不要太大，越大越坏。我希望跟我做课题的同学要做到有思路，才能进入状态，否则永远是很宏观的概念。

洪忠轩老师现场指导

王伟同学（天津美术学院设计艺术学院）：

我来自天津美术学院，选题是海南省产权式酒店室内设计，主题是会晤自然。我今天的汇报内容分以下几块，第一是选题简介，地点位于中国最南端海南三亚亚龙湾，原生态，交通十分便利，南面是亚龙湾，是非常好的旅游胜地。当地结合多种自然条件因素，有独特的生态环境。自然气候方面我国北回归线以南，季风气候，降水多，一年中气温比较温和，日照时间比较充裕，有东方夏威夷的美誉。

第二是选题目的，面对该地块独特的地理位置和生态环境，如何将这个融入到主题中，与当地背景横纵结合，三亚亚龙湾是旅游胜地，旅游的人比较多，有文化背景差异，如何将差异降到最低，融入酒店设计中。

第三部分是研究内容和创新，用多种设计手法，对室内各个系统设计，功能和主体分类，无障碍设施研究，坚持以人为本、绿色环保，注重低碳可持续发展观念。坚持以人为本，人和自然共生，将大自然景观引入空间中，促进人与社会自然地和谐相处，用现在的科技手段，体现科技美、人文互动、空间扩展，探索人与自然互动和共生。

第四部分是设计内容，案例分析，一个是泰国四季酒店，气候和三亚相仿，本酒店非常有自己的特色，建筑材料，包括一些选材就地取材，这个酒店有一个特别有意思的活动——绿色体验活动，探索人与自然相处的方式；第二个是马尔代夫的一个酒店，选址非常有意思，选址和自然融合。该酒店设计注重绿色环保，交通工具做到低碳环保，尽量保持岛上景色原生态。

这是课题设计的研究方法，概念提出，划分出一些流动空间，根据空间功能性，将空间进行一定的分类，造成多元化，在满足空间功能的前提下，根据空间置换穿插，使空间形态多元化，达到空间造型艺术化。

根据空间多元功能性以及人们主观消费的理性选择，在室内设计中融入自然情感，根据空间置换镶嵌整合达到人与自然和谐共生。

这是我的首层平面图，功能划分，平面交通，办公空间集中在后部分，有利于人群疏散，交通方面以酒店大堂为中心向四周辐射，这是景观草图。谢谢大家！

王琼教授：

不要做过多内容。还有就是要实地调研了解一下情况，有目的地去看，将来在平面这块下很大工夫。在整个功能上，包括垂直交通，包括前后通道，人的通道，新鲜货进去垃圾出来等，这块很复杂。但是可以找相关朋友或者懂酒店的人多聊一聊，起码有点大的感观认知。

彭军教授：

酒店设计尤其是专业性很强的酒店设计，确实学生不了解。由于专业性很强，要求一个学生做到很专业不太现实，至少有一点，很重要的一点，做这个酒店，起码得作个调查，五星级酒店状况，包括其他同学做自己选题的，有没有更深入了解和体查非常重要，不可以自己想象。当然，重点是要有深度，但是通过这么一个很专业的课题，通过短短的两个月左右，要达到这个目的，是不容易的。

绪杏玲同学（苏州大学金螳螂建筑与城市环境学院）：

大家好，我来自苏州大学，我做的是湖畔某餐饮会所设计，题目是“艳遇”。这是我的用地，我要完成从规划到建筑到室内的整个设计过程，是以室内为主，建筑面积 2000m^2，这个会所以餐饮和茶饮为主，今天完成方案概念汇报。

基地交通便利，最大的特点是自然，所以我的设计重点有两个方面，一个是人工环境和自然环境之间的关系，这是由这块地的特点决定的，我会用很多玻璃，使两者相互沟通，我要营造空间特色，这是商业性决定的，选择的特点是要营造交流的人群空间，餐饮遇到自然会产生什么，我想到了游宴，有一个很有名的故事流传千年，王羲之和朋友在兰亭留下了兰亭序。

文章里主要讲的是人们在山水间享受安宁，忘记烦恼，觉得生死是一件很重要的事情。首先是人的生命，其实还有食物生命，生命的延续依赖其他生命的奉献和牺牲得到实现。我希望营造的这个空间能够让人跳出忙碌，是一个平和的地方，同时让人反思人生，更加珍惜生命。我得出这个餐饮会所理念，咀嚼时光，品味生命。这里可以慢下来钓鱼，散步下棋之类，可以交心，对自己有一个反思过程。我选择空间元素，曲水流觞，古代流传的一种游戏，这个游戏很有趣，体现互动性、参与性。这是场地，体验杯子在水里的流速流线，这里有在溪水旁边的石凳石桌，我画了一个示意图，室内部分有一条溪水可以贯穿出去，用玻璃使室内外沟通，这是功能配置。这里提供的肯定是健康的清淡饮食，首先是食物生命的展示，可以是一个主食舞台，最重要的是会所的会员可以在这里亲自下厨招待客人。

有一个老师以前讲过有一些想法，因为对实际不了解，我需要参考很多东西，非常希望大家能够指点我。概念汇报到此结束，这个时候会不会有人疑问，我强调“艳遇”这名字怎么回事？欲知后事如何请听下回分解。谢谢！

刘伟教授：

提到了很重要的概念，食物生命状况，这个很好，过程可以展示，比如厨房不限于是一个封闭的抽油烟的，准备食材的过程是可以完全展示的概念。

张月副教授：

今天到现在最后一位同学，所有全部参加活动的本科同学的毕业论文开题全部完成，感谢大家，因为确实是非常辛苦，首先感谢各位老师用了一天时间。我在这自己觉得是非常持续地动脑筋去思考、去看的，做了一些互动，非常感谢大家！

我们是作为一个交流活动，我简单地把今天的感受说一下。各位老师，明天上午有讲座和同学交流。今天各位无论从学院还是老师来看，听的过程中有词不达意，其中肯定有各种想法，包括同学有一些问题。

通过一天的交流我有一点感受，我最直接的条件反射，本能反应，脑子马上反应的东西，对今天的印象，首先第一点有一个和前几届（印象最深的）有种趋同感，因为我们已经做了四届了，第一届是四个院校自己做的，没有设计师参与，第二届有设计师参与，有明显的感觉，院校之间的差别越来越小。从第一年开始，第一年感觉非常明显，每个学校的教学理念和学生的设计思路和表述风格差异性非常大，所以哪个学校的教学体系是什么样的，一下子看得出来，追求的东西不一样。逐渐地，到现在四年了，好像越来越像，光看东西很难辨别是什么学校的，我也在想，到底设计行业本身大家在慢慢对设计本质越来越认识、越趋同，包括老师趋同，理念可能也越来越接近。我们老在吸收别的学校的东西，潜移默化加进和别人相似的东西。因为必定每年只有一个院校变化。

不管什么原因，总是一件好事，说明我们交流起作用了，有三个问题是我自己的，我提出来，大家可以去想。

第一个，很多同学现在把设计做得非常理性化，好像做设计分析，不是简单地推一个概念，而是做各种形式的游戏，现在好像很多同学在从一开始很多基础条件，用户条件，还有项目本身的场地条件作很多分析，包括借鉴别人成功案例，PPT 格式都很类似，但是我觉得有一个问题很明显，这个样式和内涵之间大家有很多人没有理解，所谓设计科学化和理性化，不是有图有表有文字做得很像，实际应该是在文字的内在逻辑关系上，里面的内在的讲的问题上，确实是真的有内在逻辑关系，确实有推导在里面，如果做的有表有文字，每章缺少逻辑关系，不是真分析，现在很多同学这个问题有的比较严重，有的没这么严重但是也有，经常几大块之间突然跳出，虽然前面讲半天好像有逻辑关系，最后其他的东西和前面断开，很多同学都有这个问题。

我们给别人看 PPT 不是做样子，是真的分析问题，真的思考，把内在的逻辑关系理清楚。概念产生的依据，很多同学，我想站起来问概念从哪出来的，和以前有什么关系，没有任何逻辑关系，突然拿出来一个东西，这个和前面有什么关系，和地形有什么关系，和气候有什么关系，和文化有什么关系？没有。这是很要命的问题，很多同学有这个问题。应该是思想和内在逻辑关系延伸，真的有这样的调研，有这样的思考，有这样的数据，从里面得出什么样的想法，这是很重要的。

脚踏实地，刚才好多老师提这个问题，为什么觉得很多东西有点虚，我们确实很多是真题假做，给的条件给得相对不是这么明确，不是很严格，但是做设计最重要的一点，对某个问题不确定的时候，觉得这么那么都行一定是信心缺乏，前面无论对市场、对技术信心、对功能信心一定有什么东西不完善才觉得怎么都行，如果多精确一点、只有一两个选择，恐怕要在我们后面中信息的搜索是重要的环节，怎么样收集实在、真实的信息，对设计有一个脚踏实地的依据这个很重要。大家想最后一次浪漫，不能完全没有根据，这是非常重要的。

今天活动就到此结束。

中期汇报（天津美术学院）

主　题：2012“四校四导师”环艺专业毕业设计实验教学中期汇报
时　间：2012 年 3 月 31 日 9：00
地　点：天津美术学院南院 B 楼首层报告厅
主持人：天津美术学院设计艺术学院副院长彭军教授

彭军教授：

各位来宾、老师们、同学们，“四校四导师”2012 年毕业设计交流活动暨第四届中华室内设计优才计划奖中期汇审现在开始。

中期汇审会场

我首先介绍一下出席今天仪式的天津美术学院领导：天津美术学院党委书记武红军教授；教务处长喻建十教授；研究生处处长张耀来教授；设计艺术学院党组织书记白星同志。

出席今天活动的嘉宾有：中国建筑装饰协会设计委员会秘书长田德昌先生；深圳室内设计师协会秘书长、中华室内设计网总裁赵庆祥先生。

“四校四导师”教学导师组的导师是：中央美术学院建筑设计学院副院长王铁教授，清华大学美术学院环境艺术设计系主任张月副教授、汪建松老师，天津美术学院环境艺术系高颖副教授，苏州大学金螳螂建筑与城市环境学院刘伟教授。

参加此次“四校四导师”活动的实践导师组的实践导师是：深圳市于强环境艺术设计有限公司总监于强先生；森创国际设计有限公司设计总监吴健伟先生；深圳朗联设计有限公司设计总监秦岳明先生；深圳市梓人环境设计有限公司设计总监颜政女士；骆丹国际酒店设计院总裁骆丹先生；金螳螂建筑装饰股份有限公司北京设计院院长舒剑平先生；金螳螂建筑装饰股份有限公司设计研究总院副总设计师石赟先生。

“四校四导师”的教学活动愿意和其他院校的教师和同学们共同探讨教学改革，交流教学心得，为此，今天特别邀请了天津商业大学、天津财经大学、天津城建学院、天津科技大学、天津工业大学、天津职业大学、天津理工大学、天津职业师范大学等院校的师生观摩，在此以热烈的掌声对他们的到来表示欢迎。

老师们、同学们，“四校四导师”环境艺术专业毕业设计交流活动自 2009 年开始至今已经举办了四届，四年来来自中央美术学院、清华大学美术学院、天津美术学院、北方工业大学、同济大学、东北师范大学、哈尔滨工业大学、苏州大学等的百余名学生参加了此项教学活动。

“‘四校四导师’环艺专业毕业设计实验教学活动”是由志同道合的、有志于为了学生的发展、为了探索和创新国内艺术设计专业教学新的模式的义务奉献的教师们发起的活动，并得到了相关院校领导的大力支持和指导。特别是以刘波先生、于强先生、吴健伟先生、秦岳明先生、颜政女士、骆丹先生为代表的，引领国内环境艺术设计潮流的实践导师的鼎力支持和慷慨资助，不但给予了学生们专业知识的传授，更是从高尚的公益品行方面上给这些未来的设计师们以影响，在此请允许我代表参与这项教学活动的师生们表示由衷的感谢。

下面有请天津美术学院教务处处长喻建十教授致辞。

主持人彭军教授

喻建十处长：

各位专家、各位同学们，大家上午好！

首先我很荣幸能够参加这次活动，特别是对这个活动给予支持的各位专家、学者和著名的设计师们能够光临我院表示热烈的欢迎和衷心的感谢。

我参加这个活动已经是第四个年头，可以说我也是亲身经历了“四校四导师”的活动，从小到大走过的四年历程，“四校四导师”活动的发起确实是非常有创意性，对学校提升教学质量和实现产学研一体化对接都起了重要的作用，给同学搭建了非常宽阔的平台，“四校四导师”活动几年来不断地深入和细化，而且层次越来越高，平台越来越广阔，这个模式也引起了不光是设计环境艺术界的同行认可，而且得到教育界的认同，现在教育部在推卓越人才培养计划，明年天津市要推行文科的卓越人才培养计划，现在天津美术学院已经把“四校四导师”教学项目作为一个重点领域项目，明年卓越人才培养计划开始实现的时候就有望加入卓越人才培养计划中去。“四校四导师”的活动应该说是符合我们现在教育部所提倡的教学方式，特

喻建十处长致辞

别是对于我们实践类的学校来说为如何和社会、如何和科研生产相结合提供了一个很好的模式，我相信今后这项活动会发展得越来越强大，层次水准会越来越高，同时范围也会不断扩大，也许将来不仅是“四校四导师”，而可以是八校八导师，范围越来越大，带动天津美术学院以及其他兄弟院校在教学改革的实践中探索一条新路子。谢谢大家！

彭军教授：

谢谢喻处长的致辞，下面有请中国建筑装饰协会设计委员会秘书长田德昌先生致辞，大家欢迎！

田德昌秘书长：

天津美术学院我是第一次来，天津倒是经常来，对这个城市也比较熟悉，越来越美丽的城市。天津美院今天我转了一圈，感觉很干净，所以说感觉天津不错，天津美院更好！“四校四导师”活动已经是第四届了，我了解到通过这个活动培养出来的学生水平应该说在社会上非常的抢手，每届的毕业生都有非常好的归宿，这也是所有导师所希望看到的结果，也是我们社会、企业所要收到的果实。“四校四导师”活动四届走过来，希望越来越好，培养出更好、水平更高、更有真才实学的学生，走向社会、走向企业、走向行业。

田德昌秘书长致辞

我们站在行业的角度讲，这项活动从教学方面是重视人才培养的一个典型模式，我们非常支持这种模式，尽快把平台搭起来，我们在策划这个工作，让我们的企业尽快加入到这个全过程中来，让我们学生和企业之间对接，这样对我们“四校四导师”模式就有一个很好的推进。我们一起努力，包括在座的同学、老师和各学校参与者，我们一起把这个平台打造得更好，创造更大、更广泛的成果。

下一站到苏州，这一路走来确实很辛苦，最后祝大家身体好，谢谢大家！

彭军教授：

非常感谢田秘书长的致辞与支持！

下面有请深圳室内设计师协会秘书长、中华室内设计网总裁赵庆祥先生致辞，大家欢迎！

赵庆祥秘书长：

尊敬的各位领导、各位老师、同学们，大家上午好！

我们的“四校四导师”中期汇审今天在天津美术学院举行，我代表中华室内设计网预祝中期汇审圆满成功。正如我们的彭军教授所说的，我们的“四校四导师”活动是由一群志同道合的教授发起的，当年中央美院王铁教授、清华美院张月副教授、天津美院彭军教授三位教授发起了此项活动，几年来越来越多的专家、学者、设计师、知名的企业加盟到这项活动中，所有进入这个平台的老师和设计师大家都是利用周六、周日的休息时间做着一件有益于设计教育的事，有益于设计人才培养的事。

赵庆祥秘书长致辞

我发现我们在一起无论吃饭或者是喝茶，大家聊得最多的依然是设计教育、设计行业的事，如何为设计行业培养更多的人才，如何搞好中国的设计教育，这是主旋律。“四校四导师”活动走过了四届，现阶段搭建了几个重大的平台，而且超越了我们的想象。

第一个，为我们的学生搭建了互相交流的平台，来自天津美院、中央美院、清华美院及其他院校的师生们在一起交流。

第二个，搭建了教师和教师沟通的平台，打破了院校的壁垒，相关的老师在一起共同学习，互相促进。各个学校有教学的优良做法，各有卓越的成绩，大家在一起交流，无形中把整个的教学水平都提升了。

第三个，为我们的设计教育和设计行业、一线设计师搭建了一个平台，我们的设计师都知道我们需要人才，这些设计公司在当今中国设计业算是顶尖的设计企业，设计师都是当下中国设计界最受人瞩目和尊敬的设计师，他们知道当一个学员从学生身份向设计师身份转变时需要什么样的素养、需要什么样的技能、需要什么样的心理准备，由此为设计师、设计行业和设计教育搭建了一个桥梁，伴随着我们“四校四导师”活动的进一步深入，“四校四导师”活动产生了三大成果：

（1）“四校四导师”本身成为中国设计教育领域的一个品牌，一个创新品牌。

（2）我们的设计教育“学加术”这个活动成为一个品牌。

（3）我们的中华室内设计优才计划奖已经被更多的社会层面所关注。

除此之外，每年一度的“四校四导师”活动所编著的一本书，记录了全程教学活动的一本书，前年叫《打破壁垒》，去年叫《无限疆域》。这本书很朴素，现在被设计界誉为“中国设计教育的白皮书”，每年发布一次，我知道的全国设计院校只要是从事设计教育工作的都会买这本书。特别是我们这个活动引起了教育部的关注，教育部的网站上转载了“四校四导师”教学活动的一些相关资讯。教育部有一个新计划是2011年年底推出来的，我看到这个计划时觉得和我们“四校四导师”活动很像，我当时有这种想法，觉得这是很好的，我们的活动正为更广泛的层面所认同，在此我要特别感激发起这个活动的三位老师，王铁老师、彭军老师、张月老师，特别感谢所有参与“四校四导师”活动的设计师们，以及支持我们这个工作的各个学校的领导们，我们的喻老师都参与我们四届活动了，张老师，这边有田秘书长，还有白星书记，他们的参与是对我们莫大的鼓舞。尽管我的工作挺多的，但是我放下了纷繁复杂的工作，一定要到现场来见证这次活动。

最后只有一句话，我们"四校四导师"活动所有的一切就是为学生服务，希望我们的学生能够通过大家的辛勤努力，能够结出丰硕的成果，能够成功走向设计的美好人生，也预祝"四校四导师"活动能够取得更好的成绩，谢谢大家！

彭军教授：

非常感谢赵庆祥先生的致辞。

"四校四导师"的活动也是中华室内设计网优才计划的重要活动，深圳室内设计师协会以及各位实践导师在中华室内设计网组织下活动越来越向更宽泛的方向去发展，再次感谢深圳室内设计师协会和在座的实践导师们。

下面有请设计艺术学院党总支书记白星同志致辞。

白星书记：

能参加这个活动我感到非常荣幸，刚才几位老师讲得非常多，对"四校四导师"活动的意义阐述非常深，所以我就不再阐述这方面内容了。

白星书记致辞

第一个感受为我们在座的同学感到非常的幸运，为什么这么说呢？我们这个活动是名校、名企、名师聚集一堂，为学生准备了饕餮盛餐，用我们通俗的话说是非常过瘾，通过这个活动学生的综合能力提高很多，而且在社会上的认可度非常高。所以我想，第一个提议在座全体同学以热烈的掌声对我们名校、名企、名师表示最热烈的感谢。首先感谢发起这个活动的名师，王铁教授他们三位导师，他们对我们艺术教育如何改革第一个吃螃蟹，对教学改革有深入的探讨，有非常好的策划，所以取得今天这个成绩，对咱们所有的学校的导师表示感谢。

第二个感谢我们的参与企业，为什么这么说？因为这些企业特别有社会责任感，培养人才不仅是学校的事，更是企业责无旁贷的责任，我们这些企业明确了这样的责任，所以我们同学们第二次掌声请送给我们参与的企业。

第三个感谢我们的实践导师，我们的实践导师每个人工作都非常繁忙，但是为了这项活动付出了很多，而且我们同学能通过实践导师学到很多在课堂上学不到的东西，所以我们第三个感谢的就是实践导师，再次以热烈的掌声感谢实践导师。

我的发言就到这里，今天我的主题就是感谢，感谢在座的所有名师、名企、名校。感到幸运的是我们的同学，谢谢大家！

彭军教授：

感谢白书记的致辞。下面由中央美术学院建筑学院王铁教授介绍"四校四导师"的活动。

王铁教授：

各位老师、各位同学，大家早上好！我们开题仪式确实每一次都很激动，这个活动经过四个春秋，有这么多人愿意为中国的设计教育作一点尝试，为将来在这方面国家和各个院校在作更进一步深入的探讨和提供一些有价值的案例，是我们"四校四导师"全体课题组成员的最终心愿。

王铁教授致辞

作为教育来讲，我们是职业教师，教师是一个天经地义的职业，但是如何把我们的学生送到社会上，每个人都能成为一个优秀的学生，这需要方方面面的支持，有我们所在院校领导，有行业协会，有社会设计师，这是非常重要的。我这样的称呼大家应该能接受，我们是职业设计师，社会实践导师我称为社会实践学者，确实他们更多的程度是把很多学校学不到的东西在社会实践中能给予学生。每次社会实践导师在认真地参加活动中能很好地对学生提供很有价值，学生最大收获，教师从理论上，学校硬性的教学模式，社会实践导师是从社会实践的角度，我们合在一起会更好地把课题做下去，也就是说我们传统的再一再二再三，我们到第四届是常态，从打破壁垒到无限疆域，我们进入常态阶段，看我们社会实践课题能否走下去，是不是一个具有公益性的，具有为中国设计教育贡献的，如果这样就长久，如果不是这样的话，大家也能想象得到，有的活动也做一两年，第三年隐身了。我跟张月老师、彭军老师说了，只要我们没退休，有口气就愿意做这个事。加上我们实践导师，有识之士他们愿意加入，他们说是公益的，没有任何私心，我们把星期六、星期天用在里面。

我们这个活动这么大一群人如此到处迁移最重要的是资金，我们经费上是社会实践导师支持的，我总和学生说要节约每一分钱，是大家捐献的，要认认真真珍惜，不是所有学生都有机会。在中国设计教育史上是第一次，能坚持 4 年，到明年会有更大的一次活动，把参与过的几个院校全加在一起对社会、对企业也一个交卷，因为经过 5 年必须有一个很好的答卷。我们这次"四校四导师"第四年也是最关键的，可以说到了最关键的时候，下一步如何行走必须有一个抉择，我们要调整，因为经过 3 次了，这是第 4 次，行走过程中修正自我，达到大家都认可的为教育事业做一个义工，我们大家非常愿意为学生服务。不管哪个学校学生都是我们自己的学生，我们从来没有认为某所院校的学生不是我们的学生，有的学生把别的学校的导师也加上面，很多人把这个事当成自己的事，我们是没有差别的。我希望大家今年有一个满意的答卷，尤其在天津美院的中期是很重要的，今天有点实际内容，下一次在苏州大学要有一个辉煌成绩，最后是交卷，这是非常重要的，每个人一定要充分地展示自己，自己的想法、自己的演讲能力、自己的仪表都非常重要，上台之前一定看自己合适不合适上去，能怎么样更好地表达，讲之前先轻轻换口气放松，别上台心跳紧张，如何使自己的每次机会达到自己需要的效果是很重要的练习。我们参与这个活动的学生和没有参与的是两回事，我们是四次，练习四次第五次还不成功就坏了。

我不作总结，有天津美院的领导，他们能给予我们更大的支持，谢谢！

彭军教授：

感谢王铁教授把“四校四导师”活动作了简单回顾，也是非常生龙活现地描述“四校四导师”的历程。下面有请深圳于强环境艺术设计公司设计总监、实践导师于强先生致辞。

于强老师：

各位领导，各位老师，各位同学，大家早上好，又一次来到天美环境中，感觉到非常亲切，一方面源于大家的热情，另外还有一个原因，我 2011 年很荣幸，在这收了一个彭老师的高徒余文达，我带了大半年时间，2011 年 7 月份到现在。各位老师、各位领导讲的都是比较宏观的一些东西，我们说一点比较微观的，或者更加现实一点的。文达在我那儿已经半年了，简单跟大家汇报一下半年来的情况，也是“四校四导师”的校园以外的延续，也是未来这些同学可能面临和走的路，这方面话题会谈得比较少，简单通报一下。

于强老师致辞

文达是 2011 年 7 月份毕业之后到我公司的，以一名助理设计师的身份在工作，到现在还是，初期的时候主要做一些设计辅助方面的工作，我个人来讲看中学生两点，一个是自身素质和修养，可能和技术没有关系，是很综合的，另外一个我很重视学生手头的功夫，不止是手绘，还包括电脑各个方面软件的应用，这两点非常重要，有了这两点出来之后，在公司里可以有用武之地。当时选择余文达从这方面考虑，手头功夫非常不错，在我们的初期工作中能够去参与到设计方案的一些制作，还有一些设计概念的一些参与讨论，找一些资料，还有制作一些东西，比如一些模型，甚至效果图可以自己做出来，前期阶段，在学校方面的训练非常有成效。

在设计方案方面，初期的时候可能有点找不到感觉，对室内设计怎么样能够把设计方案着手，如何很系统地做好这个没有什么感觉，但是最近的一段时间已经有了明显的改善。最近有一个不大的项目，让他参与一部分设计，他自己也做一个方案，其他的同事也做方案，我自己也做，我们给客户拿三四个方案，其中一个是他做的，说明什么？能让他拿出来起码达到一定水准，作为毕业半年的学生来讲应该不错。承担项目所有的资料查询和整个的制作，还有平面的表现模型，工作量很大。在这个过程中我们可以看到他自身的综合修养加上技术所带来的成效。

学习方面，他也经常和我们公司一些其他学校来的，广美、深大、伦敦的艺术学院比较年轻点的设计师、助理设计师在一起交流。本来我昨天晚上要赶上彭老师的欢迎会，后来没赶上，不是因为有客户的问题，主要是答应他们很久要做的事，大家在一起聊王述，我答应他们了。学习这样的交流活动是由文达和另外一个伦敦艺术学院毕业的女孩两个人主持的，文达做的工作是默默在后面找资料，找一些采访文书还有评论的东西，他在工作和学习方面都起到了很好的作用。

生活方面，他现在在我们公司提供的宿舍里，去年年底的时候，小半年的时候，我们会作一个评估，对每一位同事作评估，评估之后觉得他的能力已经有了很大的提升，公司决定给他涨工资。是不是收入可以了，是不是搬出去，因为我们宿舍提供给收入更低一些的人，他觉得有可能的话还是尽量留下来，他愿意和年轻人交流、活动，觉得打篮球是很好的事情。所以就留下了。

总体来讲，他的工作、生活和学习表现都不错，起码我和我的同事觉得挺满意，完全符合我们的预期，某些方面超出我们的预期，要感谢彭老师的培养，这是我们“四校四导师”活动的很真实的人物。鼓励我多一点考虑招收一些学生加入到我们的集体来，我今天又在央美室内设计专业收了一个学生，那个学生在我们那儿有两个月实习期，在毕业的前一年，第四年到我们那儿学习，两个月间得到大家的广泛认可，参与方案制作起到积极作用，尤其软件，我不大懂的一些比较尖端的软件应用方面有很独到的领先的一些想法，对我们很有帮助。

我们“四校四导师”的活动非常有意义，有学校的教学意义，和社会对接、和我们行业对接方面也是非常的有意义，如果有机会的话，以后会继续和大家通报他们的进步情况，也许一些矛盾或者一些问题没有暴露出来，会有的，是成长过程中很正常的事情，以后可以和大家通报这方面的事情，我用事实来说话。

我们作为课外实践导师，不是真正的导师，对于同学，评论拿捏的分寸不是很准，王老师也说，王铁老师是很专业的，他说有时候说话说过了之后，忘了台上站着的还是孩子，其实我们这方面的问题更大，所以如果我们在下面的评论当中如果让大家觉得有一些东西不太好接受的话，请各位同学原谅，我们的初衷是好的，心态是积极的。中期汇报是很重要的一个环节，我去年看文达对他有感觉也是在中期汇报，我也特别祝愿我们今天汇报的同学能有一个很好的表现，谢谢大家！

彭军教授：

于强先生的介绍反映出"四校四导师"前卫的实践教学的宗旨，如果学生进入大学阶段是进行了专业的一个系统的学习的话，实践导师到社会上起的作用是延续了，而且是更实际的实践教学，使学生的学习过程更科学，对学生早日成才是重要的环节，非常感谢。

下面有请学生代表致辞。

学生代表：

各位尊敬的老师，各位同学，大家上午好，欢迎大家来到天津美术学院。

学生代表王钧同学发言

我作为学生代表能够在"四校四导师"中期汇报致辞，非常荣幸，感谢各位老师、实践导师能够在百忙中抽出时间为我们搭建一个学习和交流平台，我们感到非常荣幸，参加"四校四导师"的活动首先是一个非常难得的机会，我们能够感觉到每位老师的态度，敏锐的洞察力，这些是我们要学习的，他们是我们的榜样，活动过程中，老师们给予了耐心指导，无论是专业还是学习能力我们都得到极大的提高。这个活动我们和其他兄弟院校的同学相互学习，开阔眼界，学校课堂是学习专业知识的主要来源，在"四校四导师"活动中有很多著名的实践导师为我们针对的具体问题提出指导意义非常难得，搭建这样的平台让我们书本知识和实际知识相结合，今天非常有幸参加这样的活动，许多老师和同学聚在一起，请允许我代表天津美术学院学生向各位老师的工作表示衷心的感谢。

彭军教授：

最后请武红军教授为我们讲几句。

下面有请天津美术学院党委书记武红军教授为我们致辞，大家欢迎。

武红军书记：

武红军书记致辞

我来参加这个活动是第二次了，最初的时候我对这个活动的感觉是很有兴趣，这项活动很有特点或者很能引起我们从事更高层面的教育管理、教育教学的同志们关注的问题。

今天我参加这个活动首先是祝贺，这个活动坚持四届了，时间应该说不短，可以说跨校际之间的标准，而且带着强烈的民间色彩，能够坚持四年四届很不容易。我在探究这究竟是什么样的动力、什么样的缘由使我们的活动坚持四届，刚才王铁教授讲了一番话，确实出于我们这些教师乃至于社会上关注设计艺术发展的有识之士的共识，确实现在大家都知道教育质量问题是当前高等教育的一个最主要的、最核心的关注主题，如何提高质量？如何提高教学质量？从问题入手，什么问题？最主要的问题是脱离实际，本来我们这样的专业可以说属于不是理论多深奥的专业，不是学哲学、学美学理论，我们更重要的是强调学生们的实践和动手能力，学校实践教学条件有限，特别是现在学校里、课堂里最缺实践教学方面的指导教师。现在我们都在提倡真题真做，我们在大部分的教学，特别是实践教学方面停留在课堂上、理论上以王铁教授为首的这几个学校的专家、教授他们应该是有识之士，他们形成了这样的共识，并且受到了社会业内人士的高度重视和支持，非常有价值，非常有意义。

我认为在学校里面，刚才讲实际教学很重要，我来参加这个活动其实如果说讲知识的话，从兴趣开始很有意思，现在是专业领域里的标准，能不能跨专业，现在是跨校际交流，我们能不能跨专业交流？前天在天津音乐学院和院长讨论，我就说我们有个想法，能不能学文学的、学艺术的、学美术的、学音乐的、学舞蹈的，我们在一起，甚至学自然科学方面的，我们能不能一起交流，比如我说我要搞一个，将来搞一个非常好的音乐厅，美术学院的音乐厅，看一个小时，他的学生的演出非常棒，我说到我们这来演一场，每周来一次，我们学生每周和你们在一起讲讲美术方面的欣赏，或者送你们一幅画都可以，大家交流。

南开大学的文学院，喻教授以前学中国画的地方，我在南开中文系管学生工作的时候，那时候请喻老师到我们那儿交流，那个时候每隔一段时间讲画的欣赏，同学们通过学术活动，学生社团在平台交流，效果非常好。实际上要提高教育教学质量，从解决问题入手一个是实践问题、动手能力培养问题，再一个就是学生的人文修养问题。最近和学校图书馆的馆长谈，"十二五"期间学校的馆藏建设方面要突出特色，特别强调发挥图书馆的作用，我们专科院校没有这么好的人文专业的背景，不可能搞文学系，不可能搞历史系，搞音乐系，我建议可以设读书奖学金，隔一段时间可以引导一下，搞一个读书报告会，凡是在报告会理论上讲得好的学生都给奖学金，我最近看图书馆阅读量大，但是读的书还是少。高等教育其实从目标来讲，我们培养的不仅仅是一个工匠，更重要的是大师，从这个角度来理解改善当前教育教学最重要的是动手能力和人文素养的培养关系，很重要。

再次来参加这个活动，祝贺经过四年时间能坚持下来，也希望在未来若干年里进一步总结，进一步提升和扩大，很不容易。王先生你们能坚持四年真是很不容易，我说这应该是我们高等教育的脊梁，这些人支撑教育教学的质量，他们在追求，有多少人有这样的责任心、这样的抱负，是我们这个民族、国家的脊梁，他们在扎扎实实做有意义的事情，做对国家、对教育、对人才培养也有意义的事情。

这几年天津美术学院在努力，这几年教育教学水平在不断提高，我今天看到一个材料，去年天津市教委跟美国的一个数据公司（迈克斯数据公司）联合搞了一个大学毕业生的就业状况的跟踪调查，这个调查国外做得很成熟，我每次到国外都看。在香港做得也非常成熟，每个专业学生毕业状况怎么样，这个数据向社会发布，我们是保密的，但迟早要发布，是以 2010 届学生为跟踪对象，作第三方社会调查，而且这个公司我看了介绍，是很权威的，调查方法很权威，调查数据和结果应该说是很有影响力的。这个调查是以天津市 18 所院校 2010 届毕业生为对象作跟踪调查，数据我看了，很高兴。一个是天津美术学院在全市 18 所普通高校中，我们的毕业学生毕业竞争力在第 7 位，这是我以前没有想象到的。还有几个数据，我们学校的毕业生半年之后平均工资水平是排在第 3 位，3976 元／月，也不错。另外，我们的学生毕业以后从事的工作和自己所学相关度排名在第 3 位，学生所学的一些知识，到社会上学生实践过程中所学的知识、能力素质和他的实际工作的需要相关度也比较高。另外，学生毕业以后，半年以后向社会推介自己的母校的愿望也是排第 3 位。除了南开在前面，有的项目是中国民航大学在前面，其次是咱们。毕业半年以后学生的跳槽率排第 3 位，这不见得是不好，学生们在不断地调整和变化，尤其在他们就业之初，很正常，也说明学生在选择，社会在选择我们，我们也在选择社会，这个很重要。

我说的这些情况说明，天津美术学院，经过以彭军老师为代表的这样一些教师在教育教学中不断努力，我们的教育教学质量在稳步提升，而且社会上的认可程度在不断提高。大家知道一个大学其实最重要的还是人才培养，还是教育质量，其实教育教学质量最后赢得社会声誉，大家会信任学校，会有更多优秀人才到我们学校来学习。希望这个活动进一步长期地坚持下来。王铁教授谈到支持，从学校来讲，作为官方我们要进一步地支持，支持也是多方面的，也有物质方面的支持，将来可以搞这方面的奖学金，也可以在这方面搞一个专门的课题，研究这个东西，搞一个专项课题，列一个经费专门研究。

我们可以制定一些好的政策，比如我想将来有一些学生自主创业，可以搞一些特殊的政策，包括研究生的选拔都可以考虑。至于说空间条件的支持，现在我们还是条件有限，“十二五”期间我们好好做一做，特别是实践条件，有一些事、有一些活可以在学校做得更好一些，我们现在在新北校区搞了新的实践教学中心，看了几次不太理想，必定在过去的办学条件下改造，看了其他美术学院的实践教学条件，相当好。四五月份我们再到南方去看看，到广州、深圳看一看，在“十二五”期间进一步改造提升我们的实践教学，这都是支持。

最后代表学校真诚地欢迎，以王铁教授为首的专家教授团队，欢迎社会设计艺术界各个企业、各个公司的专家莅临天津美术学院，指导我们的活动。祝愿同学们在参与这项活动中得到成长，也希望更多的同学参与到“四校四导师”活动中来，预祝今年的活动圆满成功，谢谢大家！

彭军教授：

非常感谢武书记热情洋溢的讲话，“四校四导师”在天津美术学院的活动一直得到院党委的大力支持，武书记本人是教育专家，刚才讲的这些话对未来的“四校四导师”的发展、还有教学如何开展都是很好的启迪，再次表示感谢。

中期汇审的前面仪式到此结束。

（合影）

全体师生于天津美术学院门前合影

全体导师于天津美术学院门前合影

彭军教授：

下面开始中期汇审的课程阶段，"四校四导师" 2012 年毕业设计交流活动现在开始。首先进行中期汇审的是清华大学美术学院的刘崭。

刘崭同学（清华大学美术学院）：

大家好，我来自清华美院，我的项目是位于北京 751D · park 的气罐改造项目，751 与 798 相连，在北京朝阳区，橘黄色的是艺术家和设计师工作室，黄色的是游客聚集的地方，蓝色的是目标场地。我希望在这样的场地里为有一定理想的设计师提供空间，为设计师提供展示机会，为设计师之间提供良好平台。高度比较高，高层识别性强，为了吸引参观者，将我的建筑变成地标建筑，使它与周围建筑形成对比。人们进入这个场地后需要被参观第二次吸引，强调视觉吸引的同时要强调一定的空间包容性，我提出的概念是沸腾中的水，包括吸收热量，中间是水的运动，最后是水的升华，转化的空间里是吸收场地的景观，希望建筑和周围场地建筑之间有一个很好的交流，充分利用空间借景手法，吸收好的设计。我们有好的设计展示，吸引参观者，我希望人与设计品、展览品有很好的交流，人与建筑空间有交流，为建筑师提供沙龙，他们之间有很好的交流。第三部分是水雾升华，在我的空间里参观之后他们的思想能够得到升华和内心的沉淀。

刘崭同学讲述方案

关于场地的设想，定义为吸收，景观的构想，因为位置相对比较封闭，所以我需要把人吸引进来，右边是法国的一个案例，在一个小山坡上的展览，从山坡压做这样的草棚带，人们顺着草棚带来到展览空间，做得非常亲切，非常有创意，这是延续性的元素，有指向性，把人们带入这个场地，建筑相对高，可以做成地标性建筑，可以把人们吸引到空间里。第二步人们进入之后可以对人进行第二次的吸引，在这方面我作了以下几方面分析。一个是建筑材料，底层建筑用一些反光的金属类材料，可以对周围建筑也有很好的吸收力，使周围的景观吸到建筑底部，能与周围的一些草坪或者建筑有质感的对比，金属可能自身有一定色彩，人们进入之后有了人的一些影响。第四部分是特殊性，有进一步的探索。

下面是关于内部空间设想，定义为运动，主要功能区有展厅，阳光和视觉展厅，通过朝阳和背阴划分，充分考虑各空间的相互关系，这部分和我的毕业论文有关，在整个设计中会大量使用这一手法。

这是内部交通组织，在展厅空间里强调运动交流和碰撞，营造很活跃的氛围，需要参观者和空间有互动，我梳理以下交通动线，这是一些概念图片，会用到天井手法。这是展厅的两部分，一部分是阳光展厅，一部分是视觉展厅，视觉展厅朝北，这样两个展厅互补，适应现代展览的要求。这是一些图片。这是其他的辅助空间，这是每 5m 做了一下剖面，从每个剖面上可以看到周围场地的一些关系。这里风景有横向变化和纵向变化。人们在这里参观这样的展览，来到建筑的顶层，我设计了一个屋顶空间，显示出宁静和永恒的归属感。谢谢！

王铁教授：

刚才这位同学把思路理得很清楚，包括一些意向图，我看了以后有一个想法，选的 751 过去是一个工业遗存，过去这个罐之所以存在是因为整个工厂的流水流程需要这个东西，但是我们今天把它作为一个文化产业的一部分，而且整个园区已经基本上梳理完了，可以说不是要恢复生产线，利用原有的构筑物，因为不是工厂流水线，不是需要它的功能，如何利用，不能在罐里装东西，要大胆地尝试在罐的外围做一些东西，一些有穿透力的东西，否则变成装在罐子里的内容，能不能大胆开一些洞或者往外延伸一下，这是早期工厂的东西，要结合新的内容，需要开就大开，不是保持完整的罐子形状，不要受这个限制，只要将来做完大家看罐改的就够了，千万不能没完没了压东西，越压越实，虽然有想法是 5、10m，但不是所有空间都要 5m，可能底部要 7m，上部 4.5m，整体排列一下，因为这里没有容积率问题，做了以后如何既有罐的痕迹又有新的内容是大胆的设想。

刘伟教授：

这是中期汇报，理得很顺，可能到中期表述上不够充分，好像在开启报告的感觉，把思路理顺一下而已，语言还要加上。还有就是屋顶上升的空间，不一定是 5m，上到顶上以后，突然来了一个城市空间有点跳跃，中间的连续性和必然性不是很支持，因为有一个高度，有一个屋顶赋予了一个功能，但是看不到里面关联性多强，要交代一下。过程里发现罐的运用，储蓄罐和展览必然联系没有看到，这块是表示的原因，还是进一步推进的时候还有想法。

刘伟教授现场指导

纪川同学（天津美术学院设计艺术学院）：

尊敬的各位老师，同学们，大家好，我来自天津美术学院，开始我湖南长沙辛亥百年纪念景观中期汇报。我们回顾一下，我的选题项目在湖南长沙，这是黄兴长大的地方，他是辛亥革命最重要的人物之一，有纪念意义。这是自然条件分析，当地的旅游资源有优势，交通便利，这是现状，大家回顾一下，黄色的是黄兴故居，周围居民比较稀少。这是选题目的和意义，四个方面，这是我的创新点，一是把我的创新点贯穿设计，把革命意义的重要性转化为建筑的视觉冲击，二是融合科技因素，三是故事化，四是保留当地的植物。第一阶段方案展示，革命不是过去时，不属于任何一个时代，精神不会结束，会得到发展，产生新的生命力，是一个循环过程，同样我们可以带着这个问题，始终贯穿于我的设计。

纪念馆的积极性有两方面，一方面传承文明，二是了解历史、激励后代，我换位思考主题，辛亥革命但更多的是革命精神，我选择用生命诠释辛亥革命的精神。历史是过去，现代是让人们了解历史过程，把精神传承下去，是一种倔强而生的精神。我们从辛亥革命的历史意义考虑，封建好比顽石，革命给它致命一击，设计不失纪念馆的稳重感和视觉冲击力，革命精神延续下来，这种倔强而生的精神不断生长延续，始终贯穿于我的设计。这是草图，植物有倔强而生的感觉，群峰迭起营造气势。这是初期的建筑，里面有很多不足，经推敲后，这是现代建筑草图。封建如同顽石，革命将其击碎，这几个元素相加生成一个概念建筑。

我们采用这种元素必定这是一个纪念馆的设计，我把这种元素规整化，做得相对庄重一些。这是一个总平面图，1 号和 8 号是入口、出口，最终 4 号是纪念碑，5 号是生态景观的区域，6 号为故居古风。大圈代表主要节点，小圈代表次要节点。这是一个动线分析，先参观纪念馆的路线，先到纪念馆再到黄兴故居，这是先参观黄兴故居的路线，这是入口，大部分的参观者不会立刻对这段历史产生一个兴趣，我们用孙中山先生最动情的演说，使参观者产生共鸣，利用语言共鸣引导参观者。这是在纪念碑下方，我们用钢化玻璃，有历史典故，白天文字通过阳光到浮雕上，夜晚灯光反射浮雕，人走在上面有穿梭历史的感觉。这是纪念馆入口概念图，这是鸟瞰图，这是建筑背面效果图。谢谢！

刘伟教授：

刚才同学汇报，大家在中期汇报和开题之间还是没有弄清楚重点，刚才至少有 3 分钟时间还在讲上一次的东西，这个重复，我们在座老师都已经讲过一遍了，你时间非常有限影响到你后面的汇报。还有一个感觉，到后面的中期汇报应该汇报什么东西可能还要思考一下，感觉到没有切入正题之前铺垫太多，后边的东西思考不深入，这个时候应该有一些概念，现在看到的还是有一个刚刚的粗的东西。你是主要做建筑出来，理论不做。这和原来课题有一些出入，特别是长成建筑，纪念馆不是一个简单的或者可变的空间，因为是辛亥革命纪念馆，所以如果里面的内容不去思考，到底是人文馆还是世界馆这些没有，怎么和武汉、广州的加以区别，或者定位在哪里，这个不清晰。哪怕只做到建筑部分，也应该对后面的东西有一个思考，或者有一个交代，否则说是辛亥革命纪念馆可以，说别的纪念馆也说得过去，因为刚才讲的植物的生成或者是什么，别人觉得有点牵强。

王铁教授：

我简单地说，实际不管做外墙、做环境也好，做内部也好，我记得开题的时候说过，必定是展馆，里面要有展现、有面积，有没有脚本，能否设定这个建筑，能否满足这个功能，如果能了做什么都行，不能光外壳，外壳放哪儿都可以，首先从内胆开始到外形产生，包括概念生成走过来也是，自然的元素，但是没有往里面走，如果再往里面走一下，这个就活了，生命力就有了。

张月副教授：

这个同学思路很清晰，你们这个年龄段做这种主题感觉确实有点为难你们，必定和这个时代相距很远，有这种心情和愿望愿意做这个东西也很好，但是有一点我个人的意见，我不太赞同这种，但是现在在国内或者是全球，这样的设计方法有，就是用图解的方式，用一种符号或者形态解决一个概念，这样的设计有，但是我个人不太赞同，尤其环境设计里，比如植物代表什么，这个东西太像是连环画或者是过去的史诗，写实的画所表示的故事和情景，建筑也好，环境也好，对意境或者某个主题的阐述不应该是只通过某个符号的方式表述，应该更多地通过一种意境，对人们的内心或者行为的影响，使人产生你希望感受的东西。我们过去读诗，大漠孤烟这种，没有明确解释，是一段故事还是一个情节，不是，但一定让人产生，随着环境因素的影响，光线视线处理，包括整个环境要素互相形成情景，产生特定的行为和感受。间接环境影响人，不是直白地用一幅画、一个图形告诉你这是什么，首先理解别人有各种歧义，不一定和你的理解一样，达不到目的。

不是把你推翻，我个人觉得不太建议以后做这种设计用这样的思路，国内很多设计师这样做的太多了，在这圈子里用直白的方式解决我这是什么，这种很多，第一是设计创意上太直白，没有技巧，第二是建筑和环境的所谓的情景或者对人的影响不应该通过这种途径，这是个人观点，可以讨论。

秦岳明老师：

刚才说的建筑和环境没有看到和原来的条件之间的关系，这方面我希望考虑，流线这些有一定的联系，不是孤立做一个东西放在这里。

纪川同学：

想用黄兴故居白墙结合，我们将故居里面偏向于那个时代的青砖用到广场上，这方面融合一下。

颜政老师：

在他这样的年龄和基于设计的经验，这个报告应该蛮优秀的。优秀的毕业生文字能力和优秀的排版及一些手绘工作，我提一个建议，我提这个建议是因为上次在咱们报告以后，我曾经收到一些做会所的同学给我写得很真诚的关于设计的探讨，我的感受是，做会所尤其是博物馆这样的设计工作怎样做，我们最好列一个工作单，像王铁会上提到的那样，未来空间有多大，承载量有多大，展览系统可公开使用，因为每个系统需要的空间尺度不一样，就决定了这个建筑的外轮廓给予的尺度做怎么样的现在，未来随着工作深入，只要关注到这点便是一个经验的积累，就一定会随着时间的推移越来越好的。还是很优秀的。

彭军教授：

解释一下，颜政老师和王铁老师说了应该有室内东西，"四校四导师"要求个人做，各校不太一样，这组两位同学选择只能做建筑和景观，另外做室内，严格分开。后面有同学做室内的。

冯雅林同学（苏州大学金螳螂建筑与城市环境学院）：

大家好，我做的是景德镇御窑陶瓷文化会所，前门 23 号院是地点，也是建筑的基地，旁边是建筑立面图，这是一层平面，参观流线，接待流线，平面流线，这个电梯直通下面储藏室，二层通过一个过道将两边空间联系起来，这是我对中式的理解，这边是一个示意图，这是接待大厅，这边是我对陶瓷尺寸的研究，这是对空间的解构，旁边是里面图，这是另一个角度另外的剖面，到了历史古董展示区，历史到真实表达，我们建筑有历史记忆，我想完全呈现出来，真实呈现，加上古董展示，通过人的活动增加空间活力。这是陶瓷历史脉络，主要是运用御窑的形态做的，这是一个细节，尺寸的分析，这体现古董和现代化对话，这是真实的数，这是一个展览方式，陶瓷四大特点，通过灯光来表现，通过外部环境视频成像展示白如镜。夕阳西下，满天繁星。这是实现分析，三个点，由于那边有两个大的落地玻璃。这是一、二层整体剖面，另外一个剖面，通过树的脉络联系上下空间。保留原始墙面、历史记忆。楼梯有宽窄，过道以中国山水为意向，以水为流为动，利用陶瓷做的瓷片结合起来产生这样的效果，空间的层次。

中国建筑空间讲层次，室内空间同样讲层次，一边是玻璃，一边是墙，第一层是石门，穿过石林进入空间，这是共享空间的主入口，延续建筑的风格，一些陈设沿用陶和釉的结合，这是室内空间的剖面，依托原来的屋顶架构做一个古建筑，这是空间意向、陈设、家具，这是灯具。谢谢大家！

王铁教授：

刚才这位同学整个系统地介绍了自己的课题，从程序上应该没问题，但是里面有一个问题接下来要注意，你在进行锻炼分析的时候，一定要把真实的梁和板的厚度画到里面，现在这个阶段可以，下一个阶段要画各清清楚楚，窗有窗台，怎么处理一个展示空间，都开这么多窗户屋子里光就乱了，不是你想象的，你接下来要注意。风格上要梳理一下，研究一下在树枝上能不能做展台，器物这么大往哪儿放，用什么来承受要考虑，不是不能，要考虑怎么做，要种真树首先活不了，或者是死树，可以用这个概念发展，不是用完全写实的树摆在里面。你可以在深入的时候认认真真想，这里太写实，设计是用设计语言把现实中遇到的真情实物用自己的综合判断表达出一种抽象的美，绝对不是真实再现拿过来贴。如何把东西变成自己的表达，这是最重要的转换过程。

做东西要心中有种美感，自然会把东西做得很放松，如果没有美感，画的东西很费劲，剖面刚才原洞的场景，真正人为做成圆洞不容易，因为开间、进深不是干这个的，是领式的一个官邸还是其他接见用的，或者是什么私人的地方，是美国使馆没错，但是那种功能条件下非变成一个展场或是一个很高调的提升，必须东西越少越好。不能做得很满，人和你的展品距离要考虑，不能太近，人贴在上面，研究一下子你的设计会有更好突破。

舒剑平老师：

我看了中期汇报，想法很多，通过这种草图方式呈现出来，我觉得条理不够，首先在流线梳理上一二层或者是往下的空间有一个关系，是一个空间，有一个体量关系，即在使用过程中，对空间的体量、使用性质要去规划，大概接待十几个人，如果作为会所有一个接待容量、体量在那儿，容量一定成比例，作为文化性的展示空间，前面老师讲了，心中有美才能够表现出来。我觉得在这种空间里面，你可以尽量简化，比如说展陈手段很多种，做树的展台，现在有多媒体，通过氛围塑造，不一定用实景化的东西去重新构筑这么一个空间，这一块可能空间梳理上要重新定位。要更细化一些，把展陈面积进行梳理。

骆丹老师：

排版思路明确一下，通过我刚才在下面听，我不知道整个排版思路体系，你用一些投影，有一些空间，我们看不清立面和空间和表示形式，这块同学可以作深入讲解。陶瓷主题延续性，思路要延展，这块下一阶段，中期应该将主题延续性强化出来。整个思路体系，包括立面，思路体系还是要把展览还有主题，还有社会交流层次，包括整个项目，包括设计的层次分析，前期没有做到，中期应该把这个事做出来，所以今天三大块在接下来还要加把劲。

解力哲同学（中央美术学院建筑学院）：

我做的是天津南港工业区投资服务中心一体化设计，这是回顾，这是区位，周围的道路主要有一条高速公路，有一个出口，决定是人行流线的状况。这是项目的用地情况，主要用地是工业用地，以工业展览为主。这是场地现状，场地比较平坦，有优势，优势就是可以自己随意做，不受到影响，劣势是没有继承性，这是一个人行的状况，高速公路作为会议会展中心主入口，顺着绿色线走，红色三角是景观节点，确定了一个到达的人行的顺序。这是整体的一个分区，整个场地面积大概是 110 万 m^2，我分 4 个区域，景观 A、B 区，建筑 A、B 区。这是建筑分布，一个会展中心，从上到下是行政办公中心、生活服务中心和企业办公中心，这是地形的塑造，通过地形塑造打破场地范围内比较平淡的区域，形成一个对比。这是场地道路的分布，大家看到场地被主要道路划分为 4 个部分，道路贯穿场地水面和景观地形，汇集到会议会展中心，沿水面东面有一个贯穿的道路。这是场地的水面，拿到规划图以后对水面进行修改，引到了会议会展中心的服务中心主要交流的景观的一个用地里。丰富景观的多样性。

解力哲同学讲述方案

这是整体的状态，下面主要是建筑部分，几个建筑状态。这是整体建筑的一个立面，作为建筑首先在基地上面有一个建筑，建筑面积总共是 5 万 m^2，地上建筑面积 3.8 万 m^2，可以想到建筑基地面积 3.5 万 m^2，长宽尺寸为 230m × 630m，高度 23.5m，比较薄的建筑，相当于把建筑放倒一样丰富场地，形成了建筑景观的顺序，红色部分会作为建筑的结构部分。这是建筑生成，把线的顺序打乱，整个地势、整个平面成了一个动势，形成一个状态。通过建筑景观这种分布，通过 4 棱形作一个连接，这是建筑立面的室内效果，这是建筑的室内效果，这是建筑 B 区的状态，主要是通过两条曲线来控制生活服务中心和行政办公中心的整体形态。谢谢大家！

张月副教授：

这位同学从工作量来讲好像比前面的同学深入程度多一些，有一些地方室内空间状态已经做出来了，但我觉得可能这只是一种表象，你的设计首先第一点我有点疑问，设计的范畴是什么，到底做景观设计即整个景区规划设计，还是做一个建筑设计，还是都做。如果自己从景区规划到建筑都做的话，恐怕深度上很难做完整，前面暴露出问题，对景区规划部分，道路如何规划，水面如何规划，包括地形，你的思考比较简单，好像缺少对当地的了解。做建筑和室内不一样，室内是完全人工化环境，可以不考虑其他的自然因素对人的影响，建筑一定是受地形、气候、周围地理环境的各方面影响。我没听到这方面介绍，你的设计思路里这些方面如何影响，在你的分析里很少，这应该作为深入的分析，还有建筑，建筑室内效果图已经做出来了，但是建筑空间形态和结构为什么就是这样的，你现在做出来的东西我有点不太理解，为什么做成这样，逻辑关系是什么，和它的建筑使用功能。规划要素讲了，比如场地，几乘几的场地，规划限高有了，建筑形态不仅仅是规划决定的，还有使用功能关系，里面做什么用，结构选形，结构选形有经济因素，还有一些技术上的，建筑上的技术因素，都会产生影响。这是一个非常系统复杂的问题，不是简单地想怎么做就怎么做，至少这方面有考虑，也可能因为题很大，来不及把每部分都作深入思考，可能有这个问题。把最终的目标对象再清晰化，做其中一部分，但是做得深入一点，做建筑或者做场地，做建筑像周围的场地规划不用太关注，主要的构架有了，重点关心建筑本身，把建筑本身做好。

王霄君同学（天津美术学院设计艺术学院）：

大家好，我是来自天津美术学院的，我的题目是 182 艺域领地。开题报告作一个前期回顾，

王霄君同学讲述方案

我的选题地址在广东省深圳市，交通非常便利，182 设计产业园周围产业园分布密集，它处在中心地带，总建筑面积 10 万多平方米，从现场照片中可看出景观规划缺乏功能性、层次性和观赏性。这块是我要做的部分，从调查报告给我带来启发，解决这样的问题，我认为受众群体不仅仅是年轻人，景观应该随处散发艺术气息，体现娱乐性，公共设施应该便利，交通应该有系统规划。研究内容，创新点在于生态环境，从生态循环、人性互动、创意演绎着手深入。我的灵感来源于位置，这块水源保护区，提出河流的元素。从河流元素进行更深入的提炼，形成景观概念形态，在原有的景观层次基础上横向进行错位，进行分割、穿插，进行设计和探索。自然形态提炼和创意的景观构造里形成生态和人文并重的形态。下面是方案进程第一阶段，景观平面图，从景观节点着手进行了集群培育和生态，景观是一个联动的效果，这是景观平面图，从东往西，遵循强弱强的顺序来进行考虑，主要景观节点在于水域周边的 182 的集装箱创意码头，还有这个景观构筑物。

平面分析，功能主要从这几个方面考虑，创意产业体验，艺术文化展示，现代商业办公，景观休闲互动，人才培训基地。主要道路，人行道路，景观主要节点有集装箱码头区域，主入口广场的几个主要景观节点，贯穿次要的景观节点。对园区的外部视线和内部视线进行分析，水塔位置，停车场上方的景观构筑物这块，形成我的景观视轴，这是绿化的区域，贯穿一些植被造景，方框是植被密集的区域。建筑分析，进行切除，重组和复合形成最终的建筑形态。这是建筑的效果，这是停车场上方构筑物的活动空间，以下是日程安排。谢谢！

张月副教授：

首先要表扬这位同学，看到现在这么多同学的中期汇报，她的比较像中期汇报，工作量包括完成的内容深度确实做得很不错，这是值得表扬的，另外一个还是要挑毛病。可能这个问题不光你一个人有，很多同学有这个问题，从一开始的设计起点，给提供的那些罗列因素，不是罗列给别人看这些东西，是后面设计的一个基础，比如说你讲地理位置，在深圳什么地方，地理位置有影响应该有一个结果，这个位置在闹市区，交通方便不方便等，对一系列后续影响，对将来的设计产生影响，应该有一个结果。我现在看到很多同学讲这个东西，把东西列出来，列完了没结果，没有作分析，这些东西产生什么影响，很多同学只是简单列，不说会对设计有什么影响，不光你，很多同学有这个问题，到后面概念出来很突然，合理的关系把相关的因素列出来，相关因素对我的设计最终产生什么影响，通过知识和概念的东西作一个理性分析，分析以后找出对设计的影响是什么，决定我采用什么对策做设计。对策就是概念，对策逻辑关系应该是对原始条件进行分析，产生结果，产生对策，这是有逻辑关系的。我们的同学列一大堆原始数据，突然结束，没有分析结果，设计概念也是突然冒出来的，为什么用这些设计概念，我看不清关系。你做得很好，但是这个问题看不出，比如你的景观视轴安排，比如道路路网流线的那些，为什么用这样的方式，我看不出必然的要素，因为前面没有分析。使用过程中在道路交通上，人流带来什么好处，都是实际问题。设计有很多功能，包括视线，你说视轴问题，我没有看到人的正常的高度分析，你一讲视线一定是按照正常人的视线讲，从空中没法讲，这些东西可能是后续再做设计的时候要注意的。

责任导师张月副教授

于强老师：

刚才张月老师提的问题非常重要，你解释一下。

王霄君同学：

有限的问题，本身属于一个水源保护区，那块没有什么商业活动，中间一条商业街，不是很繁华的，提取了一个生态的河流，周围有好多水库，龙岗区属于生态保护的区域，我就吸取了这样的元素，景观应该是流动的曲线，应该有层次，这两者之间衔接性很大。

于强老师：

再放到总规上，你要解决的问题，你已经自成系统，非常完整，表现很好，这个系统和更大的环境是什么关系，他们协调吗？刚刚说要做的部分，区域的那张图。你现在如此很自我的系统，系统很好，但是这个系统和周围环境放在一起的时候是一种什么样的感觉？我主要是这个意思，那样的形态和周围的这样的一些房子和高档点的环境放在一起是什么样的感觉？

王霄君同学：

可能和周围的差距比较大，但是一个创意产业园应该突出不同的生命力，让人进入后觉得特别有吸引力，和周围反差比较大。

张月副教授：

这个问题是这样，你是学景观的，学景观的一定有这个概念，在平面上图案不要理解为是这么大的纸上画的或者书的封面图案，不是这个概念，在图上画平面图，真正的人进去以后看的可能是纵深的一系列水平方向的路，一定要按人的观感和人的存在状况想空间，现在区域里道路路网这里判断的话，有自己人的空间认知逻辑关系，最早直线去哪，或者是漫游状态，我个人起点感觉路的状况，是一个漫游的曲折的路，还是一个大的图线的路。路是水平方向，从图案一边往那边看，对形态和你的不一样。做景观首先把空间概念拧过来，否则真的变成图案，不叫景观设计。

吴健伟老师：

因为这个项目是我提供的，首先要肯定这位同学对这个项目的全方位分析还是比较全面的，我也比较认同他在这个项目中采用的艺术手法，而且这个项目是一个相对和周边环境有点另类的项目，周边是很简陋的工业厂房，这是要打造成比较高端点的奢侈品设计和建筑设计、景观设计的一个集中营。我比较遵循你现在的思路，以流线型为主打来做这种造型，现在要提几个问题，你的建筑像刚才出现的效果图蛮有意思，你应该把功夫放到景观上，景观现在看到的块太碎，景观设计需要有层次，需要有节奏，有主旋律，需要有高潮部分，我希望你的景观层次要清晰。另外，咱们这个景观，我个人觉得应该和普通的花园小区和公园景观拉开距离，我比较同意你回答的问题，我们这个地方是设计创意园，要非常另类，甚至平常人觉得这帮人全部是精神病院出来的，要走这个路线。看到前面有一些灵感的激发点，把灵感激发点再强化，再提得更猛烈一点，就是敏感出发点。重点是讲设计创意园特有的气质。

社会实践导师吴健伟先生

王铁教授：

我总认为学生做这个题必定不是一个真做，真做会有很多法规问题突破不了，不理解，现在也没必要往那个方向走，但是我想你最重要的是起步的时候，图很漂亮，上面可以说真是不错的，只是一些地方稍微再关联一下就行了，现在稍微有点碎，我的学生有选择这个的，园区内条件是很不好的一个地形，因为就三个房子存在，本来就是你怎么也想象不出怎么做成奢华的，很奇怪的一个房子，而且是很一般的那种、为了将来往外出租最大限度地出面积的建筑，根本不管区域的美，刚才吴老师说了区域是破厂房，这个东西在那儿。这个也脱离不开厂房的环境因素，没有办法，看现场的照片，所以我们就说要做这个，怎么做，一个是水上码头，还有一个是这边的方兴路，真个点式的入口，分析的时候视线上做点和线连接，找出三个部分都能看到的、最重要的，可能这个地方设为第一节点，接下来由于辐射再看第二层次节点，第三层次，这样能把这个设计得有层次，最大的障碍是建筑，太高了。靠下面的路这段太平，要不解决这个问题，就无法做设计，因为首先设定是将来用的奢侈品，但是遗留的是楼能做什么内容，需要不需要再增加一部分，要说能，划分区域能增加一部分，这里不会这样，无法衔接，没法做，做出来肯定不好看，想什么办法接出来一块，必须符合整体分析的功能需要，你可以设想卖什么都行，空间上需要的，因为现在建筑高度并不是很好，里面的层高，我不说最大限度往外租房子争面积，把地空出来再建房，要不解决在构图上和功能上的分析无法往下走，只能说这样看二维很漂亮，但是看立体的时候怎么样解决，不可能这面平，那边高，如何做，先画曲线图，怎么样最美最漂亮，根据功能加进去，使院子有一个呼应，否则变成一面高一面低，解决不了。下一步我认为学生首先尊重这块地，怎么样做得更美，可以加点构筑物，甚至合适的地方加建筑，和它有一个关系，这个可能就敞开了。

王霄君同学：

我加了景观构筑物。

王铁教授：

对于后面庞大的构造体不是一个很好的衔接关系，还要大胆，但是拆那个楼不可能，这是个前提，就长那个样。怎么样找关系呼应，这样更好。

彭军教授：

对这个同学的点评非常深入，其他同学从中可以得到更多启示。

苏乐天同学（中央美术学院建筑学院）：

大家好，我的课题是天津南港工业区设计。这个基地是四面围起来的一个场地，内部主要是由 4 个功能区组成，分别是行政、办公中心，会场会议中心，生活服务中心，企业投资中心。图中间红颜色区域是这次毕业设计主要制作的部分，内部主要分两部分，一部分是已经规划好的绿地，还有一部分是会议会展中心建筑用地，我首先想到的处理就是已经规划好的绿地，这个绿地所在的场所处于会议会展中心到其他三个功能区的地块，这块绿地所产生的效果就是使其他功能区到会议会展中心的距离基本都超过了 100m，我的一个处理方法是将这个绿地给打散，分散到其他的功能区里面，这样的话使整个区域之间的联系更近，它们之间产生适合人步行的距离。这样的话人在场地里面路线变成从住的地方到自然空间再进入观赏，再进入不一样的功能区进行活动，甚至有这个可能，自然的场所成为连接所有功能区的纽带。这是我根据以上的思路规划出的不同区域的一个景观节点、交通节点和功能节点，将它们之间的路径进行联系，生成现在的场地的纹理。红颜色区块是不同区域进入场地的入口，蓝颜色圈代表建筑出入口。按照线生成内部的一些场地规划，这个基地主要做的是三条景观轴，景观轴所穿越的是各个区域共同的一些功能区，当穿越一些建筑的时候可以做一些建筑上的开口，或者这条线延伸过去变成可以进入自然景区的一个观景台，内部可能是一些展览厅的外延，一些景观的植被，一些景观小品，谢谢大家！

刘伟教授：

这个同学做得太空了，好像停留在块的切割，因为主题做建筑设计，你在外围作了一些分析，前面是周边的一些背景分析，还有道路交通体系，地块里面用一个手法切成几块，有一块做景观，把景观和建筑相互联系，包括对一些开口入口作一个分析，你没有深入进去，比如建筑的功能是什么，具体到每块扮演什么角色，量不够，深入的量不够。我们这么多老师在下面看，你的东西越多，应该引发我们提问越多，你收益越大，感觉你做得不够。

陆志翔同学（苏州大学金螳螂建筑与城市环境学院）：

尊敬的各位老师，在座的各位同学，大家中午好，我是来自苏州大学的，我做的是北京前门 23 号院的改造设计。这个院落曾经被改造，主题是文化艺术生活，我对其中的一个做室内设计，这个建筑以前是一个美国公使馆，1903 年建成，这是一层平面，首先进入的是一个大厅，这是会所，主人书房，一个陶瓷工作室，这边是关于陶瓷的展厅，这边是卫生间，这边上去之后来到楼上，进入一个交流区。我这个会所主要以交流沙龙的过程为主，然后是鉴赏室，然后是保险库，这边是红酒吧，这边是多功能厅，主要进行拍卖，这是卫生间。首先，大家看到的是一个大厅，大厅主要是陶瓷精品点缀一下，出现的东西不多。这是大厅立面，对里面的一些思考主要是装饰上的，陶瓷经历一些痛苦，会不会在里面有各种扭曲变形，如何赋予物理性质，有融化变形，用到前台接待方面。有一些瞭望口，一个个小方格，通过口观看，我在大厅后面做一个陶瓷，一些精品可以展示在里面，标出来一些地方。然后是一个主人书房和工作室，有被书包围的感觉，对于陶瓷有一定的理解和欣赏，自己会做一些陶瓷之类的东西，会有一个工作室，工作室讲究的是氛围，里面不一定有灯光，但是会出现一些烛光和陶瓷，在里面有欲望做这件事情，楼下是小接待室，这是意向图片。这是楼上展厅，不是很大，主要以多媒体展示为主，首先进入这个房间呈现一片黑暗，现在有种技术是光影追踪，通过这样的方式把景德镇陶瓷从开始到最后一直运进皇宫的过程展示出来，走到门口的时候，可能灯会亮起来，整个室内会是碎瓷的感觉，整个御窑出来可能一个合适的陶瓷都没有，所以会砸碎，将御窑是陶瓷精品这种感觉表达出来，整个房间看到满屋碎瓷，会出现一些精品。光影的这种感觉，给人的概念是在很黑的屋子里。这是楼梯间，把碎瓷概念延续，楼梯间上面有碎瓷，里面有各种碎瓷，延伸墙壁，在楼梯另一边出现大厅里的风格，精品展示出来，一边是碎瓷，一边是成功的御窑作用，有强烈的对比感。楼上的交流区，因为整个建筑是一个美式建筑，作为室内设计为了呼应室内上游建筑可能沿用这样的风格。刚才看到了瞭望口在整个立面应用，底面这种元素在整个空间有一个延续，这是一个红酒吧，这是一些立面，包括提到的一些元素还有一些文化的感觉。这是一个陶瓷鉴赏室，这是鉴赏室的立面。陶瓷是中国传统文化，御窑陶瓷很明显的特点是一个龙，我整个做的是一种感觉，我想用灯具的形式，用小的陶瓷把这种感觉表现出来，做成龙的样式。这是多功能厅，整体空间有这样几点，首先是瞭望口元素应用，其次是陶瓷文化在里面扭曲变形应用，在空间上可能是灯具或者是艺术品的变形，其次是碎瓷的概念，形成一个对比。

舒剑平老师：

关于陶瓷文化会馆，你们几个人主题没有抓住，最重要的东西没有抓住，这次中期汇报东西比前面好得多，因为题目叫文化会馆，以陶瓷文化作为一个交流点做这样的交流场所，不是完全以展示展陈为主。刚才有一个空间叫展示空间，展品怎么来展陈，重点表达展陈内容和原建筑的关系，精力花这上面，怎么表达展陈和原建筑的关系，不是定位在陶瓷文化概念上，陶瓷文化概念东西一个短片 25 分钟全搞定，多媒体投放全出来，大量精力花在上面，建筑表皮作展陈特别累。

社会实践导师舒剑平先生

刘伟教授：

大家不要把陶瓷会馆做成陶瓷展馆，这非常重要，这次深度很好，比上次汇报再深入部分，像个中期汇报，又有一种发力过猛的感觉，把概念有点扩大化，里面背景太多太沉重，背景是一个交流，会所把这个主题突出，陶瓷在里面只是一个概念或者是一个主题的一个引子，把这个度把握住，你希望通过空间，通过这么多东西做有点夸大。

陆志翔同学：

我的展示部分，可能刚才提到多媒体展示方式，这只是一个很小的空间，我的整个空间主题还是沙龙文化和交流过程。

王铁教授：

是个美的设计建筑，我们所有的内部空间都应该作为背景衬托前面的所谓陶瓷精品，而且应该是很精的，如果做不到这点，刚才刘老师说的宏观，我微观点，杂的碎石片放下面就麻烦了，不对了，因为是层次的场所，突然有这个东西处理真变成陶瓷博物馆了，是一个有限的空间，本来做不了的东西，非要做就件数一定少，几件精品就行，最能代表景德镇的就可以。内容可以用多媒体解决，不管是用什么方式，最重要的是做这个空间，用这个空间感染人，大家认为这个有主题，而不是上来把我们作为装饰的东西作为一个完整的主题，把所有的背景也概括了，就出现问题了。要放松地做，你的工作量非常大，但是需要梳理，再净化找出代表思路的点做更会放松，不会把里面的家具摆得很满，会所层次很高，家具要现代性的，因为不是历史再现，如何把东方传统气息放到西方空间里，解决这个问题可能做得非常放松，其实想法不错，能不能把碎片换成别的，别让人感觉沧桑，一定是美好的，进来就很美。

颜政老师：

刚才导师说了很多，陆志翔同学花了很多心力，包括对美的解读，因为我们这个会所在你们概念的时候，很多同学提到地段的特权，应该说既然有地段的特权它的环境就非常重要，而且我们在做设计的时候一定要思考到，与特权相连有深刻的责任，我们要知道在这种地段做东西，激起客人对人生的缅怀，以某事物为主题创造一种社交和沉思的氛围，必须有一些捍卫原有主题的工作在里面，我看到很多同学在开始展开的时候非常丰富，提出很多优秀的想法，但是和这个建筑主体有什么样的联系，我们所提出来的东西和原来的建筑主体达成怎样的更有价值的内容，这个工作研究得还比较粗浅。这类建筑就是一个古董新意的东西，不管展示的内容还是原有建筑是否有自身的价值，都要很好地挖掘出来，在空间中关键词是新旧交替，让它呈现出一种流畅感，对原有建筑的研究比如说量体，框架，地为什么这样分割，包括在原有建筑基础上，刚才老师提到的那些具体设计手法和原有建筑的联系，包括最后实施度可以作一些有逻辑的研究，把设想的丰富的想法选择和提炼再展开，工作一定非常精彩。

彭军教授：

上午汇报暂时到这儿。

主　题：2012“四校四导师”环艺专业毕业设计实验教学中期汇报
时　间：2012年3月31日13：30
地　点：天津美术学院南院B楼首层报告厅
主持人：天津美术学院设计艺术学院副院长彭军教授

彭军教授：

下午课程现在开始。由清华大学美术学院的郑铃丹同学开始。

郑铃丹同学（清华大学美术学院）：

大家好，我来自清华大学美术学院，我的项目是做SOCIAL，地点在北京的751D·park，是一个时尚设计区，里面人群主要是设计师、艺术家、游客，这个地方是要改造的，直径23m，高度31.6m，分成四层。这是建筑模型，第一层里面有5级电影院，第二层是大厅，第三层是电子阅览室，我想里面主要是以高科技还有电子以及网络作为交流方式的一个地方，这个地方的目的是为周围的设计师、游客和艺术家做一个休闲和学习的地方。这是空间分区。因为建筑形状有点像法国的，我想做一个室外电梯，往上绕一圈，里面有电梯，里面电梯是2～4层，每个外面的电梯从一到二层没有台阶，是考虑到给残疾人用。主要入口在二层，这是二层平面，进去是大厅，从这个大厅里面可以上去，去5级电影院，还有买票的地方、洗手间等。再往上是网吧，因为每一层高度8m，挺高的，打算分成两层，第一层是网吧的地方，再上一层从红色的电梯可以上到这个地方，在线游戏区，打游戏的地方，再往上是电子阅览室，我想把这个地方做成一个像图书馆的地方，不是看书，而是用IPAD来阅读，和咖啡厅放在一起，咖啡厅也用IPAD点餐。谢谢！

刘伟教授：

下午投影机清楚一点，我看你做的几个部分，加了一个外挂的楼梯，里面用一个电梯，里面没有交通梯，疏散这个问题有没有考虑，万一有什么问题怎么办，这是一个问题。你的图的平面表达有点简单，没有看到对空间的处理的具体情况，还是非常简单的，而且尺度和尺寸没有涉及，深度不够。

王铁教授：

刚才这位同学整体构思还不错，内部竖向交通不能用一个电梯解决，一旦停电无法疏散，内部交通盒要设计，这是最重要的，有电梯要有人的楼梯，两个互相配着使用的，这很重要，外面是外面的，整个面积你算没算每层面积，下一步要查建筑规范，多少面积必须配备一个，一个塔式单元楼上面必须有一个，超过这个面积了，你的平面图每个面积不止$1000m^2$，超过的面积人疏散不行。每一层旋转的时候，是不是在要求的地方开口能达到下楼梯的目的，如果外面完全变成消防梯没有用，这样的楼梯多寂寞多没有意思，什么风景都没有，作为消防可以放那儿，但是宽度有要求，过宽不行。刚才看到前面的同学在做罐子，我发现做罐子一定要走出罐子，你现在是第一步，就是在罐子里使劲，不能成罐头，一定要走出去，罐子是让你怎么样更好地提供空间变化，圆套圆没有什么，非强行分开，一定要有卫生间，不能串，将来维修各方面非常麻烦，也是不可能的事情。管道要走最近、最方便的，每层平面要认真想好，外面有悬挂梯，所有内部空间怎么样联系，能最简单快捷到达要去的空间里。首先，做设计有动线设计，交通盒上来要劳动所需要的功能空间最短的距离，否则变成$1000m^2$用起来只变$400m^2$，其他的都成了路，最重要的是如何划分功能分区，找最佳点做交通，不是想放哪儿就放哪儿，你只是借助外面铁壳，很多东西要放外面，电梯要做，可悬挂在铁盒外面，什么东西都在罐里装着真成罐头了，不能装到里面。

郑铃丹同学：我算出来了，从一到二层20m，每个才6m长。

王铁教授：

不是才6m长的问题，进场是一个一个进，出来人流高峰怎么办，再一个走到外面不管了，下大雨怎么办，出去被雨浇了，缓冲都没有，大影院有大雨棚，也就是这个功能，很多功能你可能不是很清楚，要看看建筑资料集里，关于网吧方面的，或者关于一般小剧场都有详细的规定、基本的数据值，按照那个就轻松了，你现在是理想化，稍微理智点，不能没有条件限制，一定要有条件限制。限定铁盒需要不需要保温，要解决这个问题，不能夏天一晒冬天一冷没法待，怎么解决保温问题，保温层怎么处理，实际资料里都有，加进这部分会让你的方案更进一步。我们做设计主要是人和构筑物的比例和尺度，每层有标高，每层平台必须有，楼梯不是你随便画个就行，从这个平台到那个平台多高多少步，你中间上下随意画的，不可能同时出现。你要清楚，楼梯至少中间有空间，至少有一个距离，要画得这么清楚，图太单纯，要在非常小的比例可以那样做，就这个圆点应该画得清楚一些，主要是功能问题。竖向交通解决了就可以了，但是要突出这个罐子，在罐子上做的工作不够，要有内容，要有工作量，要有大胆的想象，把罐的概念冲出去。

骆丹老师：

刚才外部形态非常不错，楼梯是休息平台，这张图中休息平台上不了，下不了，不可能在这么一个窄楼梯里下去，不然人就会摔倒了。必须在 2m 标高处有一个休息平台，再下去就是按照设计对这个设计人性化的考虑，这是非常严格的，多少休息平台，关于这块应该是调整的部分。还包括洗手间，非常随意性的，实际这个圆形空间可以做得具有趣味性、灵动性，可以在中期把想象力发挥得非常棒，目前从整个设计看上去比较随意，这块卫生间布局有通道，这个圆形空间可以设计，如果做得好的话趣味性和灵动性会非常好，下一步把工作加强，不然这个空间灵动性、趣味性肯定要伤害功能的，所有的交通流线，虽然没有考虑这块，按照这个流程中期阶段必须考虑进去，前期你也没有考虑这块，包括楼梯，趣味性、灵动性、功能性基本都没有考虑。

李启凡同学（天津美术学院设计艺术学院）：

大家好，我来自天津美术学院，以下是中期汇报。回顾一下，我选的是湖南省黄兴故居西北侧地块，红色是黄兴故居，距离长沙市区 15km，我对国内外的展览馆进行了对比，对表现形式、发展形势方面作了一些分析，现在国内大多数展馆的通信展示方面比较单一，而且主题不明确，缺乏公众参与性，国外通过多样性的展示方式将主题得表现十分明确，所以这个毕业设计是探究一个展览馆形式的探索。以下是研究内容和创新点，创新点主要是最合理地应用于室内，还有纪念馆回顾性展示和陈列设计的创新。第一阶段方案展示，通过查阅资料知道纪念馆功能有观众服务区、展览区等，将功能细化，观众服务区应该具有收票、停车、交流纪念品的接待部分，展览部分分室内展厅、特殊的陈列和室外展览，展品布局分成展品存放处和产品检验部分，技术和管理分管理和研究室及资料部分，虚线以上是纪念馆对外开放的部分，也就是观众活动区域，以下是对内作业部分，二者空间不能冲突，保证游览者更好地游览。这是前期的分析交流，现在对平面进行功能分区，分三层，一层 2500m^2 左右，分成展示和观众服务区，黄色部分是展厅区域，这部分是大厅，紫色部分是观众服务区，二层的面积大约在 2500m^2，主要分展示、管理和办公三部分，三层的面积在 800m^2 左右，分展示和管理、展品部分，深蓝色部分是电梯和楼梯部分。这是脚本大纲，对辛亥革命的历史进行了一系列的研究，经过前阶段分析之后，将展示部分分成五个部分，国难深重、革命同盟、烽烟四起、燎原之火和共和之梦，这是脚本大纲的细节。对这五部分进行细化，右边是室内主要展厅，包括革命同盟的三部分，烽烟四起主要是前期的一些起义，归纳选择了几个比较著名的展示区，燎原之火部分，还有保路运动直接引起武昌起义产生。

这是纪念馆的空间布局，土黄色部分是国难深重，这块是革命同盟，二层是烽烟四起，左边是燎原之火，三层是共和之梦。纪念馆室内空间具有强烈的节奏感，从入口进入大厅，进入国难深重部分，使人有沉重的感觉，到燎原之火部分进入高潮，共和之梦使人引发深思，这是室内展现分析。这是入口，一层流线，这里有电梯和楼梯，会有无障碍设计，从这儿到二层，一直向前走是第三部分，绕回来，这里有一个走廊通到左边，从这里上到三层。这是最后部分，从过道式的楼梯直接下到一层，走出出口，管理者入口在纪念馆左边，有电梯和楼梯，直达二层部分。这是国难深重展厅的意向图，甲午战争失败的沉船造型，这部分是室内的草图、走廊部分草图。谢谢大家！

骆丹老师：

做得挺好的，一个入口一个出口流向，作为学生初级阶段做成这样值得肯定，入口流向、垂直交通、消防楼梯都做了一些东西，还是值得表扬的。

骆丹老师现场指导

秦岳明老师：

流线分析没问题，对观众来说走了进来，强行参观完马上出去，这是一个问题。还有一个现在你前面做的包括所有的工作都是大的方向，你可以更深入一点，在每个区域具体的流线展示方式到目前没有看到，下一步在这些地方要作深入研究。我并没有看到你前面提出的希望会借鉴一种互动的方式摆脱以往国内常见的展示方式，在流线上没有看到任何在这方面的考虑。

李启凡同学：通过投射影像，人们在周围会感觉到情节。

秦岳明老师：

一个完整的展馆不仅是展示，可能会有一些演讲厅，一些图书室这些功能，你现在只做展示这块，公共交流场所没有看到。下一步要做得更深入。

秦岳明老师现场指导

张月副教授：

我知道你们是一组的，上午有同学做了，你是做室内的。我有一个疑问，一二层平面里面空间布局是你做的，还是那个同学，你自己做的。如果是你自己做的话，我有个疑问，你和里面展厅的分区是依据什么画成现在这个样子的，有没有考虑垂直交通的位置，和我们前面女生有同样的问题，因为这个面积更大，从消防安全角度来讲，不可能只是一个出入口，要考虑疏散的话，这么大的面积里，在展出的空间、在大厅里等，不可能只从单向两个出入口出去，肯定有问题，一定要有很多的交通的疏散口，不是展线的出入口，一旦有情况必须有对应的解决方案。毕竟是没有学过建筑学的，有一些规范性的东西不清楚，做这个有点勉为其难，包括结构，任何建筑空间分布不是只要结构支撑住就行，也有每一层的功能分布，有办公区、设备区，还有一些其他的比如放映厅，可能跨两层，保证结构合理，都是挺复杂的问题。真正让你既做建筑设计又做展现设计，挺难，还应该有一个人，你做展示设计，他做建筑设计，其实前面大家没做建筑设计，只是做外形，不是做雕塑，其本身有结构，有功能，有和周围环境的关系，有很多方面。所以，会觉得里面空间有点鲁莽，结构上有什么问题，空间上有什么问题，可能经不住别人仔细问，这不一定是你的问题，可能是组里分工，缺了一个断层，到你这儿有一个问题没解决，想做很详细的展示设计，展示设计依托空间又立不住脚，做的时候没有做深入的建筑设计。

颜政老师：

我补充一点，这个同学很好的就是这次首先在工作开始的时候，很多完成这个工作的内容罗列出来，最前面有一个气泡状的联系图，把很多的功能首先一个是功能包括什么，包括它们之间的联系列出来之后，根据这个思路一步步往下走。另外一个包括做前门的会所的时候，其实大家有时候做的东西我们忘记了，不管是任何带展览性质或者历史艺术品参与的，要有一个展示设计脚本大纲，他也做了这个内容。我想谈一点，刚才张月老师说得很好，还有很多东西，在你们这个动线流线里没有在纸面体现出来，我给个建议，因为你的工作是一个非常好的开始，但是即使将来我们走上了设计的从业道路，我们意识到的东西不见得每一件事情都能够亲自去做，所以我们常常在和一个团队一起工作，所以尤其意识到现在的资源，现在在大学，比方说涉及建筑的工作，涉及结构的工作，不一定亲自做，可以启动旁边的同学或者老师或者其他人一起参与这个项目，大家同时发表意见，内容互动，你所要的结果会很顺利地达成。

颜政老师现场指导

孙晔军同学（苏州大学金螳螂建筑与城市环境学院）：

我是来自苏州大学的，我的课题是北京前门 23 号院老建筑改造设计，我们做的是会所，一个古老建筑，邂逅古老会所，下面是我前期的一个结构，是一个盒子，因为要求已经放宽，只保留建筑外表皮，向下面拉一层，左边小方块是可能做的方块格子，这边两块做一个水平方向的错叠，这边再做一个错叠，这样的空间有什么好处？创造了许多平台和缝隙，带来阳光和黑暗。解释一下结构，这个结构是独立于原来建筑外表的，有自己的内藏，右边这幅图是一些形式，这边中间两个小图是可能的展示台和家具，这边是美国的越战纪念碑。我想在空间里创造这种东西，左边是剖面图，行走过程中不断和墙面交流，我在内部设计这样的逻辑，通过地下一层到二层。功能空间放置的是文物，那里展示的是当代的艺术品，不会在一条直线上。老建筑改造是这样的模式，保留利用或者创造，老建筑改造的区别是保留和创造关系，可能是共生，可能是呼应，我们这次做的左边图是内部的外表皮形式，这边是我的效果图，这边整体了解一下，这边一层，这边二层，地下一层，红色区域离不开原有建筑，是一个不一样的空间，左边是新建的一个空间，右边是原有的，在行走中思考，这是一个空间构架。这边是原有的开窗方式，这边黑色的是接待区，主人接待游客交流，这时候如果谈得投机带客人进一步参观，想要下去还是上去都可以。下面是文物展示，我想展示空间感觉，每个小隔间都有特定的文物展示，可能两三个人进去，空间是狭窄的，灯光是昏暗的。这也是一种享受和喜悦。这边是我的思考，这是波浪的，有两个斜柱，还有均制的隔间，可能做一些变化，这边也是地下一层的，更珍贵一些的。在这个过程中有未知的新奇。这边继续行走，这边因为二层和一层有错层关系，有空间尺度关系，参观完了继续往上走，这个楼梯上有陶瓷在表面装饰，这边是二层区域，对于真正的陶瓷爱好者有时候辨别真伪比知道真假更有吸引力。二层是当代艺术展区，在这里可以交流，红色的是一些当代艺术展示在里面，二层有某个区域，会看到地下一层的陶瓷碎片。下面整体了解平面布局，这边是接待区域，这是一层平台，二层空间这边是中心展示，这边是一些酒吧台，这边是可以进入的一些缝隙，这边是地下一层空间，有陶瓷文物和相关展示，这边是剖面图，可以是独立于原来的场地。这边是我画的简单的剖面图，这边是当代陶瓷展示，这边是平台，这边是楼梯口雕刻，这边是初步的交流区，这边是平台，这边是陶瓷碎片，可以从二楼看到，这边是单体文物展示。谢谢大家！

吴健伟老师：

看到这位学生做的设计很有感觉，毕业设计这样做就对了，玩出个性和特质，至于说如何实施不重要，空间处理蛮有想法，OK。

舒剑平老师：

和前面有区别，知道自己要干什么，这个最关键。一个是通过空间，刚才前面表述得很好，有点哲学家的感觉，辩证地说话。知道用陶瓷和原有建筑怎么样碰撞，新空间和老空间对比，把空间塑造得有一些层次和变化，我希望在这个基础上有一些展陈细节化的东西，包括空间追求氛围，通过什么样的表现方式达到，这个要多考虑。

刘伟教授：

要进一步梳理，从进去到出来或者在里面停留的过程再好好梳理。而且有一些想法，比如生与死或者什么东西，不一定给这么多分量在里面，把会所主要的精神进行梳理。

颜政老师：

为什么有分割的盒子，数不尽的折磨，怎么理解？怎么解释？

孙晔军同学：

我带客人参观，说我带你看一件很珍藏的东西，文物的东西，知道这个东西在哪边，我刚才说的有一个过道，知道这个东西珍贵，慢慢接近的过程是喜悦的。我创造的空间两边都有。

颜政老师：

我觉得你是特别有创意、激情的设计师，保持下去。会所这样的功能建筑，不同于完全的博物馆，提到很多东西但是一定要筛选，作为历史建筑或者历史文物给我们激发的东西非常多，有历史、有建筑的碎片、还有其他的一些内容，必须在里面筛选，好像在专卖店里看很多东西都觉得非常漂亮，但是必须给一个独特的展示，是独一无二的，即使很名贵的东西大家都争奇斗艳，就谁都显示不出来，让他感觉到很多艺术品有一个思路，空间非常有意境，发现很多艺术品及这个艺术品带给这个空间独特的意境，自然就会关注这个艺术品，带出很多故事甚至很自然的方式，因为空间必定不大。我看到你的建筑分割的盒子，里面有使空间文脉的延续，建筑的联系，这两个跨越很大，有难度。原建筑特征要堵住，比如窗体的位置，原来建筑的东西不一定用上，这个可以作一些思考。

汤磊同学（中央美术学院建筑学院）：

汤磊同学讲述方案

今天带来"四校四导师"中期汇报，题目是天津南港工业区滨水景观规划。通过以下七点进行汇报，首先是方案背景，回顾一下，我选择的城市是天津的南港工业区，南港是天津新开发的工业区，天津市投入大量人力、物力、财力建设，基地在南港工业区偏南的位置，这次想做一个滨水的景观设计，以南部为重点，不断向北延续。下面是建筑生成过程，首先利用动物和植物的本身结构和组织提炼组合一些东西，归纳成一些词汇，把这些词汇形象化、图形化，最后变成有简单语言的图形和二维图形，输入电脑里变成这种具有参数化性的形状，这是我的思路。我选择贝壳，和天津是位于滨水的一个城市有直接关系，因为我希望我的设计有文脉，跟当地的区位有关系，我选择这个因素。通过贝壳提取曲线，进行二轮转换，将整个曲线进行编织，不断进行密度加深，最后产生不同效果进行归纳、整理、联系。最后梳理出整个景观的平面构成，这是我的小概念。这个生成过程通过对珍珠的形状、贝壳的形状进行挤压、拉深，最后形成一个大体的建筑模型规划。这是建筑的局部效果图，功能分区，道路交通，整个建筑方案设两套道路交通系统，车流、观赏人流分开，绿色是上部的交通系统，粉色是过渡的道路，下面是人流使用的，人流和车道分开，解决一些交通和安全问题。功能分区，进行了动静分析，红色的区域噪声比较大，不断接近于我的西南位置比较安静，根据这个动静分析，把重要的需要安静的一些建筑放到滨水位置，把要求低的放在外面位置。外围是一些时间效率高的功能分区，因为比较接近于道路，这样的话，我们处理事情能很快到达需要的位置。内部空间安静舒适，景观环境也比较好。这是按照公共建筑原理布置的三个区域，根据主要人流来向和密度把建筑周围设置大空间，作为人流缓冲地带，对人流有连续性的建筑起到了一个辅助的分散人流作用。在公共建筑上可以很好地起到缓冲作用。整个景观规划完以后，使用人群在里面主要是休闲、餐饮，然后是工作、住宿、展览。然后是景观分析，在整个方案里面设置三个景观轴，分别是 1、2、3，并且设置 6 个景观节点，分别服务于旅游居住功能需要，这 6 个点全部联系成一体，可以很好地参观规划景观。景观节点处理有良好的视觉角度，蓝色区域是站在这个节点的最佳角度，在整个滨水区域设置两个亲水区，满足人们对于水的亲水性。红色位置是通过亲水区可以到达的位置。亲水区的位置视觉分析，站在这里可以分别观察什么位置和什么样的景观。为了适应不同人群分别规划不同地块，在旁边设计一些广场。中间的位置 2 号区域设置了把外围和内围全部连接在一起的水体，内部设计一个内部水体，通过水体 1、2、3，把外面的和内部的水体联系起来，我希望把所有东西都做得非常规整。提出新概念，生物有一个生长过程，从受精卵到成虫有不断的进化过程，我希望我的建筑和景观有不断的生成过程，像珍珠一样刚开始是很小的杂质，最后形成美丽的珍珠，我的景观随着时间轴变化，到 10、20、50 年的时候，不断演变形成新景观，每个时期呈现给人们不同的印象。提出一个新概念，就是生态，参考 COR 项目，我提取了雨水收集，风力发电，可持续发展，根据天津的气象资料，天津最大的特点是风速大，风多，光照时间长，为什么不把这些很好的资源利用到设计中呢？我分析了风源条件，把整个的新能源的方式应用到规划中，选择其中几个楼做外表皮用太阳能发电，利用强烈的光照吸收光能，利用风力发电，这是效果图。在晴天的时候可以吸收太阳能，在风天涡轮发动机把风能储蓄能量发电，雨天的时候可以储存淡水资源，冬天可以用储蓄的能量供应热量，供应电能。我的导师在我做毕业设计的时候提出一个问题，学生的毕业设计应该浪漫一点，这是我的学生生涯的最后一次浪漫，我提出最后思考。我将自然能源、绿色能源运用到景观建设，研究人与景观和建筑间的关系，做成生态、舒适、合理的景观设计。

石赟老师：

你的美学概念是从自然中获取，运用到景观上去的，但是自然界的生物发展和环境、室内需求相结合才会长成这个样子，才会和自然和谐，但你只抽取表面元素，扭曲、夸张加密，经过这个过程，这个东西在形式上不是这个贝壳了。景观上只是模仿了一些螺旋，和功能需求、自然关系没交代是不是和谐，有点太牵强。还有几个亮点，一个是节能，一个是时间的演变，这两点特别好，这两个东西蛮难做，要解释出来，建筑物怎么样生长，不是人为，而是自然生成的。

舒剑平老师：

这个同学美感非常好，思路非常好，开始到后来结果理性分析，都是非常令人赞赏的地方。刚才讲的生长概念，概念非常好，在选择这个贝壳和珍珠的时候，我还没有看到递进性，只是说在海边，如果是一个浪漫的想法，现在把浪漫放在哪里？能源、绿色、自然这块，深挖一下，不是说珍珠和贝壳不好，这种点，我们讲的创意原点，是最重要的，这个点的来源可能是来自某东西，或者是这个基地对你的触动，这个点需要深挖一下。未来建筑的生长，包括景观生长和基地关系，周边建筑这些要考虑一下，现在只是考虑大的天津的环境，周边的建筑是怎么样呼应的，未来 50 年这个设想很远，50 年后周边的建筑怎么样改变，这个部分下一次希望看到你的演绎。

张月副教授：

首先感觉这个同学很有理想，他自己想过这件事，而且思考很多，这种态度特别好，而且确实是扎扎实实做了很多东西，他的方案有很多想法，每个想法都按照自己的设想提出对策或者概念，可以看出来对设计这件事情本身很投入，这是值得表扬的事情。只有一个问题、一个建议，我感觉你的方案可能需要落地，你现在的问题就是需要落地，你这个课题里面，我没仔细数，有四五个概念：生长、绿色概念，有很多，但每一个问题都没有接地气，我是说具体到实际这个东西落在哪儿，比如说你讲的随便一个概念，刚才讲的风能问题，太阳能发电问题，有很多技术上的问题，不是让你做工程师，但至少在现有技术上用这个东西对你的建筑形态一定是有一些约束在里面，比如尺度上、比如结构上有一定的限制性，你至少要有一些了解，而不是就这样了，下面的事不管了，这样将来可能落实不了，就没有意义。包括生长概念，生长有很多种，建筑变迁是生长，植物变化也是生长，你的生长是什么，要具体落实到实处，不落实就变成空的概念，我是觉得你很有理想，想做的东西特别多。你这里只抓一个，任何一个做实都是很有意思的设计。

孙永军同学（清华大学美术学院）：

我是来自清华美院的，选题是胶囊酒店设计。前景提要，上次开题报告完成后结论是做一个时尚化、模块化、集约化的胶囊酒店，经过开题报告交流后，之前的设计方向倾向于产品化设计，经过和老师沟通要落地做一个偏向于酒店的设计，要落实的话必须选址，考虑实际问题，统一品牌化酒店风格和酒店所在地环境，尤其把酒店选在北京比较好。我所选的北京有特色的地方是后海酒吧街。这是大的图片，这边是后海沿着街两边非常有酒吧特色的街，晚上的生活比较丰富。我选的具体地址就是正在旧址改迁的位置，这里人的行为特点就是喝酒的人比较多，晚上生活比较丰富，来这儿旅游的人比较多，外国人比较多，有丰富的酒吧文化，有乐队演奏。文化特点是这些人半夜喝醉了找地方睡觉，或者旅游背包客在这儿过夜等，占地面积 1856m^2，建筑状况现在有一些建筑比较好，有一些破旧不堪，四合院建设是论开间的，共 21 间。在北京，一般的酒店，便捷的经济酒店价格在 150 ~ 200 元，在后海贵点，日收入较高。如果 200 元每间，基本全部用在客房有 4000 左右收入。如果做成胶囊酒店收费 70 元应该是 9000 元，90% 的入住率达到普通酒店 100% 的入住率的收益。对四合院进行改建的几个设计理念，一个是文脉保留，还有设计的空间在哪里，这个胶囊酒店要和周围环境相协调，外观要尽量和周围相协调，酒店风格化、品牌化的东西更倾向于室内，设计空间室内多一些。符号性建筑，将有些建筑的损害部分露出来，我刻意留在那里或者是作为装饰的构件，对比出新意，这样的环境里针对的人群稍微年轻一点，要体现出一定的新意，要和环境有一定的对比，不特意保持与建筑统一。旧的四合院的特点是特别封闭，从外面看全是墙，我想打开一下，与周围街道产生一定互动。这是功能区，这是刚才说的我把旧的窗花作为一个元素，把原来破旧的建筑包起来，想做新一点的形式，这是原先的裸露的结构作为装饰的点。这是那种打开封闭的墙壁，可以看到人的行为。这是我设计的流程，首先入住的时候，从这边进来接待完之后，要求换鞋，这儿有一个 ID 卡，带入这个区域，把自己的行李放到这个位置，在这边领洗漱用品，可以进到休息的区域，这边是一个公共活动区域，这是卫生间，这边是一个多功能活动区域，这是两个双人区，可能是一家人的。这是入住流程，从酒店进来的时候，在这个位置还是一个独立有个性的人的角色身份，经过洗漱之后身上只剩下手机或者付费的 IPAD，是人的概念，不是个人概念，而是里面所有人都是平等的，人离开的时候从这里拿上行李、穿上衣服回到自己这样的概念。这是我设计的独立卫生控制系统，目的第一是为了卫生，第二是为了减少打扫卫生的工作人员。

王铁教授：

这位同学想法很好，挺好的，但是说来说去有几个问题没有解决，总想把中国文化、建筑现代化，没有办法，左拉伸，右拉伸，变成无线组合排列，有一张透视图，在整个北方的建筑特性里面地域具有的。前面的建筑过于通透，后面的这么实，如何解决这个问题，可不可以这样做？可以，但怎么处理虚和实的问题，前面这个门是北京四合院，非常讲究，这好像做一个墙，没有什么关系。你说人进去以后洗漱就平等了，不是这么简单的事，要这么简单就好设计了，从里面分男仓女仓，后面双仓，出来以后回到人间，不是这么个简单问题。在里面生存有很多细节，人到这儿，按照你的设计，喝多了回不去家往里一塞，不管胶囊里面是什么，人都愿意把随身携带的东西自己拿着，这种地方虽然小，也会有背几个大包的住这里的，东西肯定带在身上，怎么解决，按照常态人住酒店的方式。还有胶囊，这么好的四合院，住一晚上胶囊多少钱，喝一杯酒多少钱，两回事，这个地点能不能做，如果胶囊工业化生产，可以在建筑材料不太容易运达的地方，旅游区，减少低碳浪费这种可以。有的旅游的地方路这么不好走还要建房子，把这个理念引入就很好，但你这种情况下人带的行李少，外面这么美好的世界，这么好的享受，却塞胶囊里，整个就是人间和地狱关系了。你再怎么情节化一点，故事再讲好点就成立了，这么好一个四合院中间空这么多，就为了里面装几个胶囊，太少了，胶囊一晚上多少钱，得注意。多少个房间，卖的钱值不值这个院子的管理费，再考虑。可能换一个地方，换一个条件比较恶劣的地方，这么好的后海环境，美好成那样，最后塞胶囊在里面，不合适，再考虑。

骆丹老师：

有待进一步考究，消费群体是一批中高端人士，因为我们经常去酒吧消费，可能是 2000 ～ 3000 元的这么一个消费群体，你定价 70 元，我喝酒 1000 多元，再回来住胶囊？选址要选好，要重新树立价值体系，这个理念不错，但消费人群在这个酒吧消费成立的可能性有多大。还有外景改造，从设计来说存在一些问题，哪怕成立的话，这块新式和古典的融合，尺度比例，设计尺寸，包括建筑比例，这是新古典做法，古典融合，包括比例关系，下一步要推敲尺度比例问题。

于强老师：

上次看到你研究做胶囊公寓的时候挺好的，这回感觉没有上次好，一个是关于选址问题，胶囊酒店这个东西是不是应该不要过于考虑固定在某一个地方，是不是应该考虑实用性宽一点，比如说商业的闹地，甚至是机场，包括消费不是很高的酒吧区都可以，我们喝大了找个地方睡觉，这样是可以的，没有问题，这只是胶囊酒店一个位置而已，我觉得可以不要局限于为一个地方设置一个胶囊酒店，这个胶囊酒店有广泛的实用性，有搬走的可能性，哪里需要搬到哪里。要不然这么好的院子，要不就拆，这可能有点局限，从这个方向再回到胶囊酒店真正的意义上去，这是一个。另外一个让我比较汗颜的地方，要是觉得这个房子很旧的话，上半部分没有被这些窗花遮的地方其实还是美的，但是加窗花非常不协调，墙破了用老砖砌，一种新和旧的关系，破了修了才是自然的，现在变成不协调的事情，我们作为设计师，不管出于什么样的观念都不能做不协调、没有美感的东西。但是前面涉及如何把题目做下去的问题，多一点回到对胶囊酒店本身的特征、需求这方面的研究上去，不要太局限于四合院，不见得有多合适，但是和酒吧区域结合我赞成，我觉得需要，确实喝大了在里面睡觉第二天早上回家挺好。

彭军教授：

这么好的四合院不仅仅是建筑，还有文化特有的保留的东西，你要知道这个首先不会做胶囊，哪怕做会所。其次，这个胶囊还要考虑流动性。

王伟同学（天津美术学院设计艺术学院）：

大家下午好，我来自天津美术学院，我毕业设计的中期汇报是会晤自然。第一部分是会晤，介绍一下开题报告的一部分内容，首先是选题地点，海南省三亚市亚龙湾，是非常好的旅游度假胜地，拥有非常好的地理条件，典型的海洋气候，创新内容是坚持以人为本，将大自然景观引入室内，空间打造人与自然和谐，利用现在的科技手段，应用新材料，对空间进行合理设计。将人与自然进行互动，探讨人与自然怎么样和谐共处。首先，根据空间流动性，形成封闭和半封闭空间，使空间形态增多，根据空间主题性和功能性将各空间合理分类，在满足各个空间主题性和功能性的前提进行置换、进行组织，使空间形态丰富，形成新的空间体。选题有特殊的地理位置和生态环境，三亚的海文化、城市文化和精神文化与我提供的提倡自然采光、新的科学技术还有生态意识融入到这个酒店设计里达到人与自然和谐共生，两者整理达到两者和谐统一。第二方面是方案进展，方案分析定位主要是亚龙湾的产权式酒店，可以折射出三亚的文化缩影和人文特征。这是一个酒店的功能划分，第一层是酒店大堂、餐厅大堂吧办公空间为主，主要是共享空间；第二层以大小面积各不相同的包间为主，主要是餐饮空间；第三层是商务会议空间；第四层是住宿空间。这是一到四层的垂直交通和入口，交通方面主要以电梯为主，每层各有两个楼梯口。我做的主要是酒店大堂和餐厅，分析酒店首层平面图，绿色的大堂，这是餐厅，整个首层以大堂为中心，向中心聚集，向四周辐射，将人流分流，以大堂为中心，将各个部门相互关联，办公区、厨房、楼梯间相互关联。这是首层平面交通，以酒店大堂为中心形成放射状交通。这是酒店大堂效果图。因为该项目在亚龙湾，该地块最典型的植被是红树林，特别有特征，我进行了一些提炼和概括，做一个柱子作装饰。这是效果图，这是时间的安排。谢谢大家！

秦岳明老师：

没有弄懂产权式酒店，应该有接待、服务各种功能，现在主要是大堂和餐厅，但是现在只有效果图，我没有看到各种功能，餐厅有餐台，有多少，怎么安排，包括厨房、酒水吧这些东西，都要考虑，没有具体的平面分析，这上面还不够。

于强老师：

我个人不赞成学生做功能性如此强的毕业设计，把这个东西功能弄清楚，流线整明白了，我知道要花多长时间。做这样的东西必然会漏洞百出，但做就做了，给一个建议，将错就错的做法。索性只考虑一个问题，在三亚这样的地方做这样的产权式酒店，如何做到对人有吸引力，任何条件都不能考虑，要觉得地形地貌这个植被要的，就做吸引人的地方，如果觉得这种产权式酒店概念能对这么众多的酒店设计师和酒店产业的管理者或者说拥有者、开发者能够产生一些启发的话就没白做这件事。别跟他们在功能上较劲。

骆丹老师：

关于酒店问题，我分享一下，实际这位同学的功能这块于强老师提了，正常的本科毕业不应该选这么一个庞大主题的功能酒店，因为酒店很系统，有一个建议，有一些大三大四的同学，在大学期间可以去一个专业做酒店的公司实习，我们团队有一个广州大学的在实习，是大四的时候去我们团队的，他做毕业设计，对酒店很了解。你在一个企业有两三个月时间可以了解，是很辛苦的。两种方式，一个，在大学期间，不一定在校园，在大二、大三、大四期间选择一个企业，兼职实习，两三个月；另外就是老师告诉你功能怎么做，这也是一个很好的学习方式，包括我们平时带的一些毕业生，包括我们自己团队也有一些，大四去企业实习，他们了解酒店的所有细节，所有的纵线交通。现在还想往下进行还有时间，后期中期阶段可以用一个星期的时间进行采访学习交流，也可以做得很好，看自己努力的程度。

王瑞同学（苏州大学金螳螂建筑与城市环境学院）：

大家好，我来自苏州大学，我的选题是胶囊酒店设计。我将从总体设计说明入手来对我的前期工作作一个简单回顾。我的题目是蝉言，我从人体功能学角度满足生理需求。我的选址，我对建筑进行分析，场地内部的分析，选址在红色区域，靠近白塔中路，对外、对内的流线，这是一个比较便捷的区域。功能区块分析有餐饮部分，有酒吧，里面有办公空间。这是我对基地内部的硬件分析，有咖啡吧，有西点的餐饮部分，有很多餐饮空间，提供早中晚餐，我的酒店设计不包括餐饮部分，周边分析。这是基地，基地平面是 18m × 25.6m 的平面。平面分析，通过轴线和网架结构分小块，产生我的建筑单体，上面是对平面的简单布置，是单体组合部分，每个单体进行这样的堆叠，这样的推演过程，错位形成这样的穿插的形状。通过从苏州园林屏风的穿插关系得到这样的图，有互补的阴阳关系图形，理解成一个具有 3 层高度的模式，空白是正形，这面做一些比如说是绿色这样的功能空间，以后把胶囊大规模产品化可以一直提高到 20 多层，可以提高绿化率。阴阳互补可以作为装饰的图形。这是单人间，这是标准间，这是对细节的考虑，比如桌子，还有床这块都是一整套的成形的产品化的东西，这是大房间。这是细节考虑，比如一些饰品，比较简单的，能给人的思考一些空间的东西。这是我的灯具，结合这个进行，穿插苏州特色的灯具。谢谢！

王瑞同学讲述方案

石赟老师：

所有图片展示非常漂亮，方向出现问题，为什么有限空间里最大限度地容纳小的胶囊，是不可能空出很多空间的，在这里做出这种装饰符号来，小胶囊和小胶囊之间有很多空隙系绿化，虽然很漂亮，但是和胶囊旅馆的原意很远，是很个性化的精品酒店，不是一个胶囊旅馆。

王瑞同学：

之前在提到胶囊的时候想起这个意思，最大化利用，考虑人在里面的心理压抑，现在是这样的方盒子，取胶囊比较集约，空间利用率比较大的概念进去，做得是比较有中国化特色的胶囊。

王铁教授：

思辨能力很强，说了这么长时间这么多胶囊，感觉在吃胶囊。实际胶囊是一个概念，要真做成完全把人往里塞，我们学生做可能太麻烦。我理解最合理的，还是人在里面能基本得到很正常的使用空间，想的各种组合都没有问题，关键是竖向交通怎么样到达，弄不好和门厅似的，像四川在山崖做的棺材那种，变成那种，怎么样到达上面，别一看是胶囊，就进不去，怎么样进胶囊里面。你这个是在胶囊上发展了，我认为很好，否则得考虑各种功能，还有周边的服务设施，稍微放大点可能就解决了，现在很多企业研究用废旧集装箱做酒店，有很多国际的案例，但是有一些受限于很多问题，因为不是一开始作为一个居住空间设计，是装东西的，但是装东西和装人是两个概念，物和人不一样，如何把装人与装物区别开，人是精神动物，借助诗情画意过渡到自己的概念里，应该做得更美一点。可以材料上通透一点，一进屋子变成磨砂的都行，做美最重要。你在 PPT 等各个方面的表现较好，只有一个学过平面设计的才能做成这样，把美用到做居住环境里更好。

郭国文同学（中央美术学院建筑学院）：

我的毕业设计是深圳李朗 182 设计，似水流年，周边环境在市区。与各区的关系是市区和郊区连接的纽带，也是城市的发展背景，一开始深圳市是一个小圈圈，后来往西发展，再往南，现在渐渐往西北发展。周边环境，周边交通和各种产业园在 3km 内，总建筑面积 10 万 m^2。基地现状，功能分析，园区入口和车流入口，也是未设置的商业区。区域划分分两部分，多出一块景观区，重点设计部分是节点 1、2、3、4，还有各小题的节点。建筑内部主要是办公场所，人员交流场所，需要充分利用文化内涵的场所，这样的沟通才能产生灵感。我们考虑到增加一些设计元素，太阳能、生物等。整个场地分三层空间，我们在城市的不同建设时期勾画出一些小圈圈，这是不规则的，我们在园区里进行重叠、再分开形成这样的图。最后的实际效果，整个环境，交错的空间，结构景观，里面可以种些植物。

吴健伟老师：

这位同学做这个项目，我想和你交流一下。前面也有同学是苏州大学的，我们原来讲过一个艺术院校的学生的气质，这个很重要。他之前给我们看的东西有艺术院校设计的那种风范，从画面比例，一开始感觉高度、长度的比例关系，那个比例里没有精彩图案，但我们觉得很美，你后面没有这种感觉。182 这个项目我认为是一个很浪漫的，可以让年轻的学生天马行空的最好平台，前期分析太多了，理由、道理、这市场、那市场讲得太多。这个项目不需要有这么多道理，这个项目可以做到比那边一个雕塑和这边景观之间完全没有关系都可以，是一种纯形式化的东西，最后展示出理论效果图，觉得有点意思，我们在想展示效果图前面分析没人关注。节奏把控上再控制一下就蛮好了，没有这么多理由，就是一个单纯的、学艺术的学生的气质，将你们的天真烂漫，怎么样通过天马行空的想法注入这个体块里就非常有说服力，目的是要拔高整个地块的氛围，业主是希望能够把一些从事设计的人带进去，设计人的思想情节，有一种让人琢磨不透、没有这么多逻辑的很纯的唯美主义。

郭国文同学：

作为一个学生做毕业设计，恨不得把全世界作为背景做设计，但是做不到，尽量委屈一点，想做整个深圳的设计。

吴健伟老师：

你做的工作确实蛮委屈的，前面大篇幅逻辑分析市场，我们刚才讲的是放弃，丢掉一些东西，把心中一些逻辑的东西抛开。

刘伟教授：

给你一个建议，在叙述过程中，整个 PPT 过程给我们的感觉，你是来回折腾。本来前面讲过的东西后来过 4 分钟提醒又回到前面去，又在作地块肌理分析，你的思路有问题，信息量太多，但是自己没有梳理，到底干什么事情，太杂了，脑子里想法很多。最后的成果有浪漫的东西在里面，根据你的理论出来的东西太多，没有消化，平面中展示出来的东西自己内在的体系没有，这是作为我们、特别是学生的设计作品最要锻炼的东西，因为我们想这应该是一个基本功，怎么把自己的思绪进行体系化，不要有这么多的想法，比如在这个题目里这么短时间里叙述出来，这要耗费很大的能量。

骆丹老师：

我在深圳 20 年，深圳我比你熟悉得多，假如我是业主，你如何打动我。我们对深圳的了解比你多，包括深圳速度、深圳的地理环境，实际上我们最了解，没有必要跟业主汇报这个，前面的理论基础不是专业部分。后面需要发挥的是设计创作、意愿创作，视觉这块有些视觉疲劳感，把自己不专业的东西展现出来，最专业的应该是把创作灵感和设计冲动和灵气表示在上面。

石赟老师：

你们出去以后恐怕都会很委屈，自己学到的所有东西统统得到否定，发挥不出来，因为心太大、太高，所以觉得委屈痛苦，甚至做出来作品后绝对痛苦，在心态上不要太高、太大。讲到案例，这里是给设计师的一个场合，你喜欢就行，要把自己的梦想在里面放飞，让自己感动，再去感动别人。

石赟老师现场指导

史泽尧同学（清华大学美术学院）：

深圳某私人专属会所室内设计，回顾一下，该会所位置在深圳，用于私人接待，要求体现尊贵奢华，里面有健身房、SPAR 等空间。首先是奢华和尊贵，首先想到的是奢侈品，奢侈品有 7 个要素，创造、文化背景、工艺品质、全球吸引力等，和设计有关的是创造、文化背景和工艺品质，创造是设计师的天职，文化背景和工艺品质构成我的理解。其中这两点我用文化背景作一个空间上的组织，工艺品质做空间中装饰的手法。首先说文化背景，在中国传统文化有很多形式，四合院、苏州园林等，代表中国文化设计的精髓，这是平面图和结构图，我把中间部分，上下两部分拆掉，右边有一个开的空间形成三个中庭，左边有三个这样的中庭，这是入口，进入第一个中庭有一些功能空间，中间一个走廊进入第二个中庭，接着进入第三个中庭，具体的功能空间，这个会所用于私人接待，把这些功能空间分两类，还有辅助功能，划分的依据是尽管这些功能空间表面形式是各种娱乐形式，但它们的本质是为了业主的私人接待，和客户谈事情。上面是三个主要空间。这是平面，景色最好的地方留给了非常重要的地方，中西餐宴请，棋牌室，进来之后第一个是前厅，两个中厅，最后是客房。工艺品质，我找到钻石的一种切割方式，是花式切割的一种，特点是联想到钻石切割的过程，同时有不同方向的折射。这是空间效果图，中餐厅是一个中庭，在上面做了一些抽象的天景，把钻石切割的感觉放在上面。砖块把这种切割方式进行简化。这是前厅剖面效果图，这是连接第二个和第三个中庭的走廊的效果图，在中国的传统中，从第一个门厅进入真正的院子中有一个台，这个灯选择古制瓷，是比较有意思的技术。还有钟表技术，还有皮具的技术，将来会有一些利用，做成空间的装饰。

王铁教授：

这位学生费了很大的劲解释奢华，整个是个陋室，这个孩子的成长经历使之不知道什么叫奢华，对前面找的图片不是奢华，加上后来把中国传统这么富贵变成陋室的东西不是奢华，真不是奢华，奢华放在最简单的概念中认识应该是贵气。回去再想想，怎么做出真实奢华，什么叫奢华？看看电视剧，找上海滩豪宅里的，在中国范围内，在你成长的过程中什么是奢华，里面有，但是表现的时候非常的简陋。不说别的，这一个坡，本来屋里没多高，还要弄坡。奢华里怎么能用茶杯作为一个壁灯。是瓷的，作为壁灯就奢华吗，代表不了奢华，奢华是整体的，创造一个特殊的风景，室内也是风景，室外也是风景，进入里面才能感受到奢华。看这个门，画草图不能这么画，做好是门，做不好是洞，一点不奢华，你这是过去就完了，再也不想看这个门。我们看古人做的门细长，这么多内容，你在推的时候会欣赏，这个太矮了。找相关图片，和独一无二关于描述奢华情景的东西，不能说把几个元素放出来就是奢华，你还没感受过奢华，实在没那个经历。

曲云龙同学（天津美术学院设计艺术学院）：

曲云龙同学讲述方案

大家好，我的汇报内容是在空间中感受182产业园室内设计方案。先作开题报告回顾，广东省深圳事龙岗区，也是园区现状的一些照片，有几个建筑，对园区必备的功能布局作一下整理，分到三个建筑中。二号楼主要是园区管理和学生宿舍和培训基地，一号楼是展厅，三号楼是会议商务和休闲功能。我主要做一、三号楼的室内设计。下面进行新阶段的方案进展的汇报。园区主住对象是设计师和艺术家，设计产业核心是创意，设计中加入更多交往空间，有一定的吸引性和渗透性，可以为人们提供更多交流平台，让人们相互接触产生刺激。通常人与人相互的刺激能产生新的灵感，重新激发一个创意的产生，这样形成一个完整的循环。交往空间吸引性，吸引人聚集，同时功能可以渗透到周围的功能区。右边这个图是人交往的热点，交往的热点会形成线，以面的形式构成一个交往空间。我的空间改造手法，这个图是建筑平面图，我加一个共享，可以增加两个楼的联系性，每层增加天桥，可以增加每层的可达性。黄色部分是一、三号楼做展厅共享和工作室共享，这两个共享可以完成展厅和工作室对光需求的功能性表达，同时可视性也会大大提高。这三个共享同时都具有一个方向性以吸引人，这是我想做的交往空间。这是空间改造手法，上面是原有空间的形式，这个比较单一死板的动线比较直白。下面的方式是增加更多新空间，空间重组，以休闲整合方式去做去改造。我将主要以创意人群形成多样空间，创意氛围做创意为中心的室内空间，以方向性、聚合性两个形式去组成变化。这是我做的一个平面分析，一号楼主要是一个展厅，一个螺旋上升的展厅，中间部分是中庭，右边三号楼一层主要是娱乐休闲，二、三层主要是办公室、会议室还有多功能厅，四、五层是设计师工作室，三号楼的六层是图书馆，这是我做的一个横向流线的分析，蓝色箭头是展厅的主要入口，红色箭头是次要入口。这是三、四层的空间，这个图是纵向分析，新加了两部电梯路线，增加上下空间的联系性，蓝色是电梯，紫色是楼梯。传统展厅的空间形式是一种重叠式空间，我想改造成流动式空间，具有的特点是私密性、封闭性、单调性，而现在我想创造一个流动性空间，有开放性、连续性，导向型，空间开敞，视觉导向，这样的流动空间更适合做展览。在完成以上功能性要求的情况下，希望在空间中加入更多趣味性的元素，希望做一个合理生动的展览空间。用钢化玻璃板做栏板，颜色由冷到暖，自上而下分布，希望在室内环境中营造竖向彩虹的意向，形成一个有趣的共享空间，每一层呈现出不同的味道。这是彩虹展厅的理念和目的，我想营造有诗意的空间，让参观者不知道进入艺术品厅还是展厅的一部分，这种做法会引导人们思考，促使人们在空间中感受。这是彩虹展厅的一个初步的效果图。

吴健伟老师：

这个室内设计我们做了，甲方完工了，今天看到你的设计眼前一亮，这是我参加这个活动的真正意义，给我们启发，我认同彩虹空间联动，起码创意非常有思想，有带动性，因为我们做设计可能长期以来更多的是满足客户的招商面积、投入成本，你现在这个情节其实也是可以实施的，不能把柱网搞没了，我们在遵循建筑框架科学的基础之上玩一些浪漫，玩一些色彩，可以实施。我们对彩虹的理解是不一定做成曲线，因为这个建筑是有框架的，而且是方形组合，方形的东西从空间利用还有投入成本上更现实，但是一样可以做彩色飘带，有一个运动感。你现在考虑的功能分析也是我们现在设计已经有的功能分区，挺好，包括中庭加天桥形成两个楼的交流通道。

石赟老师：

我还是觉得浪漫过度，房子挖这个大洞，整个面积缩小一半可不可行。

吴健伟老师：

你这个想法我们认同，但是尽量遵循这个建筑的一些基础完善。这个思路可行。

石赟老师：

展厅的目的是展示所展示的东西，而不是让这个建筑体本身突出，这两个都是挺大的毛病，把这个建筑做得很炫，大家在看建筑，一旦展厅里出现色彩鲜艳的东西会不会打架。光柱只是一个共享空间，很漂亮。

秦岳明老师：

结构问题，这样做楼肯定会塌的，前面提到设计工作室，希望给他们更多交流空间，但是在三号楼上给了中庭，其他的没有看见这些东西。这种空间不是中庭就行了，具体的不考虑。另外，注意一下基本的一些规划，刚才说了结构问题，还有三号楼这么大面积，需要考虑。

周玉香同学（苏州大学金螳螂建筑与城市环境学院）：

周玉香同学讲述方案

我的题目是辛亥革命纪念馆景观设计，人物纪念馆，重点在室内部分。陈列方案。一层平面这边入口进入到序厅，这边是前台咨询功能，通过这个空间到第二厅，这边有一个空间存在，这边通过中庭上二层，到达第三展厅，第三展厅直接出来之后到多媒体厅，从这边一直到三层，到纪念广场。序厅里面从入口到序厅到中庭这样的关系，从入口开始奠定一个序厅前奏，里面的内容是人物的影像资料，我通过这样的构架，从入口包括前台签到，序厅是两层通高的空间，到中庭部分。表面处理是这样的镜面折射的材质，出了序厅这是第一展厅，主要讲实事和英雄成长。我所有的空间隔墙是半透处理的，展陈内容是这样的在表面上，这边构架是这样的形式，外面是玻璃的板，里面是陈列内容，主要的地面材质，第一厅的主要材质有裂纹的变化，地面主要的感觉是半透加反光，感受一下当时的实事。因为是半透材质，人物参观是看和被看关系，达到交流过程。从第一到第二厅是破的过程，在里面革命萌芽，历史人物登上历史舞台，从第一厅里的要碎的状态一直打破，空间这样的状态，地面人物，观众参观是这样的立面，这是熟悉的一个效果，这个厅主要是体现历史人物之死，这是他的一些图文资料，这是一系列的诗文。第一、第二厅之间有一个穿插空间，这里是留给观众思考的空间。在前面是当时的历史现状，后面是革命英雄打破时局的情况，当时的历史。每个时代都有自己的包袱，都需要有突破，和平年代我们依然有沉重的负担，我希望联系到当今时代，不仅仅是我们看的一段历史。从空间穿过中庭，中庭我们作这样的处理，下两个台阶，表面是钢化玻璃，下面直接是地，给人广阔心胸的感觉，通过天窗和地的结合有种顶天立地的感觉。三层有这样的关系，三层是完全敞亮的空间，因为建筑本身做了很多天窗，有人物群雕，参观者可以行走进入人物群雕，屋顶人物可以通过天窗看到相对应下面的人物形象。多媒体厅主要是安静的，不作报告可以作为人物自己体验的空间，体现互动。人物进来的时候人物图片呈现在参观者的手上。三层是纪念广场，这丰碑可以对应下面的二层的人物雕像，有设置台阶，参观者可以上去，俯视到下面的人物雕像，里面的处理用的是小石子，人走上去前人脚印被后人脚印覆盖，时间是最强大的力量，长江后浪推前浪。

王铁教授：

这位女生确实很用功、很用心，做了大量工作，值得表扬。里面基本没有太大问题，有一些要注意的点，下面再深入要注意怎么做减法，内容太多，包括形态，空中是三角，地下也是，最近大家看展是一个方向走的，空间有这个人太惨了，脑袋出来以后受不了，一个方向顺展现看，不能在头顶上，没有人注意头上还有东西，为什么我们看展览比逛街累，因为在读这个东西，从博物馆出来极疲劳，好多馆是走一段有一个休息空间，你做得都很好，要做减法，应该是很好的东西。但是屋顶上天窗开口不错，根据日光照射走向可以对角切，或者顺着切，高度不同，上面还漂亮。想象再丰富一些。你可以改的，这么严格遵守就做不了，现在给点条件限制，只要不拆楼就行。

陆海青同学（中央美术学院建筑学院）：

大家下午好，我的选题是天津南港工业区景观设计。回顾前期，位置是南港工业区，位于滨海新区东南部，离天津机场 40km，这个在滨海大道以西、创新路以北范围内的场地，面积 120 万 m^2，其中包括投资服务中心、生活服务中心、企业办公中心和周边水系，分四大块。接下来分析基地，基地会划分为四大块，划分原则是保证道路分割的地块的完整性，功能分区也是四块。这是建筑高度，密度有更开放的视野。肌理以波浪形式出现，渗透到整个界面，这是柱网结构。这是农村区域内相同区域发展，不同时间相互渗透。通透空间有餐饮和商业。这是会议会展平面图，一共三层，二层空间有一个绿色大空间连到二层，可以看到旁边的景水大道空间，可以用这个比较大的空间做会议活动。

秦岳明老师：

既有建筑又有景观，主要是景观，我没看到景观，景观很多分析，包括各方面的，要加强，现在看到大的方向没问题，但是和建筑之间的关系好像觉得有点牵强。以后作分析的时候最好平面图出来以后，同时把分析，包括消防的东西结合进去更好一点。这样能把整个思路表达得更清楚。这种绿化的技术考虑一下，比较弱，这样做绿色，按你现在画的结构厚度肯定不行。这种飘逸的轻盈感觉会丧失，怎么样处理，下一步要好好比较。

纪薇同学（清华大学美术学院）：

我是来自清华大学的，我的课题是苏州的会所，我分三部分汇报。第一是前期汇报，通过对苏州的文化背景、空间情况的分析，得出黑白灰的空间构建，提炼和整合景点组合方式。第一种是时间上黑白灰，第二种是空间上黑白灰，用不同属性塑造，第三种是人与人之间黑白灰。设计目的主要是用苏州地理位置优越性创造一个空间，让城市中的人们找到不一样的体验。第二是现状分析，场地分析，灰色是建筑实体部分。绿色是景观面积，有一定的地理位置的优越性，环境有特色，视野广阔，缺少内向性的空间层次，建筑实体的限制，不能达到效果。第三是不能更好地利用胡同景观，保留原有建筑，同时增加一个灰空间，不用破坏原有建筑结构，增加了空间层次。黑空间功能包括包厢空间、棋牌室，白空间包括共享庭院、交通空间和连通空间，灰空间是用来做户外区、散客区，方案进展情况分空间黑白灰、心里黑白灰，汇报主要是针对空间黑白灰有一定的探讨。这是场地分析，背面是山村和树林，南面是临太湖的。绿色部分是茶室，蓝色是卫生间，黑空间有一些灰空间，这是一层灰空间，这是饮水品茶，对外向的视野范围，这个空间视野非常好。这一层是白空间，作为我的主要空间线索贯穿整个空间。黄色是接待区，绿色是庭院，蓝色是水池。橘黄色是次要交通空间。通过空间结构安排，设置三个不同感的空间。第一个空间是门厅空间。第二个空间是过渡空间。第三个空间是庭院空间。时间黑白灰有一定想法，用苏州园林材料，比如木材设计一些装饰构件，作为黑空间方式，不至于使人的视野过于闭塞，人在庭院空间中可以通过这个视觉借到湖面景色，可以通过它接到室内庭院景色，随着太阳不同位置变化产生光影视觉感觉。谢谢大家！

纪薇同学讲述方案

骆丹老师：

听起来概念不错，包括黑空间，还有表现形式，我提点专业点的，平面图在后期中要往上面深做，表现形式都不错，后期在细化部分，包括这里有一些需求的，包括卫生间这块都没有做，这个房间里，我看你设计有一些意境，但是感受不了，意境要往这里延展。这是房间里有需求的，是中国比较传统的空间，必须把哪些是主要的位置，有哪些东西，现在发现很多做餐饮的，和电视之间的关系要了解，按道理这是主位，但是电视，这是不合理的。这些要做，还有一些意境延续到这些空间里来。

秦岳明老师：

上次汇审的时候也说过，苏州严格意义上只有黑和白，没有灰，灰实际是通过黑和白的对比或者时间变化、时间的沉淀才形成的，你现在做一个灰空间演绎没有问题，但是过了，进来先有庭院再看到外面开阔的湖面，还是到此为止没有再继续深入下去。空间可以更深入推敲一下。空间和建筑的关系包括和湖面的关系太直接，有点生硬，包括处理的那些 L 形的柱尺度上能不能降一点，是另外一种方式，可以处理得巧妙一点，现在比较直接。

王家宁同学（天津美术学院设计艺术学院）：

这次选题是海之韵。回顾一下这次的选址位置、概况，位于中国南端，平均气温 25℃，降水量和潮汐分析，对周边场地分析，红色是我这次做的区位，周边绿色和道路及水域。主干道和次干道，研究内容空间第二是材料设置，第三是低碳环保设置，第一是方案进展，这是我的初步想法，首先这里罗列主轴和副轴，这里想强调一下，几个重要的节点当时设计的时候比较喜欢，比如说这个位置属于欧式的对称的景观设计，旁边是一个自然形态，我的整个设计中遵循海洋设计元素为主进行一些景观提炼。这个位置还有一个特点，采用海洋里面的海星的造型，人可以从上面俯瞰整个场面。中间是下沉的区域，在中间当时设计一块完整草坪，后来由于地域情况，把这块地方重新设计一下，因为是盐碱地，草的生长可能性不大。这个地方是一个水域，这个造型类似海螺的感觉，这是绿化分布，主要沿着主次干道分布，周边有一些地形。在设计的过程中，我一直在思考一个问题，如果我处在这个环境中喜欢什么样子的，如果我出酒店入口最想看到大海，目前情况下这块没有沙滩，只是一个大坝的感觉。想把沙滩这个东西引进来，在这儿设置一个人工沙滩，可以在这里嬉水。这个位置是一个类似于迷宫形式的园林设计，这块是一个停车场，这是我的路网分析，这是主干道，这也是，行车路线沿着周边道路，酒店周围主要是行车的，园内基本没有什么车流量。这块是主干道入口，这是一个综合的随时分析。我设计的时候考虑一些节点局部设想，这是节点，有一种海的元素的感觉，这块是当时想有这个功能的感觉，后来觉得再多一点，设计一个国际象棋的感觉，人可以参与进来。我还有一个想法，想到拼接关系，当做华龙道感觉的，可以拼成各种造型。这是设计日程安排。

秦岳明老师：

基地面积并不大，可能 1 万多平方米，放这么多东西，这是一个问题。另外一个问题，在说的过程中没有发现条理，最终目标达到什么，展现什么。沙滩可以作为一种，或者另外找一个概念贯穿整个设计。你的感觉这里做水，那里做象棋，都是片段，需要一个主线贯穿起来。而且面积这么大放这么多东西还要再考虑。找一条清晰表达和酒店有关系的东西，另外方面可以放到任何一个地方，和酒店没有关系，和酒店和海的关系在哪里，最重要的是什么。要有一个精确的设计构思。

朱燕同学（苏州大学金螳螂建筑与城市环境学院）：

我的选题是集约空间旅馆设计，本来是胶囊空间，现在扩大一点，分旅馆部分、家庭部分、整合与转体以及最后的期许。从苏州意向讲起，苏州古城，周围有景观带。曾经有人说没有来苏州的时候，想像苏州分成水、船、人家，便提取这样的形，我的连锁基地是之前放的，在运河和护城河周边的景点附近。我的设计基于水泥船，可用尺寸 5m×10.3m，总共是 16m×6.5m，加一个铁板，废弃的材料运用，加上水上人家概念。把空间分顶部和底部，讲的是高度和初步的造型。苏州古城内外城分析，以最小尺寸看，苏州古城叫古城外，限高最高 24m，这个尺寸基于苏州古城区内。这是山糖街剖面分析，高度范围在 1.8～2.2m。这是基于苏州的建筑形体分析，屋面形式简化一下，进行一部分的量化。接下来是空间，因为旅馆状态是这样的，因为在船上，大部分漂浮在水上，基于做游船概念，可以去一个在岸边的房子，得到一张卡，功能可以简化到只剩下卫生设备和卧室部分。公共区域是码头和周边的广场，单体室内要求健康审美，基于人体工程学，定义成一个方盒子。我的卧室功能是一个功能，休闲区是一个功能，两个部分整合是一个初步平面，这里有冲突，在立面里是这样的表现，这是床的高度，这是休闲区的高度，两个叠加也有一定的冲突，以移动的方式来做。把空间整个用起来，如果需要用椅子的话，床往上移，如果需要睡觉的话，采用的家具是可机械折叠的家具，同时下降床，家具也下降高度。这是一个体格组合，船和船之间联系，用透明玻璃板，考虑人走在上面感觉人与水的关系，恢复到溯源情节的东西，在山糖街肯定是基于一层考虑，但是在运河附近，以及护城河附近有两层空间，考虑到两层连接。因为考虑到苏州的屋顶有错落式的，屋面与墙的接口需要处理，考虑了以长 2.11m，高 200m 的单体解决高低屋顶设计，所有的零件以一个连接键来连接，这是虚门处的一个旅馆视线。昌门处，这是大体的意向，这样的东西是产品化设计，给生产提供一个标准，定量控制，水上及周边环境利用，对闲置资源再利用。水泥船退出历史舞台，留下一些回忆。苏州的美蕴涵在水的灵动中，苏州水的治理问题，在苏州住过的人知道，用这样的旅馆让大家近距离接触，他会知道苏州的水宝贵，从而保护苏州的水。谢谢！

王铁教授：

这位同学刚才介绍的，你这个胶囊再创新还好一些，因为做的都是干胶囊，你这是湿胶囊，你这个活了，有点可行性，在船上，顺着河道都可以，不是他们非在中国传统的建筑中，没有这个成熟。但是现在有一个问题，怎么做美，好看，画的形比例和尺寸不美，怎么样让它美了。现在对你来说是做漂亮了，船的形态一定要做得很漂亮，尤其中间过道这两侧都有胶囊。你怎么去把这个过道做得比例非常好，过宽不行，过窄不行，体验两个人，对面相迎怎么样自然过去就可以，因为毕竟是在船上，不像火车躲开座位过去，这是一个常态的，在这里要时间长，肯定比坐车要长，怎么更加宜人，使用起来更方便，还有一个问题，只有一个卫生间。过道要认真琢磨。过道部分两个人迎面自然过来就可以。

刘伟教授：

做胶囊公寓的同学里，有同感，抓住特质做，苏州是一个水乡，船方便，晚上不愿意住酒店，住在船上，第二天上岸吃饭参观，可能在胶囊和船的形式探讨上要做得很好很美，胶囊另一头有一个窗帘看到水的景色。怎么和传统比要琢磨。

王默涵同学（中央美术学院建筑学院）：

我来自中央美术学院，做的主要是一个复古的概念，利用建筑去改造本来非常空旷的一个平地，作一下建筑的功能分析，在一层主要分两个展览空间，两个展览空间分别配卸货和储藏空间，中间是一个办公空间，办公空间很方便来到储藏空间作展品的管理，前面是一个门厅，主入口在这里，二层不是这么规整的展厅，可以作为一个大的展厅，可以分成若干小展厅，这边储藏空间可以有货梯直接把展品运来，就是货物的流线。这两个空间是会议空间，几个空间之间搭建平台作一个连接，因为是一个复古的建筑，我希望在会展中心做一个室内展场，空间不是特别够，把室外展场挪到屋顶，人可以从这里的主入口上来，在屋顶绕一圈做一个展场。这是我的流线分析，绿色是观众流线，紫色是工作人员流线，这里有工作人员专门入口和货物入口、展品入口，这两个是卸货的储藏间。这是二层流线，参加会议人员直接从里上到二层平台分别进入两个二层会议中心，参展的观众可以从平台直接上到二层展厅。这是屋顶的流线，说明这个人可以在屋顶上走一圈，甚至可以沿着这个平台直接走到其他地方去，这里有一片绿地可以直接走下来。这里提出屋顶的概念，用渐进结构形成屋顶景观纹理，深入做景观的时候做一个基础。把柱子分三种类型，第一是实心的，第二是中空的，第三是再宽点的。中空的柱子可以通风和采光，房顶可以找坡做房顶卸雨的功能。屋顶做成两种，有一些正的梁，另外是反梁，在反梁空间填土，种植灌木植物或者是草皮。这样就形成一个在垂直空间上做很多层次的立面。谢谢大家！

秦岳明老师：

深度远没有达到，现在都还只是一个框架概念，包括有一些交错的关系，流线关系，甚至一些构造的想法，但是太简单，甚至连基本的尺度都没有。你这个建筑是 1 万 m^2 还是 100 万 m^2，交通怎么组织，是否可以从这个屋顶跳到那个屋顶，跳到地面，我不知道怎么跳，甚至展览中心办公空间对层高的要求不一样，这个关系怎么处理，也没有很好的表现，很难进一步提出问题。

王默涵同学：

这些都考虑到了，主要是柱网和上面的景观没有找到特别好的形式来生成，这部分没有做出图来。我的概念是用柱网形成顶部的纹理。

秦岳明老师：

把会议中心放在二楼，开会的时候交通怎么解决。

张月副教授：

首先我觉得一开始可能我记忆不好，原来最早做的会展中心展什么东西，你展出的内容和建筑结构有很大的关系，比如柱网开间，涉及里面的什么展览，比如艺术、绘画、雕塑，这些有限，开间可以设置综合性的、多样性的，可能将来展汽车甚至飞机，可能柱网跨度非常大，柱网跨度大有一个问题，非常大尺度的展厅，很少有做两层的，首先大跨度空间解决不了，倒过来推，不能说柱网只能展小东西，建筑和里面的关系是根据会展中心的定位决定的，将来主要是哪些类型的会议和展览在那儿举行，根据这类展览、本身展品的类型确定空间的尺度范围，倒过来讲结构形体什么样，现在有一些东西放在二层展览根本展不了，一般艺术展的话，我看你的比例关系，按照层高推面积很大，不是世博会规模、国际性大展览充不满这个面积，有一些基本的东西要先界定，没有边界的很可能做完了经不住推敲。别人随便提出一个问题就可以推倒你的逻辑，前期分析很重要。

王默涵同学：

在任务书上没有提供具体展什么东西，在一个工业区里，主要是化工和石油这类的。

张月副教授：

没提供，在你设计方案的时候，前面的条件，不管自己设一个还是别人给你一个，应该有一个限定的，后面才能评价行不行，否则没有办法评价，哪怕设置一个，比如做一个艺术品，或者可能是重型机械的展览空间，要去设计，结构不一样。

秦岳明老师：

如果做大型展示的话，不太可能实现，所有的会展中心，包括机场大跨度展示，为什么是弧形的，是基本的要求，你这个很难实现，要自己会假设，我们做产品展示，甚至做小型展馆可以。

任秋明同学（清华大学美术学院）：

我的毕业设计题目是装饰与意境，做的是别墅室内装饰设计。首先回顾位于广州东莞的一个社区，业主是服装设计师，有时尚感，下面是他们喜好的收集，这是我设计的重要依据。我整理了他们一天活动的时间表，他们在一日三餐时最集中，集中在一个舒适的餐厅里与家人交流，其他一些小的点有一些交汇在一起的空间。在上面图的基础上画了这样的表示他们心情的图，在餐厅的时候是愉悦的心情，休闲是放松的，工作是集中的，这是未来空间装饰上的依据。这是最后的功能划分，是一个三栋联排别墅，中间是一个天井，保证通风，一层是家庭活动空间，二层是睡眠休闲空间，地下一层是聚会空间，这是一层平面，主要是会客和家庭的主要活动中心，中心是一个室外的庭院，这是交通中心，四周是落地玻璃窗，起居室有充足的阳光，这个别墅是纯度假的家，围绕孩子的生活来进行，回归到生活的本身，非常的纯朴。第二层主要是休闲和睡眠空间，主要强调的是蓝色非常大的女主人的卧室，这么大面积体现了对于女性的关怀，里面有单独的 SPA 空间，可以让女主人通过玻璃窗看到外面的风景，小起居室有这样的视野，体现他们对于生活本身的追求。这是地下一层的展示和工作空间，有酒窖和小酒吧，主人非常喜欢收集光盘那些东西，有一个影音室作为展示使用空间，这是两个空间节点构想，第一个是 SPA，第二个是影音室。通过之前的研究发现，服装设计师的作品和他们家有一些惊人的相似处，从他们的作品入手进行设计，我提出三点，欧典女装有种气质，我的设计意向有传统和时尚相互融合，又有碰撞，体现了独特气质，非常的高雅。第二是通过这个服装品牌体现女装的魅力，我的设计有一些线条优美的家具，热衷于聆听当下女性的内心要求。第三是他们喜欢收集陶瓷，比如这个插画和后面的画非常讲究。我做了几个空间意向，首先是餐厅，要求非常明亮，并且有相互连通的功能，有一些瓷器展示空间。其次是起居室，是非常融洽的交流环境，用这种温柔的色彩，有瓷器展示空间。第三是小书屋，以安静色彩创造安静读书环境，有瓷器和藏书的展示空间。我总结一下服装设计师的关键词，流行、变化、DIY，服装设计是时装定制，家是完全自己创造的，体现自己的个性。我发现有两种办法可以实现他的个性，第一种是感光材料和材料印染，第二种是感光染料，可以把照片的内容复制到布料上，随着时间和阳光变化产生变化。服装设计师喜欢把图案印在衣服上，也可以在沙发上、报纸上，我在欧典服装上吸取了一些元素，像这些花纹，我下一个阶段会把这些元素运用到室内空间中，让人们充分地感受到这个服装设计师家中个性以及他们对生活的品味和追求。谢谢！

任秋明同学讲述方案

刘伟教授：

这个同学做的设计套路很好，美感也够，叙述得很清楚，一个家按照自己对客户的理解，整个挺完整的。提个建议，可能是题目小，前面做了很多工作，题目有点浅，考虑怎么样把题目深挖一下，技术表现很好。

王铁教授：

我认为刘老师说的很在点，两口之家这么多房子，可能有的房子一个月也进不去一次，我家有6间房，不一定能保证做到一个月每间都进一回，怎么做这个。还有一个最重要的，这么大的一个房子得有点大的空间，提两个问题，一个有大点的空间，里面格子这么小的房子，稍微展开点，第二认颜政为师傅就对了。

颜政老师：

首先，谢谢选了我们公司的题目，我说一下这个题目有一个前后原因，最早推荐一个会所、一个别墅，当时没有把任务书细到每一个层包括什么功能，功能和功能之间的联系，在那样的一个情况下，她自己非常认真，从网上找到了我们设计师的资料，通过他的服装品牌作了很好的分析，一步步摸索，通过普通的理解深入到这个项目，找到装饰发展的意向，我觉得其实这个和真实的状况不同，不想让她改变了。对这个年龄的设计师来讲，其实尝试一种方式就可以了，到底是不是真实的东西，主要是因为时间不够，真实状况怎么样，以后公司按照我们自己的意思发展的时候再交流。任秋明同学提的是什么？我在说她的时候，前面的同学也发现，我们在做一个课题的时候，我们想到很多美好的东西，但是这些美好的东西，前面张老师、王铁老师都说了，落在实处，我们想到所有的美好的东西，最后有没有展开的可能，一定要让抒情有一个逻辑和理性论证，比如你研究一下，原有的我们的建筑的长度、高度还有目前的建筑发展是非常简洁的，有力度感的，细节不是很琐碎，我们在佛罗伦萨资料里提炼要拉亮筛选，建筑语言里形式关系第一，抓住形式关系和长宽比，总有一些线和它吻合，不需要太多，现在的这个工作学生不一定做到位，试着做，一点点积累，将来学的基础和直接体验可以建立起来，可以在下一步深化中作尝试。

第二，对于这样的家庭，我稍微补充一下，这对夫妻有两个孩子，一个时装设计师在家里的真实状况，他们对品牌做得还不错，夫妻两个人经常往国外跑，买的房子是很多房子中的一套，有在都市中心的房子有这样的房子，既然买这个房子，可以知道这个小区蕴涵的气质是休闲放松的，拿这套房子作为度假用，我们的功能取舍在有的地方可以投入多点，有的地方做得很松弛，我们不一定要求他的服装是很浓艳的，但一定希望休闲的房子色彩也是浓艳的，这个以后我们面对一个课题的时候给自己多一个思路，这个以后做豪宅客观经常这样，可能有一个城堡，在市中心有一个500、600m^2的房子，气质完全不同。我不想说改善的东西，作为一个学生做到现在，包括我前期给的资料不是很多，现在这种方式，就这个图说几点改动，一层这个楼梯，为什么做两个楼梯，一个楼梯是不是可以解决，而且楼梯对平面有一个遮挡，家里两个孩子，孩子沿着回廊跑来跑去，外面下雨，从中庭一直落到地下，南方经常下雨，而且太阳很大的时候也不可能真正跑到绿地上，回廊是家人和孩子聚会的地方，朝这个思路，再抓出多个功能，不一定都做成小房子。

第二层是在主人房的地方做了一个SPA，这个SPA的位置，那个地方一个浴缸，这个浴缸从这个图看影响天井的位置，做成自然透光的。看一层上下对应关系会不会有矛盾，这个回廊那个地方封死了，能不能形成一个环形的关系，想象一下，在二楼跑来跑去，如果这样做建筑在那个地方就断掉了。

任秋明同学：

一层看上面有一个挑出来的。一层本来截止到这个点，二层又出来了。

颜政老师：

我建议可以再思考一下，如果时间允许的话，想象二楼是一个环形关系，二层也是半透的，感觉非常好。还有一个关于版面排布，可能后期接到一些意向图纸，给一个建议，任何东西抓住一个主题，不能什么都兼顾，前面提取的元素是服装，给人的印象是色彩非常丰富，就把这个思路做下去，又要兼顾色彩，两者取舍，包括平衡，这个工作不容易做。最好一个东西做得很有张力，不是添加得多，而是做得很整体。

仝剑飞同学（中央美术学院建筑学院）：

天津南港工业区景观设计，先回顾一下项目背景，南港地区有重要的战略意义，天津南港工业区被列为天津开发十大战略之一，建设三期。位于天津滨海新区南面。功能分区，蓝色部分是会展中心，红色部分是生活服务中心，绿色部分是行政办公中心，黄色部分是企业办公中心。根据主要的设计的一个地段，红色部分是主要设计的节点部分，黄色部分是主要设计的会议展览中心，箭头位置是人行、车流的主要入口。这是我的设计构思，设计一个环道，为行人提供更多可能性。设计概念基地周围四条道路，按照使用主次分级。考虑建筑与道路对人的影响。按分析的结果随机生成一些点。红色部分有建筑入口在这个位置，与建筑发生关系的行人活动比较密集一些，是高密度的地方。这个蓝色部分是小广场，通行为主，密度低一些，后面生活服务中心主要设计的建筑空间，密度适中。我设计一些元素组成一些部分，比如小广场、绿色区、蓝色部分有形成水景的可能性。这是往下深化的时候，从最初的工业区提取一些元素放在里面。这是一些景观意向，草地可能应用在生活服务中心的绿地上。这是锥形的一些绿色带，运用在前广场。这是草图展示。谢谢大家！

张月副教授：

这位同学做得首先应该是很用功，包括他自己的一套思路，从他自己的逻辑上也是很完整的，无论是表现和表述，从他自己的完整性来讲做得不错，而且做的工作量，虽然细节的东西稍微有点欠缺，但至少在宏观规划层面已经做到，整个做完了。有一个问题我觉得是必须提出来的，设计方法我觉得有点问题，问题的核心在哪？我用一个词来说，整个设计思路是伪科学，为什么说是伪科学？现在思路在哪儿，前面今天老师提的比如毕业设计浪漫，干脆就是主观观念表达，不管外界怎么样，就是作为艺术一样，这是主观观点，不去考虑逻辑性和外界的东西，就是一个艺术家的个性的东西，干脆就去用自己个性的东西来表现，天马行空。但你不是，你是很理性的东西，中间分析过程有逻辑，我觉得过程很好，但是前面的基础都不是真实的条件，比如前面那些所谓力度问题，所谓随机分布点，怎么得出这个结果，这种科学理性分析最重要的一点必须建立在数据本身是客观的，是客观调研出来的，如果不是这样的话，这种理性很可怕，是伪科学，没有意义了。不管用哪种方法是纯个性，天马行空的东西，或者完全科学原理的方法，这两种都可以。你用其中一种方法要按这种方法，应有的方式做这个事，如果按理性思维做这个事，前面的东西一定是客观的、落地的，实实在在的数据，这样才有意义，否则成了花架子，成了伪科学。这个问题，作为一个真正的设计师要弄清问题所在，如果这样做挺可怕的。方法其实挺好，理性思维，但是前面基点有问题，可能是我自己的主观意见。

秦岳明老师：最后那张图，那个建筑是什么。

仝剑飞同学：会议展览中心。

秦岳明老师：把原来的会展中心也改了。

仝剑飞同学：面积没有改，造型改了。

秦岳明老师：但是前面所有的分析在原来的基础上。

仝剑飞同学：只是把面积放在那里，形态没有变。我只是把面积计算出来，把体量放在里面。

秦岳明老师：

换种方式说，景观很多是为建筑服务的，现在反过来，我最后看这个的时候反应过来，已经把建筑改了，包括体块分析已经没关系了，在这点上再想想是不是合适。

仝剑飞同学：

之前的分析给定了一些，把会议展览中心和其他的几个建筑的面积和地上部分，地上面积和层高限制，面积计算出来，体块放这里，体块和位置没有变化，只是形态，整体一体化设计了，着重设计景观，建筑体量放那里的感觉，并不是一成不变的原始形态。

秦岳明老师：

换一个方式说，现在也提出技术指标，包括停车场交通这些东西，在上面没有看到在哪里，作为会展中心来说停车是很重要的考量问题。另外还有一点，做会展中心，为什么大家看到会展中心前面有比较大的临时的地方，可以是一些临时的会议或者展览，这些东西都缺乏考虑。把这种大面积空间我理解更多地作为一种公共可以参与的设计，不是作为广场，这是很好的，但是要有一些必要的基本功不要抛弃掉。

张骏同学（苏州大学金螳螂建筑与城市环境学院）：

我这次汇报的是湖南辛亥革命人物纪念馆，我的设计以时间为主，这是一层平面，将层面分割成不规则的形式，形成一个折形参观路线。展陈内容从 1840 年中国近代史开端开始一直到武昌起义，引出为革命牺牲的湖南的英雄，这是第一个展区，展示当时中国人民生存的状态，然后介绍一下欧洲工业革命，从而介绍发生中国近代史的背景。接下来是从缝隙中观看里面的场景，从这些事件中引出当时的一些湖南义士，改变视角高度体现人们受屈辱和当时想得到的生活向往。一开始设计 800 ~ 1200 个影像空间，让观众观看，形成一种屈辱感，之后象征一种希望。最后展厅介绍革命中牺牲的人物，到达二层，延续一层不规则分布，从楼梯到二层后，二层主要分布为办公区和参观区，主要展陈内容结束的时间点为中华人民共和国成立的 1949 年。从楼梯上来，通过一个通道，寓意黎明到来前的黑暗。最后介绍中华民国成立以后作出最重要贡献的人物。这是屋顶平面，保持原有建筑的顶部造型，分办公区和参观区。屋顶主要是每个小房子代表一个辛亥人物，最后纪念馆场设置一个燃烧的火焰，寓意革命精神不熄。谢谢！

石赟老师：

你做得蛮好，原来以为你的转折三角形是为做转折而转折，其实转折里做了一些场景，觉得蛮巧妙的，整个讲的过程也蛮系统蛮好，但是不够丰满。其他人讲得太多，转弯太多，你一点没转弯，没有形容词，不够感染力，可以丰满一点，可以表现出更漂亮的图纸和情绪、语言组合更好，最后有点流于俗套。生生不息的火已经太多了。

秦岳明老师：

一个流线要重新组织一下，中间要让别人喘气，要有休息的地方。适当的地方要让人回头，另外一上来一个楼梯，按人的正常习惯走下去了，这块要流畅一点。这块细节推敲，要让别人有休息和回头的地方。

颜政老师：这一个地方，让客人感觉到屈辱和重生，在有一个地方让人蹲下来看，然后抬头看，怎么思考的？

张骏同学：这个地方希望通过一个意向使参观者感受当时人的希望。

颜政老师：是说视线上，不是高度上。

张骏同学：是立面的视线。

刘畅同学（中央美术学院建筑学院）：

我做的选题是亚龙湾产权式酒店设计。产权式酒店定义，项目定位。区位分析，项目距离三亚市区 28km，可建设用地面积 46hm^2。设定区域位置 40 分钟到机场火车站、汽车站等。交通便利，位置极佳。设计定位，这些是与我们设计相同的酒店。设计作为一个 V 形处理，让地形南高北低，别墅区域也有一定抬升。接下来会继续深入，这只是体现空间结构体块关系。这是方案草图，方案平面图。功能区域划分将客房和大堂安排在比较高层的建筑中，配套娱乐、商业空间等，组成线性的建筑轴线。水景轴线在地块 3 之内，位于沙滩的滨海轴线相互呼应。度假休闲分两部分，一个部分是沿沙滩的度假休闲区域，还有建筑功能服务的度假休闲区域。人流比较密集的地方，如酒店大堂，一些娱乐设施。别墅区域安排在离沙滩近点的地方。设计意向这些都是想之后深入下去达到一种效果，线性景观轴线。景观效果意向图，公共服务空间，最后做出来的整体效果，景观节点。谢谢大家！

骆丹老师：

感觉你整个设计思路定位还不是特别清晰，按照中期的时间来讲应该是酒店，这个景观是一个思路体系，听了找不到点，包括景观主题和表现形式甚至和酒店的关系，这块是比较弱的体系，包括景观的分析、三亚的整体脉络，整体从一系列的体系还是要加强，整体现在比较弱，可能后期要加强，包括景观感觉、思路和体系，包括和酒店的关系，因为酒店景观不一样，目前来说是一些照片，商业景观和酒店的不太符合那种体系，可以考察酒店，景观是为酒店服务的。特别做的是产权式酒店，新的景观还是点没有找到，下面把点和主题和酒店的感觉细致的工作要做，目前做得弱一点，下一步工作量蛮大。

吴健伟老师：

我感觉这个学生目前做的其实是一个规划，地产商肯定很喜欢，容积率很高，整体感觉还不错，选择这个题目的勇气要赞成，有很多男生做一个小空间，女生做这么大一块，在一个专业设计院至少要做一年，真的不容易。至于刚才讲的流线型包括一些定位环境，朝这个方向走没有问题，按度假休闲思路往下走，这个担子太重。

秦岳明老师：

规划有一个印象，别墅区不管做地产开发还是做酒店，别墅区私密性完全没有，还有沙滩，一般正常处理，这个也可以，一般出去相对集中在一个区域，管理客人私密性，包括服务都会好一点，这个沙滩作为酒店这么多客房的沙滩可能是公共沙滩，噪声是个影响。其他的这种方式是很好的想法，但是现在通过别墅把海隔离开，与海的关系把握，是不是和海的关系再紧密一点。

张月副教授：

剖面地形高层剖面没有，竖向设计没有，和人在空间里，在海边上，比如别墅区高层是什么，在海边潮水涨落在什么位置，别墅区后面那些活动区域，和地形有关系，这个要做出来一眼可以看出来，后面区域和海滩的关系，别墅区和海岸线的关系，很明显地看出来，现在没做看不出来，做景观设计一定要做，我不知道为什么都不做，这很重要。人站在地面上视线和控制有关系。

绪杏玲同学（苏州大学金螳螂建筑与城市环境学院）：

我做的是武汉餐饮会所设计，首先是定量配置，有规划景观和建筑一草，室内平面布置，上次讲设计要关注和自然沟通。这个信息挺重要的，我去了解了很多，比如服务员迎接客人说哪几句话，点菜什么流程，什么菜上来几分钟送到这种信息，得出我的各项数据，有必要念一下。这里解释一下上次的悬念，滟滪是一个石头的名字，隐语这个地方平和。不用很多心思，要最简单的状态，我用单纯的形态、色彩表现。建筑状态是意向图的样子，立面是旁边的图。建筑需要用很细的柱子支撑，旁边是效果。这是总平面，这是客人流线，从这边的停车场到前厅，通过湖面到茶室和前厅。这是后勤流线。从厅开始已经在湖面区域，湖水深度 0.8m，人的视线达底，人和水是很亲切的状态。客人行驶路线 62s 左右，整个过程给人心理满足的状态。红色从室外到室内入口，这块是西餐区，这边是中餐区。我很想做会发生故事的场所，不一定多华丽、多完美，只要能对人是特别的就可以了。建筑外面有贴着水的平台，有走在水上的感觉。厨房这边是对货物进行加工的场所，有员工的一些情况。

张月副教授：

我感觉像她的题目真的有点惊艳的感觉，我看了一天，可能大家思路都是在做，很多人在自己的概念里加各种东西，生怕自己没有想法，生怕想象力不够，用各种东西做加法，她最让我感觉四两拨千斤，最简单方法做出来很有想象的，即几个简单的方盒子，我觉得是非常好的方案。当然这个也需要下一步的细节，越是简单的东西越需要在细节里推敲得更仔细，这种东西做好了很难，概念没问题，概念非常好，怎么到最后的细节方面，把最简单的方法贯穿始终，而且做得让人看着非常惊艳，这点非常难能可贵。唯一一点，厨房和就餐区这么远，功能里面菜传过来，中间有多远。菜从厨房过来的话，有一些菜吃刚出锅的，保证火候，有正常距离过来有点问题。除非将来这个餐厅设计的菜和这个地方有关系，一般的菜要厨房就近，保证菜的温度和菜刚出锅的品质。其他的都挺好。

秦岳明老师：

好的不说，你的餐厅尺度，用很纯的手法做，1000 多平方米的尺度很大，怎么化解这个问题，要认真推敲，包括前厅、茶室的关系。按你的平面是很大的尺度，具体后期怎么样处理要推敲。

王铁教授：

这位女同学讲得非常好，实际上你如何把抽象思维变成形象思维转化过程，前期都不错，看能不能画出来最重要，如果表达不出来就麻烦了，因为从二维和文字的空间过渡到形象空间，不是一个简单的形容问题，因为有人的因素在里面，人的大比例和对空间的认知，以及在什么状态下能够滟滪很重要，形象空间就是需要情调情节最重要。下面就是注意到如何去再现出来，形容像文字一样用立体空间表达，这个很重要。

骆丹老师：

许仙遇到白娘子这个感觉，有个问题，许仙遇到白娘子，有几点没明白，下雨怎么办？我的客人从这里到这里，送餐时下雨怎么办。

绪杏玲同学：

我没有想，我想撑着伞，您不觉得很浪漫吗。

骆丹老师：

要把这个问题解决，送餐怎么运过来的，冬天怎么保证这部分，浪漫这种东西中期之后出现的问题要解决，落实完。

吴健伟老师：

这个女生很快乐，我觉得你的精神生活很充实，很好，主题运用很好，是不是选择三块完美，因为你整个小区的地势地形，包括人流走向是曲径通幽的，餐厅主楼做的外形，再谈一下平面。包间大小太一样太平均，包间大小要拉开距离，有的很大，有的两边整体，可能有一间 20 多人的包间，因为包间大小不一样，通道走廊变曲折一点，形象跟着也变化了。

彭军教授：

一天大家非常辛苦，大家收获很大，老师收获的是辛苦，革命没成功，还得做最后努力。本科生的中期汇审结束了，下面开始研究生的报道阶段。

孙鸣飞同学（中央美术学院建筑学院）：

选题背景 798 艺术区是一个工业的建筑，798 艺术区建 718 联合厂改造的空间，798 目前面临建筑超过使用年限，很多建筑成为危房，我的研究主题是在建筑现状下，如何将与公共相配套的公共空间环境景观和公共设施进行表现。选题意义，通过对 798 的调研和分析，对 798 的原始空间经过抽象演变，研究内在规律，通过对原有公共空间的研究和信息获取，根据空间演变特征对比现状之后进行进一步研究。主要研究区域是 798 核心区域，就是 798 厂以

孙鸣飞同学汇报论文

北的区域，这个地块内，有几个重要的公共空间节点和街道。这是几个主要的大型的集散空间，我的研究内容涉及这几个空间节点和街道和设施。这是整个区域的一个外延状况，这是 798 南向，北街的北向的线，这是南北路东向、西向，整个线的使用状况基本上是 7 ～ 8m 的情况，天际线各个区域会有一些区别。研究方法用文本读取，最后经过整理分析提出自己的一些观点。这是论文提纲。提一个问题，还有一个研究背景，最后提出相关概念，研究主要内容和方法，进一步介绍 798 的历史和之前的一些相关调研研究，最后说一下整体状况。第三部分是我对公共空间改造的探索，根据现状进行分析和整理，最后分两点，以公共空间结构优化和以人为本服务策略进行两方面研究。之后用世界其他工业区改造案例，对比 798 空间，第五部分在 798 区域内在公共环境下进行一些完善性的研究，最后提出关于对城市空间的工业区空间优化改造的建议和构想。最后得出自己的结论。这是我的参考文献。

骆丹老师：

第一点这么多人，6 点钟左右，级别不一样，从语言表达和张力，这种情况下，应该在这种情况下要调整一下感觉，因为级别和本科生不一样，语言张力要调整，包括研究主题这块，实际我们听着，不管哪块，至少语言这块要继续加强。第二块排版，你自己看不清楚的，你自己在电脑上看不清楚，你给我们看平面排版，你自己都看不清，这是很重要的。你必须调整语言张力，去研究。

张月副教授：

研究生的研究骆丹老师说得很对，应该和本科生有区别，现在觉得本身一个研究的课题，你研究完了以后提供一些什么东西，我有点疑问，比如就现在的区域来讲，研究提供了一定的指导，改造方式有哪些，这从使用者来讲，不是整个统一改造是分区一点一点地改，宏观指导的东西到底什么方式改，好像指导本身不太现实，别人不太听。我提出这些想法，觉得你的研究，当然现在是开题阶段这也理解，至少有一点要清楚，研究结果一定要给什么人提供一些什么。最终研究课题的服务对象是谁要有清晰思路，现在这个不清楚的话有点麻烦。

王钧同学（天津美术学院设计艺术学院）：

各位老师辛苦了。我论文的题目是行景相映，选题背景，由于设计在我们的生活中处于常态趋势，设计施工是景观占的空间规模，呈现出递增趋势，我们付出很多，人们是否愿意参与，得到不是很理想的被人用的目的性，景观的设计和人的参与性是值得探讨和研究的话题。我们处于一个时间段，设计的发展期，这个发展期属于设计上升期，这个发展阶段我个人认为不成熟，因为处于上升阶段，各种照抄照搬的现象普遍，我将新锐设计作为设计的切入点，我选用图片人们参与景观中，通过视觉让人真正参与，一种是精神参与，一种是真正参与。非常优雅，非常休闲的环境让人融到环境中，使人们身心得到放松。一种精神上的愉悦和视觉刺激让我们眼前一亮，满足体验式的感觉，有一种满足感，这也是一种参与。通过视觉形象研究和探讨形成规律性或者所谓的探讨性的方法，设计提出建设性的建议，不断地完善和丰富我们的景观，同时也让我们的设计手法能够满足人们对于新鲜感的追求。研究目的、意义我个人认为，设计可以是一种唱响，更多的是解决问题，真正解决问题是设计存在的一种意义所在，为人们解决问题。设计要想通过一种相应思路让人们解读，通过新锐的设计影响人的行为方式。这组图片是通过我们从装饰性手法以及人们能够参与互动整个场景的手法，还有构筑物对人的视觉冲击，使人们参与我们的景观，追求创新性、参与性，提出规律和意见。也许我们看待一种设计，实际时间发展越成熟，我们对于景观设计形成模式化，我们要打破规律，打破模式，不要认为景观就这样，满足人们对于新鲜感的追求。论文方向，通过一种艺术表现形式影响人的方式，让人们参与景观中，达到景观和人互动的目的。论文方向包括三个要素，第一个是通过形式规律的探索引导人们参与景观设计中，第二个是我们的景观必然要存在一定的空间范围，空间范围之间的影响是我们探讨研究的内容，第三个是存在必须有一定的功能性，有功能性才能满足人的具体需要，这功能性是我们设计需要解决的问题，所以我的论文有三个要点，形式、空间和功能。

引用一个例子，图片中做一些东西让景观不一样，一个是商业街的设计，第二个是用啤酒作为一个雕塑，其实是说不要饮酒，用啤酒作为切入点，第三个是视觉感官刺激人的行为，景观形象和使用通过体验展开，满足人们对审美的愉悦感。这里我更重点提出一点，视觉对于人的作用，用一些图片来丰满我的论文要点，通过视觉切入整个文章当中。主要研究内容，第一是景观设计中的形态以及形态视觉关系，第二是人们的参与性和景观联系方式。我的创新点是方法性探讨，第一是让视觉和人的行为联系，第二是应用型，使理论和实际案例结合，第三是独特性，用一种视觉切入景观设计中。这是一组比利时的设计师对于商业街的设计，采用女性佩戴的一些佩饰，作为设计切入点切入，让人感觉很有意思，拉进人和人之间的距离。这样的一个对比或者一个点的放大和缩小，让人感觉这个东西离我们很近，在我们身边，给我们惊奇的感觉。下面是论文提纲，第一章背景方法，第二章景观设计视觉化形态，第三章景观设计参与性，第四章形态视觉化和参与性相互作用，第五章结论和感想。后面几张图片论证我的论点，举一些例子，人们参与视觉中。我的论文有三个关键点，视觉、形态和视觉关系，这两个东西和参与之间的关系，相互影响和协调。这是时间安排和阅读书目。

张月副教授：

有点问题，这个设计，前面有几个基本概念，刚才说一个视觉、一个形态、一个参与，但是中间描述过程中，包括举的例子，对几个概念，给我的感觉不清楚，比如到底是视觉还是视觉化形态，还是形态，不是一个意思。因为形态不光是视觉还有其他的感觉，比如听觉、触觉，包括行动速度、距离和形态也有关系，视觉化形态是和视觉有关的，如果说视觉点形态和视觉化形态有点咬文嚼字，没有办法，视觉点形态和视觉化形态不一样，我觉得你现在给我的感觉，包括举的例子，有一些小孩玩儿童游戏的意思，不是视觉的东西，是行为的东西。还一个概念是参与，参与怎么样界定，论文里应该本身有一个界定，参与界定是什么，只要和人参考互动就是参与，比如眼睛看见算不算参与，还是一定行为发生互动才是参与，两个不一样，视觉看才叫参与的话，满大街都是。这个太泛化，我的理解和参与应该是行为，和景观本身，人的行为动作在景观里有意义。这点和视觉化本身怎么衔接，这是在刚开始的讨论，我有想，我发现有点问题，后面讨论不把这些先界定清楚，会发现你自己把自己弄乱了，开题先把这几个事，外延内涵是什么界定清楚，不弄清楚越来越乱。

颜政老师：

我有一个小建议，这个同学的议题挺有意义的，你这个 PPT 是给别人看的，要让别人听懂，很快理解，最好把图片，将景观渗透和参与，为什么 PPT 不能做到图文并茂，让人们不知不觉像看小画书，这样东西会更生动。

王铁教授：

回到目录上，刚才包括我的学生也存在这个问题，现在普遍在美术类院校里第一伤害学生的就是文字，因为大家从小对画有一些理解，因为是考美术学院考来的，但对于文字需要构架，这个很多人不明白，从小翻书，最后不一定知道怎么写，现在不得不写，如何在大脑中构建文字空间的立体思维最重要，前面张老师说了不重复，最关键有几个界定，还有几个在界定里要解释清楚再往下走。刚才这里说研究方法，选题意义和研究方法非常重要，选完题，将来是干什么用，你能对哪种人群有用，再采取什么方法。都没有锁定人群就没有办法研究，包括视觉，我们统称景观中的视觉形态，景观中的视觉形态受到界定，什么是景观，我们看到的景观一般是近元，天地线三层，再一个，视域就是范围，不仅仅是竖向，还有横向，文字先把这些锁定，针对特定场所和环境写就可以了，否则写不完，我们这次研究生参与是写 3000 字左右的小论文完事，你在每一个部分不能落项，由于文字长短是次要的，但是没落掉项目，大家一看逻辑思维很好，论文主要是逻辑思维框架，每个点不能少东西，叙述深浅可以掌握。你的论文成果根本没有期待什么，我的学生能期待有什么成果，肯定是没用的成果。给谁用，找不找，但是我们让你学习论文写作方法，这个最重要，拼命想塑造，但是方法逻辑概念对，再一个行文要流畅，谁委托写没有，我小孙子写论文 798，我把 798 说完他没兴趣写，我说为什么写这儿，说离学校近。就给你们练学写作框架，我们有良好心态，你们要有好的心态。最简单地把这个事完成，哄你们玩，研究生和本科生不一样。听了两个了，几乎没区别，本科生有障眼法，我的学生说完了最后不知道说什么，研究生不能这样，一定要清晰地说清楚要干什么、做什么就行了。真指着老师等着论文下锅，从你这振兴老师的精神生活，学术生活未来不成，就是研究方法。

王钧同学：

我这么认为的，我们在研究生阶段写的东西是对以前文字的梳理和整理，我们现在学的知识提出来一些东西不完善、不成熟，只是对前辈的理论和方法，在他们的基础上写一个资料整理。

王铁教授：

那叫读书笔记。那是论文吗，不可能。要弄清楚你自己的思想，前人做综合文件检索的时候，人类有以往的研究成果，得承认，他们研究的理论里哪个薄弱，找到那部分接着研究，不能把过去的资料统一弄，那是资料员的工作。

闵淇同学（苏州大学金螳螂建筑与城市环境学院）：

各位老师、同学，大家下午好，我的题目是中国古建模件体系在现在设计中的研究，首先是选题背景，这是苏州古城区的分布图，在这样小的区域有 100 多处老厂房，占整个古城区 1/2 的面积，这是现状图，这只是闲置老厂房的状况，加上其他的闲置资源，占古城区 1/2 的比例，所以这边提出一种社会的矛盾，中国土地资源严重匮乏和社会资源浪费产生的矛盾待解决，我们如何解决这个问题，有一个小分析图，最左边这块是我们设想的共产主义社会，每个人一个座位，大家平均分布，和谐的状态，现实社会中出现很多这样的闲置座位，一些人只能站在旁边等座位，我们怎么样利用这样的资源，一个方法比如说同样一个闲置座位可以让 N 个人坐。另一个是一个人一个座位，有 N 个座位满足不同需求，提出 N 乘 N，这样最优化利用这个资源。产生临时建筑这个东西，最大限度地有效利用资源，并且做到保护历史建筑，变化可移动快速适应社会发展，在目前我国的建筑行业没有形成完整的行业概念，属于刚起步阶段，但是有着广阔前景。现在谈临时建设的发展状况，目前大量临时建筑出现了品质低、廉价的特色，符合中国发展的设计思想、设计手法的理论指导很重要。论题阐述，中国古建模件体系，谈到模建体系，谈到特征和意义，第一个是模件独立性，用于现代临时建筑各部件可以拆开编号，模件重复性，决定模件体系功能高效性，模件置换性，增加模件体系灵活性和修复更新可能性。模件预制性，模件组合性。

闵淇同学汇报论文

当现代临时建筑遇上中国古建模件体系时是什么样的状况。我到工厂里发现一个流程，第一个可以看到可能我们看不懂，是工厂自己的体系。这边是通过这样的部件工人制作出模件，进行编号，再搬运到现场进行组装，这样的过程具有反复可逆性。古建的模件的梁柱结构，下面几个特点，坚固性，环保。对于临时建筑子项，分别每个子项用进功能。

研究意义，对于古建模件体系现在实践意义深远，不仅牵扯技术问题，更多牵扯设计和使用中国模件的观念问题。研究目标与内容，通过调查对论文研究的必要性和可行性进行分析，对实地调查归纳分析作用和营造手法，第三是设计思考，如何将这些思想应用到现代临时建筑中，最后和实际案例联系起来。研究方法采用文献研究调查法、案例研究法，这是研究框架，首先从社会现象提出这样的问题，推出研究内容，产生的意义是为了解决这些问题，而且应该说做到承担作为设计师的社会责任，研究内容上主体部分分开阐述体系。

刘伟教授：

我提一个问题，开始的概念是闲置厂房，闲置的建筑空间占很大比例，第二个临建要有一个临时建筑概念，第三是古建的模件，把三个之间的必然联系说得清楚一些，我现在感觉是三个独立体系，将它们之间的必然联系阐述一下。

闵淇同学：

首先是这样的社会现象，很多闲置资源，但是我们却没有好好利用，我之前提出用这样一个临时空间，能起到比如说像空的座位有很多闲置资源，拿来用，老厂房临时建筑，坐在中间，临时建筑有临时性和灵活性，根据不同需求，这次老厂房做什么展示，临时建筑展示功能，下一次比如像胶囊有人入住的很多功能，而且人的流动性很大，最大地优化资源。临时建筑是为了解决这样的问题，但是临时建筑在现在中国的发展存在着很多现状，不太理想的地方，比如说我们想到最多的可能是买房，因为临时建筑使用周期比较短，临时建筑是一个建筑设计和产品设计的结合，在现在的中国的现状下是不够完善，对于回收利用或者是再利用之类没有做到很好，我在这当中发现了古建模件体系，有一些很相似的地方，临时建筑现在欠缺的，古建体系能够用这些思想指导做好，这三者串联起来。

王铁教授：

这位同学用了自己的智慧把这点事说清楚，不能看见一堆房子就想改造，谁让你改造。有没有委托课题，产权是谁的，自己的想法能不能做到，这是最重要的。我们国家这种类型的地方多，框架没有问题，里面的核心是研究价值，第一张片子一看是苏州民国末年留下的各种房子，中国叫做实业救国，大批在苏州，有很多实业家在苏州，确实有很多优秀人物办学，苏州大学前身是这么一个人物办起来的。但是我们刚才看到的东西和古建筑没有关系，非拿这个东西套上面，还有一个问题，如今是一个低碳时代，大量森林建那种东西还是临时的，临时多少年都有问题，谁委托的有这个可以研究，这是他的产权，拥有 40 年，用什么方式激活才能创造价值。最重要的是干什么，研究的东西太多。前面我自己的学生说 798，我跟他一说牵强往前走，根本没有用。要不老的拆光，要不恢复到时代感觉，一看危房，不让拆，寿命到了，还套别的东西有意义吗，怎么解决这个问题，在这个基础上套是重建，给谁用，有企业委托有文化公司让做吗，有没有可行性，我自己写着玩，框架合理的是另外的事，但是没有任何意义。

张月副教授：

我问两个具体问题，选题问题，一个是重要的一个思想模件，模件这个词哪儿来的？

闵淇同学：最初是一本书《万物》中提出来的。

张月副教授：

《万物》中提模件，有什么特别的界定。现在一般讲到这种，你说的事大家明白说的是什么，大家一般讲这个问题要不是魔术，要不是模块，你为什么用模件。

闵淇同学：其实差不多是一个东西，当时提出来的时候，因为他是一个德国人。

张月副教授：

你理解上和模块和魔术有什么区别，现在很多人用词，说一个别人没听过的，或者别人听不懂的，没有褒贬的意思，其实这个东西可能大家都在说，有一个很通俗的词汇大家一说就明白，为什么单独拿一个词和以往不一样的，原因是什么？

闵淇同学：

因为这里模件提出来的是一个中国传统的一个模件体系，和一般的魔术有点区别，比如在中国传统模件体系里好比拿中国文字来说，比如一个偏旁或者一个什么，偏旁有自己的单独性，每一个组合的不一样，得出来的结果也不一样，而且是有一种特定的组合。

张月副教授：

你的论文的事，魔术、模块都可以说清楚，用模件是因为当初翻译的时候，是非专业人员，不知道有模块这个词，所以自己想一个词，我有这种感觉，我刚才听你说为什么用模件这个词，套冯小刚的话，有话好好说，不是批评你，明明能用常用的词，为什么用别扭的词，没有必要，你说模块都能明白。这只是我的意见，看到这个词有想法。还有一个问题，重要的概念，中国传统的模件化体系和临时建筑对接，临时建筑，我的理解是变化频率很快，比如奥运会、世博会一两个月拆掉，拆的频率很快，中国传统建筑虽然结构可拆装，但是榫卯结构不是为了频繁拆装，真的拆装这个楼拆两次东西没法用，你是用中国传统的魔术话体系还是用真的构件，这个不一样。

闵淇同学：

我只是从里面提的设计手法和思想，不是生硬地拿来做临时建筑。

张月副教授：

如果提中国传统建筑的法国意义，模式不是中国独有的。你说任何词、任何概念的时候不要随便加减，因为模式化前面加了中国，一定是中国的，和别人的不同。为什么产生这个歧义，中国传统模式就是这种建筑，变了不是，临时建筑用这个说没有办法做，拆两次完蛋了。和你想的用途对不上。前面没有看到，看后面有问题。

秦岳明老师：

你说的苏州的临建厂房和模件没有辩证关系。刚才说的议题，可以从另外方面着手，为什么要模件。和厂房没有关系，我建议可以把前面去掉，从另外的角度分析模件的可行性，为什么做模件。甚至包括老师说的模件，也可以从另外角度，模块化的点，要把出处说进去，为什么用这个。从德文翻译过来的，模式可以用模块。

杨晓同学（中央美术学院建筑学院）：

各位老师、同学，大家下午好。我是来自中央美术学院的，我的论文题目是开放建筑的开放城市空间，8个部分。选题背景，主要基于城市化运作带来的影响、城市的公共空间缺失现象。研究目的与意义，三里屯位于北京东二、三环间，具有重要的经济战略地位。下面阐述题目由来，三里屯 village 南区的总平面设计，力图实现一个开放的、可渗透的城市空间。现场照片，整体气氛非常活跃。

张月副教授：

论文研究目的是想总结一些规律性的东西，我总觉得研究方法用三里屯的一个项目总结一个规律相当于以一个点的东西研究一个面的东西，研究方法有问题，研究对象应该多一些，就算写论文不是真的研究，就是走过程，但是方法应该对，结果是不是可以作为参考依据，至少要有三四个，哪怕北京没有，出钱买票去广州、上海，找几个有典型性的类似这样的空间，多找几个再总结规律比较让人信服，一个点做一个面不用写了，本身立不住。

杨晓同学：

我明白，我以前写文章，写特别大，经常感觉这个有东西往里放，想先从一个点入手，把确定的点找出来再丰富。

张月副教授：

一个点的东西有偶然性，没有广泛性，容易产生一个错误。

刘伟教授：

杨晓研究出来的结果不一定能够放大，因为张月老师讲的可能不能够以一个商业街区这样的形态的东西研究结果，这种方法没有代表性，从完全论文角度可以，把关系搞清。再下结论不能这么武断。

王铁教授：

我自己的学生，张月是诱导出去了，杨晓一说只能就三里屯商业空间里研究其优劣，和外面没有关系，张导一导就导出去了。

秦岳明老师：

题目缩小一点，只是三里屯研究公共空间影响，不管公共空间怎么做，只是说三里屯这种案例推导出来，手法改变对公共空间产生什么影响。

主　题：2012“四校四导师”环艺专业毕业设计实验教学中期汇报
时　间：2012 年 4 月 1 日 9：00
地　点：天津美术学院南院 B 楼首层报告厅
主持人：天津美术学院设计艺术学院副院长彭军教授

彭军教授：

同学们好，昨天大家都非常辛苦，由于时间的关系，30 位本科同学和 4 位研究生完成了汇报，那么，今天的日程安排首先是余下的 5 位研究生进行各自的论文汇报，其次是几位实践导师为大家作学术上的讲座。下面由天津美术学院的吴旭同学作他的论文开题报告。

邬旭同学：

各位导师，各位同学，大家早上好。我是来自天津美术学院的 2010 级景观研究生邬旭。我给大家带来的题目是：关于后工业时代创意园景观再生研究。

邬旭同学汇报论文

著名的北欧大师阿尔瓦·阿尔托曾经说过：建筑是一种生命形态。根据我在大学四年的学习，我认为景观也是一种生命形态，而设计景观也是创造生命的一种过程，而当两种生命、两种景观碰撞到一起的时候，我们作为景观设计师，一个主要的使命就是能够让这两种生命在一种共生、和谐的氛围当中得到发展。

在我的研究课题中，我首先把几个概念进行一下阐述。首先是“后工业时代”。后工业时代最早是由丹尼尔·贝尔提出的。主要是从社会结构的角度，论述了后工业社会是一个从物质和精神两方面来理解的宏观而广义的社会学范畴。一方面后工业以高新技术为技术支撑，另一方面，后工业时代是一种生态文明，以和谐社会为理念支撑。在这里，我们今天理解为一种相对狭义的艺术设计范畴，即在可持续发展的背景下对旧工业遗址的记忆再现，尊重历史，尊重场所。通过拼贴、创造、空间的二次利用的多重美学观点和设计风格来进行设计。

另外的一个概念，就是“创意产业园”。它也叫创新型的产业。指的是那些依靠个人创造力、技能、天分来获取产业动力，通过知识产权来开发和创造潜在的机会的一种活动。创意产业园的主要功能是创业产业的一个基地园区。在我国，后工业时代，是从 20 世纪 80 年代到来的，因为在我国 20 世纪五六十年代是工业辉煌时期，但是进入 20 世纪 80 年代以来呢，随着我国的高新技术的产业重新引用，以及产业更新换代升级，使得我国工业化的辉煌开始过去，也就是说后工业化的时代开始到来。而另一方面，创意产业在 20 世纪 90 年代初的时候，在英国最早形成，然后波及全世界。就是说依靠这种先进的思维理念和思想，来创造生产价值。因此，在我国，这两种生产创意相结合是非常有价值的。但是这两种创意产业园景观之间，有着巨大的差异。工业景观的特性是：①概念明确，而且具有强烈的功能主义特征；②在规划设计形式上，提倡非装饰性的简单几何造型。而创意景观产业园的特征则表现为：①其概念是模糊的，具有强烈的表现主义；②在规划形式上提倡装饰性的多重几何造型；具体的便是现在其建筑的规划基本上都是由非几何形体构成的，另外，采用大量的高新技术的特征，景观规划的风格不拘一格；③采用个性化的构件来体现，同时突显设计家自身的艺术品位，所以，其装饰性的数量是很多的。

综上所述，即我论文的选题背景。总结一下就是，我国社会经济不断向前发展的过程中，作为我国支柱产业的工业产业即将退出历史舞台的同时，闲置下来的大量土地和闲置多年的区域，多年的侵袭和工业产业产生的影响，多半已经破烂不堪，与周围的环境格格不入。以致带来大量的环境问题和社会问题。这些问题急需要重新定位和布局。而另一方面，创意产业的兴起，也使得我们在这个时刻，通过降低利用成本，促进人才交流，创造各种创新来突进创意产业的实质性的发展。而创意产业园行业的特色以及对急剧性的要求，也使得创意产业园的要求呼之欲出。所以，这两方面。一方面是闲置的土地，急需要重新规划和创新设计；另一方面，创意产业对场地的需求使得两者一拍即合。那么如何有效地协调两者的关系，就是本次论文写作的一个重点。

论文创新点的研究：通过研究，后工业时代创意产业园景观再生的意义，不仅体现在对新型产业园设计理念的研究，也体现在时代前进的同时，对历史的传承和包容性。如何使设计的创意产业园区不仅满足新的功能的需求，同时也能延续工业时代的艺术性，是一项非常有挑战性的工作，同时以它的成功带来巨大的经济和社会效益。为了解决这些疑问，同时给未来的同行抛砖引玉，我将从创意产业园景观设计理念入手，通过考察，提出个人见解，总结一些个人规律，虽然这些无法为后工业产业景观再生作出太大贡献，但是对于个人该方面的设计理念，将会有进一步的启发。

接下来是论文的一些研究价值：①改变了创业产业园无创意，缺乏特色和创新的现状；②通过原有的工业产业园区及其自身景观的创作风格的结合，避免设计风格上的杂乱和突兀，做到创意性与包容性的天然融合；③在景观设计方面，追求功能与形式的统一，避免形式大于功能；④伴随时代前进，总结设计手法和规律，创造新型的设计理念和形式。

论文主要的创新点研究主要体现怎样将原有工业产业景观特色融入到创意产业园的景观设计当中，做到设计上的水乳交融，意识与现实的传承与和谐；其次是完成天人合一的自然生态指导景观设计；再次是在时间、空间、理性、感性等多方面对设计进行理解和分析；最后，在形式、概念、思想上进行对比和融合。

接下来是我论文的大纲。第一章：绪论。简单地阐述课题的研究背景，课题的目的、意义，以及课题研究的内容和方法。第二章是就后工业时代创意产业园景观再生的相关概念的论述，分别对后工业时代、后工业产业园和景观再生这三个概念进行解释和论述。第三章是对后工业产业园的景观再生进行论述。将分析其影响因素、基本原则以及再生的目标。第四章就后工业产业园、后工业时代创意产业景观再生的设计思路进行论述。一共分为了五点：分别是天然合一的生态理念、历史文脉的延续与传承、多定义的空间功能、创意与艺术的载体，以及城市和时代的发展与融合。第五章是后工业时代创意产业园以及后工业时代景观再生的一些设计手法。在这方面会通过一个具体的实例来具体分析。第六章是结语与展望。（附一张框架分析图）

接下来是我的时间安排，参考书目。谢谢大家的观看，请导师们指导。

王铁教授：

刚才和刘老师切磋了一下看法。这个同学前面都没问题，在工业遗存建筑里，如何激活成为新的使用内容，首先要解决的不是生产线，不是原来生产的流水线这方面，而是遗留下来的关于那个时代的回忆。要使用很多方面，要大刀阔斧地改，不能将就。比如央美附近的 798，冬天采暖不行；建筑几乎也都是危房；物业也不行，几乎没有物业；没有形象。所以，我们如何解决这方面，怎么去提升？另外，像 798 产生的年代是中国的设计师、画家们刚刚意识到在外面有工作室的时候，迎来了这个机会，翻来覆去政府才承认。实际上没有意义。那些景观都是所谓的填充式的、临时性的，而且所用到的都是简单便宜的材料。

邬旭同学（天津美术学院设计艺术学院）：

我主要想解决的问题，就是说因为现在有好多工业园区，政府对这种东西支持建设的比较多，但是好多这种现状是一种开发商思路或者是一种政府大规划的思路，因此他在做一些规划和设计的时候，它不考虑原有的东西，完全为了创造一个产业园区而去创建了一个工业园区。

王铁教授：

不是，这方面你不太了解，就像我参与规划的 751 园区。它是工厂往外迁移到郊区，但留下了一片土地，由于企业产权各个方面，这片区域不可能卖。那么这块区域能用来干什么呢？只有留着！都是企业的人，把事做成了之后，政府会给予其一定的扶持。这种事例在北京西部多了去了。但是却发展不起来，就是说在某一个城市就是一个点，不可能被有效地激活。上海基本也是如此。所以，如何定义后工业时代？以及如何解释由前工业时代产生后工业时代？这是很重要的一个问题。

王铁教授现场指导

邬旭同学：

我认为，后工业时代基本上指的是第二产业，多是以生产为主的。而第三产业就是以服务业为主。当中国的服务产业超过制造业的时候，我觉得就是我国的后工业时代了。

王铁教授：

照你这样解释，我们来探讨下，如果再往下发展，那么将来的时代会定义为什么时代？这个是很重要的一点。我们不能说我们就着眼于今天，着眼于当下，而放着明天不管，不考虑。并不是这么简单的。否则发展到下一个层面我们就没办法去定义了，叫超越工业时代？不可能。这位同学提到的这部分，从工业整个分段是有人提出过这方面的理论，但实际上却是站不住脚的，最后把服务业也归纳进来，这种说法是不可能、不成熟的。比如，我们知道军队里的专业术语现在有叫冷兵器时代或是热兵器时代，这个大家一听字面意思就能理解。但是工业时代我们就不能简简单单地称呼为前工业时代和后工业时代，关于这点，要有一个很好的探讨。

张月副教授：

我关注到的问题和王铁老师所关注的大致上是一个问题，但却是不同的角度。我认为这篇论文最好别写后工业时代。原因在于，我认为，中国实际上没到后工业时代，中国现在在世界上有一个叫法，被称作“制造大国”。中国的产业核心是制造业，不是后工业。我们不像美国那样，70% ～ 80% 是靠服务业，包括金融、银行，软件设计等没有物质化的产品（比如说微软或者苹果公司），大部分是靠设计出来的。这实实在在的是后工业经济模式。然而，中国现在根本不是这种发展模式。中国则是刚开始工业化，中国之所以出现厂房这种类似西方的再利用、再创造，是很偶然的。中国的动力主要是城市化，即城市发展。我国原来城市规模很小，20 世纪 60、70 年代那时候，片面强调城市规划方面，生活和生态混合在一起，在城中心建工厂。现在考虑到环境问题，开始改善整个城市结构，就被迫把很多厂房，即生产性的东西迁到郊区，这一点和后工业并不是一个概念。

西方的后工业，确实是整个经济结构变了，它把制造业迁到越南、泰国、印度，迁到这些国家，本国并没有制造业。比如说美国，它 70% ～ 80% 为非制造业，原来在国内制造性的产业基地，那些基础设施全空下来了，把新兴的这些非制造业的经济要填充进去，就可以利用资源再创造。因此，它的这个整个模式和我国完全不一样。所以，我觉得你讲的这个工业遗存方面，我们不管它是怎么来的，是不是后工业。就单单从它原来是厂房，是遗留下来的东西。那么我们从怎样去改造它这个角度入手。这个叫工业遗存或者旧厂房，别提后工业这个前提，提这个麻烦了。首先不容易解释，其次，后工业本身和这个也没什么关系，至少在中国来讲，它和后工业没有关系。也容易引起麻烦，不如我们干脆来说些具体的东西。

还有我觉得，你自己写论文写完了，你自己得出什么结论或是什么想法，是不是能对后来的设计师起指导作用，这个不好说。但是我觉得通过写这个文章，你自身至少可以总结一些东西。比如讲这个，讲旧工业遗存改造，比如以 798 为起点，我去看中国这么多年，这么多类似工业遗存改造有什么样的能总结出来的东西，把这个事做了就是成功，中国和国外的，比如这种改造。它的发展模式，包括推动机制有什么不一样的地方。你把这些东西总结出来了，就是一个成果。因为，中国这方面的改造和创新，它可能和国外的不太一样。别人没有做的，你去把它梳理出来，我觉得也是一个成果。针对于后工业时代，国外研究这点已经研究了很长时间，也不乏书籍著作。你泛泛地讲这个东西，感觉写完也没有太大意义，不如做某个东西，这个论文就会有些实际价值。

彭军教授：

感谢各位导师的点评。下面由苏州大学的朱文清同学作报告。

朱文清同学（苏州大学金螳螂建筑与城市环境学院）：

尊敬的各位导师，下午好。我是苏州大学的朱文清。我选择的题目是探寻物理空间与基层空间的平衡点——胶囊空间尺度及空间界面设计研究。

我将从以下几个方面来具体阐述。

朱文清同学汇报论文

首先，研究背景。胶囊旅馆的由来及现状。目前，在中国建造业内，胶囊旅馆吸引了人们的眼球，激起了众多的讨论。真正的胶囊旅馆，源于 20 世纪 80 年代，日本为了解决加班赶不上末班车，以及酒后不能加班的人，临时住宿过夜的一种快节奏旅宿方式。胶囊旅馆的设计理念是将私人空间做到最小化，并把节约出来的有效空间让多人共享，达到旅客与运营者的双赢。由于胶囊旅馆高度节约空间，及其可运营成分，它的设计理念已被众多国家采纳。并设计出各具特色的胶囊单体。同时，国内的胶囊旅馆存在有这样的一些问题。胶囊旅馆，其节约空间的设计理念是值得提倡的，但是它将空间压缩到了极致，违背了人作为高等生物对精神空间的需求。而中国胶囊旅馆的形式是直接采用日本胶囊旅馆的形式。经调研发现不少的问题，并总结如下：①胶囊旅馆的空间尺度，仅能满足人对空间的生理需求，不能满足人心理空间的需求。空间狭小，容易产生压抑感。胶囊的合作，深不到两米，高和宽不到一米。整个盒子五面围合，只有一面作为活动出入口。②空间内部界面设计单调冷漠，不能满足人们的心理和精神需求。胶囊的格局简易，床板单薄，无法满足人内心对于安全的需求，材质运用以及色彩，都是比较生硬而冷漠的。③由于不同地域不同习惯的影响，长方体的造型又似棺材。内部 360° 的白色，这个颜色，在西方是圣洁的含义，但是在中国，却是不吉利的象征。

研究意义：通过探寻满足人们精神需求的，相对最小的空间及空间间距的处理，兼顾经济性与舒适性，使胶囊这一低碳经济和节约资源的设计理念更好地为人服务。同时，胶囊旅馆这个话题，作为一个比较新的话题。对它的相关研究，从设计角度对它进行研究，几乎是没有的。

研究的对象是胶囊单体，整体的空间尺度，空间内部设施、家居尺寸、内部空间界面。

研究的目的：采用胶囊经济，使用节约资源这一设计理念的前提下，适当放大胶囊空间的尺度，满足人们对心理空间的需求，提高舒适度。同时，对空间内部界面进行处理。如利用色彩、线形材质、照明等方面进行设计和调节。一方面，可以使空间在视觉效果上增大；另一方面，使有限的空间设计得更富有人情味，从而缓解小空间给人各方面带来的负面效果。设计中要注意避免风俗习惯中所忌讳的形态、色彩等的出现。

概念内涵：物理空间指的是由物质构成的空间概念。精神空间是指针对人体来讲的，是指满足人的精神需求的空间。因为空间不仅仅是人居住的工具，还是心灵的居所。此处所研究的是建筑整体或局部构件与人，或人熟悉的物体之间的相互关系，人的感受。这里包括两层意思。空间的尺度与相互之间的比例关系；人对空间的视觉感受及空间大小的视觉效果。

研究的内容：利用人体工程学的相关资料，以及胶囊空间的大小对内部的家居及设施的尺寸进行一个研究。查阅相关资料，同时设计实验让志愿者对不同大小的空间进行亲身体验，感受其舒适度，并进行问卷调查。综合分析得出一个较合理的数据以供参考。预计在接下来的时间中进行更加全面具体的分析和深入的思考。

我的研究框架是以胶囊空间尺度为核心，人体尺寸为其提供空间设备尺寸，生理空间尺寸为其提供空间尺寸的最小值，心理空间为其提供空间的最大值。空间界面的处理为其优化整体空间的尺度感。研究方法为查阅相关书籍资料、丈量法、问卷法以及案例分析相结合。这是我的进度安排，谢谢。

张月副教授：

先说最后的工作方法那三个，我觉得丈量法没必要，因为首先第一个问题就是你自己做这个工作做不了，本身这是一个非常严谨的工作，你不是专业人员，自己去量是测量不了的。你自己测量得出的这个数据是不标准的，没有意义的。国家有专门的部门在做这方面的统计测量。我知道是 2009 年做的第二次，好像是 1988 年做的第一次全国的普查，这个上网可以查到，有现成的科学的数据。因此丈量法不用考虑。

还有一点是你的这篇论文整个的研究内容，我觉得有这样的一个问题存在。你在讲述的时候提到了两部分，一个是从物质空间去研究，重点讲的是人体工程学和人体尺度等方面，还有一个是精神层面、心理角度去解析的。我认为胶囊酒店在国外是已经非常成形的东西了，比如说像欧美和日本，胶囊酒店的设计细节，如果单从数值上，它的技术指标已经研究很仔细了。鉴于这个空间已经很简单，你再去研究这些东西，也不太会有更新的东西发现。我觉得你可以从这个角度入手，就是去做一个市场化的调研。比如中国人是怎样评价，怎样看待胶囊酒店的。因为就产品来讲，有些东西欧美人、日本人接受，中国人却不一定接受。这类现象的东西我们在市场经常见到。比如说在欧美，一些比较受欢迎的工业化的产品，在中国却销售不动，举个例子，以前的高尔夫轿车是全世界最畅销的一款汽车，但到了中国市场始终卖不动，为什么？那是因为它产品的理念和中国人不一样，中国人喜欢开大车、喜欢装饰、喜欢座椅是皮的、开窗户的。这种审美外国人就觉得很奇怪，这个和汽车驾驶有什么关系，他们认为汽车是工具、是机械，中国人则认为汽车是房子，那么显然对房子的要求和对机械工具的要求不一样。虽然同样是一个汽车，两个民族的理解不一样，所以我觉得你的论文可以从这个角度去考虑。如果这样去做的话，我觉得对未来的胶囊酒店在中国的发展是有意义的。

王铁教授：

关于胶囊旅馆的发源成长我们就不说了。你讲述的三个案例：日本、俄罗斯、奥地利等。结合你的这篇论文，“如何去构建中国人喜欢的胶囊”这点很重要。至于胶囊酒店的功能就不用多做考虑和研究。因为不论你怎么去探讨，你都跟不上胶囊酒店自身的发展速度。关键的是这个胶囊酒店的理念和形式，中国人能不能接受。虽说这种酒店的形式在日本发展得很好，但是日本人和中国人居住的理念是完全不一样的。我在日本那么多年，日本家里后院是坟地，人鬼合一。中国人则接受不了这种住宅形式。安葬得找专门地方。另外，胶囊酒店的形状，从外形看去就是一个盒子，怎么去看就像口棺材，一个人进去一按电钮一开灯就完事了。

再者从建筑形式上，好几层的布局，那么人怎么上去？如果你要是说传统的胶囊你爬上去，就像你展示的那样——常规性的住宅形式，并非是什么创新呀，高科技等的手法，那么我觉得关于这点就没有什么可以研究的价值。你可以类比飞机的驾驶舱或者是汽车的驾驶舱，甚至是房车。从这个方面去找出中国小面积可移动可组合的小型空间去研究，这个是可以认可的。你纯粹的命题为胶囊，一点创新都没有。我记得上次有同学在济南考查这个胶囊酒店，像中国人是最爱搞普及运动的，如果这个胶囊的形式好，那是马上就会展开来的。最简单的一个道理，就是这个东西研究完了以后，到底有什么用！这个价值就在于这里。如果要是说真接到了一个这样的课题，就可以直接说关于这个理念怎么处理就可以了。考虑下不叫胶囊，改个别的。比如小面积、小空间，或者科学的简单的，人类晚上居住的时候，里面空间一定得满足人正常动作等各个方面，是最简单的这么一个空间。所以关于这点我不知道再怎么去说了，作为一个孩子研究这个东西我觉得是有点难度的。你可以使劲去找新的切入点。至于都已经成形的东西是不用再去研究的。

彭军教授：感谢各位导师的点评。下面由中央美术学院的郭晓娟同学做汇报。

郭晓娟同学（中央美术学院建筑学院）：

各位老师，各位同学大家好。我是来自中央美术学院的郭晓娟。我今天主要是向大家来介绍下我的选题背景、目的以及意义。

首先，我的题目是场所精神与复合空间——北京中心商务区室外公共空间的形式探讨与研究。

接下来介绍下选题的背景：中央商务区，是指国家或者大型城市里主要商业活动聚集的地区，最早产生于1923年的美国，当时的定义是商业汇集之处。随后，CBD的内容不断发展丰富，成为一个城市、一个地区、乃至整个国家的基地发展中枢。在世界上，比较出名的城市有纽约的曼哈顿、伦敦的金融城、香港的中环等。北京作为中国首都，其发展建设的商务中心是首都经济功能发展的必然需要，对于推动北京经济发展、改善北京城市形象、确立北京在经济全球化中的地位，都有着重要的意义。

郭晓娟同学汇报论文

下面我来介绍一下北京经济发展CBD的发展进程：首先1992年提出北京城市规划建设北京商务中心的战略思想；在第二年国务院批准了北京城市总规划；在2000年，北京参与了第一届朝阳国际商务节，在商务节中将CBD这张名片形象像品牌一样推出；在2009年，北京市政府决定将北京CBD规划，并向国际征求方案。

选题目的和意义：经济的腾飞引领城市的飞速发展，城市商务区正是城市的缩影与精华。从过去整齐而单调的写字楼到如今各种商业街、CBD、Shopping Mall的纷纷涌现，城市的蓬勃朝气，繁华，鲜明而生动。中心商务区的室外空间在当下应该更加突显时代个性，这是值得我们思考的问题，是十分有意义的。在景观设计中如何突出商务区商业街的主题性呢？在设计中，又怎样使城市商务区与文明的传承、文化的结合上打造相得益彰的作用呢？我认为在整个设计中要遵循以人为本，以自然为本的原则，实现商务区的标示性、诠释活力与创新等各种设计要求。使景观既与周边环境和谐共生，又使空间立体化、功能多样化以及人性化。推进城市肌理，形成城市中心的文化中心。室外空间则是与周边环境关系的渗透过渡和软着陆，然后才是在最核心的部分产生突变。这样的互动关系使CBD与城市公共组织成充满活力的有机生命体。我想通过对室外公共空间形式的梳理，对今后我在这类的设计有一定的借鉴性，取其精华，去其糟粕。

下面介绍一下成熟的案例，大家应该也对这些案例比较熟悉。法国的拉得方思，位于巴黎的西北部，在巴黎城市主轴线的西端。于 20 世纪 50 年代开始建设开发，拉得方思在新区建设 CBD。交通系统车流系统分开，互不干扰，这种形式在当时是仅有的。地面上商业和住宅建筑和一个巨大的广场相连，而地下则是交通网络。其规划和建设不是注重个体的建设，而是强调路面层次，以及水池、树木、绿地、铺装、小品，雕塑广场等的街道空间设计。拉得方思将现代城市复杂功能，建筑和室外空间组成一个整体。体现了矩形综合体城市建筑和室外景观空间一体化的设计。在当时属于先锋派。它采用梯形结构从塞纳河边一直延伸到凯旋门，并继续向西延伸 900m 长，100m 宽的复合功能。大平台是空间的生长体，向两侧不规则的延伸和扩展，两侧建筑以不对称的方式自由布局。区内没有采用道路划分街区的模式，环路将整个基地与周边城市用地和城市道路系统从本质上改变了城市结构。

论文的研究对象：中心商务区，室外空间范畴是 CBD 区块内建筑外表皮以外，到城市规划道路之间的室外空间。本文主要是以北京 CBD 区块的室外开放空间为主要研究对象，重点以 SOHO 为例，抽寻典型空间为例，加以深入研究。下图是北京 CBD 卫星图，黄色部分是 SOHO 一期，右边是 SOHO 平面图。研究方法主要以文献研究和史记调研为主，并加以整理分析提出观点。下面是论文提纲。我的论文提纲分为五章，首先是绪论，提出问题，研究背景，相关概念的界定，研究内容和方法；第二章是调研，地块现状了解和分析，现场图像采集，问卷调查；第三章是梳理与分析，形式的分类和分析，中心商务区室外公共空间、设施以及植被的分类分析；第四章是整合研究，综合论述中心商务区室外公共空间的形式特点，探究其设计思想和设计目的，最后得出结论。下面是参考文献。这是论文写作时间节点。谢谢大家！

刘伟教授：

这位同学花很多时间在念自己的稿子。其实因为今天是开题报告，我觉得主要就是谈谈你这个论文是怎么做的，这个题目有什么意义，以及它的可操作性这些方面。你刚才有点像讲课，把你的资料给大家叙述了一遍。过于细节化，现在还没到这个时候。主要应该是要考虑你这个符合的界面，景观的这些问题。

彭军教授：感谢导师的点评。下面有请天津美术学院的刘昂同学作汇报。

刘昂同学（天津美术学院设计艺术学院）：

各位老师们，同学们大家好，首先再次欢迎大家来到天津美术学院，感谢老师和同学们这两天的辛苦付出。我是天津美术学院 2010 级景观研究生刘昂 ，我的论文题目是"精神的向度——我国城市形态与其地域元素交织的探索"。

在开始之前，我来向大家展示几个城市的图片，大家可以根据图片来猜一猜这些城市的名称。同时，我需要一位现场的同学与我进行下互动。王均同学可以吗？

王钧同学：可以。

刘昂同学：

好的，那么就请王均同学根据我所展示的图片依次来说出这些城市，你感觉他们的城市名称。开始，第一张？

王钧同学：巴塞罗那。

刘昂同学：第二张？

王钧同学：法国巴黎。

刘昂同学：对，第三张？

王钧同学：爱琴海。

刘昂同学：那么第四张？

王钧同学：北京。

刘昂同学： 第五张？

王钧同学：香港。

刘昂同学：

好的，先谢谢这位同学！大家一起来看下，前面所展示的城市各具风格，都有典型城市形态，所以它们才会更容易的被大家很迅速地识别出来。大家看右上角，是我个人对这几个城市形态的一些概括。我得出的结论是一个城市的形态、容貌，若想更容易的被分辨出来，就要更多地在城市形态中展示该城市所特有的元素，这个元素可以有形的，也可以是无形的。将其独具的精神融入到城市形态中。接下来，王钧同学，请你继续看下一组图片，大家也一起看一下。这两个城市你还能分辨出它们的城市名称吗？

王钧同学：看不出来。

刘昂同学：这张呢？

王钧同学：不知道是哪个城市。

刘昂同学：接下来的这张呢？

王钧同学：不知道。

刘昂同学：

如上图所示，没有明显的提示，我们根本不知道所展示的城市是哪个城市的内容，这些图片中的场景，我们会发现，不管任何一个国内城市，其形态的 80% ~ 90%，都如同图片所展示那样，“千城一面”“一奶同胞”。所追求的都是钢筋混凝土那种所谓的“现代化建筑”，毫无自己的特色和性格，整个城市形态给人的感觉就如同一个个灰色的矩形盒子的堆积排列。无特色、无内涵、无生机。英国《卫报》这样评价中国的城市：中国是一个由一座雷同的城市构成的国家。正是这种现象的普遍存在和普遍增长，使我把论文的切入点放在了中国城市形态这方面。为了避免千城一面、城市无特色的后果，我认为，应该更多地把当地的中国元素和城市自身的风格融入到城市的形态中，展示彰显瑰丽多彩魅力的中国城市。

刘昂同学汇报论文

再次重申一下，我论文的题目是，精神的向度——我国城市形态与其地域元素交织的探索。

论文的研究背景体现在以下两个方面：第一方面：随着经济和科技的迅速发展，我们不得不感慨：城市发展地太快了！几乎所有的城市现今追求的都是高楼、高密度、大广场，这种所谓的现代化的城市形态，大规模进行翻新和扩建，导致原来那些千姿百态，各自精彩的城市形态，逐步转变为呆板、无生气的钢筋水泥森林。自身特色衰减，城市与城市之间的差异化也越来越小。城市形态趋向于千城一面、一奶同胞的局势；另一方面，我们一直引以为傲的中国悠悠五千年的文化精髓，灿烂辉煌，在每个城市中都有所遗留。不管是有形的还是无形的，都浓缩为典型的、独具特色的城市地域元素。然而我们所置身的城市，这个原本应该是人类文明精华的聚集地，却没有成为、或是越来越少的去继承和传播这些优秀地域元素的有效载体。仅仅是以钢筋水泥的城市形态无特色、无生机地存在着。缺少历史文化精神向度上的承载和蕴含。整体可以概括为两句话：①我国城市千城一面，一奶同胞，趋于均质化的发展；②我国的城市没有成为当地地域元素或是当地中国化元素的有效载体。

论文的选题意义：城市形态与城市地域元素相交融，创造具有特色化，独特性，并且富有当地优秀精神和魅力的城市。其向上理念和社会意义是毋庸置疑的，所产生和创造的社会价值和历史意义也是众望所归的。呼吁和强调把城市珍贵历史、文化等精神元素，运用设计的手法融入和表现到城市形态上。通过城市这个载体，展现和传播当地地域元素的风采，同时也打造属于我们自己的、风格多样化的，独具匠心的中国化城市，从而继承和弘扬中华民族优秀传统历史、文化精神的有效途径和手段。

论文的研究价值体现在四个方面。首先，探寻中国城市普遍缺乏特点，千城一面的原因；其次，丰富城市形态内容，避免整体形态上的均值化和风格混乱，追求城市风格与历史文化的地域元素交融；再次，城市形态向度的转变，要与时代和传统相结合；最后，浓缩国粹精华，打造中国自己的优秀城市风貌，创造丰富多彩的城市形态，从而增强民族凝聚力和自豪感。

论文创新点研究：首先，怎么样将城市地域精神元素融入城市形态中，并通过城市这一载体表现出来，形成城市独具特色的风格。其次，中国各城市地域元素，比如灿烂的历史、文化、情操等，这些元素部分是有形的，部分是无形的。这些有形和无形的元素，通过怎么样的途径与设计结合，并通过设计的手法表现出来。再有，城市形态与地域元素交织过程中，在设计上追求不分界限的设计、不分大小的设计、不分时间和空间的设计。最后，在改善城市形态过程中，防止肆意和直接的拿来主义，在设计和运用过程中讲求取其精华，去其糟粕。

下面展示的是我的论文提纲，论文分六个章节。重点在第二、四和第五章。第一章为绪论，讲的是课题研究背景、研究意义和课题研究内容和方法三方面；第二章是对精神向度、城市形态和地域元素这三个名词的解释、扩展和我自己的一些理解；第三章是中国现状解析以及产生该现象的因素分析；第四章：城市地域元素融入其形态设计概述；第五章城市形态和地域元素交织过程中需要注意的问题；第六章：论文结语和自己的展望。下面是时间安排及阅读书目。汇报完毕，请导师组给予指导，谢谢大家。

张月副教授：

先说开题报告本身，刚才的模式真的挺好，这种互动的方式，包括自己对问题的思考，至少在认真想这件事情，按照自己的理解去做这个论文，这是非常好的事。首先不管做什么事，只要认真做就能做出一些东西来，我现在主要想说一些具体问题。我也觉得这么认真做事情，应该把事情认真讨论。论文题目精神向度，不太赞同从这个角度讨论，因为实际上古今中外各个国家一样，你前面一开始话题角度是城市的地域差别能够明显看出来，这种不同空间形态地域元素，这些东西在人类历史一直到今天，一个城市最明显的形成与其他城市不同的东西，不完全是精神上的东西，这里百分之多少不知道，至少精神和物质并列的，物质包括人类气候发展，包括国家的地理环境位置，对城市产生非常大的影响，甚至比精神层面影响大，而且精神本身受环境影响，每个国家文化不一样，就是因为那一方土、物产、自然气候、地形会使民族成长过程不一样。所以我觉得过分强调精神，不是一个正确的方法，这是一个。

另外，你一开始的方法，很有趣，不管是托还是什么。套用一句话，你现在实际上是采用了一种不公正手段，为什么不公正？你先认定不合理，反过来找不合理的证据。找的前面认定各个城市不相同，你举的例子都是每个城市最有特点的地方。如北京找的是紫禁城，巴黎找埃菲尔铁塔，这个不用专业人员，换成任何人都能分辨出来。你为什么不从巴塞罗那找一个谁都不知道的地方拍片子，为什么不从北京谁都不知道的地方拍片子，我要反驳的话，马上就可以将其推倒。这个是方法上的问题。咱不能先设定一个判断，然后违反我的判断找证据，不能这么做，判断应该是之前不知道，对的搜集各种证据，比如研究街区特点，在北京、巴黎、在任何地方找特点的地方；研究没特点，就在世界各地都找最没特点的东西，在平等的前提下找证据，这个事才有科学意义。我前面讲的认真做事，我也认真讨论，所以我觉得这点是第二个不正确的地方。

第三个问题：关于这个“千城一面”，我觉得中国对中国的千城不变的批判本身就有问题，因为这个现象，不止中国存在，全世界都存在这一弊病。其实不是说我们愿意这样，是因为我们现在在这个工业化时代，因为技术的进步，全世界的城市建造模式趋同了。在西方 20 世纪 70、60、80 年代有同样的问题，巴黎有这样的问题，巴塞罗那也有这样的问题。这种事情在世界各地都存在，中国只是发生的比较晚，别人 20 世纪 60、70 年代走这个过程，我们现在才开始走这个过程。这不是中国特色，是全球的。不是主观怎么样，实际是建造方式，现在全世界都这样建造，自然城市方式趋同。这是第三个问题。

第四个问题，我觉得呢，不能刻意地去强加地域元素对一个城市，因为这里面涉及一个什么问题呢？就是说不同的地方一定有其自己的生活方式，它的建造方式，包括它的城市整个自然地理环境，对城市这些地方发现与众不同的东西，用一个城市的聚集的基本的，从基本的基础上找到和其他城市不同的东西，那才是真正的地域性的与别人不一样的东西。简单符号的东西，比如现在城市搞的那些，比如说什么亮化一条街等这类现象。刻意地去和别人不一样，搞什么工程，这种东西其实是另外一种粗暴简单方式做这件事情，其实本身还不如科学的千城一面。这个事情不要这么简单，每个东西一定有深刻的原因在里面。真的想这个事，我觉得这个事真的需要仔细思考，至少我刚才看了以后，觉得现在这些思路里，这些问题可能想法上要真的好好想是不是这么回事。

王铁教授：

开题方式很新颖，无论怎么样，对一个孩子发现目前中国建设这样一个现状。挺不容易，也很简单，我总认为一个城市有生命，结束一个时代是没法挽救的。比如我们说四合院好，都建四合院，这也不可能，因为时代已经结束，人的起居方式已经改变。

至于千城一面，这很多是历史形态的事，是你不可能解决的问题。究其原因你是无法用你非常天真纯洁的思想去解释。我去年 8 月份在吉林市的一个城市景观研讨会，其实什么也研讨不出来，有关领导说现在管理体制这样，谁当政谁有谁的想法，领导为了保证城市大体色调正确，除了灰就是黄的，他就叫辉煌（灰黄）时代，第二任还是灰黄，起个名叫走向辉煌。下一任还是，就干脆叫再创辉煌，所以，这些城市不是你能解决的。刚才张老师说了详细的，你要按照问题，为什么世界雷同，今天大家建构技术几乎是一样方式，再一个尤其法规规定以后，现在是我们速度快，运输能力强，过去地域文化差异是因为就地取材，才有个性。现在地球变村了，一个村能有什么不一样的。我们可以思考，能否激活地域文化在现代建构中的一些优秀部分的继承和融合，怎么去研究这部分东西，也确实挺困难的。

我认为你作为一种探讨，从旅游的角度去探讨每个城市的不同这个可以，否则将来中国第一件事，国家政府去建议一件事关闭旅游局，没用了，都一样，他们还成立这个部门干嘛，但是现在人们愿意旅游，愿意看不一样的东西，怎么解决这部分？我认为这个可以研究。要是研究现代建筑确实没法研究，那套系统有法规政策意识形态，太麻烦了。

彭军教授：

感谢导师的点评。下面有请中央美术学院的韩军同学。韩军比普通学生的岁数大一些，确实应该向韩同学好好学习，他是南京艺术学院油画专业毕业，已经是很优秀的企业家，自己开设计事务公司，自己为了思考点问题，学习东西，关闭了自己的企业，把自己的夫人和女儿送回原籍，住进央美宿舍，他参加这个活动，希望借助这个平台，把经验和自己学到的知识和大家一起分享一下，这样对在座的同学们有一个很好的启迪。欢迎韩同学作开题报告。

韩军同学（中央美术学院建筑学院）：

韩军同学汇报论文

各位导师，各位同学早晨好。我是中央美术学院艺术硕士韩军，我论文的题目是空间情节理论在度假体验设计中的应用研究。开题主要由八部分组成。

课题研究背景：进入21世纪以后。我国人民生活水平提高，在消费观上就出现了一个新现象，即从传统的观光旅游转到休闲度假的一种方式。人们逐渐把精神需求作为重要的选择，这种身心上的满足就是一种体验。这种新经济模式下带来消费，大家盼望得到的是一种体验。经济学家认为，这个时代即体验经济的时代已迅速到来。随着经济时代到来，随之体验式产品也伴随着市场蓬勃发展，度假酒店，作为一个体验式产品的身份形成这个市场，更多业内人士和专家认为体验是度假酒店的概念。是一个心灵体验的过程。经过一些资料的检索，我发现我国的度假酒店业发展比较晚，但是成长幅度很快，然而在模式管理和欧美国家有很大差距。目前国内旅游人群认识不够统一。在经营管理设计上存在探索研究和解决的问题。因此一些业内资深人士表示度假酒店的发展目前在中国是扫盲期。根据这些，总结一些需要解决的问题，首先解决缺乏生态保护意识，我这里说的度假酒店更大层面不是指城市度假酒店，或者是一些乡村、或者是民俗村的度假酒店，而是多指一些生态度假酒店。

在这里，我围绕生态度假酒店做一个研究，第一首先是解决生态保护意识开发现状，在我们国家，目前正处在缺乏可持续发展的现状，功能结构不合理，缺乏体验连贯性，自然环境和人工关系脱节并且缺乏互动性。地域性和民族文化历史文化定位不准确，实体空间与周边环境不协调。度假酒店存在问题，比如说缺少人性化，缺少空间体验性，艺术感染力不足。度假酒店空间设计需要源于时代文化的新生体验，需要直面心灵深处的体验研究。体验在贯穿整个论文研究中，是贯穿的核心。那么什么是空间情节？空间限定范围内的区域场所，是有等级的区别，情节是发生的人与事。空间记忆是一种表达方式。希望通过体验性，让所有参与者能产生思考，参与体验的合作性。体验的价值，空间的源泉是目标和创作中不可缺少的灵魂。

研究的意义：空间情节决定强调空间及体验过程的重要意义，尊重艺术和技术，创作个性化表达是前提。艺术在于激发想象和主观能动性，是创新设计方法的多元化表达。反对怪异新奇的表现形式，个性与个性化的表面设计，情节空间概念的提出，意将设计师的注意力从充满表现的实体中转向空间情感领域。目的在于表现设计者对于艺术和设计源的见解和领悟。对于设计者可以用形态表现，一种美丽风景，一种感染力表达传达等等。空间情节实际是一个加强因子，在表现对空间形态塑造的时候，增加渲染的气氛，可以调动人们积极参与和体验，这是一个规范引导的作用。

研究目的：从空间情节的理论出发，提出对度假酒店的设计概念，提出在度假酒店设计过程中首先应从消费者的心理需求出发，以度假酒店为载体，营造服务氛围，赢得消费者各种体验和产生精神与思想的共鸣，最终以完美的综合体验方式，使消费者达到内在意识的情感情绪和认知，建立理智的用心消费理念过程。

研究方法有五点：首先，查阅资料文献、对相关体验经济酒店设计经济学、空间情节相关的资料文献进行分析。第二，科学交叉研究，从不同的科学角度进行研究。第三，案例分析，分析与课题相关有代表性的成功的度假酒店设计，进行考察研究，得出可行性。通过案例分析得到一个证明，通过实际案例实践设计，进一步论证空间情节理论运用的设计流程和原则的确定性。最后是总结提炼。

各国这方面研究都处在初级阶段，体验设计有待发展。这是我的写作计划和参考文献。汇报完毕，谢谢大家。

刘伟教授：

韩军同学不容易，我们也是做过这么多年设计，要通过一个设计进行这样的理论总结真的很好，能够把一个很实际东西上升到一个理论层面，是一个释放。我提一个问题：我们通常讲的是空间情景，你这里为什么用空间情节？我想听下你的解释？

韩军同学：

空间情节需要解释一下，情节这个概念，更多来源于文学戏剧这方面用语，经常在电影或者文学作品里看到动人情节，是叙述过程中的加权因子，比如说《红楼梦》里，林黛玉死了，贾宝玉也死了只是一个叙述，如果说林黛玉死后不久，贾宝玉亦含恨而死，那么就既有情节，又动人，这是对一个空间事件的记忆。我这里利用空间情节，主要是把这种空间记忆提升到一个空间走向，并不仅仅是一个时间，而是一个时空概念的情节。关键达到最终体验，泰戈尔说：全世界很多例子，对于他来讲很多重要的事情没有记住，但是他住的地方的露珠却难以忘怀，这是种生活情节，是一种情感，这就是空间塑造应该具有的精彩。在人的头脑中形成一种永久的记忆，难以忘怀。我们打造空间时就应该塑造让人难以忘怀，让人积极产生联想的空间。在这个过程中，大家可能说，这只是个人的记忆，个体的感受。确实，体验只是个体的，别人无法代替。我们希望体验什么？空间情节运用把个体记忆变成集体记忆。昨天老师说过大漠孤烟，是一种情景，也可以演变成为一种集体记忆。

中期汇报（苏州大学）

主　题：2012“四校四导师”环艺专业毕业设计实验教学第二次中期汇报
时　间：2012年4月21日9：00
地　点：苏州大学金螳螂建筑与城市环境学院评图大厅
主持人：苏州大学金螳螂建筑与城市环境学院刘伟教授

刘伟教授：

各位来宾，各位领导，各位导师，各位同学早上好！首先我代表苏州大学金螳螂建筑与城市环境学院对各位实践导师和来自中央美院、清华美院、天津美院的同学以及苏大的同学表示热烈的欢迎。今天活动是“四校四导师”中期汇报第二期，第一期在天津美院，刚刚过去一段时间。我们的报告厅是临时给搭建起来的，相对于其他院校条件有点寒酸，表示道歉。苏大的热情从昨天欢迎晚宴上大家可以感觉到。

首先请领导致辞，之后学生来做自己的课题的讲解，然后是工作餐，下午是同样的程序，今天一天的时间就把这个活动圆满完成。明天我们还是有导师的一个演讲，但是临时作了调整，明天上午到金螳螂公司座谈，现在有请中华室内设计网总裁赵庆祥先生致辞。

赵庆祥秘书长：

把我安排在第一个，应该是王院长第一个讲话。我是第一次到苏州，我小时候就知道上有天堂，下有苏杭，今天过来心情很高兴。金螳螂公司在我从事室内设计15年过程中对我影响很大，在2005年以前我们整个中国的室内装饰行业曾经广泛流传全国装饰看广东，广东装饰看深圳，深圳室内装饰的企业家往往觉得自己非常不错的感觉。2005年之后大家都知道了金螳螂公司的迅猛崛起，给广东企业形成巨大挑战，金螳螂公司率先上市，成为中国装饰行业第一个上市企业，这个时候深圳装饰企业感觉到空前压力，而且不仅是压力，第一次感受到企业应该向什么方向发展，后面大家知道了一些企业纷纷登陆了资本市场，这都是因为金螳螂率先走出第一步，今天我过来很高兴。特别是我们的王琼院长，2005年我已经知道王院长，当时一些老师给我介绍你和你的一些作品，书籍和网络都留意到了，王院长是我们设计界大哥，我特别荣幸到这里来。

赵庆祥秘书长致辞

“四校四导师”活动正是2012年有苏州大学金螳螂建筑与城市环境学院的介入才给这次活动注入了新的活力，希望这次交流不断得到提升，通过这次与苏州大学金螳螂建筑与城市环境学院的交流，希望大家更务实来开展此次活动，包括我们在座的同学们，大家有什么好的建议，我希望大家能够不仅在我们的现场，也可以和各个老师进行更多的交流，大家对我们的部分学生通过课后交流反而产生了很好的印象。我希望每位参与者一方面是平常心，另外是交流和学习的心态，介入这个活动中来，我相信通过这个活动一定会有所收获。

刘伟教授：

非常感谢，中华室内设计网的总裁赵先生致辞，赵会长对我们“四校四导师”的活动非常支持，做了大量工作，下面有请行业领导，中国装饰协会秘书长田德昌先生致辞。

田德昌秘书长：

一路走来，均速200公里速度奔向我们的天堂，我们“四校四导师”也一路走来，走到今天应该说是不容易，我们在座的老师不容易，在座的学生更不容易。预祝老师、教授们身体健康，预祝我们的同学们取得更好成绩。谢谢。

田德昌秘书长致辞

刘伟教授：

下面请设计实践指导教师，这段时间一个很重要的展览，我们的实践导师大多数去了意大利，所以这次活动来的导师相对少点，请欢迎石赟老师。

石赟老师：

大家好，谈一下几次参加“四校四导师”的感想，第一是羡慕，我总认为自己很年轻，看到这么多比我年轻的学生这么阳光健康，生气勃勃，我认识到我已经大了，但还不是老人，该负起责任。作为我这个大人常常后悔在学校没有多学点，没有再认真一点，再认真点多学点我可以获得更大成就。希望大家在这段时间里不要因为不珍惜而像我现在这样经常后悔。

石赟老师致辞

第二是感动，通过这几次，发现老师对学生的感情比任何感情来的真诚，比如彭军老师为了学生工作，他身体不允许他喝酒，他可以把一瓶酒一下子灌下去，王铁老师和张月老师也喝了。全是出于对学生的一种感情。还有王琼老师，他对我们这些单位里的人讲话很凶的，我发现对你们学生讲话却非常温柔。

第三点，现在社会上的情况，装饰设计、室内设计在改革开放发展到现在二三十年，市场没有有序健康地成长，你们有广阔天地大有作为。这是你们很好的机遇，所以现在要做好准备。要求你们无为，什么是无为？大家熟悉各种设计风格和各种设计手法，刚才老师们喝茶的时候大家会为了一片没有开发荒地觉得很美很感动，最原始最自然的东西是最接近人心的，最原始最自然的生态让我们感动，我们以后实践做设计的时候希望大家能发现真正的美的来源，真正人性的来源，用最少的资源实现最大目标。谢谢大家。

王铁教授：

非常高兴，我说两个事情，一个虚一个实，有的学校老师评价，中华室内设计网热爱我们活动的网民评价，从虚的角度影响意义深广，在中国设计教育里开创院校和院校新的理念，教授治学角度打开窗口，联合企业使更多一线设计师，优秀设计师把自己实践的感受和学校的理论相结合，培养出来好学生。通过我们活动给学生的借鉴，让他们跨入社会工作前，校际联系，与实践导师和不同院校老师建立联系。从实的讲这些一线导师捐钱出力给我们创造好的基础条件，加上责任导师用的都是自己的休息时间，除了自己学校这部分工作要正常安排，还让所有同学得到一个非常满意的结果，在你人生中大学本科这个阶段，不能重复上两次，应该要有一个很好的记忆。这是最终的目的。

王铁教授致辞

通过这个活动使各个院校间有一个相互间学习，导师和导师对一个课题进行合作，和学生面对面，所有的人都统一面对一个课题，共同建立桥梁，有什么说什么，从各个角度，从学术角度看法不同，都是很好的借鉴，可以给中国的设计教育带来可见的参考价值，这是重要的目的。明年是第五年，"四校四导师"到底怎么走，长效机制，导师人选我们有新想法，行业协会和热爱支持教育事业探索人们给我们提供很多有益的参考。现在预计在中国美术馆进行一个大型的5年回顾展览，希望在座同学今年虽然毕业，明年还有资格参加，愿意从事设计教育改革的人群，我们都有一个很好平台共创中国设计教育的未来，这是我今天说的虚和实，希望活动在苏州圆满成功。苏州春意盎然，变化很大，苏州人和苏州大学金螳螂建筑与城市环境学院从王琼院长到刘伟教授为这个事尽了很大力量，我们是教授治学理念，和来多少人不来多少人都是次要的，学生有良好心态，只要责任导师在，社会一线导师他们都有工作，是企业很重要的人才，要养几十几百口人，他们有时间就来，没时间不来，顺序不能改，因为我们在各个院校，毕业之后要结题，张总没法来，这次活动所有人眼光期待我们有一个满意的答卷，谢谢同学在接下来活动中展现自己在中期第二阶段的智慧，拿更好的设计和不同学校及不同老师进行交流，我希望活动取得非常圆满的成功。给大家加油，努力奋斗。

刘伟教授：

我们聚会好几次，王铁教授每次把我们活动意义和目标再重申一遍，每次总结是每次的提高，每次都把我们带到第五年的一个目标里去，王铁教授讲得非常有意义，对我们的学校对导师对同学也好意义非常重大，有这样的机会参加活动，在不同地方感受不同文化，感受不同的观点的交流非常难得。下面有请我们学生代表研究生闵淇同学致辞。

闵淇同学：

各位领导老师同学大家好，今天特别荣幸代表参加"四校四导师"所有同学做致辞。一眨眼走到第二次中期汇报，走到汇报3/4的日程，我们收获了很多，收获了老师的指导，收获同学间跨学校的学习交流，有更深刻的友谊，在结题冲刺阶段，希望大家更努力奋斗，爆发小宇宙。

刘伟教授：

谢谢闵淇代表参加这次学院来做一个精彩致辞，下面有请我们的同学来开始汇报。每一个同学时间6分钟。导师点评。

刘崭同学汇报方案

刘崭同学（清华大学美术学院）：

大家上午好，我来自清华大学美术学院，题目是北京751D·park时尚设计中心。我的项目在 751D · park 时尚设计广场内部，对储气罐进行改造，我的概念是沸腾中的水，过程吸收、翻滚运动、水雾升华。上次提出几个设想，一个是场地的设想吸收，下面围合感比较强，希望把人吸引到场地内，对人群有进一步的吸收。这是上次的功能分区和动线示意图。关于屋顶设想希望做一个屋顶花园。

这次的新内容是关于场地，我希望这个建筑在 751 整体环境里是一个地标性强的建筑，751 整体是废旧的旧工厂遗址，751 色彩比较灰暗，我希望我的建筑在这里一方面保持作为一个旧建筑的形象，但是我又希望能够有新的定义，于是主要用黑色金属色和橘红色，这是入口示意图。橘红色是楼梯，人们可以从楼梯上进行视觉交流。我希望这个建筑的内部能够给人传达的感觉是活跃运动的，我在中部加了透明通道，是一个观光电梯，颜色比较鲜艳，而且给人感觉这个建筑是运动的状态。橘红色是外面梯子，我下部分围合部分是一个重色的金属质感，是对周围建筑景观有一定吸收和反射的作用，上面部分做的比较实，人们从远处可以看到，人们进入区域内看到的是下面相对虚的建筑外立面，从这个地方看到对周围很多反射的情况下，人们更愿意接近，想看清楚到底是什么东西，是进一步的吸收。

这是一层空间，主要是大厅空间，我做了一个扇形的楼梯。主要是希望人们在这里有一个对建筑内部的整体印象，作一个简单休息停留，人们可以在这里坐下来休息。这是建筑二层，楼梯上来是一个过道，进入一个相对开放空间，我希望是一个展示空间，展示手法希望是一个相对自由开放的灵活度高的地方，后面是消防，这边是洗手间。从这里可以进一步上去，是这个方式，围绕外立面桶做螺旋式上升。这是一个简单草图，希望人们在这里运动的是螺旋上升的方式。这是上层空间，组织空间方式是运用了外部的架的符号，我这样的符号放在平面打散，由新的语音方式来组织空间，空间变化比较多，人们在这里体验展示什么样有一个氛围，有一个相对大的空间，希望从不同空间大和小之间多一些感受，与建筑多一些交流。旁边两个侧的桶内部主要是办公区域，外部是供人们螺线式上升的通道。这是对于顶层的一个设想，希望人们能够通过这样一个空间跃出建筑到一个顶层花园，这是对于人如何从顶层到花园的一个交通组织，我希望是一个碗状的坡道，人们不是这样可以正常走上去，可能幅度比较大，我们需要助跑和加速冲出去，当然也有正常的交通楼梯可以走出去。因为这部分要体现的是水面运动感比较强的部分，希望人们能从这里一跃出去，感受一种完全不同的氛围。

谢谢！

彭军教授：

利用 751 原来废气的罐作为自己的想表达的吸收运动升华理念，我看到是一个个性的空间设计，设想很好很有意思。到今天为止，毕业进行到 3/4，已经过半。如何在这个理念创意中体现设计实际效果，有几个建议。

首先，在内部空间理念体现似乎还稍显平淡。第二，顶部空间有一些绿化的，这在室内设计后面剖面图和路线图中没有太明晰地表述出来。第三个观光电梯位置是在外面廊里面，功能电梯体现更强一点，包括电梯上去的部分怎么考虑，到 3/4 的时候细节应该把概念设计和初步设想稍微具体化，包括构建。

其次，大气罐外观独特，区域地标性建筑，因此外观造型设计可以创意感强一些，把翻滚，水雾升华再充分体现。

田德昌秘书长现场指导

田德昌秘书长：

我从你这个图片上看一下感觉，沸腾水的理念，下面新做出来的有火的意思，加热沸腾后升华，底是不是有火的意思。

刘崭同学：没有。

田德昌秘书长：新加出来的。

刘崭同学：我是希望用桶的元素进行一下建设的扩张，我体现另一个桶，桶之间碰撞。

舒剑平老师现场指导

田德昌秘书长：

我建议，这个桶因为高度 30 多米，立面文章做的比较少，怎么改造抢眼怎么吸引人，周边环境都是高的烟筒，建筑基本是封闭的，通过人流来参观，往高处走。那样把展览展示效果展现，展览中心让大家看。

汪建松老师：

我同意田老师说的，建筑外形很重要，展示空间内部一些关系要注意。

舒剑平老师：

我觉得吸收、沸腾、升华，图纸过程中这几方面，平面立面展呈方式和人上升路线，立面和功能组织这方面表达的不是很透，这方面要多下工夫。

高颖副教授：

我感觉题目是一个改造项目，对于改造项目应该反映以前的一种记忆，从咱们这个方案里面，感觉是完全新做的东西，原来那种记忆的感觉完全没有，而且改造项目还有一个为了节省资金，对于以前原有建筑再利用。我觉得还应该体现以前一些记忆的东西在里面。

刘崭同学：

其实建筑外观没有改，就是这样的一个框架结构，复制多个这样的结构，也是希望在新的设计中更多体现曾经的结构。

高颖副教授：

还有因为是很通透的一个建筑，建议多考虑下夜景效果。

王琼教授：

在天津我没有参加，我主要提醒几个，其他导师说的很对，包括建构，包括外层楼梯几个方式，下小上大。还有这种正形负形之间的关系注意处理。

纪川同学（天津美术学院设计艺术学院）：

各位老师同学大家好，下面开始我的第二次汇报，湖南长沙辛亥纪念馆设计。大家先回顾一下，我的选题在黄兴长大的地方，黄兴是辛亥革命最重要的人物之一。这是地块现状，这是动线分析，是参观纪念馆的路线，这是一个次要路线，参观黄兴故居的路线，第二阶段方案展示，革命主题贯穿我的整个设计。这是我把主题做到景观里，这是一个景观脚本，第一块入口纪念碑，一句话开始追诉，第二块纪念碑到纪念馆，引为主，第三块是纪念馆到黄兴故居是置身其中的过程，有一系列的展示和故居原貌，第四块是有块小景。这是大致的路线图，开始在入口位置会以孙中山先生的话作为序言，从纪念碑包括序列浮雕，再到纪念馆，是一个置身其中的过程，参观者去参观黄兴长大的地方。这是平面图，这是主要的设计的几个设计点，入口石碑设计，纪念广场设计，纪念馆的后院设计，历史印记和故居的设计。这是一个大体景观意向，规划得非常整，强调庄重性。这是整个的一个鸟瞰图。

景观节点。这是入口设计，以孙中山先生的豪言壮语作为创意，我以石块为元素，这个地方是一个入口指引，以孙中山演说结束语作为序言，大多数参观者不会立刻对纪念馆产生重视，用这句话吸引参观者进入。这是正入口设计的效果图，这是入口的鸟瞰图。纪念碑这边采用革命题材设计，寓意一种生命。材质上采用黄花岗的材质的延续，很庄重。在历史年代纪念碑处历史年代记载，纪念碑感觉，有凝重感，人走在上面穿梭历史的感觉。这是建筑立面图。这是广场西侧景观效果图，这是历史印记，在出口和黄兴故居之间的设计使人心情放松，我们运动白墙的构架结构和黄兴故居是一个过渡，这是整个广场剖面图，这是湘色湖景鸟瞰图，这是效果图。湘色湖景在故居南边，广场东边。谢谢！

刘伟教授：

这个题目我出的，中期汇报这个时候进行的程度比较深，今天看到这个在形式感上整体完成度比上次看到好得多，还是花了很多工夫。我有一个问题，建筑主体那块颜色，因为当时有一个建筑意向，但是我觉得景观雕塑除了入口有呼应外，其他的小品或是景观的感觉包含湘色湖景，跟这个建筑有很强规律性和控制性，这块感觉有点相互之间不搭，往下深入的时候这方面要加强点。包括一个是造型，主体雕塑和主体建筑关系不强，整个感觉有点零乱。比如建筑和场地没有太多关系。

纪川同学：

这两块还没有做完。纪念碑上建筑的材质是重色感觉的，整个广场上以灰白为主。

汪建松老师：

我看了以后有点体会，形态确实考虑很多，包括入口大的碑，雕塑做得过多，纪念景观很重要参观人群很进，周边环境尺度关系，这方面少一些。特别是平面上看基本上是大广场似的平台，这个平台在这样的环境中个体与周边含量没有关系。尽管是纪念性景观也有这个问题。除了标识性的大型的之外，其他的方面包括水系旁边的建筑，纪念的意义没什么关系，如果把那些去掉，在一个环境里可以存在，这是一种考虑。除此以外，还应再多考虑一些。

纪川同学：

我们现在这个建筑全部工作量大，点没有做完，在湘色湖景上边有一些对于黄兴的简介。

汪建松老师现场指导

汪建松老师：强调标志性东西，而这些标志性东西细节质感处理还体会不到。

王铁教授：

刚才各位老师说得非常正确，我说一个重要问题，在我们这种院校里做设计尤其做景观遭遇建筑有个最大瓶颈，很多学生没有意识到，包括老师也没有意识到，到底从哪个角度出发，先有景观还是先有建筑，先有建筑景观是填充式的，如何把周围环境景观和建筑做到良好结合。周围原有景观并不好，形态较破碎，而建筑体量巨大，这个怎么处理？我强调建筑景观室内设计一体化，因为他们都是立体的，只是里面节奏空间韵律不同，建筑主体材质要确定。钻石切割理念非常风格化，但与景观没有关系，而且针一样的纪念柱和周围没有关系，如何找到其中的节奏和韵律是关键。首先整体题目，是整体，建筑不能和周围没有关系，互相之间关系没有了，建筑景观有一定的形式语言，不能是完全的两个处理方式。我们学生有这个问题，设计师和画家不同，尺度比例最重要。在上面必须有 CAD，很多学生没有 CAD，这是当前在中国设计教育最严重问题，建模以后做切面设计，平面立面剖面，真正按照建筑法规都不合格，学生可以浪漫一次，反过来做 CAD 第二次做也做的和设计程序法规一样。所以我们现在因为艺术类院校偏重从立体返到平面这个可以，但必须有这部分。现在需要确定他们的关系，尺度和人的关系是设计师的生命，如果有这个尺度，这个作品很好，景观可以稍微做自由一点。我们所有老师说的东西应该稍微记一下，每个人说的角度不一样，自己根据这么多人所说进行修正，最后梳理总结。

冯雅林同学（苏州大学金螳螂建筑与城市环境学院）：

各位老师各位同学大家好，我的题目是景德镇御窑陶瓷文化会所，空间主要展示陶瓷文化和陶瓷几大类别，希望通过场景实物结合展示，这是剖面二，对屋顶做一些改造，展示生产工艺是一些文样，加一个展厅展示现在陶瓷，现在陶瓷白色为主。我主要讲平面改动，这边是贵宾接待，现在是多功能厅，可以举办一些沙龙。二层平面改动较大，原来体验式的现在是贵宾接待。会所主人接待最高来宾的地方，这边是玻璃门，只有接待客人时候开起，这边是水吧，这边增加两个雪茄和红酒区，这边是一楼的收藏室。官窑的足迹最具代表性之一，对纹样和颜色有非常严格的规定，我选择白皮青花，清时期御用，现在一个趋势，好多高端产品以白色系为主，这里也使用白色系，这是进入口，入口这块是一个背景墙，想以破碎的青花里面有星光闪烁的感觉。这块是一个信息台可以有一些信息，电脑系统。这是接待大厅另一个视角。

刚才说青花有严格规定，怎样把色彩用到室内设计。怎样将设计和白色结合起来，用一种帘布结合，作为光的传导，这是水吧效果图，总的空间本来屋顶有一个坡度。把光尽量隐藏在帘布后面。这边是一个茶水吧，用明代的椅子风格，以白色为主，桌子是以一定陶瓷文样的。这是公共空间，我希望用光来做空间，同空间同方法，也希望帘布来增强文化沉淀。玲珑瓷，展示通透性，我这是通道截图，两边留 280cm，把玲珑瓷碎片悬挂在这。这是红酒水吧区效果，这是门厅，地面有青花，有亮度，没有照度，照度通过两边窗口还有屋顶上加一些，陶瓷是现代的，展示中国青花瓷，这边是在玻璃门里面，所以只有最高来宾才可以欣赏到这边的文样。

谢谢大家！

彭军教授：

这个同学做的青花方案，看了看，我觉得有几个问题，室内设计具有特别的个性化的设计，青花主题很鲜明，首先空间要做好，第二个室内主题元素作为逻辑内在关联，而不是把东西贴上代表着这个风格，刚才青花图案去掉的话是不是能展现空间个性化，刚才几个开窗特别高，原有建筑还是自己开的？

冯雅林同学：自己开的。

彭军教授：

这么高的高度，这么小的小窗，什么感觉？而且小窗里放了饰品。在视线以上放，考虑一下这样有意义吗。家具抽屉不能超过视线以上，上面不能摆放东西。第二个问题色彩，有几个空间颜色，包括尺度和服务台的体量相对不是很大的空间中，体量造型包括颜色要斟酌一下，不然想追求那个意境却可能出不来。所以室内设计不是一个符号的拼贴，是设计思路如何创新这么一个艺术形式问题，否则做的是平常一般设计，体现不出带有非常强的概念和思路创新的设计。

彭军教授现场指导

舒剑平老师：

你的空间逻辑关系没有一点表现，包括从描述中，对这个空间的组织关系怎么来梳理几乎在表达过程中一点没有体现出来，所以这个图面上空间划分这种穿插组织是看不出来的。除了在现有元素上用了一些青花元素之外，没有什么特别多的御窑相关的东西，实际御窑文化不是青花为代表的，御窑文化包含很多内容。青花元素这种空间里使用放大了以后，一种元素用不到极致时候，在这种空间达不到一定比例就会非常刺眼，从美学角度没有起到装饰空间作用，所以在这个元素运用上还是要下一些功夫。还有个别的一些空间比如说运用帷幔这种东西，这种东西色彩和方式如果表达不当的话，现在有点像灵堂，是很不恰当的，千万要避免。彭老师说的展陈开窗，包括门厅的描述说有亮度没有照度，侧面顶上打灯光，表明你对光学理解有点乱，要梳理好，不能随口一说。做这个平面的时候或者做这个透视图时候，相互之间关系应该理解透了再去表达。

高颖副教授：

高颖副教授现场指导

我最大的感觉就是对于室内环境处理都太过于简单了。比如几方面。第一方面非常赞同前面两个老师说的，对于形的方面没有过多处理，仅仅贴了一个纹理贴图，把这个图去掉的话一点感觉都没有了，还是从更高层面去提取御窑文化。

还有对于空间变化处理简单，对于原来空间分割基本没有一个调整，就是利用原有空间分割。以前空间使用功能和现在不一样，对于空间改变处理简单了一些。还有处理简单体现在一些东西重复使用，比如服务台，三层都有服务台，是不是三层都有这个功能，而且即使需要也不能完全的对它进行复制，还是应该有一些变化。

还有原来是一个坡屋顶，这里面梁是后加的，加完了之后和原来顶部的材料没有一个关系呼应，很生硬的加在里面，我最大感觉是处理方法过于简单了。

冯雅林同学：我想把主角让给陶瓷。

王铁教授：

你找一份作品，你最喜欢设计师任何人，你找到以后进行重新的临摹，他的墙怎么处理，构架怎么出来，按照那个调颜色，找最喜欢的色调，这样解决这个问题。要自己想象没有这个色彩整个空间的概念，包括灯光打到材质上，材质通过环境反射形成第二、三次裂变，找一个优秀作品进行参照肯定能做好。下次结题说不准是最优秀的作品。

解力哲同学（中央美术学院建筑学院）：

各位老师好，我来自中央美术学院，我的题目是南港工业区投资服务中心一体化设计，主要做建筑，想通过结构获得空间体量，这是一个现状图片，主要做的是建筑 A 区和 B 区。上次这个东西没有显示出来，地形，这是主体水系。这是整个建筑过程，首先上面有一个体量下面是一个绿地，整体关系，有一个铺盖，做了一个体量变形，分成两部分，两组，由于道路影响，B 区建筑拉伸，通过获得间隔上的一个连接，蓝色是一个结构体量。这是最后效果，平面，建筑力面和互相关系。对外面做一个结构体量一个结构支撑，中间一个结构支撑，下面一个网架框架，有一层实体，添加采光的膜结构。这是其中一个建筑，这是透视效果，立面。这是内部效果图。这是一层平面。这相当于上面钢结构形成的支撑结构，基本上形成整个空间的流线型，黄色线是永久的分割，分色可变分割，保证空间流动性。建筑主入口在这个方向，地下一层有一个旋转。这是建筑 B 区设计，两条线控制体量。这是形成的建筑关系。

谢谢！

彭军教授：

大致设计应该是大部分在一个区域的基地上有两组建筑，现在两组建筑风格差异太大，后面有一个方方正正的盒子，前面有一个曲线，功能是什么，通道还是展厅，也许你讲了我没听清，后面弧线排列的这组建筑，在这么一个整体设计中这两个设计造型风格重复，做这个东西不止做一个形式，和使用功能和空间设想应该紧密联系于一体的，不能和这个设计脱节。

第二，整个景观的区域主要的动线，包括绿化部分的设计元素应该做一个整体设计，像一个完整作品，而不是不同东西叠加到一起。

廖青同学（清华大学美术学院）：

廖青同学汇报方案

大家好，我来自清华大学美术学院，751 时尚广场气罐改造，改造成后手工时代艺术家公寓。这是环境分析，必要性，目标人群就是一些比较独立的艺术家和创意产出者，或者交流访问人群，功能定位是酒店管理式公寓，这是后来建的场地中整个的样子。框架外面的外立面，右边是一层里面分布情况。这是俯视图，蓝色部分是一个电梯，这边还有一个消防楼梯。外立面突出来的小椎体根据框架延展开，有大有小在里面组成的。代表了一些中国传统的名居，里面有通道，有蜿蜒或者入口，有下沉或者有空间，在一、二层平面上有三个小三角，其中一个是入口，其他两个围成一个餐区。右边这个图大概是剖面意向图。人流分析，过来以后从这里入口，刚才小三角是入口，部分三角是进入还是立面区，有一个楼梯进入下面展览空间。对平面上的几个面分析，比如面向这边一面，这边景色优美，住在里面住宅会为艺术家提供灵感，北边几棵大树，这边有平台或者是对外餐厅，可以触摸到或者可以看到树。这也是意向图，这个小三角可以对着树，矮点可以看见树的绿色，高点可以看到天空。这边东南方向日照最多，用在住宅共享空间里。

这是第一次汇报的时候的小型生活单体，几个小单体共享一个小的公共空间，红色表示单体休息空间，比如会议，蓝色的是小群体共享的大空间。橘黄色部分可能对外或者以盈利为手段的一种空间。立面分析，体量图，功能分析。这是一至九层剖面，这是一至三层平面。这主要是住宿和共享空间。这是屋顶可以做露台可以烧烤。关于手动挡，机械装饰，手工时代的那种装饰性家具或者装饰感。还有废物利用装饰手段。谢谢！

彭军教授：

还是751的铁罐，选题是做一个公寓功能的建筑，提出三点建议供参考。

首先，空间划分我觉得空间不要有大量锐角，要慎重使用锐角，你想象一下，也可以观察一下，现实生活中空间的布局锐角空间占多少比例，这是一个空间的常识性问题。

第二个，设计包含很多元素，看这些构想在设计中怎么体现，是第二个问题。

第三个，整个建筑形象非常独特、有地标性，大铁罐的东西这个在建筑形式上是比较独特的，但是加一些突出的三角是什么功能？空间形式上的逻辑性，不是自己想象突出一下就行，或者这突出一个那突出一个。最后整体建筑的构架形态要考虑是不是一个非常美观的，非常符合人们视觉逻辑的。设计过于简单化、主体化，这是第三个需要思考的问题。

王铁教授：

我认为整个想法可以，751这个地区确实是作为一个D·park设计，关键在哪？一直在探讨这个问题，不是把来参观的人留下，应该是让人流连忘返的，不是长期居住的，你做的平面都不是。还是在做建筑，竖向交通最复杂，如何把人从一层送到顶层很重要，现在楼面积多少，没有面积不能做建筑。必须有两个疏散楼梯。有的住宅楼不知道你有没有注意观察，使用剪刀楼梯，在一个交通空间同方向下，形成法规合理性。不能在外面做楼梯。这样的话交通面积加大以后，内部使用空间变小了。做动线分析，最短交通面积能够达到可达性最好，使用空间一定要最大限度满足。

由于本身是圆体罐，钢结构一体化，建构关系要清晰，如何建构这块结构关系要和导师商量。如何支撑的建构意识要有，所有学设计的，建筑和景观设计完全一样，建构设计很重要。这是立体空间，人能够进去，人的身高应该清楚，用什么满足人在里面穿梭，要注意从一层怎么到最顶上。一个交通核把所有的竖向交通解决，横向最方便的程度，电梯间出来以后知道要去哪、干什么，可达性一定要有。外面造型及建构和整个环境合适不合适，要分析，如果里面结构体构架直接产生并推演出来也行，不能强加意识让人们承认。设计在于合理性，只要合理做什么造型都无所谓，只要可见、能成就行。别的想法都是很好的，就落实在建构意识上。

王琼教授：

我从我的方面讲，刚才王老师说建构，你墙体模型没一个在一条线上。虽然我们美术学院系统和工科有差异，但是，还是要有必备的东西，一般钢构架在技术处理时难度非常高。设计的基准面，因为是为人服务，空间尺度到底适合什么样的人，适合什么样的环境，这个最基本的要求要有。还一个，墙体材质要确定。

廖青同学：应该封起来，只留一些小三角做一些房间窗户，玻璃的。其他的都封起来。

王琼教授：

作为我们来讲，咱们同学不要犯界限带来的毛病。建筑师只注意从外往里看，人们只是从里往外看，经常存在代沟。这个代沟是一个建构问题，本身需要技术支撑。第二，这个房子是对人提供休息的，什么人愿意住这种三角形的房子要有一个说法。人有一个基本的活动半径，既然是公寓，我没看到床放哪。

刘伟教授：从概念到完整方案，结构作用非常大，要不和艺术家创作没有区别。下面请天津美术学院李启凡同学汇报。

李启凡同学（天津美术学院设计艺术学院）：

各位老师同学大家好，我来自天津美术学院。我的毕业设计选题是《湖南省长沙市辛亥革命纪念馆室内设计》。选题回顾，对于国内外展览馆对比，这是主要研究内容和创新点。方案展示还是以纪念馆展示设计脚本大纲开始，通过对辛亥革命历史进程总结，将室内展示分五部分：国难深重、革命同盟、烽烟四起、燎原之火、共和之梦，这是每部分的内容。对室内主要展厅、纪念馆室内功能分析，纪念馆大致功能分：观众服务区、展览区、办公用房，这些是进行的分析。这是改动以后的平面布局，从这进入第一部分，这是大厅，进入续厅，从这里有电梯上到二层，这是管理区，这是报告厅还有贵宾室，纪念品商店和卫生间。上二层之后这边是第三部分，这里有一个走道，到第四部分燎原之火，这有楼梯到三层，从这里出来是共和之梦，最后有一个突出的资料区，从这下到一楼，从三层一直通到一层。这是室内的展厅的主要的分布。这是室内主要交通，从这进入之后这样浏览一圈，从这上到二层，进入第三部分，绕到第四部分，从这上到三层。黑色是观众入口，绿色是出口，这是管理人员入口，有一个电梯直接到三层，为了方便可以看整个纪念馆。

李启凡同学汇报方案

下面是对展示区域进行的设计，这是入口的地方，国难深重的展厅，营造特别压抑空间。第一部分是国难深重，主要讲清朝末年社会的背景和一些主要签订的条约。这是展示内容，做成实际物品放展厅内。纪念馆分五部分，从第一部分到最后一部分是从黑暗到光明路程是一个过程，整个色调从暗到亮的过程。

这主要讲述的是清末的一些条约，这些条约会刻在墙上。这是走道，到最后有一个浮雕，这部分需要一个甲午战争的沉船放在这里。这是第三部分，营造出孙中山在海外与革命志士一起交流革命的空间。这是二楼的楼道，进入三楼共享部分。这是最后的共和之梦，总统府的圆形，结合中山装设计，整个色调比较纯净。谢谢大家。

刘伟教授：

目前来看李启凡同学的汇报在这么多同学里应该算最好的。首先，思路很清晰，各个节点很明确，重点突出，在造型和色调控制上感觉还蛮整体的，这是这个作品的优点。要提不足的就是这里面有好几个空间转换，转换的尺度和比例不是太明确，几个部分有点平均化，感觉虽然分很多部分，5 个部分根据展厅的形式布置，感觉不到想表达的东西。再往下进行设计的时候加强。

王铁教授：

刘老师说得非常全面，你手绘能力很强，让大家欣赏一下，作为学设计的人能画这样是非常不错的。所有的学生要达到这个程度的话就非常好了。

王琼教授：

提点不足，我觉得咱们有共性，就是没有尺度和比例观念。因为 CAD 是能够量化的，画了以后就知道空间关系，这些尺寸在你脑子里有印象，如果不画出来会养成一个惰性，这个可能都有共识。因为咱们已经走了 3/4 的路程，每个人方法不一样，我倾向于先画 CAD 再画效果图，因为所有尺度需要过关。这个当然不是针对你，这是很多同学的共性。

舒剑平老师：

既然这是展厅，是一个公共性的空间，一定把安全放在非常重要的位置。平面图从消防的规范上来讲有一定的缺陷，往上走的路线都有，但是，最顶层的平面左下角疏散距离肯定有问题。上面楼梯都可以。下面这块设计在疏散规范上肯定不符合要求。这个东西一定要注意。

刘伟教授：

老师们对李启凡给予高度肯定。尺度在空间上很清晰了，人走到空间的对应性要靠尺度来体现。希望下次更精彩。下一个同学。

苏乐天同学（中央美术学院建筑学院）：

各位老师同学大家好，我来自中央美术学院。我的课题是《天津南港工业区一体化设计》。这块区域位于天津南港工业区一个中心地带，主要包含一个会议会展中心、投资服务中心、生活服务中心还有企业办公中心。我做的部分是会议会展中心，主要包含建筑用地和一个绿地。这块是规划出来的一个区域，我注意到这块绿地在整个场地中使整个区域从生活服务部过渡到整个会议会展部门。我的处理是把这个绿地分配到其他的一些地块中，让整个建筑往其他几个部门靠近。这样的话比较适合人行进的距离。

接着是我在区域内划分了几个重要的景观节点、交通节点和功能节点。将这些区域之间的一些路径进行划分，形成整个基地的网格结构。这是建筑的一个主要出入口，整个参观线路由两个环路组成。这是建筑内部的功能划分，主要是有一个展览的区域和一个开会的区域，这是平面图，这是第一层，这是第二层。要说明一下，在建筑的这块和这个建筑的这块做一个通高结构，在通高里做一些比较类似于树的造型柱，这个树就是生长到顶部会在上面开天窗，让光从上面照到展览区域。左边建筑结构里面主要是一些开会的场所。

这是建筑景观效果图，这是建筑内部的图，这是景观柱子。我在建筑上做了一些折线，让整个建筑天际线不太单调，建筑有一个 21m 限高，不做太多的高度的变化。谢谢大家！

彭军教授：

这是做一个会展建筑设计。整个建筑的空间和内部空间体量关系非常合理，细化尺寸当然还没到那步，我相信要做尺寸，CAD 图建议有一个详细的图。还有大厅中间有几个高柱子，上面树枝形式，有没有承重功能还是仅仅是景观柱？

苏乐天同学：有承重功能。因为那块上面做桁架。

彭军教授：

可能从构架上考虑没有问题，视觉效果上显得与整个空间和体量比偏细。还有一个，因为是会展功能，可能需要接待不同形式的展览，这种多元化突出的柱式造型是否符合各类展览展示。造型设计再简单点、再抽象点。

汪建松老师：

作为会展中心除了建筑体块形式和空间大体体量之外，作为会展有很多功能性考虑需要找一些规范。会展中心里面，比如：内部布局有平面图，会展布局和要求有非常严格的在整体展厅周边要有至少一个防火通道。这些东西要查一下会展中心的建筑的指标。会展中心不光是展位部分，还有库房和运营面积，要做一定的规范参考。还有就是会展有一个非常重要的要求，除了观众几方面出入口，会展货运运输布展的先后场子的空间都要有规划。如果想做相对完善的、准确的会展，再把尺度规范查一下。还有很重要的，做整体建筑消防上的消防通道的尺度要求需要强调一下，尽量做得更完善一些。

郑铃丹同学（清华大学美术学院）：

我做的是北京 751D · park，这些是 751 周边环境照片。我做的是为周围艺术家和设计师服务的休闲空间，做的方向是有未来感，所以使用了流线型，同时和周边建筑有很好的结合在一起。刚开始是左边的，还是保留原有形状，改成比较有未来感觉的建筑形。这是主要的分区，最下面一层是电影院，上面是大厅，三层有网吧，最上面有电子阅览室咖啡厅，这个是主要的通道，用红色标明。黄色这个是安全通道，蓝色是电梯。首先看大厅平面图，大厅入口有两个，一个主要入口，另一个可以通过安全通道进来。这个部分就是洗手间，这是安全通道，这是买票区，下去进电影院，上面是网吧。5D 电影院可以容纳 98 个人，从这个位置，从楼上进来的，这是安全通道。这是主要的出口。网吧平面图，入口主要有三个，从电梯还有从楼下上来的，另一个从安全通道，只有一个门。把网吧分成两个区域，一个打游戏区域，可能会比较吵，所以做单独区域，在里面有一个包间，比如说朋友来的时候可以六个一起玩的，多人可以把门打开，会有一个很大的空间。外面是上网区，这个区域比较安静，和打游戏的区域分开，洗手间和安全通道，通过楼梯上电子阅览室。这是咖啡厅平面图。谢谢！

苏乐天同学汇报方案

王琼教授：

这是我看到唯一有建筑功底的孩子画的图，标了尺寸。而且核心体上下对位，说明对建筑知识比其他同学了解得多。因为是一个球体状，上下错位，有很多环节要注意，包括你的座位形式，实际可能应用不到。你说很多人可以打开，这个怎么处理，建筑空间利用是对我们设计师很重要的。将来会有很多户型，是固定还是移动的？

郑铃丹同学：固定。

王琼教授：那些角前部浪费，材料透明不透明？

郑铃丹同学：不透明。

王琼教授：最好可以都利用，开和合的效果能够综合考虑更好一点。

王铁教授：

你去过这个现场，这个罐为什么能升降知道吗？缩回来下面黑的部分，有几个颜色在上面，原来储气罐上面一层层往里缩，你仔细观察，这是最重要问题，利用原有结构是哪方面，现在这罐子就那样固定住了，但要用的时候，前期是什么基础，如果离开这个罐，在罐外面不存在这个东西。还有一个，看做成一个壳体以后，整个构造体是什么样的外延，不是一个薄片，整个跨度直径多少，26m，1/12 算梁高度需要多高，不能随便画。每个楼板高度，1/12 算就行，大致这样得有一个基准。

王琼教授：

立面图现在有几个问题要注意，要撑起来有个黑底的立面，第一个中间的消防通道是核心的通道，把核心通道和剪力墙删掉不对。柱子不可能打弯，旁边构造一定要画进去，因为是一个上小中间大的形式，这个一定要注意，才能支撑斜体的墙。剪力墙不能删掉，因为那是核心筒，起到力学的主要支撑，旁边那圈，26m，旁边小柱子不能打弯，中间立很多小柱子，这样可以把它撑起来。

彭军教授：

从现在这两张立面图我看应该是红色那个，新的蛋形建筑物是在原有大桶构架加建还是重新建？

郑铃丹同学：重新建。

彭军教授：

等于没有任何意义。这 751 完全不存在了。第二个事，下面蛋形的左边加建的那个地方，平面布局功能除了通道没有其他功能。

郑铃丹同学：出来走到大厅。

彭军教授：

各个层平面布局科学性要进一步斟酌，5D剧场不是一般意义的普通银幕，正好符合圆厅效果，5D球形银幕和现在的空间形式不符合。

舒剑平老师：

放到剧场平面，这是剧场平面，剧场不管是什么剧场，一定是有一个前厅，让人有一个适应过程，不能从外面直接进入剧场，外面空间应该划分出来一个过渡。剧场开始演出了比较暗的，外面人进去通过过渡空间适应暗环境，空间划分上要考虑一下。

彭奕雄同学（天津美术学院设计艺术学院）：

大家好，我的题目是《天津市南港动漫产业基地景观建筑设计》。南港工业区是天津市双城双港的重要部分。温家宝提出在南港发展中国的动漫产业，建设新动漫产业基地。在南港未来市政府规划中不单对南港工业区景观规划，对周边产业基地提供非常好的支持。拥有良好政策和环境，是建设动漫产业先决的条件。中国动漫产业为什么在天津发展？中国动漫产业地域分布，天津受到了北京的中央政策上的影响，很多高校人才有非常多产出，但是和中国整体状况相比又出现一些问题。比如说市场开发意识缓慢，产业链不完整等等。国际上也发现中国庞大的潜在市场。习近平在2012年2月14号访美洽谈和中美的动漫交流项目，包括在中国建立新动漫基地。我选找很多世界上动漫产业基地先导模式，每个动漫产业基地包括影视基地有自己的模式进行生产。比如学校先导、居住先导、旅游先导等。天津更适合以旅游为先导，以中国动漫产业品牌为基础的一个模式进行动漫产业建设。未来效益非常可观。

结合产业人文生态对动漫产业创意性进行推广，如果按照这种策略架构发展，对整个天津发展非常有好处。我希望在整个动漫产业园里完成整个动漫制作、发布、销售过程。通过理性分析设定一些整个动漫产业都需要的一些公共广场、展览馆、艺术馆工作室，并对这些功能进行分区。按照公共空间和非公共空间进行排布。这里提出设计想法：动环境、慢生活。现在社会发展生活快，很多产生快餐式效应，我们变得非常浮躁，不知道慢慢做一件事情，来到这里参观我的动漫产业园，访客可以慢慢品味动漫产业在中国的发展。同时，只有慢我们才能体会出快的节奏。有快有慢，我在我的整个景观的形态上体现出动环境这种感觉。在整个设计过程中不断了解中国动漫产业，不断了解设计过程，在这种了解过程中慢慢调整整个景观形态会发现地块慢慢有种生命力。不停调整和归纳时候，整个地块产生了大地隆起形象。

感性完到理性分析，确定功能主次定位。这是景观平面图。

这块是主展览馆，艺术家工作室。这是景观轴线，主景观和辅助景观，主要人流动线，这是消防路线。展览馆是核心部分，由于需要满足访客获取动漫产业信息，同时，设计师和访客要有交流过程，最后达到经济效益的目的。设定以上的功能区域，展览区，办公区和影院。这些区域重组出现戏剧化效果，整个外形是飘逸，中国有一个巨大的潜在市场等待大家挖掘，所以希望来到这里的访客和设计师有揭开动漫设计市场的面纱创造新世界的感觉。对整个建筑形态进行塑造，同时，在这种塑造过程中考虑整个季节的影响，因为天津是属于大陆季风气候。这是建筑推演，这是建筑室内平面图，功能分区，各层平面分区，主展厅，辅助展厅，有4D影院，这是各个区域室内和室外人员密集度分析。室内大部分已经到70%，室外30%。这是为艺术家建造的工作室，因为是私密空间，我想提供一个为来访人有交流、不会打扰他们工作的地方。这是室内平面图，这是最后景观的规划后的天际线。

整个环境原本是湿地环境，做了景观带，植物配置，完成了湿地的植物景观带，这是四季不同植物变化。艺术家管理室前面的一个景观带是为了保证艺术家在里面工作有比较好的环境，使这些设计师能有更好的心情创作他们的设计，这是叶色四季不同颜色变化等，设计对产生的不同影响。下面是效果图，这是入口景观，这是艺术家工作室，这是日程安排。谢谢。

王铁教授：

总的来说不错，逻辑比较合理。有一个问题——我们所有同学都存在的问题，关键建构在于尺度，把每一级的标高确定，确定以后是非常完整的东西。设计的人与构筑物尺度关系，其他的在最后效果图可以看出来，真实的植物色彩少往里放，要放的话要重新变色调，使其成为完整的东西。不管怎么样，总的来说不错，要把标高尺度加进去应该更完整。

刘伟教授：

动漫从建筑景观角度来做，做得很完整。我提一个建议，要做有特性的场所，这种场所不只是停留在建筑和景观角度，能够让内部空间的一些概念至少在这上看到。因为现在做的是根据天津的多风这个季节性特点推演一个东西出来。锁定动漫主题你可以讲自由造型和动漫的一些联系，但这个关联性不够，如果在里面加入一些设计，比如动漫里面找一些图片的形象。整个设计从以下这两者出发，一个内部功能需求，再一个是外部形态景观对应，再推

刘伟教授现场指导

演出来这个东西。

汪建松老师：

首先肯定方案汇报很理性，非常全面。要考虑到室内设计，尽管主要方向是建筑景观，但是室内将来可行性要考虑，因为这决定将来建筑外形存在可能性。比如，现在全部是异形的、薄壳的，没有标尺度，看不到差有多少，如果这个薄壳差 2 ~ 3 层，意味着这是黑屋子，将来室内没有采光，建筑体量占地面积相对比较大，南北东西空间比较大，不要完全站在形态角度来做设计，我们要特别具体的来分析功能。

孙晔军同学（苏州大学金螳螂建筑与城市环境学院）：

我来自苏州大学，我的方案是《北京前门 23 号院老建筑室内设计》。名字叫“未建成”。上次回顾，原来对前门 23 号院改造主要是把原来的建筑只保留建筑外表，这边是错叠后形成的平台缝隙。古老陶瓷和建筑两个东西太强大，把两者放那边守望就行。这边是一层平面布局。说一下自己感兴趣地方，这边首先进入有个隔断，这边和地下一层贯通，这边是操作间，这边是一个平台。这边是二层平面布局，我形成一个错叠区域可以和地下贯通。这边是地下一层区域，这边围绕墙做了一个区域，这边不规则的柱子，这边是剖面图。将陶瓷和原有建筑怎么样两者相互交融——通过开窗方式，这边是剖面。这边是一些整体开洞，这是原有建筑立面，这边是酒吧台，左边是一个大体效果意向，建筑和内部结合。右边是一个材质面板，我用三种，钢、玻璃和地板。

下面是简单的演示视频。

王铁教授：

外观形象和里面要有呼应，很多老师都提出来，我觉得呼应不呼应是另外话题，关键是如何利用原有构造体最重要，不是全部拆了以后重新建，核心价值应该是利用原有构造体进行空间划分。过去是历史的东西，首先要做成这样不是不能，建筑构造体重新加，能不能产生希望的空间值得探讨。作为学生要有建造意识和概念，包括墙面处理，能找出来在砖瓦时代建筑的感受，不一定有洋符号，那个时代有那个时代的建筑基础。大家认为建构可能是这种方式，中间墙可以用什么板式都可以。更进一步，空间里再有一些，要强调陶瓷怎么样有很好衔接，不要变成做空间离开陶瓷，怎么样更好衔接，这是要稍微梳理一下的。

汪建松老师：

前面提概念的时候强调千年，强调古老文化，实际没有这么多故事，在北京不算什么。古老的这种文化理念在后面内部空间里体现并不多，里面是新空间形式，比较简约，从厚度感、历史祭奠感觉不见得要做非常复杂的东西，至少体量感要注重。比如，台面很薄，展示道具和细节不相匹配。要注意，包括建筑内部空间墙体做到这个程度，尽管有空间变化还是显单薄。

石赟老师：

所有同学讲项目全讲建筑怎么做、景观怎么做，从哪里变来的，建筑室内是给人使用的，比如是喝茶地方，人坐在哪里在凳子上，喝茶需要什么氛围，要从这个方面。而不是我是为了和室内和建筑发生对话、发生什么，这不是最终目的，最终目的是为了人。需要所有同学考虑今后要走过的人使用的人在哪里，不能为设计而设计。

王琼教授：

前面几位老师提的挺好，不仅仅是空间，下一步可能要把一些最早的概念源头往下走，把一个好的设计不断优化，路径一定要走下去这个很重要，不管成熟不成熟，一开始理念要不断优化、一直走下去，这样对我们将来对你们将来设计起码是比较完整的。

刘伟教授：

今天上午有 10 位同学进行了中期汇报，几个老师共同感觉这次完成度确实大有进步，下午再继续。

主　题：2012“四校四导师”环艺专业毕业设计实验教学第二次中期汇报
时　间：2012 年 4 月 21 日 13：30
地　点：苏州大学金螳螂建筑与城市环境学院评图大厅
主持人：苏州大学金螳螂建筑与城市环境学院刘伟教授

刘伟教授：下午的汇报开始。第一位同学是中央美术学院的汤磊。

汤磊同学（中央美术学院建筑学院）：

各位老师同学大家好，我是来自于中央美术学院的本科生汤磊，非常高兴这次来到美丽的城市苏州。这次题目是《曲线艺术的延展》。这次汇报将通过以下几方面内容进行成果展示：方案回顾、重新定位、深化设计、滨水设计、概念深入、景观配置和时间进度。

汤磊同学汇报方案

首先是方案回顾，这次方案选在天津偏南部的地方，天津南港工业区。最开始提出设计的构想是动植物本身结构和组织提炼出词汇进行景观设计。根据上次中期各位老师的意见和建议，对这次设计进行了一些修正。首先将原有概念更正，最初的定位是仿生学原理，后来通过老师的一些启发，我发现自己真正需要思考和研究的是整个自然界对生物在形成过程中曲线影响的规律，这才是我真正要研究的部分，我将景观设计定义为曲线研究。

探索大自然优美的体现，通过对动物植物和自然界的东西的内部的曲线研究，提炼深化，将这些东西进行参数化处理，建模后发现有很多优美曲线，对我设计规划有很大启发。然后是对于概念的修正，之前提出 6 点概念：参数化设计、生长的建筑、景观的演化、仿生学原理等等，我将参数化曲线设计定义为最主要的，其他的作为丰富主题。深化设计部分主要对平面进行深化，对平面标高进行了进一步的推敲，这是我的总平面尺寸图，主要几个建筑物中，对建筑物的标高进行了设计。这是整体的最后一个效果图。

下面是立面图，左边是标高，这是东立面图、西立面图、北立面图。在功能分区上，沿用了上次的功能分区，合理布置了游览中心、行进中心和商业居住中心。交通方面按照上次上下交通分开，人和车行分开，在安全上进行深入推敲。这是俯瞰交通关系图，在天际线的设计上，景观整体的天际线布置富有韵律感，让整个景观有韵律关系。这是二层，在我右边是我对这个景观的一个大概的分析。对景观节点等级进行划分，总体布置 6 个景观节点，通过道路联系在一起，出现三条景观轴，这是不同景观轴呈现的不同效果，下面是效果图的观察的位置。这是景观轴线一、景观轴线二、景观轴线三。然后是景观街道设计，上面是平面图，下面是景观立面图，上半部分在街角进行辅助设计，有利于安全。灌木围栏有利于人和对景观的使用。

在公共广场等级划分上按照使用数量者多少、广场位置与功能使用的不同，将广场分 3 个等级：1、2、3 级广场。1 级为滨水，在游览中心旁边起到交通缓冲的作用。2 级广场用作办公。3 级广场便于人的使用，还有一个是水生物质观赏也在这个位置。这是 1 级广场效果图、这是 2 级广场、3 级广场。滨水设计，最初提到景观设计是以南部位置为重点，以滨水设计为中心，不断推发。首先滨水设计分为 3 个滨水区，这是第一部分，下面是施工图，这个位置和后面一些广场相联结，这个部分用镜框的处理。这是第二个亲水区位置的设计，这个位置最大的特点是广场大、海岸线长，所以沿岸设计了一些栏杆有利于游人的安全。这是这个位置的景观效果。下面部分是第三个亲水区景观设计，因为和上一个相连，所以方向相似，这部分使用时人群在这三个位置最多，材质上做了区分，这个地方用木地板方式铺装，这样效果比较好。可以更好地区分功能。

我在景观节点中设计了亲水码头，大家可以到水中游玩，同时，我考虑到景观洪水位的问题。这是亲水码头效果图，然后是亲水驳岸。我设计了一个平台，两侧通过楼梯可以直接延到水面里面，如果水位下降会露出来。这是整体效果图。

概念深入，我之前提出一些新概念方面在这个部分进行深入设计。

首先是新能源建筑，这是最后建筑形象。建筑物外立面是网格组成，这样不影响正常楼体采光，可以更好地吸取太阳能。这是最后一个效果。这样的设计可以更好满足晴天采光的构想。我对天津市这个地区降水量进行分析，平均每年降水量达到 970mm，说明天津降水较丰富。我们把大自然赋予我们的丰富降水利用起来。地表的收集方式分为集中和分散，这样满足了植物和一些普通用途的用水需求，在一些地方开口，雨水可以流进去，我充分利用屋顶和地面来接触收集雨水。这是地面细节处理。下面是一个剖面。

之前我提出了生物生长的概念，生物有一个生长的过程，人类也是这样。我怎么放之于景观中，这里面想起之前自然科学提到的一个现象，流水在快速地流动的时候带来一定泥沙，这些泥沙流入海口时地形起到阻碍作用，泥沙回来沉积形成新的陆地，我分析所处的地块，流水应该从北到南流向，流速比较快，滨海设计的海岸线形状起到阻力作用。我引申到植物的生长过程，由于陆地面积随着时间变化而变化，水生植物占地面积随时间变化，对水生植物进行合理搭配可以形成变化的景观。我将水生植物中的 5 大种，根据不同的需水量，把这些植物组合到一起形成不同景观带。这是我希望的效果，随着时间变化，可能 15 ～ 30 年后整个景观不断推演呈现出一个变化过程。

景观配置，考虑到不同季节景观不断变化的概念，设计中水生植物采用 10 种。我对街道标识系统进行了设计，在整体外观形态下，和曲线设计融合到一起，标志也是和景观融合到一起的装置。我已经进行到中期汇报阶段，接下来是设计思考。感谢各位老师多次给我的指导，我会为最后一次答辩画上完整的句号，谢谢大家！

王琼教授：

相比之下，工作量很大。但是有几个提醒，第一，按照你的植被随着年限生长的观念非常好，但是现在做的驳岸太硬，要和后面组合一下。

形态体系上最好系统化，看平面图，直线、曲线穿插和几个楼的竖形最好协调一下，和这个体系还是有点矛盾。从形态上需要整合一下。

最后，我希望形式语言各方面最好联系起来。重点是因为你这个方案面积很广，你的特色是随着陆地增长景观产生变化，同时概念又比较多，有仿生又有曲线，按照你感性路线往下走就可以，否则会给自己带来很多包袱，需要不断解释参数、曲线等。

彭军教授：

首先工作量非常饱满，而且包括细节设计、构造设计，还有整体布局都做得非常深入，下了很大心血。在布局上，我想提个小建议，有的可能是知识面以外的。这个地方我相对比较了解，天津滨海区域建在盐碱滩上，都是水管这样的供水系统，靠自身水位增长实现。雨水收集这么一个设想，对植物的生长是致命的。

第二个，非常有创意性，但我感觉建筑表皮设计别过于装饰化，容易形成各种不同装饰的归集。顶部的绿化目的是什么？如果仅仅是一个概念性东西，实际根本不太可行的话，我建议这个需要深度斟酌。还有曲线形状，其中包括中间建筑上面几乎和下面建筑高度体量相等，上面那是什么功能？是个造型？造型的东西高度和下面建筑高度比例关系需要推敲一下。

舒剑平老师：

前面街道景观设计与人的比例尺度关系不够亲和，驳岸设计考虑到比例关系，我提醒既然后面驳岸考虑到尺度关系，应与前面街道结合考虑。

孙永军同学（清华大学美术学院）：

大家好，我来自清华大学美术学院，我做的是《胶囊酒店设计》。这是目录，这是设计胶囊的形式，我当时考虑几个点，容易组装，可以批量生产。几个组合形式，三种形式针对不一样人群。下面按照顾客居住的流程讲一下设计方案。首先一个人来了，是具有个性的个体，带着需求来休息，进入在四合院里进行改建的胶囊酒店，入住时在这里首先得到一个类似 ID 卡的“钥匙”，可以开自己的储物箱，可以在这里进行自助商品服务，还会送给他一个免费、简单、实用的小包，方便随身携带自己的物品。前台提供一个多媒体移动终端，这边是一个休息室。进来是一个过厅，一个小餐吧，还有露天餐饮区，还有下面一个信息区。左边是存放自己东西的地方，用自己的 ID 卡打开柜子把行李和鞋子放进去，架子上有酒店提供的衣服（男女分开），洗刷的用品。清洁完，入住者将保持整洁进入住宿区，可以有效控制卫生情况，人和人之间也是比较和谐。

孙永军同学汇报方案

有一个信息求助服务区，在里面可以求助或者是路线查询之类，上到二层首先是一个露天的休闲区域，再进去是一个集中的居住区域。这是多功能区的大概想法，在里面可以求助或者是搞一些酒店活动。因为整体色调是非常昏暗的灰色调，我想用白色的灯箱，上面标识用水墨概念来做。

王铁教授：

最重要的是回到总平面上，没有总平面。有一个最重要的问题，看周围这些环境，服务的附属设施设计得非常到位，进了胶囊又太复杂了，胶囊是便利的、非常廉价的，大家认为很经济的，这么好的一个环境都装在胶囊里。关键现在设计的一个单体胶囊，做了很多隔片往外抽，可行性需要再考虑一下。

彭军教授：

这次汇报没有平面图这是一个缺陷，平面图尺寸非常重要，我看到这个图首先是胶囊酒店，以住宿为主，设计方案里我感觉以洗浴为主，兼点单间休闲，洗浴空间过大。第二，既然是住宿空间，私密性的处理相当重要，现在睡觉小胶囊有没有门？没门的话男性和女性分开，同性间要有点私密，目前看显然没有这个功能。造型元素问题，我觉得造型的元素表现过多，所以感觉比较零乱，包括墙面格栅设计和顶面的格栅设计，整个感觉过分。这个设计建议从功能着手出发，把这个造型手法再弱化一下。

高颖副教授：

超豪华体验的胶囊酒店，没有胶囊题目感觉不到这个课题，胶囊酒店从省空间、省经济这个角度考虑，从这个方案里我感觉这两方面没有作为重点考虑。比如，这个方案的空间使用，使用空间和浪费空间基本一半一半，和本身所要探求的东西相反。床的尺度怎样，大床的尺度怎样，都和初衷不一样。里面使用装置的手法和材料都和主题相悖。组合方式应该主要考虑，还有综合交通要考虑。还有私密性，现在看后面是空的，这个东西应该从这些角度作为重点。

石赟老师：

所用的这些设计元素对人的情绪或者感觉产生了什么样的影响很重要，人在空间里感受是首要考虑的。

舒剑平老师：

其他的不说，床画得太随意，既然胶囊酒店是休息的地方要注意人体工学，这个床垫不符合人体工学的。

刘伟教授：下一位同学。

王霄君同学（天津美术学院设计艺术学院）：

各位老师各位同学大家下午好，我来自天津美术学院。我的课题是《182 艺域领地》，项目位于深圳龙岗区，周围交通十分便利。项目总占地面积 10 万 m^2，从这些现场照片中可以看出原来景观规划缺乏功能性、观赏性，这块是我做的位置。我从这几方面解决问题，受众群体不仅仅是年轻人，艺术应该随处体现在园区各个位置，体现景区娱乐性，公共服务设施和标识设计应该更便利和配套。交通应该有系统性规划，这些是主要研究内容。首先，灵感来自这块地的水源保护区。生态自然景观，我提取这个元素进行概念形态提炼。再进行一些对原有景观层次的错位旋转和分割设计手法的探索。自然形态提炼和这些手法的探索所要得到是生态和人并重的形态，先从这样一个规划概念着手，从一些景观点到景观集群，这些构成网络，最后达到一个平面效果。我的景观平面里面所有的景观，景观节点主要是沿着中心轴方向延展开来的。

功能分区主要有以下几方面：艺术文化展示、现代办公、集装箱创意空间、人才培训基地等等。这些景观再进行细分，主要考虑人流主要是居民和办公人群、艺术家、旅游者和培训人员。分析了不同时段的需求，使不同使用时段集中在 12 点和 18 点两个时段周围。园区交通路网主要从主要道路人行和车行道路干线几方面分析。景观节点主要是集中在集装箱码头位置，还有右下角主题雕塑展区、入口展区。形成了我的景观轴线。

根据不同景观节点和这些景观轴线形成一些视线。我有几个景观高视点，水塔位置，展区位置，这样形成我的景观视轴。这是绿化分布，方框位置是植物比较密集的区域。景区中铺装不仅有地面变化效果，通过这些效果指引游客交通指向。这是入口方向一个景观剖面，这是自入口 A 的景观剖面，这是南北方向的景观剖面。下面是建筑设计，原有设计进行共享、进行切除、契合，最后形成这样的景观建筑形态。这是建筑效果。从码头位置看建筑效果。建筑细部。主题入口广场效果。下沉舞台效果。主题雕塑展区效果。主题雕塑展区下方的停车场效果。集装箱创意码头效果。以下是日程安排，汇报结束，谢谢！

王铁教授：

总的来说不错，比较完整，我们到现在为止很多学生的一个共同问题，就是数字化设计以后，对 CAD 的冲击都是先立体后二维的，有一个对各个最重要尺度方面的控制，其他的我认为没有什么太大问题。从建构观念各方面可以做到，下一步就是最好在 CAD 上稍微有一些深入，我认为这样会比较完整。

王铁教授现场指导

刘伟教授：

我看你的设计是水源保护水系图形发展成一个景观，但这个概念在建筑上没有再延续，在建筑上或许有些思考，但没有讲清楚。还有集装箱的码头这块，还有其他的一些辅助建筑，感觉和主体建筑没有关联性。有一点各自为政的感觉，这块怎么样考虑？

王霄君同学：

建筑延用流线形式，景观分割地块形式。创意码头作为一个主要亮点出现的，随机效果，这种效果更能吸引人的眼球。

刘伟教授：除了吸引人，整体景观和总体建筑怎么关联？

王霄君同学：码头效果还是一个流线形式，因为集装箱本身是一个方的结构，这个结构应该不能做曲线。

王铁教授：

在课题当中这个地方是集装箱区域，和别的地方很难协调，要做出集装箱特点，如果人进去以后有问题要出现。我觉得越做越像集装箱就行，集装箱本身概念不存在就不是集装箱，把集装箱特点做出来，解决竖向交通和横向交通关系。

王瑞同学（苏州大学金螳螂建筑与城市环境学院）：

我是苏州大学金螳螂建筑与城市环境学院的王瑞，我的课题是《"蝉言"——集约型旅馆设计》。首先我从以下方面进行汇报：简要回顾，设计深化和后续工作部分。简单回顾一下胶囊旅馆设计更名为集约旅馆设计，取胶囊旅馆集约特点，将胶囊旅馆这样的单体放大变成现在的单体。我的基地选择在苏州创意产业园。对人入住后流线及经营模式分析，产生我的房形设计为单人间、标准间、大床房 3 种，简约风格。这边是对胶囊集约型旅馆居住单体的体块堆叠推演分析过程。一般这样的集约空间居住的单体比较集中，比较紧凑，丰富公共空间，能够更高效利用空间，但是这样的平面不够透气，空间比较板，死角比较多。中间部分不是很好，针对这点也借鉴了中国传统民居，围合空间，想做成中间这部分掏空，比如说叠成二、三、四层进行一个旋转的过程。

如图，我的想法是在中央做出中庭，整个空间有透气性，将垂直交通楼梯做成这样，如果这样子构图的话四个拐角，各个单位进行一定穿插组合形成这样的方式，作为这样一种集约单体，在室外空间进行拼接过程中形成一种组合方式。然后是对于这样一种单体的承重考虑，主要是采用框架方式，相邻两个单体间连接结构。

下面针对基地的集约型单体的拼贴介绍。如图，是基地选择，苏州平江路旁边白塔东路建筑形态，红色是目标基地。这边是基地内部剖面展示。这边是对于基地内部我布置的一个集约型旅馆功能区块交通分析。首先，从入口进来后，第一个图是绿色部分，入口进来形成一个大堂缓冲空间，然后进入中庭部分，中庭是中央绿化，绿化两边形成两排竖向的红色区块是垂直交通的电梯，顶部的粉红区域，是进行登记的机器，登记后可以随着这种竖向的交通进入各自需要的房间，蓝色部分是客房，紫色是普通用房。集约旅馆作为一种居住单元的堆叠模式可能会更符合以后城市发展，一种和绿化有机结合的模式。图中的绿色部分就是我设计的，也就是每一层廊尽头的绿化广场。然后是对各个单体内部的一个组成分析。我的每一个居住单体由 3 个部分组成。图中的淋浴房和卫生间体块组合，形成 3 个房型。现在展示的是单人间及其剖面透视图，这边是单人间效果图，大床房效果图。还有家具设计利用苏州的传统元素。提到苏州想到湖边的穿着旗袍的婀娜女子，我的感觉是连贯和柔美，我在设计中红色部分延伸到电视背景墙设计，桌子设计，床和家具设计，我让所有有关联性的线条都有一个交代。还有苏州小桥流水元素，在柜子上的细节设计中会有体现。

下面是后续工作部分。谢谢！

石赟老师：

集约型是什么东西？集最大资源，包括整合和运营。什么是集约？是服务丰富的，客观性是根据提供的服务来对这个菜单进行挑选的服务，不是简单的，这个概念是一个错误。

王铁教授：

这个同学整个设计过程我还是比较清楚的，从最初的一个胶囊转化成集约，最重要两点是满足特殊人群特别使用和特殊资源，这两个满足就是集约。关键在前面胶囊无法深入，深入不下去情况下转到集约空间里，不管分三部分还是两部分都很好，首先解决了最重要的功能问题，邻域间水比较多，卫生间水比较少，日本很多卫生间是木地板不存在这个问题。再一个居住空间能满足所有的居住最重要功能。接下来如何让交通更好，使横向和竖向交通更明确，尺寸中居住空间床位有几种摆放方式，最重要的是家具和行囊，这里不需要存储位置，在这个地方住不会带很多行李，这部分因素要加入里面考虑。再加上石赟老师说的内容，应该是相对来讲比较丰富，因为你也没住过这种地方。只是想象最大限度满足使用要求，用你掌握的知识量这个够了，将来在各方面丰富、有变化、有新的想法，目前来讲只要做完整就可以的。

刘伟教授：

下一位同学。郭国文同学。

郭国文同学（中央美术学院建筑学院）：

各位老师、各位同学下午好，我来自中央美术学院。这次毕业设计是《深圳李朗 182 设计产业园景观设计》。首先回顾一下背景，是一个高端设计产业园，位置前面已经有同学讲过。根据城市区位，周边关系及道路交通我确定区位关系和产业园定位，产业园现状不堪入目，因此要进行规划。首先，梳理交通网络和确定设计节点。我引入了皇家古典园林的概念，再增加园区的层次，分上、中、下 3 个层次，加强各种空间感受。最后得出方案设计。这是产业园平面图，我们可以看到位于右边的是压抑空间，左边马上是开放空间，建筑整体规划成方块，形成一城三山。我们可以看到这是 182 码头的设计方块与宿舍区的结合。这是立面图，最后剖面图，效果图，时间安排。（视频）

郭国文同学汇报方案

刘伟教授：

花了很大工夫，从上次汇报到现在感觉思维清楚了，每个细节每个部分考虑相对成熟。一个小问题，刚刚动画里放到经过一个产业园牌子以后马上跳过去的空间，路径设计上有没有注意，一排树在景观的每个节点视线导向没有考虑，一个东西跳过去很平淡，这点会反映到未来设计中，会出现很大问题。要在之后考虑一下。

彭军教授：

郭国文设计相对完整，而且下了很多工夫，从封面这个全景效果图，还有刚才视频的感受，整体设计有3点问题：第一，建筑的体量各个部分要稍微协调点，比如，右边建筑上面圆柱体是什么东西？那个好像原来有的，新做的话体量和下面体量斟酌一下。第二，空中高架交通功能是否必须要做，如果仅仅为了效果有没有必要稍微整合一下，感觉这个园区景观非常丰富，有点多的程度。第三，树的这种线形特征的东西，我建议稍稍整合一点，感觉你想说的东西很多，别过多。

史泽尧同学（清华大学美术学院）：

我是清华大学美术学院的史泽尧，我做的是《私人专属会所室内设计》。回顾一下课题，位于深圳后海大道港湾创业大厦的19层，要求尊贵和奢华。回顾奢华的理解，我找到一个对奢侈品定义的要素，人们对奢侈品的需求比较趋之若鹜，我觉得奢华这个概念对我来讲是文化背景和公益品质两个加起来。设计中想给人留下两种感受，一个中国传统文化背景，一个现代工业和手工艺的一些技术精湛的技艺。这是平面图，我把空间当中要求的几种功能分成了两类，一个是最主要的红酒雪茄吧、中西餐宴请、交流场所，另一个是影视听、健身房SPA辅助的业主与客户交流空间，布置在平面里。主要的平面放在南面，南面景色最好，北边是普通的城市夜景。这是空间中的一些效果图，这是一进门的大厅，这个空间用于私人接待，所以说可以做的比较私密，加了很多花草来软化空间。进门是屏风组合使用和交通空间，这是我自己设计的一个屏风，是用钢材，用艺术处理方法交织，这是中国传统中常见的格栅。

这是中餐厅的效果图，这在剖面中是19层，都是有顶的，我把刚才大厅和这个中餐厅顶部去掉，实体和开敞空间结合，如果在院子里吃饭是觉得比较私密的吃饭方式。在空间装饰上这个墙上是我采用的龙骨的技术，交错在一起，上面附上石膏板，遮挡起来，不让大家看到。把这个东西暴露出来处理成比较有技术感的装饰。这是中间过廊，在中国传统中一个院和一个院转折的时候有体现，我用现代的材料做了一个意向，在这个门上设计一些灯具体现工业感觉，下面镶嵌四个金属爪抓住陶瓷，陶瓷用古瓷制作的。谢谢！

王铁教授：

第一次汇报包括开题讲奢华，你对看到的奢华没有理解，因为没有体验过那种奢华。这是你做这个题目一个最大瓶颈，所以得找一个极尽奢华的人聊，靠自己来完善理解奢华是不可能的，永远是离奢华越来越近，但是离奢华还有相当距离。

彭军教授：

你是在建筑顶层设计，这个建筑应该是高层公寓，我认为首先不是旧厂房，现在感觉是现在非常流行旧厂房改造，竖向开水管。这种管道，包括红颜色的，可能是当成中国传统建筑元素，但是这个确实和你的题目离的稍微远点。确实没有体验，学生做这个确实非常困难。我提个建议，未必走奢华，走概念性、个性化的会所设计，可以解放一种创意。比如，这个窗户可以有很好的、奢华的一些窗设计，包括灯具，玻璃是拉丝玻璃，在这不能存在，虽然离题目远点，但这自成体系。

刘伟教授：

抛掉这个你这么在意的主题，走个性化的路线，自己能真正把控或者自己熟悉的个性。比如，私人会所不一定走奢华路子，这个奢华的概念可能你感兴趣，看得出来你在琢磨这个东西，而且前面一大段描述这段学习的心得，还在总结奢华什么样。

王琼教授：

作为学生作业，我觉得有个性、有概念就行，真的要回避奢华这样的命题，那是富人圈子里的事情，是不是不一定提奢华，我觉得彭老师所说有道理。有一些形态东西需要整合，不管奢华不奢华，后面有很多语言、材质、肌理凑在一起不一定好看。有红砖，金属，很多材质放在一起，首先从语言上来讲，形态、比例、方向不一样。从图形，两维图形和材料在整个空间设计角度上考虑要整合好。

王琼教授现场指导

曲云龙同学（天津美术学院设计艺术学院）：

老师同学好，我是天津美术学院的曲云龙，我的课题是《深圳龙岗区李朗182设计产业园室内设计》。以下是开题报告回顾，选题在深圳龙岗区，这是园区照片。下面进行新阶段进展汇报。设计功能区进行归纳，分配到现在建筑中，二号楼为人才培训学生宿舍，一号楼为展览，三号楼主要是会议商务和设计师工作室及顶楼图书馆。深蓝色是加建部分，主要是休闲交流区域，连通功能。

园区对象是设计师和艺术家，这个产业园核心是创意，我将设计中加入更多交往空间，有吸引性、渗透性，为人们提供更多交流平台让人相互交流，相互交流刺激人产生新灵感，回到这个创意，从创意做起始点，回到创意循环。

这是交往空间一些特点，渗透性和吸引性，吸引人在此聚集，将这个功能渗透到其他功能区。右边是交往空间概念。下面进行空间改造手法介绍，我将在这个原有的3个建筑中加入中庭，使3个建筑联系实现可达性。一号楼和三号楼加入展厅共享和工作室共享，实现功能性和可视性。红色流线是休闲区，更多的是有一个方向性。这是交往空间作用。

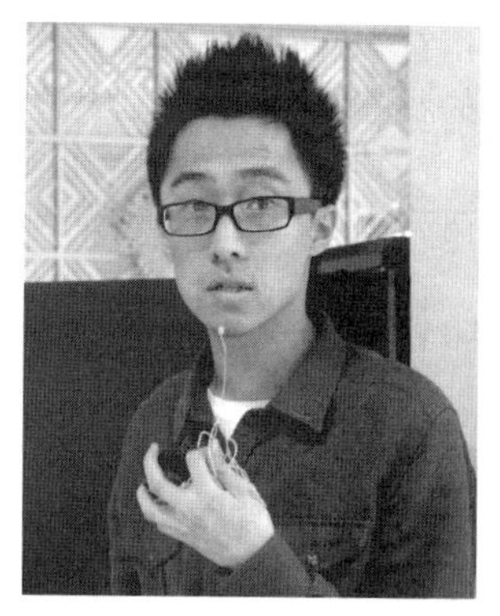
曲云龙同学汇报方案

下面是我根据上次老师提出的意见对中间一号楼布局做的调整，加入了管理室和储藏室，以及运送展品通道。这是三、四楼平面图，我以流线形式介入其中，柔化原来3个特别方正的形态。上面这张图最右边是五楼顶层图书馆，这是横向流线分析，蓝色是展厅的主入口，橙色是次入口。其他的流线，工作人员流线和观众流线都是分开的。这是三、四层流线。这是一个纵向流线的分析。蓝色是一个电梯的路线，紫色是楼梯的路线。下面是展厅方案设计，我的主题是彩虹。我将在这个展厅完成功能性的分配，加入更多趣味性的东西，形成一个合理生动的展览空间，方式是彩色钢化玻璃板，底色渐变到红色，在室内营造一个有趣的共享空间。我的理念和目的是营造诗意空间，让参观者不确定是进入了艺术室和展览部分。这样会给人们带来乐趣，促使人们在空间中感受。这是效果图。

下面是休闲交流区方案设计。我将创意人群聚集、创意氛围激发，三方向共同实现创意交流，空间由方向性的流线形式和聚合形式协调这个空间。这是休闲交流区效果图。下面是图书馆方案设计，图书馆方案设计主题是流光，我将空间进行重组，以流线整合方式整合空间。这个设计中我以流线书架形式将柱子隐藏，削弱柱子对空间影响，强调流动概念。这个柱子给予各种色彩，色彩起到收集分类的分区的作用。约50m×30m的书架很难进入中部，用采光井的形式提高室内对自然光利用。圆形采光井提示人们深呼吸，创造舒适自由的读书环境。

这个图书馆的理念和目的是颠覆几何传统概念，使用不规则的形态营造流动奇异的空间体验。这是平面图，这是剖面图，这是效果图。汇报完毕，谢谢大家！

王铁教授：

这位同学和上一次相比有非常大变化，目前你是会画CAD的，轴线很清楚，立面差一点，从CAD上讲确实不错。而且应该建立先二维后三维概念，最重要一点对效果图的后期制作，包括色彩的把握，正负形在空间内的相撞关系，形态和形态相撞要描写，直接硬碰上去肯定不好看，要有构造体衔接，相同材质和不同肌理，不同材料相撞时候要处理好，能产生空间情调，达到理想化空间。设计的彩带，彩带在这里做成五颜六色显得复杂了，把色彩提升变成高调，比原色好，真做原色的五颜六色就坏了，得用大空间的色彩概念把几个漂亮彩带进行布置。形与形的关系产生的情节要把握。

周玉香同学（苏州大学金螳螂建筑与城市环境学院）：

大家好，我是周玉香，来自苏州大学金螳螂建筑与城市环境学院，我的选题是《辛亥革命纪念馆陈列设计及景观设计》。我主要做室内部分。首先回顾我的题目，我要做的是湖南的辛亥革命人物纪念馆，建筑共有三层，一层、二层为展示纪念空间，三层为屋顶祭奠广场。回顾一下总体的建筑平面，根据本身建筑造型，基地环境，人物的性格以及革命的精神，我提取出三角形，作为我所要做的纪念空间的一个形式上的元素，利用三角形展开所有室内设计。通过对于人、物、精神的概括，主要选取3种材料用于室内空间。金属，黑色玻璃，镜面不锈钢。这个建筑特点是室内很多开窗，不同于一般展示纪念空间室内没有开窗，都采用人工光，玻璃主要用于室内隔墙，镜面不锈钢用于一些造型和玻璃修边。

周玉香同学汇报方案

首先进入广场是一个雕塑，用三角形元素做成这样的形态，主要的材料是玻璃及镜面不锈钢。

主体下沉地面2m深度，最高处突出地面前1m，上面覆上玻璃，人、物可以在上面行走。不锈钢上蚀刻刻一些纪念性图文。三角形元素用在空间中。首先，序厅是两层通高空间，从入口开始我采用这样的构架形式延伸入内联系中庭空间，在原本建筑混凝土墙面前采用这样的构架。构架上面是蚀刻图文资料，同时反射观者行为状态，虚实结合，让观者融入环境。第一展厅主要在地面上采用裂纹处理，主要隔墙也采用玻璃形成一定的倾斜度。这是室内的简单效果，右下角所指的视线方向，两面墙均作通透处理，在墙面上做展示，结合侧面的开窗做展台，利用自然光照明。

这是另外一个角度的立面，中间两片是两层玻璃，作为中间隔墙。第二展厅是一个破碎的概念，英雄人物打破时局的过程，作减法处理，针对事件分成3块主要密集区域。二层第三展厅结合屋顶小天窗做一组人物群雕，因为屋顶丰碑是高出屋顶2.5m，上次提出人物可以通过三层屋顶透过天窗看到二层第三展厅空间，高度不适合人的视线角度，结合光照分析，将屋顶的方盒子做斜切处理，这样降低了高度，也方便人物的视线到达二层空间。诸如万神庙，朗香教堂的天窗光线应用给我们很好的启示，这里我主要用天窗投射的自然光线对群雕做照明，呼唤自然希望的意境，这是主要的空间效果。谢谢！

彭军教授：

这个是辛亥革命展览馆纪念馆，这个课题其他人有做过的，我觉得这是主题性建筑，主题性景观和建筑整个氛围有别于其他功能建筑设计，首先突出和展览内容相符，我注意到这是一个非常好的优点，还包括对材料的在意。有一个问题是，选择不锈钢和玻璃以及天窗，想象一下这些对展览的主题带来的更强化的氛围还是游离之外，第一感觉这个建筑是原有建筑，用它作为一个辛亥革命的展览主题。不像是为了这个主题所做的建筑设计，在空间中你着重描绘不锈钢，产生眩光对主要的展览是不是有特别大的冲突。

其二这种展览里面光线设计或者光环境设计是特别重要的，这种展览一般是自然光的环境，很难烘托出氛围。最好的，离苏州最近的，南京大屠杀纪念馆整个做得不错，应该感受那个氛围。

第三个有一个主题雕塑在门口，1m 多高的东西，这个首先不像雕塑，好像是地下室的一个通信桶，或者自然采光东西，没有主题性，而且指向性这么强烈，使用的材料和构造都过于现代，难以烘托主题想法。

王铁教授：

博物馆首先是比较严肃的地方，不管什么博物馆，大家要参考一些已经成熟的博物馆的概念。博物馆具备的特点要抓住。要巧用天光，不是不可以用，如何巧借自然光合理运用，光温光色非常重要。要注意到这种情调，进这以后回到那种年代，让人一下进入那种状态。

彭军教授：

还有一个，有一个展厅的画面，好多三角体，不要认为表现自己认为有意思的形体不舍得推翻，这个和你展览内容和展览主题有没有关系，一定要强化主题，不是游离于主题之外，这个有点像陨石，和主题没什么关系，这是一个问题。另外天光的事，巧用光线特别重要，全天展览有大面积的天光，任何人工照明无法和这个天光抗衡，局部照明这些东西，节能了，但是展览需要主题诠释，公共照明要减少，局部照明要加强。

周玉香同学：建筑本身就有很多的天窗。

彭军教授：

其他可以改变，为什么天窗无法改变？首先建筑改造一下，墙面这么多面积，空间这么亮，不是临时展览，显然这个东西的主题性对建筑本身有特殊的功能要求。

陆海青同学（中央美术学院建筑学院）：

大家好，我来自中央美术学院，我的选题是天津南港工业区景观设计，先回顾一下。包括投资服务中心、生活服务中心等等，这是地块划分。划分原则保证道路分割的地块完整性，功能分区，有会议、会展、生活、行政以及企业。通过空间，虚实结合完成建筑形态塑造。这是路网结构，旁边是消防道路，路网和广场相结合方式。这是主要的办公区域，黄色是主要的商业区域。这是平面图。商业区以整体分散和群体这样的设计思路来进行设计。这是生活商业区，在以下空间建设服务和相对功能的商业建筑，根据水波纹建设，把大地起伏作为水的一种表现形式。这是滨水景观区，相邻展览展厅企业办公以及行政部门，"L" 形分布。这是展览展厅的效果图。展厅北侧为绿化斜坡，连接每个展厅二层，这是展厅平面和立面图。这是主要的绿化广场，位于展览展厅南侧，连接生活商业区，以观赏性交通路线为主，有两个立交桥可以连接展览展厅和生活商业区。这是企业办公，连接滨水区休息广场区，这是最佳的观赏景色的角度，主要的绿化及滨水观光区。这是行政部门。

谢谢！

彭军教授：

有波浪的那张鸟瞰图，这个设计非常简洁，有一些创意点比较新颖，整个视觉效果很好，稍微有点看着不太理解。下面有座位，有伞，高度 2.5m 左右，波浪顶部距地面多高，波浪功能是什么？

陆海青同学：主要是休息和通道，这是一些室内商业空间，商业餐饮，上面镂空的是休息区。

彭军教授：尺度回头再好好推算是不是过高。其他的设计都还比较简单，细部要细化，现在大格局出来了。

纪薇同学（清华大学美术学院）：

各位老师、各位同学，大家下午好，我来自清华大学美术学院。我的设计是苏州湖畔餐饮会所。首先对前期的一些工作进行一些回顾，首先是苏州的调研情况，分文化背景、建筑特色和空间分析方式进行限定，我想创造三种意义的黑白灰，时间、空间、人与人的黑白灰，设计目的利用地理位置优越性创造苏州湖畔休息空间，最大化融入空间环境，让城市人在这里找到安静，享受原始自然。这是现有场地的建筑实体、绿化景观和湖面情况，这是解决方式，增加一个 "L" 形空间，增加内庭院和灰空间。第二个进展情况，这个主要是对老师提取一些意见进行修改的一个平面图，这是一层平面，这是二层平面。首先对一层平面功能划分，这边是一个门厅和路口区域，这边是大堂区域，橘黄是包箱区域，中间是核心空间，绿色部分是一些天景和庭院部分，这部分是亲水平台和户外饮茶地方。最后是厨房。这是二层功能划分，包厢区，四个包厢，这是景色最不好的地方，安排办公室地方，保留一个天景，有视野通透性。这是从一层上来一个散客区，这个天井贯穿一二层散客区主要景观点。中庭水景是设计重点，作为主要空间线索，各个空间围绕这个展开。这是对交通流线分析，门厅进来进入一个小区，进入大堂再进入黑空间的通道，再进入中庭水景，这边可以到达庭院一个交通平面，这边是一个散客区。这是主要的几个空间节点，主要有门厅以及大堂、临水平台，还有水上楼梯和散客景观点、亲水平台。

首先入口门厅开始，这是立面效果，我想让人进入这个空间，从外入内，迎面看到一排竹子形成的竹墙，起到渲染气氛作用，同时限定空间。这个竹林后面是玻璃幕墙材质，通过竹林隐约看到水景，这部分设计了水上楼梯，有遮挡作用，使人进门厅可以看到水景，但不是一览无余。进入大堂过程是由外到内，到达竹林是露天小巷空间，到大堂内部空间有一个室内和室外转换，有空间的心理节奏。这个是进入到了大的空间，大堂的主要位置，我为大堂空间起了关键词，以景为饰，以窗为画，借景中庭，大堂背景层我是想用苏州传统花的纹样，不做过多装饰，随着纹样形状将墙镂空，镂空景色为画装饰整个空间。这是休息区。对于这个空间限定主要是再生一些木条，给一个空间限定还有一个高差，将这个休息区的平台上升给一个空间限定氛围。这是从玻璃幕墙看到一个中庭水景范围。从大堂进去必须进入到一个黑空间的通道才能到达各个空间。但是进入这个黑色通道后又能让人从另外角度感受中庭水景，是这部分临水平台，同时是交通空间，最大化让人享受中庭空间。进入到各个包房可以享受更大范围中庭水景。

从一个黑空间的通道过来可以到达中间核心的水景中庭位置，中间设置了一些细柱，不仅能形成序列创造光和光关系，可以使通道空间比较开放，同时可以作为黑空间通道到完全开放的水景中庭灰空间过渡。人们进入这个中庭空间可以看到散客区的树，帮助中庭人有视觉中心点，作为一个景观节点存在。同时可以到达这边的散客区，通过这个玻璃可以看到对面一些湖水景色，中庭水景设置和天然湖水对接，使一层两面是水，增加情趣。散客区景观树木服务中庭又为散客区增加情趣，可以服务一二层散客区，人们在这里犹如穿梭海面一样。这是楼梯设计，同时作为空间，对刚才门厅空间视野范围限定。

从中庭另外一个方向可以进入一个天景和模拟传统庭院布局，中间是茶室，通过天景连接两条廊道组成交通通道，主要两排竹林塑造气氛，是狭窄的空间，给人不同空间感受。从竹林小巷过来，转折之后可以看到这个视野通透湖面到这个亲水平台上，人们视野从狭窄到通透到完全开放的过程。这是我最后对整个一个流线进行总结，入口门厅发现中庭水景，又有水上楼梯和竹林设计，使人不能完全看到。大堂中间让人想象，激发人的兴趣，让人进入空间，这部分水景为大堂和门厅空间设置。再进入一个通道到临水平台，从另外角度享受到一部分空间。再进入整个的比较宽阔的水景空间，再进入一个有庭院的竹林小巷再到一个开放的亲水平台。这是主要的一些空间节点剖面关系，这是建筑夜晚效果，这是主要想达到的建筑空间氛围。谢谢大家。

王琼教授：

这个同学做得比较深入。有几个问题：第一，从空间自身体验角度做了很多，都没有问题。比如从入口包括整个体验过程，的确符合苏州园林一些形式。还有一个因为我不知道你刚才讲人的黑白灰这个概念是什么概念。第一个从功能上有两个问题要注意，首先资源利用，你刚才讲个人空间，但是从业主考虑，这么好资源没有一个包厢直接临水，标准包厢多少钱起价，这么好资源全给散座，临水两块全散座，包括亲水平台，而所有的包厢都通过玻璃在看水，这个注意一下，这是很重要的资源利用。空间整合是我们专业的基本能力，我们从行为角度为业主考虑，最好资源分配一下，起码弄一段给包厢、一段给散座。高端场所散座生意非常差。中国人习惯吃饭有包间。还有餐厨比有问题，这么多楼层面积，厨房我看1/10都有问题，厨房里面最重要分析人的流线，菜怎么送出来，我没看到有门，这是非常重要的问题。还有一个作为我们设计师要学习，中国对餐饮的送餐和回收有严格限定，还要考虑，不管懂不懂要知道有这个事，因为我们最后为客户解决问题，创意可以。三个黑白灰没有听清楚，在你空间和整个色彩包括材质所有数据中没有过多感觉到所谓黑和白之间关系。还有我不理解行为的黑白灰是什么意思？

纪薇同学：

我想到人之间黑的关系是紧密亲密的关系，亲密距离。如果是白，可能是一大群开PARTY没有束缚。

王琼教授：有点牵强。

彭军教授：

王老师说的也是，别为了后一个概念而过于牵强地组合这几个词。比如解释黑白灰，实际是大多数人或者绝大多数人不会用这种关系形容你要形容的关系，学生可能为了有意思的一个语言点为自己的理念，但是一定要符合常理。另外这位同学做得相对下了很大工夫，而且很深入。有两点建议。一个里面空间的单间，必须有开窗，这有很多庭院，通过里面单间不管茶室包厢，人的行走对私密性影响，现在解决了里面庭院，里面小包间采光解决了，私密性路线有没有影响，这好好斟酌。其二室内设计中形式设计是其中重要的内容，刚才提到专业的，形式设计刚才放几个效果图，显然咱们要做作品，而且带有创意性的作品，现在细节和现在常见的东西过于相像，而且过于缺乏创意，对创意要提到更高层面。

王铁教授：

建筑这个效果图很不错，最重要注意效果图在室外的场景。

舒剑平老师：

建筑外观不多评价，有点像太湖感觉，感觉在湖中央。提一个建议，我刚才感受在室内空间的时候，没有感觉到苏州的柔美，空间中可能传递出来信息更多是工业的，苏州的柔美怎么样体现出来。但是黑白灰的方面，黑白照片非常漂亮。

王家宁同学（天津美术学院设计艺术学院）：

各位老师、同学，大家好，我是来自天津美术学院的王家宁，我的选题是"海之韵"，位于海南省三亚市亚龙湾。首先介绍目录，分三大块，前期回顾、内容展示和日程安排。这是我的区位场地分析。概况，亚龙湾位于中国最南端，我主要介绍内容展示。主要分七大块，总平面概况、规划结构分析、规划交通组织等。这是总规图，我进行了大的改动，加了一些主线，这是一个景观主线，我给每个区起了比较好听的名字，分别为踏浪弯、亚龙花园、亚龙之星、星韵生辉。这是总平面图，红色人行入口，蓝色车行入口。规划交通网，由于下面是主干道，通两个海岸，蓝色是路占道，探出水面，黄色是次干道以及景观路，下面是视觉 望系统，建筑俯视点，景观高台俯视点和方向。这是绿化区域，有一个绿化带，我设置了一些景观。由于主干道在右下方，往左上方移动，在下面设置多一些植物，可以吸收噪声，减少对景区内噪声影响。这是酒店的一个前后竖向设计。中间是小广场的小雕塑。绿林山涧竖向设计，体现俄罗斯方块感觉，人进去有进山谷的感觉，有瀑布从上面流下来，体验热带雨林感觉。下面是时间安排。谢谢！

王铁教授：

刚才确实讲得比上一次深入程度多了，很多问题确实得到了一些解决，很多广场确实丰富了，实际上问题在哪？还是大家共同存在的问题，就是尺度和比例，如果把这方面做好点更好了。

王琼教授：

放酒店前后的立面，这里面干道和前面那块雨篷距离，没有标尺寸，看比例很近，在景观这些很多主干道和次干道，尤其酒店出入口比例非常高，现在比例不行。看上去雨篷之间和主干道有打架，这个距离要注意。

石赟老师：

最后一张照片，可以看到景色很美，突然出现一个建筑蛮突然，前面广场蛮突然的，这个做足没有办法，想办法做很美的景观，有没有在可能尽量少地把那些原有植物破坏的情况下来做。学生以后工作的时候能考虑尽量不破坏原有环境。

朱燕同学（苏州大学金螳螂建筑与城市环境学院）：

各位老师同学下午好，我来自苏州大学金螳螂建筑与城市环境学院，我的题目是集约型旅馆设计。我给旅馆起名字叫源，我上次汇报的是溯源情节的旅馆，溯源是苏州的源，水资源在苏州是一个闲置资源，我会整合水、小船和人家。我的旅馆以水为基地，船为载体，形成我的旅馆。

首先是一个单体的尺寸概念，我的尺寸为 2.1m×2.1m，高度是参照苏州的船的高度。屋顶形式是借鉴苏州民居的屋顶形式，坡度有多种，为了要确定我的模块化生产的模数化，确定了一个屋顶形式。这是屋顶形式三维模式。我的组合形式取苏州江南民居，天景、廊和房的联系方式，连接是以天景串联，会有并联方式。我做了一些平面改变，产生一系列的空间。我的基地位于苏州护城河周边，今天汇报山塘附近为主。首先是山塘附近原有的平面，这是基地的一个横向的区域，这是一个城墙，是阊门，区域内以阊门为中心轴线，两边的桥做黄色轴线，产生我的建筑平面以及体块。这是我体块的流线，黄色区域为独立体以及黄色的区线框是独立体，这和设计房型有关系。房型是以时间划分，短期房型与长期房型，短期分多人共享式和两人共享式，长期分两人共享式与完全独立式。做到内部设计中尺寸有一定问题，单体调整 2.1m×2.2m。多人共享是串联体块为主，功能是夜晚的卧室和白天休闲，首先是夜晚卧室床和书桌主要作为储物之用，这是立面。这是侧立面以及望出去的立面，白天功能以喝茶的茶室为主。

朱燕同学汇报方案

我本身追求的是苏州建筑房与园的概念，要把房和园交换或者互通，把外墙变成一个没有墙的一个空间，我的储物空间以门朝这边开和它衔接产生一个体块，以一个轨道轴整个来移到一个区域内。夜晚空间与白天空间有变化，我选用升降的概念，椅子也是采用机械式可升降的。室内外互通产生这样的关系，这是园，这是房内，整个墙可以卸掉。两人共享指的是厨卫功能，就是以中间区域为主的两人共享室，完全独立式主要是一个平面方向的两间以及垂直方向两间的概念。因为产生了一个变化，船可以是封闭的，可以是开敞的。这是组合方式。最后是下阶段任务。谢谢大家！

王铁老师：

船和岸关系不恰当。太阳照到屋顶需要隔温，要想到这个问题。

彭军教授：

岸和船高度开间应该是侧面下，不是直接蹦下去。

王铁教授：

船是晃动的，得考虑人在里面。

朱燕同学：

我陆地上有一定的体块，考虑店什么的，陆地上有体块，方案主要是不移动的，方案有部分是可以移动的。

王铁教授：

注意一点这里面的构造。要有构造意识。

王默涵同学（中央美术学院建筑学院）：

老师好，同学们好，我来自中央美术学院。这是上次做的空间功能分析，回顾一下，稍微有点调整，流线分析，我把柱子做了竖向结构，做了调整，作为上下层的视线上的连通和空间连通，或者作为景观纹理。这是建筑的结构作为顶层景观纹理。这是一个层与层之间和绿植的关系。这张是在工业区的会展中心周围的图，这张是一层平面图，这几个竖向结构是作为交通和视线的，同时结构也是竖向交通连接。这是二层平面，绿色区域是餐厅，两边红色区域是会议室，最大会议室容纳500人。其他是相对小的会议室，其他的是会展区域。这是顶层示意图。我设计在顶层可以在不同的标高上行走，红色就是顶层可以行走的交通流线。这是效果图。这些楼梯和过道可以在顶层行走。这是入口一张空间的效果。谢谢大家！

王默涵同学汇报方案

汪建松老师：

做的是建筑，比较多的手法用到建筑屋顶上，但是这个建筑屋顶没有从正常的角度研究屋顶通透线，屋顶做的结构在正常的视线看不到，只能到屋顶体验。我觉得做屋顶景观可以。对于这个屋顶景观单独处理可以，大块工作量建筑平面和一些东西，这些之间联系看不出来。侧重点稍微扩大点。

仝剑飞同学（中央美术学院建筑学院）：

各位老师、各位同学，大家下午好，我来自中央美术学院，我的设计是天津南港工业区景观设计。回顾项目，南港工业区在天津发展有战略意义，总建筑三期。现状条件，天津南港工业区空间结构“一区一带五园”三部分。这是功能分区，有会议展览中心和行政办公中心、生活服务中心、企业办公中心、停车场，黄色是主要设计的部分。这是整体的基地的概况。会议展览中心规划总面积56000m^2，地上面积36000m^2，高度21.5m。生活服务中心建筑面积49000m^2。场地分析，红色箭头位置设计主要的出入口，会议展览中心作为主要的设计建筑，剩下是景观节点。会议展览中心高21.5m，前广场地势较平，立面上增加层次，丰富空间的变化。生活服务中心高35m，由两栋建筑构成。在会议中心广场设置环路，通过广场景观道路连接不同景观空间，分散人群，提高景观空间的利用率。这是建筑的实际草图，有一个高8m的底块。这是建筑主要三个出入口，然后是交通密度分析。基地周围四条道路，箭头粗细代表强度，人群在没有建筑时候可能是围绕这几条环路行走。加入建筑，这个人群活动有在建筑周边活动的可能性，我打算用几何空间疏密关系表达密度关系。这是平面图。对形式和景观的利用，创造流动表面，是持续空间和结构合理部分，空间可以丰富和扩大。红色部分是高密度部分，几何空间密度会高一些。前面蓝色是低密度部分，道路会多一些。景观形体大一些。生活服务中心这块是中密度景观效果。红色部分是做了景观桥，来回高低穿插，可以连接生活服务中心，这个广场在立面有一个变化，在行走过程中趣味性更多一些。这是南面立面和北面立面。

仝剑飞同学汇报方案

我在设计里加入了一些元素，像钢架、锈钢管、木架元素，表现原始工业区的感觉。这是深化设计以后需要做的一些细节部分的处理。这是座椅和几何形体绿化带。这是景观桥效果图，这是会议展览中心东面入口效果图，这是西面入口。这是时间表。汇报完毕。

彭军教授：

南港工业区是给学生提供一个开放思维选题，这个选题做得足够有特色。我强调几点，从思路到如何实施这个还是有一个距离，比如其中一个平面的一个图，第15页，第一个感觉这个好像为了形式而形式，这些不等的没有持续感的三角形的绿地划分，首先是俯视图人实际视角和实际使用，这些划分几何的景观画的利用我觉得会牵强，容易形成学生一个情况，一个设计的模式，这样的主要通道要斟酌。还有高架，高架一般情况下比如上海苏州高架桥，解决路面交通已经不堪重负，高架桥是无奈办法，应考虑高架桥有多大必要性，最后一个效果图，立柱都在主干道上。这晚上开车容易有问题，这样的形式首先是科学设计为基础，功能的要求为基础，再考虑形式怎么能更有利于这个景观科学化，其次谈形式。

汪建松老师：

回到人行分析平面，加了人流加建筑密度，这么大尺度公共建筑里有重要的车流，这个距离不是常规的人的通行尺度，所以这个里面车流的计划要考虑。并且车流分好几种，货运车流和常规的交通车流，包括停车，包括自行车通道都要考虑到。这些问题导致最后需要通过一些高架解决车流之间关系，才达到一定的目的。不能纯玩形式去做。考虑整个建筑体内部功能问题。不要把景观设计理解为大地艺术，要定义好位置。但是景观很多要考虑实际。

张骏同学（苏州大学金螳螂建筑与城市环境学院）：

张骏同学汇报方案

各位老师、同学，大家下午好，我来自苏州大学金螳螂建筑与城市环境学院，汇报题目是湖南辛亥革命人物纪念馆室内陈列设计。首先是进行一个简介。建筑位于长沙县黄兴镇，占地面积 17624m^2。设计理念，室内陈列设计注重人的空间感受，描绘历史意境为主，展示内容以时间流线和人物并进。下面平面方案展示。首层平面以柱网结构为依据，将平面分割成不规则的参观路线。这边是贵宾接待室，这边是收藏室，然后是展区。二层平面与一层相呼应，是不规则分布。主要三角形为主的元素。二层平面功能区域办公室和大展区。空间流线三条，首先参观流线，然后办公流线以及贵宾接待流线，分别独立。入口大厅设计利用原来顶部玻璃采光顶，我做了往下延续形成一个倒三棱锥形式，形成有一部分插入地面的效果，三角形也符合整体设计的元素。这是贵宾接待室立面图，我对展柜进行研究，尺寸以及人的视线对展览的要求。这是第一个展区，讲述从中国近代史开端，前面在整个展区是一块破碎的墙面，人可以通过墙面看到里面展览形式。接下来展区是三角形的玻璃插入实材墙面，每个玻璃面上有一个当时的条约，下面通过一个缝隙感受断壁残垣的场景，墙面上有一些不规则的图形，在部分的地方有中空的空间，人可以通过这个区域往里看。下面是反清义士展区立面图。这是改变人的视角体现当时屈辱和希望的意义。这个展区通过刻画战斗的剪影来表现当时人民的反击。

这是通过较长的通道，寓意黎明前的黑暗。这块是革命胜利后，其他省市相继响应革命。

谢谢！

彭军教授：

辛亥革命博物馆室内设计不是简单室内空间设计，确实需要和特定空间区域内所展示的内容紧密联系，有空间场景转换，这样的话展览脚本是必需的，否则说不清是什么情况。如果这样的话下面问题，这种展览空间必须得有氛围，必须得有一个进入空间的氛围。这个氛围从目前效果图看感受不特别强烈。有几个点，墙上通过一些革命发展的趋势也好什么也好，但是有点过于支离破碎。

另外还有，我觉得要分析这么大场地肯定有一个面积，这个面积日常通过展览人流量大致多少，只有一个走道，那样恐怕有问题。还有一个问题，室内外环境设计图表现力对设计意图展示有直接影响，不然感觉这个东西没有艺术感染力，仅仅是一个空间形式划分。最后还一个，有两页，一个展览尺度，还有展柜，大概作为资料分析这个问题，不像作业展览典型的标准性的架子，这里几乎每件东西都是特殊设计的，而不可能是采购过来的成品，要是采购过来成品的话，这个展览的专门性就大大降低了。

汪建松老师：

上次汇报时候有个细节被老师认可，做折墙，后面空间利用做了通过窗可以看到场景，至少在这方面充分利用空间。但是反过来一个问题，出现折线后，在内部真正厅内做这个手法比较少，趋于平面化，在墙面做图案，这个空间回到平面化。这样失去了做折线的空间意义，这是比较重要的。还有一个，展览形式和技术特别多，不光是咱们看到的一些图片或者是一些部件，现在一些综合技术手法，互动的多媒体的。做现代纪念馆要融入这些，应该多吸收这方面技术，让展览空间更生动。现在强调体验式、参与式、互动式的设计，不是单一的书面说教式的，所以要多看一些资料，加一些内容。

刘伟教授：

这次汇报比前次思路清晰，从建筑到内容结合这块花了不少心思。

任秋明同学（清华大学美术学院）：

任秋明同学汇报方案

大家好，我来自清华大学美术学院，我的毕业设计题目是意大利田园风格别墅室内装饰艺术设计。首先是回顾，广东省嵩山湖一号。概念回顾三点，业主是服装设计师，我的设计和他的设计一样，服装设计师应该有量身定做的家，通过上次分析找到感光材料，可以把设计师习惯元素印染在织物上。因为这个别墅是设计师在郊区的一个度假休闲的家，应该是舒适有品位的。通过一些完美细节创造悠闲浪漫的意境。基本特征极为丰富的传统建筑和室内装饰。像这样大体十分精致优雅，给人一种热爱生活的感觉。这是设计分析，这是一层空间，主要带来悠闲生活方式。围绕花园餐厅进行，两层楼打通的，有非常好的视野，这个灰色空间很大，这个黄色部分是四个区域，分别是家人家庭活动空间，来展示他们家庭生活丰富和紧凑。这边是早餐厅。这是二层空间，主要表现一种和谐家庭氛围，这个很大地方是一个主卧，入口进来有更衣室，主卧，还有一个SPA，表达对于女性的崇尚和宠爱，也符合欧典女装理念，崇尚女性在社会中的地位。这边有一个面对花园和阳台充分阳光的瑜伽房和游戏空间，两边是风格鲜明的儿童房。像这样，这女孩房很多强调细的功能，右边是男孩房强调学习功能，大体是这样的温暖感觉。这是地下室空间，非常宽敞，很大地方是展览空间，这边是一个比较优雅的品酒空间，这是展览空间，因为他是服装设计师可以在家展示作品，客人来可以看到酒窖。剖面上想表现每个房间不同格调，这个很高的花园餐厅就是这样地充满了绿意的空间，阳光洒下来，我希望他们就餐有和谐环境。这边墙面是会客空间。这是回归本真的花园餐厅，因为有很多绿色花草，这是符合意大利田园风格的要求。还有一些很古典的竹饰和栏杆，有古老的壁纸和壁炉，窗帘这些软装上有欧典女装印记。田园风格强调非常质朴的感觉，在一些细致的栏杆处理非常精致和优美的，这是有古罗马的装饰元素，虽然一些细节很繁琐的，在整体上的时候给人相对比较亲切古朴的印象。这是壁纸分析。这是早餐厅，和刚才花园餐厅比更轻松一些，靠近阳光，有充满绿意的西湖，这是意大利田园风格的特征，家具饰品选择轻松。

意大利乡村魅力在于细节装饰，比如墙上一些松果，墙上有一些调味品，使这个房间变得更优美。在饰品选择上从服装元素提取，加进感光材料，得到不同色调织物放在家里。这是会客空间，给人亲切的印象。这里可以展示主人陶瓷收藏，这里有很多充分个性的装饰。这里可以摆放藏品，因为他是崇尚古典，但是又充满现代气息的业主，所以饰品上可能是非常古典欧式的，也可能是充满中国元素，这是卧室空间，给人温暖的感觉，这里有展示空间，就是收藏的一些画，有木地板，这里有古老的壁炉，这种格局是意大利田园风格的写照。整体是这样。

谢谢！

王铁教授：

总的来说分析过程不错，实际上我们理解所谓欧式的概念，你可以放松点，就是做一个大欧概念，不能做地道，也没法做地道。现在再改不可能，马上临近毕业了，而且做我们这个课题到了3/4了，就进行大欧概念，这是一个提议。

舒剑平老师：

我提个小建议，可能是设计方法问题，对生活的体验作为我们学生来讲相对比较少一些。可以通过对生活场景化的模拟分析，可能设计变得相对合理一些。第二张图有酒吧的平面图，比如这个既然是家庭化的一个红酒吧，品酒方式不会像营业场所一样放两张桌子，人分得很散，家庭品酒氛围是一个大桌子，所有亲朋好友在一起品尝，家具摆放方式上，可以从生活化场景去想象一下，会变得相对合理一些。

王琼教授：

立面有一个技术性问题，以后要注意，你现在一楼和二楼间有条黑线，是楼板，但是肯定有设备层，还有梁，抬头肯定有梁，再画条线空白作为一个加工层，这样不管留多少，知道那块肯定有的，我只是讲图面深化问题。还有既然做家具案子，要增加，第一个你不要把一个材质放一张图片，每个空间所有出现的材质都要放进去，因为色调和材质综合的，不能孤立拿出来，孤立拿出来吃不准，这对自己是方法，孤立看没有看整个空间颜色。

第二点，作为居家设计还有一块非常重要就是家具，家具要确定哪个款式，我们一般做白皮书，必须有具体形态，旁边有贴面料，这是往细了做，你将来进入社会岗位必须这样做。画一个草图天才做不出，首先木质是什么木质的，油漆是什么油漆的，是开放式的，是不是金属材料，是不是单一材料，还有包的东西，所有这些东西对室内设计是最重要的。因为我们要触觉，不仅有视觉，甚至气味，综合所有的这些东西，你想给业主或者是你的居家客户他要有什么感觉，或者你自己什么感觉搭出来。一定不能是按照咱们3/4有很多量做，再往下一个立面多出来点，虽然没有具体的尺寸的标注，但是基本比例在那了，第二个所有的材料、家具、灯具甚至软饰，包括什么窗帘，平挂的，垂的还是罗马圈的，或者你理解田园的东西怎么挂的这些东西很细，往下再走一步。

刘畅同学（中央美术学院建筑学院）：

大家好，我来自中央美术学院，选题是三亚亚龙湾产权酒店设计。选题背景，位于三亚亚龙湾中心位置，三亚六大区位优势，这些是不可复制的资源。气候对景观影响，相对湿度，风速和热辐射。我们设计地块交通便利，配套设施完善，位置极佳，是不可复制的旅游度假区。设计意向。度假酒店和一般酒店不同，大多建在风景秀丽之处，国内存在大部分现象酒店千篇一律无法有深刻印象，我们意在设计这个地块，把度假区记忆延续下去。空间强调空间及其体验重要意义，有空间情节编排，空间有让体验者想象思考和体验的想法。良好的情感体验为度假酒店设计提供了新的视角和方法。考虑三亚是旅游城市，考虑几点独特性，在设置人车分流中，安排了地上停车和地下停车场，蓝色代表城市机动车车道，区域内主要干道安排消防车道，还有区域人车共行道。主要的步行道路安排在建筑群当中，主要的水景轴线周围。在生态景观周围安排了生态通道，还有人车共行道。

刘畅同学汇报方案

景观分析，人视观景点，最后终期报告有相应效果图对应引入生态层概念将生态渗透各个界面中。主要的空间节点，可以连接交通，可以作为室外交流空间和观赏平台。剖面图，展示这是鸟瞰图，时间安排。谢谢大家！

王琼教授：

度假酒店景观，一开始概念很好，第一个互动性，互动性尽可能让人和环境有点说法有点故事，让所有的步行慢下来，度假酒店和城市酒店不一样，待在那里几天时间，要给他消磨。景观设计来讲，水域第一平、第二大，刚才几张图片没有体现景观，一个是海上的，第二个停车场。度假景观酒店我们最近在三亚有几个项目，实际我的感觉第一你前面概念很好，关键几个植被要注意，椰子树和棕榈树透视性很强，这是一个重要的问题。第二个作为互动和参与要大量的灌木，尽可能让它遮遮掩掩，在这里面这个度假景观尽可能要听到声看不到人，经常在曲折迂回里找乐趣，要给很多文章，酒店内部很多内容，景观也是这样。你这样我觉得要扎进去，有一些东西再分析。可能有其他的植被，纯椰子和棕榈作为大乔木形态有问题，不是不好看，关键一览无余，你的角度前面定位很好，下面要深化一些。

彭军教授：

放到 32 页，这有一个说明，引入生态层概念，将生态渗透到各个界面，多方面角度考虑生态也好，环保也好等等，但是如何在设计中不仅仅是一个概念，而确实应该有具体的如何处理，这不是作为一个标签或者符号，有自己设计的体现要深化。

汪建松老师：

三亚植被景观设计是重点，自然条件允许达到各种植被存在，不是简单一带而过，真做需要形成植物组团，包括植物色带，形成怎么样的反差，这个需要做大量工作。另外方面，除了自然植被，硬体景观，和建筑相关联的人行的公共区域部分，不光只是区域上的安排，同时考虑度假主题性。度假酒店一定有主题性，国际上的一些地方都是强调这个，所以在这方面几乎没有考虑。如果说只是刚才列举的东南亚的小木头房子过于常规，这个做一些文章。这么大的一个类似于小公园这么一个区域，要形成区域性，有一定的相互的序列关系，要不然为什么去那边，一定有一个目标，或者有一个吸引的东西。所以在每一个点位上要形成一种序列关系。同时可能要考虑人群，比如孩子戏水，包括成人公共交流室外区域，特别是好的环境，比如室外的一些聚会等等，人的行为方式要考虑。

王伟同学（天津美术学院设计艺术学院）：

大家好，我来自天津美术学院，我的选题是海南省三亚市亚龙湾产权酒店室内设计。首先第一块是前期设计回顾，首先我的地点位于海南三亚亚龙湾，集合多种优越的自然条件，自然环境气温比较高，降水比较多。第二部分是概念阐述。概念表达主要是利用空间流动性、功能性和造型性，将空间进行穿插形成新的丰富构成体，形成多层次的空间。由于地处海南三亚，空间上达到人与自然和谐，有单一空间整合和复合达到和谐关系。这是内容定位。方案进展，首先这是功能划分，首层共享空间为主，二层餐饮空间，三层会议空间，四层是住宿空间。垂直交通及主入口，大堂为中心呈放射状向四周辐射。平面交通是首层呈放射状，这是大堂平面图，这是一个咖啡厅的一个平面图，由于地处海南三亚，提到三亚是蓝色海还有白色沙滩，我主要用这三种颜色。这是效果图。海南三亚特有树种是红树林，进行概括和提炼形成一个咖啡厅主要的元素。我的设计日程安排，汇报完毕，谢谢大家！

王伟同学汇报方案

汪建松老师：

选这个题目挺难做，因为酒店设计起来，特别是牵扯到室内方方面面功能关系，要参考好的案例。多看一些度假式酒店布局，包括一些大堂的硬件，刚才王老师说的，首先知道是什么场合，酒店几个餐厅特色都会不一样，分不同的用餐形式。所以做这个首先要明确是什么，根据功能再选择适合的元素和风格，因为最终效果图是从红树林提取树的图形，光这点对于酒店太单薄，还要找一些素材和资料丰富。

王铁教授：

方盒子里做的所有功能很难满足，充其量是旧建筑改造非装饰上。现在内容肯定有缺陷，毫无疑问。最简单的，那是地下停车场？

王伟同学：客房，两个人住。

王铁教授：没有门吗？

 王伟同学：目前只是划分空间。

王铁教授：

必须要清楚，我以为是停车场，原来是客房。尽量完善这个内容，很多是建筑缺陷。首先开间柱子有很多问题，不为酒店做，这个没有问题。就正常按照你的走，你再画点手绘图，你把这个显现出来可以弥补这个缺陷。

绪杏玲同学（苏州大学金螳螂建筑与城市环境学院）：

我来自苏州大学金螳螂建筑与城市环境学院，我的设计是湖畔餐饮会所设计。这是从东西南北看到的立面关系，由于这是白色的材质，但是白色的玻璃材质和片和线可以看出建筑在环境中是很温和的存在感。因为之前那部分没什么改的，接下来讲前厅建筑餐厅和茶室，前厅是外围柱子支撑，三面玻璃，通常有前台接待，竹排码头。下面是立面，前厅视线非常开敞，视觉交点在室内树上，秋天有落叶飘落的场景，会需要稍微打理。石墙还有遮挡阳光作用，墙面有开洞保证冬天日照。石墙下面开 1.5m 高的窗户，丰富前厅里的视觉层次。这是站在竹排上通往餐厅看到的场景。这是餐厅的建筑立面，屋顶上有一个 2.1m 遮挡阳光板。这是墙壁模块。A 类的主要用在建筑外墙上，B 类餐厅包间隔墙。这是平面，外围灰色的圈是室外的亲水走廊，白色是包间区域，红色是公共空间。黄色是餐厅，下面有条小溪是普通餐厅，上次汇报中所有一样大，老师提意见改变层次，当时空间太呆板。我稍微改变一下大小，增加了方桌的包间形式，增加两个工作间，减少了西餐厅的明厨。室外进入方式和室内流线。这是中餐厅空间示意图，有一条小溪，作为室内游戏景观存在，漂流一些点心、酒水。这是从另一个角度看到的情况，室内这些树会和玻璃墙外面景观有一个呼应，能够达到室内和自然相互沟通。这是包间情况，两个包间组成一个单元，这个单元之间共享墙面是 B 类模块组成的墙面。这是明厨情况，是一个水池上面舞台情况，因为是独立出去的。茶室外面浅点的圈是开敞外面走廊的样子。这是茶室的立面。茶室建筑立面入口立面用 B 类模块的，其他三块是虚的玻璃的。这是茶室朝向湖面看的角度，这里应该可以坐一些人安静垂钓。

绪杏玲同学汇报方案

谢谢！

王铁教授：

“滟滪”应该做得活一点，你说完最后没感觉到滟滪。效果图做得很有情调，很有文化修养，我认为特别静，尤其在湖畔是很好思考的场所。很多东西过于理想化，你需要考虑怎么贯穿让人感觉故事讲完和主题扣上。

汪建松老师：

很有意境，想法不错。问题为什么出现？空间里让人看的东西太少，你已经做到室内设计，室内设计牵扯到有墙有地、材料、界面、灯光包括陈设，做主题性餐厅时，应该多考虑一些细节室内。还有空间尺度要注意一些可实施性，因为最后一次放飞比较高，大厅的树包屋子里，有一定问题，包括将来如何实现，从实际工程角度有一定困难。总的来说挺有想法。

彭军教授：

序厅那页，这个位置是在哪？苏州，当然很热，这个树是真的？用一个封闭空间得有一个人工调节制冷制热，这是暖房，进去迎宾，在这么一个封闭的夏天，热的空间怎么处理。很浪漫，有想象力，稍微有点合理想法这个事就成立了。

刘伟教授：

下面是研究生开始汇报。

孙鸣飞同学（中央美术学院建筑学院）：

大家好，我的题目是北京 798 核心区域公共空间初步研究。798 区位概况和主要研究区域，这是 798 与望京地区其他艺术区关系，798 艺术区在三个艺术区里是最大艺术区，这三个艺术区辐射整个望京区域，形成望京区域文化艺术圈。我研究区域是 798 厂和以北的一些主要旧厂房为主。这是这个区域的现状分析和实地照片。

这是我做的核心区域的黑白关系，可以看到区域空间状况比较复杂。从主要几个公共空间中归纳出空间围合形式：两面、三面和四面围合。这是这个区域的空间尺度，主要街道宽 12m。798 旧有工业区，空间类型决定了空间尺度，适宜的空间尺度一般控制在 1 ：1 左右，空间尺度关系进行更新和再利用需要进行一些更细部调整。

这是天际线分析，交通分析：内部交通为棋盘式布局，人行街道贯穿这个场地。主要人流分析：人流密度集中在 798 核心区。这是业态分析，核心区域主要有画廊、工作室、餐饮空间。绿化分布：798 绿化分布比较集中，主要道路分布较为集中。这是停车区域分布，这块是主要的大面积停车场，其他的区域主要是以沿街停车为主。灯具分布，沿街主要是路灯，没有其他的照明工具。目前进行了这些调研，通过这些掌握的资料对 798 艺术核心区公共空间进行分析和梳理，提出发展的模式。主要针对两个角度去研究，我会整合资料和案例。这是时间安排。谢谢！

汪建松老师：

798 不是简单工业化厂房工业化改造，798 文化含量，包括在北京的，对当代艺术影响力有很深刻意义。如果研究起来必须知道中国当代艺术，从研究生层面，应该把对世界艺术影响作为一个重要课题研究。因为不是简单对 798 公共区域功能性改造，如果真正了解，里面不光表面上看到的改造，更多是这些人的行为方式，他们在干什么。这些画廊的活动，对社会对文化产生什么样积极影响，正是因为这些影响带来全国各地人来参观，不是因为工厂化来参观，这方面需要再研究得深刻一点。如果说这个文化发展前景作为预测，根据预测目标来提出思路，如果我们通过环境化改造，对中国当代艺术前沿阵地起到优化作用，我们改造才有可行性和意义。不止是单一的简单的。这个一定要注意。

彭军教授：

先放第一页看题目，再放目录。公共空间的初步研究，现状下的优化与完善。首先一个，刚才用大量时间或者全部时间介绍了一下对 798 调研，调研需要和研究内容有实际关系，通过前面调研哪有可改进的东西或需要论述的东西。

王钧同学（天津美术学院设计艺术学院）：

通过上次确定题目，景观可以从很多方面切入，这次通过和老师沟通，确定从视觉探讨形态对参与性的影响，上次定位把论文题目确定，通过我的研究或者一些书目总结性标出一些理论性共性方面，为设计的人提供可参考的一些东西。

第二章三大部分，首先是景观中的形态、景观中的艺术视觉规律、景观设计中空间形态的构成方式，每个大标题里有小内容的概要。三个点组成我第二章全部内容。首先是形态，对于形态辞海里有这样的解释：形状姿态，事物在一定条件下的表示形式。对于做设计的人大概分两部分，一个软景观一个硬景观。一些树植和草坪，用铺装和一些围墙和景观设施和雕塑做设计，给人视觉刺激感。这里以铺装和台阶作为影子，铺装在整体上给人空间感受，为景观烘托整体气氛。铺装可以有三点，导向性作用，节奏性，形成视觉趣味性。

导向性给人们视觉很直观，让人知道流线，节奏性铺装宽窄以及面可以决定人们的行进的脚步的节奏，形成一种视觉趣味性。不同铺装是一个不一样媒介，给人带来不同刺激感，这种东西给人别样的感觉。台阶三个作用，首先形成视觉焦点，第二形成一个划分平线，第三提供一个休息场所。视觉焦点形成一种标记物，在一个地方区分主楼和次楼，因为有标记的作用。第二划分地平线，让人们实现从一个标高到另一个标高，可以提供休息类场所，人们愿意在台阶休息观看周围景色，满足人们心里去参与的一个心理需要。

文章第二部分是形态组成方式，景观中需要整合我的景观设计中的所有的元素。通过阅读我总结的规律，首先在整个元素中可以分四个规律，即轴线、对称、等级、韵律。轴线从起点到终点形成一个景观的轴线，这样使人们知道有一个概念。对称是使人有秩序感。等级是做一个东西大小形成景观秩序。韵律在视觉上起到和我们研究所看到东西达到一种共鸣，让人感觉有一种美或者有结构性，像音乐一样。

这是我论文中对于视觉的一些研究，我为什么要用一些东西来切入我的文章主题，因为看了以下两个图片，其中一个是美国的一些街道设施，很有意思的是由于更多女士关注自己的身材，这个区域是肥胖人的区域，不够体重罚 100 元，后面是告诉人开车不要超速，给我们启示，以后景观设计是多角度整合性，也许从某角度和我们的景观设计相结合，变成整个设计切入点。视觉基本规律，艺术景观设计影响。

视觉理解力有三个，一个有选择性，第二知觉性，第三亮度的作用。形状和意义是我们看到一个东西能够理解，由于这个东西是与我们生活相关，是有生活性的，或者说是与我们生活相关，我们需要利用一些规律做设计，避免一些完全的因为概念性东西让人不知道设计在说什么。

艺术与设计，我想说设计里有很多创意点，我们可以用一些视觉的海报或者创意借鉴进来做设计。另外我们同时可以用一些绘画作品，甚至我们可以用我们的国粹，我们的文学作品，各种作品来做我们的设计。还有景观设计形态和空间关系。空间里分两个，一个是空间元素，另一个是空间如何整合。空间两种，一个二维一个三维空间，二维空间点线面，平面中解决问题。空间整合中对于空间整合达到对于整个形式很好的把握。提出来三点对于空间把握方式，一是亮度变化，二是空间削减变化，三是增加变化。

这是中期汇报内容，这是时间规划。谢谢老师！

刘伟教授：

我感觉到同学选题目来讲，选了我们景观设计里非常明白的一个元素在这里作研究，看能不能换一个角度，因为这有大量资料支撑，感觉在对资料进行梳理和整理是读书笔记，和论文需要的概念有点距离。我们看不到你的观察点，独到思考在哪里。只是选了一个景观设计中的视觉要素，还有标题叫作形景相映，说明什么问题，要关注视觉这块没有定题，所以我觉得可能要思考一下。选的素材不要变成学习笔记。

王琼教授：

研究生论文视角要有独特性，第二你自己要有一个特别有感知而写的东西，不能为写而写。实际上我看你讲的，像做教学笔记一样。你是不是挖掘一个特色，因为行景相映是四个维度，三维是静止的，从这个角度加四个维度怎么分析，这是一个。很少有人分析植被，景观全往建筑靠这是个问题，实际质量植被种群有形态问题。一个独特性，还一个要扎深。

汪建松老师：

写这个没有什么必要，因为这些东西是景观设计中常识性的东西。如果真做这方面研究，最好就一些书目，参考什么书目，别人研究到什么程度，你发现什么新问题才有必要写这个东西。这是挺重要的。还有一个是我觉得里面选择很多资料，第五页里很多是建筑，这是建筑的部分，还有后面小品类的。景观范围应该更广一些，既然做景观，不是为了做设计而设计，首先要理解自然，景观受到社会影响，这种大的历史背景要先分析，然后中间找到需要突破去研究的整个点，这样一研究会发现不同的文化背景，不同区域，东方西方对这些分析不同。你提到轴线那些问题，我们学景观都知道，你放一起这样很难写得透彻。

王铁教授：

我有相反认识，你还是题目选的没错，文献检索提出论据有问题，题目本身没有问题。回到第一页，行景相映，人的行为当中在景观中的研究，相映是心灵，这个角度来讲，从行为到景观到心灵，换角度去思考所有的问题，研究景观当中的维度，加上分出三级天际线，从这个角度可以看出，包括绘画广告都有，研究人的心理行为对景观视宽有一个范围。刚才讲的大家误认为你在写工具书，根本不值得研究，给职业学校掌握技能要工作的人用，不是研究课题。这两个界定清楚可以继续写，作隐喻，借这个词汇走另外的路，作一个隐喻，找一个自己的观点抛砖引玉。

闵淇同学（苏州大学金螳螂建筑与城市环境学院）：

各位老师、同学，下午好，我是来自苏州大学金螳螂建筑与城市环境学院的闵淇，我的题目是模块化建筑的空间设计探析。下面先说一下思路整理。上次说到古建筑模件体系，提到它的特征和临时建筑概念。临时建筑根据临时性，一个高效率问题，所以谈到建筑产品工业产品结合关系。上次老师让我整理之间关系，我通过自己的一些理解，我觉得我其实是在讲一个建筑工业化的问题。其实就是把建筑产品和工业产品结合的问题，把不同类型房屋作为一个工业产品，采用统一结构形式和成套标准构建，采用先进工艺在工厂进行大批生产，有节能减排、缩短工期、降低成本、改善人工作业环境的效益。对于建筑工业化概念从横观纵观涉及很多方面，我应该如何切入与深入研究？

闵淇同学汇报方案

只能针对其中一点进行深入的探讨，我提取模块化建筑，是现在很有生命力的方向。专门研究模块化建筑空间设计这样一个方面。确定研究内容之后确定自己的研究过程，采用从个别实例入手的方法，初期归纳整理收集相关建筑的资料，将建筑抽象化模型化，得到基本规律，再推进探索应用到以后设计中。重点是第一部分研究。大家看一系列的图片，对模块化有一个初步的概念。看到这样的效果图不知道大家有没有观念的改变，我们平时一提模块建筑觉得是建筑的重复堆叠，在空间里同样可以做到空间多层次化，空间渗透各方面，这是与自然的一个和谐的生长。第一块讲模块化建筑的定义，也叫空间体系模块式装配建筑。

模块化建筑优势，模块构件在工厂中预制，便于组织工业化生产，提高工效，有施工速度快，使用面积大，施工简便，房屋可搬迁的特点，我们可以看到它的生命力，首先探索结构体系，首先是对模块单体结构。模块单体大致分下面三种，一是整柱，二是框架，三是框架板型拼装。模块组合结构体系分为模块自支撑、模块独立支撑附加构件、模块与附加结构共同支撑附加构件、基座支撑模块、框架支撑模块等，通过结构多样化看到发展多样化。

模块化建筑空间分三类，一是模块内部空间，二是模块和附加结构，还有一种是模块和模块组合的公共空间。第一类单体空间，对于单体内空间大致按基本元素可以进行多样划分，我们可以将它们分别组合。第二个是附加空间，就是模块与附加结构柱附加构件阳台屋顶等元素定义的空间。

下面是组合空间，根据模块化的特性，组合空间是一种重复体的集聚。这样的图片给大家视觉冲击，现在模块化有各种各样组合方式，我希望通过这些组合方式中探索一些规律。模块化建筑不光是大家想的盒子状建筑，现在一些概念设计里面会牵扯到各种各样的形态，为了便于分析和研究，简单化作为一个方盒子状分析。第一种讲到积聚从二元体开始，有空间张力，构件连接，边的接触等等的组合方式。第二是多元体积聚方式，用网式分析方法。模块建筑不是封闭方盒子，串联、并联、组团可以让我们得到空间变化。还有竖向积聚方式。

变化空间，一作为载体移动，相当于外部载体的移动，现在我们所谓房车是这种类型，载体移动时候外部空间不断变化，这是外部空间感受的变化。还有一种船上交通工具，甚至以后飞机，各种载体移动引起外空间变化。

另外一种变化在环境固定时候，模块的变化也能引起各种内部空间变化，模块有单体面移动、组团移动，带来空间多样性变化。在现在我开始思考一个问题，分析到空间多样变化后，可以看到可以根据我们需要各方面做出多样化的空间，但是我们现在看到一些场景，一些在中国模块建筑的出现，大体感觉还是一种模块化堆积，空间变化比较少，但是我在思考，模块化建筑空间中是不是能够把我们地域特色、文化特征的东西融入进去，让我们看到这样的模块化建筑其实能代表一个城市名片。

第二部分重点在探索，基于上述研究和总结，尝试对具有苏州地域文化的特色模块化建筑空间设计进行探索，并尝试设计参与一些简单项目，在设计中检验研究成果，在下面第二大部分中会重点把一些将模块化建筑与江南特色空间结合起来。首先会进行地域特色空间分析，江南民居空间分析，古典园林空间分析，通过它们的空间分析和现代模块建筑空间结合起来做一个结合到具体的之后和设计相连，做案例分析时候具体到基地，具体到一个空间设计演变。这块是下部分重点做的内容。谢谢大家！

王铁教授：

作为模块化确实有人探索过，大概在20世纪70年代末期到80年代，全国由于计划经济体制所造成的很多市场上的一些行业上的需求，主要是经济条件的影响，所以大批建筑从住宅开始进行过广泛的所谓的标准化，这种标准化是根据开间2.4m，3.6m，最多4.2m，生产过程中最大难题是运输，解决不了困难，计划经济体制下的经济条件制约，所以创造了这种快捷的施工形式，快捷给人们造成一个很好入住多选择在住宅里，公共建筑没有模块化，这是原则。亚洲很多国家包括日本在早期进行过所谓工厂化生产。后来为什么进行不下去，是非常之复杂，最后说到这个问题。先说前因后果，也是一个最大难点，你不是学建筑的，不懂得建筑法规，你要了解建筑法规不敢走这条路。里面有建筑使用面积，有容积率，如何按照每块模块按照理想和建筑面积算容积率不可能，成本太高，每个用地的地形不一样，日照不一样，解决不了很多问题。模块化探索几乎结束。但是当今可以做的高速公路的道桥，那个可以，这个桥在哪建，就近用吊车运上去安，运输是最大困难，这是模块化。

如果要是能解决这些问题，就是一个不得了的创举，世界上没有人能解决。但是我们回想有一些房子可以标准化生产，什么房子？充其量是活动板房，临时用房这个可以，报亭可以，其他东西太难。不像你想象一装是可移动房子，如果变成小型可移动建筑这个可以探讨，模块化太大，你很难把握，小型可移动建筑可以。这是建议。

还有另外一个，思考小型另类建筑，商品购买这种，大家一看要买的这种可以，不是特殊特定的。就你一个个体项目在工厂生产给你用，不适合别的项目，容积率各方面限制，按照每个项目做成本太高。就解决不了，不能说这个用地和那个用地都模块化。我商量好这部分可以工厂生产这不叫模块化，叫工厂式生产，地形小可以这样，但不叫模块化。

闵淇同学：现在我看到，我查阅很多各个省市做建筑产业化的推行，编制相关标准？

王铁教授：

我刚才说的原则工厂生产的东西建筑本身设计做好零件回来装上，如果在另一个场合不可能使用。

闵淇同学：现在政府有参与。

王铁教授：

这是两回事。不要混淆，工厂化生产和模数化是两回事，不适合使用模数。特殊建筑，特定的可以，地形式不一样，限高不一样，制作后也无法使用。设计师设计完以后，在工厂加工拿回来安装可以，但是那不叫模数化，那叫工厂化生产，现在有，很多家光企业工厂化生产，不是模数化，实用于任何一家安不上，那不要设计师了，工厂化生产和模数化两个概念，你要认识到这个概念。

闵淇同学：我个人理解模块化建筑是工业建筑一块，只是一个类型。

王铁教授：特殊另类建筑可以，可移动小型的建筑也可以。但解决不了地形问题。

汪建松老师：

王老师说的确实很多人研究，因为模块化最大作用是什么？就是便于整装降低成本，这是最重要的意义。其实因为我曾经大学毕业时候写过一个和你也有点像，当时想研究这个室内的拼装家具，当时还没有一家样式家具，那个时候比较喜欢研究这个。你可以再了解一下，模块化在战争的时候是为了快速建造房子，标准化模式建设快速运输，便于拆卸，是出于特殊原因产生这样的东西。后来在咱们国家快速发展时，住宅建筑中曾经用这个方式做，但是这里有一个很重要的，就是既然是模块化有一个数字化，模块化一定也有一个标准尺度，为什么有标准尺度？刚才王老师提了很关键的，和运输有关系，是什么样车运什么体积东西，用什么吊车安装什么都有严格的制式。因为整个工业生产线才能达到模块化可行性，这个有人做，大量数据可以参考。模数的应该是有固定的要求，便于组装在一起。如果你要研究的话，比较新颖，有独特性，但是一定找到研究的目的是什么，我个人理解你研究最后放到苏州园林建造有些问题，苏州园林很灵动，个性化，自然舒适的建造方式，所以用模块化和苏州的建筑结合这个需要思考。但如果是建筑产品研发，不一定是园林，比如宜家的家具，其实是这种方式延伸过来的，研究方向上再去思考一下。

彭军教授：

这个题目模块化建筑过大，模块化建筑不是特别大的概念，实际刚才说的实际工厂生产组装类的，在国内外有尝试，20世纪70年代的板楼，哪个大城市都有，现在没有了。研究这个目的是降低成本还是快速装配还是达到某特殊功能必须界定，否则这个小论文承载不了这个内容。

第二建设是什么建筑应该有所介绍。20 世纪 70 年代板楼，还有 20 多年前日本的装配式的住宅发展非常成熟，有国际村，外来的居住人，还有一个需要特别快速建起来，要满足这些外国人在这规律生活，现在还有，极其精致，但那不是主流。当时国内商品房才 2000 多块的时候，那个一平方米制造 2 万以上，但是还有一个问题，模块化是临时建筑还是什么，必须界定论文是研究哪类的，可以深入说。

杨晓同学（中央美术学院建筑学院）：

大家好，我来自中央美术学院。题目是开放建筑的开放城市空间，北京三里屯 Village 南区室外公共空间研究。我的汇报分三部分，先是前文回顾，首先说一下论文主要是以调查研究为主要研究方法的三四千字小论文。以三里屯 Village 为例，通过室外空间进行调查研究，研究设计方法和存在问题，为以后设计提供一些参考。我的论文分六章，第一章是绪论部分，第二和第三章城市和使用者对三里屯调研，第四章对室外公共空间进行分析。这次重点第二和第三章。调查分四项，历史沿革因素，空间与城市因素，商业与经济因素，最后是使用人群因素。

首先是历史沿革，三里屯在明清时候因距内城三里而得名，三里屯成了北京具有现代水平的区域。从 20 世纪 80 年代到 1998 年三里屯酒吧街形成和成熟是三里屯区域成为北京名片的又一次重要转折。2008 年根据三里屯规划蓝图，三里屯地区将与国贸燕莎等东部商圈形成三角互补，将成为北京国际化商务核心。三里屯位于东二环和东三环之间，地面多达十余条交通路线，交通便利，三里屯采用的是开放式建筑布局，与其他类型的商业街区相比，这种布局使得街区与城市联系更加紧密。由 12 栋地上 4 层的独立建筑体构成。南侧与主干道相邻，形成一个东西向较长的线性广场。中心广场作为一个开放式的中心，是功能齐全和娱乐结合，几百平方米小广场在冬天是临时溜冰场，经常有艺术表演。12 个独栋建筑由连廊连接形成多个较窄的街巷。

这个地区有 121 家商户营业，产业活动单位占绝大多数。主要以零售业和餐饮业为主。设计特点建筑语言融入了品牌形象，一定程度上迎合轻松、时尚、动感的品牌。从品牌 LOGO 方面、橱窗展示方面都体现出来品牌和建筑的融合。正是由于对时尚品牌定位和风格融合形成品牌效益拥有强大的聚集商业潮流的能力。

最后一个因素是使用人群因素，通过问卷调查方式对人群进行定位，来到这里的大多是 20 到 39 岁中青年人士，没有特别强烈的目的性。营业时间上午 10 点到晚上 11 点，从人口的流动地图中看出一天人口流动变化，在晚上 4 点到晚 8 点间，人流使用达到最高峰。接下来探讨使用者行为和空间关系，选了 5 个典型空间位置，A 是入口广场，B 为中心广场，C 是贯穿南北主街巷靠近北部入口的部分，D 选取了连贯酒吧街的街巷。我发现使用者行为和空间关系存在不规律问题，这是统计的表格入口广场和中心广场相对于其他街巷更开阔，面积最大，购物人最多。下面调查之后想结合空间尺度的支持，提取了室外公共空间构成要素街巷空间进行研究。

这是我选取的 4 个街巷空间，根据芦原义信在《外部空间设计》中论述，观点侧重于城市街道空间的比例，我在对中外古建筑和村落空间中，D/H 的数值通过小于 1，比如江南水乡周庄、乌镇等地的街道宽度通过小于 3m，高度一般两层 6m。

三里屯 Village 体现四个特点，延续传统酒吧街的空间尺度。大量的开放空间设计，保持原有街道文化的活力。不仅容纳零售餐饮休闲等各类业态店铺，而且有举办艺术表演的室内外空间。是公共空间的使用功能和店铺外观和内部视觉都可以随经营需要不断变化。

缺点是街巷形空间内各条街巷交错，空间可见性差。多数人活动分布于一层地面层的室外和室内，不适合做街巷主要交通，后期安排对调研作出梳理。谢谢！

汪建松老师：

看到工作量做得确实比较大，但调研结果有问题。说一个小细节，三里屯北街最小，三里屯北南后街三条街文化和当地人群，和三里屯如何形成这些方面要做深刻的调研。80 年代初三里屯没有形成酒吧街。酒吧街是 1995 年以后出现的。你通过调研以后，觉得 Village 成功还是失败？

杨晓同学：

从吸引人方面是成功的，不可能每个方面很成功。起码这方面挺成功的。我看资料时，在 2008 年经济不太好的时候效益往上涨，所以是挺成功。

汪建松老师：

三里屯是香港一个集团做这块地，做了整个调研工作非常细致。你把当时调研报告比你这个详细。只是研究空间尺度没有意义。研究文化街区发展问题有意义。通过我自己的看法，凡是经过改造的最后是失败的。比如前门、三里屯、后海，还有比如说杭州的商业街，经过大量的投资的政府改造行为，本来很好文化的地方最后失败了，因为没有了解文化，包括刚才研究 798，我们研究一个结果，这个方式可以指导将来城市化进程中对文化老街区改造如何进行才有价值。

杨晓同学：您觉得三里屯改造失败？

汪建松老师：

我认为失败，因为老三里屯人不去，新三里屯人找不到三里屯的根，如果空降说是香港挺像，对这个地区我们理解是失败的，失败影响三里屯发展，village 南区和北区同时开发，现在北区没有正式开始，因为招商很失败。从商业不太成功，只是人流量大，但是人去哪了，去后街，特别到晚上去后街。这些东西可以下面了解，可以提供素材。

彭军教授：

我觉得前面调研非常详细，看得出来非常严谨的态度，下了很大工夫，工作态度值得肯定。但是研究完了以后你的论文目的是什么？大量素材，大量对现有街区研究达到什么目的？从论文六个章节看，现在已经说了1、2、3，分析得非常详细，可是到4、5这两个地方似乎说一个公共空间设计的最基本元素。如果前面说的东西为类似这样的设计提供参考，可是这些东西太复杂，不是你想成为商业区，有历史沿革。为以后作为参考一个范例不够。很多历史商业街区可能非常狭小，可能建成你想象人流多的东西有没有原来历史遗迹非常重要，研究以后想达到什么目的和要求，研究结果再好好思考。

邬旭同学（天津美术学院设计艺术学院）：

各位导师、各位同学，大家好，我来自天津美术学院，我的题目是工业遗址地创意产业园景观再生设计研究。这里给大家介绍从开题到中期工作，接下来给大家展示中期阶段性成果，从第二到第五章内容措施和后期一些安排。首先是根据导师意见调整论文大纲，给大家展示。

看一下进一步阅读的书目。首先分析一些M50，包括加拿大格兰威尔，这是大纲思路。首先说一下工业遗址地，工业制造的活动包含工艺和工具景观属于物质和非物质表现。

工业遗产价值，主要从经济文化和景观设计三方面进行，对于景观设计师最重要是景观设计方面有很重要的影响。对工业遗址地进行分析。接下来创意产业园概念，首先是先讲创意概念，其次讲了一下创意衍生出来创意产业园概念，将文化和产业和消费者结合起来综合基地。第三点主要开发方式，包括政府、包括市场，主要讲市场开发。接下来是创意产业园空间概念，包括开放性、象征性和可识别性等等。接下来景观再生，生物学里首先是生命概念，把这个概念延伸到再生概念，对原有结构自我修复过程。景观再生与创意产业园的结合。

接下来是第三章，工业遗址地创意产业园景观再生设计概述。

工业遗址地创意产业园景观再生设计思路，天人合一的概念，多定义的功能空间，创意与艺术的载体。

最后是时间安排。谢谢大家！

刘伟教授：

从你通篇看过来有点类似于资料的整理，是把以往资料进行梳理和浓缩加以理解再展现还是有独特的视觉观点。比如我们很多工业遗产创意园不成功，为什么不成功，抓住这个点分析，你在梳理过程中以你的界定和宏观思维不一定准确。在研究生阶段不是学习，还是应该有点深度或者有种独到的思维。

王铁教授：

三方面建议供参考。第一有价值的工业遗存如何再利用是一个方面。再一个工业遗存在中国发展现状是一方面。第三个工业遗存在中国各地的发展与比较。刘老师最后那句很对，如果总结出几个失败案例很好。

朱文清同学（苏州大学金螳螂建筑与城市环境学院）：

各位老师下午好，我来自苏州大学金螳螂建筑与城市环境学院，我的题目中式江南会所设计。研究背景，会所是一个集休闲娱乐健身宴会于一体的综合场所，有一些会所具有住宿和办公功能。会所原本是舶来品，发展到今天，会所全球盛行。进入中国，和中国传统文化碰撞，出现了中国传统为主题的中式会所。

研究范围，建筑外形多为江南庭院建筑，建筑风格有明清建筑韵味或者是一些吸取江南民居建筑风格的会所。研究方法，查阅文献、实地考察，同时参与江南会所设计。对江南会所功能的介绍和阐述。会所传统功能在江南文化影响的特色功能，然后是功能区之间的一个布置，还有功能空间之间流线分析。接着是江南会所一个设计的流程介绍。结合具体的设计案例阐述具体功能空间设计。最后是总结，重点是江南中式会所研究方法，实地考察了苏州的众多园林，本文研究会所为中国中式江南风格，建筑形态有一些是有明清建筑风格，江南园林成为很好的范本，对其研究非常有必要，对江南园林室内研究文献非常少。接下来将从江南园林室内空间营造特点，对应现在室内空间应用一一对应的阐述。

对传统物理空间的房顶形式现代的运用，接下来是传统空间风格特点的研究和在中式风格中的应用。传统特点在现在中式风格演变和应用。

彭军教授：

题目是中式江南会所设计，首先一个碰到所介绍的内容还是着重介绍苏州园林特色的东西，作为某特殊地域的传统风格研究还是有意义的，说到江南涵盖过大，你指的江南特指的东西明确说一下。第二后面分析的东西很多是苏州园林的，包括建筑和顶部这个，对室内的元素提炼多大意义，有点跑题。前面一些所带的意向图，恐怕是你想表示对江南室内理解，实际更多现代设计有中国传统的风格的东西，体验你说的东西意义不大，要一个特别性地深入地探讨，着重作室内深入研究。

汪建松老师：

研究生论文不是做一个设计，而是做一个研究。一个是会所研究，不是会所建筑研究。王老师说一点，应该看一下中国的经济发展的一个历史，不是一个建筑范围历史，要了解会所来源，中国在明代时候的商会，比如江南地区研究扬州会所，那个时候做得非常好，规模非常大，而且是影响到全国，不叫会所叫会馆，有社会意义，而不是单纯的建筑形态，所以要从人文角度，从文化背景角度了解会所产生。这里形成会所内部人员构成以及在会所的构成方式，形成江南会所对社会影响，以及内部空间格局需求，用建筑去表现。

郭晓娟同学（中央美术学院建筑学院）：

大家好，我来自中央美术学院，我的论文题目是场所精神与复合空间——北京中心商务区室外公共空间的形式探讨与研究。先对论文做一下回顾，首先是背景，其次选题目的和意义，区位分析。建外 SOHO 主要在国贸桥十字路口西南角，这条路是长安街，这条是东三环，整个建筑面积 70 万 m^2。下面是今天重点讲的调研部分，这张图是周边交通分析，大家可以清楚看到这些灰色点主要是公交车站，围绕地铁国贸站 8 个公交站。周边业态，国贸地区主要以商务和商业建筑为主，下面是建外 SOHO 周边主要建筑。深蓝色部分是高层写字楼，淡蓝色是非高层建筑，下面园区内主要建筑，这片是图片采集和现状调研。东边两个黄色建筑是 SOHO 里两个高层写字楼。西侧是 18 栋公寓。这是室外的硬质空间，这是软质空间，这是下沉空间。广场空间分析。庭院空间。小品与导视调查，座椅数量不够，分配不合理，利用率低，使用不便捷。植物分析。小结。

谢谢大家！

汪建松老师：

讲建外 SOHO 环境关系，只说一个问题，题目是中央商务区公共环境，但是讲的是建外 SOHO，不能涵盖整个商务区，把范围缩小点。谈中央商务区范围大，而且公共环境包括城市道路，包括中央商务区中央公园包括几期开发都有。针对建外 SOHO 单体户外环境，其实还想说没有写的必要，要想要找到写的方式，查下当时的设计说明比你详细，还是要研究目的是什么，还是要把理由说清楚。

刘昂同学（天津美术学院设计艺术学院）：

汇报一部分是开题报告回顾，针对开题汇报时候老师对我提出来的意见进行了一些自己的论文的修改。这是关于题目的一些出发点，上次王老师和张老师说城市形态形成不止有精神方面，而且有物质方面的内容，物质方面占更大比重。我在想为何不将中国风情怀留在城市形态中，具体展现中国城市，有效激活有生命气息的城市形态。另一个角度，通过有形的物质形态表现无形精神形态。

这些图片是我平时收集自己拍摄有中国韵味的东西，和城市形态没有直接影响，但是我觉得通过我平时看这些图片有一种精神感动，这是我们很重要的一些图片。我论文的宗旨想把中国韵味，包括具体将各个城市的中国化元素融入这种毫无特色的城市形态中去。

第二部分中期论文进展，这是我论文思路，发现问题，提出问题，分析问题，提出解决方法，分析处理，到展望，论文结构。

目前论文到第四章，今天着重讲第二章内容，这是第二章具体框架。首先来看一下概念性理解。总结在城市形态基础上精神向度，在原有城市状态加更多地域元素。丰富城市形象使我们生活的城市更有活力，与人类精神感观有共鸣的生活场所。下面看城市形态，这是对城市形态名词做的解释，广义和狭义城市形态。综合这个概念我在城市形态精神向度方面可以主要从城市精神、性格、色彩、内涵和城市建筑方面进行剖析。

下面仔细看一下这些东西，左边是城市精神概念性理解，右边是通过上网查到的资料整理。这点可以看出城市如果做到不同城市精神体现，可以突出每个城市自己的个性。这是城市的性格，城市性格是城市发展形成的特点。不仅是独特城市形态表现方面，也是城市灵魂。我列了三个图片，巴塞罗那、巴黎和爱琴海，比较有代表性的图片。这是我举的例子，国内的重庆，重庆这个城市是山城的城市，对我来说一想到城市想起火辣辣的火锅和辣妹子形态，左边是我在重庆旅游时发现的一个建筑，体现了城市重庆这种火辣，我希望在城市形态中，在重庆城市更多出现这建筑。

下面是城市色彩，下面三张同样是巴塞罗那、巴黎和爱琴海图片，我采用色彩集起办法让大家可以看到色彩，巴塞罗那是鲜明的橘红，爱琴海是蓝和白，让人一看很明朗的城市色彩，在自己色彩方面体现到城市独特性。看我国色彩，我总结一下目前我国城市色彩。北京城市色彩灰色为主，哈尔滨为灰黄色，广州定为灰黄色，杭州黑白灰为主色，通过资料翻阅和查询，中国城市大部分城市色彩定义偏灰，类似于浅灰、灰绿这样的颜色。如果这个目标发展下去，中国版图是很不美的灰鸡的整体形象，这点我在想。像故宫和北京一些老宅院很多用到暗红色或者黄色纯度比较高的形态，是否这两种颜色代替灰色调的颜色作为北京城市颜色。再一个例子云南，少数民族聚集地方，我们考虑把藏青蓝这些颜色提取出来，作为地域性色彩。

城市内涵，这是我对城市内涵简单介绍。想到首都北京，城市内涵就是辉煌、宽宏，桂林是清秀的内涵，西藏是神秘，感受过这些城市魅力的人流连忘返，在方方面面中有文化或者是历史内涵。

接下来是城市建筑，母体，子体标志性。标志性建筑我们称为地标性建筑，是城市名片，是城市中的主角，这张图片不用找谁来当托，大家可以通过巴黎的埃菲尔铁塔，包括凯旋门和中间建筑知道这是巴黎，中国城市也应该是这样。

这是我在网上搜索到的比较有意思的图片，把城市建筑做剪影形式，大家可以看出是什么城市。我最大希望每个城市有这样一些代表自己城市的图片出现。这是地域元素概念，举例子，比如中国红，我们简单看红色就是万紫千红中一种颜色，但是由于中国历史文化赋予，中国红是中国文化象征，这个颜色成了中华民族最喜欢的颜色。北京一些老宅院都运用基本中国红，中国红在这里以一种有形物质形态代替精神上的东西。

关于本章小结，这是第三章部分，这是第四章，如何做的方法。这是时间安排。汇报完毕，谢谢大家！

王铁教授：

实际上研究中国建筑文化城市，这个不仅仅是中国，国外也有这个问题，这是人类发展必然阶段。刚才举三个城市色彩关系对比不能这么比，得同一个季度同一个时间同一个光照，我们不能像拿色谱研究，城市环境建筑色彩，各种材质互相反射形成另一种颜色不是我们想象的。能否更科学一点，中国红也需要环境。

汪建松老师：

城市风格研究很有意义。看到你这选题值得注意，的确是我们现在需要思考的，还是得结合一些实际，案例分析再扩展一些。

刘伟教授：

今天大家都很累，已经超过计划时间了，今天大家非常辛苦，本科生和研究生汇报总的来讲非常圆满，也能够展现三个星期大家的辛苦工作和劳动。也辛苦各位导师和实践导师。

师生于苏州大学金螳螂建筑与城市环境学院门前合影

终期答辩

主　题：2012“四校四导师”环艺专业毕业设计实验教学终期答辩
时　间：2012年5月12日9：00
地　点：中央美术学院5号楼学术报告厅F110
主持人：中央美术学院建筑学院王铁教授

王铁教授：

今天“四校四导师”终于迎来了答辩的日子，大家这段时间确实十分努力，通过两次的中期答辩我们可以看出，“四校四导师”从同学们的参与的认真程度上和最终成果展现上，在今天应该是非常值得期待的。

“四校四导师”的宗旨是把我们所有导师的学生集中在一起进行毕业创作，并没有学校个体的概念。打分有一个规则，大家要确定最高分小于等于90分，最低大于等于60分。最后统计平均分数最高者为获胜者。成绩将在今日傍晚统计出结果，明日进行颁奖典礼。

大家要本着公平公正的原则，针对每个人首先概念产生，选题意义，分析过程，没有CAD图纸的汇报不是一个完整的设计，一定要有二到三维的过程。这是设计最基本的三个原则，每个老师要掌握好评判标准。

接下来今天由杨晓同学控制时间，汇报时间每人8分钟。汇报加之导师的讲评每个人大约在15分钟左右，这样推算下来今天必将是一个苦战，对身体和精神的一个考验。大家要团结一致把这次课题画一个完美的句号。

下面开始按照名单宣布汇报顺序，答辩开始，倒计时3分钟敲铃提醒一次。8分钟准时结束，希望大家各自把握好时间。

现在开始。

刘崭同学（清华大学美术学院）：

大家好，我是清华大学美术学院刘崭，北京DPARK设计中心，首先做一下回顾，这是区位位置和任务书，主要是气罐的改造，经过前期一些调研，我认为这个设计定位为当下有一定影响力，提供发布展示空间，为更多优秀设计师提供一个展示机会，也是一个很好的交流平台。下面是我的关键词。

通过对场地的进一步的深入的分析，我得出了概念，沸腾中的水，对应的空间语言是这些，吸收场地景观，空间借景，吸收好设计，吸收更多参观者。交流方面是人与设计，人与建筑和设计师之间交流。空间最后提供一个冥想休息空间。

设想第一步是吸收，底层较深，对底层有以下几个分析。通过上面这些分析得出我的方案。因为这个建筑物比较高，和周围建筑物比，我相信上层比较实，让人们远处看到，底层较挤，希望下面是相对虚的空间，能给下层更多流动性，视觉上更舒服。这是后来做的一些建筑各个角度的一些效果图，这个建筑之所以改造成这个样子，我充分利用这个桶，衍生出来若干个桶，不让建筑单体过于孤立，希望这些色彩和造型体现概念，是运动着的，里面有涌动的能量的建筑。

下面重点讲我的入口，因为我下面做了一个相对开放的入口，一是这样的入口和圆形建筑形式契合，下面每一个洞里人们通过这些洞进入我的建筑内部，也有开设的一些门，很随意进入，这个方面也是为了体现概念，能够很好地吸收。内

2012“四校四导师”终期答辩会场

部做一个旋转楼梯，人们可以通过这个楼梯进入内部展示空间，是交通通道也是空间雕塑，人们看到之后觉得很新奇，会感觉更愿意进入这个空间，这些都是突出强调我的概念。

关于内部空间的设想是一个运动，这是内部主要空间，屋顶花园和一些配套空间。我为展示空间做了一个前奏，旋转楼梯上来之后是这样的一个空间，是一个圆套圆方式，这种方式一是迎合圆形建筑这样的语言，另一个是用圆形不同圆围出不同尺度的通道，这些通道是人们在里面运动的，有一定的指向性，而且这些围和间有的开窗有的有门，通过这些也能够很好地空间借景，这个空间我希望是上面正式展示空间的一个前奏和铺垫，这个空间的设想是比如在上面的空间里做的是一个家具为主的展览，这个空间里希望让人们感受到这样一个展览的氛围，首先家具展览可能需要温度上不会很冷不会很热，应该是很舒服的。再一个就是灯光设计上可能这部分给人铺垫一定的前奏，暖色的灯光，在这个空间里面充分感受一下，进入正式空间之前的氛围。

三层是主要展示空间，我下面以家具展为例，介绍一个设计的空间。从上面看，左边图为冬天日照和展览馆开馆的时间，右边是夏季，阳光充足的时间是朝南，一号是阳光展厅，一号和三号之间是二号展厅，是铺垫过渡，一号展厅阳光充足，展示的家具是明亮的，下面是这些家具，三号展厅定义为一个相对私密安静的空间，里面展示的家具可能是灯具、床具这样的。一号和三号间做二号展厅，是对比和转折。一号进入二号，希望在空间上或者家具展品上有一定对比，二号展厅家具做得戏剧化一点，给人视觉冲击感。这是对一、二、三号展厅内部布置家具的分析。

一号展厅的动线，根据一、二、三展厅做了不同的地面的材质，一号展厅因为阳光明媚，希望是这地毯形式，二号展厅做的地面材质带有肌理的带绒的地毯，三号展厅做了长绒地毯，各个空间里地面材质不一样。光的材质也根据展厅的内容不一样，一号展厅是平均的平面的，三号展厅强调绵长的光。下面是立面图，和建筑呼应的介质。这是一、二、三之间重要的过渡空间，因为展示空间是有叙事性的，从一号展厅到二号展厅重新经历一号展厅和二号展厅，希望这个空间有记忆性。人们从中间通道穿过去想到一号展厅和二号展厅看到的东西，为三号展厅空间作铺垫，通过材质和光做到的，这是效果图。

四层和三层差不多，都是主要展厅，五层上来是一个休闲沙龙，供人们休息，如果下面两层不够用，展厅可以用来布展。我希望当人们上到六层的时候，经历之前一些运动，看一些展览之后，能够在这里运动更活跃，思想更活跃，于是做了这样的交通动线，一个运动方式。人们不仅可以通过周围的疏散楼梯上到顶层花园，更重要的是设计下面的弧形上升方式，人们要冲到房顶上，强调概念最后一步，一种升腾。这是屋顶。

这是屋顶上看到的一些风景，关于夜景处理，因为 751 地块没有夜生活，没有光的处理，做了顶的地标性的建筑，强调地标性，谢谢。

秦岳明老师：

首先第一点，我讲得比较直接：图纸深度不够。没有看到 CAD 图，尤其后面的图，楼梯电梯这些是不对的。有一些想法很好，主要是感觉深度不够，我的概念里毕业设计应该比这个更加深入，但刚才说的都是概念，我建议后面的同学，因为时间有限，可以对一个点进行深入阐述，其他的次要部分简单阐述，把想法用最好的方式好好表达出来。

纪川同学（天津美术学院设计艺术学院）：

大家好，我来自天津美术学院。我做的是辛亥革命纪念馆设计，前面大部分是前期分析，就不再一一赘述，直接进入主题。我的主题把纪念馆定义为一个传承文明，一个了解历史，带着这个意义换位思考，留下来得更多是革命精神，激励后人不断努力。那种破土而出倔强而生的精神。革命不仅是过去时，因为革命精神是永存的，是一种生命力的新生，有一种不断循环的感觉。我的方案展示，把主题做景观里，这是景观脚本，共有四块，入口到纪念碑，第二块是纪念碑到纪念馆，以引导为主，纪念馆到故居是第三块，是观看原貌的过程。第四块是故居到小景，令人们反思革命过程的艰辛。

纪川同学终期答辩

这是总平面图，共分为 10 个区域，1、2、3 是入口第一部分，4 和 5 是第二部分，6、7、8、9 是第三部分，置身其中过程，10 是情感变化，这是一个大势动线图，大部分游客沿着这个路线进行参观。

第一部分，入口处设计以中山先生的豪言壮语为创意，以石块为元素。这是前面的一些景观分析，无障碍的分析，还有整个纪念广场的立面图。入口以中山先生的一句话开头，以石块为元素体现革命基石破地而出的感觉。整个入口区域先看到巨石，再到伟人浮雕墙，到达硝烟过后的纪念雕塑，从吸引到略微了解的过程。

第二个区域是共和之碑。人们看着回味高大纪念碑和历史潜在的联系。这是纪念碑的立面图。主题广场效果图，主题广场给人空旷的感觉，共和碑方式形成反差，让人们有心灵的震撼。曲折之路的鸟瞰图，设计高低不均给人复杂情绪，和空旷规整的纪念广场形成反差，再次影响参观者的心情。曲折之路布置一些伟人的雕像和简介。

第三块是置身其中的过程，建筑效果图，体现概念中的生命力，不失稳重感。这是建筑的 CAD 图。这是历史印记，是纪念馆出口的位置。

第四块是情感变化过程，是鸟瞰图，人们通过参观黄兴故居和纪念馆心情复杂沉重，这时候让人们从心情复杂中平静下来，人们心情可以得到启发。中间设计了水流的声音可以平缓心情，给人相对私密的环境让人们调整思路。这条路上有一些黄兴的生平事迹展示。

这是剖面图，夜景的鸟瞰图，下面是我的视频。

前面说得比较仓促，我的视频可以更清楚地表达我的设计。

（播放视频）这是主题立意，是一种生命力的表现，不是用那种最原始的方式表现纪念馆的东西，蕴涵一种张力，破土而出的纪念碑。我把主题做到景观里，分成脚本，分 4 个区域，第一个区域“寻”，以石碑作为革命基石开始，把人们导向伟人的序列雕塑到纪念广场。第二部分“引”共和之碑，冲破天际。纪念馆的设计，曲折之路，这是纪念馆后广场的一个设计，这是纪念馆的出口，历史印记部分，人们在参观完纪念馆可以稍作休息，以回顾纪念馆里的历史故事。故居小径，给人平复心情的感觉，然后进入故居。湘色湖景，空间比较半遮半藏，让人回想的一种过程，最后回到纪念广场，小空间和大空间转换，让人们对进入广场时的心情重新作一个调整，去反思。硝烟过后的一个概念雕塑和纪念碑形成夹角之势。最后是整个纪念广场的鸟瞰图。

谢谢！

王琼教授：

问题和前一个有点类似，还是深度问题，第一个缺少灌木和乔木总的比例尺度，对景观是很重要的元素。还有一个中央广场材质没有标明，哪怕图纸上要体现一下。两边灌木平了一点，刚才讲曲折和丰富，不仅仅是平面曲折，在景观穿插和交替，灌木基本同一高度，切割分割带和种类区分及穿插和曲折，还是平了一点。

王琼教授现场指导

王铁教授：

总的来说，与王老师相同部分的意见我就不再阐述。最重要的部分，CAD 非常弱化，有 CAD 只是一个外框，断面没有。用大量时间做动画，在这一点上这工作量很大。设计师最重要的是建立尺度概念比例和人的关系，如果这方面再加强应该是一个很好的设计，可能由于时间太紧张，整个从画面的色调来讲，色调很绿，很纯，这就没有情调了，你所表达的氛围，在画面和色彩各方面没有表达出来，在这一点上要注意。

于强老师：

彭老师的学生特别的努力、用功，制造方面花了大力气，你做得已经很好了，但要提醒毕业设计完成了马上就要做实际项目，作为一个设计师来讲，讲故事是一方面，表达是一方面，最核心的是要有一个造型和美感的一个问题，还有一个功能的问题，可能多一点表现功能合理性和特殊的表达，其实功能摆放可以提升创意，造型上一个裂开的地方有一个纪念碑，建筑是那样的一个比较有张力的造型，它们之间是什么样的一个关系？在这方面可能会有一点分离，造型不同，但是它们之间形式的语言是有关联和统一的。比如犹太人的博物馆也是表达一种很沉重的设计的建筑，但是造型和空间给人的感觉是做得很高耸的压迫的空间，人在里面自然体验到这样的被挤压、很痛苦的空间的感觉，在这里你会有同样的感觉吗？造型的语言就是那样的连续，通过动线一个形式来表达主题，是一气呵成的感觉，不是零散的，毫无关系的。这才是功能的结合，造型的语言，是有机的一个结合，不可分割的，是最重要的部分。其次才是表达故事这些东西。在下面的工作中在这方面再注重一些，会是一个更好的设计。

石赟老师：

你做的是景观建筑设计，但是做景观建筑设计时应该景观和室内共同完成，景观负责什么责任，室内什么责任，建筑什么责任，不能景观做很多主题，景观设计成功不成功再说，即使成功了室内也已经失去了它的意义，因为在景观过程中把表达的全部表达了，室内没有必要再去设计了，建筑变成了一个雕塑。过程要完整一点。

张月副教授：

确实像于强老师说的，很用功。下面讲一下问题所在，可能目前是甲方会非常喜欢这个设计，但是从设计角度来讲，你这个设计我感觉相当于仅仅完成了设计的一部分，给甲方传递去作为夺标的作品，表现力非常好，但是设计本身来讲有一点很重要，建筑正常用户视线不脱离 6m 以上，景观最重要的是水平、垂直方向的空间层次感，在空中看平面对景观没有意义，基本等于零，没有意义。因为正常人不可能从空中看这个空间。地面铺装，近距离和远距离，水平看，包括植被的变化和景观的天际线变化，这个非常重要，大家可以看到的。以后做这个工作把关注点转一下。忽悠甲方去做设计，真的作为设计师，这个东西做出来需要将真正使用者的感觉考虑进去，必须把眼睛拉回来，必须从使用者的角度看这个问题，要把甲方忽悠了，但不要把自己忽悠了。

刘伟教授：

景观部分提一些意见，地块现状要关注，你到过现场，是丘陵地带，景观若要设计得有张力的话，和周围的建筑，比如黄兴故居冲突很大，景观应该解决这个冲突，你是有这个意识的，用一些小桥流水，但是过渡性不够，不要关注一点，平复心情用小桥流水，但是要想到新老建筑之间怎么样关联起来，整体性的问题，不要做每一个局部时候只关注它的个体。

冯雅林同学（苏州大学金螳螂建筑与城市环境学院）：

大家好，我来自苏州大学金螳螂建筑与城市环境学院。设计内容是景德镇御窑陶瓷文化会所。这是建筑的一个示意图，这是建筑立面，这是设计的构想，从传统陶瓷入手，陶瓷四大特点，这个就不再赘述了。先从瓷器入手，简洁大气干净，白为基本的色调，辅以青花点缀。

我要解释一下，以青花为设计理念不等于青花瓷，现在青花体现在御窑，我选青花为主导融合其他的元素体现御窑文化。这是一层平面图，首先进入一层接待大厅，右边是精品展厅，到楼梯间。这是剖面图，从剖面图解释一些理念，这是一个卷轴，以此诠释主题。

这里是窑洞的形体的抽象表现，这是历史发展进程展区。这是另外的剖面图，一个斑驳的墙面，这个建筑本身有历史，体现园子的历史不想全部覆盖，将原来历史与现代文化结合，通过不同造型的陶瓷拼接，体现现代感。这是剖面图另外的，这边是一个贵宾接待室。这是接待大厅的示意图，地面上用粗糙的感觉，空间以白色为主基调，点缀一些青花的元素。这是接待大厅另外的效果示意图。精品展区，主要要说的是时间和空间转换。这是平面图，分三个面，可以旋转，定在一起形成一个画面。

冯雅林同学终期答辩

我这里定位为一个御窑文化会所，展示非常重要，不会太严肃，注重情调和体验，陶瓷分类展示，这是粉彩陶瓷，在这里给出一个定义，山水间的粉彩。现代时尚的一个青花瓷楼梯间，主要材料采用的是镜内不锈钢、木纹石等，整体空间比较素雅。在粉彩发展过程中有一个画法，把粉彩推向巅峰，楼梯间这个地方做了一个卷画，通过多层次的悬挂给人一种透视的感觉。

这是一个现代展厅，这是一个“御”字的变形，主要用玲珑瓷的概念，近看的时候细节比较突出。这是碎瓷文化的拼贴。这是二层平面示意图，这是走廊的节点透视图，这是二层立面图，这一块空间采用很多玻璃，玻璃上雕刻一些纹样。这是另外一个立面图，龙的形象抽象变形悬挂在中间。通过多层镜面和背面反射形成一种光影的效果。

最后是茶水吧的空间效果图，汇报结束，请老师点评。

吴健伟老师：

我感觉这个设计的整体感觉还不错，比较优雅，设计的情节感觉节奏我认为还是不错的。可惜的就是表现力不够，现在你有了一个很好的思想贯穿于设计过程中，如果再有一个好的表现力，也就是空间的氛围的营造，灯光的氛围，整个画面感看上去不是让人感觉很真实，这样的话效果会更好。

彭军教授：

前期所有的工作都是为了最终效果而服务的，到最终的设计的整个环境表现的东西看，有一些地方元素运用得稍显牵强，还有一个，应该有个整体的效果图，目前看稍微有点不成熟。不过前期做的东西和想表达的情感都还是能让人感受得出来的。

于强老师：

因为这个设计非常完善，大家是一个平等交流，你我都是设计师，我们一直以来做这种很传统的东西的展示都是一个很常见、一个很永恒的课题。我也在想如果让我做这个怎么做，你对青花瓷的理解这个我很外行，你这个理解比我深。我有一个基本认识，这种很古老的东西里面有很多精华，甚至很多精华现在失传了，没有办法做出来这样的工艺。我们如何能够去展示这样的一个好的东西，如果我来做这个，会让自己把空间做得更纯净一点。你做了很多青花装饰在柱子上，上面有很多这些东西，能做出来原来御窑的感觉吗，能做出来它的品质吗？不能的话，不如做一个干干净净的空间突出这个东西，当然需要一些纯净空间和科技手段和环境和多媒体表达都可以，一定要让这个主体突出，让人家能够集中精力理解这个东西多么美，而不是把它的东西复制出来放旁边，让环境不纯净，打乱了参观的一个视线，影响了他的视觉。能够展示这个主体，从主体上读很多东西，去读好了，不要被复制的东西打扰到，这是一个基本的想法。

王铁教授：

我们大家都知道做设计有很多先决条件，一个完全古典的建筑，做室内设计时一点不考虑现状条件，所以说一个室内设计师在做室内设计的时候，最重要的一点是要尊重建筑原有的构造体，科学地、巧妙地注入新的内容和元素。如果完全不考虑这个建筑，这个室内设计就没有价值，没有必要利用里面所有的元素。这也是一个设计能否存在最重要的，建筑外观和室内设计完全是两种截然不同的风格，大家进来以后完全是两极世界，这个非常重要。

解力哲同学（中央美术学院建筑学院）：

大家好，我来自中央美术学院，我的课题内容是天津南港工业区建筑景观设计。首先直接从平面开始，这是总平面图，主要分为四个部分，景观 A 区、景观 B 区、建筑 A 区和建筑 B 区，主要做建筑 A 区和景观设计，其他部分也涉及了一些。

这是道路的状态，这是景观地形，包括一些微地形。这是水体的改造，把水体引到了建筑 A 和 B 之间，这是该区块效果图。这是建筑的平面，红色是建筑主入口，四个绿色的三角标示的为建筑次入口，蓝色三角是建筑地下停车场入口和地上停车场入口。这是建筑的一个立面，这是功能分析，主要是地下一层地上一、二层都是展览空间，地下一层另外一部分是会议、办公空间，还包括一个紫色多功能厅，地下是地下停车场和两个绿色的仓储空间。这是交通流线，地下一层南线位置，通过一个主入口、两个次入口，变下陷的进入方式。地下停车场两入口，地上部分通过外侧建筑体量连接空间进入。地上二层在一层基础上有一个交通组织。这是地下停车场组织。两端是两个主要的核心筒，其他的包括中间的一个核心筒，另外三个是消防楼梯位置。这两个是存储空间。这是地下一层平面，上半部分主要两个展厅，下半部分这边是一个会议部分，这是一个多功能厅，这是一个办公空间。这是地下停车场的位置。

这是地上一层的一个平面，地上一层主要用的是一个非固定式的打断方式，可以被打开，形成一个展厅，大部分空间是自有空间。这个图尺寸比较大，有一些位置看不清。包括这里的接待空间，包括卫生间都在里面。这是地上二层的一个平面，也是一种非固定的空间。

这是建筑效果图，这是室内的效果图。这是一些剖面断面，剖面体现横向截面变化。这是两个折线剖面。这整体是一个建造的过程。这是核心筒，这是地上一层，地上一层柱子，地上一层核心筒，地上一层和地面联系。主要体现在三个下陷连接方式。这是地上一层的核心筒，地上二层。这是上面一个网格结构。这是建筑 B 区，建筑 B 区和 A 区主要两个轴线，B 区比较简单。这是建筑 B 区的一个功能区分，这是一个行政办公中心，这是一个生活服务中心，这是一个企业办公中心，中间有一个连接体。

我的汇报结束，谢谢大家！

王琼教授：

前期概念有一个问题，停车场做成流线型的要出交通事故的，建筑花点代价，但是停车场不能做流线型的，这位同学针对停车场做过调研吗，看到过流线型的停车场吗？以后开车的话，实际停车，实现起来会有问题。有关视线半径的问题，这个也是需要注意的。

张月副教授：

可能从设计的过程层面包括表现，包括图纸还是下了很大工夫，平面柱网做得很认真。可能前面介绍概念生成的时候，还有些欠缺，这个也可以以后逐步弥补。我觉得一个建筑或者说室内或者任何其他的设计，形态生成一定是有一定逻辑的，你这个设计我看不出为什么做这个形态，无论从里面功能来讲，地上层功能，还有王老师说的地下停车场实际使用上，车在停车场里走的视线问题，车的速度问题，总之开车和行人感觉不一样，包括里面出现一个岔路口，地下停车场没有阳光这些自然元素可以帮助你定位，在停车场如何确定自己的位置等一系列是实际使用中的问题。你以后做设计的时候可能海阔天空没有问题，要慎重考虑形式产生在实际使用上不会有问题，这是以后要关注的一件事情。

虽然不能过度强调形式功能，现在有类似的完全不考虑建筑功能的，甚至被甲方告到法院的人也有，设计其实有各种各样的思路，不是所有设计师都做这样的东西，只是一部分人，当然有道理，有市场需求，但不代表全部。你应该适当地去考虑功能。

张月副教授现场指导

骆丹老师：

你这个项目是建筑和景观，刚才老师提了关于结构，我觉得包括消防楼梯，这个图应该是自己作了核实，这么大空间肯定消防疏散不够。

解力哲同学：这个已经经过计算，应该是够的。

骆丹老师：

第二是交通流线平面，这块我看不明白，有一个交通图纸那块，这种表现方式让人感觉无法辨知流线是如何梳理的。

建筑形态和艺术感觉表现得可以更棒一些，创意有了，表现思路上更应该强化这个，从艺术美的角度上可以再加强一下。总体来讲是不错的。

于强老师：

我看了你的汇报后要提出三个问题，第一个作为展览空间，所有的货物的流线完全没有考虑，没有任何交代，这是一个很大的问题。货运出入口，货运的垂直交通、平面交通怎么组织。从哪里进货，从哪里搬运，会不会影响展览期间的人流的关系，这个没交代。

另外一个是建筑 A 区和 B 区完全脱离，重点在建筑 A 区，除了功能以外我没看到两个区域关系。

第三点，做建筑和做景观没看到两者间可能形态上会有一些扭曲之类所谓表现形式的联系，我没有看到详细的分析，景观为什么要这样做，景观和建筑的关系又是如何。

李启凡同学（天津美术学院设计艺术学院）：

大家好，我来自天津美术学院。我的选题是辛亥革命纪念馆室内设计。这是我对纪念馆进行的一些定位：历史性，教育性，体验性，这些也是我的设计方向和创新点。对纪念馆室内空间进行分析。

一般的纪念馆分观众服务区、展览区、基础设备和办公用房，右边对这些进行详细分析，观众流线和管理者流线不能有冲突。对功能进行大致划分，一层是展示观众服务区和办公管理，黄色部分是管理区域，这边是展区，这是大厅，这是报告厅和一个休息室。一层面积 2450m^2，层高 5m，二层是展示和办公区，三层也是展示办公区。

李启凡同学终期答辩

纪念馆不仅仅是简单地展示空间，还应该引起人的情感共鸣，将这种精神传承下去。对辛亥革命历史进行分析和总结，总结纪念馆展示设计的脚本，分五部分。这是纪念馆展示脚本的详细叙述，每部分讲什么内容。这是展示设计脚本和纪念馆展厅的对应关系。

这是纪念馆的整个室内空间布局，这是一层，这部分是大厅，这是纪念品的售卖区域，这是卫生间、报告厅，以及一个茶室。这是二层平面，这边是第三部分，第三部分烽烟四起，第四部分燎原之火，第五部分共和之梦，这边是管理和办公，这是楼梯。这是展厅对应关系。

这是交通流线分析。这是主入口，从这进来之后进去，进入第一部分到第二部分，这里有电梯到二层，二层出来之后游览第三部分，从这有一个走廊，走到左边，第四部分的燎原之火，到这里有一个上到三层的楼梯，这里出来是第五部分，这是到一楼的楼梯。一层是管理者出入口，展品从这里运送到二、三楼。绿色是观众垂直交通流线。

空间转换使人的心理感受发生改变，将纪念馆精神传达给人们。五大部分整体色调由黑暗到光明，显示清政府推翻走向共和的艰辛历程。

下面是方案展示，大厅部分把柱子外面包围一层碎石肌理；这是二层走廊，这是纪念品售卖区，这边是楼梯。第一部分苦难深重展示，清政府的一些腐败和那个时候的现状，整体色调比较昏暗。这是立面图，这是苦难深重，将条约写在墙上，这个空间比较压抑，让人想象到清朝末年的黑暗。这是另一个角度的透视图，这是第二部分革命同盟。第三部分是烽烟四起，通过石柱阵列模仿烈士墓的感觉，人们走在里面对先烈有缅怀的情结。

这是一个图片的展示，在辛亥革命中有许多烈士的图片展区，使人们能更好地瞻仰先烈。这是第三部分燎原之火，是一个展示区域，人们在这里通过显示屏翻历史资料，墙上有一些浮雕。这是二层剖面，这是小展厅，通过图片展示武昌起义历程。相较于苦难深重，整体色调还是相对亮一些的。这是燎原之火的展厅，这边是情景再现，有一个浮雕在墙上。

这是通向三层的楼梯。最后一部分共和之路，整个色调比较亮，相对于前面几部分，这样能够有一个黑暗转向光明的感觉。这是展厅的立面，这是顶层的一个处理，这种自然光透下来给人们一种走在共和之路上的感觉，但是一束光的出现又有梦碎的感觉，体现辛亥革命的不完整性。

谢谢大家！还有一个动画展示给大家，请大家观赏。

（播放视频）

刘伟教授：

和前面做展厅设计的同学一样，做了很多工作。下面我要提出几个问题，首先，比如我们这个展示空间，你首先有一个文本，文本里面通常挑一些展示的点，这块我觉得不太明确，我们讲展示主题展示点，通过这个展示点展示主题把整个框架，整个展示框架支撑起来，这条线要清晰。你表现了很多，这个脉络文字罗列了，具体表现有点散，做了很多东西，这个东西对应性没这么强。

其次，我们这个展示分几个，第一个你很关注空间体系，因为这个建筑整个造型氛围，这块需要关注。还有一个里面的展示内容，要有一个说法，比如有没有物品、物件，历史的一个东西，这个东西是怎么展示的，还有一个图片和文字。里面用了很多艺术品，这也是展示方式，包括场景，这些东西整体贯穿在一起，他们讲了一个什么主题？包括几个主题的对应，在主题和表现方面对应性有点弱，比如说烽烟四起里刚才我注意看一个车轮的造型，那个造型是非常强烈的，但这个车轮造型和烽烟四起或者和这个主题的意念是什么关系，不能为造型而造型，以后做的时候要注意这个关联性。

最后，我们这个主题在表达的时候，和我们形式感的东西是怎么样对应的，特别是展示区这一块。还有就是序列、人流，比如刚才讲的电梯，在展示当中人流怎么控制这个要考虑，你整个展现还有一个时间的控制，我们在设定的时候文本有一个时间设定，我希望这批人标准怎么样，如果没有时间看，假设只有 10 分钟的话我让他看什么？ 10 分钟看到的东西和整体形成的印象又是什么？我们要这样去考虑设计中遇到的问题。

骆丹老师：

整体设计非常好，作为走出社会之后商业角度说应该是再整理一下就非常棒了，感觉非常好，思维到效果到表现包括色调关系都不错，未来毕业以后在思想的体系，包括文脉上有一个完整的表达，未来可能在商业体系应该达到一种程度。如果作为企业用人角度来说这个基础不错，是非常好的苗子，未来把思想体系提高一下就会更好。

另外有一个问题就是表现。手绘表现和电脑制造的不同感觉，思维的表现是灰色和文化积淀，但是效果手绘表现带点时尚的感觉，两者在未来表现更统一的话会更好。整体感觉非常好。

吴健伟老师：

这位同学手绘图、电脑图感觉都不错。我个人认为他有美术院校的气质，而且我们在讲作为一个室内设计也做了一个展示设计和室内设计一个结合还是 OK 的。作为我们这些在社会上工作了这么多年的老师和学生是这样的有一个情节，他们毕竟是学生，不可能拿出来东西每个地方 OK，我个人认为看大方向大感觉。你给我的感觉你的未来前景非常有希望，作为一个学生这么短时间内，把建筑室内包括展示，包括文化和历史这些东西混在一起做这样一个作品非常不容易。

吴健伟老师现场指导

石赟老师：我欢迎你到金螳螂来。

王铁教授：

实际我们在评奖的时候总会强调这个观念，毕竟大家是一个还未踏出大学校门的学生，我们学校相比其他学校多一年，在四年学习中只要能把设计方法掌握扎实，这是最重要的，表现力是另外一个层次的分数，我们看做这个设计过程中做没做到从构思立意到中间过程分析以及最后成图，只要不少这几个环节都是合格的作品，关键是最后的表现力，个体差异非常大。我反复强调这个问题，我们基本都是本科生，没有更多的经济指标在这个地方，如果把这个经济价值和怎么建造出来经济价值给孩子们，这个设计就不可能成立。只要有建构意识这就成立了。

大家在学设计创造美的同时要思考一个问题：如何表现非常美又能有一个建构意识？能把这几个点分析好就够了，这是我强调的他是学生不是社会人，我们尽量不要把社会人的观念贯穿于毕业设计中。我希望各位老师在讲评的时候，一定在这方面稍微控制一下，他们毕竟是学生，只要有一个热爱事业的心，又愿意为之投身这就很好了，这个同学确实不错。看到目前为止美术学院唯一手绘效果图的学生，非常值得鼓励。

苏乐天同学（中央美术学院建筑学院）：

大家好，我来自中央美术学院。我的设计题目是天津南港工业区设计，设计内容包含会展中心和旁边绿地，下面主要讲一下展览厅内部展示的是天津南港的重化工业产业链。产业链包含石油化工，设备制造，循环经济，港口的运输与物流。我将以上几种内容分为四个不同部分，安排四个展览区。根据这种结构关系，我寻找出这个设计需要的是一个整体性和四个展厅的不一样的专业性。这是整体场地，红颜色区域部分是我设计的这一区块的部分，是会议会展中心，旁边是和他有重要关系的三个不同建筑，投资服务中心、生活服务中心和企业办公中心。

这是基地的一个交通路线图，红颜色是主要交通道路，蓝色是次要的，根据交通道路情况，主要路口分布在背面。场地包含场地用地和绿地，我的处理方法是将绿地分配到建筑用地，使建筑区域与周围的三个建筑产生更多联系，使用者进入整个场地时候先经过自然景观区再进入展览空间。

这是基地四周的一个主要的节点，我根据这些节点对基地产生一些受力影响，从中选出一些比较重要的旅游线对基地进行分割。这是我的总平面图，这张图上可以看出整个场地分五部分，一个是中心广场和四个展馆。人流由中心广场导入整个场地，再分散到四个不一样展区，在展区内是由两个环线组成的参观线路。

这是北立面图和西立面图，南立面图和东立面图，最后这是鸟瞰图。

这里功能有展会空间和会议室还有功能区，还有大厅。每一个建筑有一个迎接人进入的大厅，这是我的平面图以及建筑的出入口位置，这是二层平面图三层平面图。这里是一个参观流线的分析，这是布展的线路，这是消防线路，尽量做到三个线路没有相交。

我讲一下这里四个展馆，首先整体性和专业性，整体性是指是有重化工的一个工厂的造型和管道的纹理，表皮有两个建筑管道网络所构成的。这四个不一样展馆，首先是化油化工的展馆，这个展馆主要展示内容是天津的乙烯产业，这个产业主要是一个很重要的功能是促进植物的生长，我在建筑内部做了一些树一样形状的景观柱，这是效果图。

这是第二个展馆，主要展示设备制造，以工厂内的刚架来塑造展馆的结构和造型。这是效果图。

第三个是循环经济的产业展馆。循环经济在南港主要表现在海水的淡化工程上，我的做法将海水淡化形式以一种空间关系表达出来。这是展馆内部的空间。这是不一样角度的效果图。

接下来讲的是海洋与物流的展馆，这个展馆主要做了一个油轮的骨架造型放在建筑里，让这个造型贯穿整个建筑，这是一张效果图。景观由两部分构成，一个是广场和四周的绿化带，广场主要做的是将天津南港工业区 LOGO 形体变化产生，这几块绿地的标高都不一样，四面高中间低的效果。

谢谢大家！我的汇报完毕。

刘伟教授：

这个同学做的展馆思路蛮清晰的，每个展示的功能分区特色和主题这块只是做建筑的思路蛮清晰。我感觉到你说的这个景观部分处理过于简单化，只是用了一个南港工业区的一个LOGO和它的展示的空间做一个对比是不够的，因为你设计的目标应该是景观和建筑两个方向，建筑这块做得不错，景观这块比较弱一点。

秦岳明老师：

首先作为会展中心，会展中心的概念是什么？这点要再了解一下。会展中心不是展厅，也不是你前面说的四块展馆，做固定展览，譬如是5天办大型展览需要几万平方，首先这点分4个展馆和会展中心的概念冲突。如果做一个工业展厅，建筑外表皮方面弱一点，还有展馆之间的交流这方面的描述相对弱一点。虽然每个展厅根据行业特点做一些变化，但是互相之间空间联系这方面应该再加强。

于强老师：我问一个问题，如果再给半个月能做得更精彩吗？

苏乐天同学：可以做得更完整，现在整个设计觉得不大深入，包括里面一些关系及空间。

于强老师：

你如果做一个设计过程做到现在这样的程度，作为现在的阅历已经非常好。所表达的主题，你的逻辑，画面的感觉，给人感觉非常轻松，基本是非常好的，做到这样的程度很不容易。如果要求更多一点的话，看你的过程感觉到很轻松，虽然不是这么的精彩，但是很轻松，不累。大多数人给人感觉很累，讲很多东西都不知所云。你给人感觉欠缺精彩的东西。我觉得如果这只是过程没有问题，如果已经100%努力了还是这个样子，在后面工作中应该要增加一些精彩。已经非常好了。

彭军教授：

我观点和于强老师观点一样，简单一句话，理性分析相当深入，但是缺乏点动人的形象之类的东西，包括景观格局及建筑。

陆志翔同学（苏州大学金螳螂建筑与城市环境学院）：

大家好，我来自苏州大学金螳螂建筑与城市环境学院，我做的课题是景德镇文化会所设计，我的设计主题是陶醉，是陶瓷文化室内设计。首先这是项目背景，前门23号院。这是目前状况，这个房子于1903年建成，2005年进行的改造以“文化启动生活”为主题，这是我提取的一些关键词，由此我把它定位为一个景德镇御窑陶瓷会所，提倡顶级生活方式。

首先讲土地属性，就是在京城中心地段，价格比较高，市级文物保护单位。我做这个会所核心价值强调一种情绪，享受品位和鉴赏，有交流和合作。有一个客户属性，顶级陶瓷爱好者收藏家。作为一个会所有很多功能，简化到最后只有一个就是接待。下面接待人数可能不很多，因为我只会接待一到两组人数，经营方式是私人经营个人管理，实行会员制。这个会所有一个整体的策划，里面所有东西可以出售可以进行买卖，可以用物品交换。在这里我提供一个会员之间进行物物交换的平台。

陆志翔同学终期答辩

这是平面图，首先进门是一个主题大厅，右边是一个接待室，左边是一个餐厅，通过旋转门是服务区，相互联通的，后面是公共区，整个L形地方是联通的。因为本身这个建筑不能进行大的方向改动，整个空间本来非常的拥挤，我将必须保留的全部保留，可以打通的全部打通，这个空间显得比较通畅，这是二层的情况，两边旋转门，再两侧是收藏区和鉴赏室。鉴赏室里有很小的书房和保险库联在一起。

这是整个空间的一个体块感觉，这是二层的空间。作为这样的一个会所目的其实只有两个，第一个是交流，在交流中可以分享一些东西。第二最重要的是一种买卖，通过这种氛围的营造让你看到这些陶瓷，同时和我进行一些买卖。首先进入大厅看到这样的场景，一面墙，突出精美的陶瓷，精美和墙的斑驳形成一种对比，告诉你来到这个地方。后面是一些碎瓷，御窑是精品，必然有无数破碎品来衬托它。这是进门所看到的感觉。

下面是一个接待室，这是一个会员制的地方，没有接待台。对于这些顶级收藏家爱好者来讲，这个空间他们只需要看到那些陶瓷，用了原来建筑的内部墙壁，只在地面上设置一些地毯柔化空间。灯饰用景德镇陶瓷生产过程中的元素，这是陶瓷做完后的那种烟雾的感觉。

进入这个空间不会看到很多陶瓷，但这些东西要通过你去发现，比如进入这样的空间坐下来时候会发现背后是一个陶瓷，发现前面密密麻麻放一些陶瓷，整个陶瓷不是以一种展品形式表现出来，而是以艺术品形式表现出来。这是整个立面，四个角是被一种陶瓷镇品包围。还和一些家具联系在一起，我的墙是灰黄色那种。

这是我空间的一个软装设计，我强调这个空间趣味性，通过一些软装设计强调趣味性，作为室内和建筑有联系，提取建筑外面一些简单线条。这是一个餐厅，通过旋转门可以看到后面操作间，有一个景观区域的设置，和酒柜之间形成层次感，可以看到任何一个部位。这是红酒吧的立面展示和立面图，酒吧区是昏暗的感觉，有烛光的点缀，上面有一些隐藏的陶瓷，这是另外一个立面，可以看到陶瓷是一些形式展示在柱子里。

这是带俯视角度看的感觉。楼梯和前面入口处感觉一样，通过斑驳墙壁保留历史感，放一些精美瓷器立刻衬托出来。旋转门上有镜面材料，通过一种反射体现陶瓷。这是两边立面图，这是整个效果图，这是大的感觉。这是整个空间的一个软装设计，同时通过艺术品设置营造一种交流的氛围。这边是一个鉴赏室，后面是一个书房，通过沙帘柔化空间。

这是鉴赏室的立面图，陶瓷和灯具结合在一起展示，这是一个收藏室，平时不对外开放，如果有人交流的时候会进入。收藏室的墙壁可能会稍微做得有点带有陶瓷故事在里面，雕刻在里面。这是灯光布局分布，大家可以看到灯光投射方式和分布的地方，这是二楼的灯光展示，这是立面灯光展示，有灯光的地方就有陶瓷和艺术品出现。

谢谢大家！我的汇报结束。

张月副教授：

我觉得这个同学做得不错，应该说实际到将来实际工作岗位时，每个设计师一定是团队合作，不太能一个项目所有细节自己做。但你这个看出来从开始空间到最后每个空间立面细节到陈设到灯光，应该从深度上把每部分考虑很详细，精彩不精彩另说，从设计的深度和考虑问题的整个的细节的东西，从概念到细节做得相对来讲很完整，这就是优势。

需要注意这可能是更高要求，你自己以后要注意，一个是表达方式，因为一个好设计首先打动别人，可能几方面，一个概念本身打动别人，概念本身很精彩，再一个呈现方式打动别人。可能你这两方面以后要自己多关注一些，整个设计方法和过程还是不错的。

彭军教授：

前半部分的分析非常深入，而且让我感受到你所想表达的意境的一种设想，你把你的设计定位在顶级收藏家的鉴赏的会所，但是后面的表现当然学生有学习的过程，一个是表现，另外是最后的设计的体现和设想和表现顶级收藏家会所还是有点距离的，当然一个走感情路线一个走文化路线都没有问题，有多种思路。

比如简单，我记得去苏州的时候，石赟老师带着我和王老师去收藏家看，非常简单，但是感觉非常好。必定和家装有点区别，这方面还应再深入，看看怎样把自己的设想体现出来。

彭军教授现场指导

吴健伟老师：

这位同学给我的感觉就是做的东西次序感比较强，之前也有一个同学做这样的一个案子，我刚才有一个说明，他和你的情节不同，他的个性化色彩比较浓，原创味比较浓。作为一个设计师应该从这个方面多注重一些，出来的东西的韵味，出发点的引子，给外界传递什么思想的情节这些比较重要。现在看到的这些作品给我们传递什么概念？比较平淡，像你这种平面图都OK，空间格局都挺好，包括刚才有张图片是一个软装配饰，和这个御窑这样一种情节的搭配，因为软装给我们感觉像一个酒店的非常普通的一些搭配，同这个主题关系，主要是表达这个意思。

于强老师：

第一次看你方案的时候始终怀疑，是不是潜伏在学生中的一个高手？你太成熟了，这些东西表达比我们真正做项目还要深入，起码后面灯光分析我们项目中很少那样分析，一般灯光设计师做了，你很厉害，你很快会成功。

前面确实是一个真实表达，你现在做的这些东西在实用性方面非常强，你很快成功是真心话。你很快成功的一天，坐在书房打开电脑看现在毕业设计的时候可能有点遗憾，当时把毕业设计做得更梦幻一点就更好了。确实非常好，很少见如此成熟。

郑玲丹同学（清华大学美术学院）：

大家好，我来自清华大学美术学院，我做的项目使用人群是751周围的艺术家，地点在北京朝阳区，这是751DPARK，本来建筑是这样，高有32m，直径23m。我做的里面有大厅，还有咖啡厅，外观是这样，用以前的原样做建筑。这是大厅。绿色是入口，这两边是厕所的位置，每层在这个位置。然后是大厅效果图。

这是5D电影院，绿色是入口，红色是出口，这里是网吧。通过分析来网吧的人分成两类，一类是打游戏的，一类是普通上网的，打游戏的有一个人和几个人来的，我分几个区域，中间是打游戏的区域，外面的不会特别吵，外边给普通人上网，打游戏我分两层，通过中间的楼梯可以上，这是效果图。上一层是VIP专属空间，可以和朋友一起，使用者多了可以把中间门打开，可以把空间扩大。这是效果图。

上面是咖啡厅，我做的咖啡厅是科技含量比较高的那种，咖啡厅和阅览室放在一起，可以点餐，可以看书。这中间吧台专门看IPAD的。

谢谢大家！我的汇报结束。

王铁教授：

一路走过来直至今天，的确很不容易。实际上选这个题当时也是难度很大的，作为一个本科生做这个确实是有一定难度的，但只要有建构意识，有空间创造力这都没有问题。我们是学设计的，有一个最基本的东西就是尺度感，这是最重要的，要计算，楼梯到底走多少步？能不能承受高度？这都很重要，因为没有断面，没有说明楼梯怎么上去，最基本的原则必须尊敬，尊敬建筑，尊敬这个行业，尊敬自己的作品，几乎在每层均应该有，在平面上必须出现标高，没有的话大家很难想象。立面图表现得不错。

于强老师：

这里有几个问题，刚才说了尺度问题，甚至里面家具的尺度，尤其看你的咖啡厅效果图，吧台、吧凳和沙发尺度肯定都有问题。

还有一个问题，我从你整个设计手法用的语言我没有找到一个连续性的元素，一层一个元素，二层一个元素，全是独立的，但是中间可能是性质不一样，我看到的缺乏一个主题，没有把主题贯穿在整个的室内空间里，这是比较大的一个问题。

骆丹老师：

设计的表现图要加强，效果图来说从美学角度要推敲，特别天空背景，一个效果图是要有远近关系的，回到刚才说的效果图，实际上近景应该是周边部分，现在这种图把天空往前推了，美学这块有远近层次，我看了很多图都有这个问题，未来设计表现上，美学是相通的，后面很多是进退关系，哪些要强化？哪些要弱化？这块整个在设计表现阶段和后面包括灯光要加强一些。

彭奕雄同学（天津美术学院设计艺术学院）：

大家好，我来自天津美术学院。今天我向大家介绍我的毕业设计，题目是天津动漫产业基地建筑景观设计。前期分析非常充分，天津已经成为中国动漫产业分布的重要区域，09 年温家宝来到天津南港工业区考察，建设新动漫产业基地，未来政府规划南港工业基地核心位置建天津市动漫产业基地。我通过对国际上一些已经建成的动漫产业基地分析，决定我的动漫产业基地中国动画品牌为基础，旅游为先导建设。我希望完成从制造销售同时得到用户反馈全程过程。我会从产业人文和生态建设开放生态的产业基地。

彭奕雄同学终期答辩

首先强化我的概念“睿界”。我们提供空间给动漫设计师激发他们创作灵感，为天津滨海新区提供宜居境界，根据以前资料调查，设定一些必要场地功能，公共和非公共区域划分进行组合。以人视角度为主，进行位置的一个推导，我希望整个场地能够形成一个大地的隆起的感觉。

这是最后景观形成的总平面效果图，模型可以让大家看到整个展览馆是最重要的核心，西面和东面有一个艺术家的工作室和一个雕塑展览馆，有湿地的自然空间，形成整个空间辅助轴线。主要人行动线从红色线了解中国动漫产业建设的过程，蓝色帮助人们辅助大家了解整个自然生态景观。

这是消防动线，按照国家规定设定。这里节能建筑设定以前定下了，根据功能推导的展览区和办公区面积上的分工，设计元素是飘逸的薄纱，强调一下建筑本身形态必须避免自然对建筑影响，比如风，因为天津属于大陆性季风气候，要避免建筑造成的拐角效应。我希望采用新玻璃的材料，能够吸收太阳光，在室内作一个充分的吸收，防止室内电能的浪费。

以前原始的方法造成资源浪费，我的建筑是新的透光玻璃材料，夜晚会影响室外景观的感觉，这是效果图，建筑的 CAD。从建筑室内功能方面，从主展厅到辅助展厅空间面积的推导，主要的曲线路线满足人们去参观整个动漫产业的展览馆内容。这是人员密集度方向，保证参观同时保证安全。

无障碍设计方面我也提供两种方式，首先最简单是竖向电梯的。艺术家工作室分两种重要的办公区域，一个开放的，让游人在不干扰办公前提下了解制造过程，私密办公厅提供了舒适的办公环境。

景观方面，前广场做了一个剖面图，前广场是空间分割方式，希望人们直接进入展区进行参观。这是一些细节的做法，在艺术家工作室，楼前建立一个新的植物的平面，这个植物区域我希望可以通过植物让艺术家在工作之余眺望窗口感受自然景色，同时规定细的动线及规定游人不会影响艺术家办公。

这是地面铺装做法，我注意植物在景观四季颜色变化，我希望做得鲜亮明确一些，湿地景观由于场地的特点形成非常自然化的空间，而我不想将人为因素做太多影响，更多保留自然的感觉。这个景观颜色偏于自然的绿色，最后雕塑园区域，植物高低和颜色更多烘托整个雕塑的重点，不是植物把雕塑抢了，这是最后的立面效果。颜色上属于偏灰，不会过于鲜艳。最后是整个建筑景观效果。

我有一个动画让大家更好地了解整个景观空间上的概念，可以说睿界这个项目是我在大学生活期间 4 年里参加的最后一个项目，对整个参加活动，整个设计生涯只是一个开始，我希望我的睿界，包括同学的睿界是无限的，谢谢各位！

（播放视频）

王琼教授：

没少熬夜啊，你的工作量够大，真的不错。从整个总体到细节，剖面包括分析图基都比较到位。从整个层面包括表现力都不错，我还是不太善于表扬，提一点不足，刚才提到湿地概念，再补充一点，所谓湿地，你画了一些细节，画的是水中植物，岸边植物，水和草和土和石，湿地是很自然状态，这块再补一点图，在限定总体框架里局部有点自然和原始让他们自生自长感觉更好，其他的没什么。

王铁教授：

总的来说工作量还是可以的，今年有个问题，大家很大工夫放动画上了。其实设计是尺度和比例，竖向标高缺少内容，其他的相对完整，如果把里面的各种分析图色彩再调到很优雅程度就是非常完美的作品。

刘伟教授：

提一个问题，说到动漫城，你想象过动的本质是什么？如果要表达这样的一个主题空间，比如说从普通人的角度，因为你有旅游，对设计师来讲是一个工作环境，对游客是一个旅游点，还是一个宜居，三个设计目标，如果从游客的心里或者是宜居或者是工作这三种不同状态的人，他们想象中动漫城应该什么样。你这里表现从概念到完成的东西费了很多时间和精力，表现不错。但是这个主题我没看到。动漫到底是什么，我如果说尖锐点，也可以像一个科技展馆，和动漫关联性有没有深入思考，有时候要想的要回到原点。

刘伟教授现场指导

秦岳明老师：

有几个问题，你现在表现的在景观这块一个是雕塑那些东西做得太满，尤其看后面动画，雕塑之间可能隔 10m 一个，给人目不暇接的感觉。同时和动漫的关系这方面考虑得比较少，参观过程中缺乏互动，仅仅是看是过而已，但是动漫的话应该不只是停留在看的基础上。

骆丹老师：

我说平面排版那种色彩非常柔和，很有设计感，从你的平面排版模式包括色系选择非常清新，非常有美感。每个同学会汇报，从平面排版这是非常美的感觉。

另外动画是你自己做的还是团队做的？

彭奕雄同学：自己做的。

骆丹老师：非常不错。

孙晔军同学（苏州大学金螳螂建筑与城市环境学院）：

大家好，我来自苏州大学金螳螂建筑与城市环境学院。课题是北京前门 23 号院改造设计。取名叫“未建成”，想法是描述现在状态。

首先提供两个载体，一个古老建筑一个古老陶瓷，作为一个设计师调和这两种关系，我想通过对比展现我的展品陶瓷。这边是体块感觉，地下一层是古老陶瓷，二层是当代一些陶瓷展示，中间是过渡空间。左边是空间的构架，中间是色彩。

下面作为一个主人身份带大家参观空间，首先一层平面，这边一块区域是一个公共交流区域，这边是操作间，这边是景观展示。这边整个轴线是展台，这边是过道。首先进入一个过道，是隔离原有建筑外表皮，我希望提醒外宾进入不一样空间，带给你关于陶瓷的东西。下面是向左边和向右边看的感觉，这边地下，两边看地下有一些灯放下来，下面是关于陶瓷的一些东西。这边是一进门所看到的空间感觉。四面墙壁白色的，中间做一个设计纹样，这边是细柱子和平台上放一个陶瓷。

这边是入口向左看的空间，这个空间末端是一个平台，有充足阳光。最左边相当于这边立面的感觉，我想表达状态，我展示里面白墙，后面是建筑肌理，有陶瓷作品在那里展示出来。这是我想呈现的展示的方式。

这边是设计的顶部的纹样，以陶瓷的纹样作为灯具的顶部纹样和普通陶瓷的器形作为灯具造型。这边是入口右边一层的空间状态，我前面设计一个展台，斗彩的概念，有立体的感觉。凤凰纹样用得比较多，分各个层次。

这边是开敞区域的展台，这是午后时候，下面两个图是视野的状态。我设计一些元素方面东西，首先从陶瓷上一个花瓣 12 片，分散开来散落在玻璃制品上，统一做了一个展台，是这样的体形，三面玻璃加这样的实体。这边是我采用的一个桌子，这个桌子突破原有对桌子形体感觉，让人感觉放东西不稳，我想表达陶瓷是易碎的感觉。

这边是二层平面图，游完一层经历了一个楼梯到二层，这边是一个室外平台，这边室内部分，这边隔离开区域有个破开看到下面状态。这边是吧台，这边是一开始进入状态。

这边是一进二层空间状态，这边的一个吧台的台面设计，放三块板，现在这个墙和后面的墙只有一点，拿东西可以触摸到后面。

这个状态这边是最开敞区域，可以看到这边有块区域，可以看到下面空间，这边是分析。这个角度看，刚才空间状态感觉，这边把原来盒子破开，现在放一些当代陶瓷摆设。

这边是地下一层的平面图，主要展示位置围绕一圈，中间是一个休息的郊游区，这边是卫生间，这边是地下一层过道，上下可以有交融的感觉。这边是地下一层主要空间，这边三个立柱作为装饰品存在，做一个轮廓线，可以作为一个景观处理。作为设计师玩当下一种状态，只要留下印象就可以了。至于陶瓷的东西一个桌子一个凳子，陶瓷爱好者可以在这边交流就可以了。

这边想强调空间感受，这边因为有错层关系可以有空间变化，行走的时候不同光线有不同空间感觉。这边一块区域是地下一层，顶部是一层过道，这边不稳定感觉展现陶瓷。这边下面是剖面图。

这是效果图，这边是青花纹样，我尝试加入，但是效果不太好。刚才是二层的看的室内效果图，这边是地下一层空间效果图。

谢谢大家！我的汇报到此为止。

王铁教授：

目前作为做同样空间这个是相对不错的，从整体构思到里面色调各方面都不错，比较全。也吸收建筑外观文化的内涵，首先选择钻墙，那个时代的墙体基本是砌体的，这个抓住主题，不是把原有建筑信息和形象都毁掉，这很重要。在精神层面也表达得不错。

彭军教授：

首先我觉得这个同学做的有什么感觉？自己想表现韵味和整个汇报和所表现的图片效果都能体现出来，而且表现成熟，平面布局还有后面设计整个效果都不错。还有一个优点，室内设计其中家具是重要组成部分，有家具设计，而且形式和整个想追求效果比较吻合，稍微注意点，有一些可能是笔误，注意尺度合理性，其他的没有什么。

吴健伟老师：

我看到这个设计作品我是在欣赏的，感觉很好，历史的痕迹和现代的方法，处理手法蛮好。我个人有一个感觉，能不能再少一点，无论天花还是墙面，还是装饰的一些造型，我们综合讲是一个度的问题，一个控制节奏和度的问题，是不是可以稍微减少一点。

张月副教授：

我同意彭老师说的，前面很多同学呈现自己的设计，但是可能会在最终呈现里面有这样那样的一些问题，你自己想表达的东西，设计的观念和呈现方式两个是吻合的，一句话就是呈现即设计，怎么呈现的和你设计观念有关系，如果呈现得不好，不能说设计得好呈现得不好，设计师自己呈现方式是要传达观念的重要途径，这点很好，你也很有节奏控制能力，这是非常大的优势，应该保持。

王铁教授：

今天上午成功完成了预期的汇报进度。大家中午休息 1h。

主　题：2012“四校四导师”环艺专业毕业设计实验教学终期答辩
时　间：2012年5月12日13：30
地　点：中央美术学院5号楼学术报告厅F110
主持人：中央美术学院建筑学院王铁教授

王铁教授：

下午的汇报开始。

廖青同学（清华大学美术学院）：

大家好，我来自清华大学美术学院。我做的课题是751煤气罐改造案，我设想把它改造为艺术家公寓。这是以前的一些设定的目标人群，提供什么样的氛围，这是上次的功能区划分图。这是平面布局，因为以前的功能是煤气罐，所以我主要把里面做成有点蒸汽的感觉，代表工业时代的东西，有一些潜水艇之类的元素在内。

这是正负零到二层平面。一层平面对外餐厅，如酒吧有类似潜水艇的酒桶，有一些用装置的形式来体验要购买的商品。下面的橘黄色部分是展厅，上面是书店。

这边是超市，另一边是健身房及花园。首先由人的动力产生运动，吸取了以前的水车的概念。是酒店型公寓，分为几种客房，一种是酒店客房，是比较规整的梯形，这是一个食堂。这个是立面图，这是超市的立面图，这是健身房及花园，这是餐厅区域和会议室。

第五层主要是有三种客房，主要是多出来的小三角形空间，可以选择比较规整的那种梯形客房，如果想体验一种和你其他住的旅馆不一样的感受也可以选择不规则三角形空间。上面部分的三角形是玻璃，下面是铜板刻的小圆洞可以看到一切的感觉。其中有一个客房，我说一下这个床，床的侧面有点像潜水艇有个小窗，也可以做一些记事，可以做一个窥视的窗口，满足人的窥视欲，造成大范围的看或者一望无际的看，或者是小窥探的不同感觉。

这是一些家具的选择，意向图片，我选择一些比较后工业风格的，蒸汽时代风格的那种家具。这也是立面图，共七层。这块平常可以做会议区，把会议桌子移开可以做小型放映区，这边贯穿七、八两层的，图中显示是一个小花园，这边面向阳光可以做一些艺术交流，这是一个立面图。这是屋顶上可以做露台或者露营之类的活动。

谢谢！

王琼教授：

放到平面图。其他的想法都挺好，总体对你后工业的总体体系的脉络的延续挺不错的。有一个提醒，因为这个空间是一个小交通空间，我看你其他的空间分析，这块空间是很重要的，假如两人开门的话空间够不够用？这要分析一下，这块空间是整个空间里特别重要的空间。要进行深入的室内空间分析，这个入口很重要。最好有一些图示的表达再补充一些。

彭军教授：

我认为这个设计挺有自己特色的，注意情节，潜水艇这样的客房，包括一些有特征性的东西，像这样的一个751挺独特的一个圆形的框架的结构，做这个可能还是有一个有特色的小的住宿空间的。中间的这块公共部分的尺度可能太过于狭小，六个客房加一个公共部分出入口全在这的话，平面布局稍微局促一些，这是其一。其二，每个客房入口处宽度1米多点，还是太局促，重新布置布置可能更有意思。其他的都还是不错的。

王铁教授：

画的楼梯入口在哪里？右上角这个楼梯从哪里出去？那边还一个客房，走到那里可以直接看到客房里面，私密性就丧失了。

廖青同学：下面是交通空间，有平台的。

王铁教授：进不去屋子？问题是没有入口。

刘伟教授：提个小问题，发现你室内说做书架用751的管道，管道和书怎么结合？

廖青同学：这两个小的空间是一个阅读区。

刘伟教授：房间里面呢？房间里做书架的？这个怎么放书？这要有图示。

廖青同学：用细一些的管子，粗的内置一个灯，再细的做支架。

刘伟教授：设计还是要深入一些，还是一个概念。

汤磊同学（中央美术学院建筑学院）：

大家好，我是来自中央美术学院的汤磊。欢迎大家来中央美术学院。

我今天为大家带来我四校联合毕业设计的最终汇报。曲线艺术的延展。

这次我通过以下方面展现成果，目标区位，设计概念，过程，深化设计，重点设计，概念深入，时间进度和我的思考。

首先是目标区位，所在城市在天津，是中国第三大城市，基地区位是天津南港工业区，选择偏南的位置。南港工业区是天津现在重点开发项目，天津为这个地方投入大量人力物力开发，这是基地选择，设计要求范围选择了以水源为中心向北扩展区域，南部区域作为重点。我的设计概念是探索大自然优美的曲线。大自然这种曲线在我们生活中是非常优美的，它的整个不管我们生活中的人物，动物、植物本身有优美曲线，这些曲线形成过程是我探索的东西，我选择大自然优美曲线做我的设计。

通过一些词汇进行设计的思考，像这样的将整个一个动物或者植物纤维或者内部曲线提炼输入电脑处理，成为二维图形，提出词汇，在我心目中是什么概念。六个，我进行了一个分区，我的重点设计在曲线设计上，其他的是辅助参数化曲线设计的其他的新的概念。

生成过程，我将自然界物品进行三维建模，得到这些优美的曲线，这是平面推导过程，通过一些天然的曲线不断规整最后构成一个规整的景观平面。这是建筑生成过程，不断通过曲线拉叠加最后形成一个形式。这是深入部分，平面深入图和平面标高图，平面尺寸图。景观组成部分是整体包括水体，硬质，植物三大部分。这是最后的效果图。

上一次中期汇报中老师提了一些意见，最后进行了一些修改，这是调整之前的天际线设置，对A点、B点、C点进行处理，整体天际线进行调整，最后形成调整后的下半部分的天际线效果。这是调整后的效果，办公区域顶层可以上去，这是立面标高图，东西南北立面，然后是功能区分析图。开始设计中利用公共建筑设计原理进行内外设计和观赏分布。内部空间布置安静舒适的功能分区，外部环境比较方便人们快速的进行工作。这是我的动静分析，外围比较吵闹，内部比较安静，符合我现在功能布局。这是水体设置，通过三个水体将整个水观和外围大面积水体形成一个整体联系在一起。这是合适的布置游览的商业中心行政中心和居住中心。

这是我预想的最后我的景观中应该呈现的效果，就是各个功能应该在里面占的比例。道路交通设计上，整个道路系统设置两套，一个上部交通系统，一个下部交通系统，将来往车辆和人流分开，确保游览人群安全问题，可以有利于交通快速疏散，这是俯瞰的交通关系图，人流密集程度。我将整个景观分景观节点，设置是ABCDE景观节点，进行了一些调整，形成了三个景观轴，处于景观节点观测的视角是这样的，这是最后的效果图。这是景观轴1的效果，这是景观轴2的效果。

上次提出上面有绿植的覆盖，我最初的概念想到了，上次没有做出来，顶层主要的建筑是滨水地区，这个可以上去，通过圆平台可以上到上面进行一些观测，这是我观测视角看到优美的景色，充分利用主体建筑。这是景观的街道设计，考虑转角互助，这是街道与人的关系，上次老师说应该梳理，我进行了梳理，在功能上和尺度上对功能进行一些设计。这是从平面度实体建筑与公共建筑，公共开放空间的分布，我在公共建筑的周围设置了开敞空间，作为一个缓冲地带，可以让有连续性人流建筑起到分散人流作用。这是公共空间广场设置。按照一定的级别设置，分一、二、三级设置，一级广场供大规模的用户使用，二级供办公人员使用，同时设置了一些水生植物的观赏区。滨水地区设计亲水区域，可以利用这个位置做一些交通系统，让陆地系统和水系统联系在一起，亲水区域流向和视觉分析。

这是整个景观从空中鸟瞰效果，然后是概念的深入。第一个概念是新能源建筑，创意是美国生态能源大厦项目，天津是季风气候，日照时间长，风速大，利用自然给我们的东西进行新能源建筑的发展。我对天津降水量进行了分析，雨水非常充足，这样的情况下，绿化部分进行雨水收集方法，这是地表收集方式，树坑雨水的收集方式。然后是动物生长的概念，这些动物在我们日常生活中不断成为成虫，我的设计把成虫成长过程用到建筑里做一个生成变化建筑，首先是流水堆积作用，流得快的水携带泥沙进入平原地区形成一些堆积，时间长的情况下，形成新陆地，我分析基地，从北到南基地由高到低，水流方向由北到南。

最后根据流水堆积作用，陆地不断变大，建成以后，20年、50年以后会不断演化，我提出植物变化的软置景观概念，陆地变大给不同水生植物提供不同生长环境。不同植物根据土壤面积有不同景观带。陆地面积变化，水生植物的生长面积会变化。水生植物有潜水和深水，我们调节可以产生这样的效果。建成30年后不同配置产生不同效果。

植物景观带设置，我进行了一个简单的设置，可以满足我不断变化的过程，并且也解决了最开始一下由硬到软的概念可以逐渐过渡过去。然后是景观配置图，选择了陆生植物，水生植物选择，对修改后的街道标识系统的设置，景观规划设计不仅迎合少数人设计，新的设计不只是新风格新形式，是新内容和创新生活方式，景观规划对人的感性理解有特殊的责任，如何适应人的需求，而不是让公众适应欢迎。感谢老师，感谢毕业设计给我指导的老师，感谢我的母校中央美术学院。

谢谢！

张月副教授：

首先这个同学的设计有一个与前面同学不太一样的地方，这就是他在想很多问题，从真正的实际那些技术方面或者说是设计的方向去思考，比如空间形态，尽管从一些具体的功能细节上来讲，你可能还有很多问题，可能现在的设想是你自己所想的东西，可能和真实的那些技术，真实的那些设计，包括解决问题的方法可能有一定距离。但是我觉得你的优点在于做设计时候始终围绕这个场地为公众提供的功能或者提供的服务，会根据场地根据所面对的用户思考他们有什么样的问题，面对这样的问题提出设计对策，这是一个非常好的很成熟的设计方法。我不反对做设计的多种手法，有的设计偏向精神层面，有的偏重于形式，不能说没有市场，没有社会存在价值。大部分设计解决面对社会的需求提供应对的方法，你现在已经有这样的思维方式去面对设计的问题，这是一个非常好的优点。你的对策能不能解决，是以后慢慢总结经验，这都可以解决没有问题，甚至可能通过团队协作解决问题，要意识到要面对这个问题，这是最根本的东西。

王琼教授：

今天有一个最大的不同，首先看到你和其他同学不同，第一个，情商很高，感谢老师感谢母校，这是非常好的品质。最主要对绿色的关注，这个是你们这代设计师应有的责任，也很好。而且总体系统性比较强，这个很重要。

回到一个立面图，我有一点建议，从造型设计来讲，你讲到曲线的延伸，我觉得图形这个语言有个过渡，稍微有点生硬，几个塔楼几个圈和旁边办公楼竖条与语言有机的过渡起来，你有一个好想法，大的这块关系考虑了。这几个建筑，严格讲地面那块可能做得更好，这个稍微有点孤立，平面和立面看没有太多联系，图形上是不是再过渡一下更好一点。

刘伟教授：

上一次提过的问题这次改进不是太大，形态的呼应性。我看到你最后有一个思考，系统性整个流程挺好的，而且做得很完整。有一个思考，这是现在非常通畅的讲法，因为你是刚刚毕业走到社会中去，里面有一个关于最后一个追求如何适应人的需求，而不是让公众适应环境，这个可能要从另外一个方面再思考一下，人的需求欲望是无度的，这个需求怎么样适应？如何去把握？其实反过来环境会改变人和塑造人，这一块你再思考一下。

孙永军同学（清华大学美术学院）：

大家好，我来自清华大学美术学院。首先是对极简居住空间概念定义，主要追求的是一个简单轻松绿色的生活方式，主要的理念是一个公社化行为，脱掉生活中的各种带角色的外衣释放自己，比较轻松舒适的生活。这是设计目标，选址在后海酒吧街，一个正在改建的区域。

这里的生活行为特点是夜生活比较多，参与者为旅游的外国人和酒吧文化乐队，这里人的行为半夜喝醉了找酒店住宿。具体这个地块的信息如下，占地 1856m^2，建筑 21 间，建筑体前后院已经遭到破坏正在修建。建筑改建过程中的 4 个设计理念，一个是文脉保留然后设计空间留在室内，一些符号建筑构建保留，主要对文脉的尊重，试图在旧环境中点缀一下创造一个有时尚感的东西，打破四合院比较封闭环境，与周围环境进行互动。

这是一个大概的功能分区。这是一个舱体的概念，上次老师说只有居住空间比较闭塞，加了一个有私密性的生活区，另一边作为一个居住的生活的区域，这两边是生活区域，上下是左右两边睡觉的地方。这是设计的入住流程，下一部分是细部设计，主要讲首先来的人是有个人特征的，经过一个流程入住换洗流程可以达到放下生活中一些牵绊，在这里比较平和的与人交朋友，这是一个进门左边的一个休息区，这是过道公共活动区域，这边是积存自己行李和洗浴的区域，这是存储的地方。这是服务性的多功能区域，这是客房的一个休息区域，很简单的一些东西。这边也是住宿和休息区，这是标志，通过这种东西在灰暗的色调里点亮一下。这是娱乐系统。

谢谢！

彭军教授：

我注意到从上次苏州大学到现在的方案深化了不少，尤其是居住的空间有新的构想，尤其前面有个户字形的构想，这个至少和以前胶囊的相比更科学合理一点。这段时间确实进行了非常深入的思考和设计，到目前这个方案稍微有点感觉了，只是公共的部分空间面积分配过大，居住面积过小，因为是给临时住宿的人提供这样的特殊功能的旅店，这些公共部分是不是需要这么大面积，这么大面积有没有给居住部分再分配多一点，住得更舒服一点。

秦岳明老师：

虽然比上次的方案改进很多，花很多心思，但是我觉得有几点没有完全落实，一个是内部空间，胶囊内部空间怎么处理，我没有看到很详细的分析，包括人体工程学，这么小空间怎么使用，站着，坐着，躺着，这种情况下怎么使用这个空间，这是一个问题。还有一个问题你说大的入住流线，具体方式还欠缺不够系统深入。

王铁教授：

平面还是有的，但没有尺度概念在里面这就麻烦，相当于一个单位的示意图。始终展现的没有尺寸，直接进入立体空间，刚才入口做这么多装饰性的装置，主要是没有尺度感。这个必须有，你这个多高多宽我们无法想象，只能猜想，放个比例人也可以，但是没有。一切都无法断定。你应该重点从空间角度理解更好。我看见盒子了，入口在哪里并不清楚，怎么排列？

王琼教授：左边进去上铺，右边进去下铺。

王铁教授：没有图无法看清楚，希望下次呈现的更加清晰。

王琼教授：

这个通道到底多宽，这个高度要标尺度，要多截点图，多多分析，通过立面剖面轴侧图都可以分析，上下左右看得明白，再花点工夫。中间那块你做的设计入口到公共那个区域很有感觉，要注意尺度感，组成的更合理，不仅仅考虑到使用功能，还要组合的漂亮就达到目的了。

王霄君同学（天津美术学院设计艺术学院）：

大家好，我来自天津美术学院。开始我毕业设计的终期汇报，深圳李朗 182 设计产业园的景观设计，这是今天介绍几个内容。项目区位，项目所在地是深圳龙岗区，李朗 182 设计产业园在中心地带，园区现状是景观设计缺乏功能性层次性和观赏性，对于这些问题我进行了一些调查以及对一些成功案例分析给我一些启发。主要应该解决以下问题，艺术吸引力，景区应该有一些娱乐性，还有交通标识和公共设施系统规划。下面是概念的提出，灵感来源于这块地区所处的这样的生态自然环境河流形态，这是将一个自然形态元素进行概念性提炼的过程，在进行原有景观层次的一些空间上的进行一些错位旋转，分割一系列的设计手法体现，形成了生态与人并重的景观形态。规划概念方面从景观节点进行着手，进行培育和派生集群，构成了网络最后联动成面。

王霄君同学终期答辩

下面是景观平面图。功能主要有创意产业园，创意产业艺术体验文化展示，集装箱创意空间，人才培训基地等几个功能，进行功能细分，对人群功能进行需求分析，也分析了在不同时段使用量的状况。在交通路网上分析了园区主要道路，人行道路，消防道路和交通干线。园区景观节点在于集装箱码头设计和主题雕塑展区，生成景观节点轴线，对于园区我分析外部视线和内部视线，景观有水塔，主题雕塑展区以及日光浴三部分，这形成景观视轴，这是景观绿化分析，这是植物相对集中的地区。这是景观铺装导识系统。地面铺装将采用太阳能铺装的材质，白天进行光热吸收，夜晚会进行道路指向作用。

下面是景观剖面，主题雕塑展区以及右边这个建筑的剖面。这是我画成几个体块进行植物搭配，下面是我的景观节点设计，主题雕塑广场设计，主要从概念出发这样的水元素出发进行切片形状，这是平面立面和剖面，功能主要有两大功能，上部主要是一个主题雕塑展区，下面是半开放式的停车场，容量游客应该是 100 余人。

这是一些台阶和步行路口和车行路口，都参照了人体工程学设计的。这是 182 的集装箱码头的景观节点设计，主要三个构造，集装箱和亲水平台和共享结构，这个结构形成一个半开放的供游客观赏休息的空间。主要功能娱乐为主，包括一些售卖餐厅咖啡厅以及酒吧这样的一些功能。这是东西方向依次剖面，南北方向依次剖面。

下面是建筑分析，原有建筑进行共享空间植入，进行体块切除、重组、复合等形成现在建筑形态，这是建筑一些立面，下面是成果展示。

这是手绘的一个园区的鸟瞰效果，园区的夜景效果，主体建筑前的广场，主题雕塑展区，集装箱码头。这是其他的景观节点设计。

我的汇报到此到一小段落，我经历了这样 4 个阶段汇报，特别感谢在座的老师以及实践导师的辛苦工作，最后进行一小段视频播放。

（播放视频）

谢谢大家！

王铁教授：

确实不错，从手绘上看整个设计构思不用过多评价，毫无疑问，用手绘能有这种表现力，确实是美术学院学生应该具备的基本素质。对于一个本科学生来讲，做得如此完整，整个工作量基本达到了，但是刚才我看了，就是有一个小小的问题，如果把这部分解决更完美。在 CAD 上稍微转换过程应该变成线的表达就更好了，因为现在是面的。能看出来这个构造，转完以后竖向上就没有了，就这么一点，其他的都非常不错。

王琼教授：

整体来讲不错，第一个要表扬你的是动画和其他同学有所区别，前一段的分析，虽然分析不是很透，但是已经有意识了，这是现代动画应该提倡的。整个做的比较系统，从设计角度来讲，曲线无论从整个基地两个维度平面上来讲还是纵向两个维度整体穿梭性的系统。提一点小建议，楼层波浪式的穿梭到整体的小的细腻纹样的穿插有一点了，但是不够，最可惜集装箱这块，如果把这些东西和它有点关系更完整一点，这是唯一遗憾的地方。

在实际整体性的控制上在今后大家可能要重点多下点工夫，这应该说是一个相当不错的方案，而且工作量很大。剩下王老师说了，有一些量化分析，同学们要养成习惯，CAD 最重要是量化，所有的比例尺度都在上面，另外我们画草图或者建模达不到精确性，这个能力以后要再补一补。

于强老师：

我觉得这个方案很好，大家说也是挑一些毛病，已经非常完善了。如果一定说一些问题的话，整体性还要再加强一些，确实集装箱码头地方形式相对整个气氛有点暴力，不大融合。园林是不是可以更整体一些，看观感可以看出来这样的设计，还有一些语言连贯性，主要是这个地方。这里还是强调一下优点，确实你在表达整个过程中都是围绕着你所想表达的东西做的，基本上没有太多啰唆的东西或者不清楚的东西，这点非常重要。虽然这个很简单，但是很多没有做到，后面这个动画，很多动画有表达的目的性可能还有所欠缺，但是你的动画表达相对来说好很多，很朴实，很直接表达这个设计。设计还是一个注重要解决设计问题，表现还是另外的方面，非常重要但是是另外的方面，你的这些表达表现不能成为一个主流，不能成为一个想做的事情的主体，而是所有的东西指向设计，指向你想表达的东西，清楚告诉人，这才是最重要的。不能够本末倒置，你这方面做得相对来说非常好。这方面很值得大家学习，甚至很值得一些已经工作的设计师学习。

王瑞同学（苏州大学金螳螂建筑与城市环境学院）：

大家好，我来自苏州大学金螳螂建筑与城市环境学院。我的题目是胶囊旅馆设计，汇报分为三部分。提出的问题是根据前面对于胶囊旅馆产生发展和分析过程，前面已经讲了，不再赘述。这是实地调研，国外和国内胶囊基本是这样的盒子里满足人们住宿休息和活动，但是存在消防问题，隔声问题等，我的设计针对这几个问题来进行。

这是基地调研情况，我选择在苏州，苏州一些废弃厂房的分析，这是我选择苏州创意产业园的图片，这边是功能分区，下面是设计定位。设计关键词是和静清幽。下面是汇报侧重点，产品化设计，我的基本胶囊尺度的是 2.6m，有不同房间类型，不同胶囊单体在这样的框架体系里进行，纵向发展。对不同胶囊单体间结构考虑。

总结一些不同排布方式不同优点缺点，密集的方式可以利用空间，这样的空间方式没有一定透气性，为了使它具有一定透气性，更符合人文要求，我在堆叠这些体块过程中有一些东西，这是共同点，在不同的体块间进行穿插错层。这是之后的一个堆叠过程的大体效果，可能在方体考虑不仅仅是住宿功能，可能是旅馆，有屋顶阳台，整个建筑体块有一定透气性，这是低体感觉。下面是解决问题的部分，是针对基地进行的设计，这边是原有建筑体块和尺度的 CAD。

这是我在这个废弃工厂里搭建的胶囊旅馆，整个4层，红色是公共交通部分，右边是剖面图。这边是对平面布局展示过程，最大的 CAD 图是一层平面图，基本是中间和顶层是重复的一个体块，但是顶层可能会在中间电梯两边多了一些设备间，中庭是一个绿化中庭。

这边是对总体的一个铺装的展示，左边是一些功能分区，顾客和服务人员交通流线各个房形分布过程，有大床房 3 个，标准间 3 个，单人间 5 个，总共 4 层。这是我对胶囊单体的一个解释，三个房形两个模数，单人和标准间是一个模数，大床是另外一个模数，开间 3.6m，深 3.4m，每个单体顶部处理排风的一个功能，是 200mm 的厚度，中间净高是 2.5m，每个胶囊单体由两个部分组成，一部分卫生间，一部分休息区域。

下面对胶囊体块材料这一块解释一下，不仅仅整个建筑有透气性，每个单体也实现呼吸性，采用一种电解玻璃，关上是普通墙体，通风时候每块宽度 600mm，开间 3.6m，6 块这样的玻璃堆叠起来，需要在室外堆叠可以绕周轴转动，如果在冬天不方便形成这样通风，可以能看到这样的开敞视线，因为是电解玻璃，根据人不同需求进行透明度变化满足人的隐私性。这是单人房的平面布置，下面是一个剖面和顶面灯光和地面 CAD 图。下面是标准间平面图，这边是大床房的平面图。

下面是家具的选择，灯具的选择和小饰品的选择，谢谢各位老师。

王铁教授：

这次的整体感觉不错，比开题和中期都要好，最后实际做出模板一样的东西把尺度再输入进去更好。胶囊有什么发展空间？老师告诉你这是茶杯，绝对不能说是茶杯，要想象是大海或者湖泊才会更有想法。整体不错，刚才看平面图尺寸都比较好，底下标一个比例尺都可以。总的来说不错，继续努力。

彭军教授：

开始选题是胶囊选题，到今天自己演化成集约旅馆设计，几个月过程对这个课题的自己的一个理解自己的升华这个特别重要。其次整个的作品的介绍的过程也都达到了自成体系的，不管从艺术效果还有艺术品位都有了自己的形象，不错的。

郭国文同学（中央美术学院建筑学院）：

大家好，我来自中央美术学院。我的题目是似水流涟，首先介绍基地背景。我设计的场地在中国南端深圳龙岗区的李朗，与周边区位是市区与郊区，同时扮演着重要的纽带作用。我们的场地与周边工业区产业园以及北部居民区。园区现状存在着两点优点，以及五点缺点，可以确定设计内容是园区建筑外立面和园区景观建设。下面进入了规划分析环节。

首先看产业园是为设计师设计的，设计师需要什么？设计师与甲方，设计师与游客间他们之间需要的是交流的联系，而我们需要创造更多时间和空间交流空间，交流体验，这样能迸发更多灵感，通过多元化道路以及对外部空间进行重构，创造更多空间。设计师交流需要文化底蕴的场所，固定项目集装箱码头我想到远洋的帆船。

原场地北边的三个楼非常呆板，中心形成会聚之地，这里借鉴皇家古典园林设计思想，阴中有阳，阳中有阴，达到和谐。经过调研和亲身体验，深圳一年四季降雨，冬天也存在暴雨，深圳的雨水量非常充沛。我的设计希望通过雨水设计形成园区主要水景，影响人们对雨水利用的重视。我们尊重自然的态度和环境的态度营造流线布局形式，寻找园区的序列，到了我的方案设计。

左边是CAD平面图，右边是园区功能分布图。我们的水系由右边建筑会聚到中心，人流从右边商业区进入园区主要入口，车流只分布在园区外边不进入园区，不对园区进行影响。由此我们确定景观节点，再进一步深入，我们可以确定一些景观小品。这是立面图，这是剖面图。

我们保持对植物的尊重进行了空间序列的安排，让植物错落有致，形成了园区剖面相呼应，这是节点中心池地区，连接着各个景观小品，形成了我的园区的主要景观节点。节点二是集装箱码头，和前面水景不一样，集装箱码头水景更趋向于自然生态，两个节点形成更丰富多彩不一样的水景，这是场地的主要铺砖，进行了材质的组合形成不同形态。

以本土植物特定的深圳特色植物为主，加上乔灌草湿地植物进行创造植物景观，让更丰富多彩绚烂植物进入园区。

进入效果展示。

（播放视频）

谢谢！

彭军教授：

郭国文同学这个创意产业园区选题设计从开始到中期到最后结果，深化设计的效果非常显著。首先里面整个布局原有建筑和自己新建的构造物中有想象力并且是功能的最大体现，看出来下了很大工夫，确实有比较强的设计能力。我觉得整体非常不错，稍微有一点建议，在这么一个有限面积中稍稍做的东西多了一点，但也是很能理解的。

吴健伟老师：这个设计水景做的非常丰富，想问一下为什么用这么多水景营造设计创意园。

郭国文同学：我需要中间会聚之地，对于商业区需要会聚产业园。

吴健伟老师：

之前讲作为设计的浪漫你现在做得已经很OK了，下面需要静下来思考项目真实性和项目定位，这个项目定位受众群体。

王琼教授：

我觉得有一点，雨水回收和整个形态空间做的蛮大胆的，从这点来讲我们有时候考虑雨水回收基本做在地下，没有你这样立体的，纵横交错的，这个想法很好，很敢想。从高开始到低全部收水。

做的形态上有完整性，包括建筑整个体态和整个中间穿插的东西，基本从现在平面角度基本收得住。刚才前面老师讲，将来尽可能把这些纵横交错量体尽可能梳理的有点变化，或者不要让它产生很乱的感觉。其他的都挺好，图纸量很大，包括CAD很大立面，做了很多工作，尤其对本科的毕业设计来讲已经是做出相当多的工作，很好。

史泽尧同学（清华大学美术学院）：

大家好，我来自清华大学美术学院。我做的是私人专属会所室内设计，我一直做奢华风格的会所。该会所位于深圳后海大道，会所用于业主私人接待，业主要求体现尊贵和奢华。关于奢华和尊贵我找到了依据，就是马赛商学院管理学教授对打造一个奢侈品牌7要素，前三要素和设计有关系。同时我觉得这也构成我对奢华的一个理解，文化背景加工艺品质，文化背景组织空间序列，工艺品质是装饰手法。

空间组织在中国传统文化中有很多经典建筑形式，大多是密闭空间和开敞空间结合的，我的空间组织是密闭和开敞空间交替着组织进行。这是我的平面图，我在空间当中把上面的架子的中间部分都打掉，再加上原有的右边空间镂空的空间一共形成了三个庭院。根据庭院周围布置其他功能空间围绕这三个庭院，再用小空间把他们串联起来。我把功能空间分两个级别，这是业主和朋友和客户进行直接沟通和交流的场所。其他的辅助功能是影视听，健身房和SPA。

平面图当中南面和东面有比较好的景色，我把刚才最重要的那几个空间放南面，其他的在北面。这是布局图。

这是我做的一些空间效果图，这是一进门的大厅，我想达到的感觉用现在的材料塑造传统空间的感受，在这个空间中是一进门的一个大厅，进门有一个水池里面有荷花，有一个遮挡，形成向内聚合的方向性。还有一个休息区，让等待的人观看外面城市的景色。红酒雪茄吧，利用原有的梁掉下来两边三角形形成都市空间的感觉。

这是西餐厅的意向图，时间原因没有完整做完，大概这个感觉，用白色的钢条，像画速写一样一个一个欧式房子线勾出来，其他都用玻璃做的。还有一些是之前有过的一些小设计。

谢谢！

王铁教授：

我一直关注你的奢华，奢华比最开始近了一步，但还不够奢华，包括前面选的设计元素，转化成空间时候出问题了。不同奢华元素的叠加能等于奢华定义吗？必须有经济条件，这个很重要。如何建构这个立面，包括里面设计家具这些选的确实很奢华，融入了空间里，希望通过这次课题将来能走进奢华再创奢华。

彭军教授：

我觉得这位同学从苏州的会审到现在确实比以前有一个很大变化。非常遗憾的是可能时间原因没有整个完成，尤其后面部分时间问题还是以前的图，但是我觉得至少设计过程逐渐了解这个话题，怎么以后再完成这个课题，这是一个收获，其中也有创新点。比如高档的私人会所这么一个装饰性艺术性非常强的空间中想探索，现在材料表示传统元素也是创新，后面说没画完，但也有挺独特的效果。

于强老师：

其实这个题目是非常难做的一个题目，尤其自己给自己定义了奢华，你不是一个奢华的人要做一个奢华风格的设计，这很难，把你搞得很痛苦。

于强老师现场指导

做奢华为什么不容易？你看到这些词了吗？这七个词你读一遍，最终三个字，什么都是"最好的"，这个最好的当中你体验有多少？你人生才这么短暂，才刚开始。这个东西确实很难做的题目，但不是没有办法。

比如说你提取的创造性，创造性本身就是非常有价值的，你是不是可以在会所里设计上更有创造性，在这里创造性含量多大，文化背景，中国的文化很厚重，这方面完全可以发挥。在这两方面完全可以做更深入一些，以弥补你的那种缺憾，比如没有体验高价位，不知道精英是什么状态，可能没有把玩高品质工艺很好的东西，比较难理解什么叫全球吸引力，但是把一些东西做得更好一些，从而在你这个层面上，在你擅长和了解层面做到一些奢华，7 个词定义已经很多了。

在我遇到一些客户要求奢华的时候，我会跟他谈艺术，这个画非常漂亮，要 10 万一幅，名家画的。当然价值很高，符合他的心理需求，不贵不行，但是艺术品，他本身有很好的观赏价值，有艺术价值，给人带来精神享受，不一定要做看起来很贵，但一定要有品位的东西，有艺术感的东西一样的，文化有价值，你创造设计有价值，你可以多做这样的工作。你既然是把这个主题设定到这，下一步可以多关注一些，不断在擅长的方面通过擅长的手法去演绎这个主题会不会更好一些。

秦岳明老师：

上次没有参加，我这次看到一个我觉得有几点，一个深度不够，另外一个在空间，前面你说空间包括传统空间的一些分析，但实际在里面运用的感觉包括后期的效果图看到的是比较直截了当，对符号的应用包括院落和门窗符号应用，甚至包括理解的奢华的做法的运用都太直白了。可以更含蓄一点，或者是更收敛一点，这是最大问题。在空间上，对传统空间理解不是挖几个院子完了，从一个空间到另外一个空间，人在空间中移动感受的东西可以有很多东西可以挖掘。

骆丹老师：

你前期概念做的可以，几个意向图片，类似劳斯莱斯车，后期对奢华理解，在中期给大家看一个七星酒店，那个项目我们做奢华和尊贵，中国第一家七星酒店概念，我们和英国一些公司合作做这块，关于尊贵和奢华很多思想在里面，当时找一些装饰品，类似这种。我们延展的东西非常整体，如果有机会可以看一下，劳斯莱斯车你看一下里面是怎么做的，就知道它的尊贵怎么做的，它的细节做得非常到位。包括现在很多名车，很多细节我有研究，里面细节很到位，包括用料，皮革，设计的理念，豪华必须有故事、文化一系列东西。你必须多交流多看一下，奢华这块不好做，必须三五年理解之后更棒一点。你前期做的概念可以，只是后期对服装理解，对名车理解，对后期没有延展。

骆丹老师现场指导

曲云龙同学（天津美术学院设计艺术学院）：

大家好，我来自天津美术学院。今天汇报题目在空间中感受，深圳李朗 128 产业园，红色地方是园区所在位置，这是园区现状的几张现状照片，园区现在一共 3 个主要建筑，我将园区一些功能进行整理归纳分配到三个建筑中。二号楼基地，一号楼展览和储藏，三号楼是会议室，蓝色是加建部分，主要是餐饮和休闲交流区。

下面进行方案阐述，园区入住对象是设计师艺术家，这个园区核心东西是创意，我设计中加入多样化的一种空间形式，我认为这种丰富空间形式有吸引性和渗透性，提供人们交流的平台，让人们相互产流刺激人们产生新灵感产生创意，创意为起点为结束的循环。

空间改造手法，建筑间加入一个中庭和通道，增加建筑和建筑的联系性和可达性，一号和三号楼间加入展厅共享和工作室共享，提升两个空间功能性和可视性。下面红色部分是休闲区，都有指向性。这些区域是我主要设计的一个多种形式空间。

这是平面分区，这是一层和二层平面分区，三层四层平面分区，五到七层平面分区。这是一个人流动线分析图，上面这张图蓝色箭头是展厅主入口，红色是次入口，绿色箭头是员工入口。绿色的线是一个观众的流线，红色是设计师流线。

这是一个纵向流线分析，蓝色电梯流线。这是一个休闲交流区方案设计，在这个区域空间构成模式上我采用一个创意人群聚集，轻松氛围感受，创意空间激发三方面，构筑这样的休闲交流创意区域，在空间组成形式上采用方向性聚合性两种空间形式组合，形成这样的一种空间形式。是一个主要交往空间，这是交往空间特点和概念。这是效果图 1。这是三层的效果图，这是另一个角度。

下面是三号楼图书馆的方案设计，这个主体是流光，将原有死板传统式的一种空间形式进行空间重组，以流线形式进行整合，这个图书馆设计方案将以流线型书架将柱子隐藏起来，强调流动概念，色彩有很好的导识作用，这个设计中增加采光景设计元素，空间高 4m，宽 30 多米空间，这样的空间如果中间摆上书架自然光很难到达这个空间的中心，我在自然光到不了的地方用采光井形式，把天花切出一片天空，开放的天空和开放的形式会制造自由舒适的读书环境。这是流光图书馆理念和目的，将颠覆几何结构传统概念，使用不规则建构语言营造流动、纯净、非标准的、奇异空间体验。这是图书馆平面图，这是剖面图。

下面是展厅方案设计，主题是彩虹，这是一层平面图和标准层平面图，之前老师提的意见进行了改造，增加了一些管理室，储藏室还有一个运送货物的坡道。这是展厅的剖面图。

在完成一些功能性的同时，我想增加一些趣味性，形成一个合理生动的展览空间，这是一个展厅推导方案，用彩色钢化玻璃，从自然界中由冷到暖的排布，自然光在室内形成意向彩虹形态，我的彩虹展厅理念和目的想营造一种诗意空间，让参观者不确定进入一个艺术品还是展厅一部分，这种不确定性给空间带来乐趣，鼓励人们思考，促使人们在空间中感受。

这是六层的效果图，这是从顶层看的效果，这是底层仰视效果图。

谢谢导师们一直以来的指导，汇报完毕。谢谢大家！

张月副教授：

整个设计方案从设计程序和设计深度做得比较完整，有概念，图纸表达从平面到效果图画的比较完整，没有什么问题。作为你们这样的现在毕业生毕业设计从品质上要求做到这个深度完全可以。我提几个问题，一个是开始的平面，当然可能在做方案的时候，现在把概念整个作为一个形象东西完成，可能没想这么多技术细节或者结构，可能没想这么多，这里有一些问题，室外平台曲线部分，柱网那个平台跨度多大，可能很大。两个柱子之间结构上支撑肯定这么大跨度无法实现，可能现在还没想得这么深入，但算是一个问题。以后再做的话，这些形态肯定要考虑结构上的合理性，柱网可能中间要加，两边柱子不是有东西支着可以立住，还有钢结构，还有梁的跨度有技术限制的。

其实做方案时候，为什么总是老生常谈：形式追求功能，功能在尺度上技术上有要求，在技术上有对应手段解决，这些技术手段因为工艺材料结构原因一定有特定的手法才能做到这样的技术要求，这个东西本身有特定形式，这没办法改，现在对你不是大问题，必定后面有学的机会。要注意一下，这个问题比较明显。

还有一个出口曲线角度和左边的建筑门的入口角度感觉从人的流动性上也是，估计这个形态更多考虑构图，可能没想实际人使用的时候建筑结构动态方向和门口关系，可能形成一个比较拥挤的狭窄的地方，出入不方便。

还有室内的彩虹的概念，因为你用展厅设计，有一个特定的，展厅一般来讲设计背景颜色尽量中性化，原因是展品本身可能各种各样东西，比如色彩，绘画，各种材质和颜色，背景颜色太鲜艳干扰作品的观察，展厅里很少出现在空间处理用特别鲜艳的颜色，和商业空间不一样。你可能没意识到这个问题，这个有点问题。尤其刚才说阳光照进来颜色很绚丽鲜艳的，有可能会干扰里面展厅的颜色。这些都是小问题，不是大问题。属于以后设计要注意的，总的来讲还是很不错。

秦岳明老师：

你这个平台如果正常表达是一层平面把二层平面弄上去，室内为了形成空间上下流通，上下沟通，开个口，为什么室外又加这么大尺度的平台，而且作为一层正常来说一层最高 6m，这个尺度可能有 20m、30m 大平台，目的是什么？仅仅是为了造型？还是为了三个楼之间联系？为什么在二楼联系不是三、四楼联系，出于什么目的？这个东西要更理性的去分析，包括有没有必要做这么大平台，这个平台和几个出口关系合理不合理，正常出口每个建筑出口有空间，左边这个楼刚好是一个三角形，还有可推敲性。中间曲线我感觉比较形式化，为了形式而形式，这么大一个跨度，像在一个立交桥下面一样 20m、30m，高度不高，这种空间刚好和室内想法反过来，室内未来要贯通连通或者是通透的空间打开，室外反而这样做。设计过程中有一些概念要贯穿进去，不要过于形式。

周玉香同学（苏州大学金螳螂建筑与城市环境学院）：

大家好，我来自苏州大学。辛亥革命纪念馆陈列设计和景观设计。为了纪念历史人物产生纪念性空间，选题地址在湖南长沙黄兴镇，整体环境保留民居农田，呈现出自然的环境状态。我所理解的辛亥革命是刀光剑影，代表革命人物个性是张扬奔放，我利用利剑这样的形式诠释人物精神魅力。下面是陈列方案，一层空间包括第一展厅，第二展厅，以及中庭部分。

一层空间从入口到序厅有空间变化，构架是不锈钢材质，墙体表面有关于人物革命资料，人物行走其间反射出参观者的状态，形成无限印象。这个是入口一侧的立面状态，序厅主要内容是一个浮雕墙，岳麓山作为原形来奠定我空间陈列主题。出了序厅到第一展厅，讲述革命背景和人物成长活动环境，着眼地面处理，裂纹形式，让人感受到当时时事的动荡。第二展厅主要讲述，人物登上历史舞台，革命四起，主要用声光电展示方式，墙面下部采用红色钢化玻璃形成内外互动。中庭空间是有一个休息区和天窗下面中庭组成，从内到外有明显高度和光线变化，中庭采用下沉处理，表面钢化玻璃，结合自然光线摄入，将人物视线引向天际，使人物产生顶天立地的感觉。

第三展厅利用建筑屋顶小天窗做一组人物群雕，将屋顶丰碑做了一个处理，更符合人在屋顶俯视高度，使光线更好地射入。多媒体室，主要对人物生平回顾，采用投影技术，利用屋顶的投影机，参观者走过可以截住图像，在这里想达到一个氛围，为屋顶的祭奠埋下伏笔。

谢谢大家！

王铁教授：

总的来说很不错，比上一次中期汇报有了很大进步，尤其最大的进步的是效果图表达的非常好，上一次没有表达这样充分。在展示设计中，你在平面立面标一些尺寸和比例，这样能为整个设计过程中给人一个尺度概念和一些空间形象所产生互动关系应该是不错。

彭军教授：

从苏州中期会到现在设计调整幅度比较大，当初用了大量不锈钢玻璃，现在更趋于合理，整体性比较符合主题要求，展览馆室内设计和一般的有特殊性，比如展现和动线设计非常重要，这个分析和规划稍微欠缺一些。这个室内设计不仅仅是室内空间氛围设计，和展示设计要更紧密联系，不是提供几个展地展墙这样的情况，但我觉得进展的幅度和通过前期的工作到最后的结果进步不小。

石赟老师：

总体来讲刚才前面的那个同学比你好一些，你有他没有的东西，你用很多声光电丰富内容，这个想法很好。你这种手法可以达到事半功倍的效果，也是给其他学生的启发。

陆海青同学（中央美术学院建筑学院）：

大家好，我来自中央美术学院。天津南港工业区景观设计，先作回顾。有投资服务中心，生活服务中心，企业办公中心和周边水系。把这块地划分，保证道路地块完整性，分四大区，会议会展生活行政以及企业办公，形态和功能，通过空间结合完成建筑形态塑造，路网结构考虑如何直接融入城市肌理。这是消防，消防路网和广场结合，这是主要的办公区域。左边图是主要的景观节点和次要景观节点，蓝色是次要景观节点。

右边图蓝色部分是行车道，红色是步行道，绿色是休闲景观道。这张图是屋顶绿化，水景围和，下面是景观群体。商业区以整体分散和整体分散和群体方式结合，做成一个波浪形的屋顶，根据水波进行挖掘建造，把大地起伏作为水的表现形式，将商业建筑移植进去。

这是滨水的景观区，相邻的是会议会展中心和企业办公以及行政部门，整个滨水带L形分布，这是展览展厅二层有一个绿化坡，有观光和使用。这是主要的绿化广场，有两个桥可以通往生活商业区。这是一些广场效果图，这是企业办公，相临滨水区有一个下沉的休息广场，这是效果图，这是行政部门，位于基地东南侧，有两个主干路相临。这是主要的景观轴。

谢谢！

秦岳明老师：

觉得没说完就结束了，这是一个问题，不完整。花了很多心思，但是没有看到重点。你介绍的时候尤其在下午这个时间要把精神打起来，把声音提起来。虽然你做了大量分析没有看到重点想表现什么，平白描述设计和构思，做这个项目的同学也不少，我觉得很奇怪，你们做这个项目时候把西区服务功能和东区的会展功能完全脱离开，不知道是因为设计的要求还是其他原因。右边和左边我看到所有的同学完全分开的，但人怎么过来，都要穿过绿化，或者走几十米几百米路到这个空间，为什么要这样？这个所有同学都没有去考虑，这实际上也是最近国内很多建筑的毛病，在这种天，现在北京算比较好，大热天或者雨天人怎么过去，在景观上如果建筑没有考虑，因为你主要做景观，在景观上作一些处理，做一些沟通。设计基本基于人的行为，人的基本的活动的方式和舒适性方便性考虑，这是最基本的。

秦岳明老师现场指导

纪薇同学（清华大学美术学院）：

大家好，我来自清华大学美术学院。设计课题是苏州湖畔的餐饮会所，我从四部分进行方案展示。第一部分是前期回顾，整合空间黑白灰组成方式，创造两种意义黑白灰，一个时间一个空间黑白灰。我的设计目的想利用苏州地理位置创造湖畔的休闲空间，让人们在这里得到一个不一样体验。

第二是现状分析，首先地理在苏州西山，是一个小岛，这是原有建筑，这边是太湖，具有比较独特环境个性，但是有几点问题，第一点是视野外向性，第二是原有建筑实体限制，第三是实景接触面积小，我提出解决方案，一是保留原有建筑，作为一个黑空间存在，增加一个互补空间，这样形成一个虚空间，还有室内白空间，这样增加空间层次和视野层次性，拉近人与自然的距离。黑空间主要是功能空间，白空间是交流空间，黑空间是功能空间加有观赏性的。这是一些黑白灰空间对应的一些功能分区。

第三部分是方案进展，这是几次活动修改后的平面，这是一层功能平面划分，一层平面这次加大厨房的面积，这部分主要是包厢部分，临水面积是亲水平台和散客区，中间部分是中庭水景。二层功能划分橘黄色部分是包厢，这边是棋牌室，这部分用于办公室和二层厨房，这边和一层是贯通的散客区。

整个原有建筑主要作黑空间存在，这边临水面积主要是灰空间，中间一个虚空间与黑灰空间组合起来。

中庭水景设计是空间线索，各个空间围绕这个展开。这边是一个主要交通流线，这是增加的送餐流线分析，打通厨房和配餐空间，使送餐可以直接服务于这片包厢，主要是减少与中庭的交通流线冲突，这是主要的空间节点。首先从入口门厅来说，主要是室内到室外转化，人从室外进入内部整体空间有一个转化，同时进入室内空间之后需要通过一段露天的小路到达内部大堂空间又形成一个由外向内空间心理的转化。路口门厅用的手法是用一些竹墙造气氛，人们进入门厅可以通过这些竹林看到中庭水景，水上楼梯起到遮挡作用，激发人们进入这个空间的兴趣。

下面是大堂空间，大堂空间关键词以景为饰，这个大堂背景墙随着花纹形状镂空，把墙镂空，用镂空出来的风景做我整个空间装饰，这个风景的装饰会随着时间变化而变化。木制围和大堂休息区，这边看到中庭景色，为休息区创造可观赏之景色。

在设置散客区中间景观树让人们有一个视觉中心点，一层散客区好像一个岛，这个景观树的设置服务一、二层散客区，这是效果图。

在次要交通路线上让人从不同角度和自然发生各种联系，水上楼梯从不同高度享受水景，设置相关语言。中间茶室，通过天景组成一个交通，狭窄的空间给人不同空间感受。通过狭窄的竹林看到湖面，视野范围从狭窄到通透到开放的过程。包厢有私有的景色，每个包厢有自己的景色，整个思路让人进入门厅到大堂，对中庭水景产生兴趣，激发兴趣进入这个空间，再到临水平台，从不同角度让人感受空间，然后进入中庭核心水景，然后再到一个亲水平台完全体验自然。使人心理由发现到感知到激情山水的享受过程。

这是整个建筑的夜景效果，这是建筑在阳光下的效果图，这是立面图，这是建筑最后达到的氛围。

谢谢大家！

王琼教授：

比上回在苏州时的设计更加系统，总体上做得非常不错，你能够把一个黑白灰的色彩概念做成一个空间这是很好的出发点。你还有一个优点，在所有的行进中非常关注人和空间关系，包括行为和心理，这都是你的优点，而且形式应该来讲比较统一。

如果是说遗憾的就是作为一个从景观从基地包括分析系统性都不错，但是最后那点跑到室内我觉得弱了一点，比如说家具或者是室内的，如果外面的语言再跟进，还有黑白灰从空间再转成材质或者是更加具体，我估计会更好。话没完全说完，可能让别人想。能够再往后收一收就更好，有点可惜。

王铁教授：

刚才你在讲的时候我开始思考，从最开始开题到两个中期到现在这个孩子进步非常大，思路非常清晰。

做室内设计，你说难也不难，说简单也不简单，选择大场景必定图少，如果是做室内是哪个房间都要去设计，这个工作量非常大，为什么好多室内设计师不愿意做？因为工作量非常之大，考验人的意志，你一个人做成这样，把建筑空间关系可以说是想得很周到非常不错。希望你能再接再厉，发挥优势，刚才王老师说认为是对你有提示的部分再自己批判加以继承。

彭军教授：

室内设计整个系统性非常强，首先是空间错落和各个空间联系，尤其注意一下借景，这套系统中到现在非常完善，也确实做得很深入扎实，稍稍有一点建议。既然放在一个环境中，似乎室内里面做的程度和建筑周边的景观的相融关系，这块也许不是重点，既然有这个东西稍微让和周围环境有一个共融关系做深入一点，更完备。

刘伟教授：

从空间角度来讲做的蛮深入的研究，刚才这么多老师已经做了肯定，提炼一个概念黑白灰，把整个的苏州会所这样的概念来做，应该巧一点的办法有一些元素没有用到，苏州园林苏州空间里有很多成色，这块没有看到，因为室内设计，这块没有看到，总在空间里表达概念，有时候其实用一点别的东西表达更能强调你的概念。

秦岳明老师：

功能方面要注意一下，对你来说这个要求比较高。比如厨房送餐出来最好集中一个地方送餐，厨房内部功能很关键。还有一点，室内可能比建筑空间感觉弱，有一些手法太直接，可以处理更干净或者更轻松一点。尤其在一些语言应用上，其他的都很好。

骆丹老师：

你的黑白灰的关系处理非常好，是一个不错的作品，这个地方非常棒。我提个，最后效果图表现可以细腻一点，最后细节处理上，包括家具整体上来考虑要再推敲一下。

王家宁同学（天津美术学院设计艺术学院）：

大家好，我来自天津美术学院。希望通过我的产权式酒店设计给大家全新的海韵之风。目录两部分，前期回顾和最终效果展示。整个场地交通便利，环境方面在中国最南端天下第一湾，全年气温25℃，我融入绿色理念。

王家宁同学终期答辩

将整个场地分7大板块，7部分有机结合，形成海之韵主题动线。这是一个场地的导航图，规划后的形态，对整个场地进行平面图的渲染，这是设计后的效果。

对于整个场地进行周密的分析，包括重要节点，车行区域，人行流线，水景视觉通廊。规划组织包括城市主干道，次干道等。绿化规划分五方面，停车场绿化，道路种植，自然置备，法式园林植被等。这是亲水平台的竖向设计，这是亮点，山涧竖向设计，这是亚龙之星竖向设计，亚龙花园的竖向设计，下面是地形剖面图。

整个亚龙花园水景是叠水的状态，这是购物广场剖面图。对于整个场地进行了室外家具细部分析和安排，包括长椅，垃圾箱，栏杆以及自行车的停车位置安排。还有一些照明方面的安排我做了一些罗列和查询一些资料，包括尺寸，造价和材质等方面。植物方面两大方面，一个乔木特征，一个灌木方面特征，主要想阐述这只是一个意向参考。我手绘了一个音乐广场效果图，以及全局效果草图。

我们进入了效果图展示画面，这是10万m^2的亚龙全局图，这是第二部分，这是从东往西看，这是酒店前后广场安排，停车场前一个小广场，沙滩亲水平台，中心酒店前的铺装以及水景安排。

下面推荐我的一个整个亮点绿林山涧，来自于一个游戏，艾丽斯梦游天境，游客在其中希望在热带仙境的感觉，下面是入口方向的效果图。这是一个效果图，这是我设计的一个公共雕塑的建筑，游客可以通过楼梯上顶上看整个场地。这是在广场，通过这可以窥探到亚龙花园，这是亚龙花园全景图。我从亚龙之星延伸一个道路通大海，我们可以看到一个下沉的亲水平台。

下面是对“四校四导师”的思想，我见证自己专业成长，通过一次次比拼到现在站在这个舞台上已经证明自己的胜利，我会坚定自己的信念，勇往直前，达到人生新高度。最后谢谢各位老师对我长期指导。

王铁教授：

从早上到现在第一次听到有人表扬“四校四导师”，非常不容易。总的来说比较完整，稍微有一个小小的问题，你作为一个孩子已经做得相当不错了，对于景观当中做的小品或者廊桥这些，立起来的柱出来的平台尺度稍微大了一点。

张月副教授：

我觉得非常好，说实在的，这么大的一个项目，从宏观尺度的整体规划一直到微观的细节，比如灯具到植物，这么大的一个跨度，如果说你现在做完了这个项目发现一张图里都有问题太正常了，随便拿张图每张可以找出问题。如果每张图里都没问题，我们大家都可以休息，如果做这么大项目能把每个细节考虑，挑不出毛病，这个确实需要一定的设计实践积累才能做到。已经做得很不错了，要挑问题的话，可能每个里面有各种各样的问题，不再多说。

我简单说一些细节，比如一些灯具或者植物的选择，我估计现在工作到现在这个周期不可能想得很仔细，比如灯具选形，和设计的具体位置，首先时间上，真的设计师接这样的项目不是一个人做，一群人做，每个人做一部分，肯定比你做得好，作为毕业设计的学生自己独立做这个东西应该是将来出去之后应该能成为非常出色的设计师。

石赟老师：

真的非常好，非常的完善，还是稍微挑点毛病，所谓设计师都要注意不要太流于形式，每个区域什么功能要讲一下，讲一下功能，有一些辅助功能讲一下，还有探讨一个踏浪平台，你是比较挑高的木的桥的形式，是不是可以做在水面下一点点，做一条路那是真正踏浪的或者一个玻璃加在表面上更好一点，这只是探讨一下。

刘伟教授：

很多老师做了表扬，我提两个问题。一个是最开始的标题叫做千转回场海之韵味，斟酌一下，这个主题千转回场有点纠结，要表现海之韵有点矛盾，这是一个原点要探讨。还有一个，你做的量很大，我建议可能咱们出题目的时候得有一些限定，要不然有的做这么大体量，这么多工作，有的太小，有时候不太好评价。其实你这里面比如用艾丽斯游戏做，把这块做精彩做好都挺好，因为你做的很多，容易出现问题，各个局部之间缺陷联系，缺乏整体性，一会儿一个海星，一会儿是章鱼，你作为一个项目讲整体的一种韵，你讲海之韵，韵体现在哪里？可能没有，因为你要做完没有时间考虑，下一步再做的话要考虑，好像标题一样，要形成自己的体系。

王琼教授：

表扬的很多，也应该，因为这么大的工作量。你已经进行硕士阶段，本科阶段铺的量包括系统性还是花很大工夫。无论做什么事情，景观也好，建筑也好，室内也好，怕的是全是背对背，有点问题，这只是提示。比如这个景观和建筑什么关系，和基地什么关系，这个哪怕做的充分一点，设计方法论来讲这个很重要。有一些是带有非常强的仪式性的，包括有点欧化的和这个建筑协调不协调，这个是重要的方面。现在有的景观归景观，建筑归建筑，这实际形成相互之间的，本身是一个平台上上下游的密切合作，变成一个独立小分队，这个不是你的问题，只是未来学习中进行一个提示。

朱燕同学（苏州大学金螳螂建筑与城市环境学院）：

大家好，我来自苏州大学。我做的胶囊旅馆，有一定缺点，首先是尺度，1.2m 融不下一个人站的高度，以帘为割断方式，会产生隔声问题和私密性问题，最后是地域性问题。我针对缺点来展开我的基本理念。首先是盒体设计方面，之后是公共区，我对它的共够区定义将自身盒体转变成公共区设置。资源最大化利用转为资源最优化利用。

首先资源优化利用基地，我的选址在苏州，苏州以水闻名，水是苏州灵魂，护城河周边分布了苏州的景点。苏州现在有很大闲置码头，平面上可以看成一个基地处理，我选择闲置码头作为我资源最优化利用基地。闲置码头以废弃水泥船为载体，加上废弃铁板加上屋构建旅馆。之后是我对苏州水上船体研究，这边是一个船体剖面，我分析高度，同时我对苏州的民居，屋顶形式和组成方式研究，我对整合后产生一个单坡顶形成一个建筑形式。

之后是对这个空间功能定义，首先是卧室功能。因为码头周边分布了相当的景点，不欣赏是浪费，我一定给它一个休闲功能。我得出一个尺寸，平面尺寸是 2.32m×2.08m 的尺寸，高度最低 2.8m，最高是 2.5m，这是立面。小空间本身很压抑，我希望产生一个室内室外互通，这个立面对苏州民居的一个构成化的简化。考虑到构成化简化，考虑小空间开敞形式加入了一个水墨挂画隔帘处理。我给设定两个房型，一个是单人间，首先是下面一个休闲区，床设置到屋顶上，因为必须有上下贯通。床这边从屋顶往下，本身板和板连接有一个构建，床移动的板在这个构建上。

之后是一个双人间，窗台这边设了一个 20cm 厚的一个床板，可以往上抬，都是机械化处理，这里一个床，这里一个床，形成一个双人间。因为小空间本身自己比较集约，我希望可以产生多样性，因为本身可以作为一个产品的东西，我希望满足更多人要求。我在表皮设定上设定了一个钢化玻璃加嵌入 EL 灯，可以把木纹或者是比较造型的立面做到 EL 灯板里，通过钢化玻璃产生材质的变化过程。

之后是一个小空间开敞形式，从一个小到大的，我说的他自身产生公共区，整个板可以折叠，都收到一个走道，从一个走道到一个房间内部转换。这是一个两个房间相连，后来折成过后的一个透视图。之后是一个模数化解释，首先是以 400mm×2.08m 做设计，同时有一个一半的，长度一半是 400mm×1.04m 的高度，屋顶斜度也是基于这个高度斜切一个三角形。

里面的家具基于这个模数产生，床以 3 个 400mm×2.08m 板组成，窗台的床是 5 片 400mm×1.04m 板组成，椅子也是 400mm×1.04m 折叠椅子做。之后是单体组合形式。考虑到苏州地理环境，我分析的一个江南民居的形式，产生了一系列的建筑体块。我加入一个圆的概念产生平面状态，同时我要介绍一下这边的角的处理，以卫生间处理，产生的是一个模数上和我的房间相同的卫生间，这是我的一个效果图展示。

我是利用船体，可以利用流动性，做了一个单体船的概念表示流动。最后是一个扩展利用，我的船体如果不在水上，把其中一个房间做水池放到屋顶，在屋顶上可以产生与水相邻的概念，最后是便捷性移动性。

谢谢大家！

王铁教授：

看完以后我很有感触，如果讲分界线的话，胶囊是前生，这是今世。确实从整个概念上转换最后越来越接近使用者的使用需求，而且你里面把组成尺度标上，最后转世后有一个腾飞。大胆的想象我从来都支持。

张月副教授：

最值得表扬的是到目前为止做胶囊的就三个，她是一直坚持这个东西，还认真地去做，可能这里从实现的可能性，比如从经营角度，从技术的结构和工艺角度，比如管理安全消防各种问题，可能确实有比较大问题，至少作为一个毕业设计来讲，能坚持一个理念，把能想到的问题在现在掌握的手段里一个一个解决，然后有比较务实的，比如尺度、材料很多坚持推行下去，这是好设计师最好的东西。设计师怕看到一个东西不去面对不解决，这是好设计师大忌，躲着问题走不行。不管成功不成功想办法得解决，这是非常好的品质。这个要坚持，尽管可能有问题，没有关系，这个问题会解决的，因为技术在进步，市场会变，总会有新东西出现。

王铁教授：休息 15min。

王默涵同学（中央美术学院建筑学院）：

大家好，我来自中央美术学院。我选题是天津南港工业区的投资服务中心景观设计。这是我做的基地的地理位置。这是基地照片，可以看出基地地势比较平坦，规划都是建筑以网格形式出现，这是基地的平面图。这条是海滨大道，红旗路和创新路，我做的路在交汇处。这是这片区域平面图，要做的是红线框出的地方。

在规划中已经规定一个停车场和绿地位置，我希望最大化利用所给出的面积，根据停车场的位置设置主入口位置在正对停车场的地方。我希望得到一个较连续的屋顶平面，利用建筑创造的微地形来改变基地原有平坦的局面。连续的屋顶，通过这个天桥和周围建筑取得联系，也延续屋顶的连续性，再加入一些垂直的构造，这种构造我用蓝色表现出来。

研究的是建筑竖向连接关系，承重关系，交通关系还有管道关系，还有光线照射关系和自然通风关系，有视线关系。建筑功能装载在这个构造内，服务于建筑形式和功能。这是一张剖面分析图，这些竖向结构里面可以有填涂部分有中空部分，有电梯的空间。光线可以从这些地方照射进来，屋顶的雨水的流入可以通过竖向结构排出，也可以利用这些空间做自然通风。

这是差不多的角度效果图，这两张左边是功能分析，右边是交通分析，红色部分是会议的部分，绿色是展厅部分，橙色是餐饮部分。最大的会议室可以容纳 500 人，中型会议室可以容纳 400 ~ 500 人不等，红色会议室中间有宴会厅，其他的地方提供咖啡和茶类餐饮。一楼中心部分有一个大厅可以疏散会议人流，工作人员区域和储藏区域在这里。

交通部分红色的代表会议交通，绿色是观众路线，紫色是工作人员路线，橙色是二楼通屋顶平台路线。红色会议人员路线相对比较集中，绿色的观众的参展人员路线相对比较自由。

这是一层平面图，二层平面图，这是顶层平面图。这是西边的立面，可以看建筑天际线。这是一张剖面图。

下面是几个景观节点的细部图，这是东边的一个广场，这是东边广场平面图和剖面图，这是东边广场效果图，这是顶上一个水池，这水池效果图，这是供人们休息的地方。

谢谢各位老师指导！

张月副教授：

首先说一下，我觉得你有一个特别好的优点，今天已经讲了一天了，有很多同学做景观做建筑做室内的可能不太一样，但是从设计方法来讲，你是我第一个看到能够化繁为简的，虽然形式非常简单，其实我刚才听你讲概念就两个，一个是希望尽量把场地充分利用，希望地形可以做一些起伏来，再一个是竖向空间概念，解决光的问题，技术问题，垂直交通问题，核心概念就两个，概念非常简单，但是做出来东西给人感觉里面承载东西和内涵非常丰富，这是这个方案比较大的优点。感觉很有大师的风范，做这个东西非常大气，不是做很多加很多细节，拼命做加法，生怕自己做的不丰富，生怕没有亮点，这个最大优点用最简单形式和概念把面对所有问题解决掉，这是非常好的。尤其做建筑这种气质一定要有。真的要说实际的很多细节上各种各样的技术问题可能不能说一点没有，但都是其次，但感觉能把握住非常好。

王琼教授：

我觉得所有学生中有一点你比较突出，从你的平面的 PPT，平面表现，包括效果图表现和体现出来设计的整体味道还是集聚很好的审美品位，品质很好，希望以后毕业了，在未来从事设计中很优良的品质保留下来。你图虽然不太多，但看得出下很多工夫。起码从设计师角度讲特别喜欢这种感觉，这个感觉很重要，希望能够保持下去。

任秋明同学（清华大学美术学院）：

大家好，我来自清华大学美术学院。我的毕业设计是他的秘密花园，别墅室内装饰艺术设计。这个项目在广东省东莞市的嵩山湖一号，距离深圳市中心一个小时路程，环境优美，靠着嵩山湖是纯西班牙建筑风格。三个联排别墅打通为一整套，业主是服装设计师，他们有时尚感，认同传统文化。他们做的品牌强调女性至上，一切围绕女人舒适型，因此叫做他的秘密花园，夫妇都是性格温和崇尚悠闲时尚。关于项目定位是休闲度假的家，体现生活本真和对孩子关心，是舒适自然并充满品位的。

前期概念通过研究发现，服装设计师家和作品有相似之处，我从这为切入点，让他的家充分和他作品一样充满个性，这是一个活动叫作他和她的亲密约会。

我对他们一天中的时间点作了一个调查，得出他们需要的空间功能还有每个空间带给人们不同视觉感受，因此得到我的空间，一层体现悠闲生活方式，中间绿色是秘密花园，有一个餐厅让人们在里面吃饭时候有惬意心情和春意盎然的视野。左边是开敞聚会空间，下面是小的家庭活动空间，还有早餐厅，中厨和西厨。通过玻璃通透空间植物形态家具和花花草草营造花园感觉。这是二层空间，营造和谐家庭氛围，很大的主卧体现了崇尚女性的理念，因为面临中间花园有很大的 SPA

和更衣室，还有一个回归自然的阳光房。

这是卧室的第一个立面，也是通过这些植物家具体现花园概念，把服装元素放家具中，让他的家像他的作品一样。这是主卧第二立面，因为服装是很软的一些织物放在沙发软的地方，让沙发也充满个性，像他的作品一样，有鲜艳的色彩。这是第三个立面，我想说的是，不仅仅是沙发这样的家具上有服装痕迹，这些墙上挂的画上也是他作品的影子。

这是刚刚说的面临阳台的SPA的立面，通过花花草草和调起来的更衣室让他有宽广的视野。这是女孩房，这边是城堡一样的床，门进去里面有小楼梯，爬上床从这边滑下来，墙壁上有花花草草的壁纸。这是男孩房主要是卡通作为元素，这些家具样式一样，但是因为上面装饰不一样，所以带给别人不同的视觉感受。这是地下室空间，这边一个完整展示空间来展示他的服装和他的作品，这边有品酒空间还有安静的影音室和工作室。这是回归本真花园餐厅，让人们感觉到像一个花园一样美丽，而且这些栏杆和柱式很古典，因为他们崇尚古典和经典，在窗帘上会放进服装元素在里面。

这是花园餐厅中的壁炉装饰，还有美丽的灯具。这是休闲轻松的早餐区，是靠近阳光的，这个厨房有植物形态家具。这是我之前放过的聚会空间，因为他们喜欢收藏，里面有很多展示空间展示他们的与众不同的个性。

这是充满绿意的卧室，里面有很多服装元素，并且有一些展示空间，这是地下室展示空间，很绿的颜色是一个像叶子一样的挂灯，地下室是黑暗的，通过灯的点缀让人们视野集中在这里。

这个是我做的一些家具，这些家具的形态虽然都是普通的，附着服装元素和一些符合概念花花草草的元素，让人们觉得走进他的家像真正走近他的秘密花园一样。

谢谢！

王琼教授：

挺好，今天我感觉前面的很多孩子是非常辛苦做设计，我感觉你的设计像艺术很自然而然流出来，这是我的感受。另外你前期定位到最后体现出来图真的非常女性，而且真的非常波希米亚，这个度把握非常好，虽然没看你的CAD，但你的手绘基础非常好，而且我希望你以后做设计就这么做下去非常有意思。出处脉络很清晰。遗憾的最好作为毕业设计还是需要点其他的，比如具象材质，CAD也好，还是有个尺寸问题，这个都不会影响你今天给我的印象。应该说相当不错。

王铁教授：

总的来说这个孩子从开始到现在进步很大，从最开始拿到方案到以后一点点的研究过程中，尤其是颜政老师给她很好的指导，从女性的细腻角度做这个东西，从这个过程中一直是按照构思的过程推理出来的，在CAD上确实稍微欠缺了点，但是学生总是每个人有每个人特点，只要学会了设计方法这是最重要的。

于强老师：

我觉得很惊讶，上一次去米兰没参加我们这个活动，前两次都参加了，没注意你做到这个程度上，好像我们学生中做住宅设计的比较少，我个人认为我挺喜欢住宅设计，和我们生活非常贴近的设计方向，但是大家没人选，觉得这个方向小，不够展示水平，其实我个人觉得这方面挺重要的。你的设计真的让我看了之后有眼前一亮的感觉，非常好。我不知道是不是其他同学有这方面爱好，这方面的需求应该蛮大的。家装公司很多，做住宅这方面品位不太高，还有做样板房的，样板房有很多限制，可能不会这么有个性，可能用一些东西可能是仿造品，造价有限制。其实住宅是挺好的方向，其实能做得很个性化，同时比如说这种经济条件好的业主，完全可以能够用一些很好的东西，甚至是艺术品，有收藏感的东西，这个是做样板间完全达不到的，这个方向很好。你能喜欢这个方向，并且做到这样的程度，应该还是很稀缺，应该坚持。有机会想看你现代设计怎么样，你只喜欢这个方向吗？

任秋明同学：都喜欢。

于强老师：

这个观念对，给固定人做设计有个性有品位，方法非常对，方向很好，你这样的人未来很稀缺，做大项目不缺，你这样的稀缺。应该鼓励。

仝剑飞同学（中央美术学院建筑学院）：

大家好，我来自中央美术学院。我的设计是天津南港工业区景观设计。

首先是项目背景，天津南港工业区在天津发展有重要战略意义，分三个工期，南港工业区距离天津市45km，距离天津机场40km，这是现状。有一区一带五园。

这是涉及地块功能分区，会议展览中心，行政办公中心和生活服务中心，还有企业办公中心。黄色部分是主要设计的地段。

会议展览中心地上面积36000多平方米，生活服务中心地上面积36000多平方米，建筑高低35m，行政办公中心地上面积56000多平方米，建筑高度80m，企业办公中心地上面积3万多平方米，建筑高度40m。

对场地进行分析，红线位置是主要设计的节点。会议展览中心高21.5m，前广场地势平，立面上丰富空间变化，生活服务中心两个建筑组成，景观可以和前广场呼应形成连续空间。这是地块四边道路，经过分析西边道路人流比较密集，北边的车流比较密集一些，那边相对比较安静。

考虑建筑和道路对人的影响，根据功能性质划分不同人群密度。会议展览中心放在这里的话，行人活动可能围绕这个会议展览中心附近，这边的行人活动可能性会更高一些。我想用一个几何形状通过几何疏密关系解决密度高的地区人群，分散开，增加活动丰富性。这是前期一个概念草图，对形式和几何空间景观化利用创造出流动表面，持续空间和结构合理组成部分，空间可以丰富和扩大。这是分三个不同密度区域。

这是建筑设计草图。这是设计的总图。这是设计平面图。这橙色部分是消防的，这是交通道路分析，蓝色部分是人行道路，橙色三角是消防通道入口，棕色是地下车库出入口。

我把地块分四个区域设计，北侧是公路，车流较多，行人一般不在这边停留，步行为主，考虑设计在行人过程中体验到一些空间变化。红色部分是位于两个建筑交界处，可能从这边行走到那边，或者这边行走到那边，行走便利是主要设计方向。蓝色部分是位于建筑主体入口，应该较开阔，考虑景观在立面上做空间变化，比如一些折叠的楼梯，南边部分行人较少，设置一些座椅，比较适合休息和交谈。

这是设计的一个效果图展示，这是建筑的主入口，这是南边的休息和私密空间设计，这是建筑的西边主入口，这是休息空间的小品。这是北立面和南立面图。

谢谢大家！

刘伟教授：

提下意见，刚才有一个图前面分析讲这么多遍，后面这个表达上面，我发现景观和建筑的关联性不太足，有一张你说建筑主入口问题的图，有一个透视图，比如这张建筑你说是主入口，这个主建筑比较散，做建筑设计这个入口几个体块的主次不是很明确，和景观对比感觉整个建筑和景观有点散。还有一张，这张景观上面这些圆圈，你的角度看得比较明显，建筑和这些没有太多关联性，可能反应在设计上对相互关系的探讨还要加强。

王琼教授：

总的来讲挺好，系统性各方面。实际上作为一个总体景观的设计来讲，我们实际上可能被误导在平面和俯视角度，将来你做景观千万要注意，实际可能更多在纵向高度、尺度和我们正常人的视觉去多分析一点，可能你会发现景观之间关系，无论是草坪还是灌木乔木之间关系，还有和建筑和基地，好的设计应该因地制宜，有时候硬做有时候自己会觉得很累，还是要把整个场地的所有的条件分析好，比如原来挖地硬填高，有高的地方砍下去，那是比较笨的做法，因地制宜是一个顺势而为，是最妙的办法，还要协调周围关系。总的来说不错。

张骏同学（苏州大学金螳螂建筑与城市环境学院）：

大家好，我来自苏州大学。汇报题目是湖南辛亥革命人物纪念馆室内陈列设计，位于长沙县黄兴镇，这是现场基地图片，这是黄兴故居，这是总平面。总的占地面积一万七千多平方米，建筑面积三千多平方米，这是建筑外形。湖南文化对辛亥革命的影响，近代中国的历史，湖南人对其有着深重影响。

我设计理念主要是融合人性的理念，展览的内容以时间流线和人物并进，从历史发展各个阶段介绍辛亥革命中做出重要贡献的湖南革命志士。这是陈列脚本，通过 19 世纪对比签订不平等条约，被侵略的土地，革命生生不息，革命中和中华民国成立，中华民国元勋 8 部分。二层平面延续一层空间流线，这边是功能区域，有大堂大厅服务空间，首层展览空间，货场空间，二层交通空间，二层展览和办公空间。

接下来是交通区域，一个是一层交通区，主要交通楼梯位置，第二个图是休息区域，接下来是二层楼梯空间，然后是二层的休息区。这是一层参观流线，沿着建筑室内风格折线。后面两个一个人工的路线，还一个贵宾接待路线，三个路线分别独立。

接下来是二层参观路线。纪念馆入口大厅，利用顶部的一个玻璃采光顶，往下形成一个通高的倒三角锥的形式。接下来是室内具体的展陈方式，第一块展览地方是利用青砖堆出墙面，墙面用立体文字对该区域做简单说明。接下来是签订条约的展面，主要挑选其中对中国近代历史重要影响的 5 个条约分别做成 5 个三角的嵌入墙面的形式，利用玻璃的材质，这个展面是通过木质板面凹凸形式形成一个划痕效果，其中有两个划痕中间一个镂空的可以看到墙里面有一个场景，这块是人物介绍墙面。红色的色调来展示，用木材和石材。

前一段是通过展览的物件放在较低的空间造成一个还原当时给人带来的意境，后面是需要观众通过踮起脚来看。

接下来的展区是革命生生不息的场景，主要表现革命党人应用奋战的场景，木材和金属两种材质。下面一个是镂空的一个革命应用战斗的场景，通过光影效果来表达。接下来是一个二层第一个空间，营造一种比较黑暗的氛围。寓意黎明前的黑暗，参观者会沿着这个方向参观。墙面上设置有微弱光影照片，有革命中牺牲的革命者的一些图片。

最后是革命胜利的一个展览区域，通过倾斜的三角形住宅表示当时武昌起义取得成功之后，清政府处于瓦解状态，柱子表达不稳定情绪，寓意革命最后胜利，柱子中间有一个玻璃围和展台。

请老师点评，谢谢！

彭军教授：

和前期相比有一定进展，也相对比较完善一些。稍微提几点小意见，自己觉得有小的创意，比如踮起脚看什么，蹲下参观想表达屈辱的情况，观众这种看展览的方式不太妥当，首先高度是多少，看展览的人是各种都有，还得让人家在一个相对舒适的状态下正常地看，也可以采取不同高度去达到这个目的，但是蹲下去还要商榷一下。

展示空间设计不仅仅是室内设计，是必须和展示内容相结合的特殊室内设计，大面积没有做到展墙和内容结合的话可能存在问题。

第三个，咱们到终期了可能没有完成，比如最后一张类似这样的没有完成，就看这个墙，没有灯具，全靠柱子里的灯饰作为环境照明，真是完成的话还欠缺一些。

王铁教授：

刚才彭老师说了最重要的问题，展沉和前面同学比有尺度，介绍设计过程中，我们一边听他说，再一个眼睛看表现图，这样一来应该是比较完整地容易打动人；这位同学完整度不够，再现空间里没有任何东西，就是一个框架构成，包括有一些东西写的也是有争议，寓意革命即将取得最后完美胜利，革命有完美的胜利吗？每个柱子中有一个玻璃围合，一个玻璃围合？把“一个”去掉就行了，你是用玻璃这个材料围合成一个展台，这么一弄上面字不少。

还一个尺寸确实在里面有点问题，最后再综合性地思考一下，也可能还会提高一些。特别是展墙和柱子的关系，展墙说什么内容，到柱子是怎么呼应，简单一句就完事。现在看，这个区域表现土崩瓦解，柱子是有点歪，柱子尽量少做，顶到顶，又不是构造柱，值得商榷。

王铁教授现场指导

张月副教授：

刚才和王琼教授商量，现在看了一天，发现同学的特点，对细节比较关注，对微观的细节，比如说材料、肌理、细部色彩构造包括尺度这些东西比较关注，比较注重这些东西。这个现在不好说优点还是缺点，把握好的话可能是优点，因为细节的东西是实现概念的一个手段，所有的概念想法，不管空间还是装饰最终落实到具体材料和工艺上。但是如果做设计始终这样思路的话，会使自己做设计关注局部，太局部化，从设计眼界关注视点太局限太小，为什么不一定是坏事？看怎么用，不光当成手段，同时当成创意源泉，关注细节不一定是缺点，可能是优点。很多建筑师，比如高杰派（音）最大特点是细节做的特别好，高杰派最大亮点是空间没有什么亮点，但所有的细节做得非常精彩，他开始做的时候一定把这个作为概念源泉。你要有这种意识，不要把细节当成手段，这样本来有能力发挥不出来，反过来当成概念创意点变成优势。

刘畅同学：

大家好，我来自中央美术学院。我做的设计是产权式酒店设计。选题背景，度假酒店景观设计与一般的城市酒店设计不同，度假酒店在风景秀丽之处，但现状是度假酒店景观目前千篇一律无法给人留下深刻印象，我的设计核心是体验。

基地位置：三亚市。如图所示，这个地块交通便利，位置极佳，未来开发潜力无限。概念推演：空间纬度演化；单一时间点，多时间点集合，形成一段记忆。

记忆代表着一个人对过去活动、感受、经验印象积累，因环境、印象、知觉来分。空间序列，形成整体空间感受；水序列，海景与水景两个轴线平行呼应，创造滨水景观带，创造回归自然体验。功能序列、景观序列，人与景观相互依存，景观成为度假者的永久记忆。建筑形态生成：根据场地现有条件安排分区，设置室外沟通空间；景观形态生成：功能定位，确定交通轴线关系，生成最优场地，丰富情节性。

方案设计：区域周边现状分析，主要的交通干道、交通便利点、绿地分布、功能分区分布、工业区分布、基地周边交通、基地周边交通生态绿地。这是我的经济技术指标，选地块3生成的平面图。功能分布：考虑三亚特殊性，我们设计地块达到车人分流。如图示，将停车场分地上和地下停车场，区域内交通干道布置消防车道，沙滩布置人车混行道，三面环城市机动车道；步行交通：沿街布置人行交通，在主要的建筑和交通路线上安排主要步行道路；设置生态布道。

景观水与海景轴线相互呼应，主要公共空间、人视观景点、主要人流分布及密度。功能分区：将一系列分割序列组合起来，展现空间序列对比和空间关系，加强设计的戏剧效果性，给人连贯丰富的体验，从而形成连续的记忆。建筑分层分析、建筑分析：客房和餐饮功能，微地形处理，通过控制视线形成开敞、半开敞等不同空间类型。

水景轴线，最大程度扩大亲水空间。木栈桥，连接各景观节点，连接不同记忆的纽带。内部道路组织融合度假区肌理中。

主要空间节点、主要观景台是两大景观区连接纽带，是人们亲密接触水体的空间。廊架、树阵、轴线序列引导人流形成树荫。空间围合，绿色通道，植物的繁茂将道路和周边隔离开来，强烈对比创造一种共同记忆。剖面图，北立面图。种植设计，过滤乔木、过滤噪声等。这是我对大乔木和藤本植物的考虑。

景观色带，大乔木与花冠木结合，不同植物区域形成不同色彩基调，产生不同的景区。效果展示，这是我设计的鸟瞰图，主要观景台，还有远处小别墅，酒店入口。

谢谢大家！

张月副教授：

工作量很大，一直在给我们翻图，觉得快成一本书了。确实下了很多工夫，也很努力，考虑的东西也非常多，从不同角度，心理学、场地、使用功能，包括气候想得很周全。好的不说了，一个小问题，就是我不知道是这个设计思路问题还是刚才的表述问题，也可能时间紧张，这么多东西，每张说一下可能时间不够，但是至少给观者印象和感觉就是东西非常多，没把线索屡在一起。比如说每个方面给的一些数据，给的例子也好，在设计里起什么作用，和最终形态什么关系，为什么用这样的概念，为什么用这样的原始数据，最终对设计起什么作用，这些大部分前面没讲，只讲“这是一个什么”就翻过去了，总的看有这种感觉，估计是时间的事。每张都解说可能时间不够，可能是这个因素。如果假定今天我们是甲方，你来投标，一个结果、一个核心概念和结果逻辑关系是什么，这是最重要的，把这个讲清楚，别的多少无所谓。这是表述上的问题。

骆丹老师：

刚才张老师提了你的描述，我们在后面听觉得非常平淡，假如我作为投资业主，主题亮点打不动我。一个是演讲方式，还有一个设计主题亮点不能打动我们，这块需要加强。一个是演讲主题，一个是设计亮点和主题的强化。

于强老师：

提一点，东南亚的这些酒店设计，尤其去泰国或者是印尼这些地方，其实他们做这些园林就是一个环境，他们做这个环境的时候，能不做就不做，尽量保持比较原始自然的生态，我们靠海滩没有这样的条件。你应该做出来给人感觉不要规划的痕迹太浓，你是一个设计师一定做出很多规划痕迹出来，否则像没做过一样；其实那些地方不是这样做的，你感觉他们在很野很自然的环境中去盖了一些房子，房子尽量在这些植物中，尤其是人在酒店的园林里面走的时候，就是一个很原始很自然的生态感觉——人在树下走。你看你的园林感觉，基本是暴晒在太阳之下，不是原始生态。不管是多专业也好，一定要注重人在这个环境里面的真实感受。要把度假感觉怎么样舒服，感觉怎么样说出来，要注重这方面。

王伟同学（天津美术学院设计艺术学院）：

大家好，我来自天津美术学院。这是我毕业设计终期汇报，我的选题是产权酒店室内设计。首先项目选址是海南亚龙湾，这是区位和自然环境分析。设计内容主要是通过酒店体现三亚特有的自然景观和人文情怀。

这是酒店结构分析图，主要是对外消费区、公共区域和对应办公区域，我做的是对外公共区域。这是一二层平面，三四层平面图。

功能分区：一层主要是共享空间，二层是餐饮空间，三层是商务空间，四层是休闲空间。垂直交通分析：各个楼层主入口主要交通以电梯为主附属一个应急楼梯。一层以酒店大堂为中心形成向心和聚散分流。酒店大堂平面图。

这是大堂手绘效果图、卫生间效果图、电梯厅效果图、咖啡厅平面图、咖啡厅分区图。咖啡吧有两个操作间，消费区有两个 VIP 消费区。下面是咖啡厅铺装图，白色大理石为主，加蓝色地毯。咖啡厅效果图，一提到三亚马上想到白色沙滩、绿色的椰林、蓝色的海水，所以我的颜色以这三种为主。节点施工图。

每个包间有独立卫生间，外面两个公共厕所包括残疾人卫生间。这是效果图，主要以木为主色调。宴会厅的平面图、效果图，整个宴会厅以暖黄色为主，特别舒适温馨的感觉。上面是泳池平面图，泳池有两个，男女泳池，包括一个泳池公共区域。泳池效果图。

标准间屋顶我做了一个处理，波光粼粼的感觉，白色调为主，特别清新的感觉。商店的设计，这是平面图，下面是平面铺装图。两个立面图，因为这是一个户外品牌，色调是深褐色和土黄色为主。效果图，衣柜立面图。

谢谢大家，谢谢各位老师，和各位实践导师的指导和一路陪伴。

刘伟教授：

手绘不错，酒店设计从平面图一直到节点图、效果图蛮完整的。我感觉有两个问题，一个是各个空间之间主题性不强，这个作为酒店肯定有一个定位、有一个主题，这个主题虽然有，但在这个空间里延续性有点脱节，比如咖啡厅和后来金黄色的空间感觉不太开；另一个是客房部分，这部分有点过渡设计，包括顶部搞这么多折面，一般在客房不太赞成，而且你的设计依据或者是让目标有波光粼粼的感觉，你要想到的是，在海南这样到处是海水的地方，人家还希望在房间里看到海吗？从定位和对客户心理把握这块琢磨一下。

王琼教授：

挺好，孩子能画这么大量的图，看整个 CAD 整体平面都是自己画的，量非常大，这是我们一个团队干的事。提点小建议，实际一个好作品的完整性很重要，一会全木，一会全白，跳来跳去不好。还有一个你自己觉得这个图本身画的是不是有问题，比如立面颜色这么浓和刚才手绘的相比，这个手绘的感觉和另外手绘的感觉不一样，感觉两个路子，画法上、手绘技巧控制感觉是一个系列，都很好，每张图手绘得都不错，但感觉不是一个作品里的图，尽量控制。因为设计实际是一个表达，表达语言完整性反映你的想法，这点以后稍微注意，量多非常不容易。

张月副教授：

我同意王老师观点，你以后需要关注一个问题，可能手头能力特别强，可能你将来需要自己有一个清醒认识，别被自己这方面优势蒙蔽。没有很强竞争对手的话你会通吃，但是恐怕从整个大设计市场来讲长久不了，要意识到设计必须有观念，设计不是说图多或者技巧很强就一定成，设计最高境界是一定有想法有观念，你每一个手法要有目的性和统一性，不能全是一大堆东西凑数，这个不是好设计，至少不是高水平设计。你自己要有意识去关注这些东西，把自己这方面做一个修正或者弥补，你会更强。

王铁教授：

王老师到张老师都说完了，你最大好处是能忍耐，量很大。整体把握角度、色彩再让它更具备海南这种抒情情调更好。从你的表现一直到 CAD 确实不容易，我认为你将来和别人合作的时候，可能是一个非常好的团队中的一员，但如果做领袖级人物要突破几个最重要的东西。

骆丹老师：

其实我看了比较感动，你的水平我算一下，我招聘的员工里毕业 3 年是你这个水平，他们大概毕业 3 年左右相当于你这个水平。从图里，作为专业酒店设计毕业 3 年不够，毕业 10 年水平你拿去中不了标，我们做的水平比这个高很多，你可以到六七十分，当然底子很好，你有 3 年底子，你手绘功底非常好，下一步相信会做得更棒。

绪杏玲同学（苏州大学金螳螂建筑与城市环境学院）：

大家好，我来自苏州大学。我做的湖畔餐饮会所设计，这部分是思维过程。首先了解项目，我做的是苏州某依山傍水的地块，建筑面积 2000m^2，我想到结合自然、餐饮想到《兰亭集序》。我的设计构思有两方面，一要充分发挥自然优势，二要营造人情空间。我设计的是“滟滪”，会所取这个名字希望这里能够平息心潮，根据水中石头形态发展我的设计。

归纳总结得出定量配置。我定义用地树林是枫树林，综合以上构思得出“滟滪”雏形是这两个图。

这是总平面，首先停车有 60 ~ 70 车位，然后潜水池、室外就餐区等，厨房在树丛中。客人从前厅到餐厅需要搭乘竹排。自我感觉设置湖面和竹排是亮点，给人体验过程，参与自然成为风景一部分。这张图水不深，人对水的感觉是亲切的。远处水和近处水连成一片。

这是建筑和环境立面关系，看出温和存在感。

介绍各个建筑体块。功能区有前台接待、竹排码头，前厅只有南立面有石墙，上次王铁老师讲太理想化，我考察苏州的古枫树林，保留室内的树，前厅考虑用风扇作为调节温度方式，这个图表示有微风掠过的时候后面有竹帘飘动，餐厅是玻璃的盒子。餐厅立面。突出来是送餐通道，左边是主要的厨房物流线，右边是人流线。餐厅平面，水流之外就餐区。白色区域是包间区，中间部分是公共区域，包括明厨。上次老师提到的包间卫生间问题有所调整，看到很多大小箭头是建筑入口。

这是大包间情况，建筑简洁和通透。中餐厅设计了一个溪水场景，溪水尽头有回收地点。地面处理方式是不规则地毯应用。玻璃建筑能耗是不可避免的问题，地面送风方式缓解能耗。这是供客人使用的明厨。餐饮空间人情味非常重要，这是我设明厨目的。

谢谢！

王铁教授：

“滟滪”这次确实有所提高，过渡到黑又亮了，都有点晕。到最后突然眼睛睁不开了，后来忽然眼前又亮了，总的来说最后表达不错，我重点是表扬。

张月副教授：

上次我记得是第一次中期在天津美院彭老师看这个方案，当时听你讲完以后，中期印象非常深。你刚才一上来“滟滪”两字，特别想看后面出来什么，不是这两个字怎么样，特别欣赏上次方案。刚才和王老师说，和前面一个中央美院的同学一样特别难能可贵的优点，化繁为简，简单形式表达非常多的内涵，这个特别难得，不光学生，包括现在很多设计师很难做到这点，尤其中国市场里，特别难能可贵。

上次看这个方案特别想看最后完成的效果，希望看到一个很精彩的经典设计，现在这个做的也不错，但是我觉得可能你自己没有意识到原来方案最精彩和最好的优点是什么，可能自己没意识到，现在方案和上次中期答辩方案稍微有点往繁的方向走，加很多东西，加了东西不一定应该是正面的，不一定。尤其你有一个树的玻璃盒子，还有一个餐厅，当初印象这三个只是质量和比例关系不一样，三个全是玻璃盒子，当时觉得最好最精彩的地方是这三个都非常纯粹的玻璃盒子飘在水上，和里面功能、环境衔接非常好，特别希望做下去。现在做完了只有一个玻璃盒子维持，其他两个建筑表现形态比较复杂，立面加很多东西，也可能是我个人观点，我确实觉得有点遗憾。原来方案做下去真的会非常好。这个不能全怪你，这个事情每个人想法不一样，个人设计的价值观和设计取向不一样，总的从设计完成过程，包括最后这是一个很不错的设计，只是稍微有点遗憾。

骆丹老师：

我和张老师应该有同样感悟，我对你印象从天津美院听完"滟滪"挺好的，我被这个感动，觉得创意非常棒。当时主题定得非常棒，这次没有把这个"滟滪"感觉更加强化出来，"滟滪"我们当时一种心理激动感觉在里面，当时文案写得非常棒。我们有项目做文案，我们按照创意点做。你这次把"滟滪"那种兴奋点更加强化出来，相信这个作品可以做得非常好，甚至评奖什么的可以参与，后期表现从文案到设计表现还是稍微有小遗憾。你文字功底挺棒的，特别是中期在天津美院，把"滟滪"感觉体现出来。我和张老师有同感，上次也在，对这种感觉非常有感动。未来发挥强项，可能在一个企业做文案创意，一个设计表现，两者达到制高点，整个项目是有突破的项目。

研究生组

孙鸣飞同学（中央美术学院建筑学院）：

大家好，我来自中央美术学院。绪论中首先提出以下两个问题，原有工业建筑和功能定位如何向艺术区转型，第二是保留现有工业厂房对室外公共空间进行优化和完善。

研究背景和目的：通过对 798 室外公共空间环境景观、公共设施两方面研究提供建议，综述部分研究主要内容和方法。我作的调研是 798 核心区域——原有 798 厂旧址（现在是艺术区域），地理位置和场地性质决定这里是 798 最重要最有特色的区域。

我通过街头走访、数据汇总、问卷法等方法对该区域进行研究，查阅相关资料获得大量文件。

对 798 公共区域现状分析。区域公共空间结构现状，是以棋盘状空间结构为主，并没有经过政府规划，空间形式有一定自发性。总结出来以下空间围合方式，主要的街道空间尺度、天际线的关系、主要的交通状况和业态分布、区域的绿化状况和景观设施、公共座椅和休息空间。总的来说经过调研分析可以得出以下结论，旧厂房改造，现有状况不能满足不断增加的功能需求，以上因素影响 798 区域向更高层次发展进程。

798 公共空间优化策略，提出对 798 改造的手段。改善区域内的交通状况，通过集散空间疏散人流避免交通堵塞。提升公共空间水准，首先要保持周边景观既有的形态和功能，寻找相互联系的元素，加强彼此联系形成整体。进行室外空间绿化过程注意维持空间完整性，通过植被合理配置营造层次丰富的景观效果，形成 798 的整体空间氛围。同时在以人为本的设计考虑中需要增加环境设施，结合艺术化小品雕塑形式形成区域内多个兴趣点。对人的行为方式研究，需要对人流密度状况进行合理化配置，实现公共服务均等化自由化。

798 艺术区空间状况探索，当代城市发展的途径。对 798 工业区改造从文化入手，因为 798 作为当代艺术和文化中心形成广泛影响力有辐射作用。它的服务定位是以文化为主，所以对公共空间改造围绕如何为现有场所更好地服务，并在整个区域内产生影响。

结语部分。通过对以往事例研究，尽可能使公共空间和周边环境相适应，灵活组织和利用公共空间。遵循以人为本原则，完善使用功能，提升品位，形成有情调的空间感受。

下面是参考文献部分，谢谢大家！

张月副教授：

我得替王老师批评你，前面听了本科生的，答辩也看了。最简单一个问题，我听了你刚才说的论文，研究论文最重要的是有一个目的性，你这论文写完要干嘛，听了半天有很多不管调研还是别的资料里拿来信息，但是我听下来以后有点不太清楚，是一个论文一个文章，这个文章达到什么目的，讲 798 核心区初步研究，研究一定为最终将来解决某问题提供有价值信息或者得出有价值结论，比如说这篇论文，先不说写的东西，这个论文最终得出什么东西。比如说是解决交通问题，还是解决物业管理问题，还是解决整个里面业态分布的不合理或者说是区域里面，从城市整体空间区域功能来讲，定位要重新调整，要对现有东西作研究，提出未来的对策。不管做什么事情，尤其作设计学科研究一定指导未来的设计，提供一些有价值的原理、原则或者说是这些可供他依托作为设计的一些理论。你这个我到现在听了半天听不出来最后要形成什么东西，先不管写多少，如果这个东西还没有理清楚的话再写这个论文很难得出有价值的东西，其实多少不重要，关键是自己明确目标是什么。

彭军教授：

提两点，首先一个论文题目和副标题是论文的主旨，非常明确论文做什么的，是很重要的一个要点提示，但是我从你的论文内容上看，好像和题目研究方向稍微不太一致，也就是刚才张月老师说的，我有同样的感觉，不知道重点想研究什么，想解决什么问题。

其中我注意在文章中有两点，一个为了改变现有的 798 建筑空间可以采取一个加建建筑来创造灰空间，大致是这个意思。首先研究的是景观和公共设施，现有的 798 显然是一个既成事实的旧建筑，如果仅仅为一个空间再创造去加建新的、拆旧的意义有多大，这是第一。

第二你的研究侧重于实体空间范围内，最后提出观点，要想改善这个空间的话，要提升文化的情况，这个和你的研究是另外的事。

其次，今天是终审，现拿文字稿来宣讲，论文的一些基本格式，字体、字号、间距等一系列应该严谨一些，现在这个可能是一个文字稿而已，正式的东西应该有正式的格式。

王钧同学（天津美术学院设计艺术学院）：

大家好，我来自天津美术学院。老师们辛苦了。

我的论文一共6部分，第一部分是绪论，通过老师对我们指导和提出一些修改意见，我的论文方向做出一些调整，改为景观设计中形态要素探究。背景基于两个方面，首先景观设计越来越成为一个关注的要点，使我们不断加大投入，成为一个设计中的重要组成部分。其次在设计中照搬照抄现象特别多，我们需要从一个点—— 一个设计切入方式探讨设计。

选题目的，景观可以从不同方面切入，论文主要从形态要素切入探讨景观设计。论文意义，形成一些规律性、原则性的方法，为设计提出一些意见或者一些建设性的建议。

第二部分是景观设计中的形态要素。形态要素在《辞海》有这样的界定，对于形态在不同的归属性方面有不同的分类方式，在形态上作为一个整体可以分规格、自由形态，方式上直线、曲线形态，构成方式硬质景观形态、软质景观形态等。

首先对于景观静态的界定，景观形态有层次性，某景观不是孤立的，不同景观形态相互组合穿插，对景观层次性应该像植物配制分不同的形态要素相互穿插进行表述。

其次景观形态的时间和运动有一个相互作用，在一天早上中午和晚上我们对于确定的形态有不同感受。对于形态和运动是有一定的关系，比如我们坐在汽车里，我们走在公园中，或者坐在公园长椅上看形态有一个不同界定方式，从形态的体量上由大到小，从关注点来讲也是由大到小的一个关注方式。

景观形态会与文化有一定的相关性，不同文化背景对于形态有不同的界定，同对于园林的表述，我们对于不同的园林有不同的看法，西方人和东方人有一个区别。景观的形态需要有一些组成方式，起到一定作用，通过轴线对称等级或者韵律贯穿我们整个形态组织。

第三部分是景观中形态和视觉，说到形态肯定和眼睛联系，需要让形态和眼睛发生关系并对此进行一些研究。首先视觉形态是有一定的理解力，我们做一个方案和设计的时候，我们眼睛看，需要理解设计者的设计意图，很好让关注者和参与者理解我们的设计；其次形态有主动选择性，我们的眼睛希望看到漂亮或者美丽的形态方式。我们的眼睛像一个无形手，关注我们看物体的结构方式，颜色等，这都属于形态范畴。

第三部分，形态有一种知觉性，我们的眼睛捕捉的形态有好奇性，苏州一些园林里一些矿井引起我们的兴趣，探讨形态藏与漏的关系。

某一个设计发展越成熟可能越会成为一种定式把我们思维限制住，我们要打破思维，从形态中吸取其他的一些元素来丰富我们设计的切入点。比如我们的大设计，包括文学、艺术、诗歌等，可以从其他的设计方式提取元素。

这是一个案例分析，比利时设计师对商业街设计，女性装饰物对景观界定，让人感觉设计在我们身边不是很远。

第四部分是形态对参与性影响。说到参与性，很好的一个尺度或者景观一种形态，人们愿意参与其中。我列举天津市意大利风情街，天津一共七个租界，意大利风情街是第七个租界，基于这样的背景人们想通过这个探究到底什么样，政府对这样的东西有一个修旧如旧方式，整个建筑没有超过4层的。对此地区进行了调查研究，首先是道路，尺度很宜人，没有很宽的尺度，其次树都是40cm，人们穿行于此感觉很有亲和力，最后是广场，广场长宽20多米，我们和朋友结伴去这种尺度下让人很容易停留。

景观形态和参与者心理作用，虽然看不见，但存在，我们有一些海河改造工程确实好，存在一些问题，比如津门津塔，虽然做了景观人们不愿意去，政府把这个地块界定为商业CBD，老百姓参与其中让人感觉消费不起，不属于我。我对于此做了调研分析，建筑高度形态和海河的宽度有一个高宽比，首先是津塔，相当于3.4倍的海河宽度在旁边，我们望海楼是海河沿岸最古老建筑，存在方式一直是政府修旧如旧，比例1 ：0.22，这样的比例很舒服。

第五部分是景观设计的设计化应用，提出一个观念形态游戏化，让人们通过游戏方式参与设计中。荷兰艺术家对巴西贫民区改造。在和老师平时设计中总结做设计方式，老师平常总说接到一个项目立意不能以此项目束缚住，需要达到情理中意料外的设计方式。我们可以改变某一些东西，同样东西的材料功能等，达到一种扩展思维方式作用。还有是局部元素放大和缩小，这种方式把我们的室内元素室外化，突破原有概念。

对于一个国外案例分析，在很多写字楼中，如果有一个家的概念，这个家是客厅，把很多桌椅沙发搬到写字楼中让人们交流和享受自己的空间。

第六部分是结束语，整个论文研究通过景观的一个形态要素来和其他的一些要素发生一些关系，满足人们新鲜感，提出设计建议，这是论文大纲，阅读书目。

谢谢各位老师！

王铁教授：

一个题目作为一个人去研究首先最重要做的，除了查阅相关资料文献外，更重要的是设想，你研究最重要的核心中的内核是什么，这是支撑论文能否走下去最关键的东西。我们的学生都不愿意做表格，都不愿意分类，这个东西不成立，顶多是有个愿望写篇文章，实际不具备条件，你要干什么呢？首先得有数据，没有数据成不了论文。论文的价值就在于把你所看到的和你所研究的，以及你之前的人和你同样的研究这条线这个主题的，他们缺什么你补什么，如果你是开天辟地第一次，你有很多东西自己确立，如果不是的话，有这么多参考书目应该有数据，没有数据只是一个摘要不能正式写。要想刊登出来还是要加进最重要的灵魂，这是我给的建议。

张月副教授：

你这个论文其实从整个文章结构来讲，应该说是还比较合理，我们先不说结论，从整个工作方法、整个的格式、整个思路挺清楚的。王老师刚才说的我同意，给你的建议，研究问题和做设计一样，我特别喜欢两个同学的设计，能够化繁为简，复杂的事情简单应对，这是做设计最高境界。其实作研究也需要这样，不要害怕别人认为你的论文研究问题不够大，不够复杂，其实只需要把其中一个问题研究透，提供有价值的东西就可以了。你现在这个论文点太多，虽然在讨论形态，但形态和很多问题有关系，和观者有关系，和技术有关系，和历史文化有关系。你列了很多东西，其实这里任何一点深入挖掘都能得出结论性东西，只要这个东西别人没研究过就有成果，对后续研究提供有价值东西，这点非常重要。不要一口吃个胖子，这个文章成大家，一篇文章就变成很博大的学者，不要这样，罗马不是一天建成的，可以一步步走。

海河边上建筑尺度和海河尺度关系，把论文其他问题全去掉，就这一个问题得出结论，海河历史变化、周边尺度变化、各个时期景观感觉怎么样，自己作调研、专业人员调研、市民调研，就调查尺度问题，广泛调查历史数据和现实数据基础上得出一些有价值的，可以给大家有一些参考价值的信息，这个论文绝对是非常有价值的论文。将来在天津市在海河边做建筑人家会找你的论文，曾经有人做研究，河不可能改变，这是自然形成的，我建人工的，和河的空间尺度有对应关系，想形成什么尺度，是开放性的还是地标性的，诉求不一样。找到这个东西已经很有意思了，你现在点太多了。干脆把其他的抛掉，就研究一个。

所谓研究要非常深入，要脚踏实地深入实际。以前我去一个学院，有一个乌克兰学生研究手机——直板手机外观，他做一大箱子手机模型，拿 3D 软件做完用数控机洗出来，每个模型就差一点，让很多人试不同手机，模型把玩，有一个客观参照指标，对每个模型评价是什么，为什么，统计几千人以后，最后理出一个、找到一个，肯定有一个正面评价最多的模型，是最终的依据，未来设计师做直板手机，宽度多少、厚度多少，找最佳的。这就是给后来者提供有价值信息。

其实他做得很枯燥，但是这么做了可以得出有价值结论。你也这样，不要担心不够复杂，最关键是实际去深入，这个很重要。态度没有问题，但是作为研究生层面一定要掌握这个方法。

王琼教授：

我想补充一句，我也是觉得易小难大，还一个重要的，研究生我一看是套路，千万要破这个套。我们是需要大量分析数据、大量阅读、大量间接的知识，但是我自己个人，我自己写东西时候有一个最重要的目的，最终是相信自己的。刚才讲海河，你自己到那去感知认知，书本知识都是间接知识，你要写的深入一点，写的更透彻一点就要靠自己感觉。刚才讲手机模型，是通过自己的感知认知，他做很类似的东西让大家都去试，他找这个值。研究方法来讲不要忽略这点，这是非常重要的，系统性非常重要，所有的曲线、表格包括形态，因为形态只是我们把要素抽象出来，真正的感受在任何一块。刚才所有图，无论体量、高度、色彩、材质包括气候和环境有影响，这个影响中自己首先在海河边转，要找自己感受的东西，评判哪些对你有用，然后系统化，不然做出来东西又是套路，这个应该破一破。

闵淇同学（苏州大学金螳螂建筑与城市环境学院）：

大家好，我来自苏州大学。今天已经是终期汇报，到终期经过这几次我像爬几座大山。第一次提出论题，老师对论文几个关系提出质疑；第二次汇报确定我的思路，提出模块化建筑，碰到另一块大山，大家对这个论题产生置疑，之后我进行第二次思考。论文方式出现了问题，论文的论题是什么，用什么方法怎样论证我得出结论是什么，在刚开始对这些不是很清晰。

第二个思考，为什么老师对模块化建筑题目产生置疑，我简化一下就做一个研究。模块化建筑在中国社会有没有存在的意义，我提出自己的看法。

我的论题是模块化建筑在当今中国社会是否具有存在价值和发展意义。我的立论是 20 世纪 70 年代、80 年代中国建筑已经掀起盒子建筑的热潮，是为了解决当时居住问题，就是今天说模块建筑的主要形式，当时一些模块建筑在那个年代起来了，由于各方面质量、技术、设备的问题，并没有像想象中蓬勃发展起来，用于社会发展建设中。20 世纪 90 年代后，模块建设在中国进入缓慢发展时期。近几年重新被政府和企业重视，仍有人对此有怀疑态度。

我的观点是模块建筑在当今中国社会有存在价值和发展意义。下面通过论证证明自己的观点。

首先对论题进行一个限定，本论文论述发展意义不是广泛发展哪里都用模块建筑，是针对现实条件，用于特定人群和场合有现实意义。对于研究意义，我去了解了一下现阶段研究成果，20 世纪 80 年代中国大规模流行学习盒子建筑开始涌现很多论文，下面列了一些 20 世纪 80 年代开始学习苏联盒子建筑，还有美国发展类的。20 世纪 80 年代主要是研究学习国外盒子建筑发展技术，论述当时中国盒子建筑发展状况。20 世纪 90 年代开始，我国盒子建筑开发实践研究逐步出现，比如下面一些论文提到这些东西，着重研究盒子建筑技术难点问题。

进入 21 世纪盒子论文减少很多，2010 年后，模块建筑名词代替盒子建筑出现在论文中，开始重新分析模块建筑发展动向，从论文发展研究情况看出模块建筑在中国发展阶段。在关于模块建筑论文中，大部分是在学习技术层面，部分论文叙述优势和未来展望，对模块建筑存在的质疑没有阐释。本论文希望以自己的一点力量完善这部分欠缺。

下面谈研究方法，为了充分证明本篇文章观点，用几个方法进行论证，一个是文献研究法，一个案例研究法。下面解释用这些方法怎样完成研究过程。

首先是模块建筑定义，模块建筑的发展应用文献研究法，起源于当时淘金热的时候，第二次世界大战市场出现这个东西在欧美流行起来。

下面从几方面讲现在发展技术状况。通过美国例子，一栋楼层数达到25层以上。通过LED认证可以证明是环保可持续。在运输方面，技术发展解决当今运输问题。

国内发展状况，1979年开始研究，建筑工地港口的出现，都得到了发展，很多机构和企业也逐步增大研究。

利用分析总结法来分析总结模块建筑的优势，优势代表强大的发展潜力，包括质量方面优势、时间优势、经济优势、绘画优势、设计优势、节能优势。

利用反证法证明模块建筑现实意义，对景观要求、对环境要求比较高，这是最环保的方式。有利于矿山油田，利于城市保证经济适用房建设。

设想如果没有模块建筑产生，用传统方式建造这些建筑的话，对社会经济建设和环境保护造成巨大影响。

利用举例论证法说明发展意义，分析发现目前很多人对模块建筑在中国发展持反对态度，一个是运输问题，在中国是一个新生事物，有很多技术问题。还有不符合当地建筑规范，政府和市场宏观调控没有发挥完全作用，产业化不完整。

举例来证明可以解决。第一个运输方面，模块运输在尺寸有限制，有现实的一些限制，根据不同条件，小模块在很多条件限制下也可以；第二个是从建筑企业建筑的实例分析，已经可以看到我们的技术发展到一个比较成熟的阶段；第三个是在近几年由于国家对模块建筑的推行已经出台了一些规章制度，填补相关领域空白；第四从很多现在的会议展览出现可以看到，国家很多部门和企业都是共同在合作来引导支持模块发展，政府和企业在联合。还有一些挑战，一个设计一个技术，困难在我们面前还要前进。

分析现状，论证在中国发展具有强大的潜力，分析实际应用，反证法证明在中国存在的现实意义。证明在中国社会发展的意义，通过分析模块发展中面临挑战提出意见和建议。

我得出结论，希望以后继续深入这个课题。

谢谢大家！

骆丹老师：

你们平面排版，我相信所有老师看不清的，为什么字排这么满，平面排版怎么是这种状况，这是给别人看的。这块的平面美感相差非常远，在我们公司排版成这样立刻撕掉。我们公司有这种状况，这块很严格，不管做得怎么样，因为所有东西是给别人看的。如果是这样，任何导师不会看这个东西。作为研究生这块，应该综合培养，因为未来给大家看，包括第一个同学也是一样。

实际一个文件，中国文字有艺术考究，排版可以把论文精彩点体现得非常棒，哪怕一个色彩处理。

王铁教授：

做任何事情有社会基础，这位同学首先题目拿出来，"模块化建筑发展的意义研究"，这个没有疑问，但模块化在中国社会存在价值，中国社会这个东西很难讲，作为一个研究生对于文字写的时候一定注意前后关系。只要提出中国社会，文章里必须解释中国社会某阶段模块化，那就麻烦了，因为你存在这个词汇，必须在下面论文里要展现出来，对它有个解释，因为副标题是解释主标题的。

模块化这个问题上次说很多，已经很老了。你得懂建筑法规，首先要阅读法规，根据特定地理条件，商业住宅还是娱乐都不一样，哪种能在模块里发展，哪一类型建筑这么正好凑上数太难，肯定特定的，如果模块化是特定建筑，而且这种建筑跟社会什么关系，需要这种模块式建构空间人群到底市场有多大，这点很重要。如果模块化，我们过去在20世纪80年代的时候也有过这种标准化，现在不好用，不仅仅是运输问题，因为很多现场安装起来进行焊接，这是最简单的，按照新型的中国耐震等级这种很难达到要求，如果要做必须有内胆、有框架结构模块化，非常繁琐。

我记得上次说过，上海有做这个东西，叫工厂化生产建筑，很多城市都有，按照建筑师、结构师、设备相关专业共同认可的图纸去工厂加工，完成后运输到一个地方去安装，这是给没有作业面条件工地的最好帮助。一个模块化建筑，你要分析到底模块比例是什么样，高度和宽度以及组合起来有多少种形式，能不能达到比如住宅的要求，人们现在对住宅要求不是前10年、20年的标准，办公室也是一样，现在要有相当适合的人在里面活动，以人为本，宽敞、明亮、通风、照度各方面条件。模块化能解决进身和开间问题吗？这很重要。这些都不去落实这个东西很难成立。

新型模块化和旧有模块化到底哪点有区别，如果是过去延续没有意义。刚才看到你的图片有一个国外在空中几个盒子不是简单模块，做不起来的，不是简单地焊接，只是做的像模块，但不是模块。研究这个东西你也存在数据问题，没有数据没有表格，没有这些推理出来的东西，很麻烦的。如果我们作为小型建筑，需要人群比较多，工地现场临时房全生产一样的没问题；如果特定的小区住宅，特定出来以后是每个开间进身都不一样，要求里面的卧室和起居室能一样吗？书房各个方面，地形不是你想象的那样，不根据地形建达不到容积率，开发商不敢建，卖不出去，自己赔了。

我为什么老说法规问题，很多开发商不懂法规，自己一高兴比如王府井中间一块地，多么好，自己看不错，拿钱买了，结果法规一计算往后退 8m，限高多少，绿化面积多少，他一算建房子无法达到经济设想需求，所以建不成。模块化如果解决不了这个问题不能叫模块化，只是特定条件下一种模块化建筑。这种所谓模块，稍微有厅堂中间减柱都减不了，怎么解决构成关系。如果达到减一面墙变成连体空间，空间能加大，自由组合那行，这是最难的难点。

要研究这个，首先立学，模块组合达到什么空间，有多少种类很重要。这方面要认真琢磨。

彭军教授：

两个问题，第一个，你现在想极力论证模块化建筑，在不在中国放一边，至少要有大力发展意义，你想论证这么一个问题。一个观点提出来肯定有反方，比如王老师是反方。你的论文是把你的观点让不同意见的人通过你的文章论述和文章介绍同意你的观点有道理，你现在这个东西仅仅是议论一下。

比如模块化建筑具体是什么东西，写远大模块建筑，把现有建筑至少介绍一下。否则仅仅笼统地说模块化建筑，好多东西恐怕说不清楚。你举远大 30 层，我对模块化没这个经验，但我了解远大，我网上看到的不是模块化建筑，我说的模块化建筑和你理解不一样，更多是工厂预置，或者大部件或者小部件这样的东西。假如有这么大发展潜力的话，如果你现在就在某一个新城市市中心周围转一圈，99% 的建筑不符合模块化建筑，说明一个问题，这个东西存在价值有多大。肯定有价值，什么价值？特殊特定场合需要这个东西。我也算反方，没说清楚，要说清楚确实这样，我认为模块化建筑没有道理，你的我能同意，正因为没有说清这个，这是论文引起争议所在，如果真论证清楚，只要有道理就服从。

你对模块化建筑不是特别清楚，仅仅知道一个大概，这样的话这个论文显然有问题，这是第一个。

第二个，副标题没有存在的必要，主标题“发展意义”，上面一个主标题足够了。

闵淇同学：

按我之前调研分析，其实在国际上已经发展很成熟了，不存在国际上，反而在中国存在这样的争议。国际已经是住宅产业化大方向。

彭军教授：

在你论文中没有把国外模块化具体构造具体情况介绍清楚，没介绍清楚情况下对文章产生歧义。应该把国外先进东西介绍一下。

张月副教授：

王老师和彭老师说得挺重要的，有几个问题。

这个论文有争议，首先是基本概念界定自己没说清楚，大家从不同角度理解有争议问题。写一篇论文最重要先把基本概念界定准确，后面大家根据概念内涵和外延有一个参照评价体系讨论这个问题，如果基本概念界定很含糊这个事一定“公说公有理，婆说婆有理”。你讨论问题不同角度想这个事，建筑预置概念，提到模块建筑问题，还有临时建筑问题，其实三个不同范畴，会有交叉点，但是不完全一样，你先要弄清楚是预置建筑还是模块化建筑，还是临时建筑，讨论点要和这个有关系。

不要混淆概念。还有临时建筑，不要把临时建筑和这个讨论。临时建筑不一定是模块化建筑，临时建筑各种各样的，有预置的。这个和模块化临时建筑不一样，自己先把这个东西界定清楚，我说的模块化建筑指的什么，至少我们大家听下来感觉说不太清楚。你要真的讨论模块化建筑根本不是新概念，在中国为什么发展不起来一定有原因。现在讨论这个题意思不大，这个论文写的意思不大，这么多年在中国没有发展起来一定有原因。你说在西方社会发展很好，对不起，西方生存方式和运行模式跟中国不一样，在西方卖很好的东西在中国卖不了，比如高尔夫在欧洲卖第一，在中国卖不动，中国价值观和欧洲不一样。中国人认为车是房子，欧洲人把它当工具，使用方式不一样。模块化在中国发展不起来一点不奇怪，市场不一样。

这个问题首先讨论是不是研究，研究不研究意义不大，早证明不适合中国市场。因为 20 世纪 70 年代就有，真适合中国市场，中国人挺务实的，早起来了。

还有一个意义，作为主流和作为一定市场不一样，一定市场不能成为中国市场主流，不用讨论，一定不能成为主流，但是有一定市场空间，有一部分东西适合不用讨论，每种建筑有部分市场。

还有一个研究半天不能说服别人就是你没有对比，模块化建筑和什么建筑对比，一对比，模块建筑和永久建筑对比，拿数据说事，比如建筑周期上、短时间应用上，比如节能和绿色环保，这些东西不能说我认为什么就什么样，给我数据。比如一点，现在人都认为使用电池是一个节能环保方法，包括使用 LED 是节能环保的，但是真正的专家给你结论完全相反，现在在中国生产的太阳能阳光板，用阳光板越多资源浪费越多，专家从技术角度研究出来的，一般大众不知道。你说模块建筑节能绿色，你根据什么，数据在哪，你听别人说还是自己研究，你必须有实在数据证明给我看。包括 LED 的也一样，现在造灯消耗能源比自己节能电还多，根本不是一般人想象的样子。这种事涉及技术问题必须脚踏实地研究。

刚才彭老师说说服别人必须有真凭实据，有争议怎么说服别人。这也是一个工作方法问题。

杨晓同学（中央美术学院建筑学院）：

大家好，我来自中央美术学院。我的论文题目是构建公共空间与环境连续性，以三里屯室外公共空间为例。论文结构：第一章是绪论；第二章根据调研经过分析得出三里屯的室外公共空间特征；第三章分析现状问题；第四章对之前总结，解决现状问题的一种方法思考，来构建公共空间与环境连续性；第五章是结语。

从空间关系分析城市公共空间联系的必要性，来研究这个城市公共空间和其他城市要素组合关系，目的是想在这种空间结构裂痕中寻找联系，使城市公共空间和环境形成体系，城市空间在功能要求上更好和城市环境有机融合。

首先是绪论，选题背景是城市公共空间被割裂看待，这个问题越来越受到重视，我国的公共空间缺失是问题，商业中更是如此。三里屯是我国商业改造规划第一个融合开放融合都市概念的实验项目，着眼室外公共空间，从空间关系研究城市公共空间与其他城市要素之间组合关系，目的就是想在这种裂痕中寻找联系，使它与周围环境形成一个有机体系。

接下来是文献综述，城市形态整合中涉及城市公共空间和环境连续性内容，我以这本书为基础来探讨。

我的研究范围就是三里屯——位于北京东二环和东三环之间的休闲娱乐商圈，主要进行了两次调研，初步调研为摄影走访方式，之后发现这样的数据和资料非常有限，就进一步的用问卷和表格记录的方式。这是我上次终期时候做的主要介绍，接下来是我通过之前的调研分析总结的公共空间现状，主要是通过街道、广场公园的调研对整体的公共空间进行综合分析之后发现了四个特点。第一是功能的复合性，在三里屯区域中拥有非常多的活动内容，比如观光旅游，展览聚会等，满足了城市功能的复合化需求。第二个特点是构成多样性，突破了原有狭隘的范畴，内容形态和尺度上有广泛扩展，通过各自形式和互相关系传达着各种精神文化信息，形成了这个区域特有的多元化风格。第三是内涵丰富性，不仅包含有形的，还有无形的艺术文化内涵。第四是时空多维性，一方面记录三里屯生长脉络，另外保留原有地缘文化和原有生活方式魅力。

第三章是对该区域现状总结，难以融入城市整体空间，忽略和周围城市空间关系，导致公共空间封闭性和排他性，公共空间过于注重内在。我们进入这个区域虽然能发现有很多内涵丰富的地方、趣味性非常强的公共空间，对于他的整体结构印象非常模糊，而且人的连续性行为活动因此打断，降低完整性。车行主导城市环境，造成公共空间对步行者服务缺失。

第四章是文章的目的，构建城市公共空间和城市连续性，促进城市公共空间的联系，引导具有连续性行为的活动。连续性是指内在的功能性联系、活动类型联系、生态和景观联系。根据分析归纳出三点增加连续性的手法。

第一点是空间节点设置，城市节点形成城市意向非常重要的元素，能够促进空间的起承转合。在三里屯成熟度比较低的地方，节点设置上大小要非常的适当，首先应该对一些存在改造可能地区进行环境整治。其次是在局部地块开发前做到该地块公共空间规划设计。

第二点联系路径的设置，城市的路径表现为城市各类道路，联系各个公共空间的单元，是公共空间向外界进行交流的通道，一方面为观赏城市提供条件，另一方面本身是被观赏对象，提高城市景观价值。在三里屯地区，交通方式不适合表现为人车混行，但是在三里屯选择地下通道，步行道作为公共空间的主要的路径方式，避免了与车行交通相混杂，这个比较适合。

第三个方式为加强空间的渗透，表现出来就是打破原有界限方式，赋予整个区域整体连续空间特征的过程，实现公共空间系统与城市的交融。在三里屯就是一个室外公共空间和室内空间比较好结合，首先使公共空间界限打破，形成流动城市空间，其次也打破传统的封闭感。

三里屯新北京地标区域，希望人们不仅仅到此一游，而是找到美好生活所在。我的文章从空间感到研究空间组合关系和城市其他要素组合关系，总结了一些建构联系方法，还有不足可能是接下来想从时间延续上通过城市空间和城市历史以及文脉传承来完善整合连续性。

最后是参考文献，汇报完毕，谢谢大家！

张月副教授：

三里屯建筑设计已经是成形的东西，你写论文的目的不是对三里屯 VILLGE 本身做什么东西，现在在北京城区内算是商业性街区比较成功的，户外环境，包括和里面建筑的内部空间，整个区域做得比较好。你写论文可能总结出一些规律性东西，对以后类似这种城市中心地带要想形成这样的氛围提供一些指导性建议，比如说空间组织方式，或者建筑尺度控制以及交通等类似这些有价值的东西。你可能在论文最终得出信息和天津美术学院写海河的意思一样，其实不用写太多，比如从规划层面提供建议，比如平面的功能布局、交通问题、建筑尺度控制等去提供一些原则性东西，得出这些是比较理想状况，后面再做有一定帮助。

可能单用三里屯 VILLAGE 一个例子来说好像不够有说服力，两种办法，要不就是对比的方法，比如成功和不成功的，比如在北京市或者是在中国大城市里面是比较好的，用户商户感觉很好，肯定有一些不好的，拿来做对比，好和不好在各种指标上有什么差别，比如空间围合方式、交通布局、尺度控制、建筑密度等，有一些参考坐标，讨论问题要有参考坐标，有一些点，从点找问题。这样的话可以有对比，这个好，那个不好，两个差异性在哪，让别人看到问题存在的点在哪，或者不是对比方法是归纳方法。

从全国各地找类似氛围的，尽管建筑形态不一样，但是一定有一些比如上海、成都冠周类似三里屯的这个东西，他们肯定形成良好的商业氛围，他们之间为什么形成这样的商业氛围，一定有共通的东西，把他们之间的坐标找一些指标性东西做分析，肯定能找到相近的地方，尺度都这个比例关系，建筑和业态都这种组合方式。交通这几种都很好，人车组织，主要交通和内部组合通道有规律性东西，归纳或者对比方法得出一些信息，这个论文有意思。如果拿这一个东西来说的话有点缺少说服力。

邬旭同学（天津美术学院设计艺术学院）：

大家好，我来自天津美术学院。首先把论文汇报 PPT 结构给大家看一下。第一部分绪论，第二部分分析，然后是实例方式进行分析得出结论，最后结语。

邬旭同学终期答辩

本文研究目的和意义，在前期和中期汇报给大家做系统介绍。

研究的方法主要是理论与实例结合，多种学科方法，包括心理学、行为学、建筑学多种方法，对比分析方法进行研究。

首先介绍前段期间进行研究的产业园。首先是一个创意产业园，在去年基本刚刚建成，整个设计规模不是很大，但是经过里面详细分析，第二是天津易酷创意产业园，以前是外贸地产进行的项目，在此基础上进行景观分析。第三是 798 的创意产业园。

这是我论文主要的提纲，前两章在苏州进行一些具体介绍，这次重点介绍第四、五章——个人观点和重点实例。

第四章首先应该有“天人合一”的思路，因为首先是中国提出来的思路，生态产业园最早西方提出，中西方联合两个不冲突，尤其生态材料运用、资源高效运用，我们可以很快完成这些东西。

深圳南海一个创意产业园，首先吸引人的是建筑外表皮，上面挂好多绿植，不是表象东西，有内部技术性支撑，包括一些玻璃的支撑、太阳光支撑，我们主要考虑景观，建筑和景观是密不可分的东西，创意和技术实际上可以相沟通。

第二个是关于历史文脉延续和传承，不但记载以前历史记忆，而且担负转换的目的。上述图一个是鲁尔老的工业遗址，下面是一个中山红桥的项目，通过一些思想，通过一些对原有建筑改造激起对原有的记忆，同时有一个新项目给大家使用。

第三是多定义景观空间，包括利用一个变化的尺度来完成这个目的，首先利用一些家具陈设、局部和整体关系。上海 M50 公共尺度比较单薄，受原有厂限制比较大，这里滨江创意产业园区也是上海的，尺度相对比较大、比较丰富，弱化突变感，这里介绍 8 号桥尺度变化。

景观空间定义给人多种不同体验，通过街道宽度等来创造一些新的空间环境基础，为营造空间张力提供视觉和心理感受。其次清晰有序的层次，有方向感和场所感等。这里面还是介绍 M50 从静态到动态空间转换过程，首先是经过一条长道，经过一个相对来说比较压抑的道忽然到一个开阔的地方，和故宫经过短道突然多长道一样给人飞跃的感受。

这里包括 8 号桥动态和静态结合，包括滨江创意产业园区，给大家看一下。清晰有序的层次，包括方式多样的组合，包括功能方式多样组合，集中、线性等的多种组合。

很多老工业园区集中式的景观公共空间，空间中如何进行一个空间有效分割是我们研究的一个重点，还有一种线性景观空间，一般是两侧有街道。比如说 M50 前阶段，前半段空间是基本线性空间完成的。还有一类是辐射的景观空间，实际和集中空间有类似之处，只是中心发射点更明显，周围发散更加明显一些。上海的辐射公共空间更是如此。

最后是组团的空间，包括上海同乐坊的景观空间。介绍完空间连续接下来是创意与艺术载体，首先有艺术自发性空间，包括个性涂鸦，比如 798 个性涂鸦，作为景观空间之间延续和转换的一个载体，而且是软性载体，不是很生硬的载体。这里有一些包括景观小品、装饰艺术，满足一些丰富多彩创意活动开展，8 号桥嘉年华活动等。

第五章介绍创意产业园实例，深圳 M518 工程，最有吸引力的建筑是张淼（音）设计的建筑，也是整条街主设计师，对 518 有很大意义。在里讲一下区位优势，深圳是一座非常发达先进的城市，高新产业产值，包括航空和人文优势明显，离东莞车程不超过一小时。这里首先进行设计分析。M518 目前只是一期工程，还有 70% 没有完成，明显的线性空间，两条街道完成，一个西街一个东街，西街纯艺术性的，包括各种画廊或者是雕塑艺术为主，这里看到一些入口包括小品等。

设计的风格是一个很古朴的类似中国江南风格，通过一些铺设小品和路灯对中国元素进行一些提炼，给人一种简单而优雅的感觉，非常符合街区给人心理状态。但不是完整的，是一个在平淡中的黑色劲头一个红色的点，仿佛绿叶中出现花。里面景观小品设计有艺术气息，小品不大，但给人非常强烈感受，包括电话亭标识设计，非常有特点。东街和西街有通道连接，行走中可以自由穿插，东街这边是钢架结构，给人原有厂房结构的感觉。有的地方进行了隐藏，有的地方漏出。比如一些街道的侧街两边很窄，包括空间序列，空间转折表述，包括小地方景观结构描述。

在这里提出优势，优势空间序列简单，空间设计明确，特点鲜明不感觉特别冲突。格调比较高雅，沉稳中追求跳跃，有种特殊的手段打破不和谐。设计细节很到位，比如小电话亭等，不足是平面看缺乏吸引眼球的东西。

接下来是结语，改造分析应用材料形式和数量变化，保留过去记忆，有新的变化。这是整个论文大纲以及一些书目。

谢谢大家！

王铁教授：

工业遗存在中国有误区，见到厂房就想遗存，不经过科学论证哪类可以再发展创意产业园，不能见到工业遗存就高兴当创意产业园，不是的。旧工业遗存到什么程度得有界定，你说深圳是最年轻的，怎么界定很重要。

对工业建筑改造成创意产业园，现在是从经济角度还是从怀旧建筑角度，这点很清楚。目前这种把工业遗存改创意产业园的方式存在多久要分析，没有就是看着玩，到底存活多久，生命力多旺盛。

不关心对旧工业建筑安全评估还能活多少年，让 90 岁老人背三个麻袋就惨了。

张月副教授：

这个论文工作量很大，很多调研，包括自己文献综述，工作量很大。其实研究生论文首先要解决一个论文的目的问题，写这个论文为什么，给别人提供什么东西，不能变成案例介绍、导游手册，这个地方没去过，给你讲讲怎么样，顶多比别人讲的专业。大量信息其实应该有目的，收集大量信息，要提供一个结论，后面要再做工业遗存应该怎么样做。其实某种程度我不太研究工业遗存，就我所知，工业遗产建筑设计在西方国家 20 世纪 70 年代理论体系已经很完善了，再写论文讨论，我怀疑意义不大。就算中国开始比较晚，开发模式和西方有不一样地方，要总结特定的东西，不要变成简单信息罗列。

你们几个论文写的地方不一样，有写 798，有写海河的，其实问题症结都相似，要得出什么东西，研究生研究生，研究的目的是要得出结论，结论从哪儿来。论文写完了能得出一个，比如如何在旧工业建筑里改造景观，比如交通如何组织，就厂房结构大致有几种类型，我基本用哪几种方式，保留结构方式还是做评估，评估的话把原有空间做一个什么样的拆解解构，一定是提供指导性原则、个案手法，这个用红色不错，那个点缀不错没有任何指导意义，一定是放之四海而皆准的东西，这个才有意义。

朱文清同学（苏州大学金螳螂建筑与城市环境学院）：

大家好，我来自苏州大学。我的论文题目“传统元素在现代室内设计中运用”。绪论包括研究背景意义和方法。

这是论文目录，重点阐述文章的正文部分内容。第二章传统元素三要素，传统元素形态丰富多样。传统色彩因地域朝代不同存在比较大差异。以北方宫廷为代表，色彩艳丽，黄红为主要色调，红色称为中国红。传统建筑采用木构架体系，运用最多是木材，其次包括南方青瓦青砖，北方琉璃瓦等。传统元素在现代设计中的原则，要与现代空间相契合，传统元素在现代室内设计中的运用方法。传统审美关系多注重装饰之美，现代注重简洁。

室内设计作为外来文化，应该从传统中寻找神韵，发展自己的道路，传统道路安排用现代室内环境将是使室内设计回归本土不断探索的实践主题，阐述传统元素三大构成要素，着眼传统元素和现代室内环境契合点，万变不失其神韵，传统元素和现代元素契合探索传统元素在现代空间得以发扬的方法，包括简化法等，为传统元素赋予新时代内涵。本课题研究顺应回归潮流。

谢谢大家！

彭军教授：

结论部分，研究生比本科生要求更高一些，包括写作。还一个重要的表述能力，这篇论文几乎通读，没有空几个字还是要读回去，应该演讲，因为东西已经放那了，别人看得很清楚，不能不说是一个遗憾。

传统元素现在应用中，确实研究比较细，内容分得比较细，这点非常好，但是图例有这样的问题，试图阐述东西和图例不相符，有一些东西是怎样继承，现在设计中怎样继承传统元素还是拿来使用复制的东西，这个问题上解决不是特别的清楚。

王铁教授：

学生这么认真读下来咱们也得认真点，实际不管研究中国传统的建筑空间元素还是现在建筑元素，有一个最重要的本质，传统和现代有什么区别最重要。包括里面讲家具，不能说把传统的窗花变成桌子面图案就有变化，本质区别在那。如果仅仅是装饰上视觉调整不是变化，只能说今天穿什么衣服，研究最重要在于本质，我们现在经常有个误区，到今天我们文化各方面没有达到预期科学期待的效果，只能用传统的祖宗的东西作为装饰说明自己活在当下，本质没有区别。空间构成各个方面，视觉表达全一样，怎么探讨，我们大家进一步研究，不是画传统框。本质值得探讨，也值得你思考，值得我们思考。

郭晓娟同学（中央美术学院建筑学院）：

大家好，我来自中央美术学院。选题背景已经说过。选题目的和意义，主要是通过对 SOHO 室外空间梳理对今后该类型设计有借鉴性。研究 CBD 区块建筑外表皮市政道路规划公共空间，以 SOHO 一期为例。下面是区位，下面是调研部分。

我对业态和人流进行分析，SOHO8 号楼情况，SOHO 消费人群以年轻人为主。下面是中环世贸一楼业态情况。业态分布的问题，SOHO 地处 CBD 基本的以商业形式存在，但是住宿功能缺失。

下面是业态带来的问题，主要问题是使SOHO基本以商业形式存在，在办公时间与非办公时间对比十分强烈，下面图可以表明。下面是从问卷调查得出关于业态的一个主要分析，因为我着重分析业态问题，可以体现中心商务区的一个重要特征，区别于其他地块。

下面分析照明系统，分为照明色彩、道路照明、植被照明，下面是SOHO一期和周边的天际线。图表及图示看出整个CBD建筑高度趋向西低东高，合理利用光照。下面是总结与建议。

交通系统地铁和公交成为出行首选，发展公共交通很重要，景观系统把握人们心理行为，同时和公共空间关系，满足功能同时尽可能提高参与性，营造和谐生态景观。

下面是业态和人流，其中办公楼带来工作日和非工作日差距，造成巨大浪费。便利性对等待需要的商业类型要求最为突出。照明系统色温亮度等综合考虑加上分区规划时段设计才能达到较好的照明设计，与人行为形成良好互动。高度分布对高度不断追求是人类对自然挑战的方式。高密度造成街道对阳光缺失，下面是针对调研的总结。从设计要素探讨其室外公共空间的形式特征。首先是使用的多功能性，商务街区功能决定可供景观设计的面积有限，要利用空间立体化提高使用效率，强调功能性。

设计思想和设计目的，特殊的复合空间中半公共和半私密是特殊属性，室外公共空间设计中遵循以人为本原则，实现商务区标识性人车分流设计要求，使景观和谐，又有功能界限，形成城市文化中心。

下面是我的问卷调查，论文提纲，参考文献。

谢谢大家！

彭军教授：

调查比较细致，各个方面的照明也好，还有一个建议几方面都非常翔实，在密度很高的商业区想提出合理化的对未来设计和未来空间建议实属不易，首先和投资有关系。但是通过这一个小课题的调研和分析至少能搞清楚存在的问题，解决一点也可以。

刘昂同学（天津美术学院设计艺术学院）：

大家好，我来自天津美术学院。我的论文题目是“精神向度，我国城市形态和地域交织探索。”回顾前期内容，这是论文背景和思路，论文大纲，前半部分以前详细讲过。现在讲后半部分的内容。

看一下第四章具体内容，这章是论文创新点和自己一些想法会聚比较多的地方。首先精神向度融入城市形态，我们生活中应该更注重满足人们精神需求，这点在城市形态中追求一种情感，在城市形态里，这是代表中国气息的，代表当地风格的情感，我把这个情感分精、气、神三方面，对于城市历史、文化和城市情操三方面，和前文有一定对应。

我们来看，中国的每个城市无形和有形地域元素很多，我提倡应该更好发掘他们更多应用于城市形态中。比如这种安徽码头桥形式，这种很简单的流线，看上去很美，这种琉璃瓦、红墙，云南吊脚楼有自己的城市风格，这些各种城市出现越来越多的城市形态中更需要这种精神向度的投入。有了这一点我们要有一个正确的设计思维，可以从仿生、象征和隐喻入手。

我举三个例子，首先仿生，这是天津要建造的七星酒店，这个形式是典型的仿造水母的造型，或多或少考虑天津滨海城市特点，做到和当地地域元素交织探索。

象征思维，通过梦露大楼，这个大楼通过梦露身材把形象变得柔美性感，我们城市用这种手法我们生活空间一定很丰富。

隐喻思维是世博会的西班牙展馆，展馆以藤为材质，取自西班牙编织业材料，展示出一种独到的外柔内刚的气息和性格。

通过不同的思维，整个城市形象会更丰富，不同城市有不同的形象。

看具体设计手法，这方面可以从以下三方面入手。首先不分界限分析，平时做方案越来越深刻感受不同专业范畴虽有不同研究方向和内容，但是各个行业追求目标一致，对美的阐释和为人服务，只要让我们做好设计的想法就可以打破设计界限这个壁垒。如果应用城市形态精神向度方面，良好城市形态可以从色彩、动感、孕育、造型和其他方面思考。这是不分大小的设计，我们经常设计中用小设计丰富大设计，我有时候反过来想，大设计可以更多用到小设计中为我们服务，优化大设计，这个答案肯定的。

下面这个是做过的一个城市会客厅方案，这个小黑点是一个小标识，这个造型是通过会客厅比较大的建筑做得一个比较简单的标识，这个标识针对整个设计是一个比较小范围，我们可以称为小设计，本来这个小设计用途是装饰文案，我们团队喜欢这个小设计，我们反过来应用到大设计中，应用于整体标识设计，用于墙面装饰这些方面，从而整个设计看起来更整体。

这张是中期汇报展示的图片，有一些模糊，这里大树造型和室外草坪树木的大设计浓缩为小设计放在室内，这点我想提出来，不分大小的设计是不谋而合的。其次有形和无形设计，使城市形态中应该更多通过有形的形体去表现或者说去承载一些无形精神在里面，使城市的整体形象看上去更有内涵。这是对本章小结。

第五章里主要阐述实施这种设计和改变过程中需要注意的方面。重要的是新旧统一，多样性整体性统一，重点和普通统一，包括城市形态良性设计和发展有选择的“拿来主义”，更主要是强调地域元素和城市形态以人为本的重要性。

这是结语和展望，时间安排和阅读书目，谢谢大家！

王铁教授：

这实际是第四次，前面主题一直没变，实际是研究同质也好国际化也好不可避免，过去地域文化决定地域标准一个地区一个样，但是有了国际标准和国家标准以后就麻烦了，是越来越同质，人类生存最重要一点是安全。安全下人类对建筑构造体用的材料有一个共通的，经过专家方方面面的论证，几种材料可以达到安全度。同质最关键在于，如何做到在同质下的城市环境和建筑景观里面有一些个性这是值得探讨的，也就是面对同质的时代潮流，我们如何去做到在设计上的个性追求，这是很重要的。你刚才举马岩松作品是同质下的个性追求，但是得合理，那个建筑一旋转麻烦了，不是简单问题。

前面有同学说模块化，有一个是结构省事，不是设计上最需要追求的，设计有时候需要追求个性，有矛盾。如何探讨这方面，绝对不是一个我们用一种游戏的办法去做这个东西，不是非分这么细，不厌其烦做这个事情。

如何探讨这个，我们都遇到这个层面，只是表面上人为不是很科学从本源区分开，这不仅对你是难题，对我们都是难题，将来我们会共同探讨，你的论文能提出来，不需要画句号，问号就可以结束。如果所有人论文拿出来都画句号就错了，画句号是社科院，中国的高人、专门研究者专业户，学习过程中的人可以问号。

韩军同学（中央美术学院建筑学院）：

我的论文题目是空间情节理论在度假酒店设计中的应用研究。我分大部分。

第一章绪论，课题研究背景。度假酒店是心灵体验过程，目前度假酒店设计中的问题普遍缺乏体验性，空间情节产生良好情节的催化剂，提出空间情节理论应用到度假酒店设计中的概念。

韩军同学终期答辩

课题研究意义，是建立动态空间审美方式和在空间体验中建立场所感觉，达到有感染力的空间结构。课题研究目的，进行有趣的编排，是酒店诗情画意意义的表达。

研究内容和方法，内容是空间情节理论进行对度假酒店研究，方法有一些综合方法，是文献综述和调研方法，这是论文框架。

第一部分是绪论，四部分，研究意义内容的目的和方法，这是提出问题部分。第二章是度假酒店和空间情节，包括五个方面，度假酒店概念、空间情节概念、空间情节构成要素、空间情节关系、度假酒店和空间情节关系。

度假酒店生成方式和运用原则，包括两部分。得出结论，推导空间情节原则。

空间情节运用分析，通过实例调研，对前面提出问题提出空间运用原则的论证，通过这个调研分析得出可行性。

第五章通过空间情节原则在一个实际案例中得到一个设计实现，通过这个设计实践得出一个反思，得出以空间情节为手段的度假酒店设计的方法论，就是一个设计流程。度假酒店的定义，提供给人一个亲近大自然机会，为游客从中享受一系列的贴身服务和现代设施带来休闲体验，起到放松身心作用。

根据功能又分为城市主题度假酒店和民俗、生态度假酒店，我研究对象是远离城市具有自然生态环境，如山川湖泊、森林草原，以这个为主自然环境生态度假酒店。空间情节是对空间各要素功能与在活动次序上进行合理有序安排。时间情节空间记忆一种表达方式。

空间情节与空间体验有微妙关系，空间情节源于空间体验，通过空间情节深入不断自我加深，二者相互依存关系。空间情节的概念里，空间情节构成要素四方面，题材与概念、主题道具、编排与序列，每个空间情节要素之间存在微妙的关系，主题思想的重要作用，一旦脱离了，理想的空间情节环节次序无法存在。度假酒店设计和空间情节设计也是。空间情节生成方式三种，采集与编排、感知和回味、融入文学与戏剧空间情节。空间情节应用原则，前面论述空间情节和体验关系，体验设计为理论支撑，参考设计原则结合度假酒店功能和特性需要提出一个空间情节运用原则六方面，保持生态、以人为本、突出主题、强化正面、增强多种感官刺激。目的是唤起使用者的趣味性，通过空间情节的理论设计，为度假者留下难忘的印象。

第四章是对运用原则，通过调研进行一次理论分析，通过对度假生态村的调研进行一个论述，生态度假村位于广东龙门县，整体为茂密的原始森林，有实质交叉两条溪水汇集，这个酒店是五星级标准建造，有 8 个国家的著名设计师组成的团队对规划建筑景观室内进行了一个长达 6 年设计，获得了国内外多奖项，尤其是生态和酒店方面最高奖项，这是我选择作为研究对象的主要原因。这是主要论述一部分，通过这个调研发现整个酒店空间情节在里面渗透非常广泛，首先 LOGO 上汉代小鸭图章，是度假酒店内涵，山水虫鸟为主题道具，整个做为度假村的一个主要内容。

通过调研总结出主题概念是青泉翠竹山居图，在整个过程中，情节编排顺序是从悬念开始进入一个迎宾岛到一个简单入口，给人带来无线的遐想，不是直接进入，要穿梭，这种悬念编排增加了体验的新奇感和欲望。这个度假酒店建立在生态基础上有生态情节，它的整体建筑架空式建筑，保持植物的生长，便于小动物穿行，不占原森林用地。形态保持当地的岭南建筑风情，在这通过这个有很多文化情节，像岭南客家人的形式，体现了建筑风格，又在这得以演变提升，用现代的一种构成方式来打造。

通过调研罗列出主次，LOGO 中看到 4 个主题道具，在这个编排下融入空间情节不同场景，每个场景后面有体现。山与水的场景空间情节、生活行为和个人审美情节，竹韵场景，这是个体生活、山水。通过调研也发现不是完全十全十美，也有一些体验没有这么深刻，感受不到情节注入，也有一些有待表现的空间情节，主要原因分析是因为城市化设计带来不和谐，生活情节和表现手法不和谐，这些在这个设计中也存在，比如现在壁炉运用放的位置，像卫生间是传统套路化城市化设计的卫生间，对照其他的空间形态形成反差。

通过第四章总结得出空间情节应用原则可行性，将可行性原则用在度假酒店设计中。这个地区是一个地域背景，位于祖国最东北部，这里属于寒冷地带，地下有永久的冻层，冬天寒冷，早晚温差大。植物种类是“林海雪原”人们常说的种类。蒙古族发祥地，是多民族地区，有蒙古族、鄂伦春，中国俄罗斯民族也在这里居住，他们平时生活和建筑风格丰富多彩，值得人们探索体验。用户定位通过分析有四个方面，总结下来使用者来这目的明确，有经济实力高端人群，通过市场资源定位及消费人群定位分析使用者需求和内容。

设计主题，因为秀美的生态环境和传说，留下很多动人故事，通过整体现场调研，经过罗列，简单的某一方面不能概括项目的主题，最终定位成一个右岸印象，主题道具分四种，体现居住生活的主题道具、体现生活环境的、体现气候特点的主题道具，下面每一个对应有不同的描述。

通过空间情节采集，比如说都是把一些我们平时个体记忆变成集体记忆，都是大家熟知的情节。所有的情景运用在整体项目中，无论从规划到景观、从室内到建筑进行了一个贯彻，这是整体的一个布局图，从入口到管理站到停车场到城堡会所。这是空间情节的编排表，入口是悬念的提升，停车场是揭开迷雾，会所是高潮开始，后面交叉体验区。这四大部分，第一和第二、第四部分是线性空间顺序排，第四部分是整体布局核心，第三部分是发散空间排布，深度体验交叉感染带，中间有节点空间。

这是围绕情节展开设计以后在建筑上体现了一些场景，比如入口处的探秘，用俄罗斯风情的形态引入一个入口的场景印象，这是蒙古大营，体现蒙古生活体系。这是俄罗斯小镇，这是鄂伦春部落，这是城堡会所，这是体验的高潮部分，充分神秘，让人产生继续体验的愿望。这是室内空间印象场景，这是前台，围绕主题的路围绕城堡为延续，从灯具和材料运用和整体空间的情节注入，这是大堂吧，这是火吧主题。包括奥鲁古雅人画画，这是特色餐厅，树林的林中漫步的空间情节。这是临水、游泳馆，这是鸟巢，这里黎明静悄悄让人感觉是休息之地。这是 VIP 私人间，窗口如人们躺在树洞里观赏室外景，探索奥秘，这是景观场景。其中围绕一些娱乐空间场景印象，通过各个场景的印象设计和研究，得出空间情节为手段度假酒店应用程序，这是把空间理论情节理论运用在度假酒店研究中总结出一个程序表，算是一个研究方法。

通过前面研究，得出结论，空间情节导入目的引导人们参与体验，加深理解空间主题与含义，建立一种难忘有情景的意味，通过实施度假村的调研，证明有合理的情节注入，空间出现情节性，通过研究空间情节生成方式和对设计原则论证，对这个酒店项目策划分析到整体规划，包括具体建筑景观，和各娱乐区的设计，探讨方法和途径。

由于时间关系，研究中也许存在许多不足，希望通过本文研究和探讨对以后的度假酒店设计方法有所帮助。请老师批评指正。

王琼教授：

我大概听了一下，你整体文章构架还是写得挺有特色。提两点希望，度假酒店我还是比较感兴趣的，也做过几个，我感觉你的情节描述很好，但是可能线路只提到一个高潮和低潮，实际从我们度假酒店人的行为方式是有场景的不同情况，比如我到了一个地方来住酒店，充满兴奋，充满着愿景和期待，到大堂里一般通常我自己做度假酒店时候首先是要有一定的张力，因为大堂本身是主要酒店的脸面，度假酒店和城市酒店不一样。我希望能够有更好的室内描述的空间，既然度假肯定资源诱惑力强。

你在描述情景的高低潮时候还要更注意行为所带来的一个张力和渗透力的一个线性关系，因为我们酒店的我认为神经末梢应该是客房，因为需要休息，这个时候情节客房里情景空间情节描述肯定和大堂不一样，这个可能在文章里加进去，这个对真正设计有指导性。休息的行为方式带来对这个空间的需求肯定不一样，早餐我起来很高兴，也是一种诱惑，度假酒店和城市商务酒店早餐情景不一样，商务酒店来住完干活，度假待在这，因此食品也是重要体验，这个空间体验中情景描述和场所所绑定的空间行为很重要。然后度假酒店要把人留住，再美景天黑了看不到，度假酒店所有的支撑体系又是一个情景，这个时候描写的故事和行为方式和时间段和场所赋予那块精神，客房就是客房，安静休息，品味当地一些东西，翻阅也好，说故事也好。场所和你的情景这块我仔细听了，描述得弱了点。

彭军教授：

我在文字里都有描述，王老师讲得非常对。

主要是探讨，首先韩军同学调研的东西我跟着一起去的，表扬的不说，做得很严谨，论文意义在于为搞室内专业的设计师提供设计酒店时候有关空间情节观点探讨，对设计实践有很好的参考价值，意义在于此。另外一个通过调研包括韩军阐述也是如此，打破公共空间定势，而且非常用实例验证所提出的观点，比如十子水，王老师讲了，这个论证服务大堂平淡简单，但是人们到这个时候，从一个公路下到支道开始体验设计师整个的一个空间的情节，比如那个古桥。这是选择这个题目一个非常好的论证。

你现在说的空间，界定在实体空间，空间情节我认为不仅仅局限在实体空间，当然论证实体空间，我前面没听，如果界定一下空间是哪种性质空间似乎更准确。空间是实体空间，有虚拟空间，都有。

石赟老师：

度假酒店和音乐不一样，音乐必须从头到尾才完整，度假酒店可能晚上进去，可能喝醉情况进去，你设定场景不一定按照路线走，这个时候怎么办是问题。第二个度假酒店光靠这些自然环境或者室内环境不够，还要用一个仪式感，怎么样接待，怎么样阻拦怎么样引导才完整，或者通过其他的音乐，比如说有歌舞等等之类很多，还不够丰满。

刘伟教授：

你讲的花鸭，从宋代以后才有，不是汉代。

韩军同学：

我和他们探讨说这个怎么回事，他们说设计团队过来是汉代。

刘伟教授：

延续酒店专业户王老师的说法，发挥一下。酒店的空间情节里面的设定有一个完整的，我们到度假酒店更多在乎外环境，空间情节可能不限于酒店的自身的体系的建立，应该是这个酒店所在的区域怎么样把这些线给关联起来。我到漓江去，肯定是度假酒店，肯定对漓江感兴趣去，不是因为有酒店去，这个度假酒店情节的设计应该和整个这个环境的地域文化或者是城市的某一种特别吸引人的东西关联起来，你实践性东西有蒙古大营，又有俄罗斯的小调东西，还有城堡，古堡，这个体系构建上可能有一点偏离。

颁奖仪式

主　题：2012“四校四导师”环艺专业毕业设计实验教学颁奖仪式
时　间：2012 年 5 月 13 日 9：00
地　点：中央美术学院 5 号楼学术报告厅 F110
主持人：中央美术学院建筑学院王铁教授

王铁教授：

各位老师、各位同学，以及教务处长、王处长潘处长，大家好。经过近 3 个多月的共同努力，“四校四导师”活动终于迎来了收获期。大家共同奋斗经历了 90 多天，确实大家非常认真努力，我代表导师组向大家表示感谢！

主持人王铁教授

我们全体师生昨天经过了 12 小时的汇报与评审，大家到最后身心疲惫，我们作为学校的老师，社会的导师，以及院校主管教学相关部门领导，确实要为中国的设计教育做一点可鉴的教学实例，在未来为中国的设计教育的实际教学提供参考案例做一点有益的贡献。“四校四导师”活动在产生的初期以及发展到今天，直至未来我们都有决心、有信心把个活动办好，因为大家都是利用周末来参与这个活动的，周五的傍晚或者下午出发，来到每一次的集合地点，大家都是不辞辛苦。尤其社会实践导师，他们在社会中都是著名设计师，他们放下自己的工作，给高等院校设计教育做出自己的贡献，包括资金上的支持，我们一直都非常感动，用这部资金的时候我们都严格控制，每年给大家一个详细清单，大家可以很清楚地看到，这些部分都是公正公开的，这才得以“四校四导师”发展到时至今日。

明年是我们“四校四导师”活动的第五届，应该是一个最重要的时间点。明年“四校四导师”社会导师实践部分用什么方法选择，是社会招聘还是另一种推荐的形式，我们也在思考的过程中。如何把“四校四导师”活动的第五届办得精彩，从教学价值到学术价值确实要做一点有益的贡献，充分贯彻国家教育部关于教授治学培养更多人才，联合有能力的，愿意为社会做贡献的社会一线设计师共同完成这个课题。我再一次向参与“四校四导师”活动，做出辛勤劳动的人们表示衷心的感谢。

下面进入活动的最后程序颁奖仪式。首先向在座的同学和相关的领导以及实践导师和老师们介绍一下到场嘉宾：

社会实践导师金螳螂北京分院院长舒剑平老师。

苏州大学金螳螂城市设计学院刘伟教授。

“四校四导师”活动四年来在教学上进行监督管理工作的教务处处长王处长，我们这次“四校四导师”的活动确实结合了教育部的高校评估，知识与实践相结合，这样一来我们学生处大力支持，有更多的同学在著名设计事务所就职，潘处长为此感到非常高兴。

中国建筑装饰协会设计委的田秘书长，也是我们老朋友。

中华室内设计网总裁赵会长，多年来一直给我们非常大的支持，每一次在媒体上我们消息发布的时候都由他来负责，所以“四校四导师”活动的消息得以在教育部的网站上发布，在其他各大网站上发布，有业内人士称我们为中国设计教育界的白皮书，这个评价很高，在座的同学在未来的 5 年、10 年都将受益匪浅，并将十分感激为你们做出贡献的社会实践导师们，再一次由衷的感谢他们。

“四校四导师”活动组成员天津美术学院彭教授。

清华大学美术学院张月副教授。

苏州大学金螳螂城市设计学院王琼院长王教授。

社会实践导师骆丹老师，在业界做酒店设计方面是非常著名的专家。

清华大学美术学院环艺系汪建松老师，也是张老师得力助手。

吴健伟老师是深圳著名设计师事务所著名设计师，这么多年来一直支持“四校四导师”活动，让人非常感动。

这一位是秦岳明老师。

下面这一位是苏州金螳螂设计有限公司的第十五设计院院长石赟，石赟老师今年第一次参加我们活动，但他非常的热心，确实他有很多的感受，这个感受将来我们会在下一本书里，在每位老师对“四校四导师”活动的感受会在文章中有所体现。谭平院长，还有郑曙旸老师都是德高望重的带头人，今天因公事在身，就不出席了。谭院长说让王处长代他为大家讲话，郑老师由张月老师代言。

嘉宾介绍基本到此结束。大家再一次热烈的掌声感谢参加颁奖活动的全体师生。

下面进入到颁奖仪式的前奏，首先由深圳室内设计师协会秘书长、中华设计网的总裁赵庆祥先生致辞。

赵庆祥秘书长：

大家真的非常辛苦，因为我听说昨天晚上一直到 9 点多才结束，我本人很感动，前天晚上由于参加一个活动，我不能参与非常遗憾。"四校四导师"活动从去年 12 月 16 日在深圳启动，到现在已经走过了 5 个月，这 5 个月真的非常不容易，而且这 5 个月比去年又上了一个台阶。

赵庆祥秘书长致辞

我特别感动的是这几个方面，一个是几位导师，我们大家都看到了，他们把自己的周末休息时间都耽误了，没有休息，就为了这个事。很多时候有一些老师说你们为了什么，别人休息时候你做这样的事。

这次特别感谢王铁老师、张月老师、彭军老师、王琼老师四位导师，你们四位发挥特别积极的先锋带头作用。

接着感谢 10 位社会实践导师，这 10 位导师是当今中国设计业的佼佼者，领军人物，用作品说话，站在今天设计舞台上，成为万众瞩目的明星设计师，但是他们要花钱要出力，而且还要花时间。在这个经济社会，这些社会实践导师能够把自己的繁忙时间放下两天投身到这个工作中来，的确令人很感动。我相信我们中国设计业如果有一天发展非常好的时候，中国现代设计教育史会记下你们名字，不仅仅是"四校四导师"历史，也是你们的历史。

参与"四校四导师"活动的同学们，"四校四导师"在整个中国的设计教育里面是一个站点，只是你经过其中一个站点，就像一个咖啡馆一样，这个站点是你未来设计人生中值得记忆的咖啡馆，因为这是一个光荣的过程，凝聚了来自四个不同院校的老师，以及 10 个不同设计单位的设计师、设计掌门人的共同努力。无论在这个环境里，在"四校四导师"里收获是大还是小，我认为这个过程都是值得珍惜的。为什么？因为在中国设计界，这些设计师是影响设计业的佼佼者，正因为这点，会令你在今后工作中带来一些无比的荣耀，这些荣耀伴随你本身设计的付出，设计更好作品的出炉，我相信会产生奇妙的变化。

今天迎来"四校四导师"颁奖礼，我认为这个荣誉属于你们在座各位，但是这个荣誉到今天为止只是一个过程，后面还有"四校四导师"的书籍出版，在这本书完成之后，公开发行以后，第四届"四校四导师"活动真正告一段落。

在此，感谢一直以来支持"四校四导师"活动的中央美术学院王处长、潘处长，以及田秘书长等各位领导和各界的朋友们，正是有了你们支持，使"四校四导师"能够举办地非常顺利，一届比一届举办的成功。

最后祝参与"四校四导师"活动的学生们，祝你们以此为起点，即将从学员走向设计师，这个过程中我希望你们做得更好，实现自己人生价值。谢谢！

王铁教授：

感谢赵会长对大家的寄语，大家会在若干年后有更多的收益，院校实践教育离不开行业协会的支持，深圳室内设计委员会的支持，从第二届开始赵会就长全心全意地为"四校四导师"活动做了很多贡献，确实身上事情很多，做到现在我们也真是非常的感激，再一次感谢赵秘书长。

行业协会是不可缺少的最重要组成部分，有请中国建筑装饰协会设计委员会秘书长寄语。

田德昌秘书长：

很高兴，从北京到天津到苏州再到北京，一路走来四位校内导师和在座同学们，还有企业的设计师们都非常辛苦，而且用休息时间来做这个事情，令我十分感动。

田德昌秘书长致辞

刚才几位老师和赵会长谈了"四校四导师"活动的发展趋势，作为我们行业协会也是在积极的在做这件事情，想把这个事情做得更好更踏实，在社会上把"四校四导师"活动推进的更广泛，寻求更多支持及更广泛的影响力，走到今天表示祝贺，我们的学生，我们的孩子们终于在今天完成终期答辩毕业了，祝贺你们走向行业，走向市场，进入社会，找到一个很好的工作，谢谢！

王铁教授：

我也很激动，这次活动中，大家不是从星期五到星期天的问题，有很多一线设计师是公司的灵魂人物又是法人代表，他们的工作非常之忙，还能抽出这样的时间认认真真，不缺席去做这件教学活动，但是我们今天还有另外两位社会实践导师由于工作忙未能到场，一个是洪忠轩老师，另一个是何萧宁老师，我们也对他们表示衷心的感谢。

我们不能忘记社会实践导师对我们的贡献，有请于强老师代表实践导师讲话。

于强老师：

大家好，参加这个活动，我应该算是课外实践导师中资格最老的，从开始一直到现在还坚持，我也不能总占在这个位置上，还要留给其他更有能力的人才。

我感觉一路下来非常辛苦，昨天奋斗了12个小时，但是收获非常大，我没有参加这个活动之前，到现在这个时候对学校认识对同学认识和对老师认识是完全是不一样的，我觉得和我们那点辛苦与收获相比，收获是绝对的值得的，占绝对的优势。

我们作为课外实践导师，我们的时间应该是一个短跑，我们随时可以结束，也不得不结束。但作为我们真正的学校的老师们，包括两位协会领导他们一路要坚持走下去，而且势头会越来越猛，真正辛苦的是他们。我们同学一届届毕业，你们拼这么一把就解放了，他们最辛苦，大家给他们点掌声。

于强老师致辞

作为学生这样的一个毕业创作，肯定有分数的高低之分，这个其实都没有什么，今天分数低的不代表着以后的路走得不好。分数高的同学不要太去在意那些东西，这只代表一个起点，只代表你在某方面比较优秀，但到社会上需要考验你综合能力的一个环境，可能各个方面能力都是需要的，也许你在学校不在意的一些能力，我觉得分数好的同学还要再接再厉，分数低一点的也不要气馁，在学校和社会不是一回事。我祝我们的同学都能在人生道路上，在自己事业道路上能够走得更好。

对我来说最大的收获，这几年让我和这么多非常值得我敬佩的老师和领导们、专家们，还有和这么多同学大家都认识了，这对我来说是最大的一笔财富，这笔财富在我今后事业道路上，甚至人生道路上会是享用不尽的，我以后来北京肯定就有更多亲人了。

这是非常重要的，在一起工作的人是少数的，但是我们有这样的认识和熟悉，通过这样的一个过程能让我们留下来这份感情，这是真正的感动，对我来讲是非常重要的。以后不管是老师、同学还是领导，还是我们所熟悉的这些人，如果到深圳需要帮助的话，我想我代表深圳的这几个朋友应该没有问题，不管老师同学，只要我们能够做到的，我们会尽百分之百努力去做。

也许不一定在工作上，也许在其他方面也可以，也许可能对我来说这是最后一届，可能明年不能再参与，我想说我们大家要珍视这个过程，保持这个友谊，让我们在今后工作和生活中大家互相帮助，把后面的路走得更好。谢谢大家！

王铁教授：

谢谢于强老师多年来对“四校四导师”的关怀，刚才于强老师讲得太感人了。

大家都听到了，尤其是我们的学生，知道榜样的力量是无穷的，一个人的努力和成功不仅仅为了自己，是为了更好的在社会上展现出你的价值，你有更多的朋友，有更多的机会，这就是人为什么要奋斗，最重要一点是要能帮助他人。刚才于强老师讲得非常谦虚。

由于今天的时间有限，不可能一一进行表述，将来在书里会有大家对“四校四导师”活动的一个真正感受和评价。我们“四校四导师”的特点在这个时候我要稍微补充几句，我们从最初的本科生过渡到研究生和本科生在一起，本科生是为了完成毕业设计，研究生是为了在进入正式硕士论文写作前期有一个热身。虽然两届以来都有研究生出现，他们的论文质量也确实值得我们去思考，但是总体来说可以对他们接下来的论文写作奠定很好的基础，能有这么多不同院校老师和社会实践一线名人给你提意见和建议，收获非常大。

昨天评奖过程中，我们都说重点在于鼓励，也就是前面于强老师说了，学生得不得奖不代表人生成不成功，关键是在于要走出校门的时候如何树立阳光心理迎接社会。

我们经常在对学生指导过程中确实忘了他们还是学生，很严厉的提出意见，但昨天到关键时候我们开始心软，重点在于鼓励，有时候我们想是一个大家庭，刚才于老师打亲情牌，大家都非常感动，确实最后大家都是亲人，我们通过“四校四导师”活动建立这个平台，未来在中国设计教育中起到实质性作用。

今天的成果离不开各个院校教务处最大支持，到我们学校，现在请教务处处长王处长对“四校四导师”的第四届给予一个支持。

王晓琳处长：

非常高兴，谢谢各位老师邀请我出席这届“四校四导师”活动。从开始第一届我一直在参与，几位导师我也非常熟悉，大家像朋友一样。从我个人角度来讲确实管理监督这个意识更强一些，包括第一次和协会联合我参与考察10家设计师事务所，从最初开始第一届到第四届我全程看过来。开始我很多关注，每个环节都和王老师强调，到这几年，后面三届都参与不太多，因为我们几位老师确实付出非常多努力，学校给予特别大重视。

这个活动从我们教学模式，特别是艺术院校毕业生的毕业设计如何做如何指导是新模式的创新，经过这几年新的人才培养模式确实已经非常成熟，而且基本上老师也摸索出一套比较好的经验，而且现在也在不断地推广，这是真正值得我们欣慰的，也是希望这个经验能够更好推动下去。

另外一个层面，最大受益者是我们同学，我们是第四届，还有毕业生毕业后考研究生，参与到导师具体工作中，这个经历和老师指导对同学将来从业走向设计师都是重要的环节，这个

王晓琳处长致辞

收获是其他在校生自己做自己设计的同学没有得到的，而且这个平台上几个学校同学之间交流，大家相处下来，将来在工作领域你们可能成为朋友，成为联手的合作者，这都非常好。

前两年我说非常支持我们这个项目，会积极从各方面给予支持，我们今年“四校四导师”项目列入国家教育部的国家级大学生创新创业计划中的项目，这个月正式填写相关申请表进行申请。这个项目列入后，从项目实施和同学履历表中，可以写上是国家创新项目参与者，这都是非常好的经历。

我今天代表一下学校，我代表中央美术学院一如既往的支持我们这个项目实施，也会一如既往的监督这个项目，我是希望明年第五年能有比较好阶段性成果总结，希望明年这个过程中，如果需要我们做出一些支持和努力，我会积极支持，谢谢各位老师！

王铁教授：

非常感动，当听到鼓励的时候，我们只有一个信念，向前冲，加倍努力。在中国的设计教育当中，我们在院校里，我们导师组是责任导师，我们都是最基础为国家教育培养人才的一线人，这个责任驱使我们不断努力。

王处长代表谭院长给大家寄语，自己也发表了感想。从学生的角度出发，潘处长确实非常支持，你的鼓励使学生们更加振奋。

潘承辉处长：

非常高兴参加这个活动，这个活动我早有耳闻，听了老师讲话我对这个项目了解更多一些。今天参加这个活动至少三个感受。

第一个，确实是中国设计实践教学必将成为一个范例，确实开展实践教学非常好的模式。

第二个，四个学校的学生有机会在一起接受老师和设计师的指导，其实是我们相互之间学习，共同进步的过程。

第三个，这个项目安排除了有院校的导师以外，还有很多成功优秀的社会设计师做导师，这种模式也是非常新颖的，而且是有前瞻性的。我们的学生能够参与这个项目也是给自己在进行一个准确的定位，给自己寻找差距，确定我们今后怎么努力的发展。这个项目非常好，谢谢大家，希望“四校四导师”活动越办越好！

潘承辉处长致辞

王铁教授：

接下来由张月老师代表我们实践导师讲话，同时也代表郑老师给学生寄语。

张月副教授：

郑老师一直是非常关注这个事情，今年在我们学院开题时候郑老师也来了，我印象中到现在四次了，只有一次没有来，每次都到场。其中一次听了一天，在那坐着，他对活动本身确实也非常关注，而且他也觉得这个活动本身对我们艺术院校的设计类专业，对毕业设计活动而言确实也是一个探索的过程。郑老师说过这种方式确实对艺术类设计院校，毕业设计如何和未来学生进入社会结合等都是很好的探索模式，包括中央美术学院申请国家项目，我们也在想，各个学校可以从不同角度做这件事情。

说一下我自己的感受。一开始是我和王老师和彭军老师在偶然交流过程中看能不能为学校教学活动做点事情，真的是没想这么多，非常简单的，我们能做什么先做什么事情，有点像滚雪球的过程，这个过程非常感谢逐渐加进来的各个方面的，比如赵会长，比如各学院的领导，还有深圳的设计师，包括我们田秘书长。这个雪球越滚越大，现在阵势越来越庞大，确实我们原来没有预想的，包括每年，包括每年参与的院校。

张月副教授致辞

回想这四年确实感触非常多，每年在书里我写文章都很有感慨，也想了很多，到现在为止这个活动其实不是一个简单的仅仅是一个教学活动。我每年从这个活动里得到很多东西，这很多东西有教学上的，有在行业内的，因为要接触很多设计师，接触很多相关人士，还有其他院校老师和教学管理人员，其他院校学生，我觉得是一个非常大的平台。这个平台里进来的角色非常多，各种各样的角色在这个平台里去参与，所以是一个非常丰富的信息交流平台，会在活动中得到很多东西。

在学校教学过程中有很多想法，包括对现在比如我们环境艺术专业未来发展的思考，在活动中得到信息去思考，想未来教学如何做，也是从这里得到很多信息。这个活动其实对活动参与者每一个人都是一个非常有意义平台。我特别希望我们大家一起努力把这个非常好的平台继续发展下去。

我现在有一个想法，纯从教学角度，设计类教育本身模式应该走向开放和多元，不要太拘泥于传统的学院教学，那种方式其实已经不太适合现在多变的市场，不太适合这种社会状况。学校应该有灵活性，去不断和市场和社会互动，使教学适应社会各种需求和变化，我们这个教育平台是开放平台，这个平台非常有生命力，这个生命力对学校专业教学会有非常好的反馈和促进。我们最大的对学校的价值是就这个，这是我比较感性的，我还要再梳理这个思路。

在这里我们占这个位置把这个事搭起来，真正推动这个事往前走是各位学校领导，协会领导和设计师，我们的动力和能量靠这些人推动，还有在座的各位同学，你们的努力，最后成果是你们努力的结果，这个平台是靠大家共同努力搭建的。我代表我们三个人对参与活动所有人表示感谢。

王铁教授：

刚才收到一个短信，中央美术学院党委书记杨力，本来今天邀请他来参加，但有一个外事活动，向大家表示祝贺，预祝活动办的越来越好。

接下来由我们这次新加入责任导师金螳螂城市学院王院长感言和祝贺。

王琼教授：

我是第一次参加这个活动，一路走来的确有很多感慨，也有很多新的认识，因为我们原来和王铁教授，张月副教授包括彭军教授都是老朋友，但是通过这一回“四校四导师”的活动，实际上几个月下来，我们都共同做一件事，就有了更深的了解，这个很重要。因为我们设计学科本身是一个应用学科，因为从我们现在行业内，包括学校的层面来讲，的确有一些现存的问题，但是“四校四导师”活动是一个突破性的做法。

王琼教授致辞

首先从导师来讲，跨领域也好，跨院校也好，这个平台特别有意思。实际包括我自己本人还有学校一些学生都有这个感触。我们通过这次联合指导，不仅仅在通过四个不同的院校的教育方式和院校体系，包括导师身上所流淌出来的观念，大家已经感受到了。另外在感受过程中，实际上在一种非常资源共享的一个平台上去接受我们这次毕业设计指导。

还有最大的好处就是我们又结合了当今在国内做得比较好的成功的实践导师，这是另外一个突破，很好的搭建了学校和企业之间桥梁。

从我自己本人感受来讲，在这样两个平台，一个跨学校跨领域，一个和企业之间平台，还有一个，我们苏大是理科招收，纯理科招生的毕业设计和艺术类学生在一起，对我们学校孩子是一个非常好的吸取养分的机会，他感受到了另外一个学科进来的孩子的审美、动手能力，尤其我自己也是这样。

这样三个方向构建，如果是再往下发展，我相信可能会越走越好，这也是我们在设计教育里面的一个很重要的突破点，我们既要解决孩子审美的创意性的培养，同时又让他了解将来未来职业性的部分教育。所以我觉得这个平台桥梁有非常好的突破性。

从我本人来讲，在这里如果是感言的话，第一个确实感谢我的老朋友，王铁教授、张月副教授、彭军教授，给我们苏大，给我本人加入“四校四导师”活动的一个机会。因为这届孩子对我们来讲是第一届，他们非常幸运，是第一届室内建筑。他们专业我们叫建筑学，因为国家今年确定室内设计作为建筑学的二级学科，这样的话从第一届孩子里面，他们也是一个机会，对我们来讲是一个比较高的平台。

第二个感慨，我是教育情节非常重的人，原来做老师又到企业，现在像两栖动物。你们通过这次的活动，我相信在你们将来人生平台上有一个非常好的起点，非常高的起点，既认识不同院校同学来自全国各地的，又认识四个学校，四个学校都去过，老师不断指导，这是非常好的平台。我们的毕业设计通过这样的形式，像王处长讲的不仅仅是国家级的，从人脉关系也是非常好的平台，这只是一个起点。

将来你们面对的问题，可能会从一个很放开、很浪漫，甚至很天马行空的状态一下子进入到社会的时候，你们可能有一个过渡期，这个过渡期要有一个阳光的心态，因为这是个转折点。往往有很多孩子，包括我原来学生，在这个转折点如果华丽转身对你将来人生是非常好的阳光大道，如果是慢一点或者痛苦一点可能会纠结一段时间。但思想状态要面临如何对待社会的本身这个行业中，在淘沙状态下去保留自己在院校里的纯真，保留在学校里的浪漫，这种创意，这是非常可贵的。非常好的心态面对社会，你们前景会非常好。

最后一句话，我们现在都是大家庭，希望我们的学生从事这个职业，一定要遵守自己的职业操守。因为现在社会上在这个行业比较复杂，有阳光有非阳光，你们是新鲜血液，进入社会要有非常好的责任心，非常好的职业道德，像医生给病人看病一样，要为客户解决问题，同时保持自己优秀品质，要尽可能为社会服务。

王铁教授：

王教授的感言是多年来的一个积累，确实也值得我们认真地去思考，作为一个教师如何做到两栖跨越很重要，也就是适合各种情况发展，这才是真正的人才。

我们每一次带着学生从学校门出去到另外的学校，每个老师都非常担心，总是怕自己学生出问题，我们四年走下来还好，这些学生参加他们都能遵守相关的规则和规定。彭老师带着孩子到处走，作为教师做事情都要有风险，我们要尽量用我们自己的智慧把这个事情做好，把学生带好。

我们“四校四导师”活动所取得的成绩离不开社会各界的支持，离不开学生家长支持。今天我们由责任导师同时也使学生家长代表，彭军老师发表感言。

彭军教授致辞

彭军教授：

首先特别感谢这些实践导师，这是我和王铁、张月老师，还有王琼老师，还有每次参加“四校四导师”的老师们的一个发自内心的感谢。说实话，作为专职老师，教育学生是本职工作，当然利用休息时间做出正式工作额外的责任似乎是额外付出，但老师为社会培养高素质学生是天职，实践导师则不然，他们的奉献是爱心，为社会做贡献，一个令人感动的贡献，这是特别难得的。

整个活动中院校负责的领导，王处长包括郑老师，还有谭平院长，还有于院长，还有其他领导，这些领导的支持使这个活动得到肯定，这是特别重要的方面。走到今天得到一些成果最受益是学生。

我特别感谢老师们对学生的栽培，几次会审过程中，对学生严格要求对他们提升水平是必须的，这些导师不在意，你们在学生位置是他们仰视，未来追求的高目标，你们对学生的肯定是对他们自己专业能力的一种自信的非常重要的基础。所以你们不仅仅教给他们专业知识，更多给他们在这个领域中，甚至在做人基本素质中起到教育作用。我代表学生，代表自己孩子向各位老师表示非常诚心诚意的感谢，我也希望咱们活动在各位大力支持下，明年是阶段总结。我们会把自己的责任发挥到极致，把自己的学生带到最好，谢谢大家！

王铁教授：

更重要的是这次“四校四导师”发生了很多动人的故事，其中有一位45岁的大学生，参加整个过程，为了上中央美术学院硕士研究生，放弃了自己已经工作了接近20年的工作，从社会回归到院校，一定要努力学习，自己努力奋斗，把自己原来公司关闭，用两年时间终于通过了中央美术学院硕士生答辩，有请韩军同学和大家分享。

韩军同学：

我叫韩军，大家都认识我。很感动，我为什么一定要参加“四校四导师”呢？很多人不理解，说你好容易熬出来了，美院考上了，一定要参加一次“四校四导师”活动，我认为“四校四导师”是更好的学习机会，40多年过来，从实践社会的体验感受到很多的社会上的艰辛，特别渴望自己有一个系统的整理学习的过程。我确实做了很多的牺牲，像王老师说的，家庭上的牺牲，收入上的牺牲。现在我终于坚持下来。

学习的原因是内因起作用，我更想说的和同学们说，我现在和你们一样是美院学生，学习的机会是非常珍贵的，通过学习走入社会，在校没有感受到，走入社会后发现我们差得很多，还需要有更多的实践性的营养来补充，通过社会实践再回炉一下整理一下自己，我的收获非常大。我非常感谢在座的各位导师给我这次机会，让我再次学习到很多东西，我也代表同学们感谢导师，谢谢！

韩军同学发言

王铁教授：

多么动情的讲述！确实教育改变人，学习改变人生，我们大家都有这个深深的体会。我们的人生要我们自己走，但是能遇到一个好老师是一辈子的幸福，也就是说我们要尊师爱校，爱所有在你成长过程中为你做出各种各样贡献的人。

接下来是颁奖环节。首先从本科生开始。

由张月老师宣布佳作获得者。

张月副教授：

我受活动主办委托宣布一下获奖名单，这个活动刚才各位老师已经说过了，获奖包括最后成绩既重要也不重要，重要是反映了每位同学在整个活动过程中自己的努力成果，这是客观的。我们各个方面专家和老师，我相信他的评判是非常公正的，从各种不同视角不同价值观，得出的最终认可应该是相对比较公正的，每个同学可以从这个过程里看出目前自己的状态，这不只是在自己本校，包括和其他院校同学的比较，这是对你的鼓励和现在的成果的一个认定，这是非常重要的。得到别人认可这是一个人生的非常重要的价值所在。

未来的设计生涯还有几十年时间，这么长时间可以努力做的事情还非常多，现在可能对你是一个正面的肯定，也可能对你是一个反面激励，不管是什么，对你未来有很大影响，各位同学这个奖杯不管对你意味着什么都非常重要。下面宣布佳作奖，获奖者一共12名。

本科生佳作奖：刘崭、纪川、冯雅林、廖青、陆志翔、郑铃丹、孙永军、史泽尧、曲云龙、陆海青、仝剑飞、张骏

王铁教授：

“四校四导师”第四届佳作奖颁奖嘉宾，有请于强老师、吴健伟老师、秦岳明、舒剑平老师、石赟老师为佳作奖获得者颁奖。

张月副教授：

三等奖：解力哲、苏乐天、孙晔军、王瑞、周玉香、朱燕、任秋明、刘畅、王伟。

王铁教授：

有请颁奖嘉宾为三等奖获得者颁发证书和奖牌，于强老师、吴健伟老师、秦岳明老师、骆丹老师、舒剑平老师、石赟老师。

佳作奖获得者与颁奖嘉宾合影

三等奖获得者与颁奖嘉宾合影

张月副教授：

二等奖：李启凡、郭国文、纪薇、王家宁、王默涵、绪杏玲。

王铁教授：

颁奖嘉宾王晓灵老师、潘老师、王琼老师、田德昌秘书长，赵庆祥秘书长、刘伟教授。

二等奖获得者与颁奖嘉宾合影

张月副教授：

这可能是你人生得到第一块，可能第二、第三块，最重要未来人生可能有每阶段努力，你最终成就，比如将来到更高平台，但是这个高度要靠你一步步走出来。今天是一个起步过程。

一等奖：彭奕雄、王霄君、汤磊。

一等奖获得者

一等奖获得者与颁奖嘉宾合影

王铁教授：

有请颁奖嘉宾赵庆祥秘书长，王晓琳老师、田德昌秘书长。让我们大家对“四校四导师”活动本科生组的所有同学获奖表示鼓励。

张月副教授：

研究生佳作奖：孙鸣飞、王钧、朱文清。

王铁教授：

颁奖嘉宾：舒剑平老师、于强老师、骆丹老师。

张月副教授：三等奖：闵淇、杨晓、郭晓娟。

王铁教授：

颁奖嘉宾：于强老师、吴健伟老师、秦岳明老师。

佳作奖获得者与颁奖嘉宾合影

二等奖获得者与颁奖嘉宾合影

三等奖获得者与颁奖嘉宾合影

一等奖获得者与颁奖嘉宾合影

张月副教授：二等奖：刘昂、邬旭。

王铁教授：

颁奖嘉宾：田德昌秘书长、赵庆祥秘书长。

张月副教授：一等奖：韩军。

王铁教授：

颁奖嘉宾：奖牌由王处长颁发，证书由石赟导师颁发。

全部奖项颁发完毕，最后一个小环节，由参加院校本科生代表讲一下课题感言，有请郭国文同学代表本科生全体同学发表对“四校四导师”活动的感言。

郭国文同学：

我作为这次活动本科生代表，感谢各位老师对我们的指导，3 个月来大家辛苦了，感谢各位同学，3 个月来同学们也辛苦了，大家都辛苦了。谢谢！

郭国文同学发表感言

王铁教授：下面由这次活动研究生代表杨晓同学发表对“四校四导师”活动的感言。

杨晓同学：

我参加“四校四导师”活动已经有几届了，大四的时候参加第三届“四校四导师”活动的本科生部分，现在我作为研究生也参加了这个活动，还是这个活动的教学秘书。我学到东西很多，不光是专业方面的，我感觉自己的综合能力也提高了，因此很感谢这个活动，也感谢各位老师对我的指导，谢谢大家！

杨晓同学发表感言

王铁教授：最后有请清华大学美术学院的汪建松教师，代表年轻教师发表感言。

汪建松老师：

我作为年轻老师代表，参加“四校四导师”活动到今年也是第四次了，四届活动持续下来，我作为一个参与者，同时也作为一个见证者，我感到张月老师推荐我参加这个活动有着深远的意义。我们有一个很重要的责任，就是把这个活动传承下去，并通过“四校四导师”的活动以点带面——从字面理解这是一个数字的概念，但我感觉这是一个量化概念，需要各方面，包括实践导师、行业领导以及有机会参加这个活动的院校，大家共同努力，只有这样才能够把我们教育、设计以及社会力量凝聚在一起，使我们中国的设计行业能够占领一个新高度。在交流过程中，同学们可能不知道，我们把这么多国内力业界精英集结在一起。同时大家有一个感触，中国设计业在社会的认知度上受到很大质疑和困扰，我们和国际酒店集团沟通，发展像金螳螂这样的企业还要经过国际酒店设计团队的层层考核才能够拿到资格来设计这些酒店，这种情况是我们在座的各位无论是设计教育者、学生还是社会实践导师共同的“伤痛”，希望通过我们的努力能够让设计在社会上得到一个认知和认可，就如同中国艺术在世界上所处的高度。

从我的角色来讲，为什么我很少讲评，我的角色告诉我：我要把更多机会留给责任导师、实践导师——因为同学们很难有机会和一线设计师有这么多的交流，而我一直在学校，任何时间都欢迎各位同学，毕业后也可以到学校找我们——因为实践导师很忙，有这样的发言机会理应让给他们。欢迎各位同学课后和我们保持很好的联络。包括希望将来，不管同学进入社会还是从事设计教学研究，都要像我们现在角色一样，同时也要考虑到社会和学校——不论在哪个岗位，只要以后有机会，就要把“四校四导师”的大旗扛下去，从而不辜负几位导师的辛苦培育，不辜负行业领导和院校领导对我们活动的关注。我作为一个接力者，把接力棒交给年轻同学，从年轻导师的角度讲我有这样的感触。我也希望以后的活动有更多其他的年轻老师参与，不光是我。四届活动我至少参加 3 次，非常荣幸，希望各个院校鼓励其他年轻老师积极参与。

汪建松老师发表感言

王铁教授：

“四校四导师”是一个长期的活动，我们都在寻找下一个拿接力棒的人，央美的吴晓敏老师，天津美院的高颖老师，汪建松老师，都是年轻教师的优秀代表。“四校四导师”活动有这么坚实的基础，有这么多设计界的一线设计师，他们以一颗公益心，一颗爱心，为设计教育做贡献；他们从学校校门迈出去后，把他们的经验传递给课题组的同学们，这种榜样的力量是无穷的。今天“四校四导师”活动的颁奖典礼活动到此结束，感谢大家的参与！

全体师生于中央美术学院图书馆台阶前合影

对话设计师

主　题：2012“四校四导师”环艺专业毕业设计实验教学师生互动
时　间：2012年3月11日9：00
地　点：清华美术学院B区五楼C525阶梯教室
主持人：清华大学美术学院环境艺术系副主任张月副教授

张月副教授：

昨天晚上大家在一起就专业问题做了一些讨论和交流，交流得很充分，状态非常好。其实活动本身所有问题的讨论是综合性的，而作为设计师来讲则需要全方位的素养——包括自己平时日常生活方方面面，都与设计有各种各样关系，也包括与别人各种问题的探讨，这些都是设计师的阅历。我们在昨天晚上延续了白天的交流，换了一种方式让大家觉得更轻松，更自由。

今天上午活动的主要内容由我们参与活动的校外导师主持，几位导师结合他们自己的设计经历，以及他们在整个设计工作中对环境艺术行业的一些个人看法和观点，通过他们的作品或者通过他们对这些问题的阐述，来为大家做深入细致的交流。昨天主要是听同学对设计的想法，另外在开题答辩过程中，各位老师也是从不同角度，结合自己课题提出个人想法和观点，今天我们上午骆丹老师、舒建平老师、还有颜政老师、李老师，他们每个人以自己的作品对设计做一些介绍。

下面第一个请骆丹老师给大家做演讲。

骆丹老师：

各位老师，各位同学大家上午好。

今天的主题是酒店设计与非诚勿扰，主题分两大块：一是酒店设计，二是非诚勿扰。

首先看画面，这个画面上面是大家熟悉的非诚勿扰，下面则是关于酒店。今天话题比较犀利同时也很新颖，今天我讲的是心得，是一种积累。

酒店设计是如何与非诚勿扰的娱乐性话题结合在一起，我们的设计又到底同非诚勿扰这个娱乐性节目产生怎样的关系呢？

酒店设计中这个项目是我们公司最近接手的一个任务，一个单位做了建筑，请我们团队做了整体室内设计，建筑配套，现在做整体平面。目前项目已经要封顶，进入后期样板房阶段。

这个话题分两大块。设计是两个项目，一个是刚才这个酒店，大家看一下平面图，昨天下午同学做酒店设计平面，是非常严谨的概念，看到这么一个平面，在座的设计师觉得难度非常大，拿到这个平面把这个平面梳理清楚要半个月，这种工作设计梳理这块是非常庞大的系统，我无法带给大家详细的关于平面的具体信息，我只能告诉大家一个系统的关系。

这是1层平面，我给大家看的意思就是做酒店关系，各位同学和老师可以探讨中国酒店设计标准化的一系列问题。大堂比较高，38m，这个大堂在中国是最高的大堂，整个项目是地标性项目，中空的，高38m，标准10来层高的大堂。这是大堂一角，这是样品间，这块是一个设计思路。

整个项目是我们团队的作品。所有整个项目从第一级开始到后期，基本没有浪费。

这是客房大概60m^2，酒店总体平面。昨天下午同学做了酒店部分，做酒店部分对平面流线梳理，对空间梳理还要和各位导师和老师做一些沟通和交流。

现在带大家看酒店平面，12万m^2。这一项目是中国地标性质的建筑，带有政治色彩，项目在云南，现在已经完工了，这个项目是国家一级安保项目，在云南省接待外国元首。

设计是建筑思维，是整体概念。政协主席和我亲自交流，我们和国家领导人也接触，可以交流沟通心得。现在这里是整个国务院的一个空间，接待总统开会。这是接待大堂，这个空间12m高，建筑体系是不错的。这是总统会议室，这是游泳池，我一直强调酒店设计包括所有的技术，建筑形态，应该是一个完整的统一体。

回到“非诚勿扰”这个主题。大家看过这个娱乐节目，我们进行梳理。第一是酒店投资者，酒店设计者，实际上这部分是把这个设计过程娱乐化，我把自己的心得和大家分享、交流一下。

首先说酒店的投资者部分，一部分是投资者，另一部分是相亲者，业主找设计团队，实际是一个相亲过程，过程形成一系列关系的存在，这个关系变成“非诚勿扰”。首先包括做江苏卫视主题，其实精髓只有一个字，就是“诚”。近5年来中国经济增长，房地产调控，涌现了大量项目投资者，这个层次比较重要。投资者部分应该分两大块，“诚”与“不诚”，即与设计者有“诚”和“不诚”的关系。首先跟大家分享关于设计者和投资者“诚”的关系。在中国“诚”与“不诚”是

4 比 6 关系，投资者 60% 是非常诚的，包括投资心态和找设计者的心态，因此我们的设计者有 60%“诚”，40%“不诚”的概念。

我们在深圳有体会：有人到一个企业求职，想应聘一个职位，就告诉我们要应聘这个职位，他连自己现在的或者大学时期的作品，色彩，构成都没有，不能够完全说明水平，我通过公司用人体系，看出设计者包括求职部分有 90% 做得不够，只有 10% 能够从自己的设计作品开始到设计积累，做出一个完整过程。大部分在深圳面对的招聘，都会出现这类问题——来找工作，甚至连作品都看不见就是电子版给我们，电子版我们不愿意看，因为不能代表你的真实水平。这也是心得体会，这是求职的思路，把你作品装订成册给我们看你就成功一步，我们招聘是希望看到你自己的知识积累过程，而不是说一个奖励。

最后希望大家像非诚勿扰相亲一样，找到比较好的设计者，酒店设计者能够邂逅酒店投资者，酒店求职者能够找到合作者。

谢谢大家。

张月副教授：

骆丹老师讲得非常好，就像同学们做开题报告的时候，课题不一样，每个人因为设计方法差异性可能里面出现个人的设计方法和问题也不一样，但不管这些东西如何变化，到最后最核心的问题还是如何把设计做好。其他的东西可以靠自己学习、咨询或者是借别人的能力，找到资源使用，只有这件事代替不了——是不是 100% 的用心把这件事情做好。这点无论有多少技术，有多少好人才，有多少资源都代替不了的。这对各位同学是非常好的启示，大家在未来离开学校，进入实际工作岗位，可能会面对各种各样的问题，进入这个行业以后，怎么能够做好，怎么能够成为像他们这样的出色设计师……每个人学习中有各种各样的经验或者各种各样困惑，刚才骆丹老师讲的已经是最关键东西了。

现在已经做得出色的人，他的诚意多少也在每时每刻决定着未来或者现在的成功，因为诚意涉及每一个层面，比如技法方面的诚意，是不是真的在技能方面努力，比如说工作的诚意，工作各个环节是不是真的有诚意做到最好，当然还有一个就是跟人打交道，和甲方、和业主，还有对社会的诚意——是不是愿意把我面对的和这个社会产业相关的问题思考清楚，认认真真把事情做好。

再次感谢骆丹老师演讲。下面请舒建平老师演讲。

舒建平老师：

谢谢大家，谢谢各位老师。今天我给大家带来两个项目，不是常规状态下的酒店设计，而是在建筑设计和前期室内设计做到一半的时候，我作为一个设计方介入。我总结一下设计师或者设计行业特殊性，可以用 3 个像来概述，首先要像诗人一样有想象力，像将军一样能够果断，进行指挥，像工兵一样精耕细作，酒店设计也面临这样的状态。

我们设计师在这个行业是为业主提供服务，这种服务不光是输入对美学上的追求或者对文化上的追求，更重要的要帮助业主去赢得市场，要产生利润，所以要像工兵一样精耕细作，在这方面就比较好的体现出来。

酒店是阿尔卡地亚，业主方提出一个明确酒店名称，是有他的利益和追求的，这是一个连锁品牌酒店，所有的酒店都叫阿尔卡地亚，这个神话故事在做这个酒店设计的时候要首先考虑到，因为酒店是庞大系统，市场定位上:廊坊是三线城市，但是和北京比较近，作为北京后花园，市场存在特殊性，按照这种风格，在廊坊超前，对那边受众是个问题，但和北京的地缘让我感到，做成这种风格还是比较恰当的，通过和业主与酒店管理方沟通最终达成了设计意图。

这是酒店大堂入口，由于神话故事可以产生比较久远的一种浪漫情怀，所以在立意上做了一些构思。这是我们自己设计的灯光，表示银河，要通过自己的东西令人产生一系列联想。

这是 3 层的空间，回马廊上看大堂效果。这是回头看门厅效果，包括在酒店里灯光设计我们全程参与，这是浅褐色的顶。

建筑条件限制比较大，这部分已经装了一半了，基层做完，后来进行局部拆改。这是堂吧一个区域，利用材质反射达到空间相互交融。

酒店是一个庞大的系统，在这个设计过程中，我们把建筑做了一些调整。由于设备，空调机电设计已经完成，改装余地非常小，通过和业主沟通，把前厅改掉了，建筑原结构是这样的，这是方的空间，这边有三个观光梯，我们觉得通过这种空间进行一种造势，以最小改动把空间做得尽量丰富。

做方案的时候要想到预想效果，这是前期大堂空间方案效果图，最终完成效果和这个效果图基本保持一致的效果，这里面还有一些造价因素做了简化。你们今后工作过程中，面向社会会有各种各样的事情发生，所以你们应该有一个思想准备。

西安阳光国际酒店，是中石油旗下公司在西安收购的一个旧酒店，原来是三星级的，由于地理位置在火车站周边，做前期市场调研时和业主发生很多碰撞，因为火车站和长途汽车站，轮船码头，在社会中一般是藏污纳垢之处，是一个比较难治理的区域，在这个区域里面客户的高端性是值得怀疑的，真正的高端商务客人一般不会住这个酒店边上，这个酒店投资同样碰到投资造价问题，整体装修标准在 2600 元 /m^2 以内，有一定的局限性，这是酒店门厅的地方，西安是西北文化中心，有丰富的文化积淀，汉唐沉淀的历史文脉非常的丰厚，作为西安的建筑来讲延续了汉唐以来建筑风格，并进化演变，在文化层面上比较有追求。在建筑和室内关系的处理上，这个面是商场入口，这是三星级酒店，所有一、二、三层是商场，一直没有用而已，上面有一个非常小的大堂，做成一个三星级酒店。我们进入以后，把门改到西边，对着主干道，把建筑的屋顶进行了一些运用，这是进去以后堂吧的效果。从整个图片上可以看出来，多少有一点中式的风格。但是作为酒店来讲是一个公共区域，要追求大多数人能够接受的一种风格，所以在设计上不能过于追求个性化的东西，要达到一种风格上的共识。这里面有很多设计元素，我们从汉唐文化里面提炼了一些元素，在各个系列中进行穿插和运用。

建筑外观实际是这么一个状态，建筑的形式追求汉唐建筑风格，建筑已经形成了，进去改造要尊重原有建筑，风格设计上我们把由外至内的概念引入到设计中来。这是一层平面图，刚才前面讲到，酒店是一个庞大的系统，要对其整个功能流线的梳理，另外前面也讲到要有想象力，体现在立意上，就是要像将军一样指挥，对整个流程的熟悉，像工兵一样精耕细作，深入的挖掘细节。

谢谢大家。

张月副教授：

谢谢舒老师，他是通过自己的两个实际作品案例，从很多具体的细节，针对特定的现场客户情况，还有一些特定的酒店问题做了一些讲解，我们看到任何一个设计都是一个复杂的过程，这里要考虑的问题是方方面面的，而且每个方面都是有各种各样的，你面临的条件或者任务不会是完美的，设计师是解决问题的职业，不断面临各种甲方或者市场，出现各种需要你解决的问题，这里面我们不是光谈自己的职业技能，如何去掌握技能，或者常规的设计方法，掌握这些东西只能说具备基本素质，进入职业还有很多现实问题需要通过不断的接触各种各样的设计任务在实践过程中磨炼。设计实际应该是需要努力一生的职业，不断面对新生事物的职业，有一种不断的进取心非常必要。

下面请颜政老师结合她的设计给我们做一下介绍和演讲。

颜政老师：

昨天和大家相处一天的时间，我今天要和大家分享一些东西，我在想和大家分享什么。因为你们马上就要毕业，像十几年前的我一样的，没有搞清楚设计是什么就要懵懵懂懂走上从业道路，因此在我的案例里选择了一些帮助你们了解设计方法是什么的内容，因为关于设计的分享实在太大，可能讲半天讲一天都讲不完，我选规模不大的案例，通过从头到尾介绍，让你们了解一个想法和一个梦想由内心的梦变成图纸，再由图纸变成控制千军万马的工程，最后怎样还原成原始梦想的过程，这个过程又是怎么把激情和浪漫变成实物的，我今天选择案例主要告诉大家这样一个方法。

另外一个方面，作为一个从业十几年的人员，我是怎样在经历无数次限制，经过很多修炼后仍然保持激情和热情，并坚持一生，这部分也要和大家分享，我们要了解做设计师这条路将让我们走上怎么样的人生，使我们成为怎么样一个人。今天我的讲演主要从这两部分入手。

第一环节和大家分享设计师是怎么样的人。有一段话，这段话我在自己内心和自己讲，同时我也和我的设计师经常分享这句话，我们回顾伟大的时代，建筑设计和室内设计非常棒的时代，那些建筑大师、艺术设计大师、空间设计大师他们都是跨界人员，他们有广泛知识面，通过前无古人后无来者的造诣设计了那些作品。因此我们分享这样的话："建筑师要有天赋才能又要有钻研本领"。建筑师应当善于文笔，熟悉制图，精通几何学，理解哲学，勤听音乐，对于医学并非无知，拥有天文学知识。对建筑师这么高的概括，是不是形容太高深，设计师在整个社会的地位可以得到很多信任，因此拥有对财富使用的权利——很多财富，很多人力围绕一个小想法和一些图纸进行很大投入，而别人还没有看到这个东西是什么——这种信任来源于高深的修养。

我们来看一看这些设计师的修养在我们身上是否应该具备。大家请看一下米开朗基罗的东西，他是建筑师兼雕塑家，还是室内设计师与多种产品的设计师，我们在这些作品中很难想象是他一个人作品，但这确实是一个人的作品，除此以外我们很多人知道，装饰或者说空间的陈设艺术设计师是 19 世纪才有的，这之前没有建筑师没有艺术陈设师，没有室内设计分工，大量设计师从建筑、装饰一直做到室内设计。这是 18 世纪法国两位非常著名设计师的作品，我们可以看到上面一张图，从木地板到餐桌的纹样再到餐桌上摆放的艺术品，从空间设计一直到陈设设计完全是由设计师一人控制的。

下面这些也是建筑师完成的。我们可以看当时建筑师对细节刻画的手法，在今天的工作里，这项设计可能会被拆分很多环节，但是在当时都是设计师在最初设想的时候被很好控制到，因此我们可以想像得到那些经典作品为达到这种无懈可击的程度，都经过了仔细的推敲。

我们看一下这些软装手稿，在被提取之前，这些手稿都是装饰图纸建筑图纸合成的方案，我们再看一下 18 世纪法国宫廷手稿，这是一些日常用具的，这是很多建筑师，既是建筑师又是装饰设计师的手稿。大家看这些图纸的时候，我相信在我前面讲的话不难理解，作为一个好的项目，很难说在这些专业环节里什么是建筑什么是装饰什么是艺术，而去分门别类做，至少修养要完全具备。

我在前面花点时间和大家讲，首先我们要明白，我们选择的这个职业需要我们具备怎么样的技能，要求是怎样的。我们了解从业要求才可能把这个职业做到一定高度。带着这种对设计的理解，我们在工作实践里面是这样尝试努力要求自己的，在有限条件下尽可能要求用这样的心态面对每个项目，我选择了一些中小型案例，为的是让大家能够比较全面的了解项目。在这里我想插一句话，在毕业设计里面，我推荐一个选题，这个选题由任秋明的同学做，很抱歉的是，对于这个项目任务书中有关于服装设计家庭的描述我没有给太多内容，我今天会补起来。之前我通过一些案例来告诉大家不管做室内设计、建筑设计还是环境设计或者说艺术陈设，我们最后是为了一个完整作品而担当其中的一个环节，也可能我们是所有项目控制人，来决定每一个项目用怎么样的方式展开。

今天选择这几个案例都非常有代表性，第一个案例可以说和建筑设计与装饰设计都是搭边的，这个项目在零的时候是怎么样的状态，由于建筑、规划和室内设计没有分清先从建筑开始或者从室内设计开始，应该是一个梦，这个梦实践要用建筑手法和装饰手法共同营造出来。

当业主给你一个案例的时候，或者业主给你一个梦想的时候，可能从建筑方案阶段跟进的，这个时候要控制，发挥作为设计师的权利，做好审视，昨我发现大家在讲，而我在回酒店路上，也和汪老师聊到，设计到底偏向于室内还是偏向于规划跟建筑，因为我记得在路上刘会长也有这样的疑惑，汪老师说最后才做室内设计，大家觉得不做规划不做建筑不过瘾，这样想是好设计师，但有一点，室内设计的控制，最后的成品控制，对很多人来说看不到隐蔽工程所耗费的时间，但这对最后实践非常重要。如果不用考虑隐蔽工程，最后做的是一个学生作业，那就不能打动客人内心，又怎么样控制？第一很好审视建筑图纸，是否在实施过程中满足所有其他专业对它的要求，最后变成业主梦想和你的梦想，你有权修改建筑图纸，不仅仅提出要不要，而且必须非常明确在图纸上画出标高。在这个改动过程中有时候要面对这种情况，建筑和图纸已经做了，怎么样动用，或者让业主重新花钱命令建筑团队为了你最后意见重新修改图纸，怎么样达到这样的说服力，仅仅靠说是没有用的，用什么样的方式，在第二个案例中会和大家分享这一过程。

第三个案例，有一些项目可以说软装设计和建筑设计还有室内设计几乎是没有边界的，甚至于艺术设计是这个空间最深情的部分，第一个项目是建筑室内设计做完了，最后一个项目是建筑装饰做得很好，这个建筑装饰是艺术设计最终决定形态和状态，侧重点不同，在你的专业素养和综合素质里是否对建筑控制更侧重，最后一个是设计师对空间艺术的表达，这三个案例侧重点有所不同。大家在听的时候我会提醒大家注意哪些内容。我为什么这样，大家在一起上课，但我们的禀赋有差异，中间有一些人可能侧重平面，有一些可能做到项目中期，还有一些，我相信很多女孩子，包括我现在遇到很多优秀女生跟我讲，我非常希望能在你们公司学软装设计等，我常常讲如果学室内设计出身的，千万不要说我要做什么，而是什么专业门类要摸，什么技术工艺都要动手做。最后你的东西才可能做的很好，因为你的东西做得好就要触类旁通，如果不懂得解读周边人，周边发出原信号你的内容就会受影响。

说句概括的话，我们做设计师的，虽然不是当领导，但其实设计师天生就是领导者，我们所有的想法都要由千军万马实现，怎么样调动人员资源是很大的艺术，因此我们设计师就像乐队指挥，我们有指挥棒，而做效果图的人是弹钢琴的，做施工图的人是拉小提琴的，还有圆号等，所有这些人对你发出来的喜怒哀乐理解是一样的，让大家用各自的专业工具实现你对他们的指挥要求，这是一门非常重要的艺术。

我刚才说的这些大家觉得没有太听懂，接下来我通过一些案例让大家回味一下我刚才的概括。

现在看到的案例是我们在 2008 年完成的一个案子，叫做城南一号，有一些同学听过，当时在地产界以欧式风格为代表项目，大家看到这个照片下面有一个黑白照片，这个项目在没有做装饰设计之前到底是一个什么样子？我们和建筑师在一起聊，到底做成什么？当时和我们配合建筑的香港建筑事务所，最大的事务所在和我们聊。我们服务的业主一直做高端住宅产品，做得很成功，他们在推动欧式，做来做去也是很接近的状态，我们想做一个和别人不一样的，有时代特征的，我们做一个纯现代的东西完全违背业主的方向，让他承担很大市场风险。这个时候我们想业主为什么要欧式，我们先问一下自己，其实业主为什么要欧式，欧式在今天中国盛行主要是因为欧式的生活方式，在它的建筑和艺术背后蕴涵的是一种人文的东西，是种价值认同，生活状态，通过这样的生活状态还有空间模式，包括人在这个空间中的行为，让人联想到优雅生活。人们内心中喜欢的是欧式建筑下发生的种种生活状态，如果是这样想的话，我们不一定完全一样的去 COPY，人们其实追求所有美好时代下的生活状态。这个梦我们是不是可以放在一个水晶宫里，因此我们想到了一个玻璃盒子，这个玻璃盒子是装梦的盒子，还有一个技术原因，我们不愿意用传统方式去做欧式，很多欧式作品流传几千年仍然很经典，工艺和材料表现非常扎实，在今天我们要用做一个会所，在 3、4 个月甚至是 2 个月时间里要把一个非常好的一个建筑状态表现出来是很不容易的，而且作为一个内行看到全部是 GRC 的，其实那个价值，特别是从业内人看来那个价值无论怎么好也有限。

对于外部我们要用坚硬扎实的材料表现，我们用玻璃幕墙做，是 100% 现代，在里面有一些内容，比如室内部分，可以通过涂料，特别细腻的角线，还有其他艺术特征可以工艺准确控制，且材料花费不多的部分，我们可以用涂料，或者欧洲用的一些手法表现。因此最初想法是第一想做和别人不一样的东西，但是这个不一样必须是工艺手段可以实现的，必须最后变成实物的内容。另外造价要接近于甲方定价，对于外面部分，实实在在去表达，要花费很大资源和很多时间，做不到就用现代手法做透明的，在内部通过甲板构建很容易实现，短时间可以加工到位的部分用比较中实的立体做法表现，这是最初想法。

当时国内并没有这样的样板，我们做这个项目之前，也做了很多的资料收集，比如说在威尼斯，我们在看的时候，很多威尼斯老建筑外面用一个 3m 的玻璃胶板作为外立面，像一个玻璃盒子看到室内建筑，那个做法是为了保护，让客人可以参观，对原始建筑有保护。苹果公司一个展示厅也是用一个玻璃盒子，把苹果 LOGO 做在外立面上，最终我们的想法是希望用现代材料。

我们看一下当时的方案，这个项目我们最初想法，因为有很多现代理念，在室内设计和家具与地面应用上，把古典的比例放大和现代演绎的东西，我们可以看到其实在建筑和装饰上是一种现代和古典的撞击，延伸方向上也是现代和古典的撞击，我们可以看到通过刚才一些意向，建筑里面的形态有的地方其实是非常古典的，同时家具很时尚。

在我们进行装饰设计之初，对空间使用的元素进行分析，这个元素是建立在对建筑的框架和高度上的，并对框架包括高度、宽度等因素做了严格比较得出这个符号。我要提问，不管做古典现代或者任何项目，其实对一个元素的有节制控制是项目系统性把握和产生很强张力的必要手段。因此我们对建筑要很好解读，对元素一定进行非常深入的提炼，找一些符号，或者是一种图腾作为深化的跟节或者演化，使项目得到和谐统一。

昨天看到一些同学这些方面做得很好。在他们的项目中可以看到 100% 古典和现代，在地面建筑体格和框架细节上都是很经典的古典元素，但是搭配的图案非常现代。这是我们在做设计展开之前对它的一些主要元素的分析。这是大厅部分，这是洽谈区，这是模型展示区，我们可以看到所有释放的信息都要和 100% 古典和现代这个信息紧紧相扣。这是前厅，这是在签约的地方。

大家可能问为什么做成灰灰白白像黑白电影一样，在这里的人年龄在 50 到 70 岁，因为是地产商高端项目，地处城市核心地带，而且有一些户型是中海在商业模式中非常成功的，更有一些是绝版的，面对这样的项目，购买使用在 40、50 岁的人多，最早时候中国人接触外国电影时候都是黑白的，包括罗马假日等，因此我们为在这么好的在空间中引起对欧式生活的联想，就把场景做成黑白影像的。

这是洗手间，给大家看这么多，这个东西在当年并没有被接受，只接受我们框架，但业主没有接受色彩，我们提出的东西，有时候是业主没有见过的，但是却全部接受。这个过程我想对设计师来讲可以分享，设计师成长或者团队说服力增强也需要一个过程。

这是平面图，我们通过这些平面可以来了解一下这个项目，周边水域，在玻璃盒外面是水域，也就是说建筑规划都是和室内设计统一考虑的，我们看到室内我们在建筑上并没有太多设计，我们在室内为什么做白的，因为外部太通透，光线每天变化四季冷暖都有不同感受和场景，昨天一位同学讲到苏州的快餐厅，要做很多的天景还有一些过渡空间，要有渗透，这个渗透是解决没有纯的黑，没有闷，灯光参与是解决这个问题很好的手段。我们当时说服业主不要担心会苍白，但是业主没有接受。这个空间都是通透的，树、水安排都是空间布景。

其实很多项目成败在建筑时候已经决定命运，你们有一些人毕业后要面对一些欧式项目，而欧式项目在建筑期间没有把关系处理好这个项目死定了，对于死定了的项目我们又有什么方法面对！这个项目的立面，为什么项目展开施工图之前，我们甚至展开概念之前要对这个项目，尤其是积淀部分做深入分析，积淀不有趣，但是对项目破坏力非常大，我们有时候看到一个有品质的项目隐蔽封口解决非常好，再好的项目，这个问题解决不好，这个项目也站不住脚。作为设计师要有调度的能力，我们设计之初在概念阶段要想，建筑师给我们结构是否在最后能达到自想高度或者预想效果。

最后看一下实景，这是和业主妥协后的结果，业主完全接受我们对空间的结构框架理念，大家可以看这个室内设计，我们很难分清是室内设计还是建筑设计，这是室内，我们能保留的是黑色窗帘，但是做完了之后业主讲，颜色如果当时接受你们的黑白方案也不错。

这个案子从刚开始看完到现在我都不是特别喜欢，原因是最初我激情涌动，对成像有非常多期待，最后这种色调改变，包括由于改变过程中时间短，对施工图控制时间紧，产生了很多遗憾。每次看到以后，我都无法接受这个案子，但是这个案子商业上很成功，某种角度对我也是种说服，等会看到一个案子，我们和业主相处 2 年半时候他们怎么样接受我们案例，这个变化对大家也是有启发的。

前面讲欧式框架我们怎样理解，我会把刚才的话在前面做一个概括，接下来我们看一下，这是最早的建筑设计给到的一个平面，我们可以看到，这是大堂一层平面，作为洲式空间，作为很多空间，都有序列，不同风格里序列表现不一样，概括起来严谨，对称，秩序，还有逻辑都是需要的。

我们可以看到原来建筑设计是非常独特的，包括对称以及中轴延伸方面都是做得非常严谨，这是改过的，两边水池廊的渗透关系是重新改变的。2、3 层都是做的相应改动，这个改动业主不一定马上能理解，我们通过建筑模型做一个简单演示让业主明白为什么做这种改动，改动之后未来成像怎么样，我们选择这些角度都是在将来客人必经的道路上我们看到的一些空间状况——各区域意向图。

这个过程做完以后是方案设计，由于在概念设计阶段，对于空间框架和标准细节还有这些层高积淀问题考虑已经很深入，所以我们再往下一步步延伸，不是我们有时候看到的现象，意向到最后慢慢看不到最初样子，我们看到这些图纸和最后是非常接近的，这些全部做了深入表现，由于施工原因和时间没有办法一一呈现出来。这是会所部分，这个阶段对于主材，对于软装方向要确定下来。

空间一体化设计，对于一个项目建筑、室内设计和软装，几乎同时启动，做完这些不够，做完施工图也不够，我们还要补充深化的图纸。我们可看下，由于一开始对设计问题考虑很深入，到施工阶段非常轻松，方案阶段施工图可以并行工作，所以我们可以在 20 多天完成到这样，而且我们团队完成 4 个案子，当然我们现在不接受这样的时间，因为那个案子也是照顾我们和客户关系。

在这里所有的细节都要做很深入的刻画和表现，如果工作不做到这一步，做欧式东西很容易做俗气的，每一个细节微妙处把握要控制在设计师手里，很多设计师停下来，把最微妙的东西交给工匠，在我们团队里设计师动手能力是必须的。

另外一个案子，是我们刚刚完成的案子，城南 1 号 330，在整个楼盘中顶级样板房，有 20 套户型，也是绝版的案子，我们先看一下完成后的照片。这个案子艺术陈设很难分的清哪个部分是艺术陈设工作，哪部分是空间的装饰设计工作。因为会看到很多装饰细节。业主非常信任，国内很多媒体会刊登这个样板房系列的作品，这个工作在样板房设计里很少有，或者业主尝试这样的投入。这个业主和我们当时做城南一号的业主都是中海地产的，当时业主给我们方案，过两年半后业主完全接受，当时我们汇报方案的时候不是没有争议，业主是想这样的设计市场能否接受，有时候设计师做的好像见过好像没有见过，好像梦里见过，但是让他们做吧。

我们看一下这个案子，里面有一些改变内容，究其原因是有妥协，面对这样的状况我们怎么做。这个案子背景是我必须面对欧式案，还要面对比较传统的欧式案子，我们不想做老房子，法式像中国文化一样很深厚渊源，我们取一段做，我们选择18世纪，严格来讲这个时期很难界定，一方面在建筑的立体方面，做工非常严谨和理性，但是细节处有很大玄学，很浪漫，非常优雅，做到美的极致。法国蕾丝有大量贸易价值，是一种自然流露的东西，但是法国美有时候有点做作，而且这种做作是特别典型的。这种优雅，我们在这里想表现最典型法国人的特点是什么？就是甚至有点做作的优雅。这个调调我们和业主聊过，这个案子可以接受。我们试这样的调子，我们找到当时所有那个时期典型艺术特征，把案子的建筑关系梳理好，我们看到好多轴心关系，路径关系没有美感，做的这个东西，没有这样的角度去感受，所以说首先是把建筑关系梳理非常好。我们既然把一个空中花园用很大面积给那些人，这些人有很多房子，住过别墅，不喜欢离开城市远的别墅，不希望别墅安保等问题解决的不好，要有别墅痕迹，这个项目要做的有放松的地方，阳台、回廊。这些问题都研究分析后，包括积淀问题，还有这种浮雕。因为法国艺术是高浮雕东西，比例特征全部进行分析过之后形成这样的室内规划平面。

另外一个我们花点时间告诉业主，我们先取得法国艺术特征认识，很多人把罗佛尔宫想象成法国人的家庭生活，绝对不这样，我在法国接触住在巴黎三六区曾经的贵族家庭，法国有流行艺术经典，这样的人喜欢很典雅很安静的东西。都是好的内容，就看到底用哪种手法表现。

张月副教授：

谢谢颜政老师，讲得非常细，她在非常专业的领域里做得非常好，在我们范围里做这样的专门类型设计做到这种程度非常专业，做得非常好。有一点颜老师提到的：一个建筑师应该具备的设计师的基本素质是什么样的素质，书里写的那些确实是非常的全面的，对于一个设计师应该具备的素质已经做了描述。其实我也是非常同意这个观点，因为在目前中国，对设计师在设计中的角色，从公众角度来讲没有一个更准确的认知，可能大部分人当成时尚和与潮流相关的，认为追逐时尚，使自己生活具有潮流品质，并认为设计师可以提供这个东西。其实这是对设计的比较片面的了解。设计所承担的社会角色其实非常重要的，人类社会所有创造都要经过设计师的手，物质资源使用方式以及创造方式也都是通过设计师实现的，人类创造中，管理者提供另外一种思想或者价值观念，比如哲学家或者社会管理者；具体这些实施人员，比如产业工人或者各种行业具体技术人员和系统人员，只是遵从设计师的设计方案实现这个东西，真正决定这些物质创造如何实现是由设计师决定的，所以说设计师是所有资源转化成创造物的实施者，在转化过程中设计起非常重要的作用，对未来社会发展方向有非常大的影响。所以一个设计师心理素质和专业能力及价值观一定对所设计物品产生很多影响。我们现在仔细想我们前人创造的东西，无论东方西方，去看凡尔赛，美国白宫，看中国瓷器都有很多传统东西，现在能看到前人最打动你的最精彩的能够留下来的物质文明全是经过设计师的手创造的。你看到的东西通过当时设计师，将当时文化艺术理解转化成产品，表现当时社会状态和艺术精神。你现在看到的是当时设计师的思考，这就是设计师对社会对未来的影响深远，从这个角度来讲每个设计师对社会都有非常重要的责任。不管是不是意识到这种职责，我们确实做这个事情，从这点讲，我非常同意颜政老师说的，关于建筑师应该是什么样的人的描述。

今天前一个环节设计师演讲部分，还有很多老师有很多经验，包括自己设计过程中对设计师角色理解有很多想说的话，时间太短。上午还一点儿时间，各位同学有很多想法要和设计师们交流，先休息10分钟。

（休息）

张月副教授：

听了很多介绍，各位同学有很多问题，下午留点时间让设计师和大家对谈。下面请吴健伟老师给大家做一个演讲。

吴健伟老师：

我给大家讲一个话题，关于理智与情感，技术与设计。现在有一种纠结情绪，这种纠结体现在设计到底把情感放重要位置，还是将理智放重要位置，因为所谓情感是大家理解的浪漫，理智我们解释为比较真实的东西，或比较现实的东西，所以我们讲的也是一种两栖动物概念，我们设计中有很多美好愿望有很多梦，怎么样在现实中实现，这在理智中是怎么样与社会和市场需求匹配的问题。我们认为理智是比较真实东西，但我个人并不拒绝浪漫，浪漫如果是爱上理智这个可能更有意思一点，我觉得理智和情感、真实和浪漫其实是一个两口子的概念，两口子过日子既要理智又要浪漫，设计也是这样。

现在给大家交流心得主要是想怎么样让学生尽快进入实战状态，这个非常重要，我个人觉得这方面是比较关键的。我认为设计师首先要有高品位才能设计出高档次，生活和工作在高品位环境中才能设计出高品位的作品，这个概念很简单，根本没有见过怎么能够设计出来，什么样的设计是美的、什么是有品位的没有见过，生活工作环境在荒漠地方或者在没有设计情节的场地肯定不会有任何设计冲动和思路，像洪忠轩老师讲的必须经常去高档场所。

现在给大家看一些图片这我们以往做的案例，都是一些小空间的，因为我看到学生从去年到今年以来一直把东西做得很大，实际上昨天我讲过，做设计要学会用一个非常简化的概念或者非常纯粹的概念去展示你的精彩，而不是很多东西很精彩，这个概念需要调整一下。唯美的生活和唯美情感等同于艺术最高境界，从唯美角度我个人认为我们都是国家顶级美院高材生，应该来说在进入这个学校之前，接受的纯艺术培训要比理工类学生高出一层。

用设计方式生活，用生活方式设计。所有的学生在生活过程中可能更多关注平常有事没事可以逛一些顶级奢侈品商场，可以去五星级酒店，去逛也是生活状态，在比较高端设计环境中耳闻目染会接受非常品质的东西，用各种方式去休闲去度假，对我们设计出身的学生更有意义一些。

对高品位和高追求的生活体验越多，对设计理解程度就越高，创造程度相应提高。设计师首先要高品位，我们不反对追求奢侈品牌，因为在设计里是最顶尖最高端的，我们看到所有的奢侈品牌他们的设计确实非常精美给我们的启发，他们为什么这么做，做出来为什么大家这么喜欢。我们不反对对品牌这个东西抱以浓烈兴趣或者这么追求，其实追求有很多方式，不一定拥有，但是可以去向往，是这个概念。

这是我们在深圳的一个工作室，都是一些小空间，小空间可以制造一些浪漫，可以通过一些原创的想法或者一些不同的材质搭配产生一种意境，一种美好愿望，这边看到的我们做的凝固的流水，干水处理的模式，下面是真实的水，像流水瀑布的意境，可以通过这些简单直观的意念传递一些所谓的情感追求。

我个人比较崇拜乔布斯这个人，因为前段时间买了本书叫苹果哲学，我觉得这本书我们的学生可以去拜读一下，因为提供很多精彩概念，包括好的艺术家复制作品，伟大艺术家窃取灵感，为什么让大家去奢侈品牌或者五星级酒店感受，不是完全照搬，但是我们无论当下多么大牌设计师，伟大设计师，他们做来做去视觉感观基本一致，他们可能创造得确实很美，将些许内涵东西灵感东西变成自己的东西，乔布斯这个人确实很伟大，当下很多学生说，我们有很多天马行空的想法，乔布斯在他最开始时，和工程师讲，我的电脑必须做成 5mm 厚，工程师们觉得他是疯子，不是说天马行空想法就非常怪异，天马行空想法可能是真实层面，在之前技术基础支持不了的时候人们认为这是精神有问题的出发点，但是现在诞生出来的 IPAD 产品就达到了天马行空的想法。不是排斥大家天马行空的想法，后面会让学生保持一种初心状态。

这个概念和我刚才阐述的体系一致，一名设计师要有崇高理想，无与伦比的想象力，四大院校学生你们一定要有一种孤傲，所谓艺术素养是什么？我记得以前，因为我本科是工科院校里工业设计专业，我们这种学美术的学生和普通工科院校学生有一个非常大的不同，就是我们搞一个 PARTY 或做一个圣诞晚会的时候，会搞化妆舞会，教室窗外有很多旁观者，他们非常羡慕我们，作为一个艺术专业学生，还是要把握艺术的本有的比较原始的气质，这个很重要。在创作过程中可能带来一些灵动性的东西，我们不需要很多墨守成规，或者工科中很严谨的逻辑思维，我们还是要有一些比较有丰富的艺术造诣的概念。

现在关于理智的概念，可能我个人觉得更多是尺度的考量，分三个概念，思想尺度，视觉尺度，实用尺度，思想尺度无论多么美好，愿望、梦想还有天马行空，都必须有一个尺度，这个尺度就是只能表达一个点，一个点可以演绎非常精彩非常有说服力的东西，像我们鸟巢体育馆，就是表达这个鸟巢，不需要说太多东西，就表达一个概念，概念有了之后，我们就开始玩空间造型概念。思想的尺度就是想法可以，但是完成这个作品还是从一个点入手比较好一点。视觉的尺度，我们无论做平面设计、建筑设计还是室内，就是一个视觉的探索，我们接触这么多年美术教育，视觉感觉至关重要，之前看到很多学生出了自己的一些案例，包括草图概念，他们的视觉尺度有点失控，所以能够把视觉尺度控制好，这个作品就已经成功一大半了。

视觉尺度是空间比例，我们可以讲的很细，比如我们做一个立面，线条多宽多窄，形状扁还是方，这是视觉尺度比例关系，一定是需要很多实践的案例或者是和一些成功设计师的交流才可能逐步掌握到手，视觉的空间尺度非常关键。

再一个是实用尺度，就是讲我们这个时候更加要和发展商或者是业主进行一个沟通交流的问题，因为实用尺度牵扯到建筑面积，行业业态的分配，比如我们做酒店时候有很多后场的关系，有很多前场人流还有辅助设备用的一些尺度，还有细化到每一个通道的尺度怎么样完美优化，这就是实用尺度。

在服务行业设计实用尺度至关重要，我们经常看到目前正在经营的无论酒店还是餐饮，我们在空间里感觉特不舒服，空间尺度没有合理运用，感觉人流导向不是很明确。

谢谢大家。

张月副教授：

非常感谢吴健伟老师的演讲，他对设计有比较深入的思考，提了一些好像比较虚的问题，但实际上和设计有密切的关系。

听到吴健伟老师讲的内容我想到在前段时间看的一本书里写了一个很有意思的事情，讲的是美国宇航局 20 世纪 60 年代搞了一个活动，畅想人类未来的发展，因为预期地球早晚有一天环境不适合人住，因此诞生了一个太空计划，准备要在远期将人类移民太空，想象我们怎么样移民太空，通过什么方式在地外找到生存空间，当时做这个规划的时候请了很多人帮他做未来的人类移民太空的想象，就是一个叫理想还是预计设想也好，是一个庞大计划。很有意思的，我们想是一个科学设想，想象应该请很多工程师，请很多科学家，很有意思，他请大批艺术家做这个事情，不是请工程师，想象未来人类怎么样在太空生存，这些艺术家根据自己的想象做了很多未来人类移民太空的设想，当然有很多包括设想出来非常具体的图，画很多东西。这个事情很有意思。我们现在很多人认为艺术设想比较窄，艺术里最大的核心是创造，就是说在现实里不存在的东西，靠想象力，靠创意能力去想象出来，创意出来。

为什么美国宇航局请艺术家做，而不请工程师和科学家，可能是想清楚这件事需要创造和想象，尤其想象需要非常跳跃的思维，科学家不一定适合做。很多事情真正创造东西首先要想象力，作为设计师来讲这种能力是立身之本，必须保持这种东西事实本身说明设计师职业对社会有意义。

今天演讲到这结束。再次掌声感谢各位老师。

张月副教授：

现在是今天最后一个环节，做课题过程中，之前听老师讲座大家会有各种各样问题，在整个过程中什么问题都可以问，要有针对性，比如说课题问题，我们现在开始。

学生：

各位老师好，我有个问题，没有学设计艺术之前，我自己想象力比较丰富的，尤其在小学时候进行专业训练，敢大胆想象，后来自从经过应试教育思维模式被束缚了，开始模式化学设计，但是设计需要发散思维，现在有时候感觉自己想象力没有发散出去，不敢想，有后顾之忧，担心我想完以后做不出来，和现实实际情况挂钩，希望老师给点提示，怎么让思维发散？

王铁教授：

刚才这个同学说的这个问题现在很多孩子都会遇到，按照你讲的就等同于工厂生产汽车由于某部分出问题4S店召回，学校没有这种情况，没有4S学校，最多一个继续再教育，对于小时候想象能力，无边无际敢想，进入正规学习有很多基础的东西，应试的东西，条理的东西要遵守。我们设计师不是一个很自由的职业，设计师是一个在法规下进行创作。造型专业主要是表达视觉空间，运用绘画技巧表达对风景表达人物空间位置的感受，但设计师不行，要做实体空间，我们用各种实体元素作画，艺术家不管架上还是立体还是在一个局限范围内均能做自我的自由表达，因为没有规范的限制。

王铁教授为学子们答疑

由于你想从事这个专业，想成为一个更好的设计师，前期必须有这个条件约束，要有忍耐力，随着修养提高后会更理性面对设计，不是自由想象，小时候是画画，现在想为什么自己不敢实施，因为没有准备好，没有准备好肯定犹豫，一犹豫这事就搁下，创造性就被埋没了。设计是提炼修养的过程，最后达到那个程度自然就可以了。

人生设计一开始是个兴趣，兴趣基础上要有条理，因为没有理论体系就没有办法说出来，很多民间艺人有一技之长，让他说出条理却没有办法，这是受教育程度的区别，那么怎么样突破？每次前进要经过痛苦的经历才能过去。

王琼教授：

我们要帮客户去从专业角度分析问题，解决问题，另外一方面，设计是跨学科的，我们需要艺术浪漫想法，发散创造性思维，但这个思维是帮你解决问题，从方法论角度讲，比如整个条件了解所有框架条例各方面明白了，动手做头脑风暴，需要团队发散想象，在想象框架里找出问题，从我自己的设计体会讲，起码找出认为发散后被抽象优化的东西，沿着路径一道道往下走。我和我学生也是如此，两个能力：一个是方案效果图，业主能够接受是你的思想，你帮他解决问题；另外因为我们这个行业不是艺术家，艺术家用笔用颜色一个人画完，我们是不行的，我们要通过工人去实施，我们要施工图，工人拿你的图能把你思想造出来，是精神的物化。你必须要有个规律有规则，有法则，然后这个法则是可实施的，我们的作品才能出来。设计行业非常累，首先是团队效益，今天早上很多老师讲了这个问题，按室内设计来讲，我们上游是建筑师，我们的下游是家具、饰品甚至地毯等，平行是机电设备，暖通等，光一个项目做完开会开无数次，因为大家需要沟通，我刚才讲很多团队在平台上共同进步。

我们的毕业设计可以天马行空，甚至可以把有一些课题适度放宽，比如说建筑可以考虑表皮，因为是最后的一个在校的一个作业，而且这个作业体现了整个本科教育，最好能够在发散基础上再寻求一个可实施，能做出来的一个成绩，因为我们一旦明天毕业跨出校门，因为变成职业，现在咱们在学习，变成职业人家出钱要帮他解决问题，谁能解决问题单子就跑谁那。有一些经验性东西慢慢来，不是哪个学校毕业就立即能做一个很大的项目，因为很多问题是我们在学校没有办法接触到的。首先从咱们本科教育培养创造性思维，用批判精神看别人，这是我们培养的主要宗旨。用我的话就是：前5年后5年，前5年是毕业5年有很多问题，后5年是好学校好平台成就更高。

彭军教授：

刚才同学提的问题有另外一个角度，进入专业训练而对自己有怀疑。两方面，首先说教育，教育课程体系，甚至教育指导思想是提供继续发挥创造力的能力培养，第二从自身方面，现在有这样的问题，以为设计手段或者东西学到手便合格，从学生自身角度讲，创造力首先是第一位的，因为搞设计的，正如前面两位老师所讲，首先不能是纯艺术，纯艺术也有技术方面的东西。

现在同学有时候做出来东西过于天马行空，但是这种创造力需要保护，同时创造性想法的实施手段和必要技术是一定要掌握的。

学生：

刚刚王琼老师和彭军老师讲的能给我们很大启发，我还有一个不太明白的地方希望得到解答，我们做的设计肯定有一种是发散性思维比较强，还有一种比较中规中矩，而后者出错误可能少一些，在我们自己做的东西给老师看之前，我们应该如何界定，我们自己有没有一种方法或者手段能够让我们意识到我们做的概念过于夸张或者过于平淡没有创意，有没有一些好的方法能够让我们在给老师看之前避免这个问题？

学生现场提问

王琼教授：

首先设计是我们想法的产品，实际我相信每个学院老师在设计前期都有很多依据，这些依据如果经过详尽调查，贴切自己的感知认知，那你做的发散性思维肯定有依据，至于能不能实施技术性的问题我们再说，不过前期肯定这样。

没有去过现场，没有搜索过大量信息，对基地没有准确认知，这个设计最后做出来肯定是飘的，完全是天马行空。我前几年在英国对一个二年级的建筑作业印象特别深刻，背后是铁路，基地非常苛刻的，做一个三户人家联排建筑，三个人群是锁定的，一个是老年夫妻，一个抑郁患者，一个残疾人，没有标准答案，他们学校最后推荐成功案例已经脱离了建筑，最终把老年夫妻放家具厂，高声比较好处理，低音很难处理，他这样安排有大量数据。西方孩子所有数据非常扎实，他是通过入住两年，发现中间抑郁患者好了，这个人文题目，我讲这个意思，他走出抑郁圈子，为人服务，不仅仅解决老年夫妻被家具厂噪声影响休息不好，最主要高分结果是心理行为更有意义，我们的天马行空一定是有益的。我们研究基地，所有设计的前提依据工作做得越扎实越好，而这段是国内高校比较偏弱的一块。

美国罗得岛设计学院孩子做家具前期，调研报告厚厚一本书，大量问题在分析解决，这个基础上所想象的东西和发散的思维一定是有依据的，这句话不知道同学明白不明白，之所以要前期把问题做的非常结实，为什么去基地就是这个道理——可以现场看，可以大量的翔实设计信息，这个阶段一定收获饱满，后面发散性思维一定会好的。

舒建平老师：

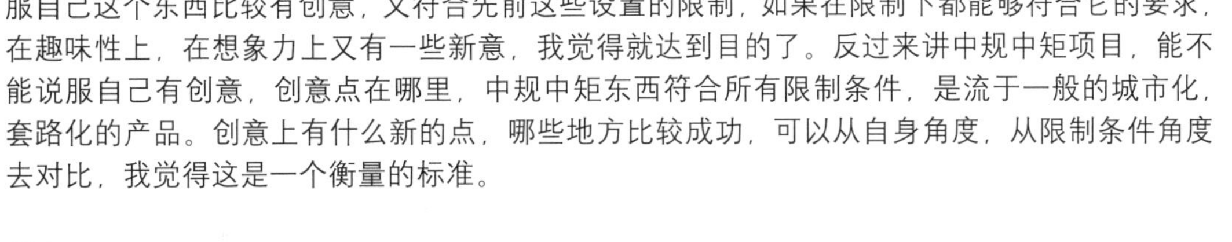

我比较赞同这个观点，发散性的思维到最后落到实处有一个轨迹问题，先前限制条件，把哪些东西限制住，思想上可能没有太多限制，但是方式形式上空间关系上一定有很多条件限制。首先思想上要自由，你追求什么东西，你的设计利益，你所设想的目标有没有达到，能不能说服自己这个东西比较有创意，又符合先前这些设置的限制，如果在限制下都能够符合它的要求，在趣味性上，在想象力上又有一些新意，我觉得就达到目的了。反过来讲中规中矩项目，能不能说服自己有创意，创意点在哪里，中规中矩东西符合所有限制条件，是流于一般的城市化，套路化的产品。创意上有什么新的点，哪些地方比较成功，可以从自身角度，从限制条件角度去对比，我觉得这是一个衡量的标准。

舒剑平老师为学子们答疑

学生：

上午时候听到颜老师演讲，看到她雍容华贵欧式风格后就好奇，做的是什么样的，自己做的房子是自己设计那样吗，在场作为一个设计师做过各种风格和设计，自己住的房子怎么样的，和自己理想中房子又是怎么样的呢？

骆丹老师：

我回答一个思路，很多磨豆腐的，其实磨豆腐的家里没有豆腐吃，越是磨豆腐家里越没豆腐吃，道理一样，设计整体上是心理需求的过程，包括我们自己做的一些房子地处深圳豪宅也好，往往设计是比较朴素的。本身设计是个心情心境，一个长期的住宿空间还有一个人文空间，没有固定要求。

吴健伟老师：

刚才这个学生提的问题，是你们这个年龄段学生的一个心理状态的普遍性问题，往往都比较偏好于某一种风格，或者某一种方向定位，有一个情节，我们讲作为设计师不能从一个方向平衡，只喜欢这个风格，比如只会做超前或者后现代风格，这是一个现象，很多年轻学生觉得这个东西不喜欢不愿意做，刚才老师提到未来面对这个社会这个客户群体需要什么东西这个最重要，各个风格各个领域都必须要去兼收，而且把每个领域精髓把握在自己思想中，这是我要表达的观点。

吴健伟老师为学子们答疑

张月副教授：

说到设计师，我觉得不管做什么设计师，做这个事情关键喜欢就可以，设计师分两种，一种非常自主，比如现在在中国可能比较受环境影响，他们非常自我，不考虑客户感受，很多设计从客户利益角度未必是好设计，但就是追求个人风格，非常鲜明，按他自己对这个产品的理解，不是完全听从客户的。这是一类设计师，而且属于比较少数派的，整个设计史上这样的人很多，生意更好，但不是遵从客户设计师就不对，因为每个设计师生存方式不一样，有的更多考虑客户，更多考虑商场和利润，为客户带来更多利益，包括工作方式和思想方式，价值观念，有的像大艺术家天马行空，自我为中心的也有。各有各的市场。

总的来说设计师是被选择者，扎哈是被选择的，因为钱给谁是投资方决定的，实际是根据需求，我需要实力不选择你，我画图选择你，设计师不要妄自菲薄，不要妄自尊大，你是市场

张月副教授为学子们答疑

决定的，你是什么人有适合位置，别人选择里是适合他的利益选择的，选择你不是世界上独一无二的，不选择不是没有价值，最主要是喜欢这种方式就可以，觉得这种方式不困难不难受不纠结，同时给别人可以带来好处就有生存之地。

学生：

中国的设计师王澍能不能代表中国的设计，我一直很困惑，我们的建筑师设计手法说元素意识，水滴树形，通过切割变化做出一个造型来，这样的设计做多了会厌倦，想听一下老师的意见。

秦岳明老师：

前两天讨论王澍的事情，说实话，王澍一直坚自己做的东西，刚才说的回到风格问题上，作为设计师一定要坚持某种信念，这种信念可能是工作态度，可能是一种哲学，可能是自己一种内心某种一直追求的东西。会有一个方向，一个设计师，中国的建筑现在在国际上包括国内影响力越来越大，不能不把眼光放到这块土地上，一直坚持本土方向，我们看所有获普利策奖的建筑师，包括扎哈也是。王澍一直做文化建筑，包括做的博物馆这些，每个人有自己的追求，但是每个人追求放都可能不同，更多要踏踏实实做设计，去做学设计想设计的设计师，而不是明星。

有同学说到设计过程中怎么有这个想法比较好或者比较普通的问题，真正好的东西，没有评价标准，最基本的标准是能解决问题，心理，从人类学各种方面解决问题，设计师一样，不断发现问题不断解决问题，你可能找到这个方案把很多问题解决，但中间会出现新问题，过程中是一个取舍，学到东西越多，问题越多，解决问题方法越丰富，同时带来新问题。我们必须分析各种限制条件，做最扎实的基本调研和研究。

王铁教授：

刚才学生说普利策奖，这并不是最重要的，王澍我接触过，也有过沟通，这个人个性很强。一个出名建筑师，重要的是有人成就他，我认为是许江成就了他。扎哈真也是如此，但是往往选这种人的，实际上是在这个地区是有一定的影响力的人。

彭军教授：

说到王澍获奖，我个人觉得这是一个文化现象，我把这个作品，当时里面有不一样的感觉，我看成作品，如果这样想的话，一块去开会有不少院校的有这样的评价，很有个性，同时材料包括文化性非常突出，可能对使用功能这块，因为仁者见仁，智者见智，一个好的作品必然有独特的超出其他作品的优点所在，所以更多可能是评判这样的情况，但既然是一个设计，我个人觉得可能更多是一种产品，优势的产品，设计非常到位的产品，人们正常需要的东西。刚才说到扎哈也如此，艺术非常个性化东西评奖关注这个，中国的设计师获得这么高奖项，说明中国建筑水平得到世界关注，这当然非常好。

彭军教授为学子们答疑

学生：

现在设计行业离不开合作，在方案经营中众说纷纭，自己认为自己设计非常有道理，人的审美不同，如何调整自己设计和其他人设计结合，各位老师怎么想的，作为自己如何坚持自己设计理念，同时能达到一个配合，特别是对自己心态心理如何调整和取舍的？

王琼教授：

有自己喜欢的东西，毫无疑问。我们地处苏州，小桥流水，苏州所有的刺绣等，从小受感染，一个人生长环境，你们将来有成就以后，甚至原来高中甚至家庭爸爸妈妈对你们影响，像渗透力一样慢慢出来，一每个人心中有这个根深蒂固的东西。

我个人来讲，我自己可能因为是改行过来的，原来不是学这个专业的，跨过来以后对原来东西也没有过分扔掉，原来喜欢诗词，文学上东西，绘画东西也好，这些东西慢慢变成自己一种修养，对自己有一定渗透力。自己做东西时候不知不觉露出来。但是随着个人到一定程度以后自己会选择，这个选择是积淀所有已经变成血液的东西，作为设计师来讲都喜欢做有自己想象的东西，现在没到那个份。我们这个行业在国外认人不认单位，比如在清华，当时 SOM 总设计师带走很多，首先是自己作为设计师肯定有喜好，但是我们目前国内虽然现在在讲合你称我们是老师，实际我们这批人，改革开放 30 年做设计基本我们同步走过来，我没学这个专业，我在这个圈子长大，被境外看不起很正常，酒店管理公司把你排在外很容易理解，因为不是合格供应商，做的东西不被接纳，为什么大陆优秀设计师挤不到洲际，首先他们不放心。有一些设计是为了自己的喜好，另外一种，我有时候自己很纠结，有时候崇拜有个性作品，但是有时候不可能有这样的机遇有这样的背景条件，如果我有一天，比如王澍，我估计他以后设计费成倍往上，背景不一样，气场不一样，我们现在不在那个气场，我要生存，将来跨出校门要面对，要生存，有什么做什么，不能选择，到王澍这个程度更能选择。

我讲的道理：第一个我们作为设计师，踏入社会后会有理想，有挫折，理想是像安藤等着人敲门，所有做设计师愿望和愿景就是理想，但靠自己奋斗，以后进入最佳状态，最好甲方愿意让我做这些，又有文化又能够让甲方喜欢，这样的一种感觉，这样的业主非常投缘，但是多数情况不是这样，业主残酷，被相关建筑单位的折磨，不和你配合，助手不争气，一辈子很痛苦。

王铁教授：

我们做教师的不一定是设计师，整天说设计不一定会做设计。真正职业设计师挺痛苦，但人要有好心态，投资人怎么不能说话？但是有一个问题，比如发达国家，投资人或者委托者修养很高，交代很清楚，我们国家所谓设计师自己认为我高一等，对方低一等，我得费很大力气说服他，本来这个事情应该社会去做，结果现在是设计师自己来做。

张月副教授：

有什么问题后面还有时间，今天只是第一次，后面还有3次，天津美院，苏州大学，中央美术学院。和设计师和老师交流机会很多，现在各位同学做到这个程度可能现在想不通问题是这个阶段，再往上会有新问题，包括我们后面还要看到很多东西，其实今天讨论这些问题很有意思，能看出来我们各位同学已经在想未来准备往外跨的时候自己方向往哪方面走，已经在想这件事，这是面临的很现实问题，我们已经做好几次，每次这些学生想这些问题，到四年级阶段是非常重要的，变成未来人生选择。每位学生参加这个活动，希望把设计当成自己的终身职业，一开始起点把方向看清楚更准确，以后将有一个更好的起点，这是每个人都希望的。

不管刚才提到什么问题有两点很重要，一个是见识，比如讲的所谓发散思维和最技术性的这种脚踏实地以及创造性发散思维这些和建设有关系，想象力受眼界影响，举个例子我们老觉得人的想象力无限，比如游戏，电影再包括一些游乐的东西，包括文学作品，这些相对设计专业来讲，离现实更远，思维可以更天马行空，例如科幻大片可以无中生有，仔细观察人类最极致想象东西，其实受人类局限，比如我们看很多科幻片讲外星生物，不管怎么想象，多有和地球能见到生物相同的属性，有头，有肢体，有躯干，有眼睛或者说是和听觉有关，视觉有关的东西，包括摄入营养，这和地球所有生物都一样的，只不过在电影上看到的动物和我们现在眼见的组成方式不一样，比如我们看到6条腿，里面是7条腿，比如我们看到眼睛在头上，他的眼睛长身上，其实变化非常有限，再怎么变想象力脱不开人的想象力。通过这个可以看到，想象是受眼界局限的，所以说要想使自己想象力更丰富，看的东西多，知道东西多最重要，对音乐一点不了解，怎么指望自己设计东西用音乐原理做，不可能，对音乐一点不了解怎么想到音乐，知识面的宽度很重要。

再一个怎么脚踏实地，还是和眼界有关系，很多时候自己做东西心虚，不知道能不能做出来，你不知道人类现在拥有东西能解决什么，怎么做。我们小时候知道东西是玩游戏玩出来的，我小时候玩泥巴，自己做枪，基本结构，空间形态了解是做游戏玩出来的，但逐渐积累，包括每参与一种游戏时通过这种过程实现技能，我同意骆丹老师说的积累到一个点很重要，现在之所以觉得没法比，是没有到那个程度。所以我觉得其实见识非常重要。

还一个问题要主动，我们很多同学遇到问题，要等别人告诉他问题怎么样解决，这个很要命，现在你们拥有的信息工具比我们当初要丰富太多了，你们有互联网，有计算机，有很多其他的东西，其实你遇到问题，去通过各种各样渠道主动去找，我想做什么主动去找这个问题怎么样达到，通过各种途径去找。这个答案坐那想不出来，所有这些设计师都是探索出来的，从学生阶段开始主动探索，发现问题主动找解决方法，这个很重要。交流过程非常重要，不碰撞不能发现这些问题，不会想这些事情，想到了还要赶紧找答案。

今天我们整个两天活动内容非常丰富非常充实，每个人不但把自己想说的说出来与大家沟通，两天过程中还产生很多新的疑问，看到一些东西有很多新的想法，我们回去再后续过程中再去进一步推动，这两天，我们各位老师也是专门抽出时间来为我们做这个活动，非常辛苦，我们向他们表示感谢。

主　题：2012“四校四导师”环艺专业毕业设计实验教学师生互动
时　间：2012年4月1日10：00
地　点：天津美术学院南院B楼首层报告厅
主持人：天津美术学院艺术设计学院副院长彭军教授

彭军教授：

从昨天到现在为止，咱们“2012年‘四校四导师’”教学活动的第一阶段，即学生的中期汇审到此结束。下面进行活动的第二阶段，“学＋术 设计与教育论坛”。有6位实践导师给同学们带来他们专业上的独到见解，做学术演讲。这六位实践导师依次是颜政女士、秦岳明先生、于强先生、吴健伟先生、骆丹先生以及石赟先生。希望各位设计师给我们在座的学生带来你们的，非常宝贵的设计体会。下面由请颜政女士开始演讲。

颜政老师：

我今天要讲的内容有下面几个方面，首先，这次拿来的案例主要是针对概念设计后的方案设计，这个方案设计应该有怎么样的深度，概念设计的时候应该细致，有一些问题应该同时考虑，这样保证最后做出的东西是一个作品。今天的经验不是很多，但是我们知道怎么样保证我们的东西做到最后能成为一个作品，因此我选择的案子从这几方面来跟大家交流。

第一个是我拿到的一个别墅的案子，我们在做一个项目的时候，一定要在前期分析它原有的条件，其建筑、历史、文化的这些片段。我们会拿到特别多的好的素材和信息，但是并不是说我们在这些素材面前变得茫然，那这样的话这个设计往下进行就有可能做的没有主题。那么怎么样进行筛选呢？如果上节在北京听过课的同学，我给大家看过一个法式项目，同期我们做过另外一个法式项目，我们先回顾一下上次在北京看到的法式项目。大家可以看到这个法式项目在同样一种法国文化里，它产生的是接近于奥斯曼时期的那些在室内形成的装饰风格，包括带着轻柔洛可可的曲线的变化，但是在格局上还是受到希腊文化影响的新古典，形式非常的严谨和利落。我会来跟大家分享这些案子，以及这些案子为什么这样做的一个逻辑的理由。设计成像给我们的是感觉，但是背后的东西一定是非常理性的，这样的话我们才能做控制演员的导演，因为设计师不能是一个失控的演员，这样的话我们图纸就会变成白纸一张。（展示案例图片）

我们看完这个法式案例，就能够很强烈地感受到它给我们的是在法国北部巴黎都市的感觉。再来看另外一个法式项目，先大致浏览一遍。大家可能在看的时候会留意到，图片从前到后，到后面的时候就会看到后面的图片和最前面的图片衔接起来了。我要和大家讲当我们拿到一个项目的第一件事就是很好地去审视他的自身条件。上次在清华讲的项目，是在一大堆钢筋水泥建筑群里，在整个高端社区里唯有的20套房子里的高端客户，因为那个别墅在楼上，所以景观资源都是人做出来的，并不是真正的别墅的院落，我们面对这种项目的时候，我们的感觉是什么？这是我们做设计之前房屋的外形，很遗憾的是，我当时没有来得及去拍没有植物的状态，我接触这个房子的时候，它除了没有这些花、树，包括地面的铺设，它的建筑的感觉就是这样的。当走进这个房子时候，我感觉这个建筑做得挺好的，设计师所做的事就是选择的风格一定是把建筑的优势发挥到最好，顺着这个方向，找到衔接的主要要素再深入往下走，这个项目OK了。

甲方给我们命题还是要法式的，我们看了以后，我想到就是在法国南部看到的一些东西，比较轻松的、另外心情挺放松挺奢华的。我们就想，买如此气质的别墅的人，他的气质一定是雍容的，不会为了奢侈品，为了漂亮而失去整个建筑的舒适性。所以，我们找到了像摩纳哥和法国交界的地方，采用那些地方的一些生活场景。我们觉得如果把建筑，把最大资源引入到室内，这样的话我们就特别注意室内应该怎样去做，我们研究的原有建筑的表现特点怎么样，从它的尺度和材料质感和肌理进行分析。我们看完图片以后，可以打开一些过程文献让大家看一下。现在看客厅、地面的色彩我们可以看到它们和外墙的感觉，整个基调非常吻合，墙面是便宜的喷涂材料，做空间我们主要做的是意境。空间制作时的所有问题要在一开始就考虑到。比如说构成透视，不可能仅仅是立面的墙面和透视叠加的树木花卉，连花卉的气质都要和我们所发展的主题相吻合，因此，在这个项目开始做的时候，我们找了大量法国南部当地的一些别墅的地面拼装，包括一些度假酒店的一些资料，从这些非常地道的当地的元素里找到一些内容，其实并不是说要COPY一些东西。有人说欧式东西就是抄，那么我觉得这样的人一定是做不好设计的。我们今天没有任何建筑形态在其比例和形式的关系上是一样的。任何一个东西拿过来的时候一定要经过审美上的再加工。有时候我们不需要全部去抄，拿到其主要的东西，比如说我们在花卉、在配件，树木感觉上要找到当地的调子。包括我们看到的画是当地的私宅家里所挂的一些画的素材。

我们做一个好的项目就是为了唤起人们对生活的联想，所以，我们在做的时候，一定要把场景做得更好以削弱它的设计痕迹。这个时候，我们要带着平常心来看作品，假如我是这个房间主人，我会怎么样安排这个家庭。可以这样设想，在这样的宅子里这样的院落可以养只狗，可以做专门为狗使用的小沙发，包括花卉的状态。另外，空间的格局很重要，即便是这样的一个很好的项目，当我们把业主的一些项目的方向拿到以后，很难避免我们的空间不去进行改造，待会我们回到平面图来了解一下。

可能大家在看的时候会想，这个是我在做设计过程中一步步的去想，当然可以这样做，但是作品张力一定是不够的。前段时间，我在看一个电视剧的时候，同样的一个演员，她在演两个片子，可能很多同学会知道。这两部片子，一个叫《悬崖》，一个叫《白狼》。里面有一个叫宋佳的女演员，在《悬崖》里，她演的是一个地下工作者的一个妻子，在《白狼》里面，演一个山东的女土匪。我在看这个剧的时候觉得很搞笑。宋佳哭的时候让人感觉她仿佛在笑，原因在于她的服装和场景都不是符合那个时期的服装和场景，显得不真实，所以就不能入戏。其实做项目也是这样，单单去面对其中几个点，项目就一定会有破绽。因此，我们在做项目的时候，一定要整体的去考虑所有的内容。所有需要塑造的情景和一切因素都是你要去面对的。包括建筑的、灯光的、色彩的、肌理的，以及坐的位置的很多视觉焦点，设置怎么样的路径，甚至让客人在无意识中感受为他所设想的心里联想。这些在做工作的时候都需要深入的去想这些内容。更准确地说，我们一开始把自己想像成一个导演，我们希望客人在这里哭还是笑还是怎么样，要送给他心里活动，围绕刺激心理活动所谓的技术手法去展开工作。

这是这个住宅的地下室，采光只有一面，有点像山地建筑的状态，所以我们大量的用境面，包括在墙面上塑造天花，都是力图把空间的灯光和光线带进来。我们做设计一定是一个意境的工作，一定是要在前期打动了自己，想象这个空间，没有任何人，只有你清楚这个空间是怎么样的，团队中其他的成员，在没有成像之前要被你的情绪带动，你像一个乐队指挥，把所有的乐器手都调整到那个情绪状态，让他根据自己的工具和自己的系统来很好的释放。

我们现在跟着图片示意到这里的时候可以看到，向外走，建筑本身是不错的，我们在衔接它的痕迹上，装饰的感觉非常放松。种植一些花草，铺一些地面的一些砖石。这个平面有公共的部分，塑造的感觉和客人在家的时候，感觉整个院落就是自己的财富，令人费解把这个财富放大了。我们可以看，同样都是法式东西，这个项目做得很放松，并不是很贵的材料，但是意境的东西做到了。院子里，我们采用一些在那个地方流行的绘画、色彩和景观。

接下来分享另外一个项目，我们在这张停留一下，我昨天看过 特别是做前门会所项目的同学。我在这里给点建议，其实你所在的这个位置是最大的财富，这是很好的环境，在这个历史片段里你可以感觉到很多东西，你可以做的古今交叉，做成一种古董新意的东西，不是说单纯地把室外的东西延伸进来，但是必须做这个工作。因为你在做这个工作的时候会发现这里面有你可用的东西。在做这个项目的时候大家看一下，刚才看室内的时候，你们会有一种感觉，室内和室外衔接的痕迹非常模糊，是一致的。这个工作怎么样控制，这个工作在概念阶段，把建筑的一些基本条件做深入的研究和分析，包括我们有时候作为一种，我始终反对什么以文化作为一种载体或者理由强制性让别人理解背后的美，这种是不太尊重客人的地方。我们做的任何一种东西，可以以任何文化的主题去做，但漂亮、舒适是一定要有的，不漂亮本身就是错误，一定要美。所以有时候我们在做一个美的设计的时候，并不是所有的建筑都适合某一风格，有时候客人提供给我们的建筑条件不够，我们团队很多时候可以根据建筑和甲方要求，给他们提出很多建议，希望做出怎么样的预留条件。在这个过程中，我们的风格走势和发展就要结合建筑的形式关系。这个建筑平面的很多改造，都要符合这个改装。做我课题的那位同学，你可以做下去，但是最好对原有建筑条件做一个透彻的分析，把每一件设计都落到实处。

这些工作在我们做概念的时候，我们会首先就考虑的非常清楚，不然的话，如果我们 3 个月或者 6 个月做一个项目，这个工作就得分团队几个组做。如果内容和条件限制模糊，大家就会产生很多工作上的重复，这样的话我们的工作效率就会很低。好多东西，包括非常细致的内容在概念设计阶段，不用做得很深入，不用做的面很广，但是基本点要定好。我们在做设计的时候，首要的就是把风格和它的建筑尺度确定明确。另外今天我们谈艺术品风格需要非常了解商务方面的知识，但是由于时间关系，我们今天不展开这个主题。

我借另外一个项目来看一下在概念设计阶段的一些问题。必须要进行探讨的理由是什么。接下来是我们公司做的一个会所，这个会所最后的成品没来得及拍摄。这个会所是在南方的一个项目，我在接手这个案子的时候，这个案子已经被其他的公司做的乱七八槽。我们来看一下建筑的格局。在右手的图片，这些关系中这里的建筑柱子是我们接手这个案子重新塑造出来的。很多时候，业主有一个野心和企图心，希望我的空间，我的这个会所，或者这个酒店给别人一种非常有震慑力的视觉效果和心理感受。所以说，有时候设计师接手的时候做的大而不当，觉得这个高度做得很大，或者很宽泛。其实一个空间没有节奏，或是没有对比情况的时候，品质感和节奏感就与空间属性拉不开。我们接手这个案子后，首先就改变它的空间格局。还有一个原因，我们做任何项目，无论现代的，还是古典的，形式关系必是在做装饰符号前的基础，就像人的身材。如果我们演哈姆雷特，找身高 1.6m 的演员在台上演，那么效果肯定不行，即使演员演得再认真再投入，观众还是会不喜欢，因为你的形象与人们心目中的那个定位不同。在设计上也是如此。先把这个空间的整体关系把握好。满足发展的风格，这个尺度风格要满足。这首先是告诉业主我们想要帮他完成的方向。

我个人感觉一个东西要做的干净，怎么样解决隐蔽工程的事情是很大的工作。你们未来走到公司就会遇到这种情况。这个公司非常爱人才，就会有一个科学体系，会步步引导，但是有的公司，你一上来做方案就会很糟糕，那是因为你目前的工作经验还不能够把背后的这些消防、空调还有电缆都考虑进去，包括团队工作配合也不一定支持你。以往我们做一个项目的时候，这些内容必须对其他专业有合理安排，而且要有一定的限制，这样的话，项目才做的非常高贵和干净。我们要有权利和说服力，我们提出保证我们项目。这之间，一定让他们和我们互动起来来进行工作，一定是我们设计师对这方面知识和工作经验要有一些积累。我们改造以后这个项目空间不再傻大，如果我们这些工作在前期考虑的比较深入，我们后期做的东西就会非常的简单，大家都知道这个目标，只要很轻松一步步往下走就可以，设计师的激情要很好地保护。如果我们做的过程中有太多纠结干扰，再加上这个方案不停被驳斥，几次下来我们的情绪就会受到干扰。

最后给大家看一个项目，由于时间的原因，今天就展示了三个法式项目。我们用了不同的方式去解读。根据业主对市场需求的三种方式分别进行解决。我想告诉同学的是，在任何一种风格里，都会有非常多的碎片。这些碎片必须经过提炼，最后在一个点上去深入的做，一定找到自己的、合理的东西，任何一个风格往下走都是可以走通的途径。这个项目和刚才前面展示的法式项目不一样，外面材料比那个高档。这个房子 5 万～ 10 万 $1m^2$ 的价格。客人谈到顾虑，说这个地方有特别多的煤老板油老板，他们看到欧洲的，比如他们去法国会住丽兹，会住四季，把这样的印象带过来，希望我的家也是那种风格。我们很理解，我们选择另外一种，不是很纯粹的，受到希腊新古典风，同时带有一点法式调子的风格。我们看一下是怎么样的状态。非常的饱满，豪华的感觉。我想和大家讲，做设计的时候一定在建筑上停留时间长一点。好了，今天的展示和讲解就到这里，谢谢同学们。

王铁教授：非常感谢颜政老师精彩的演讲，用3个案例说明了她自己在设计当中，从开始的概念到完成的整个过程，这是一个很好的简要的总结，对于学生来讲确实是有很大的借鉴和指导作用的。下面请秦岳明老师演讲。

秦岳明老师：（播放录像）

我们公司名字叫朗联，公司更多在于为建筑商研究空间而不是装饰。设计的目标为，一个好的空间会影响感情，传达情感。那么，怎么做到？现代人文传统，什么是传统？民俗！这些都是传统，但都是符号化的东西，我们不要碰。更重要的是空间，大家说得最多的是“院”——四合院，还有“园”——园林。这两个可以说是最基本的中国传统空间的喜好，不断繁衍。最后成为镇、村、城以及中国建筑原始面目民居，再到宫殿，有独立的建筑物。

我们公司一直在研究这一个一个的细胞，不是胶囊而是空间。这是我们公司的案例。我希望大家更多是去关注一些空间，这是平面。我们做了几个院落，围绕院落展开。近看一个院，再近四合院，到小院，一共10个院子，3个大院子。从建筑到景观到室内，还有一些画。选了三个主题，“云、水、木”来做空间的演绎。这是另外一个，很小的，400m^{2}的销售中心，这是平面，做一个销售中心，整个楼盘有点中国传统空间的感觉。中间拆掉，这里拆掉，为什么要拆？我们基本做空间，没有做装饰。拆带以后整个空间就融合了。这边整块拆掉，整个空间活起来了。这是完全的照片。这是我们做的室内，但是建筑是按我们的方案拆的。这是一个系统化过程，不单只是空间还包括其他的家具，到艺术品选择。

这是厂商改造，这是原来厂商，这是改良以后。我们做两个盒子，前面一个后面一个，后面加一个走廊。这是调整完以后的。这是室内，这是二楼这是一楼，这是改完以后，室外，这是门厅，这是中间，可以看到原来厂房的天窗。中间加楼梯，这是后面，有茶室，中餐、西餐，还有建成区。这是茶室，这是西餐，这是中餐，这是玻璃盒的二楼。这是楼上的一个空间。

苏州建屋国际酒店，这是从建筑开始做的，大家看到的是一样的，从这里先收，通过这个看到这个酒店，这是个小院落，过来再收，整个空间围绕这个展开。看照片，没有太多的装饰。我们大做空间。这是有阳光直接透下来的。这是中间院落，实际是室内的玻璃顶。

最后再看一个，甲方要求做的偏奢华一点，希望大家看它的空间。门厅、转折、室内外联系的水系，这块是展示区，这是出入口。我们来看下照片的详细展示。我就为大家讲解到这里，谢谢大家！

王铁教授：

非常感谢实践导师为我们带来的一些让我们值得借鉴的案子。大家看了以后，要注意从空间构成去做工作，实际上，无论装饰还是空间都是一体的，提高整体的艺术修养最为重要。下面有请于强老师。

于强老师：

我简单挑点东西看一看，没有做特别的准备。我们现在看到的是在深圳的华侨城创意文化产业园，北区的我的工作室。去年春节时候搬过去的，有1200m^{2}的空间，现在大家看到位置是我们入口的一个位置，因为这里是由一个厂房改造的，所以我们在装修设计方面采用了非常简单的方式。我们之所以选择这个地方，是因为环境是很生态的，我们在办公室里能够有很好的阳光，层高很好，坐在办公室里可以看到绿色的树梢，夏天和春天的花也非常好。在办公室设计方面是很简单的，尽量自然一点的感觉。

这是前厅的一部分，我们摆的东西是我们的产品，大家看到的这个熊和椅子，甚至前台。我们的前台是从意大利定的组装的东西，很工业化的东西，想尝试工业化东西是怎么样的感觉，就放在这里，没有自己去做这个设计。这是大会议室，这是从外面看到里面的感觉。这是我们的开放办公区，右边区域是设计师用的，台子非常大，因为比较宽松，每个人都可以用到两个这样的位置。左边区域是项目经理还有一些设计助理的，还有制图辅助这样一些人员专用的区域。这是我们的材料样板间，平时没有这么干净的。这是我们的生活区域，大家可以看到光线从西面进来，这个感觉是我们特别喜欢的，每天下午大家可以在里面喝下午茶。这是我们的洗手间区域，洗手间也蛮奢侈的，洗手间男女分开，每一个位置都是独立的，每一个门进去也是独立的马桶洗手台，还有自然光。

我有一个小视频，下面找点我们最近做出来的一些东西。这是我们做的深圳的一个项目，包括了40层高的大厦，还有公寓、酒店、商业、自用写字楼，包括会所，这个东西现在在逐渐实施，现在出来这一部分是销售中心部分。大家看到通常的做法是采取一种比较简约的手法去做这样的设计。这个造价并不高，材料都不是很贵的东西，大家看到地上的石头效果可以，但是价格并不高。包括家具不是很贵的东西。其实配便宜家具不是我们的强项，配最贵的家居是我们的强项。这是一个公寓的样板间，只有45m^2。酒店客房的基本户型也这么大。但这是公寓，不是酒店，所以跟酒店的设施不一样。自带厨房的设备，这是入口，洗手间，非常小。台面有一个空的位置是放洗衣机的。公寓还有其他的户型，这是160m^{2}的户型，这是我们做的样板间，是现代风格的，我们试图把每一个客户给我们做的样板间做成现代风格的，其范围事实上是很窄的。甲方允许我们做的造价偏低，所以要做到便宜，没有一定造价就没有办法保证品质，因此加品质加风格范围比较窄，只能做样板间。但好在还有得做。我是尽量挑一些给大家看，这是我们给北京做的一个销售中心，也是比较简约的手法，因为四面全是落地玻璃，所以没有办法把一些功能靠墙摆放，尽量把功能放中间。大家看到这个黑色的体块的东西，实际是洗手间，我们一贯做洗手间的理念是尽可能地做单间，不做那种长的，注重每一个厕位的感觉，这种做法会更人性化、更豪华一些。我们做的形式比较简约，但是我希望给人的体验和使用是奢华的，这种奢华通过空间和功能来体现，不是从表面的一个形式感表达。这个后面的位置是一个楼盘模型。这是二层空间。这样的洗手台造型和灯以及整个设计的语言符号是比较统一的整体考虑。

这是我们做的一个小的展示中心，这是当初画的效果图，大家可以看到我们每一个设计都不大一样，我们自己也是希望能够对不同的项目用不同的手法去处理，我们并没有想自己是什么样的风格和什么是固定的东西，没有过多考虑这些问题。尽量让我们在看到一个项目的时候，更有针对性的反应，这个反应是针对这个项目的，不是我们旧有的什么东西，所以可能每个感觉都不一样，这是效果照片展示。

可以看一下这是我们做的一个办公楼的公共部分，这个没有实际的拍照，我们可以看一下理念。我们平时涉猎的范围比较广泛，每次都有很多新的东西要思考和探讨，不容易形成一个很好的连续性。但是这样的一个工作方式，能让我们保持对设计的感觉，敏感度，还有热情，所以每个设计都不一样。像这样的一个的方案，是我们一个很年轻的一个学生的想法，做的是一个小的办公空间的样板间。这个概念做的像户外一样，灰色是街道，绿色是草地，架构的部分，钢结构部分是树的形状，包括家具这些东西，石头实际是沙发，真有这样的品牌。这个概念主要来自于我们的一个年轻设计师，刚刚毕业不久的学生。我是觉得学生在刚刚毕业的时候，如果你能够把他的其他的一些经验方面的东西和商务，还有一些业务各个方面的一些东西，比如说像客户要求等，都给解决好的话，只做一个形式，是完全可以做到能用的感觉。其实这个项目是一个很好的作品。这个概念比较好，我们会把这个概念延续下去。

我再给大家看一看我们做的房子，这是我们在深圳做的一个很都市化的一个样板房。大概 320 多平方米，这种是我们最喜欢的一种风格，因为非常现代和时尚。我们可以去很自由的做这个空间。我们做空间的理念尽可能地做得很开放，然后空间可以进行叠加，可以综合使用。现在虽然有很多的房子总面积越来越大，但是每一个分空间面积却不大，不是真正意义上的奢华的概念。我觉得这种奢华概念要有足够的面积来支持。所以我们会把一些功能，比如餐厅功能和厨房功能尽可能的联系起来叠加使用。这样使用一种功能的时候，可以享受很大空间，在使用中享受，不是使用一个功能的时候造成另外的空间浪费，我们用开放的方式做这个房子，我们把 300 平方米房子做成了一个很开阔的空间。这个位置是从主卧卫生间出去的，窗外有很漂亮的景色。这个方案用的也是非常简单的手法，这里是我们所搭配的家具。灯具这样的装饰品都是要求要用设计感非常强的东西，我们需要在设计中，不但要做好很好的空间，也希望在这里面体验的人能够感受到设计，不仅是形式，也有设计感和美感，还要有品位，这是非常重要的。品质感，真正的升华，我们认为是品质感，不仅是形式，尽可能的让我们的空间里面要有艺术的氛围，可以尽可能的有一些色彩，不是很单调很乏味的空间。这是早几年的事，比较有意思，我们做了名人系列样板间，是我们摆出来的，原来建筑装修已经有的，我们收集很多有设计感的东西和古董的东西，我说的不是欧洲的古董，20 世纪六七十年代那种设计非常蓬勃发展时期的东西，我们把它收集来摆在里面，花很大心思做的，包括海报是当时电影上映时候的旧的东西。这样的房子做出来之后，以一个很贵的价格拍卖掉了。像这样的事情我们确实遇到这样的机会比较少，一旦遇到的时候就尽可能花最大的经历去努力。

另外一个案例是酒店方向，也是我们非常喜欢和向往的方向，但是因为我们风格的问题，可能我们接不到那种很大型的、要求奢华传统的酒店设计业务。大家可以看我们的设计，我们希望用现代方式和手法演绎不同的形式。这个实施了，差距很远，面目全非。我们希望给客户做一些漂亮的东西，美的东西，这个空间现在应该是现代的空间，而不要去简单的复古，大多数客户希望有一种华丽的形象。其实这个酒店不是很贵的，是一个空间，有高架床，有 4 个人住在里面，但是我们希望形式为非常有情趣的感觉，无论是大人、家庭在这个空间里都有非常愉悦的感觉。

另外这个东西也是很有意思的，是我们给深圳的康佳集团的一个展厅的设计，原来请公司做一个设计，但是做的效果不好，这是我们给他的一个方案，因为康佳是展示电子产品的，我们考虑展厅的时候首先考虑到电子产品是很精细的东西，应该是把空间变得简洁起来，对光线有所控制，让外面的乱七八糟的很老的做法不要干扰到这样的展示。所以我们在那样的一个很普通的圆盒子里加了一层表皮，通过这层表皮把空间变得很干净，光线大家可以看到上面的位置，侧面过来的是自然光，保留一定的光线，衬托电子产品的展示非常搭配。这个实的表皮和虚的表皮之间有 1m 的距离。实的表皮我们做了大型的 LED 的一个展示，因为那个位置非常好，有很好的广告宣传效应，这样的做法解决室内问题，解决户外的广告问题。这个东西现在实施起来没有这么到位，加了一些灯光，这是我们解决这个问题的时候，方法我们自己觉得不错。有一些设计可能没做出来，我们比较重视我们是不是有一个合适方法，有一个巧妙方法解决我们遇到的设计问题。

另外一个案例，其实我刚刚听颜政讲她的古典的设计法式的案例，现在国内设计师中，她做的应该是最好最漂亮的东西，做什么风格都可以，但是要做好才是最关键的和最不容易的。所以我本来不想拿这个案例来讲，但是我刚刚看到颜政的案例有感而发，我想说我们如何看待古典，我们觉得做古典没有问题，但是我们希望在古典里呈现的是现代人的生活，当下的，不是简单的仿古，我们这个项目中受邀请做一个 800m^2 的别墅，外观很古典，室内要求古典，我们做了这样的形式，这种基本的底子还是古典的形式，我们没有讲究到是什么风格，我们希望有一个印象就可以了。我们在里面用很现代的家具、灯具和装饰品，还是我们的那个想法，在这样的一个空间里面，我们希望呈现具有设计感的物品和用品，从而给人一个享受。旁边大的书架是一个符号，用现在的手法做照样有个高度。我们做了很大的餐厅，这是餐厅带休息区，空间非常大，我们把餐厅打造成一个非常有家庭气氛的空间，这里面同样布置有设计感的家具和艺术品。这是西厨部分，地面做一些复古的大理石天花、橱柜，家具用最时尚的东西做，最现代的东西。这样的话，古典和现代碰撞在一起。我们希望出现很时尚的感觉，我们始终觉得时尚的感觉对人很振奋，尤其做样板空间，这种方式接受度有限。书架做成大镜框，我们用的挂画完全是当代的艺术。

如果可以的话放一点我们公司搬迁时候的一个小录像。我们在座的这些导师和很多实践导师本来是应该一一被邀请的，我们规模没有这么大，没有机会，可以看我们搬迁的这段录像，另外可以看一下我们生活的缩影。（播放录像）这样的一些活动我们以前有，而且以后会更多的去做这样的活动，希望我们整个都有很好的设计交流的氛围，我们不止在做设计，也在传播设计，也在交流设计。谢谢大家！

王铁教授：

接下来有请骆丹先生为大家演讲。

骆丹老师：

各位老师各位同学们，大家上午好！上次初期我演讲的主题叫做“酒店设计与非诚勿扰”，这次的主题叫“酒店设计与星光大道”。这次是比较时尚，比较新颖的理念，也是我的一些心得体会。

首先，第一个点是酒店设计，第二个点是星光大道，我们来看下这两者之间的联系，星光大道是中央3台老毕老师的一个很火爆的节目。下一个是设计，今天我带来3个项目，都是关于酒店设计方面的。首先我来跟大家分享一个在行业中比较振奋人心的消息，展示的这个项目，是公司最近签约的中国第一家七星级酒店，在全球是第二家七星酒店。这个项目3年后会在中国的三亚诞生。业主找了全球20家设计公司，我们公司受到了厚爱，我们担任总体策划总协调，做主体创作。这个项目我来跟大家分享一下。这个项目室内设计和业主签了保密协议，在七星酒店没开业前所有设计师都看不到这个设计。我们这个项目以装饰为主题，是全球最奢华的以装饰为主题的酒店。

这是七星酒店的一个概念，这个项目是从酒店的建筑到整体管理的项目，年底开业，现在正在实施过程中，这是平面。这个项目刚才秦老师放了非常有趣味的画面，说的是设计公司经常加班加点，我在我们的团队很少加班，我们项目一次过的几率为90%，我给设计师更多的是投入更多的激情在里面。这个整体的项目就做一个主题，就是以紫薇花为主题。我们和业主做了效果图，100%一次性通过。这块是一个主题性酒店，也是紫薇花主题系列的。这里所有的体系都是一个整体，这个是大堂部分的，是西餐空间，这是另外一个空间，这个项目目前在实施过程中，这一系列都是整体，包括这里的镜子，这是整体设计。这是客房，这是当地的紫薇花，是当地的主体元素。这是客房，床上用品都是一个整体。这个项目从酒店规划到酒店设计和管理都是由我们完成的。这个项目今年7月开业，现在在做后期的整理。这是平面，这是主题渲染，这是度假感觉的部分，这是客房部分。这是卫生间的感觉，这是总统套房的感觉。

回到另外一个主题，关于酒店设计，我今天带来了案例。实际上，整个设计和星光大道是一个概念，星光大道是一个音乐展现过程，那么同时，我们也有另外的一种的展现过程在里面。这块展示的是在美国的好莱坞星光大道过程，今天走星光大道这部分是明星的过程，用音乐文学艺术展示人生的过程。在这个领域，这块是拍下的脚印，这是成龙在好莱坞星光大道留下的足迹的系列。实际星光大道，我想问一下有多少人看过老毕主持的星光大道？是蛮多的吧。星光大道有这么四个步骤：闪亮登场、才艺大比拼、家乡美和超越梦想。闪亮登场这块，我们在清华开题的时候就属于一个闪亮登场的过程。这个过程实际上就是对自己的一个展示，对自己形象的展示。就像今天天津美院最后做演讲的刘昂同学，她通过很快的主题展示，以一个很有新意的开题方式进行了闪亮登场。那么在下次中期的时候，我也期待更多的我们在座参加这次活动的同学，可以有这种闪亮登场的过程。包括仪表、形态、说话方式等各个方面。

第二点是才艺大比拼。昨天展示的其实就是才艺大比拼的过程。王铁老师昨天告诉我，要么被人训练，要么训练别人，我们是淘汰机制，要么被比下去，要么被培养。昨天我们同学的展现过程就是一个才艺大比拼的过程。同学们通过这个过程，可以把我们的每个点，每个思路都展现出来。我提醒在座的各位同学，你们很有必要通过这次的展示，来挖掘自己的特征，挖掘自己的才艺。你们毕业设计方案中，必须有这么样的一个才艺大比拼来展示自己的主题，这块非常重要，这是我理解的才艺大比拼。

家乡美部分。我们这次在座的是清华美院，中央美院，苏州大学和天津美院。换一种角度来看，这四个学校，其实就分别代表了不同的家乡、故土。一个是学校、一个是情感，这一部分叫家乡美。那么就像昨天晚上，我和我们的彭老师，王铁老师等几位老师能够为我们的一个同学举起酒杯，一起干杯酒。那么这种情感，就是我们家乡美的一种情感。

超越梦想。未来的这段时间，大家要么会选择离开校园去世界各地，要么留下足迹，要么继续考研考博，这是超越梦想的过程。你的梦想在哪里，你的梦就在哪里，星光大道的过程是一种人生的过程。

大家看这个是我的星光大道的展示过程，我玩音乐、玩艺术、玩文化、玩书法，这是我的人生过程。我有个乐队，我是主唱手。这也是我作为乐队主唱手的过程，星光大道是一个过程，有一种的人生体会在里面。我可以在这个过程中感受一下星光大道的感觉。

试一下民歌。我唱的是摇滚的感觉。星光大道是有人生和设计在里面的。这就是作为设计师的我对星光大道的一种体会。但现在我是企业管理者，每个设计者都是不同的一个人生种过程在里面。我们各位同学可能会在毕业之后面对自己人生的四部曲：第一好好规划自己的时间目标；第二规划社会价值目标；第三规划社会属性的目标；最后超越梦想。

规划时间目标：我们一个国家、一个公司、一个人都是一样的。一个国家有“十一五”、“十二五”、“十三五”计划来规划国家的时间目标；我们自己也应该在规划，所以不管毕业之后也好，工作也好，考研也好，考博也好都需要有规划。

规划社会价值目标这方面：面对中国的经济发展，面对一系列的外界诱惑，是否还是该看清楚你是谁、从哪里来、到哪里去。要理解，我就是我，我是谁？我做什么？为什么做？这就是社会价值目标。在规划社会属性目标的同时，确定好我们的社会属性在哪里，比如说我自己，我现在就站在讲台和大家在进行交流。我们实现社会属性目标，跟我们自己的社会属性有关系，未来有很多时间去实现目标，实现这种社会属性目标。我相信我们在座的同学可以超越自己的梦想，可以超越自己的人生阶段，好好把自己规划好。谢谢大家！最后祝各位老师各位同学超越梦想，星光人生。

彭军教授：

刚才骆总以传销的激情和大家讨论，以一种传销的人生理念告诉同学们只要通过艰苦的努力，以后必然有星光大道。下面有请金螳螂设计总院的石 院长给大家做学术演讲。金螳螂公司是国内上市公司，设计院规模非常大，在全国有四五十所分院，分布在全国各地。设计团队 1600 人，是目前整个国内装饰装修业的龙头老大，非常有实力。

石赟老师：

各位老师各位同学大家中午好！我将以一个很短时间介绍一个写字楼的案例，这个写字楼在安徽合肥，投资方是合肥的洽洽集团，大家很熟悉，恰恰是生产瓜子的企业，目的是想丰富这个楼改变大家对他的信心，树立自信心和行业对它的尊重，做为商业综合体，有写字楼，公寓、商场、酒店，建筑设计是由新加坡的一家公司负责的，整个建筑体做得比较不平常，用一些直线，用一些斜的线形成的一个比较有视觉冲击力的感觉。这是建筑外立面，比较不规则，和周边的一些建筑形成对比，形成自己的特别的风貌。我们所承担的是它的超高层写字楼部分，这是写字楼大堂，业主对这个大堂重视程度很高，希望通过大堂承担该企业与众不同的非常具有市场影响力的这样一个形象。

这个大堂本身结构怎么样？高 16m，从门进去到电梯走六七步，没有很好的观赏时间和审美的角度，我们怎么样处理这样的方案？首先我们采用前面浅色和后面黑色的色彩上的对比，在造型上比较尖锐比较突出，在玻璃幕墙外面可以感受到里面是比较特别的空间，这个空间对路过的人产生吸引力。进入这个空间的时候，我们用比较特别的一个直线形和一些比较尖锐的形象想让人产生一种陌生，是一种非常矛盾的空间，但是又似曾相识，让进入者产生一种紧张感，这和写字楼不一样，以往写字楼是庄重大方的和谐空间，我想用矛盾和陌生感产生强烈的心理企图感，陌生感能使人不会直白进入电梯，会四处环顾，确定有没有安全感，这样赢得一个欣赏大堂的时间。通过这样的一个四处环顾并通过这些折线得到紧张情绪，再回到这块墙面，使紧张情绪得到一点压抑，似乎又恢复了平静，但是平静的心不可能很快平静，被压住了，这种心跳很快，又不能很肆意放出来的感觉，这种亢奋这种紧张是我想引导的，想给进入者的一种感觉。

大堂到这块深颜色得到一个结束，但是又用这个灯带联到电梯间里面产生很好的视觉引导效果，同时产生心里暗示——动物对光明有向往，光明给人是一种传达希望的信息，引导人待在一种希望暗示中进入一个办公空间。

大堂侧面进深很浅，四面墙不规则，但是构造语言和建筑语言统一，地面上看到一块块用原木做的座位，很不舒服，我的目的是看不是坐，在某些地方，不适合放很多舒服的坐椅，做了以后反而破坏整体形象。

这是写字楼的通道，右边是电梯间，在情绪上是延续了大堂的风格，但是相对而言用了很多，因为必定要进入一个办公空间，情绪不能够再这样亢奋，但是要有一种创作的冲动。我讲这个方案，讲到这里好像结束了，其实这个方案我真正面对业主的时候，是每句话都讲，我把这个图片拿出来下面炸开锅，有的很高兴找到很好的东西，有的很气愤，这么方正的空间搞出非常矛盾的东西，他们互相之前吵来吵去，吵了 1 个小时，我一直在边上什么也没说，他们董事长说，让设计师说，我想我不要说，因为这么简单的图让你们讨论了 1 个小时，如果 1000 个人看到肯定会在社会上形成影响力，你的商业目的已经达到了，老板说“吃饭去吧”。

彭军教授：

感谢石赟总设计师的演讲。一天半时间非常紧张，通过“四校四导师”平台请来国内的专家、知名教授、还有国内一线设计师代表给大家做演讲，为大家带来很好的专业上的学习机会，请同学们再一次以热烈的掌声表示感谢。

主　题：2012“四校四导师”环艺专业毕业设计实验教学师生互动
时　间：2012年4月22日上午9：00
地　点：苏州金螳螂建筑装饰股份有限公司家具厂
主持人：苏州大学金螳螂建筑与城市环境学院副院长王琼教授

王琼教授现场讲解家具制作流程

参观过后，导师与学生交流互动

 工厂师傅为学生讲解加工工艺

获奖名单

2012“四校四导师”环艺专业毕业设计实验教学
暨第四届中华室内设计网优才计划奖答辩获奖名单

本科生组

一等奖3名　汤　磊　彭奕雄　王霄君

二等奖6名　郭国文　王默涵　纪　薇　李启凡　王家宁　绪杏玲

三等奖9名　解力哲　苏乐天　刘　畅　任秋明　王　伟　周玉香　朱　燕　王　瑞　孙晔军

佳作奖12名　仝剑飞　陆海青　曲云龙　张　骏　纪　川　冯雅林　陆志翔　孙永军　刘　崭　郑铃丹　史泽尧　廖　青

研究生组

一等奖1名　韩　军

二等奖2名　刘　昂　邬　旭

三等奖3名　闵　淇　杨　晓　郭晓娟

佳作奖3名　孙鸣飞　王　钧　朱文清

本科生获奖作品

一等奖

天津南港工业区滨水景观设计

Nangang Industrial Park Waterfornt Landcape Design

学生姓名：汤　磊
责任导师：王　铁
学校名称：
中 央 美 术 学 院

项目背景

一、所在城市：天津位于东经 116° 43′ 至 118° 04′，北纬 38° 34′ 至 40° 15′ 之间。市中心位于东经 117° 10′，北纬 39° 10′。北起蓟县黄崖关，南至滨海新区翟庄子沧浪渠，南北长 189km；东起滨海新区洒金坨以东陡河西干渠，西至静海县子牙河王进庄以西滩德干渠，东西宽 117km。天津市域面积 11917.3km^2，疆域周长约 1290.8km，海岸线长 153km，陆界长 1137.48km。天津市地处华北平原东北部，东临渤海，北枕燕山，北与首都北京毗邻，距北京 120km，是拱卫京畿的要地和门户。东、西、南分别与河北省的唐山、承德、廊坊、沧州地区接壤。对内腹地辽阔，辐射华北、东北、西北 13 个省、市、自治区，对外面向东北亚，是中国北方最大的沿海开放城市。

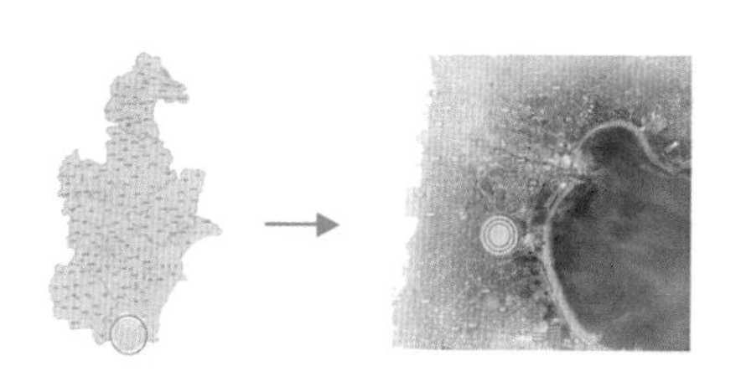

二、设计区位：基地所在位置是天津市“双城双港”城市空间发展战略规划的南港，位于滨海新区东南部，距离天津市区 45km，距离天津机场 40km，距离天津港 20km。工业区呈“一区一带五园”布局，生态环境良好，基础设施一应俱全，投资环境优越。面对新的形势，开发区将进一步贯彻落实科学发展观，弘扬“开拓创新永图强，奋力争先铸辉煌”的精神，努力把开发区打造成为推动全市经济跨越发展的重要载体和第一增长极。天津市以深化落实国务院确定的“国际港口城市、北方经济中心和生态城市”的城市定位为目标，依托京津冀，服务环渤海，面向东北亚，用区域和国际视野，着眼天津未来长远发展，着力优化空间布局、提升城市功能，提出了“双城双港、相向拓展、一轴两带、南北生态”的总体战略。

三、基地气候因素：基地处北温带位于中纬度亚欧大陆东岸，主要受季风环流的支配，是东亚季风盛行的地区，属温带季风性气候。虽临近渤海湾，但半封闭的内海海湾对基地的气候影响不大。主要气候特征是，四季分明，春季多风，干旱少雨；夏季炎热，雨水集中；秋季气爽，冷暖适中；冬季寒冷，干燥少雪。因此，春末夏初和秋天是到天津旅游的最佳季节。天津的年平均气温约为 11.6 ～ 13.9℃，7 月最热，月平均温度 27.8℃；1 月最冷，月平均温度 −4.3℃。年平均降水量在 360 ～ 970mm 之间（1949 ～ 2010 年），平均值是 600mm 上下，降水稀少。

项目概况

南港工业区投资服务中心位于南港工业区——天津滨海新区十大战役之一、世界级重化工基地的核心区，包括行政办公、展览会议、餐饮住宿和生活配套等综合服务功能区。具备会议会展、企业办公、生活服务等功能。设计范围及条件为海滨大道以西、红旗路以南、海防路以东、创新路以北范围内的投资服务中心周边场地，面积约 120 万 m^2，其中包括标志物 A、投资服务中心、生活服务中心、企业办公中心、会展中心及周边水系、道路绿化景观设计。

基地现状

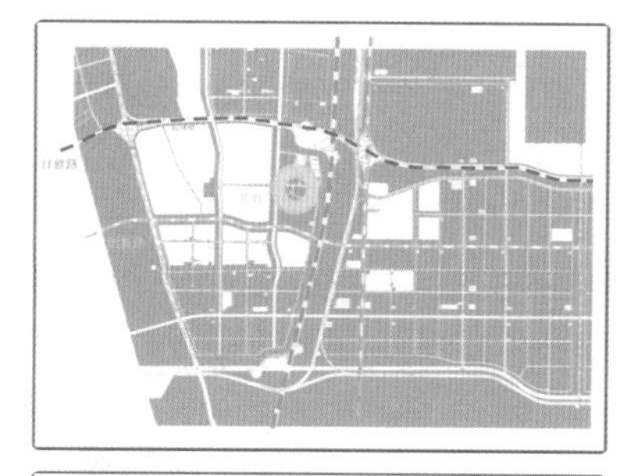

周围交通便利，基地位于整个工业区的核心位置。交通成为区位最大的优势。

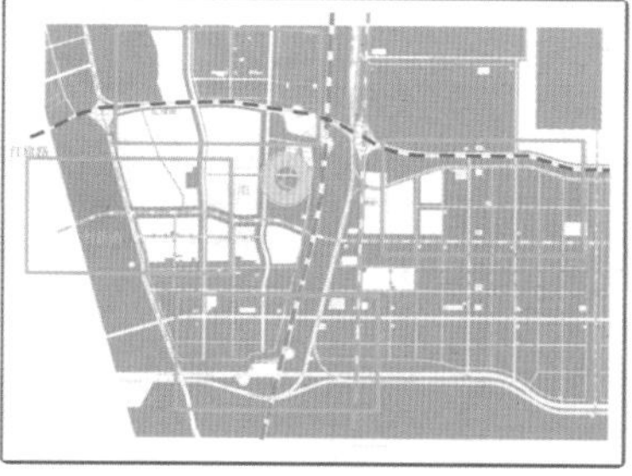

基地周围目前都为平地，四周无建筑物，属于城市规划范畴中全新建设的类型。

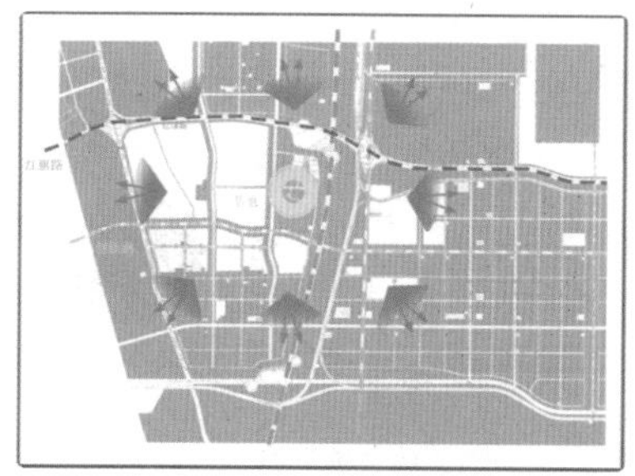

基地周围视野开阔，总体规划上无高大建筑物，基地位置的核心位置突出。

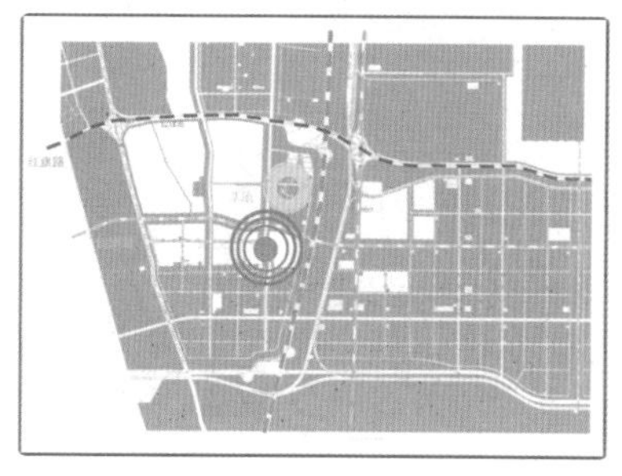

基地南部和西部有大片水域，既可以作为交通系统，也可以作为游览景观。

现场照片A

现场照片B

现场照片C

现场照片D

设计概念

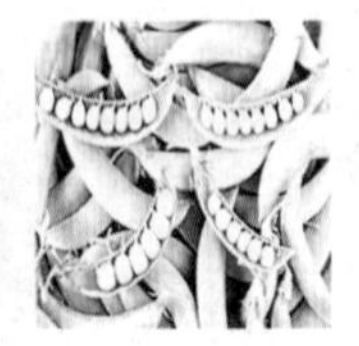

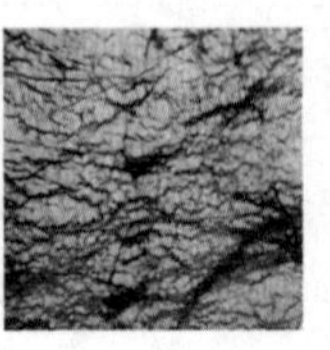

自然界中各种动物与植物自身有很多优美的曲线，在对其进行提炼和总结后我们可以发现其中有很多奥妙所在，对于这些曲线的研究，并不是停留在曲线本身上，而是对自然界将它形成的过程上，将自然界的曲线加以提炼和总结，进行思考。将其应用于景观规划设计当中，用自然形态给设计以生命，让其有节奏感和韵律感，并且在其基础上把生物的进化规律应用于设计当中，研究怎么做出有生命的、有变化的，并且随着时间发展呈现不同形态的景观。适应当今社会低碳环保的要求，将新能源建设融入设计当中，开发生态环保节能建筑，由此对自然界中各种动物与植物自身的优美曲线加以提炼，进行景观设计。

提取词汇

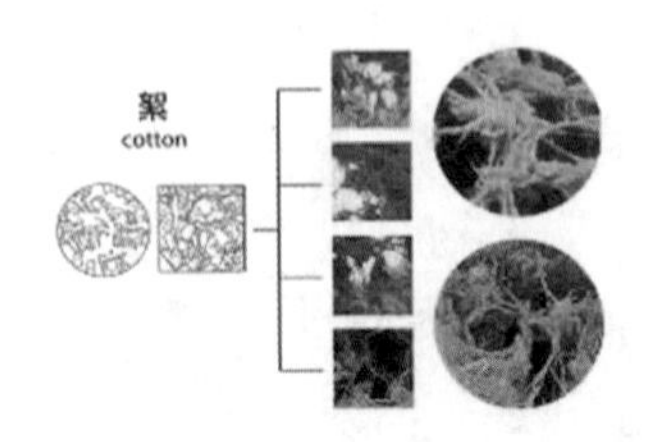

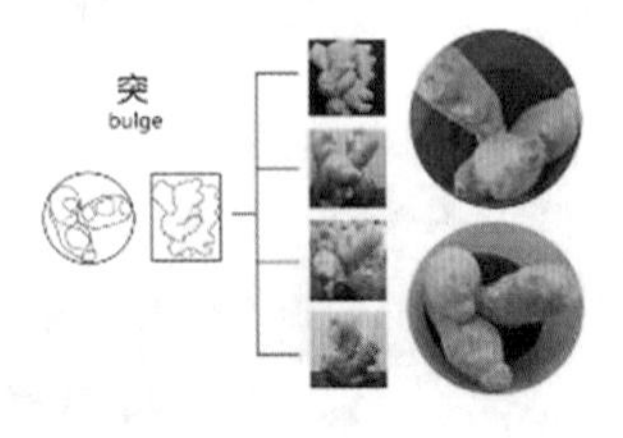

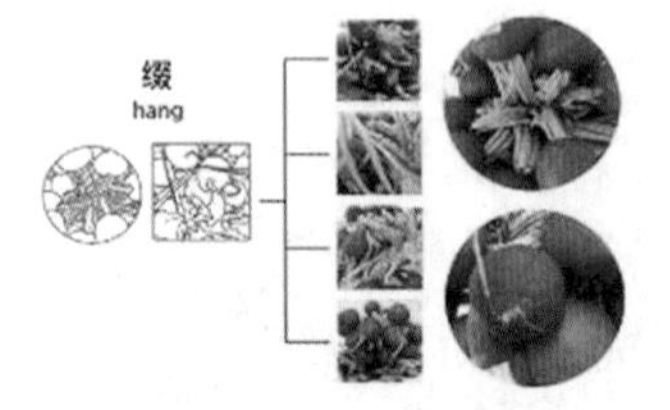

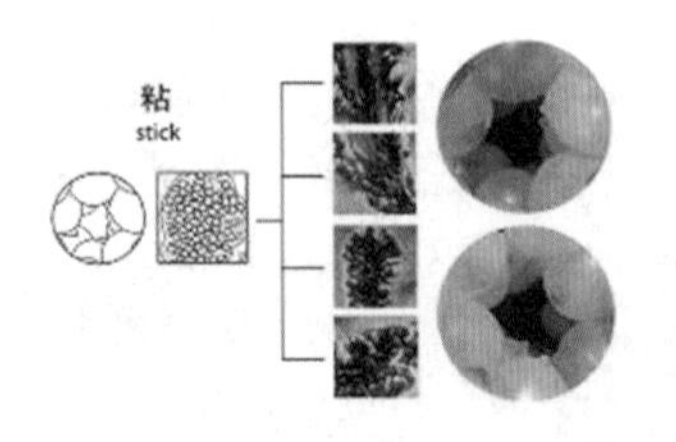

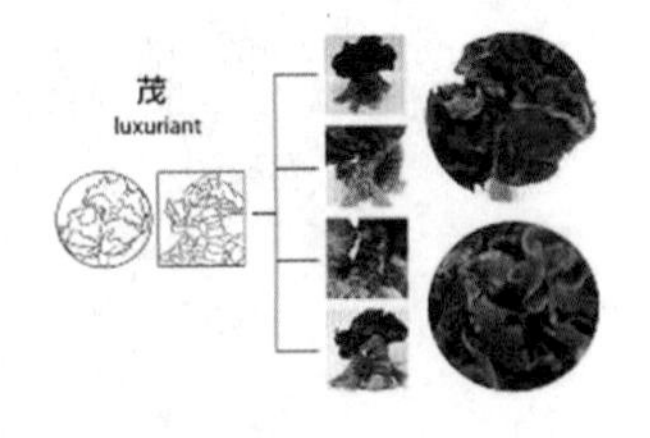

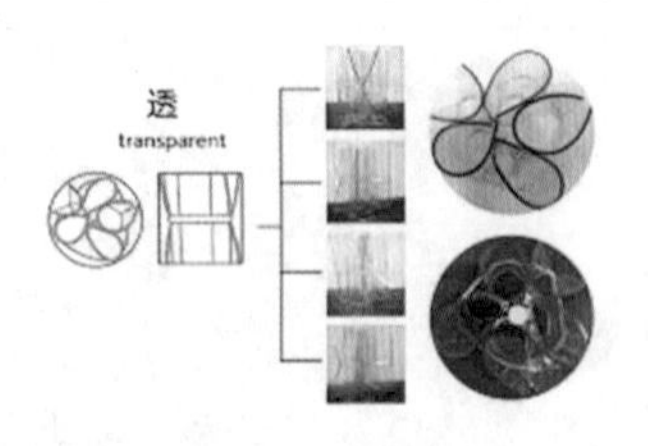

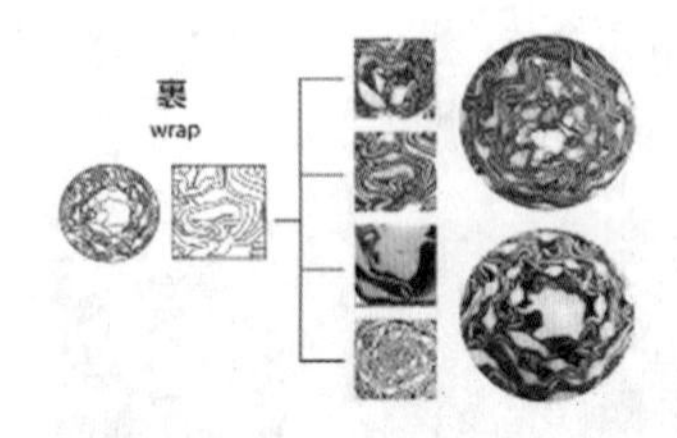

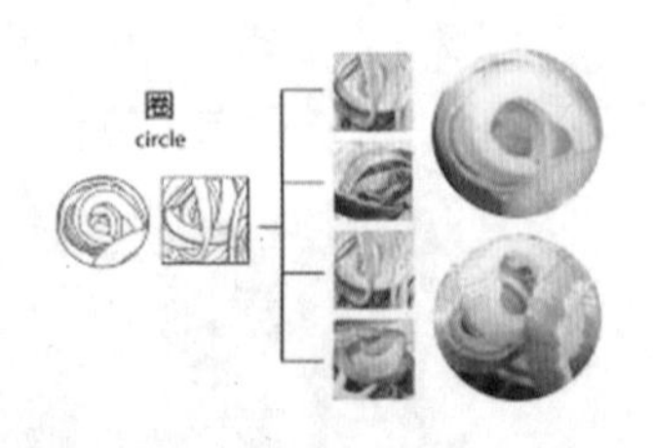

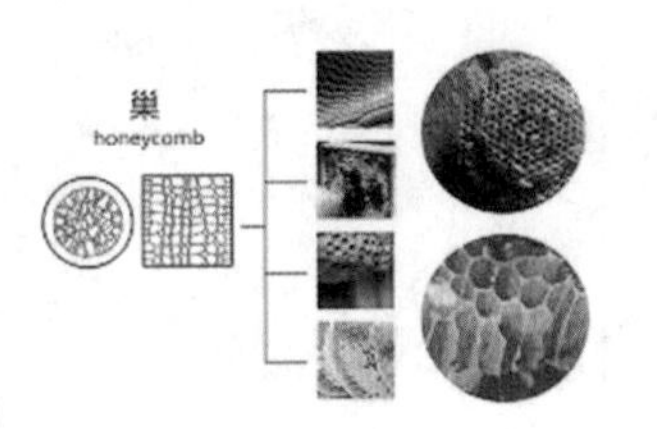

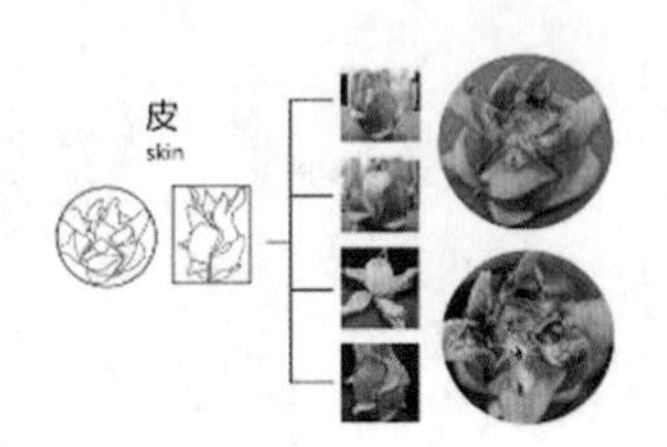

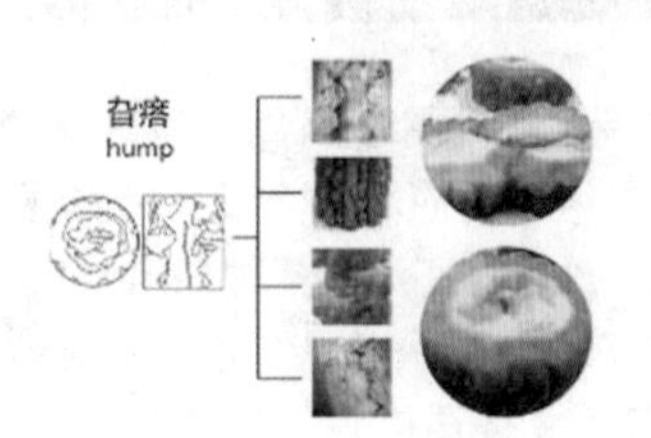

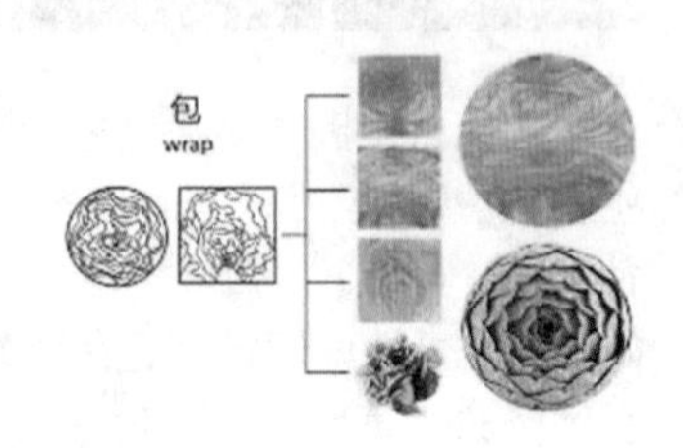

提出概念

参数化设计

生长的建筑

生态建筑

景观的演化

仿生学原理

新能源建筑

参数化设计

将动物与植物的形体进行三维建模，在软件中进行参数化处理后，对其模型中的曲线进行提取。整理成有节奏、有规律的曲线。合理地分割出带有比例关系的平面体块，生成景观的平面图效果。

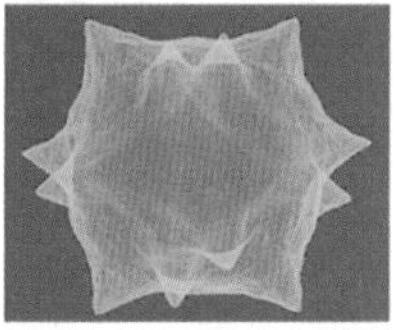
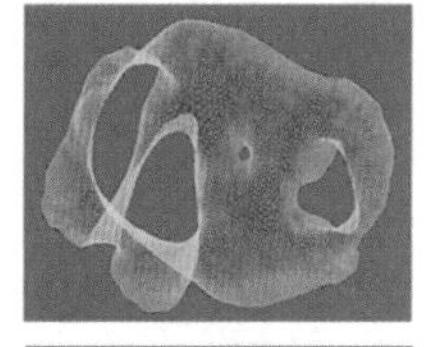
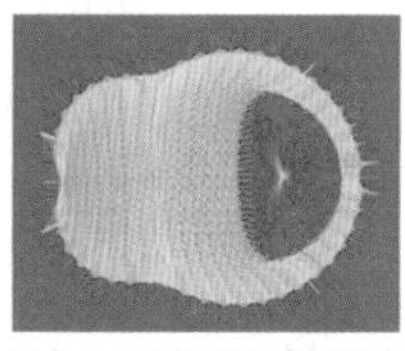
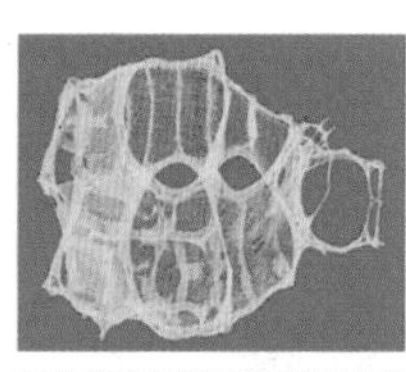
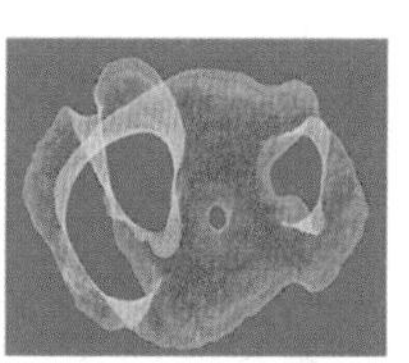
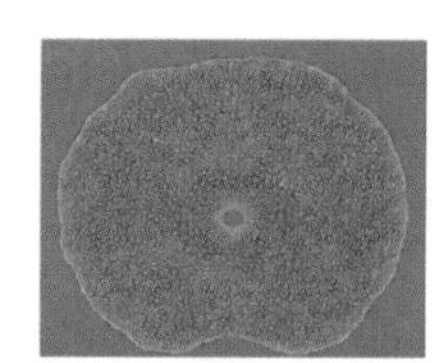
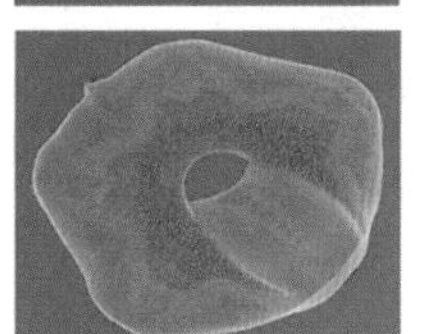
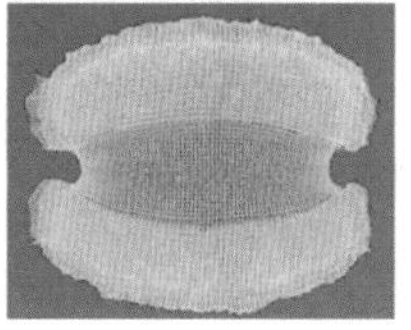
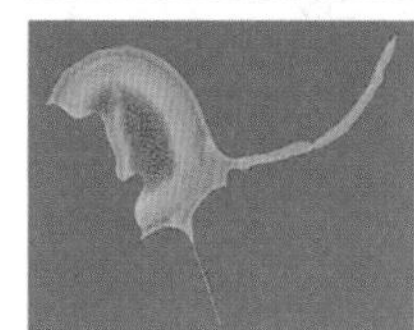
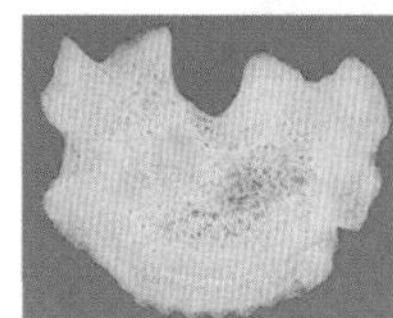
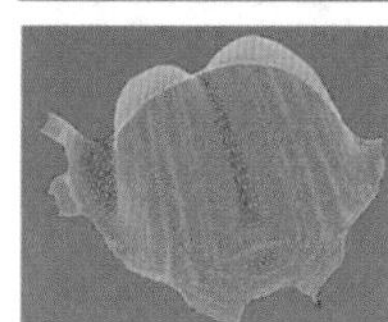
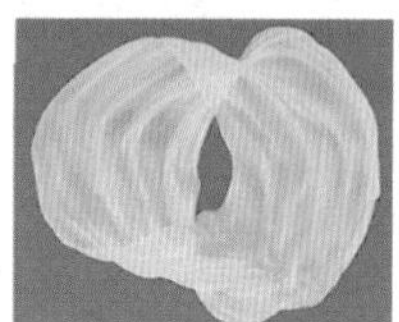

平面推导

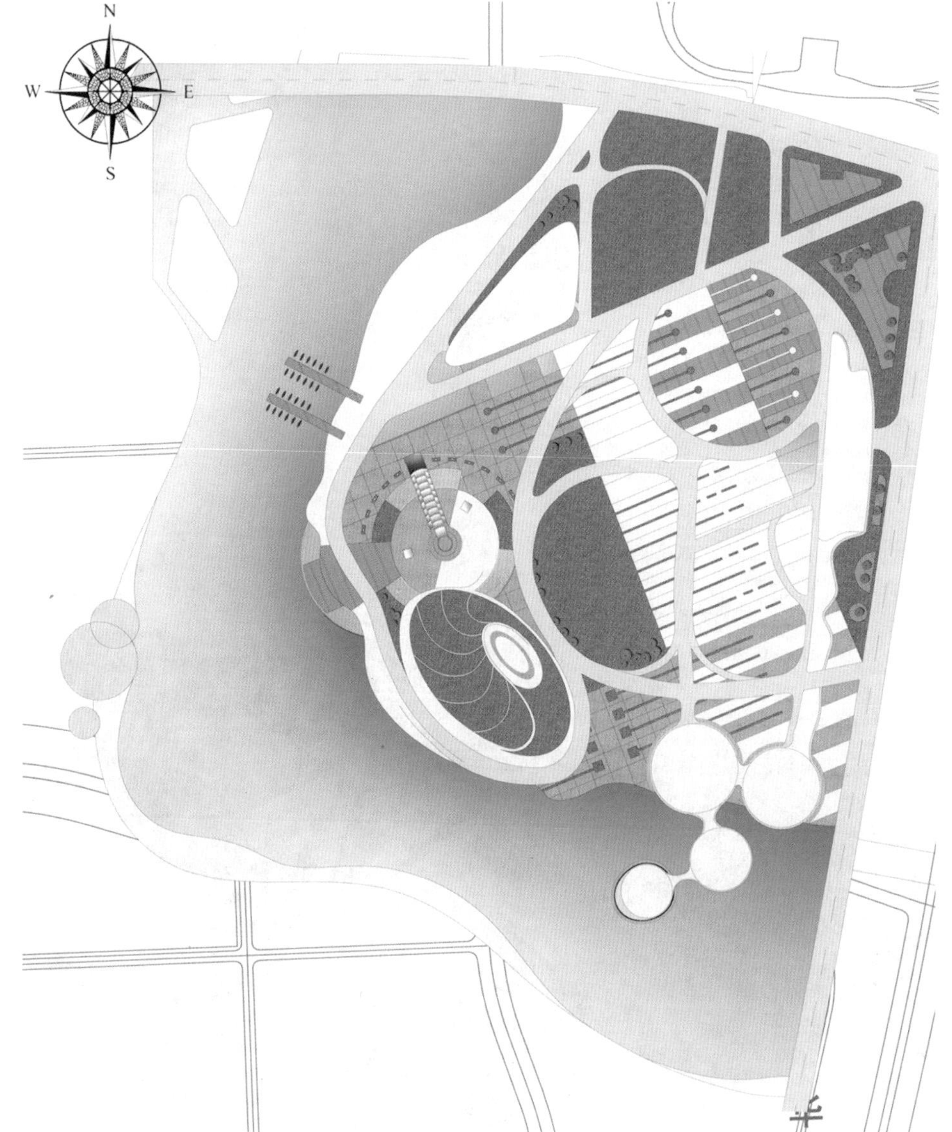

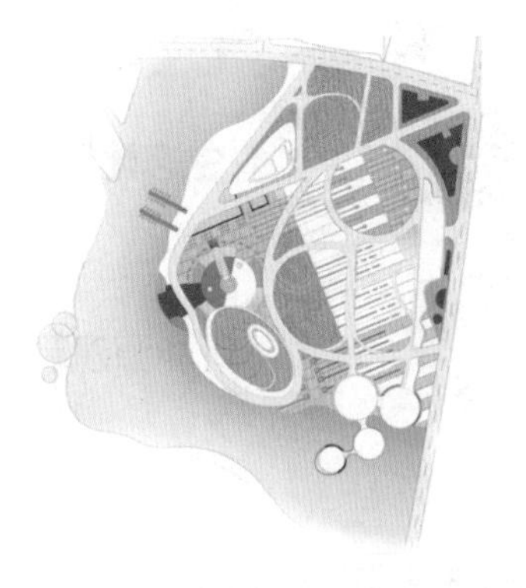

平面深化图

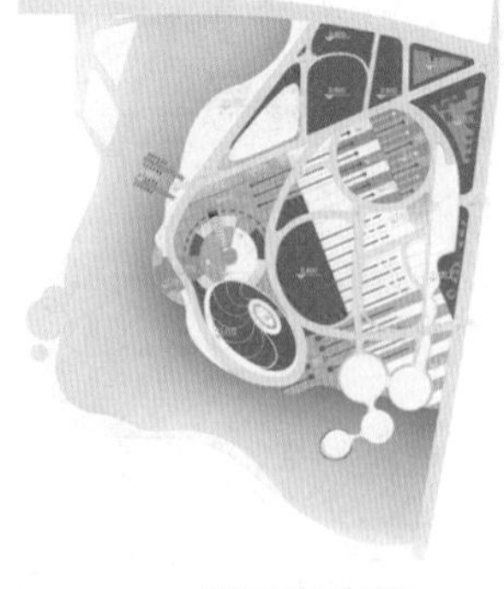

平面标高图

平面网格图

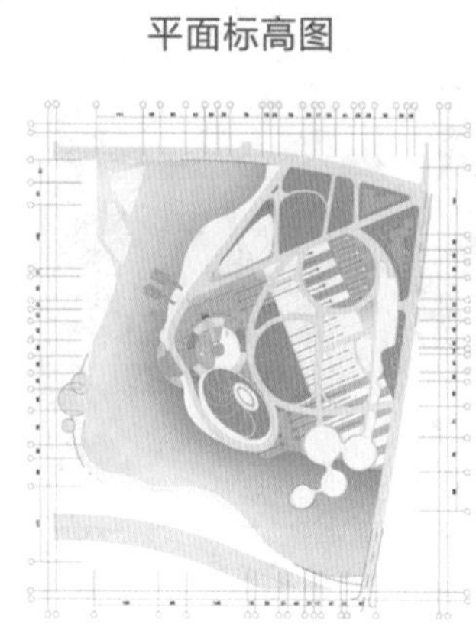

平面尺寸图

景观组成

整体

水体

硬质

植物

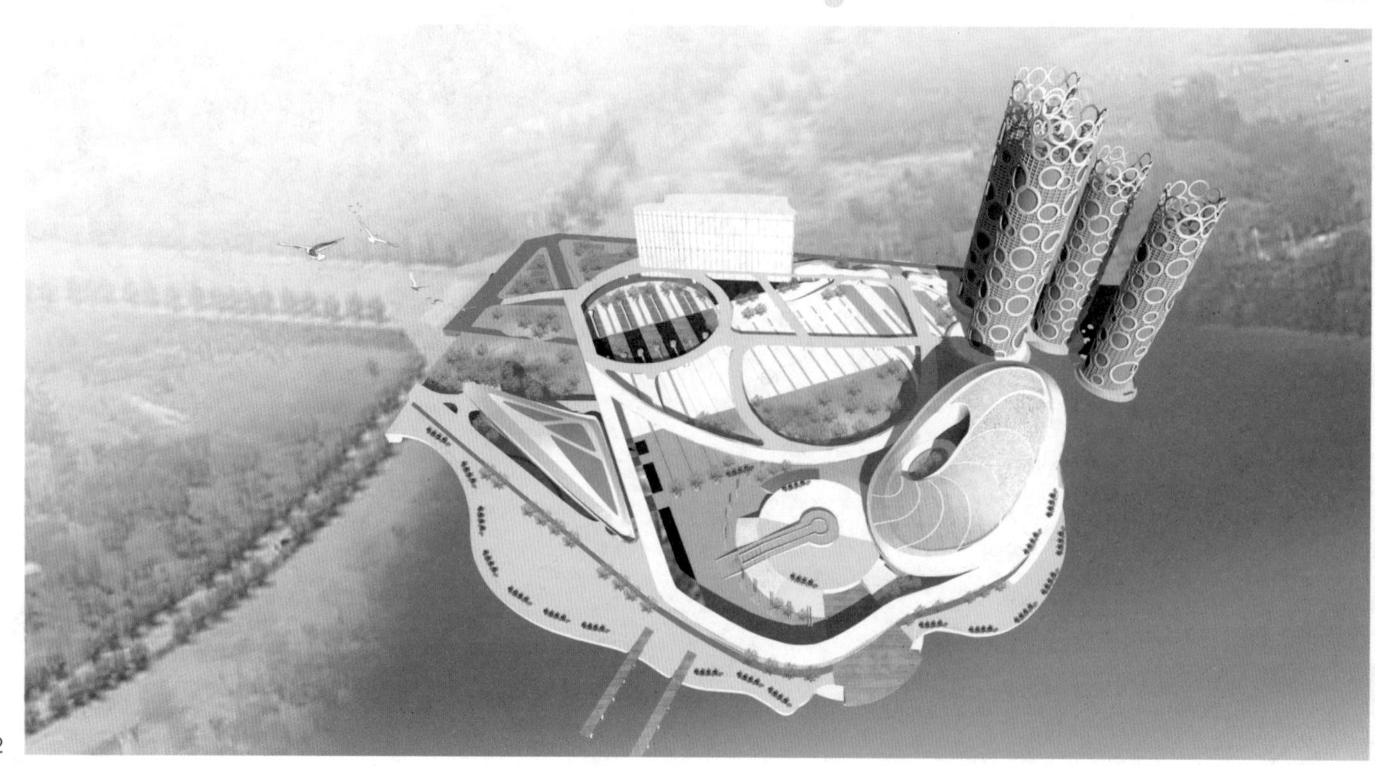

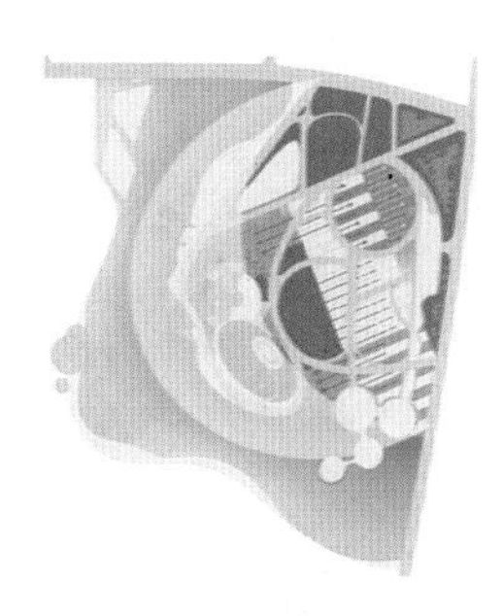

观赏区的区位关系

根据景观滨水的区位关系合理地布置景观带，将不同层次的景观带供给不同的人群使用。

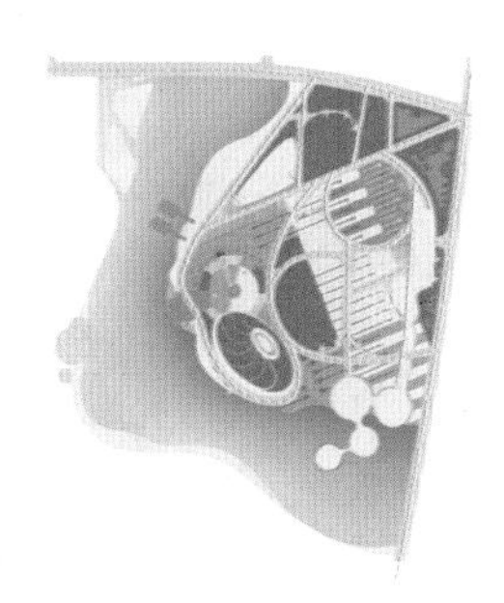

交通道路的设计

设置上下两套道路交通系统。将车流与人流竖向分开，更加有利于适用人群的安全。

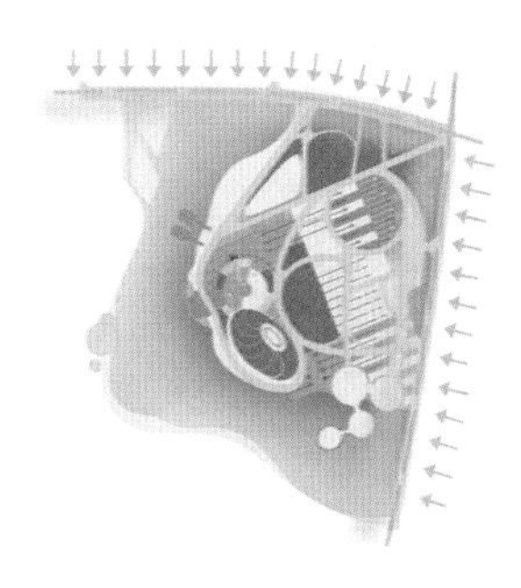

交通距离的关系

根据公共建筑设计原理，按照交通距离远近的关系，外围空间多布置为对时间和效率要求较]高的功能。内部空间多布置对景色环境要求较高的功能分区。

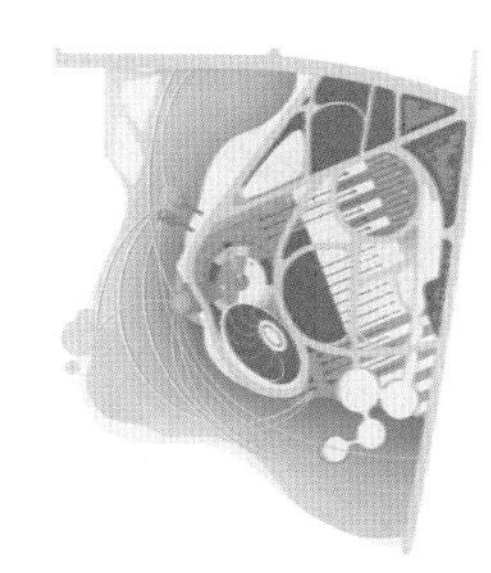

亲水驳岸的设计

在滨水区域设置两块亲水区域，满足游人的亲水性。并且可以利用水道来运输。

区位动静关系

根据公共建筑设计原理，外围空间布置对声音要求较低的功能分区。内部区域布置对声音环境要求较高的居住区等功能分区。

建筑的生产过程

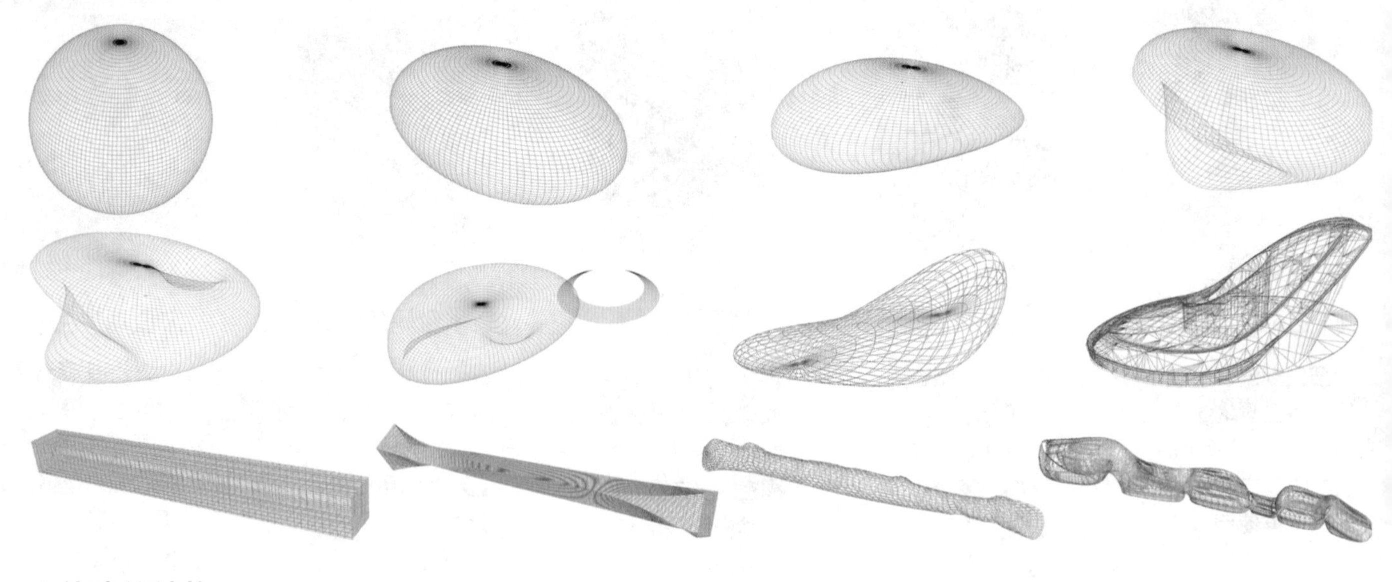

主体建筑结构

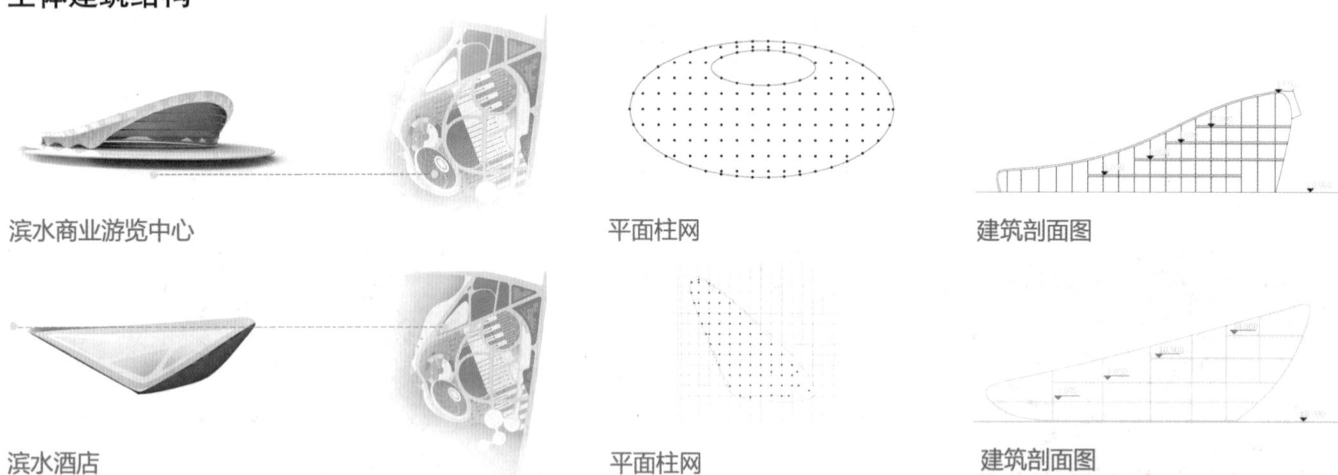

立面图

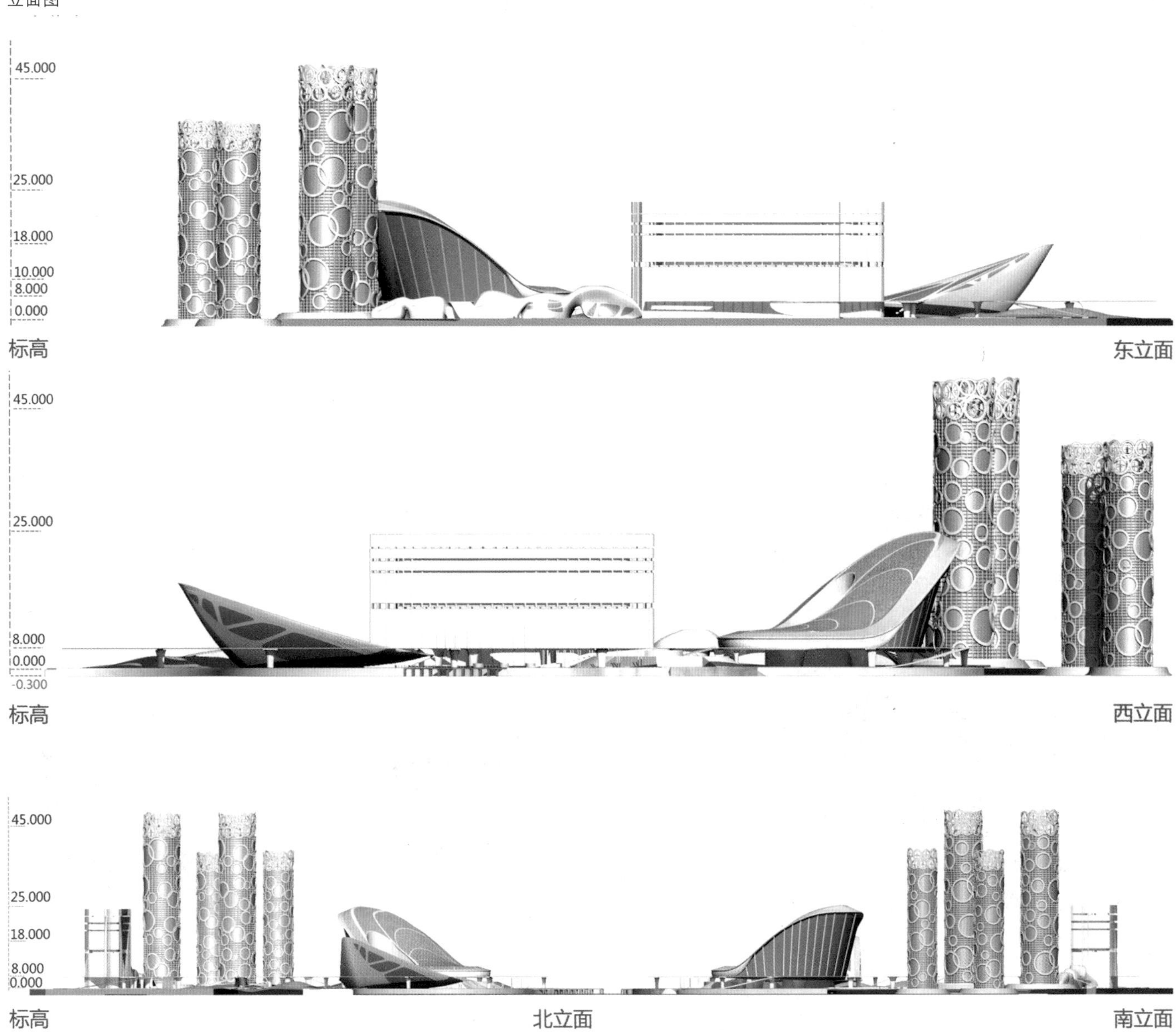
45.000
25.000
18.000
10.000
8.000
0.000
标高
东立面
45.000
25.000
8.000
0.000
-0.300
标高
西立面
45.000
25.000
18.000
8.000
0.000
标高
北立面
南立面

居住区

办公区

商业游览

酒店办公

功能分区图

功能分区

设计范围为海滨大道以西、红旗路以南、海防路以东、创新路以北范围内的投资服务中心周边场地，面积约120万m²，其中包括标志物A、投资服务中心、生活服务中心、企业办公中心、会展中心及周边水系、道路绿化景观设计。在功能分区的布置上合理地考虑公共建筑的营造原理。满足人们的使用要求，充分考虑人在景观当中的主导作用，做到动与静、内与外、远与近的相互协调。 南港工业区投资服务中心位于南港工业区——天津滨海新区十大战役之一、世界级重化工基地的核心区，包括行政办公、展览会议、餐饮住宿和生活配套等综合服务功能区。具备会议会展、企业办公、生活服务等功能。在设计过程中合理地分配这些功能的位置是整个景观设计的一个重点。

公共广场等级划分

根据使用者的多少，广场所在的位置和所服务的不同对象，分别设置了一级广场、二级广场、三级广场。

二级广场

供周围办公人员休息与游客中途休息使用。

一级广场

供大规模游客使用，游客的休息与人流缓冲地带有陆地到滨水景观的过渡地带。

三级广场

供酒店区域的居住者使用，水生植物的观赏区。

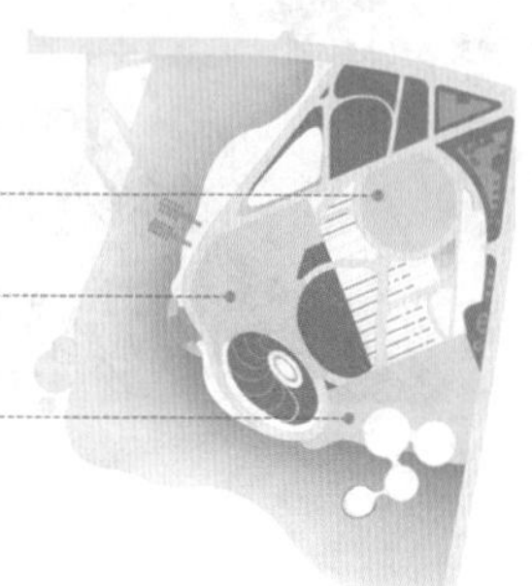

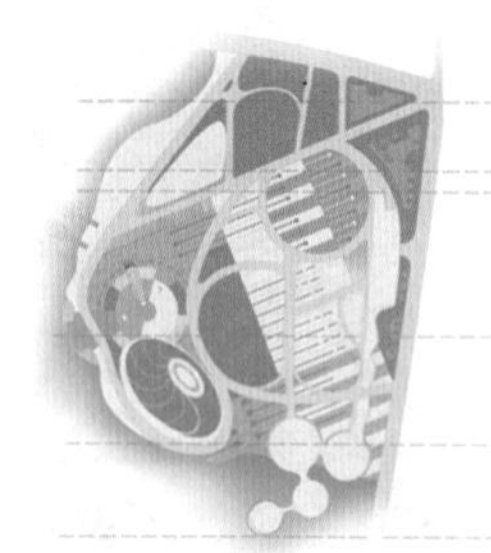

公共广场的设置

根据公共建筑的设计原理，对于人流密集程度进行分析，在公共建筑人流集中的位置设置大开放空间作为缓冲地带。对于人流具有连续性的建筑，将公共广场设置在建筑周围，起到辅助分散人流的作用。

广场效果图

一级广场效果图

二级广场效果图

三级广场效果图

节点效果图

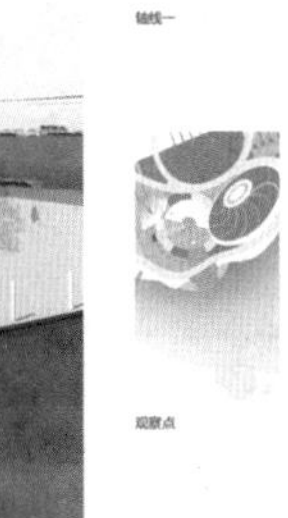

轴线一效果图

轴线二效果图

轴线三效果图

景观节点的设置

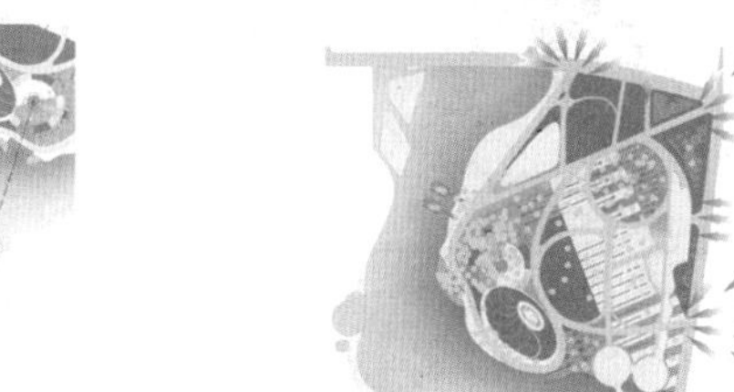

对人流的来向和人流的密集区域进行分析

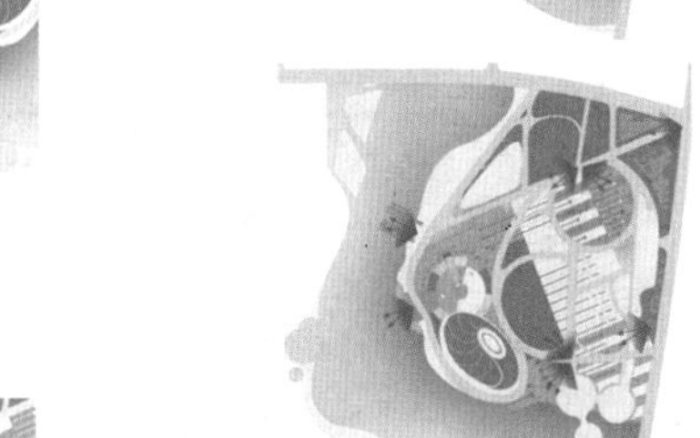

寻找景观场地当中好的景观观赏视点

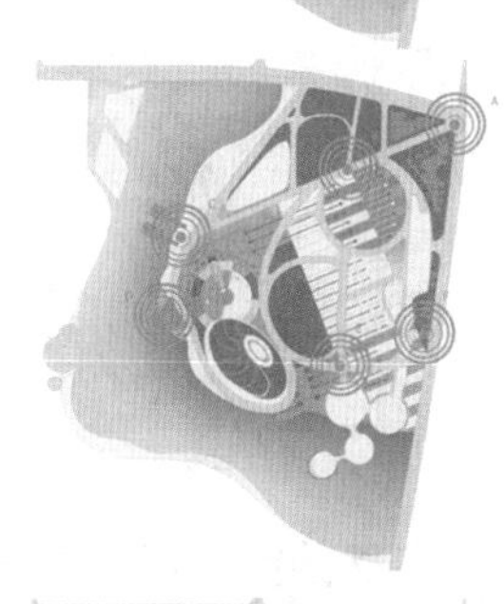

分别设置A、B、C、D、E、F六个景观节点

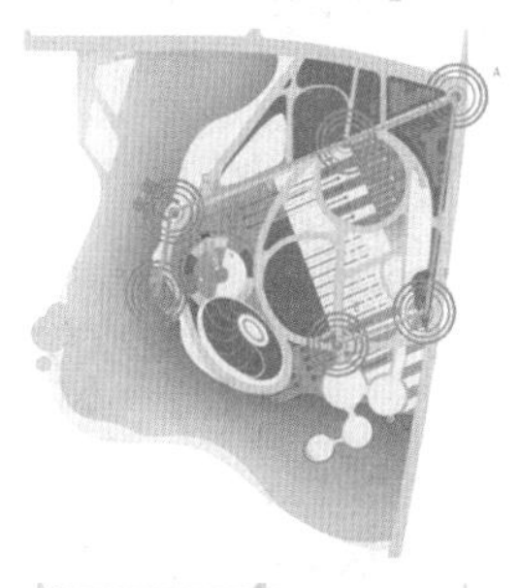

用道路将六个景观节点连接成为一体

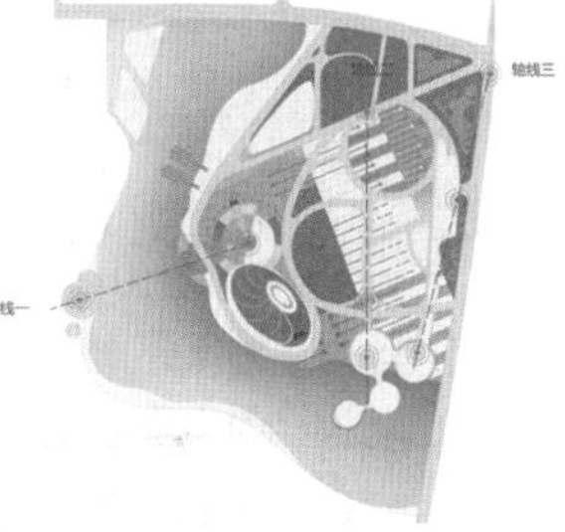

利用对景的手法形成三条景观轴线

滨水商业游览中心上层设计

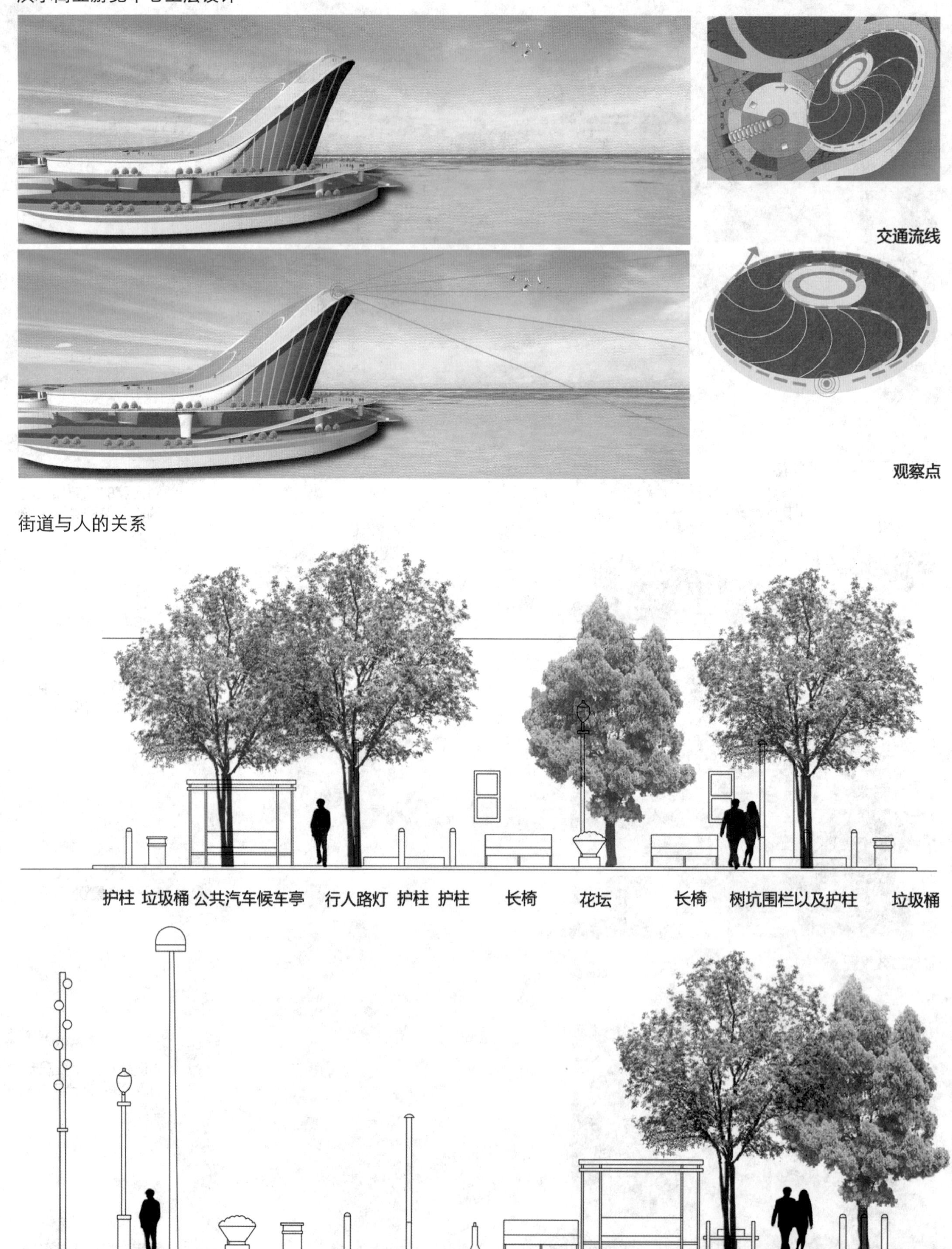

道路设计

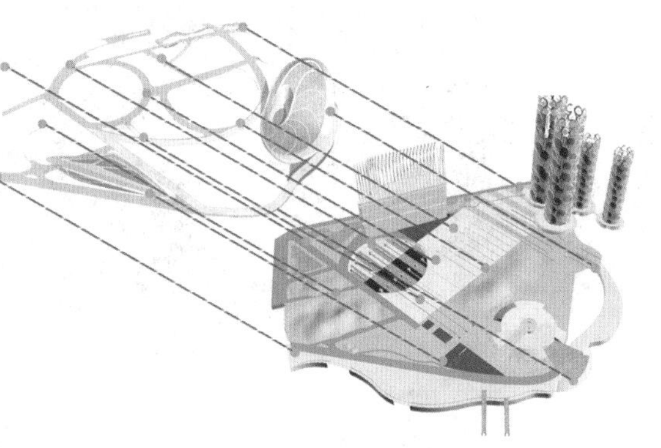

将道路分为上下两层，设置为车行与人行两种不同功能的道路，既有利于交通的疏散又可以确保行人的安全。综合考虑道路的流线与位置，对其街道的景观设计进行细致的安排，将人的使用放在要解决的问题中。

街道景观设计

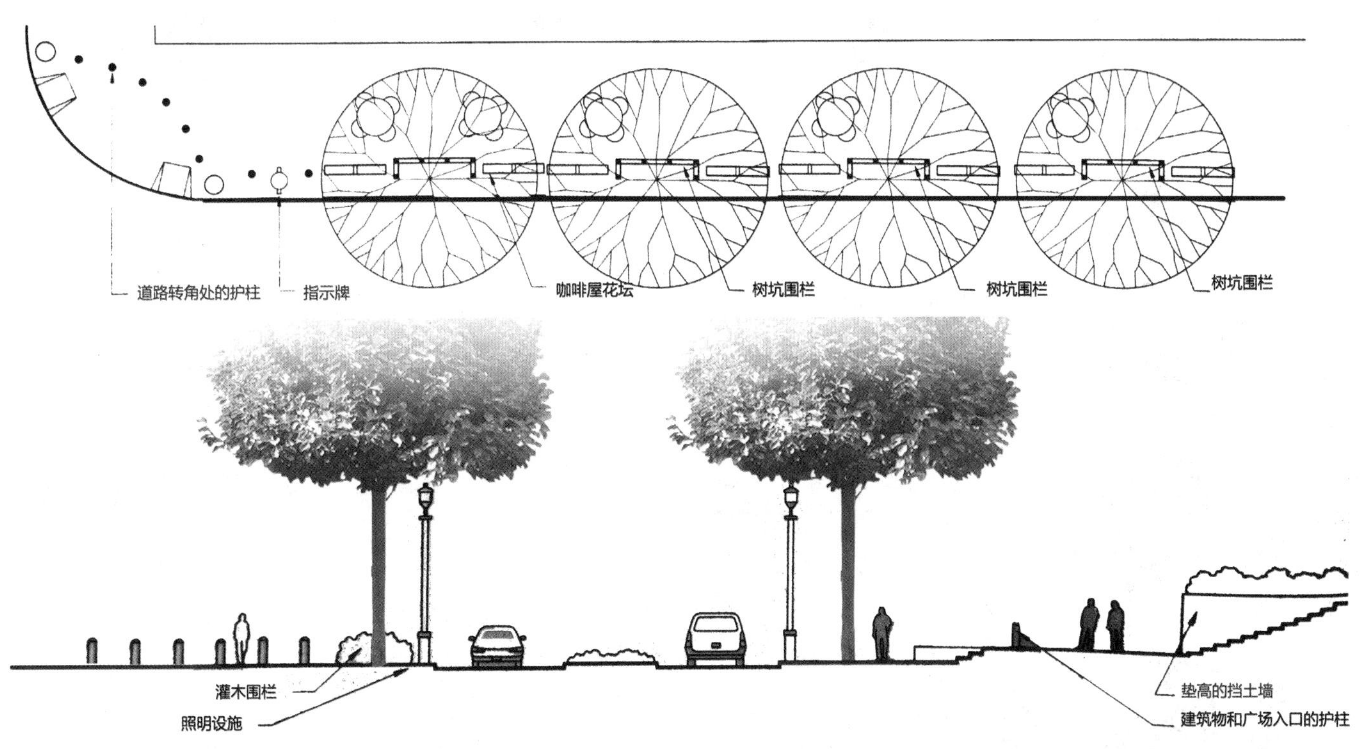

街道景观与滨水景观的过渡方式

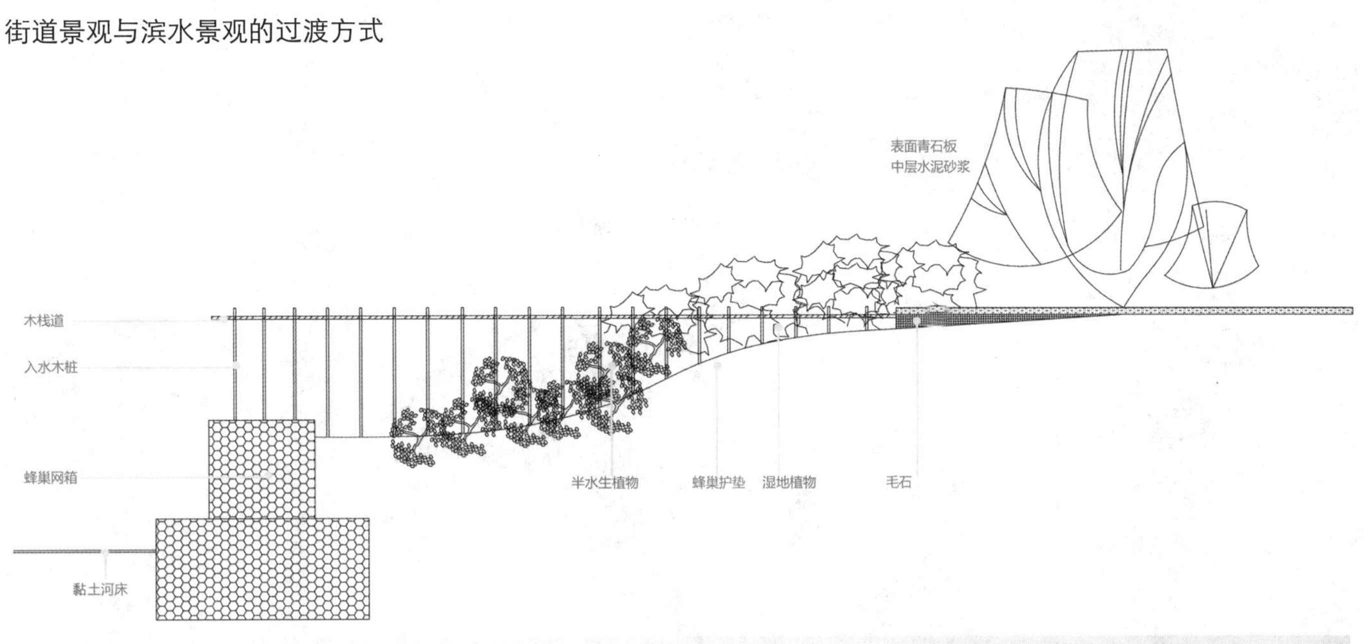

滨水驳岸设计

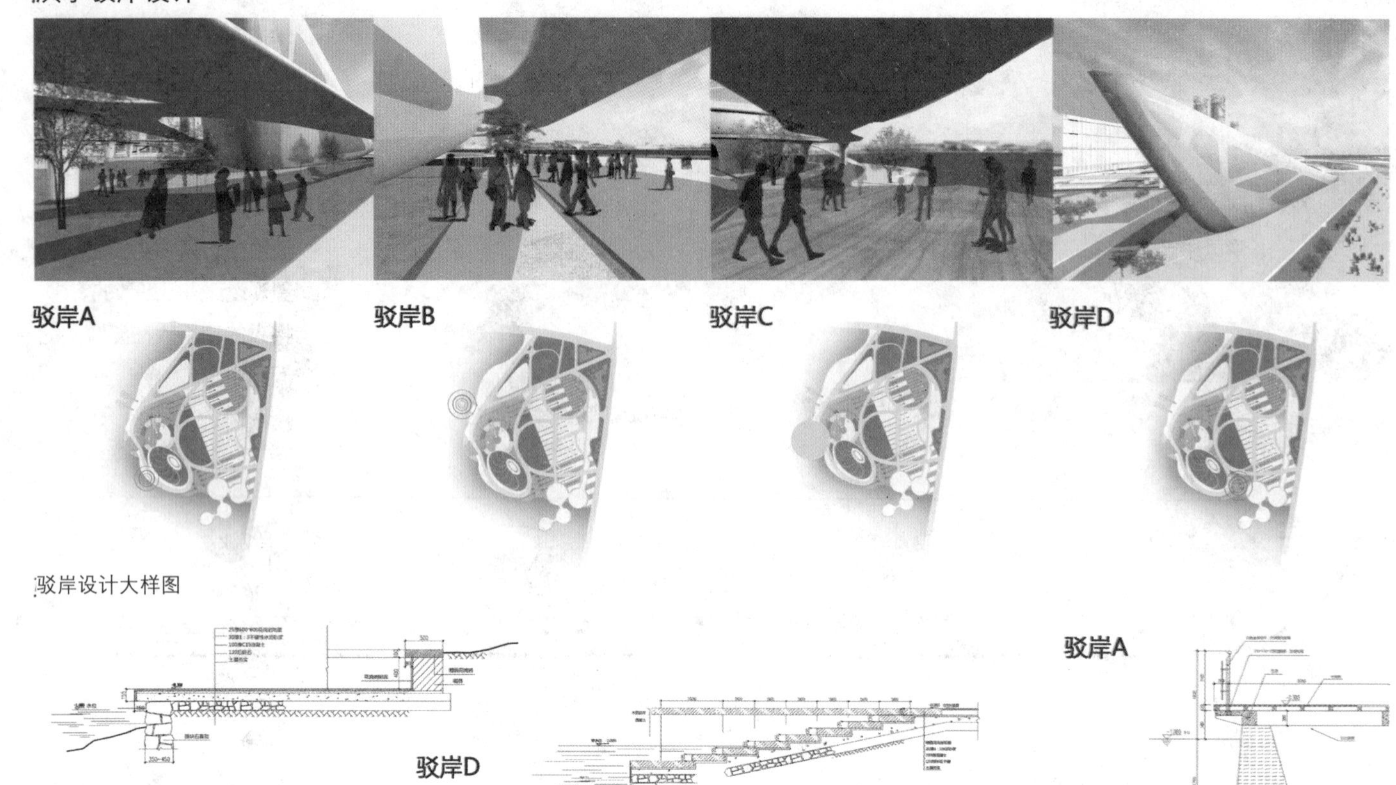

新能源景观建筑

建筑作为人工环境，是满足人类物质和精神生活需要的重要组成部分。然而，人类对感官享受的过度追求，以及不加节制的开发与建设，使现代建筑不仅疏离了人与自然的天然联系和交流，也给环境和资源带来了沉重的负担。据统计，人类从自然界所获得的50%以上的物质原料用来建造各类建筑及其附属设施，这些建筑在建造与使用过程中又消耗了全球能源的50%左右；在环境总体污染中，与建筑有关的空气污染、光污染、电磁污染等就占了34%；建筑垃圾则占人类活动产生垃圾总量的40%；在发展中国家，剧增的建筑量还造成侵占土地、破坏生态环境等现象日益严重。中国正处于工业化和城镇化快速发展阶段，中国要走可持续发展道路，发展节能与绿色建筑刻不容缓。绿色建筑通过科学的整体设计，集成绿色配置、自然通风、自然采光、低能耗围护结构、新能源利用、中水回用、绿色建材和智能控制等高新技术，具有选址规划合理、资源利用高效循环、节能措施综合有效、建筑环境健康舒适、废物排放减量无害、建筑功能灵活适宜六大特点。它不仅可以满足人们的生理和心理需求，而且能源和资源的消耗最为经济合理，对环境的影响最小。

参考美国迈阿密州
COR绿色能源项目

雨水收集

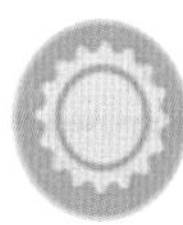

太阳能

风力发电

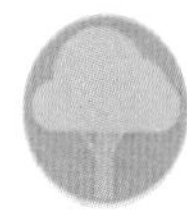

可持续发展

气候特征

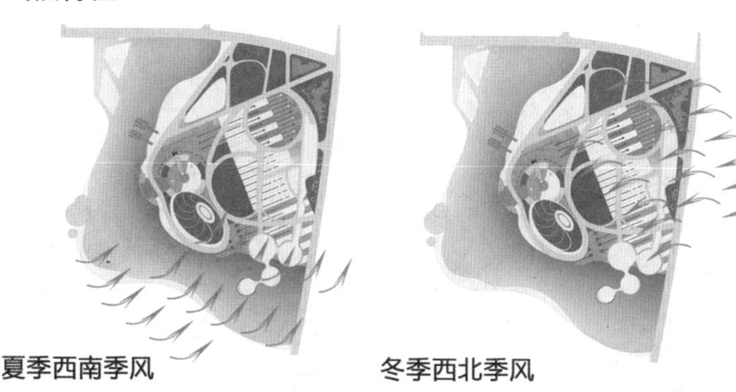

夏季西南季风　　冬季西北季风

天津地处北温带，位于中纬度亚欧大陆东岸，主要受季风环流的支配，是东亚季风盛行的地区，属温带季风性气候。虽临近渤海湾，但半封闭的内海海湾对天津的气候影响不大。主要气候特征是，四季分明，春季多风，干旱少雨；夏季炎热，雨水集中；秋季气爽，冷暖适中；冬季寒冷，干燥少雪，因此，春末夏初和秋天是到天津旅游的最佳季节。天津的年平均气温约为11.6～13.9℃，7月最热，月平均温度27.8℃；1月最冷，月平均温度-4.3℃。季风盛行，春季风速最大，夏季和秋季风速最小。年平均风速为2~4m/s。多为西南风。天津日照时间较长，年日照数为2500~2900h。

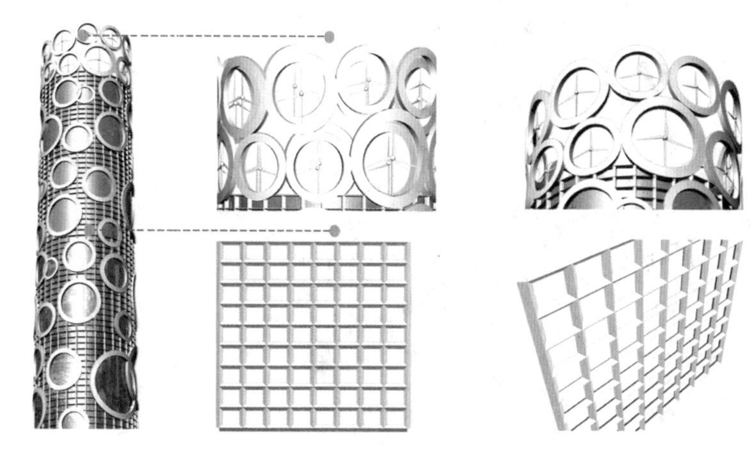

将涡轮发电机置于3m厚的构筑物之间，充分利用风能进行发电。

建筑物外立面由网格状太阳能板组成，在不影响采光的情况下吸收太阳能进行供给。

新能源的预想

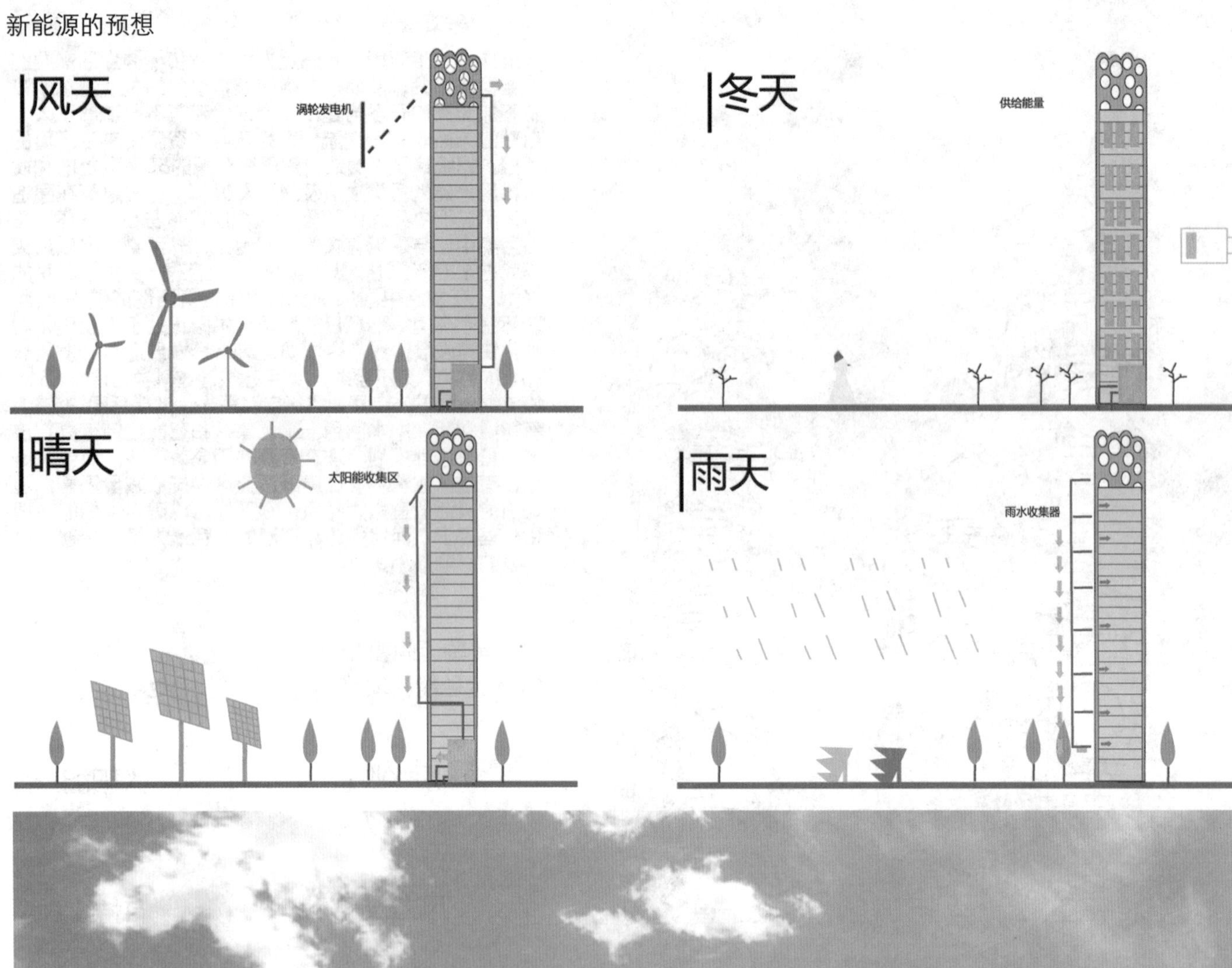

雨水收集系统

降雨量分析：年平均降水量在560~970mm之间，平均值是600mm以上，降水丰富。

雨水收集层结构

景观功能使用预想

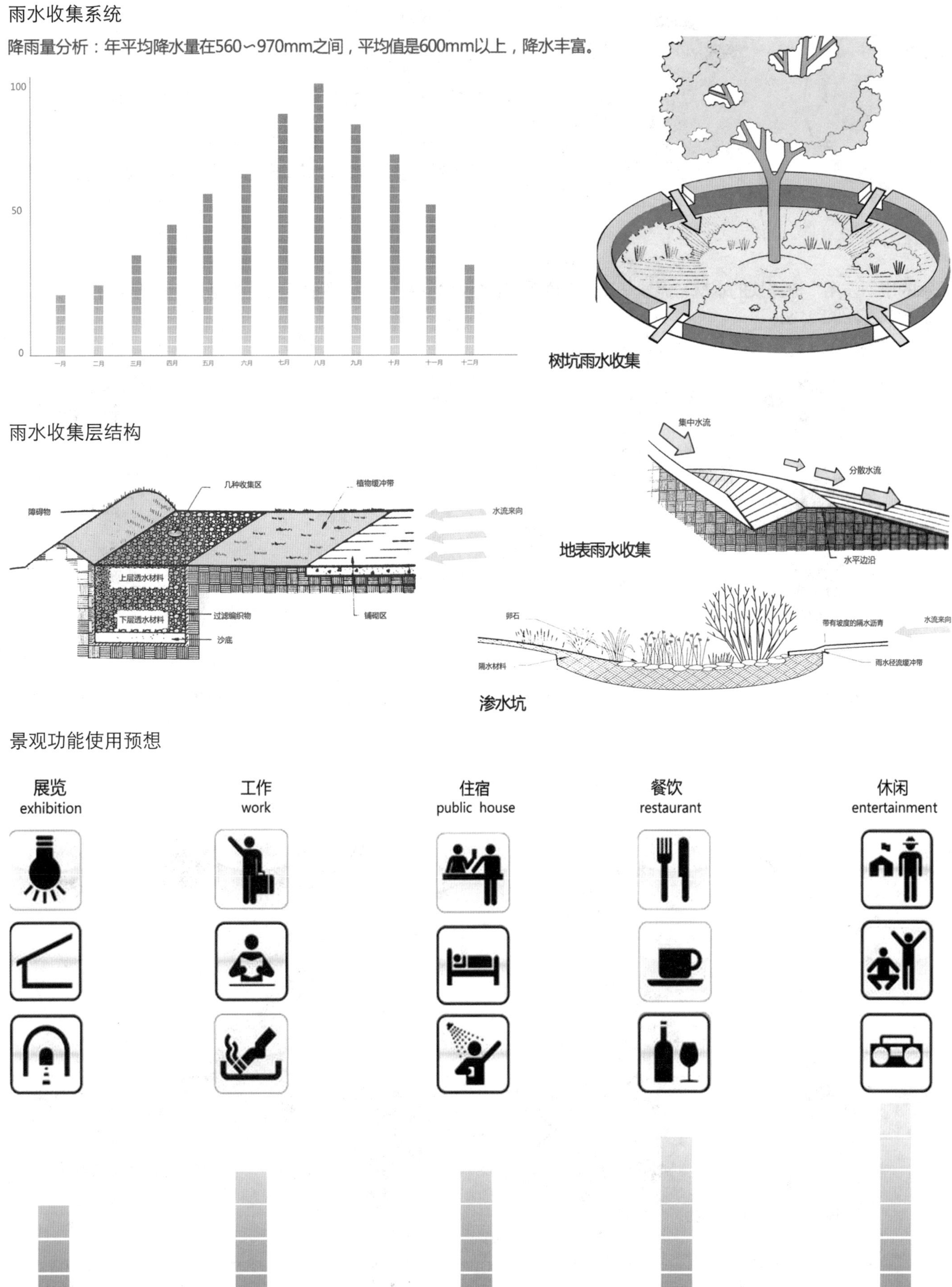

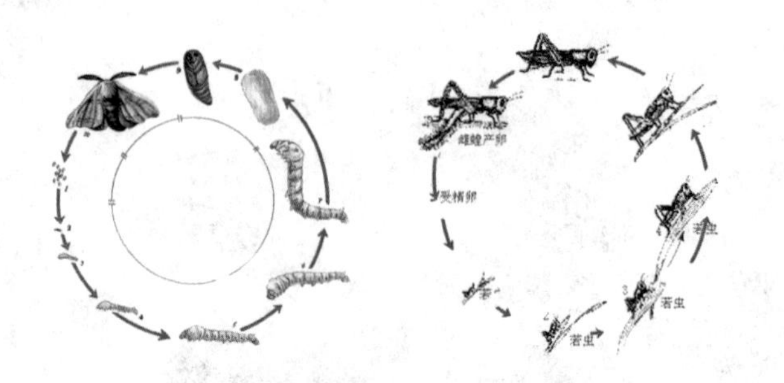

变化的景观

大自然是不断变化的，景观也是如此，在整个方案中，怎么营造一个富有生命、可以变化发展的景观是整个设计一直围绕的设计点。在设计过程中参考植物学与地理学的知识，利用植物的特点和流水的堆积作用构成可以变化的景观带。

引入原理

流水的堆积作用：流速快的水携带泥沙，流入平原等地势较平的地方，遇到阻力会形成堆积，流水携带的泥沙沉积后就形成了新的陆地。

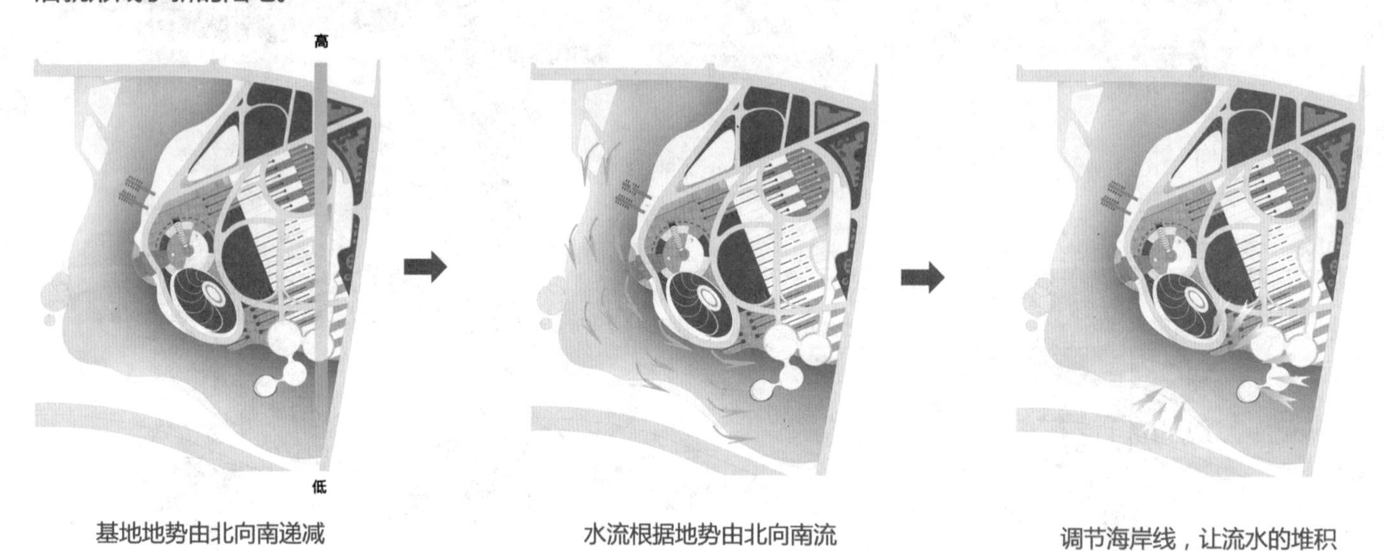

基地地势由北向南递减

水流根据地势由北向南流

调节海岸线，让流水的堆积作用带来的泥土产生新陆地

景观与生物

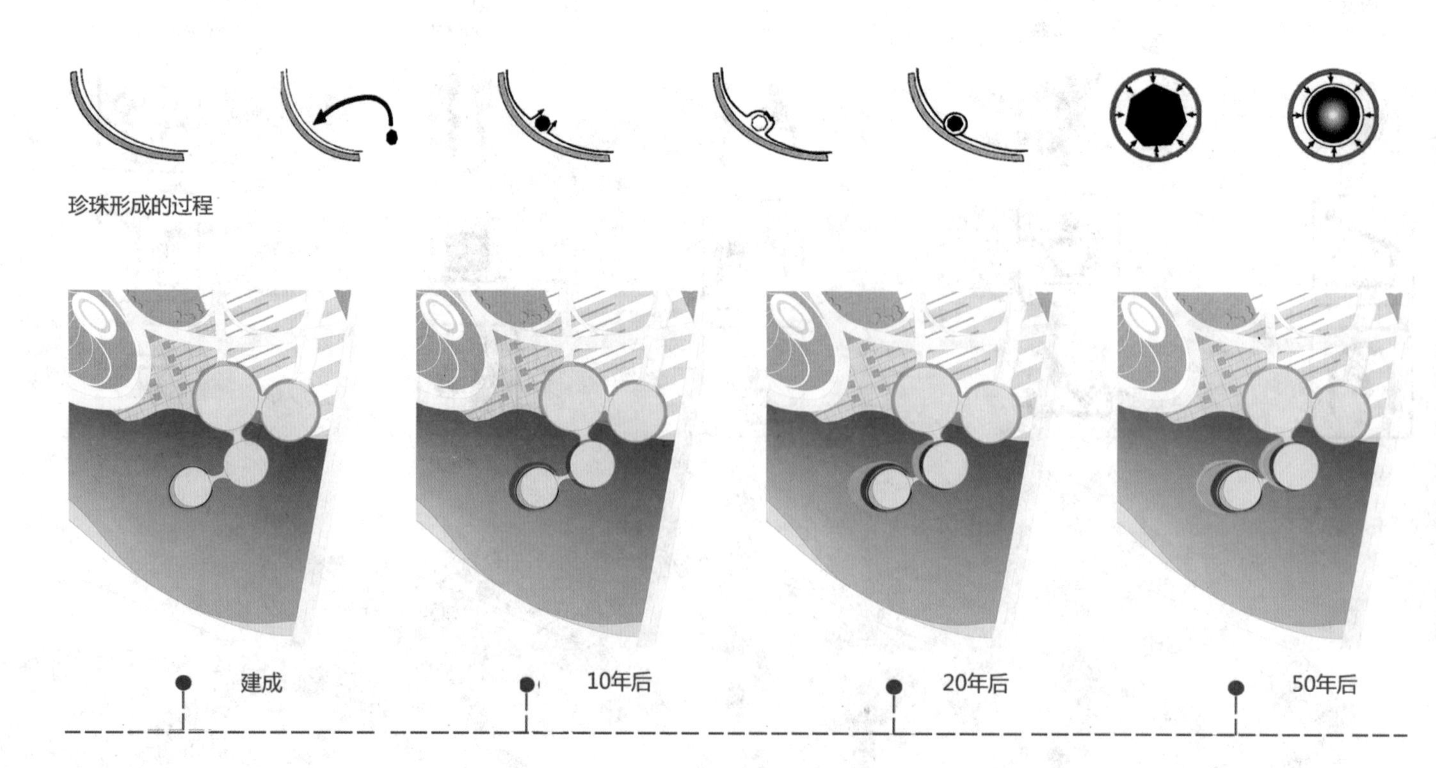

珍珠形成的过程

景观演变的过程

变化的软质植物景观

概念：陆地的面积不断地变化可以给不同种类的水生植物提供不同的生长环境。土壤的面积来呈现不同的景观带，由于陆地的面积随着时间的变化而变化，所以水生植物生长的面积也不断地变化，只要对水生植物的种类加以合理的搭配就可以呈现不同的植物景观带。

陆地　　水中

湿地植物　挺水植物　浮水植物　浮叶植物　沉水植物

湿地植物：这类植物生长在水池边，从水深23cm处到水池边的泥里，都可以生长。水缘植物品种非常多，主要起观赏作用。种植在小型野生生物水池边的水缘植物，可以为水鸟和其他光顾水池的动物提供藏身的地方。

挺水植物：挺水型水生植物植株高大，花色艳丽，绝大多数有茎、叶之分；直立挺拔，下部或基部沉于水中，根或地茎扎入泥中生长，上部植株挺出水面。挺水型植物种类繁多，常见的有荷花、千屈菜、菖蒲、黄菖蒲、水葱。

浮水植物：漂浮型水生植物种类较少，这类植株的根不生于泥中，株体漂浮于水面之上，漂浮植物随水流、风浪四处漂泊，多数以观叶为主，为池水提供装饰和绿荫。又因为它们既能吸收水里的矿物质，同时又能遮蔽射入水中的阳光，所以也能够抑制水体中藻类的生长。漂浮植物生长速度很快，能更快地提供水面的遮盖装饰。

浮叶植物：浮叶型水生植物的根状茎发达，浮叶植物花大，色艳，无明显的地上茎或茎细弱不能直立，叶片漂浮于水面上。常见种类有王莲、睡莲、萍蓬草、芡实、荇菜等。

沉水植物：沉水型水生植物根茎生于泥中，整个植株沉入水中，具发达的通气组织，利于进行气体交换。叶多为狭长或丝状，能吸收水中的部分养分，在水下弱光的条件下也能正常生长发育。对水质有一定的要求，因为水质浑浊会影响其光合作用。花小，花期短，以观叶为主。

景观建成后陆地面积随着时间的变化规律

建成后的陆地

建成20年后的陆地

建成50年后的陆地

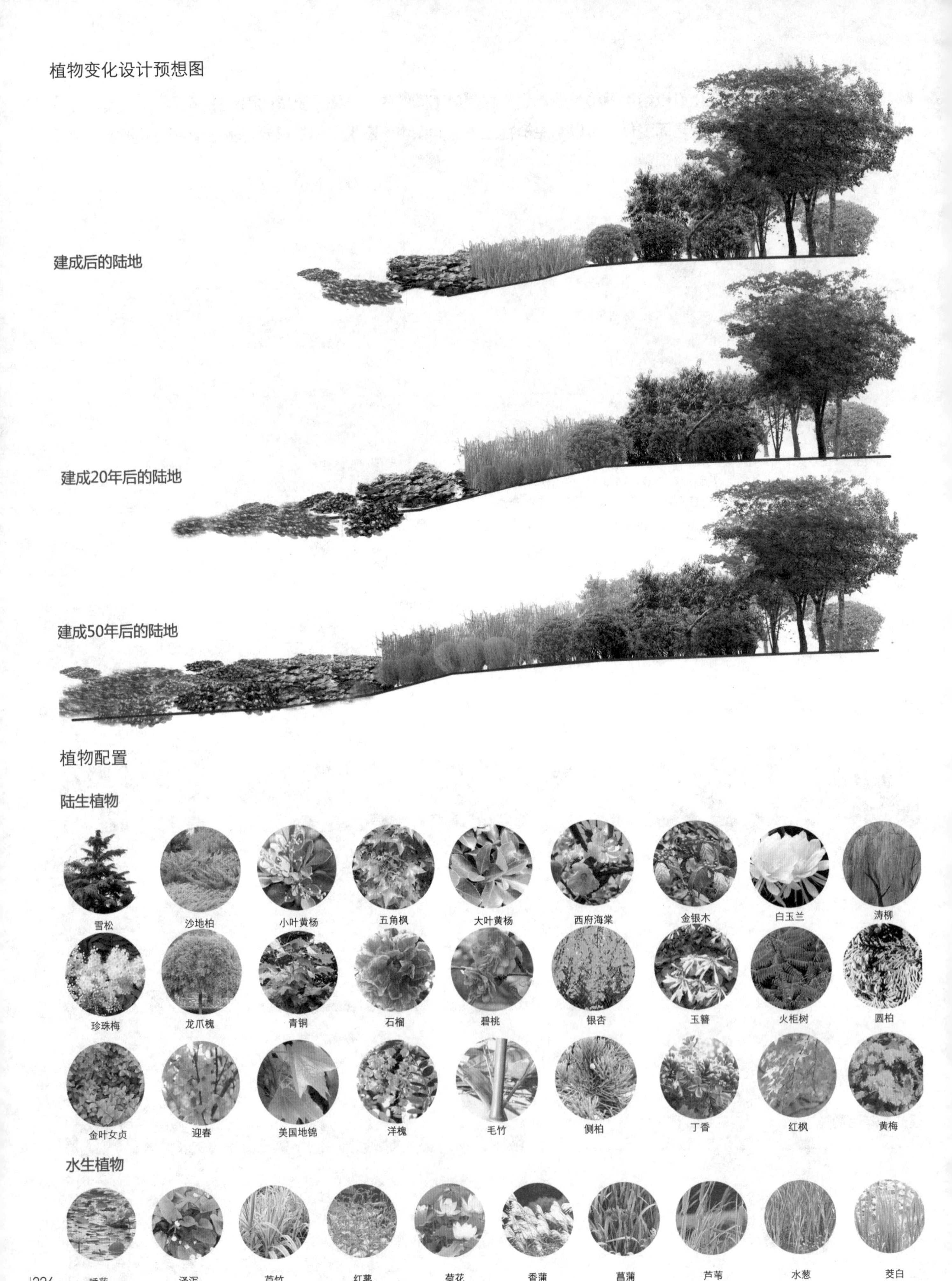
植物变化设计预想图
建成后的陆地
建成20年后的陆地
建成50年后的陆地
植物配置
陆生植物
雪松
沙地柏
小叶黄杨
五角枫
大叶黄杨
西府海棠
金银木
白玉兰
涛柳
珍珠梅
龙爪槐
青铜
石榴
碧桃
银杏
玉簪
火柜树
圆柏
金叶女贞
迎春
美国地锦
洋槐
毛竹
侧柏
丁香
红枫
黄梅
水生植物
睡莲
泽泻
芦竹
红蓼
荷花
香蒲
菖蒲
芦苇
水葱
茭白

我的思考：

景观设计并不是迎合少数人的设计，而是一个由大众参与，并且不断地产生变化的过程，其中有时间的因素，有环境的因素，也有载体对其影响的因素。崭新的设计并不是指新的风格和新的形式，而是指能够更好地服务大众与环境。景观设计对于大众的使用和需求负有责任，我们应该更加注重人的使用，而不是设计本身的形式与表面。

景观导视系统设计

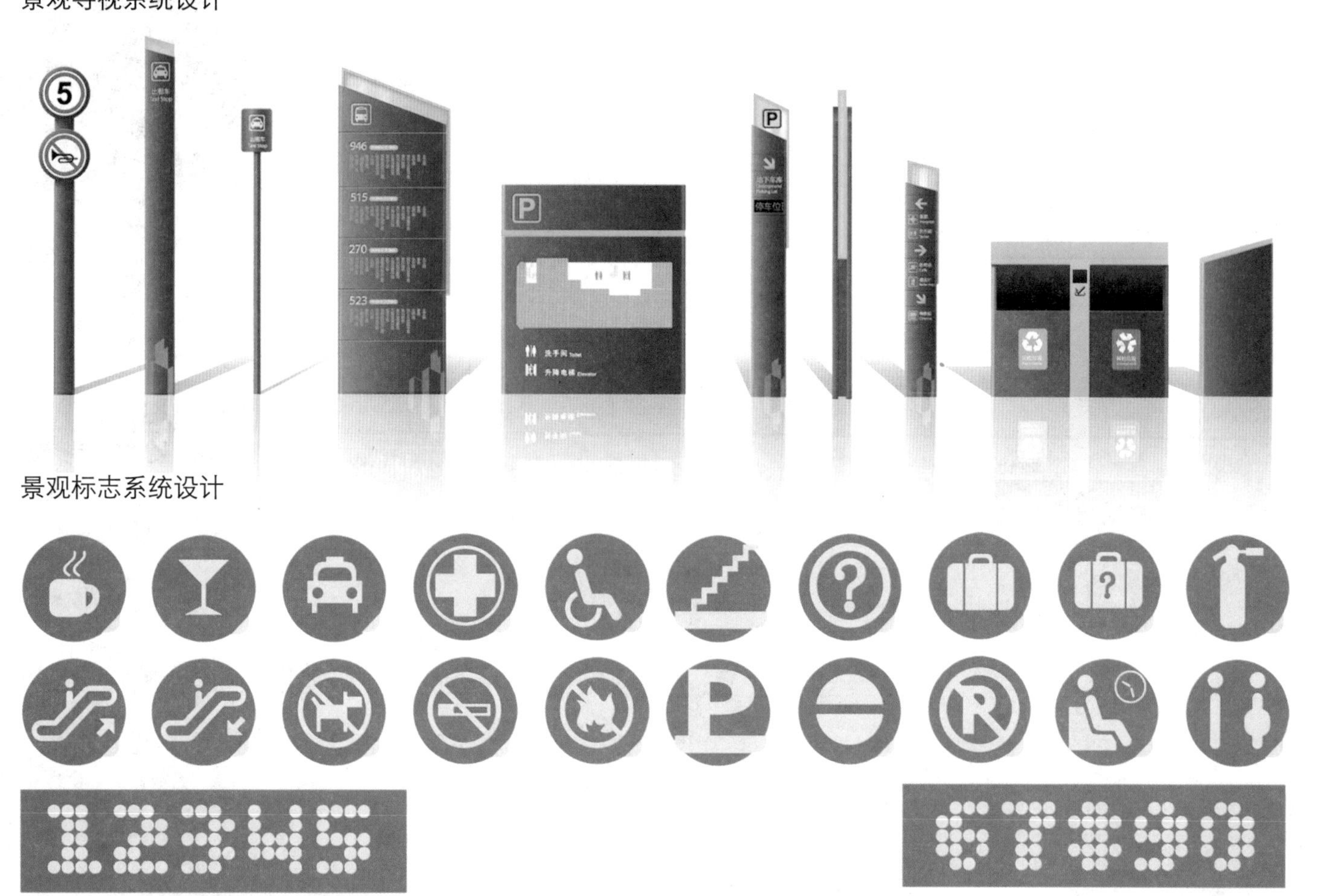

景观标志系统设计

一等奖

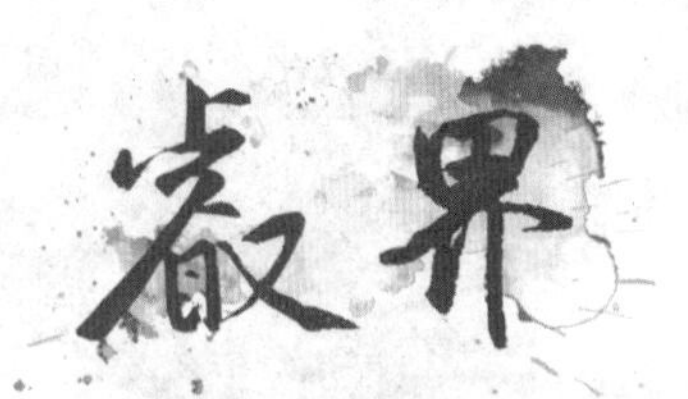

天津市（南港工业区）动漫产业园景观建筑设计

学生姓名：彭奕雄
责任导师：彭　军
学校名称：
天津美术学院

中国动漫产业地域分布

出现的问题：

尽管我们发现中国动漫产业经过近几年的发展取得了一些可喜的成绩，而且中国动漫产业在发展的同时，也有相当的产业上的优势，可以让我们发挥而用之，虽然好景近在眼前，但是中国动漫产业在发展的过程中也面临着巨大的挑战和存在许多问题。

京津地区

京津地区作为中国的政治、经济、文化中心，其在动漫产业发展方面也走在前面，北京在动漫发展交流和国际视野方面有着它独特的背景，例如在北京举办了专业的国际动漫博览会，建有北京卡通世界博物馆。

优势：

1. 前期的动漫的发展积累了丰富的技术经验；
2. 历史文化底蕴很浓，在题材方面可发掘的空间大；
3. 政府在政策上和资金上的支持；
4. 动漫的经营运作模式产生与制作的成熟；
5. 市场前景广阔。

劣势：

1. 开发意识缓慢，缺少创新意识；
2. 市场培育不健全；
3. 产业链不完整。

南港工业区是天津市“双城双港”城市空间发展战略规划的南港，位于滨海新区东南部，距离天津市区45km，距离天津机场40km，距离天津港20km，工业区呈“一区一带五园”布局，生态环境良好，基础设施一应俱全，投资环境优势。面对新的形势，开发区将进一步贯彻落实科学发展观，弘扬“开拓创新永图强，奋力争先铸辉煌”的精神，努力把开发区打造成为推动全市经济跨越发展的重要载体和第一增长极。

2009年，国务院总理温家宝来到天津市南港工业区进行考察，提出要在此建设全新的动漫产业基地，大力推动中国动漫产业发展。

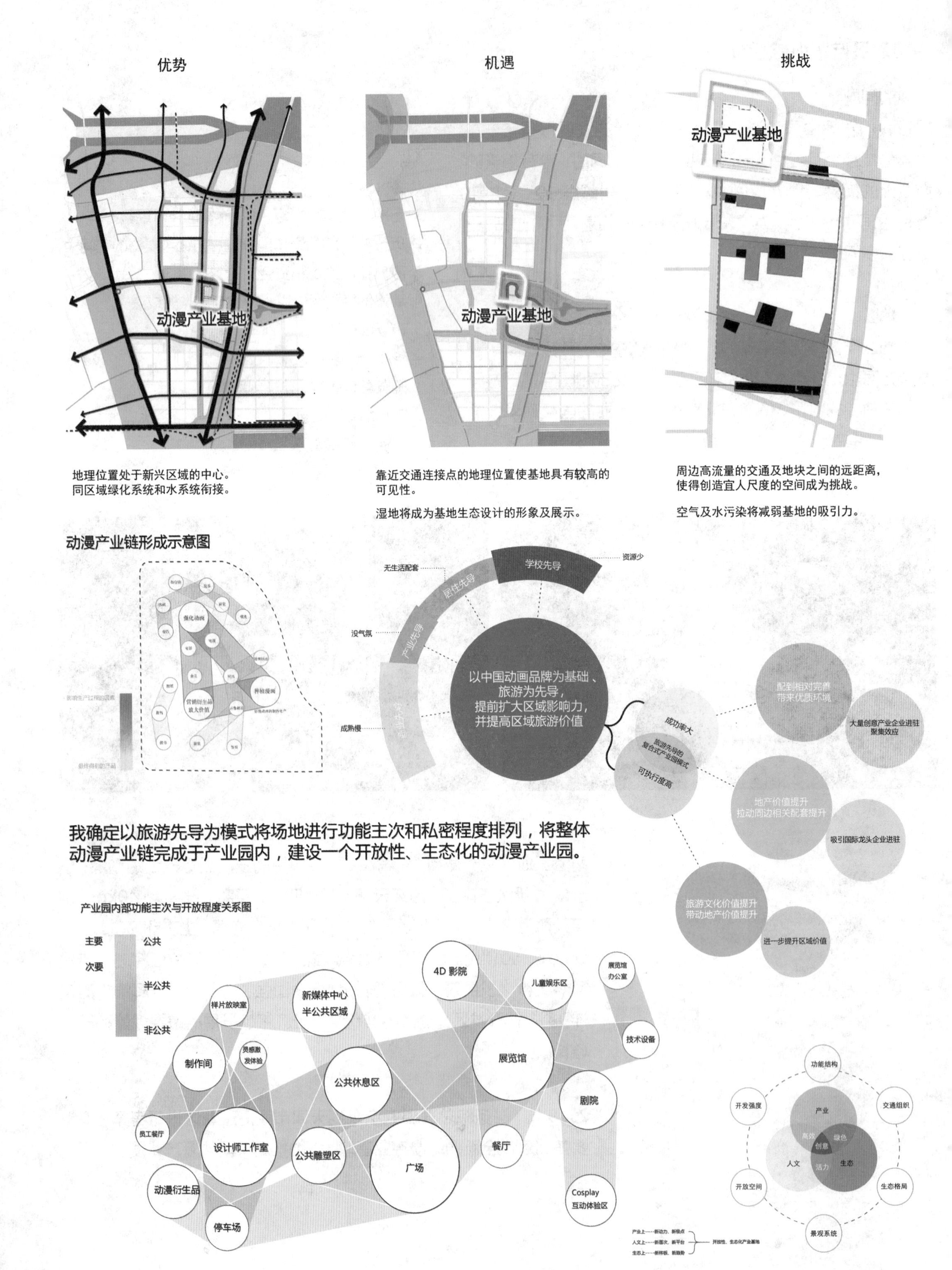

优势
机遇
挑战
动漫产业基地
动漫产业基地
动漫产业基地
地理位置处于新兴区域的中心。
同区域绿化系统和水系统衔接。
靠近交通连接点的地理位置使基地具有较高的可见性。
湿地将成为基地生态设计的形象及展示。
周边高流量的交通及地块之间的远距离，使得创造宜人尺度的空间成为挑战。
空气及水污染将减弱基地的吸引力。
动漫产业链形成示意图
无生活配套
学校先导
资源少
居住先导
没气氛
产业先导
成熟慢
以中国动画品牌为基础、
旅游为先导，
提前扩大区域影响力，
并提高区域旅游价值
成功率大
旅游先导的复合式产业园模式
可执行度高
配套相对完善
带来优质环境
大量创意产业企业进驻
聚集效应
地产价值提升
拉动周边相关配套提升
吸引国际龙头企业进驻
旅游文化价值提升
带动地产价值提升
进一步提升区域价值
我确定以旅游先导为模式将场地进行功能主次和私密程度排列，将整体动漫产业链完成于产业园内，建设一个开放性、生态化的动漫产业园。
产业园内部功能主次与开放程度关系图
主要
次要
公共
半公共
非公共
4D 影院
儿童娱乐区
展览馆
办公室
新媒体中心
半公共区域
样片放映室
技术设备
制作间
灵感激发体验
展览馆
公共休息区
剧院
员工餐厅
设计师工作室
公共雕塑区
餐厅
广场
动漫衍生品
Cosplay
互动体验区
停车场
功能结构
开发强度
交通组织
产业
高效
绿色
创意
人文
活力
生态
开放空间
生态格局
景观系统

建筑与景观空间位置分析

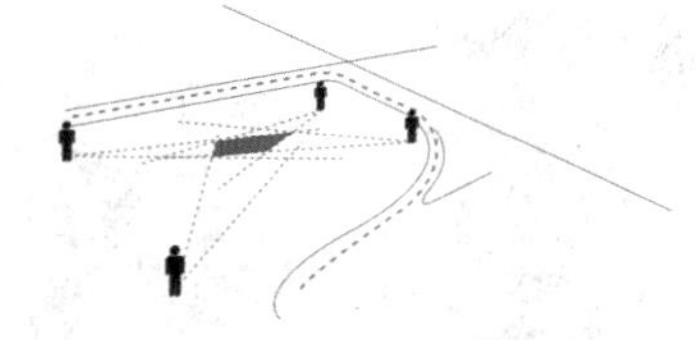

1. 以人视角度25°范围确定场地视觉焦点，定位主建筑

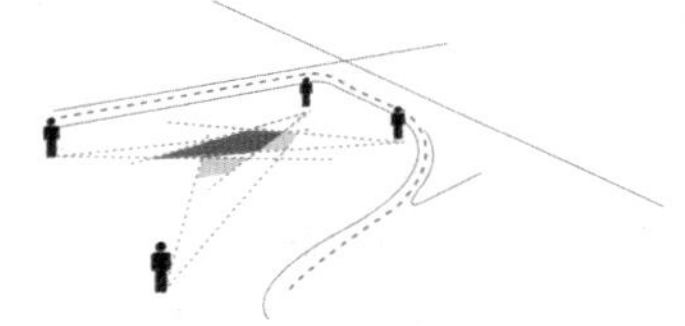

2. 再以此焦点确定场地景观分布

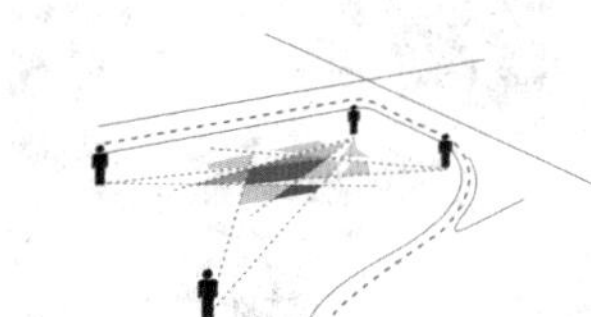

3. 将焦距再次延伸，确定辅助建筑位置

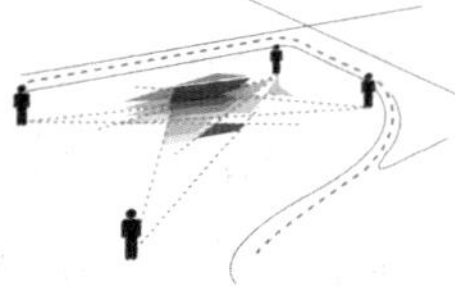

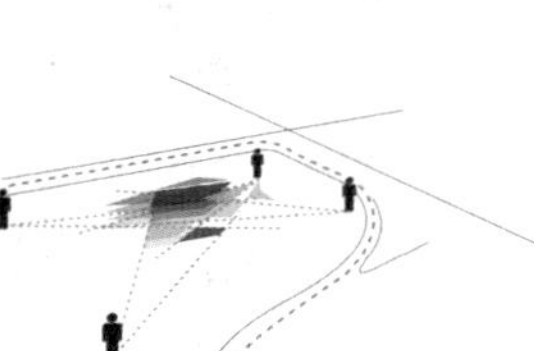

4. 对形态进行归纳与总结

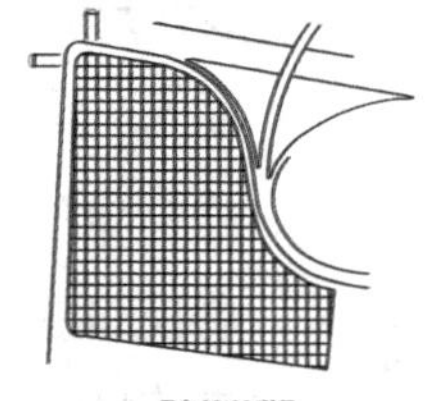

尺度 20*20/单元

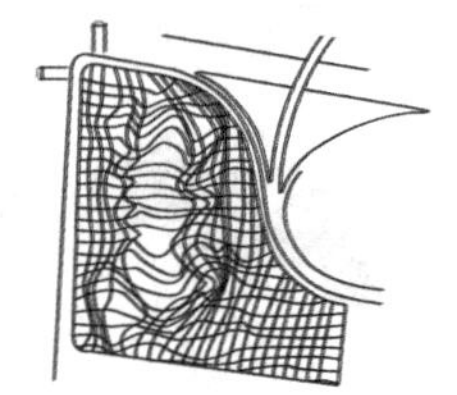

形态的消失,造形的流线化

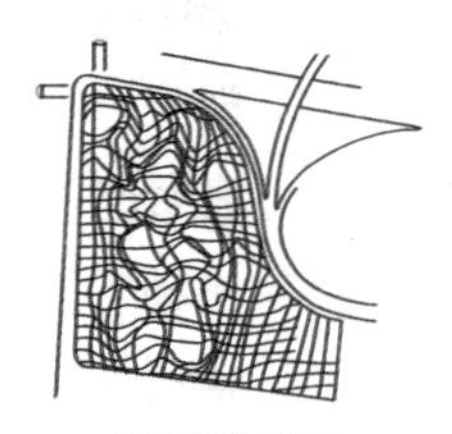

新的认知转化为造形的重组

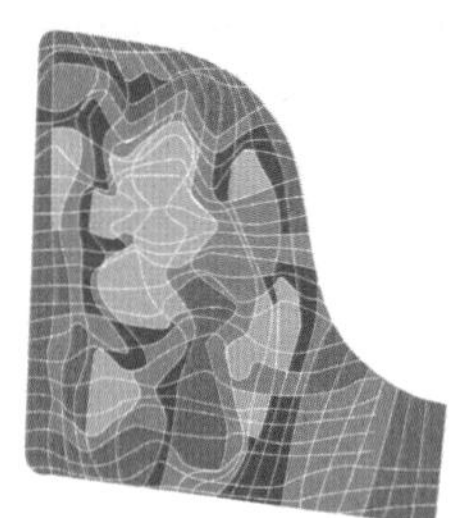

这些新的形体成为新现实的原型

空间关系推导

在以人为本的设计前提下确定了主次景区，再以感性的情感将场地进行整体空间上的调整，给人带来“大地的隆起”这种感受。

动漫产业园总平面图

01 产业园主入口
02 前广场
03 展览馆入口
04 展览馆
05 出口
06 空中步道
07 湿地景观带入口
08 湿地景观广场
09 休息区
10 景观转折点
11 湿地景观带出口
12 湿地植物带
13 标志塔
14 景观带入口
15 休息区
16 艺术家工作室
17 林荫小径
18 植物围合
19 景观带出口
20 水景过道
21 动漫产品销售区
22 动漫雕塑园入口
23 雕塑园景观点
24 休息区
25 雕塑园出口
26 停车场

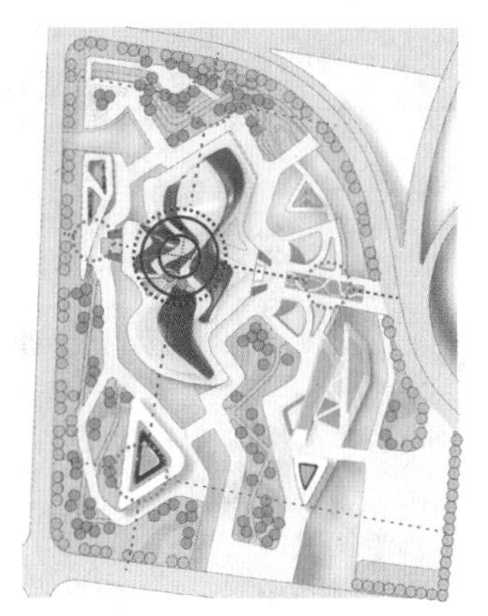

景观轴线与主次景区的分布

主景观轴线

辅助景观轴线

主景区

次景区

消防路线（路宽大于15m）

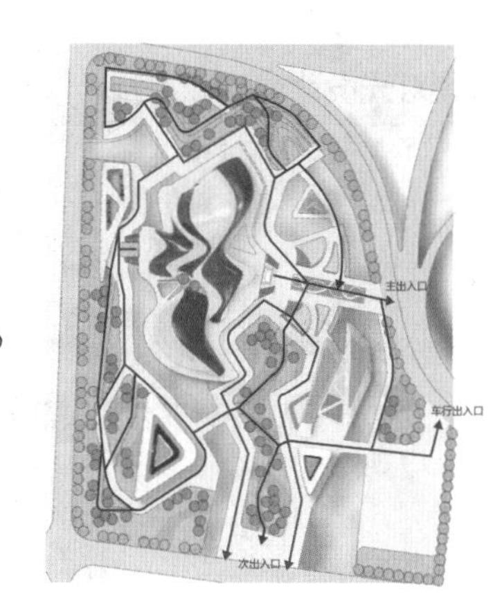

展览馆功能与空间定位

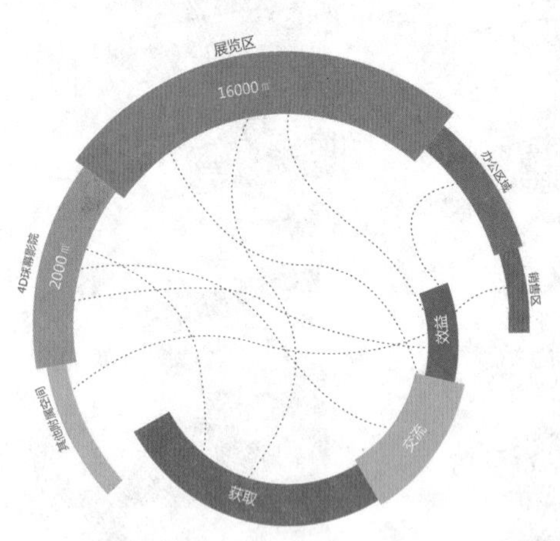

设计元素 飘逸的薄纱

柔软　母性　期待　力量

中国拥有巨大的潜在市场，世界众多的影视动漫企业早已发现。中国也拥有古老的文化，丰富的文学艺术作品，都可以成为21世纪动漫影视产业的故事来源。现在中国缺乏的不单单是技术，还有开发这些艺术资源的人才。现在的中国市场所盖的薄纱在慢慢揭开，而我希望建筑外观也能给人带来揭开中国动漫创新创意面纱的形象。

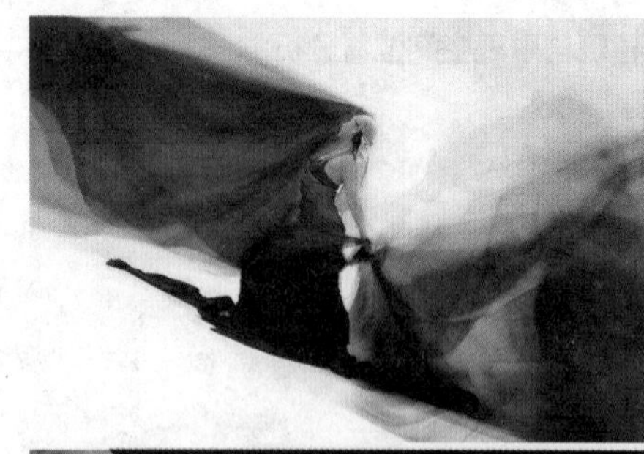

建筑的形态尽量避免拐角效应、尾流效应和下洗涡流效应

曲面建筑对风的影响

滨海新区属于大陆性季风气候，并具有海洋性气候特点：冬季寒冷、少雪；春季干旱多风；夏季气温高、湿度大、降水集中；秋季秋高气爽、风和日丽。全年大风日数较多，8级以上大风日数57天。冬季多雾、夏季8~9月容易发生风暴潮灾害。主要气象灾害有：大风、大雾、暴雨、风暴潮、扬沙暴等。

形态推想

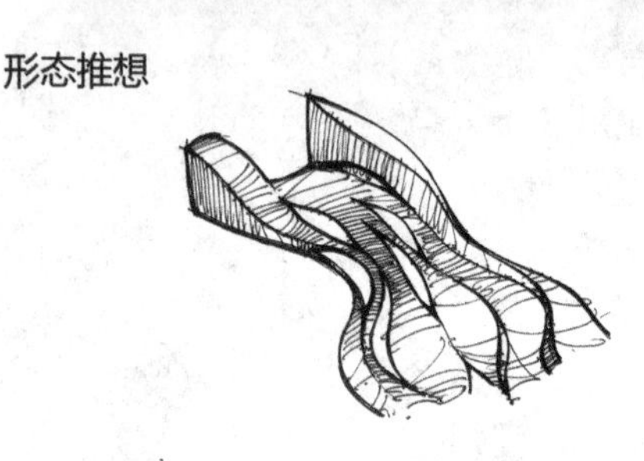

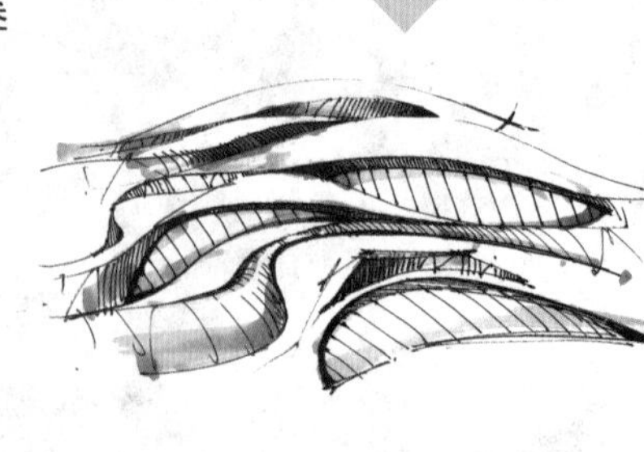

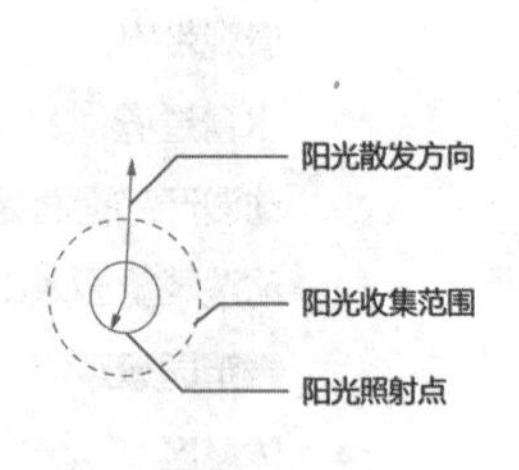

不同时间建筑受光程度分析图

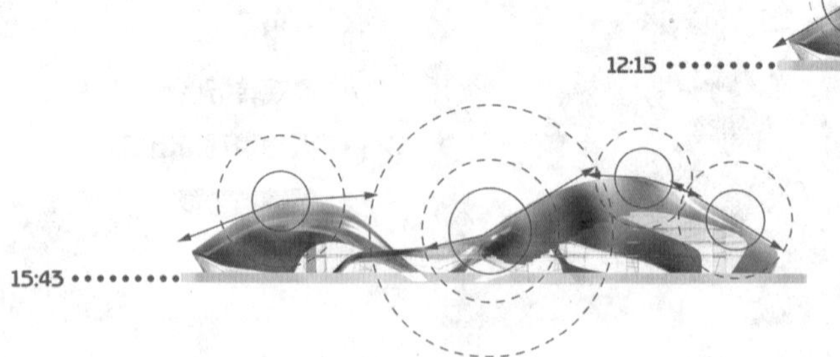

通过计算尽量减少建筑暴露在阳光直射下的面积，以保证在营业时间内展览馆最优化的能源利用效率。

夜景灯光设计

传统建筑表面材质不透光，景观灯光布置需要采用向下照明方式，道路以10~20m规范布置路灯，产生能源的浪费。

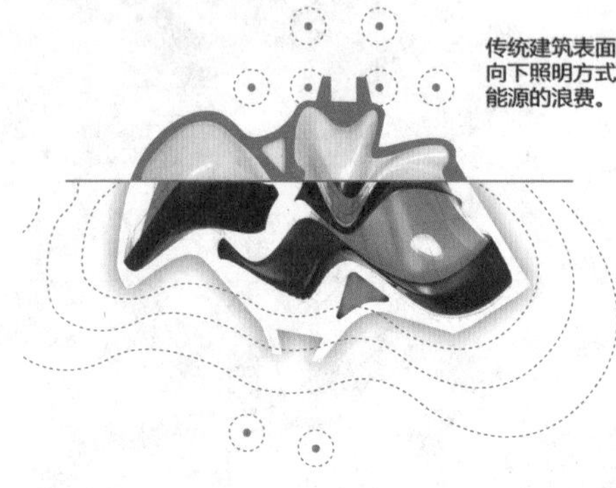

用玻璃作为建筑表面的主要材质，减轻了建筑的重量。同时将建筑室内光源影响室外景观。减少了室外灯光的大量铺设，节约了能源，更加强调了建筑与景观的关联性。

建筑形态生成过程

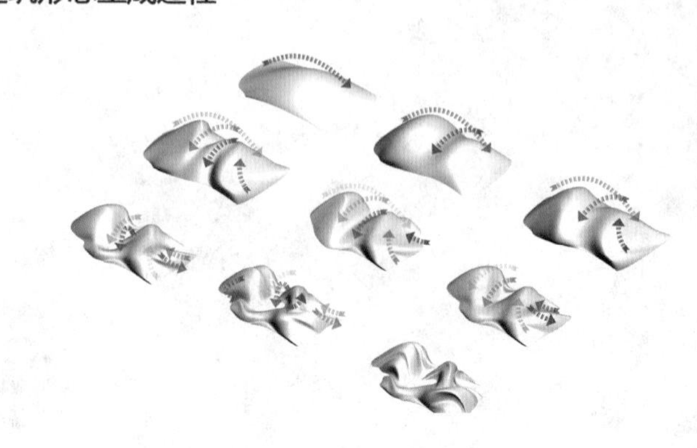

展览馆效果图

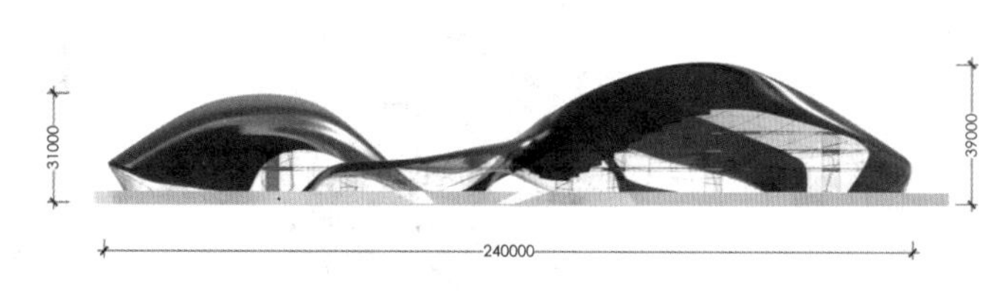

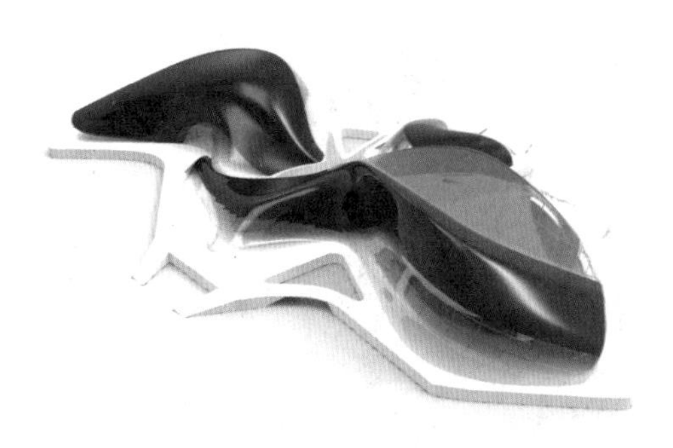

展览馆室内平面功能分区

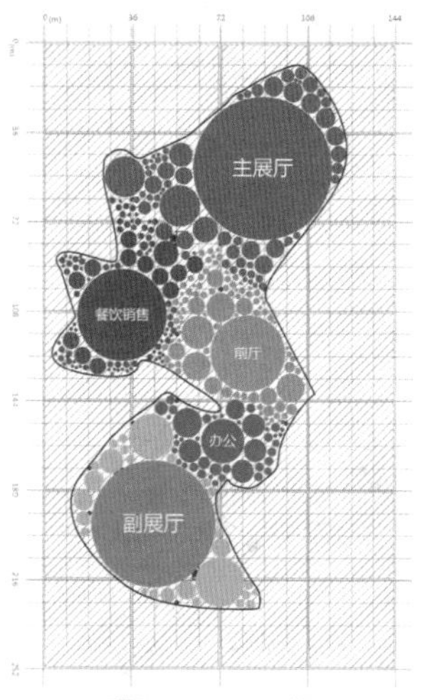

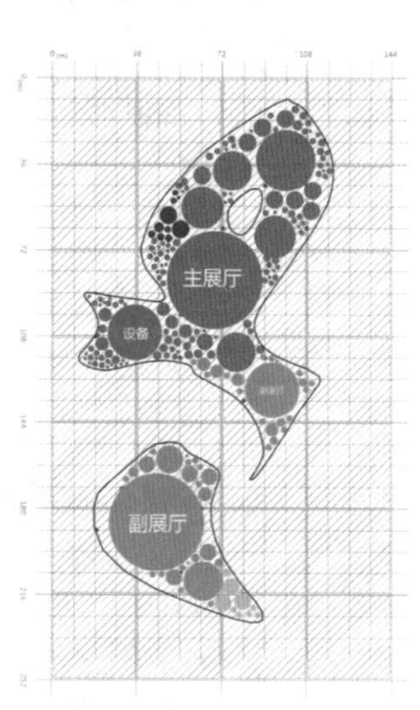

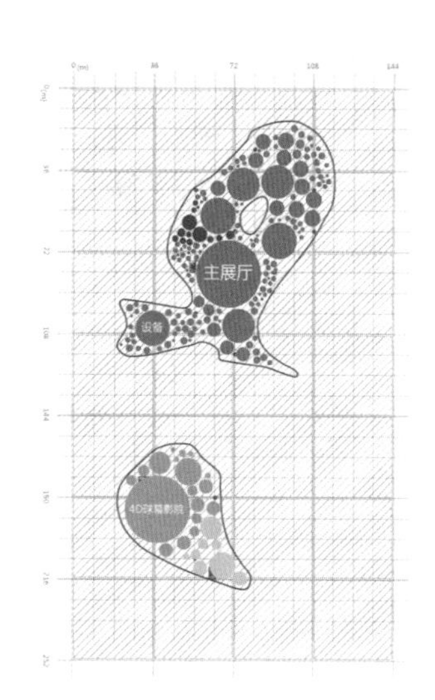

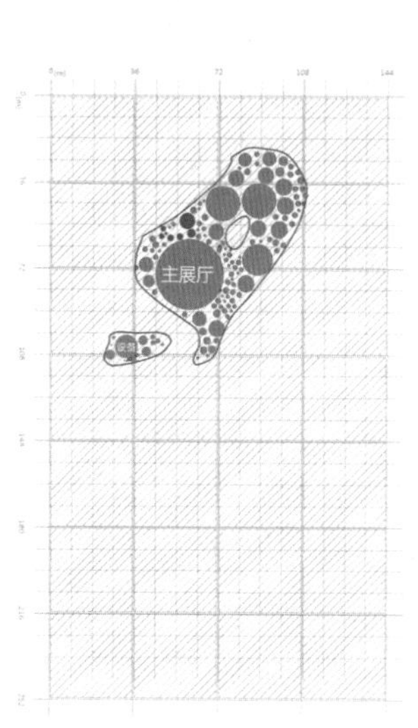

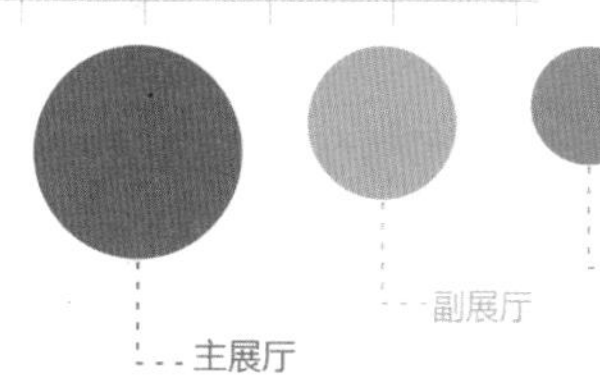

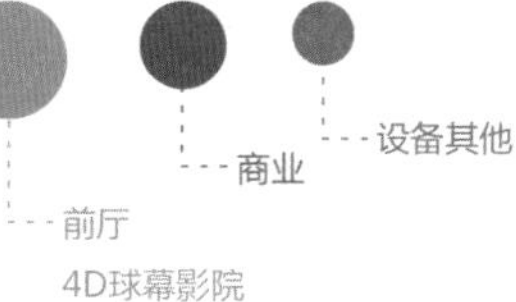

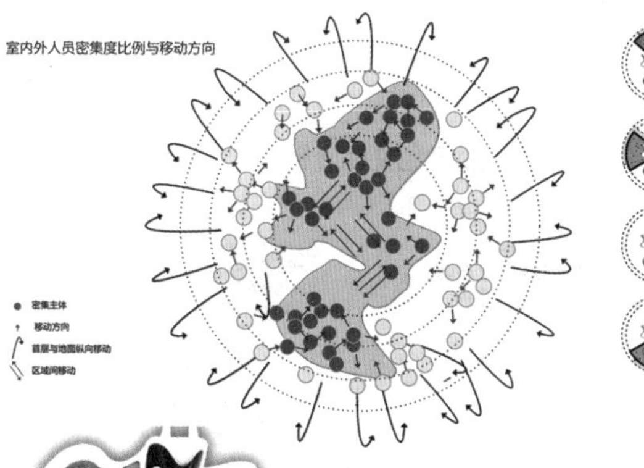

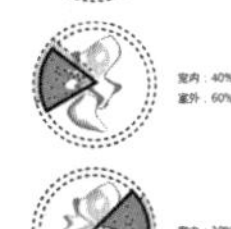

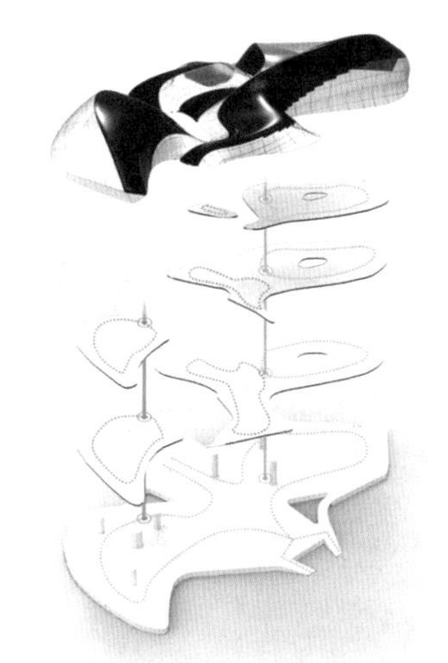

竖向人行动线

辅助展厅与4D影院人行环状动线

主展厅环状动线

工作区域动线

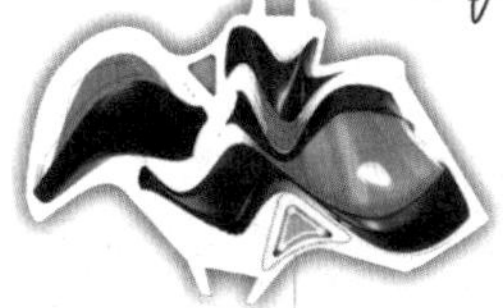

为残疾人提供行动方便和安全空间，创造一个“平等、参与”的环境。

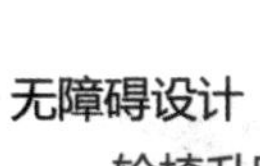

无障碍设计

轮椅升降机

无障碍坡道

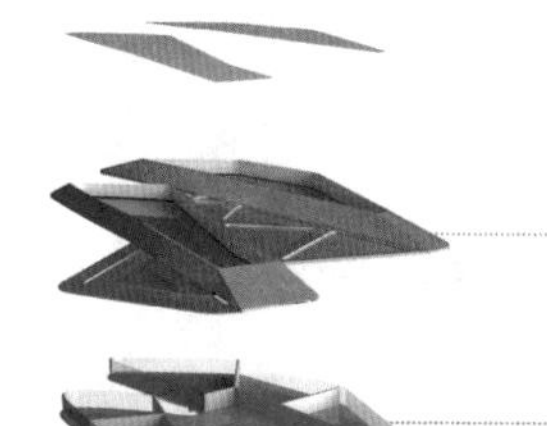

员工休息区

私密办公区

开敞办公区

艺术家工作室室内功能分区

景观节点设计

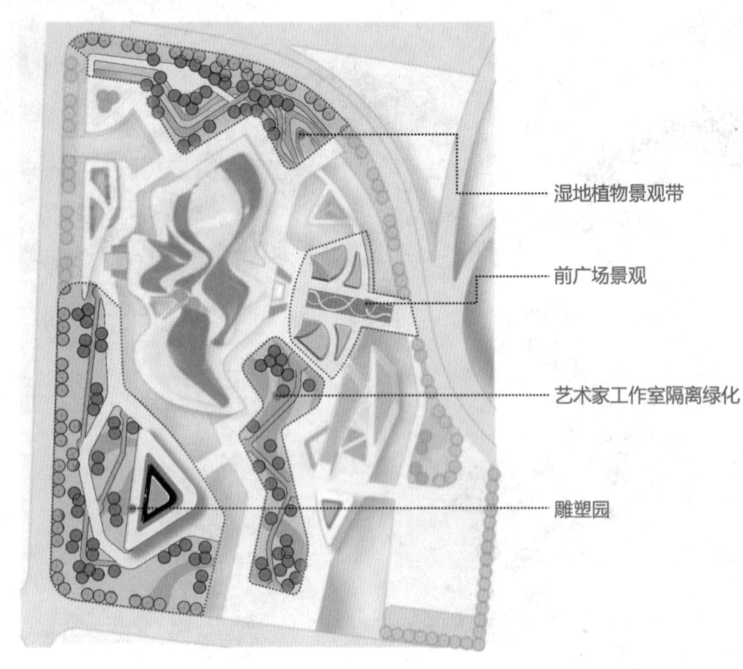

建立自然景观和人文景观保护区，经营管理和保护资源与环境。保护主要生态过程与生命支持系统。加强生态系统功能与生态信息系统管理。

湿地景观带节点

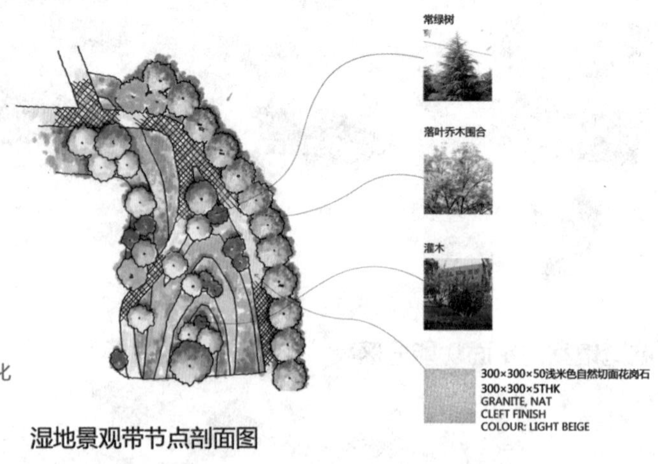

湿地景观带节点剖面图

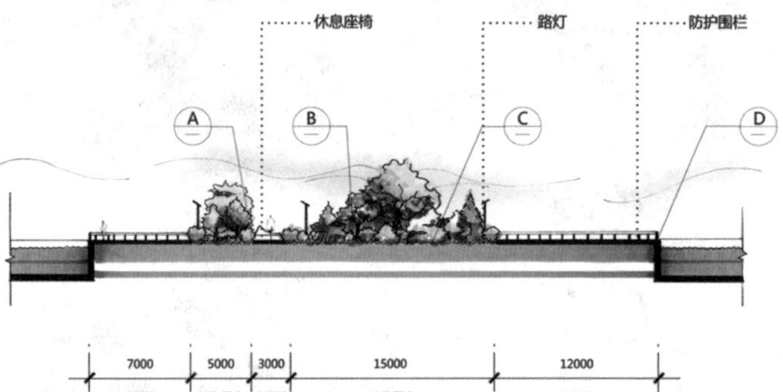

广场喷水池剖面图

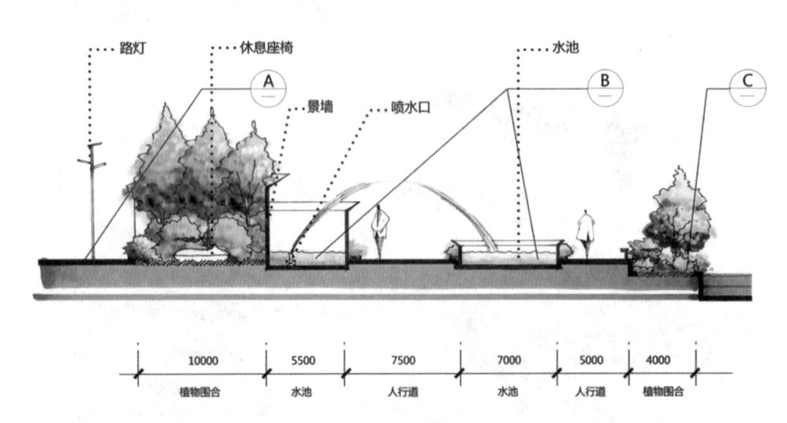

湿地景观带施工图细节

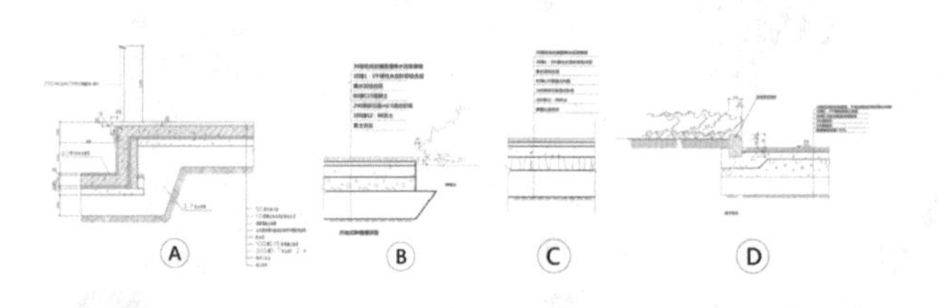

湿地景观带植物四季颜色变化分析

为了保持自然湿地景观的特色，在该景观节点设计中不过分强调人为的效果，而是体现四季植物颜色的变化。

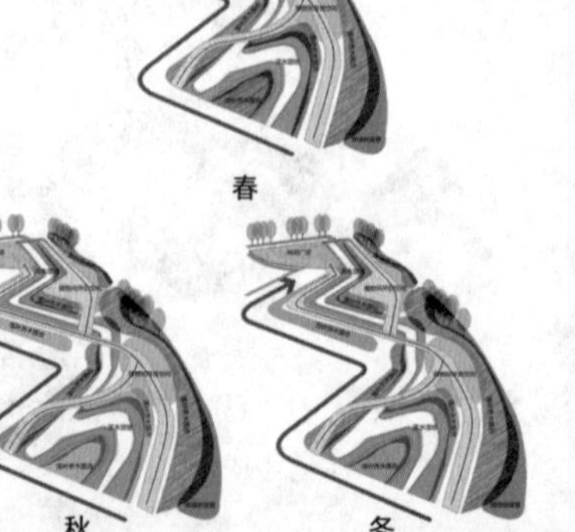

广场喷水池地面铺装施工细节

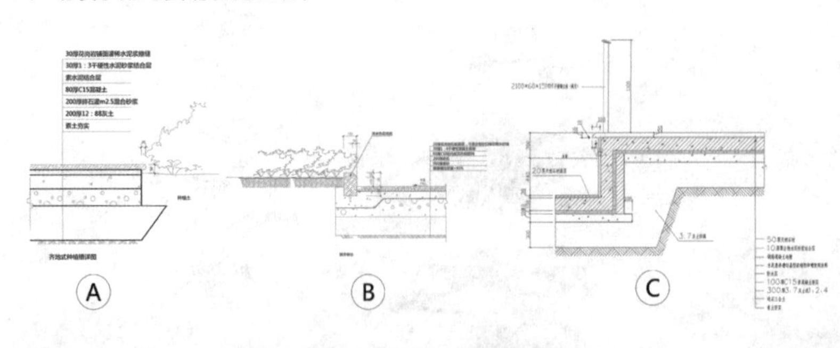

艺术家工作室景观节点分析

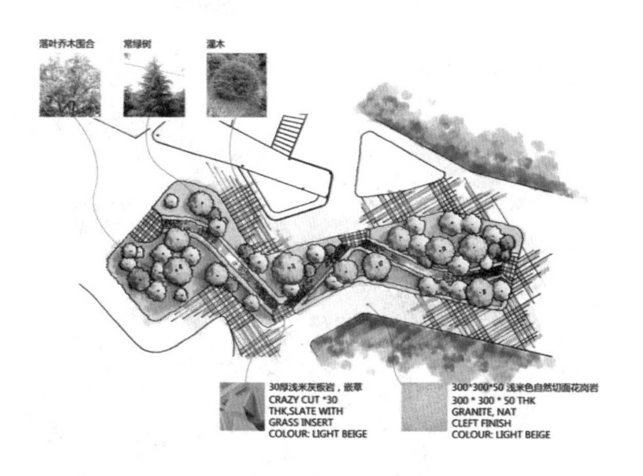

雕塑园植物带节点分析

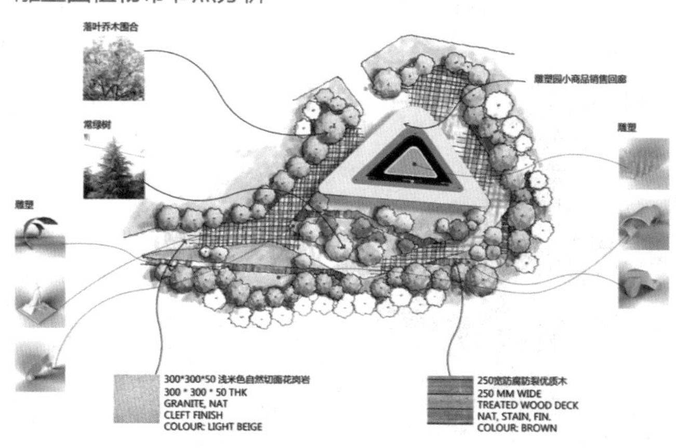

艺术家工作室景观带剖面分析

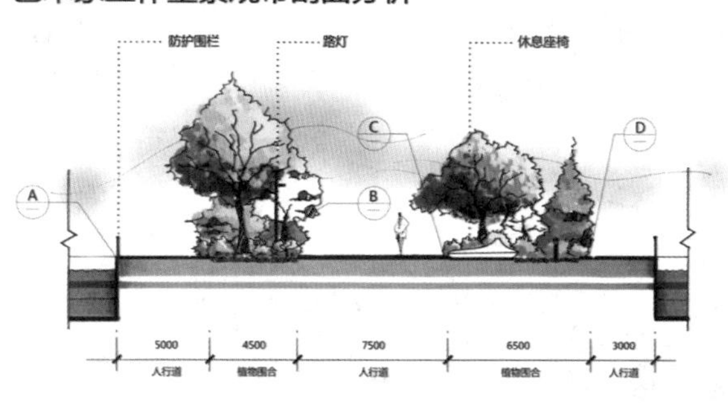

雕塑园植物带剖面图

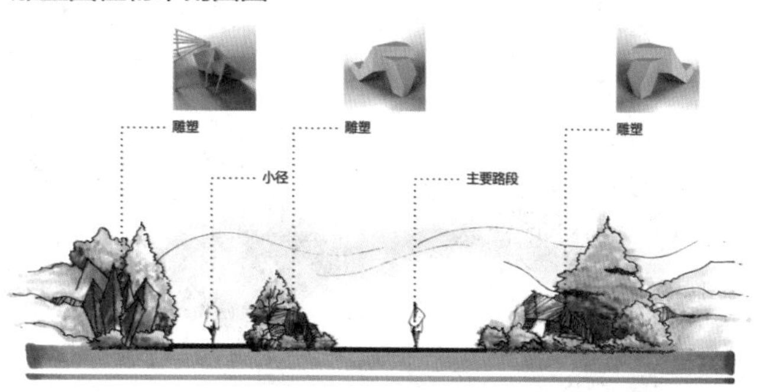

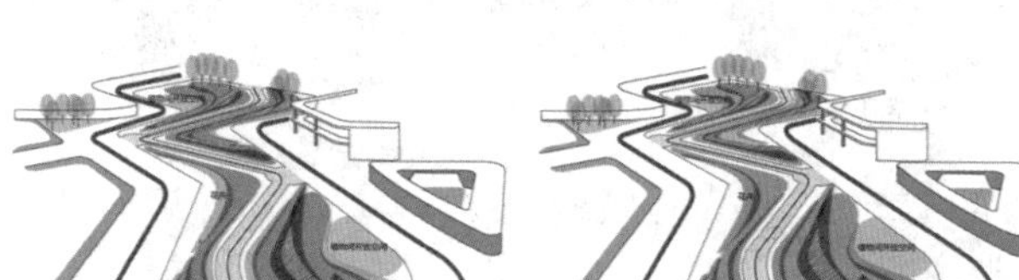

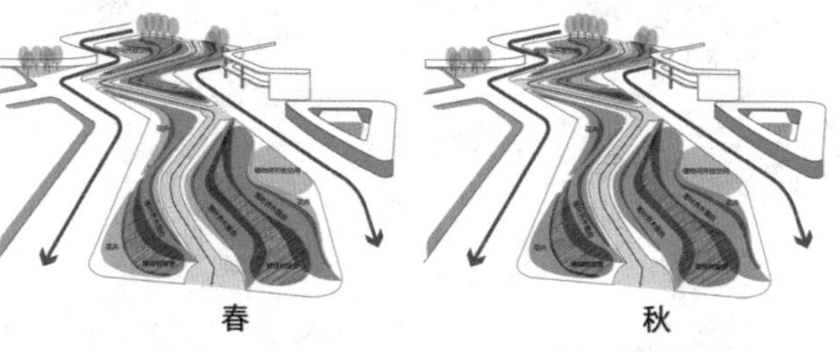

雕塑园植物带四季颜色分析

为了烘托雕塑的体积感，雕塑园植物的设定并不宜使用过大体积的树木和颜色丰富的花草。主要颜色基调以灰绿色为主，起衬托作用。

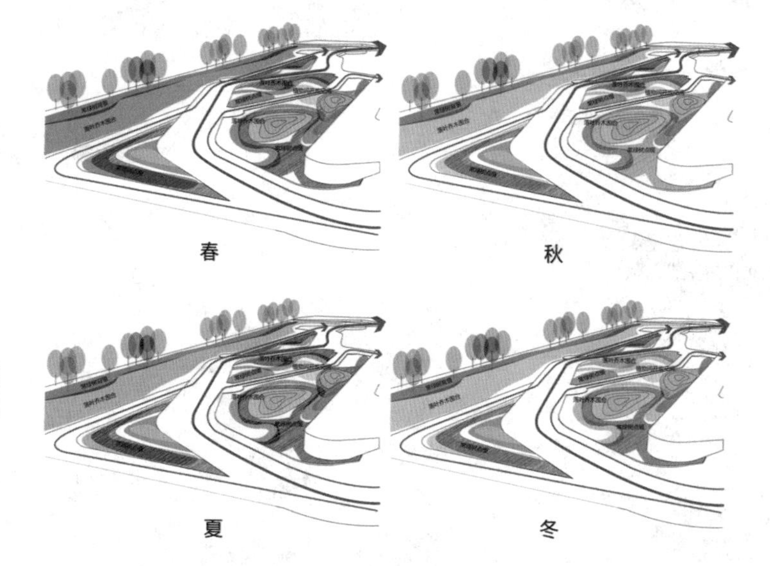

艺术家工作室隔离绿化景观带植物四季颜色分析

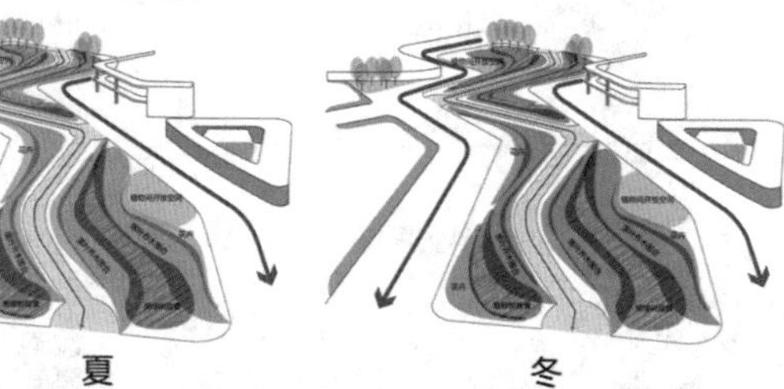

天津市（南港工业区）动漫产业园效果图

一等奖

艺域领地——深圳市李朗182设计产业园景观设计

The Landscape Design of Li Lang 182 Design Industrial Park of Shenzhen

学生姓名：王霄君
责任导师：彭　军
学校名称：
天 津 美 术 学 院

李朗182设计产业园位于深圳市龙岗区布澜路182号，园区交通位置优势明显，交通线四通八达。距离水官高速布澜出口约500m，距离机荷高速出口约五分钟车程，距离深惠路约300m。

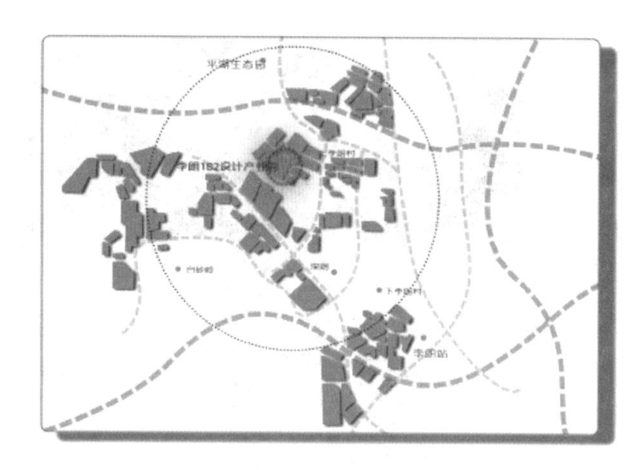

区位因素

区域文化创意氛围浓厚，周边大芬油画村、三联水晶玉石文化村、李朗国际珠宝产业园、宝福珠宝文化产业园、中海信家电产业园、钱江艺术中心、中华丝绸文化产业创意园以及深圳华南城等，形成一个强大的文化创意产业集群。

园区入驻对象：高端产品设计师、建筑设计师、室内设计师、家具设计师、艺术家、雕塑家、创意设计师等。

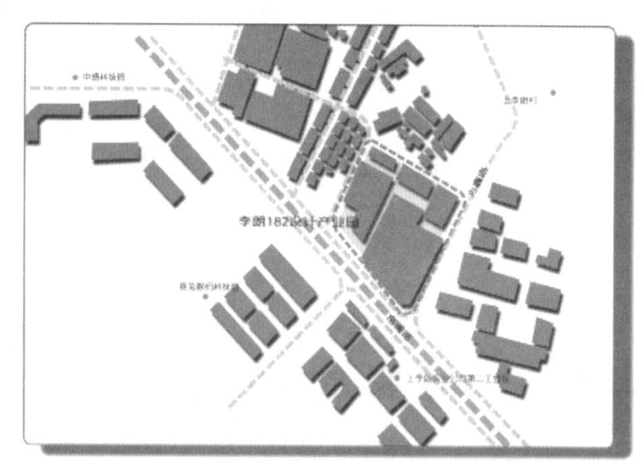

项目目的

随着人们对审美价值的改变与对城市发展问题的思考，改造与再利用成为一种热潮，旧厂房的再设计毋庸置疑成为城市快速发展的捷径和契机。越来越多的思考影响着设计的发展。为了保存该区域良好的生态环境以及响应深圳市政府建设深圳为“设计之都”的号召，着力打造建设李朗182设计产业园。创意产业园区必然带动城市产业结构的调整。

园区现状

项目总占地面积3万多平方米，总建筑面积10万多平方米。园区原来是从事包装设计及塑料制品加工、销售的工厂。因生产工艺中有电泳渡，也有噪声和废气排放，且所在地为水源保护区。进入园区，沿着主干道直接可以走进主楼，楼前的场地除了简单的绿化并无其他功能性规划及设施，无形中浪费了大面积的场地，作为创意产业园，对于景观的重新规划与设计是必不可少的。

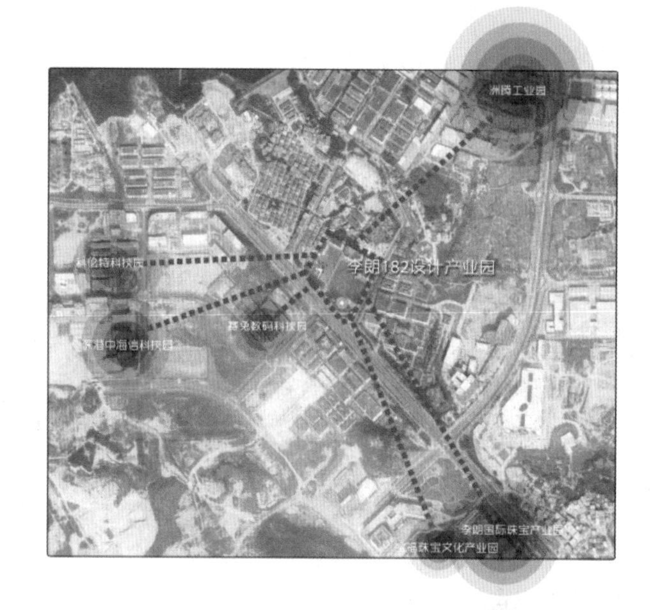

场地分析

园区建筑分布非常集中，有大面积的绿地，但绿化形式单调。景观规划缺乏功能性、层次性以及观赏性。进入园区一眼看到的便是主题建筑，园区交通规划比较刻板，导致园区很多地方不便于参观。另外，园区的主题性较差，建筑与景观基本没有关联性，整个园区的层次过于简单，缺乏参观游览的价值。

现场照片

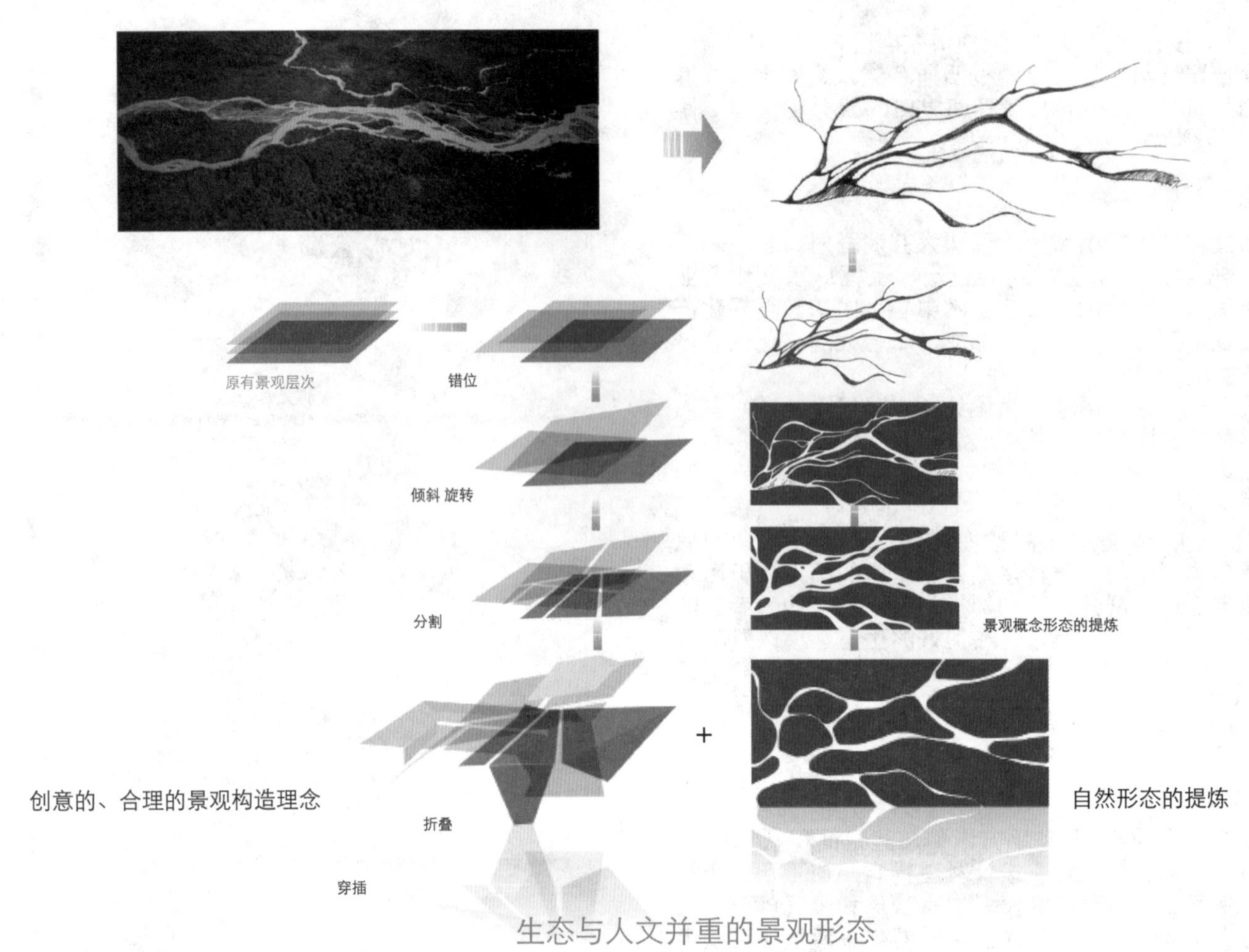

生态与人文并重的景观形态

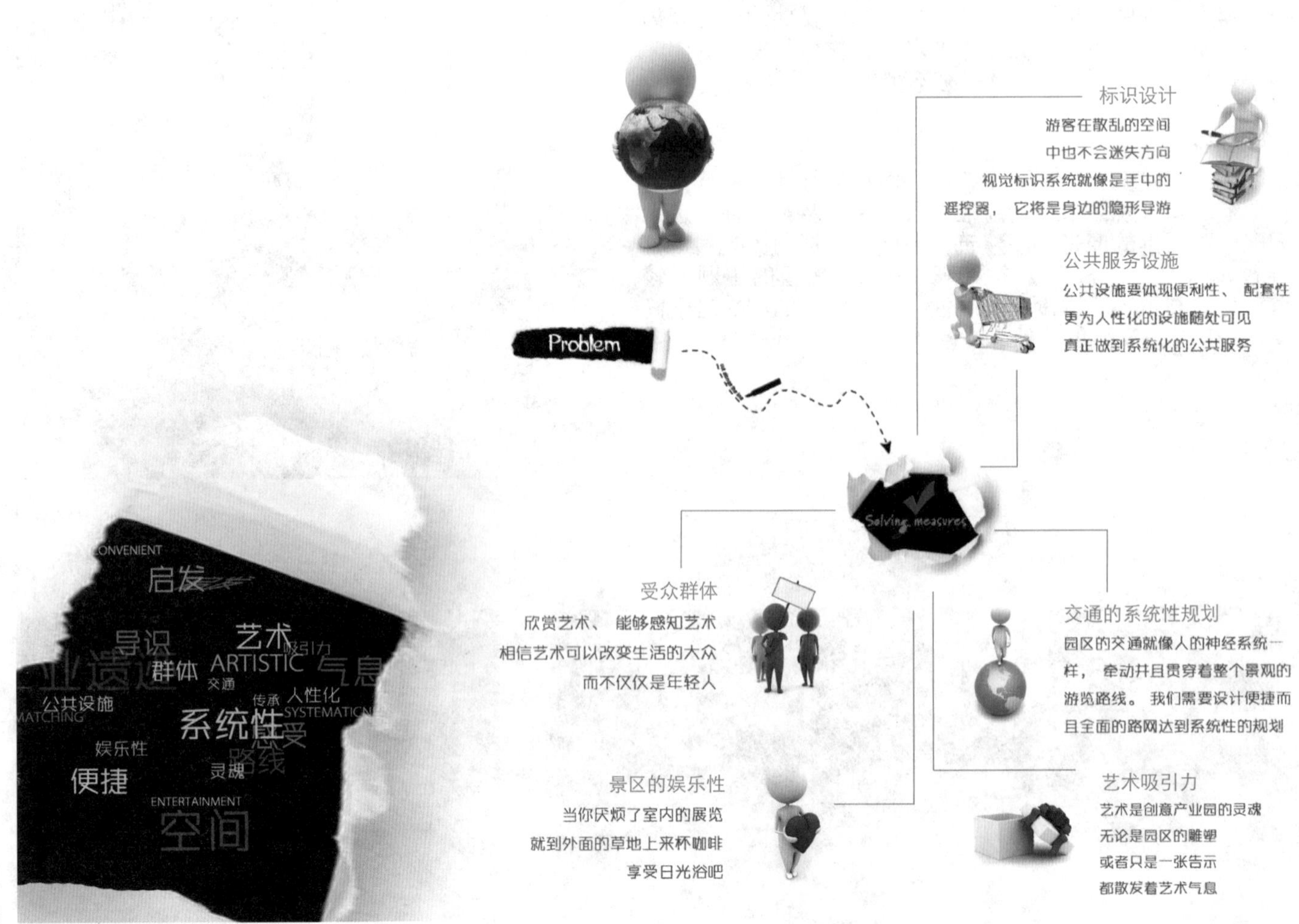

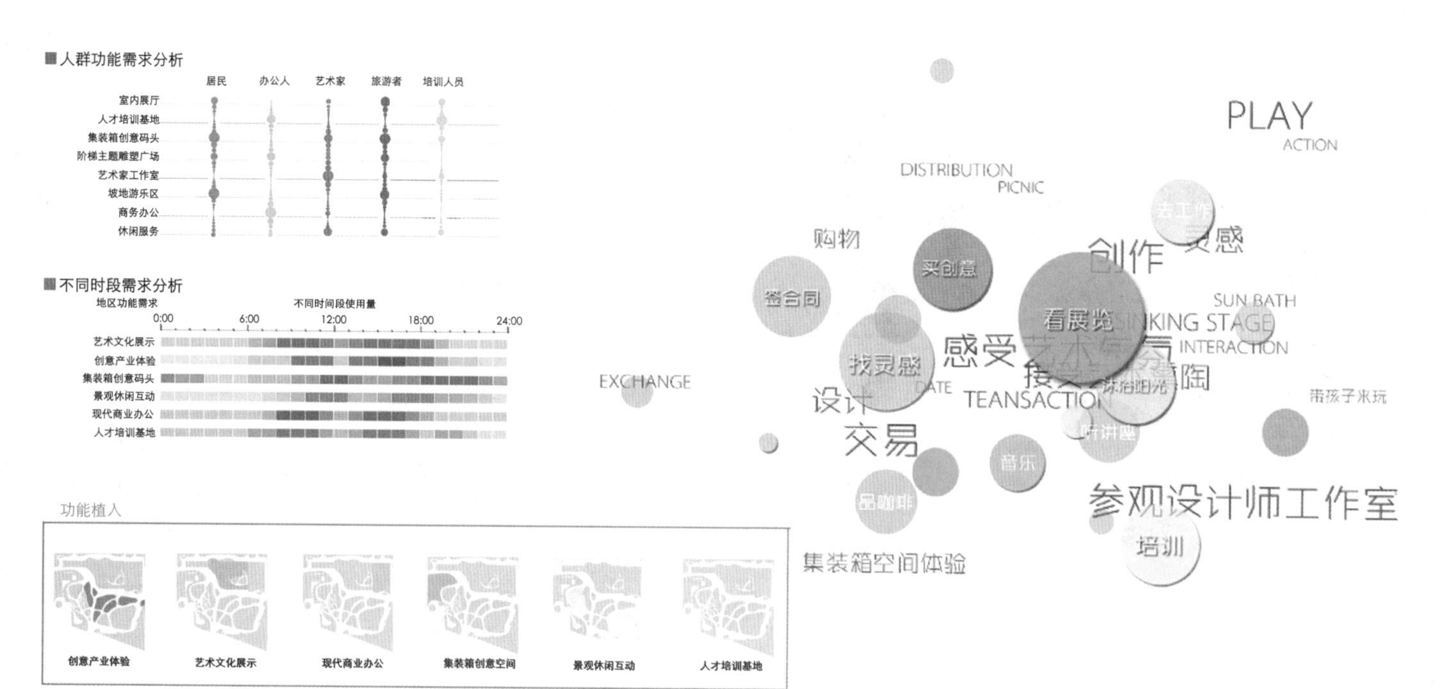

人群功能需求分析
居民
办公人
艺术家
旅游者
培训人员
室内展厅
人才培训基地
集装箱创意码头
阶梯主题雕塑广场
艺术家工作室
坡地游乐区
商务办公
休闲服务
不同时段需求分析
地区功能需求
不同时间段使用量
0:00
6:00
12:00
18:00
24:00
艺术文化展示
创意产业体验
集装箱创意码头
景观休闲互动
现代商业办公
人才培训基地
功能植入
创意产业体验
艺术文化展示
现代商业办公
集装箱创意空间
景观休闲互动
人才培训基地
PLAY
ACTION
DISTRIBUTION
PICNIC
购物
买创意
创作
灵感
签合同
SUN BATH
看展览
INTERACTION
找灵感
感受
EXCHANGE
DATE
TEANSACTION
设计
交易
带孩子来玩
音乐
品咖啡
参观设计师工作室
培训
集装箱空间体验

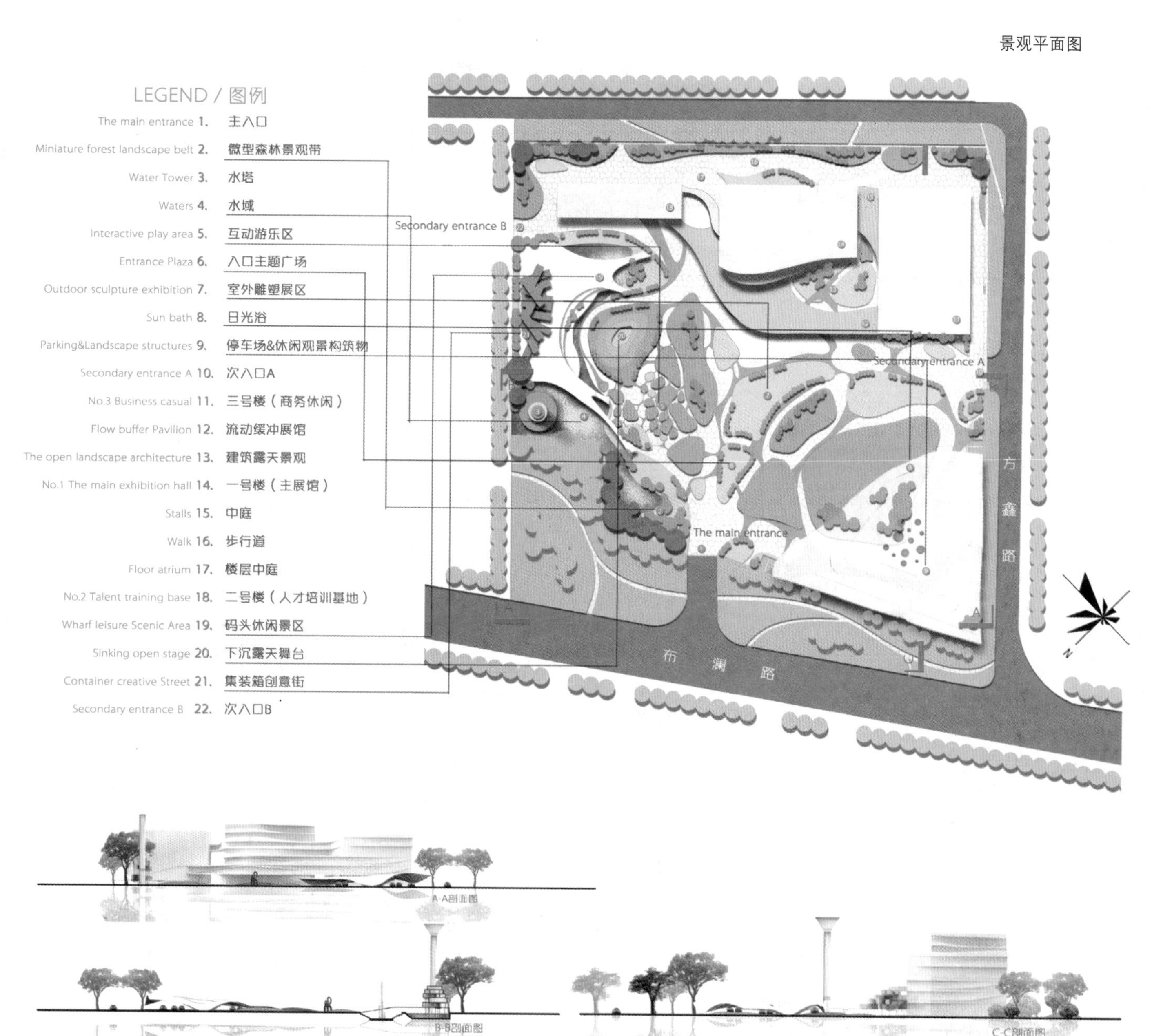

景观平面图
LEGEND / 图例
The main entrance 1. 主入口
Miniature forest landscape belt 2. 微型森林景观带
Water Tower 3. 水塔
Waters 4. 水域
Interactive play area 5. 互动游乐区
Entrance Plaza 6. 入口主题广场
Outdoor sculpture exhibition 7. 室外雕塑展区
Sun bath 8. 日光浴
Parking&Landscape structures 9. 停车场&休闲观景构筑物
Secondary entrance A 10. 次入口A
No.3 Business casual 11. 三号楼（商务休闲）
Flow buffer Pavilion 12. 流动缓冲展馆
The open landscape architecture 13. 建筑露天景观
No.1 The main exhibition hall 14. 一号楼（主展馆）
Stalls 15. 中庭
Walk 16. 步行道
Floor atrium 17. 楼层中庭
No.2 Talent training base 18. 二号楼（人才培训基地）
Wharf leisure Scenic Area 19. 码头休闲景区
Sinking open stage 20. 下沉露天舞台
Container creative Street 21. 集装箱创意街
Secondary entrance B 22. 次入口B
Secondary entrance B
Secondary entrance A
The main entrance
方鑫路
布澜路
N
A-A剖面图
B-B剖面图
C-C剖面图

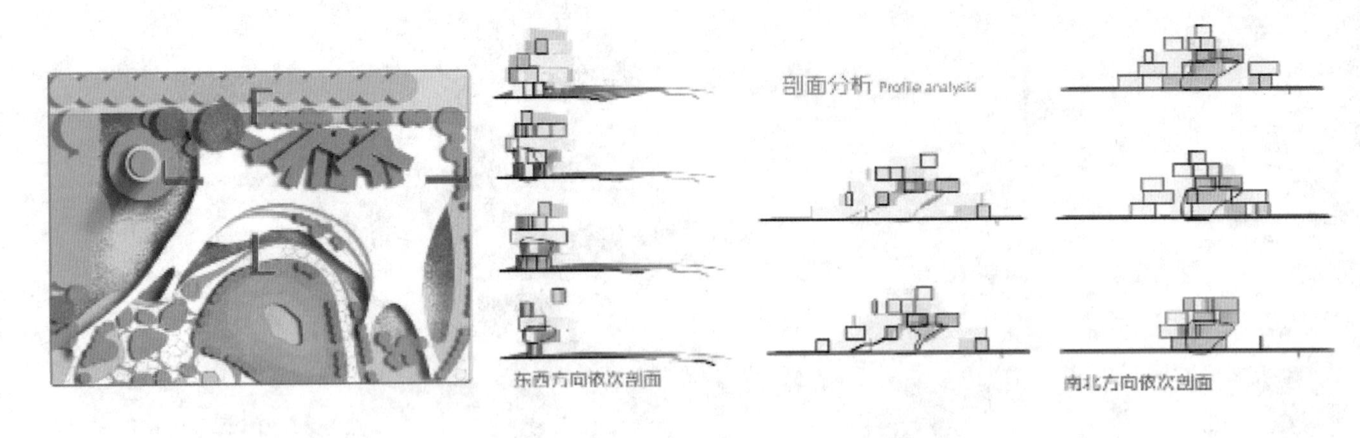

景观节点之一：

集装箱码头设计

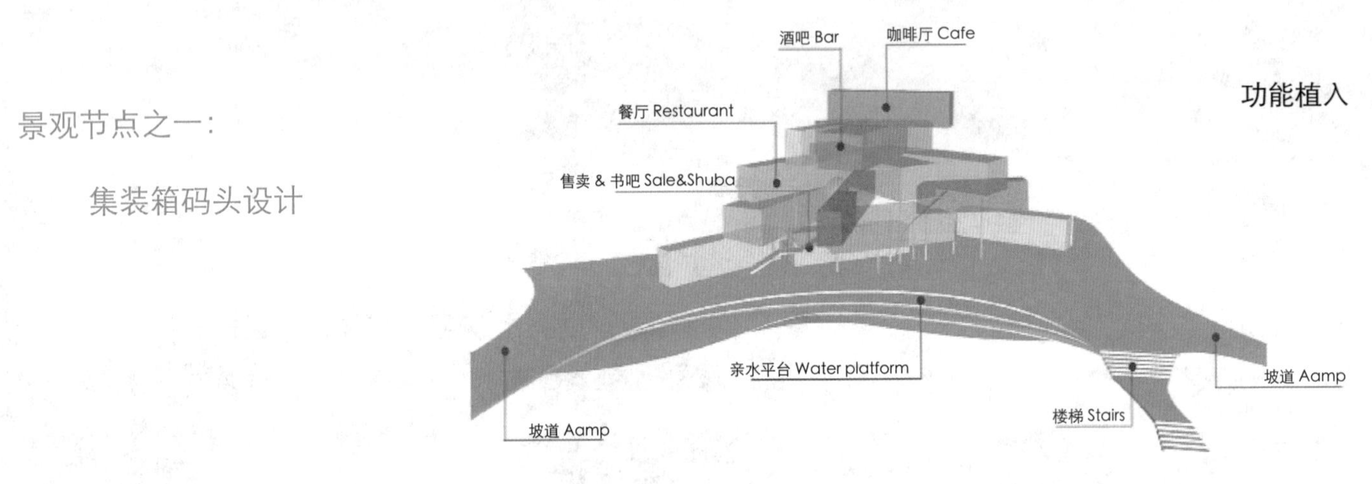

集装箱码头平面图

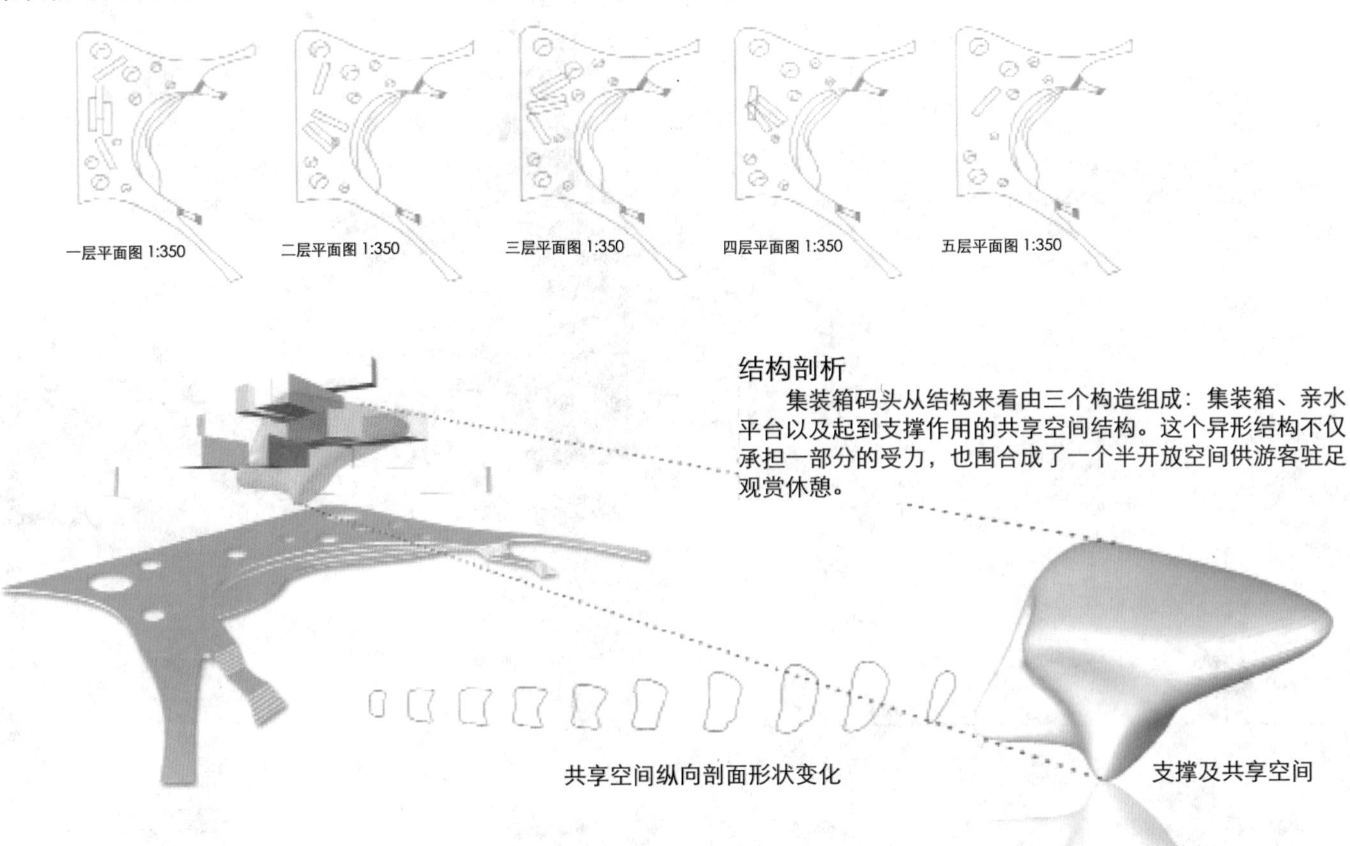

结构剖析

集装箱码头从结构来看由三个构造组成：集装箱、亲水平台以及起到支撑作用的共享空间结构。这个异形结构不仅承担一部分的受力，也围合成了一个半开放空间供游客驻足观赏休憩。

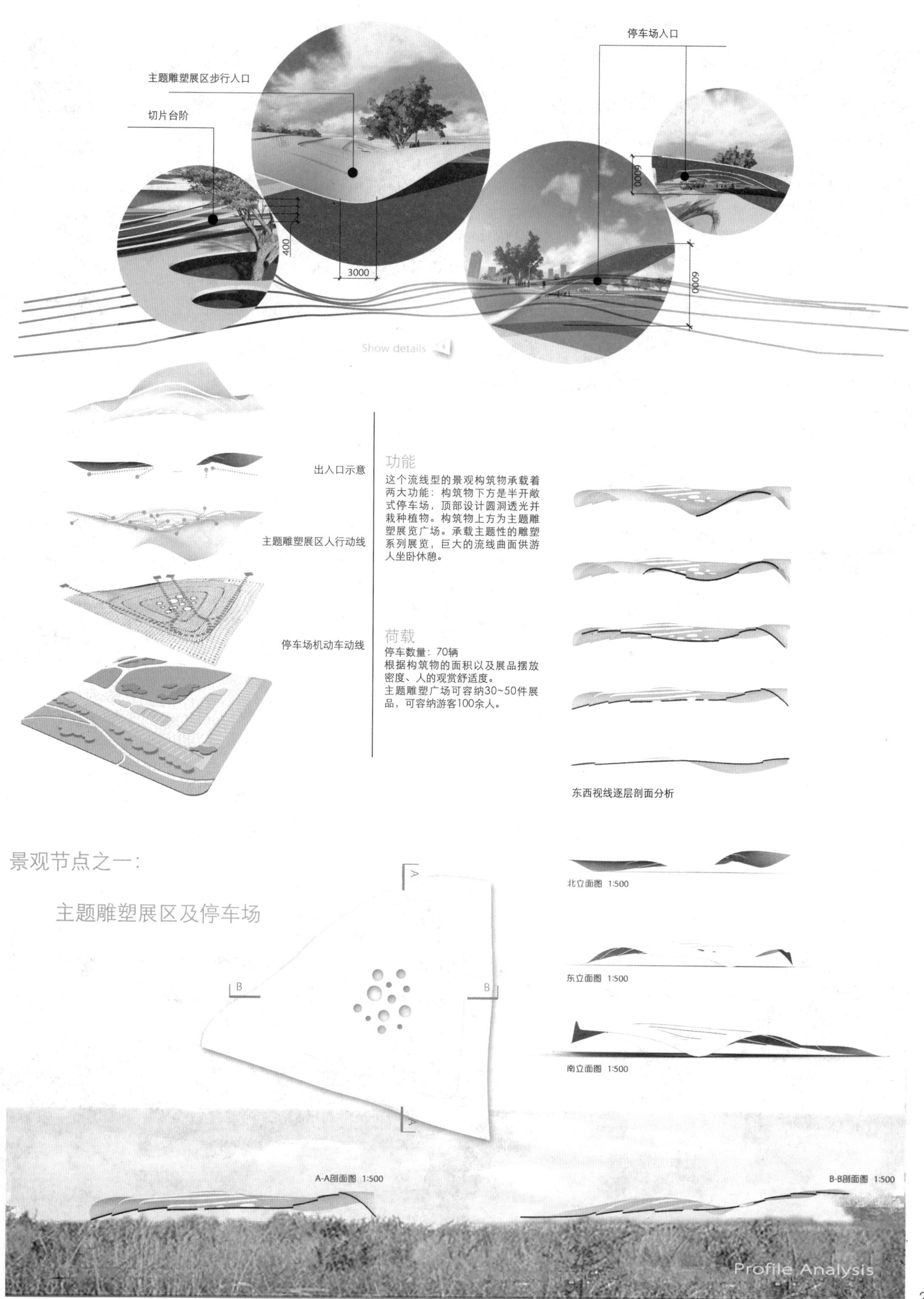

景观节点之一：

主题雕塑展区及停车场

功能

这个流线型的景观构筑物承载着两大功能：构筑物下方是半开敞式停车场，顶部设计圆洞透光并栽种植物。构筑物上方为主题雕塑展览广场。承载主题性的雕塑系列展览，巨大的流线曲面供游人坐卧休憩。

荷载

停车数量：70辆

根据构筑物的面积以及展品摆放密度、人的观赏舒适度。

主题雕塑广场可容纳30~50件展品，可容纳游客100余人。

原有建筑
植入
切除
重组 复合
倒角
掏空 契合

园区夜景效果
2号东立面图 1:500
3号东立面图 1:500
3号立面图 1:500
北立面图 1:500
南立面图 1:500

集装箱码头

景观节点效果

停车场

主题雕塑广场

建筑中庭

建筑前广场

景观节点

园区鸟瞰图

园区效果

二等奖

深圳李朗182设计产业园景观设计

学生姓名：郭国文
责任导师：王　铁
学校名称：
中央美术学院

湜水
流涟

设计说明

深圳李朗182设计产业园景观设计是一个旧工业园改造课题，目的是将旧工业园赋予新功能，改造成文化产业园。本人试图通过整体性设计，把孤立的、单调的功能性板楼建筑与景观相结合，通过注入其中的景观设计令其重新焕发新的功能生机。本设计融入中国皇家古典园林一池三山、阴阳相抱的理念，以期能做到阴中有阳、阳中有阴，环环相扣、和谐共生的生存状态，既要为在这里工作的设计师们创造一种自然从容的生活状态，也试图营造一种静怡的田园式的氛围，让参观产业园的游人留下美好的记忆。

周边关系

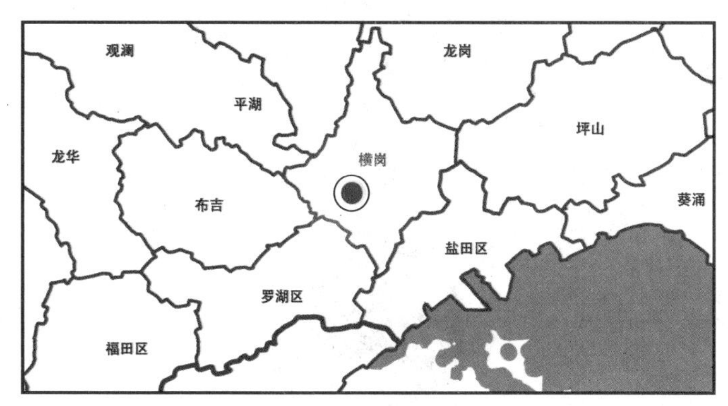

各个区位之间的特点，区与区之间存在千丝万缕的关系，位于横岗的182产业园连接着中心区与郊区之间的关系，起着至关重要的纽带作用。

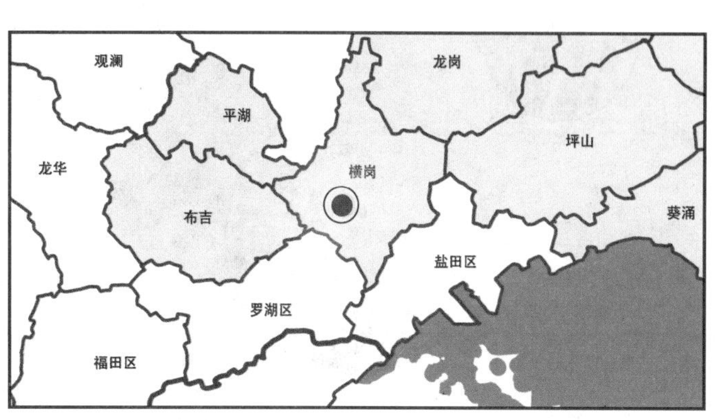

龙岗区位于深圳市东北部，处于珠江口东岸深莞惠城市圈的重要节点，是连接珠三角经济圈与海峡西岸经济区的重要通道，拥有得天独厚的区位优势、丰富充足的土地储备、风光旖旎的旅游资源和历史悠久的客家文化。

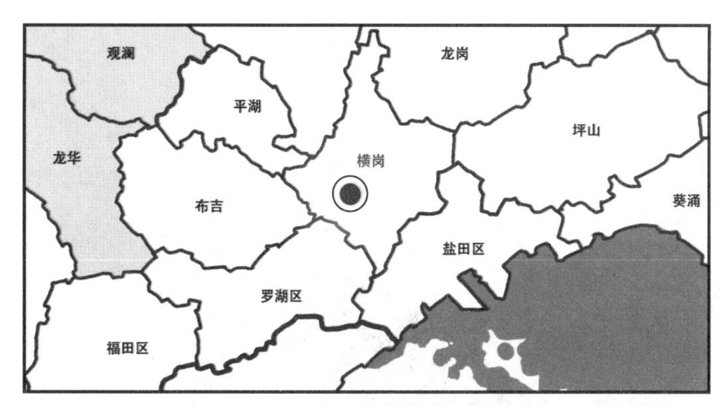

龙华新区地处深圳市中北部，东临龙岗，西接宝安、南山、光明，南连福田，北至东莞。新区是极为重要的电子信息产业、先进制造业和服装产业集聚基地。生产领域涉及电子信息、医药制造、汽车、机械铸造、服装、卷烟等。

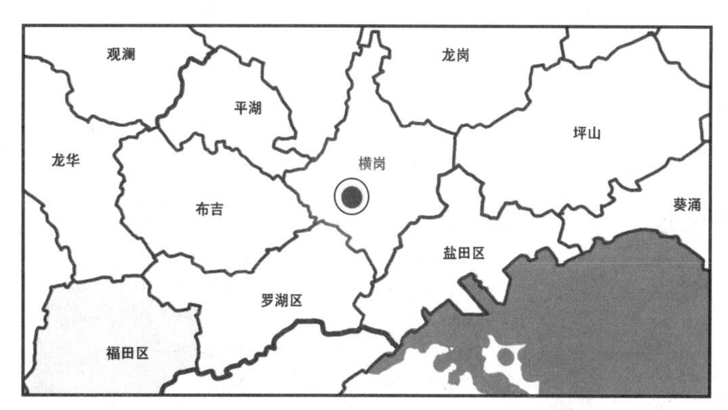

福田区位于深圳经济特区中部，是市人民政府所在地。行政区域东起红岭路、与罗湖区相连，西至侨城东路、与南山区相接，南临深圳河、深圳湾，与香港新界相望，北与宝安区接壤。福田区最有名的商业圈——中国电子第一街“华强北”，是深圳最传统、最具人气的商业旺地之一。华强北网就坐落于深圳福田区，一起陪伴着华强北的发展。

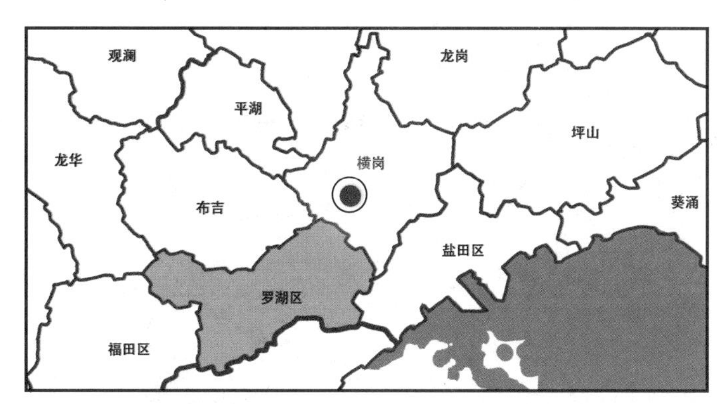

罗湖区位于深圳经济特区中部，是深圳市开发较早的商业中心区。著名的商业街东门便位于此区。行政区域东接盐田区，西至红岭路与福田区相连，南临深圳河与香港毗邻，北与龙岗区、宝安区接壤。

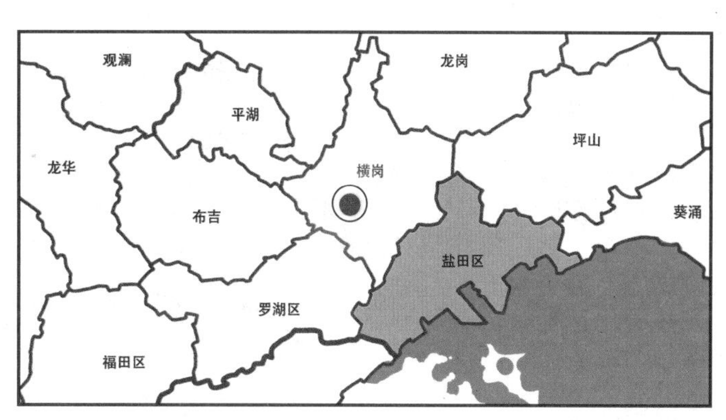

盐田区位于深圳经济特区东部。行政区域东起大鹏湾、仔角与龙岗区相连，西接罗湖区，南连香港新界，北靠龙岗区。

盐田区屏山傍海，自然环境得天独厚，海岸蜿蜒曲折，海岸线长19.5km，沙滩、岛屿错落、海积海蚀崖礁散布其间，是深圳最美丽的“黄金海岸”之一。

环境氛围

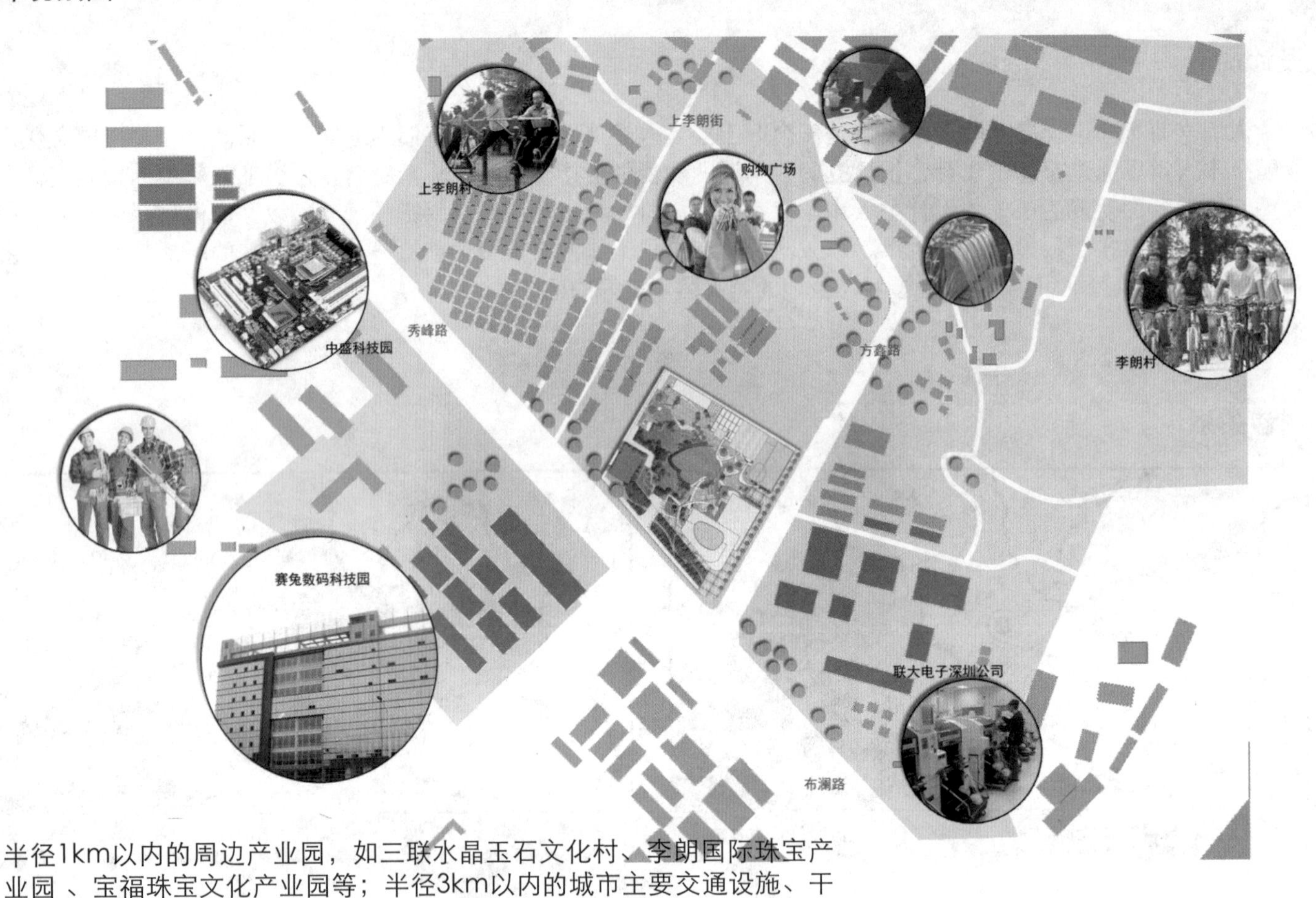

半径1km以内的周边产业园，如三联水晶玉石文化村、李朗国际珠宝产业园 、宝福珠宝文化产业园等；半径3km以内的城市主要交通设施、干道，如李朗火车站，水宫高速路、沈海高速路、机荷高速路、盐田高速路等；半径5km以内的大芬村等艺术园区。

园区现状

园区入口　　园区主干道　　一期3号楼　　182码头用地朝东看

项目总占地面积3万m^2，总建筑面积10万m^2，由新加坡华健控股有限公司投资6亿元分两期建设：其中一期建筑面积为3万多平方米，二期建筑面积为7万多平方米。

入住对象为：高端产品设计师、建筑设计师、室内设计师、家具设计师、艺术家、雕塑家、创意设计师等。

建筑主体已完成配套设施：多功能厅、展厅、贵宾厅、会议中心、商务中心、182晒道（创意街）、图书馆、院校设计人才孵化基地、灵感咖啡吧、灵感茶吧、创意酒吧，以及其他商务、生活配套设施。

现况优点：
1.地形平整，可塑造性较强；
2.气候温和多雨，适合亚热带及热带植物生长。

现况缺点：
1.建筑之间过于孤立，缺乏联系；
2.园区缺少景观；
3.作为设计园区，缺乏生动的设计元素；
4.园区内缺少丰富的交通联系；
5.园区绿地缺乏功能空间，土地没有得到有效利用。

设计内容：园区建筑外立面和园区景观。

概念分析

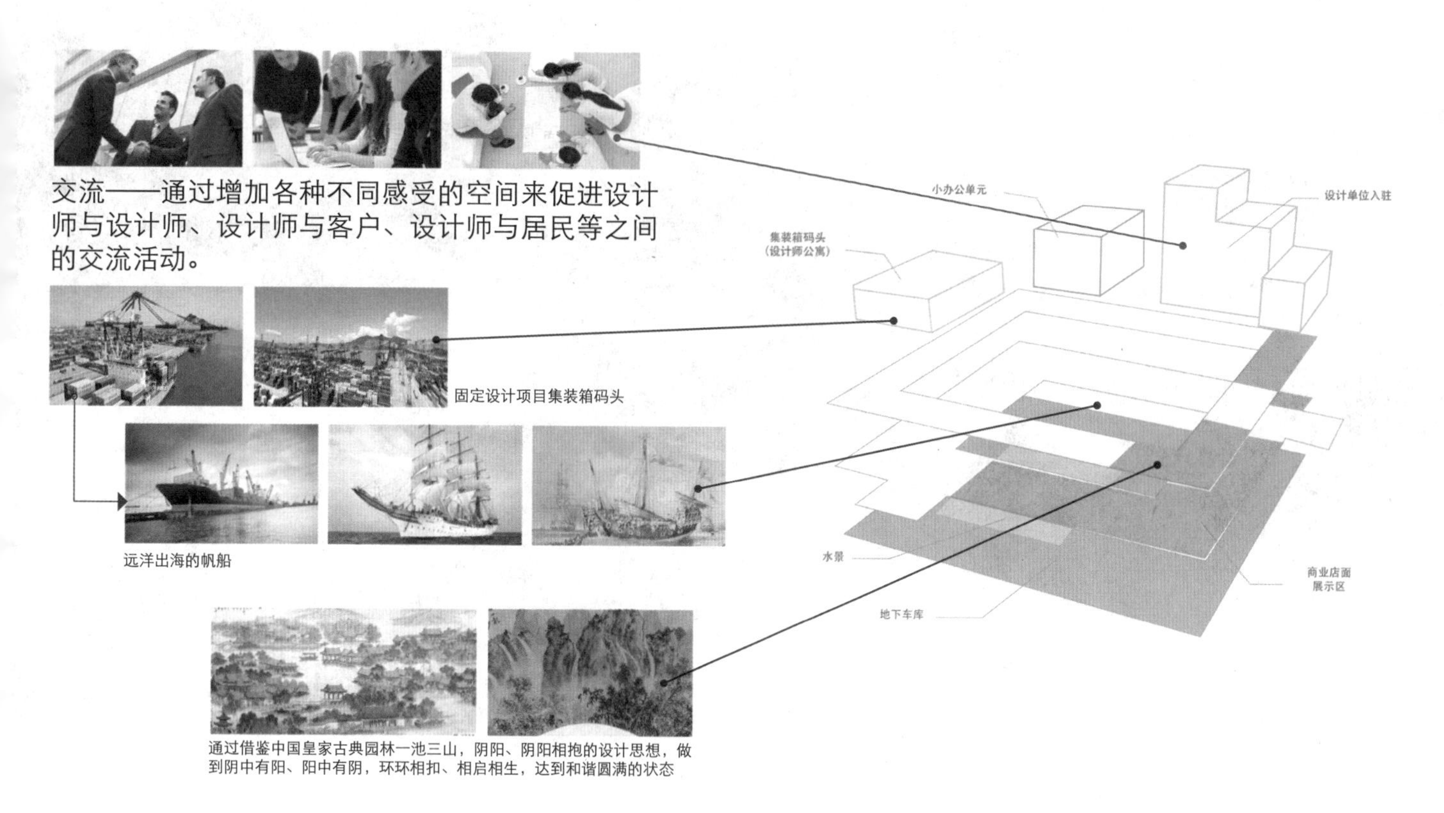

交流——通过增加各种不同感受的空间来促进设计师与设计师、设计师与客户、设计师与居民等之间的交流活动。

固定设计项目集装箱码头

远洋出海的帆船

通过借鉴中国皇家古典园林一池三山，阴阳、阴阳相抱的设计思想，做到阴中有阳、阳中有阴，环环相扣、相启相生，达到和谐圆满的状态

降雨状况

深圳属亚热带向热带过渡型海洋性气候，风清宜人，降水丰富。常年平均气温22.5℃，极端气温最高38.7℃，最低0.2℃。无霜期为355天，平均年降雨量1924.3mm，日照2120.5h，适合常年开展旅游。

最冷的1月平均气温：15.4℃（平均最高：20℃，平均最低：12℃，天气和暖，冷空气侵袭时有阵寒）。最热的7月平均气温：28.8℃，夏秋季的台风因受山峦阻挡，直接袭击深圳市平均每年不到一次。

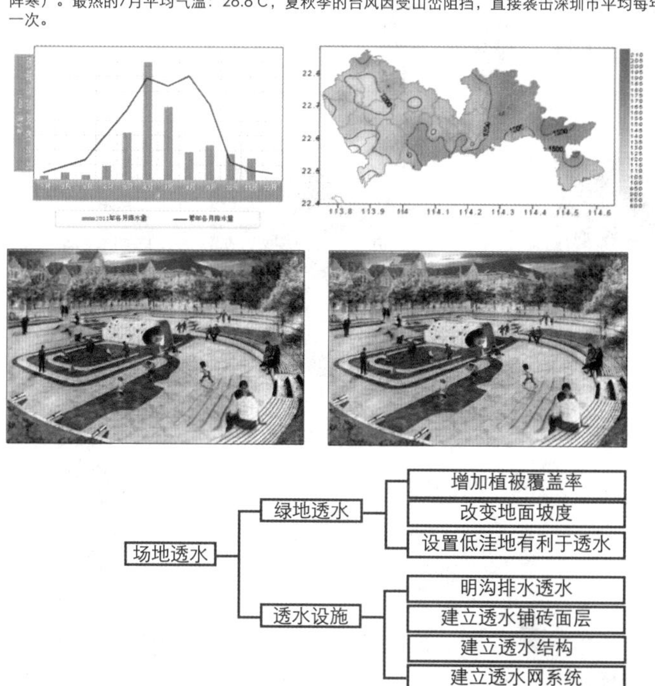

- 场地透水
  - 绿地透水
    - 增加植被覆盖率
    - 改变地面坡度
    - 设置低洼地有利于透水
  - 透水设施
    - 明沟排水透水
    - 建立透水铺砖面层
    - 建立透水结构
    - 建立透水网系统
    - 建立透水水池

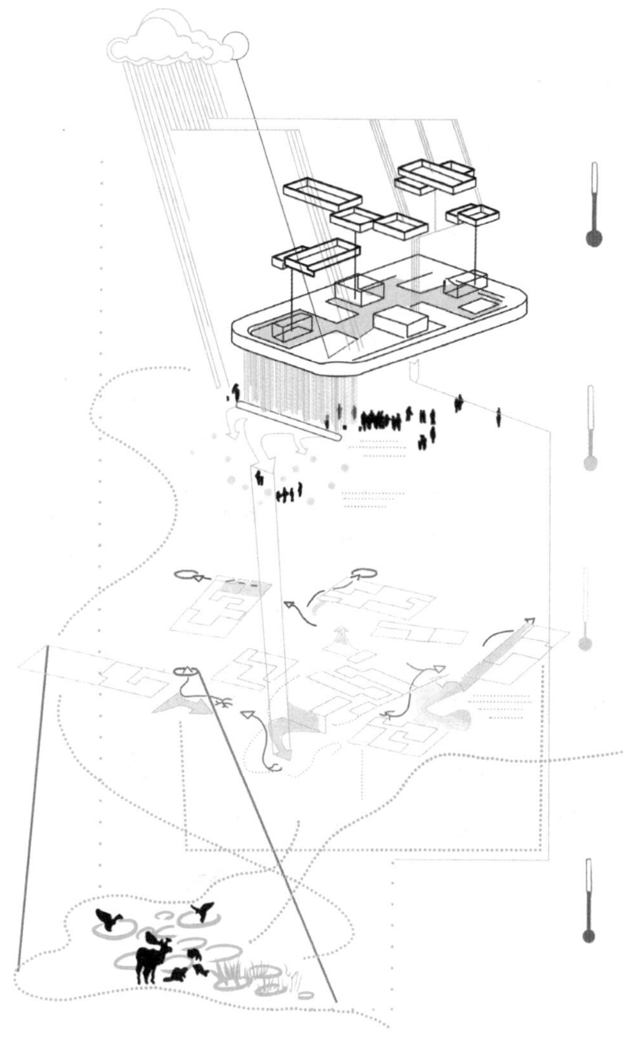

一直以来，很多城市的雨水处理系统不仅建设工程庞大，而且还需花费巨额资金，特别是在降水量较多的城市，有关部门不得不在城市地底铺满各种管道及水池，以便确保暴雨来临之时能够得到疏导。不过，有效地设计散水、排水形成雨水景观能为城市建设与发展带来有利的变化。

寻找序列与变异

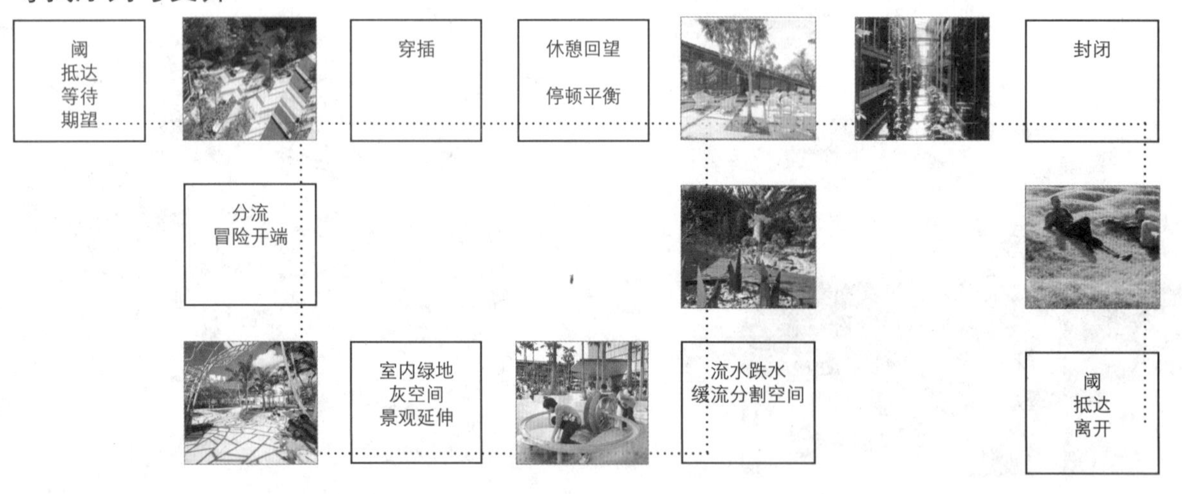

园区动线、节点、水系、景点分析

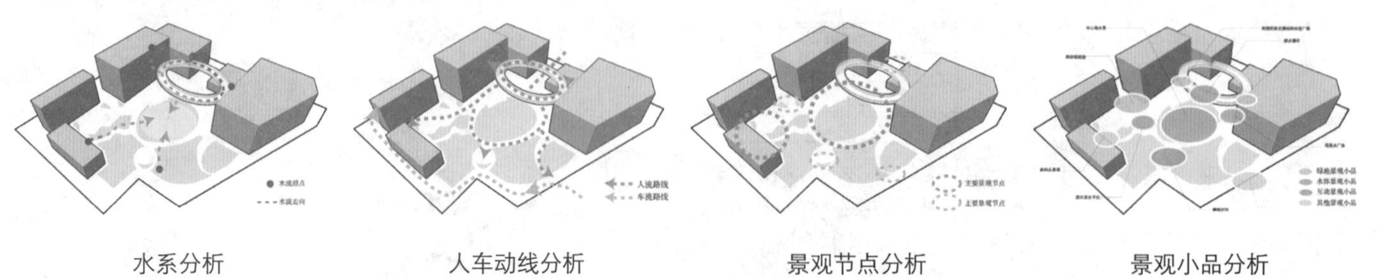

水系分析　　人车动线分析　　景观节点分析　　景观小品分析

平面、功能图

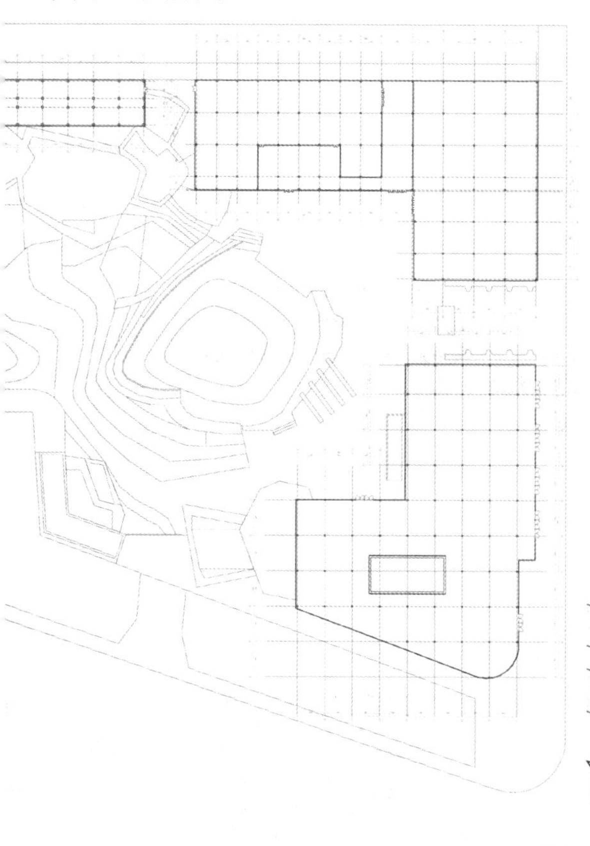

功能分区：

①人流主入口；②车流次入口；③分流入口广场；④空中绿岛；⑤流水广场；⑥攀登古树木平台；⑦跌水连廊；⑧梯度木栈桥；⑨喷泉亲水平台；⑩集装箱码头

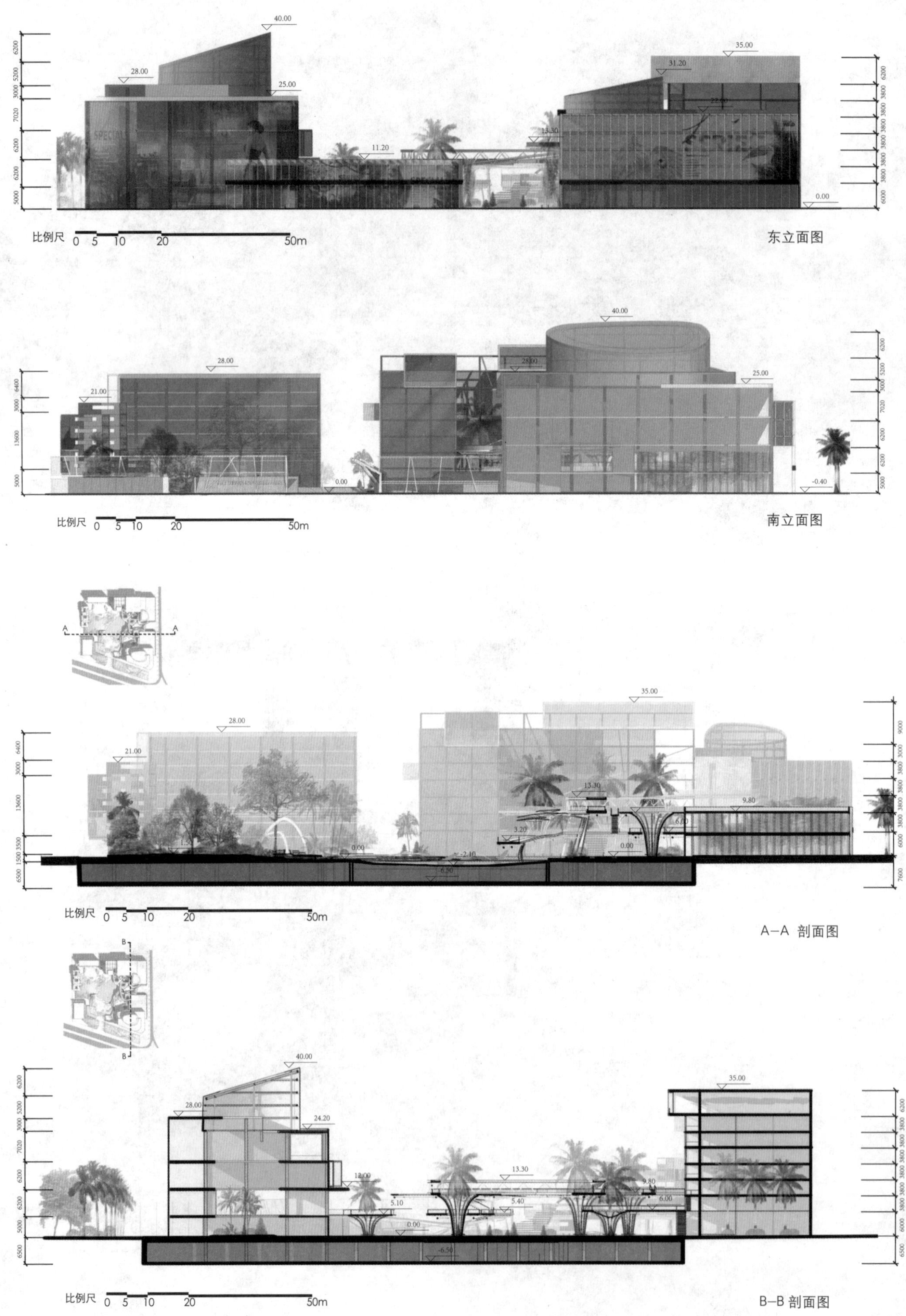
40.00
28.00
25.00
35.00
31.20
11.20
13.30
0.00
比例尺 0 5 10 20 50m
东立面图
40.00
28.00
21.00
28.00
25.00
0.00
-0.40
比例尺 0 5 10 20 50m
南立面图
A
A
35.00
28.00
21.00
13.30
9.80
3.20
6.10
0.00
0.00
-2.10
-6.50
比例尺 0 5 10 20 50m
A–A 剖面图
B
B
40.00
28.00
24.20
35.00
12.00
13.30
5.10
5.40
9.80
6.00
0.00
-6.50
比例尺 0 5 10 20 50m
B–B 剖面图

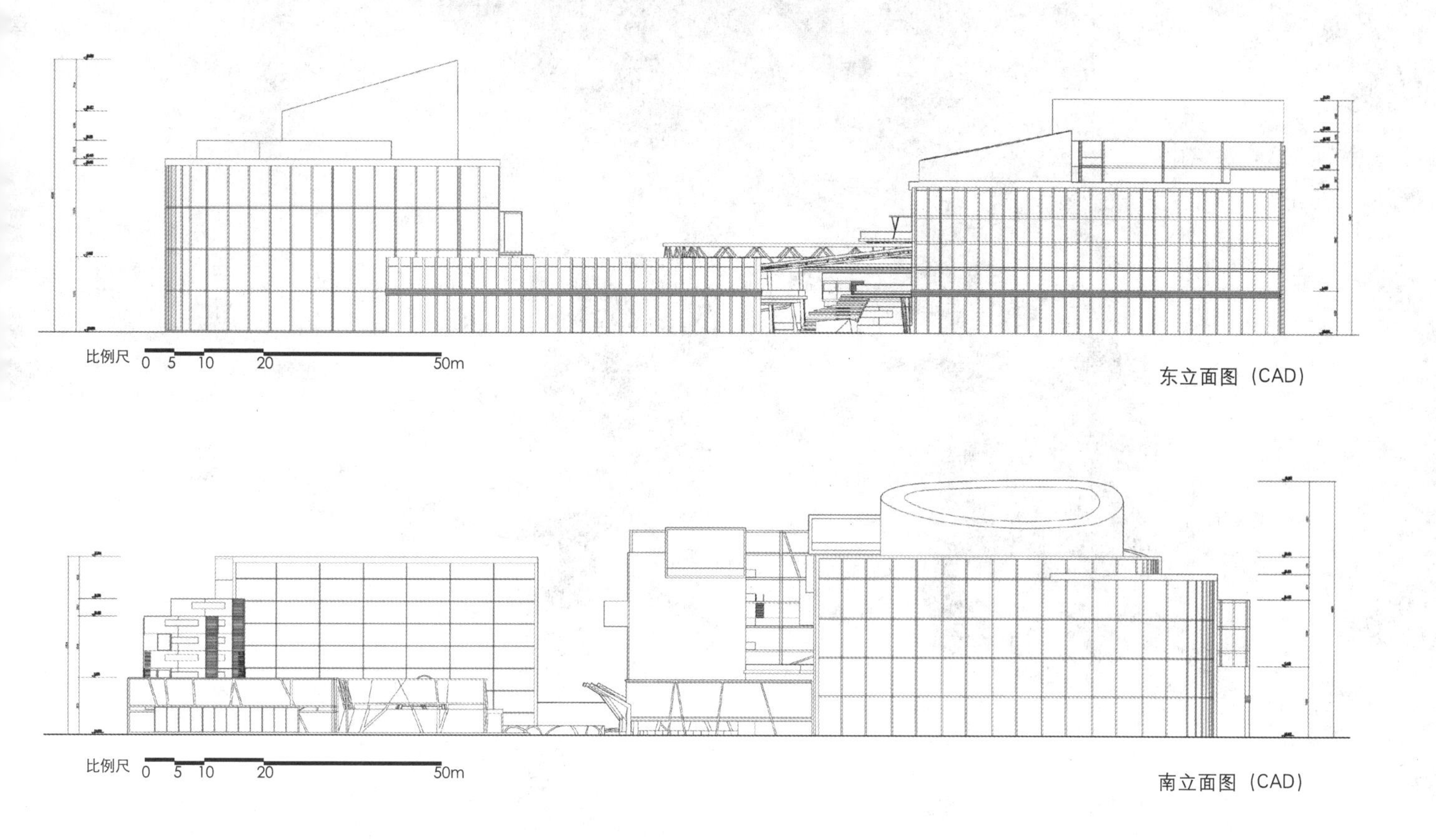

东立面图（CAD）

南立面图（CAD）

节点1：中心池

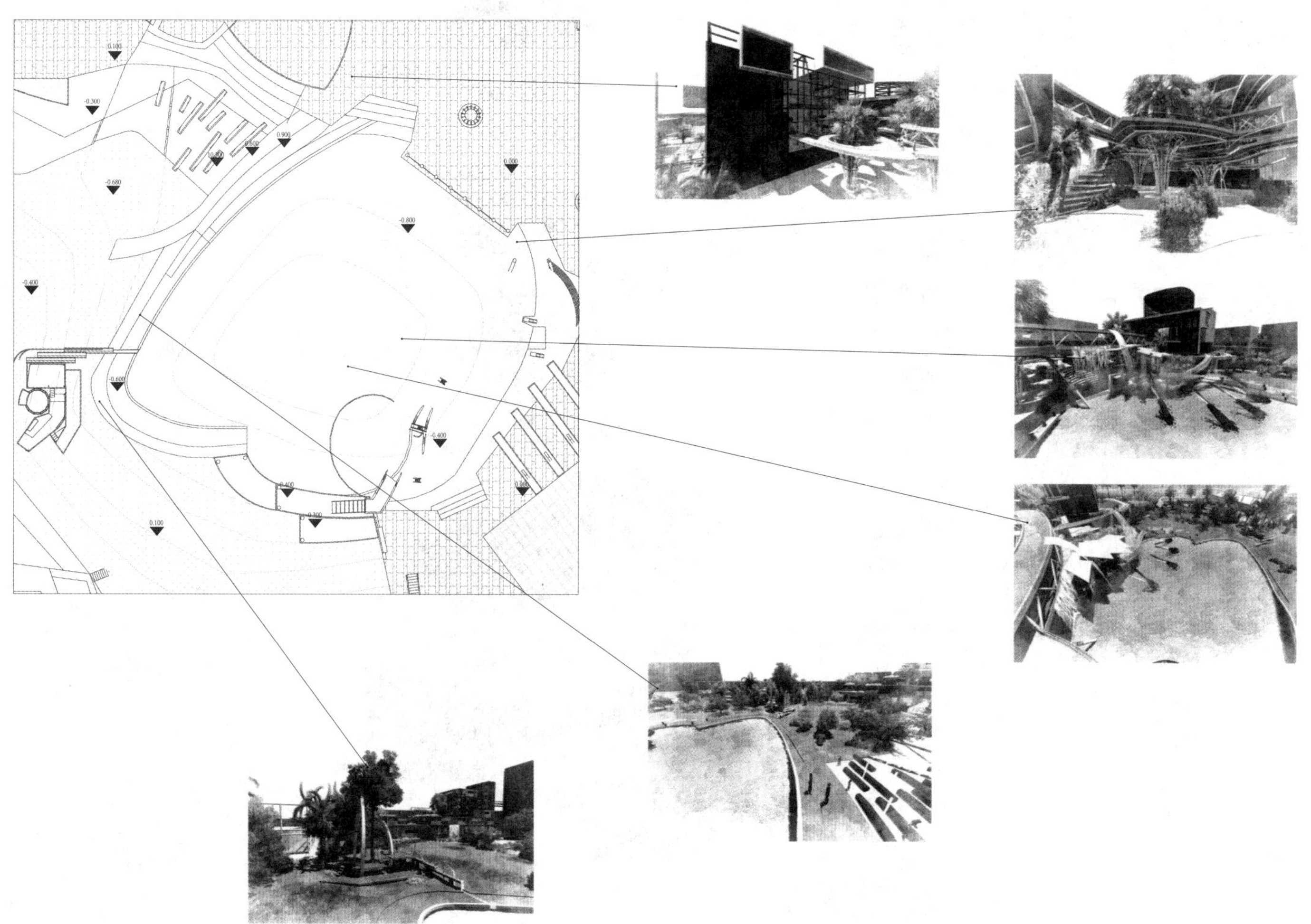

节点2：集装箱码头

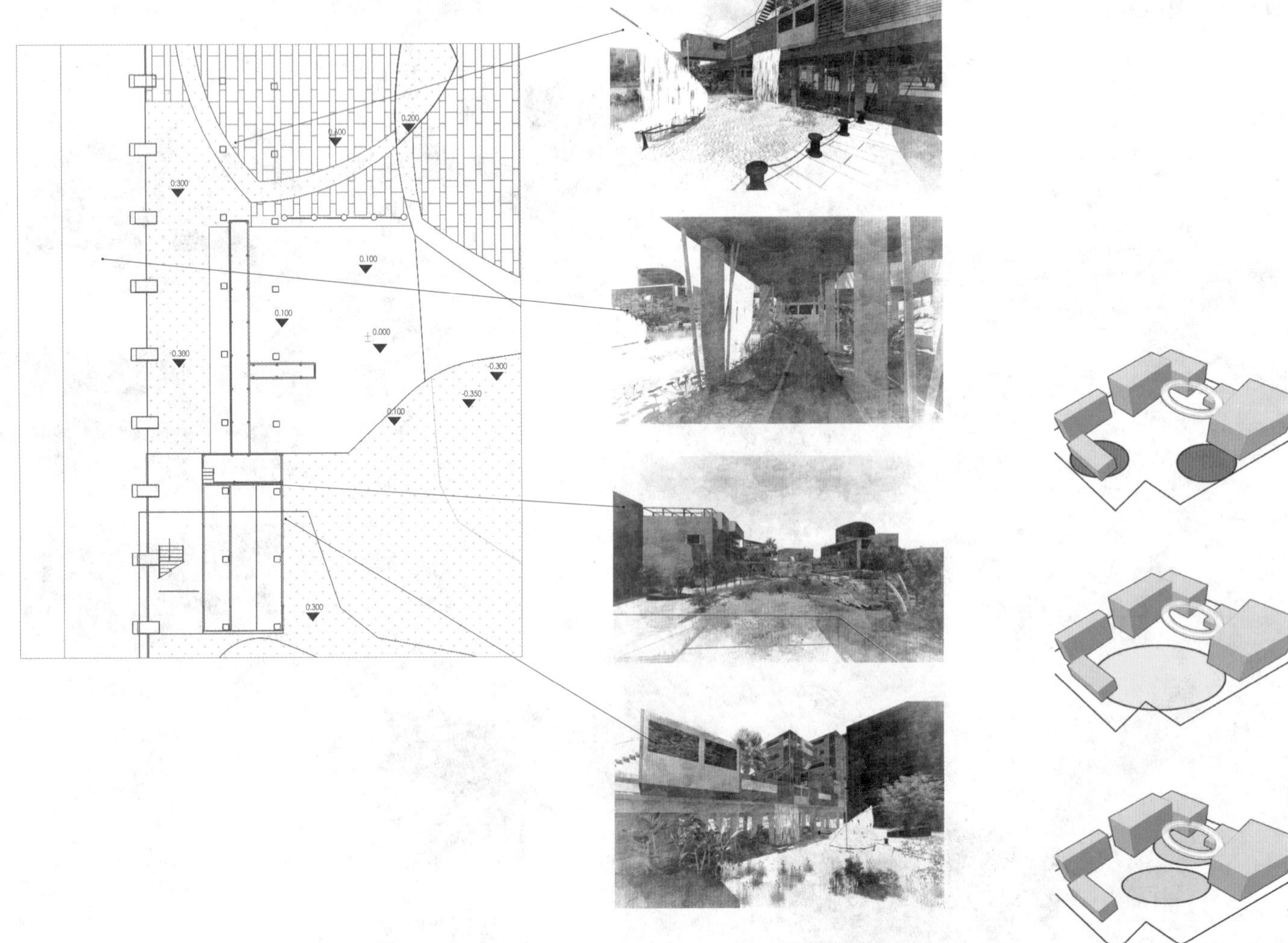

铺装材质

主要铺装材料

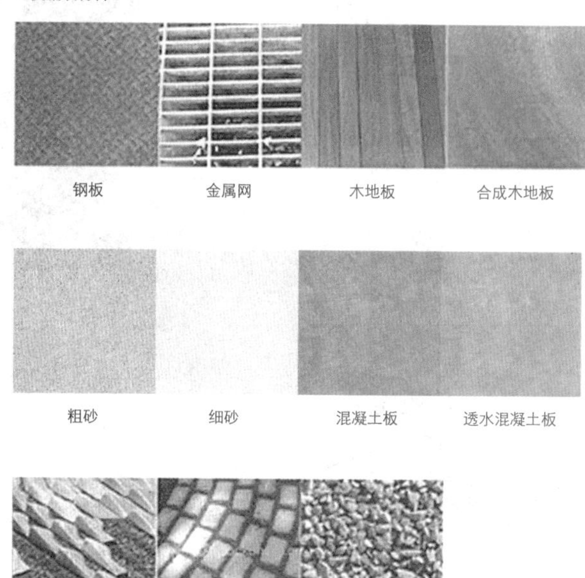

组合铺装样式A

组合铺装样式B

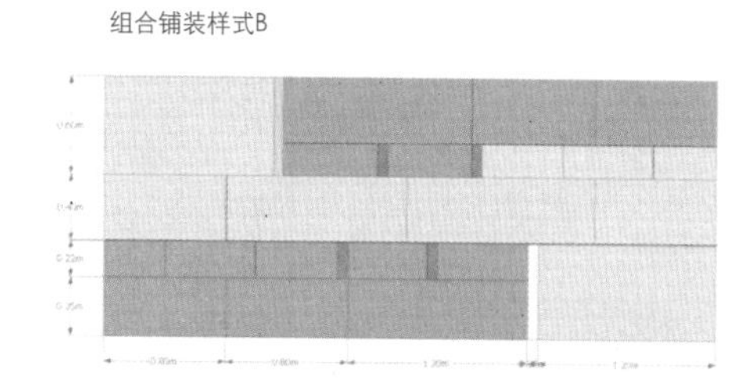

植被运用

乔木 Trees	灌木 Shrubs	草花 Graundcover	湿地植物 Wetland Plants	本地植物 Local Plants
合理保留现状乔木 保持原有生态群落稳定发展，结合景观添加相应物种，丰富原有群落并创造优美景观	改变现状灌木物种序列及层次 丰富植物群落层次，构建多层次植物生态系统	多种草本植物组合种植，形成科普教育式草本植物花园，创造多彩缤纷的色彩体系，营造四季变化的景观	湿地植物群落营造，形成丰富景观水岸空间，改善水岸生态体系，净化水质	本地特色植物的合理保留和利用，保持原有生态系统的稳定

二等奖

天津南港工业区会展中心设计

学生姓名：王默涵
责任导师：王　铁
学校名称：
中 央 美 术 学 院

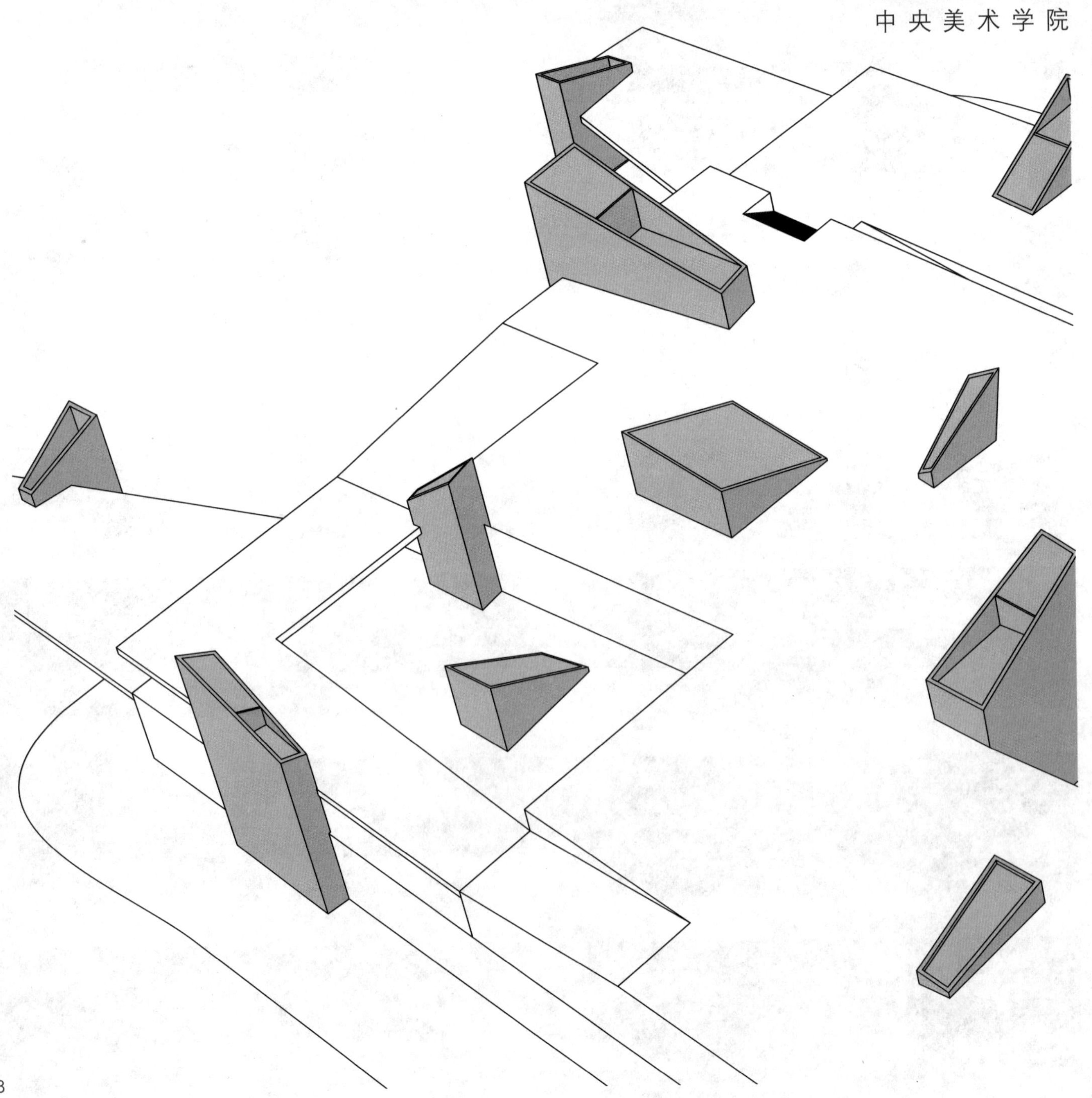

基地概况

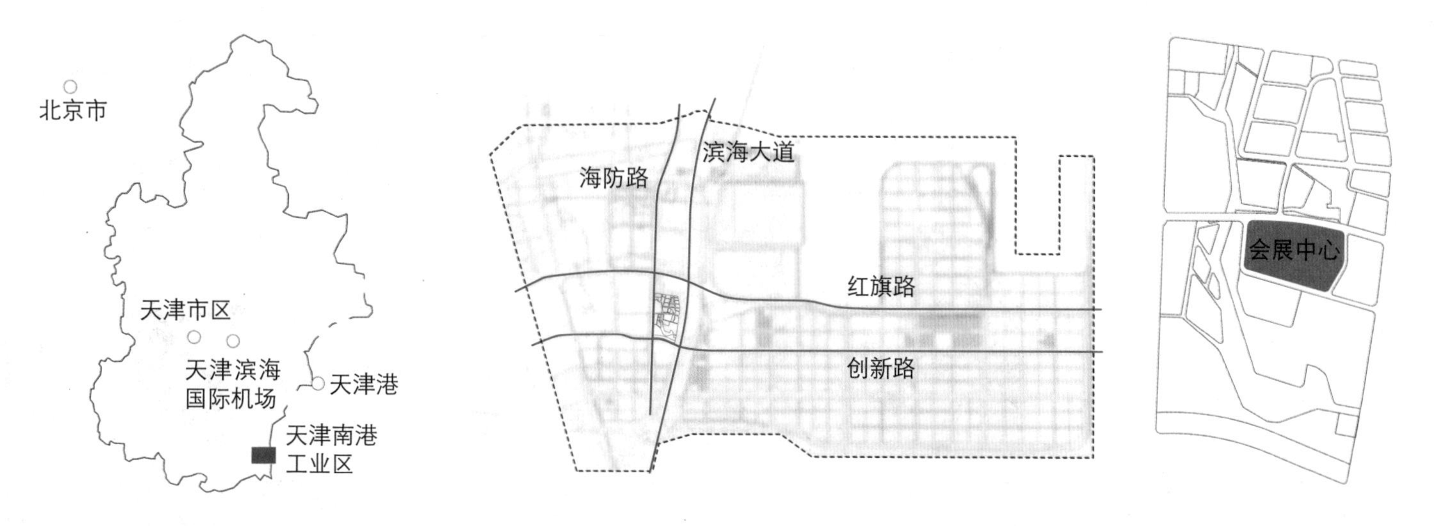

南港工业区是天津市“双城双港”城市空间发展战略规划的南港，位于滨海新区东南部，距离天津市区45km，距离天津机场40km，距离天津港20km。规划面积200km²，其中陆域面积162km²，海域面积38km²。

南港工业区投资服务中心位于南港工业区的核心区，包括行政办公、展览会议、餐饮住宿和生活配套等综合服务功能区。具备会议会展、企业办公、生活服务等功能。

会展中心又位于投资服务中心的中心地带，可见其地理位置十分重要。其东面有大片防护林，西面与南面是滨水公园，周边环境优美。

竖向结构设计

把这些建筑里应该有的功能，都装载在所设计的竖向构造中，使之既能很好地塑造建筑的空间形体，寻找形式节奏，又能被很好地利用作某些特定功能。

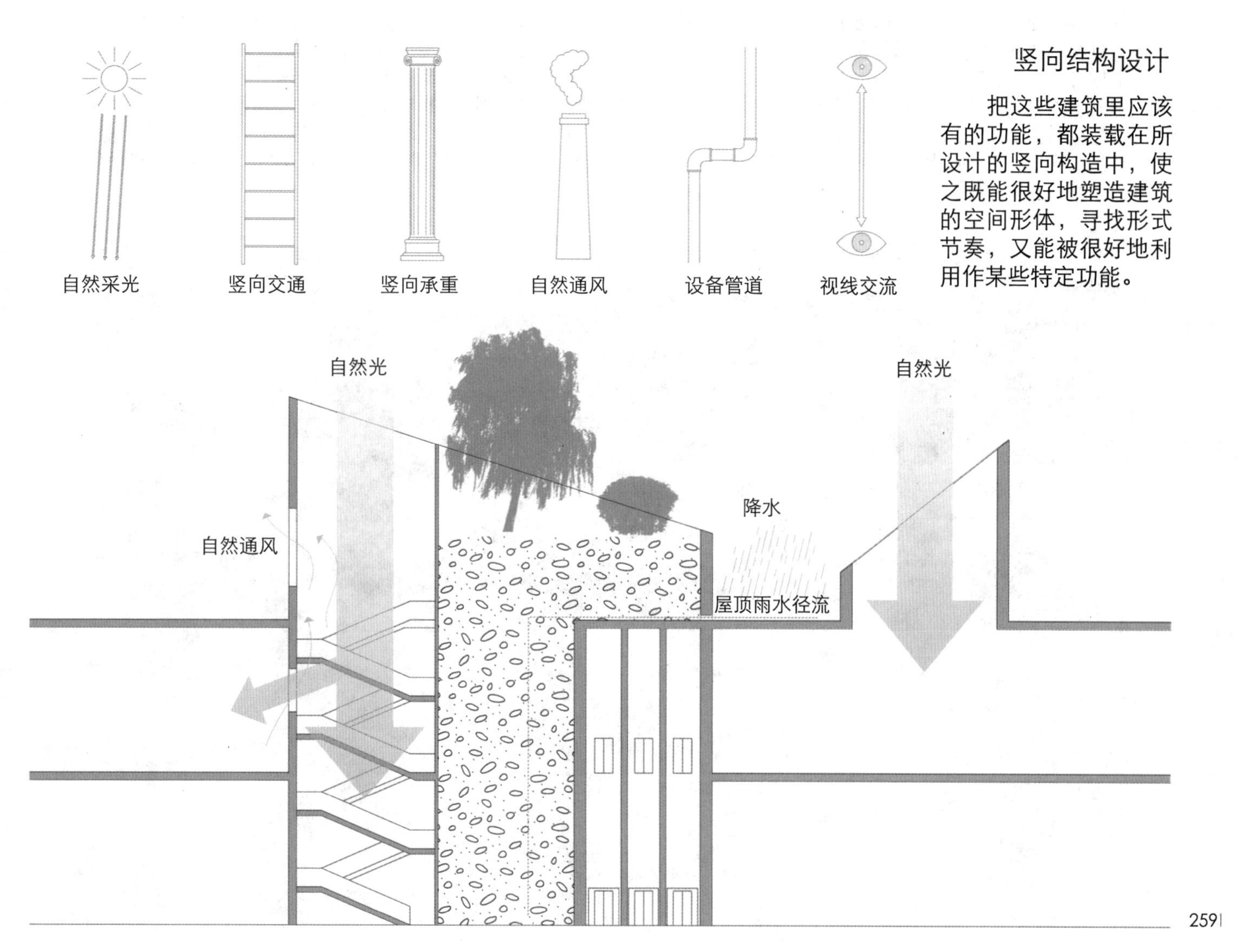

生成

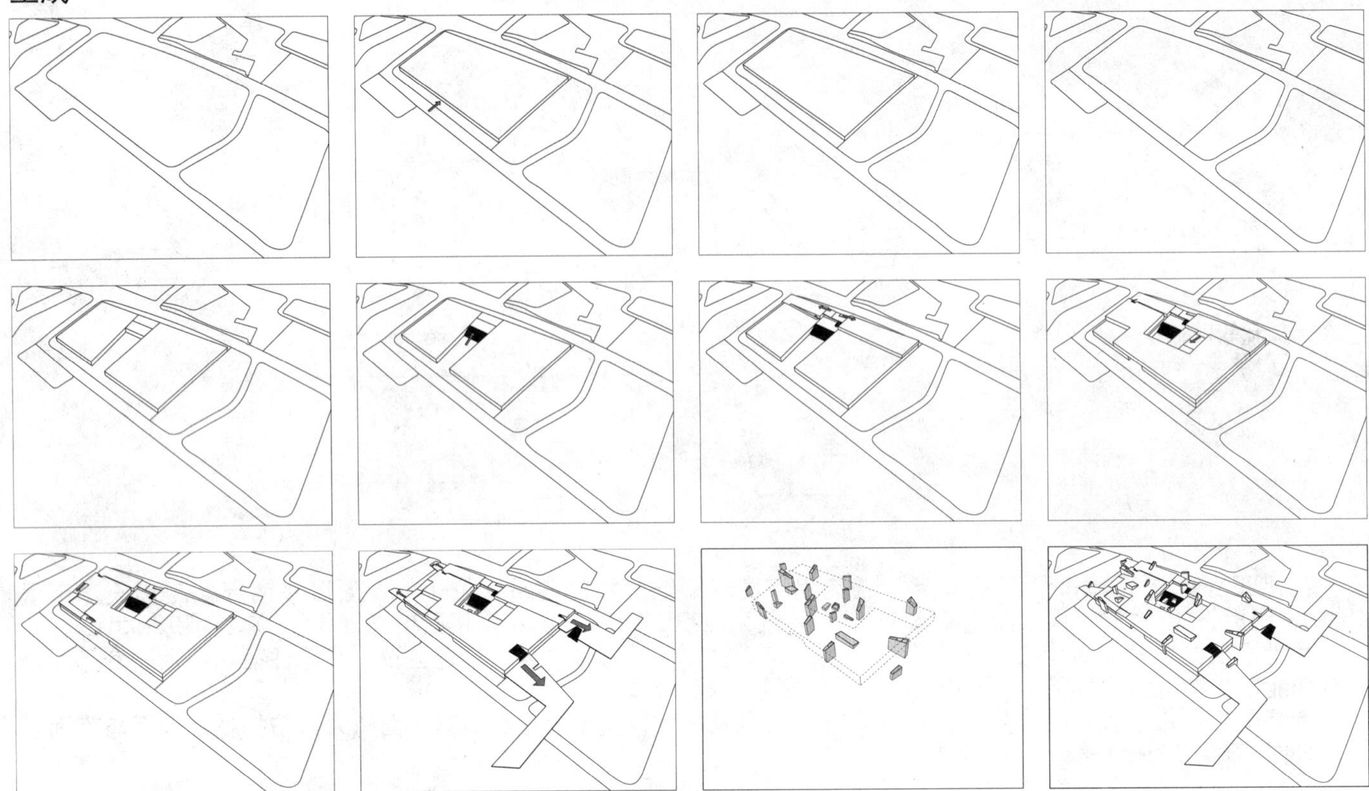

基地中原规划有蓝边停车场空间与绿边的公共绿地空间两块，它们中间的位置为规划中的会展中心，用最大化利用规划用地的原则，按照基地的形状画出一层大致平面，在正对停车场的位置设置主入口、入口广场，在室外加上阶梯或者坡道走上屋顶，意指得到较为连续的屋顶平面，利用建筑本身的高差来改造基地较为平坦的局面。根据建筑功能对层高要求的不同，在屋顶做出高差以增加竖向空间的丰富性，在二层平面空出几个室外平台，作为餐饮休闲、欣赏水景的观景点。

然后，从建筑延伸出四个天桥，东边天桥通向滨水公园，西边的公园通往商业中心建筑与酒店。然后，在此基础上，插入若干竖向构造，以连接一、二层的关系。

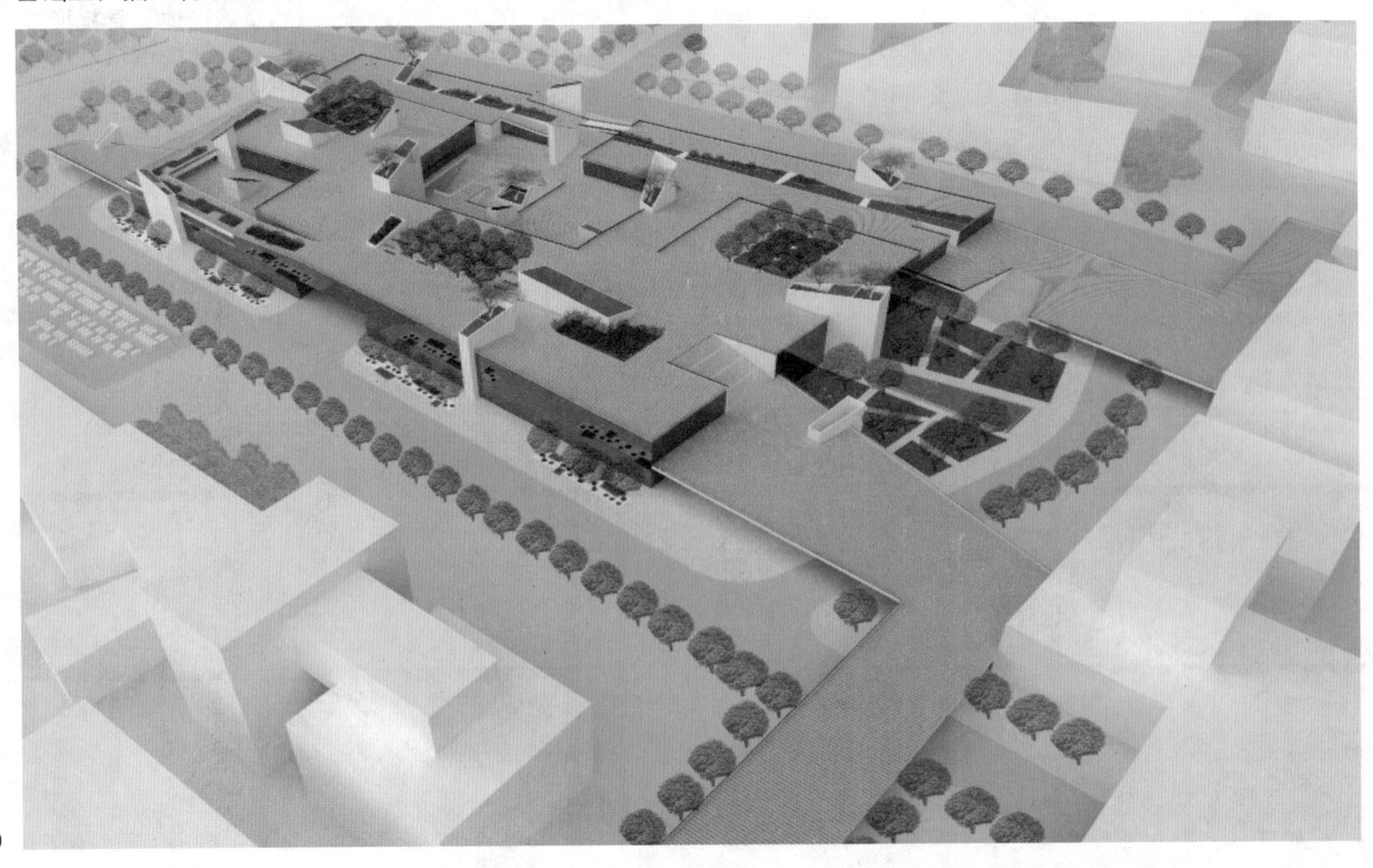

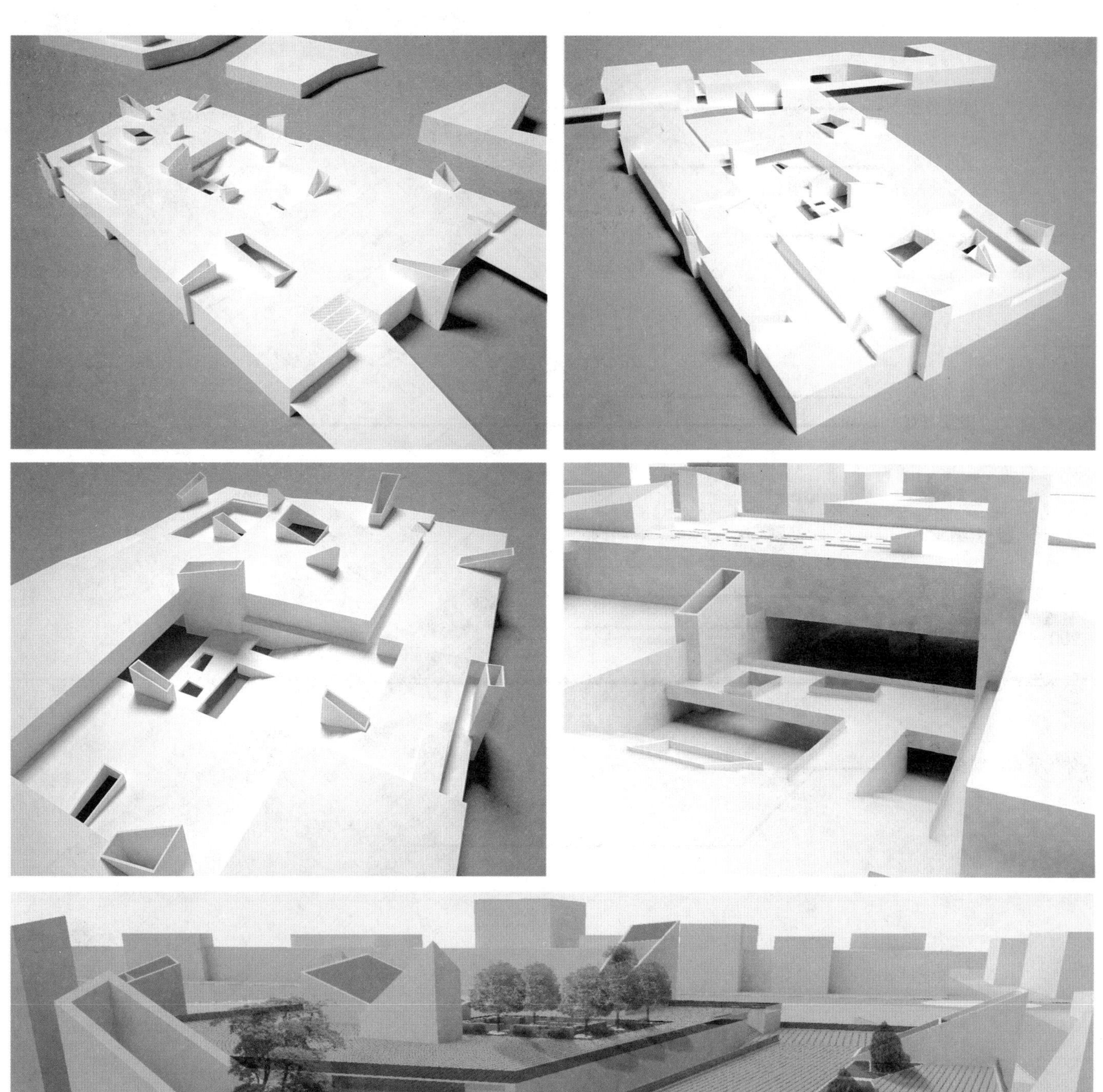

功能分析

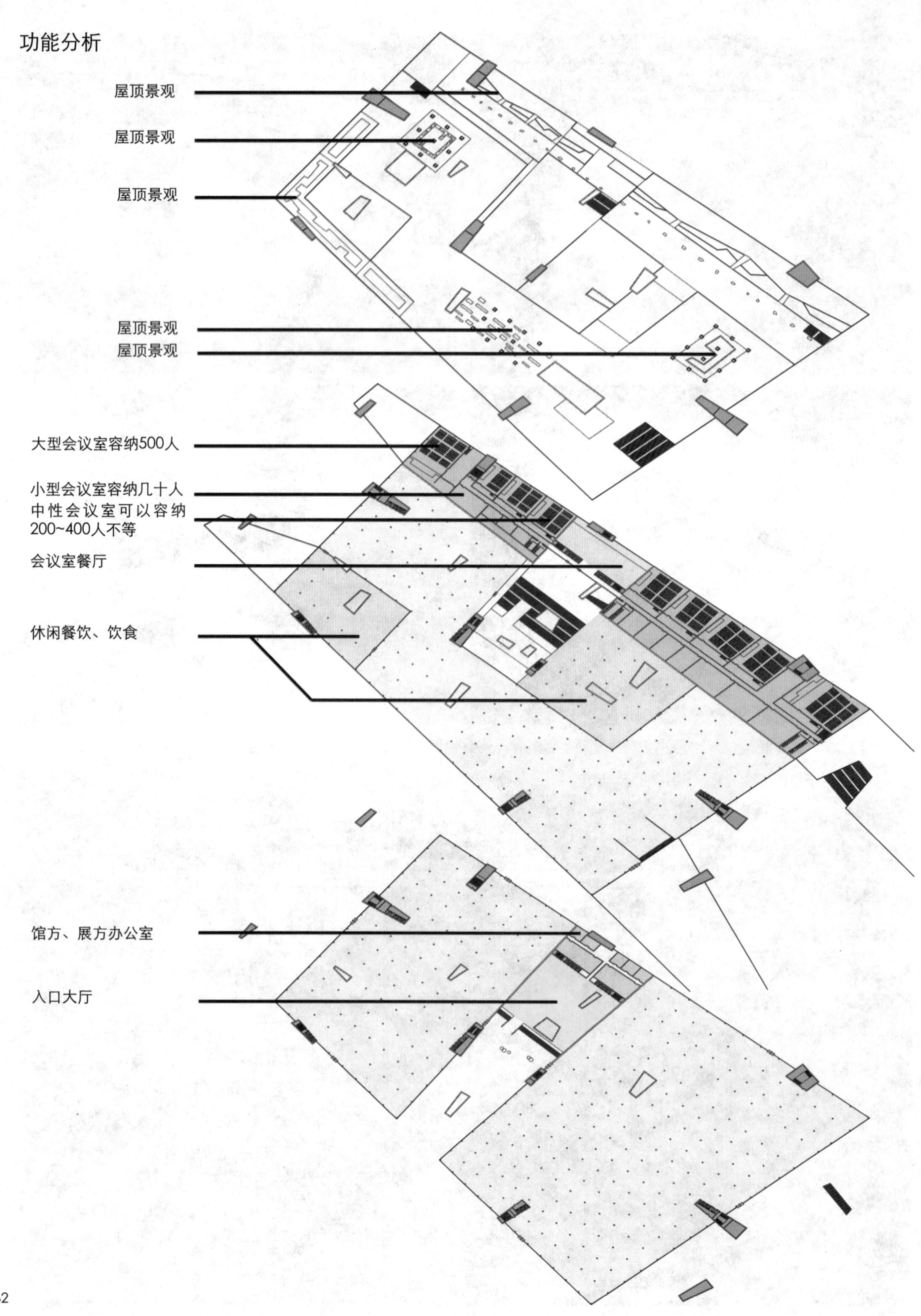

屋顶景观
屋顶景观
屋顶景观
屋顶景观
屋顶景观
大型会议室容纳500人
小型会议室容纳几十人
中性会议室可以容纳
200~400人不等
会议室餐厅
休闲餐饮、饮食
馆方、展方办公室
入口大厅

交通分析

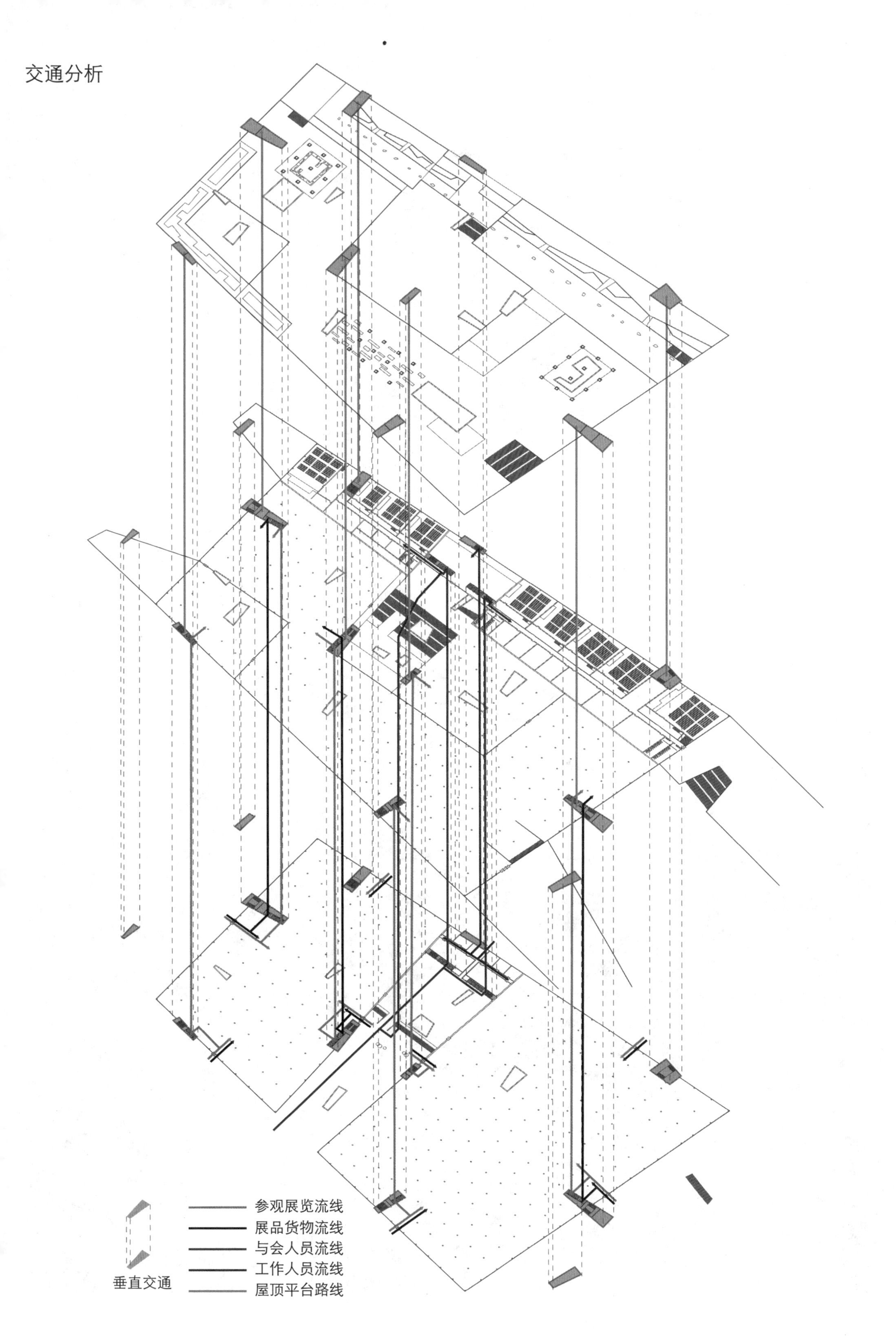

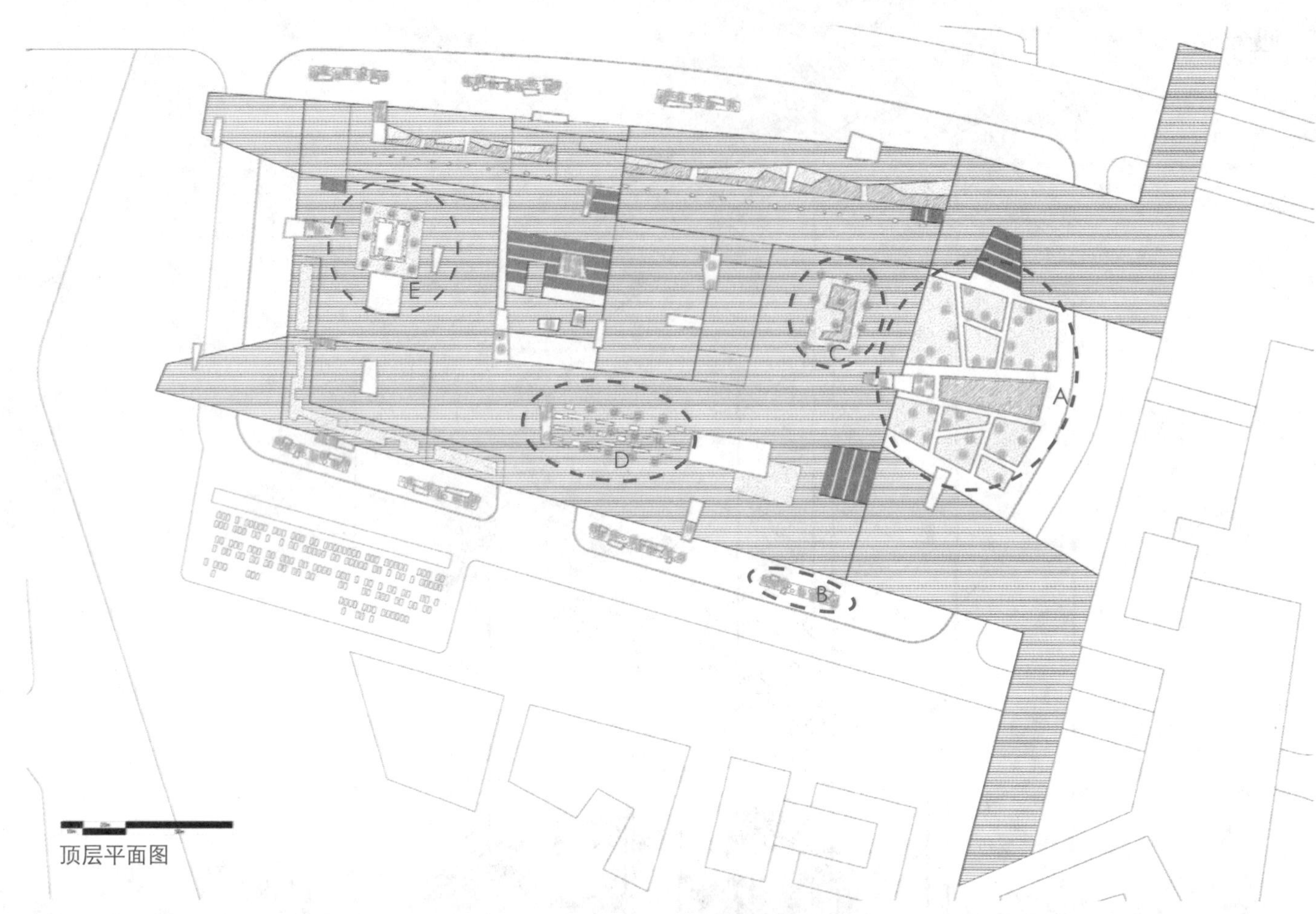

顶层平面图

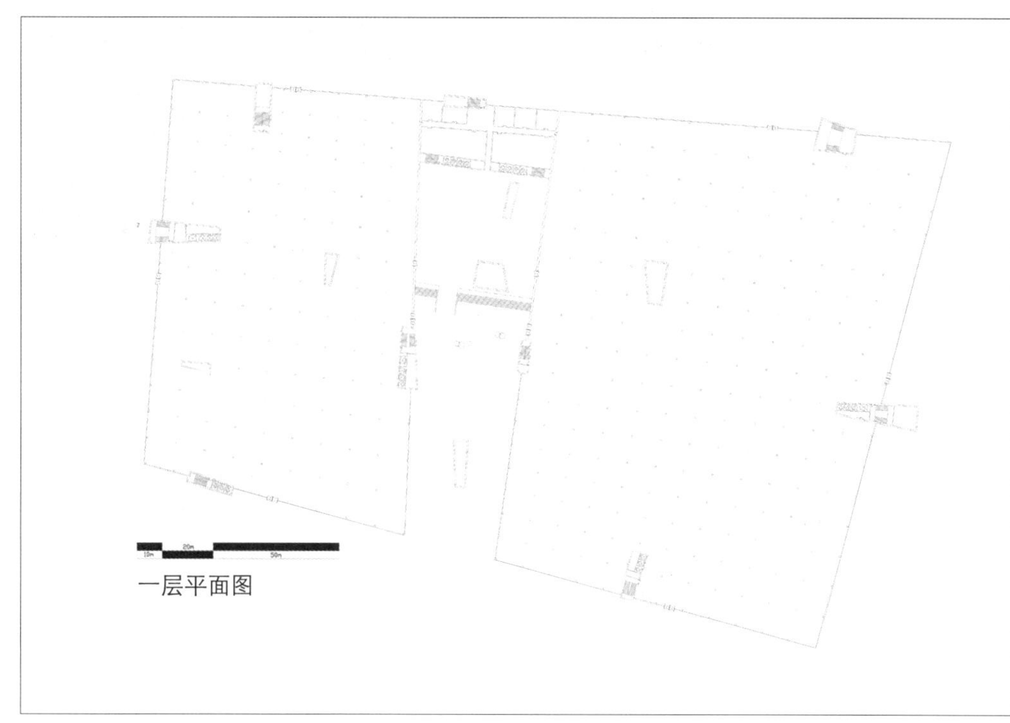

一层平面图

A点效果图

B点效果图

C点效果图

二层平面图

D点效果图

E点效果图

二等奖

“黑白灰”——苏州湖畔餐饮会所设计

Lakeside Club Design

学生姓名：纪　薇
责任导师：张　月
学校名称：
清华大学美术学院

苏州湖畔会所——建筑立面

设计任务书

项目为苏州湖畔的一个餐饮会所，地址位于苏州古城西南40多公里的太湖之中的西山。三面被太湖包围，饱览太湖之景，一面临山。建设规模2000m^2，主要性质是以餐饮、茶饮为主的商业会所项目。甲方要求的几个基本的功能空间有20人散客餐厅、40人散客餐厅、12间包厢、8间棋牌室、户外就餐饮茶区40人座。甲方希望充分利用地形条件，较少地破坏自然场地，将更多的自然引入空间之中，合理有效地利用自然景观。

区位分析

苏州西山的区位特点：
1.特殊的地理位置：在一个独立的岛上，从苏州市区出发需要经过太湖大桥，同时项目具体位置在西山岛凸向湖中的一部分，好似又形成了一个岛中岛，三面围水，一面环山，有很好的视野范围和优美的景色。
2.绿化面积大：岛上覆满植被，并且临近西山风景区和西山森林公园。
3.交通便利：距离苏州太湖旅游度假区25km，距离市中心直线距离50km，交通便利。
存在的问题：
1.视野虽然广阔，但都为外向型视野，缺少内向型视野的穿插，空间的层次性弱。
2.原有建筑实体的梁柱和结构限制，不能达到预想的嵌入天井的目的，缺少灰空间在建筑中的调和。
3.建筑与湖景的接触面积过小，亲水区域面积小，最大的湖畔景观不能更好地与建筑发生联系。
解决方式：
借鉴中国传统民居建筑中黑白灰的空间组合方式，保留原有建筑，不破坏其结构，使其作为一个黑空间而存在，同时增加一个互补的“L”形灰空间。

增加的灰空间与建筑的黑空间组成内向庭院，既不需要破坏原有建筑结构，还增加了空间层次，视野范围具有多向性，增添了空间情趣；增加了临水面积，拉近了人与自然的距离；同时，互补的形状使平面布局更有秩序，体现了南方建筑平面布局的对称性和有序性。

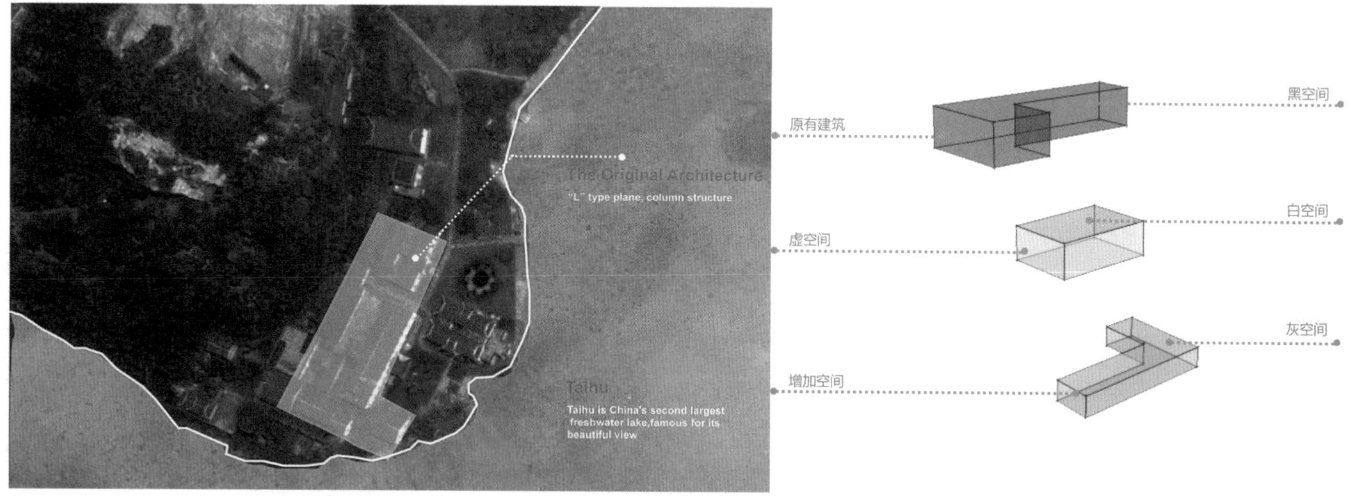

项目区位

用黑白灰空间关系解决空间问题

黑白灰空间属性

黑空间作为功能空间，对应的功能区是具有私密属性的包厢、棋牌室、工作区、厨房等；白空间就作为交流空间和共享空间，对应的功能区便是共享庭院；灰空间作为带有欣赏性质的功能空间，对应的功能区是具有半开放、半私密属性的散客区和户外饮茶区，最大化地与湖畔水景发生联系，更多地利用自然景观。

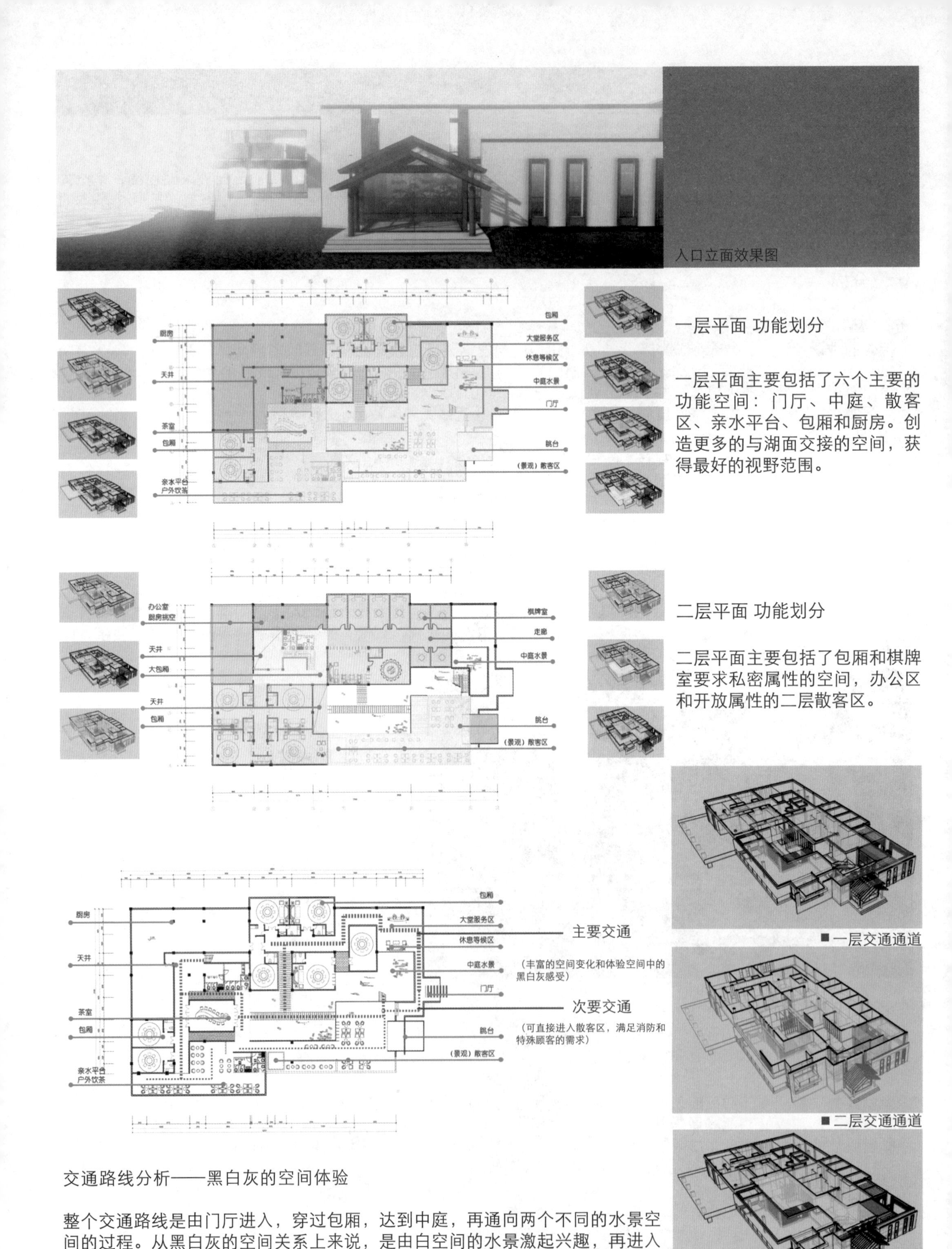

一层平面 功能划分

一层平面主要包括了六个主要的功能空间：门厅、中庭、散客区、亲水平台、包厢和厨房。创造更多的与湖面交接的空间，获得最好的视野范围。

二层平面 功能划分

二层平面主要包括了包厢和棋牌室要求私密属性的空间，办公区和开放属性的二层散客区。

交通路线分析——黑白灰的空间体验

整个交通路线是由门厅进入，穿过包厢，达到中庭，再通向两个不同的水景空间的过程。从黑白灰的空间关系上来说，是由白空间的水景激起兴趣，再进入黑空间，再到白空间，最后达到水景的过程。通过黑白灰空间的穿插组合，创造不同的空间氛围，强化人们在空间中的感受，最大化地融入自然景观。

一层平面黑白灰关系

入口竹林效果图

入口露天小径

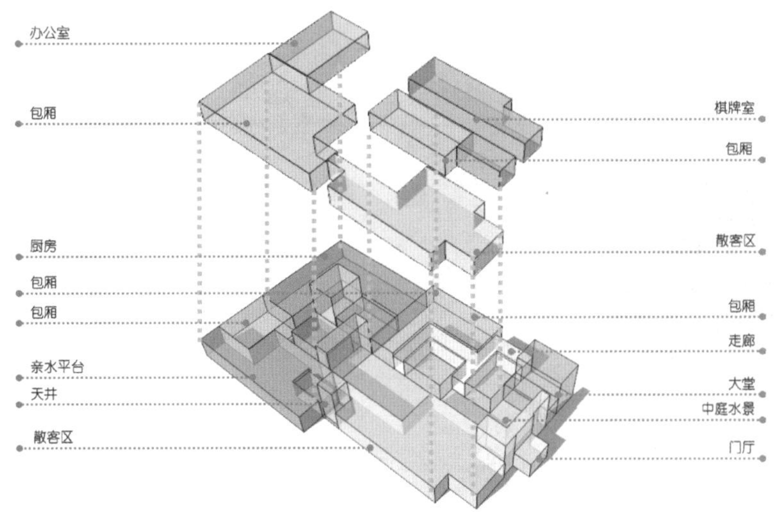

垂直功能空间关系

入口门厅：室内室外的转化

竹墙造景，渲染气氛，起到限定空间的作用；人从室外进入内部空间，再经过露天的小路到达大堂，实现了室内室外的转化
室内与室外的转换：
水上楼梯的遮挡作用，使人不会将中庭景色一览无余。

大堂效果图

会所大堂：

以景为饰、以窗为画

挑层的大堂，塑造空间垂拔的感觉；大堂背景墙，随花纹形状而镂空，不加多余的装饰，以镂空的景色为画，装饰空间。

中庭水景效果图

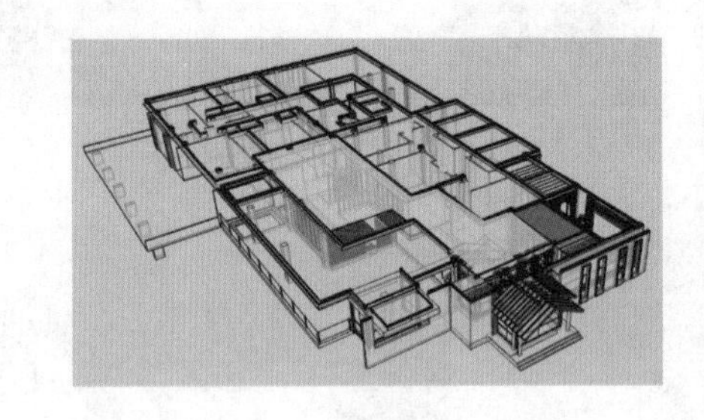

“白空间”——中庭水景

休息区借景中庭

- 整齐排列的细柱，不仅组成了一种序列，创造了光影关系，还不致使通道空间过于封闭。

- 设置于散客区中的几棵景观树，使刚入中庭的人们有了一个视觉中心，是一个景观节点。

- 中庭水景与湖水的对接，使一层的散客区犹如置于水中的一个岛，两面围水，增添了空间的情趣。

共享中庭效果

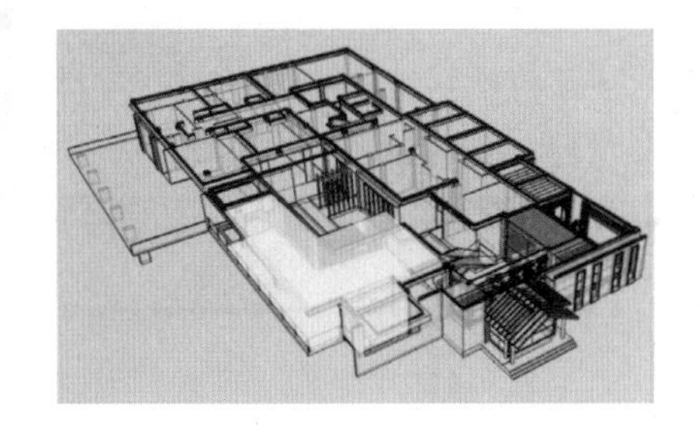

散客区湖景与中庭水景的对接

“灰空间”——散客区

- 中庭水景与湖景的对接，使一层的散客区犹如置于水中的一个岛，让人进入散客区像穿梭在湖面中一样。
- 借鉴中国传统建筑中檐廊的围合形式，面向湖景的一面完全通透，但又以列柱加以限制，形成了一个典型的灰空间。人在其中，既能感受到属于建筑内部的中庭水景，又能与无垠的湖水形成视野上的对接，列柱虽限定了空间范围，但不会阻挡人观景的视线。
- 同时，上下贯通的景观树的设置既服务于上下两层散客区，又为刚入中庭的人们提供了视觉中心点。

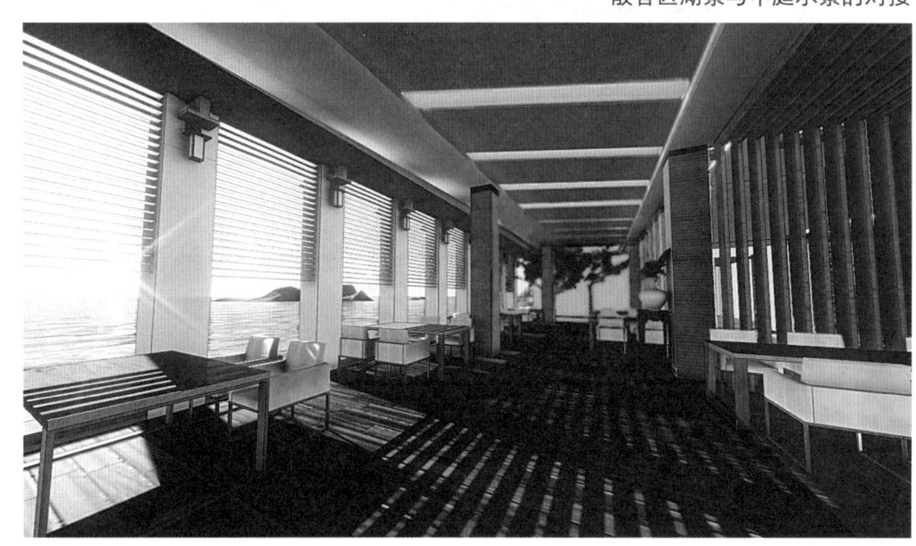

散客区湖景与景观树

散客区阳光效果

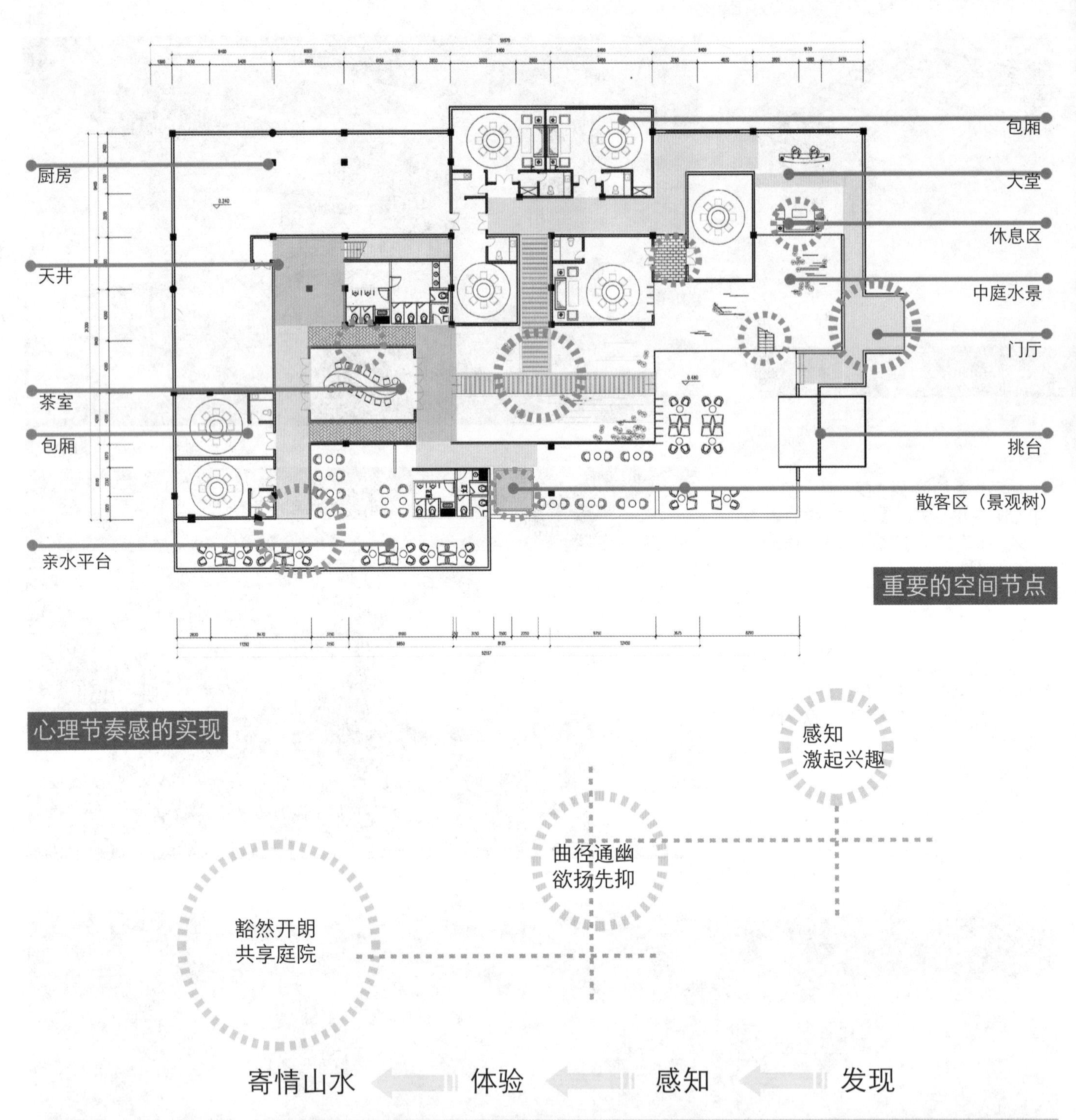
包厢
厨房
大堂
休息区
天井
中庭水景
门厅
茶室
包厢
挑台
散客区（景观树）
亲水平台
重要的空间节点
心理节奏感的实现
感知
激起兴趣
曲径通幽
欲扬先抑
豁然开朗
共享庭院
寄情山水
体验
感知
发现

包厢空间具有私密的属性，同时各个包厢与景色有着各种各样的联系，每个包厢都有不同的视角和独属的景色

夜晚效果

建筑立面效果

■ 通过狭窄的竹林，便可看到视野通透的湖面和亲水平台
■ 视野范围由狭窄、通透到完全开放的过程

亲水平台——户外饮茶区

二等奖

历史·铭记

湖南省长沙市辛亥革命纪念馆室内设计

Hunan Province, Changsha City 1911 Revolution Memorial Interior Design

学生姓名：李启凡
责任导师：彭　军
学校名称：
天 津 美 术 学 院

区位介绍

选题地点：湖南省长沙市黄兴镇黄兴故居西北侧。长沙市，国家历史文化名城，位于中国中南部的长江以南地区，湖南省的东部偏北。地处洞庭湖平原的南端向湘中丘陵盆地过渡地带，与岳阳、益阳、娄底、株洲、湘潭和江西萍乡接壤，总面积为11818km^2，其中市区面积 954.6km^2，建成区面积256km^2。

黄兴故居简介：全国重点文物保护单位。位于湖南省长沙县黄兴镇杨托村凉塘，为一所泥砖青瓦平房的民居建筑。建于清同治初年，1874年10月25日，黄兴出生于此。占地面积约4300m^2。故居前临水塘，后接田垅，左右为邻居，院内多植橘树，周围多农田。

区位分析：紧邻长沙市,距离长沙城东约15km。故居周围大多是农田、村户，故居附近的地块规划的比较不规则，而且没有其他的商业化建筑，周边经济不发达。气候上，长沙属亚热带季风气候，四季分明。春末夏初多雨，夏末秋季多旱；春湿多变，夏秋多晴，严冬期短，且暑热期长。

纪念馆建设的意义

长沙是我国的历史文化名城，辛亥革命的主要领导人黄兴正是出生于此，纪念馆的成立不仅仅是对于建筑及室内设计的一个探索，也是对民族历史的回顾，使人们铭记辛亥革命给我们带来的巨大影响。将纪念馆选址在黄兴故居周边，更显示出了它独特的地理位置，在人们参观纪念馆的丰富内容的同时，还可以参观黄兴的故居，了解伟人当时的生活环境，使我们能够更加铭记这段历史。

对于此次课题的研究希望能够探究出全新的纪念馆展览形式，使纪念馆的展示方式不仅仅是对物单一序列式的展览，而是能够更加的丰富展览方式，增加与游客之间具有互动性的多维展览形式，使得观众的游览不会枯燥乏味。

纪念馆周围经济不够发达，现在只是大部分的农户，但是随着纪念馆的成立，并且在未来会有更多的附属产业的产生，以带动周边经济的发展。

设计方向

A. 表现形式：主题突出，展览形式新颖，手段多样（互动性、体验性），人流动线动静结合。
B. 内涵与内容：通过主题化的形式设计，情景化的气氛围合，动态化的项目创新渲染，使展示内容、教育等形式生动有趣，并深入人心。
C.发展形式：多功能规划，人性化体系，资金周转来自社会资肋，大众参与型。

创新点

1. 光的利用，尤其是自然光的应用。
2. 纪念馆互动性展示的研究，增加一些能够和人产生互动的展览方式，比如在一些室内的空间用新技术（3D全息投影技术）营造出历史情境。
3. 对纪念馆室内空间、陈列设计的创新（从陈列内容、文物史料等方面寻找突破口）。

1 国难深重

辛亥革命的背景（清政府的腐败无能，国际列强的侵略，甲午战争的失败，人民生活的苦难）

以展板的形式介绍革命背景，影像的放映使人直观地了解清朝末年的状况

国内外风云变幻厅
历史遗留资料展示厅
影像放映厅
历史场景还原展厅（甲午战争）

2 革命同盟

革命前的准备（革命者的宣传革命，成立的组织等）

以展板、展柜的形式介绍各个团体的成立资料，影像放映革命者宣传革命的场景，情景的模拟，名人雕塑展厅

革命思想历史资料展示厅
革命组织成立资料展示厅
互动展示厅（孙中山海外演讲）

3 烽烟四起

初期的各个起义（广州起义、自立军起义、惠州起义、黄花岗起义等）

以展板、展柜的形式介绍起义的历程，影像放映的那段历史，历史场景的复原

各次起义历史资料展示厅
秋瑾被捕场景还原展厅
起义遗留文物展示厅
影像放映厅

4 燎原之火

武昌起义［起义的导火索（四川保路运动）、经过、结果］

以展板、展柜的形式介绍起义的历程，影像放映剪辑的武昌起义，历史场景的复原

保路运动展厅
武昌起义历程展厅
历史情景还原展厅
名人雕塑展厅

5 共和之梦

南北议和，临时政府的成立（孙中山就职临时大总统），袁世凯窃取革命果实

以展板、展柜的形式介绍，影像放映历史资料

南北议和历史资料展厅
临时政府成立展厅（孙中山就职演说情景还原）
袁世凯窃取革命果实展厅（历史资料、照片等）

一层共享大厅

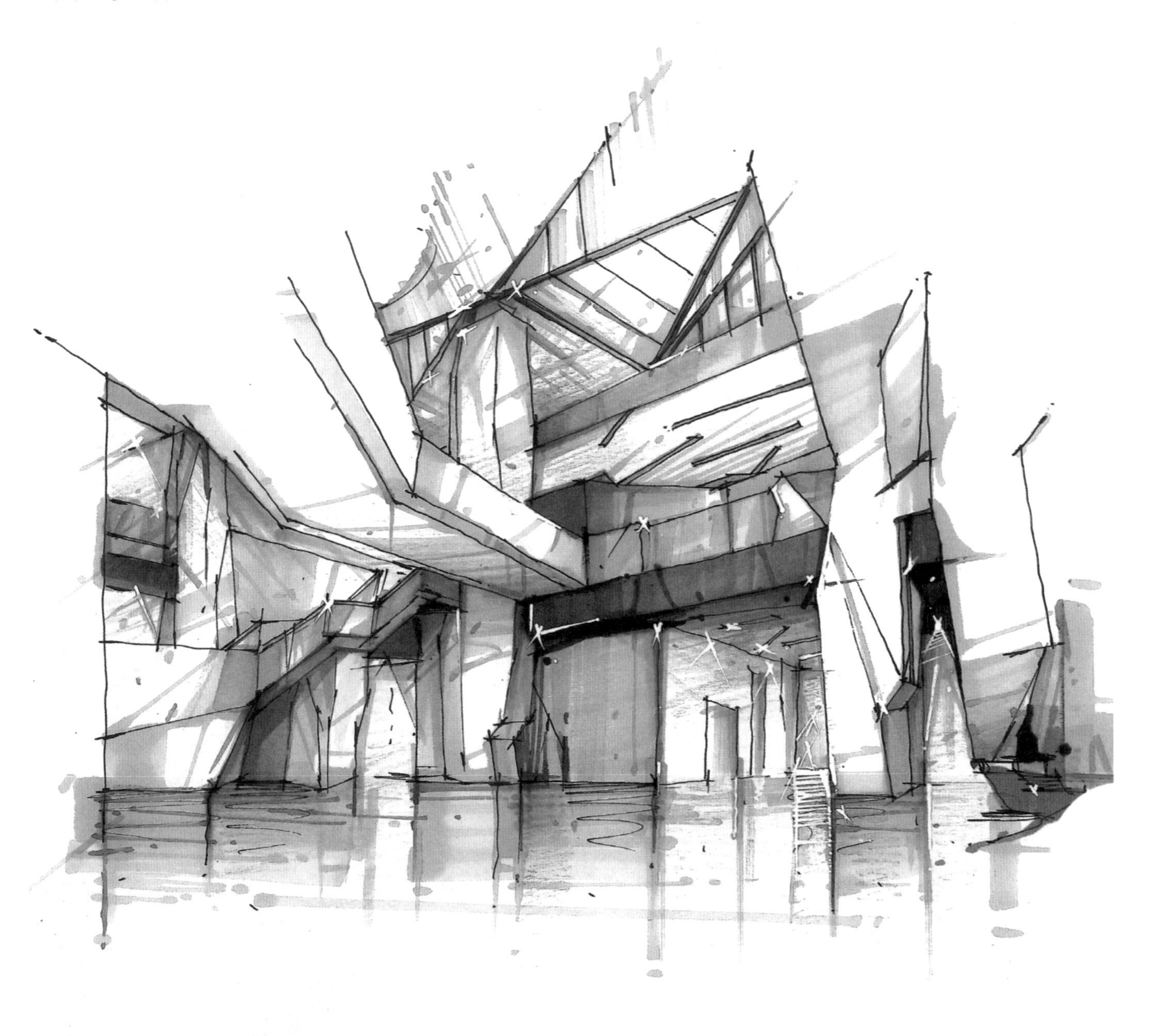

大厅的设计使用比较明亮的色调，使参观者进入展馆时心情会有一个沉淀，整体的设计是采用不规则的几何形体为元素，棱角分明的柱子给人一种压迫的感觉，顶部的顶棚则能够射进自然光，节省能源。

功能空间分析

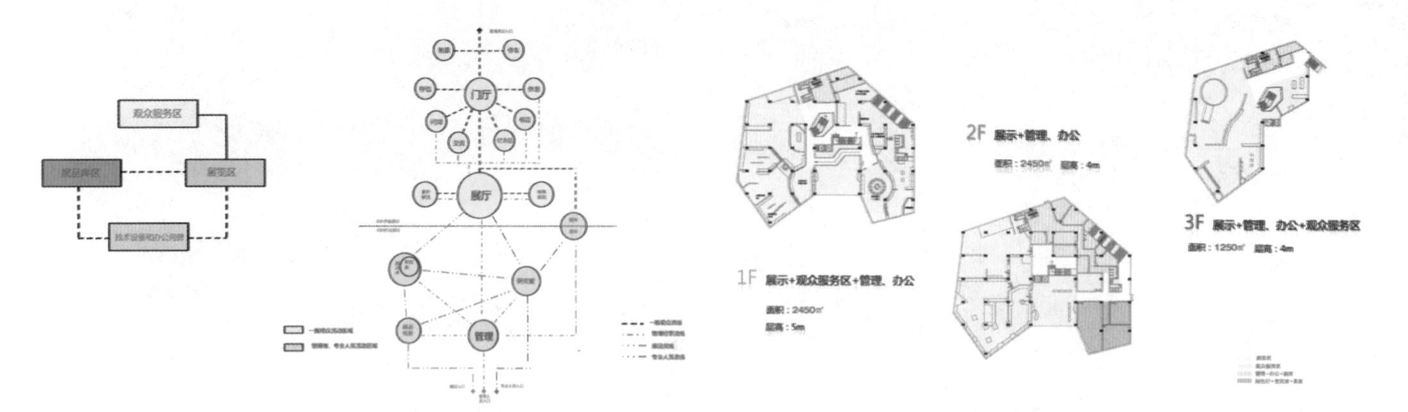

室内平面布局

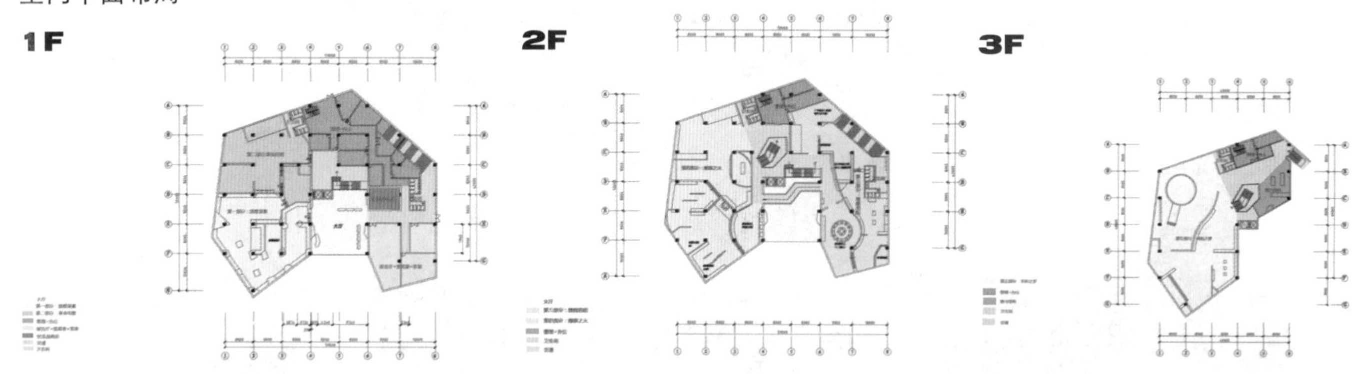

交通流线分析

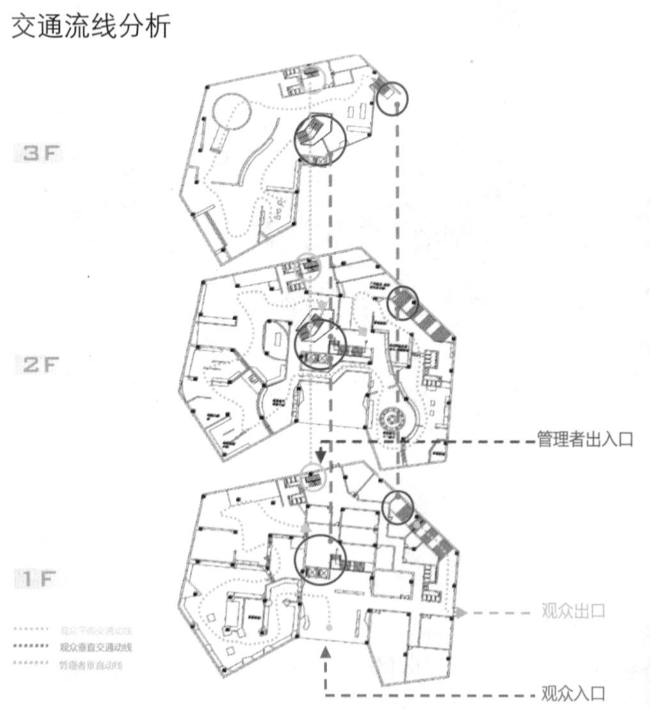

二层共享

这不仅仅是单纯的展示空间，也是能够引起人们对那段历史在情感上产生共鸣、引人思考，并将这种精神铭记并传承下去的空间……

第一部分：国难深重

第一部分的设计主要是用大体量粗犷的石材，那种斑驳、碎裂的感觉就如同清政府摇摇欲坠，即将覆灭。整体的色调是昏暗的，以符合主题。

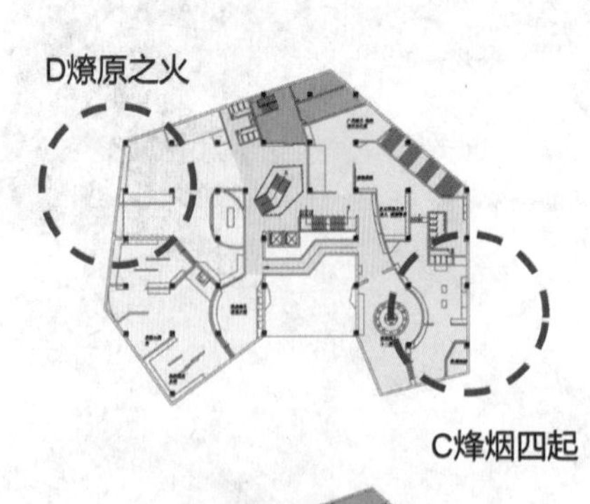

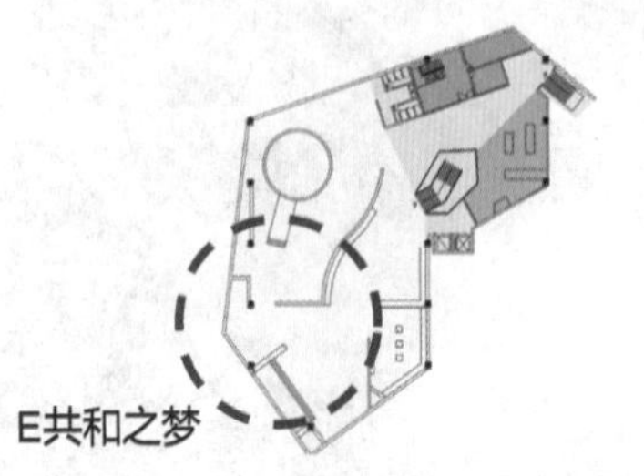

设计方向

五大部分的设计整体色调是由黑暗转向光明的，就如同辛亥革命将腐朽的清政府推翻，走向共和的艰辛历程。

整体的设计是随着展厅的变换而改变，第一部分的沉重、压抑，第二部分的凝重，第三、四部分的烽烟战火，第五部分的明亮但却留有遗憾。

第一部分：国难深重

清朝末年签订了一系列的不平等条约，将这些条约刻在不规则的碎裂石柱上，将锁链悬挂在柱子顶端，整个空间给人一种压抑的感觉，使人在游览时能够感受到清末的社会状况。

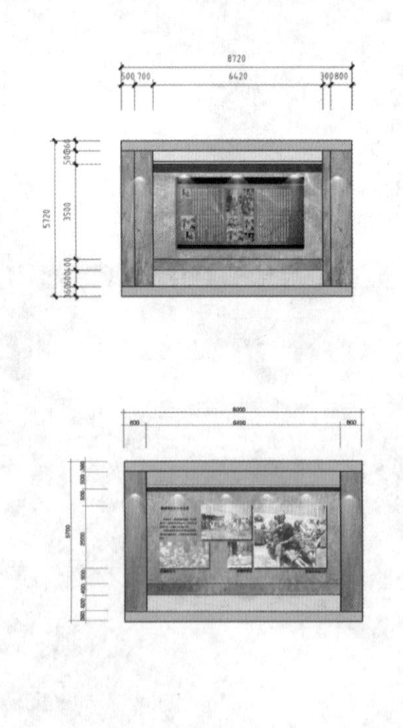

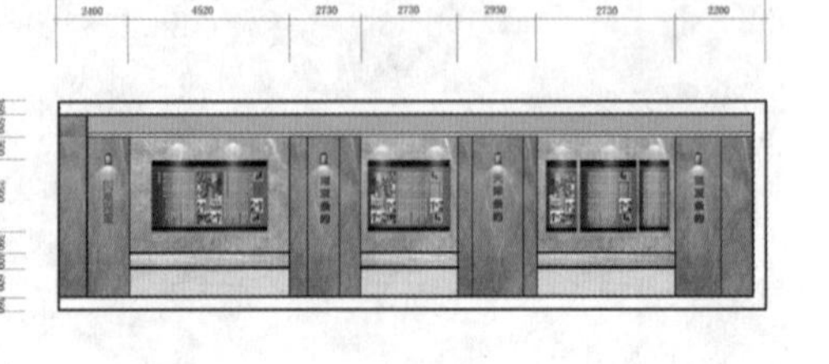

立面图

第二部分：革命同盟

第三部分：烽烟四起——历史人物事迹展厅

第三部分：烽烟四起

以黑色石柱阵列的形式来缅怀黄花岗七十二烈士，人们置身其中有一种震撼，深切地缅怀烈士

第三部分：烽烟四起——黄花岗七十二烈士纪念厅

第四部分：燎原之火

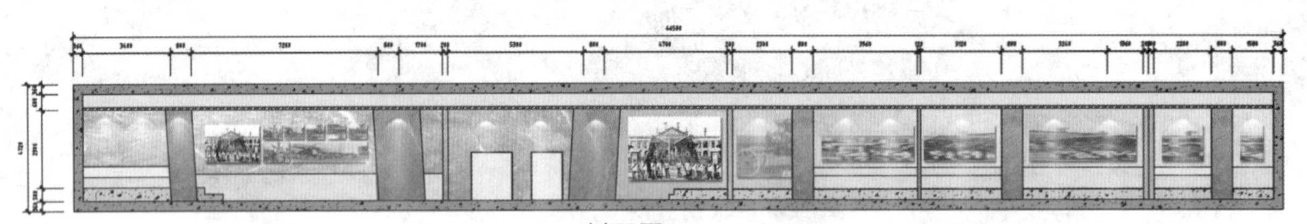

剖面图

第四部分：燎原之火

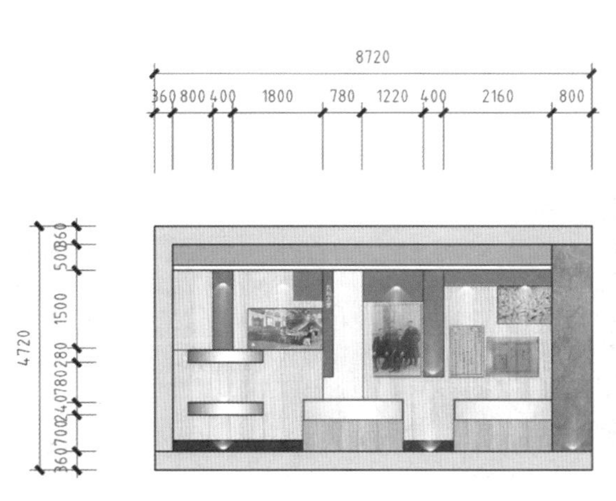

第五部分的色调是比较明亮的，不论是材质还是灯光效果，都是与共和这个主题相符的，而走廊的顶部则能够投下一束阳光，但是这种光不会是一直存在的，而是会消逝的，正如辛亥革命最后的革命果实被袁世凯窃取了一样，具有其不完整性。

二等奖

海之韵

海南省三亚市亚龙湾产权式酒店设计

The Landscape Design of Property Hotel in Yalong Bay of Hainan Province

学生姓名：王家宁
责任导师：彭　军
学校名称：
天 津 美 术 学 院

整个场地鸟瞰图

区位因素分析

选址介绍：本项目位于三亚亚龙湾项目重心位置，周围为一线海景酒店群，可建设用地面积约 107485m^2。项目为一块滨海地段，北有高尔夫球场隔水相望，东临亚龙湾直通大海，西有社区公园近在咫尺，南近万亩松林涛声依稀；在交通上，东侧的滨海大桥飞跨亚龙海两岸，可以至东岸，可以到工业区和住宅区，西侧金海路贯通南北，40 分钟即能到达汽车站，通过游艇可以观内湖，可以赏亚龙湾，可以游金滩碧海，交通便利，配套完善，位置极佳，是不可复制的旅游度假区，未来开发潜力非常可观。

亚龙集团亚龙湾高尔夫以南滨海地块是亚龙集团在海南省的一个重要的项目，该项目面积广大，位于亚龙河的入海口。亚龙河位于亚龙湾以东，由于水土流失问题导致常年河道淤积，形成了现在看到的冲积平原，土质相对松软。2011 年海南省三亚市准备投资 1.38 亿元人民币对该地进行治理开发，并与亚龙集团合作。该项目还处于一个准备阶段，尚未开工，所以只有初步的改造方案，还有待深化处理。

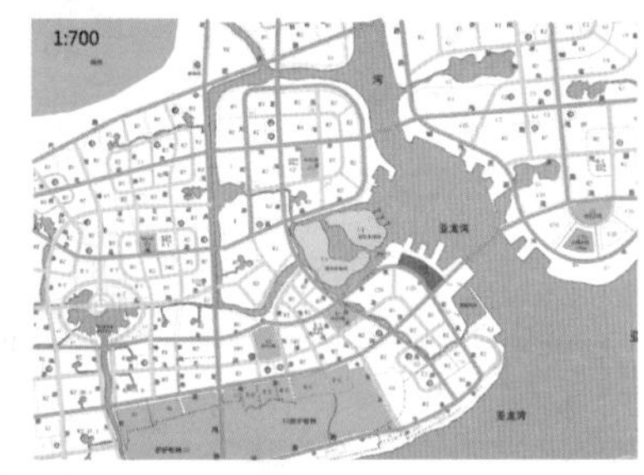

生态旅游产业是以可持续发展思想为指导的。同时，兼顾不同时间、空间，合理配置资源。既满足当代人的需要，又不对后代满足其需要的能力构成危害，保证其健康、持续、协调地发展。坚持以“资源节约，环境友好”为导向，倡导“低碳、环保”理念，强调自然通风、亲近自然，创造并引领健康、时尚的乐活人居。确保旅游产业的可持续发展，首先必须从合理开发规划开始。我们必须尊重人对自然的情感，充分利用好原有的地形地貌和自然界景观，忌讳大挖大填或以人工“美化”代替自然景色，以实现“人—建筑—自然”的融汇这种建筑设计原则。

地理环境介绍

现场考察一　现场考察二　现场考察三　现场考察四　现场考察五　现场考察六

概况

亚龙湾位于中国最南端的热带滨海旅游城市——三亚市东南 28km 处，是海南最南端的一个半月形海湾，全长约 7.5km，是海南名景之一。亚龙湾沙滩绵延 7km 且平缓宽阔，浅海区宽达 50 ～ 60m。沙粒洁白细软，海水澄澈晶莹，而且蔚蓝。能见度 7 ～ 9m。海底世界资源丰富，有珊瑚礁、各种热带鱼、名贵贝类等。年平均气温 25.5℃，海水温度 22 ～ 25.1℃，终年可游泳，被誉为“天下第一湾”。

亚龙湾气候温和、风景如画，这里不仅有蓝蓝的天空、明媚温暖的阳光、清新湿润的空气、连绵起伏的青山、千姿百态的岩石、原始幽静的红树林、波平浪静的海湾、清澈透明的海水、洁白细腻的沙滩以及五彩缤纷的海底景观等，而且 8km 长的海岸线上椰影婆娑，生长着众多奇花异草和原始热带植被，各具特色的度假酒店错落有致地分布于此，又恰似一颗颗璀璨的明珠，把亚龙湾装扮得风情万种、光彩照人。

环境技术

晚霞的亚龙湾

在项目场地中融入的绿色技术理念包括：

可持续材料
- 可渗透铺装系统
- 绿色家居
- 节能玻璃系统
- 在建筑中使用可回收材料
- 绿色屋顶系统
- 绿色幕墙系统
- 热岛效应削减，提供充足冷气空调
- 成为公共艺术的可能

能源产生和储存
- 太阳能雨棚/屋顶
- 风能的收集
- 地下水动力收集

节水和净水
- 低/无水量卫浴设施
- 生态排水道
- 蓄水池及边界处理
- 雨水收集
- 雨景景观级雕塑水元素
- 简单处理的污水被用作非饮用水消耗

景观
- 高使用区的自然景观遮阳区
- 雨水花园/景观处理
- 水上浮动花园
- 本地植被的选择
- 低水耗灌溉
- 吸引蝴蝶和鸟类的植物品种
- 生态肥料

选题的目的与意义

发展可持续性生态旅游产业：

生态旅游产业是以可持续发展思想为指导的。同时，兼顾不同时间、空间，合理配置资源。既满足当代人的需要，又不对后代满足其需要的能力构成危害，保证其健康、持续、协调地发展。坚持以“资源节约，环境友好”为导向，倡导“低碳、环保”理念，强调自然通风、亲近自然，创造并引领健康、时尚的乐活人居。确保旅游产业的可持续发展，首先必须从合理开发规划开始。我们必须尊重人对自然的情感，充分利用好原有的地形地貌和自然界景观，忌讳大挖大填或以人工“美化”代替自然景色，以实现“人—建筑—自然”的融汇这种建筑设计原则。

迅速树立五星级产权酒店形象：

五星级酒店外观应具有地标性，产权式酒店风格应与之相适应。地块一西南端与南门户相对应处，所安排的建筑外观应设计为具有通透视廊的架空设计。从建筑的外形上体现五星级酒店的气势磅礴、恢弘大气，此外还要在内部空间上进行创新，一改往日死板的设计方式。通过媒体大力宣传产权酒店的优势，推广可持续发展的再生能源利用技术，从而与国际知名品牌酒店齐名。

概念地形设计

概念大楼设计

生态大楼设计

高层大楼设计

主要研究内容与创新点

空间环境：

景观系统、绿地系统工程、水系统的布置以及建筑风格的诠释；区内景观等系统的场地竖向设计、道路系统等结合设置。

材料设置：

地面铺砖材料的选择；考虑到沿海地区土壤盐碱性较强，且应控制成本，所以植物的选择应当酌情考虑无障碍设计的研究，包括道路、厕所、休息座椅、残疾人使用的电梯轿厢、轮椅坡道、视线避免遮挡、极限游戏的保护措施，使用设施的一些尺寸的把握，调节其舒适度和实用性。

低碳环保的设计：

由于建筑风格侧重现代建筑，并且要求体现低碳环保绿色的设计，如何让二者和谐统一地安排在一起也需要重点研究。

景观跌水设计　景观跌水设计　挡墙设计　地面铺装设计　无障碍设施设计　流觞曲水设计

整体方案渲染平面

海之韵主题动线

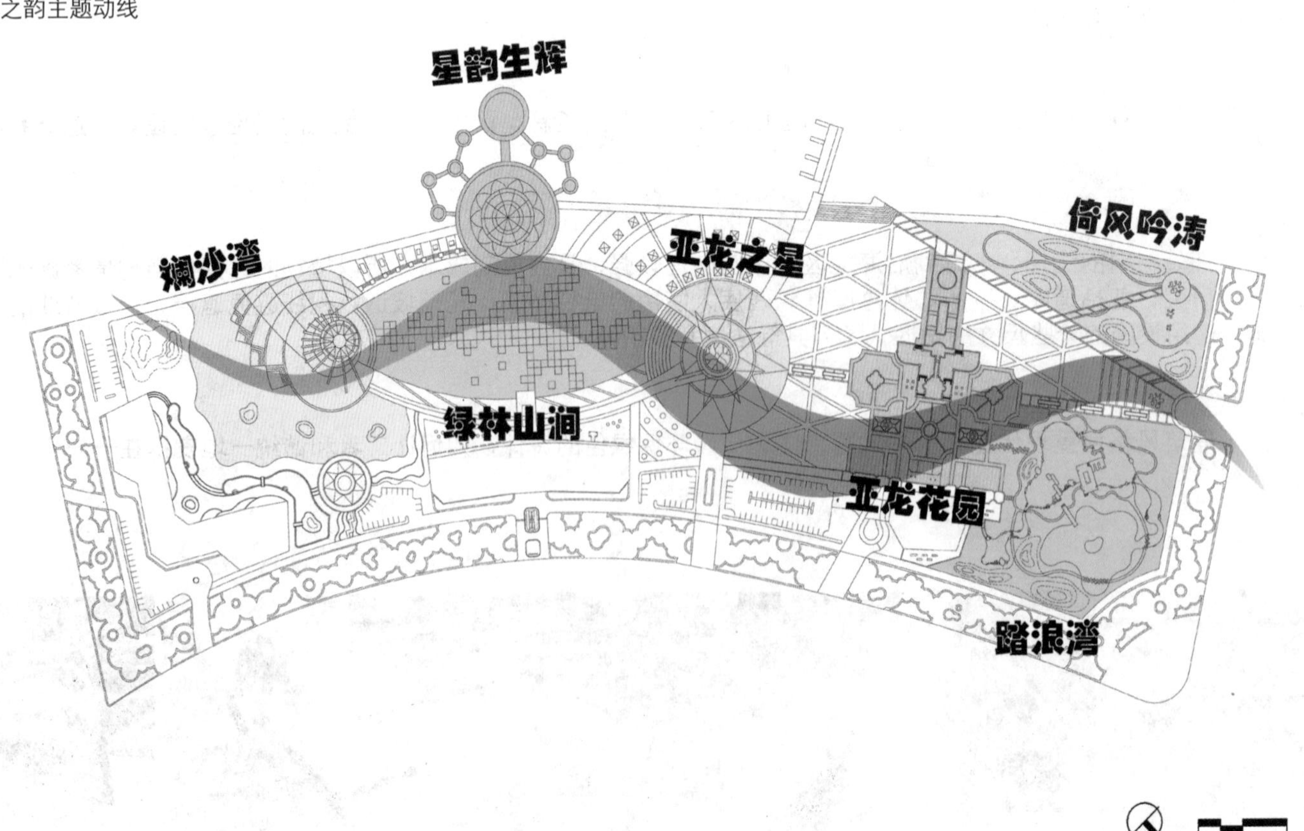

规划交通组织分析

规划结构分析

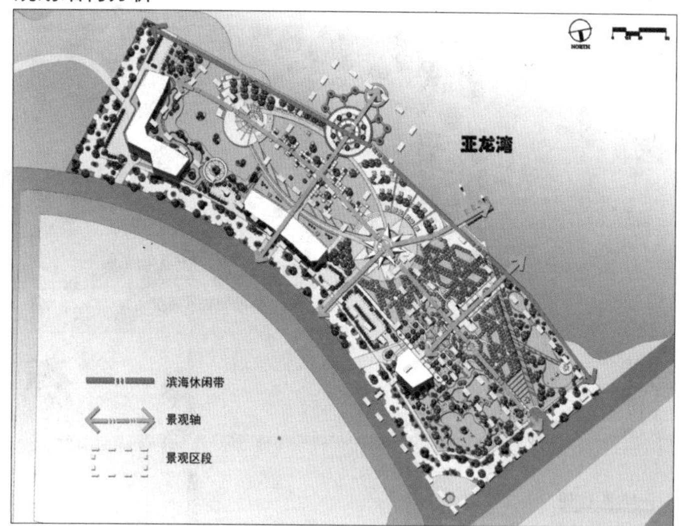

视觉瞭望体系分析

交通流线分析

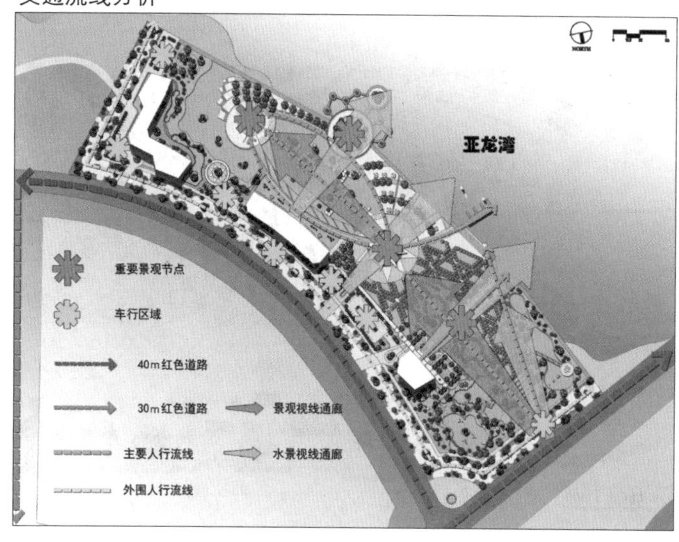

绿化规划分析

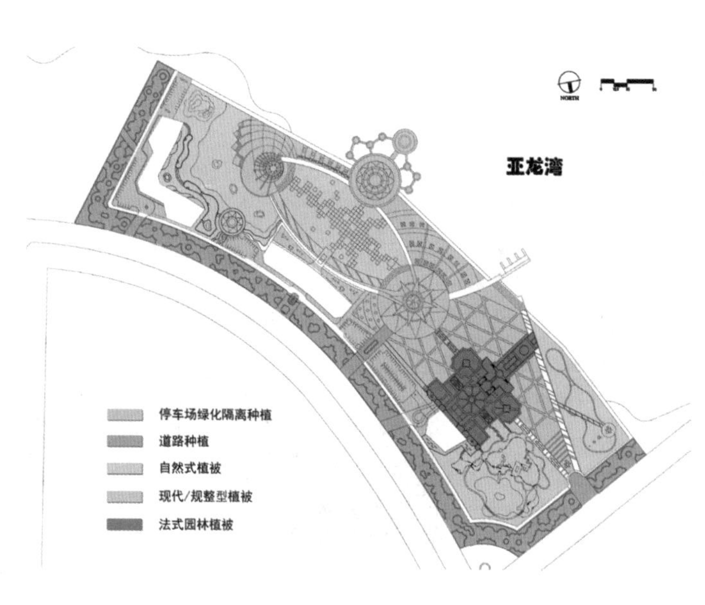

以海之韵命名，是要在景观中体现大海的韵律美，设计的过程中，我们不断地寻求能够明确地表达海韵的元素，最后，我们选定以海洋生物为设计灵感的发源地，并从中进行抽象变形。当然，我们的韵律是有节奏之分的，从亚龙花园到斓沙湾，逐渐形成，并最终形成呈现在大家面前的样子。我们在功能布局方面要解决的问题包括：出入口位置的确定，分区规划，建筑，广场和园路布局，地形利用与改造，种植规划等。布局方面属于综合式的，既有自然风格，又有规则式的；既有开敞的空间，也有内聚的空间。地块的主次入口是公园总体布局中的第一步，我们考虑到城市主要干道、游人主要来源方向以及地块内部用地条件综合协调确定，便于游客便捷到达。对于人流大的建筑，我们把它分布在主入口附近。分区规划方面，我们将整个场地大致分出了七大部分，分别是，倚风吟涛、踏浪湾、亚龙花园、亚龙之星、绿林山涧、星韵升辉、斓沙湾。我们将这七个区域有机地统一在一起。亚龙之星属于文化娱乐区，特点是比较热闹，活动丰富，所以我们把它安排在接近场地入口处，甚至设置单独的出入口。斓沙湾、绿林山涧、星韵升辉属于观赏游览区，面积较大，与城市干道有一定缓冲距离的地段。倚风吟涛、踏浪湾和亚龙花园属于安静休息区，我们将其设置在树木茂盛、绿草成茵，具有一定起伏的地形或者水体的旁边。

竖向设计一

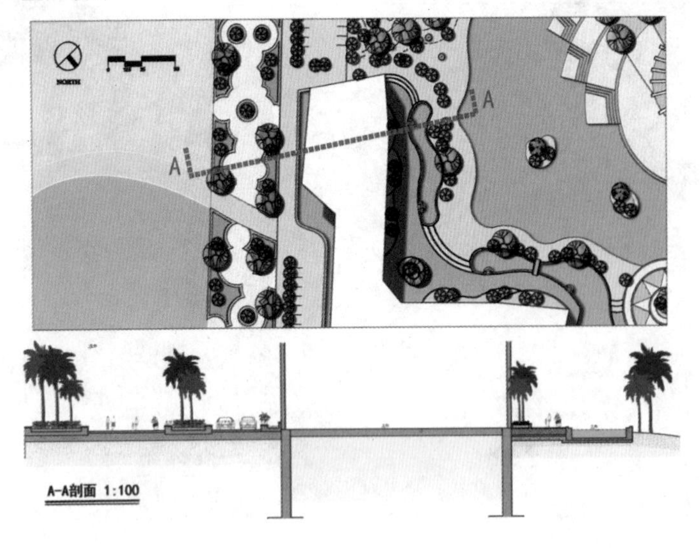

竖向设计二

竖向设计三

竖向设计四

竖向设计五

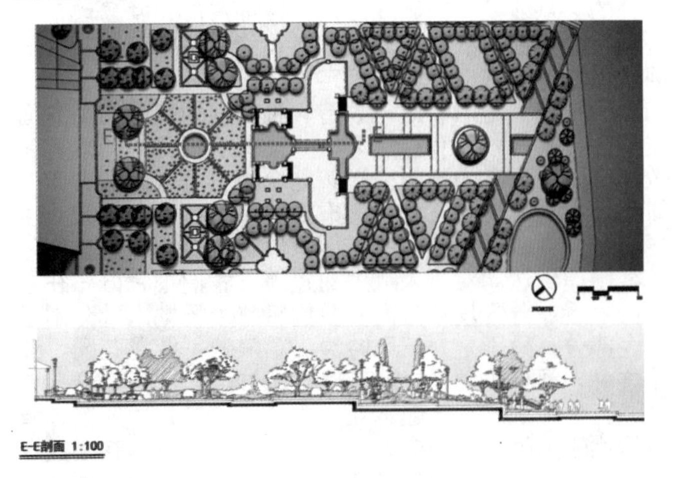

节点设计一

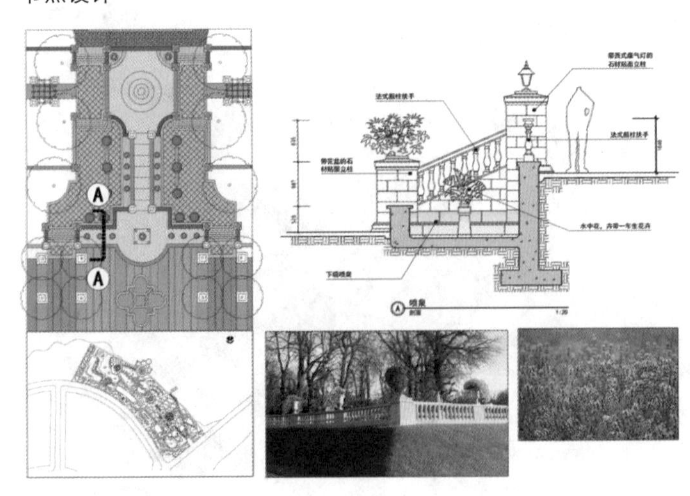

节点设计二

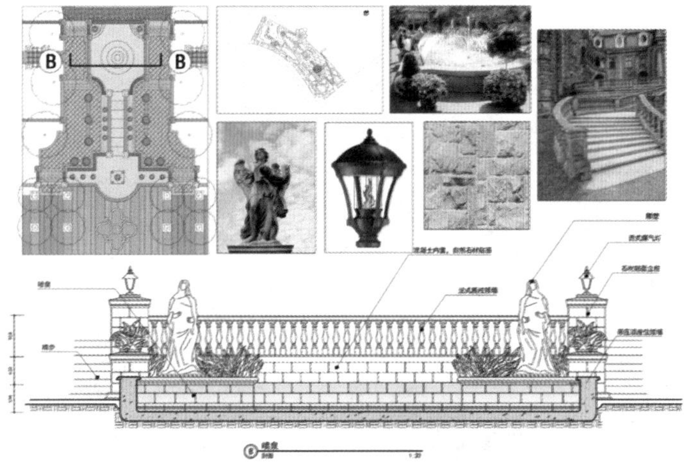

节点设计三

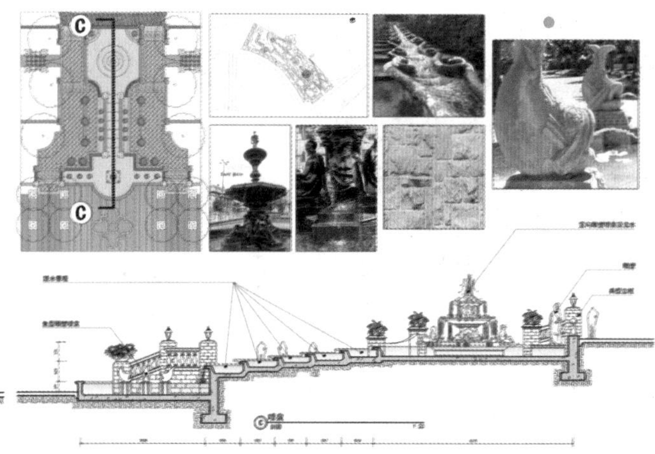

节点设计四

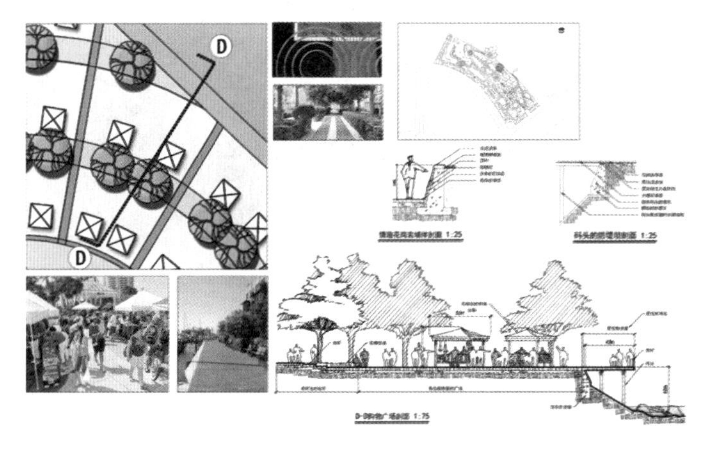

节点设计五

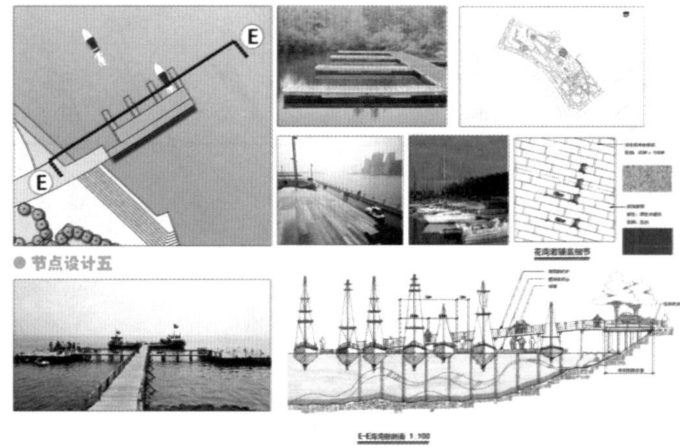

室外家具设计参考

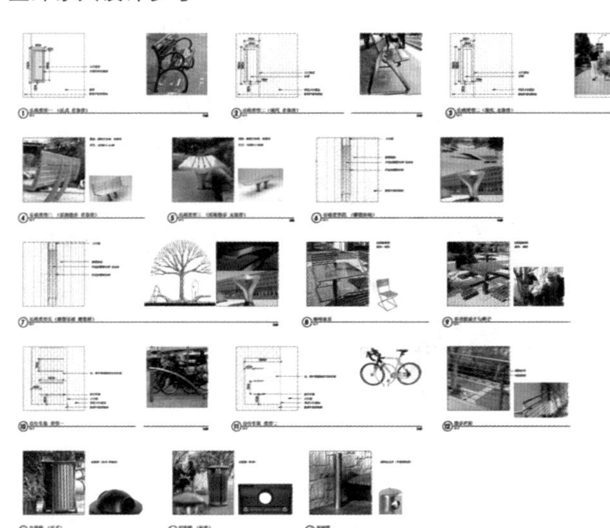

室外照明设计参考

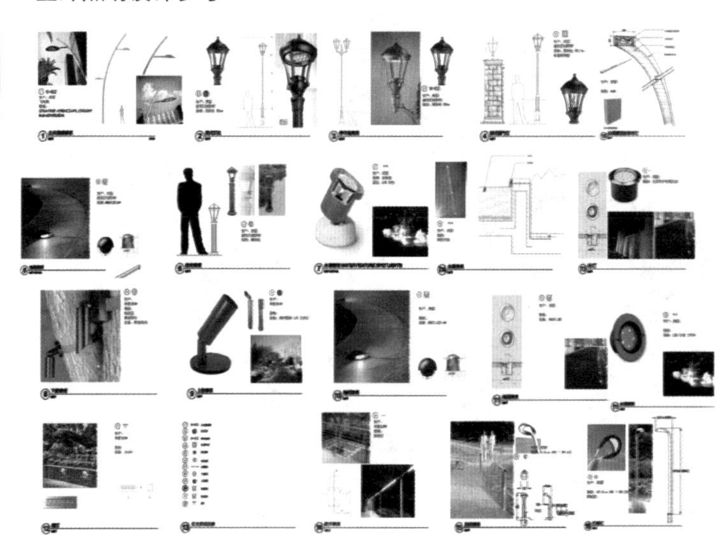

绿林山涧效果图

星韵生辉鸟瞰图

倚风吟涛效果图

亚龙之星效果图

二等奖

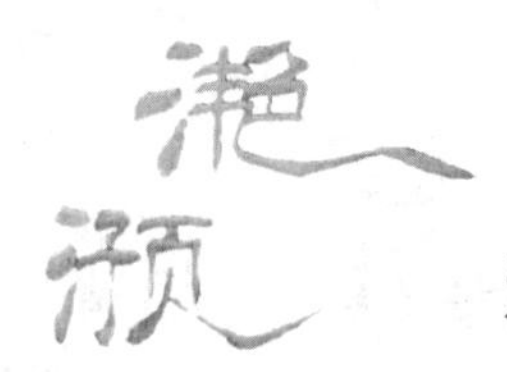

苏州湖畔某餐饮会所规划、建筑及室内设计

学生姓名：绪杏玲
责任导师：王　琼
学校名称：苏州大学

咀嚼时光，品味生命

项目概况：

以苏州某依山傍水之处为设计用地，完成以餐饮茶饮为主的商业项目。设计内容包括规划、景观、建筑、室内等，以室内为主。建筑面积 2000m²。

各种乱想：

针对课题，联想到当自然遇见餐饮，得有"游宴"的状态，继而联想到了《兰亭集序》。

设计出发点：

咀嚼时光，品味生命。

希望这是一个能让人跳出忙碌和麻木，平缓心境，更加珍惜周围生命的地方。

设计构思：

1. 利用场地优势，充分发挥自然洗涤人心的效能。

2. 营造促进情感交流的人情空间。

设计原型：滟滪

含义：滟滪，是水中的一块石头，曾位于瞿塘峡口，苏轼在《滟滪堆赋》中说，奔腾的江水过了这块石头就能平息，变得安静平和。为该项目取名"滟滪"，寓意此处能平缓人的心潮；此外，因为与"艳遇"同音，也暗示了与其他生命的惊喜相遇。

形态：取水中石头的形态发展设计。

定量配置：

归纳总结案例和规范，制定出各功能空间及其面积。

场地设定：

联想到苏州的天平山为我国四大赏枫胜地之一，定义场地的树林为枫树林。

综合以上，得出了"滟滪"的雏形，如下：

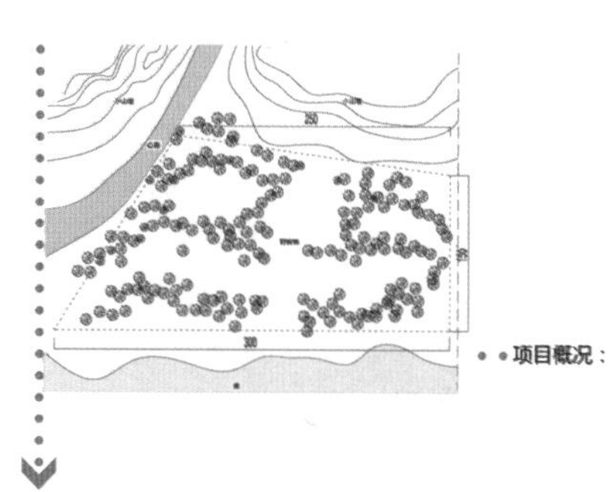

项目概况：

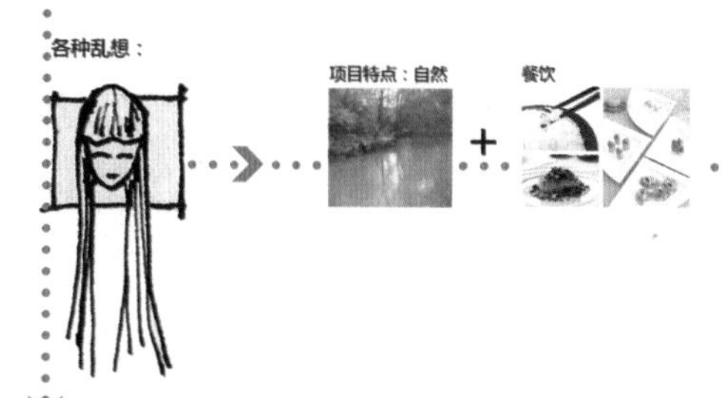

设计出发点：

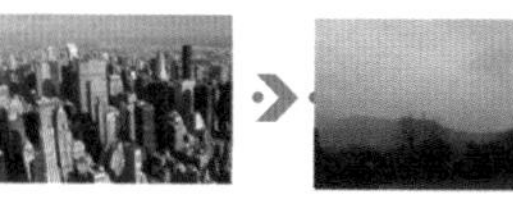

设计构思：

1. 利用场地优势，充分发挥自然洗涤人心的效能。
方式：运用玻璃，削弱建筑的存在感并引入自然。
2. 特色空间。
方式：营造促进情感交流的人情空间。

设计原型：

"滔滔汩汩，相与入峡，安行而不敢怒"
——苏轼《滟滪堆赋》

含义：滟滪，是水中的一块石头，曾位于瞿塘峡口，苏轼在《滟滪堆赋》中说，奔腾的江水过了这块石头就能平息，变得安静平和。为该项目取名"滟滪"，寓意此处能平缓人的心潮；此外，因为与"艳遇"同音，也暗示了与其他生命的惊喜相遇。

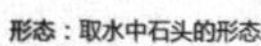

形态：取水中石头的形态发展设计。

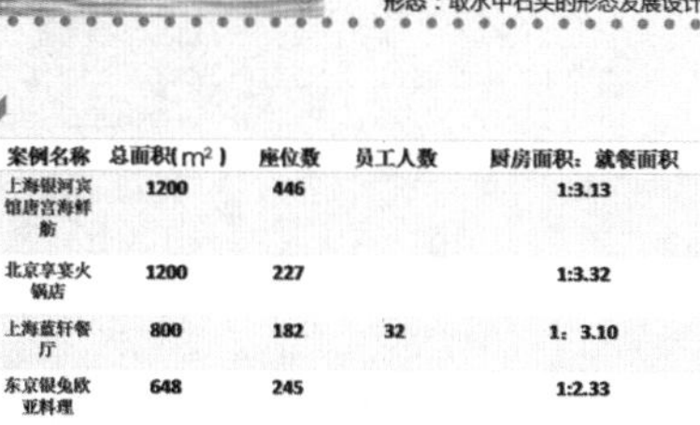

案例名称	总面积(m²)	座位数	员工人数	厨房面积：就餐面积
上海银河宾馆唐宫海鲜舫	1200	446		1:3.13
北京享宴火锅店	1200	227		1:3.32
上海蓝轩餐厅	800	182	32	1：3.10
东京银兔欧亚料理	648	245		1:2.33
东京南国酒家中华料理	530	107	26	1:3.0

定量配置

滟滪	总面积	前厅面积	就餐面积（含明厨）	厨房面积（含后勤）	茶室面积	座位数（含室外）	客用停车位	员工人数
	2108m²	81m²	1296m²	506m²	225m²	174	60~70	30~40

苏州的天平山与北京香山、南京栖霞山、长沙岳麓山齐名，为国内四大赏枫胜地之一，最有名的数名为"五彩枫"的古枫，从入秋到初冬，枫叶由青叶次第变为黄、橙、紫，还有浅绛、金黄等色。联想及此，故定义该场地为枫树林，这样就拥有了四季丰富的色彩。

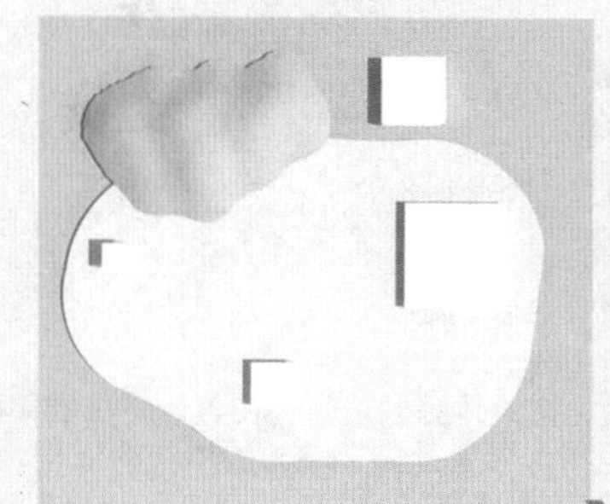

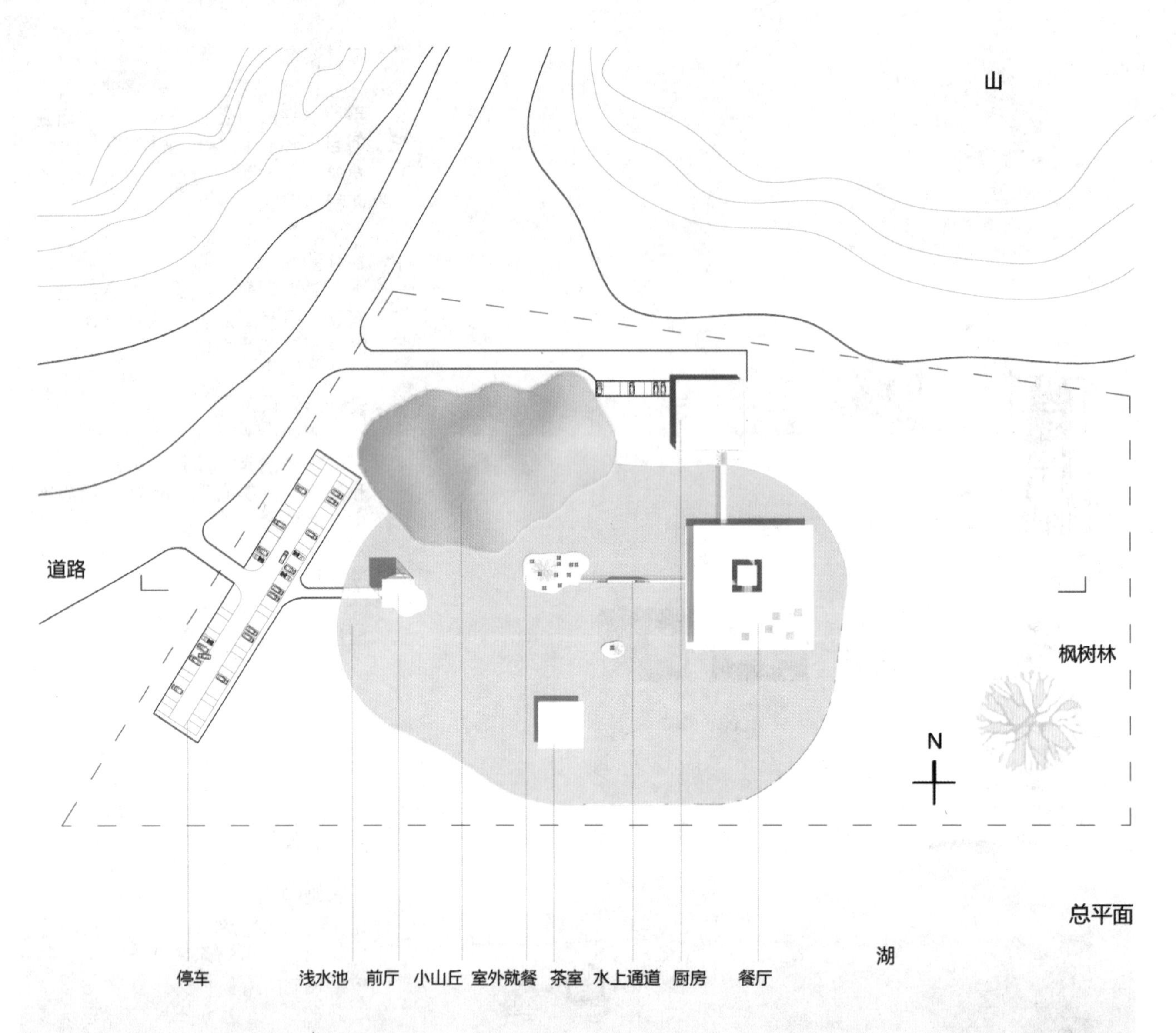

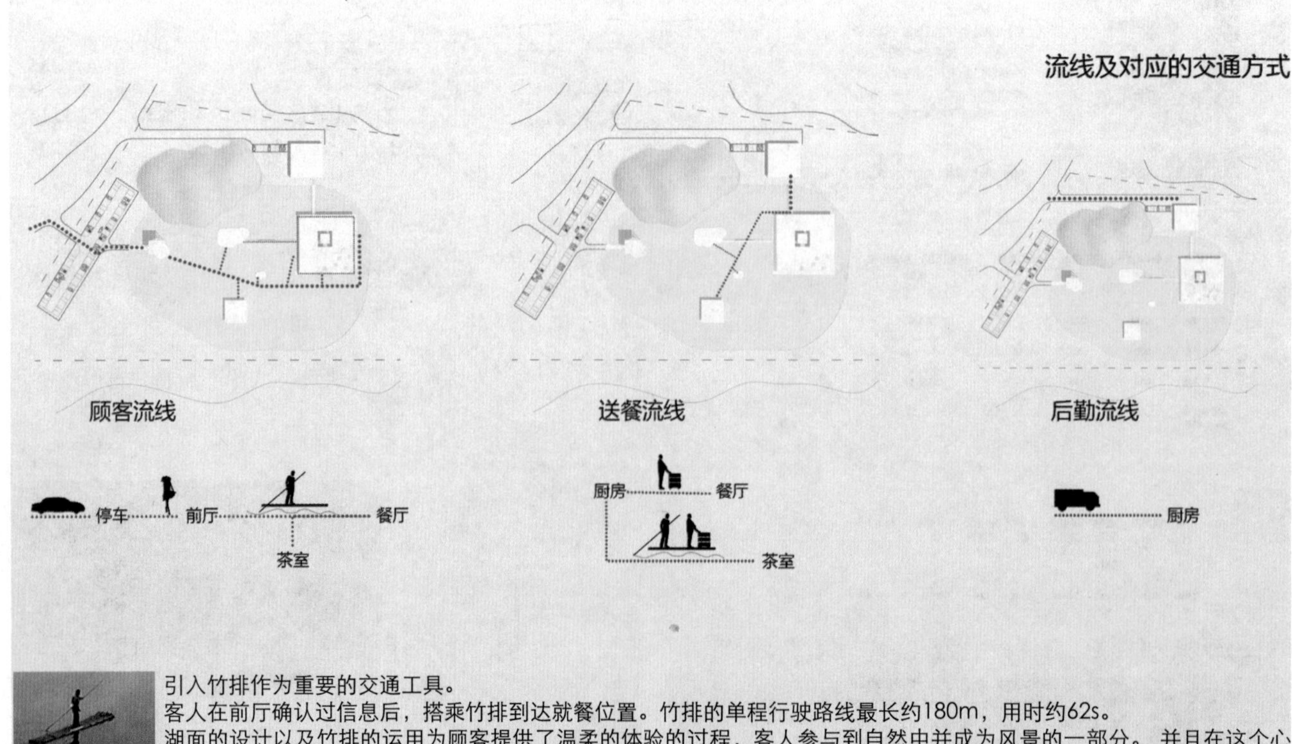

引入竹排作为重要的交通工具。
客人在前厅确认过信息后，搭乘竹排到达就餐位置。竹排的单程行驶路线最长约180m，用时约62s。
湖面的设计以及竹排的运用为顾客提供了温柔的体验的过程，客人参与到自然中并成为风景的一部分。 并且在这个心理缓冲时段中人的思绪静了，心情也平和了下来。

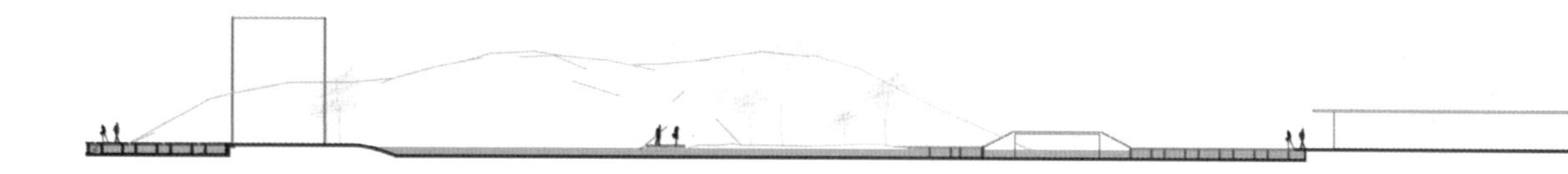

场地剖面图

场地与建筑立面关系：

厨房(H=3.8m)　餐厅(H=4.2m)　前厅(H=12.2m)　茶室(H=3.1m)

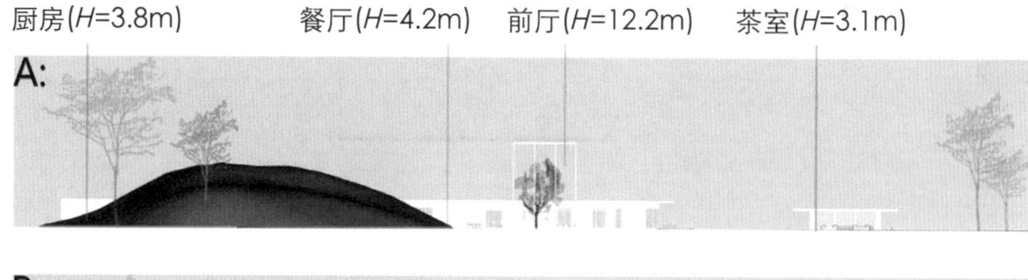

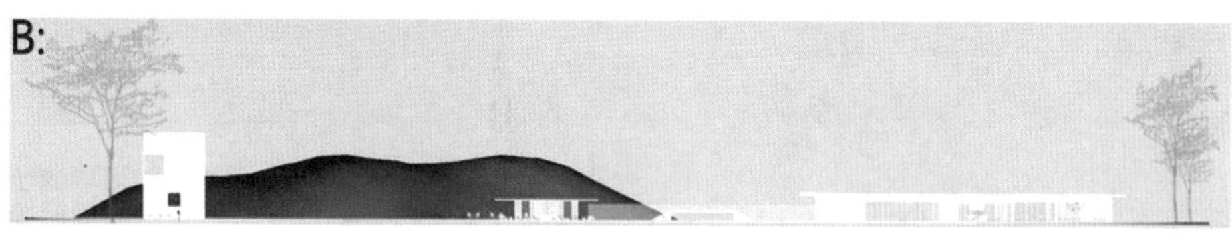

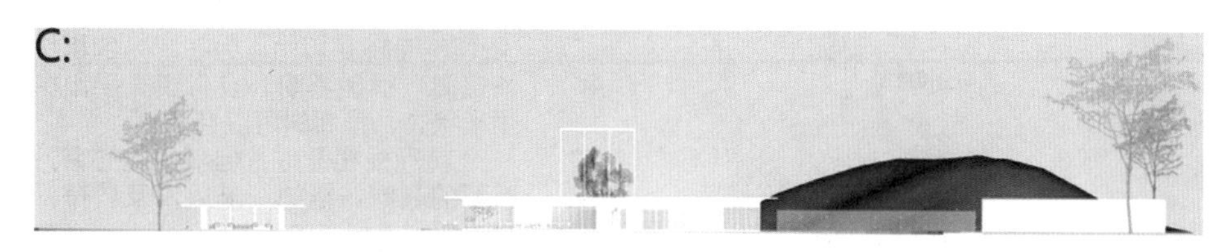

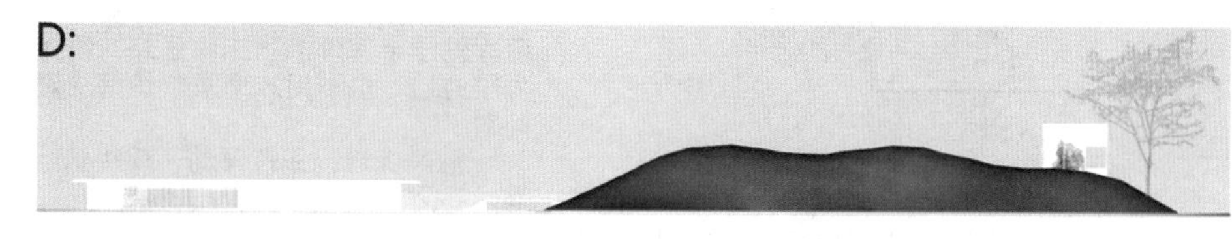

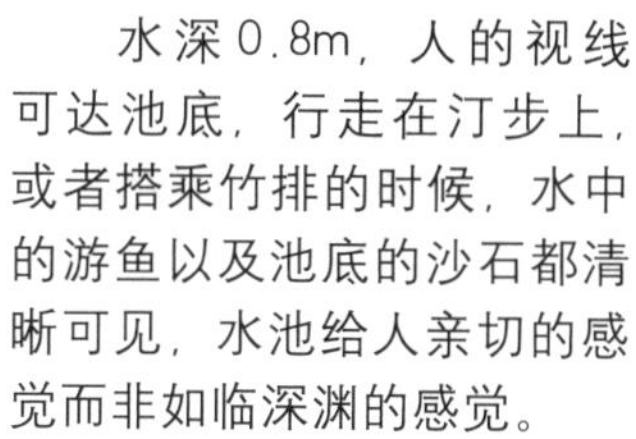

水深0.8m，人的视线可达池底，行走在汀步上，或者搭乘竹排的时候，水中的游鱼以及池底的沙石都清晰可见，水池给人亲切的感觉而非如临深渊的感觉。

水面上的三个建筑体块，由远及近分别是前厅、茶室和餐厅，掩映在树丛后的是厨房。在被枫树林环抱的平静水面上散落着三个白色的玻璃盒子，不远处广阔的湖面与近处的水连成一片。日月星辰，昼夜交替，四季更迭，霜叶红了。

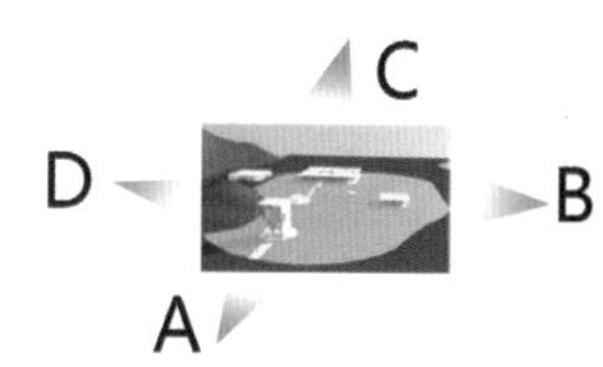

前厅

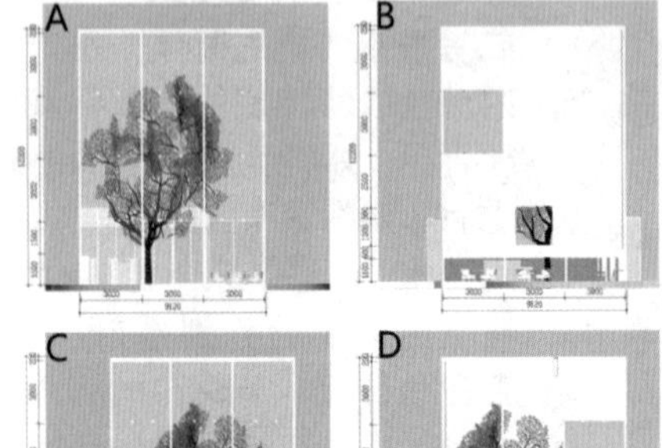

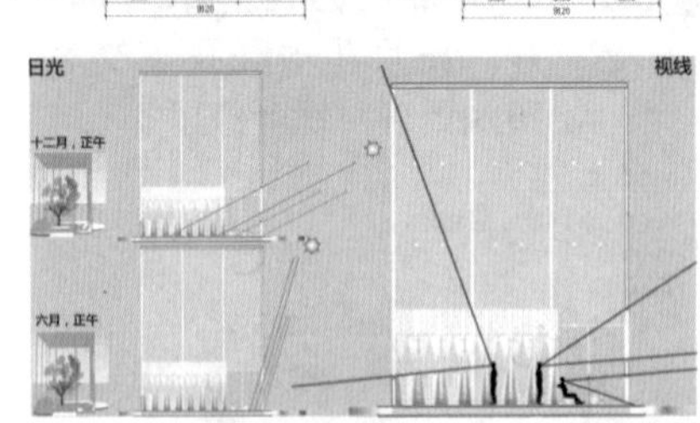

日光 视线

十二月，正午

六月，正午

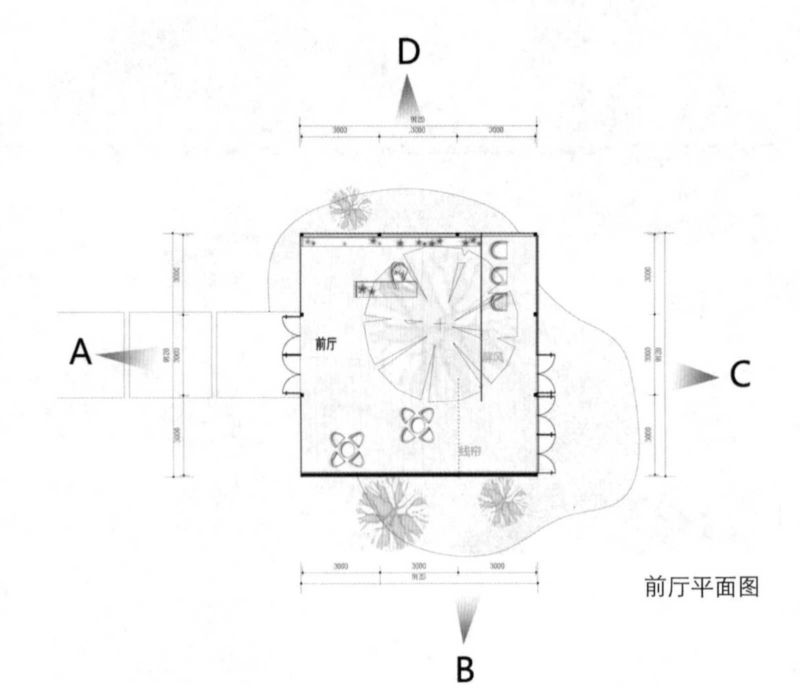

前厅平面图

前台接待

竹排码头

等候休息

前厅是一个南面实墙的玻璃盒子。墙上开有窗口，遮蔽夏日强光照的同时能保证冬天的温暖阳光。

前厅高度12m，为在室内的枫树保留生长空间（枫树喜阴，且考察天平山枫林树的生长状态，推断树可以存活）。

前厅视线开敞，但墙上的方窗，与坐高匹配的长窗、枫树、屏风以及线帘，丰富了视线层次。

因为客人只在前厅短暂停留，所以营造前厅处于半室外的状态。另外，因为空间较大较通透，拟利用风扇及暖炉解决温度调节问题。

微风掠过，线帘浮动，几片枫叶缓缓飘落……(秋天可能需要打扫，嘿)

构成墙壁的模块：

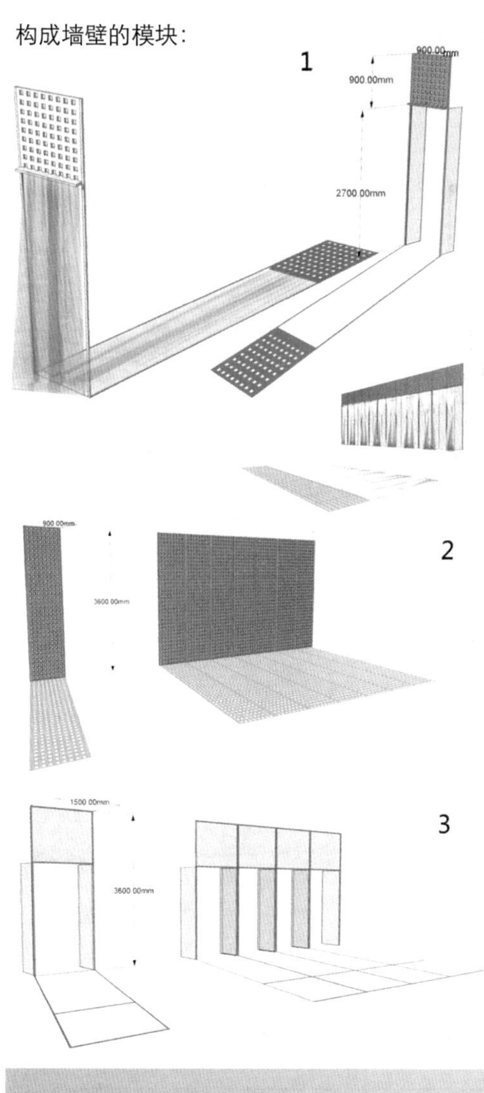

建筑的墙壁主要由三类模块构成：

1.900mm×900mm 的镂空板+900mm×2700mm 的玻璃门+一层卷帘+两层纱帘。主要用在外墙。

2.900mm×3600mm 的镂空板。主要用在室内隔墙。

3.1500mm×3600mm 的玻璃门。主要用在明厨外墙。

餐厅建筑立面

乘着竹排前往餐厅时看到的场景

你站在船上看风景，
看风景的人在桥上看你，
明月点亮了你的心情，
你点亮了别人的梦……

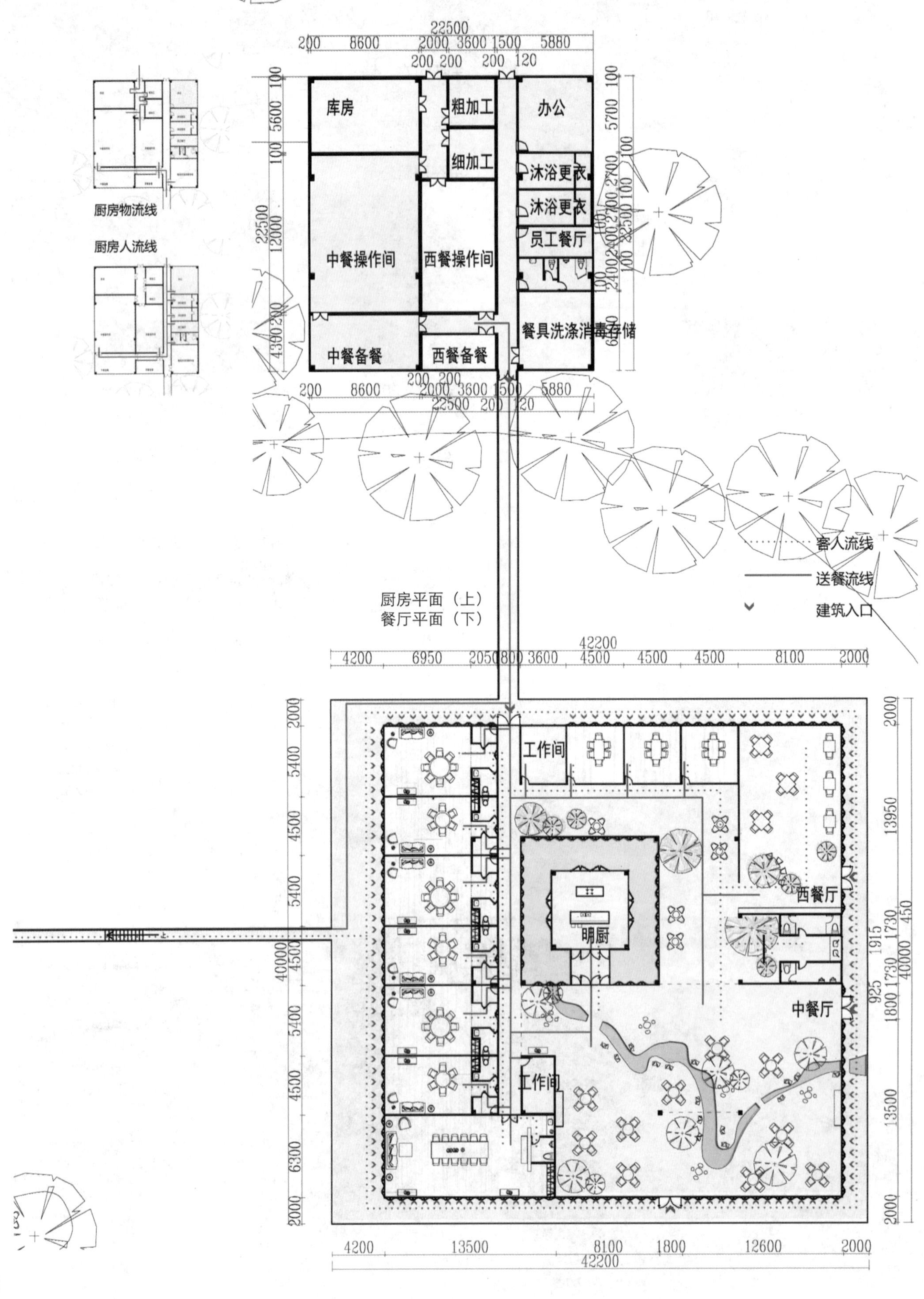

厨房物流线
厨房人流线
库房
粗加工
办公
细加工
沐浴更衣
沐浴更衣
员工餐厅
中餐操作间
西餐操作间
中餐备餐
西餐备餐
餐具洗涤消毒存储
客人流线
送餐流线
建筑入口
厨房平面（上）
餐厅平面（下）
工作间
明厨
西餐厅
中餐厅
工作间

包间

秉承建筑的简洁和通透，室内以白色为主，通过布帘和织物增加柔和感。

不作过多装饰，但是昼夜的变化、四季的变换是最美的风景。

客用明厨

因为厨房离餐厅有超过 30m 的距离，一些特殊菜肴需要当场制作时，可以使用设在餐厅内部的明厨。

另外，这里的明厨为厨师以及菜肴提供了展示的舞台。

除了供厨师使用外，明厨的更重要意义在于供客人使用。

中央电视台《时空调查》“沟通”系列节目曾对全国十个大中小城市及农村的 3785 位常住居民作了一次入户调查，结果显示：46.44％的人认为聚餐（饭局）是自己的主要社交方式，比排在第二位的体育活动（13％）和第三位的卡拉 ok（12％）多出了三倍多。并且，调查还显示了 62％的人去参加聚餐（饭局）的最主要目的是和老朋友联络感情。客用明厨的设置深化了饭局作为亲朋间联络感情的效能。

并且在西方一些国家，最高的待客之道是请到家中招待，在所属的会所招待客人有同样的意义。

所以，无论是亲自下厨的诚意，或者是一起做菜的笑料百出都会让“淝濒”变成“情意浓浓”的人情空间。

中餐厅

曲水流觞，是古代流传的一种游戏，也是一种行酒令的方式。农历三月人们举行祓禊仪式之后，大家坐在河渠两旁，在上流放置酒杯，酒杯顺流而下，停在谁的面前，谁就取杯饮酒。永和九年三月初三，王羲之偕亲朋共 42 人在兰亭修禊后，举行饮酒赋诗的"曲水流觞"活动，这一儒风雅俗，一直留传至今，引为千古佳话。

在中餐厅中设置曲水流觞的场地，让客人更多地参与到空间中，实现助兴取乐、活跃气氛的效果的同时也为陌生人之间交流创造了机会。在这里人们拥有更丰富的活动和体验，为空间的故事性的营造提供了可能。

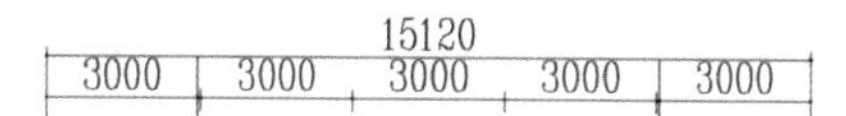

茶室

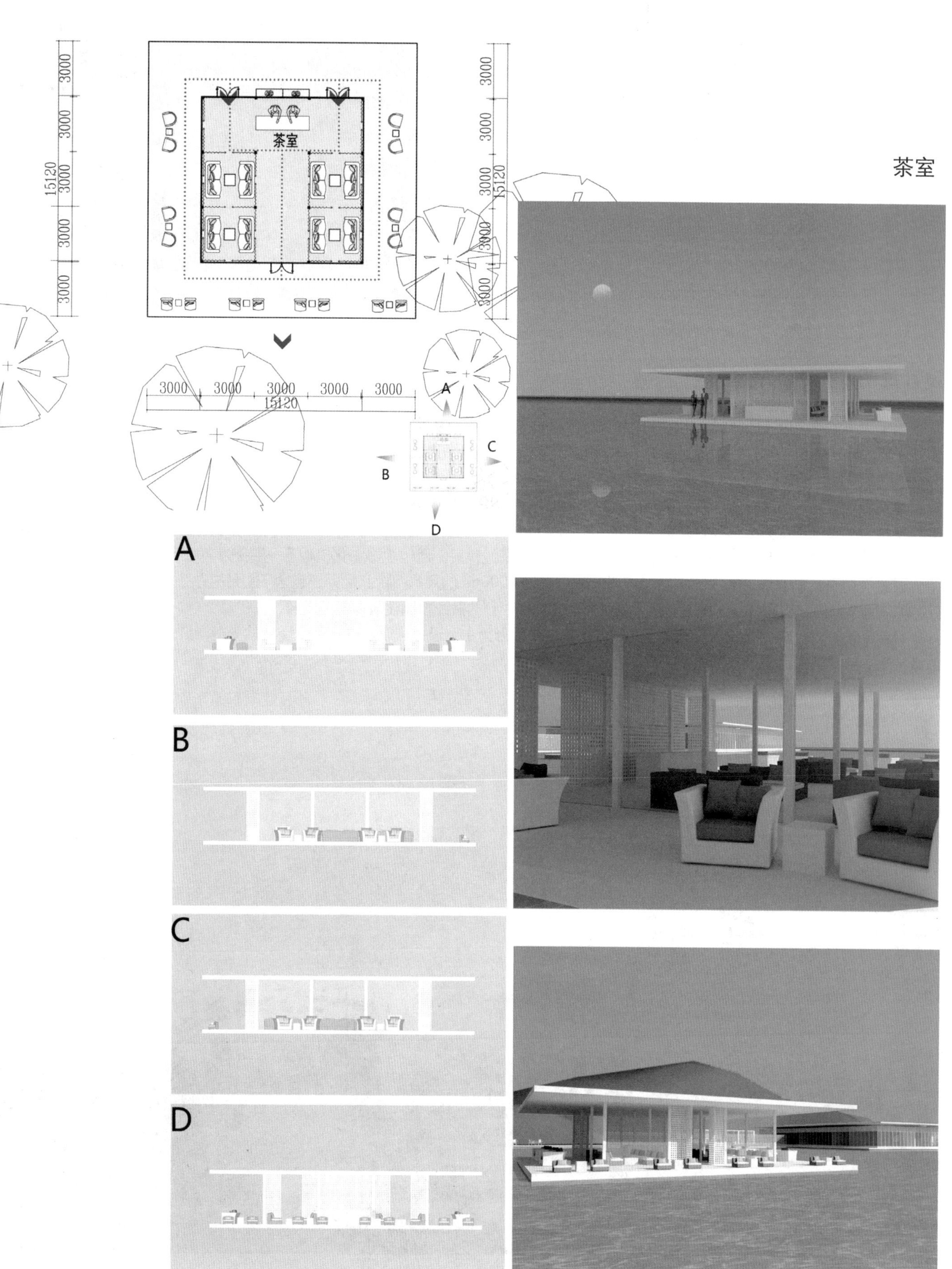

三等奖

天津市南港工业区建筑景观一体化设计

学生姓名：解力哲
责任导师：王　铁
学校名称：
中　央　美　术　学　院

设计说明：

由于位于工业区内，园区以重化工用地性质为主，投资服务中心从性质上是负责服务和管理整个园区。工业园区的建筑和景观设计主要以建筑体现工业性，以景观解决环境的污染问题和环境的绿化性，来改善人们对园区的认识和理解。通过投资服务中心这一核心力量来提升园区的形象和区域影响力。

建筑设计上通过突出建筑的结构来呼应园区的工业性质，感觉园区工业文化的魅力。本次建筑设计的重点为会议会展中心，以流线型柱网支撑的不规则大体量形态形成的特有结构来体现园区的工业性质和实力。内部以自由平面为主和非固定隔断来增加空间的多种状态。其中，地上一、二层为展览空间，空间完整、视线良好，通过地形变化使地下一层变为半地下，地下一层集中了五个小型会议室、两个大型会议室和一个多功能厅以及两个超过 5000m^2 的展厅，除此之外还包含了主要的办公空间。地下二层为可容纳 470 辆车的停车场。在建筑 B 区的设计只要以两个呼应会展中心的曲线控制建筑体量的动势。

景观设计针对此地块面积大、地势平的特点以塑造微地形为主，通过修改水体对整个地块的分割形成几大区域，塑造舒缓变化的微地形，跟建筑的曲线形态形成呼应。

建筑效果图

区位因素分析

天津南港工业区通过高速公路和铁路系统成为华北、西北地区的主要出海通道及进出口贸易口岸；距北京165km，距天津港 28km。南港工业区定位于“世界级重化产业和港口综合功能区”，以发展石油化工、冶金装备制造为主导，以承接重大产业项目为重点，以与产业发展相适应的港口物流业为支撑，致力于建设一流的综合性、一体化的现代工业港区。

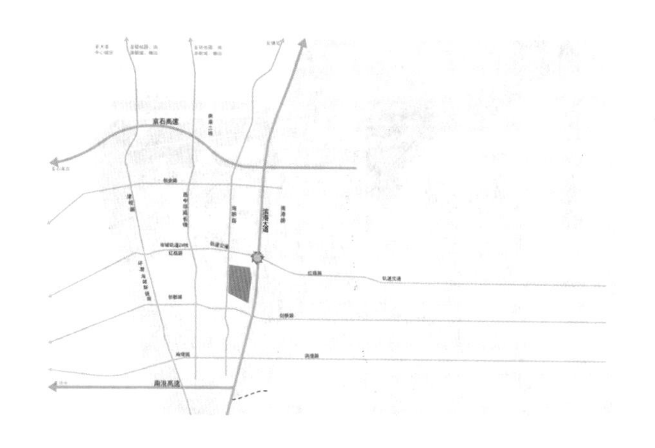

南港工业区高速公路和城市道路共同构成“六横五纵”的综合道路系统。南港工业区将规划建设“两横一纵”的高速公路系统，分别为海滨大道、津石高速公路和南港高速公路。城市道路为“四横四纵”系统，由快速路、主干路和次干路三级构成。

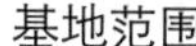
基地范围

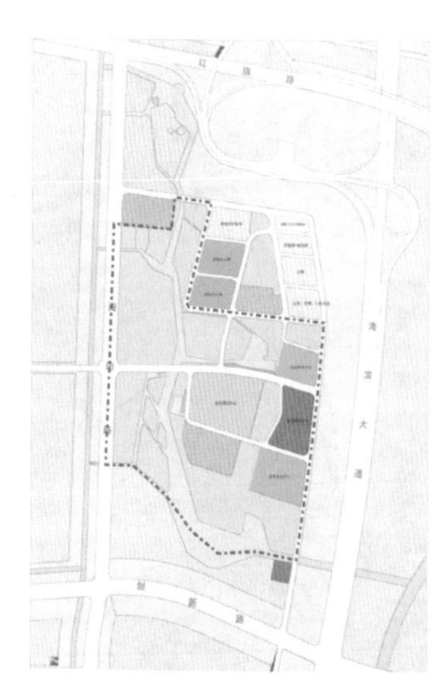
用地状况

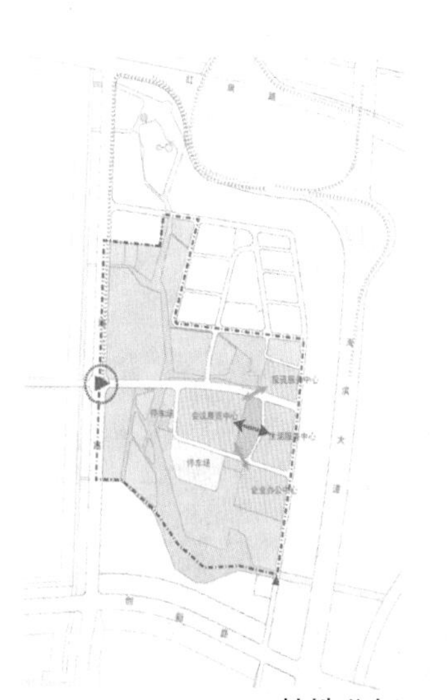
基地分析

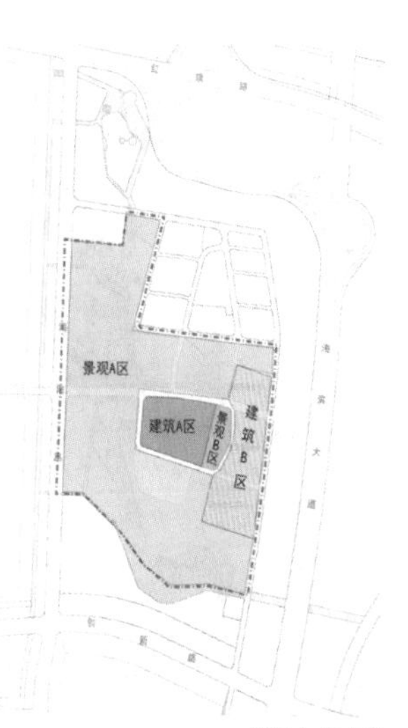

设计分区

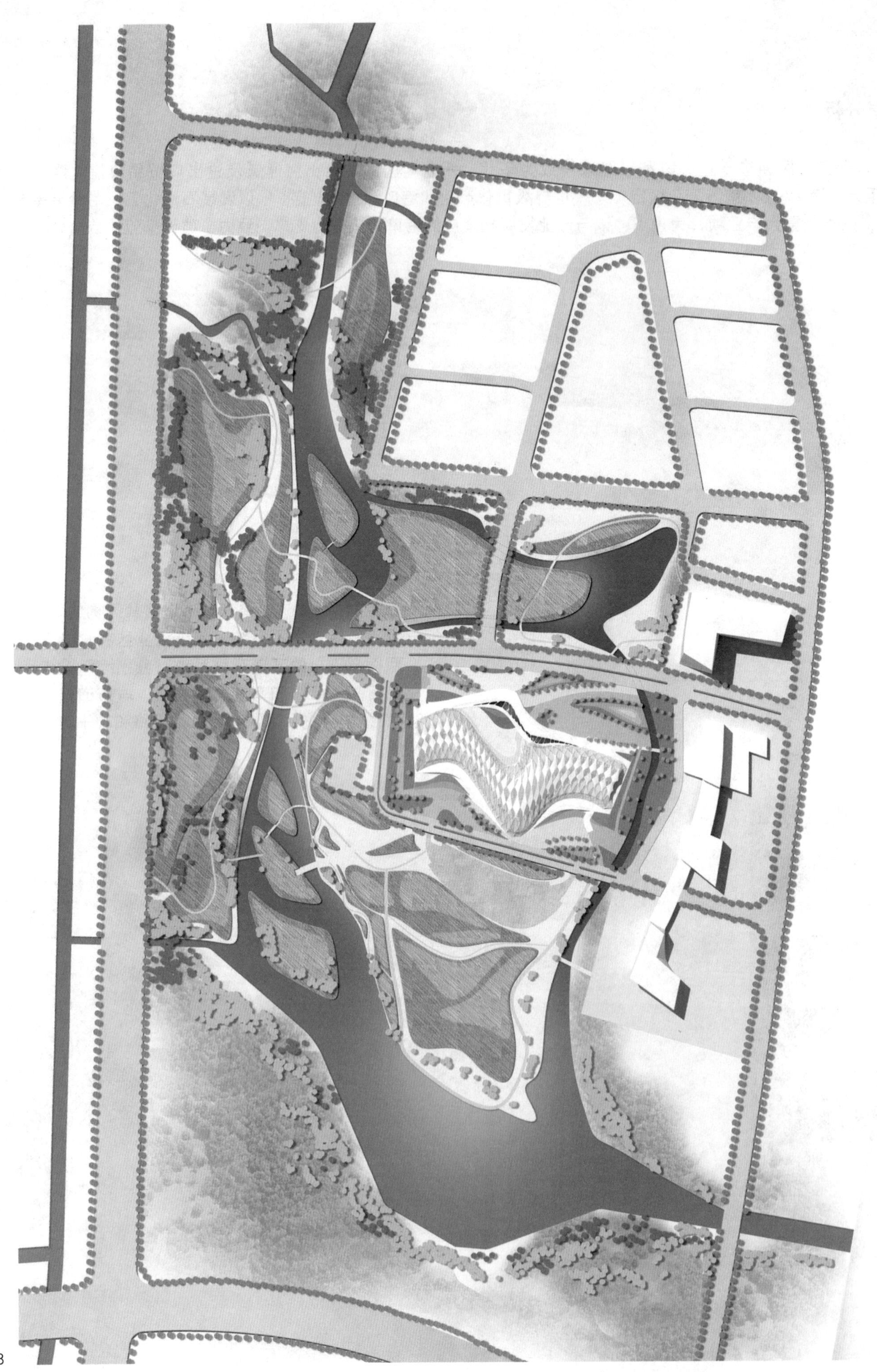

总平面图

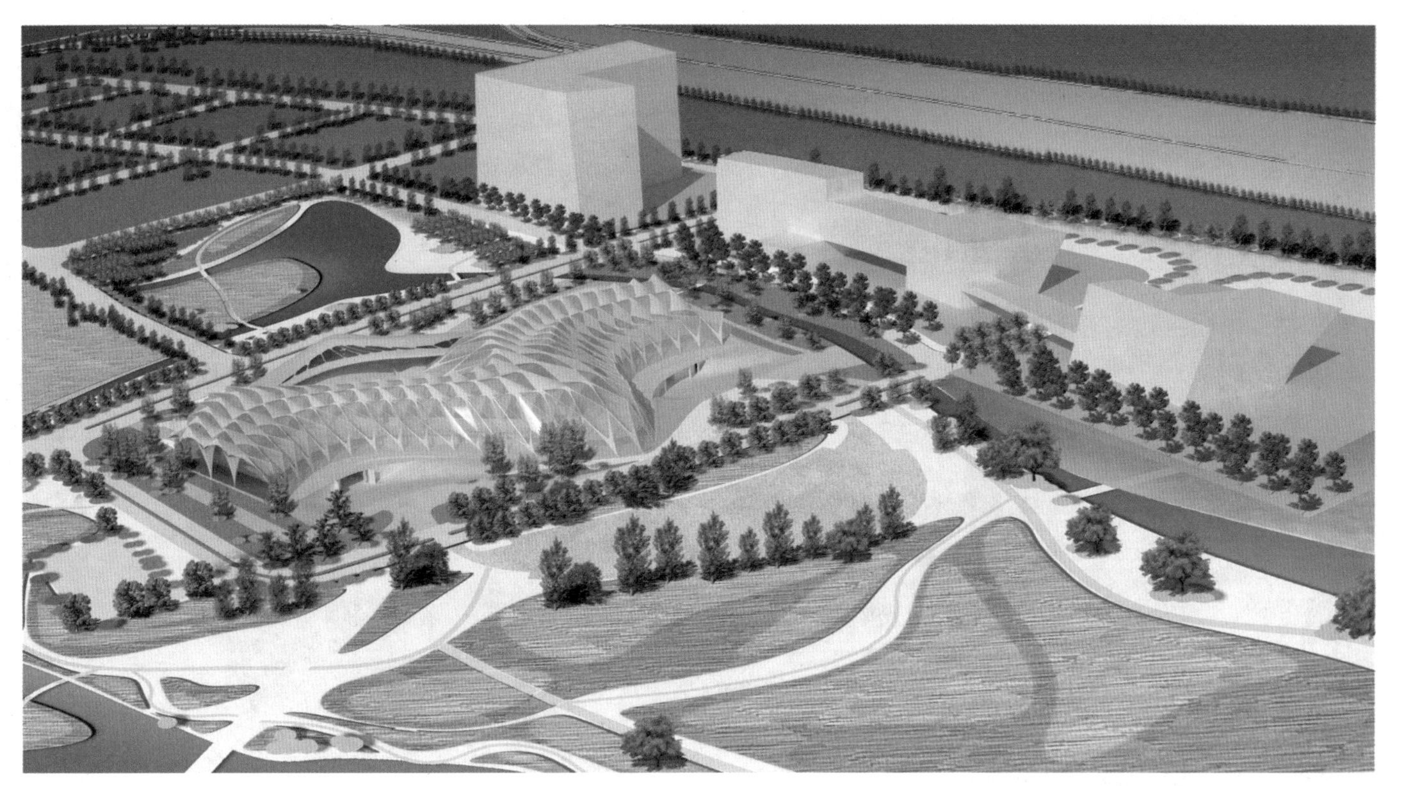

鸟瞰效果图

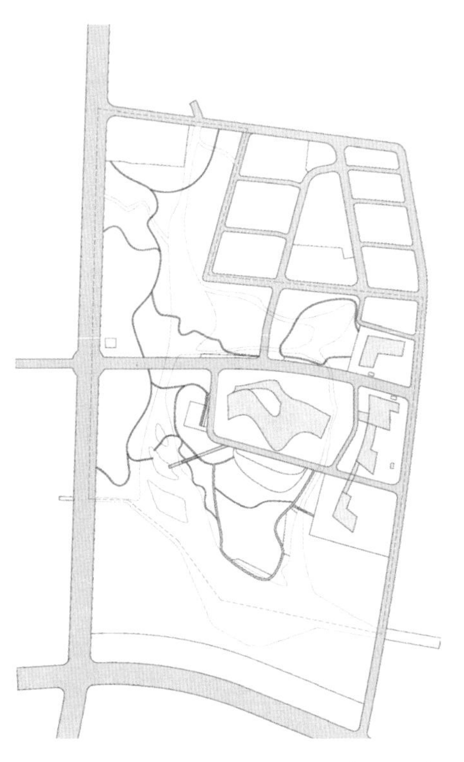

道路分布

道路贯穿场地水面和景观地形汇集到会议会展中心。加强通达性。

景观地形

景观地形沿现有河流进行丰富的地貌塑造，从而打破平地的无趣特性，在会议会展中心西南侧塑造紧张密集的地形变化，与整体的舒缓地形形成对比。

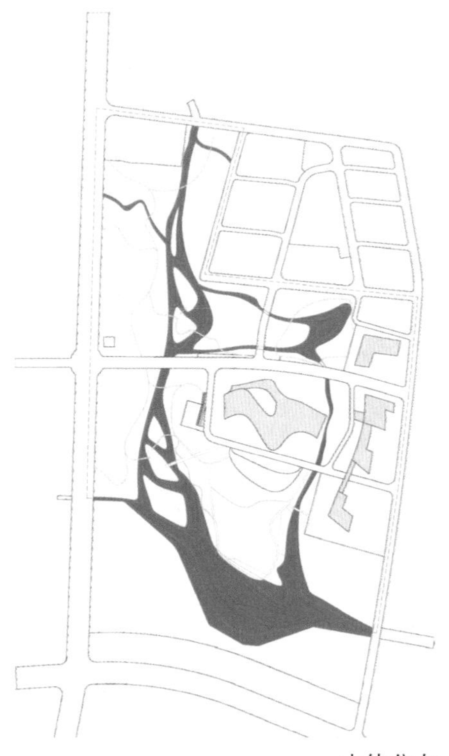

水体分布

水面作为划分基地最重要的元素之一，修改水面形态、添加水面中的岛屿、引水到主要建筑群之间，丰富了其中的景观。

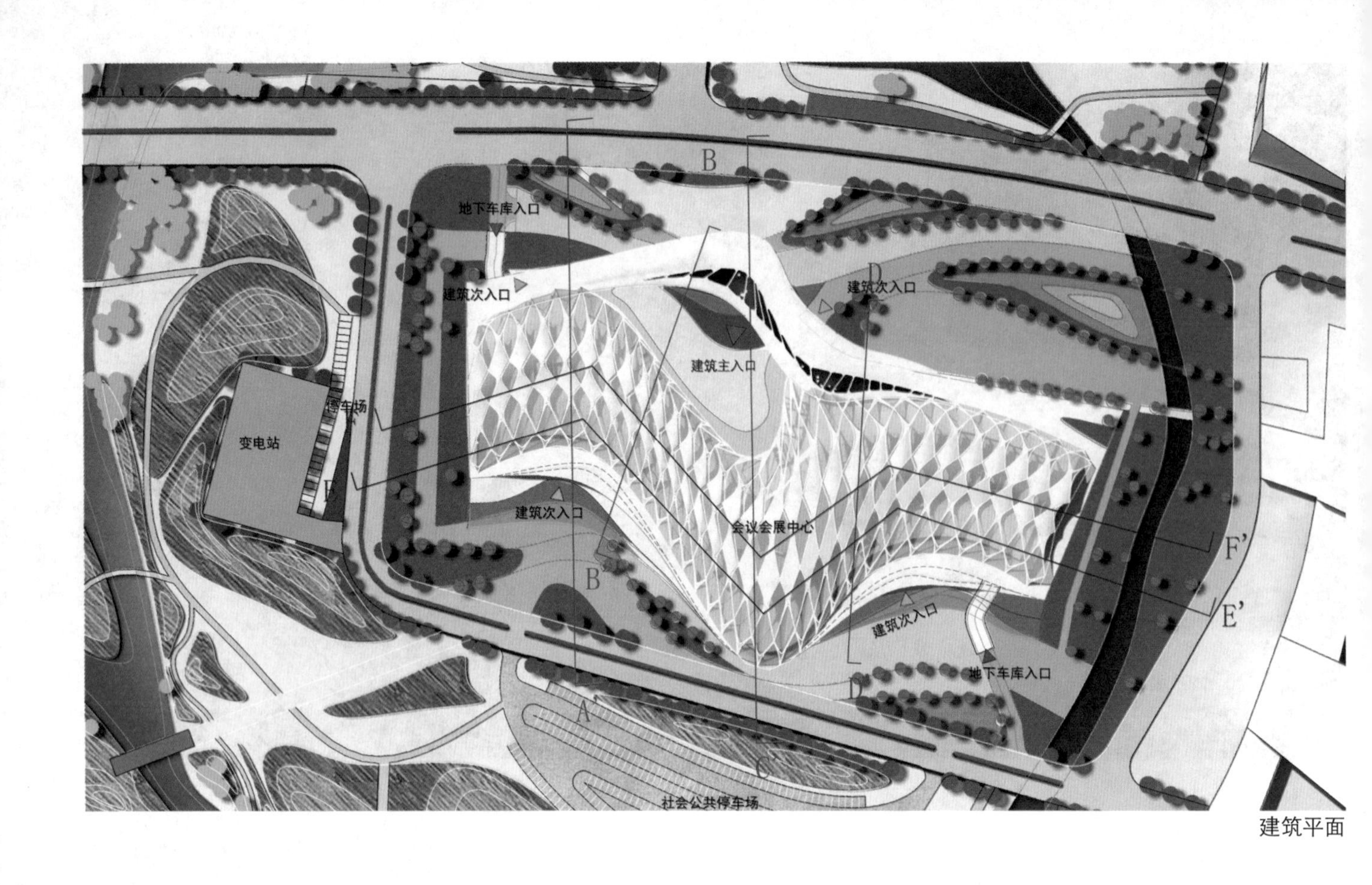

建筑平面

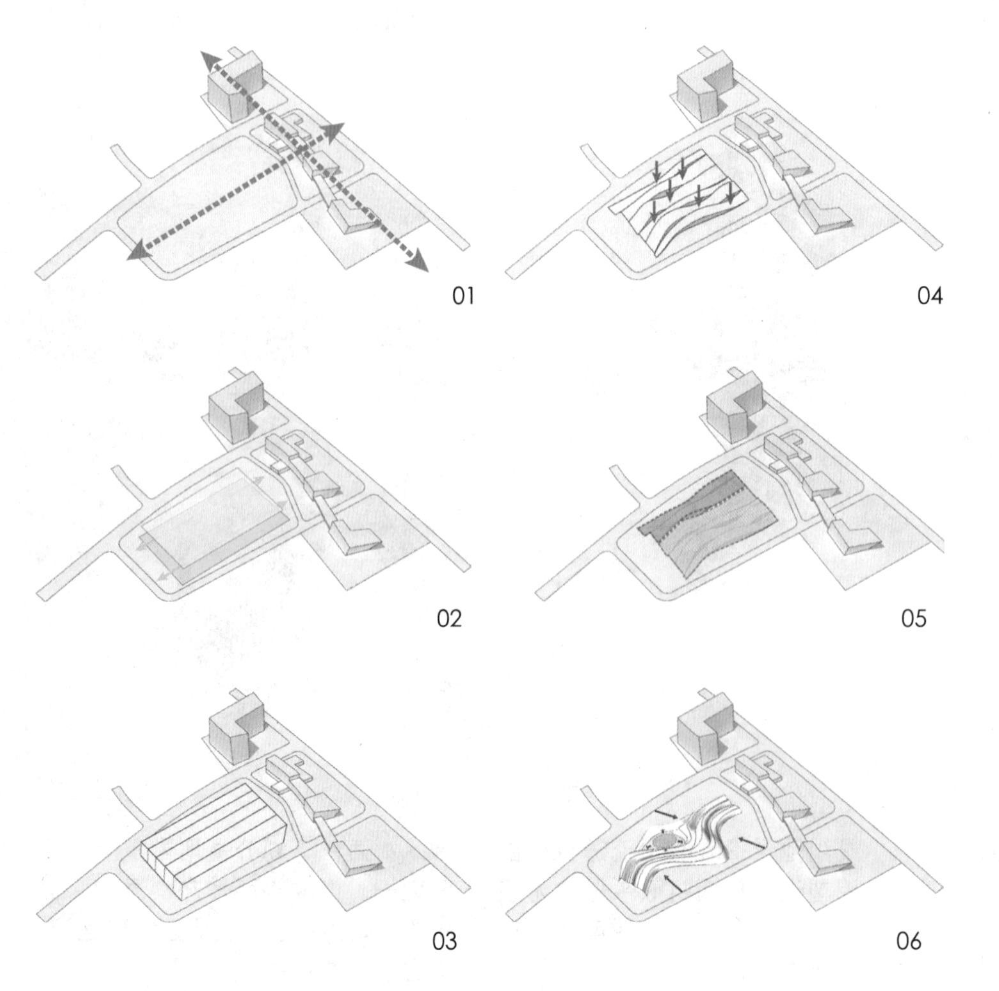

建筑分析过程示意

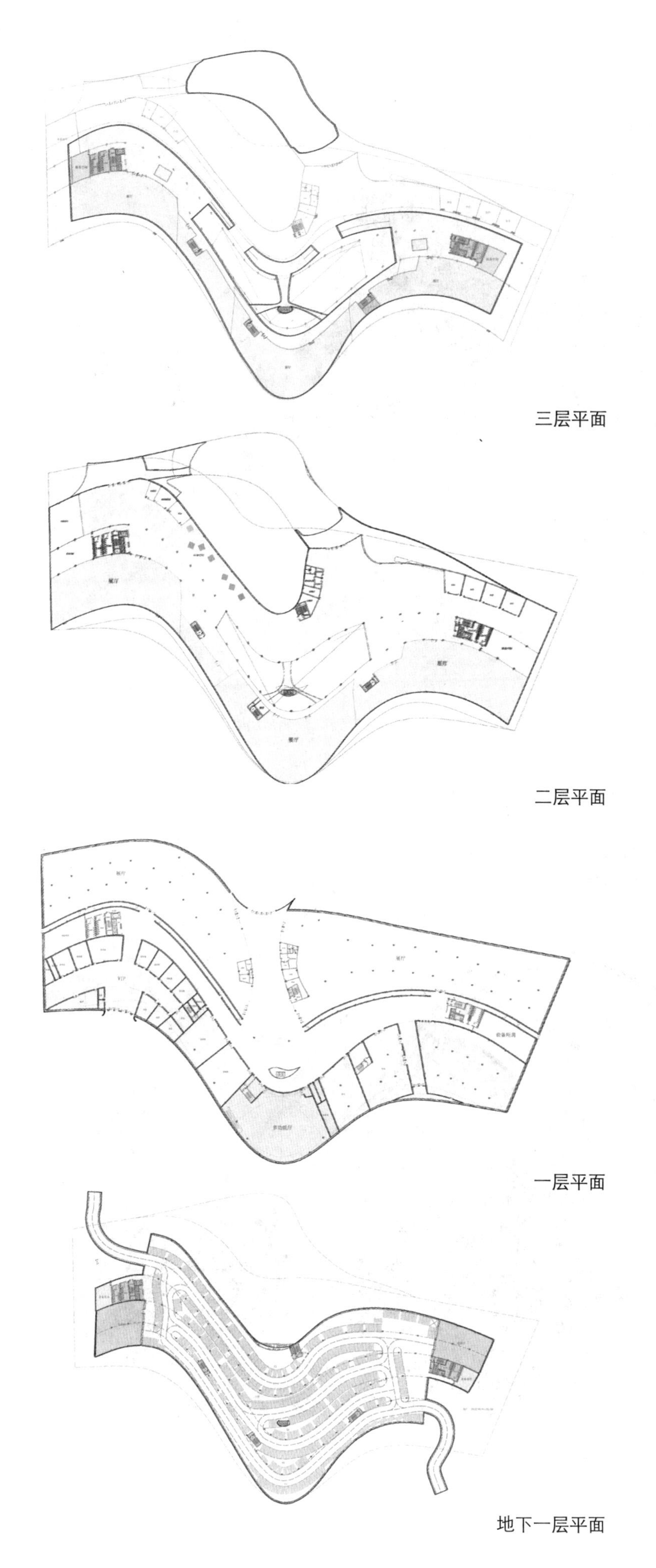

三层平面

二层平面

一层平面

地下一层平面

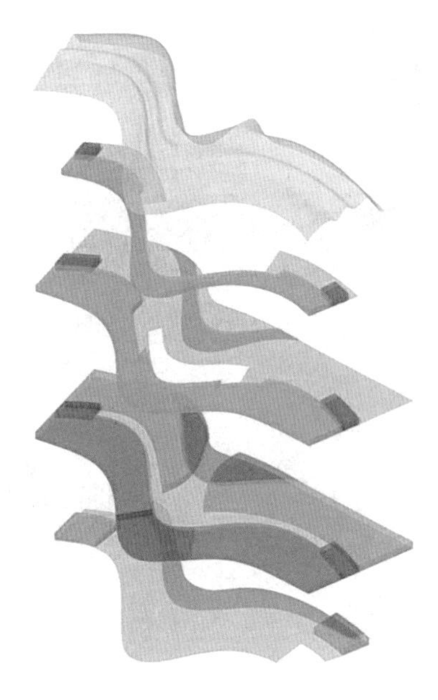

功能分析图

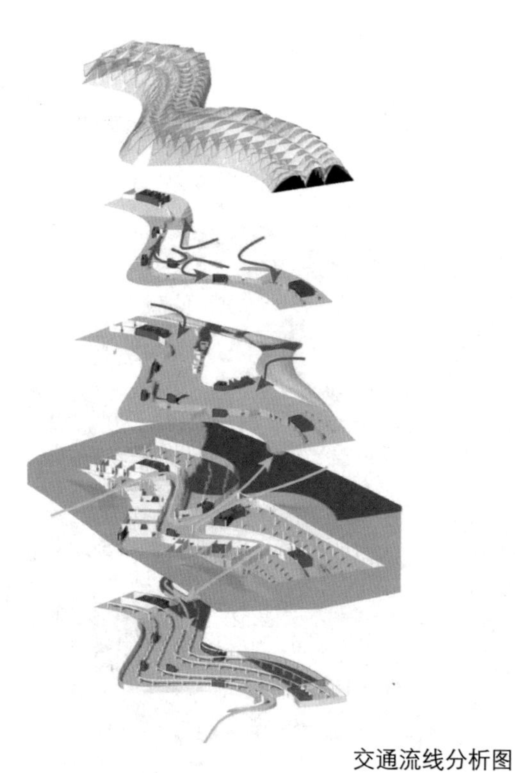

交通流线分析图

建筑入口效果图

二层展厅建筑效果图

二层展厅建筑效果图

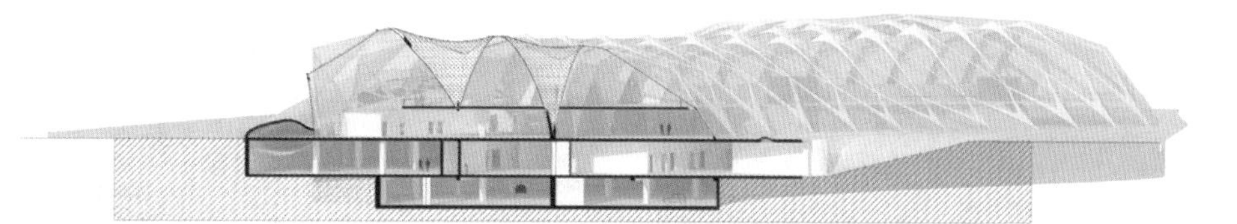

A-A'建筑剖面图

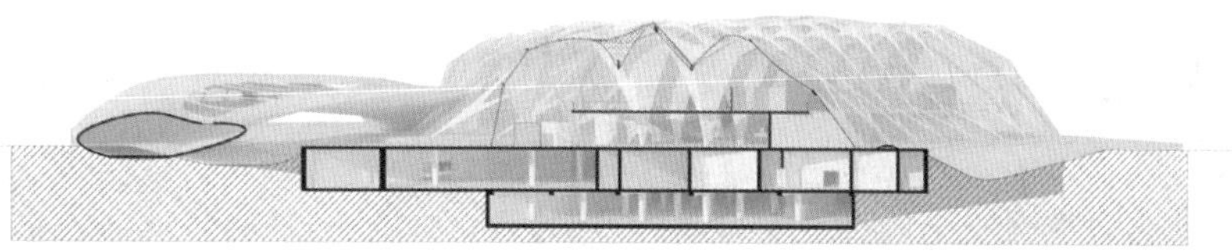

B-B'建筑剖面图

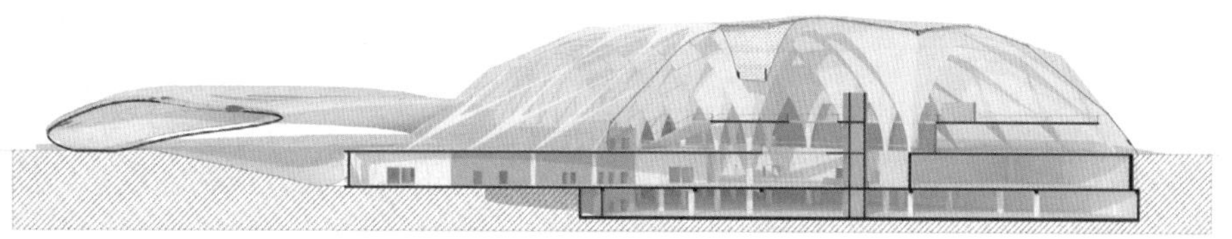

C-C'建筑剖面图

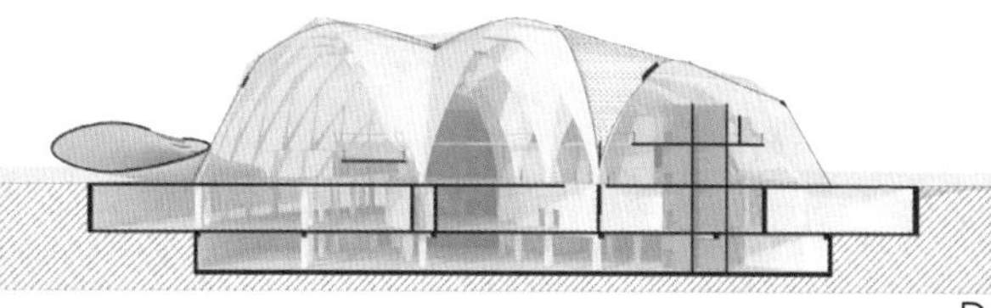

D-D'建筑剖面图

二层展厅效果图

地下一层垂拔空间效果

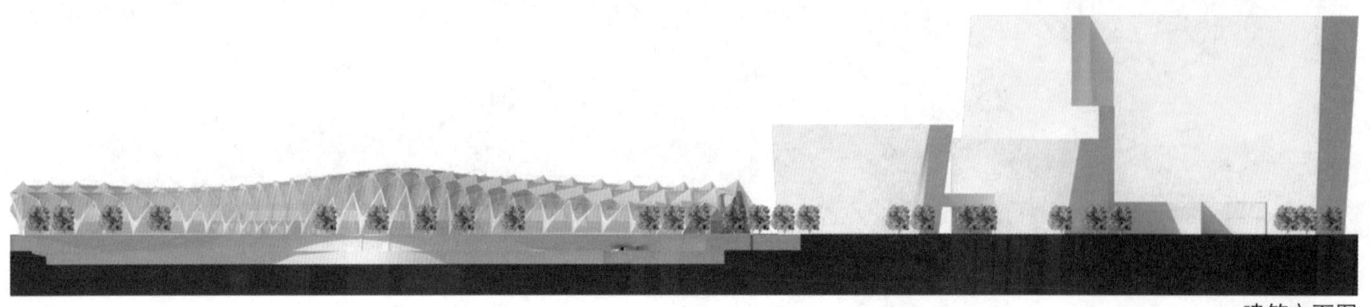
建筑立面图

一层效果图

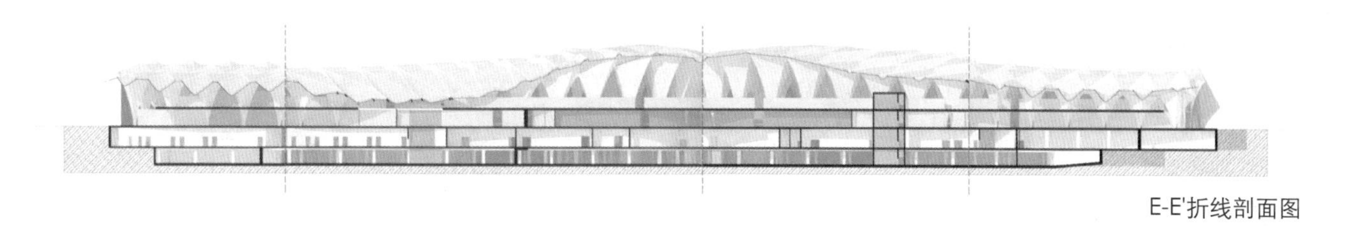

E-E'折线剖面图

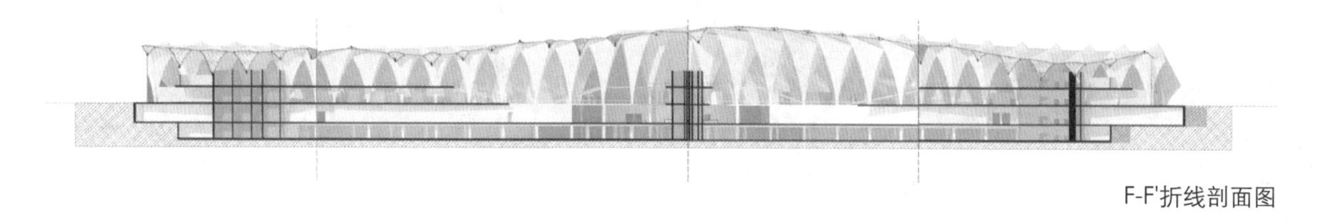

F-F'折线剖面图

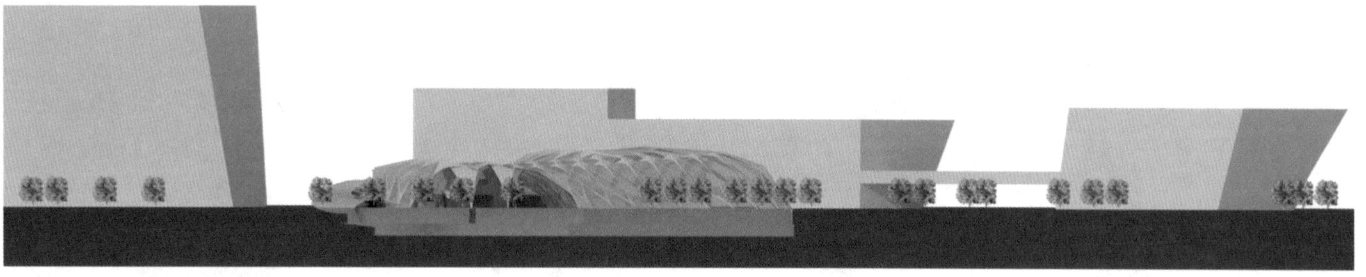

建筑立面图

三等奖

天津南港工业区会议会展中心设计

学生姓名：苏乐天
责任导师：王 铁
学校名称：
中 央 美 术 学 院

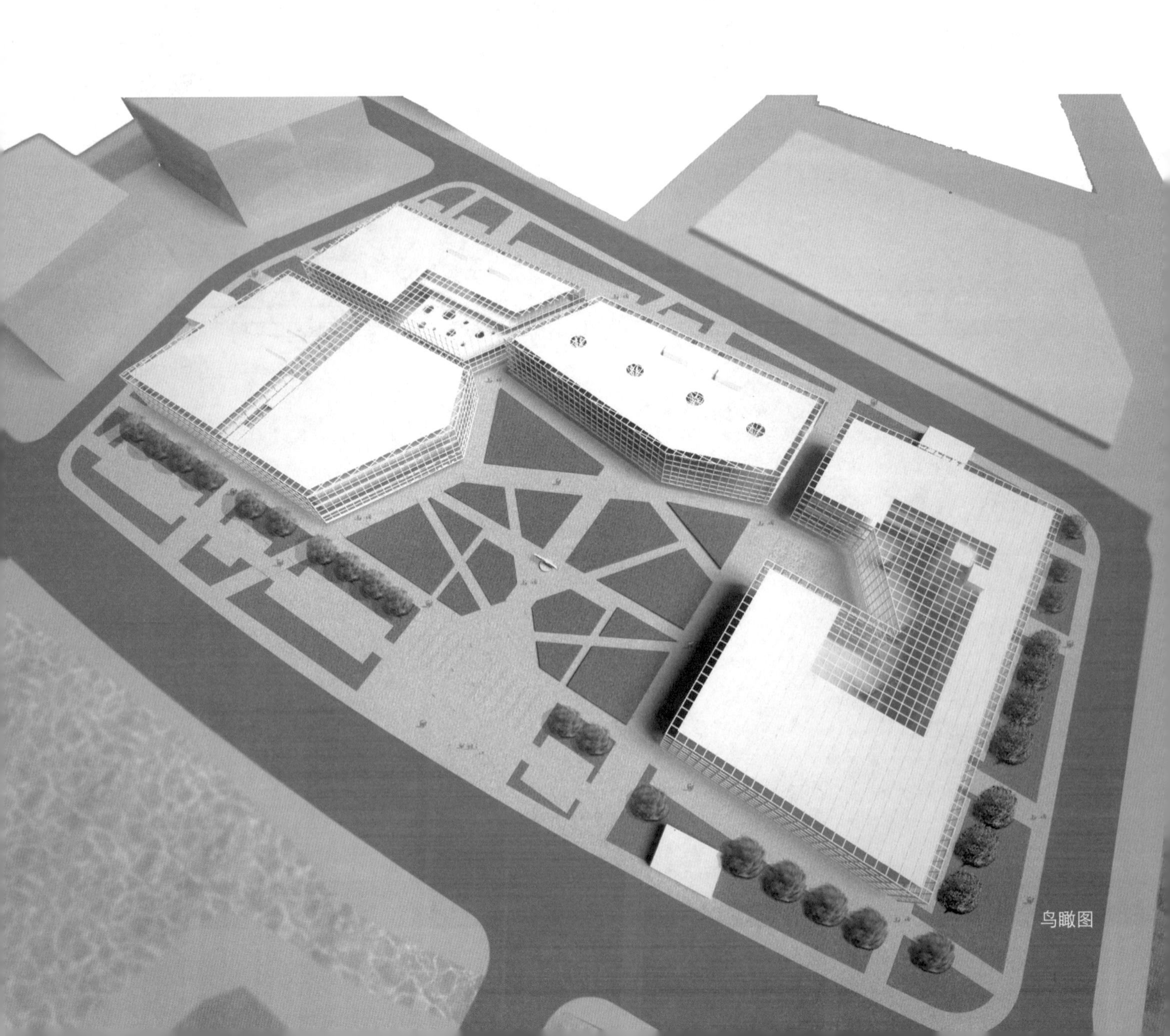

鸟瞰图

南港工业区会议会展中心位于南港工业区——天津滨海新区十大战役之一、世界级重化工基地的核心区，周边包含行政办公、投资服务、餐饮住宿和生活配套等综合服务功能区。基地位于海滨大道以西、红旗路以南、海防路以东、创新路以北。

基地气候：温带大陆季风性气候，年平均气温 12℃（夏季25.2℃，冬季零下2.3℃），年平均降水量 602.9mm，年平均蒸发量1909.6mm，年平均气压1016.4毫巴，日照百分度65%，全年主导风向为西南风，年平均风速4.5m/s。

场地交通便利，附近有多条河流，东临海滨。

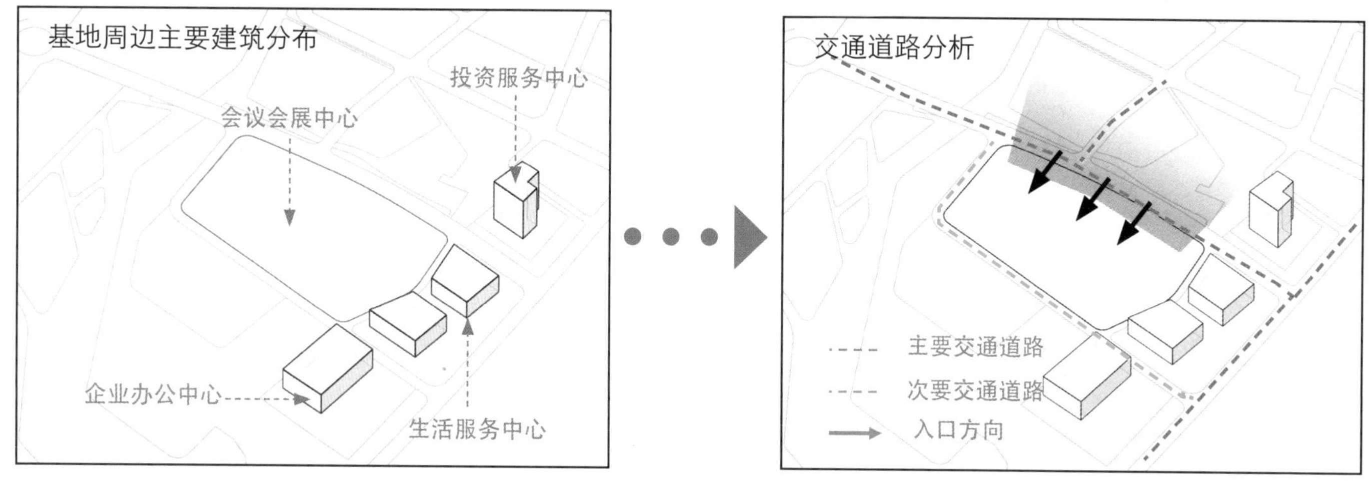

会议会展中心周边有三个主要功能建筑与之相邻：投资服务中心、企业办公中心、生活服务中心。
根据道路网络与周边建筑的关系，确定基地背面为建筑友好界面，确定场地主路口方向。

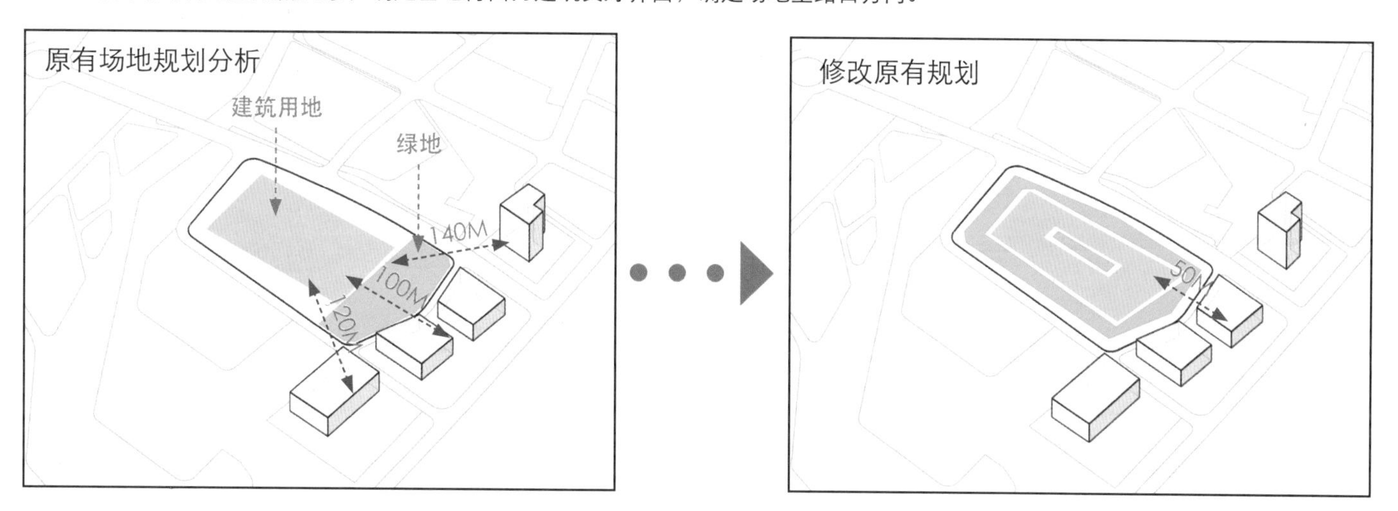

原有基地规划中，绿地处于会展中心与周边三个功能建筑之间，使它们之间的距离都超过了100m，通过改造绿地与建筑面积的分布，拉近会展中心与周边建筑的关系，使人进入展厅的路径变为：建筑—景观—建筑的一个顺序，从而提高绿地的使用效率。

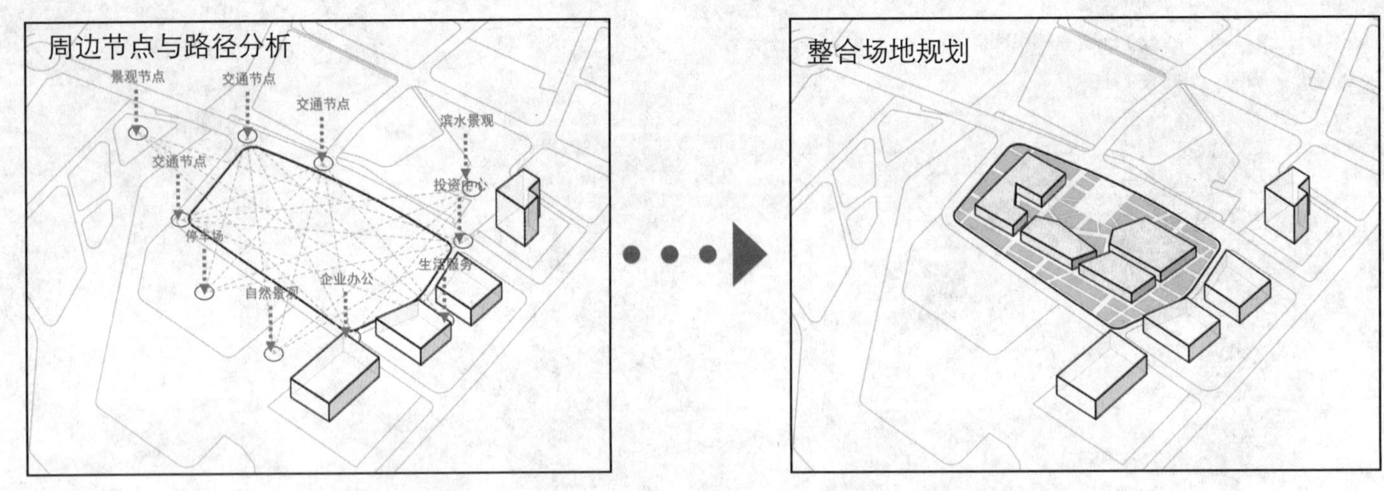

分析周边主要功能节点、流线及其与基地的受力影响，整合场地内部的建筑、景观、路网的规划。

02总平面图

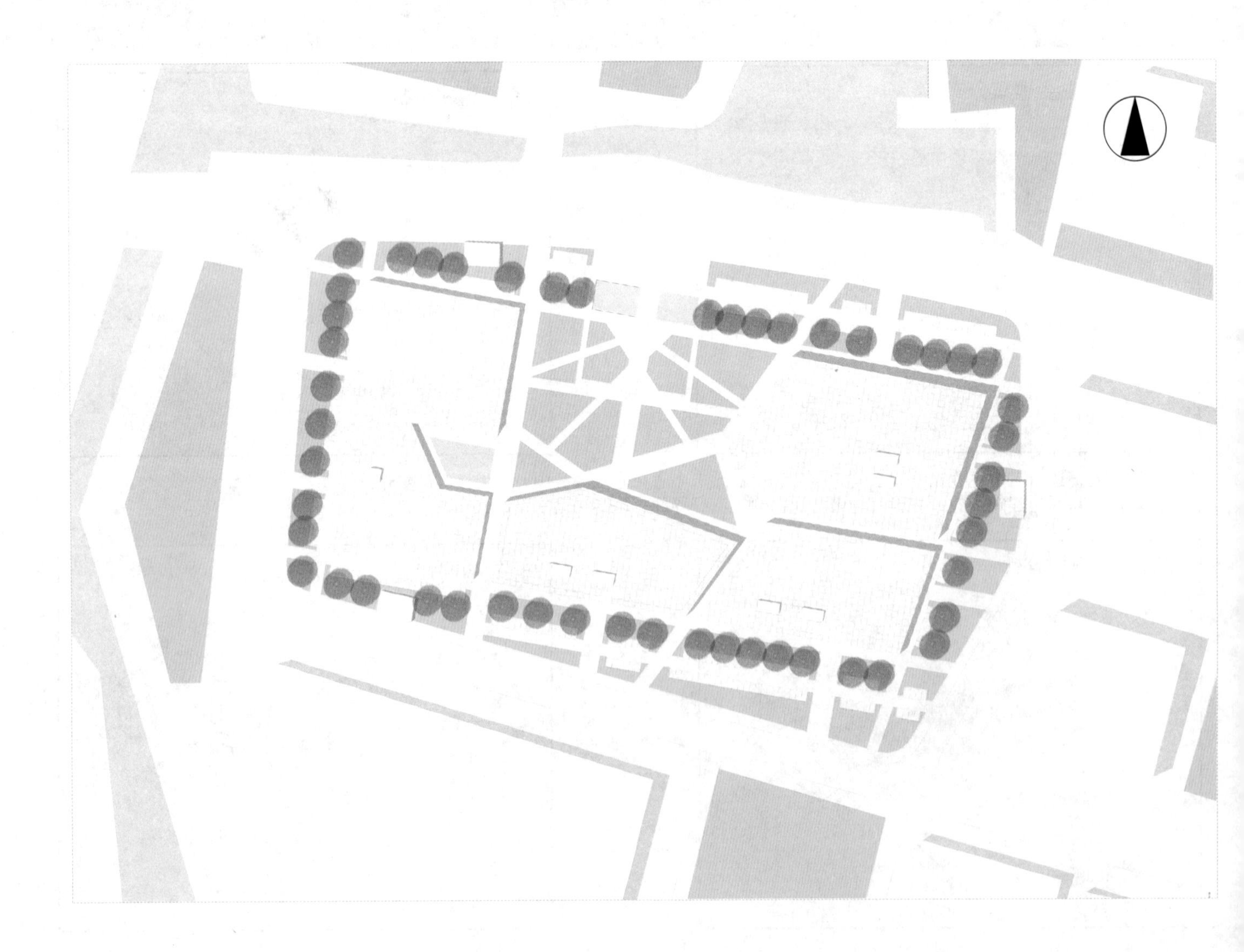

03立面图

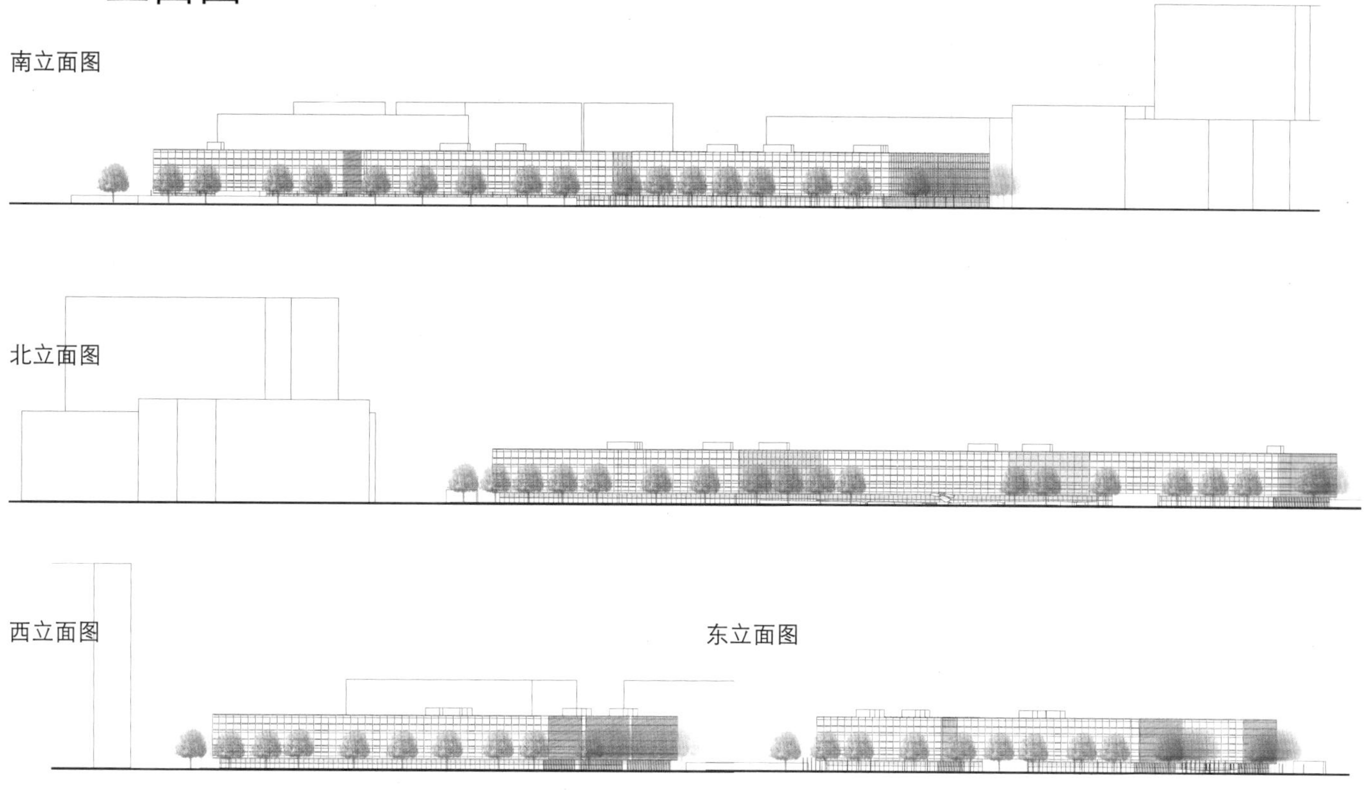

04设计分析

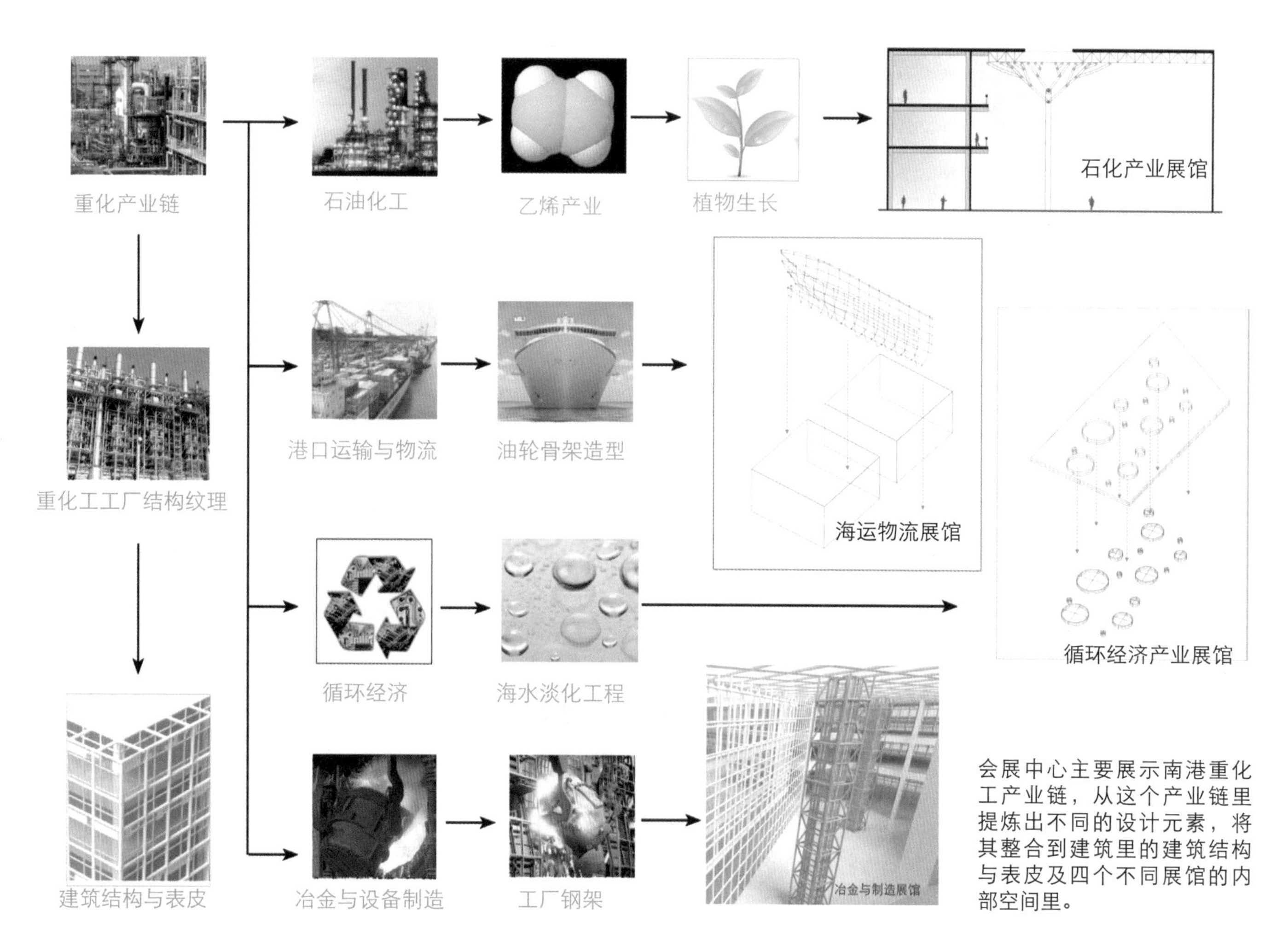

会展中心主要展示南港重化工产业链，从这个产业链里提炼出不同的设计元素，将其整合到建筑里的建筑结构与表皮及四个不同展馆的内部空间里。

功能分析图

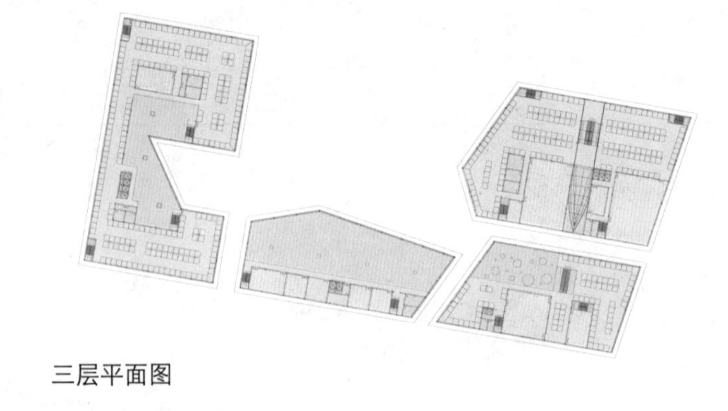

三层平面图

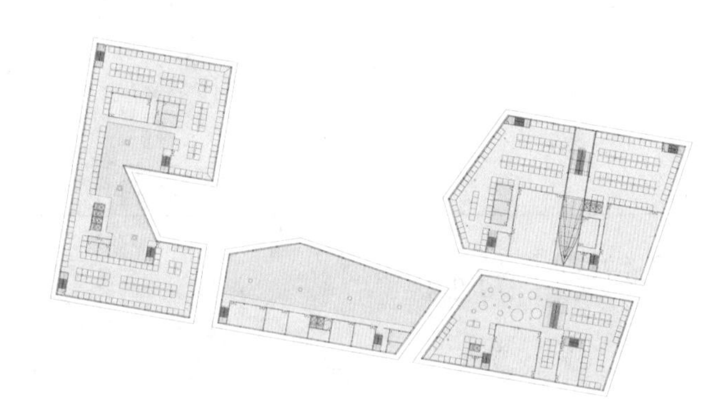

二层平面图

流线分析图

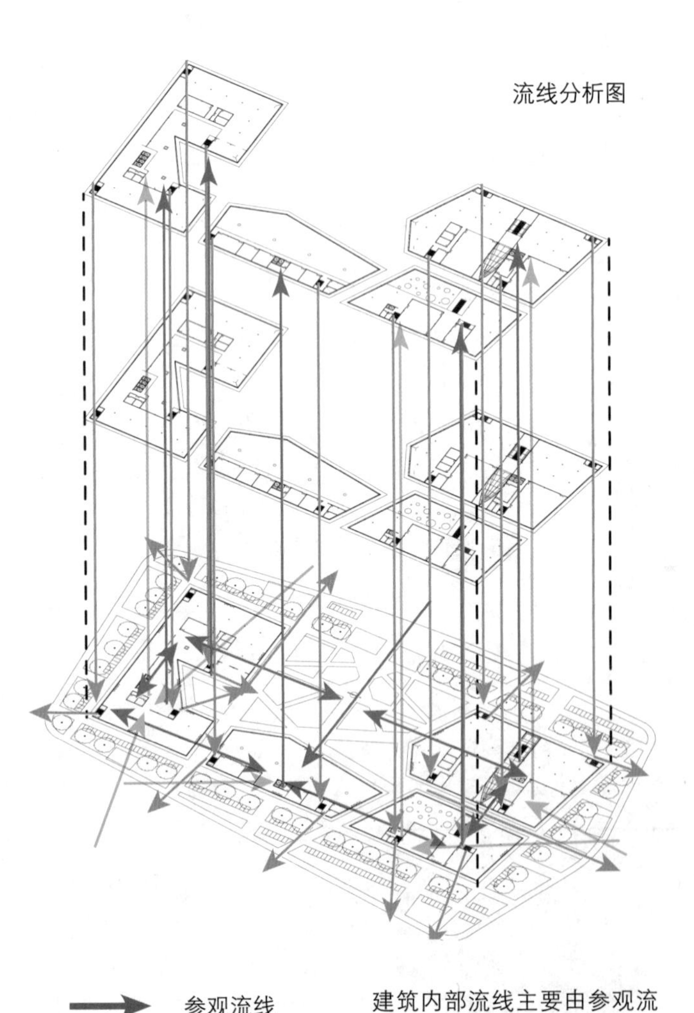

建筑内部流线主要由参观流线、布展流线和消防流线组成，三个流线互补相交。

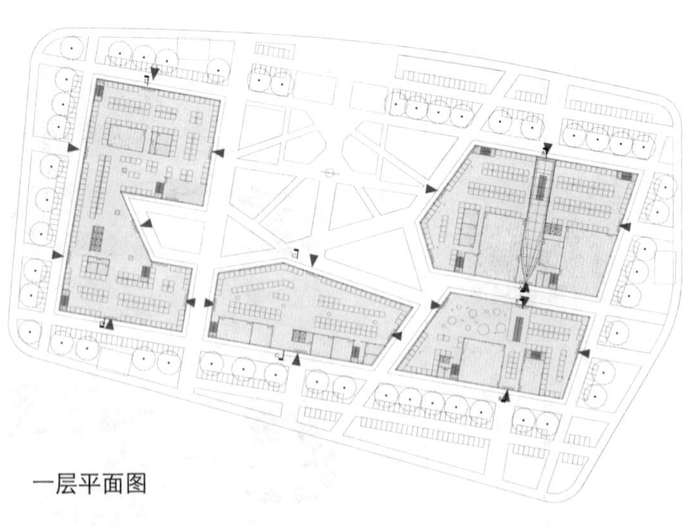

一层平面图

▶ 建筑主要出入口

建筑外观效果图

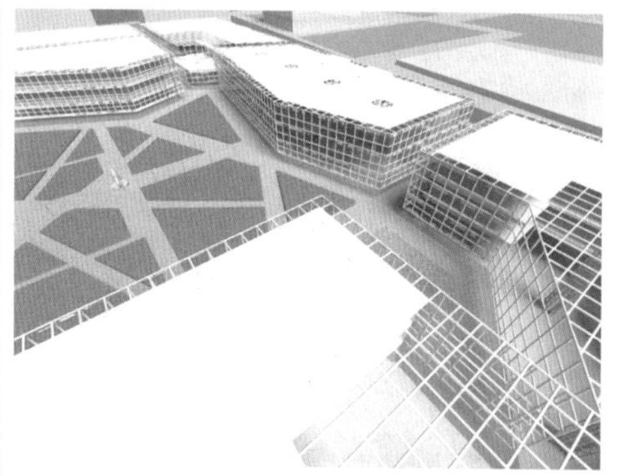

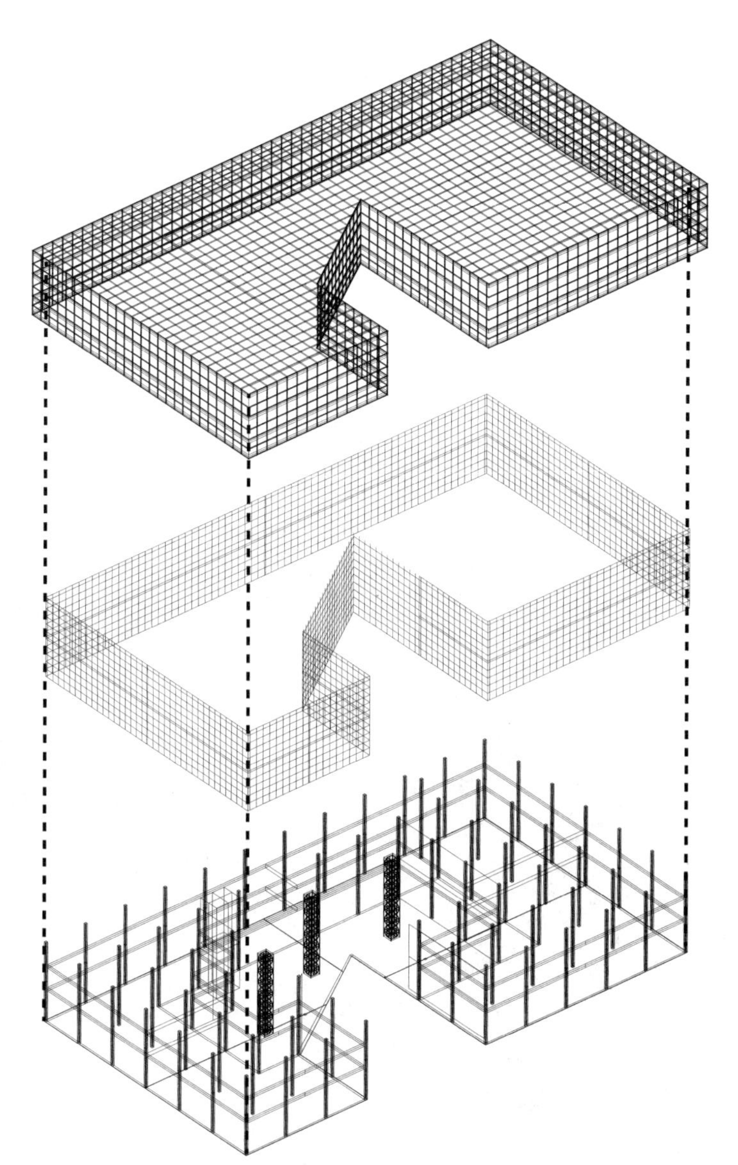
建筑外部管道网格
建筑表皮幕墙网格
建筑内部楼板柱

海运与物流展馆效果图

循环经济产业展馆效果图

石化产业展馆效果图

冶金与制造展馆效果图

三等奖

三亚产权式酒店景观设计

学生姓名：刘　畅
责任导师：王　铁
学校名称：
中央美术学院

鸟瞰图

选题区域

度假区环境记忆的延续

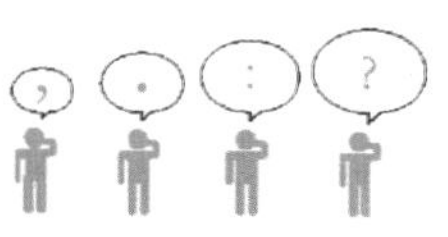

由于景观同质化问题日益突出，度假区环境记忆逐渐丧失

走马观花式的观光，无法对环境形成整体的认识

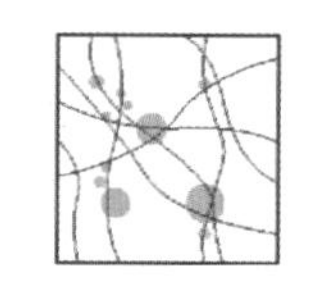

交互式、体验式的空间记忆

空间维度演化

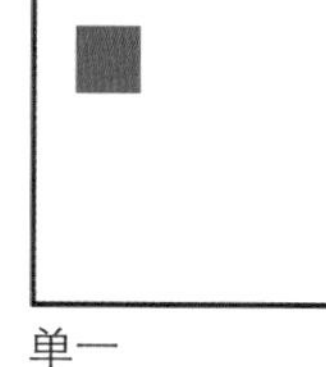

单一

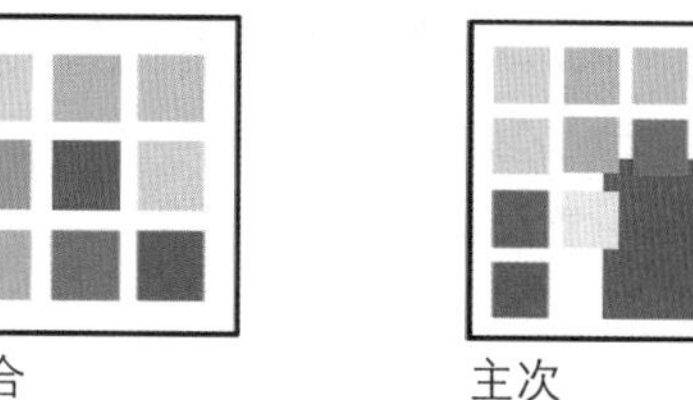

复合

主次

时间维度演化

单一时间点

多个单一时间点的集合

时段/记忆

泰森多边形——时间与记忆的关系

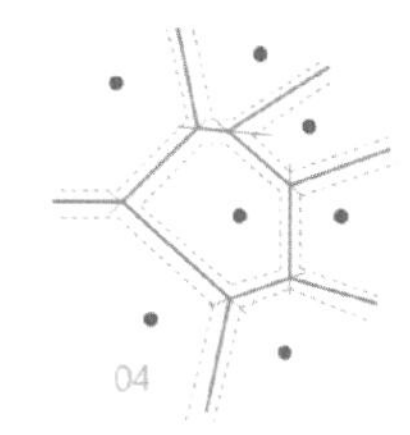

如何阐述度假区设计的核心概念，使人们对酒店景观形成完整的认识，并融入景观之中，最终留下美好的记忆，是本次规划设计的重点。

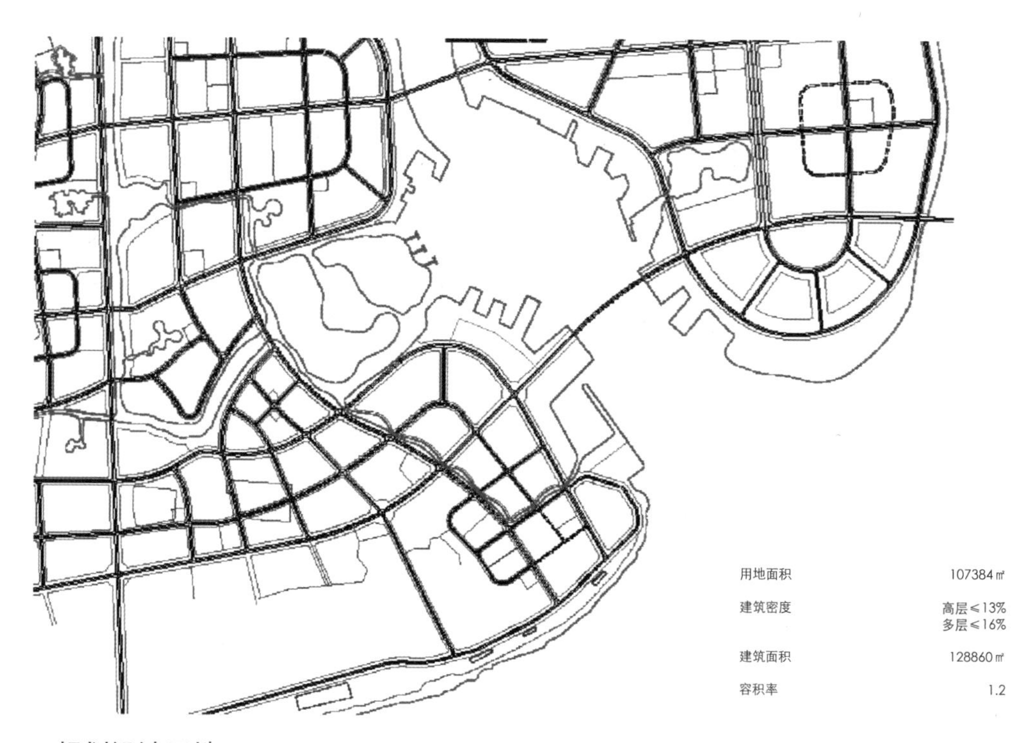

用地面积	107384㎡
建筑密度	高层≤13% 多层≤16%
建筑面积	128860㎡
容积率	1.2

规划设计用地

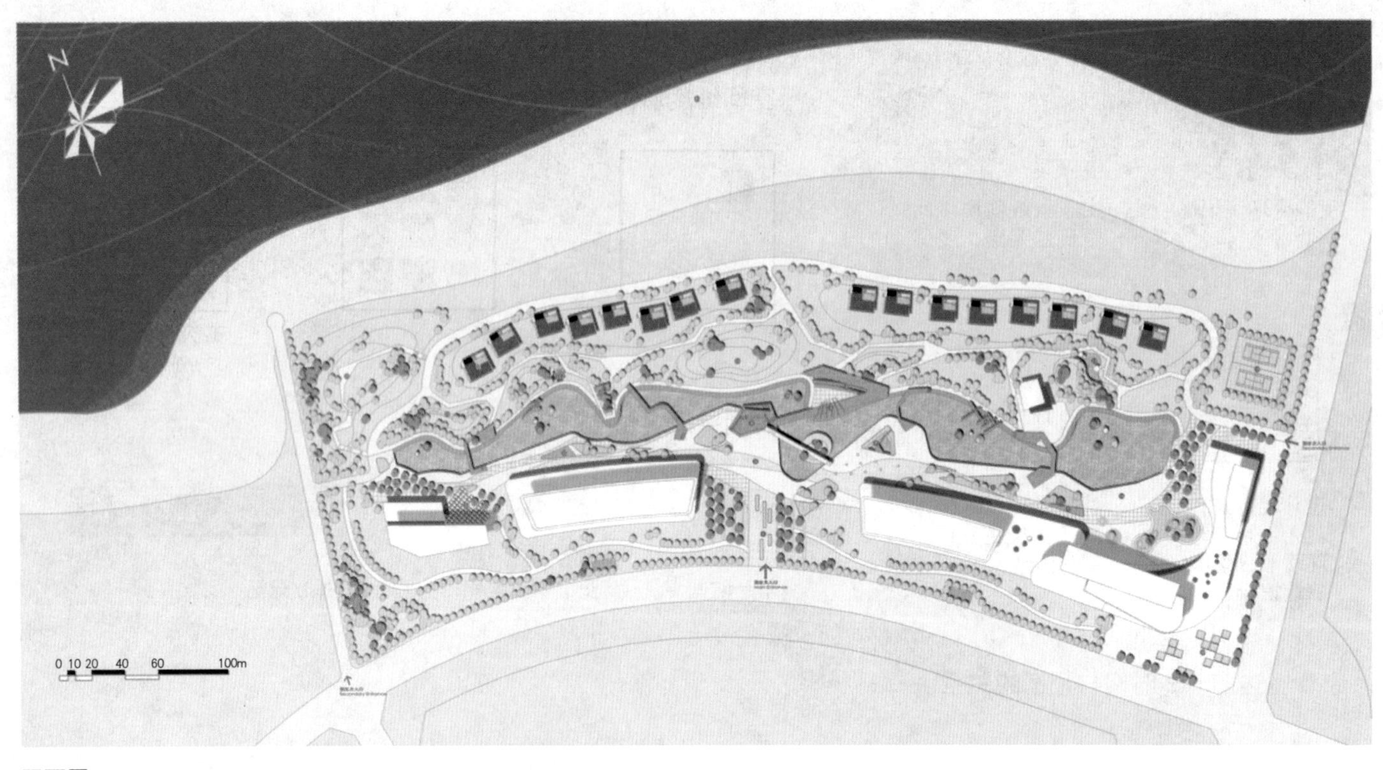

平面图

1.入口步道；2.树阵；3.入口广场；4.观景平台；5.湖心岛；6.廊；7.弧形观景梯；8.种植浮岛；9.水池；10.亲水栈桥；11.休憩草坪；12.旱喷泉；13.种植岛；14.树池；15.休闲平台；16.铺装广场；17.SPA；18.网球场；19.开敞绿地；20.休息平台；21.跌水池；22.亲水栈桥；23.嵌草台阶；24.景观廊架；25.树廊；26.生态步道；27.林荫步道；28.别墅区；29.喷泉广场；30.沙滩

密度分析

水环境

景观节点

步行交通

车行交通

视线分析

绿化分析

功能分析

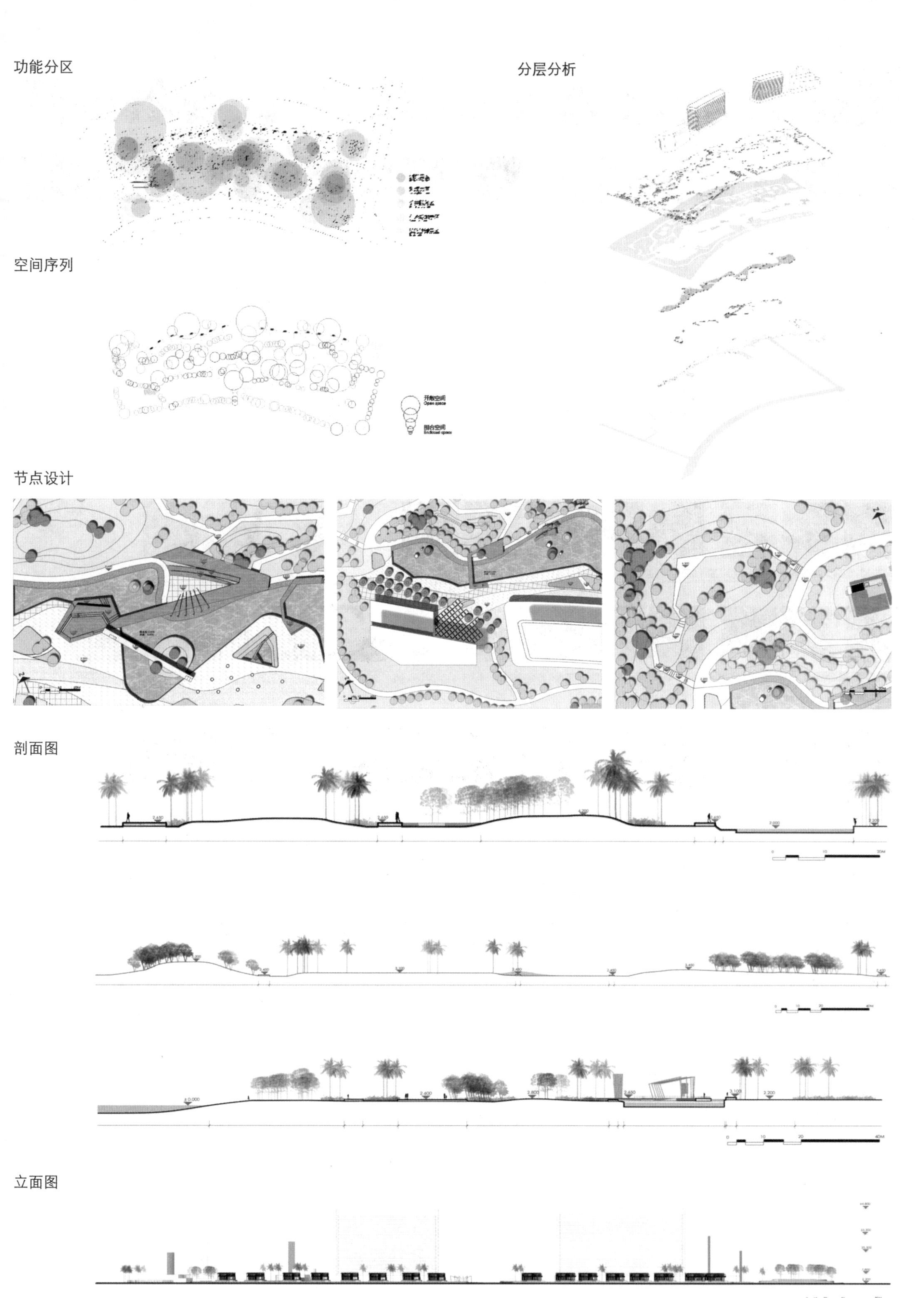
功能分区
分层分析
空间序列
开敞空间
Open space
围合空间
Enclosed space
节点设计
剖面图
立面图

植物分析

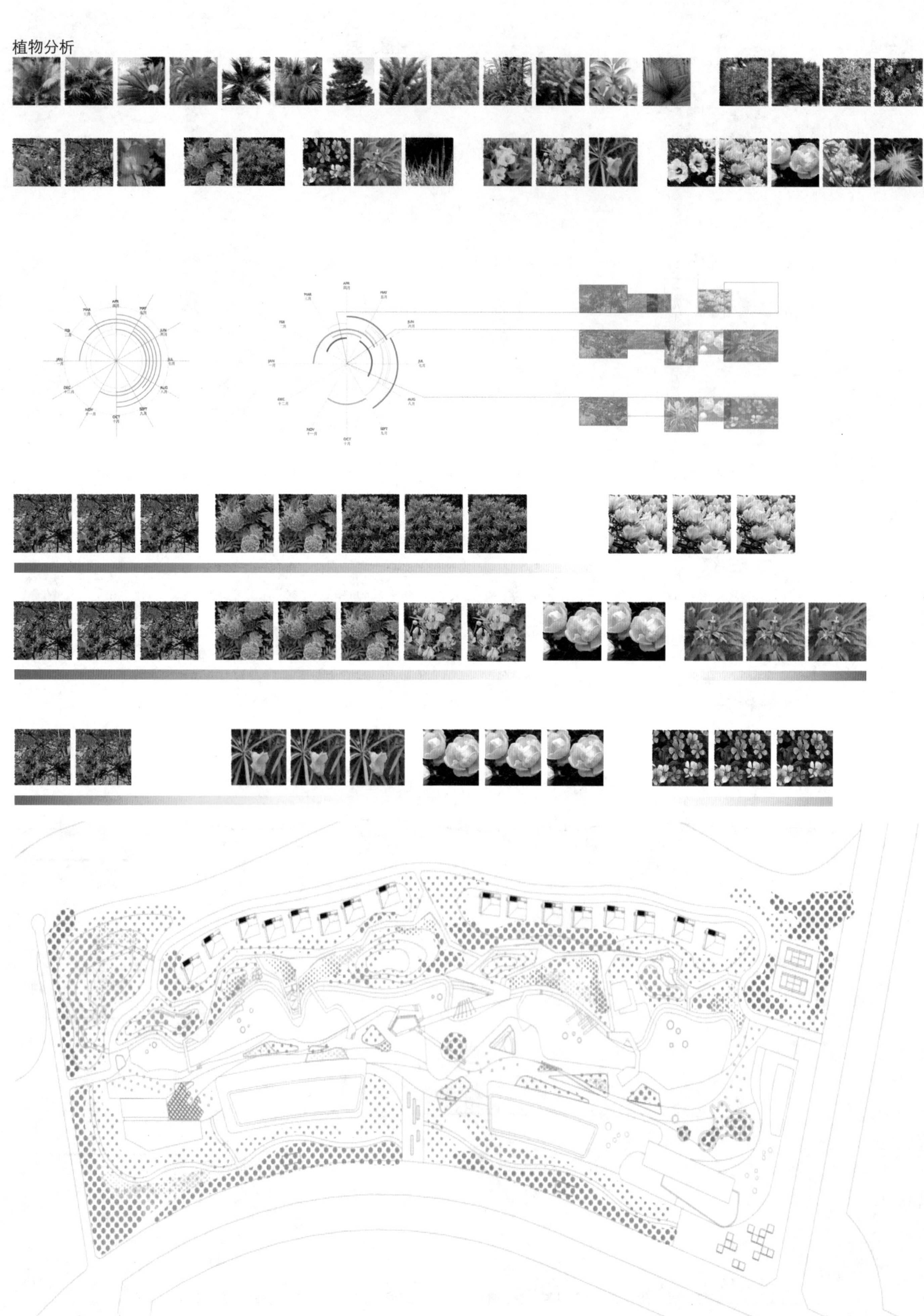

效果图

效果图

三等奖

“她的秘密花园”——别墅室内装饰艺术设计

“Her Secret Garden” ——Villa Interior Decoration Art Design

学生姓名：任秋明
责任导师：张　月
学校名称：
清华大学美术学院

该项目位于广东省东莞市松山湖区科技园区松山湖，属万科·松山湖1号。

至深圳市中心1h车程

淡水湖畔，峰峦环抱，烟波浩渺，风光迤逦

松山烟雨，松山夕照……松山湖1号别墅如玉般嵌入这碧波般的美景。
小区属纯Townhouse社区，建筑均为西班牙建筑风格，注重异国风情的渲染和亲切怡人的尺度。这里鲜明淡雅的建筑色彩与绿景融为一体，相辅相成。

业主夫妇为欧点女装服装设计师，他们有强烈的时尚感，又充分认同传统文化；和欧点女装一样，他们推崇“女性至上”的思想和观点，赞同家中的布局应该一切围绕女人的舒适性；他们性格温和、自然、亲切、拙朴，崇尚一种悠闲的时尚；同时，他们又喜欢收藏瓷器。
这栋别墅是他们度假休闲的家，强调回归本真，同时又要体现对孩子的关心。因此，他们对这个家的定义是——舒适、自然并充满品位。

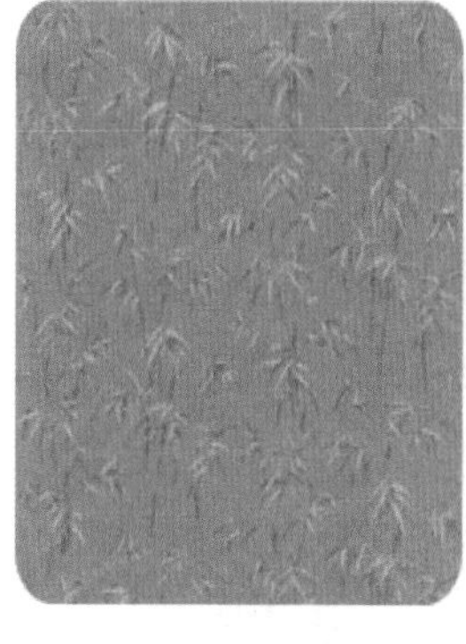

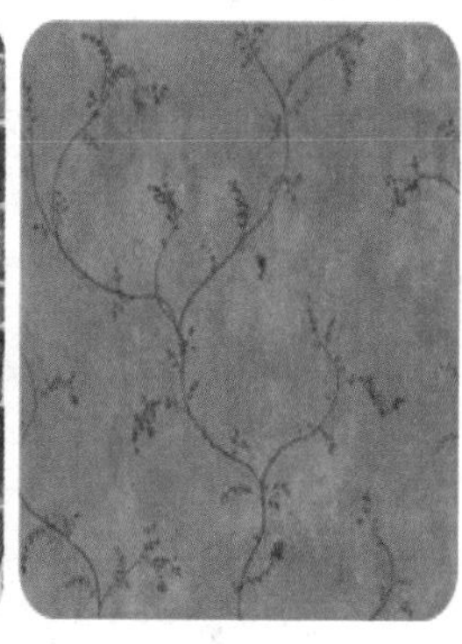

欧点女装是佛罗伦萨经典，而佛罗伦萨又是闻名世界的“花之都”。每一季，设计师漫游佛罗伦萨每一处街道，从绘画和雕塑中汲取灵感，将佛罗伦萨古城的气质、醉人诗意的色调融合在欧点服饰中。

概念分析

通过调查研究发现，服装设计师的作品通常都和他们的作品有着惊人的相似之处，都反映了他们的文化和品位。同时，他们的家对于作品也有着至关重要的影响。

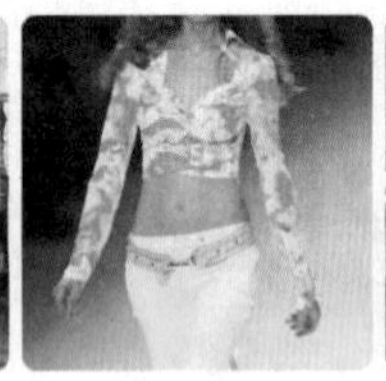

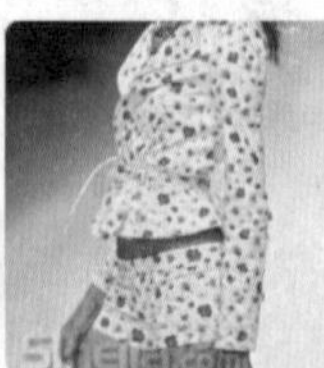

眼光
手绘 色感
艺术
审美
流行
冒险
创意
绘画
个人魅力
DIY
经历
质感
理想
变化
旅行
修养
借鉴

欧点时尚装饰元素

欧点“她和她的亲密约会”——2012夏季时装发布会

2012春装以“园”为主题，将女人的这些甜蜜梦想巧妙地融合到设计细节中，可爱、浪漫的印花与20世纪70年代的波西米亚风格相结合，带来朝气蓬勃的新鲜外观；立体花卉图案装饰，营造出春意盎然的惊艳感观；各种色彩缤纷的长裙，一如灿烂盛开的鲜花，倔强顽强地清扫尘世的沧桑与浮华，终于迎来只属于自己的春天……

实施工艺——感光布料与感光染料

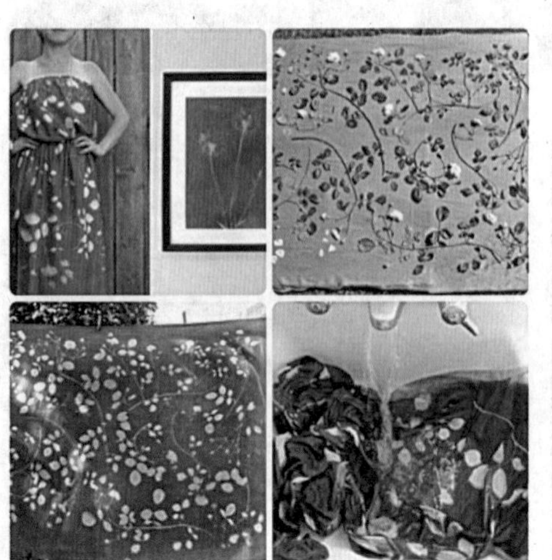

Indokye是Lumi公司推出的一款感光染料。这种染料与一般染料最大的区别在于它受光后才会着色，而且适用于多种材料，因此我们可以利用它将照片印在衣服上，或其他任何物体上。

经过调研，我画出了主人一家在一天中的时间安排表，以及其所对应的空间功能和设想情景。我认为，这是接下来设计的基础。

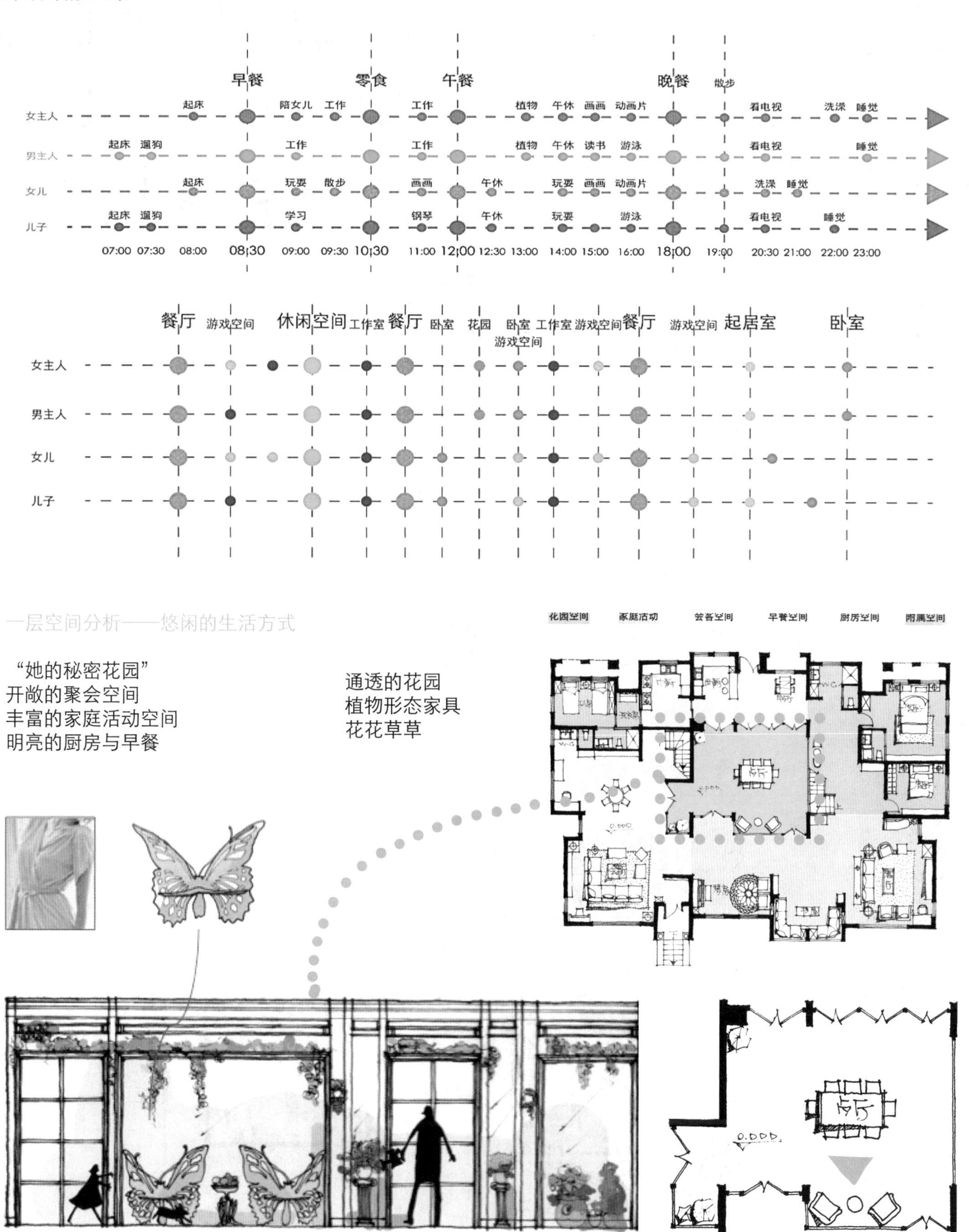

二层空间分析——和谐的家庭氛围

崇尚女性的卧室空间
空间丰富的儿童房
回归自然的阳光房

主卧A立面装饰分析

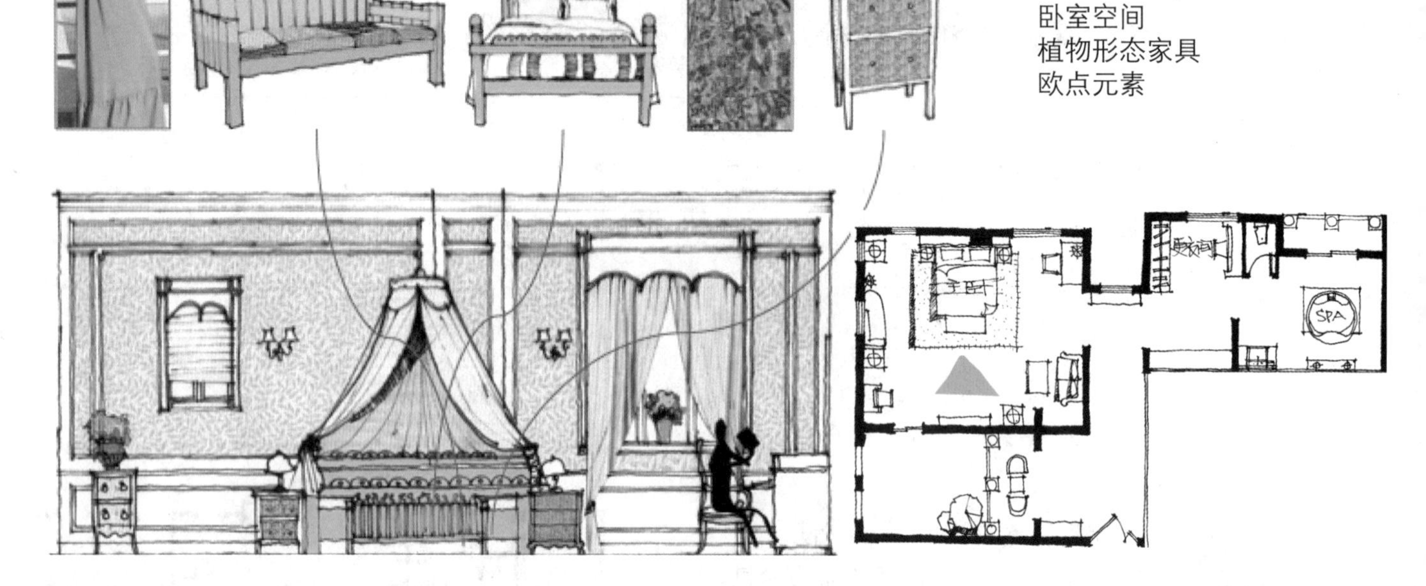

卧室空间
植物形态家具
欧点元素

主卧B立面装饰分析

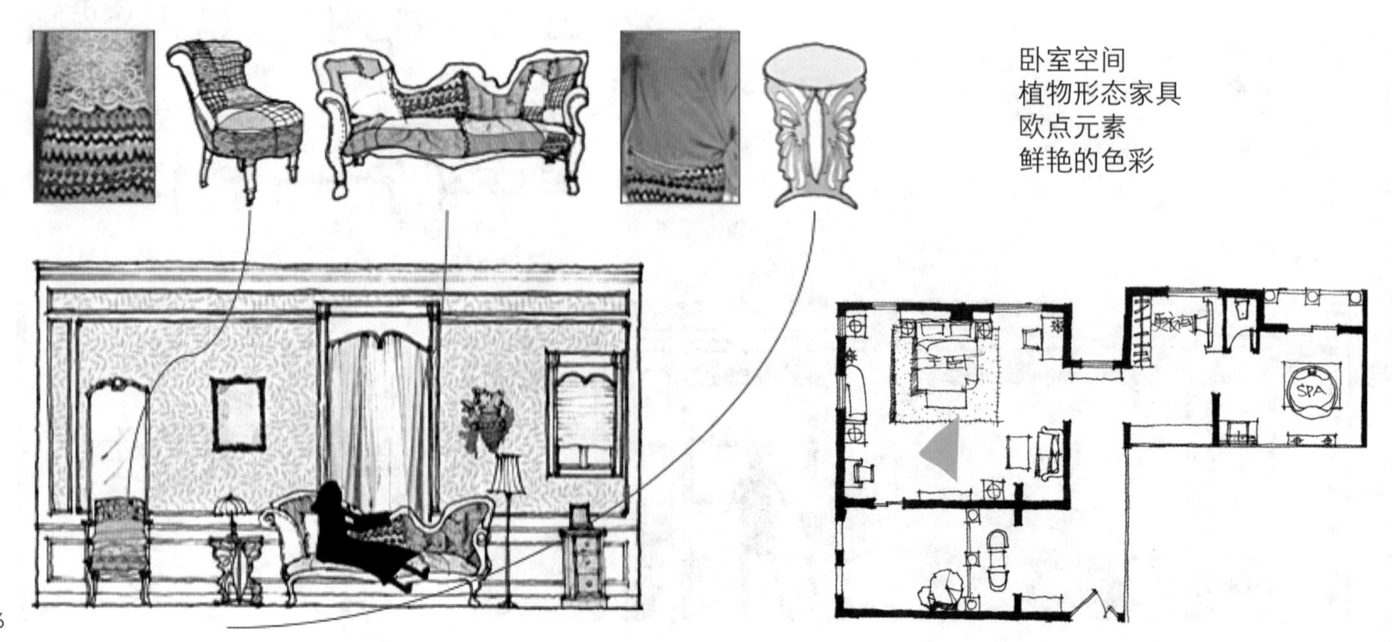

卧室空间
植物形态家具
欧点元素
鲜艳的色彩

主卧C立面装饰分析

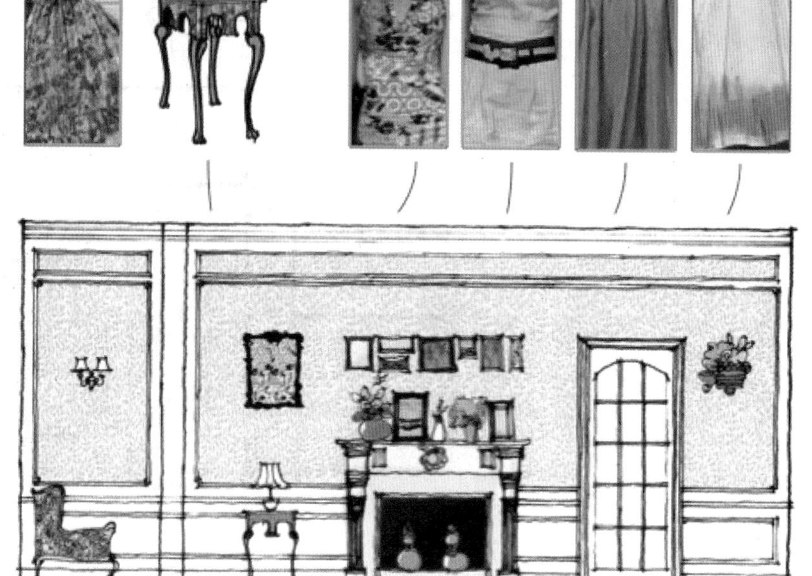

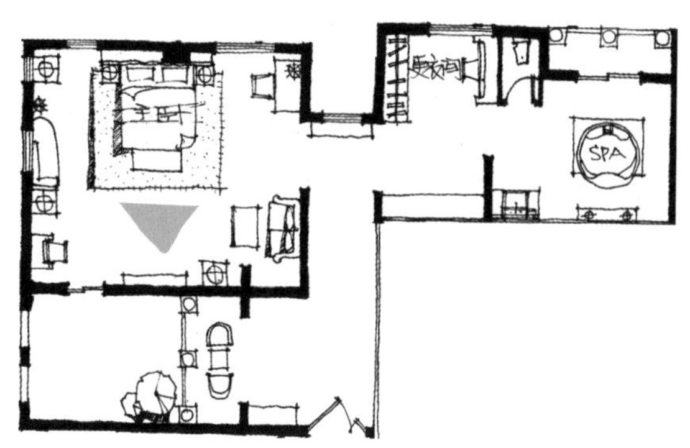

卧室空间
植物形态家具
欧点元素
鲜艳的色彩

主卧更衣室立面装饰分析

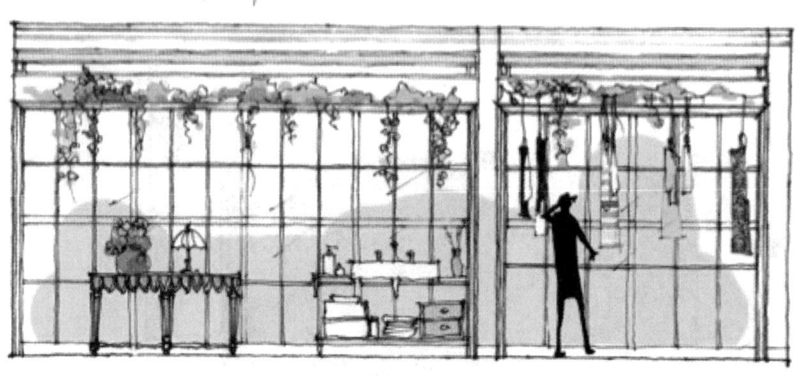

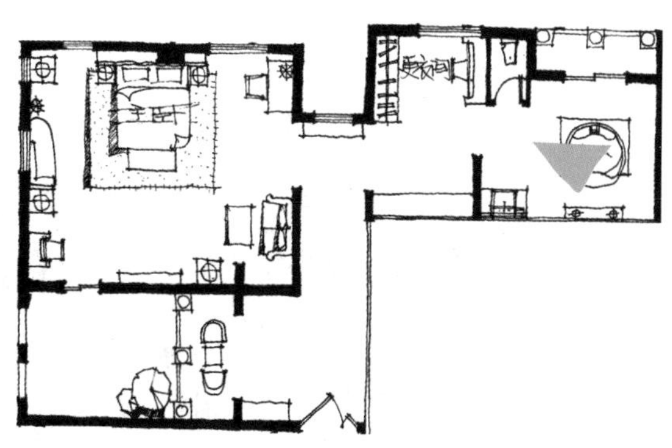

卧室空间
植物形态家具
欧点元素
鲜艳的色彩

儿童房立面装饰分析

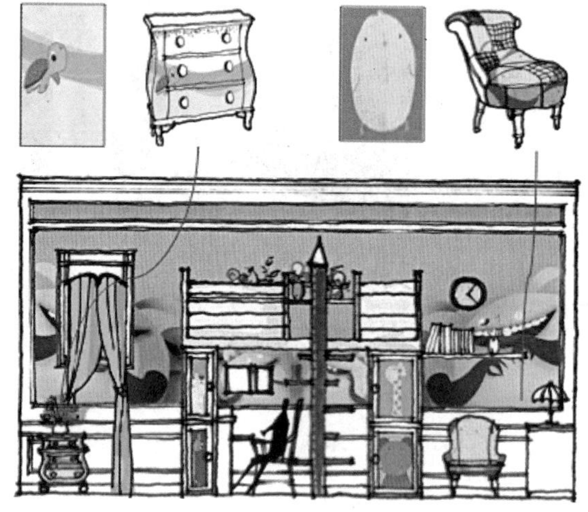

左一：
女孩房
城堡家具
欧点元素
花草壁纸

左二：
男孩房
卡通家具壁纸
欧点元素

地下室空间分析——宽敞幽静的展示空间

完整的展览空间
优雅舒适的品酒空间
宽敞安静的影音室

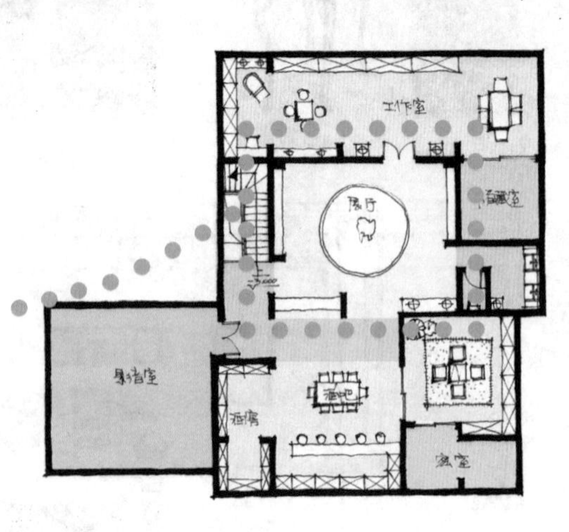

地下室展示空间“叶灯”说明

因为本案的概念叫做“她的秘密花园”，运用到很多的植物元素，因此，考虑到地下室的采光问题，这里设计了一种悬挂在顶棚上的“叶灯”，让参观者和主人都能感受到一种伊甸园一般的静谧和浪漫。

地下室展示空间效果图

一层花园餐厅壁炉细节装饰图

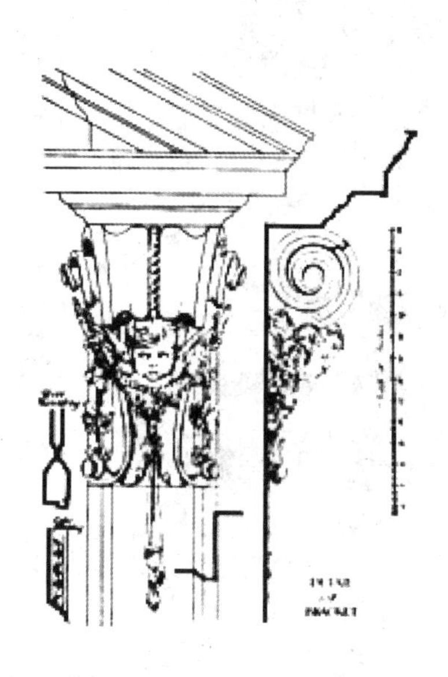

一层花园餐厅灯具细节装饰图

一层花园餐厅空间效果图

设计分析

一层早餐空间效果图

一层会客空间效果图

二层主卧空间效果图

别墅空间中使用的家具

三等奖

三亚亚龙湾产权酒店室内设计

学生姓名：王 伟
责任导师：彭 军
学校名称：
天津美术学院

项目概况

选题地点

该项目位于中国最南端的热带海滨旅游城市海南三亚，周围为一线的海景酒店，西面有高尔夫球场，南邻亚龙湾直通大海，公园仅在咫尺，西北近万亩松林涛声依旧，在交通上，可以到达工业区和住宅区，机场、火车、汽车站40分钟即能到达，通过游艇可以观内湖，欣赏亚龙湾，交通便利，配套完善，位置极佳，是不可复制的旅游度假区，未来开发潜力十分可观。

项目区位

亚龙湾气候温和，这里有蓝色的天空、明媚的阳光、清新的空气、连绵起伏的青山、千姿百态的礁石、原始幽静的红树林、清澈的海水、平静的海湾、洁白细腻的沙滩以及五彩缤纷的海底景观，集海洋、沙滩、绿色、阳光、新鲜空气于一体。

设计理念

定位：该酒店是海南三亚亚龙湾的一个产权式酒店，属于亚龙湾的一个文化缩影。

空间内部定位：

内部空间在满足功能要求的基础上，展现三亚特有的风貌、文化，体现三亚亚龙湾所特有的自然景观和人文情怀。

功能分区：共享空间，餐饮空间，商务空间，休闲空间。

设计说明

1. 注重人文精神、场所精神，利用空间的变换、光影的应用、颜色的搭配、形态的处理、动静空间的结合、新材料的应用，以及注重生态环境的设计。

2. 坚持“以人为本”，充分考虑各种客群的心理、地域文化的差异，有针对性地进行精细化设计与引导，体现无微不至的人文关怀，坚持“资源节约，环境友好”为导向，倡导“低碳，环保”为理念，强调自然通风，亲近自然，创造并引领健康、时尚的生活。

3. 将海南三亚本土的一些地域文化符号进行提炼和概括，运用到室内各个空间的设计中，体现三亚当地的地域文化和人文情怀。

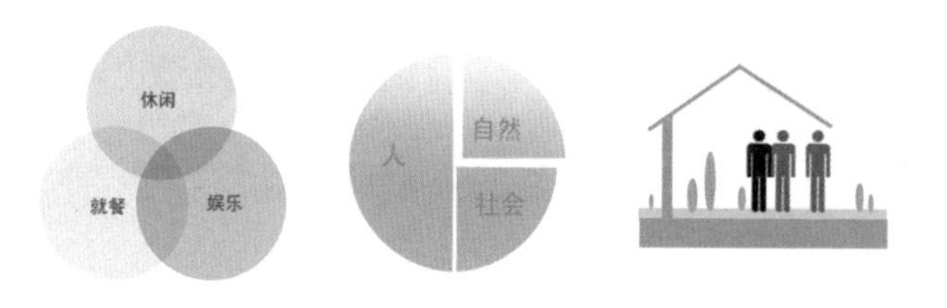

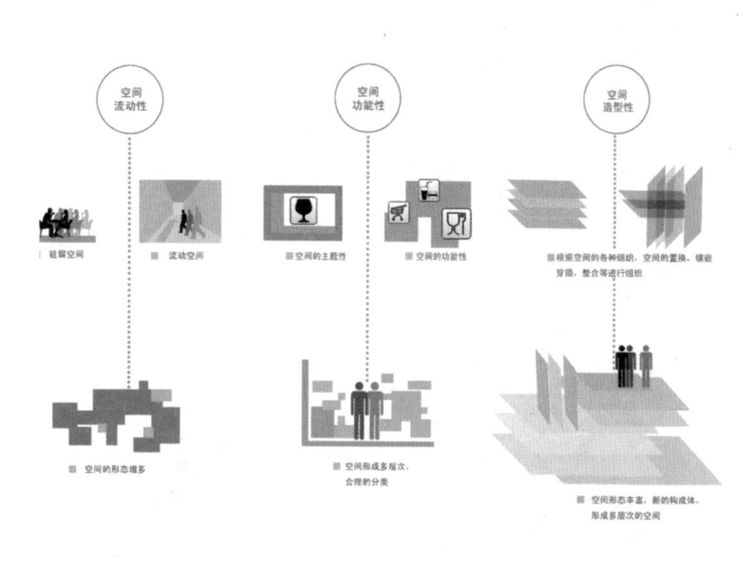

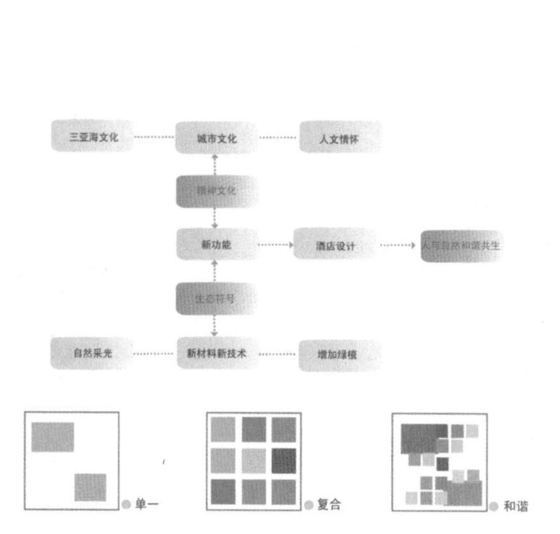

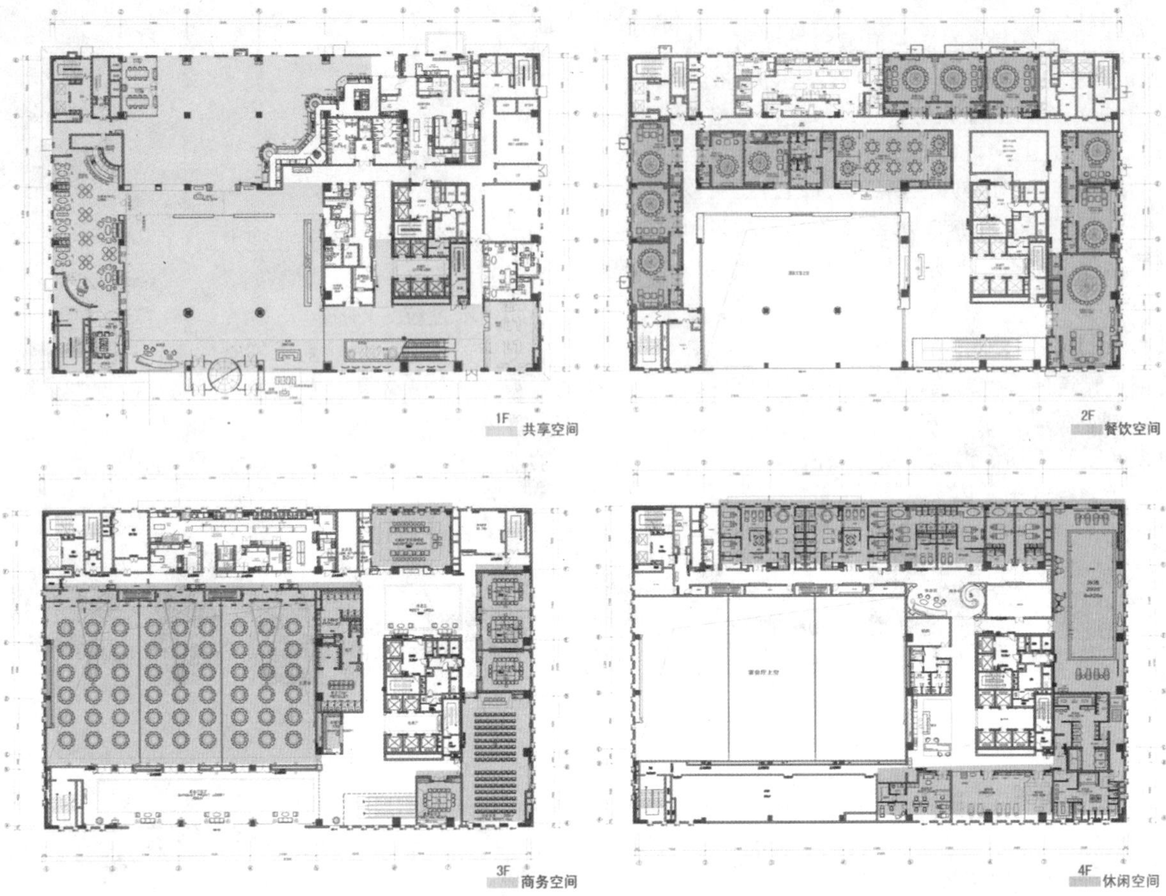

功能分区

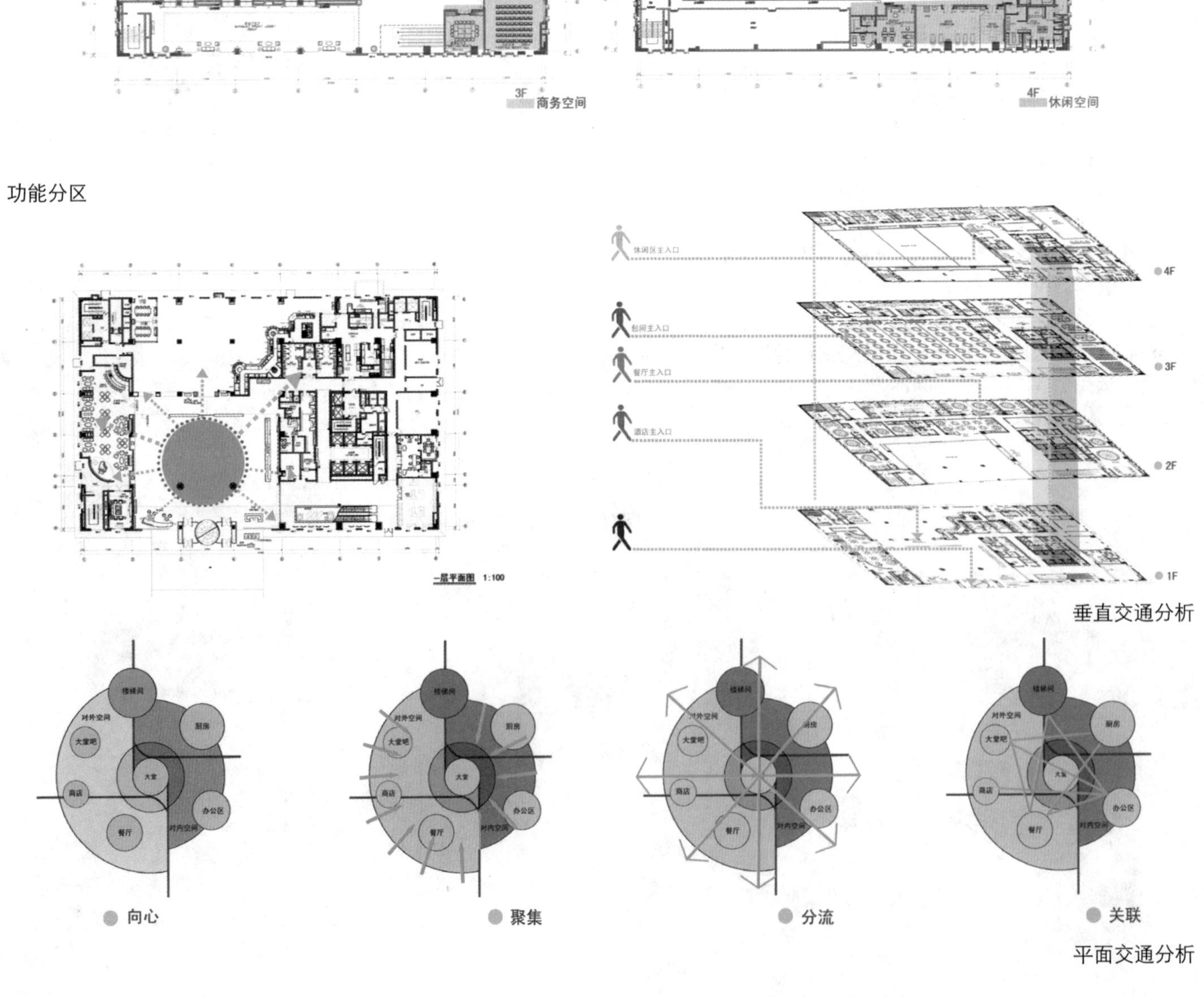

垂直交通分析

平面交通分析

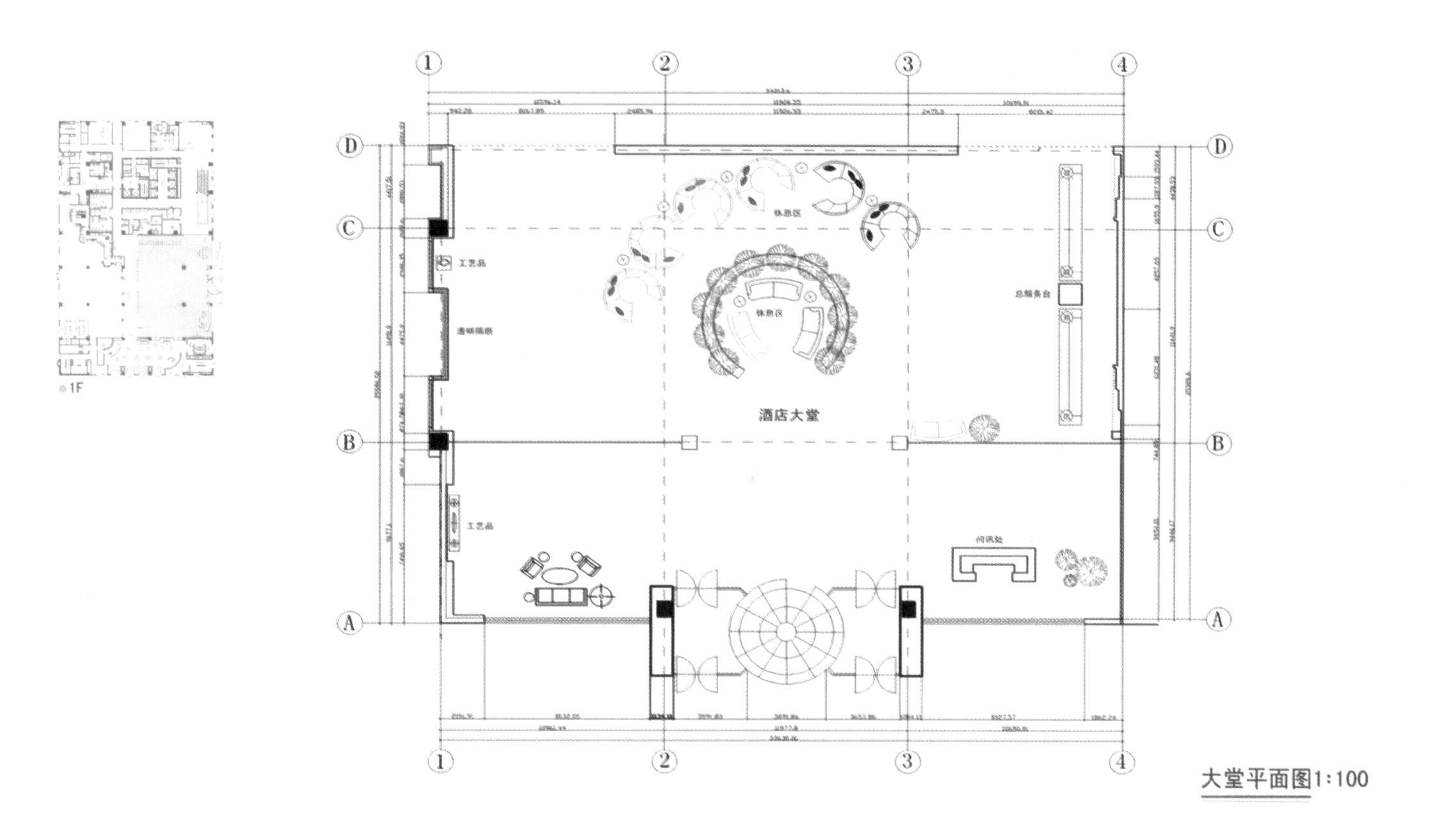

大堂平面图1:100

酒店大堂效果图

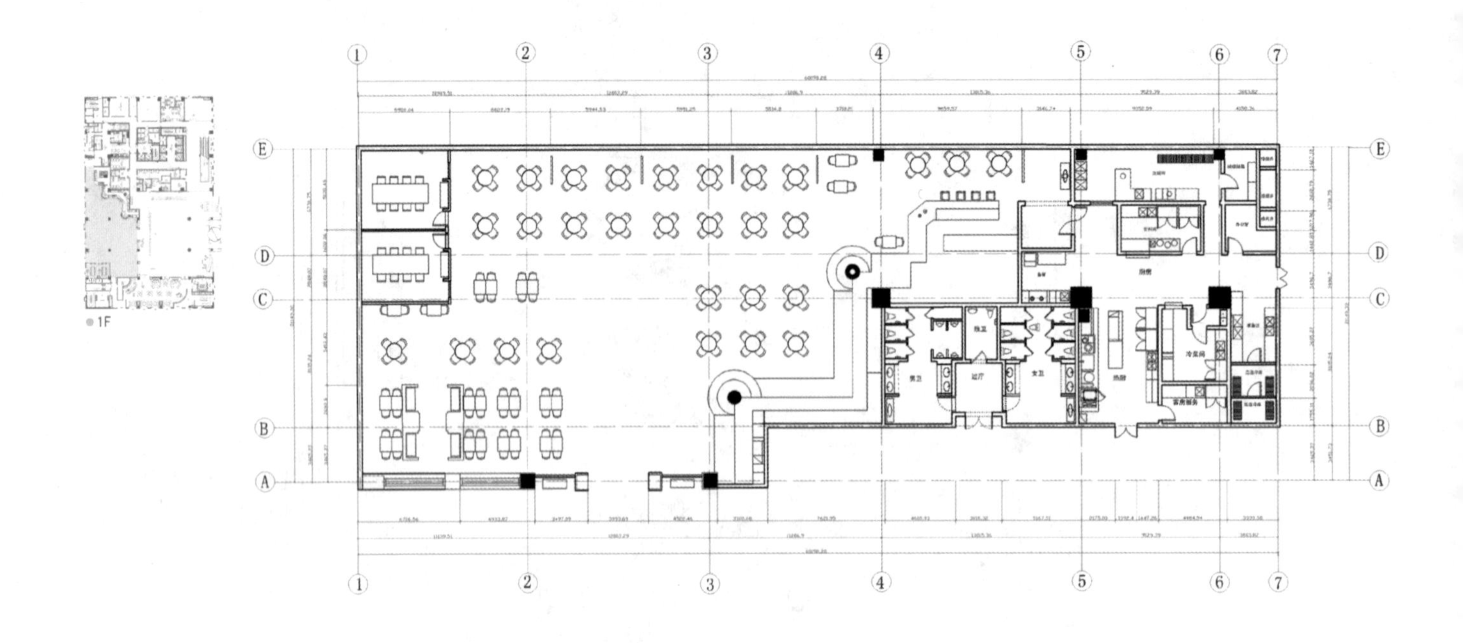

咖啡吧平面图1:100

吧台手绘效果图

咖啡厅效果图

咖啡厅效果图

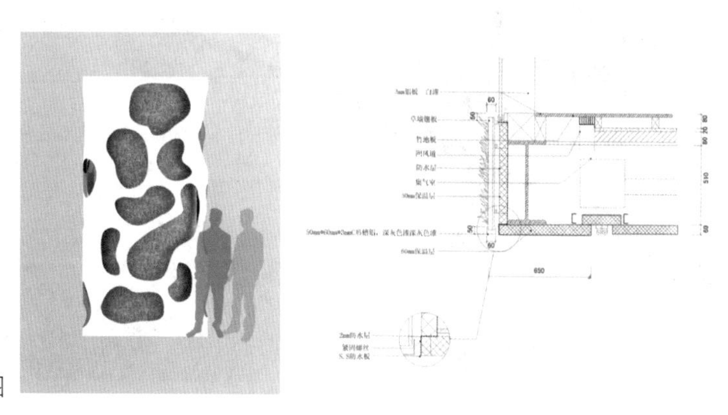

室内节点施工图

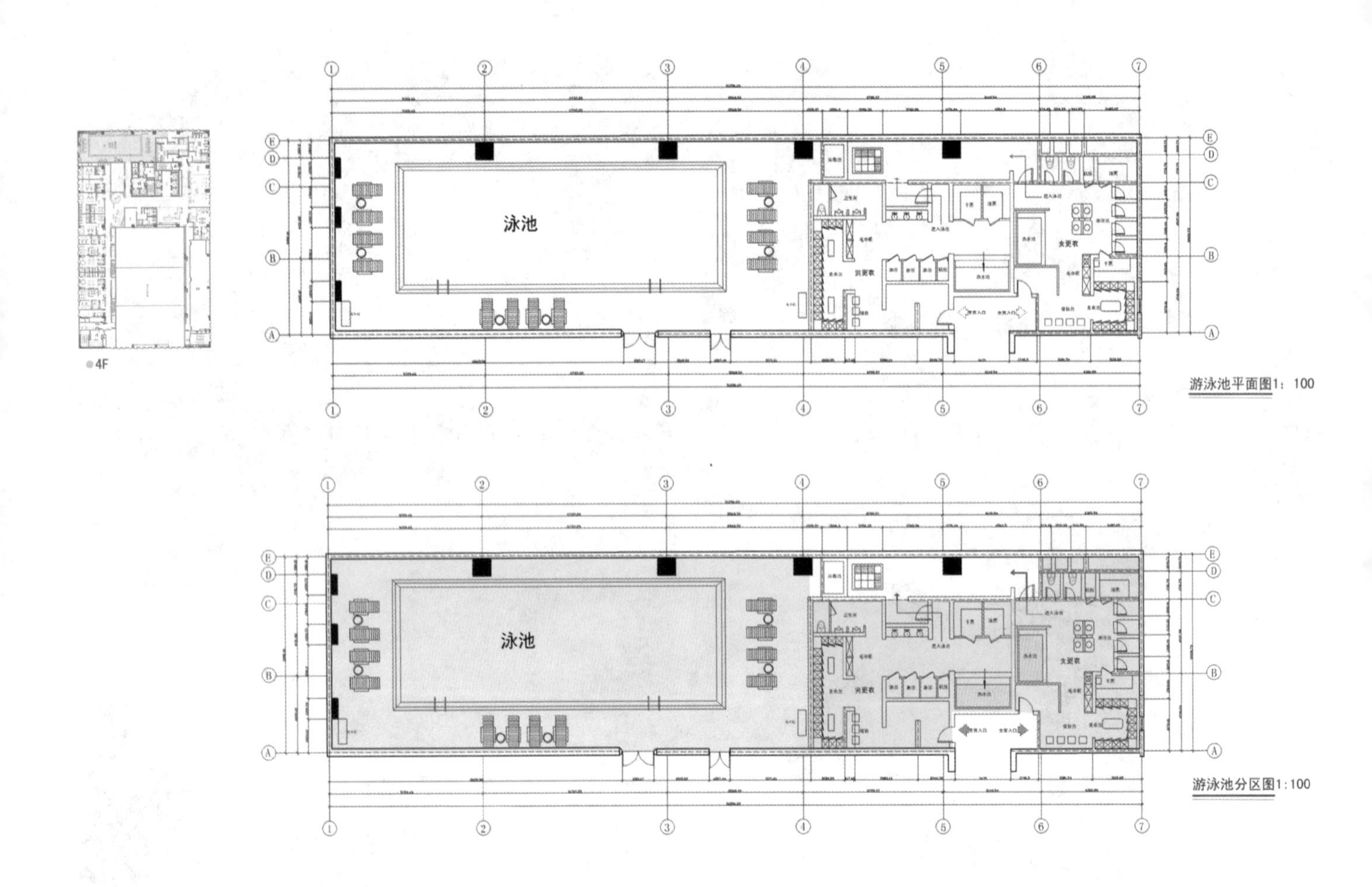

游泳池效果图

标准间效果图

立面图1：100

立面图1：100

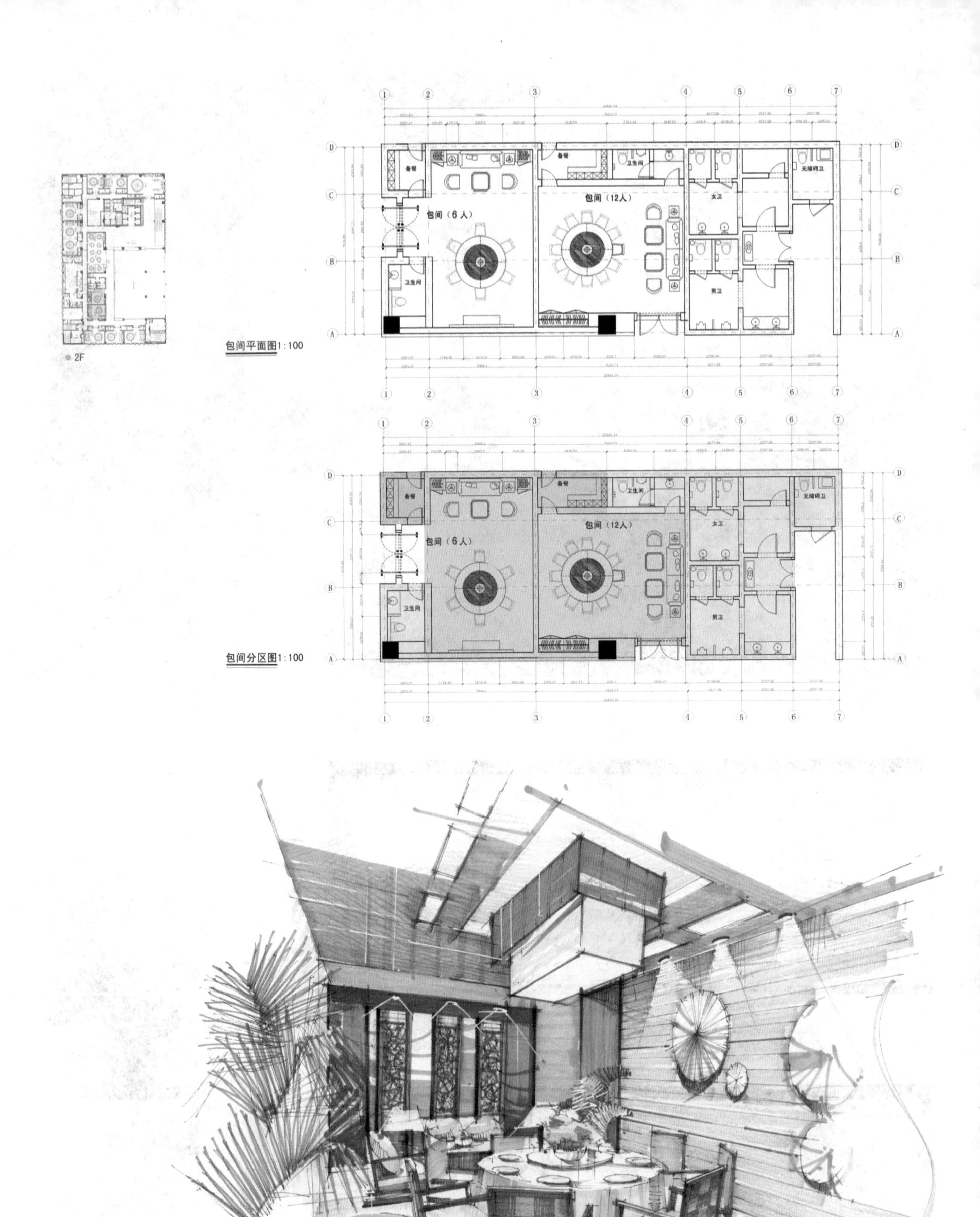

包间效果图

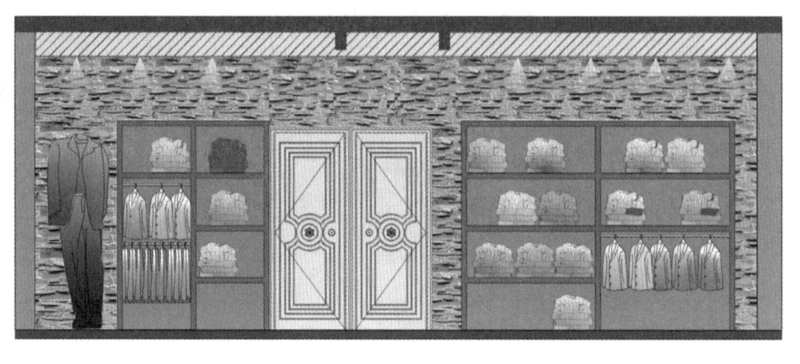

立面图1：100

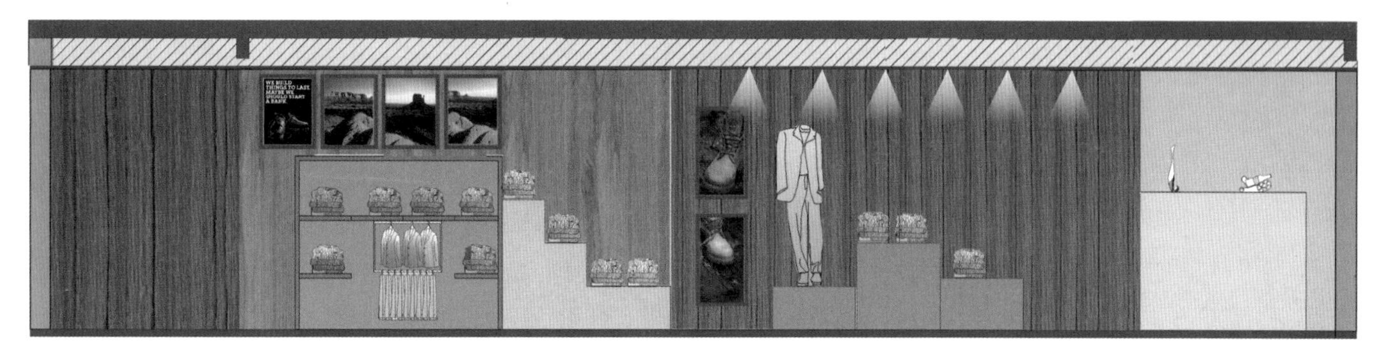

立面图1：100

酒店专卖店效果图

三等奖

辛亥革命纪念馆室内设计

The Museum of The Revolution of 1911.Hunan

——时之刃

学生姓名：周玉香
责任导师：王　琼
学校名称：苏州大学

区位、概念分析

百年前的辛亥革命改变了中国历史的进程，"敢为天下先"的湖南人为挽救中国，为结束帝制，为开创共和，涌现出诸多革命之士，如黄兴、蔡锷、焦达峰、陈作新、禹之谟、陈天华、姚洪业、谭延闿等。作为辛亥革命的重要发源地，湖南在辛亥革命历史上占有十分重要的地位。

三湘四水的灵动多彩，蕴育着激荡冲突型的文化思想，湖南三面环山，一面临水，四塞之地，兵家必争。古人云"深山大泽，实产龙蛇"，不同于黄河流域文化的最大特点就是不追求对称与工稳，而更跳跃、更激情。

本工程位于长沙城东约15km处的长沙县黄兴镇，黄兴故居西北侧的小山丘上。右滨浏阳河，前朝鹿芝岭，四望平畴，阡陌纵横，溪水环之，林木茂密，目前四周环境保留浓郁的农家风格，塘水清澈，家禽成鸣。目前，交通不便，后期规划将形成成熟的景点。

在规划布局上，整个建筑位于黄兴故居后花园的西北角，布局尽量远离黄兴故居，并与黄兴故居后的风水祖山呈围合环抱之势。"L"形的平面布局，将纪念馆的一端伸向前部的入口广场，而另一翼则隐在大众视线之后，两翼之间是出口序列，祖山被围合于其中。

辛亥革命不是温文尔雅的，湖南人的个性也不是内敛含蓄的，代表辛亥革命的应是刀光剑影，代表湖南人的个性则是张扬奔放。

"为天地立心，为生民立命，为往圣继绝学，为万世开太平。"

时代的利刃划下一个时代的终结，划开民族复兴的序幕……

人性力量的表达高于对战争的魄力激烈性的表达。

结合事件精神、人物性格、地理环境选择利剑形态表现人物形象，简化成简单的三角形，完成对英雄们人性力量的表达，它的棱角分明、激烈冲突，符合空间人物个性，有着不随时间流逝而改变的坚韧和执著。

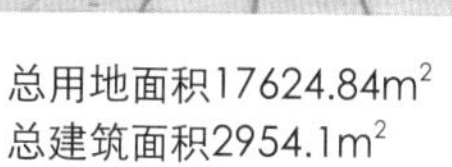

总用地面积17624.84m^2
总建筑面积2954.1m^2

基地和祖山
黄兴故居
民居
田地
水域

陈列方案EXHIBITION PROJECT

定位：辛亥革命湖南人物纪念馆

序厅

1.前言

2.英雄照片陈列

3.墙面浮雕

4.文抄：若道中华国果亡，除非湖南人尽死。——杨 度

无公则无民国，有史必有斯人。——章太炎

……（黄兴诗文及其他）

第一展厅 困顿时势

1.展板形式

2.场景展示

3.投影展示

(清末腐败时局、苦难民生)

第二展厅 赤血乾坤

1.展板形式

2.场景展示

3.投影展示

(革命运动)

第三展厅 铁血群雄

人物群雕

多媒体厅 英雄千古

投影形式

（人物生平回顾）

屋顶祭奠 英雄永祭

碑文

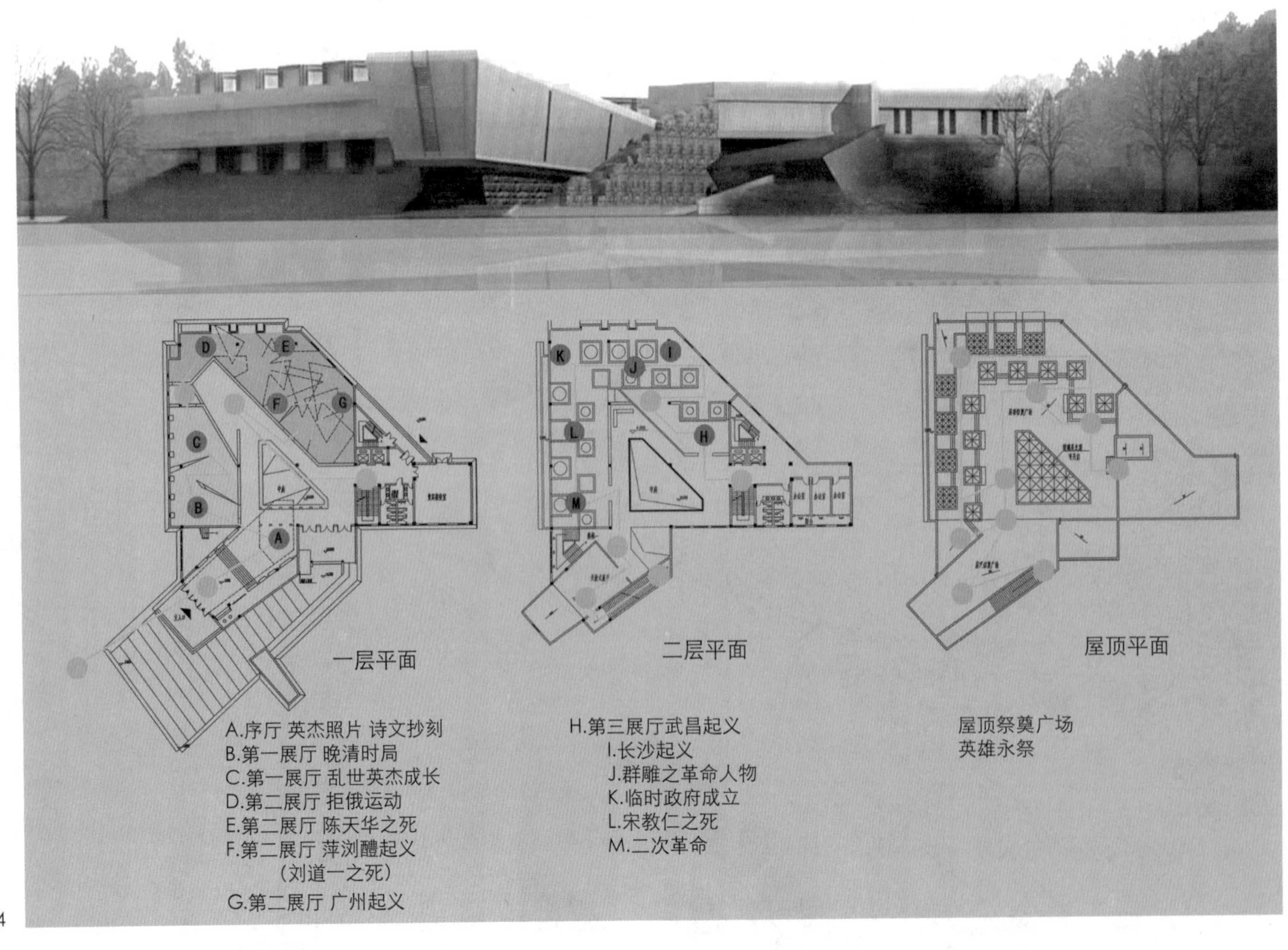

A.序厅 英杰照片 诗文抄刻
B.第一展厅 晚清时局
C.第一展厅 乱世英杰成长
D.第二展厅 拒俄运动
E.第二展厅 陈天华之死
F.第二展厅 萍浏醴起义
（刘道一之死）
G.第二展厅 广州起义

H.第三展厅武昌起义
I.长沙起义
J.群雕之革命人物
K.临时政府成立
L.宋教仁之死
M.二次革命

屋顶祭奠广场
英雄永祭

序厅PREFACE HALL

序厅是整个展陈空间的灵魂，是奠定展厅整体艺术基调的空间。
在纪念馆中，我们如何才能感知那些未曾经历的事情，了解那些不曾遇见的人？单纯的叙述不能让参观者产生精神共鸣。在这里，跨越百年时光，让观众成为历史的目击者……
超越表现，无限映像，关联时空，序厅从入口开始，利用镜面不锈钢形成序列构架，人物行走间，映射出神态行为，过去的历史人物以图文形式蚀刻在墙面及构架上，形成与现实的交流，虚实结合是历史与现实的时空置换。

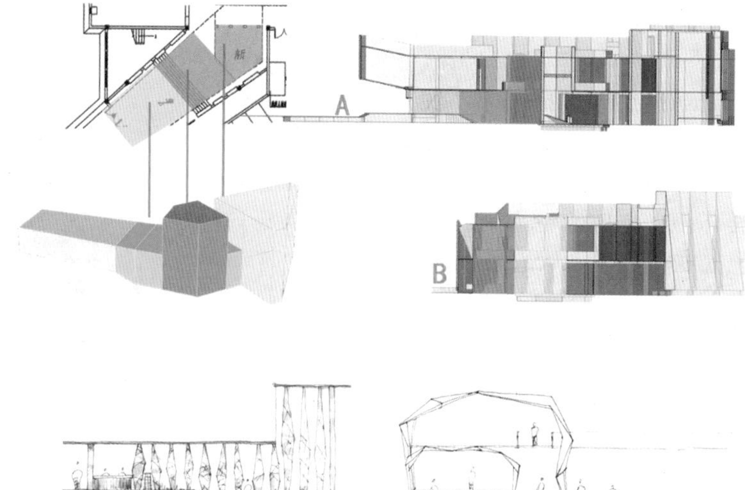

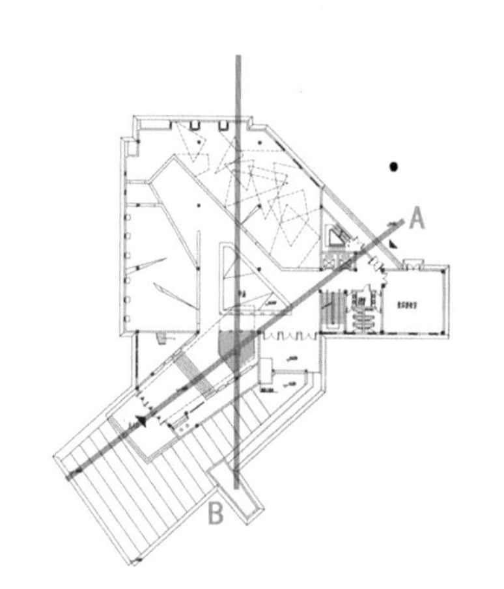

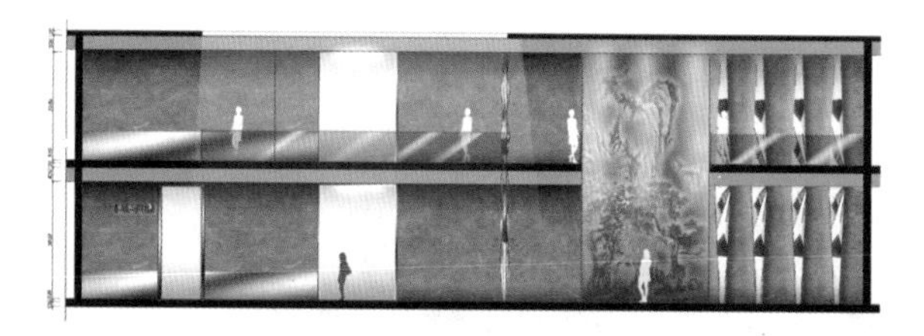

岳麓山作为“辛亥山”，承载着烈士英魂，序厅墙面浮雕以岳麓山为原型设计，突出人物敢为天下先的英雄主义情怀，奠定空间的陈列主题。

序厅效果B

第一展厅HALL ONE
——困顿时势

晚清动荡腐败的时局下，民众生活于水深火热之中，战战兢兢，如履薄冰。第一展厅旨在表现辛亥革命背景，人物成长环境，人物思想基础，为之后空间体现人物性格埋下伏笔。

空间重点着眼于人们经常忽略的地面，采用裂纹形式，给参观者心理暗示，让观众更好地融入环境，体验辛亥革命背景及英雄人物活动环境。

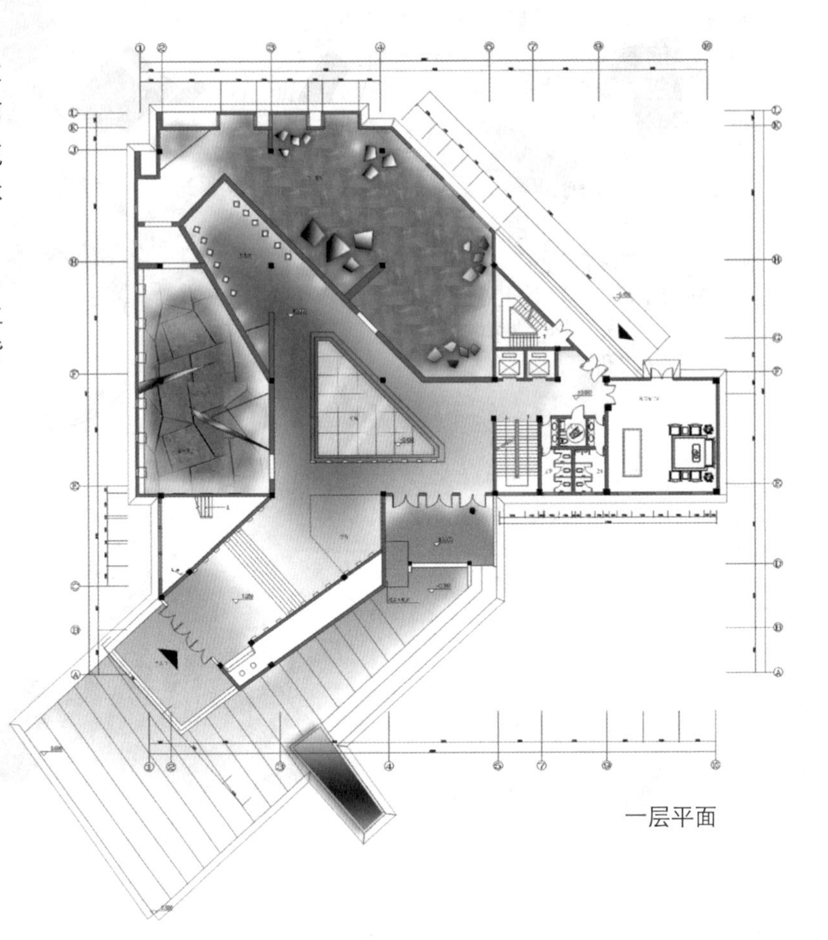

一层平面

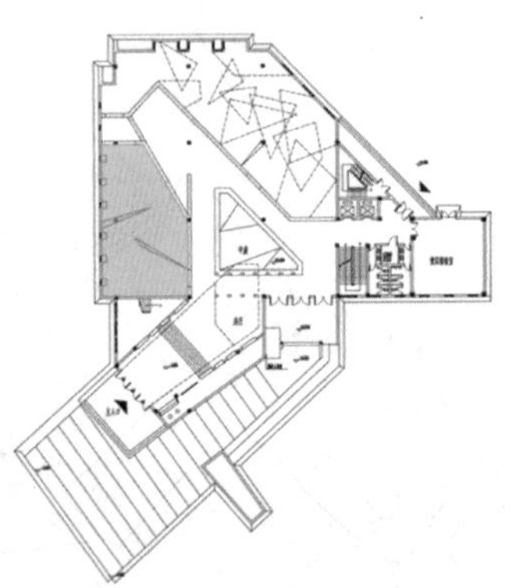

立面A

立面B

第二展厅HALL TWO
——赤血乾坤

"破碎神州几劫灰，群雄角逐不胜哀。何当一假云中守，拟绝天骄牧马来。"黄兴曾作诗感叹家国不幸，呼唤救国雄才。

第二展厅主题为赤血乾坤，革命已经萌芽，英雄人物开始登上历史舞台，革命之火四起，革命英雄如利刃直逼时局，划下腐败的终结，拉开复兴的序幕。

第二展厅延续第一展厅元素，由破碎腐朽的时局转变为英雄破空的英气，空间内部的装置是实体意义上的展台，也是隐喻意义上的利刃之矢，以革命实践为线索，模数化排列，厅内采用声、光、电相关技术，以电子化（LED、EL）展示为主，辅助实物展示。

空间内采用石材、金属及红色钢化玻璃，其中红色钢化玻璃应用于墙体下部1200mm段，实现内外参观者的互动，同时呼应展厅"赤血乾坤"的主题，感受英雄热血的情怀。

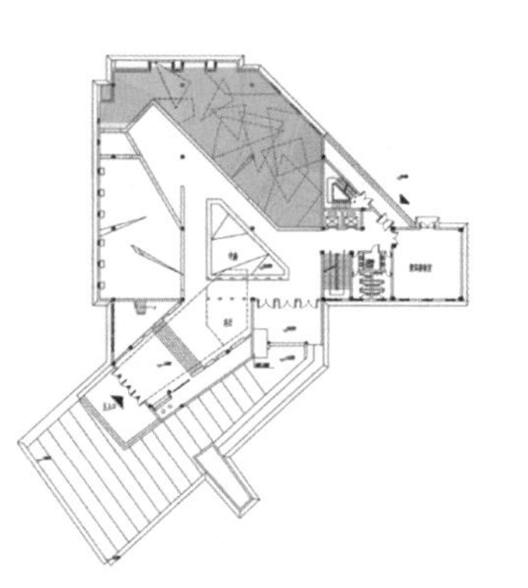

平面（厅一）

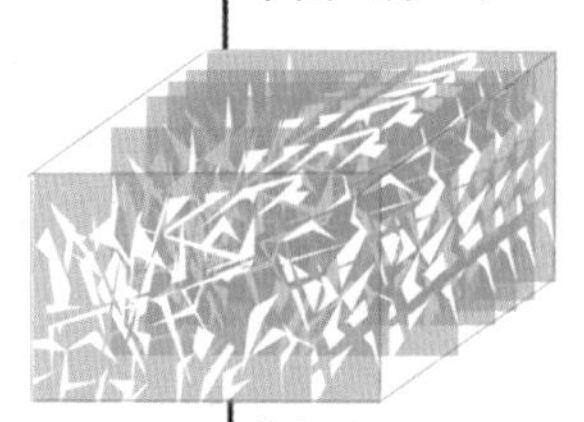

空间化

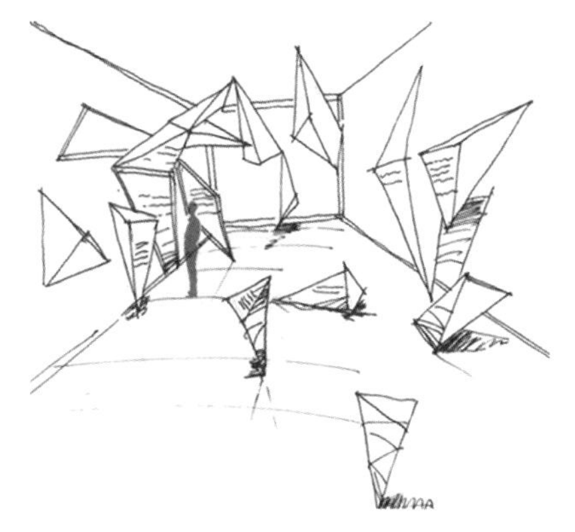

空间概念

第二展厅效果

历史的枷锁
现实的束缚

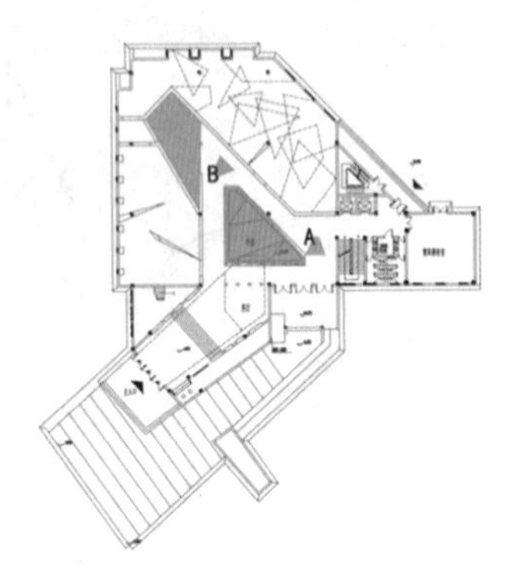

三角形中庭空间上对应天窗，可根据需要开启，自然光的引入，让室内沐浴于柔和自然的光环境中，同时将人们的视线引向天际，在感受到革命的艰辛、英雄的壮举之后，体验革命带来的希望之光。
中庭地面作下沉处理，铺设透明钢化玻璃，结合屋顶天窗，参观者穿过中庭可感受顶天立地的情怀。

中庭效果

彩立A

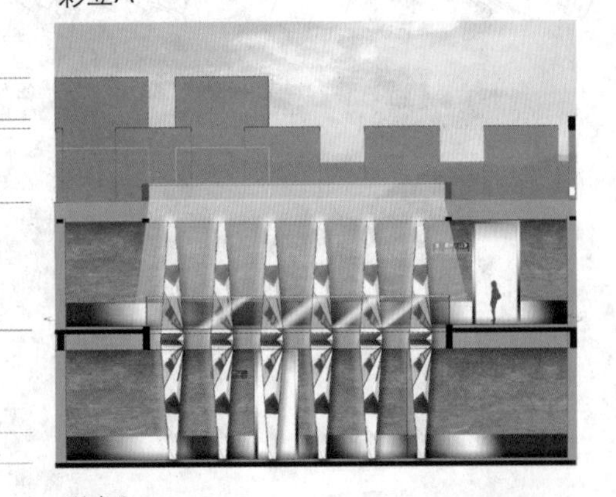

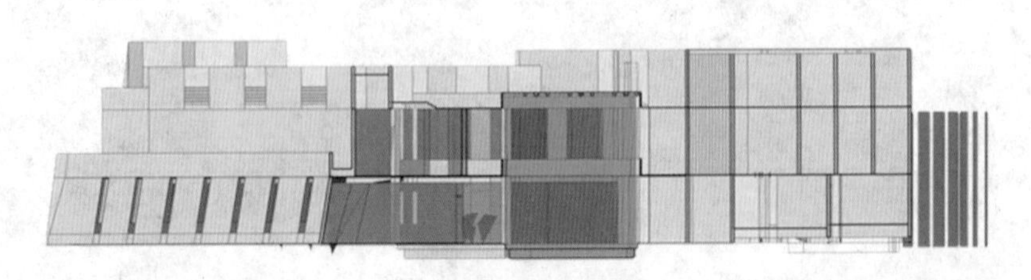

彩立B

过渡空间主要是环中庭区域的走廊空间，中庭的自然光环境及序厅内构架的序列延伸，造成过渡空间明亮通透的效果，所有环中庭的墙面下部都采用红色钢化玻璃，使整个空间贯通一气，观众在二层过渡空间能看到序厅浮雕墙的不同高度，虽是过渡空间，但并未脱离展厅，观众参观未因空间转变而切断。

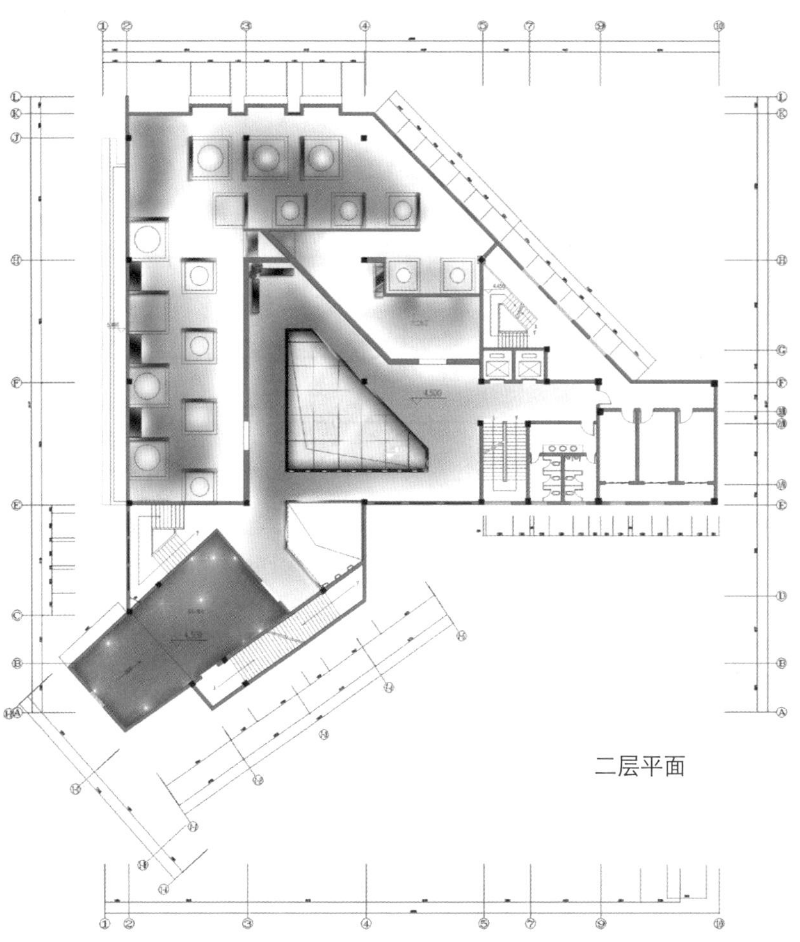

二层平面

过渡空间效果

第三展厅HALL THREE
——铁血群雄

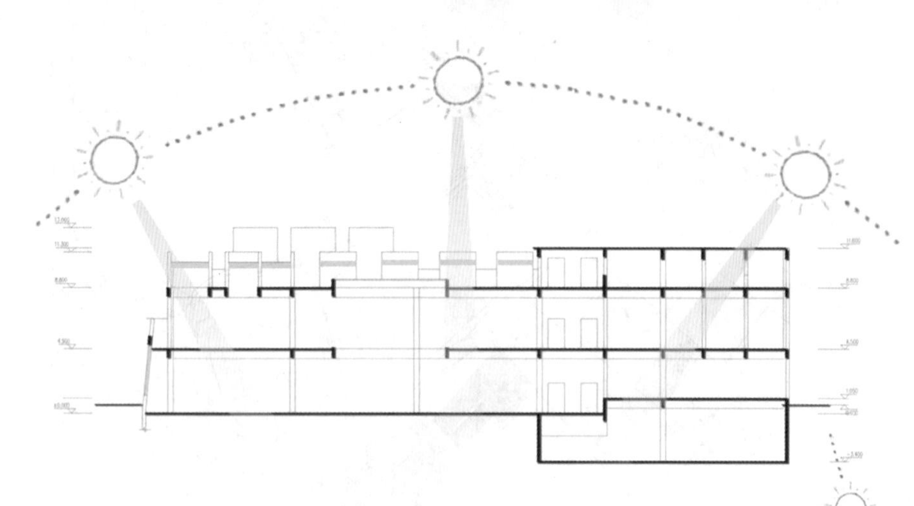

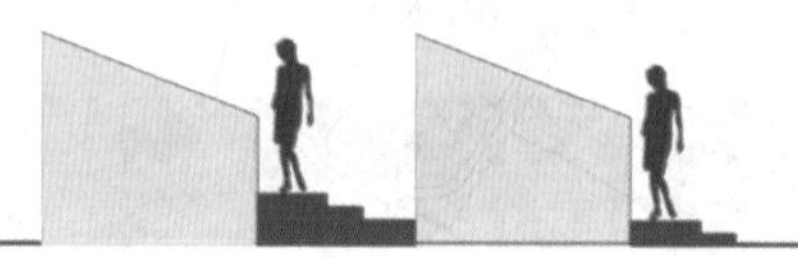

日照分析

天光在纪念性建筑中的应用最成功的案例当归公元2世纪建成的万神庙，光线从其顶部直径8.9m的圆洞倾泻而下，好像苍天之目，加强了庙内的神圣气氛。本设计中建筑除中庭大天窗外还有数个小天窗，将二层空间与屋顶丰碑融合，结合自然光分析，将顶面丰碑斜切处理，使自然光线更好地进入室内，设计中利用天窗，作一组人物群雕。

第三展厅效果

多媒体厅MULTIMEDIA HALL
——英雄千古

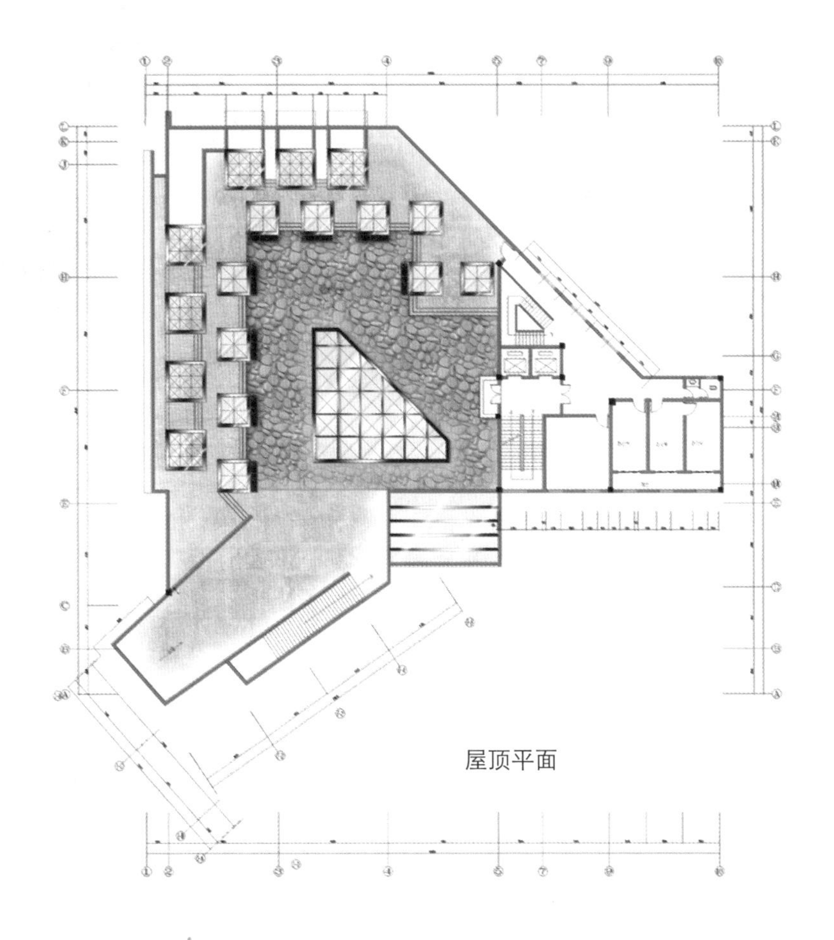

屋顶平面

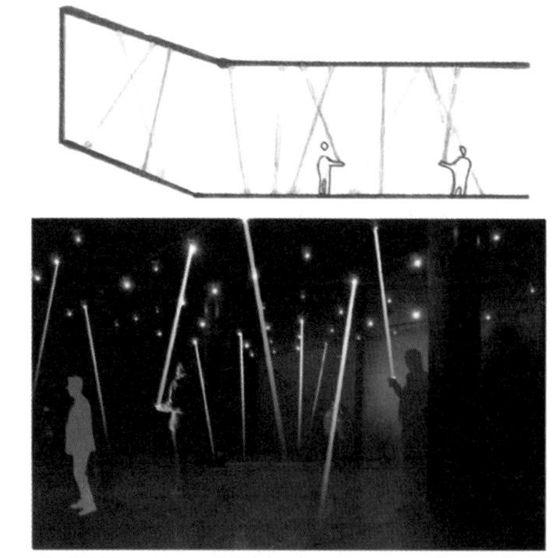

多媒体厅同时兼作报告厅，作为多媒体展示厅时，嵌入墙面及屋顶的投影机投射人物图文资料，参观者走过，伸出手可截住投射的光，他会看到手中流动的历史。

屋顶丰碑对应第三展厅雕塑人物，观众步上台阶可俯视厅三里的群雕。

屋顶祭奠广场PLAZA ON THE ROOF
——英雄永寂

三等奖

基于胶囊理念的集约型旅馆设计

Intensive Hotel Design Based on Capsule Hotel

学生姓名：朱　燕
责任导师：王　琼
学校名称：苏州大学

LOCAL SITUATIONT 基地状况

苏州素来以水闻名，水是苏州的灵魂，苏州因水而灵动。
曾经有人这样说过，还没有来苏州的时候，以为的苏州是这样的，苏州城内水系交错，这样的古城内的交通或许是摇船或者是响着铃的三轮车。
古时的记忆越来越远，而那颗溯源的心却越发浓厚。
胶囊公寓的产生是人们对时间（即上下班路程时间）和空间（最小空间）的最大化利用。
基于这一理念，分析国内情况：许多空间闲置，如废弃的厂房。
提出设想：闲置空间再利用，在此基础之上再对空间最大化使用。

后勤
卫生
接待
公共休闲区
周边
设施

资源优化利用——THIS HOTEL

苏州古城以护城河环绕，护城河沿支流与运河相通，连接太湖、金鸡湖、独墅湖与石湖。水边分布各个景点。

周边景点
码头

基地性质 BASE ATTRIBUTION

古时苏州的水上交通使苏州的水上分布多个码头，现如今码头闲置，这些水面在平面上可看做平面基地资源，创造漂浮在水上的移动式旅馆设计。

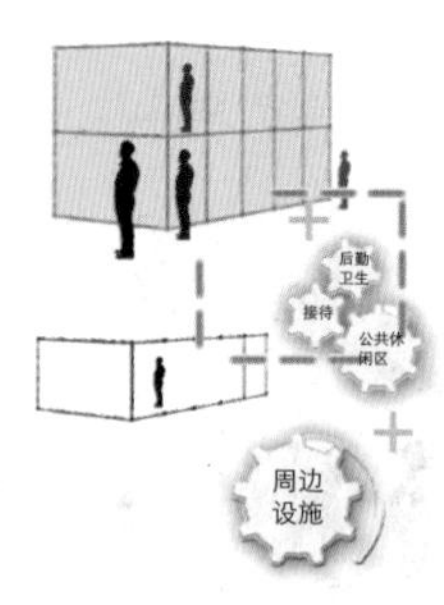

—THIS HOTEL

SINGLE BOX 建筑单体——外形

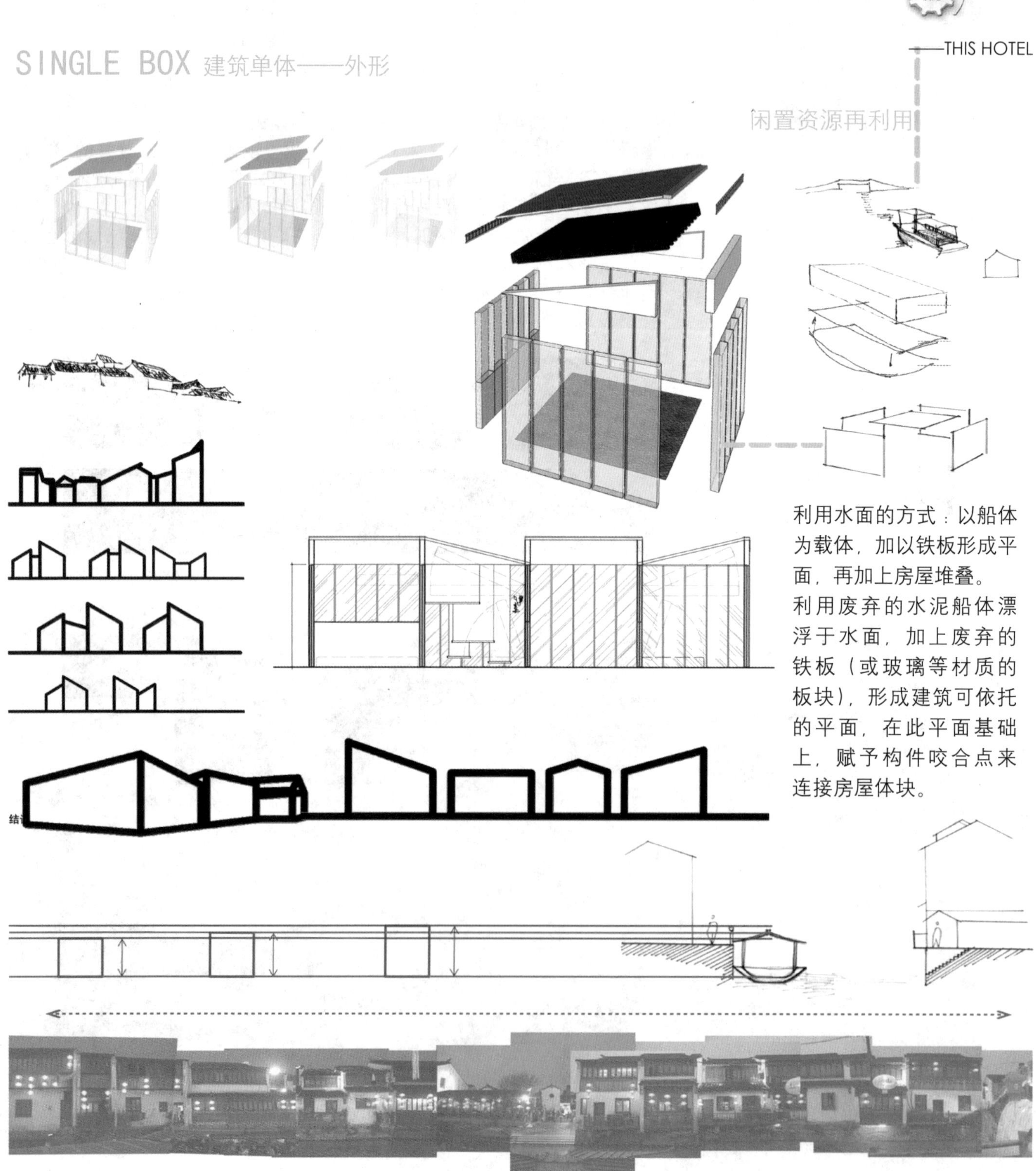

利用水面的方式：以船体为载体，加以铁板形成平面，再加上房屋堆叠。

利用废弃的水泥船体漂浮于水面，加上废弃的铁板（或玻璃等材质的板块），形成建筑可依托的平面，在此平面基础上，赋予构件咬合点来连接房屋体块。

SINGLE BOX 建筑单体 ——变化之墙体多样性

周边设施

——THIS HOTEL

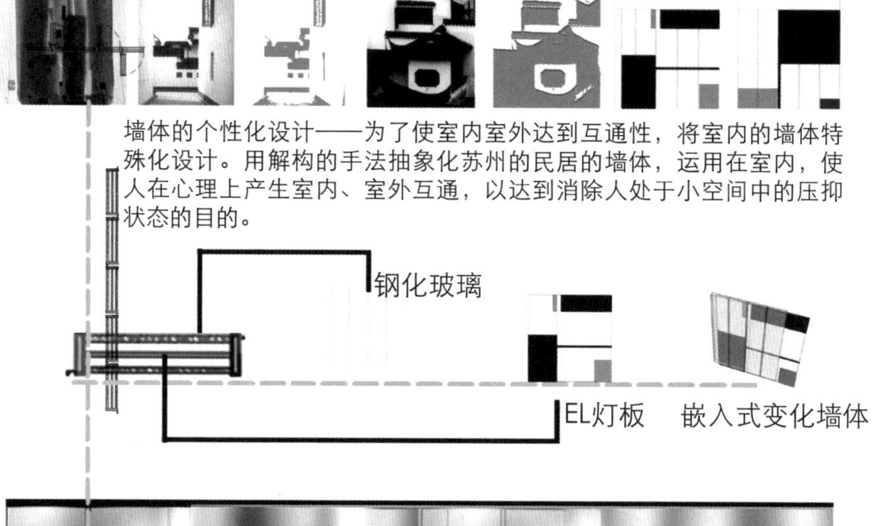

嵌入式变化墙体

材质变化

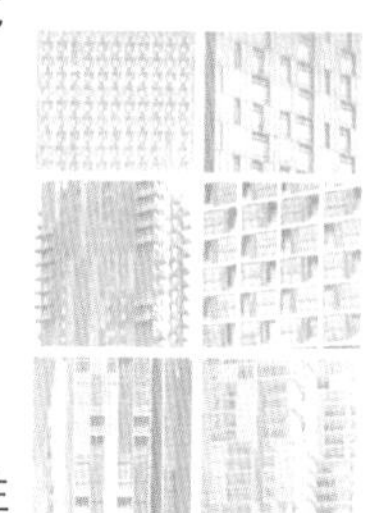

变化多样性

规则造型

奇异造型

光色变化

材质纹理变化

SINGLE BOX 建筑单体 ——变化之墙体收纳折叠

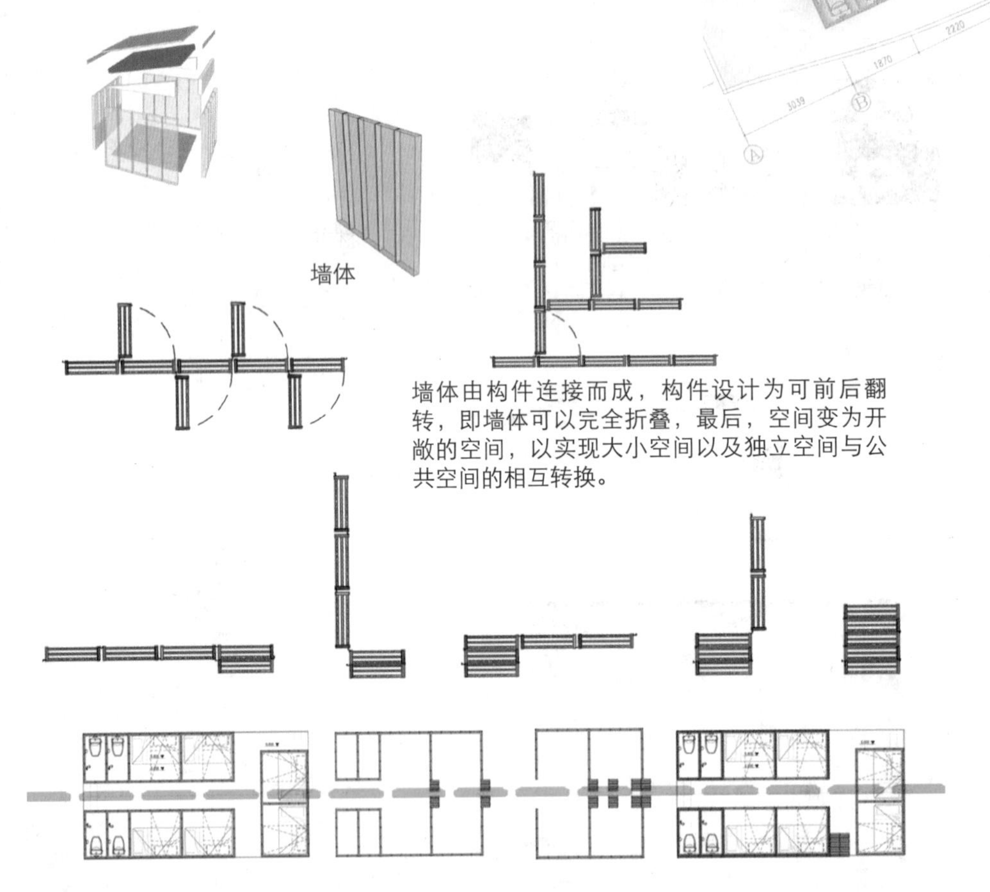

墙体由构件连接而成，构件设计为可前后翻转，即墙体可以完全折叠，最后，空间变为开敞的空间，以实现大小空间以及独立空间与公共空间的相互转换。

走道

从走道转换为开敞空间

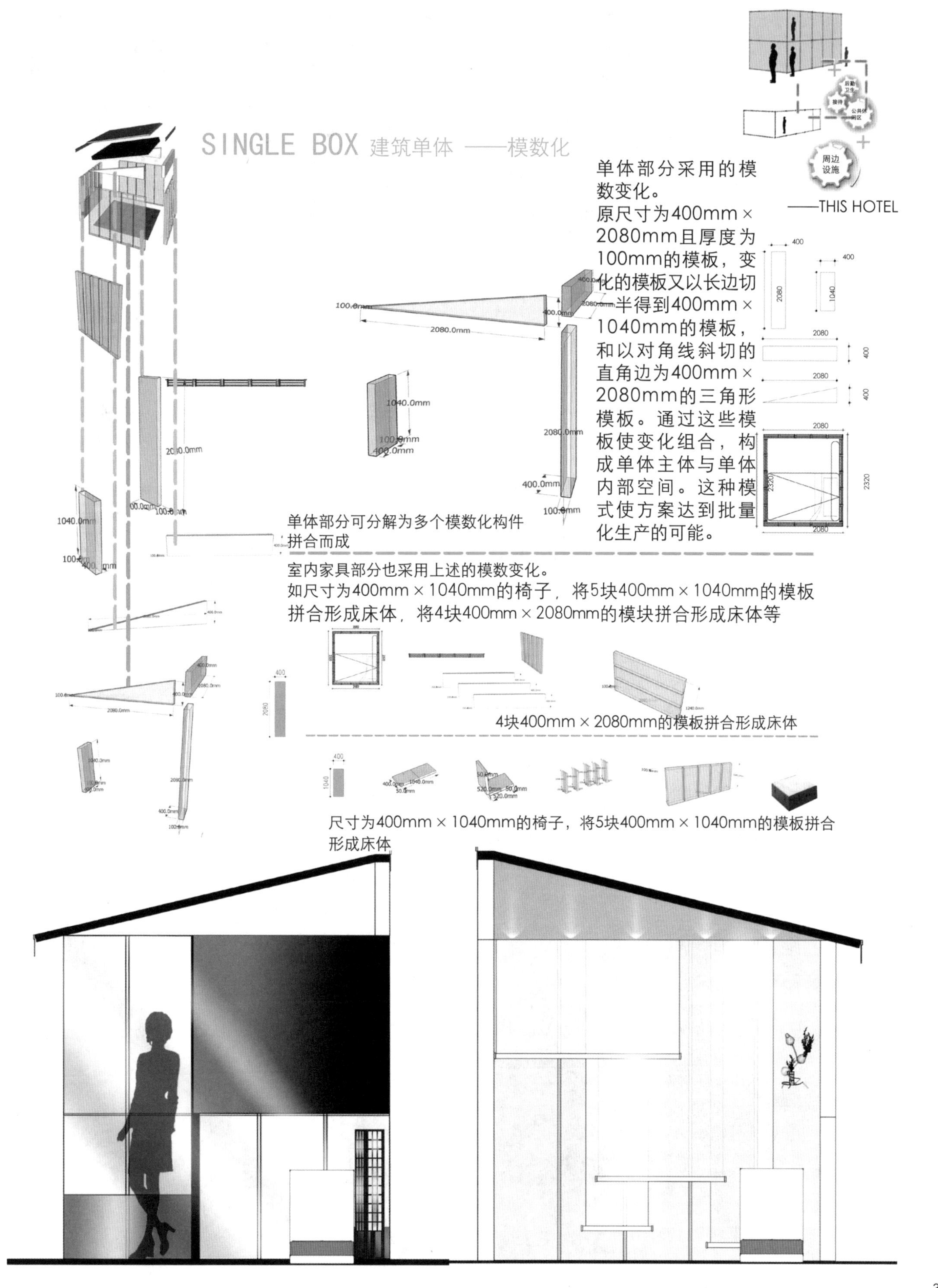
SINGLE BOX 建筑单体 ——模数化
——THIS HOTEL
单体部分采用的模数变化。
原尺寸为400mm×2080mm且厚度为100mm的模板，变化的模板又以长边切一半得到400mm×1040mm的模板，和以对角线斜切的直角边为400mm×2080mm的三角形模板。通过这些模板使变化组合，构成单体主体与单体内部空间。这种模式使方案达到批量化生产的可能。
单体部分可分解为多个模数化构件拼合而成
室内家具部分也采用上述的模数变化。
如尺寸为400mm×1040mm的椅子，将5块400mm×1040mm的模板拼合形成床体，将4块400mm×2080mm的模块拼合形成床体等
4块400mm×2080mm的模板拼合形成床体
尺寸为400mm×1040mm的椅子，将5块400mm×1040mm的模板拼合形成床体
周边设施
2080.0mm
1040.0mm
400.0mm
100.0mm

单体内部室内

SINGLE BOX MANY BOXES 建筑单体——内部功能

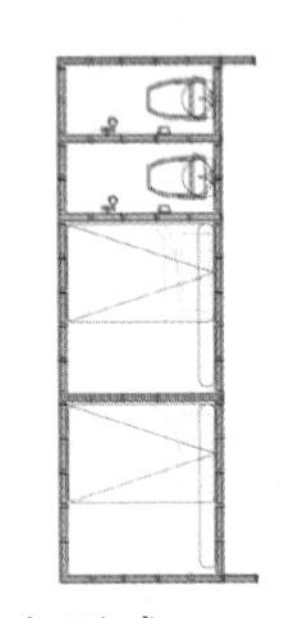

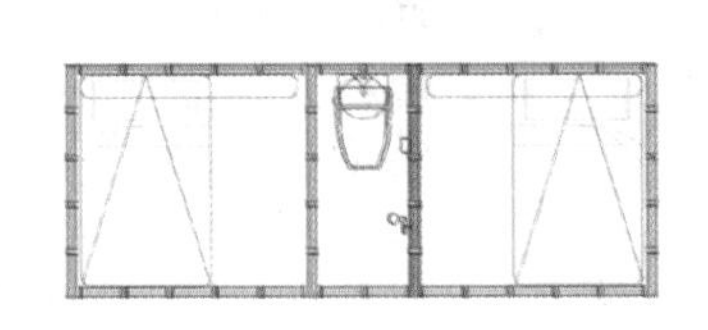

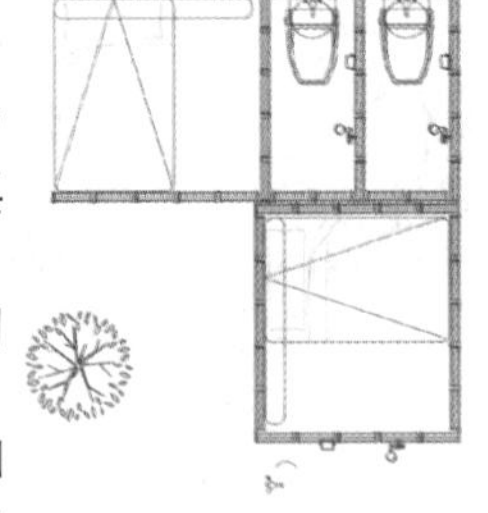

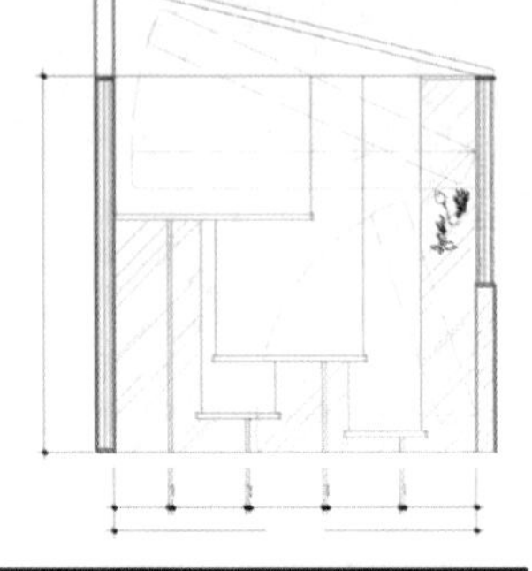

单体内部的床的折叠与收纳

单体的组合形式

独立单体的连外墙尺寸为2080mm×2320mm(其中模板的尺寸为400mm×2080mm，连接模板的构件的宽度为20mm)。

单体与单体的组合采用串联和并联两种方式。同时，在独立单体连接中，加入卫生间作为串联体。

卫生间为两个400mm×2080mm的模板拼合的空间，连外墙尺寸为1060mm×2320mm，正好可以与独立单体拼合。

单体内部的床的折叠与收纳

MANY BOXES
资源优化利用——漂浮建筑

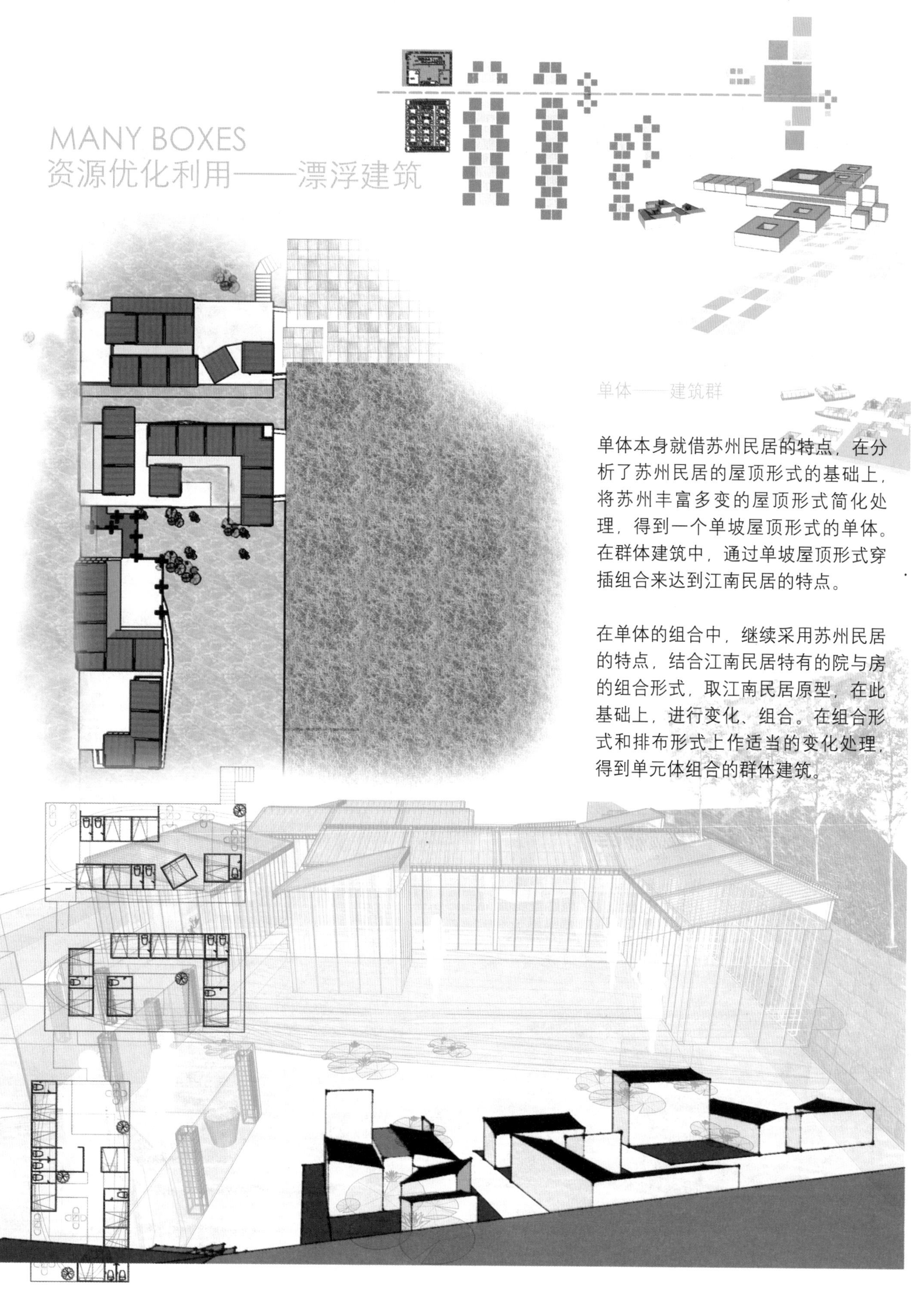

单体——建筑群

单体本身就借苏州民居的特点，在分析了苏州民居的屋顶形式的基础上，将苏州丰富多变的屋顶形式简化处理，得到一个单坡屋顶形式的单体。在群体建筑中，通过单坡屋顶形式穿插组合来达到江南民居的特点。

在单体的组合中，继续采用苏州民居的特点，结合江南民居特有的院与房的组合形式，取江南民居原型，在此基础上，进行变化、组合。在组合形式和排布形式上作适当的变化处理，得到单元体组合的群体建筑。

MOVING移动性

方案中单元体盒子为独立单体，将单体堆叠于船上，形成独立船体。

独立的船体也可以扩展利用。将船体看成是独立单元，类似单元单体一样，可以聚落式稳定排布，也可以独立或成批移动。

船体自身所具有的移动性使单体盒子也具有移动性，同时这样的旅馆又增加了交通工具的功能性。

用途扩展

方案中单体的独立性使其用途得到扩展。不论是在以水面为基地的废弃的船体上还是空旷的陆地，单体都能适应。并且通过单体的不同组合，可以得到不同的组合方式，即得到不同的建筑群形式，以符合各个地区及人群的使用。

另外，独立的船体也可以扩展利用。将船体看成是独立单元，类似单元单体一样，除了在水面上之外，空旷的陆地和楼顶都可以成为出现船体单元的地方。利用船体本身所具有的内凹的容纳空间，可以将两个房间的位置置换为水池，以达到在楼顶以及没有水池的地方有比较容易出现水池的可能。

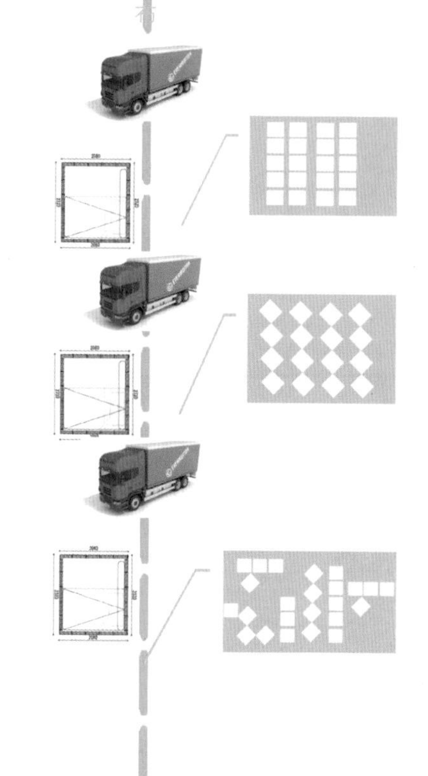

屋顶空间的应用

三等奖

蝉言

——基于胶囊理念的集约型旅馆设计

True Essence of Nature Capsule Hotel Design

学生姓名：王　瑞

责任导师：王　琼

学校名称：苏州大学

胶囊旅馆历史发展及现状：

胶囊旅馆，出现于20世纪70年代，最初由日本建筑家黑川纪章设计。当时的“胶囊”单体是一个约为1m×1m×2m，用以满足人的休息、工作、起居等功能需求的盒体。目前，日本各个县市都有胶囊旅馆，规模小的约有50个，大的多达700个，其中以2009年新开张的9H HOTEL为其中的精品。之后，纽约的YOTEL、俄罗斯的SLEEP BOX、奥地利的管道旅馆等纷纷出现，丰富了胶囊旅馆的个性。国内近几年在上海、北京、昆明、安徽（芜湖）、济南等地也新兴了一些胶囊旅馆，但大都因为消防安全问题而昙花一现。

中国城市化的发展，城市半径的扩大，造成大城市圈的人居问题不断升级，甚至已经影响到了城市的发展进程。在国内，大都市圈的住房需求跟用地紧张度在一定意义上接近了日本的规模，在一些公共场所人口聚集滞留现象严重。

设计根据目前国内城市化的进程所带来的问题进行人居单体——“胶囊”的设计研究。通过对“胶囊”理念的设计定位及深入探究，制定一套本土化，符合中国的基本国情，同时又是一个工业化强度很高的“胶囊旅馆”。

这是对于新型城市空间的探索设计，它是一个工业化、单元化、自助化、高密度且具有本土特色的可变性人居单体，符合城市化发展需求。

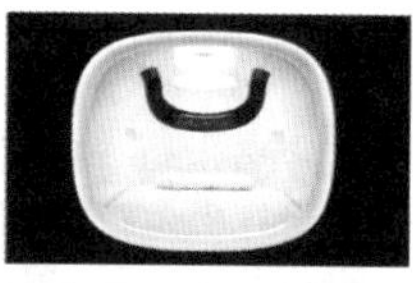

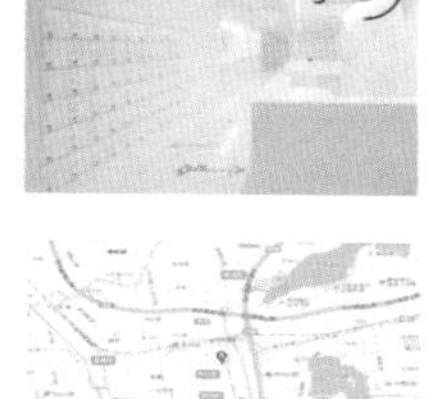

日本9H

“胶囊旅馆”优势

节约型文化；
在浓缩的空间中满足人的住宿需求；
充分利用有限空间和资源；
符合社会发展趋势。

单体可移动
这是“胶囊”区别于快捷酒店和其他商务酒店的最大优势。

纽约YOTEL

和房车不同，胶囊单体可叠加、可移动，会形成多种组合方式，适应不同的基地要求。

充分利用闲置资源

此次设计基地选取考虑苏州废弃厂房、京杭运河沿岸空地、废弃船只等，使得闲置资源得以循环利用。

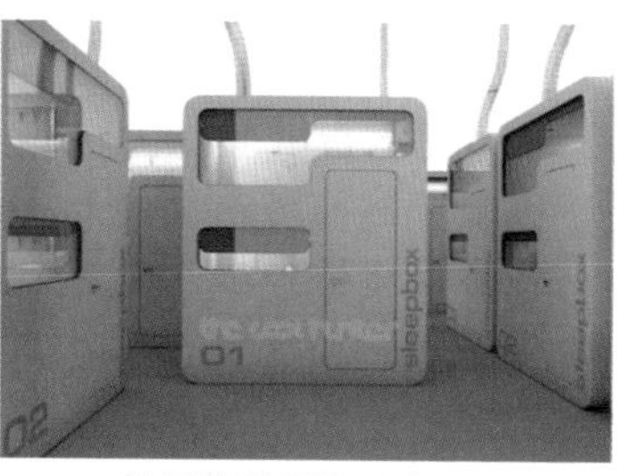

俄罗斯SLEEP BOX

国内现存“胶囊旅馆”存在的问题：

空气流通不好，开换气窗又会形成噪声；
单体密度较大，采光不充分；
隔声效果不理想；
安全问题；
消防安全问题；
室内尺度不能满足人的行为及心理需求。

此次胶囊旅馆设计在兼顾“胶囊”经济快捷的基础上，适当增大空间尺度，来满足人们心理对空间的需求，同时对居住单元体搭接方式的设计、空间界面的处理，以及空间内部各设备尺寸的调整，使小的空间有一定的“呼吸作用”，进而提高空间的舒适度。

胶囊旅馆虽然20世纪已经成形并在全国范围内风靡，但现有的“胶囊”大多因为空气流通、消防安全等问题影响宾客睡眠，而大量胶囊单体的叠加又加剧了城市化的呆板表情。如何针对以上这些问题改进旧“胶囊”，运用适当的方法，将生态绿化融入其中，同时体现低碳环保的理念和本土文化特色，最终使其成为城市纵向发展的模式，是本次设计的重点。

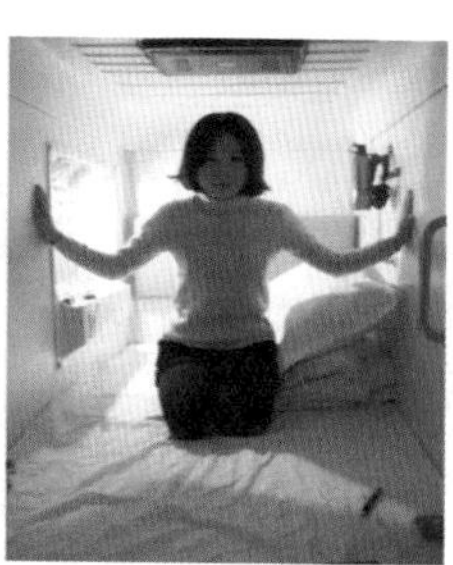

苏州——

水墨江南　园林之城

苏州航拍卫星地图

苏州素来以山水秀丽、园林典雅
而闻名天下，有“江南园林
甲天下，苏州园林甲江南”的美称
又因其小桥流水人家的
水乡古城特色
而有“东方威尼斯”
“东方水都”之称
现今的苏州已成为
“城中有园”、“园中有城”
山、水、城、林、园、镇为一体
古典与现代完美结合
古韵今风融为一体的现代化都市

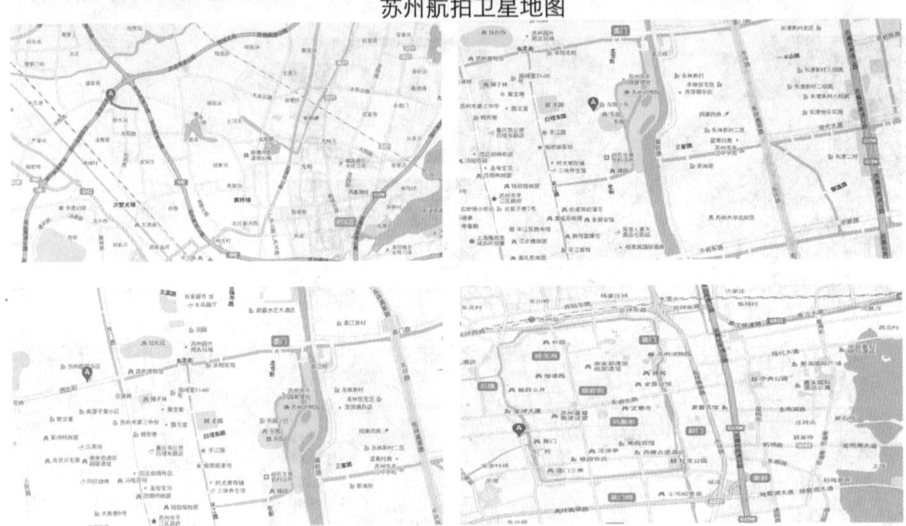

苏州废弃厂房遗址分布

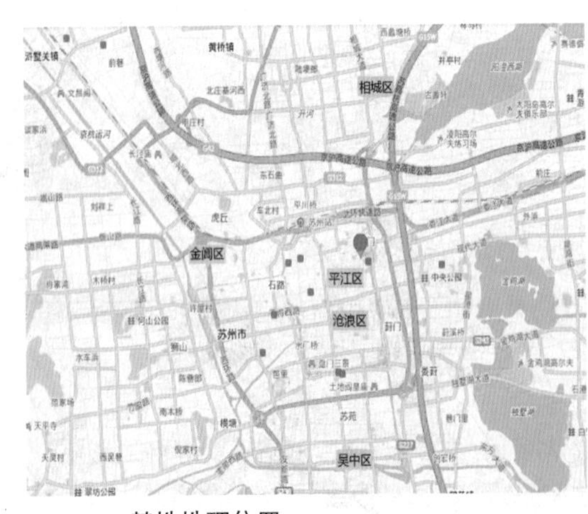

基地地理位置

“退二进三”是苏州城市发展格局和工业发展布局双重调整的大战略。老城区工业企业大规模关闭、搬迁，改变了这座城市居民的生活方式，也改变了许许多多老厂房的生存方式。调查数据显示，进入21世纪后，老厂房的窘迫，以及它们给这座城市带来的尴尬，见证了苏州民族工业变迁的历史，又积淀了苏州民族工业发展的文化，也是一种不可再生的宝贵资源。

据粗略统计，苏州老城区现存的空关闲置老厂房200多处，建筑面积约为100万m^2。

通过综合分析苏州各废弃厂房遗址周边的交通、客源、餐饮、竞争业态等区位因素，最终决定将目标基地确定为白塔东路26号——容　创意产业园。

基地交通分析

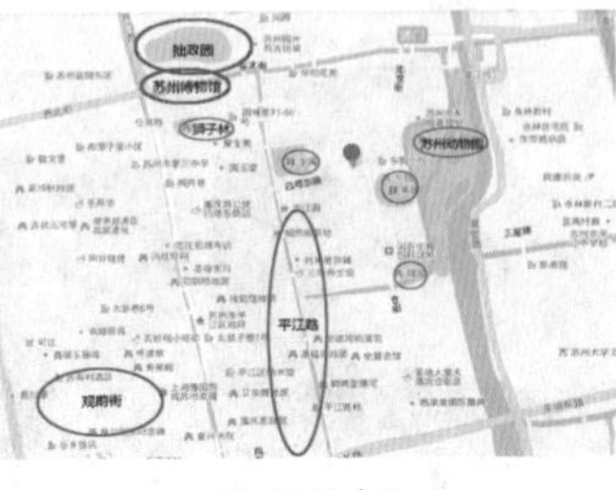

客源分析

基地周边餐饮分布

竞争业态分布

容　创意产业园由原来的电力电容有限公司的老厂房改造而成，共有 16 幢工业厂房，面积从 30 多平方米到 1000m² 不等。

基地建筑体块

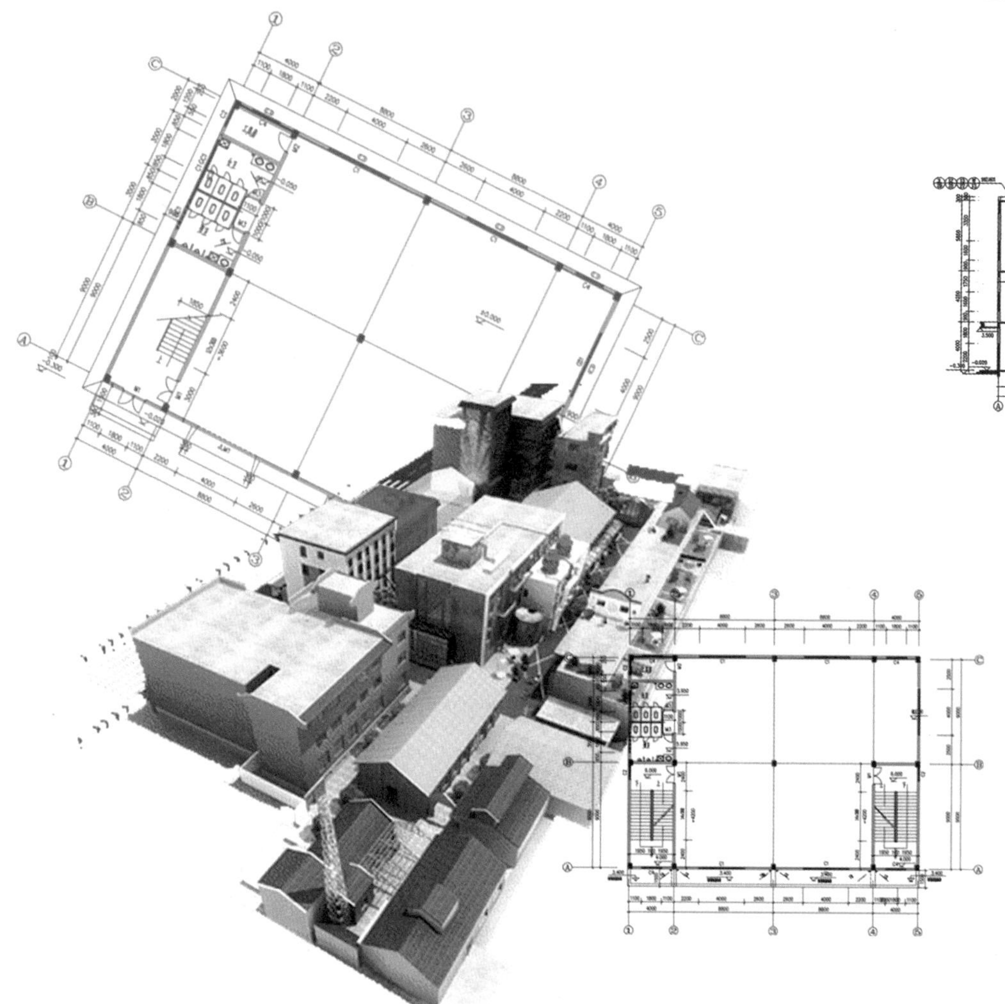

基地建筑原始剖面

过去庞大的油桶、坚固的整木横梁以及各种不再使用的机器
如今拆散后变成一件件艺术品
在依旧古老的厂房中诉说着新的故事
再加上久居的老人们有意无意地闲聊
构成了一本本活生生的历史
他们曾见证的原有车床、花房、门窗等旧物细节
如今原封不动地保留着，与现代艺术的绘画、摄影、雕塑等比肩
展现着重工业时代和现代文明发展的文脉传承

蝉 言

蝉噪林愈静，鸟鸣山更幽。炎炎尘世，游人踱步园林，倾听蝉语，宁心静虑，心无杂染，取其和、静、清、幽之意。

蝉即禅，方案将原有胶囊单体尺度适当放大，从人体工程学角度满足人的生理需求，同时整体设计采用极简设计风格，给予人的思虑以空间，满足心理需求。

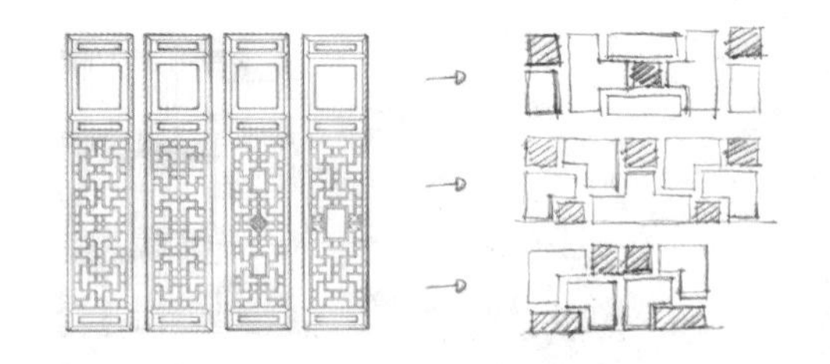

设计关键词：和、静、清、幽

设计原则：人性化、工厂化、专利化、市场化

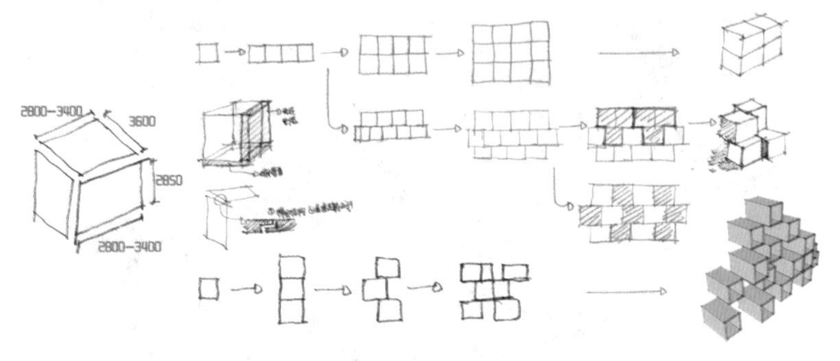

经营模式：

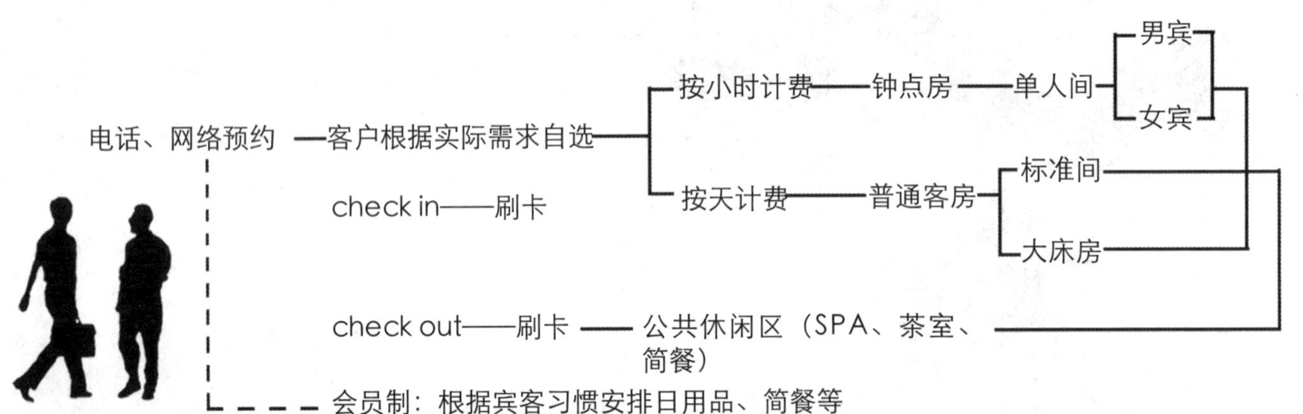

消费群定位：30岁以内
拙政园、苏州博物馆、苏州动物园、平江路、观前街等吸引来的背包客
忙碌工作之余枪王平江路品茗散心的白领阶层
刚毕业的大学生

价格定位：按小时或按天计费，人均日住宿消费不超过80元（市场调研数据论证）

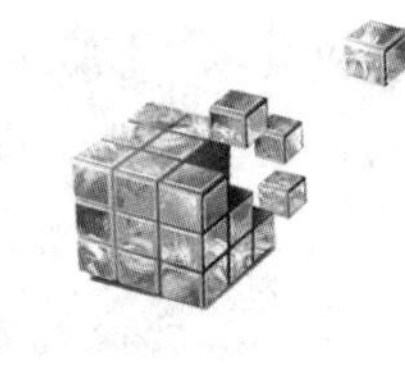

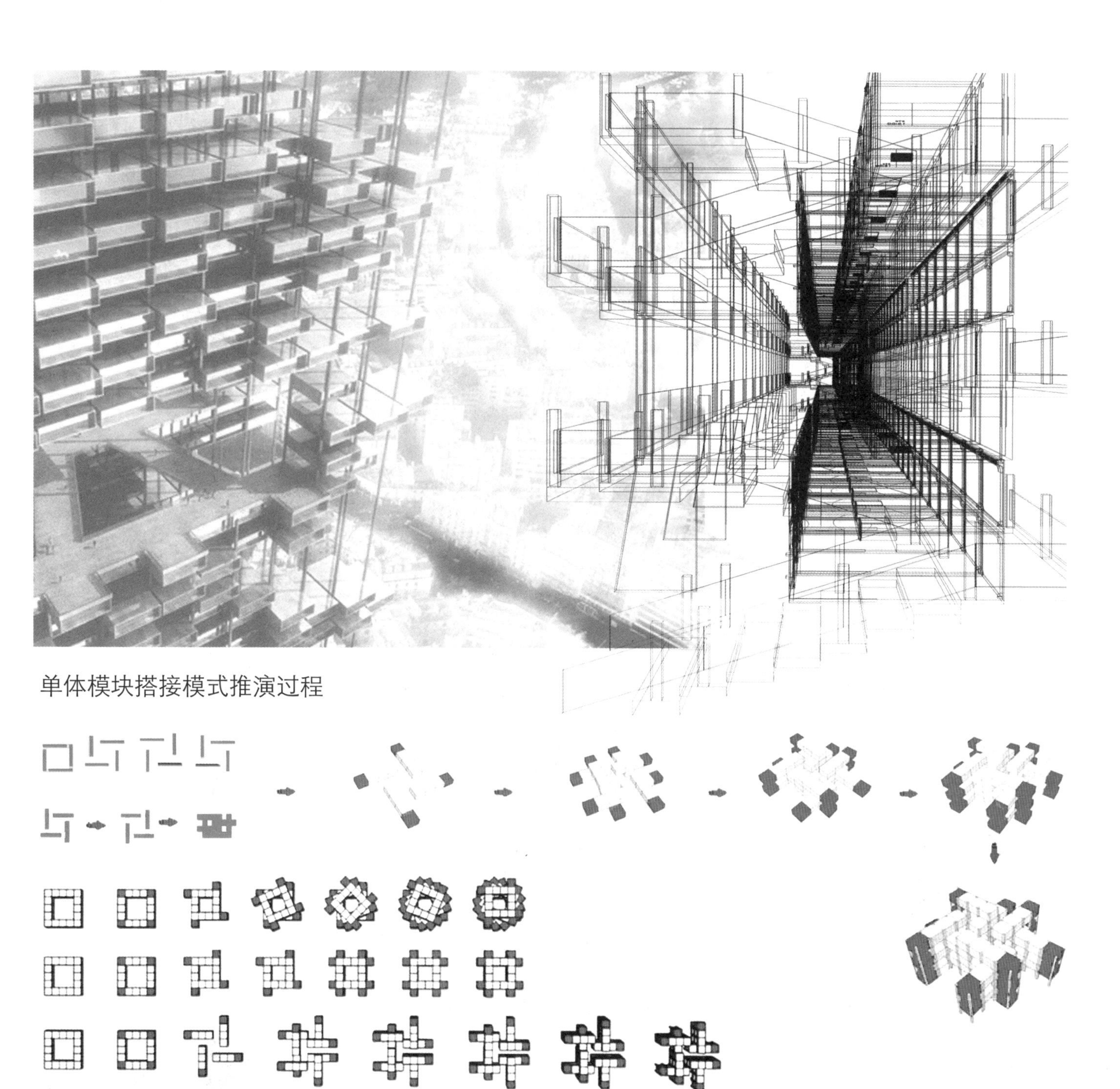

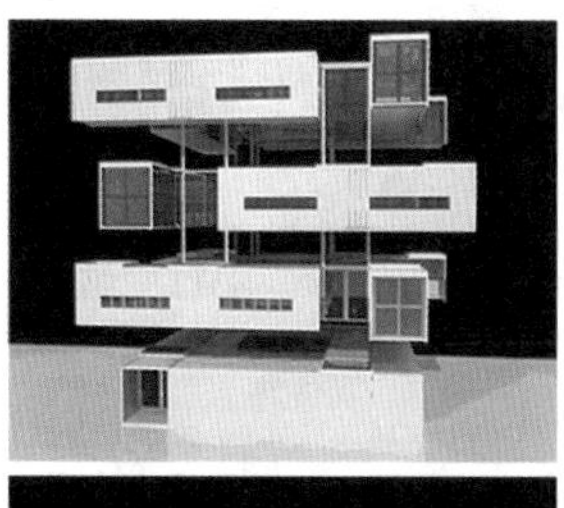

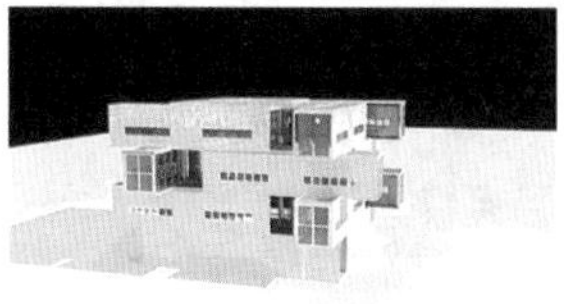

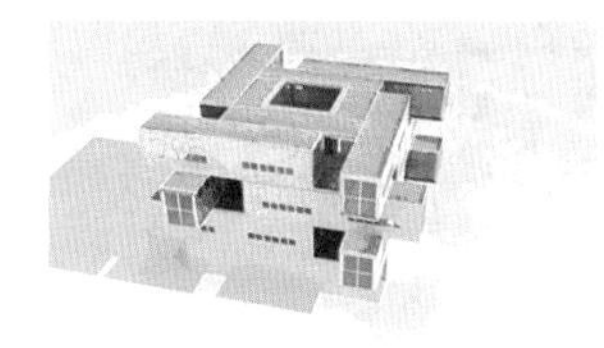

融合了中庭、凸窗、室内绿化等
功能区块的盒体相互穿插咬合，再进行错位叠加。
这样的空间既是对内的，又是对外延展的，具有一定的"呼吸性"。

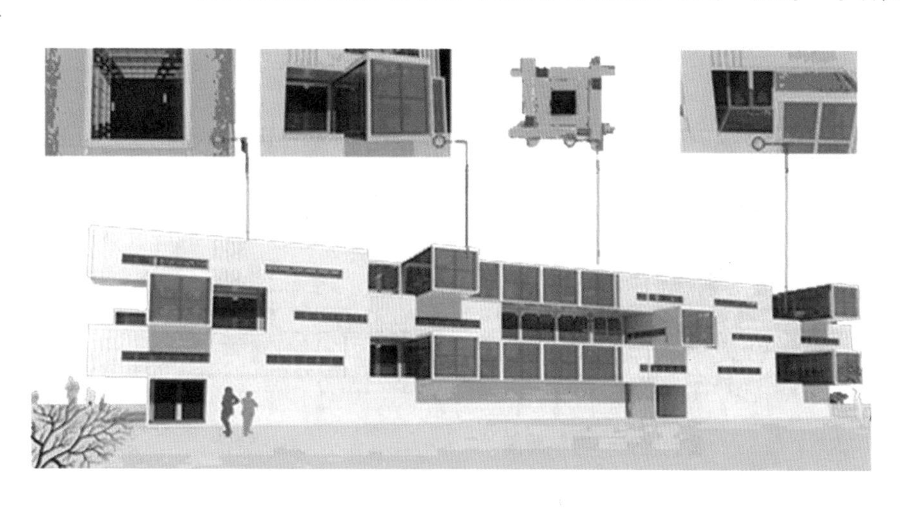

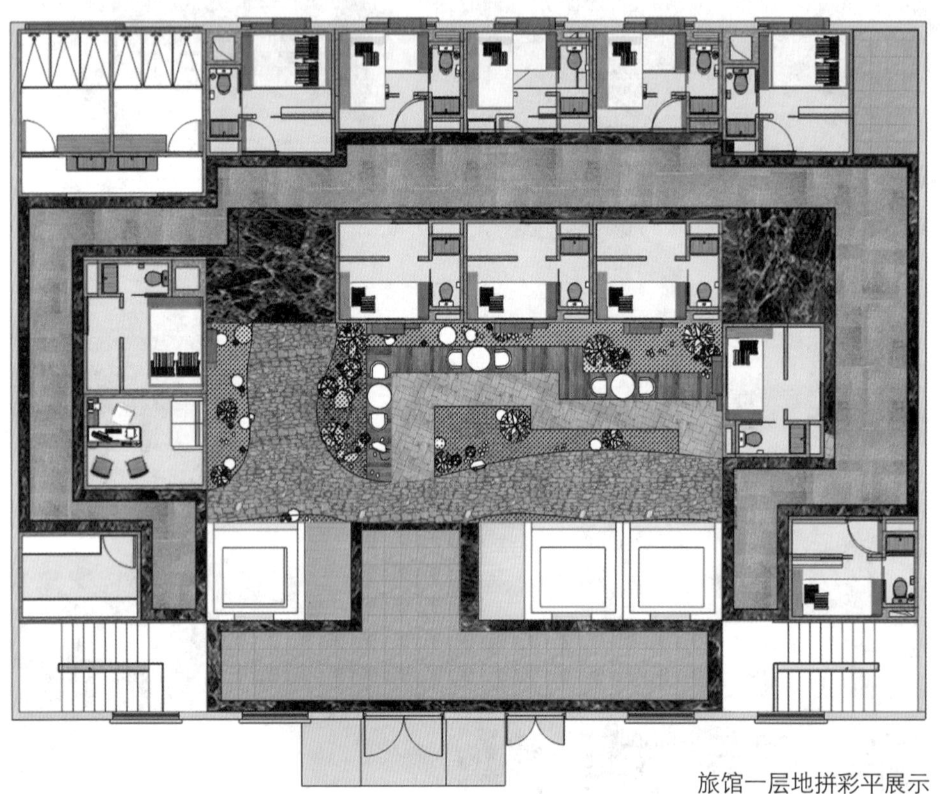

旅馆一层地拼彩平展示

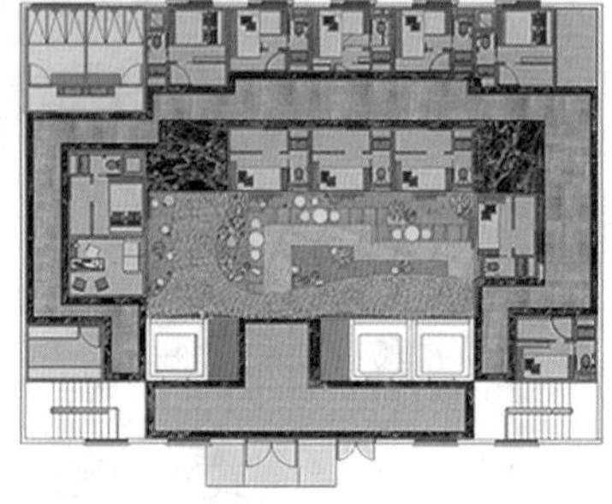

功能分区

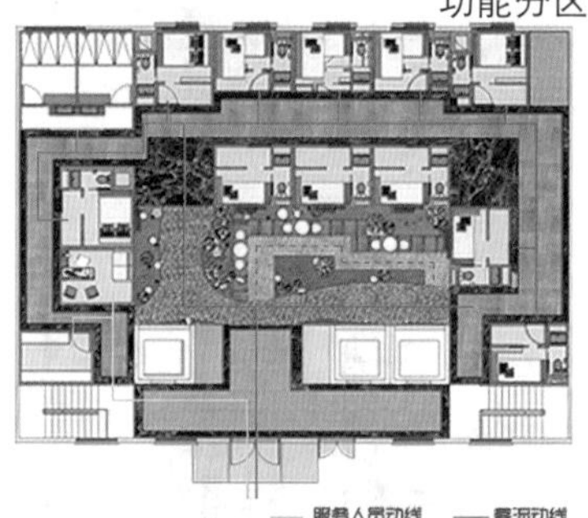

人流动线

旅馆共四层，一层入口大厅设有类似于 ATM 的 check in 机器，中间为休闲绿化中庭；二、三、四层中庭上空。每层设有公共浴室一个，单人间 5 间，标准间 3 间，大床房 3 间。

房型统计

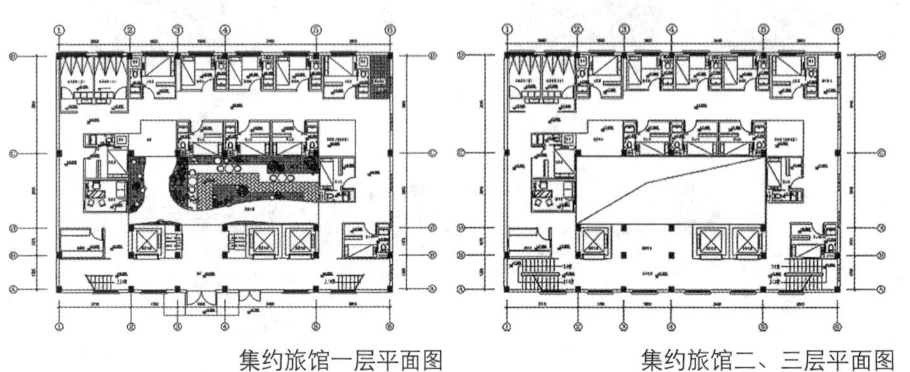

集约旅馆一层平面图　　集约旅馆二、三层平面图　　集约旅馆四层平面图

单体房间净高 2500mm，设备吊顶 200mm，排水管道设施厚度 150mm，单体整体高度为 2850mm。三种房型共设三个模数，分别为 2800mm × 3600mm × 2850mm。

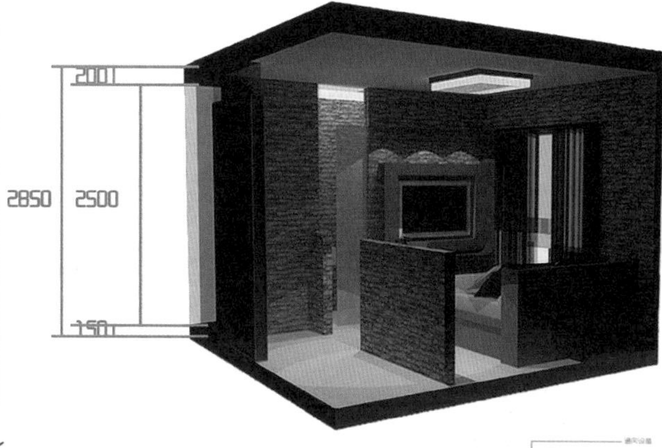

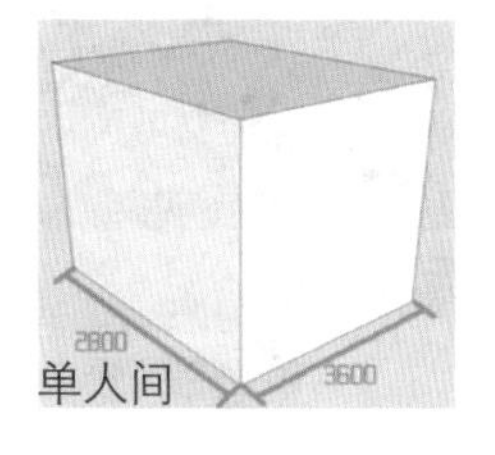

单人间

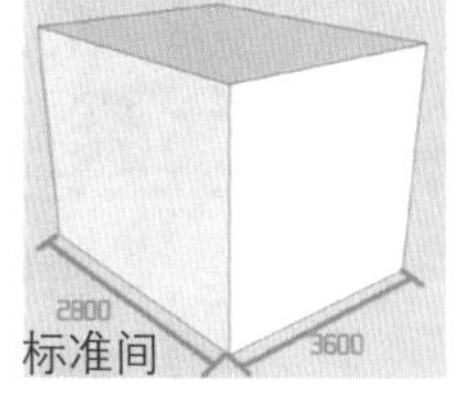

标准间

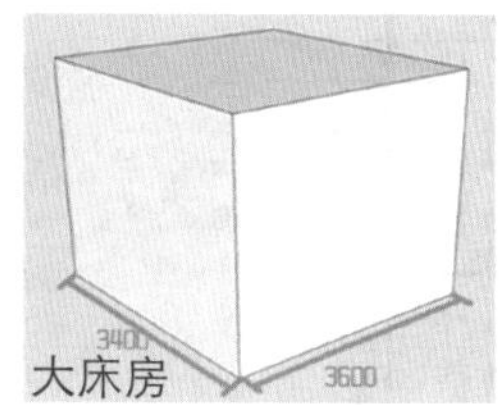

大床房

三种房型模数

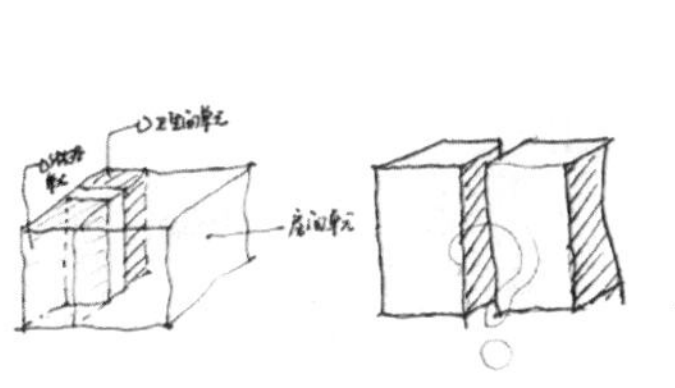
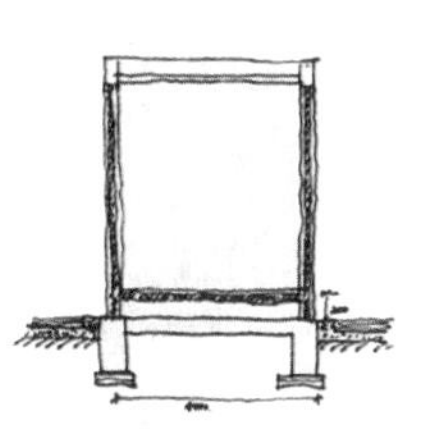
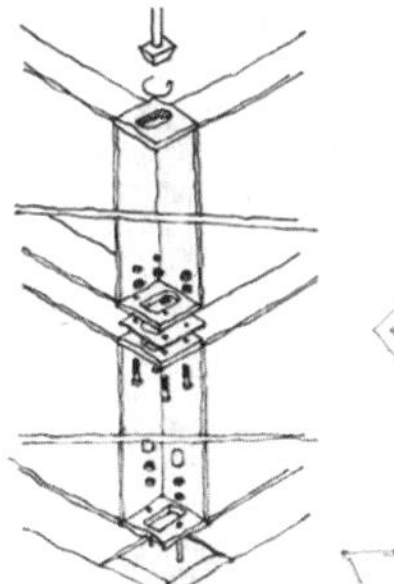

单体模块搭接结构

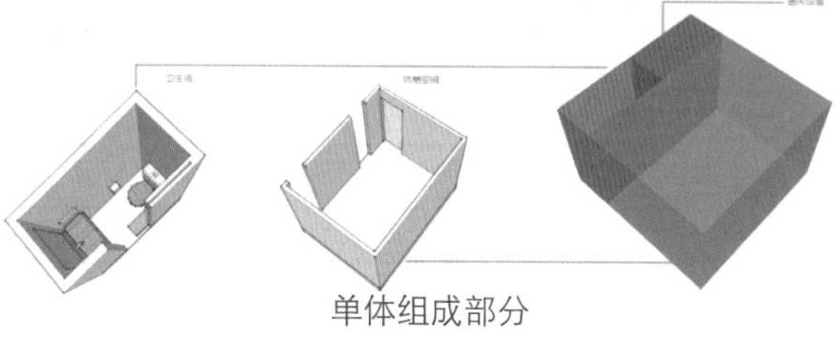

单体组成部分

电解玻璃绕中轴开合

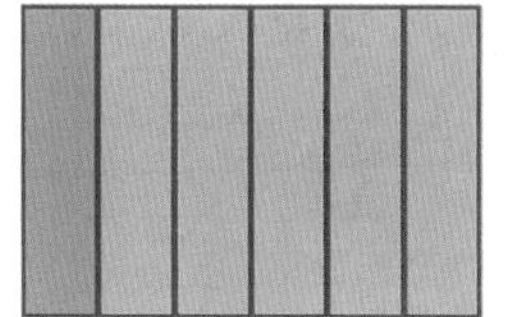
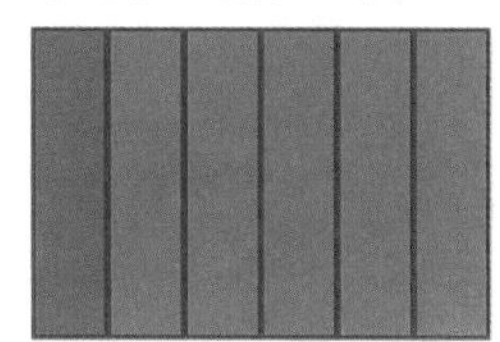

电解玻璃通透程度随通电量变化

每个单体由两部分材料浇筑成型
一部分为入口门厅处的电解玻璃
另一部分为房间休息空间和卫生间的 SMC 材料
每块电解玻璃宽度为 600mm，高度为 2500mm
可绕轨道中轴转动
这样在室外景色较好的时候，旋开玻璃
单体即成为一个半开敞的空间
便于空气流通和人与室外环境的沟通。天气较冷时，
玻璃旋转闭合
仍可根据人在不同时刻隐私性的要求改变电解玻璃
通电量的大小
进而改变其通透程度，同样可以与环境形成交流

单人间室内布置——

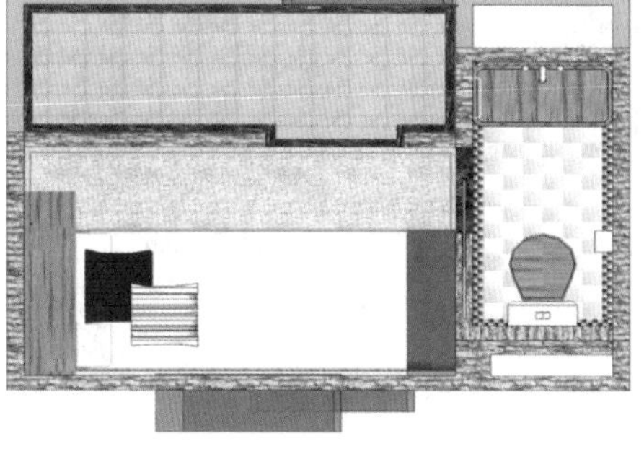

单人间彩平

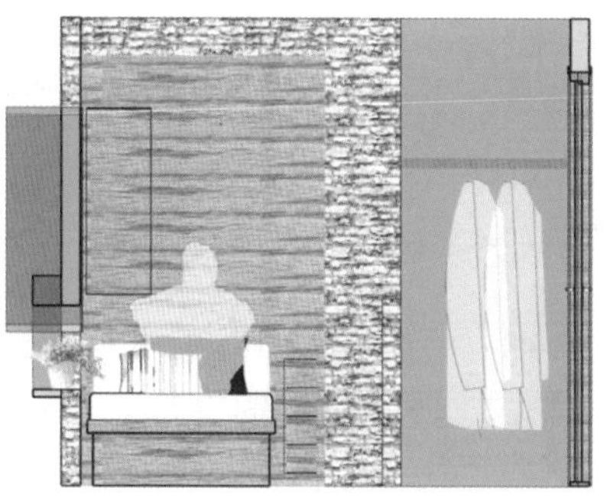

单人间床位立面

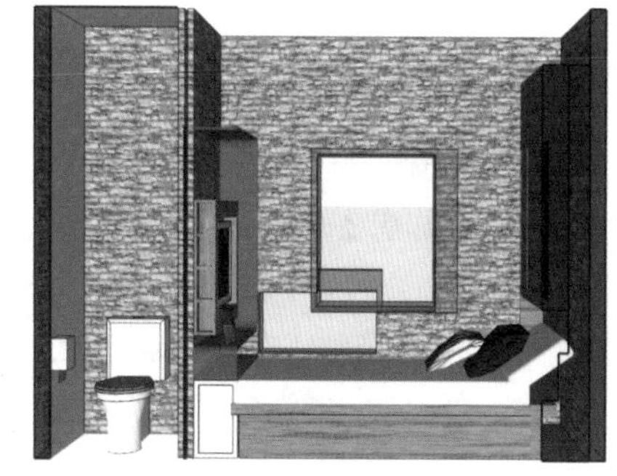

单人间剖面透视

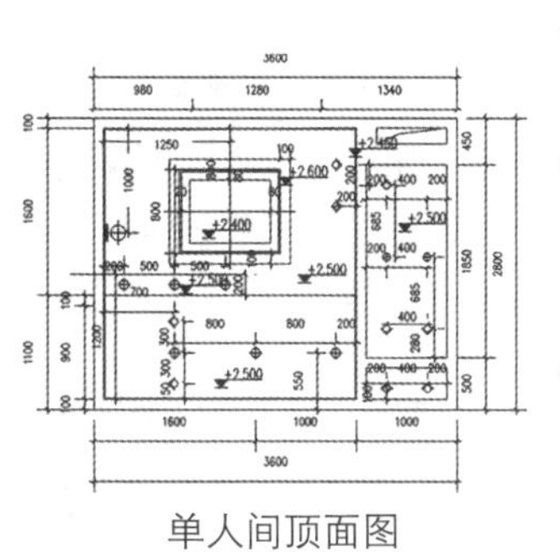

单人间顶面图

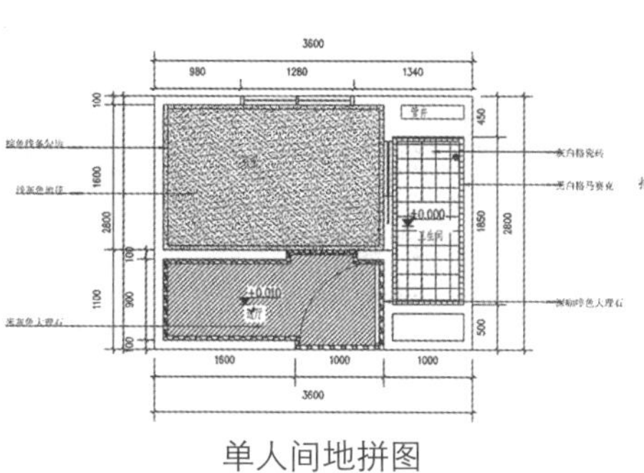

单人间地拼图

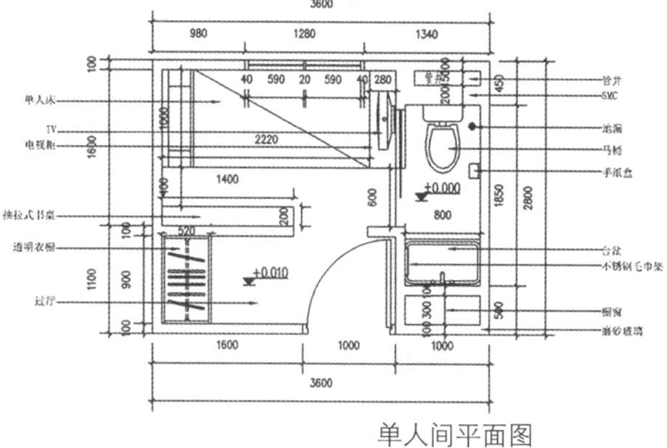

单人间平面图

标准间室内布置——

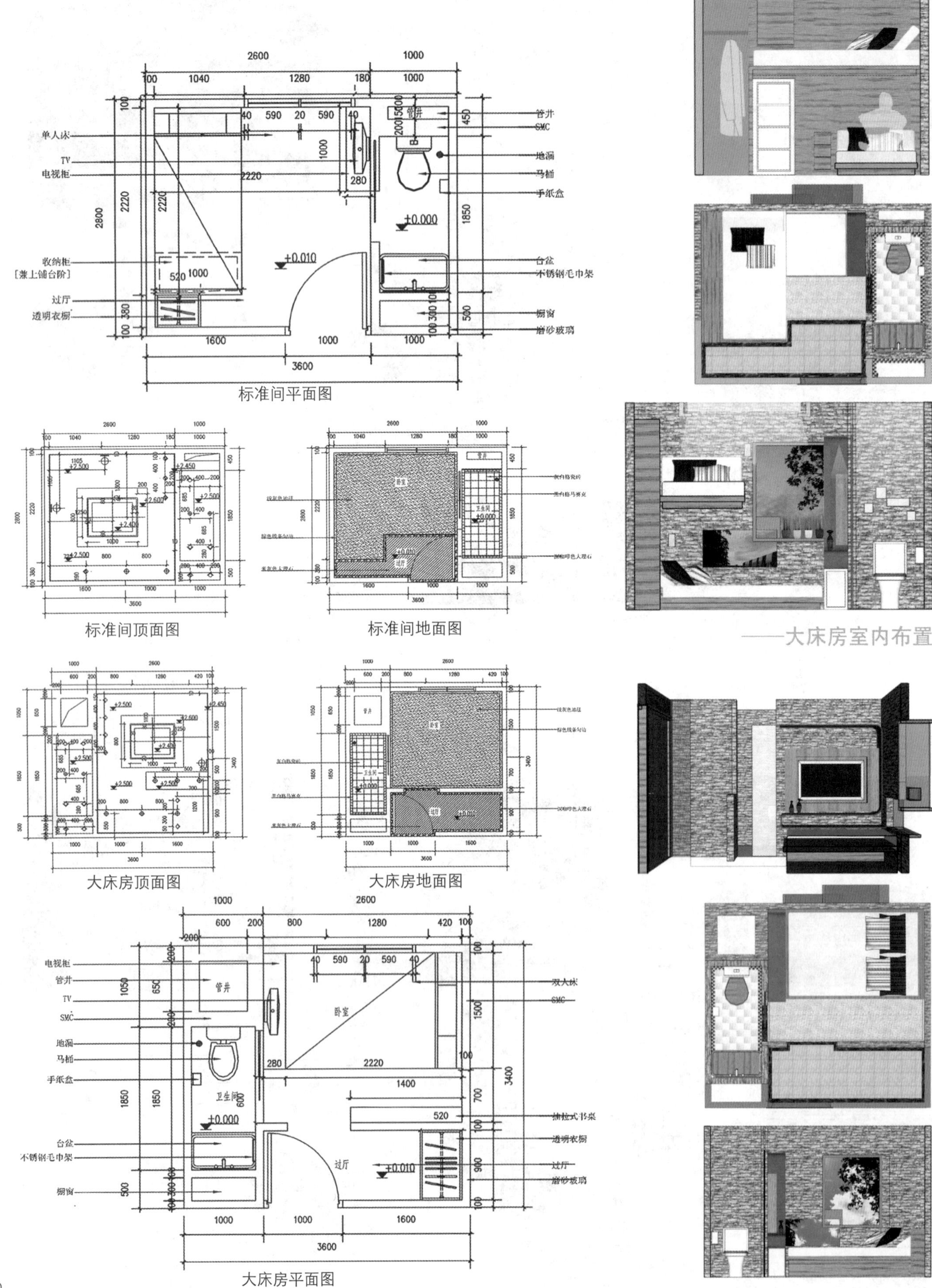
单人床
TV
电视柜
收纳柜
[兼上铺台阶]
过厅
透明衣橱
管井
SMC
地漏
马桶
手纸盒
台盆
不锈钢毛巾架
橱窗
磨砂玻璃
标准间平面图
标准间顶面图
标准间地面图
——大床房室内布置
大床房顶面图
大床房地面图
电视柜
管井
TV
SMC
地漏
马桶
手纸盒
卫生间
卧室
台盆
不锈钢毛巾架
橱窗
双人床
抽拉式书桌
透明衣橱
过厅
磨砂玻璃
大床房平面图

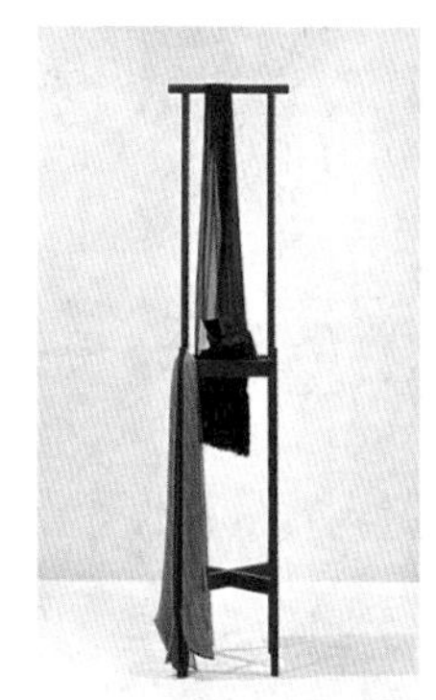

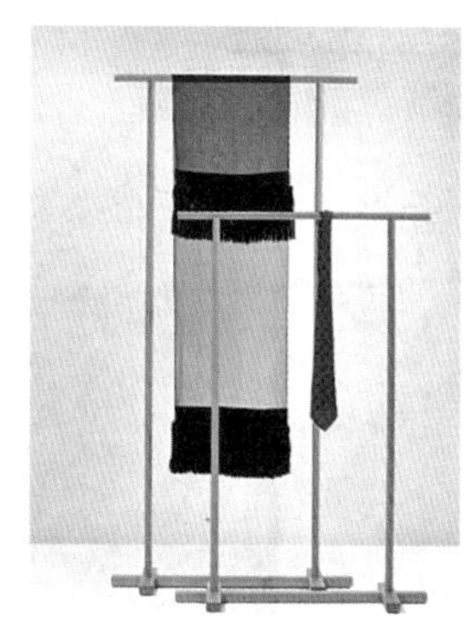

——家具选用

胶囊单体形态采用规整的矩形，灯具、家具的选用和整体的风格相呼应，局部适当有些变化，增加空间的灵活性
整体的色彩基调和风格以简约为主
家具更多考虑收纳、装饰等多用的功能

灯具选用——

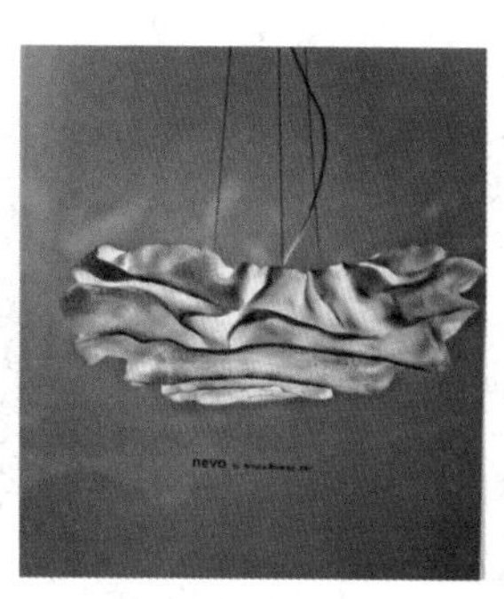

三等奖

未建成

——北京前门23号院老建筑室内改造设计

学生姓名：孙晔军
责任导师：王　琼
学校名称：苏州大学

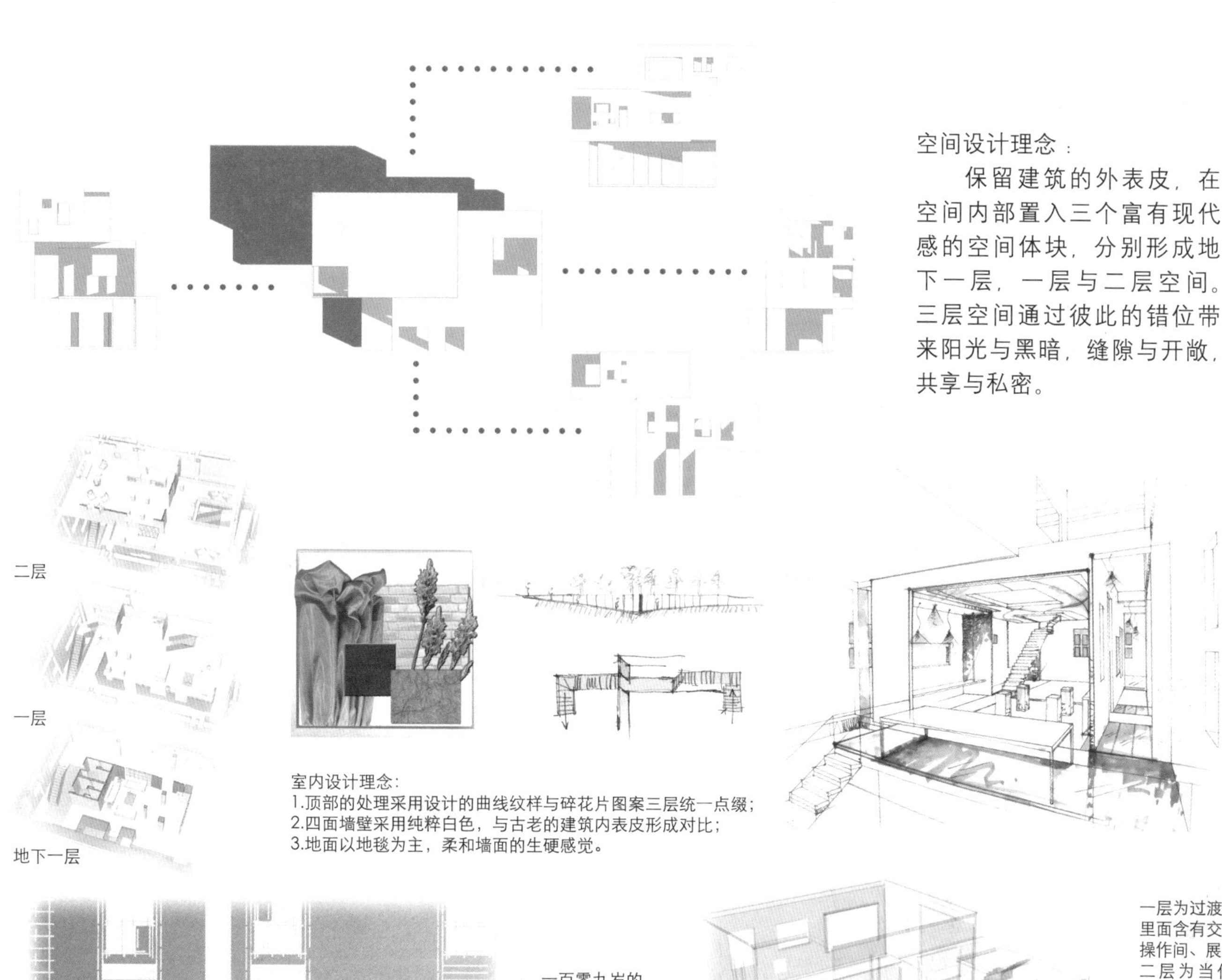

空间设计理念：

保留建筑的外表皮，在空间内部置入三个富有现代感的空间体块，分别形成地下一层，一层与二层空间。三层空间通过彼此的错位带来阳光与黑暗，缝隙与开敞，共享与私密。

二层

一层

地下一层

室内设计理念：
1.顶部的处理采用设计的曲线纹样与碎花片图案三层统一点缀；
2.四面墙壁采用纯粹白色，与古老的建筑内表皮形成对比；
3.地面以地毯为主，柔和墙面的生硬感觉。

一百零九岁的
古老建筑
邂逅
几千年沧桑的
古老陶瓷
差千年千月千日

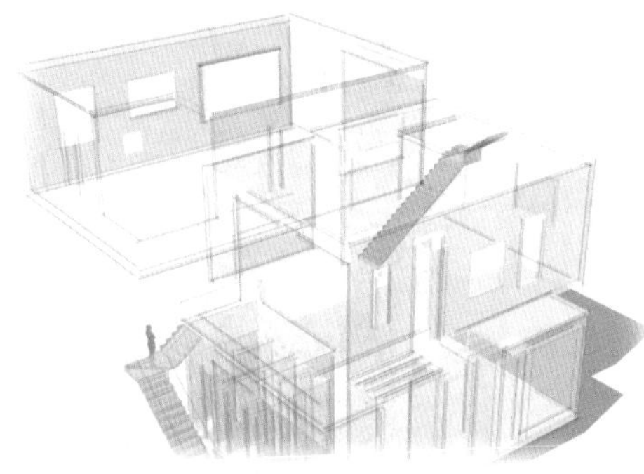

一层为过渡空间，里面含有交流区、操作间、展示台。
二层为当代陶瓷展示，与主流文化紧密相连，设置吧台，以交流空间为主。
地下一层为古老陶瓷以及相关的文化展示，设置在地下一层，象征着沉淀。

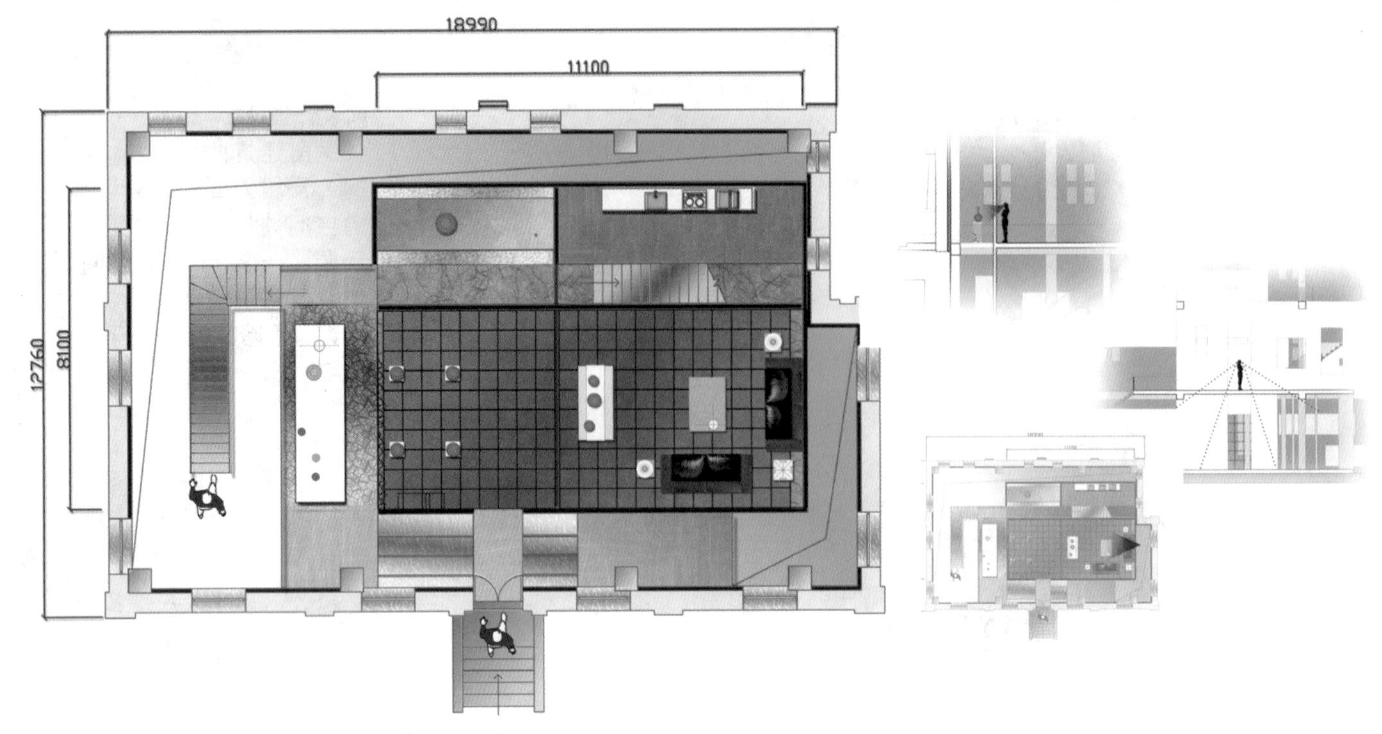

一层平面 1：100

一进门是一段隔离开原有建筑的一面墙体，需要跨过一段类似小桥的过道进入一层，两侧是地下一层的陶瓷碎片。特别的入口处理提醒来宾进入的是一个不一样的关于陶瓷的空间。

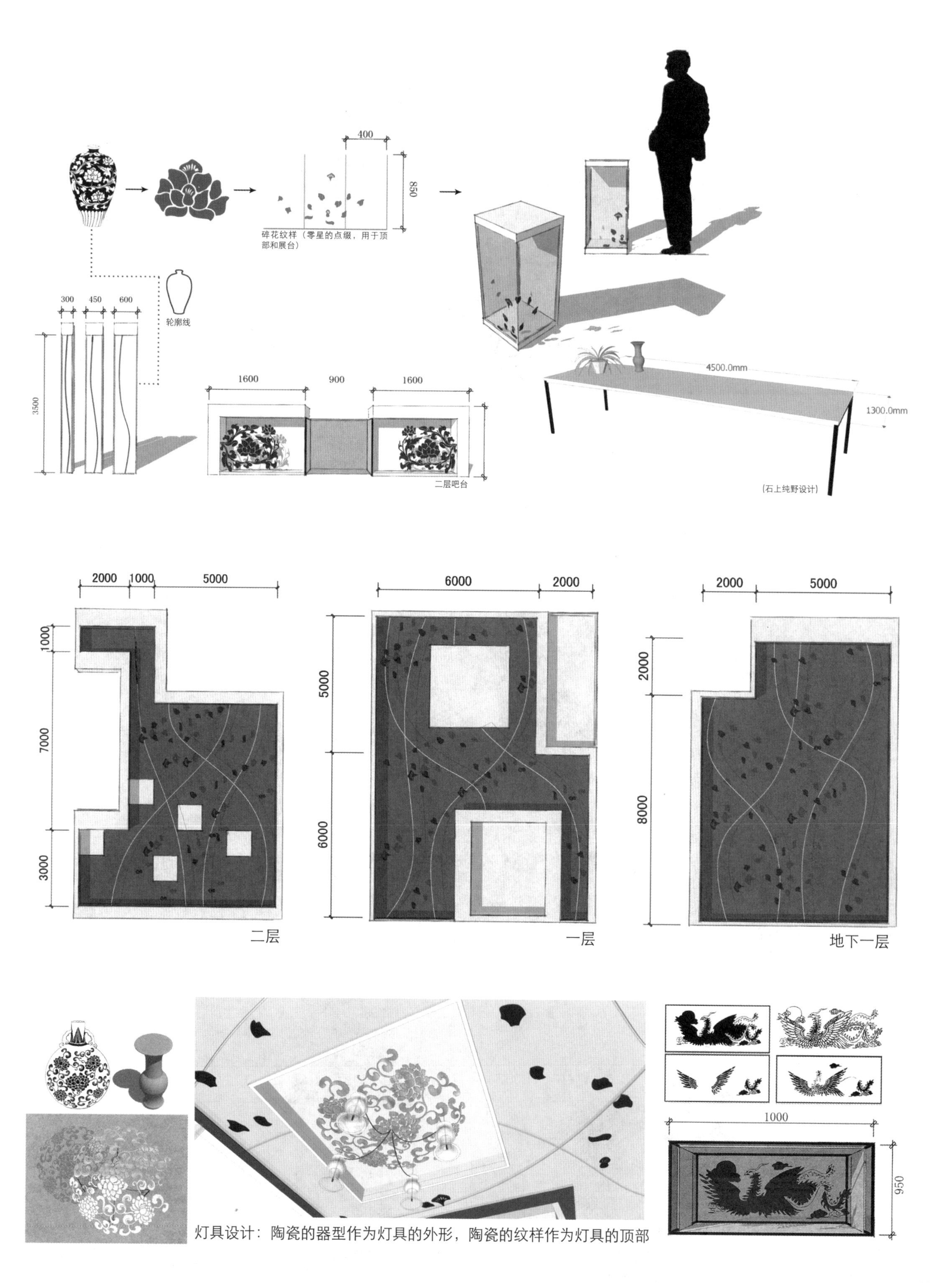

灯具设计：陶瓷的器型作为灯具的外形，陶瓷的纹样作为灯具的顶部

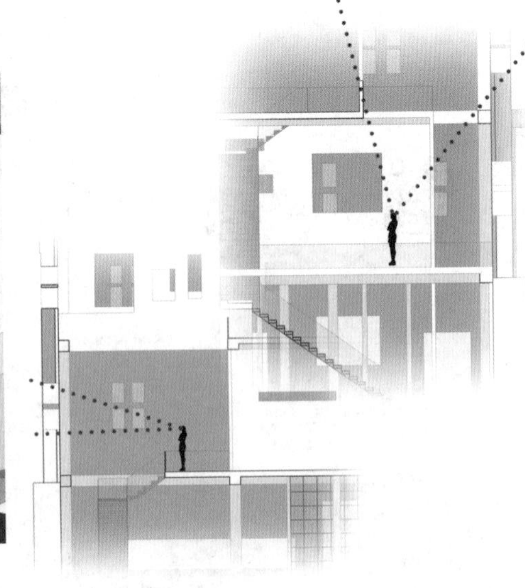

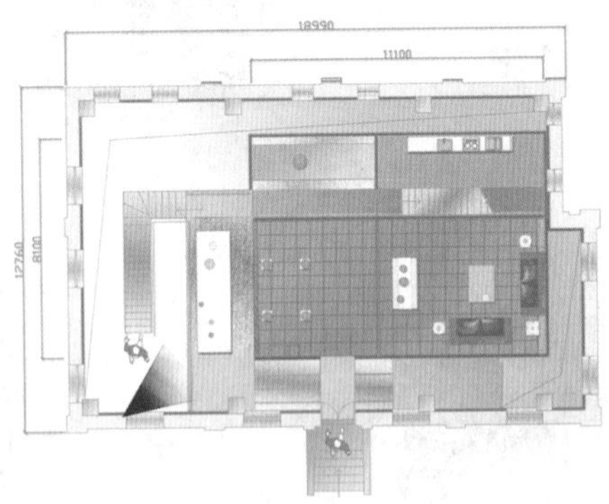

白色的墙面，偶尔错落地构成框景的开口，背景是原有的建筑砖墙，在两者之间的视线游走过程中偶尔有一两件陶瓷出现在视野中，这就是我的设计理念。

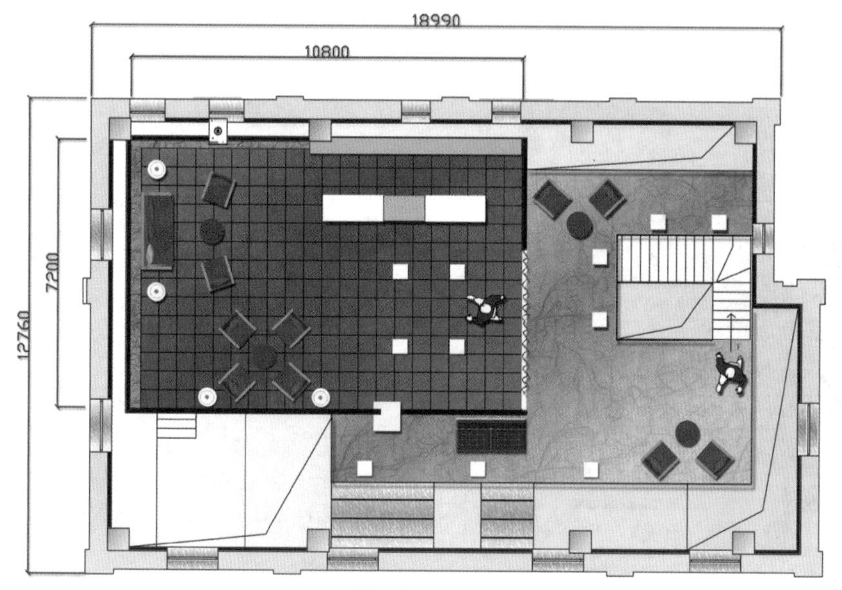

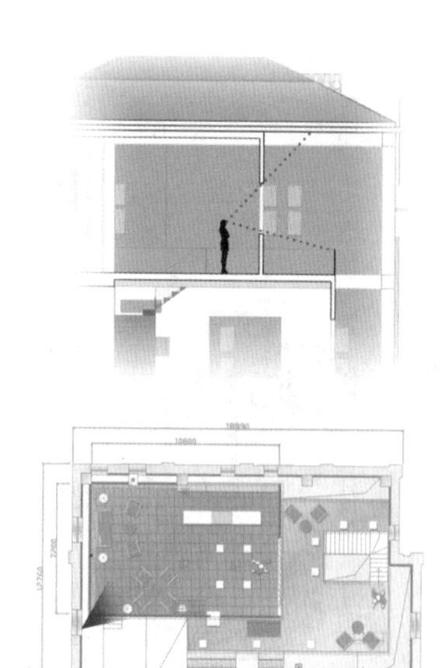

二层平面 1：100

将二层空间的室内体块破开，由于三个室内体块的错层关系，在这个场所中，你可以直接看到地下一层空间，三层空间的贯穿丰富了空间的情趣。

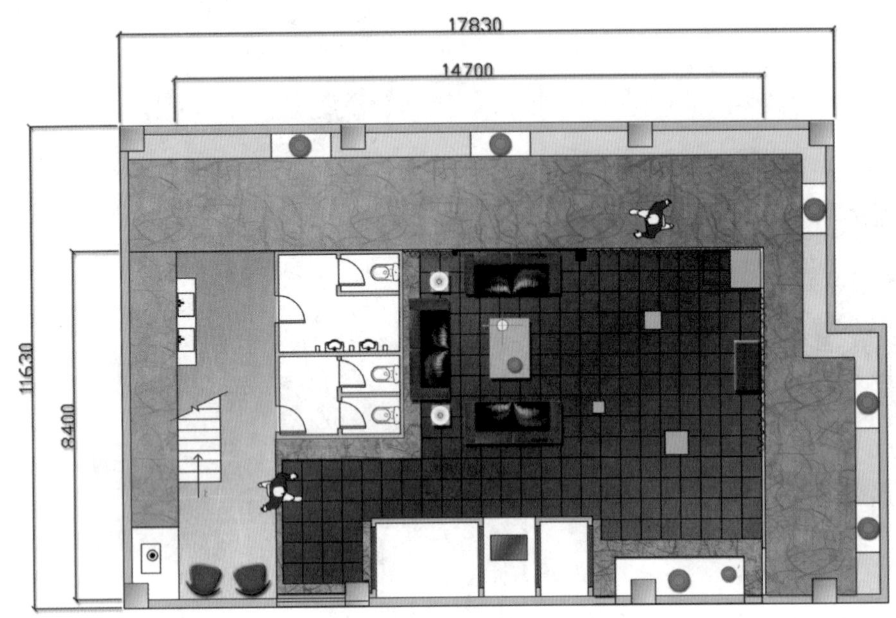

地下一层平面　1：100

地下一层的展示主要在四周的壁龛，意图创造一种神像式的崇拜。

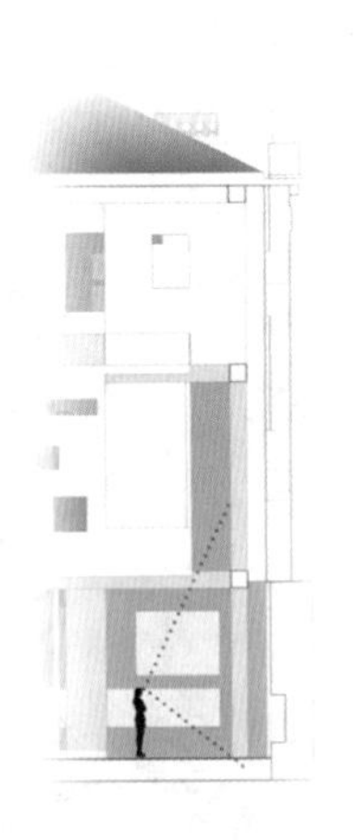

+7.850
+4.350
±0.000
-4.750

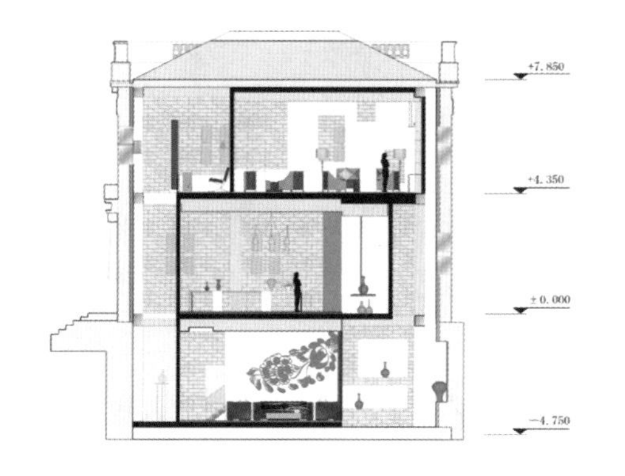
+7.850
+4.350
±0.000
-4.750

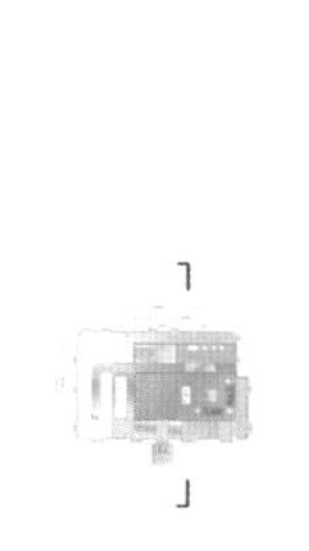

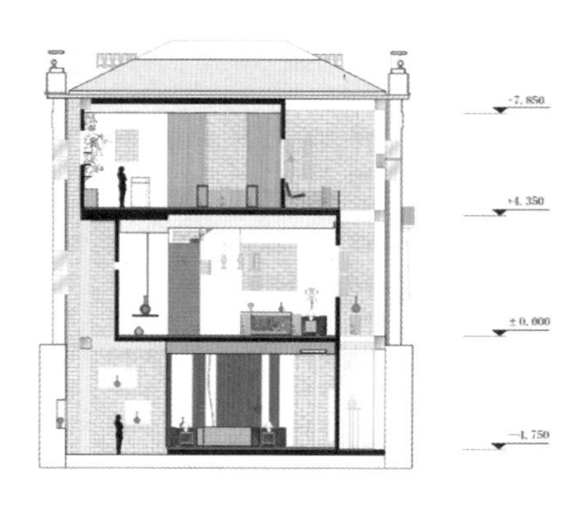
+7.850
+4.350
±0.000
-4.750

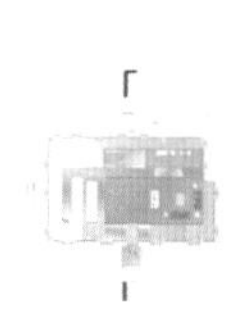

佳作奖

天津南港工业区会展中心景观设计

学生姓名：仝剑飞
责任导师：王　铁
学校名称：
中　央　美　术　学　院

设计说明：

设计条件：

海滨大道以西、红旗路以南、海防路以东、创新路以北范围内的投资服务中心周边场地，面积约120万m^2，其中包括标志物A、投资服务中心、生活服务中心、企业办公中心、会展中心及周边水系、道路绿化景观设计。

道路退后：海防路道路绿线20m，红旗路二期道路绿线20m，海滨大道道路绿线30m。创新路道路绿线20m。以上道路绿线不在本次设计范围之内，但应考虑景观环境的衔接。

设计思路：

天津南港工业区具有极为重要的战略意义，地理位置优越，定位是现代化的工业园区，对基地进行调研分析看出南港工业区正处于高速发展的阶段，很多项目正在规划施工中，这给设计带来了一个问题，地势平坦，面积较大，周围建筑较少，所以设计考虑与地形相结合，在立面上做高差使空间丰富起来，对会展中心地段进行人流及车行的交通分析，考虑用几何形的空间为主要元素，用几何形的疏密关系来提高密度高的地区人群活动的丰富性，丰富空间关系。把多个几何形体相结合，设计合理的交通关系，形成合理的景观空间对形式和几何的景观化利用，折叠创造出流动的表面，它是持续的空间和结构的合理组成部分。空间可以丰富和扩大。

效果图

项目背景

天津南港工业区具有极为重要的战略意义，是《天津市空间发展战略研究》确定的"双城双港"战略的核心部署。新建南港工业区，给滨海新区的发展带来新的机遇，对破解天津现有空间矛盾，优化全市产业布局具有重大作用，也是未来提升区域竞争力，实现国家赋予目标的重要支撑。

天津南港工业区由南港工业区开发公司开发，被列为"十大战役"之一，建设总工期分为三期。

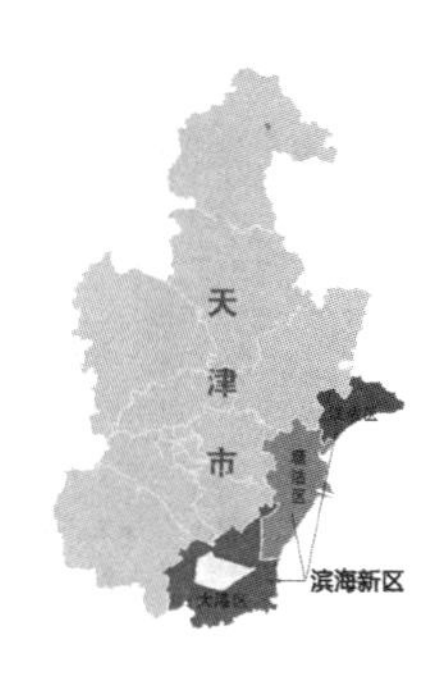

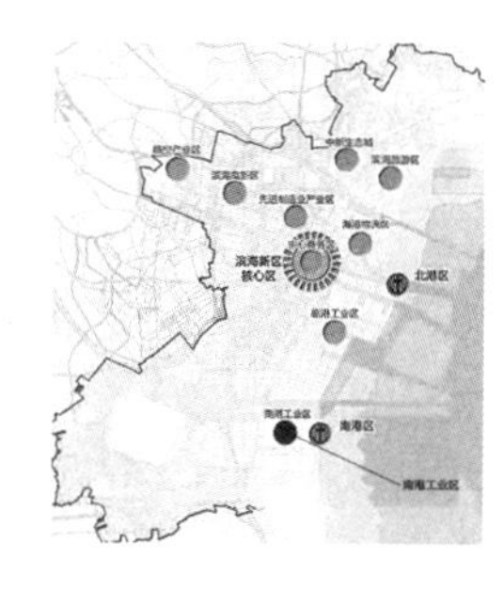

区位因素

南港工业区是天津市落实"双城双港"城市总体空间发展战略的重要节点，位于滨海新区南部，距离天津市区 45km，距离天津机场 40km，距离天津港 20km。

现状照片

目前，进驻南港工业区的重大工业项目有：中俄东方石化项目、蓝星化工材料项目等，但是南港工业区目前最大的问题是土地平整速度赶不上项目落地速度。

现状用地分析

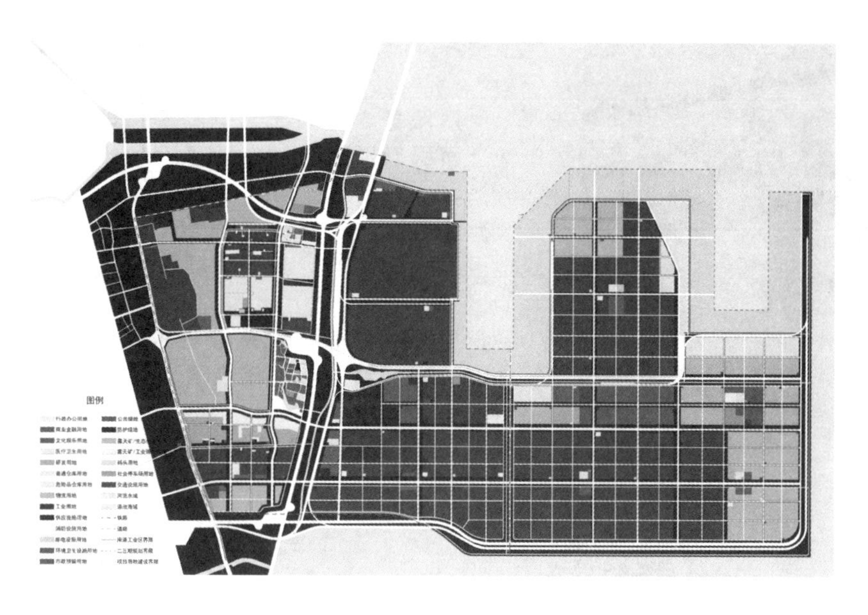

按照滨海新区建设高水平现代制造业和研发转化基地的功能定位，结合天津重化工业南移的需要，南港工业区的功能定位是：以发展石油化工、冶金及重型装备制造产业为主导，以承接重大产业项目为重点，以现代港口物流业为支撑，建成综合性、一体化的现代工业港区。近期满足重大项目需要，重点建设业主和专用码头，远期建设大宗散货港区。最终将南港工业区打造成为国家级石化产业基地、国家能源储备基地、现代化冶金及装备制造基地、国际海运散货物流中心和资源节约型、环境友好型的循环经济示范园区。

现状交通分析

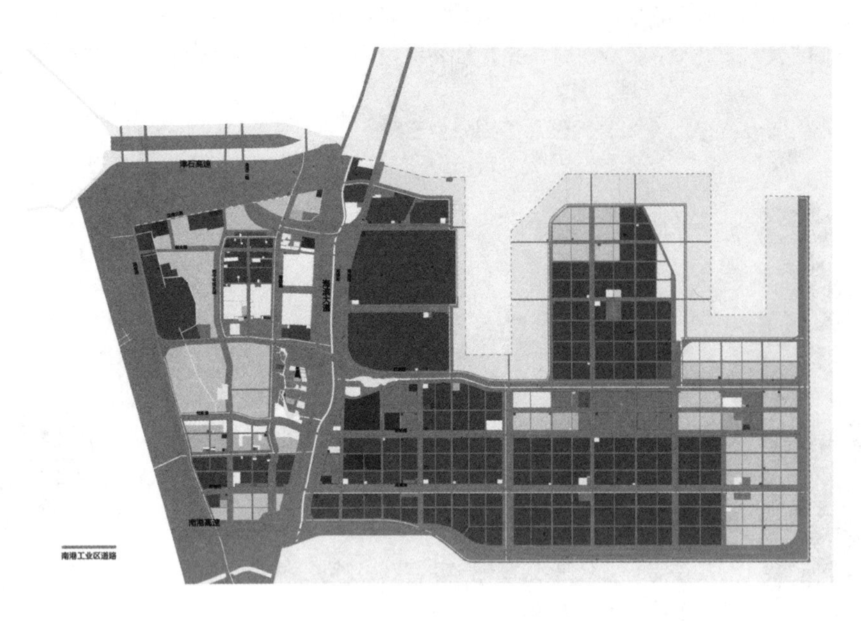

规划三条对外高速公路通道分别为海滨大道、津石高速和南港高速，形成“两横一纵”的对外集疏运公路格局，相互交叉口设置互通式立交。规划两条铁路线路，分别为北部南港一线和南部南港二线，两条铁路线之间设有连接线。南港一线从万码站引线进入南港工业区，并设分线向北跨海与临港工业区相连接。南港二线和南部南港高速并线进入工业区。

规划城市道路系统由快速路、主干路和次干路三级构成，形成“四横四纵”为主的干路系统。“四横”为创业路、红旗路、创新路和南堤路；“四纵”为汉港快速路（津岐路）、西中环延长线、海防路、海港路。次干路承担联系内部各产业功能组团之间的交通联系功能。南港工业区高速公路和城市道路共同构成“六横五纵”的综合道路系统。

现状条件

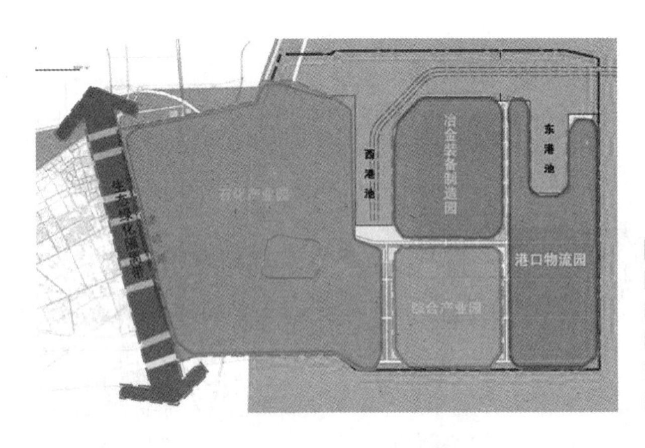

天津南港工业区的空间结构包括“一区、一带、五园”三部分。

“一区”指南港工业区重工业、化工产业基地，国家循环经济示范区。

“一带”指在南港工业区西侧沿津岐路建设南港工业区和大港城区之间宽1km的绿化隔离带。

“五园”指南港工业区西部的石化产业园以及其中的公用工程园、北部的冶金装备制造园、南部的综合产业园以及东部的港口物流园。

场地分析

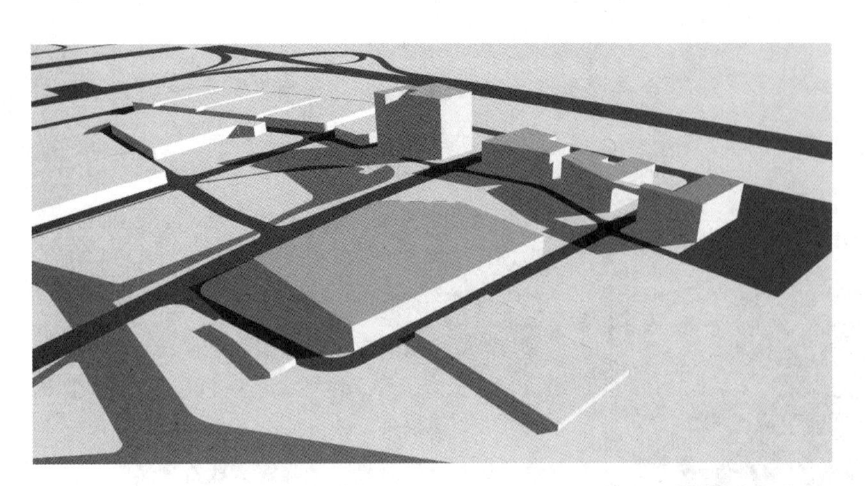

会议展览中心建筑总面积56462m^2，建筑地上面积36962m^2，建筑高度21.5m，停车位487个。

生活服务中心建筑总面积49489m^2，建筑地上面积36237m^2，建筑高度35m，停车位365个。

行政办公中心建筑总面积76290m^2，建筑地上面积56090m^2，建筑高度80m，停车位563个。

企业办公中心建筑总面积42354m^2，建筑地上面积31252m^2，建筑高度40m，停车位315个。

功能分区

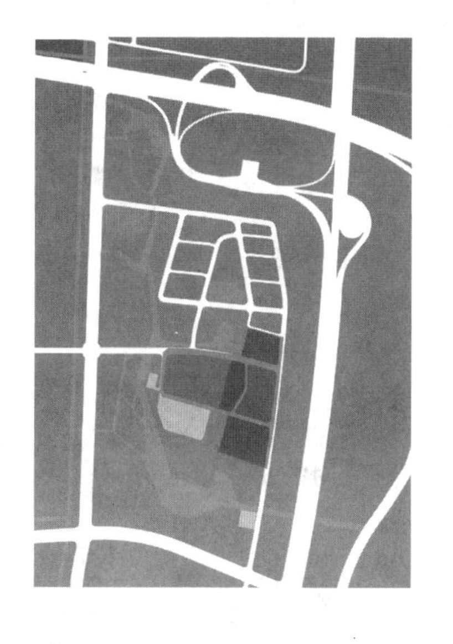

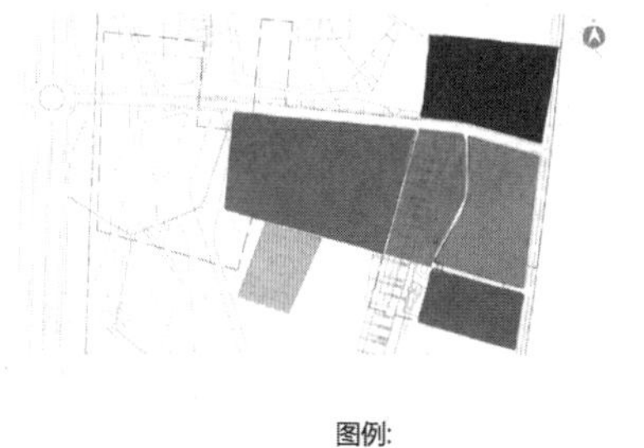

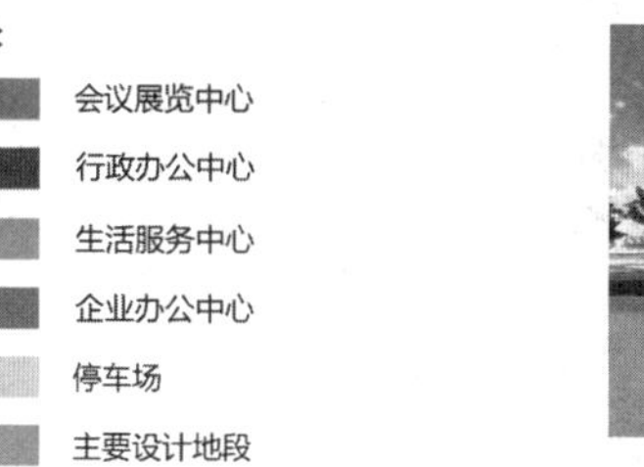

效果图

功能分区

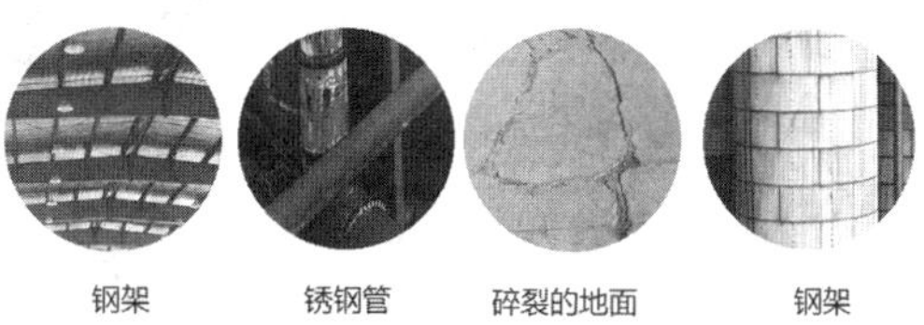

钢架　锈钢管　碎裂的地面　钢架

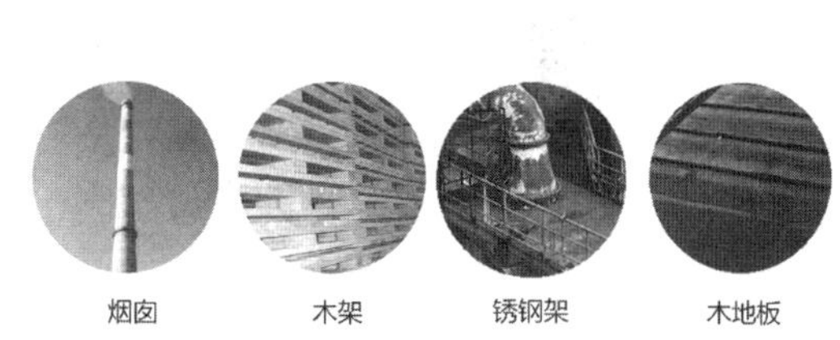

烟囱　木架　锈钢架　木地板

初次接触工业区的景观设计，印象中的工业区是有众多高耸的烟囱，各式的脚架，方块式的楼房，低调的色彩……

南港工业区是天津市发展的重要战略之一，现代的工业区设计自然会区别于以往的老式工业区，但工业区的气息和色彩希望在新的工业区景观中以不同的手法体现出来。

会议展览中心高21.5m，前广场的地势较平，在立面上增加层次，丰富空间的变化。

生活服务中心高35m，由两栋建筑组成，景观空间与会议中心前广场相呼应组成连续的空间。

企业办公中心高40m，单体建筑，连接生活服务中心，景观是生活服务中心小广场延伸形成空间。

功能分区

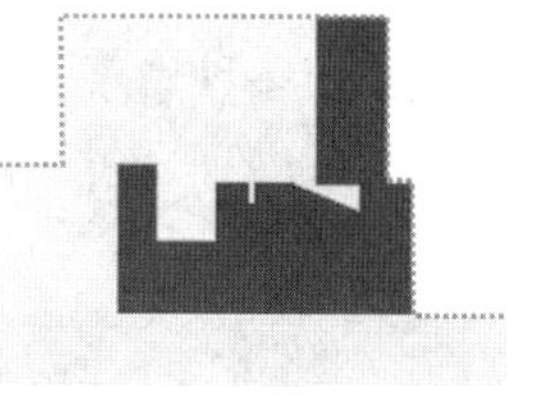

建筑体量

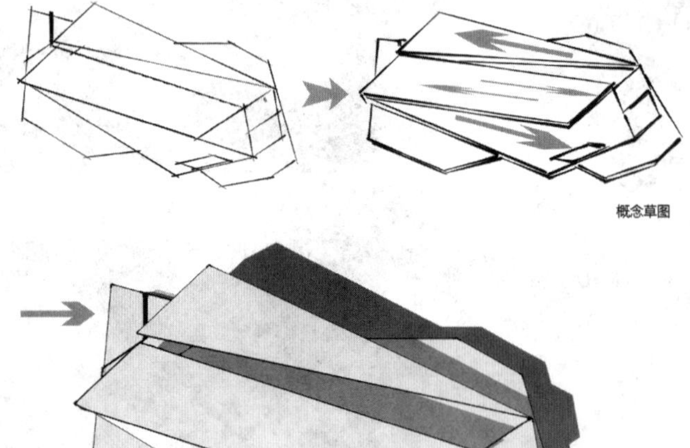

概念草图

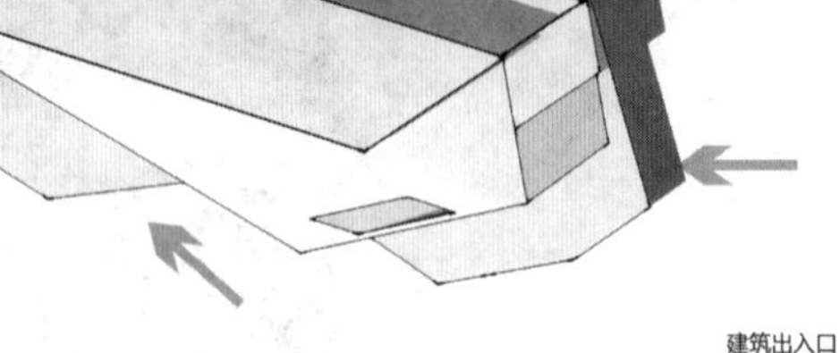

建筑出入口

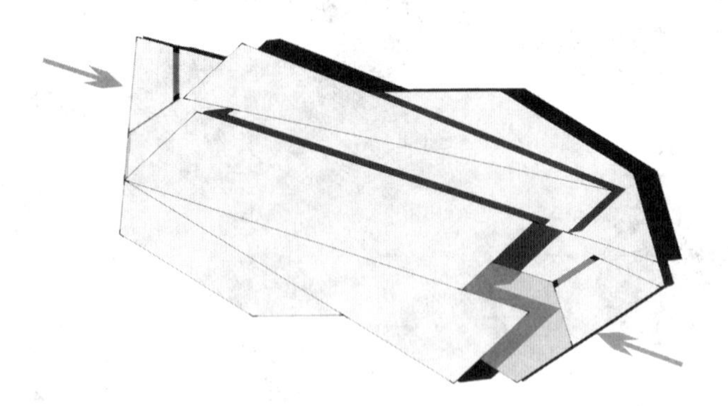

建筑单体是由5个几何体穿插组成的，底层高8m，2~3层高6m，内部形成三处吹拔空间。

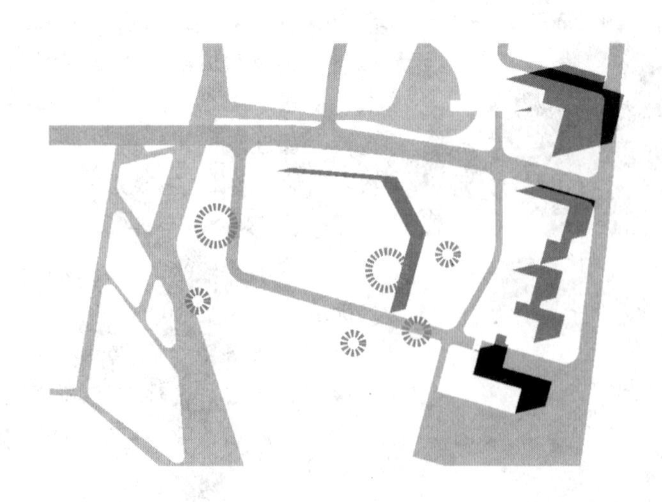

广场面积较大且地势平坦，通过设计多种景观道路连接不同的景观空间，分散人群，提高景观空间的利用率及行人活动的可能性。

设计概念

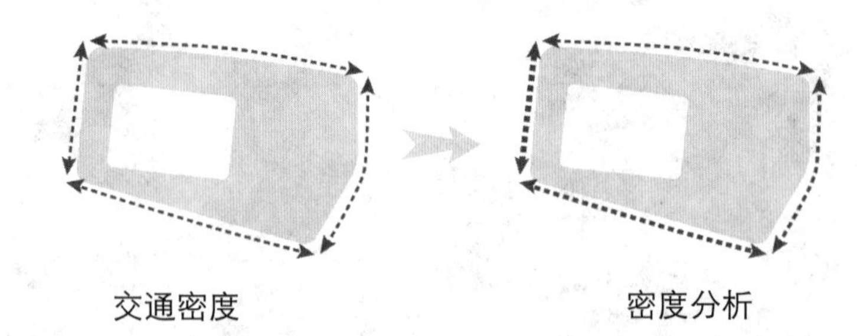

交通密度　　密度分析

基地周围有四条道路，按使用的主次给予分级，人群密度不同。

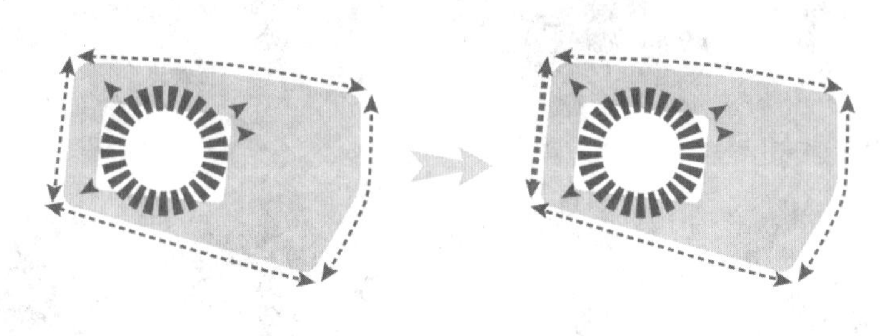

人流密度　　密度分析

考虑建筑与道路对人的影响，按功能与性质划分不同的人群密度。

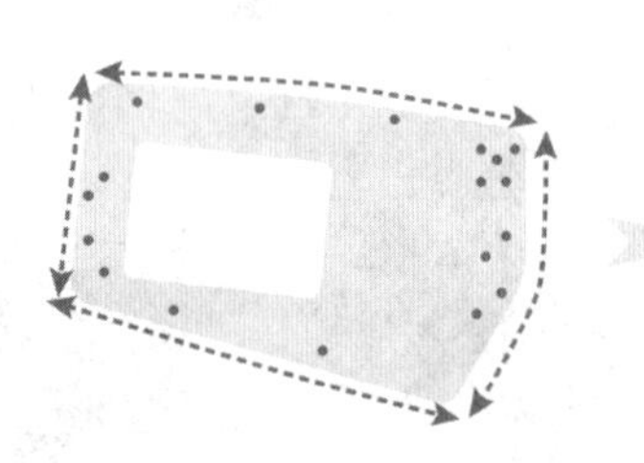

人群行走

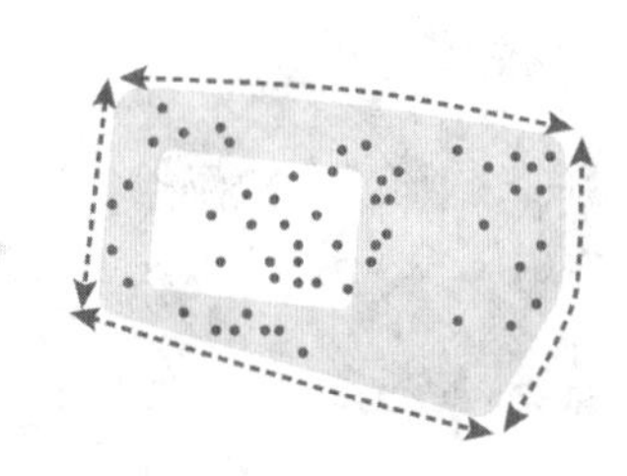

建筑对人群活动产生的影响

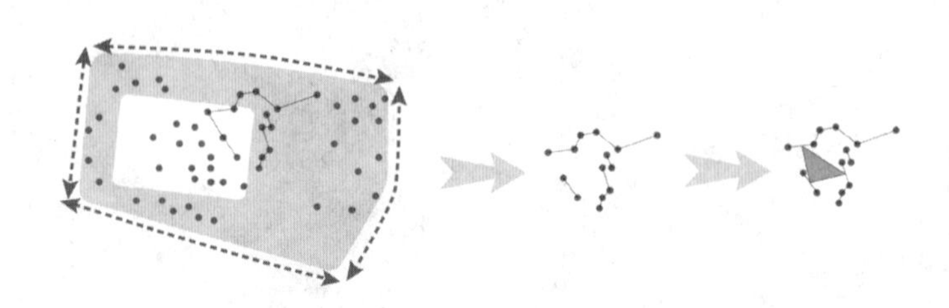

人流+建筑密度

人群活动的密度不同，用几何形的空间的疏密关系来解决密度高的地区人群活动的丰富性。

概念草图

密度划分

对形式和几何的景观化利用，折叠创造出流动的表面，它是持续的空间和结构的合理组成部分。空间可以丰富和扩大。

总图

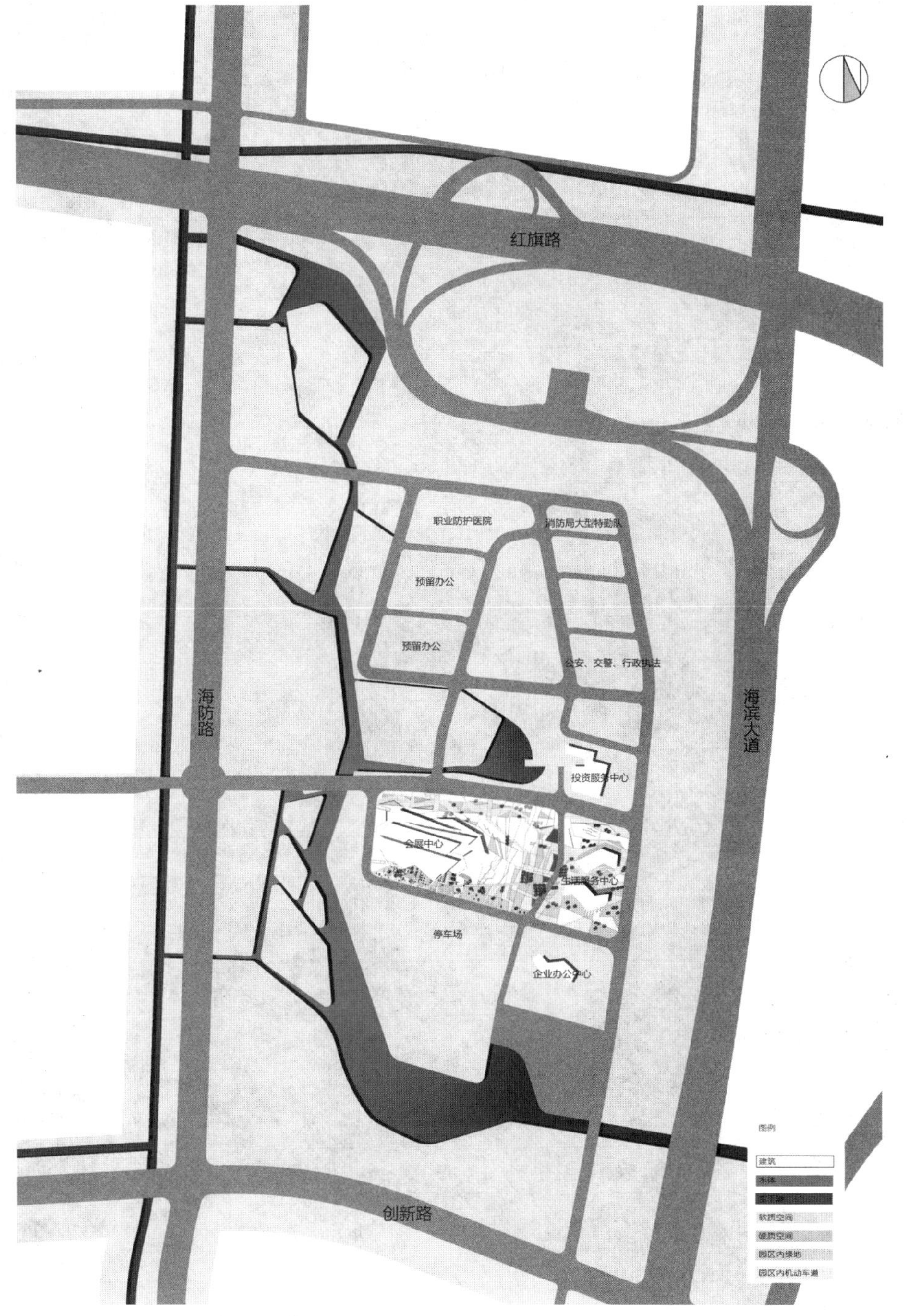

平面图

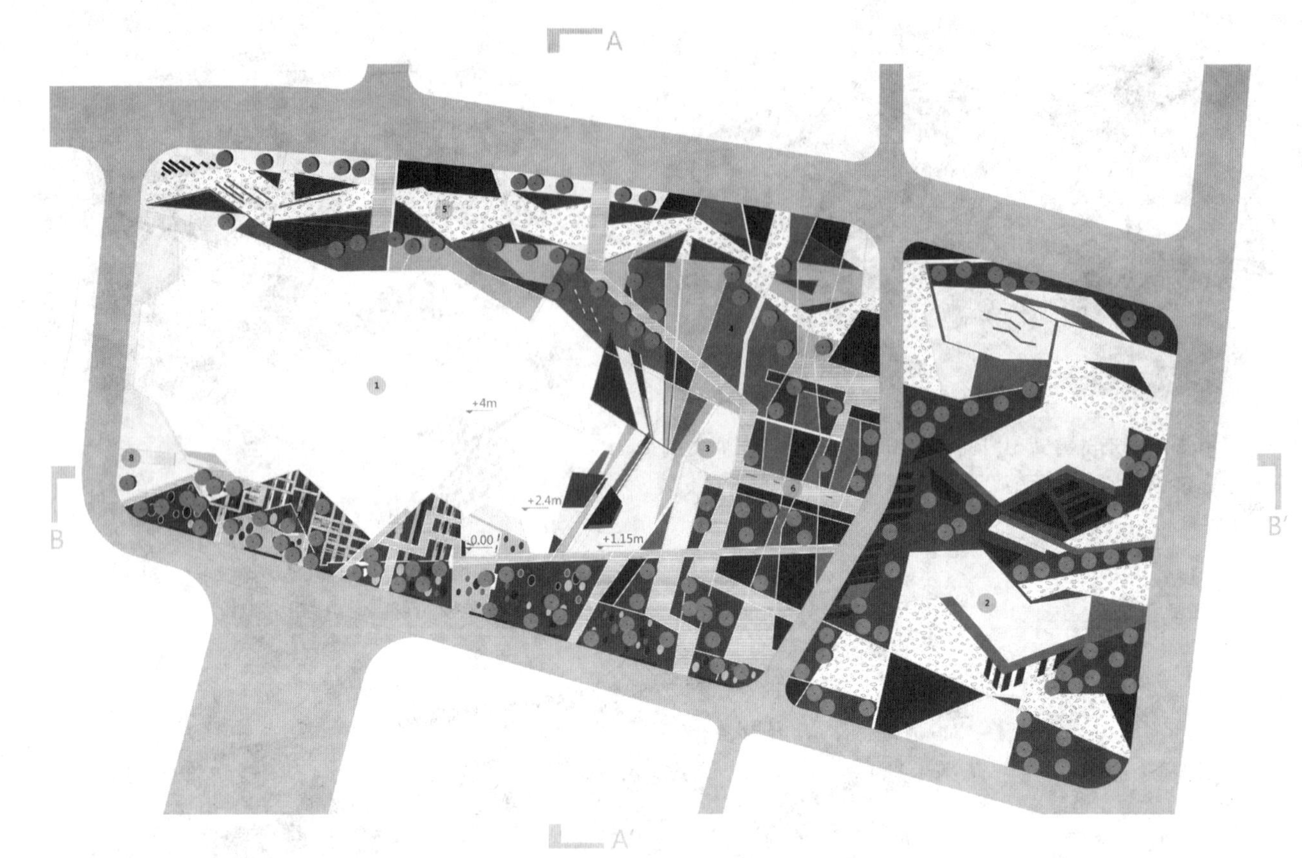

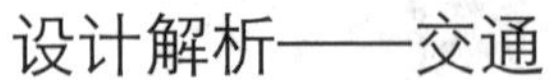

设计解析——交通

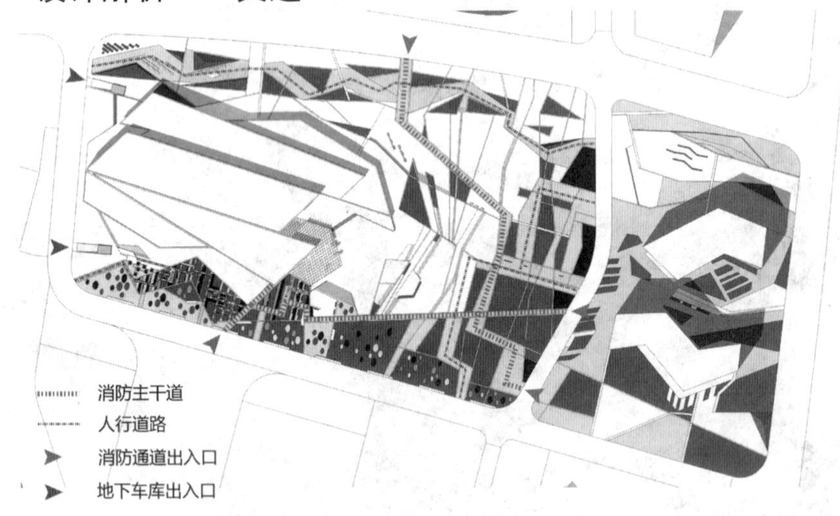

1 会展中心

2 生活服务中心

3 中心阶梯广场

4 休闲活动广场

5 步行长廊

6 绿化步行道

7 绿化休息区

8 地下车库入口

设计解析——分区

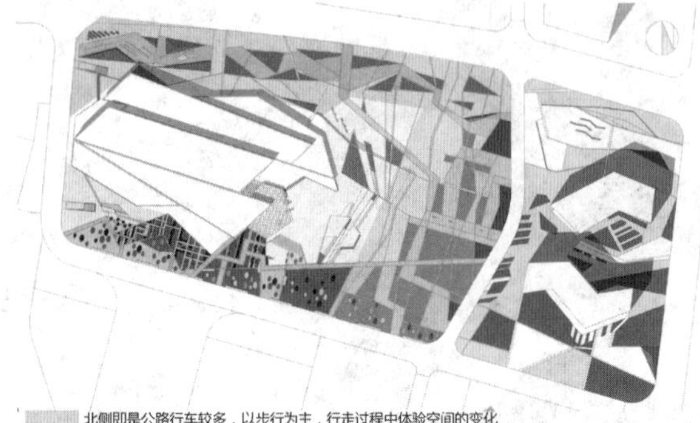

北侧即是公路行车较多，以步行为主，行走过程中体验空间的变化

位于两栋建筑的交界处，以通行为主要功能

位于主体建筑入口，应较为开阔，在立面上作空间上的变化

行人较少，设置较多的座椅适宜休息与交谈

设计解析——空间

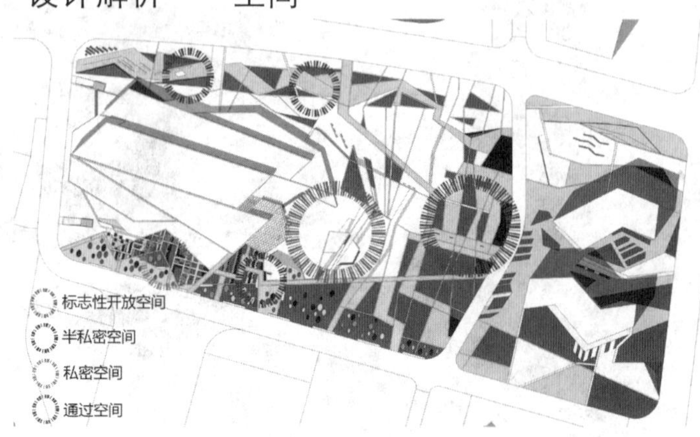

效果图

效果图

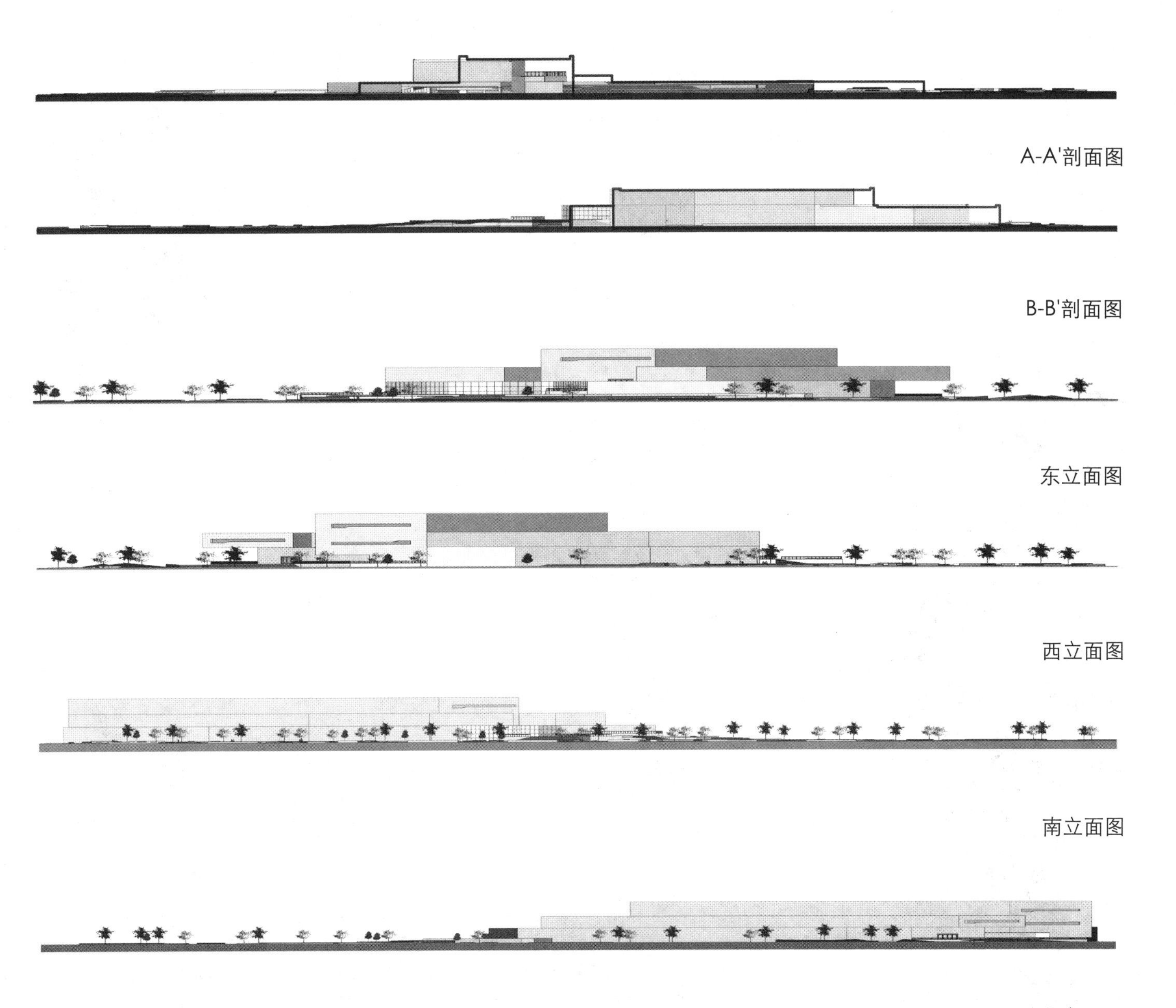

A-A'剖面图

B-B'剖面图

东立面图

西立面图

南立面图

北立面图

植物种植图

栾树　鸡爪槭　紫叶小檗　红瑞木　丁香

金银木　西府海棠　龙爪槐　碧桃　合欢

佳作奖

天津南港工业区景观设计

学生姓名：陆海青
责任导师：王　铁
学校名称：
中 央 美 术 学 院

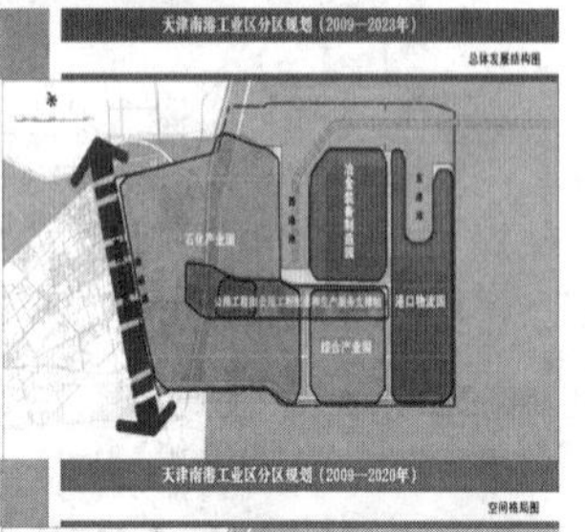

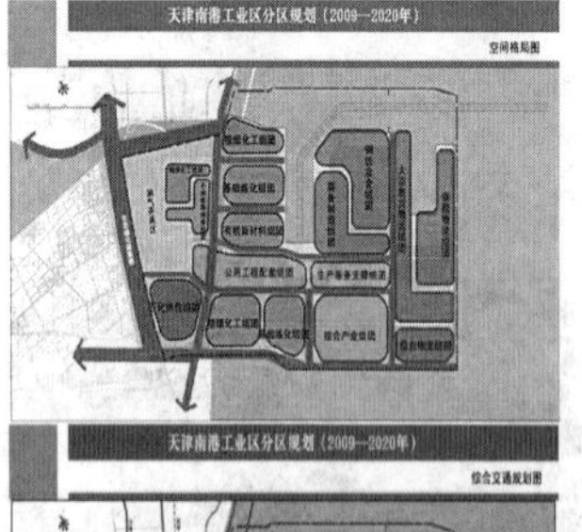

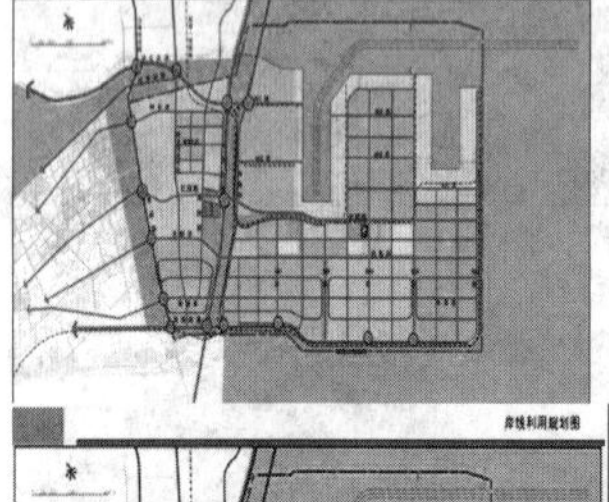

双城双港　全新入体

南港区位分析：
南港工业区是天津市“双城双港”城市空间发展战略规划的南港，位于滨海新区东南部，距离天津市区 45km，距离天津机场 40km，距离天津港 20km。工业区呈“一区一带五园”布局，生态环境良好，基础设施一应俱全，投资环境优越。面对新的形势，开发区将进一步贯彻落实科学发展观，弘扬“开拓创新永图强，奋力争先铸辉煌”的精神，努力把开发区打造成为推动全市经济跨越发展的重要载体和第一增长极。

南港空间格局：
形成“多组团”的空间格局，园区由多个职能不同的组团组成。 石化产业园包括基础炼化组团、石油战略储备组团、有机新材料组团、精细化工组团、石化弹性产业组团和公用工程及配套组团。冶金装备制造园包括钢铁冶金组团、装备制造组团。港口物流园包括大宗散杂货物流组团、保税物流组团和综合物流组团。综合产业园包括生产服务支撑组团和综合产业组团。公用工程及配套组团和生产服务支撑组团轴状延伸，服务配套并支撑工业区的产业发展。公用工程配套组团发展以市政公用工程、仓储物流和专业市场为主的职能；生产服务支撑组团发展公共服务配套、生产技术支撑产业、蓝领公寓居住等职能。

设计范围其中包括：
标志物 A
投资服务中心
生活服务中心
企业办公中心
会展中心及周边水系
道路绿化景观设计

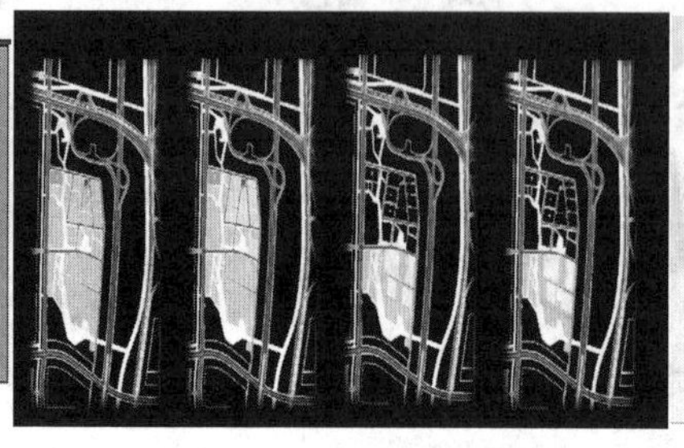

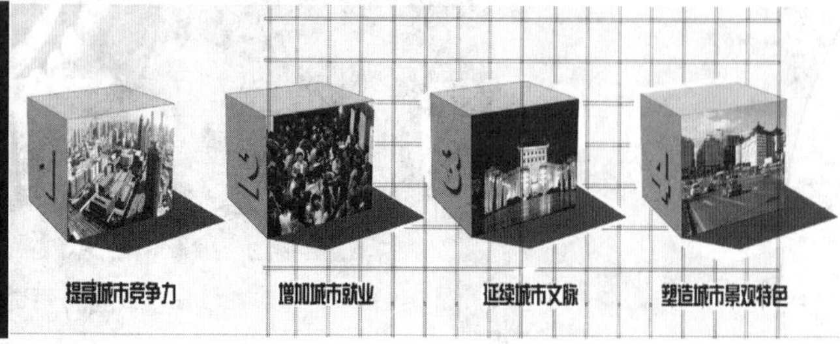

现状分析图

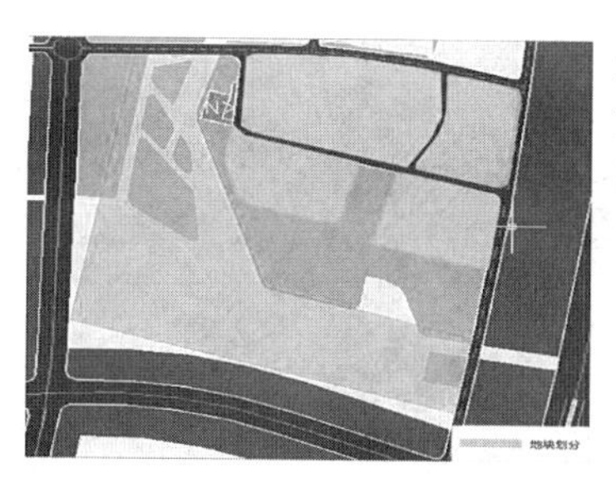

地块划分Blocking
划分原则：保证道路分隔的地块的完整性。

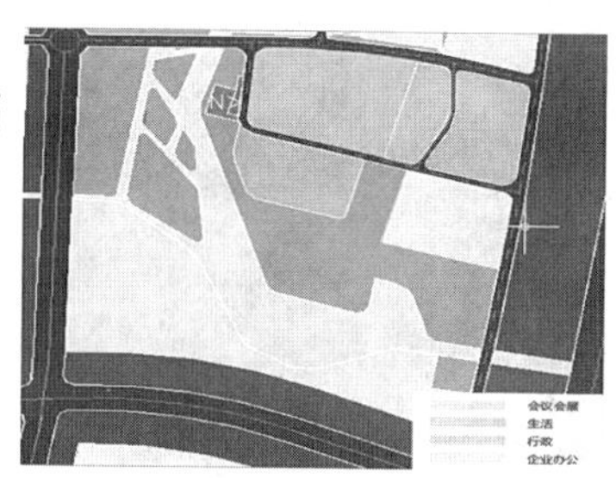

功能分区Function
企业分块符合企业入驻要求。分别有：会议会展、生活、行政以及企业办公。

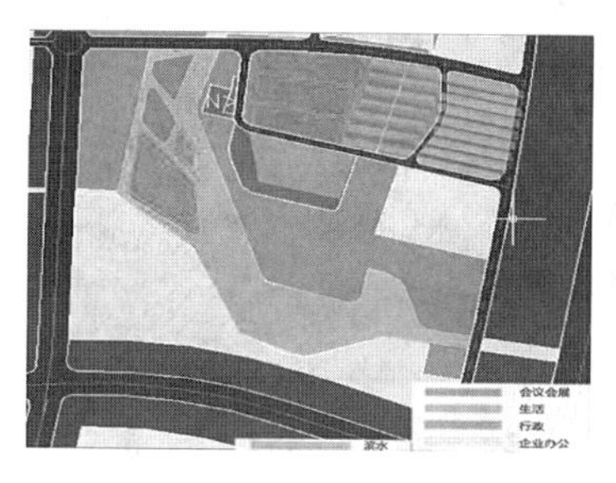

形态及功能
Form & Funtion
在建筑之中设置通过空间，虚实结合完成建筑形态的塑造。

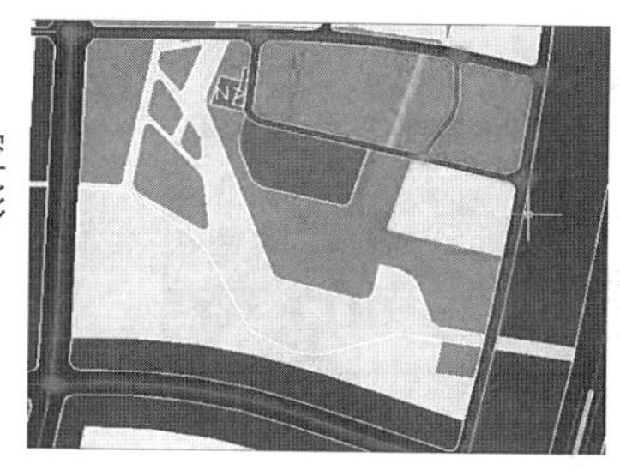

路网结构 Road Net
路网的设置考虑的是如何直接融入城市肌理之中，划分都要适应城市尺度，地块主路作为主要人行环路，直接联系四个功能空间。

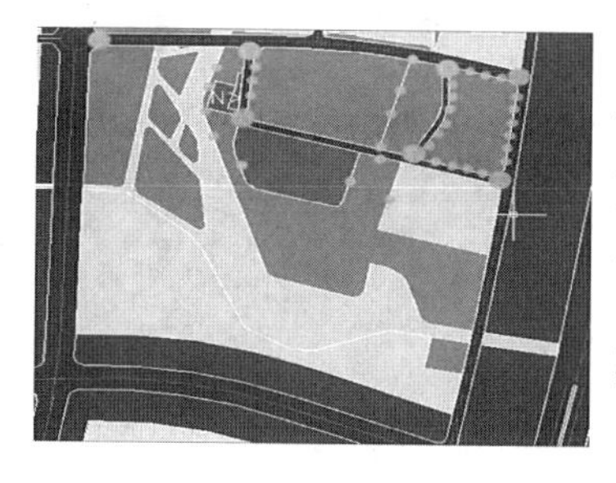

服务与入口
Service & Entrance
整体地块的服务点需要服务的无遗憾覆盖，后勤服务入口和各场馆根据货运系统排布。入口则兼顾主要人行道路位置。

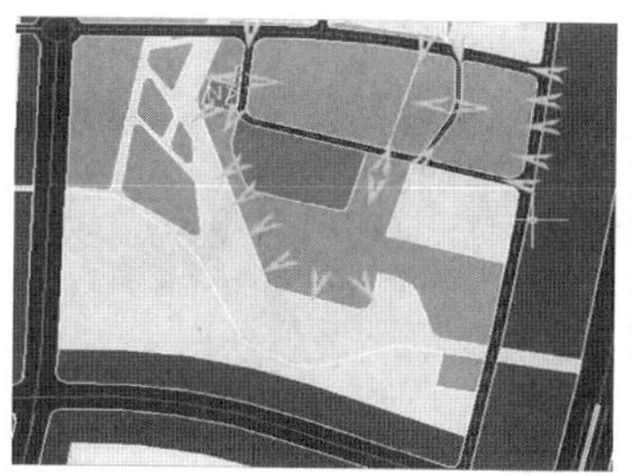

人流趋势
People Stream
在地块中心区设置环道，辐射性的路网将整体组织起来，由一条景观步道从基地渗透到滨水大道 。

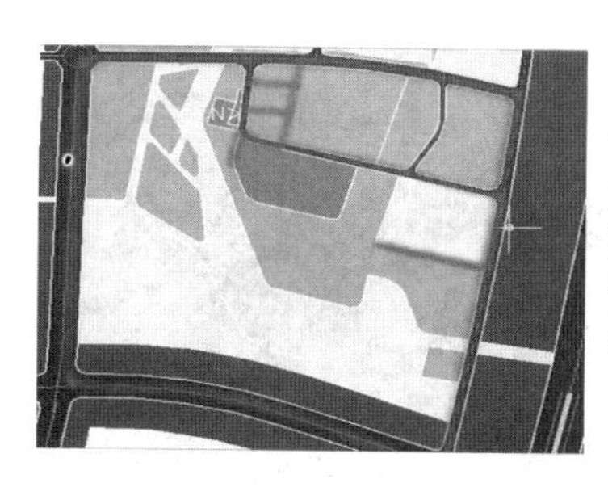

货运后勤 Service System
作为后勤系统，便捷性成为主要的控制条件，利用道路系统，同时不干扰主道路，形成一个完整的、便捷的货运路网系统。

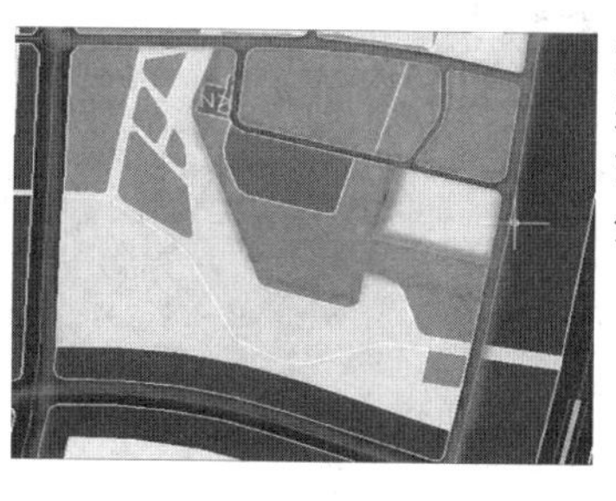

消防 Fire Control
采用路网和广场相结合的方式。消防体系做到将地块划分成适合扑救的尺度。

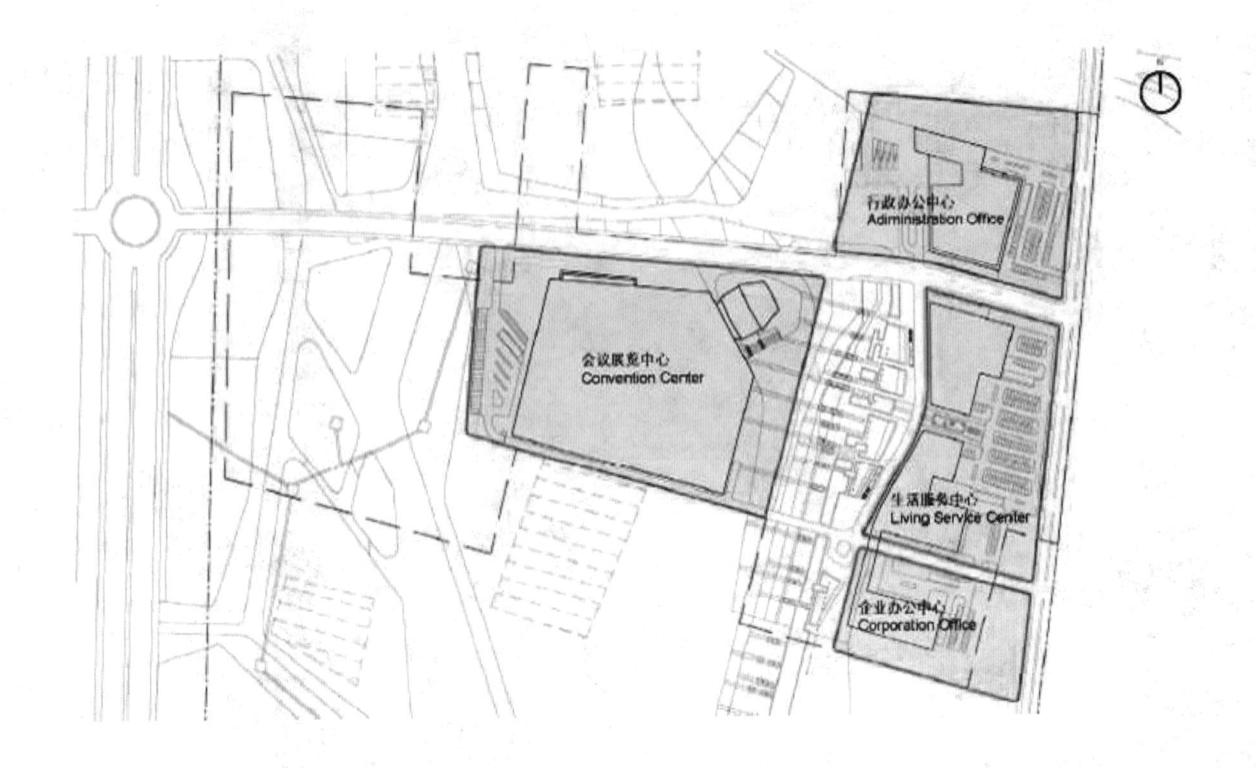

设计定位：
滨海新区作为主要的集装箱港口服务于北京及天津，南港则将成为石油化工业基地，从而形成多样化的发展格局。二者将共同成为该地区同世界各地联系的门户。而标志物A处在南港工业区主要干道海防路和红旗路的交汇处，周边交通便利。

按照滨海新区建设高水平现代制造业和研发转化基地的功能定位，结合天津重化工业南移的需要，南港工业区的功能定位是：以发展石油化工、冶金及重型装备制造产业为主导，以承接重大产业项目为重点，以现代港口物流业为支撑，建成综合性、一体化的现代工业港区。

规划城市道路系统由快速路、
主干路和次干路三级构成，
形成“四横四纵”为主的干路系统。

“四横”为创业路、红旗路、
创新路和南堤路。

“四纵”为汉港快速路（津岐路）、
西中环延长线、海防路、海港路。
次干路承担联系内部各产业功能
组团之间的交通联系功能。

南港工业区高速公路和城市道路
共同构成“六横五纵”的综合
道路系统。

设计愿景：

交通系统 Circulation

1.道路的规划应该使景观的效果最大化；

2.入口道路的处理和环境应当反映出各自的特征；

3.内部道路街景设计应当具备各地块的特色；

4.充分考虑人行尺度，设计宜人的步行环境。

开放空间框架 Open Space Framework

1.通过开放空间提升土地价值；

2.使水体成为创造宜人开放空间的主要因素；

3.创建视觉链接，在开放空间中提供合理而优美的链接。

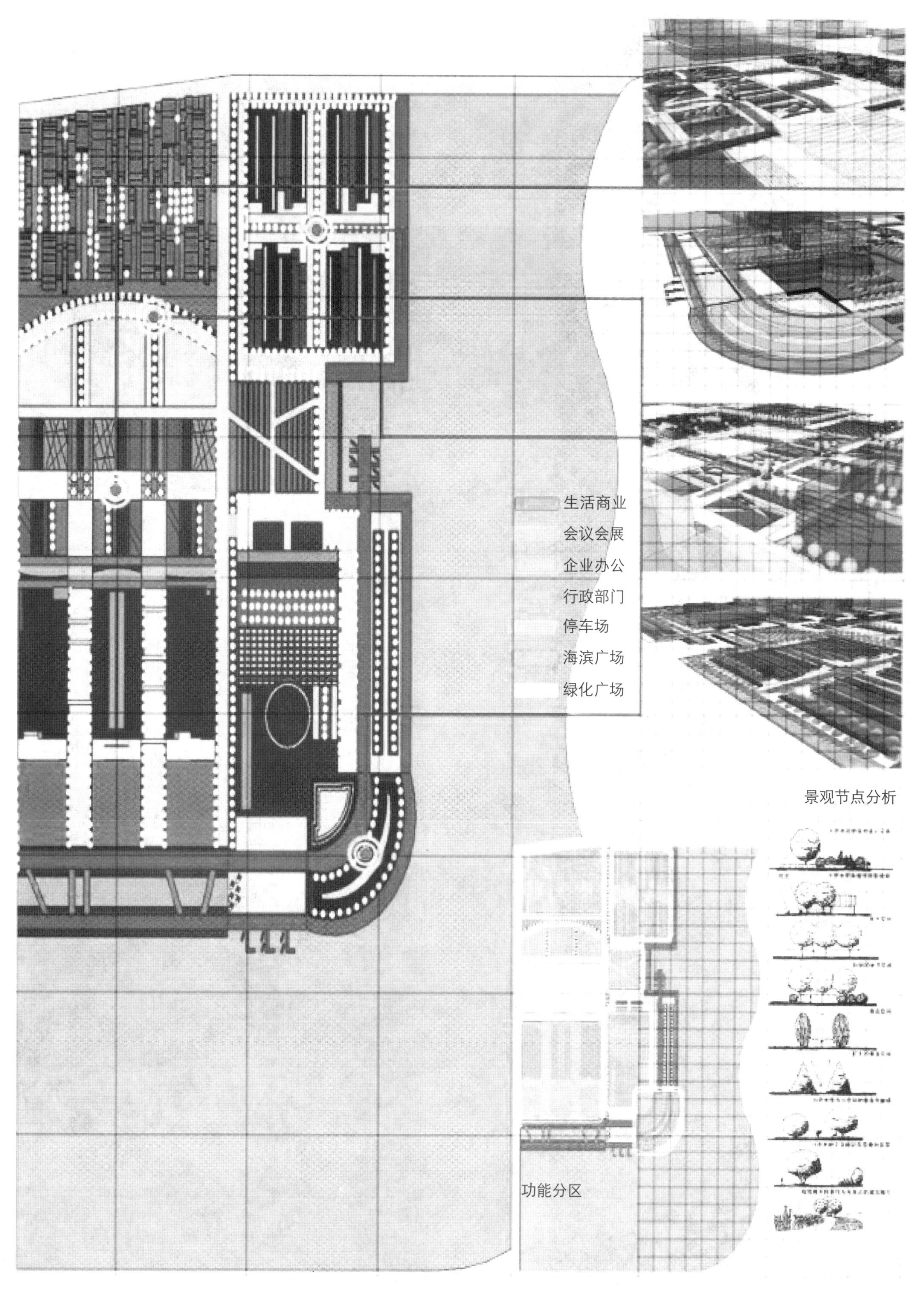
生活商业
会议会展
企业办公
行政部门
停车场
海滨广场
绿化广场
景观节点分析
功能分区

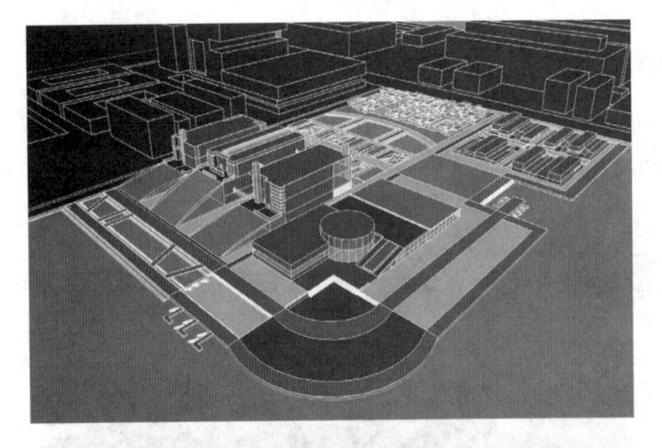

WATERFRONT

驳岸路线

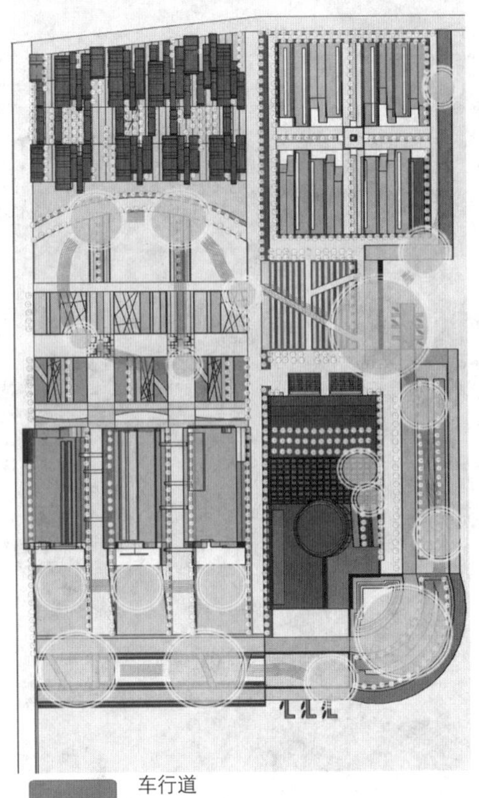

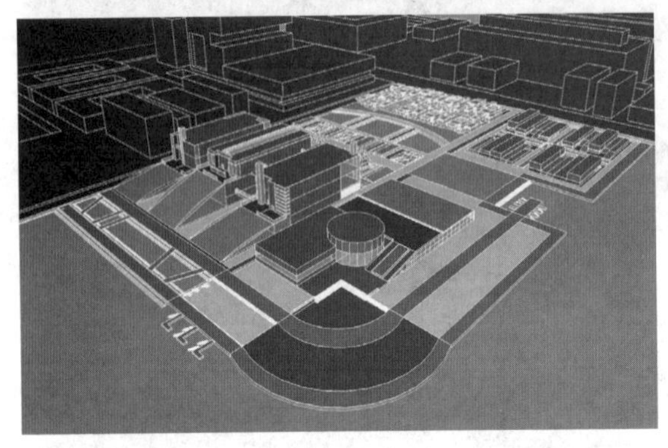

ROOF GREENING

屋顶绿化

车行道

主要步行道

次要步行道

休闲景观道

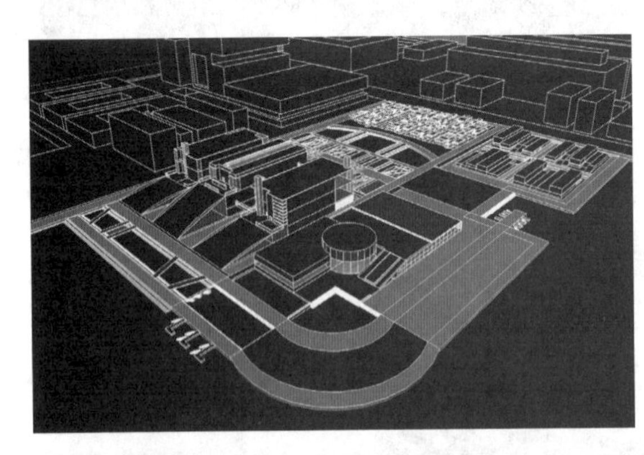

MAIN ROUTE

主要路网

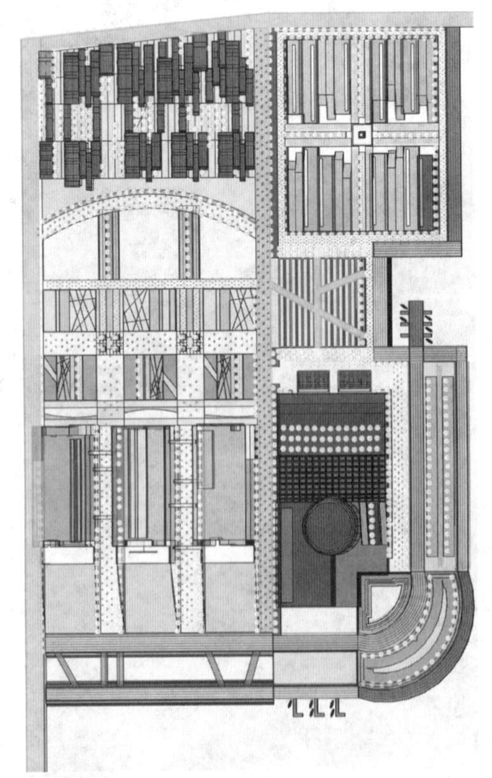

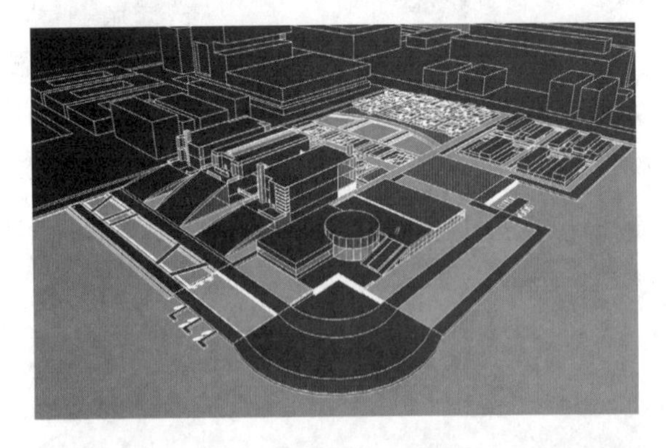

SURROUNDED BY WATER

水景围合

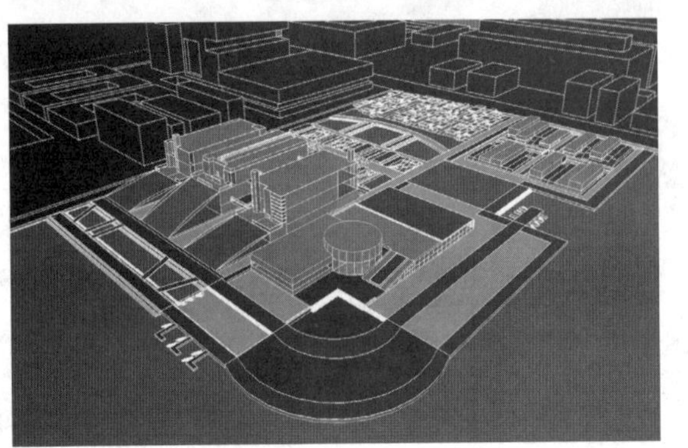

BUILDING GROUP

建筑群体

主要景观节点

次要景观节点

景观轴

路线层

设置考虑的是如何直接融入城市肌理之中，划分都要适应城市尺度，地块主路作为主要人行环路，直接联系四个功能空间。并设有消防通道，做到将地块划分成适合扑救的尺度。

绿化层

设计中布置了多样化的绿树和草地，这些元素占了场地大部分面积。建筑对环境的影响通过低角度坡面屋顶绿化将被降至最低。同时，设计中也强调了亲水性，设计中的人行道可以直接引导游人走到水边。

建筑层

分别为会议会展中心、行政办公、企业办公以及生活商业廊。围绕中心区，将出现几个功能不同的组团，它们将滨水线划分成几个部分，形成私密空间和开放空间。

木栈道

宽阔的视野走廊将水景景观与基地融为一体。相连会议会展中心及企业办公。设有下沉广场，提供了休息游玩的场所。

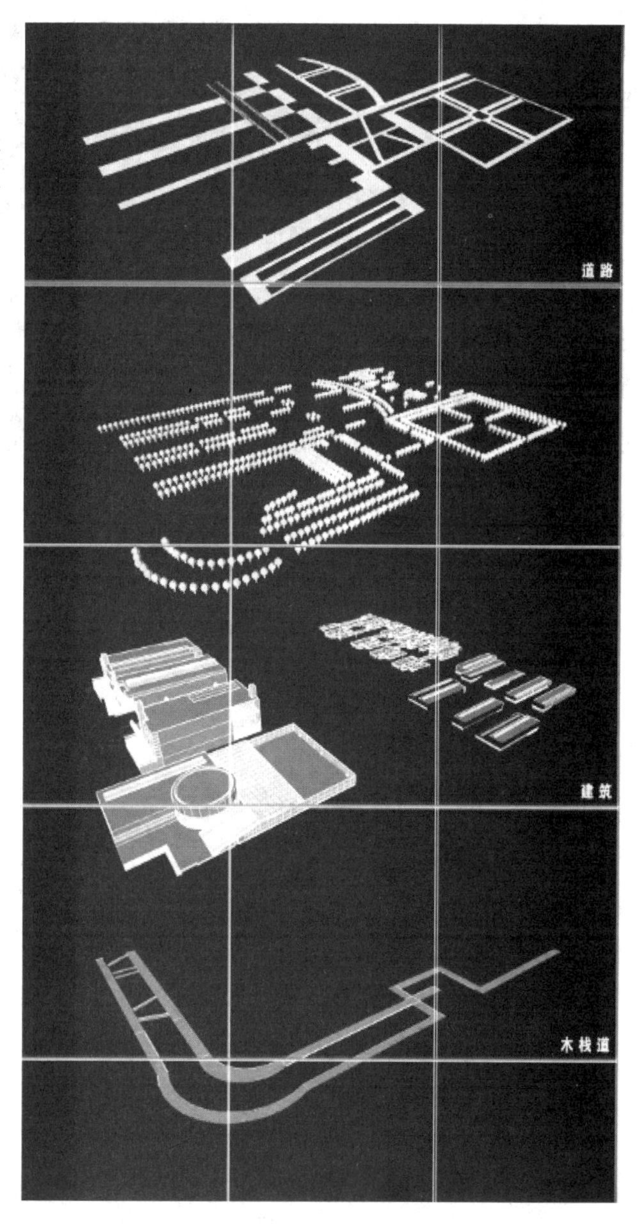

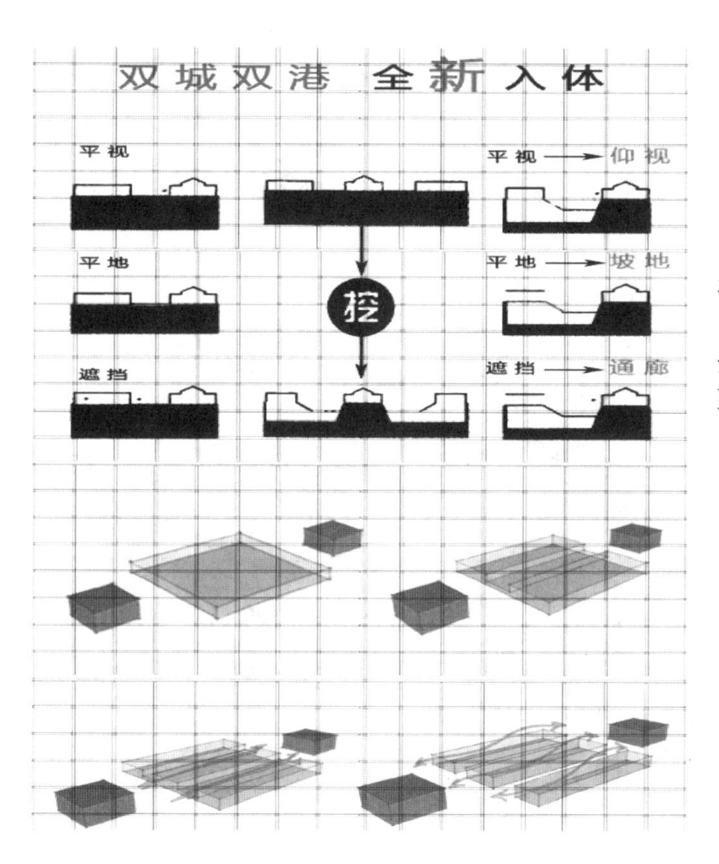

密度

回馈公共更开放的视野，尤其在重要的视野节点之间，在这些视线的通道上，空间将被更大地展示密度。

开放式的展示有利于欢乐畅快的气氛，在重要节点之间建立更多的视线交流有利于对空间的感知。

空间

通透的视线

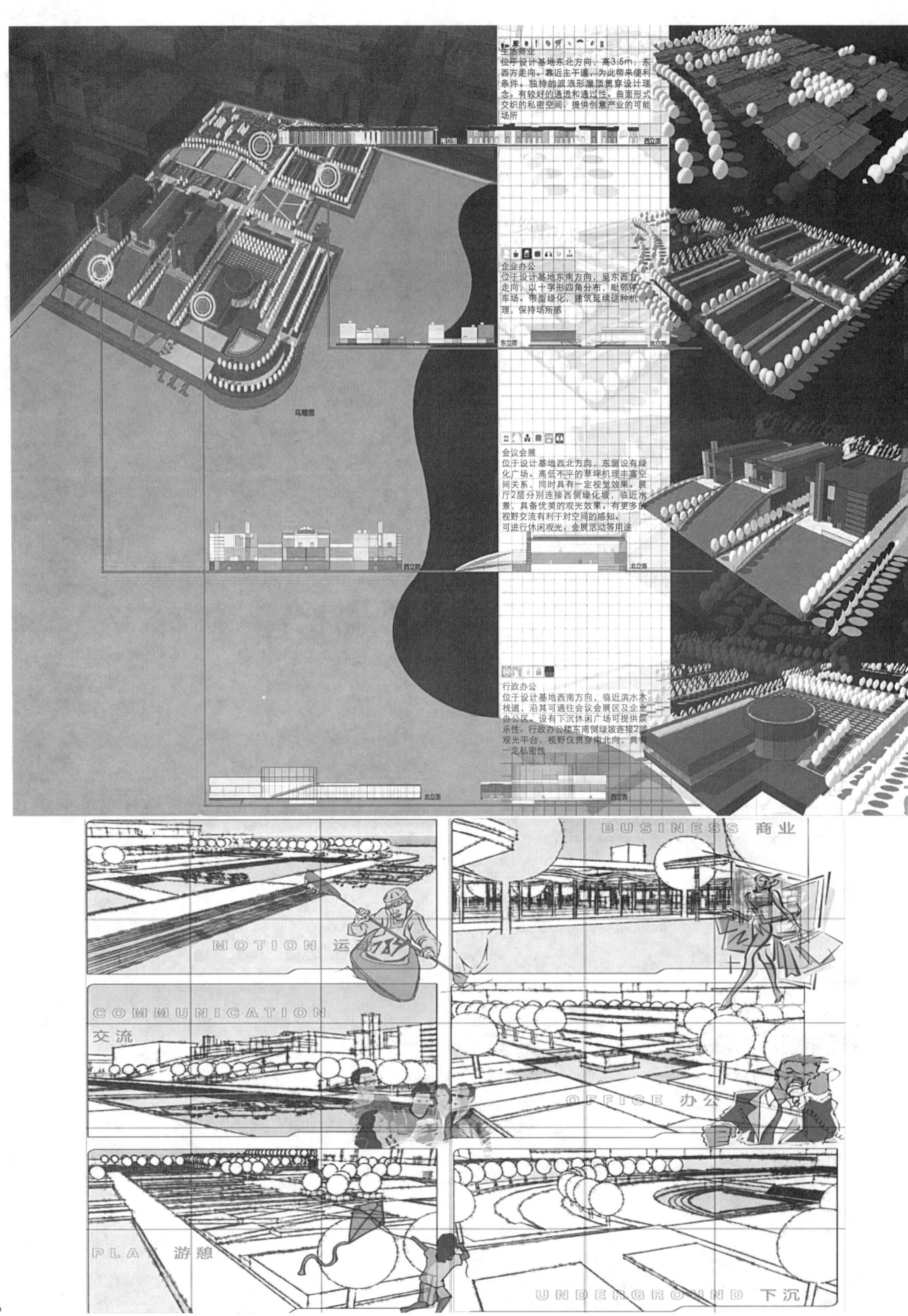
生活商业
位于设计基地东北方向，高3.5m，东西方走向。靠近主干道，为此带来便利条件。独特的波浪形屋顶贯穿设计理念。有较好的通透和通过性。曲面形式交织的私密空间，提供创意产业的可能场所
南立面
西立面
企业办公
位于设计基地东南方向，呈东西方走向，以十字形四角分布，毗邻停车场。带型绿化，建筑延续这种机理，保持场所感
东立面
北立面
鸟瞰图
会议会展
位于设计基地西北方向，东侧设有绿化广场。高低不平的草坪机理丰富空间关系，同时具有一定视觉效果。展厅2层分别连接西侧绿化坡，临近水景，具备优美的观光效果。有更多的视野交流有利于对空间的感知。
可进行休闲观光、会展活动等用途
西立面
北立面
行政办公
位于设计基地西南方向，临近滨水木栈道，沿其可通往会议会展区及企业办公区。设有下沉休闲广场可提供娱乐性。行政办公楼东南侧绿坡连接2层观光平台，视野仅贯穿南北向，具有一定私密性
北立面
西立面
MOTION 运动
BUSINESS 商业
COMMUNICATION
交流
OFFICE 办公
游憩
UNDERGROUND 下沉

生活商业廊
肌理——波浪
在重要的视野节点之间，在这些视线的通道上，空间将被更大的展示密度
开放式的展示有利于欢乐畅快的气氛，
在重要节点之间建立更多的视线交流有利于对空间的感知

在林下空间建设服务和消费功能的商业建筑
形式根据水波纹进行挖掘建造
把大地起伏作为水的一种表现形式，在大地隆起空间将商业建筑移植进去
共同组成一个完整，多层次，丰富的组合空间

局部地段环境设计（一）

生态渗透到各个界面

一层平面　二层平面　三层平面　四层平面

会展会议
封闭+开放=完美交流

会展会议大楼与室外绿色坡道展览厅相结合
共同融合成一体
在增加绿色覆盖率的同时提高使用率

交流
游憩
休闲
娱乐
宴会
感受
视觉

相邻滨水木栈道
提供了良好的景观视野及感受

东立面图

局部地段环境设计（二）

佳作奖

在空间中感受

深圳市龙岗区李朗182设计产业园室内设计

学生姓名：曲云龙
责任导师：彭　军
学校名称：
天 津 美 术 学 院

区位因素分析

选题位于广东省深圳市龙岗区布澜路 182 号。园区交通便利。距离水官高速布澜出口约 500m，距离机荷高速出口 5 分钟车程，距离深惠路约 3000m，距离第三期地铁 16 号线出口一步之遥。

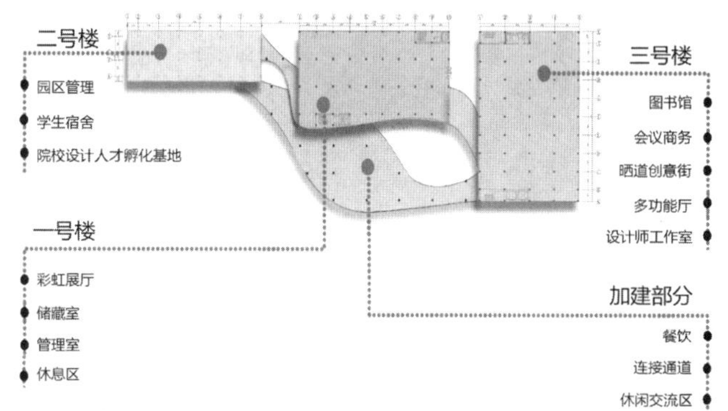

园区平面图

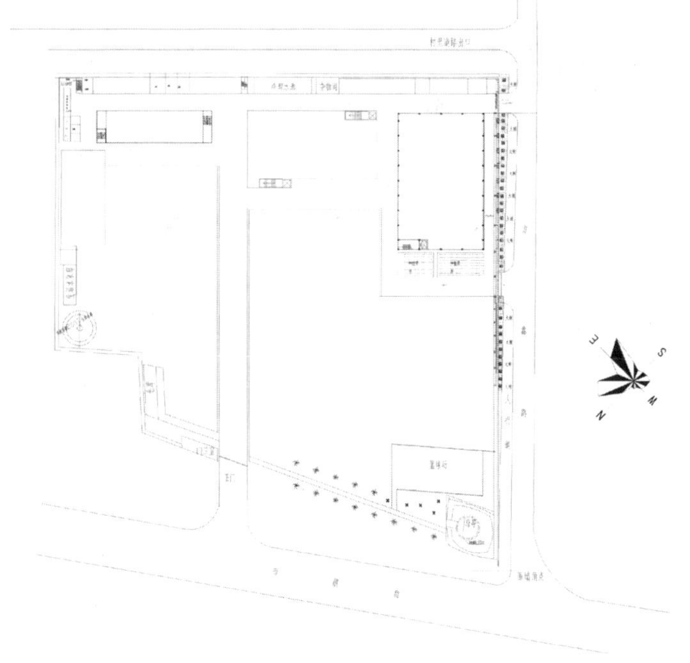

将设计产业园中应具备的功能区进行归纳整理，然后合理地分配到建筑中去，蓝色部分是园区建筑新加建部分，以流动的曲线弱化原有建筑笨重的体量，同时又提高了原有建筑之间的联系性和可达性。

因为园区的入驻对象都是设计师、艺术家等，设计产业的核心内容是创意，所以设计中空间形式多样化是必要的。丰富的空间形式具有吸引性和渗透性。它提供人们交流的平台，让人有足够的空间和机会交流，有与他人相互接触的刺激，通常能让人获取灵感，激发创意。

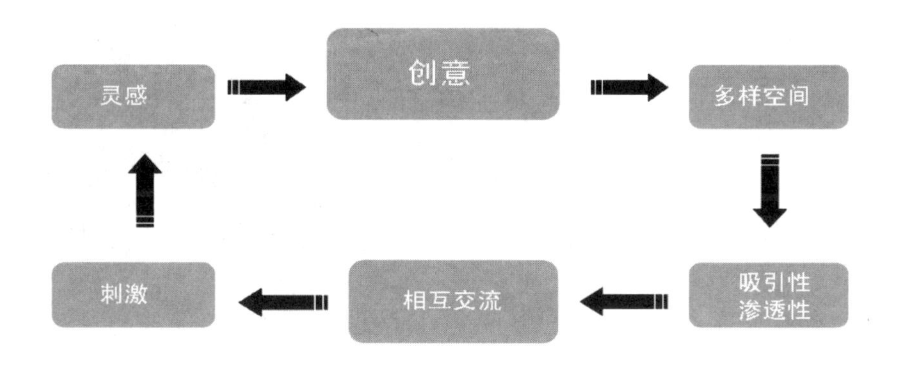

平面分区

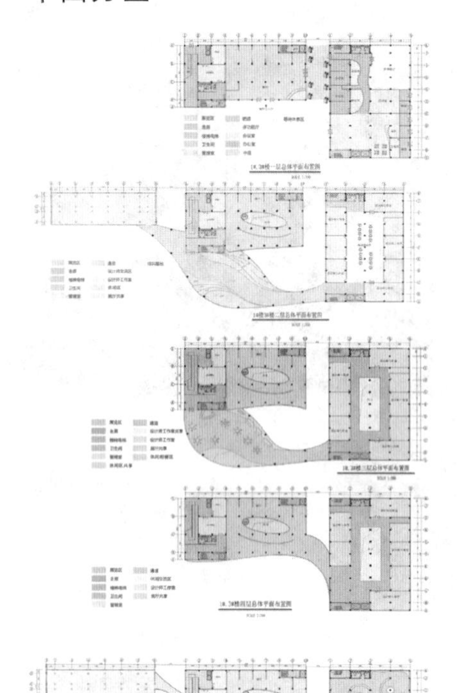

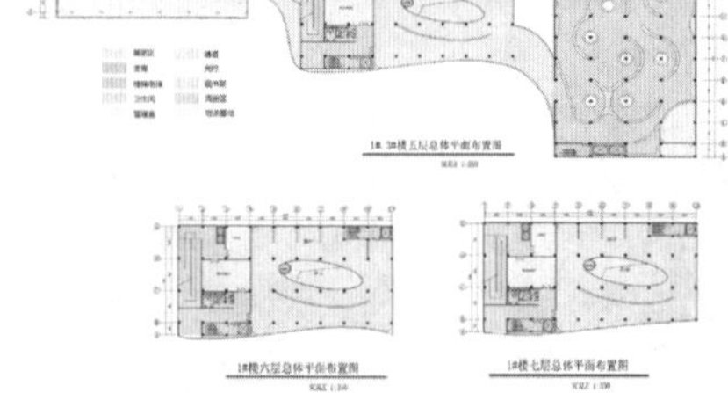

休闲交流区设计方案

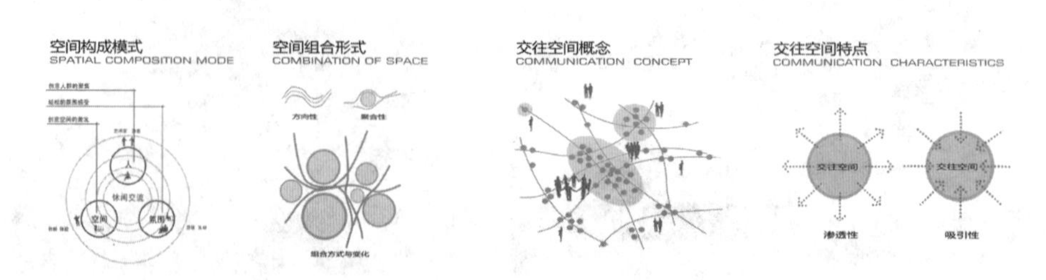

以创意人才的聚集、轻松氛围的感受、创意空间的激发共同构成这个空间，选择方向性和聚合性的空间形式组合变化，共同营造这个交往空间，它吸引人们在此聚集，又将功能作用渗透到周围的空间当中。

二层效果图

人流动线

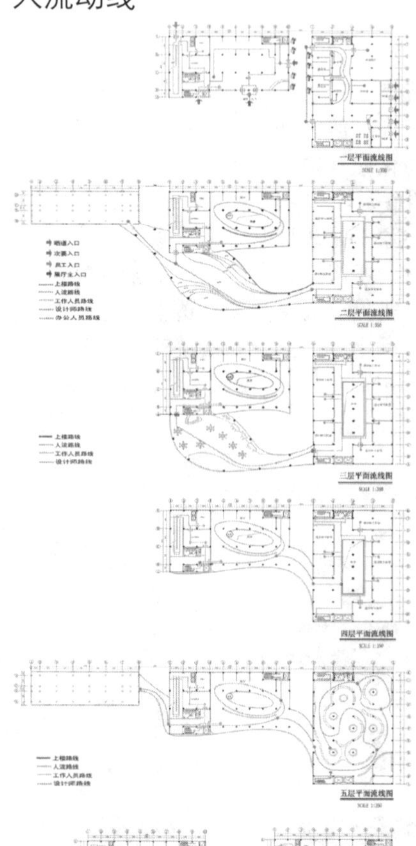

三层效果图

三层效果图

图书馆设计方案—“流光”

空间改造手法

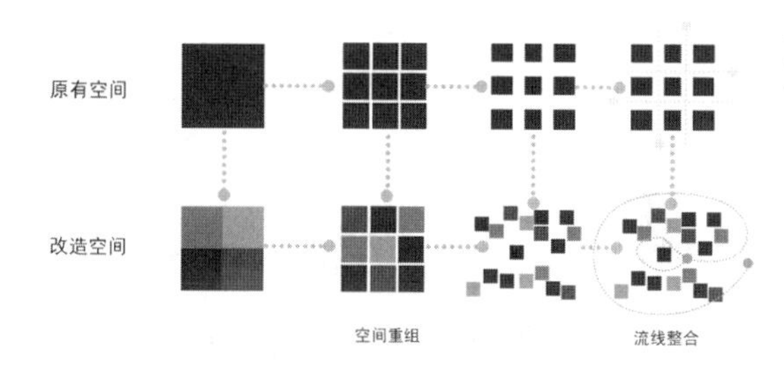

增加采光井提高室内对自然光的利用，在室内柔和的光线中，人会不自觉地抬头仰望这片被切出来的天空，开放的天空和这种开放的感觉会提示你深呼吸。创造出一种自由舒适的读书环境。

颠覆几何结构的传统概念，凝固了一个动态运动中时空共存的流动瞬间。使用不规则的建构语言，营造流动的、纯净的、非标准的、奇异的空间体验。创造出一种自由舒适的读书环境。

“流·光”图书馆的设计以流线型的书架将柱子隐藏起来，削弱柱子对空间感受的影响，强调流动的概念。同时，彩色的柱子起到导视作用，明确书籍分类。

平面图、顶棚图

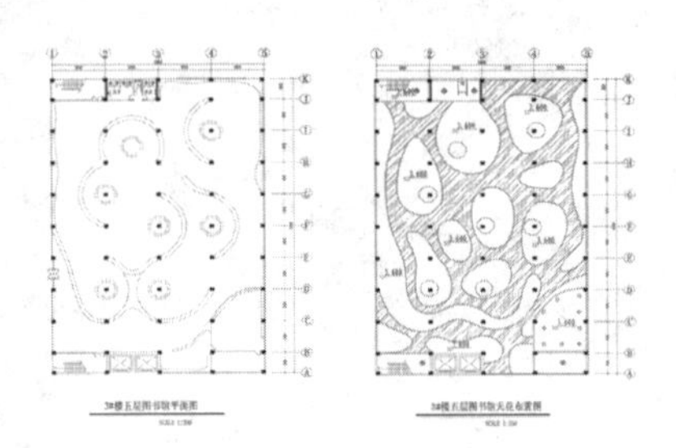

剖面图

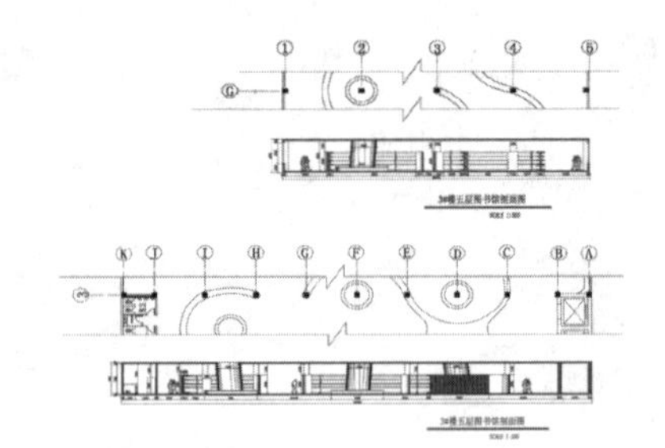

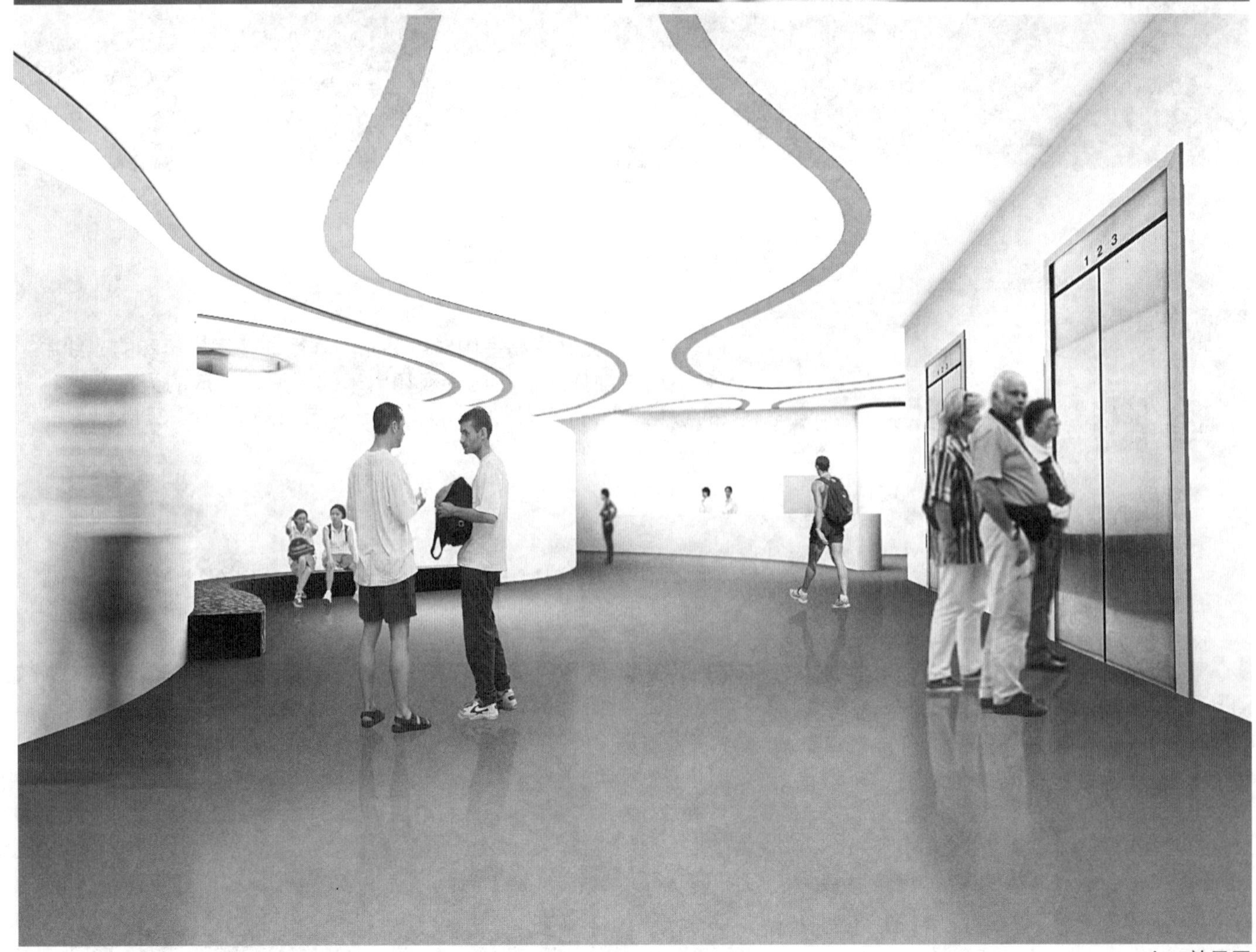

入口效果图

阅览区效果图

展厅设计方案—“彩虹”

营造一种诗意的空间，让参观者有点不确定是进入一个艺术品，还是进入展馆的一部分。这种不确定性带来空间的乐趣，它鼓励人们思考，促使人们在空间中感受。

满足功能性需求的同时，加入更多趣味性设计语言，构建出一个合理生动的艺术展览空间。

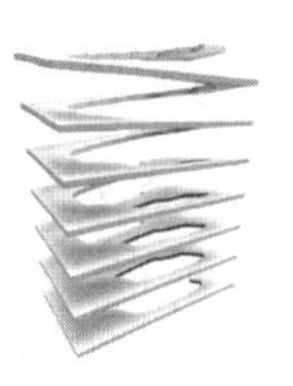

功能性

趣味性

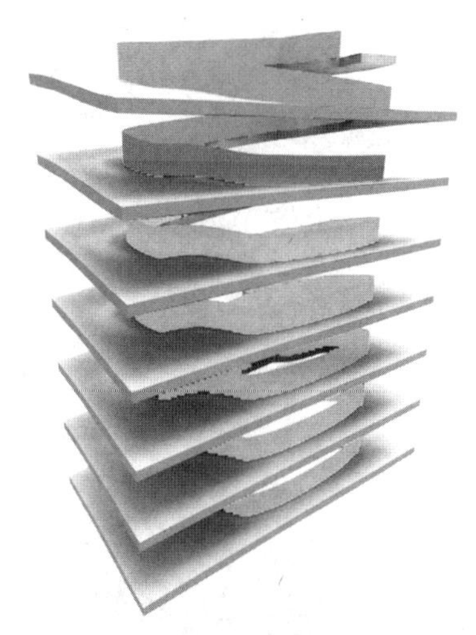

合理生动
展览空间

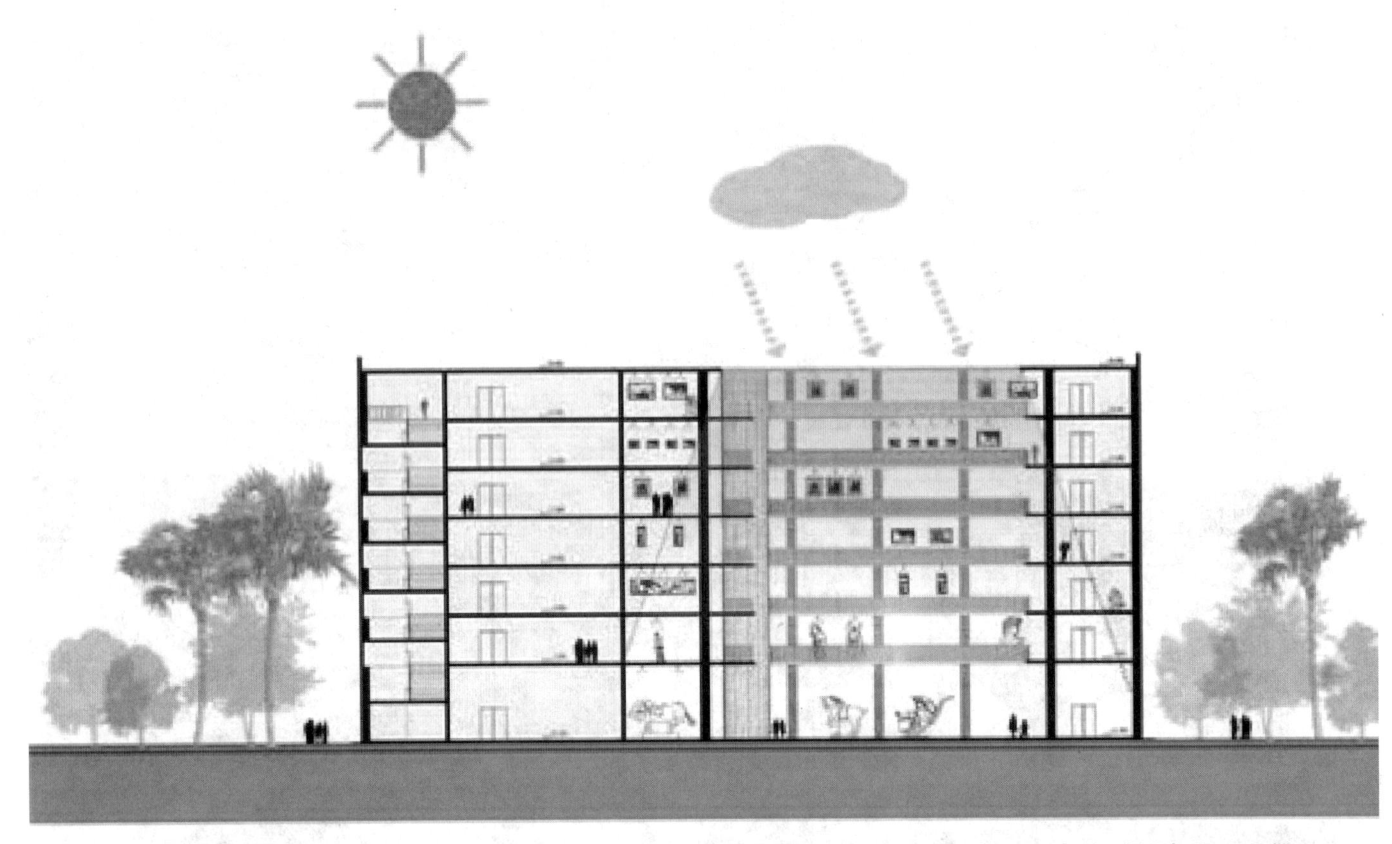

采用彩色钢化玻璃栏板，从顶层的紫色渐变到底层的红色，颜色根据自然光由冷到暖由上而下排布。当自然光从顶部打入室内，在室内创造一道竖向的“彩虹”，营造了一个有趣的共享空间。

展览区效果图

展厅共享仰视效果图

展厅三层效果图

展厅共享俯视效果图

佳作奖

忘却的纪念

——湖南辛亥革命纪念馆室内陈列设计及景观设计

学生姓名：张　骏

责任导师：王　琼

学校名称：苏州大学

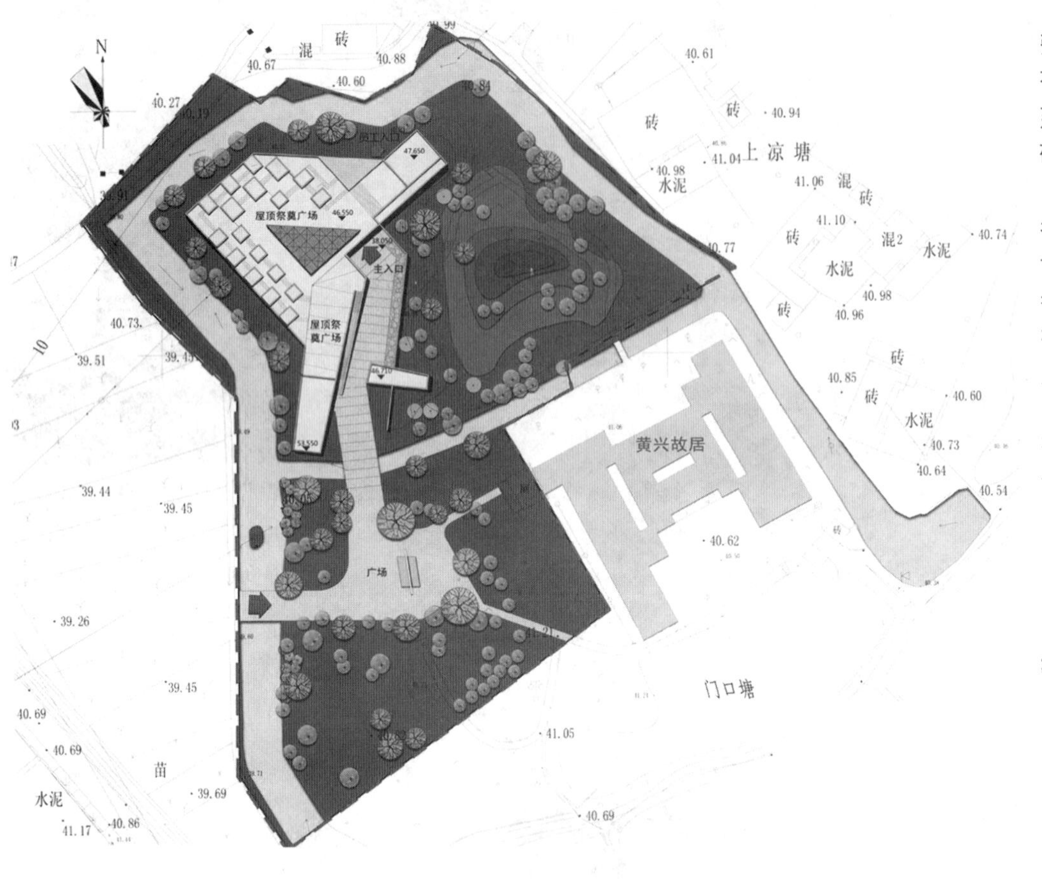

纪念馆依附在黄兴故居旁边，四周环境优美，周围有一条溪流，一座小山丘，建筑设计在西北角，遵从不破坏周边环境的原则。

主入口设在西南，参观者进入后先到达纪念广场，设有纪念雕塑，然后有两条参观路线可以选择，往北直接进入纪念馆参观，往东可先参观黄兴故居。

纪念馆将与黄兴故居现有的园林景观、建筑及黄兴镇的自然风貌形成有机整体。

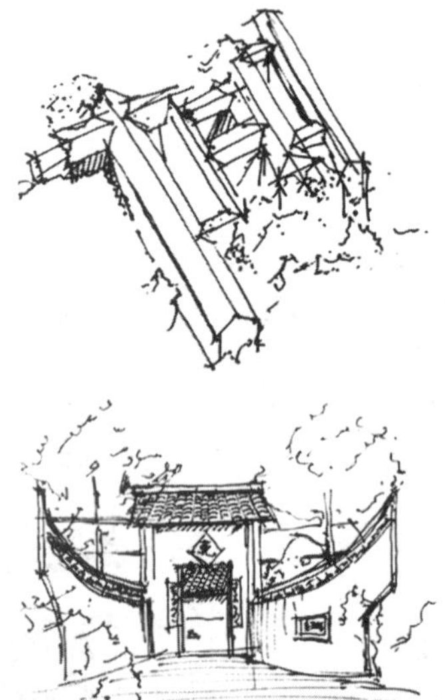

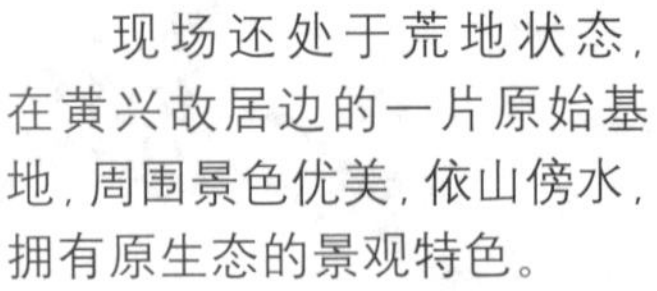

现场还处于荒地状态，在黄兴故居边的一片原始基地，周围景色优美，依山傍水，拥有原生态的景观特色。

纪念馆建筑位于长沙城东约15km处的长沙县黄兴镇凉塘，黄兴故居西北侧的小山丘上。总用地面积约17624.84m²，项目总建筑面积2954.1m²。

纪念馆第一层为半地下建筑，似乎沉入墓地，把人的思绪从世俗中抽离，进入沉思冥想的空间，半地下坡道的两侧是雕塑和文字，类似于传统陵园建筑中的石象生，形成纪念性序列的序曲。

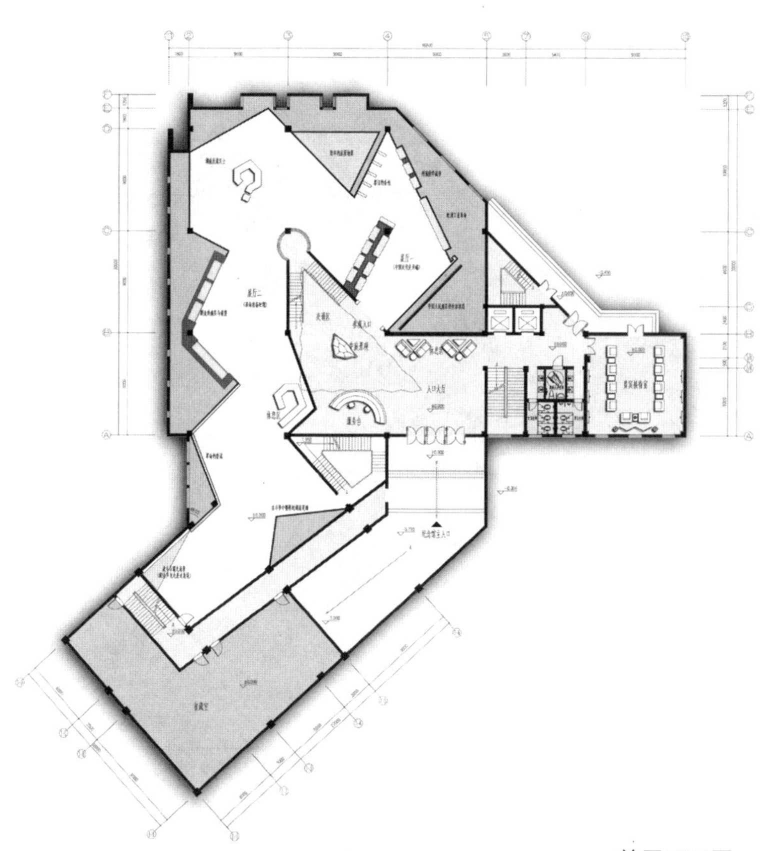

首层平面图

大厅服务空间

首层展览空间

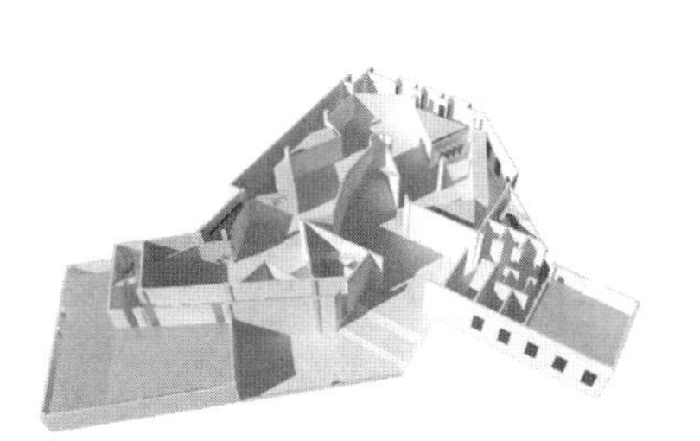

首层后场空间

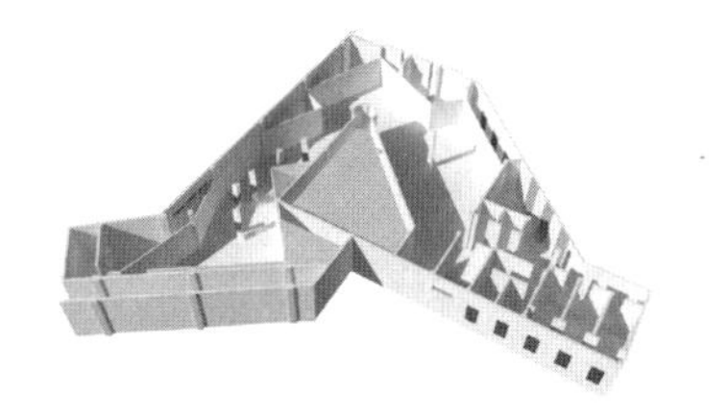

二层交通空间

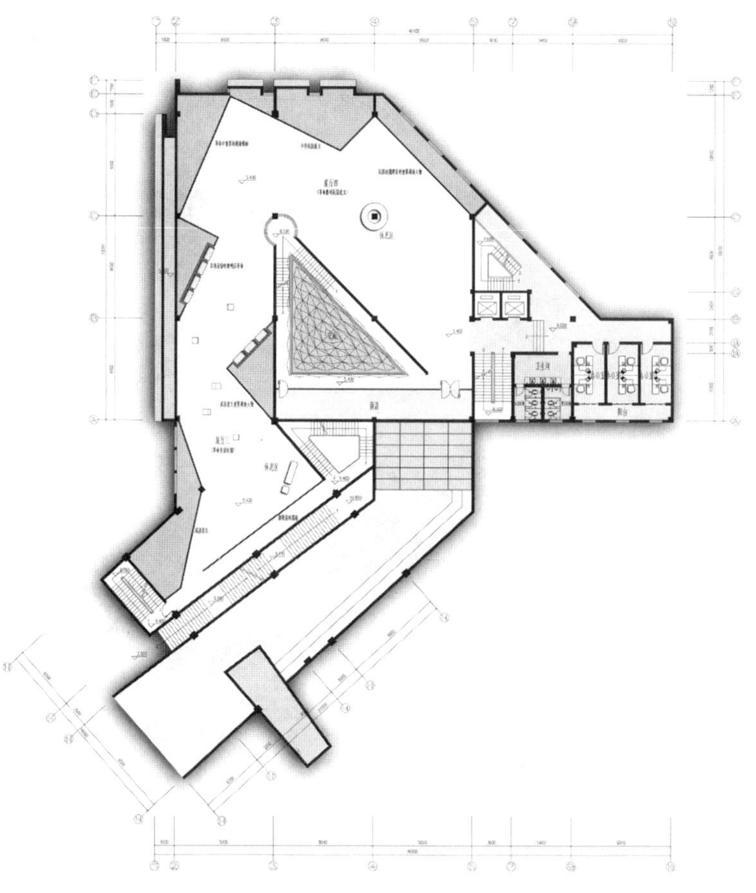

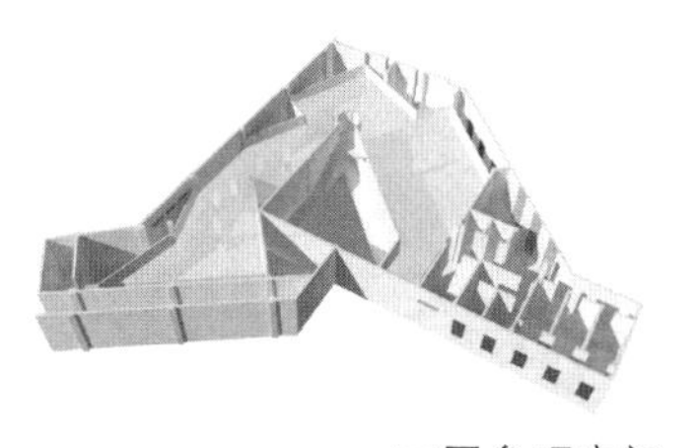

二层参观空间

二层平面图

二层办公空间

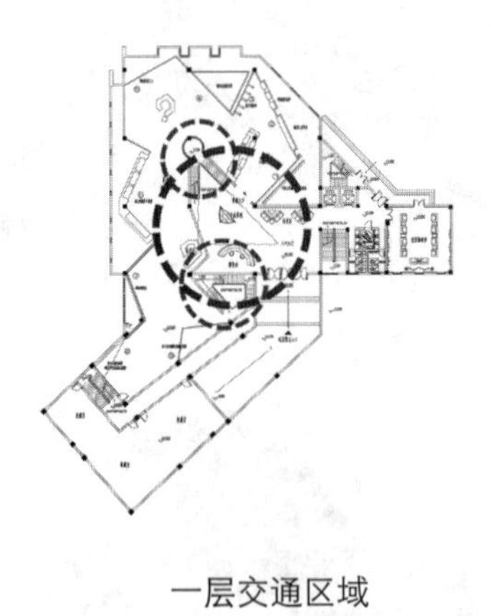

一层交通区域

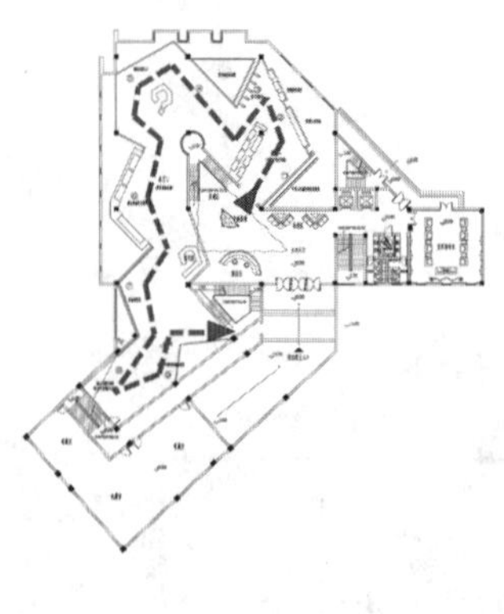

一层参观路线

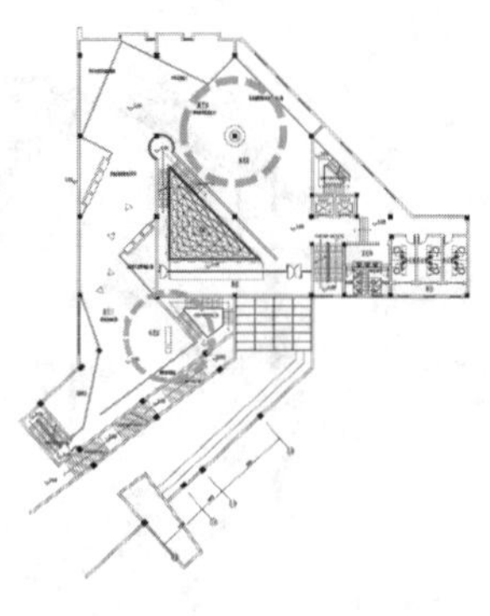

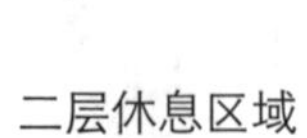

二层休息区域

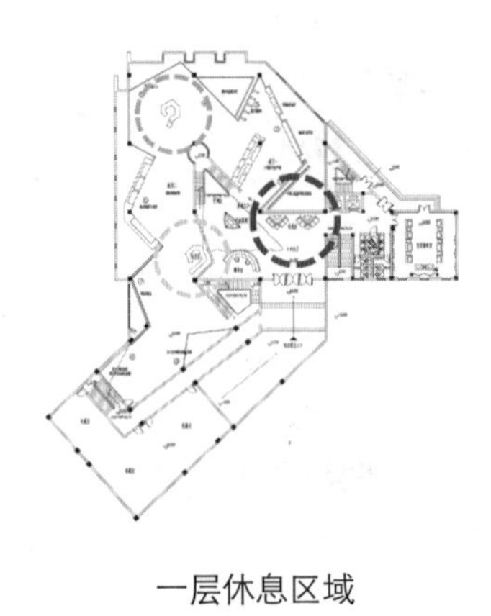

一层休息区域

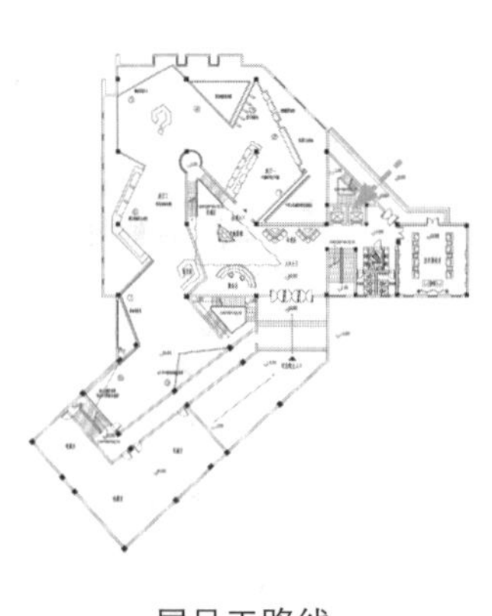

一层员工路线

二层参观路线

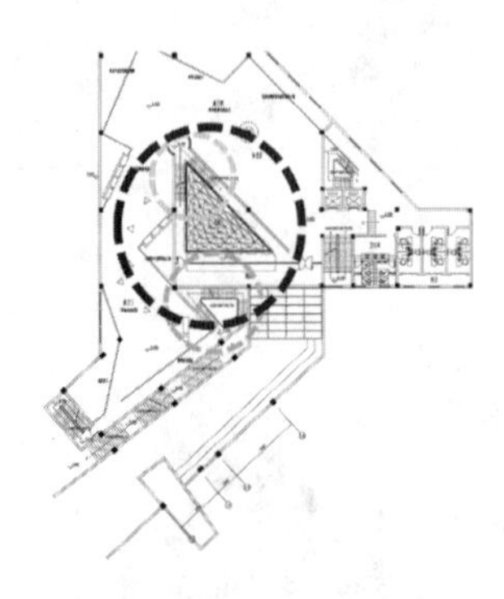

二层交通区域

一层贵宾路线

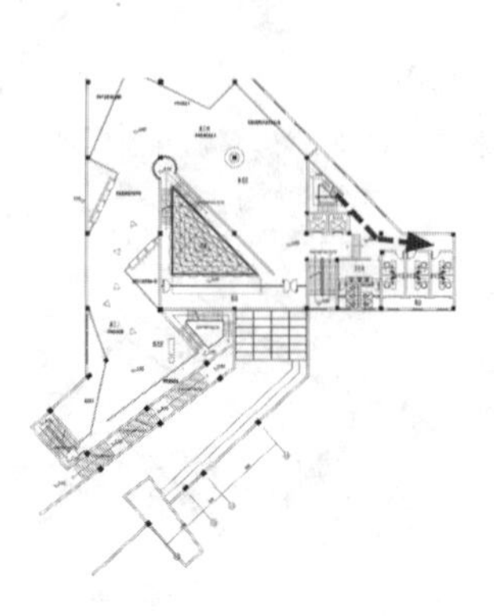

二层员工路线

大厅入口的设计利用顶部的玻璃采光顶在中堂通高处的位置，再加上原本纪念馆设计中所运用的主要元素三角形，形成倒三角锥的形式，在每一个面上又由相同的小三角玻璃起伏叠加组成有规律的凹凸面，从而利用天井的光线照到不同方向的三角形玻璃面上形成各个角度的折射光影。使整个大厅富有韵律、光影的效果，再加上地面的反光大理石材质，提高了整个纪念馆的亮度，也节约了很大一部分能源，充分利用了顶部的采光顶。

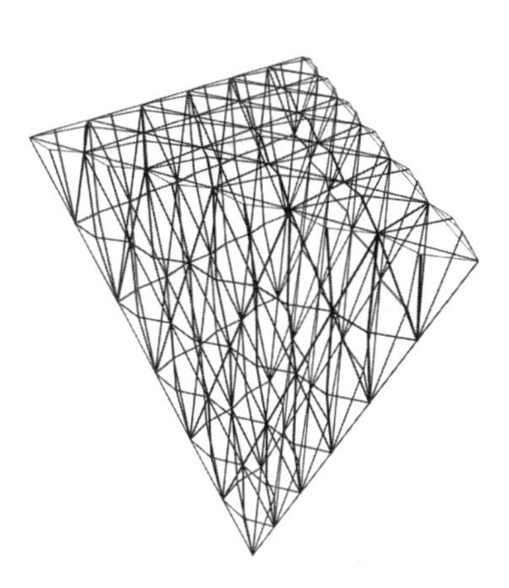

倒锥形构造

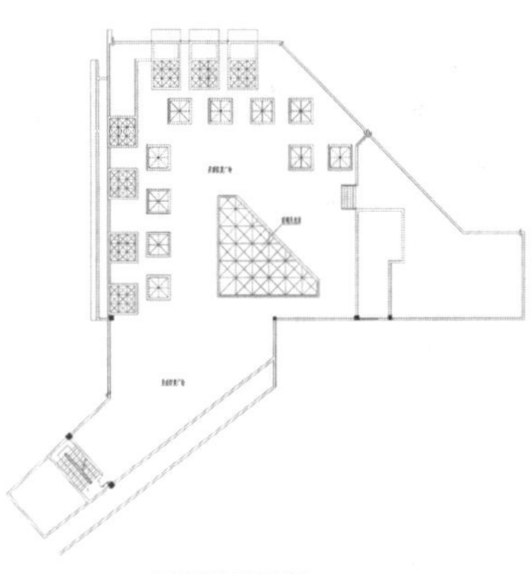

屋顶平面图

从 1840 年鸦片战争开始，一部屈辱的中国近代史拉开帷幕。穷苦的中国人民生活在清政府和侵略者的双重压迫中。

参观者进入展区第一个看到的展面，最前面用青砖堆出一面残破的墙，寓意近代中国人民生活的环境恶劣，墙面用立体的文字对该区域所讲述的历史作简要说明。后面用大理石墙面作底，墙面用投影仪投射旧照片，营造悲惨的意境。

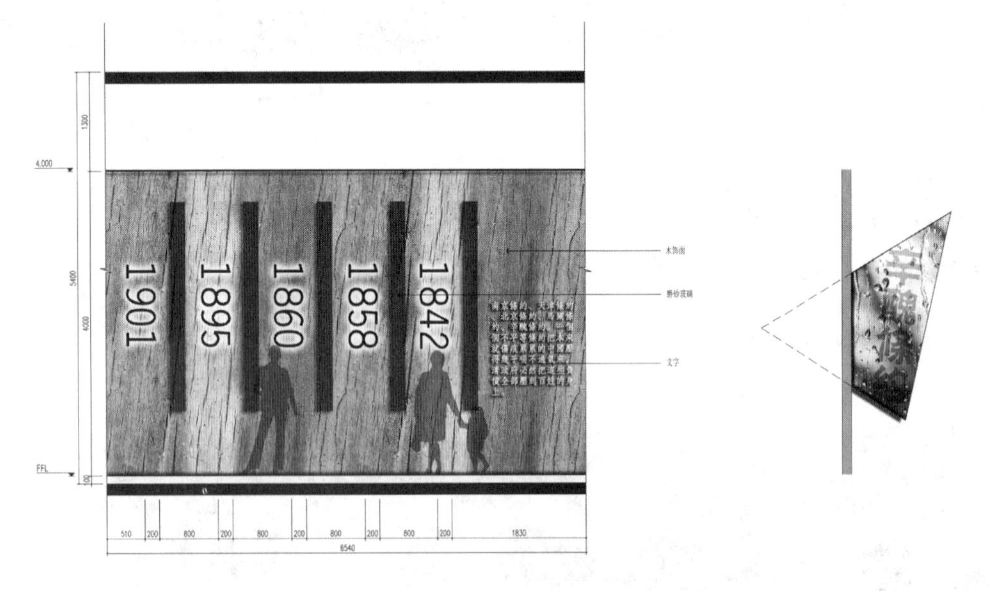

近代中国与外国签订了很多不平等条约，这个展区挑选了其中比较重要，对中国的发展有着深远影响的五个条约。利用玻璃材质与木纹营造悲痛的场景。用玻璃构成有一定厚度的三角形接入木质墙面内，玻璃的一面写上条约的名称，另一面写上条约的具体款项。

具体的内容是 1842 年的《南京条约》，1858 年的《天津条约》，1860 年的《北京条约》，1895 年的《马关条约》，1901 年的《辛丑条约》。

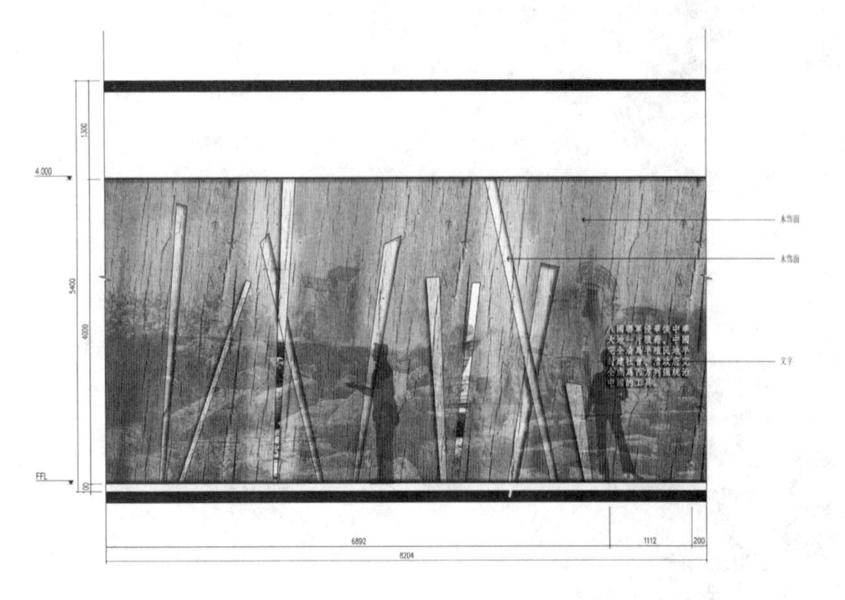

这个展面利用在木质板面上的凹凸来形成划痕的效果，其中两个划痕镂空可以看到墙里面的场景。墙内设置一个断壁残垣的场景。观众可以透过缝隙看到立面不忍目睹的断壁场景。

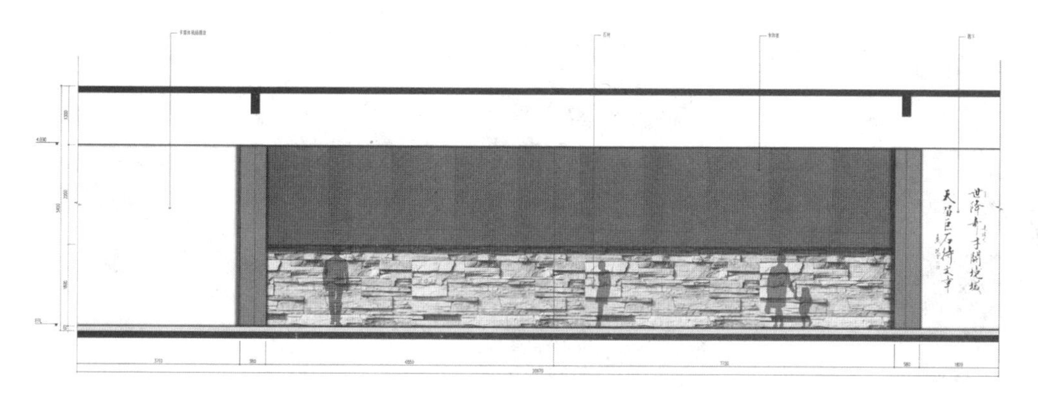

展区主要是展示湖南的反清义士，在反清斗争中有很多湖南义士牺牲，所以这里用红色的色调来展示。主要运用木材和石材，在下面的石材上会有一些常设的展板，而上部木板则是通过多媒体投射不同的图像、文字。

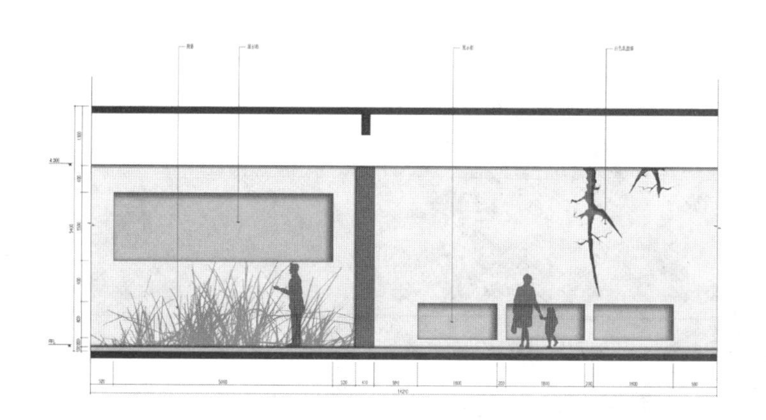

该展面通过改变人的视线高度来表达不同的寓意。前一段设置在1000mm以下，参观者需要蹲下才能看到里面所展览的物件，从而表达一种屈辱的意境，配合上部裂纹的造型，还原历史带给我们当年的心境。后面一段的展示柜设置在1900mm以上，一般的参观者需要踮起脚才能看到，配合下面草的投影寓意当时人们对未来的希望。

展区位于二层第一个参观区，从一层往上走的楼梯开始就营造这种比较黑暗的氛围，寓意黎明前的黑暗，革命即将成功。参观者进入该区域就会看到最前方有一缕光亮，沿着亮的地方向前参观，寓意黎明的曙光。而墙面上会设置有发出微弱光影的照片，都是在革命中牺牲的革命者的照片，寓意我们踩着前人的足迹不断摸索前进。

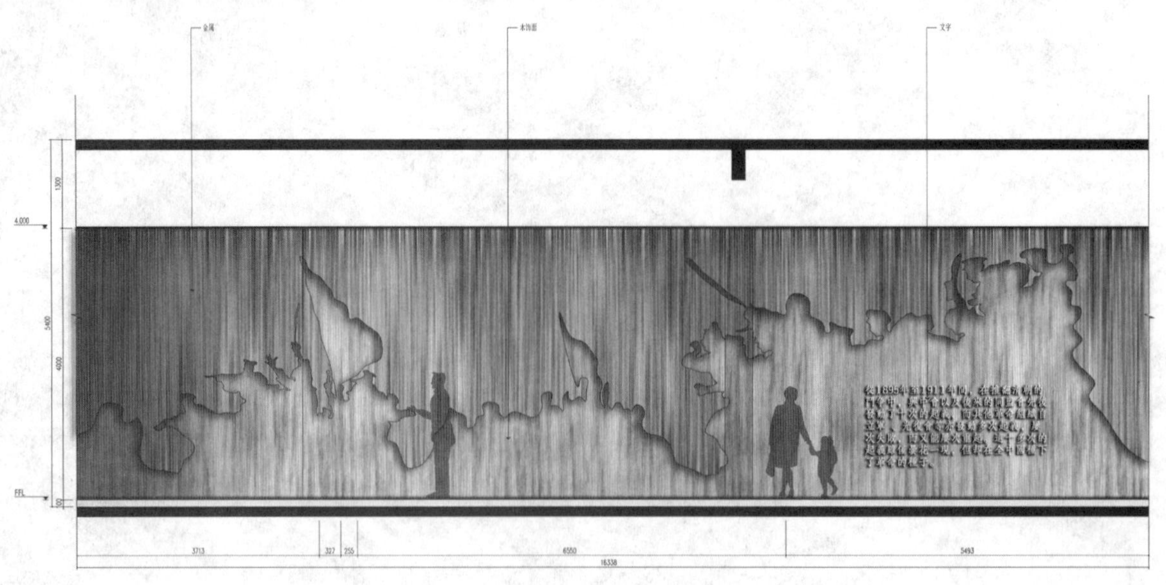

展区主要表现革命党人英勇奋战的场景。这个墙面只用木材和金属两种材料，竖纹木板作底，铺满整个墙面，前面叠加一个金属面，下面镂空扣去一个革命军英勇战斗的场面，利用剪影和光影的效果表现。墙面有部分文字说明，整个空间没有过多的图文介绍，利用意境表现战斗的残酷与激烈，以及革命党人顽强救国的强烈精神。

展区通过倾斜的柱子表现当时武昌起义取得成功，整个中国都跟着起义，清政府处于接近土崩瓦解的状态，倾斜的柱子表达了不稳定的情绪，寓意着革命即将取得最后完美的胜利。每个柱子中间都有一个玻璃围合的展台，供参观者从各个角度观看展品。

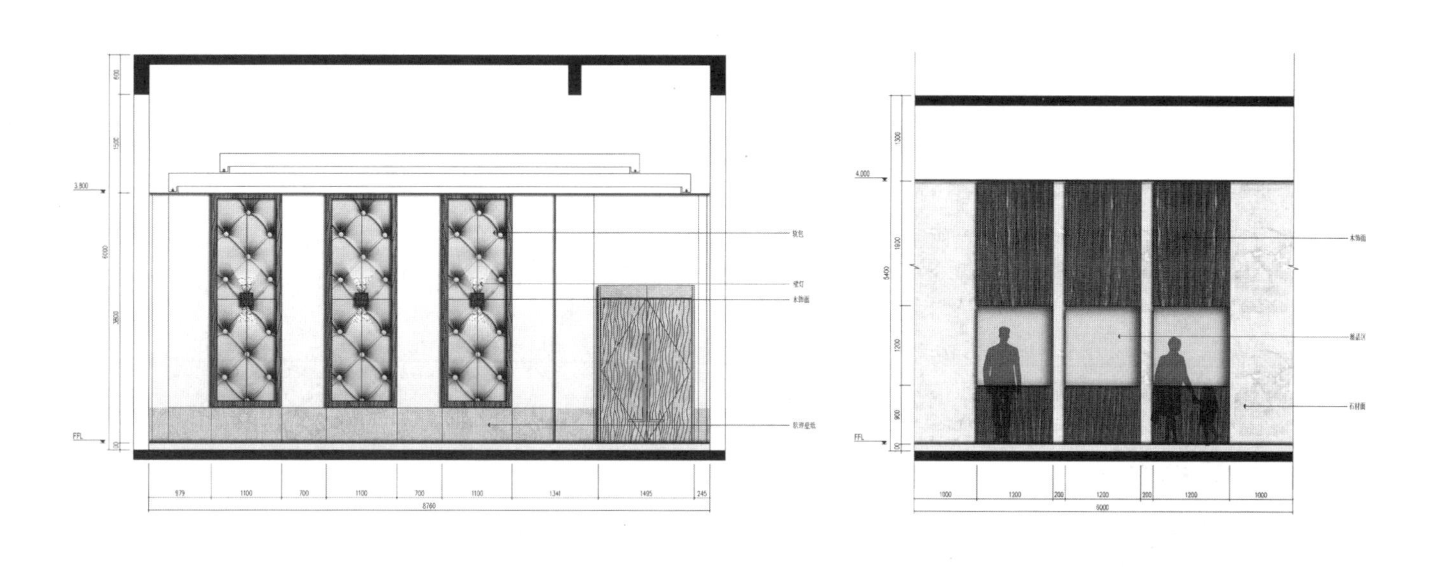

贵宾接待室立面图　　展示柜立面图

佳作奖

“倔强而生”辛亥百年纪念馆建筑及景观设计

“Stubborn Growth” Architectural and Landscape Design of the 1911 Revolution Memorial

学生姓名：纪　川
责任导师：彭　军
学校名称：
天 津 美 术 学 院

选题地点

选址位于湖南省长沙县黄兴镇杨托村凉塘黄兴故居附近，紧邻长沙市区。故居为黄兴祖业，始建于清同治元年，1874 年 10 月 25 日，伟大的辛亥革命元勋黄兴诞生于此，并在此生活了 22 年。1903 年后，为筹集革命活动经费，黄兴先后将故居连田产卖掉，随后几易其主。新中国成立后，故居房屋收归政府，1980 年，成立黄兴故居纪念馆。1981 年，对故居进行了修复。1988 年被国务院公布为全国重点文物保护单位。

自然条件分析

气候分析：亚热带季风湿润气候。距海 400km，与东亚季风环流的影响密切相关。气候具有两个特点：第一，光、热、水资源丰富；第二，气候年内与年际的变化较大。冬寒冷而夏酷热，春温多变，秋温陡降，气候的年际变化也较大。

雨水分析：春末夏初多雨，夏末秋季多旱；春湿多变，夏秋多晴，严冬期短，暑热期长。年平均气温 16.8 ～ 17.2℃，年平均总降水量 1422.4mm。水资源以地表水为主，水源充足，年均地表径流量达 808 亿 m^3。

土地分析：全市辖区面积 1.1819 万 km^2，农业人口人均占有耕地 0.87 亩。长沙土壤种类多样，可划分 9 个土类、21 个亚类、85 个土属、221 个土种，其中，以红壤、水稻土为主，分别占土壤总面积的 70% 与 25%。

地块现状及问题

红色区域为黄兴故居，蓝色、黄色、绿色区域为现设计用地，原故居后花园。1 号用地植被保留比较完整，2 号用地比较空旷。故居东侧为一些居民居住区，规划杂乱，居民稀少。南侧，为灌溉池塘。故居及用地被护庄河围绕，护庄河比较狭窄，河水比较污浊。黄兴镇距这里 6 里地，徒步行走 40 分钟，交通不便，参观故居的游客稀少，在黄兴故居南边不远处有一所黄兴学校，是附近唯一的公共建筑。周围环境杂乱，垃圾回收体制较为落后。

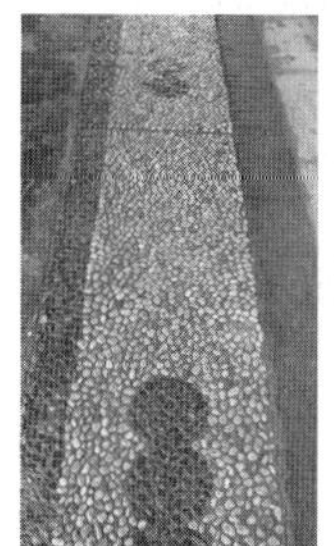

存在问题

人文方面：黄兴镇距离长沙市内较远，公共交通设施落后，交通不便。人们对黄兴故居的认知度低。可观赏景色较少，公共服务设施少。人群无法长期停留，导致此地人烟稀少。周围居民居住比较散乱，人口密度低。垃圾回收体制落后，垃圾堆放随意。

自然方面：20 世纪 90 年代初，黄兴镇成为亚洲最大的硫酸生产基地，环境污染比较严重。周边环境多为耕地，植被覆盖率较低，部分土壤裸露。

建设前

居民居住散乱、人烟稀少、公共设施较少、历史认知度较低、交通不方便、周边绿化情况较差、植物稀疏。

纪念馆景区方案落成后

改善周边环境，道路网逐渐向外延伸，增强了与外界的联系；地标性建筑，扩大了地区影响力。增加游客访问量，促进经济发展，辐射周边，增强附近学校直观性教育认可度，同时，景区也将成为人们缅怀历史的一个重要的主题性公共场所。

设计构思表达

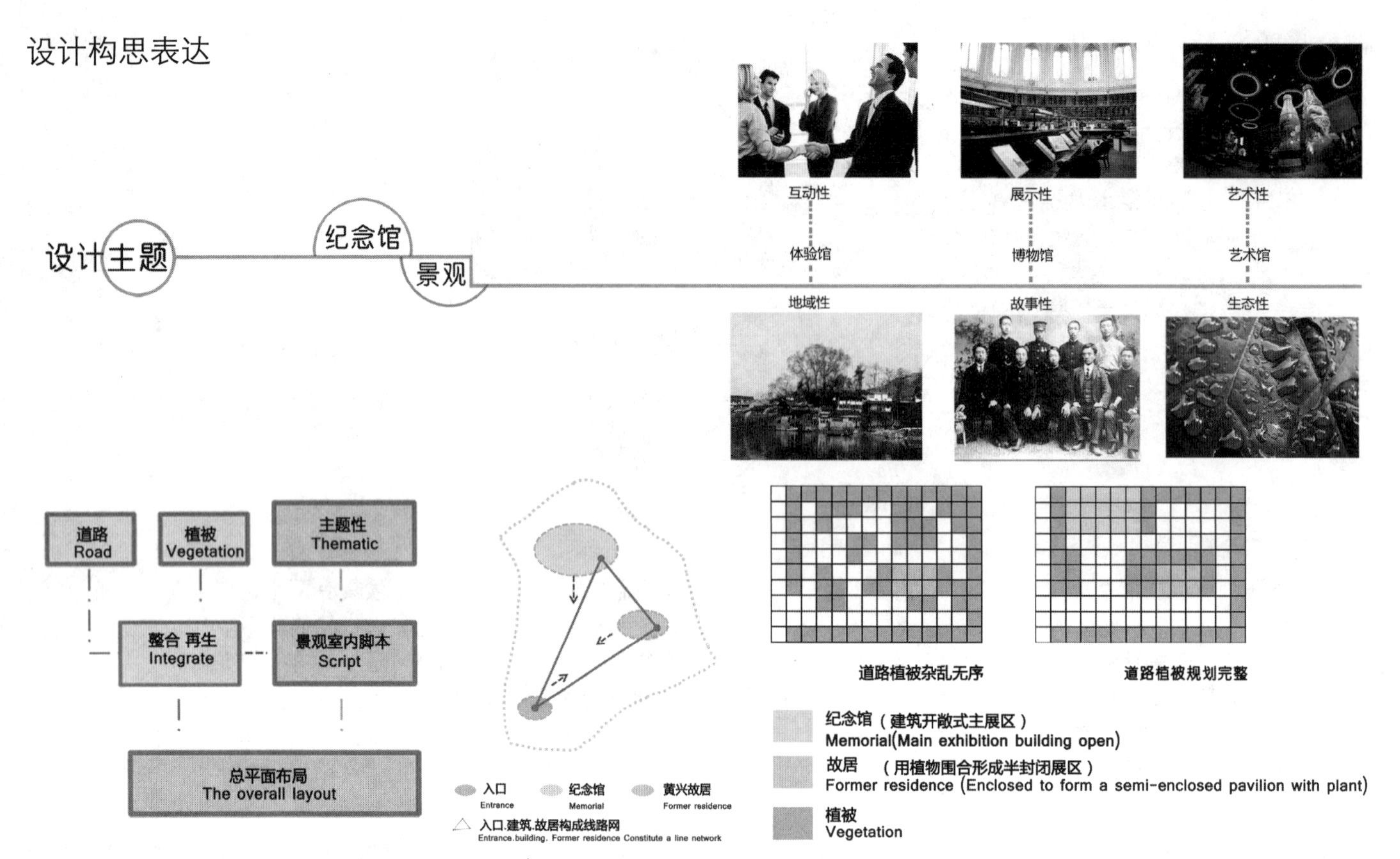

辛亥革命意义

辛亥革命是指 1911 年(清宣统三年)中国爆发的资产阶级民主革命。它是在清王朝日益腐朽、帝国主义侵略进一步加深、中国民族资本主义初步成长的基础上发生的。其目的是推翻清朝的专制统治，挽救民族危亡，争取国家的独立、民主和富强。这次革命结束了中国长达两千年之久的君主专制制度，是一次伟大的革命运动。辛亥革命是近代中国比较完全意义上的资产阶级民主革命。它在政治上、思想上给中国人民带来了不可低估的解放作用。革命使民主共和的观念深入人心。反帝反封建斗争，以辛亥革命为新的起点，更加深入、更加大规模地开展起来。(选自百度百科)

意义的换位思考

虽然，表面上是一种转变制度的一场论证，一场战争，但留下的，却是那种革命的精神，主张共和的思想激励后人不断努力。所以我们跳出直面意义的思路， 用另一种角度，把革命意义的重大转变为一种强大的生命力，去诠释这场变革,历史已是过去，而对于现在来说，更重要的是，让人们在了解这段历史的同时，将这种不屈服的精神传承下去。

革命不仅是过去时，发展精神不会结束，生命力刺激新生

景观布局脚本（倔强而生，寻迹之旅）

寻(由伟人的一句话开始追溯)
引（景观的指向性，故事化带引参观者一步一步走进纪念馆）
置身其中(室内展示的五个部分)
情感变幻(参观完纪念馆走出来后，开阔的景色使人的内心由复杂转为平静)

辛亥革命意义
意义的换位思考
脚本中心思想提炼
总平面主题性布局脚本

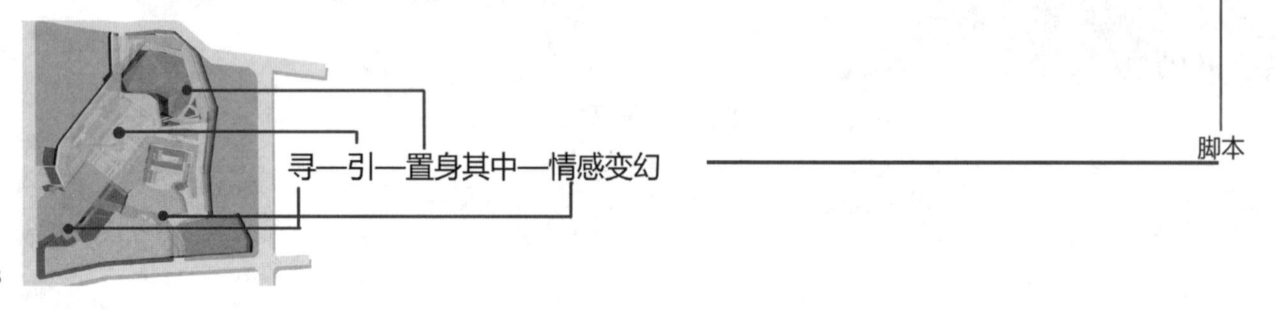

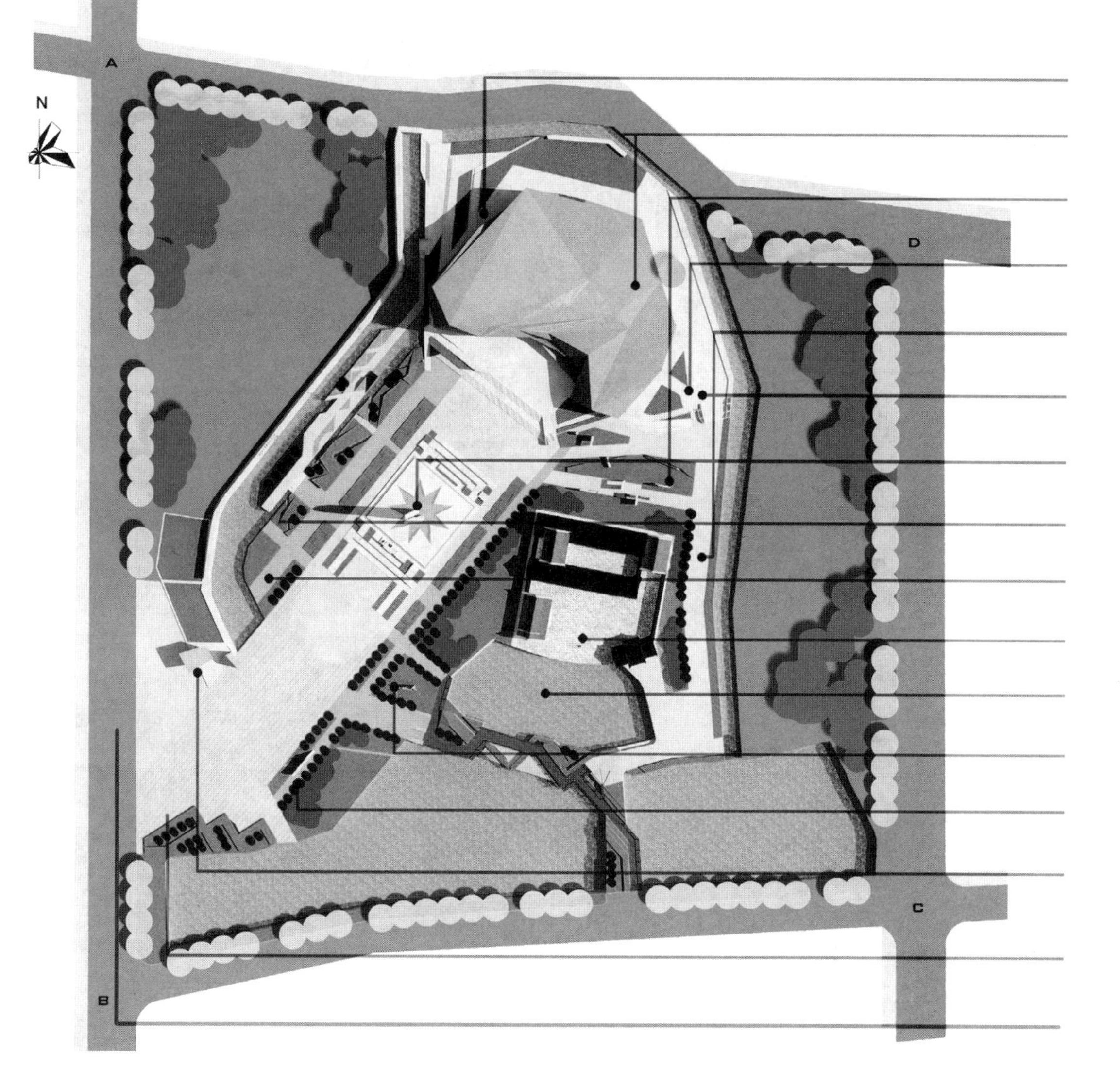

植被渗透分析图

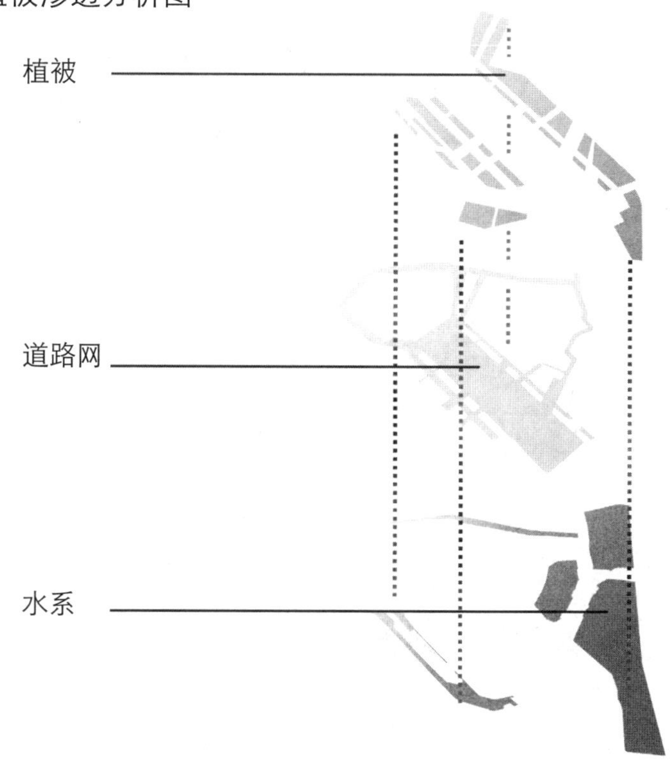

路线分析图

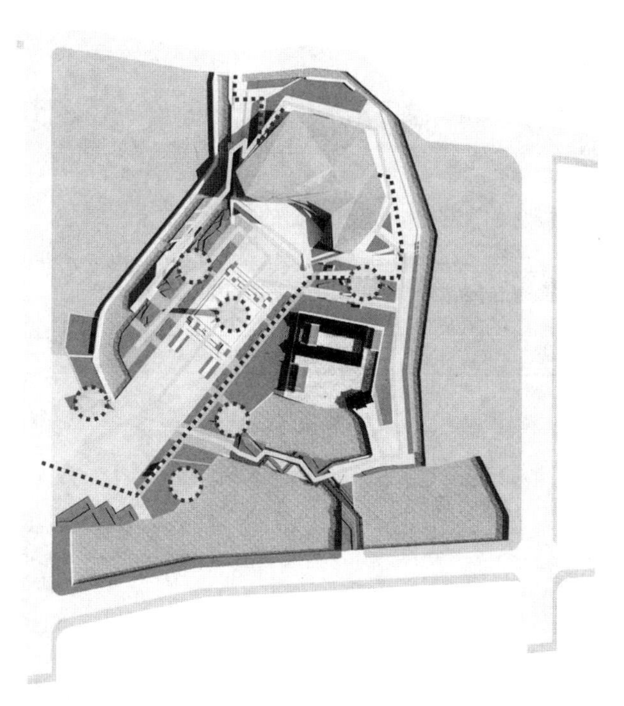

寻迹之旅（由伟人的一句话开始追溯）

入口鸟瞰图

景观故事化引言：“我孙文此生没有别的愿望，只有一个愿望，那就是让民主共和真正地深入人心，让她成为我们生活中的一部分，我此生就无憾了——中山最动人一次演说的结束语”。

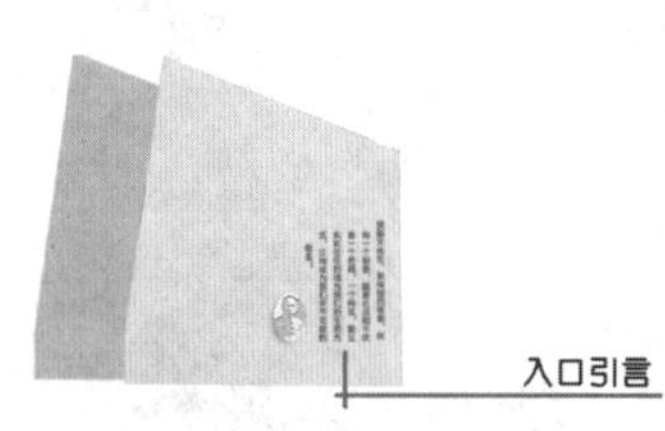

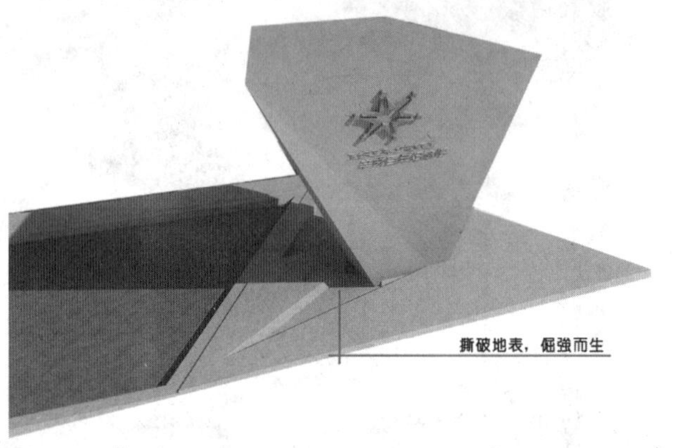

入口石碑

伟人浮雕墙

伟人浮雕效果图

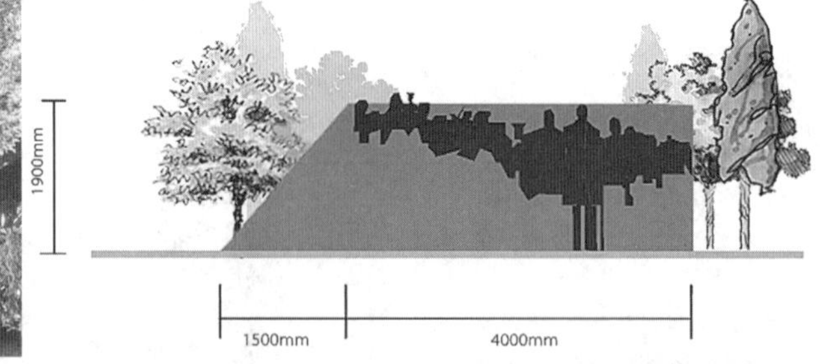

概念的剪影形式与其后面的景观相结合，如伟人们从中走出，渐渐前行，在景观的故事化中起到了“引题”的作用，让来回顾历史的人们进入到各自的想象中去。

硝烟过后效果图

引（景观的指向性，故事化带引参观者一步一步走进纪念馆）

共和之碑效果图

共和之碑

概念的双子结构，正负形的表现形式，意喻了共和的思想在辛亥时期的那种顽强的生命力，在众多腐朽的制度中"倔强而生"，也传承了一种精神。

"曲折之路"道路通向纪念馆及后广场，采用曲折碎裂的元素，直白地诉说革命的曲折，小路上布有纪念雕像，让参观者了解这些历史人物。

曲折之路

曲折之路鸟瞰图

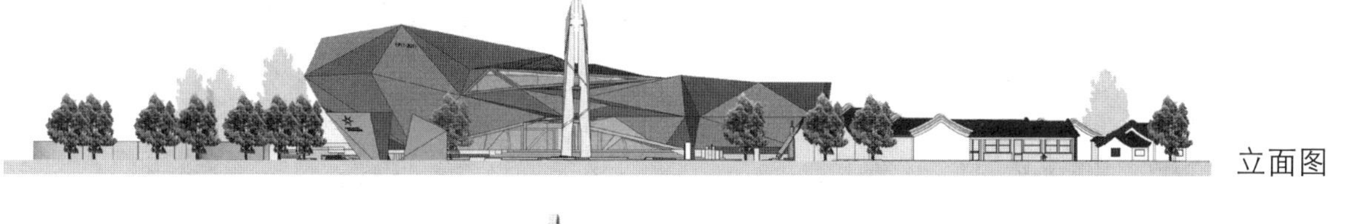

立面图

置身其中

从辛亥革命的历史意义考虑，给封建专制制度以致命的一击，结束了中国两千多年的封建君主专制制度。而封建势力好比顽石，革命给它以致命一击，击碎顽石，提取出击碎的岩石为元素体现在建筑上，同时也不失纪念馆的稳重感与视觉冲击。

建筑效果图

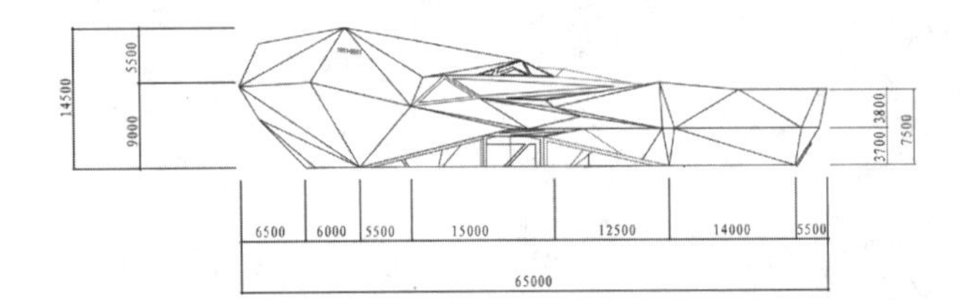

建筑正视图

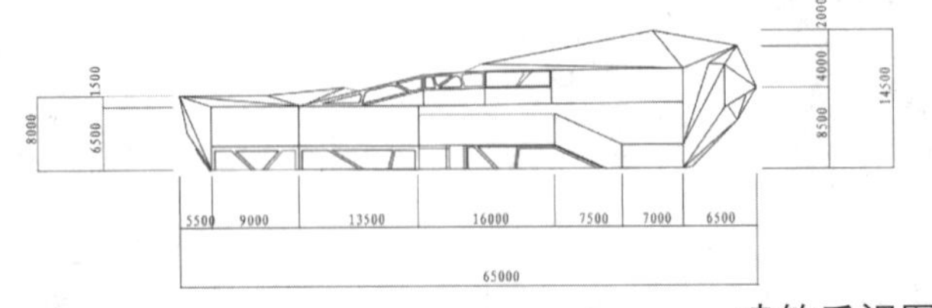

建筑后视图

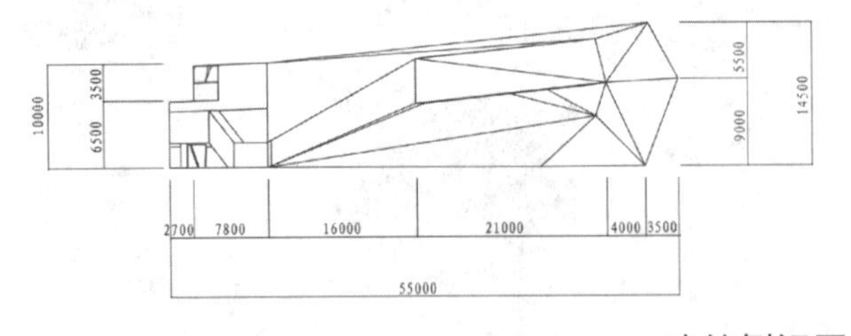

建筑侧视图

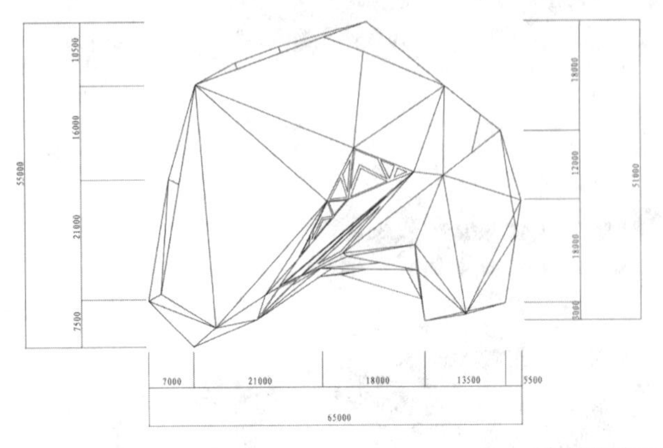

建筑顶视图

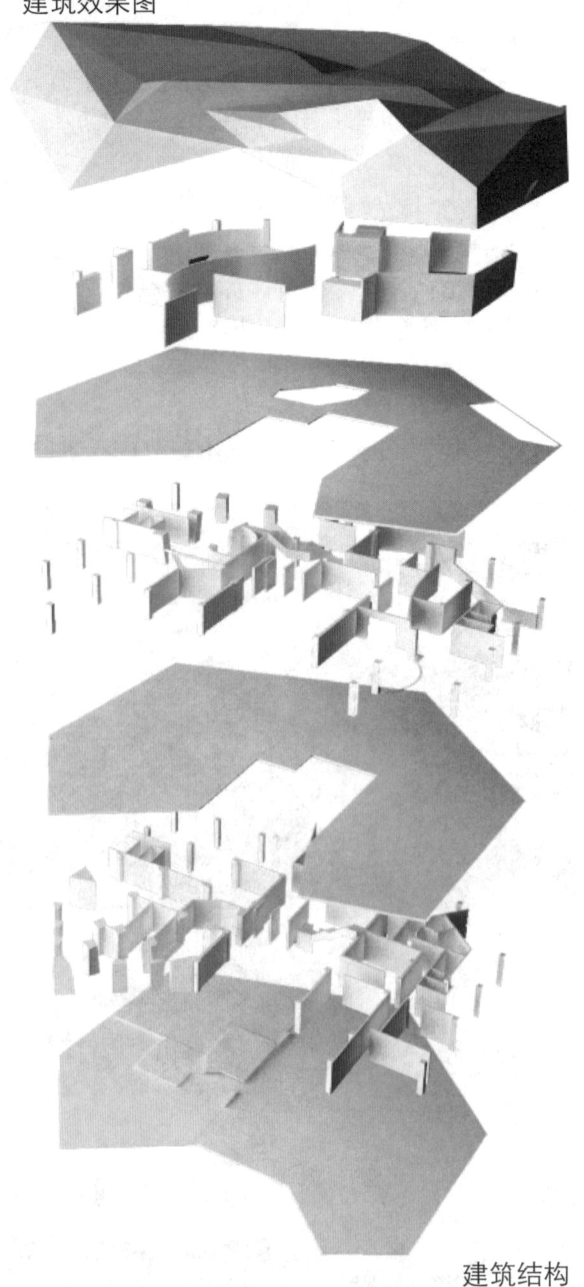

建筑结构

情感变幻（参观完纪念馆走出来后，开阔的景色使人的内心由复杂转为平静）

历史印记鸟瞰图

历史印记

历史印记效果图

历史印记效果图

“历史印记”位于纪念馆出口位置，参观者可以在参观完纪念馆后稍作休息，白色方体概念形态，一方面，以色调的形式过渡纪念馆与故居的风格，另一方面，结构上刻有历史，可以让人们在休息的同时回味这段历史。

历史印记效果图

湘色湖景

湘色湖景鸟瞰图

湘色湖景效果图

湘色湖景剖面图

鸟瞰图

夜景效果图

佳作奖

景德镇御瓷文化会所设计

——暨北京前门23号院老建筑室内改造设计

学生姓名：冯雅林
责任导师：王　琼
学校名称：苏州大学

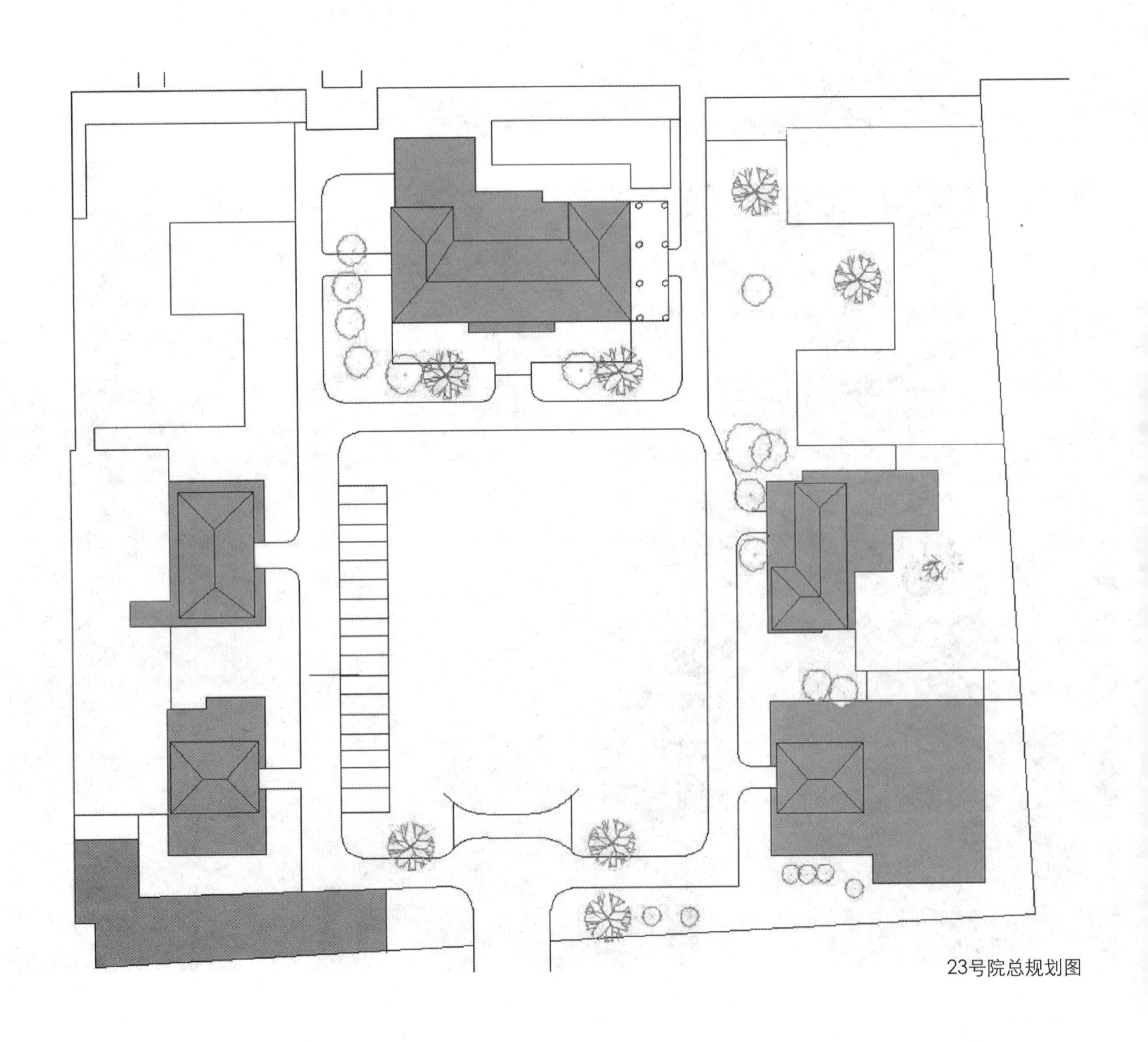

23号院总规划图

区位因素

前门 23 号位于北京市前门东大街 23 号，北临东交民巷，南临前门东大街。前门 23 号栖身于从清朝时期迄今唯一一处保留完整的外国使馆区建筑群内。其由建筑师 Sid H.Nealy 代表美国政府于 1903 年组织兴建。

2006 年开始做院落整治修缮工程规划。现在，前门 23 号是中国集高端餐饮、文化艺术及奢华娱乐等顶级生活方式于一体的新古典主义建筑群。它秉持“文化启动生活”的理念。

御窑文化景德镇

御窑是中国封建王朝的"皇家瓷厂",因此称御窑。"御窑"与"官窑"概念并不相同,所谓"官窑有别于民窑,官窑有别于御窑。"

龙文化

碎瓷文化

精品文化

专属文化

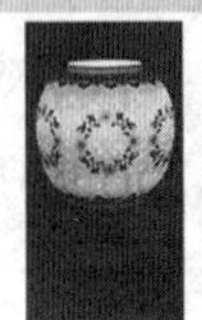

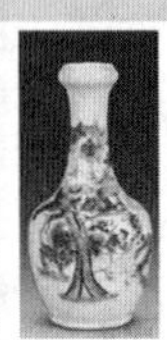

御窑四大瓷器

玲珑瓷、青花瓷、粉彩、釉里红。

设计主题深化

青花并不等于青花瓷，

四大瓷器都有青花元素，

以青花元素为主导，融合御窑其他文化。

从传统陶瓷

白、透、光感好

从现代陶瓷

白、静、局部点睛

从陶入手

质感、肌理感

空间意向　以白为基本色调，辅之以青花。空当间要透、空灵、有触感。

设计理念（形意之间）

英国20世纪经验主义者把事物分为三级属性，一级属性是物理属性，二级属性是感觉属性，三级属性是人们在知觉事物时所产生的情感和带情感的幻想。

形即是形象的实物，就是物质；意就是意识，是对自身存在的一种弱化（注重体验性）。就是要诱导人们能在平凡的事物中发现常人见不到的情感表现性。

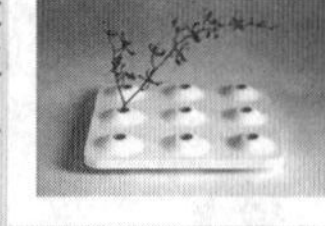

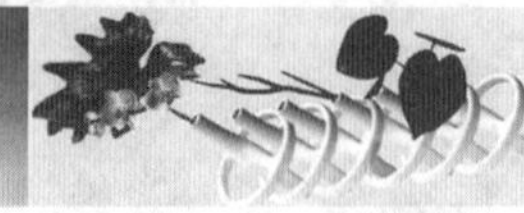

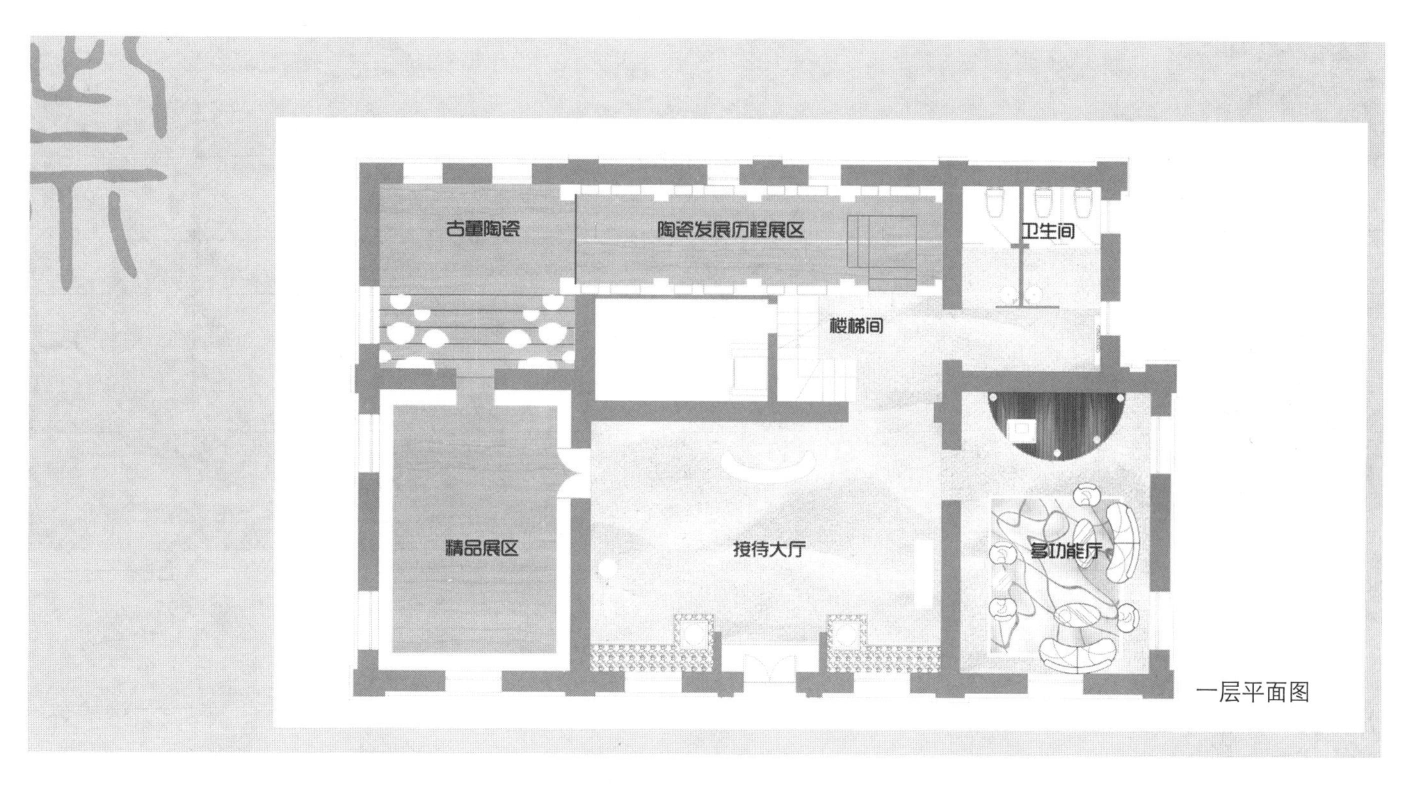

一层平面图

时间与空间的转换 将展品视为时间，背景作为空间，通过正三棱柱的转动，来渲染空间氛围。

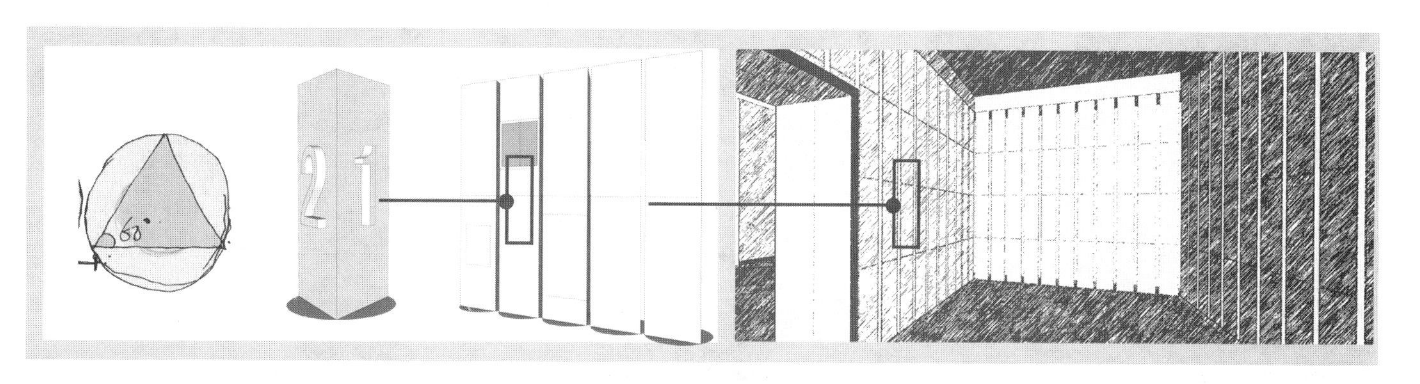

陶瓷与文化 而这里的展示我又不会做得太严肃，注重的是一种情调，一种体验。体验陶瓷背后的文化，和文化背后的陶瓷。

徜徉山水间的粉彩、斗彩

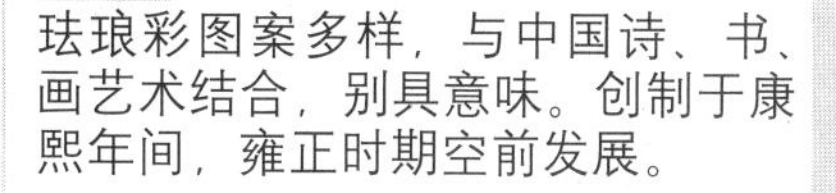

珐琅彩图案多样，与中国诗、书、画艺术结合，别具意味。创制于康熙年间，雍正时期空前发展。

侍女手中的玲珑瓷

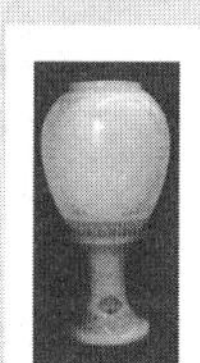

玲珑瓷是在瓷器坯体上通过镂雕工艺镂雕出许多有规划的玲珑眼，以釉烧成后，这些洞眼成半透明的亮孔，十分美观。

现代时尚大气的青花瓷

明代青花成为瓷器的主流。清康熙时发展到了顶峰。

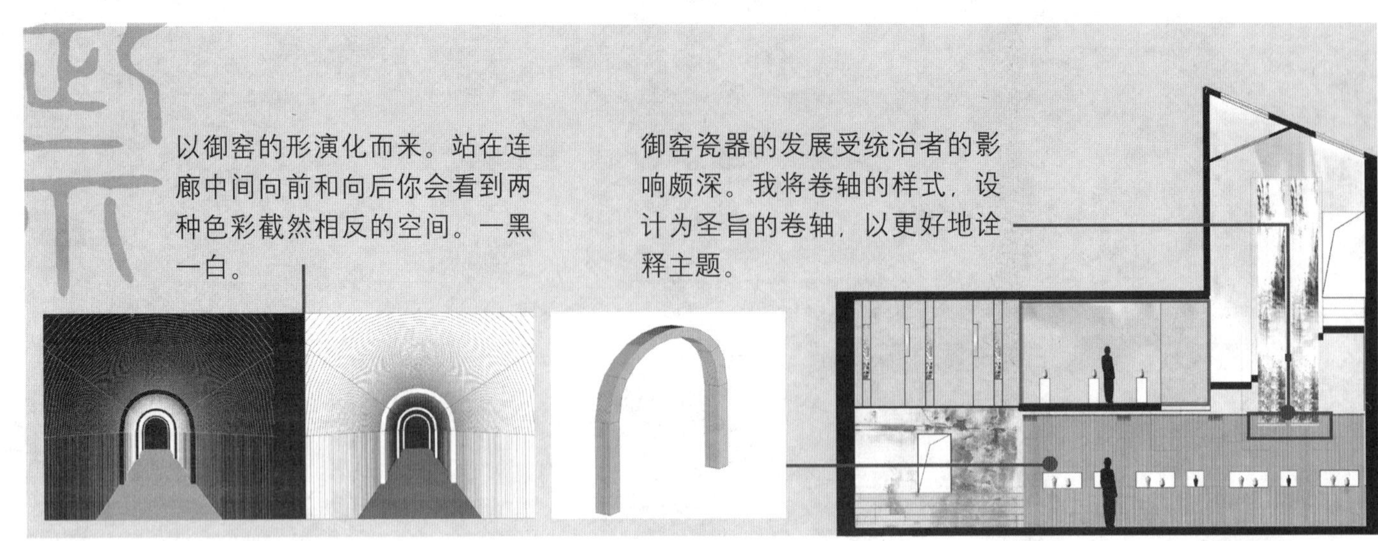

剖面图 B

将"御"抽象变形所得。配合以灯光，使整个区域不失禅味，让人心静，以便更好地在此品鉴陶瓷，交流经验。

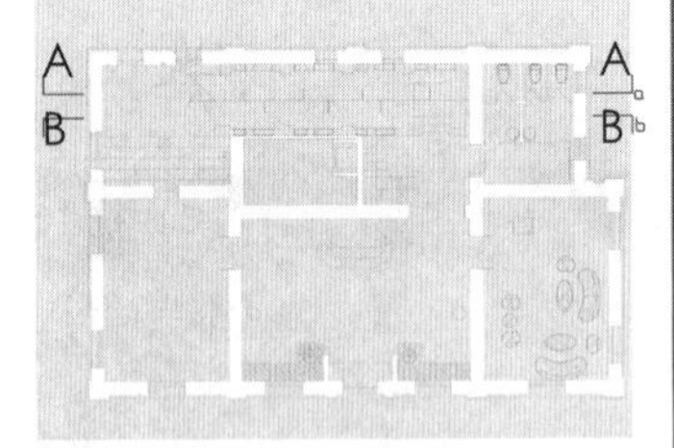

将御窑的碎瓷，重新利用，重新拼接，创造出一种新的艺术手法。

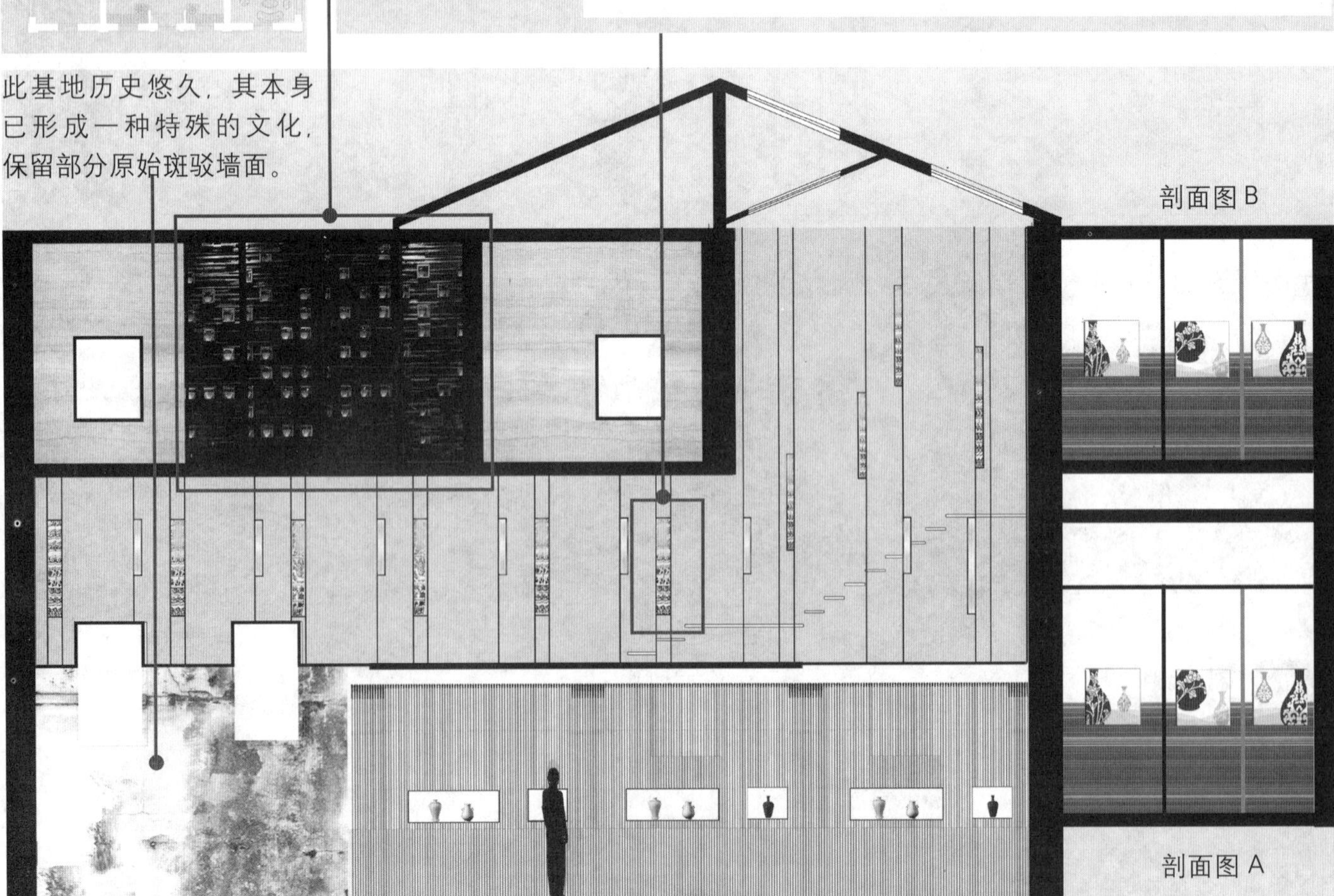

整个空间以白色为主，白色的发光柜台，白色的陶瓷质地的信息咨询台，白色的墙面。局部点缀一些镜面不锈钢。大厅的背景墙采用蓝白线条，寓意青花。

一层接待大厅

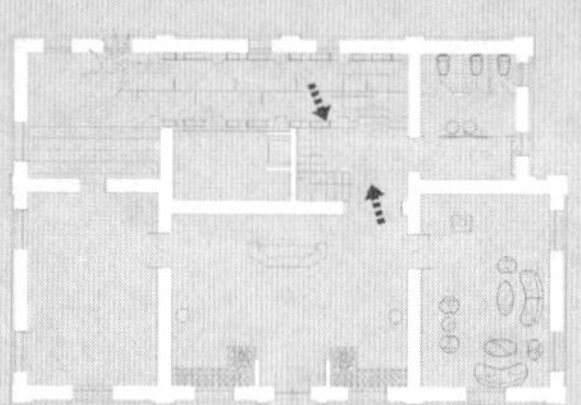

雍正粉彩采用玻璃白粉打底，用中国传统绘画中的没骨画法渲染，画面飘逸灵动，具有立体效果。

不保留其一般性的符号，但是会沿用其考究的切工，使得产品更加耐看。

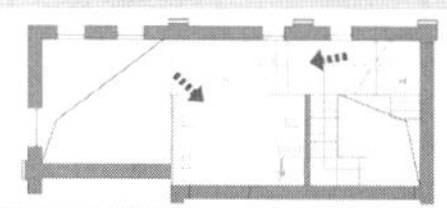

夹层空间

以现代陶瓷的展示为主

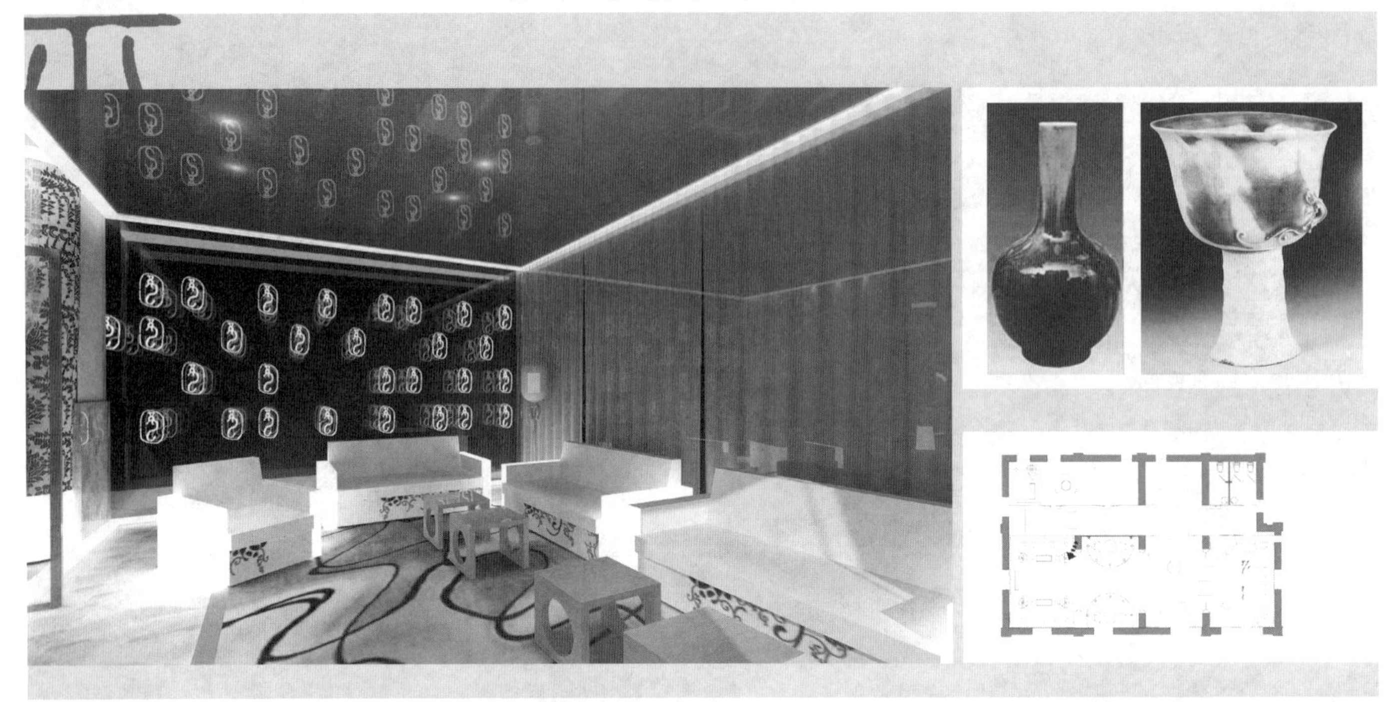

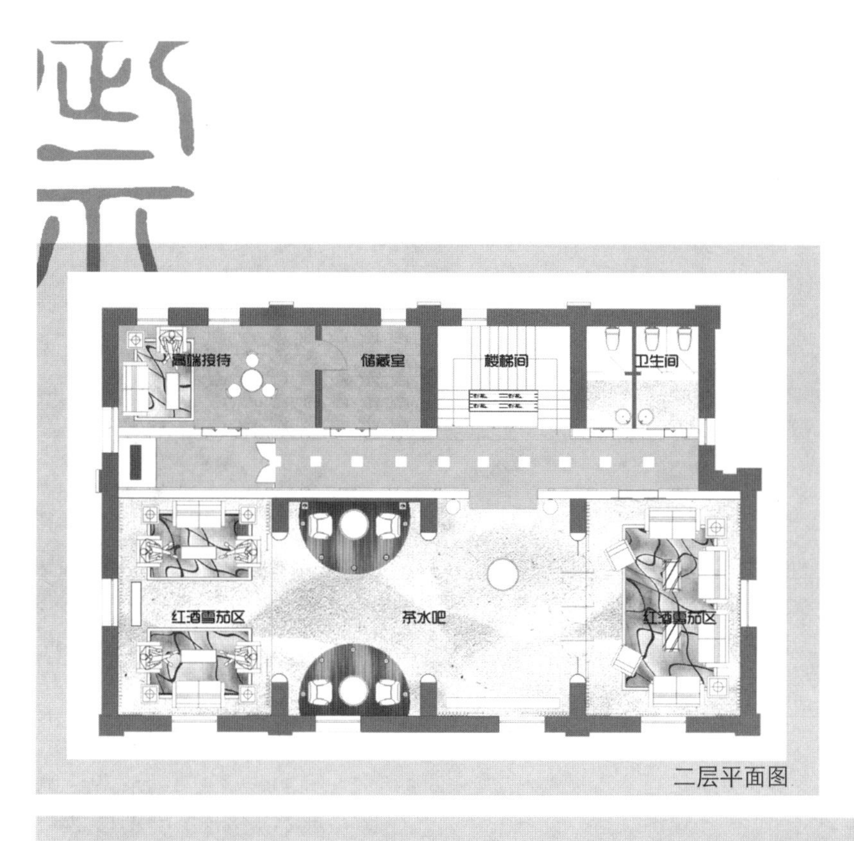

二层平面图

茶水吧效果图

佳作奖

陶醉 景德镇御窑陶瓷文化会所设计
Jingdezhen Royai Kiln Ceramic Culture Club Design

学生姓名：陆志翔
责任导师：王 琼
学校名称：苏州大学

前门23号

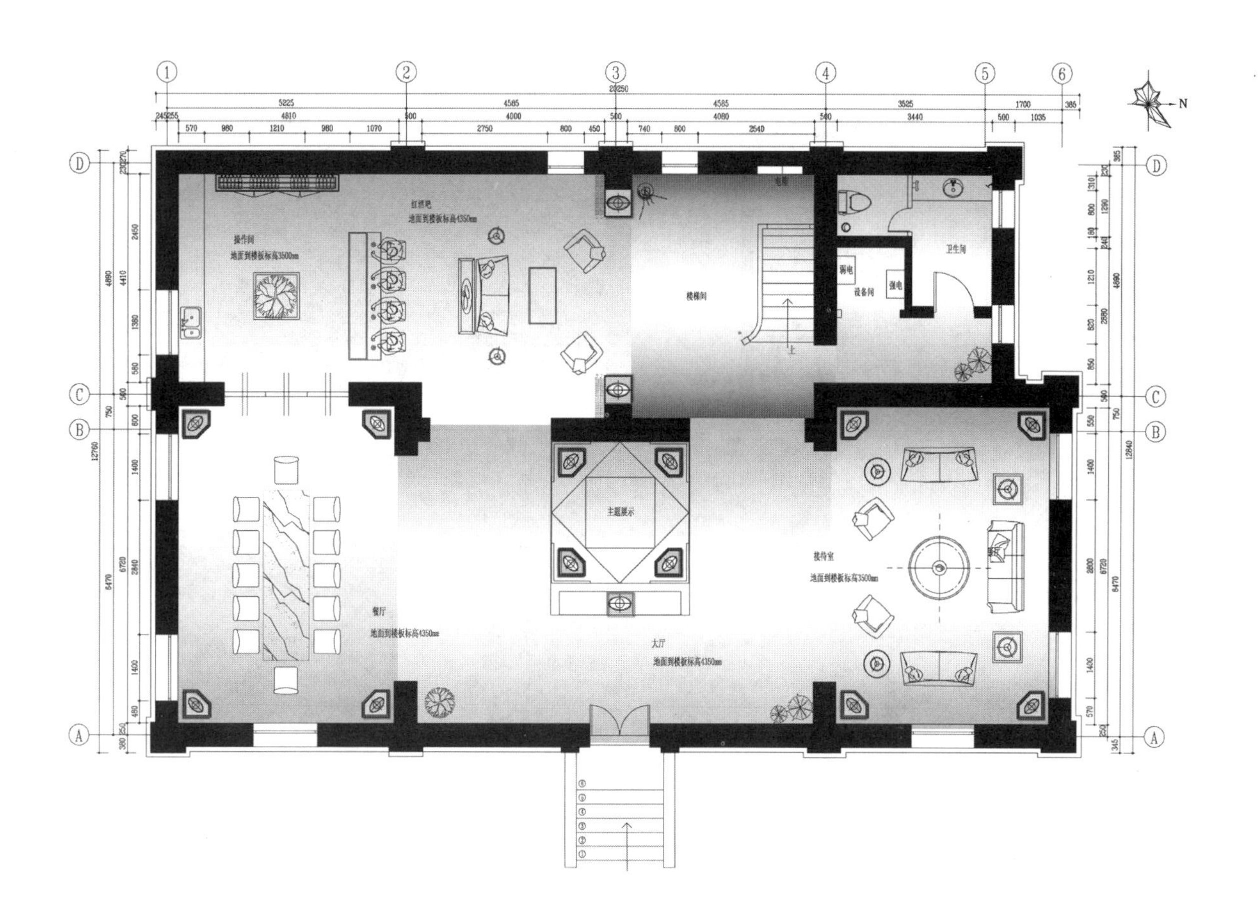
红酒吧
地面到楼板标高4350mm
操作间
地面到楼板标高3500mm
楼梯间
弱电
设备间
强电
卫生间
主题展示
接待室
地面到楼板标高3500mm
餐厅
地面到楼板标高4350mm
大厅
地面到楼板标高4350mm
N

一层平面图

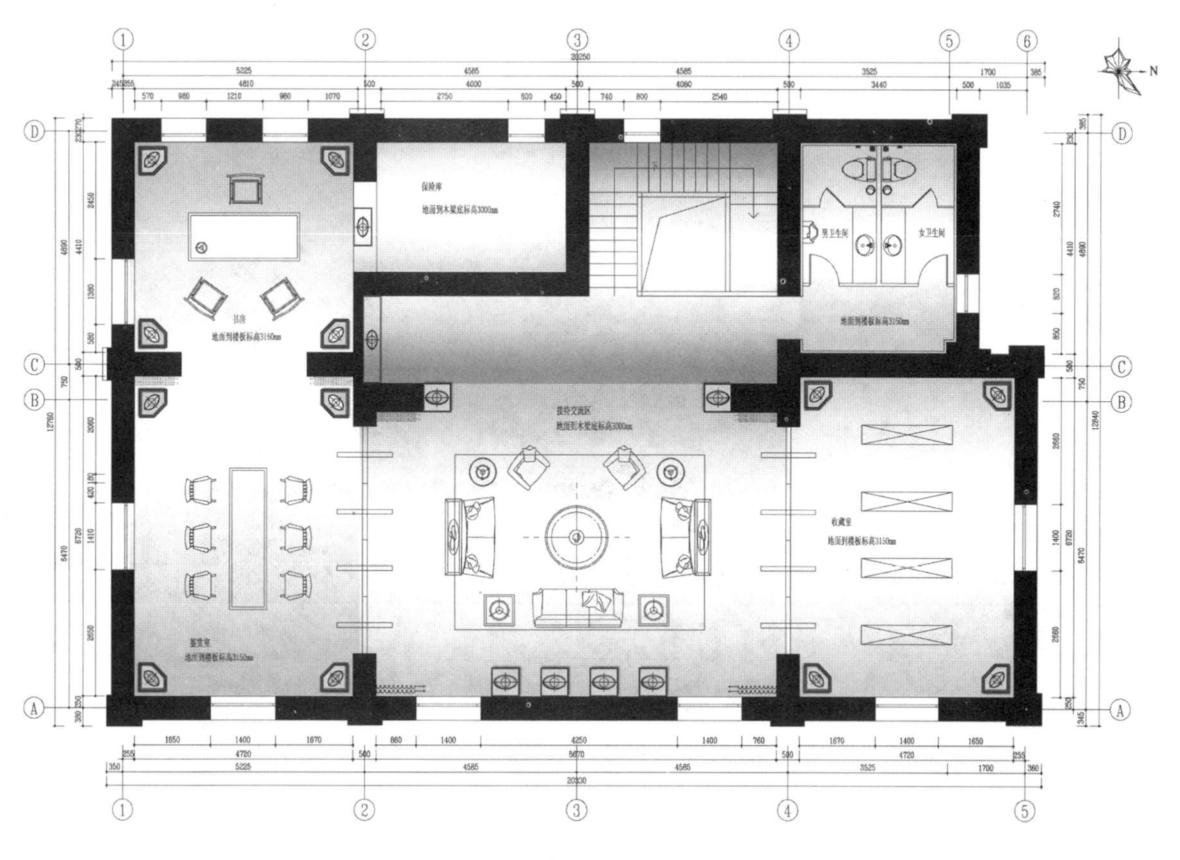
保险库
地面到木梁底标高3000mm
男卫生间
女卫生间
书房
地面到楼板标高3150mm
地面到楼板标高3150mm
接待交流区
地面到木梁底标高3000mm
收藏室
地面到楼板标高3150mm
鉴赏室
地面到楼板标高3150mm
N

二层平面图

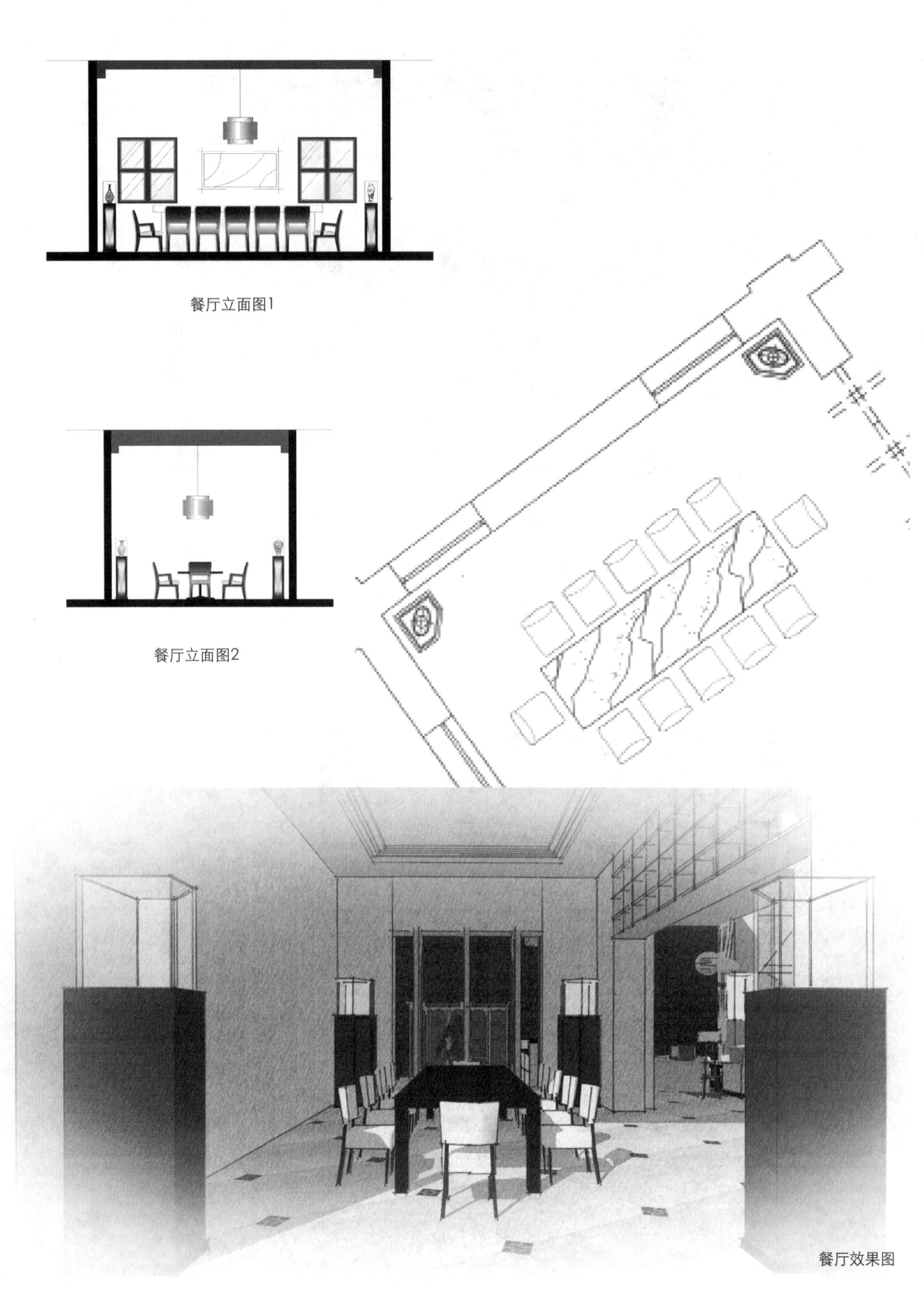

餐厅立面图1

餐厅立面图2

餐厅效果图

接待室效果图

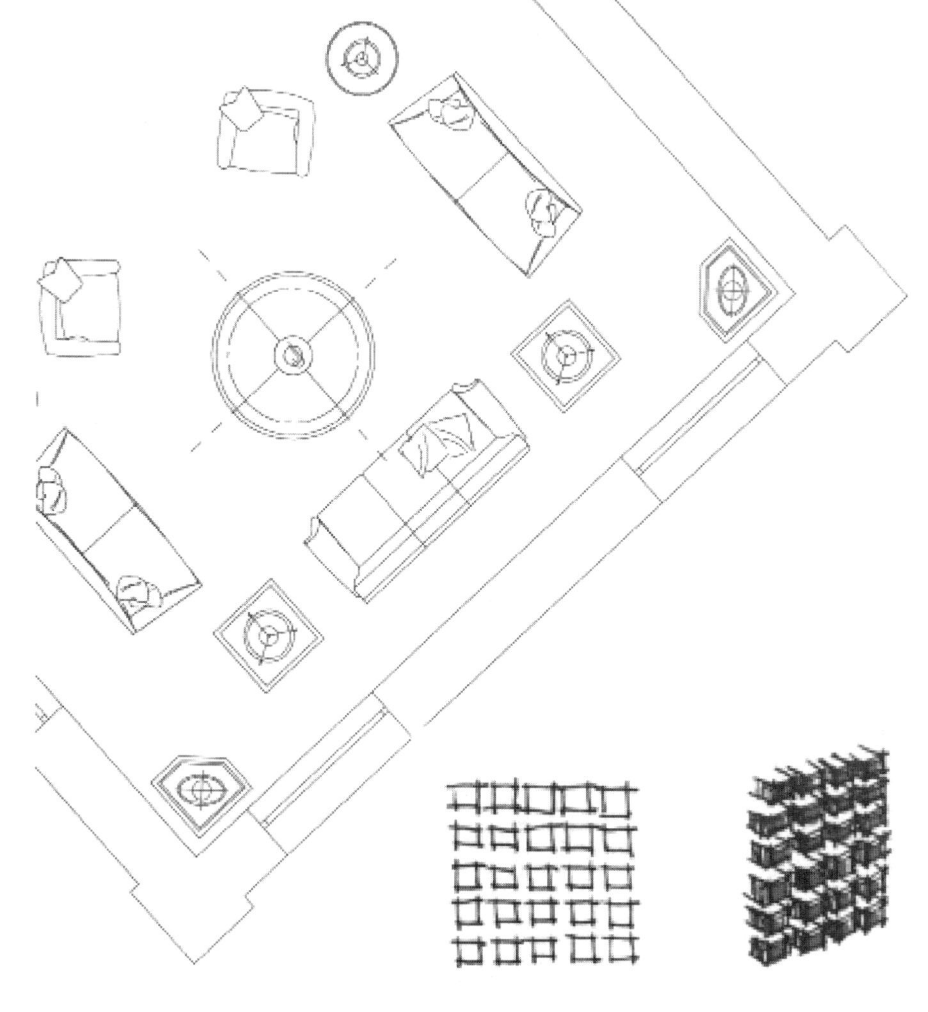

接待室立面图1

接待室立面图2

接待室软装配饰图

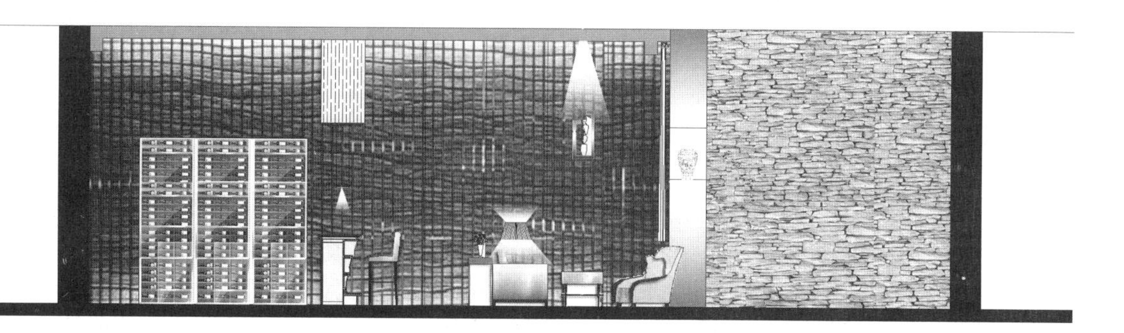

红酒吧立面图1

红酒吧立面图2

红酒吧效果图

交流区立面图1

交流区立面图2

交流区软装配饰图

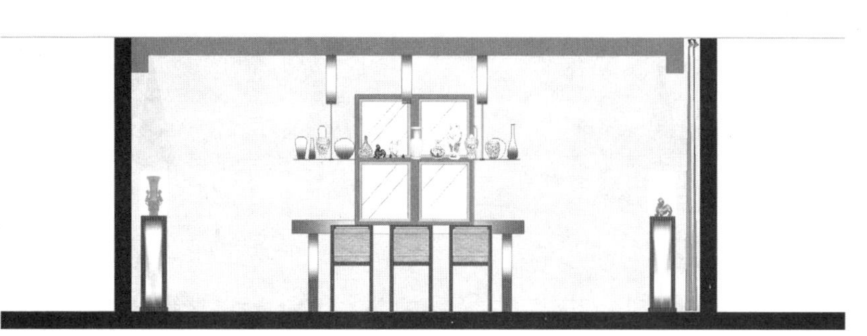

鉴赏室立面图1

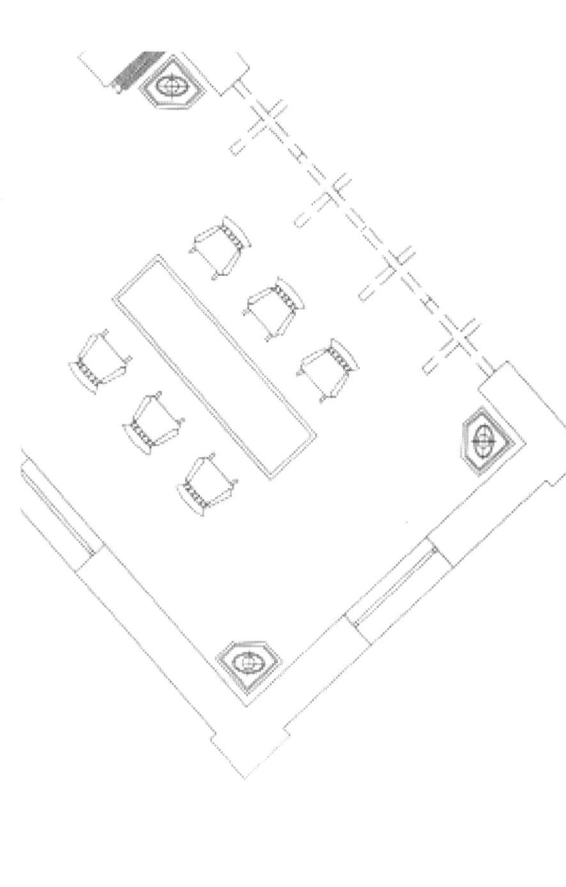

鉴赏室立面图2

鉴赏室效果图

佳作奖

北京后海酒吧街四合院胶囊酒店设计

The Interior Design of the Houhai Capsule Hotel,Beijing

——建筑及生命体

学生姓名：孙永军
责任导师：张　月
学校名称：
清华大学美术学院

区位分析

北京是一个文化底蕴十分丰富的城市，碧瓦红墙，昔日皇城，作为中国文化符号性最强的城市存在。胶囊酒店，作为一个新兴的事物，还未在中国大规模发展起来。项目的选址选在了肌肤文化特色的后海酒吧街附近，酒吧众多，灯红酒绿，这样的文化碰撞下，胶囊酒店被给了一个时尚化、品牌化的风格定位，以此来适应这里浮躁喧哗的环境。

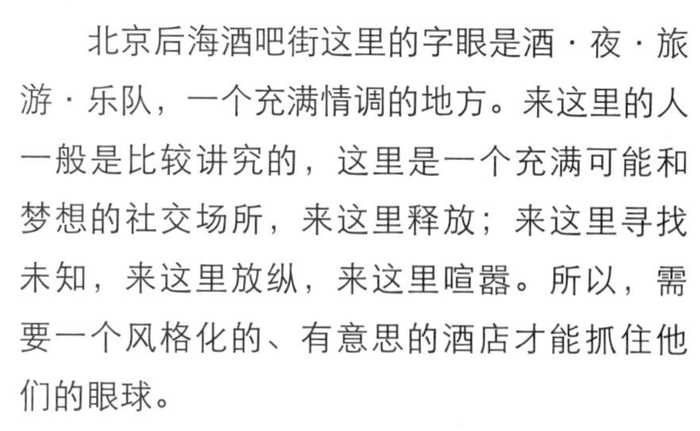

北京后海酒吧街这里的字眼是酒·夜·旅游·乐队，一个充满情调的地方。来这里的人一般是比较讲究的，这里是一个充满可能和梦想的社交场所，来这里释放；来这里寻找未知，来这里放纵，来这里喧嚣。所以，需要一个风格化的、有意思的酒店才能抓住他们的眼球。

这里的人的行为：喝酒了，不能开车;喝高了，走不了了；外地来旅游，想找个实惠经济的地方休息睡觉。这样的一群人，他们的需求很简单：找个地儿，睡觉。不用什么乱七八糟的松溪，干净，舒服，再实惠一点就够了，胶囊酒店就是一个合适的去处。

占地面积：1856m²。

建筑面积：660m²。

室内21间。

建筑体前院和后院严重破碎，正在重新修建，中央大院保存完好。

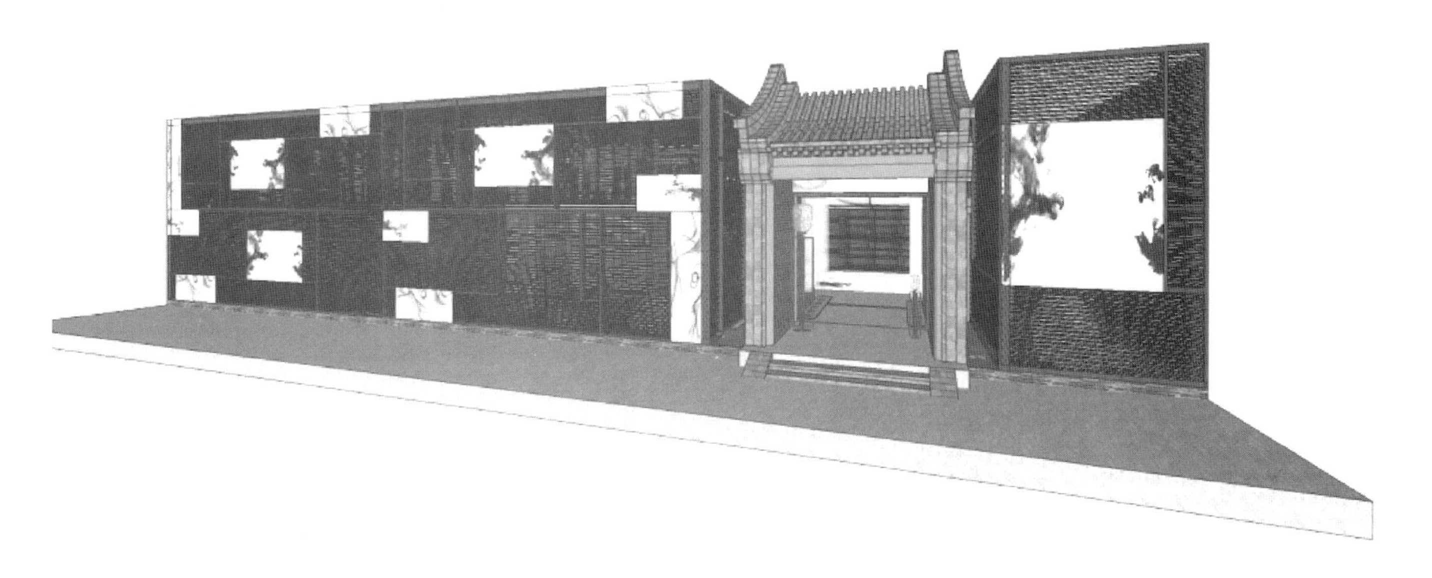

设计目标

1.设计理念：集约化设计。

2.设计定位：工业化、单元化、时尚化的高密度酒店住宿设计。

设计内容

1.模数化单元体：单元体的功能及结构需符合运输、卸载、安装、组合等各方面的需求，具有一定的秩序和模数。

2.单元体内的功能设计：单元体内的空间功能能满足人们在生活常态下的需求，做到最简化、最适度化。并且所有功能设计需符合人体工程学和心理学的设计需求。

3.设施细节设计：引导牌、电子钟、电话、灯具、开关按钮、暖通设备端口等位置及样式色彩，都应详细考虑。

4.统一的品牌化设计

设计的落实要考虑的问题：统一的品牌化风格与酒店所在地的环境处理，尤其是在文化特征明显的北京。

设计理念

公社化的行为——脱掉外衣，释放自己

人在短暂居留的行为方式下主要体现的是社会下平等的个人身份，而不是家庭身份。人跟人的关系是相对平等和陌生的。这种情况下人的行为可以大概分为对私密性有强烈要求和无强烈要求两种。比如睡觉、洗澡属于对私密性有强烈要求的部分，而吃饭、健身、看书、上网属于无强烈要求的行为。根据这两个行为的区分，把对私密性有强烈私密性需求的部分作为客房部分进行重点设计，把无强烈私密性需求的部分作为公共服务部分甚至让周边环境功能承担。

文脉的保留 · 设计的空间

保存完好的建筑尽量保留原来的风格，修改室内风格以配合胶囊酒店绿色、生命的主题进行使用。

符号性建筑构件

建筑损坏部分原有的结构性构件作为符号性装饰元素用于场景中的装饰。

对比与新意

不刻意保持与传统建筑的统一，在一定的程度上体现出对比和新意，以区分消费群。

环境互动

改变四合院原先封闭的环境，打开围墙，与周围街道产生一定的互动。

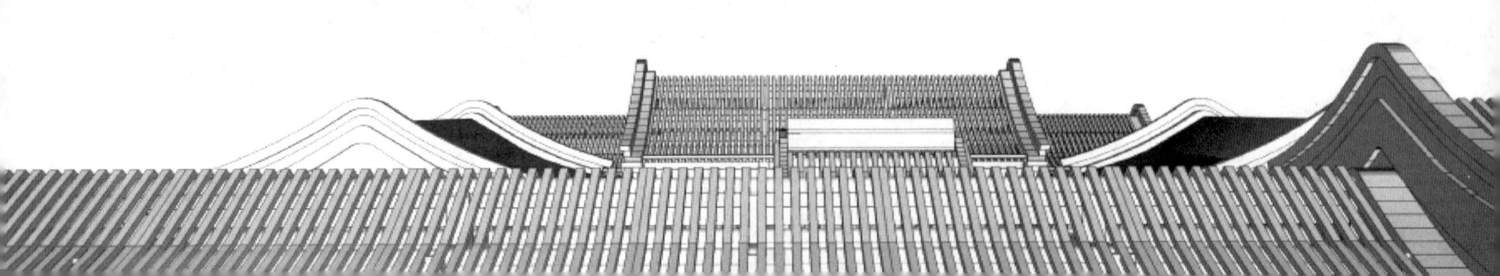

入住流程

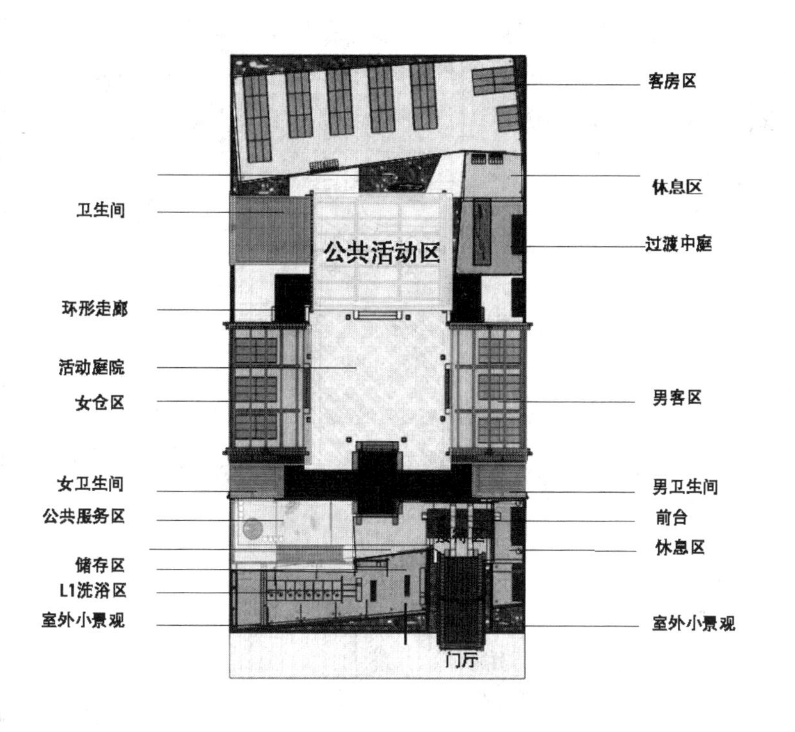

入住　　　　　　　　　　　（个人身份）
迎宾
引导换鞋 专门的存鞋柜
办入住手续 押金 领取物品（统一的活动服，付费的娱乐终端IPAD小书包
无线耳机FOR pad TV）
ID卡领取 储物钥匙 启动仓功能自助消费
洗浴卫生　　　　　　　　　（个人身份）
储存行李
洗浴
休息活动　　　　　　　　　（个人身份）
入住 普通休息 双人入住 家庭仓入住
休闲 酒吧区 SPA桑拿小节目 乐队 集体活动
多功能区 等待聊天 地图服务 便餐 酒水饮料 信息公示 求助
离店　　　　　　　　　　　（个人身份）
取行李
结账
鞋子
离开

功能区细部设计

居留者到来——一个具备个人特征的人

红色唇膏　高跟鞋
淑女　OL女　包包头
黑指甲　复古眼镜
朋克

带着一个最基本的需求——**睡觉**

长裙　条纹裤子
西装革履　光头
麻布衣服　皮衣猛男

进入胶囊酒店

CHECK IN

在这里，你会受到很热心的欢迎，在店里充值后会得到一个 ID 卡，用以开启自己的储物箱和付费自助商品和服务，一个免费赠送的亚麻小包，用于存放私人物品，前台提供计时付费使用的 IPAD 作为多媒体移动终端。酒店全 WIFI 覆盖。

休息区，短暂停留、等待

过厅

公共活动空间，去往公共服务区、露天餐饮区、住宿区的交通枢纽。

建筑鸟瞰图

寄存区

用自己的ID卡打开唯一属于自己的柜子，把行李和自己的鞋子放进去，把里面准备好的酒店统一拖鞋换上。

客房休息区

住宿及休息区

标识系统设计

四合院整体是一个昏暗的灰色调，所以用了白色灯箱作为标识系统来对比出一些新意和时尚感，标识的设计用的是水墨书法等创作。接待台、灯箱、壁灯、顶灯、指示牌等。

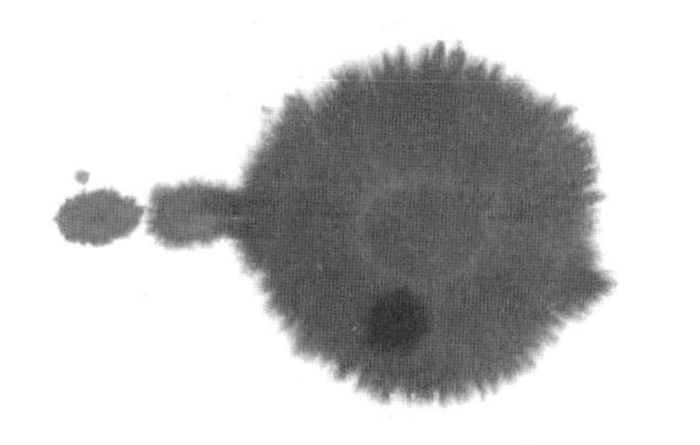

佳作奖

北京751时尚设计广场旧气罐改造项目

学生姓名：刘　崭
责任导师：汪建松
学校名称：
清华大学美术学院

区位因素分析

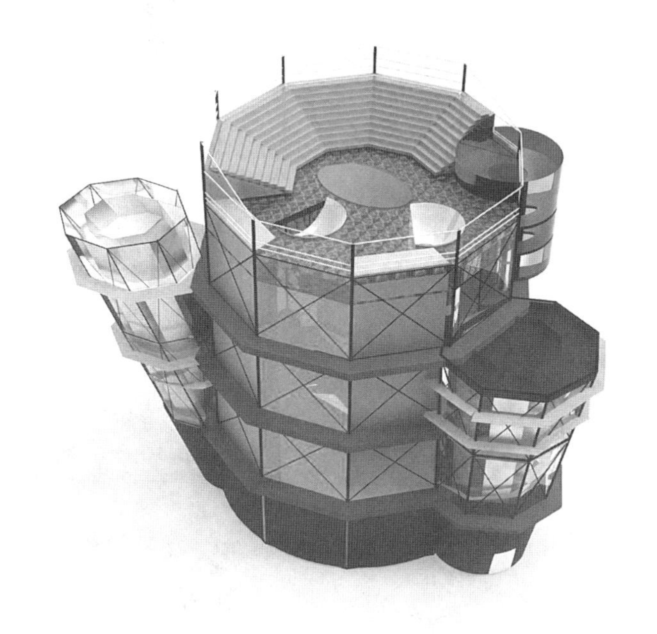

该项目位于751D·park北京时尚设计广场。

利用原有遗留的气罐构筑物及周边场地进行规划设计。

气罐直径为24m，高31.6m。构筑物占地约450m²，总场地占地约1200m²。

底层0~7.6m,为锈蚀的铁皮围合，7.6~31.6m以上为锈蚀的铁桁架构造。

为当下具有一定影响力的设计提供一个发布、展示空间。为更多国内外优秀设计师提供展示机会，同时为设计师之间提供一个很好的交流平台。

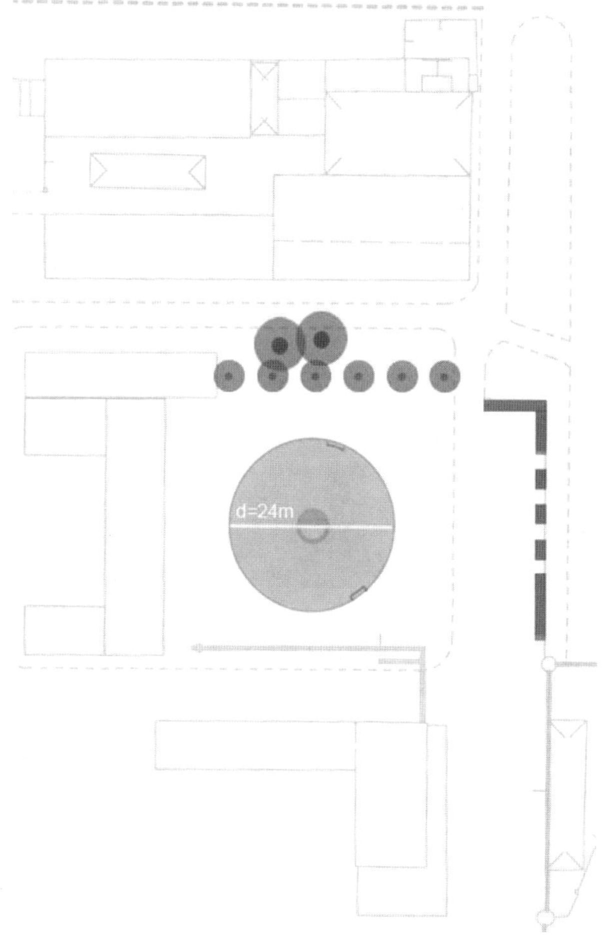

概念：沸腾中的水
吸收能量—翻滚运动—水雾蒸发

对应的空间体验

1. 吸收场地景观　空间借景
   吸收好的设计
   吸引参观者
2. 人与设计的交流
   人与建筑、空间的交流
   设计师间的交流
3. 思想的升华与内心的沉淀

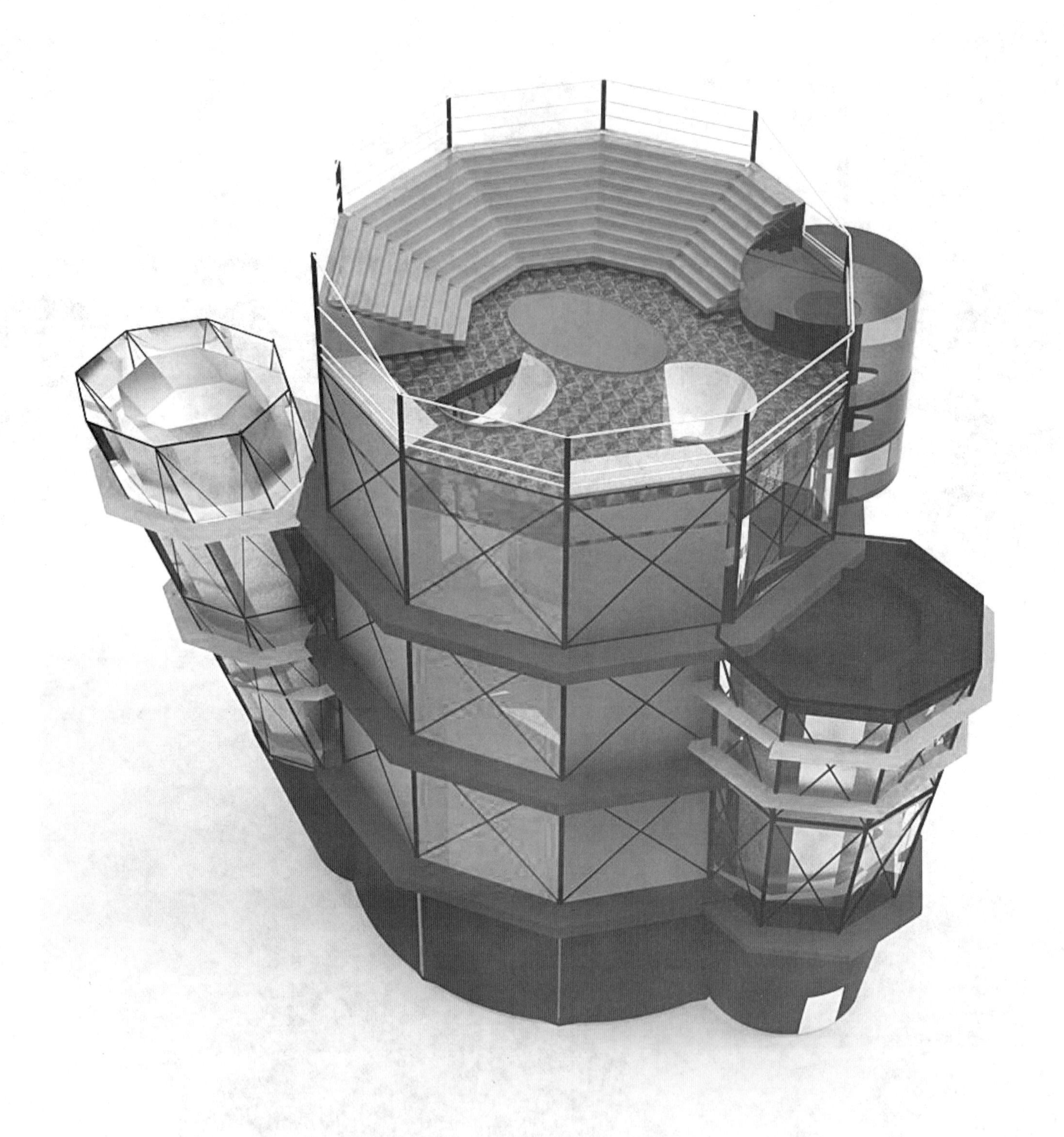

建筑鸟瞰图

室内效果图

室内效果图

佳作奖

星系漂浮

北京751网络交流中心设计

学生姓名：郑铃丹
责任导师：汪建松
学校名称：
清华大学美术学院

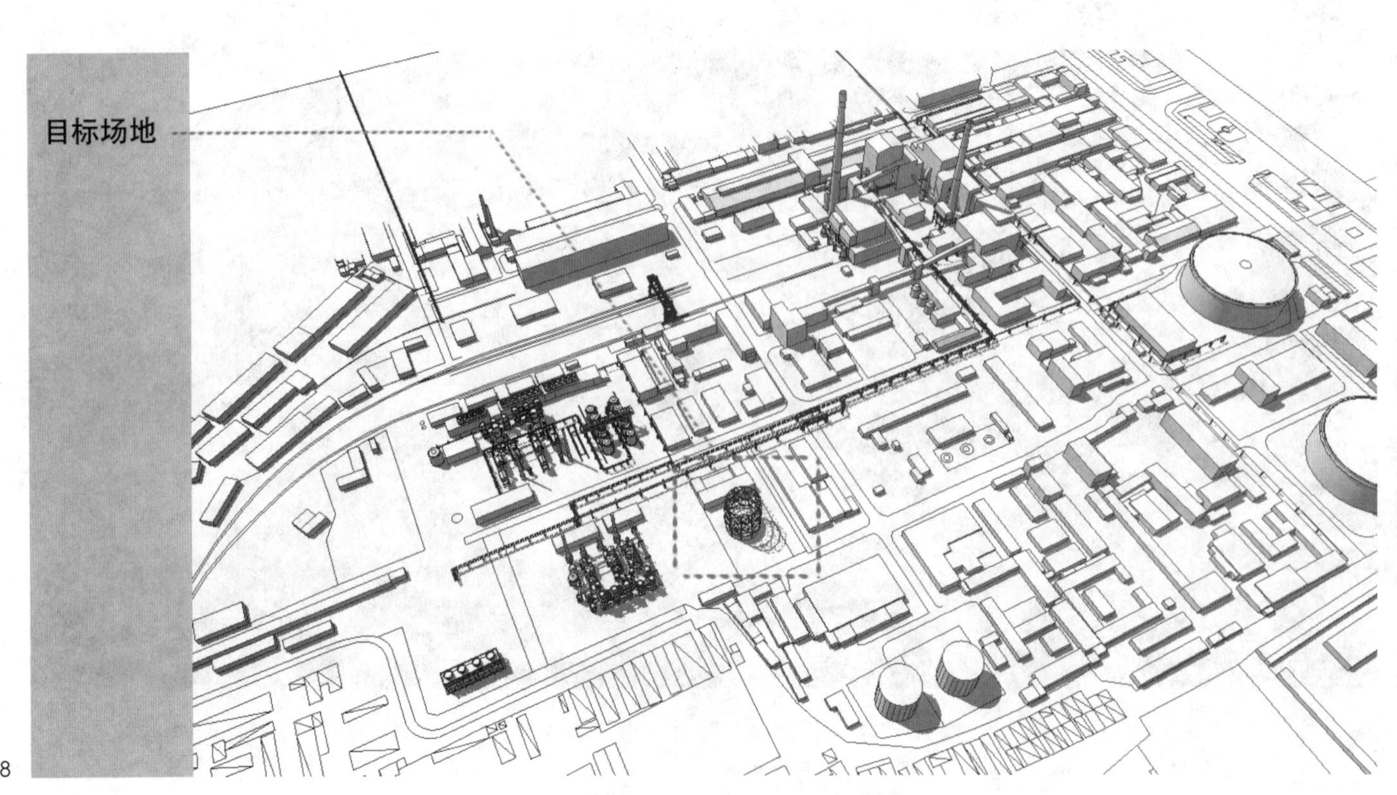

原来建筑

搞糟之后的建筑

题目为 751D · park 的老煤气罐改造成网络交路中心设计。

概念定于漂浮。希望通过搞糟设计可以给人带来未来的感觉。

网络交流中心分为四层。第一层为大厅，第二层为 5D 电影院，第三层为网吧，第四层为咖啡厅、同时也是个阅览室。

建筑外观效果图

大厅效果图

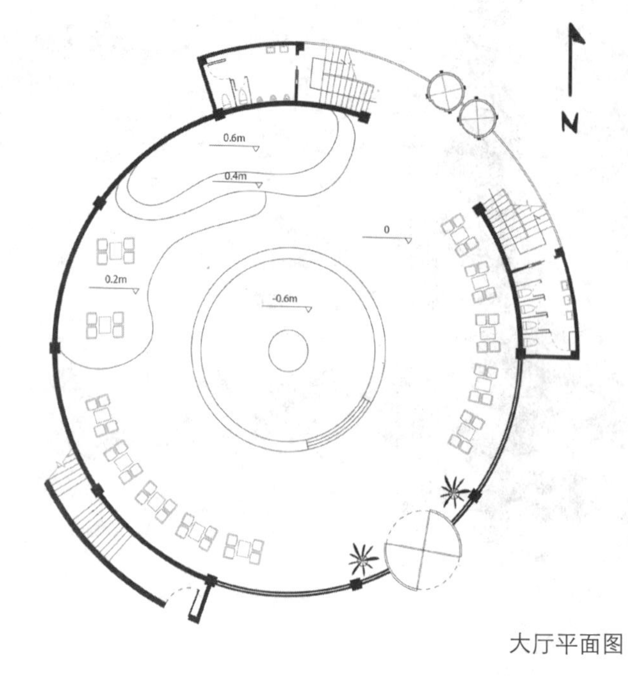

大厅平面图

 大厅效果图

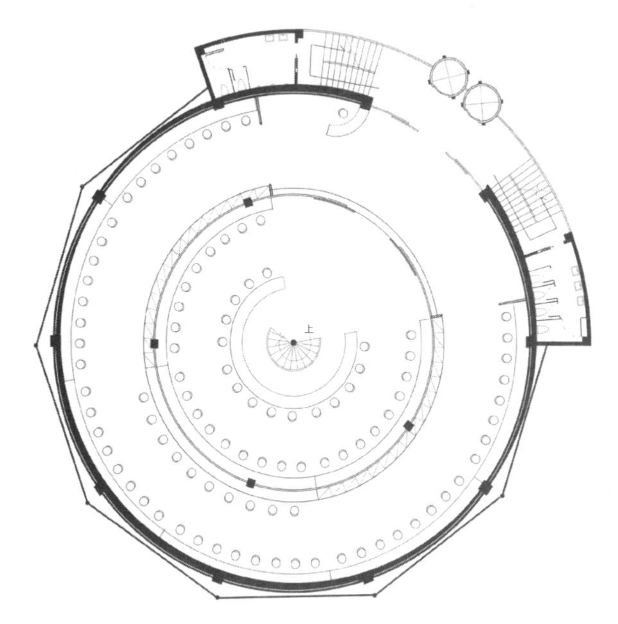

网吧一层平面图

玻璃楼梯

网吧效果图

网吧效果图

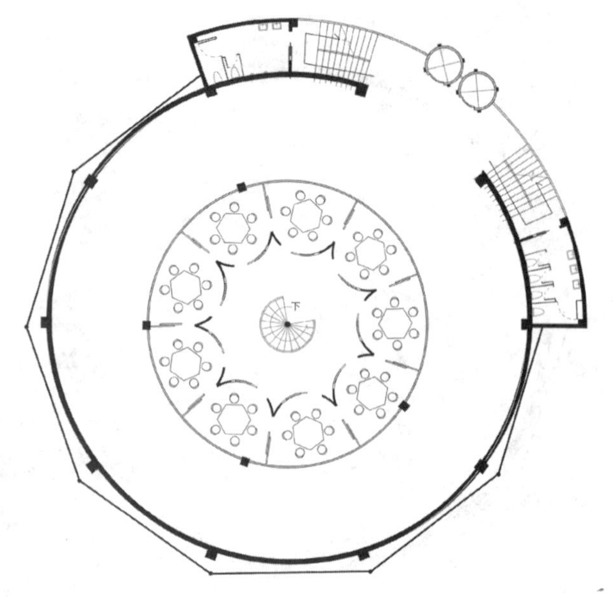

网吧二层平面图

 网吧效果图

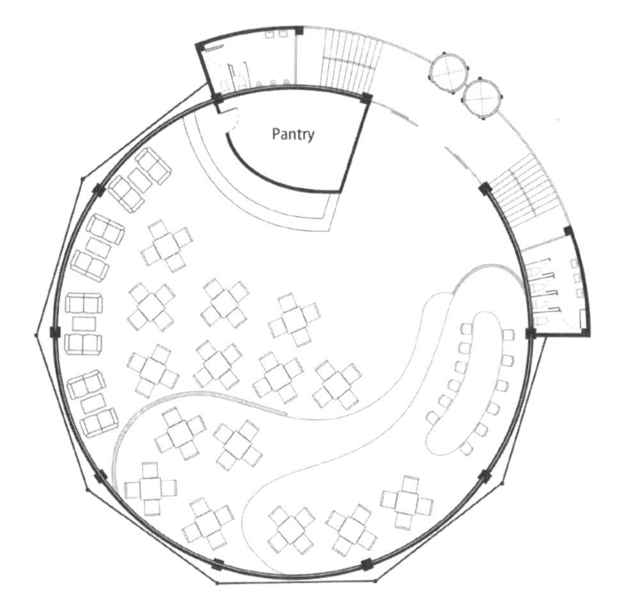

咖啡厅平面图

咖啡厅效果图

咖啡厅效果图

佳作奖

深圳某私人会所室内设计

学生姓名：史泽尧
责任导师：张　月
学校名称：
清华大学美术学院

题目背景

高端私人会所的室内设计是近年来很常见的室内设计项目，设计大多要求空间整体要有奢华、尊贵、高雅等体验。国内以北京为主的很多城市都逐渐出现许多高端会所，大部分对于奢华体验的设计都缺少有理有据的设计思想，除了还原中外传统奢侈空间的原貌、堆砌高档材料和家具陈设，似乎并没有总结出一套如何设计室内空间的理论，本文通过调研结合设计实践的方法，尝试探究一套“奢华”室内设计的理论。

借鉴奢侈品牌对“奢华”概念的成功诠释，分析马赛商学院奢侈品管理MBA教授提出的对于打造奢侈品牌所需的七要素，得出会所室内设计对奢华概念的新的设计思路。并以深圳某私人会所为例，研究如何实现新奢华概念的设计思想。研究将从空间组织、功能布局、装修设计、材料运用和家具陈设品选配几方面进行。

设计任务书

该私人会所的业主是一名 45 岁的企业家。会所主要用于私人接待和商务洽谈。通过对私人会所定位的理解，勾画出合理的空间布局，量身定制一个会所室内空间；通过对空间、硬装的处理及软饰的搭配，体现私人会所的尊贵与奢华，但不失优雅。

本项目位于广东省深圳市后海大道港湾创业大厦，主要功能包括私人接待及会客、红酒雪茄吧、影视厅、豪华客房、中西餐包间、健身房、棋牌室及私人 SPA 等。

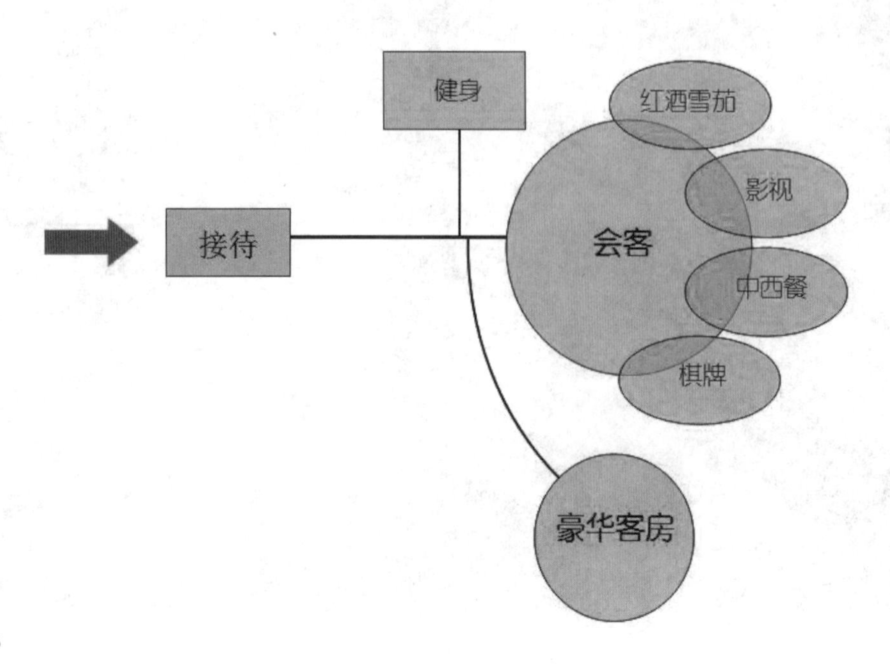

平面分析

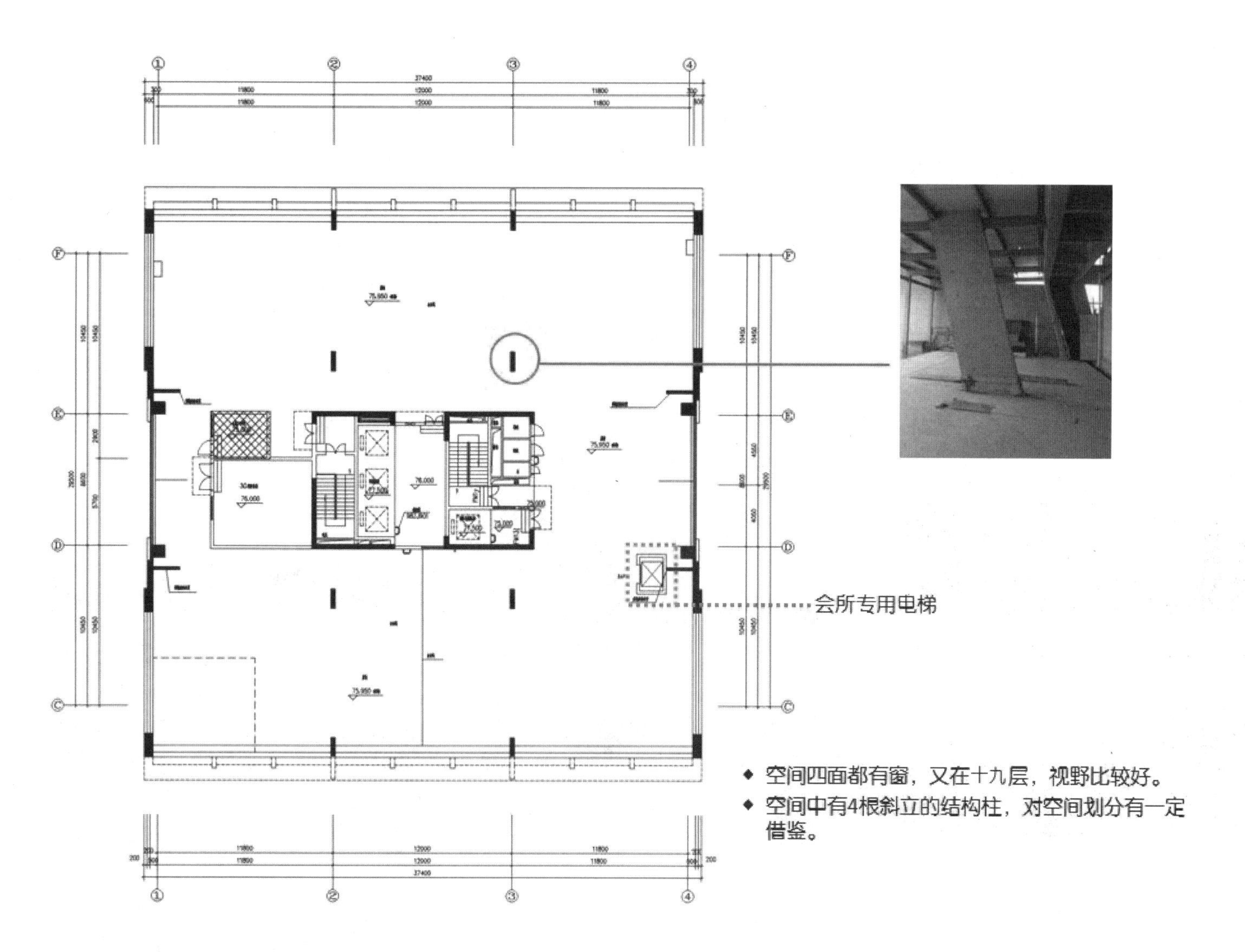

该会所定位为业主私人接待会所，其最根本的功能是帮助业主更好地进行社交活动，会所内部具有的功能空间按照其影响社交活动的方式分为两种重要层级，即直接影响空间和辅助影响空间。直接影响社交的空间是中西餐宴请包间、红酒雪茄吧和棋牌室，辅助影响社交的空间是影视厅、健身房和套房。

设计概念

奢侈品在全球都有着很强的吸引力，让人们对其趋之若鹜。近几年，这种情况在中国尤为显著，其原因就是投其所好。国家经济飞速发展，人们生活水平有了显著的提高，除了温饱之外，人们对生活的需求变得更加丰富，对于消费奢侈品的需求是其中很有代表性的一点。

奢侈品对于奢华这种感受的成功定义对于会所室内设计而言有很大的借鉴作用。第一，从某种角度上来分类，会所也可以算是奢侈品的一种，这一点法国马赛商学院的Michel Gutsatz也给予肯定过。第二，奢侈品在中国的成功销售说明很多奢侈品牌的产品在设计和营销上适合中国消费市场，值得会所借鉴。第三，奢侈品种类繁多，除了传统的腕表、化妆品之外，还有很多其他的领域，比如说酒类、食品、饮料、酒店、家居装潢、水疗、俱乐部等。而这其中很多品类都属于室内设计中需要选配的陈设品。

综上分析，奢侈品对于奢华的感受的塑造可以作为会所室内设计概念的借鉴。

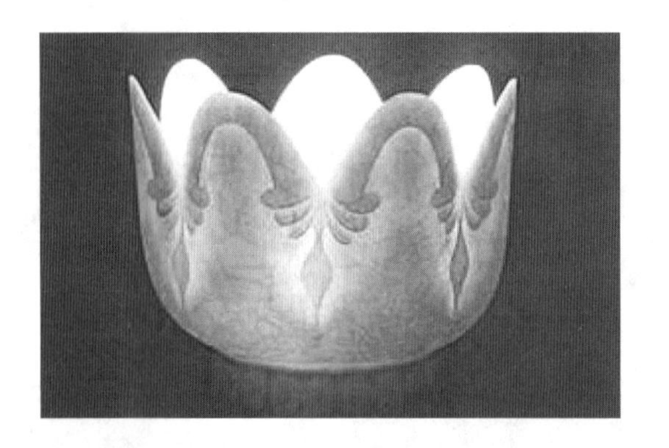

设计深化

中国有丰富的历史文化，尤其是建筑营造方面更是代表了整个东方的建筑文化。与西方的开敞与密闭隔离开来的空间组织思想不同，东方的空间组织思想是开敞空间和密闭空间相结合，其中还穿插着半开敞空间的组织序列。这种思想常见于一切东方传统建筑空间，例如北京四合院、山西窑洞、江南民居、客家土楼等。同时，开敞空间和密闭空间的趣味性组织也是东方思想的精华所在，不同大小、不同开放程度的空间有序地组合起来，并设计些许借景、对景等中式园林的趣味手法，都是东方建筑文化的体现。

因此，该会所的空间组织上也采用这种开敞空间和封闭空间相结合的空间序列。乘坐专属电梯到达十九层之后，进入一个小型门厅，门厅直视会所的一条重要动线，但却不能直接过去，需要右转进入一个开敞的庭院再绕回主动线。这个庭院是整个会所中的三个庭院中最大的，三个庭院构成整个会所交通流线中的重要分散节点，分别通向不同的功能空间。这种空间组织方式是东方思想的一种体现，使用者在其中的体验是时而身处室内空间、时而身处开敞空间。

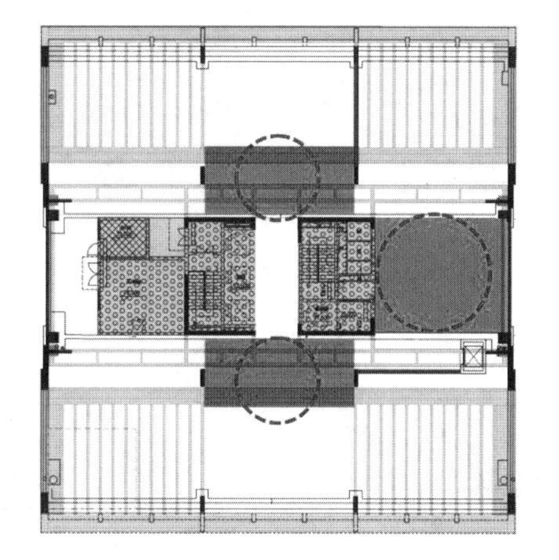

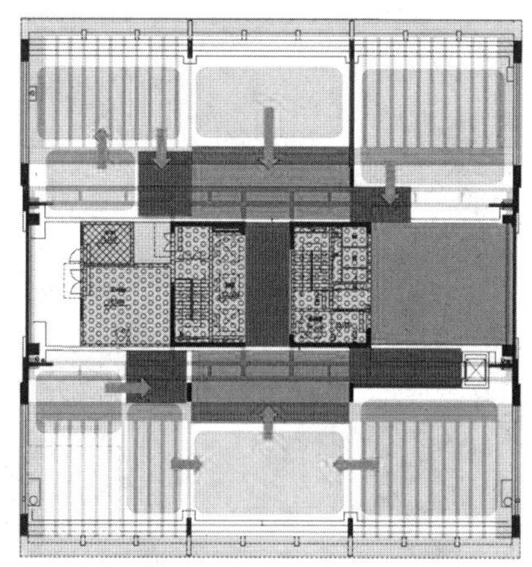

空间划分

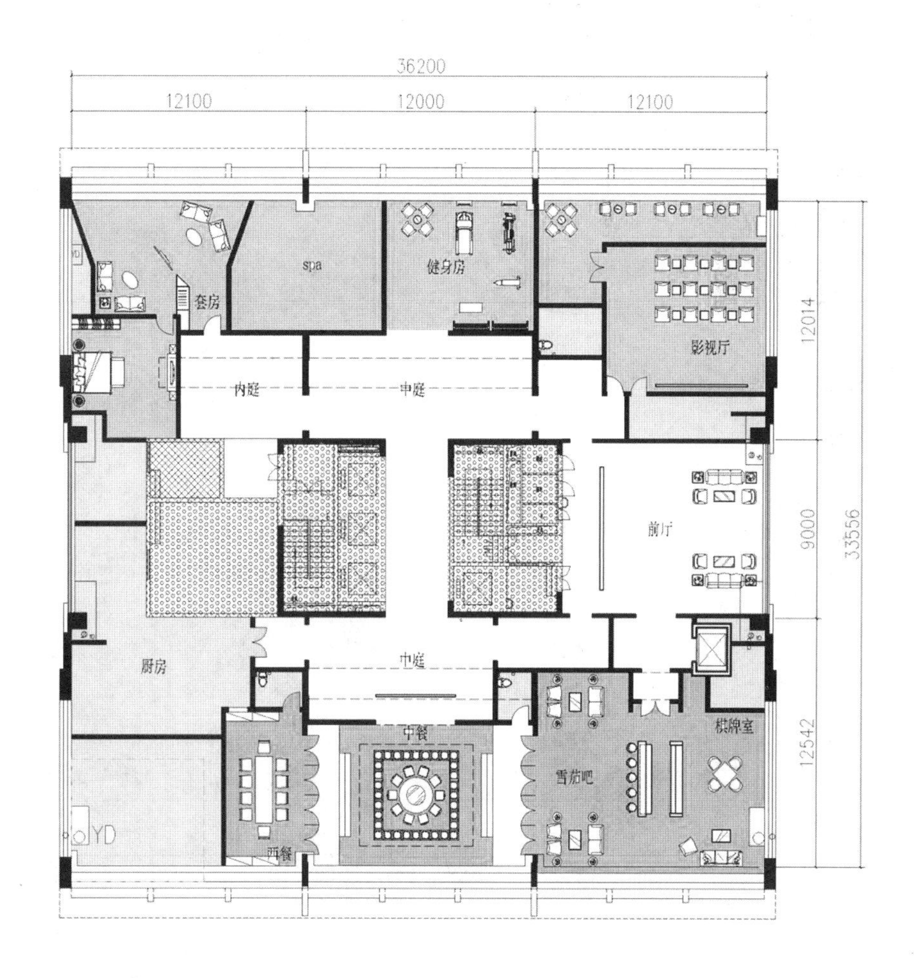

平面布局

入口庭院效果图

 西餐效果图

红酒吧效果图

结语

关于会所室内设计中新“奢华”概念的研究到此已经得出一套初步的设计思路，但室内设计是一项以实践为主的专业，设计理论只能发挥指导作用，具体每个会所项目的室内设计最后呈现出的效果还要依靠室内设计师们对空间、材料、光线等专业技术的探索。

研究的过程中发现中国传统文化的断层阻碍了中式风格的自然演变，相比于传统欧式到现代欧式风格的演变和日本和式风格的演变，中式风格的演变的确还需要更多的设计师致力研究。

室内空间中奢华的体验也将随着人类财富的进一步积累达到更高的要求，届时室内设计对于奢华的塑造也需要更有针对性的设计思路。

佳作奖

北京751气罐改造

——后手工时代艺术家公寓设计

学生姓名：廖　青
责任导师：汪建松
学校名称：
清华大学美术学院

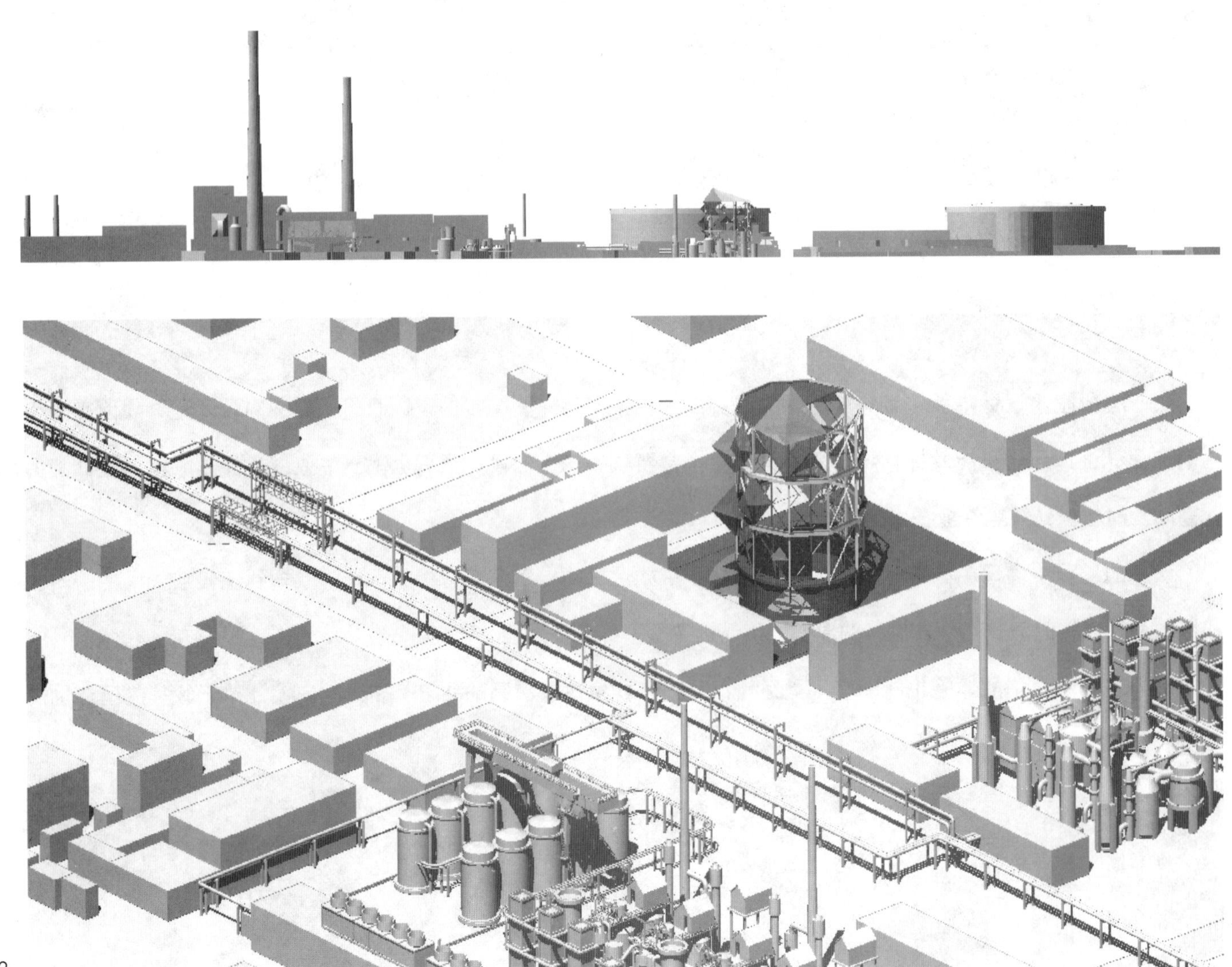

项目简介

1. 项目缘起：2008 年 3 月 28 日，D · park751 成为北京市正式授牌的文化创意产业聚集区。该园区占地面积 22 万 m^2，保留了不同时期的锅炉群、大型储罐、输送管网、老厂房等工业设施。目前，相关改造已初具规模，并进驻了许多文化创意产业单位。经调研分析，决定在项目所在地内创造出一个艺术家公寓。

2. 原有建筑：气罐构筑物／结构框架，气罐直径为 24m，高 30m。构筑物占地约 450m^2，总场地占地约 1200m^2。底层 0 ～ 10m 为锈蚀的铁皮围合，10 ～ 20m 以上为锈蚀的铁桁架构造。场地面积：1200m^2；建筑面积：450m^2。

3. 交通区位：751D·park 位于朝阳区东北角，与 798 艺术区相连。地理位置优越，占地 22 万 m^2。北起酒仙桥北路，南至万红路，东侧毗邻电子城科技园区，园区紧邻首都国际机场高速路，驱车紧需几分钟，便可驶入五环路或四环路，区域周边有几十路公交车及地铁 4 号线，公共交通便捷通畅。

4. 人群定位：事业刚起步的独立艺术家和其他创意产出者和短期旅居北京艺术圈、文化圈的交流访问人群。

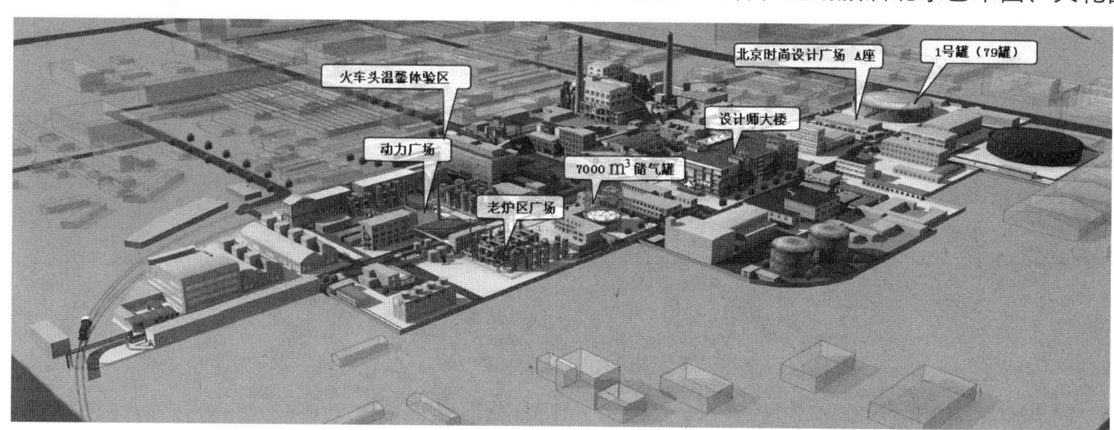

经调研发现 751 园区内部或是周围不乏画廊、餐厅，但是极其缺少短住的旅店或是相对长期的住宿条件。如果在这片区域内增加一个公寓／小型生活社区，将会使更多游客或者来此地游学的艺术创作型人群有留下的意愿，深入体验园区和一系列活动，从而产生亲近的心理记忆。

对于其中的改造部分，如何做到让住户感受到气罐独特的历史，如何让旧时光在现在的语境下发声是设计研究的重点。

R=1000m

798

Artstel

一驿

其他小旅馆

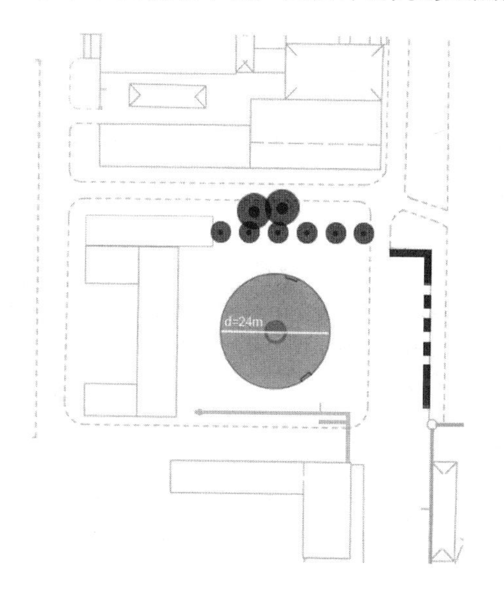

给我独居的孤隐

请允我乌托邦的存在

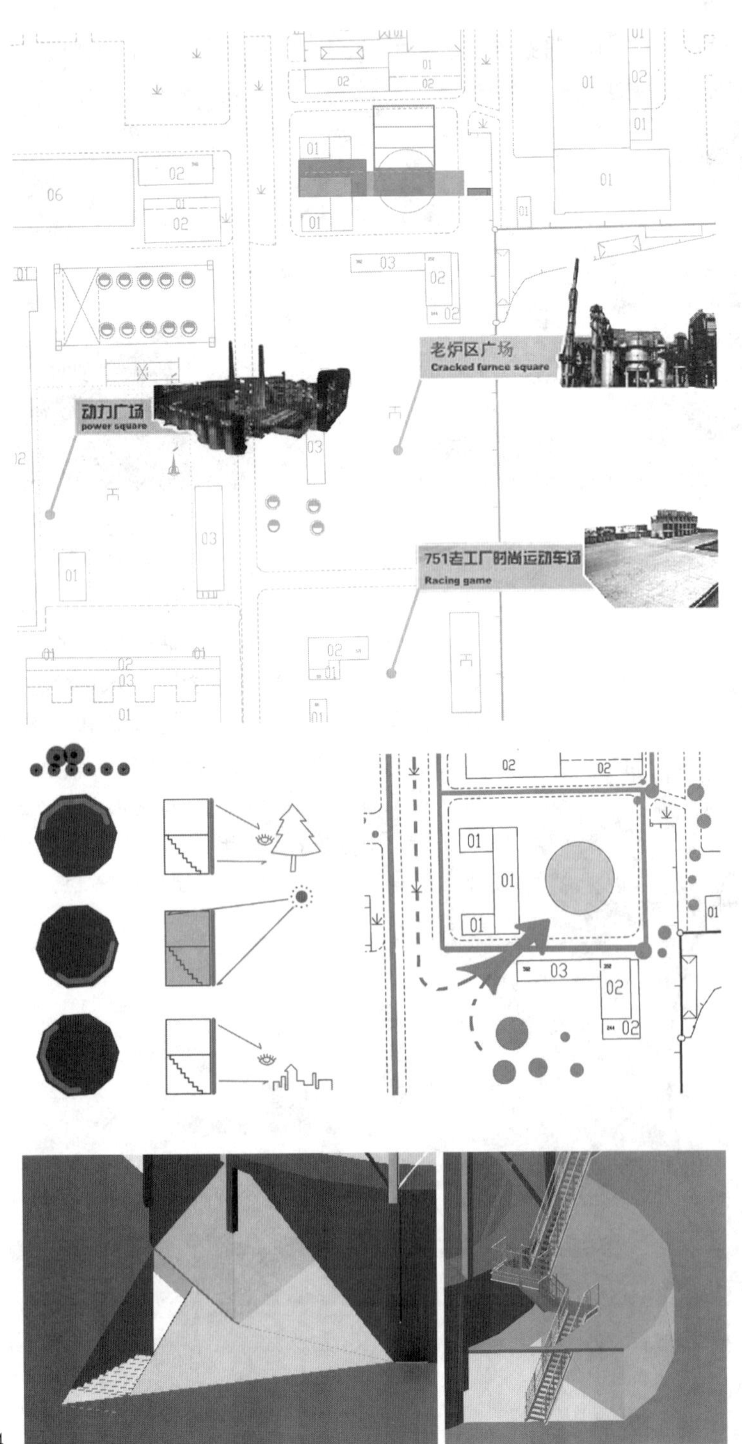

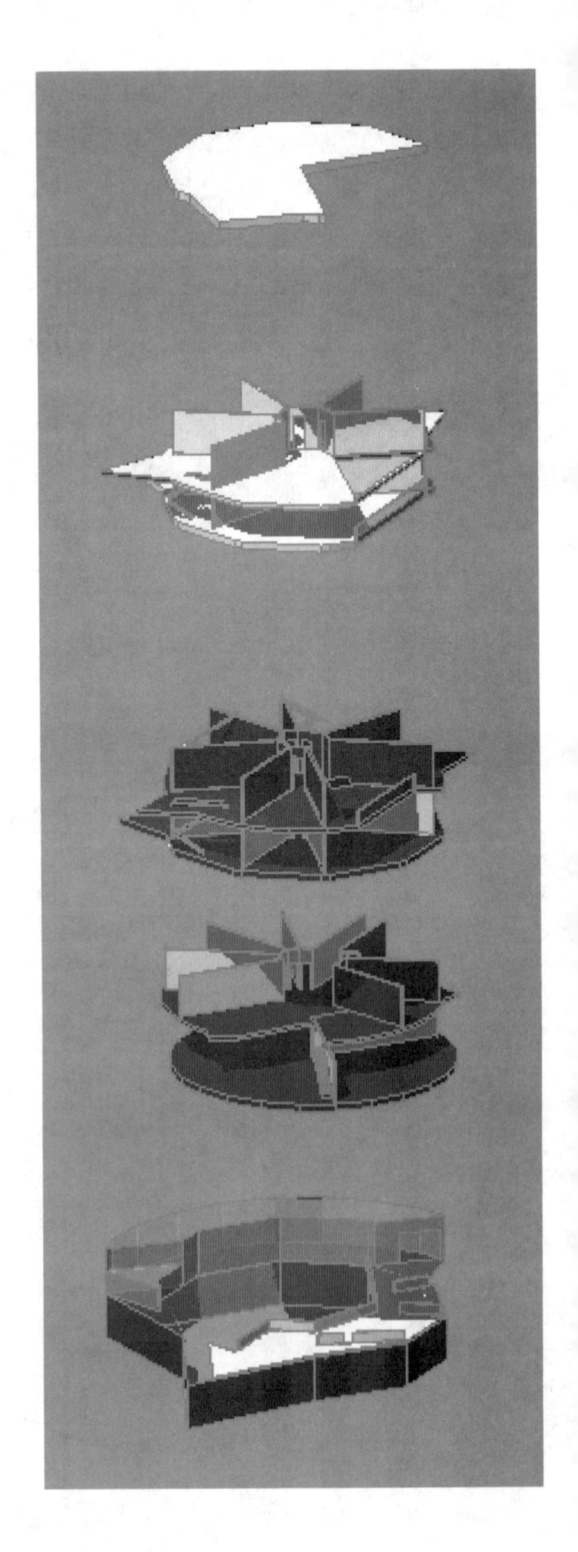

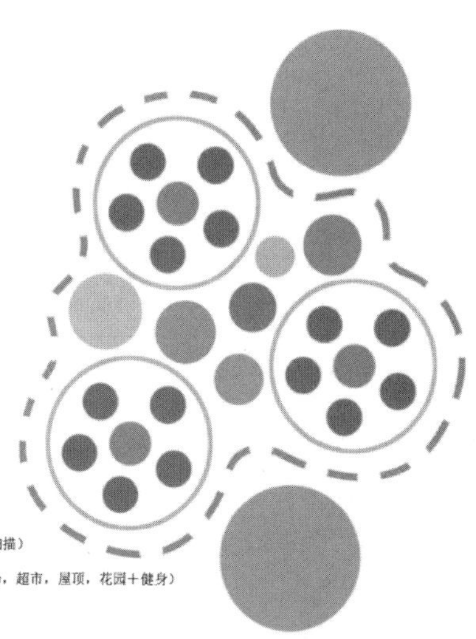
私密
单体休眠空间（睡眠，洗浴，工作，厨房等）
对内共享空间（洗衣，会议交流区，邮箱，信息公告，复印打印扫描）
对内共享大空间（对内餐厅，健身，租借实验场，超市，屋顶，花园＋健身）
对内外空间（对内外展览空间，餐厅）

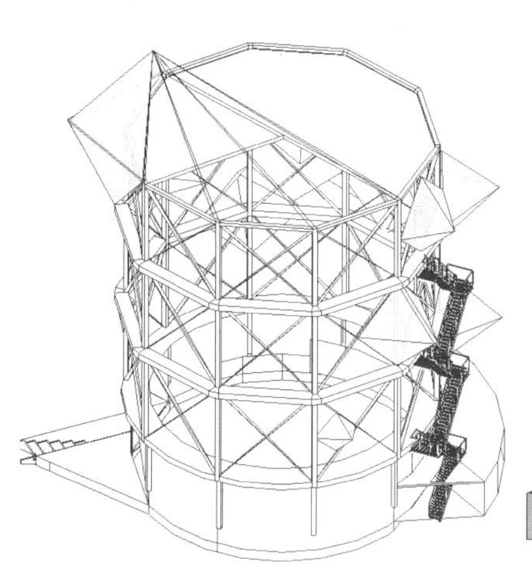

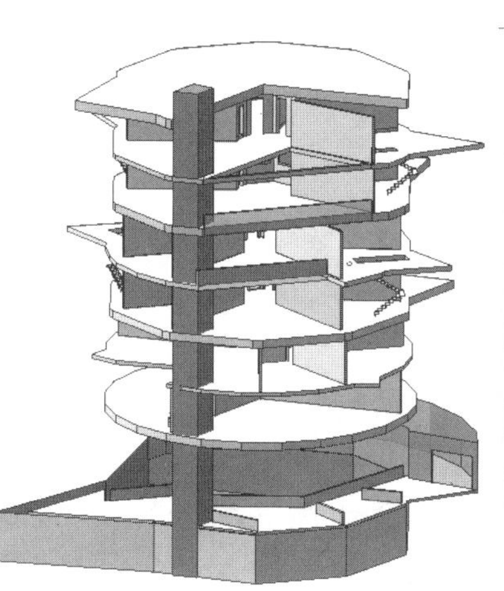

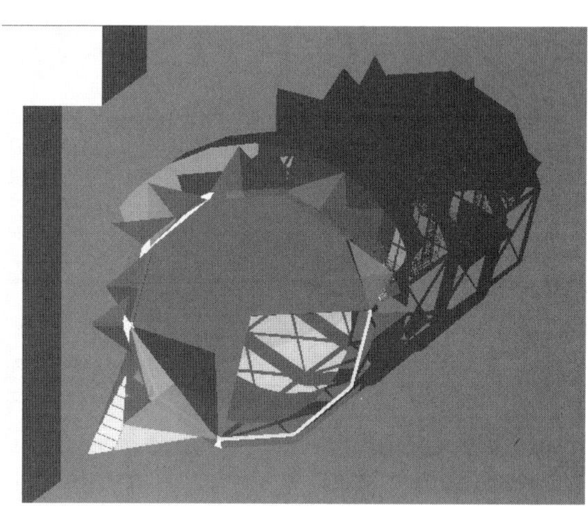

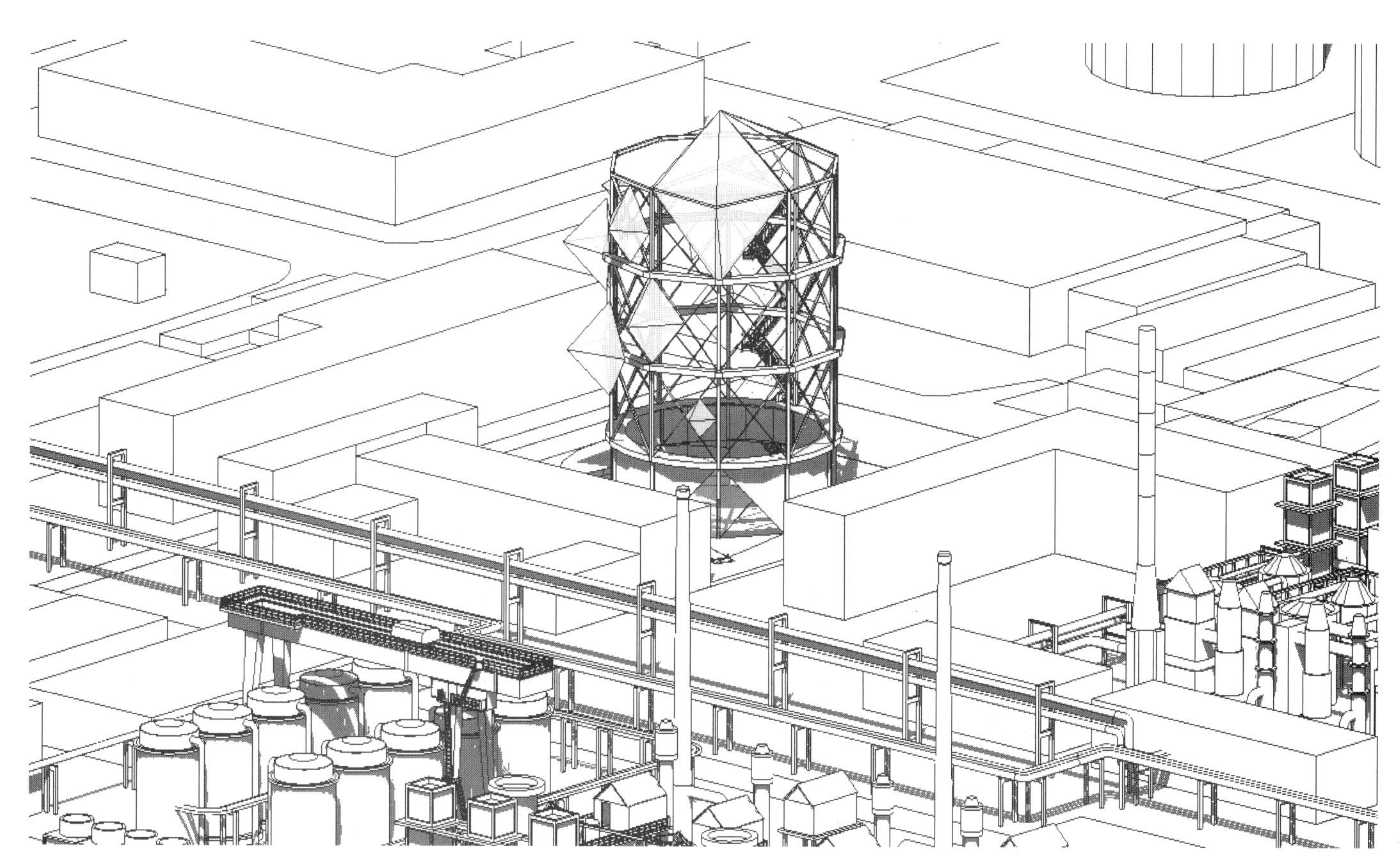

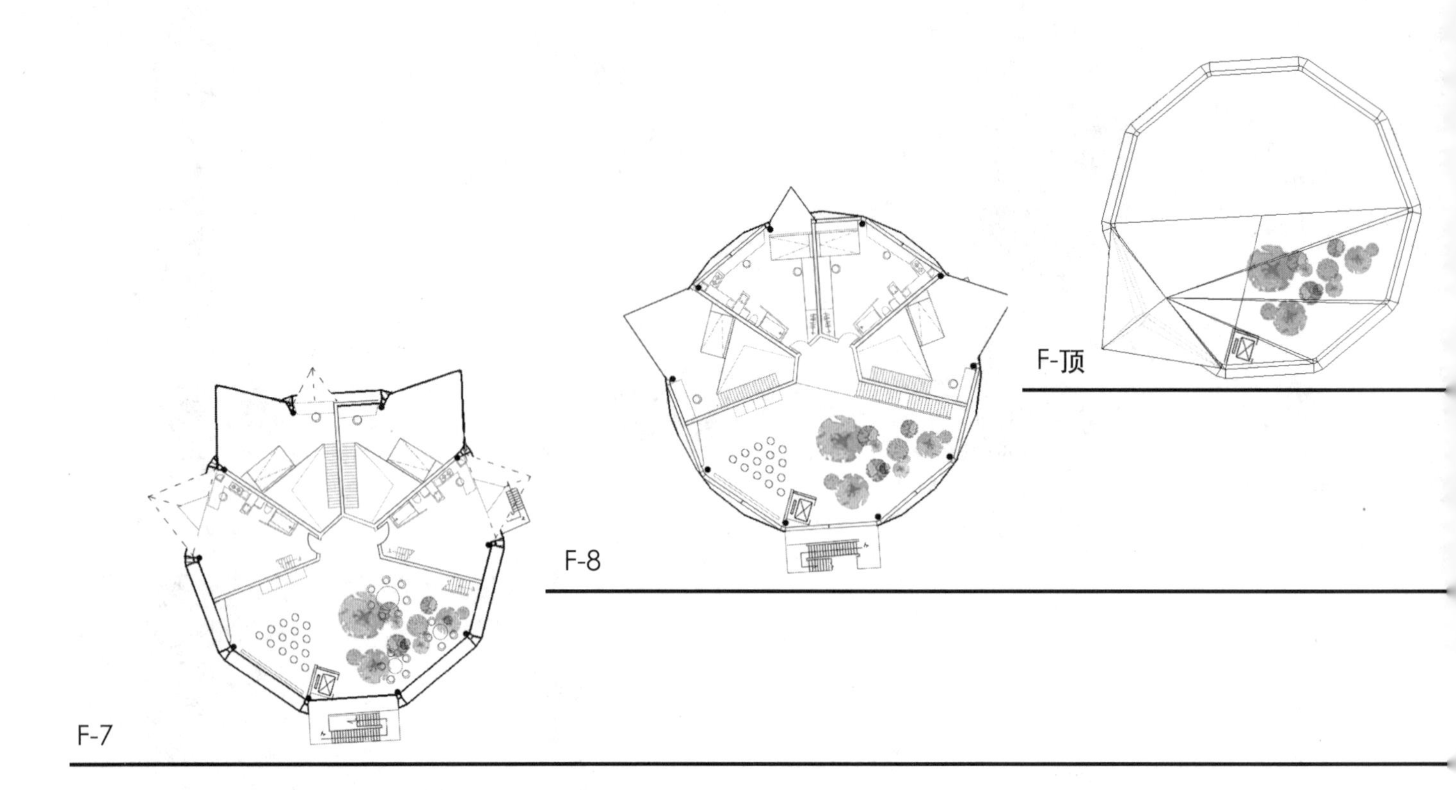

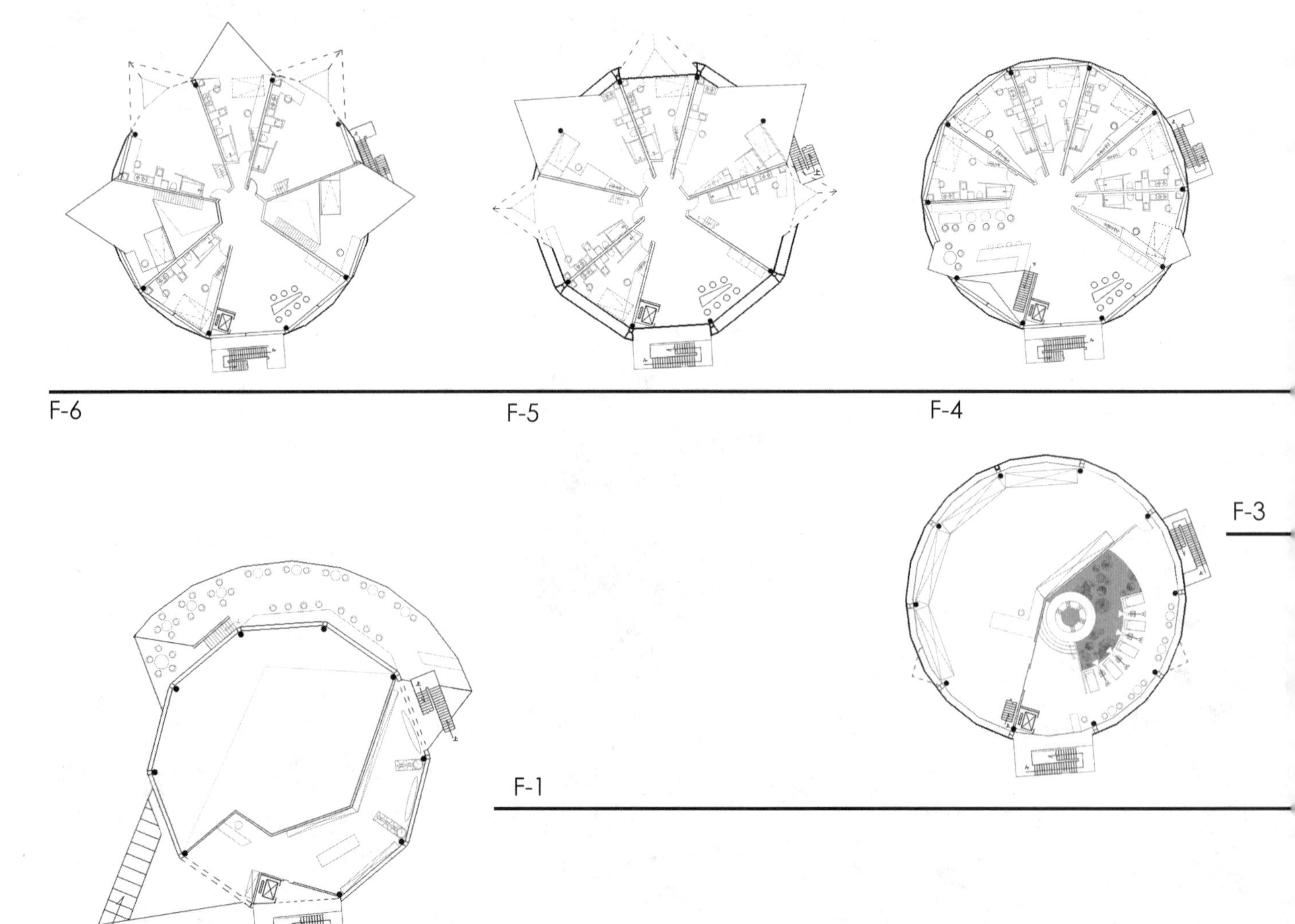

平面图

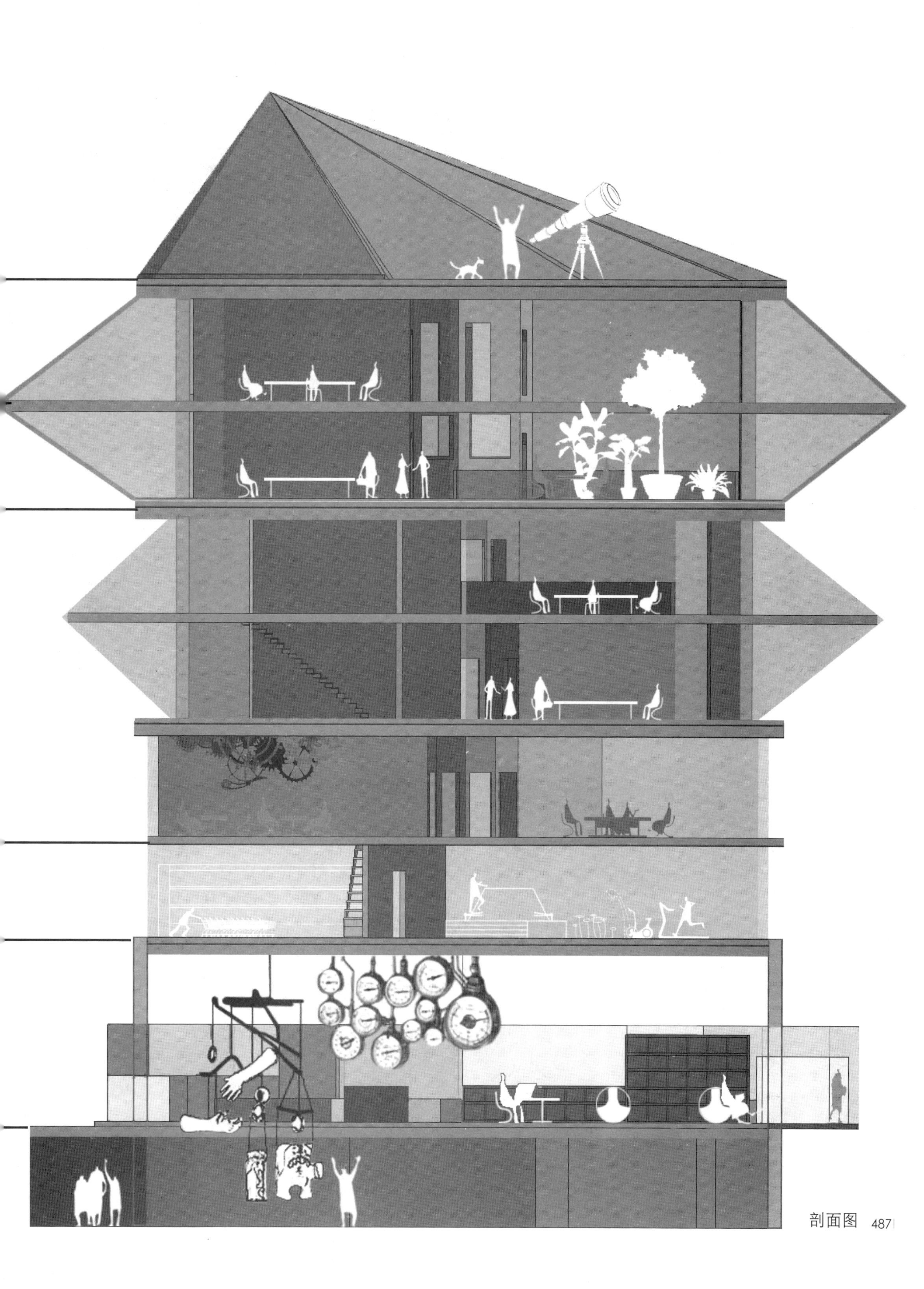

剖面图

效果图

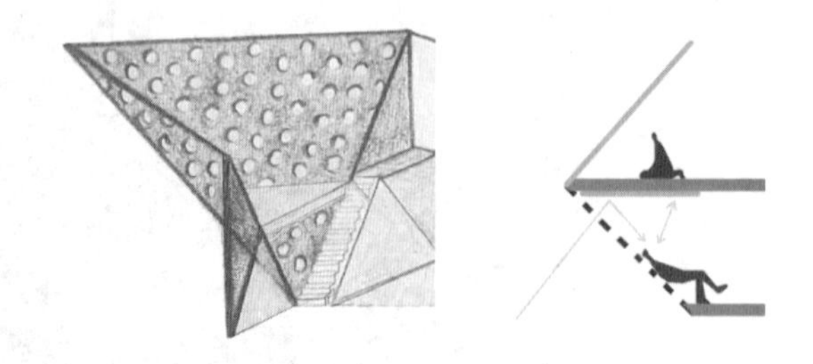

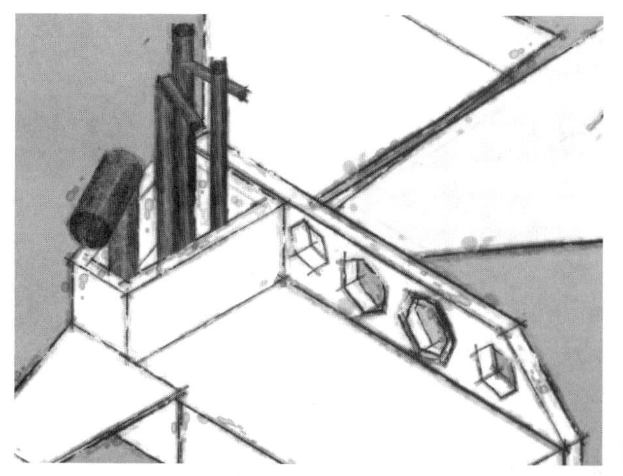

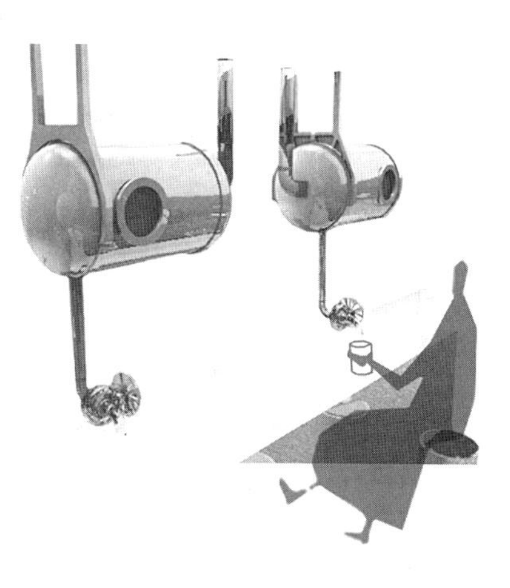

效果图

研究生获奖论文

空间情节理论在度假酒店设计中的应用研究

——以呼伦贝尔额尔古纳河右岸度假酒店设计为例

一等奖

中央美术学院建筑学院　2010级硕士研究生　韩军

摘要：新经济模式下越来越多的消费者渴望得到体验，体验经济时代正在迅速到来。度假酒店以体验产品的身份新生于这个潮流市场，业内专家认为，"体验"是度假酒店的核心概念，度假旅游就是心灵体验的过程；然而，目前度假酒店的设计中存在的问题，较多集中在缺乏场所的可体验性上。"空间情节"是产生良好体验的催化剂，因此，基于解决问题的角度，本文提出将"空间情节"理论运用到"度假酒店设计"中的概念。空间情节的提出，目的不只是为表现情节的内容题材，更是为了创造空间结构关系，唤起参与体验；良好的体验性是度假酒店设计的重要评价标准，也是设计的目的，还是使用者留下美好记忆的因素所在。本文通过对呼伦贝尔额尔古纳河右岸度假酒店的方案设计将空间情节理论与实践相结合，发展空间情节的运用，探讨度假酒店设计的新视角与方法。

关键词：空间情节，度假酒店设计，体验性

一、绪论

当下，国民经济的持续发展带动了人们生活水平的提高，人们的消费观念也发生了转变：休闲度假旅游逐渐成为一种高境界的时尚旅游方式，脱离了传统意识里的观光旅游。物质享受不再是人们的首要目标，实现精神上的追求变得尤为重要，这种身心上的满足称为"体验"。新经济模式下越来越多的消费者渴望得到体验，体验经济时代正在迅速到来。度假酒店以体验产品的身份新生于这个潮流市场，业内专家认为，"体验"是度假酒店的核心概念，度假旅游就是心灵体验的过程；然而，目前度假酒店的设计中存在的问题，较多地集中在缺乏场所的可体验性上。"空间情节"是产生良好体验的催化剂，因此，基于解决问题的角度，本文提出将"空间情节"理论运用到"度假酒店设计"中的概念。运用空间情节可以唤起感情上的反应与感受，丰富扩展空间的内涵与体验的深度，同时增加度假酒店体验的参与性与趣味性，从而提升度假酒店的品质；在空间体验中建立场所感，通过空间秩序的编排达到有感染力的空间结构。 巧妙地将情节注入度假酒店空间，进行有序的编排目的是赋予度假酒店的空间诗情画意的情感意义表达，意图在于激发想象的主观能动性，鼓励创新与设计方法的多元化的表达，反对一味追求怪异新奇的形式表现和为个性而个性化的表面设计。情节空间概念的提出意在将设计师的注意力，从充满表现视觉手法的实体中转向空间情感领域，避免陷入单纯"形"的泥潭之中，为设计师提供一种更广阔、更积极的媒介。

二、度假酒店与空间情节

（一）度假酒店概述

1. 度假酒店的定义

度假村是最常见的休闲形式之一。英文名称为"resort hotel"（某些地方简称为resort），含义是提供给人们一个亲近大自然的机会，并使游客从中享受一系列贴身服务和现代化设施带来的休闲体验，起到放松身心作用。度假村又称为度假酒店，作为服务于度假旅游市场的专业化酒店，度假酒店依托的地域、经济、文化、旅游资源的不同，在分类和定义上都有不同的解释，其核心是具有地方性、灵活性和多样性的特点。

一类、城市度假酒店（是提供城市观光旅游、商务度假、度假者短期停留的体验场所）。

二类、民俗度假村（是提供城市或近郊的农家院、生态园等的、度假者短期停留休闲娱乐体验的场所）。

三类、生态型度假酒店（是指远离城市的自然生态环境内的、度假者停留较长时间、不再去往其他地方的休闲娱乐体验的场所）（图1）。

图1　巴厘岛宝格丽度假酒店

本文所研究的度假酒店是特指第三类中的生态型度假酒店（其他类型不作为本篇的主要研究对象），生态型度假酒店大多建在森林、沙漠、草原、海滨等自然风景区域，产品向旅游者传达着不同区域、不同民族丰富多彩的地域文化、历史文化信息等。生态型度假酒店与城市度假酒店有着本质的不同，如寻求场所感的游客若在山东度假酒店看到的是广东人文气息的酒店，一定会大失所望。度假酒店的空间设计离不开对度假旅游者的动机剖析，游客希望体验返璞归真、绿色、地域文化，树立健康的度假生活目标，希望感受与真实的自然进行无缝体验。度假酒店的核心概念是"体验"，已被许多专家和业内学者认同，这与走马观花式的单一型长线旅游消费模式观光旅游有所不同，强调的是度假酒店使用者对度假地的深层感受和亲身体验。

总而言之，收获一份不同寻常的经历，是每个度假酒店使用者寻求度假旅游的期望，旅游者希望在参与的同时，能够将很多旅行手册中的美丽画面，或是把特别的行为活动变成一种难忘的经历带回家，成为永远珍藏在心里的游历。

2. 我国度假酒店场所体验中存在的问题

度假酒店在中国尚属“扫盲期”，目前我国度假酒店设计中存在许多亟待解决的实际问题：

第一，首先要解决缺乏生态保护意识的开发建造（缺乏可持续发展性）问题。

第二，程式化设计导致行业竞争不具备优势（缺乏体验的主题性）、功能结构不合理（缺少体验的连贯性）。

第三，自然环境与人工环境脱节（缺乏体验的互动性）。

第四，地域性特征和民族文化、历史文化定位不准确，出现使主体空间与周边空间环境不协调（缺少体验的深入性）。

概括分析：度假酒店存在问题的普遍原因是缺少人性化项目设计，没有做好人群定位与需求分类挖掘，缺少空间体验性，文化艺术感染力不足，缺少场所精神等。

（二）空间情节概述

1. 空间情节在场所体验中的意义

空间：指在有限定范围内的区域场所（可分设等级区别）。

情节：指在有计划的编排可支付范围内发生的人与事（情与景）。

陆邵明先生指出：空间情节源于生活体验的更高层面，目的是唤起感悟，架起幻想和记忆的桥梁，在发展体验中获得秩序感、场所感，为到达体验中审美的高度奠定升华平台，获得场所精神空间，空间情节是从视觉场所到实现场所精神的媒介。研究认为空间情节概念的提出，其目的不只是为表现情节中的内容题材，更重要的是为了创造空间结构情景与人的多种关系，激起参与体验，感悟空间主题与意义，从而建立一种不灭的、难忘的、有韵味的、有艺术感染力的立体场所感。体验的价值既是空间情节的源泉，也是目标和创作过程中不可缺的灵魂。总之，拥有严谨的塑造情节的编排手法，空间就会产生感人情节和细节，表现就有了生命力与趣味性。高质量的空间情节编排吸引着高质量的体验者，拥有了让体验者进入情节想象、思考、参与、体验的可能性。

2. 空间情节与空间体验

(1) 空间体验是通过个体参与、经历，亲身尝试而产生的内在认知和心理感受，它可以是一种通过感官刺激而引发的心理活动，也可以是一种经历或者一种可以被激发的东西。从本质上看，“体验”就是指难以忘记而又有价值的经历。

(2) 空间情节是对空间各要素在功能与活动次序上进行合理安排，从而诠释情节，诠释空间的功能和意义。

空间情节源于空间体验，体验通过空间情节的深入而不断自我加深，二者之间是相互依存的关系。具体来说，一方面，空间情节并不是凭空出现的独立体，而是在空间体验中通过体验感知和体验认识提炼出的结果。没有产生体验效能就不会触发空间情节的展开。另一方面，随着空间情节的不断丰富、情节线索的运动趋势不断改变，带给参与者的体验映像和情感体验也就越发深入和细腻，体验在空间情节的作用下达到新的认识高度。

3. 空间情节的组成要素

(1) 题材与概念：突出设计主题的创意性；强调体验的连贯性。

(2) 主题道具：道具通常在剧作艺术中出现，通过舞台艺术、角色、场面等融为一体的编排形式，来共同实现主题概念下的情节与场景。

(3) 编排与序列：将一系列含有偶然因素的空间场景串联在一起，按照以人的感受和空间的使用为线索来组织空间场景，以实现一个个空间的转换，这即是空间场景的编排。

(4) 线索与细部：原指事情可寻的端绪、路径或贯穿于整个事件的脉络细节处理等，而在本文中线索一词指代为一种艺术的编排系统，类似故事情节一样的线索。

4. 空间情节的生成方式

(1) 采集与编排空间情节。体验空间时人们往往对空间环境中的一系列感性认识与生活情节融为一体产生感受，通过有意识的思考活动，通过认知层次的整合理解，在内心生成为一种隐性的经验信息，留下一种空间情景记忆片段，一种对场所的映像反射。这种空间情节意象经过创作主体的提炼、变形、物化，按特定的秩序编排返回到主题空间，从而创造出了一种新的空间秩序，深化了顾客的情感体验。

(2) 感知与回味空间情节。所谓感知就是客观事物通过人的感觉器官在大脑中的直接反映。美学家王国维曾有所言论：言气质，言神韵，不如言境界，有境界本也气质、神韵，未也。有境界而二者随之矣。清“境”设计——情“境”是情感的提升，即意境。

(3) 融入文学与戏剧的空间情节。空间情节的设计方法并非从形态风格开始，也并非是以风格形态为目标，而是借鉴艺术创作的一些规律，从空间体验开场，并以体验空间为创作目的，因此需要设计师转变自身所扮演的角色——像欣赏者一样去思考、去体验，去设计情节、分析线索。

度假酒店设计与空间情节的关系，空间的情节越是生动，观者对酒店的记忆就越深刻；体验到的情节越丰富，对度假酒店空间的性格掌握就越趋于准确。优秀的度假酒店设计是在体验再体验的基础之上，并不是简单对于形式的追求，也不是规范的应用，是一种带有情节的、有感受的、有张力的形体空间内涵与秩序高度的融合。

三、额尔古纳河右岸度假酒店设计——空间情节理论的实践应用

1．项目背景

（1）地域背景资料

额尔古纳河右岸位于祖国的最东北部，约2000万hm²，森林覆盖率71.28%。有天然草场面积730亩，是驰名中外的呼伦贝尔大草原的重要组成部分，河流纵横、湿地广阔，是优良品种三河牛、三河马和长绒羊的故乡与养殖基地。这里属寒温带湿润气候地区，地下有永久性冻土层，冬季气温 −40 ～ −30℃，夏季时间很短、温差很大（中午30℃，傍晚立刻凉爽如秋），半年以上是林海雪原景象，山地树种主要有落叶松、樟子松、红松、白桦等（图2）。

图2 额尔古纳河右岸度假酒店基地

（2）人文背景资料

额尔古纳河右岸是蒙古人的发祥地，蒙古族牧民生活在辽阔的大草原上，放牧牛、羊是他们的基础生活方式，洁白的蒙古包是他们的居身之所，冬暖夏凉而且便于拆解。勒勒车和蒙古马是他们的传统交通工具，敖包曾是草原上用石头堆成的记路标志，逐渐演变为人们的约会见面所，尤其是青年男女谈情说爱的地方，家喻户晓的"敖包相会"歌曲就是反映的这一情节。 在大兴安岭北部峰——奥科里堆山，有着原始鄂克猎民绘制的古老的象形文化——岩画，另外这里还有全国少数民族中唯一的使鹿部落——敖鲁古雅鄂温克，他们长年居住在林海雪原深处，靠着打猎和饲养驯鹿活，被称为中国最后的"狩猎部落"，这里是全国唯一的驯鹿之乡。"希愣柱"是类似美洲印第安人的庐帐住所，是鄂伦春人游猎的理想居住之所（图3）。

2．发掘需求（酒店定位）

通过市场资源定位及消费人群的定位，从而分析出使用者的需求内容与目标：设计者根据分析结果制订策划方案（包括规划功能区及具体内容）。

额尔古纳河右岸度假酒店初步定义：

（1）具有能充分体验综合生态环境的高档酒店。

（2）具有当地民族风情的建筑形态与空间（保证与自然环境的和谐性与使用合理性）。

（3）具有个性体验自然、实现自我愿望的居住空间。

（4）具有当地民族风情的娱乐活动（不伤害生态，无危害隐患如明火等）。

（5）强调以人为本，保证游客人身安全与健康，同时最大限度地实现定向客人的体验需求，使度假过程愉快而难忘。

3．主题概念

题材收集存在广泛性，在整理中进行了分类，确保题材线索的清晰性与汇总性，不同片段的题材有分列组成，也有线性连贯组成，还有叠加相互组成，其中以地域文化所表现的生活情节为线索的民俗民风及传说，内容广泛，充满神奇色彩；另外，以地域特色所表现的风景情节为线索的森林、草原与河流、湿地及动物、植被，秀美的生态环境充满神圣祥和，自然层面和生活层面的空间印象合并，其实就是本项目的主题概念——"右岸印象"，更准确的是："额尔古纳河右岸印象"，成为拟建酒店欲带给度假客人的体验主题。

4．空间情节与道具的采集

方案中融进了"草原牧歌"情节（天苍苍、野茫茫，风吹草低见牛羊……）、"林海雪原"情节、"冬天里的一把火"题材情节、"圣诞节"题材情节、"这里的黎明静悄悄"题材情节、"探索奥秘"题材情节等人们熟悉而又容易联想到的情节。

（1）体现居住生活的主题道具：不同的建筑形式（蒙古族→蒙古包；俄罗斯民族→木格楞；鄂伦春、鄂温克→希愣柱）。

图3 丰富多彩的地区民族生活

（2）体现生活环境的主题道具：森林（松树、桦树及相对应的艺术制品）、草原（草场）、河流湿地（马蹄岛及河道）、山石等；牛、马、鹿、羊（它们也是这里的主人）（皮毛饰品、用品造型雕塑及艺术设计用品等）和花鸟。

（3）体现地域气候特点的主题道具：火炉、火盆（火对寒冷地区是温暖的心理反应，当然林区禁示明火，这里选用的是具仿真效果的，又有取暖功能的饰品设施）。

（4）充满民族文化生活情趣的细节道具：岩画、文字、民族图案、民族工艺品、生活用品等（图4～图7）。

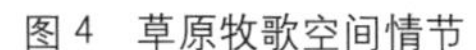
图4　草原牧歌空间情节

图5　林海雪原情节

图6　冬天里的一把火情节

图7　圣诞节情节

5．空间情节在实际场景中的运用

自然层面和生活层面的空间印象合并，是对额尔古纳河右岸这块历史悠久而又充满神奇色彩的土地的综合印象，额尔古纳河右岸印象是拟建酒店欲带给度假客人的体验主题。为了体现这一主题概念，设计者采取了一系列相应的设计策略：首先，整体布局强调先疏后密、先简后繁，循序递进的排布方式展开；其次，主题清晰、内容广泛，分项表述、综合体现；最后，主题深化，细节配合；从头到尾参照空间情节理论，将主题概念“右岸印象”的意味融进了整个项目的各种题材与要素中，实现了多个场景、多种思绪、多种意味、多种体验、一个主题的综合印象，整体规划分布就是围绕这些情节特点展开的（图8）。

项目整体分为四大部分：

第一部分：入口及通道区印象

在入口处注入“探秘寻踪”情节，以岩画木雕这种古老艺术手法为引导制造悬念印象，公路两侧护栏采用较为原始手法的松木杆搭接形式，提升了场所感与野趣感；路的右侧沿护坡向上便是茂密的人工松林，路的左侧是一片巨大的平坦草场，在中间设计了来自勒勒车的车轮灵感的几组装置，以旧松木为原材料制成，远远望去古老而神秘——是历史的遗留印记还是这里特有的某种仪式场所？这种历史情节与“草原牧歌情节”的编排导入会让人感受到历史长河的空间意象，是一种蒙太奇艺术手法。进山前的接待管理处是一个由整棵原木制成的涵洞桥头堡，分设四个俄式小木屋，中间有长廊连接，自然中透着异域情调；这个完全由主题道具材料不仅满足了人们悬念心理，还在暗示人们主题体验即将开始，　这种“引子”情节的编排，会带人们进入新一阶段的验证与探秘体验（图9）。

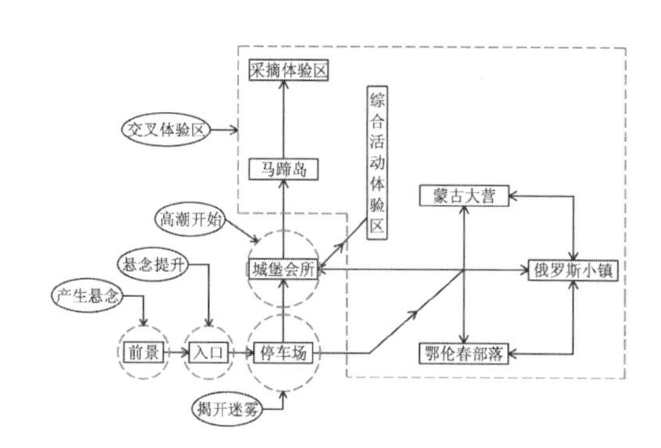

图8　空间情节编排程序表

第二部分：接待及综合服务区（城堡会所）印象

处于停车场过来的第一站，既可以车辆直接到达，也可以从木栈道台阶步行而至，会所顺地势坐西朝东而建，是一座地上局部三层、地下一层的木屋式城堡建筑，前后左右均有起伏层次，建筑面积8200m^2，建筑材料大量采用当地土特产，主题材料（原木、毛石）在这里得到充分发挥利用，从建筑形态和体量看，它是本项目中规模最大的单体建筑，自然也显示着其主要位置，它也确实承载着许多的功能性：前厅接待、特色餐饮、酒吧、小规模会议室、书吧、游泳池、桑拿浴、VIP客房、办公区等。在设计中注入两个概念：神秘和奢华。首先，“神秘”是对入口一路过来悬念的延续，所以将接待收银区单独设在最前面，与后面综合功能区通过一个长长的连廊相接，这种仪式感极强的情节的导入，使对空间秩序的转换中，增加了神秘感，产生继续参与体验的愿望（图10）。

图9　额尔古纳河右岸印象度假酒店入口接待站方案

(1) 前台接待（鹿乡）。进入这个区域的设计思想是，在此继续导入神秘概念，主题道具材料内外保持一致，只是在室内所用石材与木料尽量将表面质感处理得细腻一些，让人产生亲切感，也便于保洁清理，利用柱子结构将接待空间进行围合，粗犷纹理的石材墙体和地面配以原木风格的木框架结构的顶部，结合四壁的火炬形长杆灯和顶部中心垂钓的鹿角形灯，将鄂伦春、鄂温克的生活情节元素注入其中，配上原木断片制作的背景壁饰，通过这些主题道具的秩序搭建，营造出一个结实的山地古城堡，充满神秘意境；对这些古堡情节、部落情节和森林情节进行编排组合，创造了具有很强戏剧感的主题概念场景，强化了艺术感染力，使来客产生新奇感和主

图10　额尔古纳河右岸印象度假酒店城堡会所方案

动参与的愿望（图 11）。

（2）过道（祥廊）。在这个充满仪式感的过道场景里，主题道具是两侧顺序排列重复的木羊雕塑，上面顶部对应垂钓着"火盆灯"，下面是静静的溢水，羊在蒙古民族的信念里是生存的保障，是吉祥的象征，而水是生命的存在，火是活力与光明的化身，这种看似个体的意念，经过千百年的民族间的交流、文化的互动，实际已经变成一种共通的集体的意念，具有地域的象征与互通的情感，通过对原木艺术造型的提炼，使其在空间的存在形式上有了明确的定位（图 12）。

（3）大堂吧（火吧）。这个区域位于会所区的核心地带，因此这个场景的设计中应导入综合性的空间情节，塑造出一个能体验右岸各民族历史、文化生活的缩影场景。举架 9m 的原木结构造型顶和三个巨大的鹿角形吊灯笼罩下的空间洋溢着俄罗斯森林木屋的浪漫气息；大堂中心水池环绕空地上是三座具有鄂伦春"希愣柱"含义的大型艺术装置，完全由大小不一、高低不同的断面原木拼组而成，神圣而质朴；两侧悬顶上是古老的鲜卑人的岩画及他们的共同热爱的驯鹿，新奇而神秘（图 13）。

（4）特色餐厅（树厅）。看到"树厅"，自然会联想到树，这个场景中主题道具"树"几乎承担了场景中的全部，高大粗壮的造型"树"序列的排布，带来强烈的视觉冲击力；交叉向上的"树杈"支撑着用细树枝编制的弧形顶，形成极具仪式感的张力空间，带来奇特的场所感；暖暖的灯光透过树枝的缝隙照射下来，如同和煦的阳光透过树叶的间隙洒到林中，显得绚丽多彩；使用者进入这个空间，会立刻被这绚丽的林中意境所深深吸引；也许会唤起对林间野餐的一次快乐而浪漫的回忆，也许会想到屋外的森林，甚至森林中曾发生的故事，这种"林海雪原"情节，能使外部空间与室内空间形成互动，可以强化场所感染力；同时将鹿角灯、奶牛皮、家具等配角道具和"炉火"这个主题道具巧妙地编排其中，通过这些情趣化的配合，使空间情节更加生活化、艺术化，增添了亲切感；另外，在细部节点编排上，用小细木杆做成的蒲公英壁饰，让空间变得更具灵性与趣味性，使人们参与到这个空间秩序中可以完全享受"树"的意境，也可以说森林文化带来的空间体验（图 14）。

图 11　额尔古纳河右岸印象度假酒店前台接待

（5）游泳馆（林水）。"林水"之意从字面上看就知道是"林间之水"的含义，这基本上是多数读者看后的第一反应，当然这也是设计师的用意，希望通过空间对位情节达到使用者的美好体验，场景中的主题是"林水"，那么道具的最好选择就是"林"和"水"，才能突出主题概念。房间一侧的两个安全门用弧形纱帘虚化处理但不影响功能使用，在纱帘的后面是错落林立的白桦树枝杆，在镜子的折射下显得层次感丰富，透过纱帘真实而朦胧，这个设计思路既弥补了墙壁单调乏味和安全门留口尴尬的局面，又突出了主题概念与主题体验（图 15）。

（6）客房区（鸟巢）。这是进入休息区之前的节点部分。"鸟巢"是引用"鸟倦归巢"的寓意，顶部大大的树枝编的造型，既是一个"鸟巢装置"，又是一个具有含义的灯具，绚丽中透着温情，令人驻足欣赏与回味；墙上概念化的树杆肌理配上站在树枝上的"小鸟"，显得生机有趣，转角处一片淡淡的白桦林和墙上的蜂巢概念壁饰，好像也在讲述着蜂儿已忙了一天休息了——"这里的树林静悄悄"（图 16）。

图 12　额尔古纳河右岸印象度假酒店过道方案

（7）VIP 四人团队房（树洞）。客房场景的打造也没有离开主题道具材料，整体空间主要用料是原木，营造森林木屋的情调；长长木桌的灵感来自森林工棚木屋的生活情节，既可当独具森林文化特点的写字桌又具备打牌下棋的娱乐功能，吸引使用者萌生参与体验；同时，这种合理的空间秩序划分，还起到舒适的电视观看尺度和功能区域使用合理的功能；高大松软的仿皮毛床头被靠，让人体会舒适的同时，也体会着地域的风情，感受着主题概念；最精彩的是那个与外界空间灵感沟通的树洞窗，周围由大小的断木组合，让参与者忽略实地空间的存在，最美的愿望是躺在树洞里看风景，仿佛置身于大自然中，也许那些树洞的寓言故事

图 14　额尔古纳河右岸印象度假酒店特色餐饮方案

图 13　额尔古纳河右岸印象度假酒店大堂

图 15　额尔古纳河右岸印象度假酒店游泳馆方案

图 16　额尔古纳河右岸印象度假酒店客房走廊前厅方案

图 17　额尔古纳河右岸印象度假酒店 VIP 四人团队房方案

图 18　额尔古纳河右岸印象度假酒店蒙古大营方案

早已在你脑海中闪现，享受客房中的户外情节体验（图 17）。

第三部分：民族风格别墅区（蒙古大营、鄂伦春部落和俄罗斯小镇）印象

（1）蒙古大营。建筑材料均采用古朴的木本色和外表皮白色粗帆布配以传统的蓝色纹样（内部保温性同样进行了考虑），内部则没有作彩饰处理；另外，在结构方面也更人性化地革新，在立面处做了视景落地开窗，蒙古包锥顶中心做了直径 1m 的透明天窗，目的是更好地欣赏自然风光，夜晚还可以躺着看星星，不受蚊虫叮咬和温度限制；这种朴素风格概念是便于隐于自然，更好地体验自然（图 18）。

图 19　额尔古纳河右岸印象度假酒店俄罗斯小镇

（2）俄罗斯小镇。紧依山林由 15 座完全采用当地产的原木悬空搭建而成的单层木屋组成，面积 $45m^2$，设有独立卫生间；悬空搭建既减少植被的破坏，又防潮保暖，当然还得考虑冬天的积雪，保证门窗的正常开启，大尺度的斜屋顶，使得室内空间变得丰富、自然，做到了内外风格一致。材料使用完全以体现主题概念为前提，空间界面达到自然和谐，没有丝毫唐突之感，圆木楞结构的小木屋配上门窗木刻花边和围栏，充满异国情趣，形态淳朴可爱，往往能唤起许多对童话故事中的情节想象；窗口透出暖暖而又温馨浪漫的灯光，使人不由地萌生体验入住的愿望，坐在平台上放眼望去，右岸景色尽收眼底，更加增强了对此空间体验的参与性与趣味性（图 19）。

图 20　额尔古纳河右岸印象度假酒店鄂伦春部落

（3）鄂伦春部落。这是本项目中最具地域特色的建筑形式，在这里没有完全参照原汁原味的“希愣柱”，设计师将原单体建筑分成两部分，前面是由桦木杆搭建的高大的人字形双层帆布板，后面巧妙拼接了一个桦木房，这种构成形式在功能上分：前面为活动区（休闲、观景、会客），后面为生活区（居住和卫生间），以造型角度来看，人字形布帐与桦木皮的“希愣柱”形式和材料进行提炼达到形神兼备，而且先进实用，从空间尺度和实用性来看，与“希愣柱”有相通之处，便于室内装饰，是一个现代版的“希愣柱”，因为主框架和表面主材都是用桦木和桦木皮，都是主题道具的材料，所以很自然地做到融于自然之中（图 20）。

第四部分：综合体验活动区印象

（1）景观场景（以马蹄岛为例）。“马蹄岛”是设计师为强化主题，特意命名的一个场景，“马”是主题道具的组成之一，在这个原有的中间岛与桥的连接处空地上做了几个马蹄造型的凹陷，在断面立沿上用树棍延自然地势做了护坡式围挡，底面与其他地表植被保持一致，既自然又像一个有命题的大地艺术，这一生活情节被艺术地放大产生了动人的效果，另外粗

犷独特的木桥和垂钓台，还有桦木皮制成的独木舟，所用材料全部是就地取材，所以这种人工也变得自然了，让人产生联想：“它到底是天然就有的，还是人工制造的？这里面是不是还有什么神奇的传说故事？……”（图 21）

(2) 娱乐活动空间场景。额尔古纳河右岸度假酒店主要以体验自然生态环境和地域文化生活为服务宗旨，建设前提是要确保生态环境的不受破坏或少量损坏，同时保证原有生态系统的和谐，同时还得符合森林管理条例的要求，如：严禁明火等相关条例。少数民族特有的娱乐活动，如：篝火晚会和其他一些竞技赛事的题材方案在这里没有导入，这里主要倡导：徒步登山、探秘寻踪、爱心喂鹿、骑马散步、挤奶体验、林中采摘蘑菇、河边垂钓、高尔夫练习、冬季滑雪、雪橇、森林 SPA 等，这些活动都与地域生活息息相关，在活动空间的编排和组织中尽可能地选用主题道具材料。

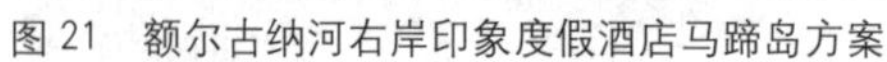

图 21　额尔古纳河右岸印象度假酒店马蹄岛方案

整个方案设计以体验为核心，精心采集与编排空间情节，使体验程度不断加深。其中第一部分→第二部分→第四部分为线性空间顺列排布，情节编排也是由悬念→迷雾→揭开迷雾（高潮的开始）→深度体验（高潮）的过程；第二部分与第四部分是整体项目布局中的核心区，对第三部分形成发散式空间排布，情节编排是由体验→深度体验→新的体验循环往复的过程，是深度体验的交叉感染带，中间有体验节点区。

6. 以空间情节为手段的度假酒店设计流程

通过对空间情节理论在实际项目设计中的运用研究得出，以空间情节为手段的度假酒店设计的一些应用程序（图 22）。

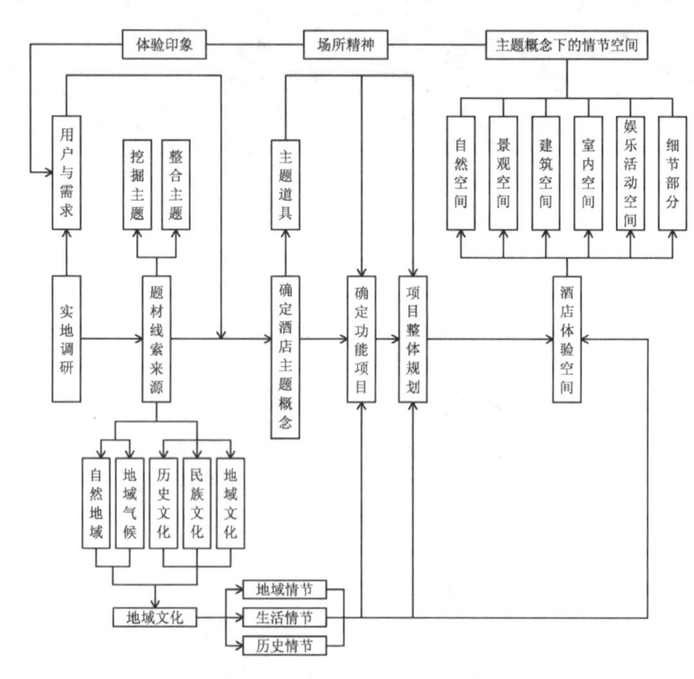

图 22　度假酒店空间情节设计流程表

四、结语

情节空间导入的目的是要引导人们参与体验，完善空间结构关系，加深理解空间主题与含义，从而建立一种难忘的情景意味，营造有艺术感染力的空间意境场所感。通过实体空间中情节结构的有序再编排，可在心理描绘中建立较强的场所感，就有了表现力与品味性，耐人寻味。

通过以空间情节理论为指导对额尔古纳河右岸度假酒店项目进行从策划分析到整体规划，其中包括具体的建筑、景观、室内空间和各娱乐活动区等内容的设计，探讨运用空间情节引导创作的方法与途径。由于时间有限，研究中还存在许多不足，但希望通过本文的研究与探讨，对以后度假酒店的设计方法有所帮助。

参考文献：

[1] 王一川．意义的瞬间形成 [M]. 济南：山东文艺出版社，1988.
[2]（美）B. Joseph Pine II，James H. Gilmore. 体验经济 [M]. 夏业良，鲁炜译．北京：机械工业出版社，2002.
[3] 陆邵明．建筑体验·空间中的情节 [M]. 北京：中国建筑工业出版社，2007.
[4] 李琳桂，朱艳佳．论体验经济时代旅行社产品的设计与创新 [J]. 海南师范学院学报．2006（4）．
[5] 王一川．审美体验论 [M]. 天津：百花文艺出版社，1992.
[6] 徐仁瑶，王晓莉．中国少数民族建筑 [M]. 北京：五洲传播出版社，1990.
[7]（美）Donald A. Norman. 设计心理学 [M]. 北京：中信出版社，2002.
[8]（英）沃森著．酒店设计革命 [M]. 李德新，甄岳超，孙晓晖译．北京：高等教育出版社，2007.
[9] 田玉堂．度假村的理念与操作实务 [M]. 北京：中国旅游出版社，2003.
[10] 俞孔坚，李迪华．景观设计：专业学科与教育 [M]. 北京：中国建筑工业出版社，2003.
[11] 美国 WATG 公司．设计世界一流的度假村 [M]. 沈阳：辽宁科学技术出版社，2002.
[12] 张国强，贾建中．风景规划——风景名胜区规划规范实施手册 [M]. 北京：中国建筑工业出版社，2003.

精神的向度

——中国城市形态与其地域元素交织的探索

二等奖

天津美术学院设计艺术学院　2010级硕士研究生　刘昂

摘要：现今城市的飞速发展，导致日常生活中接触到的是越来越多的钢筋水泥森林建筑，车水马龙的枯燥城市形态令视觉、感官都十分疲倦；周遭的生存环境过于单调，没有生机和活力，逐渐使人们不能从城市的形态中寻觅和感受到当地中国元素的存在。因此本文呼吁和强调通过设计的手法改变这一现状，使城市成为承载中国优秀元素的有效载体，从而打造富有中国特色、鲜明个性化且宜居的魅力城市。

关键词：城市形态，精神，向度，地域元素，融入，个性化，差异化

一、绪论

1. 课题研究背景

随着经济、科技的迅猛发展，中国城市不断大规模、迅速地发展和变化着。在这个变化的过程中，几乎所有的城市一味地追求"高楼、高密度、大广场"这种所谓的"现代化"城市形态，导致那些原本千姿百态、各自精彩的城市形态逐步转变为呆板、无生气的钢筋水泥森林，自身特色衰减，城市与城市之间的差异化也越来越小，城市形态趋向于"千城一面"、"一奶同胞"的局势。

另一方能，我们一直引以为傲的中国泱泱五千年历史文化精髓辉煌灿烂，在每个城市中都有所遗留，然而我们所置身的城市，却没有成为，或是越来越少地去继承和传播这些优秀地域元素的有效载体，缺少历史文化等精神向度上的承载和蕴涵，因此其需要注入独具特色的地域元素，来丰富自身形态。

2. 课题研究意义

城市形态与城市地域元素相交融，创造具有特色化、独特性，并且富有当地优秀精神和魅力的城市，其向上理念和社会意义是毋庸置疑的，所产生和创造的社会价值和历史意义也是众望所归的。呼吁和强调把城市的珍贵历史、文化等精髓元素，运用设计的手法融入和表现到其形态上，通过城市这个载体，展现和传扬当地地域元素风采，同时也打造属于我们自己的，风格多样化、独具匠心的中国化城市，也是继承和弘扬中华民族优秀传统历史、文化精神等的有效途径和手段。

3. 研究内容与方法

城市作为人类居住、生活、社交不可分离的载体，在追求现代化方式发展的基础上，更应同时注重城市精神的体现。将更多的城市当地独具特色的地域元素融入城市形态中，丰富城市面貌，增强城市独特性，彰显具有中国瑰丽多彩魅力的中国城市。整篇文章运用层层分析、逐步递进的方式展开，理论结合实例，从举例分析、道理论证、对比论证等多种方式完善和丰富论文。

二、精神向度、城市形态及地域元素的相关概念

1. 精神向度的概念及扩展

向度，意指角度或趋势、趋向。这个"角度"和"趋势"并不是一个静止的状态，而是一个富有运动倾向感觉的词语。它是指某个方面向上或向下，或是向某个特定角度、方面去转变的这么一个动态的过程。

"精神的向度"，即指在精神方面的向上或是向下的转变。具体到城市的精神向度，则必须是一个向上的、前进的发展过程，因为历史的脚步和发展潮流是向前进的，城市发展必须顺应整个历史的发展潮流，在不断探索和不断发展的基础上向更好、更丰富、更适宜人类居住的目标发展。所以，在城市形态这个基础上的精神向度，则是指在原有的城市状态上，加之更多的地域元素，即有中国特色、地域历史文化特色的内涵的东西，丰富城市形态，使我们生活的城市变为一个更加鲜活、有生机、有活力，与人类精神、感官上有共鸣的这么一个生活场所。

2. 城市形态相关内容

城市形态，通常是由一个城市的全部实体构成，或实体环境以及各类活动的空间的集合。有广义和狭义的概念。

广义的城市形态分为有形形态和无形形态两部分，有形的城市形态是指纯粹的城市视觉外貌，是人们所能看得到，摸得到，接触得到的城市内容。比如说城市布局形式、功能用地格局、建筑形式及面貌、城市主色调等。无形的城市形态是指城市的社会、历史、文化等各种无形要素的空间分布形式，包括城市性格、城市气质等方面。狭义的城市形态，一般指由城市物质环境所构成的有形的形态，即城市无形形态的表象形式。

综其广义和狭义的概念，城市形态的精神向度，主要表现在城市精神、城市性格、城市色彩、城市内涵以及城市建筑这些主要方面，充分展现城市的这些方面，就可自然而然地拉大城市与城市之间的差异化，增强其独特性。

3. 元素及城市地域元素的概念

(1) 元素的定义

"元素"大部分的解释都是其哲学和现代化学这两个方面的定义，总结来说就是构成事物最基本的一个实体或是一个

单体的形式，属于一个构成的子集、单位的存在方式。换句话说，不同类型、不同属性、不同作用的元素就构成了物体。

(2) 地域元素的定义及理解

地域元素，也就是城市元素，它主要指的是一定的范围（即每一个城市）内的元素，偏向于这个区域内那些独有自己风格的东西，或是含有当地特色的一些物化的或是精神层面的一些小的、单一的东西。有形的、物化的元素就是城市形态中可以提取到的，而精神上的元素就像一个城市的精神、内涵，或是一个物化的东西可以代表的意义，这方面的元素是一种以有形态的存在方式来表达其无形的寓意，这两者就都属于精神元素。

三、中国城市现状解析以及产生该现象的因素分析

1. 中国城市普遍现状

随着经济、科技脚步发展得越来越迅速，我们不得不感叹我们置身的城市发展得太快了！在这个向前的发展事态中，我国大部分的城市都越发地存在和被发现下述几个重要的隐患问题：

(1) 中国城市自身缺乏特点，千城一面；

(2) 国内城市形态风格杂乱，趋于均质化；

(3) 城市形态缺乏和当地地域元素的结合。

英国《卫报》就中国城市的这种发展现状，发出了“中国是一个由一座雷同的城市构成的国家”这种评价。

2. 现今中国城市形态发展的制约因素

中国城市形态目前的现状，归结一下主要有以下几个方面的制约因素：

(1) 一味地照抄克隆；

(2) 肆意地强暴旧城；

(3) 疯狂地盲目攀高；

(4) 无理地胡乱标志；

(5) 片面地设计态度；

(6) 不合理及不完整的规章制度及设计管理。

四、城市地域元素融入其形态设计论述

1. 精神向度融入城市形态

城市作为人不可分离的居住环境，并不单单需要满足人们的物质需求，也需要满足人们的精神需求。这里的精神可扩展理解为精——中国传统悠悠历史、气——脉脉文化、神——悠悠情操。其更多地为一种无形的气息和内涵的感觉，动情的话可以说是追求一种感情在城市的形态里。这是一种代表浓郁中国风气息的，一种代表该城市当地地域性风格的活力的感情。

中国城市地大物博，精华聚集，历史丰腴。我们可以将各个方面（有形的或是无形的）可以用到的、可以提取的、值得保留的精神或是意韵保留下来，并通过城市形态这一载体表现、承载出来，有效地、因地制宜地激活我国悠悠五千年辉煌的历史、文化、精神在各个城市中的应用，为我们生活居住的城市环境注入“精、气、神”。

2. 城市地域元素融入其形态设计的设计思维

有了上述设计精神的融入，接下来就应该从设计思维的角度入手，在这方面主要从仿生、象征和隐喻这三个方面展开。这三种设计思维彼此相互关联，又各有特点，在设计上可以单独，也可以交互地去运用。

(1) 仿生思维

设计中仿生手法的诞生，是从动物、植物等自然物体的本身受到的激发，结合隐喻和模仿的动机，被人们用于所创造物体之上。具体到城市形态上，这种仿生的思维就被广泛地用到各种大到城市空间布局，小到建筑结构、外壳或是城市设施上，在其外在和功能等多个方面得以体现。从精神层面上来看，大自然，整个社会，每个地区、每个地域，具体到每个城市，都在建筑上为我们提供了欣然接受的运作模式和灵感来源。这种思维和地域特色或是说地域模式相结合，也会增进

图1 天津七星级酒店“水母”

图2 梦露大厦

图3 西班牙展馆

城市间的差异感。

如图1所示，该建筑就是即将在天津建造的一个名为"星耀五洲"的南美风情七星级酒店"水母"。其形式是典型的仿照"水母"的造型，这一点或多或少地考虑到了天津这座滨海城市的特点，做到了仿生思维与当地地域元素的结合交织。这一点正是我所要追求的，不仅可以采用新型的技术，也可以有效激活当地特色，与周围环境相融合，建造出这么一个时尚、前沿的建筑体。

(2) 象征思维

象征思维其实和仿生的思维是互交的。城市这个大氛围，经历了大量的文明历史积累，各个事物体都具有或多或少的象征意义。通过象征思维这一设计思维，可以使设计对象更加自由活泼和富有想象力。大家都耳熟能详的马岩松先生设计的"梦露大厦"(图2)，这两座即将在加拿大多伦多郊区出现的建筑，外形的设计上取自西方男人永远的梦中情人——玛丽莲·梦露的身材的象形，从而生动地变形出该建筑的柔美与感性。

这就是象征思维最明显的特点，设计手法最大地灵活化，设计来源最大地范围化，物体形态最大地生动化。试想，如果我们居住的城市，都在发掘和有效激活自身独特元素的运用，那么我们将迎来的是一个生动的、各异的、不呆板的生活空间。如果实现了这一点，那么不同风格的城市，其差异化也会逐渐地拉大。

(3) 隐喻思维

隐喻思维，它不是直接的表现形式。通常是借一媒介来表现或是暗示另一事物，或是别具内涵，用通俗的话来说就是含有一定的象征意义。这种思维运用到设计中，其设计的语言和手段就被赋予了某种意义，使人们可以通过这个载体对象来达到对隐喻的认知。这种认知依赖于文化的经验和某种提示的背景，也会因不同人的经验与文化背景不同而有不同的理解。隐喻的思维运用到激活城市地域特色元素在城市形态中的运用，可以更好地从内在到外在体现城市形态的独特魅力。

中国2012年上海举办的世博会中，贝娜德塔·塔格里阿布埃设计的西班牙展馆（图3）给我留下了深刻的印象，从隐喻的设计角度看，西班牙展馆具有极其鲜明具象的隐喻色彩。首先，展馆的整体"篮子"造型，寓意了要将西班牙的灿烂文化历史和辉煌的未来紧密联系起来，都装在这个"篮子"里，向世人展示；其次，展馆以藤为材质，藤条是西班牙传统编织业的制作材料；再次，外表皮柔软的藤条结构和内在作为骨骼结构支撑的坚固钢材料的完美结合，展现出一种独到的外柔内刚、热情奔放、优美刚健性格和气息，藤条缠绕钢材委婉盘旋，是西班牙热情奔放的国粹民族舞蹈——弗拉门戈的缩影。

3. 城市地域元素融入其形态的设计手法

(1) 不分界限的设计

目前的设计行业，从名称和类别上分为环艺设计、装潢设计、视觉设计、服装设计等专业范畴，这些不同的专业范畴有着不同的专业研究方向和内容。但是，各行各业追求的目标是一致的，那就是对美的阐释和为人的服务。关于这各行各业的设计，我一直认为，并在有时做方案或设计的时候会不自觉地实施，那就是各个专业范畴的设计可以是不分其明确的界限，可以打破壁垒，彼此融入，互相结合的。不管是具象的、抽象的，还是平面的、立体的、视觉的，只要可以为我们的设计服务，那么我们就可以将它运用过来。在城市形态中融入地域元素，这个地域元素就应该是无界限的、无范畴的，我们可以尝试着从一些非城市规划、城市设计、建筑等这些范畴的专业去发掘、提取、总结一些优秀的元素，转化为可用的形态符号，从而反过来丰富城市形态。

(2) 不分大小的设计

不分大小的设计，从字面的意思上即是不分规模、范围、尺度大小的设计。在日常设计中，我们惯用小设计去服务和充实大设计。那么，我们来逆向思维，是否大的设计也可以运用到，或是更多地运用到小的设计中去，为小的设计去服务，从而优化整体的大设计呢？我认为这个答案是肯定的。

在跟随导师做过的一个项目中，就有这方面的体现，也就是从该项目的设计过程中，让我有了对"大小设计"这方面的思考。那次的项目是一个城市会客厅的建筑和景观设计，甲方要求将其建筑设计成徽派风格，而整个景观风格要有唐风的体现。整个团队在商量了设计的整体方案后，根据安徽典型高低错落的马头墙形式与东西汉的高柱式建筑形式，定制了建筑的大致造型。接下来我根据这个大致的造型设计了一个简化的标志，我们整个团队就将这个标志有效地运用于整个设计范围内的门楼造型、墙面、小品、设施和指示性标牌等局部的设计中。那么这里的这个标志，就是整个大的建筑群的设计形象的缩影。即大设计运用到了小的设计上，并作为这个相对较小的设计元素或是符号的形式，运用和服务于大的、整体的设计中去，较好地迎合了甲方的设计要求。

因此，如果将"不分大小"的设计手法有效地、合理地渗透到城市形态的设计中去，那么一定会增强整个城市形态的设计统一和整体性，也会更加丰富当地的城市形态。

(3) 有形与无形的设计

城市形态的展现中，为人所能见到的、触摸到的大多为有形的城市形态，而那些从形态自身可以让人有精神和内在的感受体会的，就是城市形态设计中的无形的设计。无形的地域元素通常由两种方式表现：其一，将无形的元素或是形态，通过有形的媒介、造型或是材质表现出来；其二，则是通过已有的有形的形态展现、体现出来，就是将无形的设计精神或韵意，包含、体现在有形态的事物或是媒介上。只有将这种有形的和无形的地域元素相结合，才能分别从外在和内在构建城市完整的自身形态。这样各城市的形态就不仅从外形这一单一的角度自相区别，更加从有生命气息的城市的内在、内涵上进行区分。

五、城市形态与其地域元素相交织的设计过程中需注意的问题

1. 设计的统一

中国城市数量众多，针对于各个城市形态精神方面的向度提升，不管从设计思维还是设计手法，包括到最终的设计展现，都需要时刻追求设计的统一感，主要表现在以下几个方面：

（1）新与旧的统一；

（2）多样性与整体性的统一；

（3）重点与普通的统一。

2. 城市形态的良性设计和发展

当下的中国城市形态，大部分表现为文化缺失、内涵不足、特色不明，整体上略显浮躁的现象。在这一局势下，城市之间在发展的过程中同时又出现了相互比拼、竞争和互相模仿、抄袭的不良发展模式。针对这两种发展情况，国内各个城市的发展创意要以新颖独特为生命，不要随意模仿，这样才能一枝独秀，脱颖而出。同时，挖掘自身所长，各展才华，在打造独特城市形态的同时，有效地避免了城市间的恶性竞争。

3. 有选择的“拿来主义”

随着经济、科技的迅猛发展，全球经济一体化进程也逐步加快。在这个潮流互相影响的大环境下，“中西合璧”这个口号被提得越来越响亮，对人们生活的影响越来越大。但是在建设和提高我国的城市形态方面，要避免肆意拿来和胡乱抄袭西方的城市形态，有效地保护我国独特的城市地域文化在当地城市形态中的应用，在此基础上，有选择地吸取外来国家的先进技术和潮流风格，并与中国特色化的城市建设结合，打造属于我们自己的、先进时尚的中国化靓丽城市。

4. 强调地域元素与城市形态交织过程中“以人为本”的重要性

城市是我们不可缺少的生存环境，人是城市里最重要的元素，因此，在强调地域元素有效与城市形态交织的过程中，应该注重打造性格鲜明、适合宜居、有一定精神寄托的、文化积累深厚的、历史传统清晰的、生活方便舒适的城市环境。而不是高楼大厦密集，让人困惑、无精神、无生机，使人感到失望甚至绝望的城市。

六、结语与展望

本文通过对中国目前各个城市的现状分析，针对中国城市普遍出现的现象，提出城市的形态急需精神向度的注入。并仔细剖析了我国城市产生这些现象的原因以及主要制约因素，针对性地从设计理念、设计思维、设计手法入手进行研究和探索，旨在为改变我国当前这种弊端现象的继续深化作出一些力所能及的探索和贡献。

在当今现代化迅速发展的潮流中，我国各个城市不仅要紧跟时代发展，同时更应该注重城市自身特色化的提升，有效运用和激活地域优秀元素，使城市这一载体成为中国先进、优秀历史、文化元素、符号的有效载体，传承和展现中国精神，从内涵、气质、精神、文化各方面丰富城市形态，完成精神向度的转向和注入，提升城市价值和品质，打造具有中国特色的、属于我们自己的魅力城市。丰富人们的生活，并以其现代时尚的、风格各异的民族之城来崭露头角，使世界惊于民族的，进一步增强民族自豪感和凝聚力。

参考文献：

[1] 张钦楠．阅读城市［M］．北京：生活·读书·新知三联书店，2004.

[2] 朱良志．中国艺术的生命精神［M］．合肥：安徽教育出版社，2006.

[3] 段进，邱国潮．空间研究［M］//国外城市形态学概论．南京：东南大学出版社，2009.

[4] 伍新凤．筑魂记［M］．北京：中国建设工业出版社，2011.

[5]（意）马里奥·布萨利．东方建筑［M］．北京：中国建筑工业出版社，1999.

[6] 李允鉌．华夏意匠［M］．天津：天津大学出版社，2006.

[7] 司徒娅，郭颖莹．“篮子展馆”——西班牙馆[J]．建筑学报，2010.

[8] 戴志康．中国气质大宅第［M］．上海：文汇出版社，2006.

[9]（意）阿尔多·罗西．城市建筑学［M］．北京：中国建筑工业出版社，2006.

工业遗址地创意产业园景观再生设计研究

二等奖

天津美术学院设计艺术学院　2010级硕士研究生　邬旭

摘要:通过对工业遗址地创意产业园等国内外一些优秀实例的分析,对其如何进行功能、形式、文化、环境等的融合进行思考,希望能够为工业遗址地创意产业园景观再生提供一些可借鉴的设计思路和经验，并通过一个具体实例对设计观点进行论证,进而提出对工业遗址地创意产业园景观再生的主题的个人见解和看法。
关键词：工业遗址地，创意产业园，再生

一、绪论

1. 课题研究的目的与意义

本文是一篇指导性论文，对工业遗址地创意产业园景观再生等国内外的大量优秀设计实例进行分析、整理和总结，是我们理解工业遗址地创意产业园景观再生的设计方法、总结其设计经验的重要手段。把工业遗址地创意产业园景观再生改造设计系统化，希望能够为其提供一些可借鉴的设计思路和设计经验及参考依据，从而在面对工业遗址地创意产业园景观再生设计时化被动为主动，在设计之前，达到设计思想的一个高度。

2. 研究方法

(1) 理论研究与案例研究相结合的方法

通过研究学习与创意产业园建设相关的学科理论知识，系统分析创意产业园景观再生设计的各个方面，形成了具有指导意义的理论框架，为论文写作提供了一定的理论依据。同时，在论文的前期准备和写作过程中，笔者还对国内的几个创意产业园进行了实地考察，搜集了一些资料，包括图片、数据等。

(2) 多学科综合研究的方法

本文在对创意产业园的公共空间的研究中，以环境心理学、行为建筑学、设计方法论、城市设计学为主要的理论支撑点，还涉及了经济学、社会学等多学科的内容。

(3) 对比研究的方法

比较研究是说明问题、得出结论的重要方法。在参考文献和调查研究的过程中，将不同案例通过分析比较，提炼出相同的研究要素，从而能够更有效地得出准确的结论。

二、工业遗址地、创意产业园、景观再生相关概述

1. 工业遗址地相关概念

(1) 工业遗址的概念

"凡是为工业建筑所造活动与结构，此类建筑与结构中所含工艺和工具及这类建筑与结构所处城镇与景观，以及其所有其他物质和非物质表现，均具备至关重要的意义"，"工业遗址包括具有历史、技术、社会、建筑或科学价值的工业文化遗址，包括建筑和机械、厂房、生产作坊和广场、矿场以及加工提炼遗址，仓库货栈、生产、转移和使用的场所，交通运输及其基础设施，以及用于居住、宗教崇拜或教育等和工业相关的社会活动场所。"

(2) 工业遗址的形成

随着第三次工业革命的兴起，以服务业为首的第三产业取代了工业的经济支柱地位，而随着城镇化的进程和人口的激增，原有的位于市区中心地段的工厂大都迁徙到更远的郊区，而留下的原址及其内部的大量工业遗址物形成了工业遗址（图 1）。

a. 工业遗址的价值

在经济方面，废弃工业遗址再利用，开源节流，发展创意产业，增加社会财富，建设节约型社会。

在文化方面，保护中国工业遗产，对中国近代工业文化遗产重新认识和重视，同时促进保护和发展。

在景观设计方面，研究其景观创意产业园再生设计的可行性和价值，可以促进这一领域的研究和发展。

b. 世界各国工业遗址的现状

根据各国具体工业遗址的状况不同，大体可以分为四类：

消费性工业遗址；纪念性工业遗址；创造开放性工业遗址；综合性工业遗址。

2. 创意产业园相关概念

图 1　汉口中新第四纺织厂

(1) 创意

图 2　八号桥创意产业园

创意就是创造一个新主意，这个新主意可能涉及产品、作品，也可能涉及艺术、技术、营销、管理、体制、机制、战略、战术等，创意是一种突破，在对现有产品、作品、技术、艺术、营销、管理、体制、机制等方面的突破。

创意就是科学技术和艺术结合的创造，一般来源于个人创造力、个人技能或个人才华，理性的、机械的、精确的、可以量化的科学当中也包含了感性，包含了艺术的气质，包含了美学的内涵。

(2) 创意产业园

创意产业园是一个界定了的特定区域，具备一定的规模，有较为完善的公共设施、社会网络和管理系统，以密集的创造性智力劳动为主，与国际信息、科技、市场接轨的，具有充分活力和现代化的开放社区。它将文化界、产业界和消费者结合起来，簇集为群，形成创作与生产的基地，并逐步建构一个兼顾研发与创作，

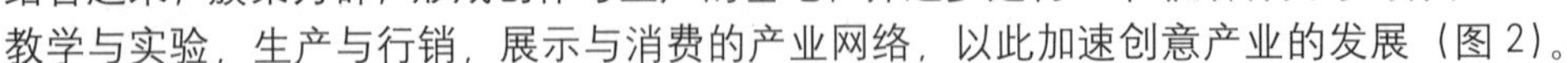

教学与实验，生产与行销，展示与消费的产业网络，以此加速创意产业的发展（图 2）。

a. 创意产业园相关概念

根据物质载体、空间形式不同基本分为三类：

利用废旧工业厂房原有的建筑空间形态建立的一定规模的、具有某一产业独特空间形态的产业园区。历史文化的吸引力对此类园区具有主导作用。

完全拆迁原有工业厂房，改建成现代建筑，容纳具有现代高科技产业的创意产业园区，周边的智力资源对此类园区具有主导作用。

依托周边具有一定历史规模的科技研发产业，形成新的创意产业集聚，是完全性开辟的创意产业园，空间形态完善，产业创新氛围以及政策是同区发展的主导因素。

按照开发方式不同，可以分为两类：

市场主导开发，吸引创意企业自发选择汇聚而成的创意产业园；

政府主导开发，与开发商合作，按照先有项目后开发的过程建设的创意产业园。

按照建筑的不同可以分为两类：

以单体建筑为主，建筑功能复杂化；

以建筑集群为主，土地使用多样化，建筑风格体现不同风格美感。

b. 创意产业园景观空间及特点

公共性和多样性；开放性和参与性；象征性和可识别性。

(3) 景观再生概念及扩展

再生的概念：

生命泛指有机物和水构成的一个或多个细胞组成的一类具有稳定的物质和能量代换现象（能够稳定地从外界获取物质和能量并将体内产生的废物和多余的热量排放到外界）、能回应刺激、能进行自我复制（繁殖）的半开放物质系统。

生物学里的再生是指生物体对失去的结构重新自我修复和替代的过程。狭义地讲再生是指生物的器官损伤后，剩余的部分长出与原来形态功能相同的结构的现象。再生有多种延伸意义。

景观再生的概念：

景观学里的再生是指原有场所对失去的功能进行重新自我定位和转换的过程。具体来说，就是指原有景观失去本来的功能和作用后，利用新型的理念和技术对现存进行改造，使其剩余的部分增加出与原来形态功能不同的过程。

景观再生与创意产业园的结合：

再生是基于创意产业园整体系统观念基础上的"关系"的集合；

再生是一个动态的、连续的过程；

再生是经济、社会和环境效益的平衡。

工业遗址地创意产业园影响因素：

a. 人的因素

创意阶层的年龄特点、创意阶层的地域分布、创意阶层的行业特征、创意阶层的教育背景、创意阶层的行为模式。

b. 政府与开发商的因素

开发商受利益驱使影响较大，政府规划手法较为僵化。

c. 周边环境因素

道路因素、区位因素；

与园区其他系统的交叉空间。

(4) 工业遗址地创意产业园景观再生基本原则

a. 系统性原则

b. 参与性原则

c. 多定义和可选择原则
d. 主题性和标识性原则
e. 独立性和关联性
(5) 工业遗址地创意产业园景观再生目标
a. 文明传承性
b. 空间载体性
c. 尺度与氛围
d. 可识别性
e. 社会性

三、工业遗址地创意产业园景观再生设计思路
1. 天人合一的自然生态理念
(1) 天人合一的概念
"天人合一"的思想观念最早由庄子阐述，后被汉代思想家、阴阳家董仲舒发展为天人合一的哲学思想体系，并由此构建了中华传统文化的主体。
(2) 天人合一与可持续自然生态理念的融合
生态设计重视人类社会与自然之间的协调统一，将人作为自然的一部分，充分尊重自然，倡导循环利用和可持续发展。在这里需要指出的是，在当代设计中生态设计与"天人合一"的设计理念在本质上是一致的，在遵循现有场地肌理的基础上，结合生态设计理念的最新成果，走生态发展的良性循环道路。
(3) 具体措施的实施
a. 生态材料的广泛应用
b. 资源高效循环利用
c. 植物生态景观设计
2. 历史文脉的延续与传承
(1) 景观文脉的记忆
创意产业园区景观记忆是一条联系过去、现在与未来的纽带。时光对于城市是一笔弥足珍贵的财富，只有拥有深厚历史积淀的景观才能表现出丰富多彩的功能特征和独到的文化底蕴。
(2) 景观功能的转换
与城市文脉的融合也将使原有景观功能发生转换，新的使用者需要新的景观形态，而功能的转换的目的就是新的使用要求。
(3) 与城市肌理的融合
城市肌理简单来说就是一座城市空间形式和外貌特征的综合印象，在各个时代、地域和文化背景下各有不同。它的影响因素由当地的历史文化传统、文化积淀、经济生活模式等多方面内容综合作用而成。
3. 尺度层次的丰富变化
(1) 丰富变化的尺度
创意产业园区景观空间的处理适当与否，关系到在其中人的逗留的时间长短和舒适程度。空间的尺度会影响到人的行为和心理感受。处理与协调空间尺度实质上是以人的尺度来协调公共空间所涉及的各因素之间的相互关系。要注意与人体尺度相当的、与人体觅求额相关的建筑细部的尺度。缺少细部，空间尺度感会变小，甚至感觉简陋和粗笨；而细部过分，则会失掉尺度感，产生琐碎的感觉。
创意产业园的景观公共空间不可能是整齐划一的，往往会根据功能、意向的需要，在不同的层级和尺度层面上营造各自的中心场所和领域范围。
(2) 清晰有序的层次
清晰的景观空间层次与收放有序的园区公共空间，能使人们有明确的方向感和场所感，设计时应注意景观空间相互穿插、流动和呼应等关系处理。下列是对其进行的几种分类：
开敞景观空间与封闭景观空间：开敞性与封闭性既取决于物理空间的围合程度、容积感等，更取决于视觉的感受和人对景观空间所持的心理距离以及习惯性正常反应。在空间感上，开敞空间是流动的、渗透的，可以提供更多景观，而封闭空间提供了更多的墙面，容易布置装饰，但空间变化受到限制。在心理感觉上，开敞空间往往表现为开敞的、活跃的；封闭空间则表现为严肃的、安静的，但更富于安全感。
模糊景观空间：模糊空间在空间位置上常常位于两部分空间之间，难以界定其归属，非此非彼，亦此亦彼，因而含蓄且耐人寻味。模糊空间呈现的融合、渗透、动态的空间形态可以带来异常生动的空间效果，营造丰富多彩的空间氛围，模糊性是事物发生、发展和变化中的普遍规律，也是人们交往、劳动、休息的正常需要。
(3) 方式多样的组合
某些功能可以在单个景观空间内完成，而另一些功能可能需要一系列的景观空间组合来完成。大多数园区都是由多个

景观空间组合而成。某些景观空间分别具有自身的特定功能，以不同的方式组合到一起，又可以完成更大范围内的某一功能。如果将两个单一景观空间看做是相邻两个景观空间的组合关系，那么就可以在其基础上研究多个空间的组合。

4. 创意与艺术的载体

(1) 景观设计的自由性和自发性

应当充分尊重设计师的文化理念，在景观设计之初充分留出余地给予其自由创作的空间，用夸张，这种随意性、杂乱无章的规划看似缺乏规矩，但正是这种与众不同的景观规划给原有工业遗址注入了新鲜的生气和活力，产生了与以往景观不同的视觉感受和无限的心灵悸动。

(2) 个性的涂鸦

不仅给园区景观增加了勃勃生机，更增添了一份随性和可爱。同时，也作为连接室内外空间的有效介质，使其过渡更加自然、柔和。

(3) 新颖的景观小品与装置艺术

大部分的景观小品都具有浓厚的现代主义设计特征，形式上抽象简洁，构思寓意深远，具有强烈的导向性和标识性，其中的精品大多成为园区景观的亮点。

装置艺术，是艺术家在特定的时空环境里，将人类日常生活中的已消费或未消费过的物质文化实体，进行艺术性的有效选择、利用、改造、组合，以令其演绎出新的展示个体或群体丰富的精神文化意蕴的艺术形态。

(4) 丰富多彩的创意活动的开展

创意产业园区不仅是创意成果的孕育地、产出地，也是对外交流的良好平台，园区内的景观空间为各种艺术交流活动和商业活动提供了良好的平台。

四、创意产业园景观实例分析——以深圳 F518 为例

1. 项目简介

深圳 F518 时尚创意园位于宝安中心区的核心地带，总规划建筑面积达 25 万 m^2。其中一期占地约 6 万 m^2，建筑面积约 14 万 m^2，总投入 3.5 亿元人民币。由深圳创意名家 1 号工作站、F518 创意前岸、深圳当代艺术创作库、品位街、F518 创展中心及前岸艺术酒店六大主题区及公寓、停车场共同组成。园区以设计师与艺术家集聚为重点；以建立公共服务平台体系为核心；以创意项目孵化为亮点（图 3）。

图 3　F518 创意产业园标示

2. 设计分析

(1) 功能布局规划

F518 时尚创意园的设计背景是一个旧厂房改造，现在是一个“艺术天堂”。在这个时尚创意产业园里，主要的业态规划是以文化创意产业为主，比方说私人艺术家工作室、设计工作室等。F518 融合了产业创意、产品发布、私人会所、酒吧等多种功能区。“麻雀虽小，五脏俱全”，它的整体空间并不大，也就是两排建筑中间夹了一条街，给人感觉较为拥挤，整体感觉较硬。街道由两个部分组成，左街为艺术街，右街为创意街，中间以步行道路进行连接（图 4）。

(2) 风格与景观特色分析

a. 街区西侧

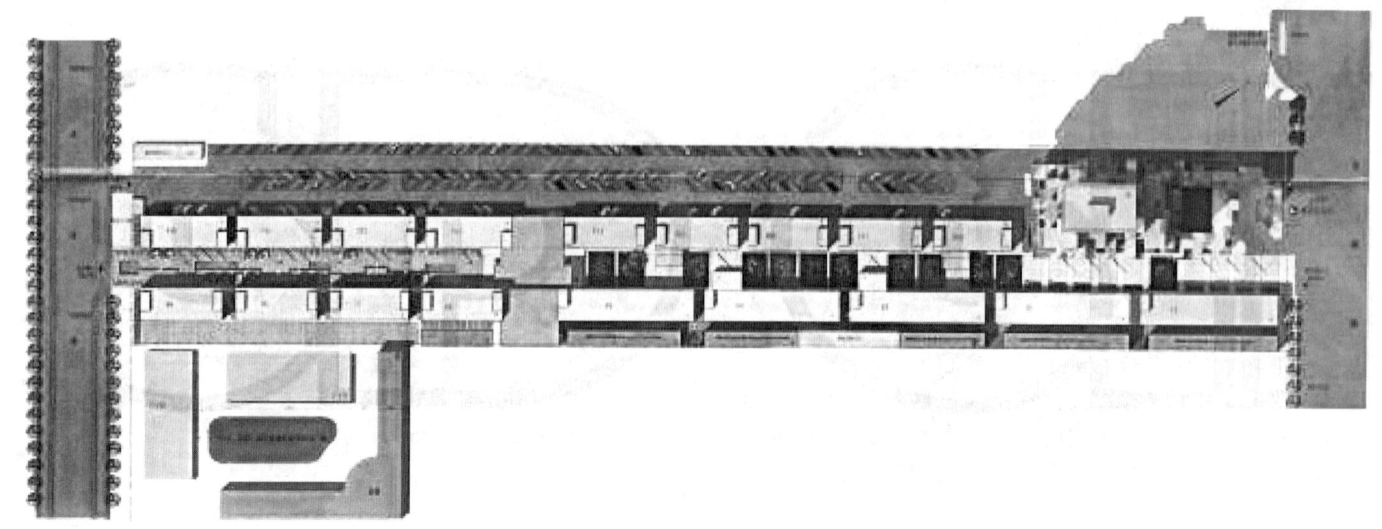
图 4　F518 创意产业园平面图

看到这里的建筑立面，联想到的就是万科的第五园，同样的白墙、灰线，给人以淡雅的、古朴的中国风。与此相对应的是西侧的艺术家工作室，典雅的设计业融入到景观设计之中，通过铺装、小品、路灯等多种装饰手法的运用吻合整个西街的设计思路，对中国古典园林进行了提炼，得出了适合现代人视觉享受的一些要素，其中最重要的一点就是用简洁的线条取代了复杂的纹理，运用简洁营造空间。

b. 街区东侧

整个街的另一段，建筑的风格截然不同，刚才是灰面线条，这里是钢架红砖，厂房的痕迹明显地出现了。在大量地对墙体进行拆、补、添、涂以后，剩下的、不改变的也就是建筑本身的结构体系（图 5、图 6）。

图 5　古朴简洁的中国风格设计

(3) 优势与不足

优势：

a. 空间序列明确，整个景区设计风格分为两个区段，然而特点鲜明而不冲突。

b. 格调高雅，沉稳之中追求跳跃，以红色的一个艺术展厅来打破这种不和谐，在灰色空间的尽头出现兴奋点，就好比绿叶丛中的一枝花（图 7）。

图 6　带有明显工业结构特征的东街

不足：

a. 从平面上很难发现有特别吸引眼球的东西，如果硬要说，也就是其中有一个以星座为构图而摆放的图案。

b. 西街整个建筑立面感觉犹如在上面作画，在忠于现状的前提下，还有很多可发挥的空间，比如说可以通过重新开窗，做线条，营造不同风格，可以是古朴中国风，可以是现代中国元素等，同理，景观形态也可以进行重新定义。

c. 生态建筑与景观的运用还有很大的空间。

图 7　灰色尽头的一抹惊艳

五、结语

通过对工业遗址地景观再生改造的实例分析，我们不难看出在改造中有许多共同的地方，即尽可能地在保留原景观精神文化内涵的同时，增加新的功能性，赋予其新的文化特质，在满足现代功能需要的情况下作相关必要的改造。通过与周边城市、区位等环境的充分适应，灵活地运用遗址地内的景观空间，运用材料、形式、数量的变化差异对其进行有效改造，既保留了对过去的记忆，又符合新时期的功能需求变化。

参考文献：

[1] 丹尼尔 · 贝尔 . 后工业社会的来临［M］. 北京：中国建筑工业出版社，1998.
[2] 刘会远，李蕾蕾 . 德国工业遗产保留与工业旅游［M］. 北京：商务印书馆，2007.
[3] 王伟年，张平宇 . 城市文化产业园区建设的区位要素分析［J］. 城市规划学刊，2006.
[4] 约翰 · 霍金斯 . 创意产业的核心要素［M］. 北京：中国建筑工业出版社，1992.
[5] 约翰 · 西蒙斯 . 景观设计学——场地规划与设计手册［M］. 北京：中国建筑工业出版社，2000.
[6] 扬 · 盖尔 . 交往与空间［M］. 长沙：湖南科学技术出版社，2001.
[7] 道格拉斯 · 凯尔勒 . 共享空间——关于邻里与区域设计［M］. 上海：上海人民出版社，1995.

模块化建筑空间设计探析

三等奖

苏州大学金螳螂建筑与环境学院　2010级硕士研究生　闵淇

摘要：模块化建筑是近 60 年来建筑工业化发展的一个新的课题。尽管模块建造比传统建造有不少优势，但是如何推动预制式模块技术建造出高质量的建筑，并赋予建筑生命，体现建筑地域文化内涵，融入城市、国家建设可持续发展，是建筑行业面临的问题。本论文试图研究模块化建筑的发展动向与其空间建构的基本问题，针对模块化建筑的基本空间建构规律，探讨其如何结合城市建设发展内涵，设计出富有城市特色、可持续健康发展的模块化建筑空间。
关键词：模块化建筑，空间设计，建筑生命与内涵，可持续发展

一、绪论

1. 课题研究背景、目的

模块化建筑的发展追溯自二次世界大战以后，为解决房屋紧缺问题，西方许多国家大力发展模块建筑，将其运用在住宅、宿舍、公建、工业等各方面。我国对于模块化建筑的研究始于 20 世纪 80 年代，经过 20 多年的发展，不少建筑企业都对模块建筑进行研究和工程实践，如万科、远大、中海、海尔等。模块式建筑在节能环保方面具有突出的优势，随着全世界节能、减排、环保工作的大步推广，模块化建筑正在成为城市建设新的发展重点。尽管模块建造比传统建造有不少优势，但是如何推动预制式模块技术建造出高质量的建筑，并赋予建筑生命，体现建筑地域文化内涵，融入城市、国家建设可持续发展，是建筑行业面临的问题。本文试图研究模块化建筑的发展动向与其空间建构的基本问题，针对模块化建筑的基本空间建构规律，探讨其如何结合城市建设发展内涵，设计出富有城市特色、可持续健康发展的模块化建筑空间。

2. 国内外研究现状、文献综述

20 世纪 80 年代，涌现了大量研究盒子建筑的论文，如 1980 年谷洁辉的“苏联的盒子建筑”、1983 年屠达的“预制的盒子结构建筑在美国”、1985 年杨扣连的“盒子建筑”、1987 年张以宁的“我国盒子建筑发展的现状”等论文，主要研究学习国外的盒子建筑发展技术，论述了当时中国盒子建筑技术的发展情况。从 20 世纪 90 年代开始，关于我国盒子建筑技术的开发实践研究逐步出现，如 1992 年张香在的“盒子建筑的开发及应用”、李乃昌的“多层住宅盒子建筑技术的演进”、“盒子建筑设计与工程实践”、1994 年孙树清的“新型盒式房屋的设计计算与试点实践”、1997 年赵国扣的“盒子建筑多层住宅建筑体系”等论文，着重研究盒子建筑的技术难点问题，以推动其在中国的发展。进入 20 世纪后，关于盒子结构建筑的论文减少了许多，2003 年朱文健的“盒子建筑的建构”等论文从设计的角度来谈论盒子建筑。再到 2010 年后至今，模块化建筑这一名词代替了盒子建筑出现在了研究性的论文中，2010 年胡志斌的“模块化建筑的设计特点及其可操作性”、岑伟红的“当代建筑时间中的模块化倾向”、2012 年刘群星的“英国模块化建筑中的工艺分析”等论文又重新分析模块化建筑的优势与发展动向及国外最新的技术发展。

从关于研究模块化建筑的论文中可发现：大部分的论文都在学习研究技术层面，部分论文中简单阐述了其优势与挑战，及对未来的展望，但对于模块化建筑的设计层面研究较浅薄。这在一定层面上也阻碍了模块化建筑在我国的发展与应用。本论文希望能以己之绵力，来完善这部分的欠缺。

3. 研究范围及研究方法

确定研究内容后，首先针对模块化建筑这一课题，通过文献研究法，全面地、正确地了解掌握所要研究的问题。2012 年 3 月初，对中国现有的一些模块化建筑进行了初步调研，如济南的胶囊酒店。由于时间及人力的限制大多数实地调研采用的是摄影、测量和走访的方法。除了进行实地调研之外，笔者还通过搜集阅读获得了大量的最新资料，通过比较分析的研究方法循序渐进、层层深入剖析模块化建筑的空间建构和设计方法，并对其进行归纳总结。其次引入地域性文化对其的影响，借助地域性的整体研究方法，系统分析探究苏州地域的模块化建筑的空间设计，提出使之延续的基本原则和设计手法，最终完成本文内容。

二、模块化建筑

1. 模块化建筑的定义

模块化建筑，又称为空间体系的模块式装配建筑，是建筑产业化的主要模式。模块化结构，是以房间大小为单位的预制建筑体，在建筑现场通常用“搭积木”的方式完整地拼装、组合起来。模块化建筑施工速度快，环境污染小，工艺优秀，成本易控制，在国家的可持续发展中占有重要地位。

2. 模块化建筑的发展

1967 年加拿大蒙特利尔建成了一个由 354 个模块化构件组成的，包括商店等公共设施在内的综合居住体（图 1）。这座名为“Habital67”的钢筋混凝土盒子建筑充分发挥了“盒子”作为一种结构形式和建筑造型手段的作用，创造出

了前所未有的建筑形象。随后在20世纪70年代模块化建筑得到了较大发展，在北美、欧洲和日本都有建筑实例出现。到20世纪70年代中期已有20多个国家建成了不同类型的模块化房屋，其中以居住房屋为多，也有少量公共建筑和工业建筑。

图1 Habital67
(图片来源：俞滨洋. 印象·中华巴洛克[M]. 哈尔滨：黑龙江科学技术出版社，2009)

如今，伴随着模块化建筑在世界舞台上的大力推广，许多研究机构与企业都投入大量的人力、物力于模块化建筑设计、生产、施工等关键技术的研究开发。如今，随着技术的发展，通过使用额外的混凝土芯或结构框架来提供稳定性，模块化结构可以应用在25层或者更高的建筑中。在美国大量的模块化建筑获得美国绿色建筑委员会LEED认证体系多层住宅银奖证书。同时，一些最新的实例证明了模块化建筑发展为广为接受的程度——它们在新邮轮的玛丽女王二号的施工中被使用。模块化的建筑也被用来构建麦当劳快餐店、PUMA专卖店。由于完成的模块化建筑看起来跟传统建筑一样，没有人意识到他们是在一个模块化的建筑中。

我国于1979年起在北京、南通、青岛等少数城市也开始了钢和混凝土盒子结构建筑的试点工程，目前已有了较为成熟的技术。近年来，研究开发模块化建筑的机构和企业逐步增多，研究开发资金的投入越来越大，也取得了很多令人瞩目的成绩。中集集团很早之前就将业务单元从单纯制造延伸到产品服务上，模块化建筑正在成为新的发展重点。目前，中集集团的模块化房屋已经在酒店、学校、旅游景区配套、城市绿道、公园、建筑工地管理用房、廉租房等领域广泛应用。远大集团修建的T30酒店，其30层可持续建筑是能够提供9度抗震、6倍节材、5倍节能、20倍空气净化的工厂化可持续建筑。

3. 模块化建筑的优势

在模块化工厂的流水线上，工厂系统结合工程知识和工业方法来设计模块，能最大效率地组织起所有材料，并易于控制产品质量和制造精度。高效率带来的是成本降低，易于控制质量带来的是更高质量的产品。这就是为什么在北欧、美国这些发达国家，无论是消费者和建筑行业专家都认为模块化方法优于传统房屋建筑施工的原因。

由于模块建筑是在工厂预制的，这样大大减少了现场施工的工程量，建设周期比传统的框架结构周期缩短了60%。传统的框架结构每层施工从支模到脱模至少需要两周，而盒子房间的吊装每层仅需要2～3天。通过标准化尺寸，模块化生产厂家的工作能最优化运用材料，避免浪费。可以被拆除和再利用，从而有效地维护它们的资产价值。许多制造商都愿意帮助每个人设计一个计划，表达他们的个人喜好。你可以从他们的一个标准或设计中去选择或是你自己设计——残疾人专用地板、豪华设施等。只要可以创造利润，大多数制造商将考虑创建它。

对比一个传统混凝土框架结构住宅，模块化结构建筑的重量不到其30%。根据建筑科学研究院的报告，英国建造材料行业平均水平在现场的各项浪费占13%。相比之下，模块化建筑能够大大减少现场浪费，并且将生产运输中产生的所有边角料充分回收利用。在全国范围内，98%的钢材在使用后被回收，而目前在欧洲的钢铁制造50%来自废钢。模块化建筑同时极大地改善了施工现场环境。模块结构通过合理安排只在合理的时间点上被运至现场，施工的现场存储被降至最低，噪声和其他干扰来源也最小。相对于传统的施工建造方法，模块化建筑在现场的施工活动能够减少70%。

4. 中国模块化建筑发展面临的挑战

(1) 技术

在发达国家中，模块化建筑是住宅产业化的主要模式，模块化建筑在住宅楼宇、卫生和教育用建筑中已经占有了相当大的市场份额。而我国由于技术、设备的相对落后，需要政府的宏观调控、政策引导和社会服务职能，加强部门协作，同时以市场为导向，运用市场机制，鼓励各行业广泛参与，促进建筑产业化的健康发展。模块化建筑的全面发展还远远落后于发达国家。

但目前的现状并不代表我们永远是止步不前的，重重困难虽然摆在我们面前，但是从古至今，中国人的精神就是不畏艰难、奋力前进的。我们也正朝着这个方向大步前进着，政府、企业、协会组织都全力联合起来，吸收引进国内外先进技术与管理经验，充分借鉴工业建筑、道路、桥梁的成熟技术，重点发展建筑产业化，提升建筑领域的产业化水平。按照“由少到多、由简单到复杂、由单项突破到多项集成”的步骤，积极推进工程试点示范，努力实现我国模块化建筑整体、快速、有序发展。

(2) 设计

一个建筑的规划设计的好坏直接影响到建筑质量的高低。通过研究模块建筑的特性，进行多方位的考量，采用预制式模块技术同样可以设计出高品质的建筑，国外的许多案例都证实了这一点。从规划阶段到室内设计和立面设计阶段，设计师们并没有被预制模块束缚住，反而利用模块的特性，设计出十分精致的作品。

我国的模块化建筑对于控制规划设计和建筑设计质量方面是比较薄弱的，只是着力技术方面的突破和创新。大部分现有的模块化建筑都缺少了建筑文化地域内涵，千篇一律、单调乏味，将中国独特的地理文化优势丢弃一旁。模块化建筑毕竟是一种建筑，需要设计师的前期投入和配合。如何调动设计师善于创造的特质，从而对模块的运用在设计方面有所提高，对于推动模块化在我国的运用有很大的益处。

针对我国模块化建筑面临的设计方面的挑战，结合作者本身的专业素养与知识，笔者就此展开以下关于模块化建筑空间设计的研究探析。

图 2　左：整筑式；中：承重墙式；右：角支撑式
（图片来源：俞滨洋. 印象·中华巴洛克 [M]. 哈尔滨：黑龙江科学技术出版社，2009）

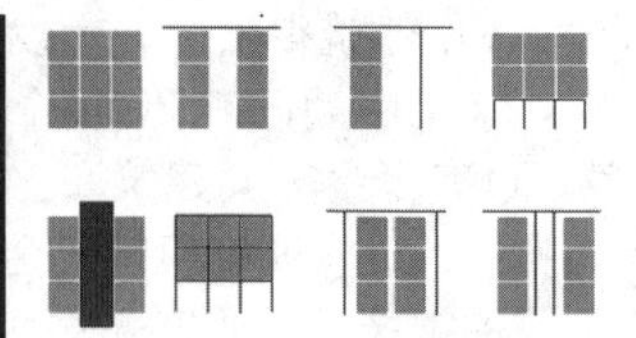

图 3　模块化结构体系
（图片来源：作者自绘）

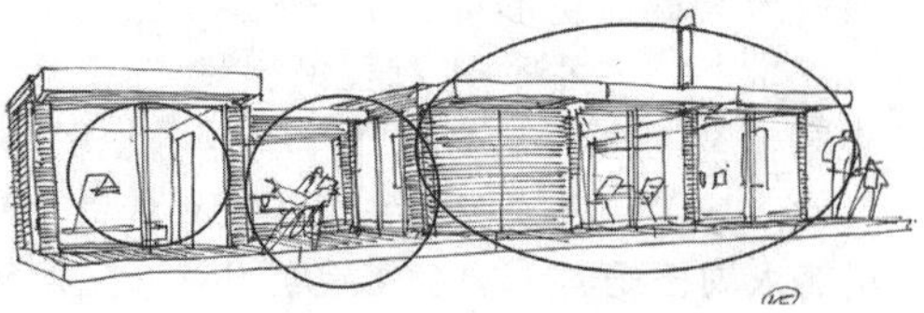

图 4　模块化建筑中的空间分类示意图
（图片来源：作者自绘）

三、模块化建筑空间设计

1. 模块化建筑的结构体系

（1）模块单体结构

根据不同的材料和制作方法，模块单体的制作可分为整筑式和拼装式两种。整筑式通常采用钢筋混凝土材料经过布筋、支模，最后浇筑而成。拼装式又分为两类，有着完全不同的应用范围：a. 承重墙式模块，其荷载是通过侧墙转移的模块；b. 角支撑式模块，其荷载是通过角柱边梁转移的模块（图 2）。

（2）模块组合结构体系

由于模块单体本身也是一个结构单元，因此，模块化建筑的结构体系就是模块单体、附加构件与附加结构之间的关系。由此，可以得到四种大的结构体系：a. 模块自支撑，无附加结构；b. 模块支撑附加构件，又可以进一步分成模块独立支撑附加构件和模块与附加结构共同支撑附加构件；c. 附加结构支撑模块，包括基座支撑、核心筒支撑和框架支撑；d. 模块自支撑、附加结构独立支撑附加构件（图 3 第一排从左至右：模块自支撑、模块独立支撑附加构件、模块与附加结构共同支撑附加构件、基座支撑模块；第二排从左至右：核心筒支撑模块、框架支撑模块、附加结构独立支撑附加构件、附加结构独立支撑附加构件内部）。

2. 模块化建筑空间分类

模块化建筑的空间包含有模块内空间和由模块和附加结构与构件围合而成的附加空间，及模块相互组合形成的各种公共空间（图 4 左：模块内空间；中：模块组合公共空间；右：模块与附加结构、构件围合而成的附加空间）。

（1）单体空间

a. 单体内空间

模块内空间主要考虑内部的隔断与内部体量之间的关系。可分为独立体量分隔空间、隔断分隔空间、连续柱体分隔空间、夹层分隔空间四种基本形式（图 5 左一：独立体量；左二：隔断；右二：连续柱体；右一：夹层）。通过这四种基本形式，又可以组合出更多的分隔方式，形成多变的空间形式。

b. 附加空间

附加空间是根据模块与附加结构（柱）、附加构件（阳台、屋顶等）、模块组合等元素定义的。附加空间由于定义它的元素不同，而这些元素本身由于结构方式、材料等的不同对这个空间产生的围合度就不同，因此附加空间有可能是半围合（灰空间）或是全围合。

（2）组合空间（重复体的积聚）

a. 二元体积聚方式

分析现有的模块化建筑实例，模块化建筑的组合方式千变万化，不胜枚举。为了系统研究模块的组合方式，首先将空间简化为两个基本模块的关系模式。根据不同的作用关系，可以分为以下六种基本组合模式：空间张力；构件连接；边的接触；穿插；融合；面的接触（图 6）。

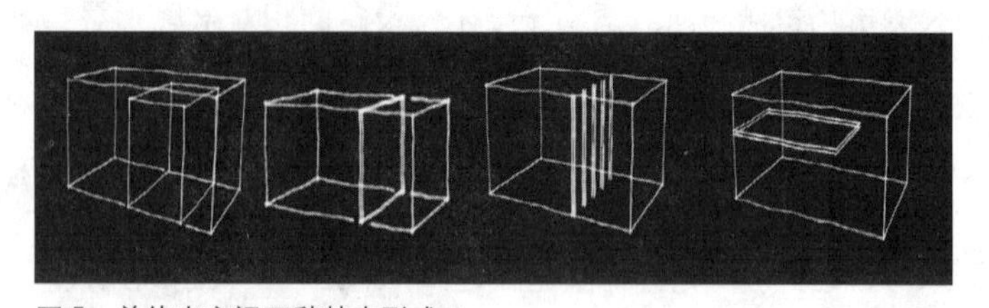

图 5　单体内空间四种基本形式
（图片来源：作者拍摄）

b. 多元体积聚方式

①横向积聚方式

通过网格法来研究多个模块的横向积聚方式（图 7），由于建筑模块中有窗、门洞等开放元素的出现，每个模块单体并不是封闭的单元体，形成串联、并联、组团、分离、围合、开敞等各种组合形式。空间形式更加多样和自由。

②竖向积聚方式

除了二维空间中的多种空间组合方式外，延伸到三维空间，竖向上同样具有重叠、错叠、交错、咬合、连接等多种空间组合方式（图 8）。

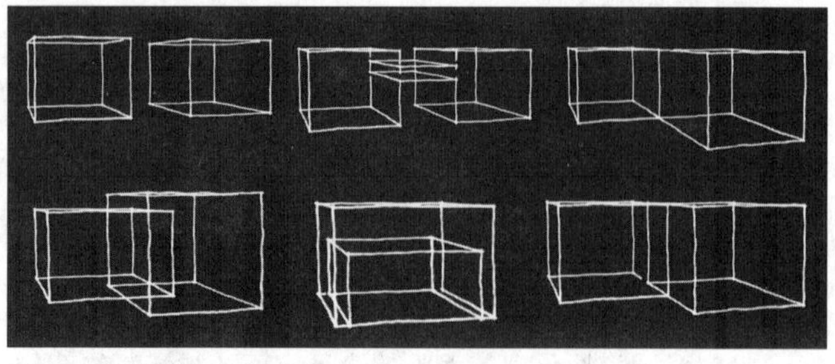

图 6　二元体积聚方式示意图
（图片来源：作者拍摄）

3. 空间变化

“新陈代谢派”的建筑师们认为，建筑不应是静止的，

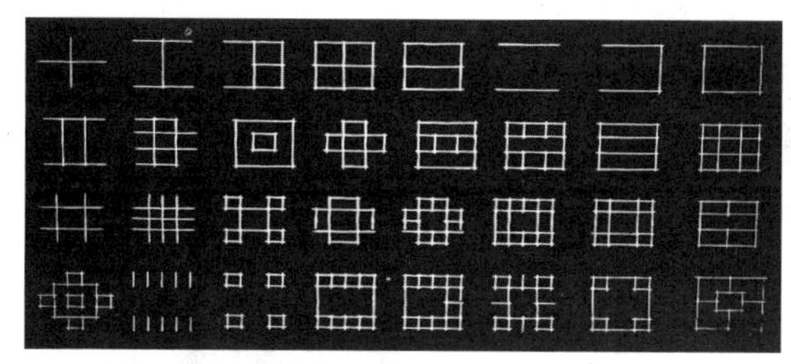

图 7　网格法（多元体横向积聚方式）
（图片来源：作者拍摄）

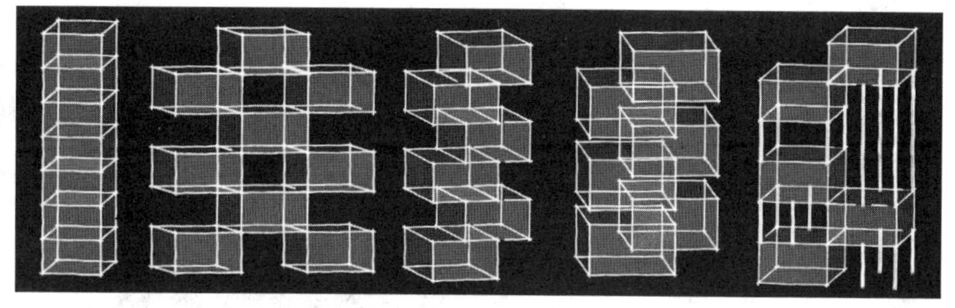

图 8　竖向积聚方式示意图
（图片来源：作者拍摄）

而应像生物的新陈代谢一样处于动态过程中。他们认为事物总是在生长和变化，建筑也应该根据实际使用需要而不停地生长和变化，应该在城市和建筑中引进时间的因素，这也是建筑需要“代谢”和“生长”的内在动因。以人的个体为例，随着时间的推移，个体的人会组建成家庭，而随着子女的出生，家庭的人口数量逐渐增多。在这个过程中人对建筑空间的大小和形式的要求是在不断变化的。这种生长在传统建筑中却很难实现，人们只能搬离原来的建筑，甚至是将其拆毁后另行建造。而模块化建筑采用预制的标准化空间模块的形式，根据需要，人们只要在预先设置好的支撑体结构上，对模块的数量以及位置进行增减和变化就能实现建筑物本身的生长和代谢，创造出“弹性”的建筑空间。

（1）建筑外空间的变化（载体的移动）

在一些特定条件下，模块化建筑可以应用到移动建筑中，如船体、卡车甚至飞行器中。在使用建筑的过程中，引入时间的因素，外部空间发生着各种变化。

（2）建筑内空间的变化（模块的移动）

模块化建筑内部的空间变化也是多样的，可根据实际条件的需求变换多种形式。

a. 模块单体的面的移动

模块化建筑单体一般为四方体，由六个面组成。如果采取角支撑式模块结构，其荷载是通过角柱边梁转移，六个面的板材都可以根据需要作不同的封闭、开敞移动，这样在不同的时间条件下就形成了不同的空间形式（图 9）。

b. 模块单体的移动

模块化建筑是多个模块的组合体系，由于模块具有独立性、预制性、重复性、可置换性和组合性，在其条件允许的情况下，在不同的时期，可以通过移动模块单体来重新组合出各种各样不同的空间形式来满足人们不同的需求（图 10），使建筑也具有生命力，拥有生长的过程。

四、设计

研究的目的是为了设计，以我们最熟悉的城市——苏州为基地，在经过比较火车站、体育馆、闲置厂房、闲置码头废船、展览馆等一系列题目后，最终选择了闲置码头废船这样的闲置资源进行再设计利用。目前，我国社会闲置资源浪费和资源的紧缺现象是相当矛盾的，不符合中国的国情——可持续发展。而模块化建筑的最大优势也在于其节能、绿色、环保，利于可持续发展。将其结合起来，对于社会更具有意义。

1. 设计背景

苏州是一个拥有 2500 年历史的文化古城。物华天宝，人杰地灵，被誉为“人间天堂”、“园林之城”。苏州素来以山水秀丽、园林典雅而闻名天下，有“江南园林甲天下，苏州园林甲江南”的美称，又因其小桥流水人家的水乡古城特色，有“东方威尼斯”、“东方水都（东方水城）”之称。苏州境内河港交错，湖荡密布，遍布全城，连接周边城市。城内与周边古镇景点都与水相关。

但如今的苏州水系离人们越来越远，越发陌生了。其交通作用基本仅限于货船的运送，而大部分的码头基本都闲置不用。曾经有人这样说过，还没有来苏州的时候，以为的苏州是这样的：苏州城内水系交错，这样的古城内的交通或许是摇船或者是响着铃的三轮车。古时的记忆越来越远，而那颗溯源的心却越发浓厚。

此次的设计希望将苏州的水系特点充分发挥，发展苏州的水系空间，以苏州景点周边的码头等水上空间设置连锁酒店。酒店以废弃的船为载体，采

图 9　单体中面的移动
（图片来源：作者拍摄）

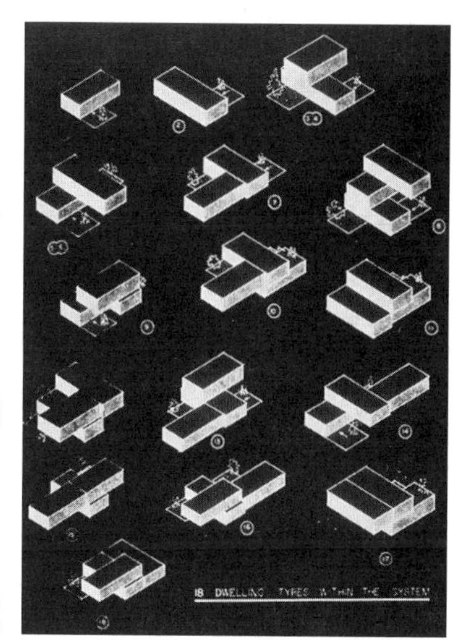

图 10　模块单体的移动示意图
（图片来源：作者拍摄）

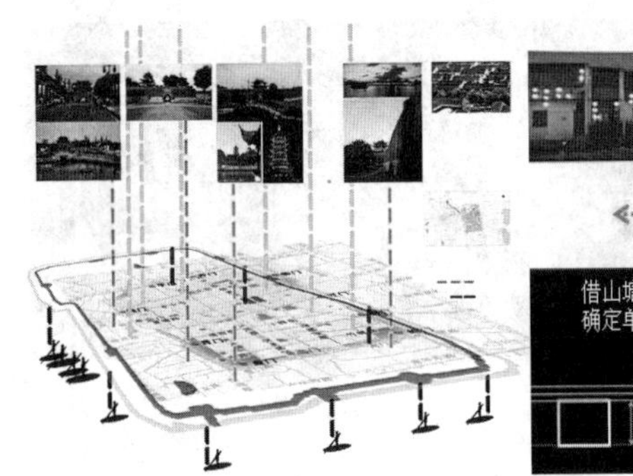
图 11　基地状况水系设计分析图
（图片来源：作者拍摄）

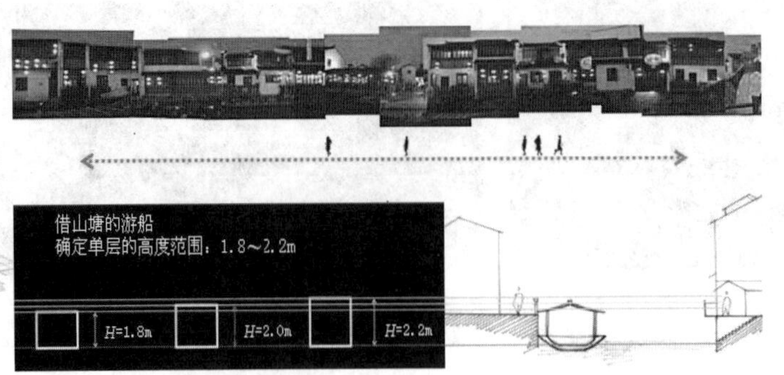

图 12　山塘基地船高度的确定分析图
（图片来源：作者拍摄）

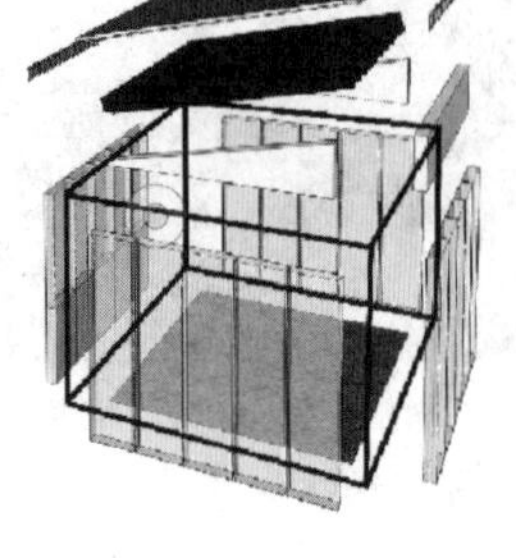
图 13　单体结构示意图
（图片来源：作者拍摄）

用模块化建筑体系，批量化生产建筑单元体，结合苏州当地文化地域特色，组合变换不同的空间组合形式。同时，又以每个小船作为上一级的模块，小船间的多样组合连接又可以形成更大的模块化建筑群系统。通过这样的设计，在策划中锁定景点，设定驳船点，以废弃的老船为主要载体，结合苏州水上交通特色，在此旅馆入住的住客，可选择水上交通的接送服务，将水路交通系统充分发挥（图 11）。

设计中应尽量考虑以下几点：

a. 功能的适应性；

b. 空间的多样性和变化性（加入时间因素）；

c. 空间与城市的互动性；

d. 形式表达的多样性。

2. 基地

将山塘街景区作为本次设计的定点着重深入设计。山塘街景区位于石路商业街附近，山塘河西起虎丘、东至阊门的外城河。周边配套设施齐全，出入交通便利。这样可以方便作为移动旅馆的配套设施——餐饮、休闲娱乐、洗浴、后勤。而船上有限的建筑空间仅仅作为旅馆的客房部分存在。在苏州古城区内，建筑层高受到严格控制，所以在平面上比较密集，最高高度为 24m，山塘附近的高度基本在 10m 以内。借山塘的游船确定单层单体的最大高度：2.2m（图 12）。

3. 结构

本次设计采用角支撑式模块结构，其荷载通过角柱边梁转移。这种结构方式，由钢框架结构作为承重结构，预制板材作为围合结构，空间中的六个面可根据建筑的需要作最大程度的移动变化（图 13）。此外，本次设计根据苏州建筑空间的一大特色——建筑与环境的渗透融合，使用借景等手法，使室内外界限模糊。希望通过立面上门窗的形式和可移动变换的方式来达到这一目的。

在结构体系中，借鉴苏州民居的空间建造方式，主要采用了模块独立支撑附加构件、附加结构独立支撑附加构件两种结构体系。前者主要应用在模块支撑坡屋顶，后者主要应用在檐柱支撑檐廊屋顶，形成建筑中的灰空间。但遇有二层建筑时，楼梯也由附加构件单独支撑。所有的围护结构与附加空间均可以在预制厂与模块单体同期制作，也同样地利用单体的模数制成不同形式。在满足声、光、电、热等要求的前提下，尽量采用轻质、低价的材料，连接的构造节点也采用预埋构件相互连接的方法，便于构件的拆除与安装。即使在同一个单元，在使用时甚至可以根据使用者对房间功能的重新定义而作出相应的替换。

4. 单体空间

以游船的长度、人体工程学和材料的选择作为确定模块单体尺寸的依据，得出单体尺寸长宽为 2320mm × 2080mm。充分结合工厂预制式生产流线，组成模块单体的各个面同样采用标准模数化设计（图 14）。

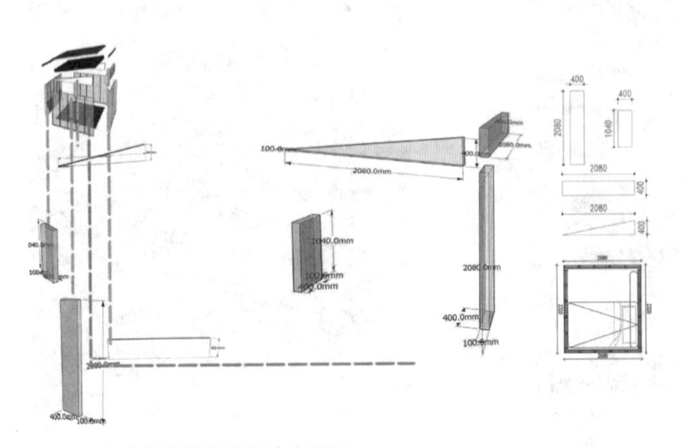
图 14　建筑单体模数化设计分析图
（图片来源：作者拍摄）

本着最大集约化空间的原则，本次设计采用多种可移动式家具和隔断的应用，来达到最大化使用空间的目的，并在使用建筑中加入时间因素，以便使用者在不同的时间段根据不同的功能需求变幻出不一样的空间。

5. 组合空间

通过分析苏州古城区的建筑外形特征，建筑高度受到了严格控制，基本为坡屋顶。粉墙黛瓦素雅的色彩、建筑外轮廓曲折有致、建筑体量小巧宜人等美学特征体现了苏州独特的城市特色。为了让模块与城市产生最和谐的关系与互动，本次设计中采用单面坡屋顶的形式元素（图 15）。

本次设计中的模块化建筑的空间组合主要结合了苏州民居的空间组合方式，利用其与环境最适应、最体现苏州地域文化

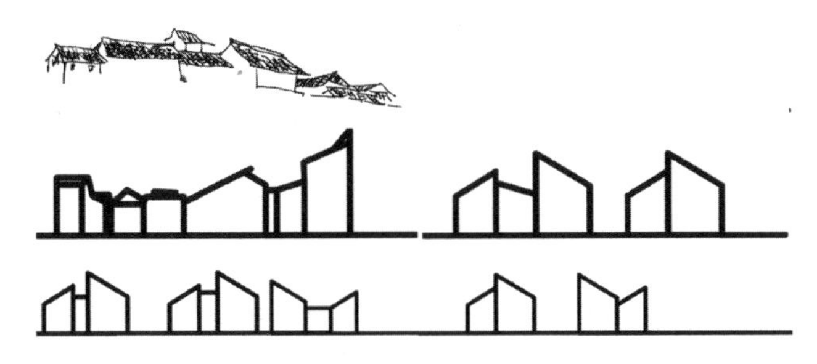
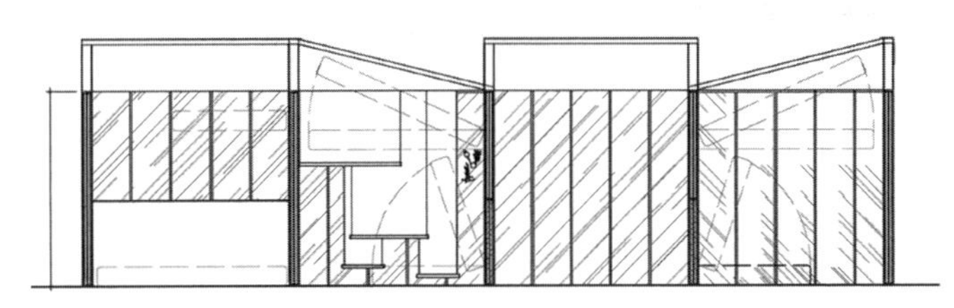

图 15　建筑外形设计分析图
（图片来源：作者拍摄）

特色的优势，结合模块化设计多变的组合方式，改变人们对模块化建筑千篇一律、单调乏味的固有印象。通过对苏州民居组合空间的分析，结合前部分对空间多样组合设计的研究，应用到模块化建筑群体设计中，形成了这样聚散有致、几进几落多样组合，室内外空间渗透融合的、能自由呼吸的、有生命的房子。

五、结语

历史建筑的延续不仅是一个城市具有现实意义和深远影响的课题，也与城市的可持续发展密切相关。尤其是历史建筑群落的保护与更新，其意义深远、难度颇大。通过分析可以看出，哈尔滨道外历史文化街区的巴洛克建筑群落面临年久失修、日渐败落、与周边基础设施格格不入等问题，已处于毁灭与重生的岔路口。结合这些现状，本文提出了以保护性修缮和复原修建为手段，使巴洛克建筑在使用功能、文化艺术价值和历史教育等方面均发挥其作用，为实现哈尔滨巴洛克建筑群落的历史价值和可持续发展提供理论依据。

参考文献：

[1] 杨絮．镜头后的双重影像 [M]．哈尔滨：哈尔滨出版社，2007．
[2] 俞滨洋．印象·中华巴洛克 [M]．哈尔滨：黑龙江科学技术出版社，2009．
[3] 刘松茯．近代哈尔滨城市建筑的文化结构与内涵 [J]．新建筑，2002(1)．
[4] 张扬．历史街区的小规模动态更新 [D]．重庆：重庆大学硕士论文，2004．
[5] 陆明，吴松涛，郭恩章．传统风貌保护区复兴实践——以哈尔滨道外区传统风貌区控制性详细规划为例 [J]．城市规划，2005(11)．
[6] 侯幼彬，张复合，村松伸，西泽泰彦．中国近代建筑总揽·哈尔滨篇 [M]．北京：中国建筑工业出版社，1992．
[7] 刘松茯．哈尔滨城市建筑的现代转型与模式探析 [M]．北京：中国建筑工业出版社，2003．
[8] 梁玮男．哈尔滨近代建筑的奇葩——“中华巴洛克”建筑 [J]．哈尔滨建筑大学学报，2001(10)．

构建城市公共空间与环境的连续性

三等奖

以三里屯village室外公共空间为例

中央美术学院建筑学院　2010级硕士研究生　杨晓

摘要：本文以北京三里屯 village 为例，通过对其室外公共空间进行调查研究，从三里屯公共空间的特点、构成、现状问题的分析着手，来研究其公共空间存在的问题，即公共空间与环境之间缺少必然的联系等现象。文中提出了加强公共空间联系性的方式，使城市公共空间在满足城市功能要求的基础上，更好地与城市环境有机融合。

关键词：城市公共空间，地区连续性，城市环境

一、绪论

1. 课题研究背景、目的

随着城市化运动的发展，城市公共空间被割裂看待的问题越来越受到人们的重视。

早在 40 年前，《美国大城市的死与生》一书的作者简·雅各布斯，对当时美国的城市化运动给城市和人们带来的巨大影响进行了强烈的抨击，提出了城市公共生活的重要性。

当今我国城市面临的问题正如数十年前的美国，我国公共空间缺乏联系性已经是个不争的事实。

在商业建筑中的城市公共空间更是如此，我国现代商业空间的开发短暂且迅速，过多盲从海外模式，常连根拔除原有街巷生活和公共空间。热衷封闭、内向的单一化大型建筑综合体的模式。这种典型的现代购物中心，到处充斥着被严格控制、处处受拘束的“私有化空间”，与环境严重割裂。

基于这个大背景之下，三里屯 village 南区作为我国内地城市商业街改造规划第一个融合“开放都市”概念的试验项目，必然引起广泛而深刻的探讨。

本文着眼于研究三里屯 village 南区建筑的室外公共空间，从空间关系上研究城市公共空间与其他城市要素之间的组合关系，其目的即在这种空间结构的裂痕中找寻联系，使城市公共空间构成连续有机的体系。

2. 国内外研究现状、文献综述

《马丘比丘宪章》在 1997 年提出城市规划的指导思想是追求建成环境的连续性。“要强调的不再是外壳而是内容，不再是孤立的建筑，而是城市组织结构的连续性。城市规划的目标应当是把那些失去了它们的相互依赖性和相互联系性并已经失去其活力和含义的组合部分重新统一起来。”

关于构建城市公共空间与环境的连续性的专题性研究，卢济威的《论城市设计整合机制》中，分析了工业化时代由于城市建设学科专业分科化，带来城市系统中要素的分离需要整合，从而提出城市要素三维形态整合的城市设计机制；并研究了整合机制的层次、运作和整合机制下的城市设计内容。此文代表了整合作为城市设计的一种机制，开始被提出和认可，并且开始了一系列相关理论的研究。文章提出整合包括城市实体要素的整合、空间要素的整合和区域的整合。

有关于城市空间要素的连续性整合，是包含街道、广场、绿地、水域等城市空间要素构成及相互关系的整合。整合的内容还扩展到生态景观与城市形态的整合、城市历史环境的整合，如《城市景观的解读及空间整合》、《论城市发展中的历史文化资源整合策略》、《人本主义城市文脉与城市公共空间塑造》等。从城市不同的空间层次进行整合分析还包括不同类型的城市空间的整合，如《广场与城市的整合》、《城市商业空间整合》、《人性化场所——坐憩空间的整合营造》、《城市滨水区历史文态与空间形态的整合》、《地铁整合建设与广州市可持续发展》。整合涉及城市空间构成元素的方方面面。

在同济大学刘捷的《城市形态的整合》中，比较全面而系统地对城市形态的整合问题进行了论述。此书是关于城市整合问题的代表之作。此书中也涉及了城市公共空间与环境连续性的内容。本文以此书为基础，从城市设计的角度，对城市公共空间系统内部和系统与城市其他要素的整合关系进行探讨，以试图改变目前城市空间缺乏连续性的状况。

3. 研究范围及研究方法

三里屯 village 位于北京东二环和东三环之间的休闲娱乐商圈——三里屯—工体商圈（图 1），由 12 栋地上四层的独立建筑体构成，每栋建筑之间以连廊串通整个空间。这样围合出若干尺度不同的内部空间，小则为院落，大则为中心广场。

2011 年 3 月末，对三里屯 village 室外公共空间进行了初步调研，由于时间及人力的限制大多数实地调研采用的是摄影、摄像和走访的方法。之后通过更加积极的调研，分别用问卷和表格记录等方式掌握了大量的现场资料，这些都是论文不可缺少的素材。

在获得原始资料后，首先用比较分析的研究方法循序渐进、层层深入

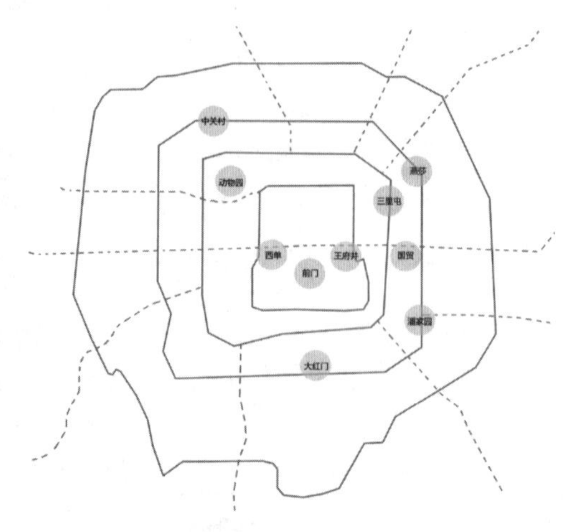

图 1　区位示意图

剖析三里屯 village 公共空间的外在特征，并对其归纳总结来研究其存在的问题。文章从空间关系上分析城市公共空间联系性建构的必要性，对城市公共空间联系性的建构内容、途径和方式进行研究，深化了城市空间的整合研究，最终完成本文内容。

二、三里屯地区公共空间的现状调查

1. 使用人群

本文通过问卷调查的方式了解三里屯的顾客人群，共计发放 100 份调查表。通过问卷回收的整理，在有效的回收问卷中，共有 28 位男士、72 位女士；其年龄主要集中于 20 ～ 39 岁的中青年人士；在这些随机抽取的人群中既有中国籍公民也有非中国籍公民；他们都带着个性潮流的思想来到三里屯而非家居休闲；且并非都带有强烈的目的性。

2. 人员流动

三里屯 village 中大部分商铺营业时间多为 10：00 ～ 23：00，而在三里屯 village 人口流动分析图（图 2）中我们可以看出一天内人口的流动变化，得出的结论在 16：00 ～ 20：00 间三里屯 village 人流达到高峰。

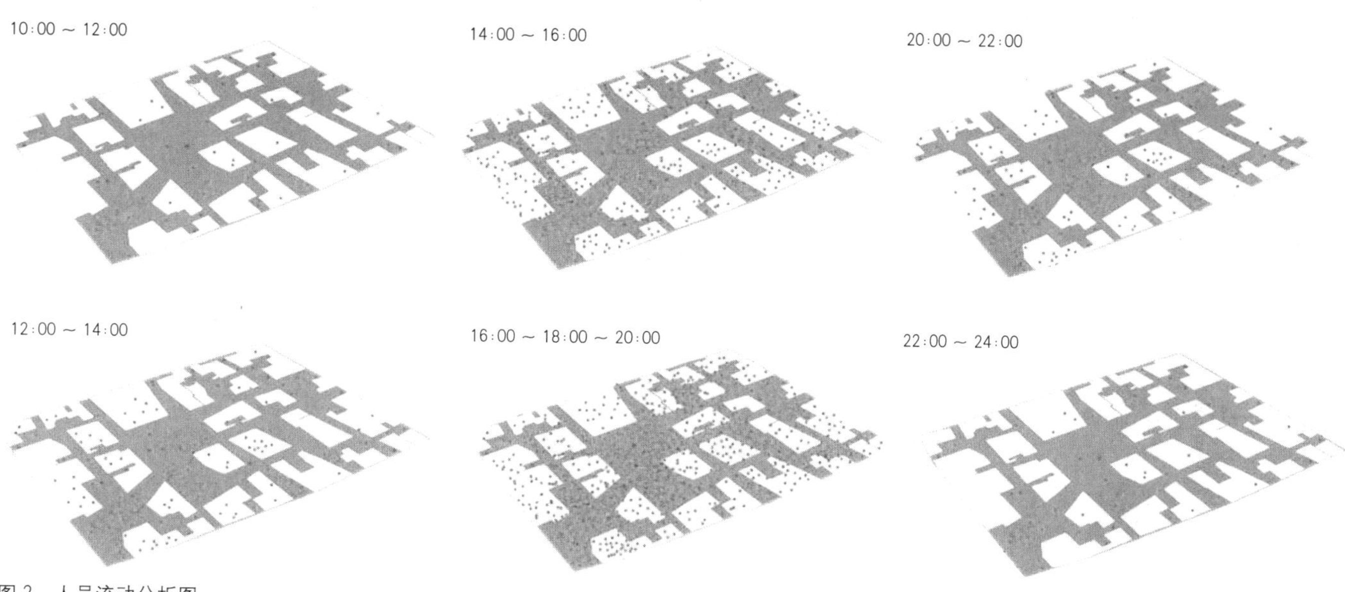

图 2　人员流动分析图

3. 人流现状

通过对三里屯 village 南区室外公共空间使用者行为进行调查，来研究使用者行为与空间之间的关系。一共选取了五个典型空间位置（图 3），空间位置 A 为入口广场，空间位置 B 为中心广场，空间位置 C 为贯穿南北主街巷靠近北入口的部分，空间位置 D 选取了连通酒吧街的街巷，空间位置 E 选取了连通西边街道的街巷，F 是通往二层的室外电梯。

2012 年 4 月选择了一个晴朗的周末，分别对这五个空间位置在 15：00 ～ 15：10 十分钟内使用者的行为进行观察和统计，以期望从数据中发现使用者行为和空间之间关系的规律和存在的问题。据调研数据（表 1）可知，入口广场（A）和中心广场（B）相对于其他街巷更加开阔，其商业界面的面积最大，停留和购物的人最多。D、E 同属于次要街巷空间，位置 D 的街巷中部设有一个宽度稍大、与道路相交的场地，因此 D 处停留和闲逛的人数明显多于 E 处。E 位置处于商业街区内边缘相对较窄的街巷中（无停留空间），E 处购物行为低于平均值，以快速通过的行为居多。

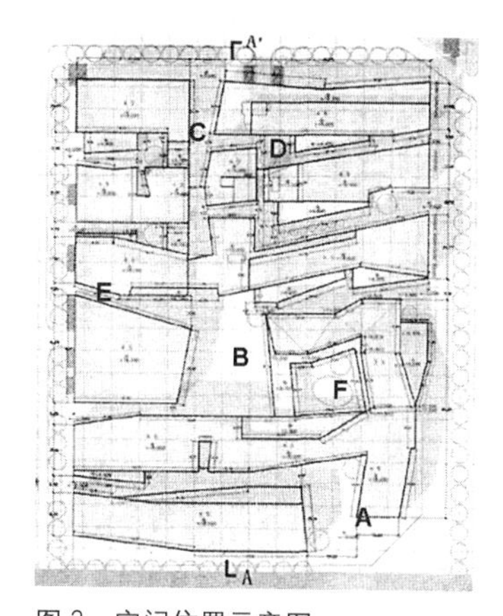

图 3　空间位置示意图

调研数据表格　　表 1

位置	空间位置 A 入口广场	空间位置 B 中心广场	空间位置 C 主街道	空间位置 D 街巷东	空间位置 E 街巷西	空间位置 F 室外电梯
购物消费	40 人（10.7%）	27 人（5.4%）	20 人（10.3%）	22 人（23.9%）	10 人（27.5%）	30 人（16%）
穿行	300 人（80.6%）	220 人（44.2%）	82 人（42.2%）	34 人（36.9%）	62 人（56.9%）	86 人（4.5%）
闲逛	10 人（2%）	17 人（3.4%）	76 人（39.2%）	31 人（33.7%）	21 人（19.3%）	53 人（28.3%）
停留	19 人（5%）	17 人（3.4%）	无	2 人（2.2%）	无	无
休息	无	12 人（2.4%）	7 人（3.6%）	无	7 人（6.4%）	无
儿童玩耍	3 人（0.8%）	3 人（0.6%）	5 人（2.6%）	2 人（2.2%）	5 人（4.6%）	7 人（3.7%）
吃东西	无	2 人（0.4%）	4 人（2.1%）	1 人（1%）	4 人（3.7%）	7 人（3.7%）
观看	无	200 人（40%）	无	无	无	5 人（2.6%）

三、三里屯地区公共空间的现状特征

以三里屯地区的街道、广场作为重点研究对象，在对三里屯城市公共空间进行综合分析后，发现以下特征。

1. 人性化

(1) 街道高宽比

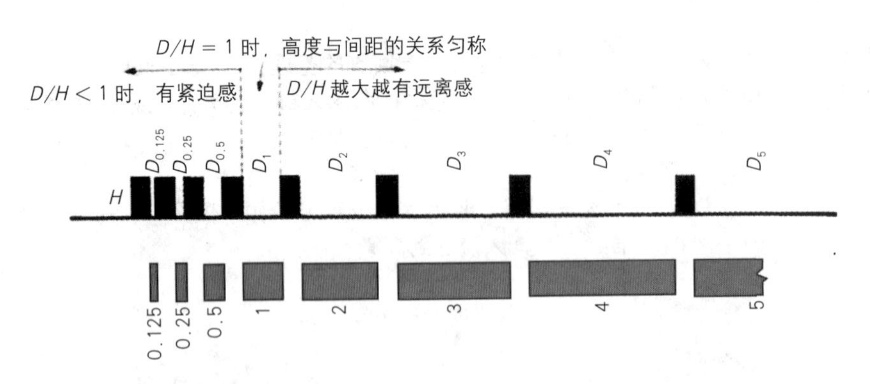

图 4　芦原义信街道高宽比理论

我国传统商业街道尺度适宜，街道宽度较小，临街建筑低矮，街宽高比（D/H）大多为 1.5 : 1。芦原义信在《外部空间设计》中论述，D/H=1 是个分界点，当 D/H=1 时，建筑高度与间距比较匀称，当 D/H>4 时，两侧建筑之间的影响减弱，当 D/H<1 时，两幢建筑开始相互影响，比值再小就会显得狭小而压抑。芦原义信的观点侧重于城市街道空间的比例。

但在中外古城镇和村落空间中，D/H 的数值通常小于 1，比如江南水乡周庄、乌镇等地的街道宽度通常小于 3m，高度一般两层、6m，D/H = 0.5<1。在整个村镇小尺度的环境中，这样的街道比例并不觉得狭小，反而觉得亲切。

根据调研发现三里屯 village 南区的建筑层数为 3 ~ 4 层，建筑高度为 13 ~ 18m，主街宽度为 5 ~ 8m，次街宽度为 4 ~ 6m。平均 D/H=0.35<1。虽然不符合芦原义信的结论，但符合传统村镇的街道比例。这对于一个定位于“village”的商业街区来说显然是十分合适的尺度（图 4）。

(2) 街道长度

街区的长度也是一个重要的尺度要素。对于步行尺度来说，《交往与空间》中提到，在日常情况下成年人步行 400 ~ 500m 的距离是可以接受的，另外平直单调的道路会使人感觉很长，但曲折紧凑的街道空间会使人感觉很短。三里屯 village 南区街道长度通常在 70m 左右，满足人能看清楚别人和活动的距离要求在 20 ~ 100m 内。街道总长 180m 左右，曲折有致，整体上感觉稍短。

(3) 广场尺度

广场的尺度在商业街区中也很重要。《人性场所——城市开放空间设计导则》中提到，关于广场的规模，凯文 · 林奇建议 12m 是亲切的尺度，24m 是宜人的尺度，格尔建议最大的尺度可以达到 70 ~ 100m，因为这是人眼能够看清物体的最远距离，凯文 · 林奇认为大多数成功的围合广场都不超过 135m。三里屯 village 南区广场尺寸是长 24m、宽 30m，显然是个宜人的尺度。

2. 开放性

2010 年威尼斯建筑双年展由日本著名建筑师妹岛和世担任总策展人，其主题设定为“相逢于建筑”，妹岛和世将“相逢于建筑”的主题诠释为建筑和社会的“互相匹配”。她说：“我的设计都是源于‘公园’这个概念，我把它看做一个人与人相聚的场所，我的出发点是人与人的交流和相会。”

妹岛和世的理念是对当代城市的深刻理解，不仅意味着建筑要向城市开放，建筑要向所有人开放，即建筑的开放性和公共性。不仅能够提升建筑自身的活力，还能达成建筑品质和城市空间品质共同提升的双赢结果。

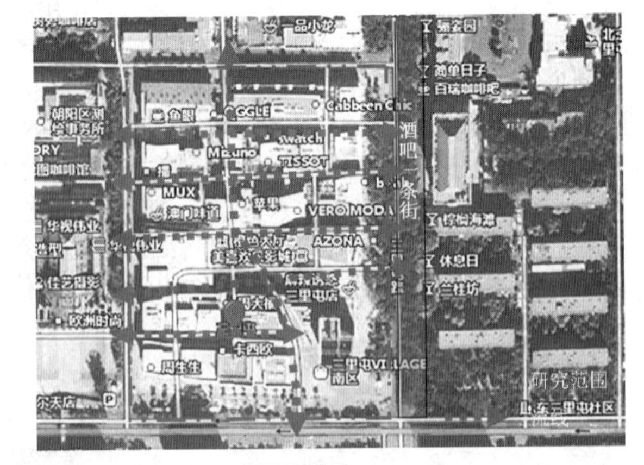

图 5　三里屯 village 与周边关系

三里屯 village 南区在地块规划方面，通过贯通基地连接周边城市空间的五横一纵六条巷道，强化街道空间与周边城市环境的相互渗透关系（图 5）。东部四条巷道与三里屯路衔接，意在将三里屯东侧酒吧街的城市生活引入场地。南侧是三里屯 villge 相邻的主干道，形成一个东西向较长的线性广场，对城市空间呈现出一种开放与接纳的姿态。建筑化整为零，由 12 个体量不同、形态各异的建筑体块，被空中贯穿的廊道连接，围合出若干尺度不同的内部空间，小则为院落，大则为中心广场。屋顶空间被利用，成为空中院落。十余部室外楼梯作为竖向交通，连接起地面街道空间和上部楼层中的多条廊道。

3. 混合性

(1) 生活方式

“不管你同意与否，购物活动已经成为我们体验公共生活的生存方式之一。”——库哈斯。购物活动或者说消费行为已经占据了我们大部分的休闲时间，但消费活动不仅仅需要买东西，还需要有其他活动参与，如娱乐和餐饮，参观和讲座等，或者说其他活动也是消费活动的一种形态。与传统的商业街区相比，功能的多样和混合，有很多偶然性和不确定性，催生空间活力。

(2) 功能混合

混合空间首先是功能混合。繁忙的、混杂的开放空间带来城市商业街区的活力性。复合多种功能和活动的地方复合了多种类型的活动场所和多种类型的目标人群。混合空间就是针对不同商业性活动,如展览、露天音乐会、街头艺人表演、庆典、购物活动等,而多种活动空间和设施可以有所叠合和渗透。混合功能最能体验城市生活的丰富性和偶然性。

(3) 均质空间

混合空间其次是均质空间。混合功能需要各种不同的建筑空间载体,但是商业街区的功能不是静止的,是不停地变化的,商业街区要能适应变化的功能,均质的空间,而不是大小各异、形状迥异的空间,更能适应这种混合变化的功能。均质空间也包含室外空间,无中心、无等级的均质的室外空间,能使所有店铺享有无差别的室外空间,这样对于所有功能空间都是最平等的,而传统的街巷主次明确的空间模式,主要街道要比次要街道享有更多的资源,而各种业态得不到均衡发展,从而混合功能也无法实现。

(4) 小结

三里屯 village 商业街区包括零售、餐饮、娱乐、酒店、展览多种业态,它的混合空间带来了文化的融合,有人评价说:"一个北京罕有的真正现代化国际化社区的角色,而且文化元素足够混杂。也许正是简·雅各布斯和本雅明笔下理想的街头文化聚集地"。三里屯 village 已经成为低密度混合使用的城市商业街区代表。

四、三里屯地区公共空间的现状问题

1. 公共空间个性较强,难以融入城市整体空间

就三里屯地区目前的建设状况而言,标志性建筑在不断地更新和增加,资本疯狂扑向这块风水宝地的同时,不忘给自己披上华丽的外衣。作为城市公共空间的主要界面,这里的商业建筑都力求各自是昀现代、昀先锋的代表。而城市规划也只以控规的形式对地块的建筑密度、绿化率等提出控制要求,而忽视了与周边城市空间的关系,不可避免地造成所形成的公共空间独立性过强,缺乏与外界的联系,难以融入城市空间,导致公共空间的封闭性与排他性。

2. 公共空间过于注重内在,空间之间缺少有机联系

三里屯现状空间肌理形成时间较长,不同时期的建设活动使得空间结构体现出一种拼贴现象。近年来的商业地产开发越来越注重设计手法的更新与应用,但是其中多数还是为了满足自身功能要求,其设计目标往往形成一种"内在美"的局面,一系列内部精美的公共空间之间却好像是无序地串联着,混乱而模糊,缺乏整体的空间结构或系统,使得我们进入这个区域时,虽然能发现为数不少内涵丰富、趣味性强的公共空间,但对于城市空间的总体结构印象还是模糊不清的。而且,人连续的行为活动也会因此被打断,降低了整个地区的完整性。

3. 车行交通主导城市环境,造成公共空间对步行者的服务缺失

当城市交通由传统的步行为主走向以车行为主,传统上与步行交通紧密联系的许多其他公共空间活动正逐渐在消失。城市已不是主要为步行者设计,多数城市功能都已演变为供驾车者专用,车行交通空间正在吞噬着城市公共空间。

五、构建城市公共空间与环境的联系性

建构城市空间的联系性是城市设计中常见的手法,即通过对各种城市要素关联性的挖掘,利用各种功能相互作用的机制,积极地改变或调整空间要素之间的关系,以避免在城市发展过程中,空间要素形成片段式的组合而产生割裂的倾向。其目的在于促进城市空间的联系,引导具有连续性的行为活动。

三里屯的城市公共空间是由不同类型空间构成的复杂系统,各个空间都有各自的要素。各要素之间的互动也给这里带来了空间体验上的不确定性和动态性,这种特征正是它的魅力所在。

本文的联系性是指内在功能的联系,活动类型的联系,生态、景观的联系。

1. 空间节点的设置

在传统城市设计理论中,城市节点是形成城市意象的一个重要元素。在城市公共空间系统中,空间节点形态更多地表现为能连接各公共空间的广场或绿地等片状或面状空间形式。这些节点空间是连续的空间发生变化的地方,能使视线停留并产生视觉焦点,促进空间的"起、承、转、合"。如前文所述,三里屯的公共空间在数量和质量上都有一定的保证,但由于缺乏节点空间,空间与建筑形式上的独立性加剧了空间感受上的单调,节点空间的设计就变得非常重要。

在三里屯这类成熟度较高的商业地区,节点空间的设置在规模上要大小适当,在位置选择上要具有前瞻性。首先,地价决定在此区域开辟出较大面积的土地用以节点空间的建设是困难的,应充分利用现状条件,对一些存在改造可能的地区进行环境整治。一个小的广场或具有围合的小空间,或者经过精心布置的景观都可以吸引人的视线与行为。其次,在具有开发潜力的地区,在局部地块开发前做好该地区整体公共空间系统的规划设计,尤其是对于地块内部不但要确定用地的绿化率、空地率等硬性指标,同时还要对用地内的绿地与空地的布局给予控制与引导,作为土地出让条件的一部分指导具体的开发建设,由此为加强区域内公共空间系统的联系创造条件。

2. 联系路径的设置

城市公共空间中的路径,表现为城市各类道路、廊道所构成的网络,以联系各个公共空间单元。凯文·林奇在《城市意象》中讲道:"对许多人来说,它(路径)是意象中的主导元素。人们正是在道路上移动的同时观察着城市,其他的环境元素也

是沿着道路展开布局，因此与之密切相关。”

路径在不同功能的公共空间上起着联系与转化的作用，它是公共空间向外界进行物质、信息、能量交流的通道。公共空间功能的不同使路径的形态也变得多样。一方面为观赏城市提供条件，另一方面其自身成为观赏的对象，也提高了城市空间的景观价值。

在三里屯地区，交通方式与交通条件不相适应的突出现象是人车混行，因此，路径的通行作用尤为重要。我们结合不同建筑的功能、公共空间的形式与特点，分别选择地下通道、二层连廊或步行道作为联系各类公共空间的步行通道，避免与车行交通相混杂，为行人提供顺畅、快捷、安全的路径，并因此扩展了街道空间，从而改善街道空间尺度，减少界面拥挤现象。

如果公共空间中没有任何的行为活动发生，路径则失去了价值。相应地，人的行为活动如果没有路径作为依托，也无法促成多种社会活动的产生，这两者是相互依托的关系，它们只有在紧密结合的时候才能创造出真正的城市生活，体现城市的魅力与活力。

3. 加强空间的渗透

空间的渗透是指不同类型的公共空间在联系性建构的过程中，表现出来的打破原有界限的方式，从而赋予整个区域整体、连续空间特征的过程，实现公共空间系统与城市的交融。三里屯 village 正是通过丰富的建筑设计手法将室外的公共空间与室内的商业空间完美地融合在一起，无论身处何处都能感受到多样、立体的城市空间，是该地区值得推广的空间营造模式。

首先，这样的空间渗透使公共空间的界限被打破，形成了流动的城市空间。各个不同类型的空间交叉渗透，打破了原有的固定模式，使公共空间从原来的点状、线状延伸为立体的网状系统，各类空间你中有我、我中有你，整个空间具有了整体性和连续性。

其次，相互渗透也打破了传统的封闭感，使得被建筑围合的空间减少了封闭性与独立性。与此同时，室内、外的公共空间也存在相互渗透的可能。

参考文献：

[1] 国际建协．北京宪章 [J]. 建筑学报，1999（6）：4．

[2] 卢济威．论城市设计的整合机制 [J]. 建筑学报，2004（1）：24-27.

[3] 迪特·哈森普鲁格主编．走向开放的中国城市空间 [M]. 上海：同济大学出版社，2005：24-30.

[4] 董贺轩．城市立体化——城市模式发展的一种新趋势 [J]. 东南大学学报，2005，35（7）：225-229.

[5]（荷）根特，城市研究小组著．城市状态：当代大都市的空间、社区和本质 [M]. 敬东，谢倩译．北京：中国水利水电出版社，知识产权出版社，2005：47.

[6] C·亚历山大，H·斯等编著．城市设计新理论 [M]. 陈治业，童丽萍译．北京：知识产权出版社，2005：1-85.

[7] 潘忠诚，彭涛，李箭飞等．“整体”与“延续”的概念和实践——广州市传统中轴线城市设计的思考 [J]. 城市规划学刊，2007（2）：100-105．

[8] 刘晓都，孟岩，王辉．城市填空：作为一种城市策略的都市造园计划 [J]. 时代建筑，2007（1）：39.

[9]（英）F·吉伯德著．市镇设计（Town Design）[J]. 程里尧译．1983（7）：1-338.

场所精神与复合空间

三等奖

北京中心商务区室外公共空间的形式探讨与研究

中央美术学院建筑学院　2011级硕士研究生　郭晓娟

摘要：城市中心商务区作为城市经济发展中心，在这个特殊的复合型空间中，半公共、半私密成为其最特别的属性。在景观设计中要遵循“以人为本”和“以自然为本”的原则，实现商务区的“标识性”、“全时活力”、“人车分流”等设计要求。使其景观既与周边环境和谐共生，又有各自的功能与界限，使空间立体化、功能多样化及人性化，推进城市肌理，形成城市文化中心。

关键词：中心商务区，北京 SOHO，公共空间，景观建筑，复合，多元

一、绪论

1. 选题背景

中央商务区（Central Business District）指一个国家或大城市里主要商业活动进行的地区。其概念最早产生于 1923 年的美国，当时定义为“商业会聚之处”。随后，中央商务区的内容不断发展丰富，成为一个城市、一个区域乃至一个国家的经济发展中枢。 一般而言，中央商务区高度集中了城市的经济、科技和文化力量，作为城市的核心，应具备金融、贸易、服务、展览、咨询等多种功能，并配以完善的市政交通与通信条件。世界上比较出名的城市中央商务区有纽约曼哈顿、伦敦金融城、巴黎拉德芳斯、东京新宿、中国香港中环等。

北京作为中国的首都，发展和建设商务中心区，是首都经济功能扩展的必然需要，对于推动北京经济社会发展，改善北京城市形象，确立北京在经济全球化中的地位，都有重要的意义。

1992 年，基于对市场经济发展和参与全球经济活动的预测，市政府在《北京城市总体规划（1991—2010 年）》中提出了建设北京商务中心区的战略构想。

1993 年 10 月 6 日，国务院批准了《北京城市总体规划》。

2000 年 8 月 15 日在北京开幕的第一届北京朝阳国际商务节，将中央商务区这张“名片”像品牌一样正式隆重推出。

2009 年 5 月，北京市政府决定将北京中央商务区东扩，并向国际征集方案（图 1）。

2. 选题的目的与意义

经济的腾飞引领城市的飞速发展，而城市商务区正是城市的缩影与精华。从过去整齐而单调乏味的写字楼到如今各种主题商业街、中央商务区、Shopping Mall 的纷纷涌现，城市的蓬勃朝气、绚丽繁华涂写在时代的扉页上，鲜明而生动。

城市的繁荣是时代发展的标记，代表经济繁荣的商务区更应该凸现时代的个性，传达时代的精神。所以，中心商务区的室外空间设计在当下是一个值得我们思考的问题，是十分有意义的。

那么在景观设计中，如何突出商务区、商业街的主题性呢？

在设计中又怎样使城市商务区在与文明的传承、文化的结合上达到相得益彰的作用？如有人将道外的前店后宅式的四合院建筑笼统地称为中华巴洛克。质疑文章分析认为，中华巴洛克这一概念的界定,集中在“过度装饰”、“欧洲巴洛克构思”、“中国传统装饰”,所以，中华巴洛克的核心是“中西合璧”和“过度装饰”。

经过研读以上这些成果和亲身感受道外区的遗留建筑后，发现这种特殊建筑文化现象出现的根源是创造者所具有的地域性文化背景所造成的。所以，本次论文将着重研究道外区巴洛克风格建筑与地域性的内在联系和其形态的特征，进一步阐述道外街区巴洛克风格建筑的延续性及如何延续。

城市中心商务区作为城市经济发展中心，在这个特殊的复合型空间中，半公共、半私密成为其最特别的属性。在景观设计中要遵循“以人为本”和“以自然为本”的原则，实现商务区的“标识性”、“全时活力”、“人车分流”等设计要求。使其景观既与周边环境和谐共生，又有各自的功能与界限，使空间立体化,功能多样化及人性化，推进城市肌理，形成城市文化中心。

一个城市的中央商务区，无论是地块功能上还是投资密度上，都应是城市生长肌理的有机演变。室外空间则是它周边的关系先是渗透过渡的“软着陆”，然后才在最核心部分产生突变。这样的互动关系使中央商务区与城市共同组织成充满活力的有机生命体。

通过对 SOHO 一期的室外公共空间的形式的梳理，对今后我在该类型的设计上有一定

图 1　SOHO 区块现状图片

的借鉴性，取其精华去其糟粕。

3. 成熟案例研究

位于巴黎市的西北部，巴黎城市主轴线的西端，于20世纪50年代开始建设开发。它给这座古城带来了浓烈的现代气息，是现代巴黎的象征。拉德芳斯属于在新区建设的中央商务区，并不存在旧区改造的限制。

图2 法国拉德芳斯鸟瞰图

拉德芳斯区交通系统行人与车流彻底分开，互不干扰，这种做法在世界上是仅有的，地面上的商业和住宅建筑以一个巨大的广场相连，而地下则是道路、火车、停车场和地铁站的交通网络。拉德芳斯的规划和建设不是很重视建筑的个体设计，而是强调由斜坡（路面层次）、水池、树木、绿地、铺地、小品、雕塑、广场等所组成的街道空间的设计。

拉德芳斯具有“巨构形态”的明显特征，将现代城市的复杂功能、建筑和室外空间组成一个整体，体现了巨型城市综合体城市建筑及室外景观空间一体化的趋势，在当时属于先锋派（图2）。

其采用正梯形结构从塞纳河边一直延伸到新凯旋门并继续向西延伸，900m长、100m宽的复合功能的大平台是空间的生长脊。大平台向两侧不规则地延伸和拓展，两侧建筑以不对称的方式自由布局，区内没有采用道路划分街区的模式，全立交的环路将整个基地与周边城市用地连成城市道路系统，从本质上改变城市结构。

二、北京中央商务区建外SOHO调研分析

1. 区位分析

建外SOHO东区位于北京中央商务区核心区，国贸桥金十字的西南角。北临长安街，东临东三环，南临通惠河北路。地铁1号线和10号线的“国贸站”交汇于项目东部，地铁1号线“永安里站”位于项目西部。建外SOHO总占地面积为12.28hm^2（东西长约760m），总建筑面积约为70万m^2，地下建筑面积为19万m^2，地上建筑面积约51万m^2，由18栋公寓、2栋写字楼、4栋SOHO小型办公房及大量裙房组成（图3）。

图3 SOHO区块平面图

2. 交通空间分析

交通空间基本为方直、斜线等快速通道，以硬质铺装为主，主要联通与各个写字楼之间的出入口及广场空间，色彩以灰色为主，材料主要为灰色石材、混凝土。传达给人们一种现代、快节奏的感受。其道路设计规整，铺装统一中有变化，可达性较强（图4）。

3. 广场空间分析

其广场空间分为软质和硬质两种，软质广场以草坪为主，硬质广场以硬质铺装为主，园区内共有两个面积较大的广场，每一个在350m^{2}左右，均为几何形态。其他小广场按位置分为两类，一类是楼间小广场，另一类是交通节点处小广场。这两类广场分别满足了不同人群不同时段的使用需求。通过实地调研观察得知，面积较大的两个广场在晚间、工作时间外的使用率颇高，参与者不仅仅有在写字楼工作的员工，还有周边的一些居民参与其中。其他小广场则是午后或是工作时间内园区内的工作人员使用率较高。

图4 交通空间

4. 下沉庭院空间分析

院内共有8个下沉庭院空间，该下沉空间依附于建筑地下一层，串联了园区内的垂直业态，丰富了空间层次。使地下一层空间的采光问题得以解决，并且增加了绿植生长的空间，是本园区复合空间的一大特色。空间形式多变，整合了多种空间形式与空间需求。

5. 设施小品与导视系统分析

城市家具现有类型：户外座椅，垃圾收集设施。座椅：数量不够，分配位置不够合理，材质多为石材，冬季过于冰冷，利用率低；垃圾桶：200m左右设置一个，密度较低，使用不够便捷；景观照明灯具：比较丰富，夜间能起到良好的景观照明作用，烘托气氛；城市雕塑：比较缺乏标志性或吸引人们驻足停留的雕塑及景观小品；市政设施：造型单一，缺乏变化及设计感，对细节的考虑不够，设计不够人性化（图5）。

图5 设施小品与导视系统

三、SOHO中心商务区室外公共空间形式特点

1. 使用多功能性

商务街区的职能决定了其可供景观设计的面积非常有限，这就要利用空间立体化，提高使用率，强调功能性，尽可能在有限的空间中满足人们更多的活动需求，在商务活动的大背景下，也满足使用者休息、娱乐、交往、观光

等目的。商务街区景观要为空间添加柔和元素。使被高层建筑包围的，给人以硬冷感觉的空间增添感性味道。利用中庭、广场，开设咖啡吧，设立休息区的同时，可满足室外就餐，配置艺术品和街道附属设施，增加亲切感，开发临街店铺，满足员工、路人和旅游者的消费需求。使街道、广场、中庭都可以满足人们交流、休憩的愿望。让单一的商务区转变为多功能社区，使其更具魅力，实现街区的“全时活力”（图6）。

图6　高层高密度建筑

2. 尺度宜人性

商务街中心区由于自身性质和客观条件所限，是寸土寸金之地，所以景观设计的空间结构趋向立体化，提倡高密度、小尺度的人性化设计，更应充分考虑到使用者对景观的感受。人与人的交流，人与自然的交流，让使用者对街区产生亲切感、归属感和认同感。

3. 感官可变性

使用者对景观的感知，是设计时需要重点考虑的问题，设计的趣味性就在于给人的感受。商务街区的空间结构和使用面积里，在使用频率高、人流密集的情况下，既希望可以聚人气，又希望间距有连续性，所以商务街区的景观不同于其他休闲型景观的单纯造景、绿化，功能的特殊性使绿化不再是单一的手段和目的，在有限的空间里尽可能富有变化，给人以娱乐性，软化商务区带来的压力。感官的可变性设计可体现在多方面，如灯光、水晶、种植季节性植物，设计可更换植物的设施及特殊材料的变换效果。

4. 企业品牌性

城市中央商务区宛如城市的一件商品，优美、独特的街区景观环境就像它的精美包装，用个性化的品牌，向国内外市场推广，树立自己独特的区域形象，因此吸引全世界的目光和投资。国外很多成功的城市中央商务区都十分重视环境设施，政府和企业都明白良好的环境会使其成为高效、优美、高品位的城市中心。

5. 场所精神及文化创意性

传统文化、创意文化都是城市软实力竞争的核心内容，只有深刻理解本土文化，才能产生出具有世界冲击力的现代城市文化，在商务街区景观设计中，也应考虑开发的项目中如何保存该场所的历史记忆及传达给人们的场所精神，再现历史会勾起人们对那一场所的记忆，由此可想到我们将来该留下什么，历史是不能建造的，地域的差别使得每个商务区都是独一无二的、个性化的（图7）。

图7　硬质广场夜景

6. 景观生态性

商务区景观设计还要考虑到景观与人与自然之间的关系，当下环境问题突出，身处都市核心地带，商务区景观设计的生态性更应该基于设计师内在和本质的考虑。倡导能源与物质的循环利用和场地的自我维持，发展可持续的处理技术等思想应贯穿于景观设计、建造和管理的始终，现代的景观设计中对生态的追求已经与对功能和形式的追求同等重要，有时甚至超越了后两者。

四、SOHO 地块设计思想与设计手法的表现方式

1. 设计原则与目的

在这个特殊的复合型空间中，半公共、半私密成为其最特别的属性。在室外公共空间景观设计中要遵循“以人为本”和“以自然为本”的原则，实现商务区的“标示性”、“全时活力”、“人车分流”等设计要求，使其景观既与周边环境和谐共生，又有各自的功能界限，使空间立体化、功能多样化及人性化，推进城市肌理，形成城市文化中心。

2. 场地特殊性的处理手段

基于商务区景观的特殊性，SOHO 一期的室外空间需满足不同人群的不同需求。首先要满足员工的需求。半公共、半私密是商务街区区别于其他街区的最大特征，由于商务区主要以办公空间为主，是公司总部、银行、金融机构等集中所在地，所以半私密这一最大特征就是特殊的服务人群——企业员工。建设商务街区，也就是在为企业员工创造一个良好的工作环境，这就要建立个人与工作环境之间以及工作环境与自然环境之间的三重关系。“以人为本”式设计的中心思想，而以“员工为本”自然是其中的一部分，确保员工在工作环境中感到舒适是景观设计体现人文关怀和文化氛围的重要目标。其次就是企业需求。商务街区景观的特殊性最重要的是由于其服务对象的特殊性，即优先满足“商务”需求，服务对象是企业，这也就是其区

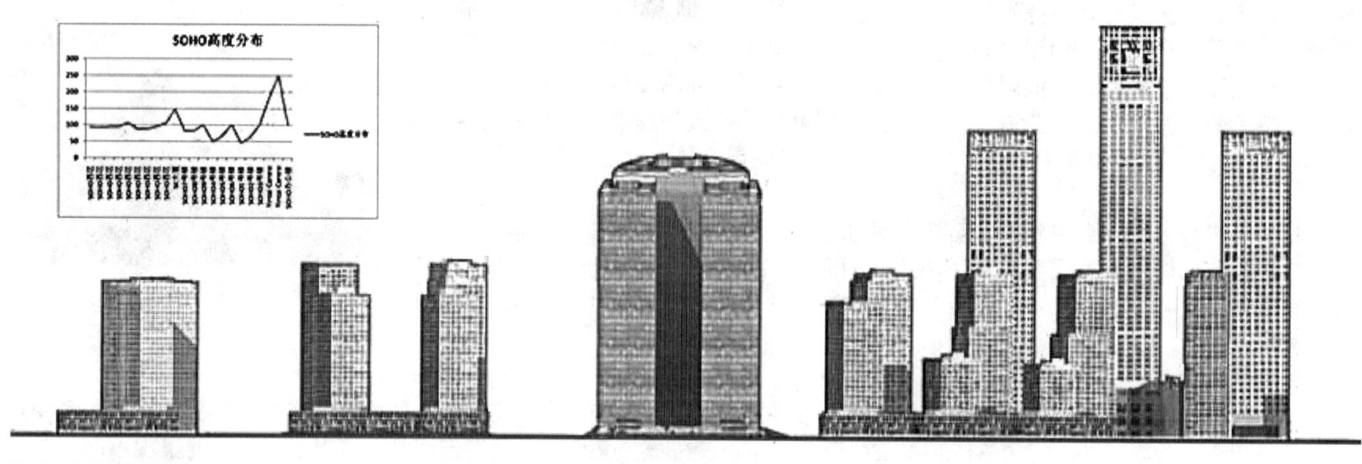

图 8　南立面天际线

别于其他景观设计的一种根本特征，企业作为商务区的主体，其不仅需要一个良好的经济环境，同样需要一个优美的自然环境，这可以吸引投资，产生巨大的经济推动力，正如之前提到的拉德芳斯，还有日本东京的丸之内都是注重环境建设从而带动地区经济发展的典范。最后要满足运作方式的需求。商务景观改变了传统景观环境的运作方式，它不仅仅是社会经济活动的一种补充——只能为人们在工作之余提供休闲娱乐场所，而是一跃成为经济细胞的一个有机组成的元素——企业的一个组成部分（图 8）。

五、结语

在室外公共空间景观设计中要遵循“以人为本”和“以自然为本”的原则，实现商务区的“标示性”、“全时活力”、“人车分流”等设计要求，使其景观既与周边环境和谐共生，又有各自的功能界限，使空间立体化、功能多样化及人性化，推进城市肌理，形成城市文化中心。如今商务街区景观的运作方式随着其性质与主体的变化而发生了根本变化，其满足企业需求的功能、环境和形象，而企业又为其建成和运作提供了必要的资金，这种彼此互惠的组合使商务区景观的发展前景非常广阔。

参考文献：

[1] Clare Cooper Marcus，Carolyn Francis 主编．人性场所：城市开放空间设计导则 [M]．俞孔坚，孙鹏，王志芳等译．北京：中国建筑工业出版社，2001．

[2]（日）清水敏男主编．东京商务区的艺术与设计 [M]．阎永胜译．大连：大连理工大学出版社，2008．

[3] 金英伟主编．景观设计：重建被干扰及被遗忘的城市景观 [M]．大连：大连理工大学出版社，2008．

[4] 赵婧．商务区的方寸之美 [J]．上海工艺美术，2008．

北京798核心区域公共空间场所重塑初步研究

佳作奖

中央美术学院建筑学院　2011级硕士研究生　孙鸣飞

摘要：公共空间是构成城市空间的基本组成部分，其不同层面下不同的构成要素对公共空间构成具有重要意义和影响。在城市更新过程中，公共空间中大量出现的面临功能转化场所的重塑已经成为全社会共同关注的话题。本文以公共空间环境为研究主体，通过对北京 798 核心区域公共空间现状的初步调查研究，分析了该类旧工业区在城市化进程下所面临的一系列问题，基于可持续发展与以人为本的理念，为 798 公共空间的重塑提出了个人见解，并试图总结公共空间更新与发展的理论依据，论证优化城市空间品质的充分性和必要性。
关键词：城市公共空间，场所精神，重塑

一、绪论

1. 研究的背景和意义

(1) 研究背景

随着后工业化社会的迅速成长和发展，工业社会日渐出现“逆工业化”现象，798 工业区即是城市更新发展过程中所面临的一个问题。北京 798 艺术区作为国内旧工业区改造的案例之一，近几年已经形成较大影响。虽然 798 的改造一定程度上对现存场地环境进行了优化升级，激活了周边地区以及整个北京的艺术市场，但其局限性仍然存在。

(2) 研究意义

通过对 798 艺术区核心区域公共空间的调研与分析，对 798 原始空间的结构与发展演变的过程进行解读，研究其内在的规律性演变脉络以及偶发的突变性演变影响；并通过对 798 公共空间重塑的研究与辨析，为现状空间的完善提出合理建议，同时为城市空间功能结构调整与转化提供理论依据。

2. 研究现状

(1) 国外研究现状

从 20 世纪 70 年代中期到 80 年代后期，西方国家强调保护具有历史意义的城市与街区，同时提出了“改造性再利用原则”，使该场所的重要性得以最大程度地保存和再现。同时，城市发展强调人与环境共生，并考虑其历史文化，促进城市“模糊地段”（wasteland）的复兴，通过创新、改造与修复创造了很多极具创新的城市公共空间。

(2) 国内研究现状

随着理论研究的不断发展，近年来国内的实践也取得了一定成果。如广东中山岐江船厂改造等，注重工业遗存区域功能转化的研究，并取得了一定成果。

3. 研究的主要内容和方法

(1) 研究内容

文章定义了城市公共空间、场所及场所精神，重塑的概念；分析场所重塑的动因，解读场所精神的主要内涵。

(2) 研究方法

理论与案例相结合的方法。通过大量的文献阅读，了解国内外与本文相关的研究成果，并实地调研场所重塑的案例，获取尽可能全面的相关资料，包括平面布局、立面形式、空间形态及其历史信息等，在此基础上，对现有资料进行分类、对比、总结，探讨城市公共空间场所重塑设计的一些具体方法（图 1 ～图 3）。

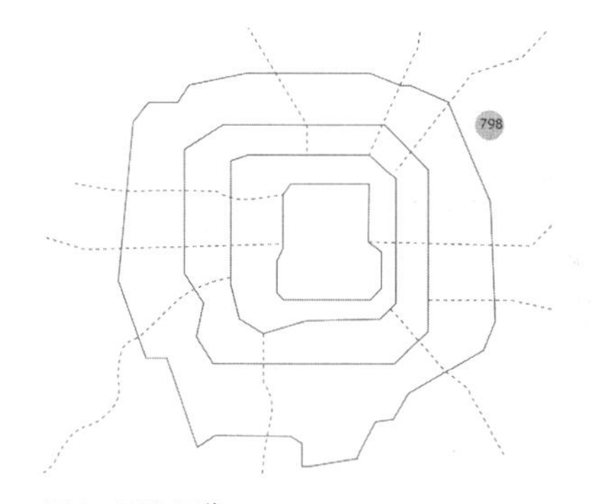

图 1　798 区位
（图片来源：作者自绘）

图 2　798 及周边艺术区
（图片来源：作者自绘）

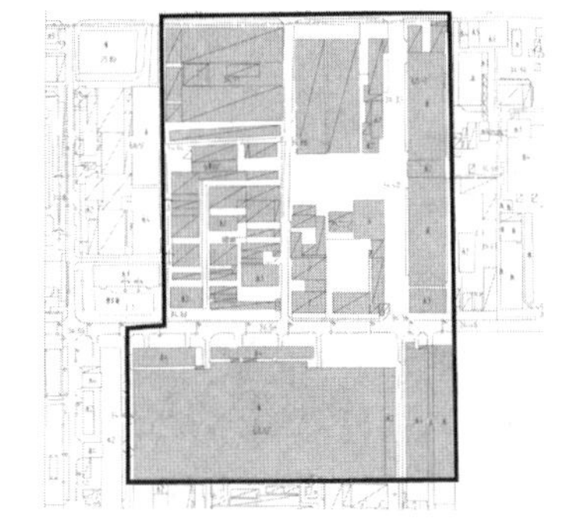

图 3　研究区域
（图片来源：作者自绘）

二、798 核心区域公共空间现状与分析

1. 基本概念界定

（1）城市公共空间

城市公共空间是指城市或城市群中，在建筑实体之间存在的开放空间体，是城市居民进行公共交往、举行各种活动的开放性场所。

（2）场所及场所精神

场所与物理意义上的空间或自然环境有着本质的区别。它是人们通过与建筑环境的反复作用和复杂联系之后，在记忆和情感中所形成的概念。场所精神是一种总体气氛，是人的意识和行动在参与过程中获得的一种场所感，一种有意义的空间感。

（3）场所重塑

场所中新旧元素变化与之相应场所精神的变化过程，延续场所文脉，并赋予场所新的意义。

2. 区域公共空间结构现状

（1）区域内场所精神内涵

798 核心区域空间未经过政府统一规划，其形成具有一定的自发性。因为处在特定的自然环境下，所代表的环境内涵表达出的场所精神包含着特定的时代气息和人文精神，即旧工业建筑与环境的历史记忆（图 4）。

（2）区域内场所重塑动因

由于现代城市第三产业比重的增大，过去在制造业基础上发展起来的城市空间出现客观需求的变化，以适应新的生活方式的需求。就 798 而言，综合区位优势较明显。利用其良好区位，把原有单一功能空间转化为多功能综合区，可为城市发展提供新的契机。

3.798 核心区域空间现状

798 核心区域北、东、南三面临近区域内主要街道，街道宽为 12m。西面为两个主要厂区建筑交接的路，路宽约 4m。区域内室外公共空间的尺度关系较为混乱。

798 核心区域沿街建筑受原有厂房规划高度影响普遍较高，导致了体量关系较为平均，天际线立面平淡。材料繁杂但彼此孤立，缺乏各建筑之间材料上的呼应和对比（图 5）。

由 798 核心区域公共空间调研资料所整理出来的数据来看，该区域人流主要集中在场地东北角的动力广场，该区域主要是游览与参观、拍照的人群，是 798 核心区域重要的入口空间节点。该广场长 62m，宽 10m，并临近区域内主要道路，广场以交通联系功能为主。

798 核心区域有四条主要车行道路，场地东侧设置一个区域内的大型开放空间作为停车区域。内部交通基本以棋盘式布局的形式，人行街道贯穿整个场地。交通组织上有一定的人车分流，但主要道路同时作为主要人行道路和车行道路。由于相应的公共空间没有对交通形成有效的分流与疏导，在主要路口经常形成拥堵。797 路与 798 路是两条区域内的主要道路，由于主要画廊沿这两条道路集中分布，而区域内缺少能满足需要的停车区域，主要分布步行人流。

798 核心区域主要业态为画廊、艺术家工作室、创意零售店、主体餐厅等，也有部分其他功能空间，正在装修的空间与原有未经改造的工业空间。画廊和零售店、餐厅多沿主要街道布置，艺术家工作室在场地空间内部分布较集中。业态对于公共空间的形态与人对空间的需求与使用有重要影响，人对空间的使用方式对于公共空间形态与功能也具有决定性作用。

798 核心区域绿化在主要道路分布较为集中，主要为行道树。场地内部也有分布，主要是庭荫树，但整体绿化较零散且缺少相互之间的联系，也没有草坪地被植物的绿化形式。798 核心区域设施不完善，缺少必要的公共座椅与休息空间，垃圾箱分布不平均且量过少。公共卫生间仅有一处而且较隐蔽。798 核心区域主要道路布置路灯，间隔约 20m。区域内部中间位置南北向的街道有景观灯柱零散分布，其他区域没有其他照明灯具。

总的来说，798 地区从原有旧厂房改造而来，现有公共空间状况并不能满足不断增加的使用功能的需要。以上存在的因素无法明确表达 798 作为工业改造区域特有的文脉和场所精神，影响了 798 区域的城市形象，也严重制约了 798 向高层次的发展进程（图 6）。

图 4　798 核心区域现状照片
（图片来源：作者拍摄）

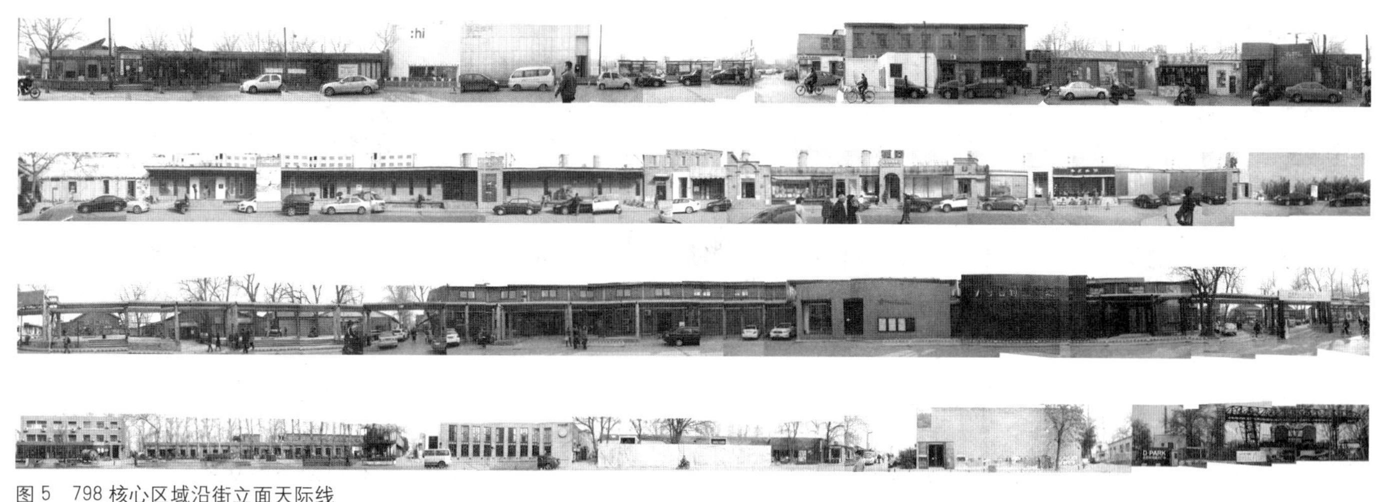

图 5　798 核心区域沿街立面天际线
（图片来源：作者拍摄整理）

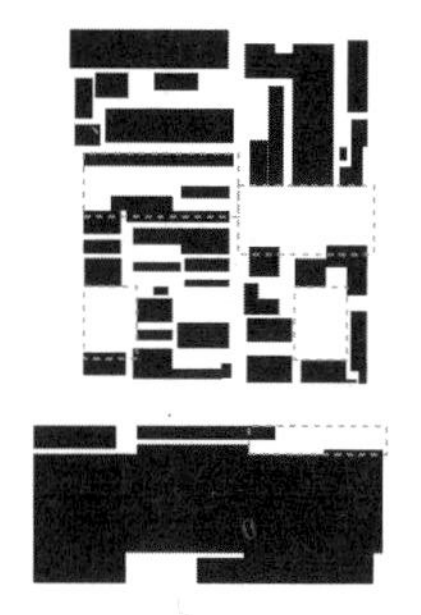
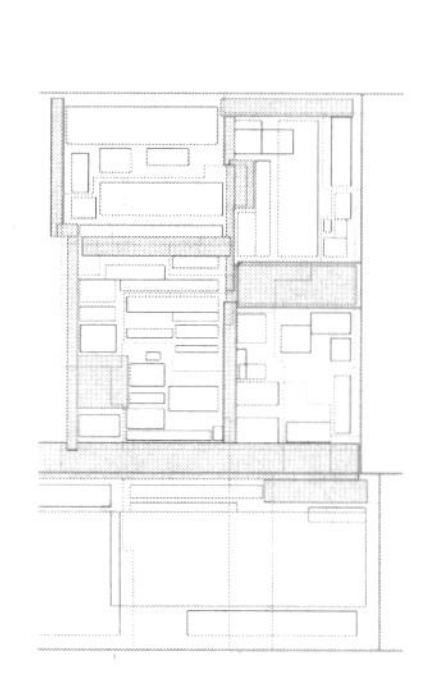
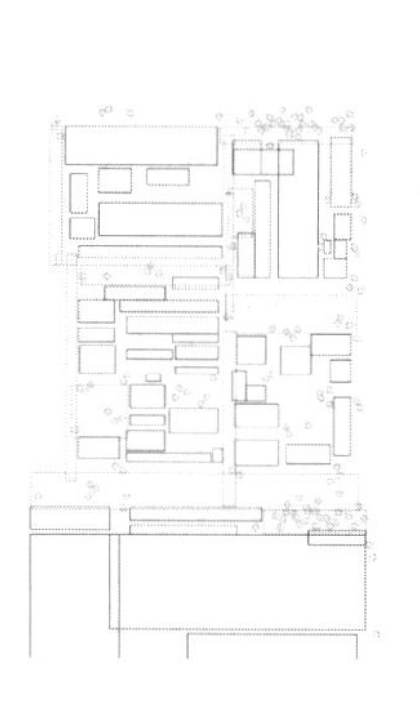
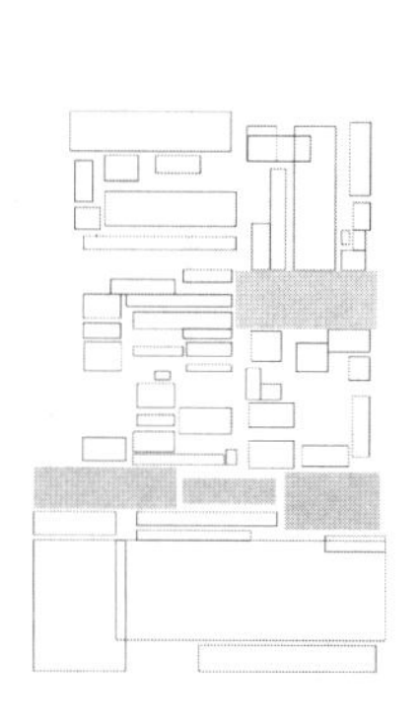
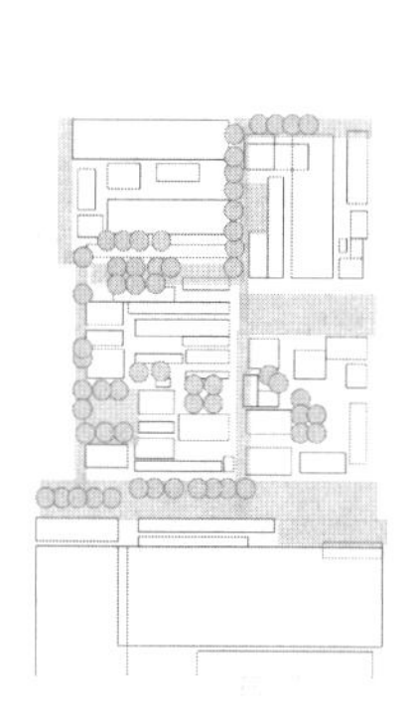
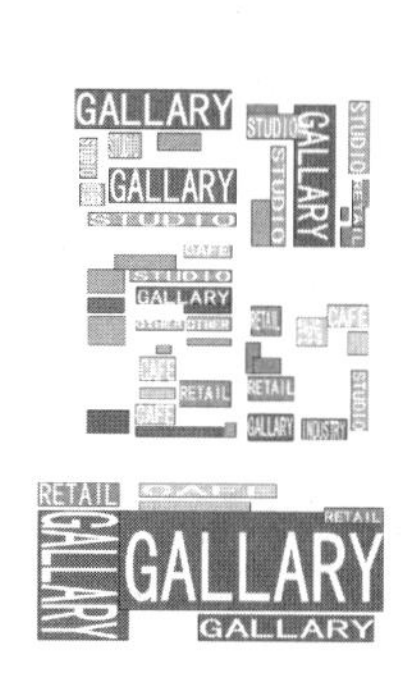

图 6　798 核心区域现状分析
（图片来源：作者自绘）

三、798 公共空间重塑原则与策略

结合现状进行综合分析可以发现，对 798 核心区域公共空间进行结构优化与以人为本公共服务的优化改造是十分必要的。对其改造过程中要尊重现有场地环境，充分挖掘 798 作为北京最具影响力的艺术社区所具备的文化潜力，保护原有工业厂房院落式空间模式，在此前提下对配套的公共空间进行符合现代社会发展需求的改造与整合，充分发挥 798 的区域辐射作用。

1. 空间环境整合

旧工业区改造要取得良好的社会、经济效益，须把旧工业场所重塑放在城市更新的背景下进行，将旧工业区公共空间重塑与城市空间更新结合起来。

（1）创造公共空间

公共空间的数量和质量，以及人的可利用程度，是城市生活水平的重要标志之一。工业区环境景观改造应当和公共空间的建立和完善相关。798 作为艺术区，环境小品承载了社会和经济双重效益。为满足使用者对于特定空间功能的需求，798 核心区域公共空间应当在满足主要建筑使用功能需求的前提下，丰富多样化的环境设施，实现旧工业遗留重塑再利用。

（2）保持场所整体性

由于旧工业群体建筑以及工业遗产包含了特有的工业美学的场地精神，其记录了城市变迁发展的过程。所以，在公共空间环境的设计中需要通过保持场所完整性的手段来延续场所的精神。在 798 核心区域的公共空间设计中结合绿化，营造工业区宏大而空旷的视觉特征，并穿插旧工业区标志物，突出场所的标志性，丰富城市天际线，增加区域可识别性。

2. 空间功能置换

（1）旧功能的转释

798 核心区域公共空间存在很多旧工业遗存建筑之间的地带，如何让旧工业建筑功能转化，同时使公共空间服务的内容与功能转化内容相匹配，是场所重塑过程中所要考虑的问题。

（2）新功能的置换

a. 空间组织

对旧有空间进行组织，从而形成完整的新空间是场所重塑的一大特点。对于公共空间而言，空间组织主要体现在对旧有城市肌理关系的梳理并完善的过程。比如，在原有建筑群中加入街道和广场，创造公共与半公共的空间，在从旧工业区向城市公共空间重塑的过程中创造出灵活的空间结构。

b. 交通组织

根据新用途要求和场所精神对原有道路系统和停车系统进行重新设计是城市公共空间设计的重要内容。 通过对原有大容积厂房的转化，室外广场、半室外步行街、室内步行街在 798 核心区域互相穿插渗透，路径与场所互相依存。设置位置合理、数量充足的停车位，可以缓解区域功能转换所面临的交通压力。还应注意尽量保存原有主要道路系统框架，一方面有助于保留原有场地精神，另一方面原有基础设施充分利用，减少投资。

c. 环境营造

798 核心区域的环境营造主要体现在主体结构中引入的绿色空间。在进行室外空间绿化的过程中要注意维持空间的完整性，并通过乔木、灌木与地被的合理配置营造层次丰富的景观效果，并注意景观界面的延续，使 798 核心区域与周边其他区域空间形成整体关联，形成整体空间氛围，给人以良好的空间体验。

四、从 798 艺术区空间的重塑探索当代城市空间发展的更新途径

798 作为当代艺术与文化，形成了广泛的影响力与辐射作用，其空间改造必然要为服务对象，也就是艺术家和公众服务。从旧工业场所公共空间重塑原则出发，原有场所精神对公共空间的重塑应该围绕如何为现有场所条件更好地服务并在整个区域内产生影响这个方面体现出来，同时为城市公共空间的重塑与优化提供解决措施和途径。

五、结语

近几年，旧工业区公共空间保护和场所重塑在我国已经有了较多案例，对其保护和再利用已经得到广泛认同。但从时间上看，还处在起步阶段；从程度上看，很多旧工业区改造还没有处理好新与旧，公共空间与城市界面之间的关系，未能深入挖掘到场所精神的内涵；从结果上看，处理空间的手法也有商榷之处。总之，公共空间功能转化和重塑任重道远，有待人们深入研究。

参考文献：

[1] 简·雅各布斯．美国大城市的死与生[M]. 南京：译林出版社，2006.
[2] 王向荣．生态与艺术的结合：德国景观设计师彼得·拉兹的景观设计理论与实践[J]. 中国园林，2001(2).
[3] 俞孔坚，方琬丽．中国工业遗产初探 [J]．建筑学报，2006 (8).
[4] 俞孔坚．理解设计：中山岐江公园工业旧址再利用 [J]．建筑学报，2002 (8).
[5] 左琰．柏林工业建筑遗产的保护与再生 [M]．南京：东南大学出版社，2007.
[6] 赫尔佐格和德·梅隆 .Herzog & de Meron 1981-2000 [M]．北京：中国建筑工业出版社，2002.
[7] Deborah Marton. History Moved Forward [J]. Landscape Architecture,1999.

形景相映

——景观设计中形态要素探究

佳作奖

天津美术学院设计艺术学院　2010级硕士研究生　王钧

摘要：通过对景观形态的探讨，形成一定的理论方法，对景观设计提出一定的建设性建议。在以形态要素为中心的同时，与视觉、参与、设计方法等方面形成探讨焦点，从形态的视角出发对景观设计进行论述。

关键词：形态要素，视觉，参与，设计方法

一、绪论

1. 研究背景

景观在我们的生活环境中随处可见，与此同时，资源的投入、空间的规模等也呈现出递增的趋势。景观设计，总的来说是不断地完善和发展的，但这个发展时期——设计的不成熟，设计的照搬、照抄现象也变得十分普遍。所以，创新成为景观设计的一个极为重要的立意点，就需要我们从不同的角度上去探讨景观设计。

2. 研究内容及方向

景观设计就是通过有意识的环境组织，引导人们参与其中。造景设计过程，就是构成一种视觉上的画面感，使眼睛所见景色与人们的大脑达成一种共鸣，满足人们对美感的追求，吸引人们参与其中。

主要研究内容：

(1) 景观设计中的形态构成。

(2) 形态与视觉的关系。

(3) 景观形态对人们参与性的作用。

创新点：

(1) 方法性探讨：形态与人们的视觉、行为相联系，形成相关理论。

(2) 应用性：使设计理论与实际案例相结合。

(3) 唯一性：以形态的研究视角切入到景观设计之中，进行探讨。

3. 研究的意义

意义：设计不仅仅是一种探索，更是一种资源性整合的手法，更好地来解决问题，满足人们物质与精神方面的需要。通过不同的方式来展开设计，丰富景观的表达方式，以一种创新的思路来解读景观设计。以视觉为切入点，形成相关的理论文字，对景观设计方法提出建设性建议。

二、景观设计中的形态要素

1. 景观设计中的形态要素

景观设计之中，囊括了许多构成元素，例如：听觉元素、触觉元素、组织动线等方面，但对人的影响较为直观、作用较大的，还是景观中的形态要素。通过对形态要素的分析，来解读景观设计，也通过形态要素这一视角来对景观设计进行探讨和总结。

(1) 景观形态的构成

a. 规则形态和自由形态

规则形态，就是通过对称图形来组织景观。设计中小到构筑物、景观小品，大到景观的平面布局，都是依据规则的几何形式来入手设计的，力求一种规整感。自由形态，就是在形态的组织方面达到一种均衡。这种形态没有固定的实现手段，随意性较强，但是从整体上来讲能够形成一定的稳定感。

b. 直线形态和曲线形态

此种分类方式是通过形态中的构成元素来界定的。直线形态，就是在一组设计之中，从平面布局、铺装形式等方面，大量地应用直线元素来组织景观，呈现出一种硬朗的景观感受。曲线形态，是在设计之中应用不同的弧线元素来组织景观，呈现出一种具有动态的、委婉的景观感觉。

c. 硬质景观形态和软质景观形态

硬质性景观形态是英国人M·盖奇（Michael Gage）和M·凡登堡（Maritz Vandenberg）在《城市硬质景观设计》中首次提出并使用的，其含义就是区别于由植物所构成的软质性景观来进行论述。硬质性景观形态可包括以下构成元素：铺装、台阶、围墙、景观设施及雕塑等几个方面。

d. 自然景观形态和人工景观形态

自然景观形态指在自然法则的影响作用下，形成的各种可视或可触摸的形状姿态。它是不以人意志转移而存在的，如山的形状、树木的分布情况、溪流的湍急程度等。人工景观形态，指通过人类有意识地组合或对景观的构成活动所产生的景观形态。这种形态是在人们有意识、有目的性的作用下，所呈现在人们眼前的景观形态，其首先追求的是使用功能性，其次才是审美价值。

(2) 景观形态的层次性

形态的组织应符合人的观赏习惯，整体上应具有一定的层次性。这种层次性是与人们的视觉宽度相一致的，使人们看起来更加舒适，减缓视觉疲劳。在我们的生活之中，不同植物形态，也是应用于此种方式来进行。地面铺设草坪，草坪的外延有相对应的铺装与之相呼应；草坪中有一些低矮的花卉，与绿色的草地相映衬；草坪之上一些成组的灌木成为人们欣赏的视觉焦点；之后还有与之相映衬的开花植物成为相配合的背景；最后有较高的乔木为视觉底景，层层推进。

2. 景观形态与时间、运动的作用

景观形态不仅存在于我们的视觉图像之中，同时，还占据着一定的空间，但是以人的观察视角来看，景观形态还不仅仅在此。首先，不同的时间段会有不同的环境影响。春夏秋冬四季的变换，会对景观形态有很大的影响。植物的配置中，不同的时节，对同一组景观小品观赏的角度是不一样的，可能春天、夏天时我们看的是花；可能在秋天的时候我们看的是叶子的形状、颜色；冬天的时候我们欣赏的是树木枝节的姿态。这种时间段可以是季节的变换，从另一个角度来看，也可以是不同时间段展现出的形态美。清晨时我们能够去捕捉叶子上的露珠；艳阳高照时，我们站在高大的乔木下，抬起头去感受树叶摇曳的样子；在夕阳西下之时，伴着黄昏的气氛，去品评人与自然这种和谐的景色。这些情景，都是在不同的时间段下产生的不同的景观形态。其次，观赏者不同的移动速度对形态的界定也是不同的。在公园中，人们是以步行的行进方式来观赏周围的景致的，因此，眼睛所捕捉的形态要素相对较小，能关注到植物的姿态，当人们坐下来休息的时候，所观看的就更加细微，铺装的方式、花池的线脚等。因此，不同的运动速度下，人们对形态的把握也是不同的，会因为速度的快慢而有所区别。

3. 景观形态与文化的关系

景观形态在不同的文化背景下在人们眼中呈现的效果是不一样的。这种差异性导致对于不同地域的景观设计，应有相对的设计思路，景观设计就需要因地制宜。从东西方的文化来讲这种差异性就非常悬殊。英国伦敦的肯辛顿公园园内种植着巨大的模纹树，地面大片的草坪，没有更多的设计语汇，就是以草坪为主基调，景观的设计上用“一马平川”来形容都不为过，这样的景观形态就是在西方的文化影响下所托生出的。而我们的苏州园林却是另外的一番景象——追求一种变化，追求视觉上的丰富性。就以狮子林来说，园子并不是很大，但是那多变的太湖石却给人带来了深刻的印象。人们可以在石林之中穿行，在有限的空间之中石头的造型千变万化，让人叹为观止！

三、景观中的形态与视觉

1. 景观形态在视觉中的基本规律

景观形态是在我们的生活中添加美的欣赏点。景观形态通过视觉的基本规律，让画卷般的景色环绕在我们的生活之中。景观形态虽然存在于三维空间之中，但这种空间的效果要通过我们的眼睛，转换成一种视觉的画面传输到我们的大脑里，使我们的精神得到一种愉悦感和满足感。

(1) 视觉形态的理解力

视觉本身就有一定的规律性，通过人们的习惯，就会下意识地去记忆一些信息内容或者忽略掉一些信息内容，究其本身就是视觉规律在其中起到一定的作用，例如人们会主动地看那些悦目的东西而忽略一些丑恶的事物；当我们看到某种从没有见过的东西时会不自觉地联想其相类似的物体。这种条件性反射从一定程度上来说就是一种视觉的理解力。

(2) 视觉形态的主动选择性

阿恩海姆宣称：“在观看一个物体时，我们总是主动地去探察它。视觉就像一种无形的‘手指’……来到能发现各种事物的地方，触动它们，捕捉它们，扫描它们的表面，寻找它们的边界，探究它们的质地。”在盛夏，当人们游走在荷花池旁，眼睛首先所注意的是荷花池中的莲花，无论是含苞待放还是盛开绽放，永远是视觉上的焦点；而那绿油油的荷叶作为一种衬托是在人们玩赏过荷花的风采之余才会去留意到的；人们总是希望欣赏美好的事物来愉悦我们的眼睛。

(3) 视觉形态具有知觉性

在设计之时，可以利用知觉性来引导人们的行进路线，将景观中某些设计亮点有意识地藏与露，引起人们的好奇心，发起观赏者的探究心理来贯穿游览路线，让人们在不经意间体会和感受设计所带来的快感。总的来说，其实对事物形态的知觉，就是对事物结构特征的捕捉。对于景观来讲，设计就是需要简洁明快，给人们留下印象，同时在观看过后还能够去细细感受设计中的巧妙性所在。

2. 艺术与设计

(1) 其他设计门类对景观形态设计的影响

单从景观形态的设计来说，它的切入点可以不仅仅是从本身的设计体系来入手，还可以从其他的设计领域来借鉴设计灵感。比如视觉传达设计中的平面构成方式，在景观形态的很多地方都能够用到，例如地面的铺装、草坪或者修剪的绿植都能够用到。例如：像视觉中的矛盾空间，景观形态在某种特殊的条件下也可以由画面中的二维空间转换成为真实的三维性空间，增加视觉的趣味性。所以，从设计的领域来讲，某一个设计门类可以从其他的设计领域里来提取设计元素或设计灵感，应用到自己的设计之中，设计的结果就会展现一种多元化、突出设计思维的多样性。

(2) 艺术作品对景观形态设计的影响

形态要素的设计还可以从其他的艺术形式来吸取艺术的表现形式。这些门类中包括我们传统的戏曲、诗歌，以及一些地方的传统文化习俗等，这些文化遗产都是我们可以学习和借鉴的。景观设计不仅仅是从设计的范围内来寻找突破口，还应该将眼光放在更加广阔的范围来看待。从绘画的角度上来说，其创作中的构图、颜色的运用、描绘物体的组织对景观设计来讲也是起到一定的影响的。一般的情况下，艺术家要创作一幅作品，首先是要将其大概的样子描绘出来，选中其刻画的重点，再将其精雕细琢地表现出来。通过艺术的表现方式，在人们的眼前可以展现出丰富多样的视觉形象，对这些形象描绘刻画的时候，画家就要有意识地去把握所描绘的对象，同时还要去控制自己所画出的画面对人的视觉产生的刺激感。可见景观形态设计中造景的手段方式，与绘画在这些方面有着共同性的一面。

四、景观形态设计的游戏化应用

1. 景观形态创新与游戏化

景观形态的设计，就像是数学方程式求解的过程，前期条件越多，解的过程就越复杂，而得出的结论就会越单一，甚至会得出唯一解。反之条件越少，得出的结论就会越多，设计的发挥余地也就越大。但在实际的情况中，往往是偏于前者的。因此，这就要求我们在形态设计的过程之中，在满足功能的基础之上，在景观中注入创意元素，使人们在视觉感受与思维方式上达到一种突破。

在常人的观念中，一般把游戏视为非严肃的，甚至等同于儿戏的东西。因此，是不能把庄重或严肃的观念与游戏连在一起的。不过，这种观念是需要加以探讨的，倘若仔细、深入地考察游戏的各种文化形态，就会发现，游戏与严肃之间的对立既非最后的也非固定的。一方面，所有游戏，无论是儿童的还是成人的，都能以最认真的态度来加以表演；另一方面，游戏也有低级形式与高级形式之分，在游戏的那些较高级的形式中，可能就呈现出非常严肃的性质。

2. 景观形态游戏化的设计方式

通过形态方面不断地探索与分析，来推动设计思路的拓展。例如：设计内容偷换概念：从无形中抽取所要表达的主题，使原本所表达的含义“节外生枝”，这些都是为了打破人们的思维惯性，在司空见惯的物品中产生意想不到的视觉效果。

(1) 概念质异：将最简单的、最为本质的形态概念进行转换，从而使设计有一种幽默的效果。将所要表达的主题与人们日常的思维方式形成一种强烈的冲突，使主题处于不合乎正常环境的氛围中，但却与周围的环境有着某种密切的联系，这就使设计处于极为强烈的矛盾冲突中，从而突显出来。

(2) 真假质异：设计时可从形态的体量、材料、功能等方面进行替换的考虑，从而达到针对某种设计要达到的特定性目的。这种方法依据人们的视觉连贯性将相近的姿态看做一个整体，一旦在群体中的某个属性有所改变，就会在整体之中形成一个视觉中心，让所观看的人所注意。

(3) 局部元素放大或缩小：这种放大或缩小不仅仅是字面概念上的“大”或者“小”，而是跨越了某些界线、突破了某些范围，从事物的性质上使其完全地改变。在景观设计中，可以将室内的某些元素形成符号，应用于室外空间。让参与者产生一种异样的错觉，以产生一种戏剧性的感受。

五、景观设计中形态对参与性的影响

1. 景观形态影响参与者的行为方式

景观形态带动人参与的主动性，从字义上来看不言而喻，就是人们主动地参与到环境当中，与景观环境对话、沟通。天津的意大利风情区（图 1），就是一个典型案例。天津历史上曾划分了许多租界，在这样的历史条件下，为了带动区域的发展、增添城市特色，修建了一个以旅游观光为主要作用的意大利风情区。

图 1　意大利风情区

在这个区域中，建筑形态的风格明显，集中地体现了不同国家、不同地区的建筑风貌，这些建筑都是由一些二至三层小型建筑所构成，在高度上相互错落，同时在视觉上还能取得相统一的效果；在景观方面，重建了当年的广场，这种修建因为不是空穴来风，在天津的历史上可以找到来源与出处，所以当人们走入这一空间之时怀着一种探究的心理，会有一种故地重游的感觉，在建筑与建筑中应时地设置一些酒吧或咖啡散座，让人们在游览疲乏之时得以缓解，在这种环境之中会在心底里生发出一种悠闲与惬意。在实地的数据（表 1）当中可见：人行便道在 3m 左右，区域内的支路在 4.3 ～ 5.2m 之间，主干路就是以原有的人行便道为依据设定的；树池的尺寸在 1.6m，而树的大小都是经过选择的，基本上树径都在 40cm 左右；此外，还有广场的尺寸，南北长 21m，东西宽 27.6m，在这样的空间中人们是以一种自愿的心态参与到广场之中。

2. 景观形态对参与者的心理作用

形态的考虑不仅仅是满足于人的功能性需求，同时还要考虑心理需求。不当的景观形态迫使人们被动性地参与，是在某种限制性条件下人们不得不进入到一些空间或环境之中，用以满足某些功能性需要。在其限制性条件中，虽不情愿，

图 2　天津海河

意大利风情区景观数据分析 表 1

类别	宽度（mm）	类别	宽度（mm）
人行便道	3300	树池	1600
主路	6700	树径	400
支路	4300 ~ 5200	建筑楼前踏步	1850
休息平台	7000	广场（南北）	21000
花池	2000	广场（东西）	27600

天津海河两岸建筑高度分析 表 2

海河宽度取自解放桥自金刚桥段为 98m

类别	性质	高度	高宽比
津塔	商务写字楼	336.6m	1 : 3.4
津门	商务酒店	143m	1 : 1.46
君临天下	商务写字楼	185m	1 : 1.76
仁恒海河广场	住宅	110m	1 : 1.12
望海楼	教堂	22m	1 : 0.22

但人们被迫与其发生联系。

天津的海河（图 2）改造工程，在海河的两侧新建许多建筑。在其中，使用性质以商业居多，服务类型是以高档商业卖场、高档商务写字楼、商业酒店为主。基于此种现状，当人们经过这一地区时，能够感受到一种强烈的不归属感，即海河所呈现出的风景与我们日常生活的状态产生一定的距离，这种距离感催生心中的不安，这样就让即使是路过的人们也会加快脚步，匆匆离开这一地段。

在沿河两侧的地段之内高楼林立，我们去欣赏海河的风景时，感到河的宽度明显变窄了，与我们想象中的景色相迥异。一组数据（表 2）表明：金塔的高度与海河的宽度比是 3.4 ∶ 1，也就是说，海河旁伫立着一个相当于其 3 倍宽度的建筑物；而在海河旁历史最悠久之一的望海楼教堂与海河宽度的比是 0.22 ∶ 1。在这个类比中可见往日的景象与今天有多么大的差距。海河设计之时，设计者考虑到人们亲水的问题，因此在海河的两侧专门设计了亲水路线，但在实际的使用中却是不尽如人意的，眼前出现更多的是途经这里的机动车。

六、结束语

本文研究的重点是景观形态要素，首先将可视化的景观要素进行分类，并逐个地分析在景观形态中的作用以及在人们的视觉范围内所构成的视觉效应；其次将人的视觉作为单独的一个要点进行分析，归纳出相应的视觉规律，让我们所看见的景观能够符合观看者的视觉习惯；通过以上两点的分析，使景观更加符合人们的需要，推进一种新颖的设计来满足人们对于新鲜感的追求，由此形成一个良性的循环，彼此相依，齐头共进。在对各种元素进行归类的同时，与具体的实际案例相结合，将论文从不同观点进行论证。

参考文献：

[1] 阿恩海姆．视觉思维 [M]. 北京：光明日报出版社，1987.
[2] 贡布里希．艺术与错觉 [M]. 长沙：湖南科学技术出版社，1987.
[3] 贡布里希．秩序感 [M]. 长沙：湖南科学技术出版社，1999.
[4] 凌继尧，徐恒醇．艺术设计学 [M]. 上海：上海人民出版社，2006.
[5] 彭一刚．中国古典园林分析 [M]. 天津：天津大学出版社，2008.
[6] 诺曼·K·布思．风景园林要素设计 [M]. 北京：中国林业出版社，1989.
[7] 约翰·O·西蒙兹．景观设计学——场地规划与设计手册 [M]. 北京：中国建筑工业出版社，2000.

传统元素在现代室内设计中的运用

佳作奖

苏州大学金螳螂建筑与城市环境学院　2010级硕士研究生　朱文清

摘要：传统元素受传统文化与审美观点的影响，不可避免地存在一定的局限性，随着时代的发展，人们日益重视实用性和文化性的结合，传统意义的形式与现代时尚产生了一定的碰撞和冲突。在实际的应用中，不能单一地模仿传统元素形式，要对提炼出来的传统元素进行简化、变形、重构，使它们更现代、更精练、更便于制作。同时，还探讨了传统色彩材质在现代室内设计中的继承与发展，对传统色彩材质的选用、重构、更新等方法。以现代人的眼光，将其抽象概况成现代的设计语言。

关键词：传统建筑构件，传统家具，传统装饰，传统色彩材质，应用

一、绪论

1. 课题研究背景

在面向市场、面向国际化的今天，各国的文化通过发达的信息技术就可以传达、融合、交织在一起。在这种国际环境下，只有本民族特色的文化才能在岁月的洗礼下得到沉淀，得到世人的认可。人们也已充分认识到“越是民族的，越是世界的”，现代文化的“本土化”发展是一个基本走向，回归传统的大趋势已经是一种不可逆转的文化现象。

2. 课题研究意义

随着时代的发展，人们日益注重实用性与文化性的结合，传统意义上的形式与现代时尚产生了一定的冲突与碰撞，但这并不是不可调和的矛盾，如何在形式和文化上体现中国传统文化的精髓，值得我们探索与研究。因此，对传统元素的应用不能停留在它本来的层面上，而要通过对传统元素的研究和分析，从中提炼、重构、变换出符合现代人审美标准的素材，应用到现代室内空间设计的新材料、新结构和新形式中来。从传统建筑构件、传统家具、传统装饰、传统色彩材质四个方面，结合实际案例系统深入地阐述传统元素运用于现代室内空间中的具体可行的方法。为现代中式风格室内设计提供一定的借鉴作用，具有现实意义。

3. 研究内容

在室内环境设计中由空间限定、家具造型、装置布置、色彩材质运用四个方面设计而成。因此，本文从传统建筑构件、传统家具、传统装饰、传统色彩材质四个方面结合具体案例体统阐述传统元素在现代室内空间中具体可行的方法。

4. 研究方法

研究的主要方法有：文献查询法、实地考察法、因素分析法、定性分析法、对比研究法等。

文章的具体研究方法是从传统元素中选取传统建筑构件、传统家具、传统装饰、传统色彩材质作为着眼点，探索传统元素在现代空间中得以继承、发扬的方法，为传统元素赋予新的时代内涵。

二、传统建筑构件

1. 传统建筑构件的概述

中国有几千年的文化，能体现传统的元素有很多，建筑构件则是建筑文化中极富特色的一部分。随着中国传统建筑构架体系的不断改变，传统建筑构件在室内空间的应用也随之走过了数千年的历程，在现代室内设计发展中仍能体会到中国传统建筑构件自身所蕴涵的丰富内涵和文化特质。在中国传统建筑中，出现的绝大多数构件都在结构或空间中起一定的功能作用。结构性构件如：斗栱、柱体、梁架构件、屋架构件等，主要起着承重的作用；围护性构件如：隔扇、门窗、墙体、栏杆、纱隔、花罩、挂落等，起着限定空间与分隔空间的作用。同时，这些建筑构件还具有很好的装饰功能，渲染室内空间氛围的作用（图1）。

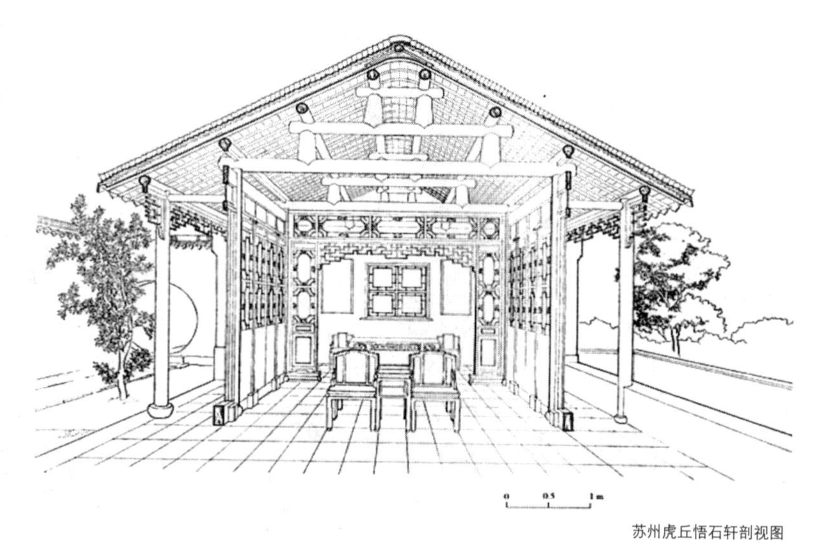

图1　各传统建筑构件在传统室内空间中的运用
（图片来源：自绘）

2. 在现代室内设计中的运用原则

传统建筑构件在现代室内空间中的运用须遵循神留意存的原则，所谓的“神”指的是：室内的传统建筑构件要传达出传统艺术的内涵和底蕴。

所谓“意”指的是:室内装饰和空间分隔手法本身要能体现传统风格的意境。只有这两方面都具备才能达到很好的设计效果,室内构件的装饰手法必须继承并且富有窗体文化气息,否则简单地模仿和照搬,不但不能达到理性的意境,还会破坏室内环境氛围的表达,将室内空间变成枯燥肤浅的传统建筑构件的展览馆和仓库。

3. 传统建筑构件在现代室内设计中的应用

在现代室内空间设计中,应在传统建筑构件的设计手法及应用方式上进行改良和突破,并重新赋予传统构件新的生命,使传统构件以其独特的魅力吸引更多现代人的喜爱,让传统融入都市人的生活。

随着时代的进步,钢筋混凝土的大范围应用,建筑构件的发展,传统建筑构件初时所具有的结构功能被大幅度削弱,甚至消失,但划分室内空间的作用仍被保留下来,在现代室内空间中仍然应用其中。如何在原有的整体柱网框架中,作自由灵活的二次空间再造,综合运用各种传统建筑构件,来创造变化丰富、隔而不断的室内空间,这个问题是现代室内设计者所研究的重要方向。

(1) 分隔作用

a. 隔扇的分隔

中国传统元素——隔扇,是在现代室内空间设计中应用的典型代表。隔扇大多是连续地排列,大面积地构成整个立面,隔扇不承重,主要功能是分隔空间。由于生活方式的改变,现代室内设计中对空间功能划分的要求更加多样化。隔扇的应用手法更丰富,分隔空间、遮挡视线、采光通风的作用更加灵活。

在传统空间中隔扇是以推拉开合来影响空间的,在现代室内空间中,影响空间的方式更加多变(图2)。所以,该空间为红酒吧空间,采用隔扇在传统上的使用功能,集墙、窗、门的功能于一体。隔扇可以完全打开,实现室内外最大限度的连通。当隔扇关上的时候,也是隔而不断的。由棂格图案规律性排列而产生的对房间的光影控制,能在阳光的照耀下投射出柔滑流动的韵味。并且投影会因时、因光的变化而变化,使得房间内光影浮动,袅袅婷婷,甚是迷人。

如图3所示,该空间为宴会包间,创新性地将隔扇运用于室内空间的分隔。设计师在空间中部采用成90° 角的两个隔扇,在宴会区域的四个角各设一组,进行空间的二次划分,限定出中部空间作为主空间的地位,使空间更有层次感与归属感。其隔扇的形式经过演变简化形成富有传统韵味但更加现代的形式来运用到设计中。

b. 罩的分隔

罩是一种较成熟的室内设计元素。它以一种较为通透的形式来区分各个不同功能区域,同时又保持空间上的流动关系。其透雕镂空部分既可保证光线的穿过,又可以在室内投下或明或暗的影,使得空间丰富而又有层次感。

如图4所示,为一酒店套房空间,这是一种对传统花罩的直接应用。花罩设在客厅与卫生间的交界处,不仅起到了分隔空间的作用,其上交错的花纹,还缓和了空间功能的转换,起到了过渡的作用。精雕细刻的罩满足功能划分的同时,也为套房空间增添了古色古香的气韵。

如图5所示,是一种对传统花罩进行抽象提炼后的创新使用。在这个设计中,罩在局部上对空间进行了划分,一种划分限定高度不高,空间界面划分模糊,使人们在心理上感觉空间划分具有象征性。传统的罩在形式上简化,功能上多变,并合理地应用到现代空间中,使整个空间隔而通透,体现了中国传统文化的内涵。

c. 其他传统建筑构件的分隔

还有一些其他的传统建筑构件可用在现代空间的分隔设计,如在现代室内设计中,柱所承担的建筑承重功能渐渐减弱,适合空间较高的室内划分,能起到分隔空间、丰富空间层次的功能。

如图6所示,利用一排柱子来分隔咖啡厅和走廊。这种立柱的使用不仅起到了区分空间功能的作用,富有韵律感的柱子还增强了空间的中式韵味。将柱子运用在较高的空间中,其向上延伸的体量感,使空间划分形式更富有立体感。

(2) 连通作用

图2 隔扇的运用

(图片来源:刘先觉.江南园林图录[M].南京:南京工学院出版社,1979:28)

图3 隔扇的运用

(图片来源:金螳螂建筑装饰股份有限公司.南京滨江会所)

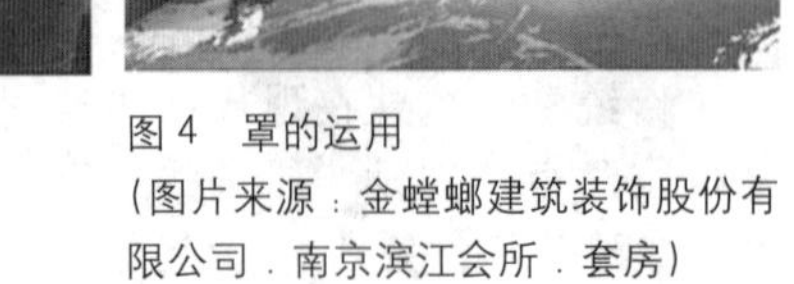

图4 罩的运用

(图片来源:金螳螂建筑装饰股份有限公司.南京滨江会所.套房)

图 5　罩的运用
（图片来源：http://image.baidu.com/）

图 6　柱在分隔空间中的应用
（图片来源：金螳螂建筑装饰股份有限公司．扬州瘦西湖唐郡会馆．咖啡厅）

图 7　屋架在分隔空间中的应用
（图片来源：金螳螂建筑装饰股份有限公司．南京滨江会所．贵宾包间）

建筑构件应用于空间的目的并不在于把空间切断，而是一个联系、一个过渡，讲究隔而不断、"虚实相生"。因此，当若干个空间组合在一起的时候，要注意处理好空间之间的衔接、过渡关系，并在必要时形成一个完整的序列。

在传统室内空间中，常用各种隔断、门、罩等传统建筑构件来处理室内空间。它们便于安装和拆卸，使室内空间既能满足人们的常规需要，又能在特殊需要时改变空间划分。例如，当在两个分工不明显的空间中，用罩稍作以区分，就会使空间之间产生通透的效果，层次丰富、气氛典雅。

在中国现代室内空间中，由于部分空间过于琐碎或单调狭长，需对空间之间的关系进行强调和连通（图 7）。

如图 8 所示，在走廊顶面采用连续排列的横梁，使整个狭长的走廊有一个很好的连通感，无形中连接了通道的各部分，造就了空间的完整性，强调了空间的一体化。同时，整齐排列的横梁使整个空间富有韵律美，并且对行人具有很好的导向作用。

如图 9 所示，是一种对传统建筑构件——"罩"的再设计使用。此处延续罩的基本使用功能，与此同时将其形式简化与现代建筑风格相融合。并在单调狭长的空间中，突显出构件的色彩与形式，使空间形成一重一轻、一明一暗的对比，让空间的层次分明。设计师以罩为主要设计元素，贯穿于整个空间中，巧妙地以对称结构的形式来连通各功能空间，罩的连续使用无形中连接了通道的各部分，造就了空间的完整性，强调了空间的一体化。

（3）传统建筑构件在现代室内设计中的空间装饰

有的建筑构件出于功能上的考虑而具有了某种造型，随着时代的发展，技术的进步，可能这种功能已经丧失，或是被其他建筑构件所代替。但其造型却由于形式美感和象征意义而延续下来，成为纯粹的装饰品。

如图 10 所示，此处将传统建筑中的门楼用于室内设计，其手法不再局限于建筑中的结构承重功能，而是单纯地使用其装饰功能，甚至门楼本身的分隔空间功能也大幅度削弱。

如图 11 所示，隔扇在现代室内空间中，分隔空间的作用日益减少，更多地起到了装饰作用。隔扇的合理应用不但提升了空间整体的意境氛围，更体现了主人的文化品位。

图 8　梁的连通作用
（图片来源：金螳螂建筑装饰股份有限公司．随园会所．走廊）

图 9　罩的连通作用
（图片来源：http://image.baidu.com/）

图 10　门楼的装饰作用
（图片来源：金螳螂建筑装饰股份有限公司．北京南池子会所．禅室）

4. 本章小结

本章通过归纳和概括，将传统建筑构件在现代室内空间中的作用总结为划分作用与装饰作用，并提出传统建筑构件在现代室内空间中的运用须遵循“神留意存”的原则。总之，在众多的现代空间设计中，传统建筑构件的合理应用占着举足轻重的位置。着眼于现代与传统的交融方式，努力找到古与今的契合点，从这个契合点出发进行新中式空间的设计创作，将传统设计理念重新转译为一种现代的设计语言。

三、传统家具

1. 传统家具的概述

传统家具是中国悠久艺术文化中的一颗璀璨的明珠。它的价值不仅仅在于使用功能，同时还综合反映了不同历史阶段的生产发展、科学技术、生活习俗、观念意识、审美情趣等。传统家具类型丰富，按功能分可分为承坐类（案、桌、凳、椅等）、卧藏类（床、榻、箱、柜等）、装饰类（架、屏等）。

2. 传统家具在现代室内设计中的应用

(1) 直接引入

传统家具的外部形式与内部构造同样能适应现代室内环境，与现代人的时尚趣味相吻合。对于直接把传统家具引入到现代空间中来有一些基本的做法。所选的传统家具要与所放入的空间相谐调，也可以特意制造出古与新、中与西的对比、冲撞的效果。无论想达到什么效果，都要注重在色调上或者形式上的协调，重视局部设计上的呼应、和谐。

如图 12 所示，是一个现代的酒店电梯厅，在酒店电梯厅入口两侧对称地放置了两个明代翘头柜。柜子的背景墙采用金属花隔片，地面采用棕红色的大理石与棕黄色的柜子融为一体。柜子上摆放着造型简洁的现代灯具，形成古与新的对话，古典元素与现代室内空间融合，既现代感十足，同时又传达出古典的韵味。

可见，传统家具与现代室内空间不是格格不入的，只要搭配得法，可以创造出和谐宁静的效果。在现代空间中置上几件传统家具，配合上现代家具的灯光和布艺装饰等，可以打造出意想不到的效果，既简约时尚又不失传统底蕴。

(2) 去繁就简

传统家具多重视装饰的美，鉴于当时的审美观，技术工艺和思想文化，传统家具上多雕以精美的花纹或配以镂空的图案。现代家具以软装饰为主，再加上机器化的大生产也对这些繁琐的花纹产生了抵触，因此传统家具的简化是很有必要的。利用传统家具造型的简化来体现家具的民族特色是有效传达中式风格的方法，也是较为常用的方法。

对传统家具的造型进行简化，去掉复杂的木雕装饰或将形体抽象成面、线等表现形式，基本的神韵是不会改变的。

如图 13 所示，是传统的明代架子床，其精细的工艺让人惊叹，但是它传统的纹样、繁杂的雕刻使这样的形式无法直接放入现代的空间中。经过现代审美的洗礼和精简后，可以很好地与现代室内空间融合为一体。如图 14 所示，将原有的架子床除去其所有的装饰，仅保留其框架结构，使原本古典的架子床，非常现代，同时又透出传统架子床的身影，富有传统韵味。

3. 本章小结

本章从直接引入、去繁就简等方面讲述传统家具在现代空间中的应用。在实践中，要用现代的审美眼光将整合出来的元素进行融合、化简、置换、拼接等改造，对传统家具进行再设计，创造出具有中国神韵的现代中式家具。

四、传统装饰

1. 传统装饰的概述

传统装饰是依附于中国历史文化所产生的一种艺术表现形式。历经几千年的发展，传统装饰种类复杂多样，按维度的差异分为二维的传统纹样、三维的传统陈设来阐述传统装饰在现代室内空间中的运用。纹样的形式多种多样，特点也各不

图 11　隔扇的装饰作用
（图片来源：金螳螂建筑装饰股份有限公司．随园会所．套房）

图 12　传统家具的直接引用
（图片来源：金螳螂建筑装饰股份有限公司．常州富都商贸饭店．电梯厅）

图 13　传统架子床
（图片来源：http://image.baidu.com/）

图 14　简化的架子床
（图片来源：金螳螂建筑装饰股份有限公司．南京滨江会所．套房）

图 15　云纹的直接运用
（图片来源：金螳螂建筑装饰股份有限公司．扬州瘦西湖唐郡会馆．咖啡厅）

图 16　夸张
（图片来源：金螳螂建筑装饰股份有限公司．常州大酒店．大堂）

图 17　回纹的三维重构
（图片来源：金螳螂建筑装饰股份有限公司．南京滨江会所．套房）

相同。中国传统装饰纹样大致可以分为意象和具象两类。意象指的是抽象图形，如：万字纹、云纹、如意纹、回纹、锁纹、方胜纹、盘长纹、鱼背纹、花草纹、环纹等。意象纹样在现代室内设计中运用得最多，具象纹样运用得较少。传统陈设品主要包括书法、绘画、陶瓷、观赏石、彩灯、大理石挂屏等。

2. 传统纹样的应用

传统装饰艺术的继承和发扬，不仅仅是简单地沿用，同时也要将传统装饰语言用现代手段表现出来，融入到现代环境艺术中，成为有机的整体。根据传统装饰和现代环境术设计各自的特点，这种创造性的应用有着一定的方法可循。纹样可以作为二维形式运用，也可运用在三维形体中。

（1）二维沿用

二维形式的运用指的是将纹样当做图案运用到地面、墙体，以及一些窗棂、隔扇、罩等处，起到装饰空间、渲染中式韵味的作用。在现代室内空间的运用方法可分为直接引用、夸张变形等。

如图 15 所示，某会所大堂地面采用直接引入云纹图样，采用云纹地毯来限定大堂中部空间，凸显大堂中部区域，使得整个大堂空间具有向心性，同时采用传统云纹图样，给大堂空间增添了几分中式韵味。

如图 16 所示，某酒店大堂对回纹进行了夸张放大，创新性地运用到其地面铺装中。设计师提取回纹图案，根据扇形的大堂平面进行相应的变形，并将其夸张放大到整个大堂的地面铺装中。这样的设计让人耳目一新，形式简洁现代，同时又在传达出一种中式的韵味。

（2）三维重构

将二维的纹样进行演变简化运用到三维形体的重构中，目前纹样的三维重构主要运用到家具上。如图 17 所示，这是新古典主义的一种尝试。图中该书桌只是简单的一个回形纹的一部分，利用回形纹上端的横线延伸成桌面，桌脚、桌身就是一个简单的回形。简洁、大方的回形桌子放在现代居室里，款式新颖又极具中式传统的内涵。这种对单一传统元素的重构，由一个纹样转化成一款家具实体不失为现代家具设计的又一种成功的尝试。

3. 传统陈设品在现代室内设计中的运用

传统陈设品主要包括书法、绘画、陶瓷、观赏石、彩灯、大理石挂屏等。很多传统陈设品本身就是一件精美的艺术品，将其直接引入现代室内空间，作为陈设品或者装饰物件，给现代室内空间增添几分古色古香的韵味，将人们的思绪一下子拉到了遥远的古代。在现代室内空间中往往直接引用瓷器作为室内陈设品。有些陈设品形式比较繁复，与现代室内空间难以融合，因此往往会将其简化、演变。特别是传承的彩灯其造型大多极富装饰性，颜色艳丽，与现代室内最求简洁的审美不相符，因此，在运用中一般会对其造型进行简化，去除多余的装饰，仅保留其框架，得到的造型既简洁又传达了古典的韵味。

4. 本章小结

传统纹样种类繁多，具有深厚的文化内涵，是现代室内设计汲取设计源泉的宝库。通过分析发现现代室内设计对传统纹样的应用不仅仅停留在二维空间中的运用，还包括将传统纹样运用到三维空间中。

传统陈设品种类丰富，很多都是精美的艺术品，可以直接引用到现代室内空间中，有些繁复的陈设品如彩灯可通过简化再运用到室内空间中。

对传统装饰的应用和创新，应该根据现代社会文化背景和现代科学技术，应用现代设计手法并结合审美倾向，不断地拓展其应用范围，使其增强适应性并融入到现代生活方式中。

五、结语

室内环境是指人们在现实生活中所处的室内空间场所，它是多个领域所关注的对象，它的设计和发展涉及科技、人文、艺术、社会等。室内设计作为一种文化，在外来文化的冲击下应该从传统中找寻特色和神韵，继承、发展，走出有自己风格的道路来。传统元素历经几千年的洗礼和沉淀，形成其外在形式、基本功能、文化内涵上的一些基本规律和应用法则。如果能把传统元素巧妙地安排，使之与现代室内环境融为一体，升华整体空间的中式韵味，将是使室内设计回归本土不断探索与实践的主题。 在室内环境设计中，艺术氛围的营造是由空间划分、家具造型和装饰陈设的布置来完成的，因此本文主要研究以下几点传统元素对现代室内设计的影响和应用。

传统建筑构件对空间的分隔。中国建筑的空间美，体现在室内空间和室外空间的交替产生的虚实、明暗的空间节奏感，又体现在对建筑内部空间组织分隔所产生的丰富的空间流动美。各种传统建筑构件不仅具有灵活划分室内空间的结构功能，而且具有提升室内空间的艺术氛围的装饰功能。本文主要研究传统建筑构件如何依据实际需求来巧妙布置，以营造实用、有层次的空间感。

传统家具造型美的借鉴。中国传统家具的造型之美是几千年来中国传统文化、艺术形式沉淀下来的，也反映了古人的审美情趣。由表及里，体会传统家具的本质，做到万变不离其宗，为我国家具的新古典主义风格指明方向。

传统装饰的点缀。通过对装饰中的书画、工艺品、纹饰，将传统装饰语言用现代手段表现出来，打破原有的构成方式，提炼、变形、重组、融入到现代室内设计中，成为有机的整体。

本课题研究顺应了回归的潮流，通过对传统元素的研究和分析，从中提炼、变换、重构出符合现代人审美标准的素材，应用于现代室内空间设计的新材料、新结构和新形式中来。在传统的基础上创新，改造并融合现代优秀的设计理念，在形式的转化上力争做到既承袭传统又能连接现代，找到传统与现代的契合点。

参考文献：

[1] 方静．传统民居装饰在现代环境艺术设计中的应用研究 [D]．昆明：昆明理工大学，2006：21．
[2] 李媛莉．苏州传统民居水雕门窗的装饰艺术特点 [D]．苏州：苏州大学，2004：17．
[3] 王其均．中国建筑装修语言 [M]．北京：机械工业出版社，2008：1．
[4] 师容，赵永敏．中式室内设计中如何继承传统 [J]：科技纵横，2005(5)：53．
[5] 赵广超．中国木建筑 [M]．北京：三联书店，2006：120—123．
[6] 来增祥，陆震纬．室内设计原理 [M]．北京：中国建筑工业出版社，2002．
[7] 陈蓓．徽州传统民居构件在现代室内设计中的运用 [D]．合肥：合肥工业大学，2007：41．
[8] 房华．中国“气质”的流动空间在现代室内设计中的运用 [D]．南京：南京林业大学，2007．
[9] 庄荣，吴叶红．家具与陈设 [M]．第 2 版．北京：中国建筑工业出版社，1997．
[10] 李宗山．中国家具史图说 [M]．武汉：湖北美术出版社，1998．
[11] 陈雨阳．中国民间美术鉴赏——民间起居陈设篇 [M]．南昌：江西美术出版社，2000：8．
[12] 沈嘉禄．寻找老家具 [M]．上海：上海书店出版社，2004．
[13] 赵广超．中国木建筑 [M]．北京：三联书店，2006：176—195．

后　记

——再创品牌新形象

首先感谢为中国高等教育设计专业作出贡献的社会实践导师们，有了你们的鼎力支持“四校四导师”才能够发展成为中国设计教育实践的品牌形象，同时感谢课题责任导师和助教们，细心的教导让你们品尝到丰收的喜悦，更要诚心地感谢那些付出努力的学生们，你们经过不谢的努力完成了一份值得表扬的答卷！

经过四年的不间断探索，“四校四导师”为中国高等院校设计教育提供了可以鉴别的案立，到目前为止已得到来自各个方面的善意肯定。今天是 2012 年 7 月 29 日，我刚刚完成了“自由翱翔”，有感于“四校四导师”的教学体会，转眼又进入“再创品牌新形象”后记的写作当中。

本想在暑假前完成《自由翱翔》的编写，但由于各个院校放假时间有所不同，再加上我的艺术馆正巧准备在 7 月 15 日开馆，使总体出版推后一些时间，内心有些自责。职业道德告诉我们，作为教师，教学是第一天职。言归正传，直谈教与学的品牌形象再认识。

四年的不断探索让关心“四校四导师”实验教学的同行们没有失望，天道酬勤的硬道理让全体课题师生感受到丰收后的喜悦。特别是社会实践导师们，放弃很多自己的工作，用大量的时间辅导学生，在将近四个月的时间里发生了许多让师生难以忘却的故事。不拒绝接受指导是全体学生的底线，有疑问必答是全体导师的职业回答，经过清华大学开题、中期一次天津美术学院汇报、中期二次苏州大学汇报、终期答辩和中央美术学院颁奖盛典，全过程科学严谨，实况记录完整而真实，课程师生共同感到教学过程比成果更有价值。

创立一个品牌容易、维护难，任何个人都无法完成品牌的持久性更新发展，团队是品牌经久不衰的砝码，“四校四导师”诞生的历史正是她恰逢的生时，四年间共投入 32 名教授、副教授，他们用全身心的努力完成了中国设计教育的创新探索，树立了品牌形象。人们常说榜样的力量是无穷的，全体课题导师正是不辜负人民赐予荣誉不断工作，希望这样的治学态度和工作精神能够感染学生们，流传到他们的下一代，这就是维系品牌不可缺少的现实价值和时代的使命感，加之科学的理念，这就是品牌效益。

感谢中国建筑工业出版社张惠珍总编辑四年以来在出版作品集方面给予的强有力的支持！
感谢 A963 网近三年以来的大力支持、报道和及时发表！
感谢社会实践导师在资金方面的支持和放弃个人休息时间的友情奉献！

王铁　教授
中央美术学院建筑学院
2012 年 7 月 30 日于北京方恒国际中心